Boltzmann-Konstante	k	$1{,}38 \cdot 10^{-23}$ J/K
Avogadro-Konstante	N_0	$6{,}02 \cdot 10^{23}$ /mol
Elementarladung	e	$1{,}60 \cdot 10^{-19}$ C
Elektronenmasse	m_e	$9{,}1 \cdot 10^{-31}$ kg
Protonenmasse	m_p	$1{,}67 \cdot 10^{-27}$ kg
Planck-Konstante	h	$6{,}63 \cdot 10^{-34}$ J s
Masse der Erde	M_e	$5{,}98 \cdot 10^{24}$ kg
Masse des Mondes	M_m	$7{,}36 \cdot 10^{22}$ kg
Masse der Sonne	M_s	$1{,}99 \cdot 10^{30}$ kg
Abstand Erde – Mond		$3{,}80 \cdot 10^{5}$ km
Erdradius	R_e	$6{,}35 \cdot 10^{3}$ km
Elektrische Konstanten	$k_0 = 1/(4\pi\varepsilon_0)$	$9{,}00 \cdot 10^{9}$ N m^2/C^2
	$k_0/c^2 = \mu_0/4\pi$	10^{-7} N s^2/C^2
	ε_0	$8{,}85 \cdot 10^{-12}$ F/m

Physik

Physik

JAY OREAR
CORNELL UNIVERSITY

BAND 1

Carl Hanser Verlag München Wien

Titel der amerikanischen Originalausgabe:

Jay Orear, Physics

Macmillan Publishing Co., Inc.
866 Third Avenue, New York, New York 10022

Collier Macmillan Canada, Ltd.

Übersetzer und Bearbeiter der deutschsprachigen Ausgabe:

Dr. rer. nat. Jürgen Häger

Dr. rer. nat. Wolfgang Krieger

Dr. rer. nat. Michael Stock

Prof. Dr. Herbert Walther

Einmalige zweibändige Lizenzausgabe für
Weltbild Verlag GmbH, Augsburg
mit Genehmigung des Carl Hanser Verlags München Wien

Druck und Buchbinderei: Druckerei Parzeller, Fulda
Printed in Germany
ISBN 3-446-17976-3

Vorwort
zur deutschsprachigen Ausgabe

Physik im Nebenfach – vielfach von den Studenten als eine lästige Pflichtübung angesehen – ist jedoch zweifellos eine Notwendigkeit für alle, die in ihrer Berufsarbeit früher oder später mit naturwissenschaftlichen und technischen Problemen konfrontiert werden. Beim Studium bleibt im allgemeinen nicht viel Zeit für das Nebenfach; deshalb sind erhöhte Anforderungen an Vorlesung und Lehrbuch zu stellen. Das hier als Übersetzung vorgelegte neue Buch „Physics" von Jay Orear, dessen früheres Werk „Fundamental Physics" weltweite Verbreitung und Anerkennung gefunden hatte, erfüllt diese Anforderungen in idealer Weise: Der Stoff wird anschaulich und übersichtlich dargestellt, wobei Beispiele immer wieder das Dargebotene erläutern und die Verbindung zur Praxis herstellen. Auf Querverbindungen zwischen den Gebieten, die für das tiefere Verständnis sehr wesentlich sind und die den Stoff interessanter machen, wird ständig hingewiesen. Die physikalischen Gesetze werden, ohne viel Kenntnis aus der Mathematik vorauszusetzen, von grundlegenden Prinzipien abgeleitet.

Das Buch ist dadurch besonders wertvoll, daß es aktuelle und neuere physikalische Erkenntnisse vermittelt, die für Anwendungen im täglichen Leben interessant sind bzw. zu einer Vertiefung des Grundlagenwissens beitragen.

In der Übersetzung wurden einige Beispiele geändert, die sich auf die speziellen amerikanischen Verhältnisse bezogen; sonst wurden keine wesentlichen Veränderungen am Text vorgenommen. Das Buch benutzt die SI-Einheiten (Système International d'Unités = Internationales Einheitensystem). In der Elektrizitätslehre werden die Formeln auch im Gaußschen Maßsystem (cgs-Einheiten) diskutiert, das die tieferen Zusammenhänge etwas besser zum Ausdruck bringt.

Das Buch ist für alle geeignet, die Physik als Nebenfach studieren. Es schließt den Stoff ein, der normalerweise in den Vorlesungen an Technischen Hochschulen und Universitäten abgehandelt wird. Sicherlich finden auch Physiker viele Hinweise und Anregungen. Ferner kann es Lehrern eine Hilfe für den Unterricht sein und eignet sich zur physikalischen Weiterbildung vieler Interessierter.

München, im Sommer 1982 — Die Übersetzer

Vorwort

Das vorliegende Buch wendet sich in erster Linie an Studenten der Natur- und Ingenieurwissenschaften und ist als Leitfaden für einen ein- bis eineinhalbjährigen einführenden Physiklehrgang gedacht. Es werden keine tiefergehenden Mathematikkenntnisse vorausgesetzt, jedoch wird empfohlen, das mathematische Wissen während des Physikkurses zu vertiefen. Das Niveau dieses Buches soll nicht über das anderer gängiger Lehrbücher hinausgehen. Jedoch unterscheidet es sich von den anderen in zweierlei Hinsicht:

1. Es wird eine vereinheitlichte Darstellung der modernen Physik geboten.
2. Wenn möglich, werden die physikalischen Gesetze von grundlegenden Prinzipien abgeleitet; d. h. mit anderen Worten, die Unterscheidung zwischen den Grundprinzipien und den davon abgeleiteten Gesetzen wird besonders herausgearbeitet.

Die Beziehungen zwischen den verschiedenen Bereichen der Physik (und der Wissenschaft und Technologie) werden aufgezeigt. Gleichfalls werden scheinbar voneinander unabhängige Themen zusammengefaßt und zu einem großen Überblick vereinigt. Wenn ein neues physikalisches „Gesetz“, wie z. B. die magnetische Kraft auf eine bewegte Ladung oder der Gleichverteilungssatz der Energie, eingeführt wird, versuche ich zu verdeutlichen, ob dies ein neues Fundamentalgesetz ist oder ob es aus bereits bekannten Tatsachen abgeleitet werden kann. In den meisten Fällen existieren einfache Ableitungen, mit deren Hilfe die logische Struktur und die eindrucksvolle Einheit der Physik aufgezeigt werden können. Ohne diese Struktur wäre die Darstellung nur eine Auflistung der verschiedensten Phänomene und Gesetze. Solche sogenannten „Gesetze“, wie z. B. das Amperesche Gesetz, das Faradaysche Induktionsgesetz, der Gleichverteilungssatz der Energie, die magnetische Kraft, das Ohmsche Gesetz, die Verringerung der Lichtgeschwindigkeit in Materie, das Hookesche Gesetz sowie das Huygenssche Prinzip werden, wenn möglich, von noch fundamentaleren Prinzipien abgeleitet und nicht als neue, unabhängige physikalische Gesetze dargestellt. Ich fühle mich dazu verpflichtet, wenn immer möglich die Frage nach dem Warum zu beantworten. Falls eine Ableitung zu schwierig ist, so wird dem Leser zumindest erklärt, daß eine Ableitung möglich ist, und an ihrer Stelle werden Plausibilitätsargumente präsentiert. Diese abgeleiteten Gesetze erlauben experimentelle Vorhersagen, von deren Bestätigung wiederum das Fortbestehen der Grundprinzipien abhängt.

Um den gesamten Elektromagnetismus aus dem Coulombschen Gesetz zu entwickeln, benötigen wir ein weitergehendes Verständnis der speziellen Relativitätstheorie. Daher soll die Relativitätstheorie (Kapitel 8 und 9) vor dem Elektromagnetismus (Kapitel 15–21) dargestellt werden. Trotzdem sind die Abschnitte über den Elektromagnetismus so geschrieben, daß sie auch ohne die Vorkenntnisse aus Kapitel 8 und 9 verstanden werden können. Allerdings erscheint es nicht vorteilhaft, das Studium der Relativitätstheorie nach dem 24. Kapitel vorzunehmen.

Da das tiefere Verständnis der Struktur der Materie sowie vieler anderer physikalischer Phänomene auf der Quantentheorie basiert, sollen die Grundprinzipien der Quantentheorie in Kapitel 24 und 25 dargestellt werden. Das Verständnis der Quantentheorie wird in den folgenden Kapiteln weiter vertieft, in denen quantitative Anwendungen in der Atomphysik, Festkörperphysik, Kernphysik, Astrophysik und Elementarteilchenphysik behandelt werden. Mit den vermittelten Kenntnissen aus der Quantenmechanik und der Relativitätstheorie ist es dann sogar möglich, einfache Berechnungen zum Radius und Aufbau von Neutronensternen und Schwarzen Löchern durchzuführen (Kap. 30).

Es könnte die Befürchtung auftauchen, daß komplizierte Themen wie Neutronensterne, Schwarze Löcher, Fermi-Energie, Paritätserhaltung, Quarks, Holographie, Zeitdilatation und Intensitätsinterferometrie für Anfänger zu schwierig seien. Ich behandle diese Themen, weil die Studenten von diesen neuen Entwicklungen immer wieder in Zeitungen und Zeitschriften lesen und hierdurch angeregt werden. Die Studenten kommen zur Universität und erwarten, daß sie in ihrer Physikvorlesung mehr über diese aufregenden neuen Entwicklungen lernen. Meine Erfahrungen haben gezeigt, daß die meisten Studenten diese komplizierten Themen weit leichter verstehen als z. B. die Folgerungen aus dem dritten Newtonschen Gesetz.

Ein weiterer legitimer Einwand betrifft die Frage, ob Ingenieurstudenten mit diesen modernen Entwicklungen belastet werden sollten. Meiner Meinung nach erwarten nur wenige Professoren der Ingenieurwissenschaften, daß die Anfangsvorlesung sich auf eine Einführung in die angewandte Physik oder in die Ingenieurwissenschaft beschränkt. Die Physikvorlesung für Ingenieurstudenten ist wahrscheinlich deren einzige Möglichkeit, die Zusammenhänge zwischen den verschiedenen Gebieten zu erkennen. Es ist wahrscheinlich ihre einzige Chance, neue Entwicklungen und ihre Zusammenhänge mit anderen Bereichen von Wissenschaft und Technologie kennenzulernen. Deshalb ist es notwendig, das Studium der Physik mit den anderen Bereichen der Wissenschaft in Beziehung zu setzen und auch die Aufmerksamkeit auf die Auswirkungen der Wissenschaft auf die Gesellschaft zu lenken. Zum Beispiel bildet die Energieknappheit auf der Erde ein zentrales Thema dieses Buches. Ebenso werden andere soziale, politische, ökonomische und philosophische Auswirkungen der Wissenschaft diskutiert. Der Physiklehrgang soll nicht nur die theoretischen Grundlagen für einen zukünftigen Beruf legen, sondern auch zur kulturellen „Bildung“ beitragen, die bei einer Person erwartet wird, die sich mit Naturwissenschaft und Technik beschäftigt hat. Wie bereits erwähnt, ist ein Verständnis der Relativitätstheorie und der Quantenmechanik unbedingt für ein tieferes Verständnis der meisten Naturphänomene erforderlich.

Es werden viele Beispiele diskutiert, wenn möglich mit gesellschaftlicher Relevanz. Obwohl einige Beispiele zur Illustration von interessanten Nebenproblemen dienen, haben die meisten doch das Ziel, Lösungsmethoden zu veranschaulichen. Die Beispiele, die für Anfänger zu schwierig sind, werden durch einen Stern gekennzeichnet. Zusätzlich zu den ausgearbeiteten Beispielen im Text sind eine Reihe von Aufgaben am Ende der Kapitel zusammengestellt. Diese sind unterteilt in leichtere und schwierigere Aufgaben, die durch einen Zwischenraum voneinander getrennt sind. Dabei habe ich versucht, die Aufgaben nach steigendem Schwierigkeitsgrad anzuordnen sowie Aufgaben auszuwählen, die sich mit Situationen aus dem Alltagsleben befassen. Es kann vorkommen, daß Aufgaben auf den Stoff von vorhergehenden Kapiteln zurückgreifen. Neben der Nähe zur Praxis hat dies noch den Vorteil, daß ein besserer Überblick verschafft sowie das bereits Erlernte wiederholt wird. Nicht alle Aufgaben enthalten alle notwendigen Informationen; diese können jedoch immer dem Text entnommen werden. In anderen Fällen können die Aufgaben mehr Information als notwendig enthalten.

Das Buch verwendet durchgehend das Internationale Einheitensystem (Système International d'Unités = SI). Aus praktischen Gründen werden gelegentlich auch andere Einheiten erwähnt. Obwohl auch bei der Darstellung des Elektromagnetismus die SI-Einheiten Verwendung finden, so werden doch die meisten Gleichungen der Elektrizitätslehre in einer Form dargestellt, die die Behandlung der Elektrizitätslehre im Gaußschen Maßsystem (cgs) erleichtert.

Für Vektoren wurde in diesem Buch ein bestimmter Farbcode gewählt. Geschwindigkeiten werden immer durch graue Pfeile gekennzeichnet; Beschleunigungsvektoren sind offene Pfeile mit schwarzer Umrandung und Kraftvektoren offene Pfeile mit farbiger Umrandung. Elektrisches Feld und elektrische Feldlinien sind farbig gekennzeichnet, das magnetische Feld ist heller gekennzeichnet, die elektrischen Ströme werden durch schwarze Pfeile angegeben. Resultierende Vektoren besitzen eine größere Breite als ihre Komponenten. Dies sowie eine Reihe weiterer graphischer Konventionen sollten die Interpretation der Illustrationen erleichtern.

Bei einer kürzeren oder weniger anspruchsvollen Vorlesung können die im Inhaltsverzeichnis mit einem Stern gekennzeichneten Kapitel weggelassen werden.

Ich möchte an dieser Stelle meinen Kollegen und Studenten an der Cornell University danken, einmal für ihre Ermutigung, zum anderen für die Gelegenheit, daß ich während der letzten zehn Jahre sehr viel des hier vorgelegten Materials bei den Einführungsvorlesungen in die Physik für Ingenieure erproben konnte. Am meisten bin ich Enrico Fermi verpflichtet, von dem ich nicht nur sehr viel der hier dargestellten Physik gelernt habe, sondern der mir auch zeigte, wie man sie anpackt und vermittelt. Meine Hauptabsicht beim Schreiben dieses Buches ist der Versuch, den Geist und das Erregende der Physik so klar darzustellen, wie es Fermi vielleicht getan hätte.

Jay Orear

Inhalt

Band 1

Die mit einem Stern gekennzeichneten Abschnitte können übersprungen werden.

Band 2

1 Einführung

1-1 Die Natur der Physik

Das Hauptziel der Physik ist die Erforschung und das Verstehen der grundlegenden Naturgesetze, auf denen alle bekannten physikalischen Phänomene beruhen. Die Geschichte der Wissenschaft offenbart eine stetige Verbesserung des Verständnisses, wobei jede neu erreichte Stufe zu einer Vereinfachung und Verringerung der Grundgesetze und Theorien führt. So wurde z. B. im Laufe der Zeit die Anzahl der grundlegenden Bausteine der Materie und der möglichen Wechselwirkungen immer geringer. Die historische Beobachtung, daß die Grundgesetze immer einfacher werden, je mehr man sich der Wahrheit nähert, wurde bereits im 14. Jahrh. von dem Philosophen Wilhelm von Occam formuliert.

Wissenschaftler suchen nach den grundlegenden Wahrheiten der physikalischen Welt. Es ist allerdings vollkommen unbekannt, ob dieses Fortschreiten zu immer tieferem Verständnis anhalten wird. Die meisten Wissenschaftler sind jedoch der Überzeugung, daß die Menschheit der „letzten Wahrheit" immer näher kommen wird. Wo wir im Augenblick in dieser Frage stehen, kann mit Hilfe der Grundgleichung $\lambda = h/p$ (zusammen mit ihrer physikalischen Interpretation) verdeutlicht werden. Diese Gleichung kann im Prinzip Atomphysik und Chemie erklären, wenn sie auf die bekannten Elementarteilchen und die bekannten Kräfte zwischen ihnen angewendet wird. Da man die Biologie als einen Komplex chemischer Reaktionen ansehen kann, können die biologischen Vorgänge ebenfalls erklärt werden.

Die Suche nach den grundlegendsten Bestandteilen der Materie führt zu Elementarteilchen wie Protonen, Elektronen, Neutronen und Photonen. Daher gehört die Untersuchung der Elementarteilchen, ihrer Eigenschaften und ihrer Wechselwirkungen zu den Hauptbeschäftigungsbereichen der Physiker. Bisher sind nur vier grundlegende Wechselwirkungen gefunden worden; auf diesen beruhen sämtliche beobachteten Kräfte und Wechselwirkungen im Universum. Diese vier Wechselwirkungen sind in Tab. 1-1 zusammengefaßt.

Falls die Elementarteilchen und ihre Wechselwirkungen wirklich grundlegend sind, müssen sie nicht nur die Welt im Kleinen, sondern auch im Großen erklären können. Soweit man heute weiß, gehorchen die Elementarteilchen den gleichen physikalischen Gesetzen wie die Sterne und Galaxien. Die Anwendung der physikalischen Grund-

Tabelle 1-1. *Die 4 grundlegenden Wechselwirkungen, auf denen alle bekannten Kräfte beruhen*

Typ	Quelle	Relative Stärke	Reichweite
1. Gravitations-Ww.	Masse	$\approx 10^{-38}$	lang
2. Schwache Ww.*)	Elementarteilchen	$\approx 10^{-13}$	kurz ($\approx 10^{-15}$ m)
3. Elektromagnetische Ww.*)	elektrische Ladungen	$\approx 10^{-2}$	lang
4. Starke Ww.	Hadronen (Protonen, Neutronen, Mesonen)	1	kurz ($\approx 10^{-15}$ m)

*) Die Weinberg-Salam-Theorie stellt eine Verbindung zwischen der elektromagnetischen und der schwachen Wechselwirkung her, so daß nach dieser neuen Vorstellung beide unter einer elektro-schwachen Wechselwirkung zusammengefaßt werden müssen. Für diese Theorie sind die Physiker Glashow, Salam und Weinberg 1979 mit dem Nobelpreis ausgezeichnet worden.

gesetze auf die Struktur der Sterne und Galaxien gehört also auch zum Bereich der Physik (vgl. Kap. 30). Alle Naturwissenschaften haben ihren Ursprung in der Physik.

Einige der Grundgesetze der Natur stehen im Gegensatz zu unserer täglichen Erfahrung und verletzen damit den gesunden Menschenverstand. Zum Beispiel könnte nach dem Konzept, das hinter der Gleichung $\lambda = h/p$ steht, 2 + 2 null oder auch acht ergeben! Dies wird illustriert in Abb. 1-1, wo wir einen Elektronenstrahl auf einen undurchlässigen Schirm mit zwei Öffnungen A und B richten. Weit hinter dem Schirm stellen wir einen Geigerzähler auf und schließen die Öffnung B. Das Zählrohr weist dann 2 Elektronen pro Sekunde nach. Wir öffnen nun Loch B und schließen statt dessen Öffnung A. Wiederum zählen wir 2 Elektronen pro Sekunde. Wir öffnen nun beide Löcher gleichzeitig und zählen überhaupt nichts mehr! Das Gesamtergebnis ist also nicht nur kleiner als die Summe der Einzelergebnisse, sondern es ist sogar kleiner als die Einzelanteile selbst. Wenn wir lieber acht Elektronen pro Sekunde zählen wollen, so brauchen wir nur den Geigerzähler etwas seitwärts zu verschieben, und wir finden eine Stelle, wo das Ergebnis doppelt so groß ist wie die Summe seiner Teile. Auf den ersten Blick mag dies schwer zu verstehen sein, aber es ist prinzipiell richtig, und solche Erscheinungen konnten im Laboratorium tatsächlich beobachtet werden (vgl. Abb. 24-11 auf Seite 536). Die Ursache für dieses besondere Phänomen ist die Wellennatur der Materie. In Kap. 24 werden wir

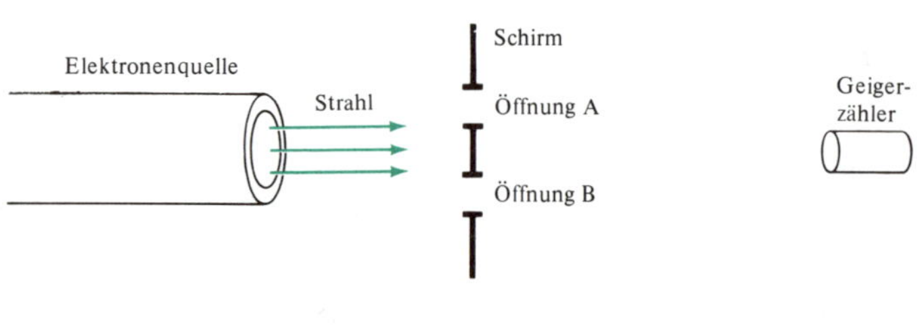

Abb. 1-1. *Eine Elektronenquelle schießt einen Elektronenstrahl durch die Öffnungen A und B.*

sehen, daß alle Teilchen Welleneigenschaften haben und daß die erwähnten Erscheinungen eine natürliche Folge davon sind.

Wir können auch dadurch klarer machen, was Physik ist, wenn wir aufzählen, was nicht zur Physik gehört: Astrologie, Psychokinese, Zauberei, Spiritismus, Leben nach dem Tode, Wunder, Schwarze Magie und Telepathie berufen sich auf Kräfte, die physikalisch nie nachgewiesen wurden und sogar Grundgesetze der Physik verletzen. Unter die gleiche Kategorie fallen Spekulationen von Immanuel Velikovsky. Wir zitieren aus dem *AAAS Bulletin*[1]) vom April 1974:

> Die Sitzung mit Immanuel Velikovsky und einer Reihe verschiedener Experten diente als Beispiel dafür, was sich alles Wissenschaft nennt. Velikovsky ist der Autor der berühmten Theorie, nach der eine kosmische Katastrophe die Erklärung dafür liefern soll, daß sich bei verschiedenen und weit voneinander getrennten Völkern Gemeinsamkeiten in alten Mythen nachweisen lassen. Nach Velikovsky trennte sich die Venus vom Jupiter vor historischen Zeiten, traf zur Zeit Moses beinahe zweimal die Erde und kollidierte dann mit dem Mars; erst danach stellte sich die jetzige Situation ein.

Einige von Velikovskys Spekulationen verletzen die grundlegenden Erhaltungssätze von Energie, Impuls und Drehimpuls.

1-2 Maßeinheiten

Ein großer Teil der Physik beschäftigt sich mit der Messung von physikalischen Größen wie Länge, Zeit, Frequenz, Geschwindigkeit, Fläche, Volumen, Masse, Dichte, Temperatur und Energie. Viele dieser Größen stehen miteinander in Verbindung. So ist z. B. die Geschwindigkeit der Quotient aus Länge und Zeit. Dichte ist der Quotient aus Masse und Volumen, und Volumen ist Länge mal Länge mal Länge. Die meisten der physikalischen Größen können auf Länge, Zeit und Masse zurückgeführt werden. Einige dieser Beziehungen sind in Tab. 1-2 zusammengestellt; die auftretenden physikalischen Größen werden später ausführlicher behandelt. Die grundlegenden Größen Länge (l), Zeit (t) und Masse (m) werden als Dimensionen bezeichnet. Danach hat also die Geschwindigkeit die Dimension l/t oder lt^{-1}. Im Verlauf dieses Buches werden beide Formen, also l/t und lt^{-1}, benutzt.

Tabelle 1-2. *Dimensionen einiger physikalischer Größen*

Größe	Dimension
Fläche	l^2
Volumen	l^3
Geschwindigkeit	lt^{-1}
Beschleunigung	lt^{-2}
Dichte	ml^{-3}
Impuls	mlt^{-1}
Kraft	mlt^{-2}
Energie	ml^2t^{-2}
Frequenz	t^{-1}
Drehimpuls	ml^2t^{-2}
Druck	$ml^{-1}t^{-2}$

Länge

Die Definitionen von Länge, Fläche und Volumen beziehen sich auf die Euklidische Geometrie. Zur Zeit sind noch eine Reihe von Längenmaßen in Gebrauch, wie Meter, Inch, Fuß, Meile und Zentimeter. Im Jahre 1978 benutzten alle Nationen der Erde, außer Burma, Liberia, Jemen, Brunei und den Vereinigten Staaten, das metrische System oder waren dabei, es einzuführen. Obwohl das britische Einheitensystem immer noch das offizielle System der USA ist, benutzen doch die amerikanischen Wissenschaftler das metrische System. Auch in diesem Buch soll das metrische System verwendet werden.

[1]) AAAS: American Association for the Advancement of Science

Tabelle 1-3. *Vorsilben für metrische Einheiten*

Vorsilbe	Abkürzung	Zehnerpotenz
Tera	T	10^{12}
Giga	G	10^{9}
Mega	M	10^{6}
Kilo	k	10^{3}
Dezi	d	10^{-1}
Zenti	c	10^{-2}
Milli	m	10^{-3}
Mikro	μ	10^{-6}
Nano	n	10^{-9}
Pico	p	10^{-12}
Femto	f	10^{-15}

Das Meter wurde ursprünglich im Zusammenhang mit dem Abstand vom Nordpol zum Äquator definiert. Dieser Abstand ist fast genau 10000 Kilometer (km) oder 10^7 Meter (m). Bis in die neueste Zeit wurde als Standardmeter der Abstand zwischen 2 Markierungen auf einem Barren aus Platin (dem Urmeter) genommen, der in Sèvres bei Paris im Bureau des Poids et Mésures aufbewahrt wird. Um die Genauigkeit der Definition des Meters zu erhöhen, wurde die Länge durch eine bestimmte Anzahl von Wellenlängen einer bestimmten Spektrallinie des Krypton-Isotops 86 festgelegt. Innerhalb des metrischen Systems sind Umrechnungen auf andere Einheiten sehr einfach: man benutzt einfach eine Vorsilbe, die die gewünschte Zehnerpotenz kennzeichnet (Tab. 1-3).

Zeit

Zeit ist ein physikalischer Begriff; daher muß sich ihre Definition auf gewisse physikalische Gesetze beziehen. So ist z. B. nach den Gesetzen der Physik die Zeitdauer, in der sich die Erde einmal um sich selbst dreht, mit sehr großer Genauigkeit konstant. Diese Tatsache wurde dazu benutzt, um eine grundlegende Zeiteinheit zu definieren: den mittleren Sonnentag. Ebenso besagen die Gesetze der Physik, daß die Schwingungsdauer eines oszillierenden Kristallplättchens in einem Quarzoszillator konstant bleiben muß, wenn Temperatur und andere äußere Bedingungen konstant gehalten werden. Somit kann mit Hilfe eines elektronischen Quarzoszillators eine sehr genaue Uhr gebaut werden. Die heutigen genauen, batteriebetriebenen Armbanduhren benutzen solche Kristalloszillatoren.

Wenn jedoch die Rotation der Erde mit genauen Quarzoszillatoren untersucht wird, stellt man fest, daß sich die Rotationsgeschwindigkeit mit der Zeit verlangsamt. Diese Verlangsamung kommt hauptsächlich durch die Gezeitenkräfte auf der Erde zustande. Vergleicht man nun aber zwei identische Quarzoszillatoren, so stellt man fest, daß sich ihre Frequenzen mit der Zeit ganz leicht verschieben. Die Ursache dieser Frequenzdrift ist bekannt. Eine größere Genauigkeit kann man erwarten, wenn man die Schwingungen mißt, die bei Elektronenübergängen in Atomen auftreten. Zur Zeit benutzen die genauesten Uhren Schwingungen, die vom Cäsium-Isotop 133 erzeugt werden. Die Sekunde ist heute definiert als die Dauer von 9192631770 Perioden einer bestimmten Schwingung des Cäsium-133-Atoms.

Wenn wir einen physikalischen Begriff wie die Zeit mit Hilfe von physikalischen Gesetzen festlegen, so müssen wir bedenken, daß wir nicht absolut sicher sind, ob diese Gesetze auch in vollem Umfang richtig sind. Wenn wir z. B. annehmen, daß die Lichtgeschwindigkeit mit der Zeit langsam zunimmt, so würde dies Änderungen in unseren Standards für Länge und Zeit nach sich ziehen. Es gibt bis jetzt keine experimentellen Beweise dafür, daß sich die allgemeinen physikalischen Konstanten im Laufe der Zeit ändern. Aber das schließt natürlich nicht die Möglichkeit von Veränderungen aus, deren Größe unterhalb der heutigen Meßgenauigkeit liegt. Wir werden im Verlaufe dieses Buches sehen, daß es nicht ungewöhnlich ist, wenn „geheiligte" physikalische

Gesetze durch neue experimentelle Daten umgestoßen werden. Wir müssen uns daran gewöhnen, den existierenden physikalischen Gesetzen kritisch gegenüberzustehen, und müssen darauf vorbereitet sein, sie zu modifizieren, sobald experimentelle Beweise gegen sie sprechen. Eine physikalische Theorie mag noch so schön und zwingend sein, sie muß doch auf einer experimentellen Grundlage ruhen. Eine physikalische Theorie sagt neue Experimente voraus, mit deren Hilfe man wiederum die Theorie testen kann. Falls diese Tests negativ ausfallen, so muß die Theorie modifiziert oder sogar aufgegeben werden.

Masse

Masse ist ebenfalls ein physikalischer Begriff, der mit Hilfe gewisser physikalischer Gesetze definiert werden muß. In Kap. 4 werden wir eine moderne Definition der Masse kennenlernen, die sich auf das Gesetz der Impulserhaltung stützt. Im metrischen System wurde als Masseneinheit ursprünglich die Masse definiert, die in 1 Kubikzentimeter (cm^3) Wasser bei spezifizierten Druck- und Temperaturbedingungen enthalten ist. Diese Masse wurde als Gramm bezeichnet. Damit ist die Dichte von Wasser als 1 Gramm pro Kubikzentimeter (g/cm^3) definiert. Das heutige Standardkilogramm (kg) ist ein Zylinder aus einer Platin-Iridium-Legierung, der in einer Stahlkammer in Sèvres in Frankreich aufbewahrt wird.

MKS und cgs

In der Physik werden Größen wie Kraft und Energie gewöhnlich in Einheiten angegeben, die auf Meter, Kilogramm und Sekunde oder auf Zentimeter, Gramm und Sekunde beruhen. Die ersteren Einheiten gehören zum MKS-, die letzteren zum cgs-System. Obwohl der Übergang vom MKS- zum cgs-System nur ein Verschieben von Dezimalstellen bedeutet, so ist es doch wichtig, beim Lösen von Aufgaben alle Größen entweder in das MKS- oder ins cgs-System umzurechnen. Gemischte Einheiten sollten auf keinen Fall benutzt werden. Im Verlauf dieses Buches werden wir dem neuesten Trend folgen und das MKS-System bevorzugen. Dieses System, zusammen mit den Einheiten Kelvin für die Temperatur und Ampere für die elektrische Stromstärke, wird als Internationales Einheitensystem bezeichnet (*Système International* d'Unités = SI).

Wir werden die folgenden Abkürzungen benutzen: m für Meter, kg für Kilogramm, g für Gramm, s für Sekunde, h für Stunde, K für Kelvin und A für Ampere. (Andere Abkürzungen: km für Kilometer, cm für Zentimeter, μs für Mikrosekunde, ns für Nanosekunde usw.)

Die meisten Lösungen physikalischer Aufgaben bestehen aus einer Zahl und einer zugehörigen Einheit. Wir weisen darauf hin, daß eine Lösung ohne explizite Angabe der Einheit unvollständig ist. Die Einheit ist eine quantitative Größe und ein wesentlicher Bestandteil des numerischen Ergebnisses.

Umrechnung von Einheiten

Um ein physikalisches Problem möglichst einfach zu lösen, ist es häufig erforderlich, die Einheiten von gegebenen Größen in ein anderes Maßsystem umzurechnen. Außerdem passiert es häufig, daß man auf eine gemischte Einheit stößt, wie z. B. Meilen pro Stunde (mi/h) für eine Geschwindigkeit, die dann z. B. in Meter pro Sekunde (m/s) umgerechnet werden muß.

Als Beispiel wollen wir die Geschwindigkeit von 60 mi/h (Meilen je Stunde) in m/s umwandeln. Zur Verdeutlichung werden alle neu substituierten Größen in Klammern gesetzt.

$$v = 60\,\frac{\text{mi}}{\text{h}} = 60 \cdot \frac{(1\ \text{mi})}{(1\ \text{h})}.$$

Nun ersetzen wir die Größe (1 mi) durch ihr Äquivalent in Meter $(1{,}61 \cdot 10^3\ \text{m})$:

$$v = 60 \cdot \frac{(1{,}61 \cdot 10^3\ \text{m})}{(1\ \text{h})}.$$

Für (1 h) im Nenner schreiben wir $(3{,}6 \cdot 10^3\ \text{s})$:

$$v = 60 \cdot \frac{(1{,}61 \cdot 10^3\ \text{m})}{(3{,}6 \cdot 10^3\ \text{s})}$$

$$= 26{,}8\ \text{m/s}.$$

Eine andere Umrechnungsmethode ist die Multiplikation mit 1, wobei die beiden Größen

$$\left(\frac{1{,}61 \cdot 10^3\ \text{m}}{1\ \text{mi}}\right) \quad \text{und} \quad \left(\frac{1\ \text{h}}{3\,600\ \text{s}}\right)$$

den Wert 1 besitzen:

$$\frac{60\ \text{mi}}{\text{h}} \cdot 1 \cdot 1 = 60\,\frac{\text{mi}}{\text{h}} \cdot \left(\frac{1{,}61 \cdot 10^3\ \text{m}}{1\ \text{mi}}\right)\left(\frac{\text{h}}{3\,600\ \text{s}}\right)$$

$$= \frac{60 \cdot 1{,}61 \cdot 10^3\ \text{mi m h}}{3\,600\ \text{h mi s}} = 26{,}8\,\frac{\text{m}}{\text{s}}.$$

Es ist häufig bequemer, negative Exponenten zu benutzen, statt die Einheiten in den Nenner zu schreiben. Dann wird m/s als m s^{-1} geschrieben. Beide Ausdrucksmöglichkeiten werden im vorliegenden Buch benutzt.

1-3 Dimensionsanalyse

Bei vielen physikalischen Problemen ist es notwendig, von einer oder von mehreren Grundgleichungen auszugehen, um eine spezielle Formel abzuleiten. So hätte man z. B. gerne eine Formel für die Geschwindigkeit eines Autos in Abhängigkeit von Beschleunigung a und zurückgelegtem Weg x, wenn dieses mit konstanter Beschleunigung aus dem Ruhezustand startet. In diesem Fall sind die Ausgangsgleichungen die Definitionen von Geschwindigkeit und Beschleunigung, wie sie im nächsten Kapitel angegeben werden. Die gewünschte spezielle Formel lautet $v = \sqrt{2ax}$. Angenommen, wir haben Schwierigkeiten mit der Ableitung oder wir bleiben irgendwo stecken, dann gibt es glücklicherweise ein einfaches Verfahren, das in vielen Fällen helfen kann, die Formel zu finden oder diese Formel auf ihre Richtigkeit zu prüfen. Dieses Verfahren, die sogenannte Dimensionsanalyse, ergibt eine korrekte Formel, abgesehen von dimensionslosen Proportionalitätsfaktoren. Für das obige Beispiel würde die Dimensionsanalyse $v \sim \sqrt{ax}$ ergeben, den Faktor $\sqrt{2}$ jedoch kann sie nicht erklären. (Das Symbol $\sim$ bedeutet „ist proportional zu".)

Um eine allgemeine Beziehung abzuleiten, setzt man

$$v \sim a^p x^q, \tag{1-1}$$

wobei p und q unbekannte Exponenten darstellen. Dann braucht man nur noch die Dimensionen auf beiden Seiten zu vergleichen. Die drei Grundgrößen Masse, Länge und Zeit werden als Dimensionen bezeichnet. Die Dimension der Geschwindigkeit ist Weg pro Zeit, also lt^{-1}. Für die rechte Seite erhalten wir:

$$\text{Dimension von } [a^p x^q] = \left(\frac{l}{t^2}\right)^p (l)^q$$

$$= l^{p+q} t^{-2p}.$$

Gleichsetzen der Dimensionen auf beiden Seiten ergibt

$$lt^{-1} = l^{p+q} t^{-2p}.$$

Da die Exponenten von l auf beiden Seiten gleich sein müssen, erhalten wir

$$1 = (p + q). \tag{1-2}$$

Gleichsetzen der Exponenten von t ergibt

$$-1 = -2p$$

oder

$$p = \tfrac{1}{2}.$$

Setzen wir nun p in Gl. (1-2) ein:

$$1 = (\tfrac{1}{2}) + q,$$

$$q = \tfrac{1}{2}.$$

Einsetzen von $p = \frac{1}{2}$ und $q = \frac{1}{2}$ in Gl. (1-1) ergibt

$$v \sim a^{1/2}x^{1/2}$$

oder

$$v \sim \sqrt{ax}.$$

Wie erwartet, fehlt der Faktor $\sqrt{2}$. Sehr oft hat man bei diesem Verfahren Glück, und die Proportionalitätskonstante ist 1. Im folgenden Beispiel ist die korrekte Proportionalitätskonstante 1,18. (Der „Stern" an einem Beispiel bedeutet, daß dieses Beispiel im allgemeinen für einen Anfänger zu schwierig ist.)

***Beispiel 1:** Leite mit Hilfe der Dimensionsanalyse eine Formel für die Schallgeschwindigkeit in einem Gas der Dichte ϱ her.

Lösung: Die einzig möglichen Variablen sind der Druck P, die Temperatur T und die Dichte ϱ des Gases. (Wir werden in Kap. 12 sehen, daß nur zwei dieser Variablen unabhängig voneinander sind: bei gegebener Dichte ist der Druck proportional zur Temperatur.) Wir setzen an:

$$v \sim \varrho^p P^q.$$

Die Dichte ϱ hat die Einheit kg/m^3 oder die Dimension ml^{-3}. Druck ist Kraft pro Fläche und hat nach Tab. 1-2 die Dimension $ml^{-1}t^{-2}$. Gleichsetzen der Dimensionen von beiden Seiten der obigen Gleichung ergibt

$$lt^{-1} = (ml^{-3})^p\,(ml^{-1}t^{-2})^q.$$

Gleichsetzen der Exponenten

$$\text{von } m: \quad 0 = p + q,$$

$$\text{von } t: \quad -1 = -2q,$$

$$\text{von } l: \quad 1 = -3p - q.$$

Die Lösung ist $p = -\frac{1}{2}$ und $q = \frac{1}{2}$. Also ist

$$v \sim \sqrt{\frac{P}{\varrho}}.$$

Die exakte Lösung für ein Gas wie Luft lautet

$$v = 1{,}18\sqrt{\frac{P}{\varrho}}.$$

In vielen Fällen ist es nicht notwendig, die Proportionalitätskonstanten zu kennen. Ein Beispiel dafür ist der Vergleich der Schallgeschwindigkeiten verschiedener Gase bei gleichem Druck. Die Dimensionsanalyse ergibt, daß die Schallgeschwindigkeit umgekehrt proportional zur Quadratwurzel der Dichte ist.

Die Dimensionsanalyse ist ein gutes Mittel, um schnell Herleitungen und Rechnungen zu überprüfen; häufig ist sie auch in der Lage, Schwierigkeiten bei der Lösung von Examensarbeiten zu überwinden. Unser nächstes Beispiel soll die Leistungsfähigkeit der Dimensionsanalyse verdeutlichen. Wir können sie sogar auf physikalische Probleme anwenden, über die wir nur relativ wenig wissen; trotzdem erhalten wir brauchbare Ergebnisse.

Beispiel 2: Wie schnell muß ein Auto, das eine Tonne (1000 kg) wiegt, fahren, damit die Kraft des Luftwiderstandes vergleichbar mit seinem Gewicht wird? (Das Gewicht beträgt 10^4 kg m s^{-2} in MKS-Einheiten.) Die Querschnittsfläche des Wagens sei 2 m^2 und die Dichte der Luft 1 kg/m^3. Wir nehmen an, daß der Luftwiderstand vom Querschnitt A, von der Geschwindigkeit des Wagens v und von der Dichte der Luft ϱ, die der Wagen vor sich herschiebt, abhängt:

$$F_{\text{Luftwid.}} \sim A^p \varrho^q v^r. \quad \textbf{(1-3)}$$

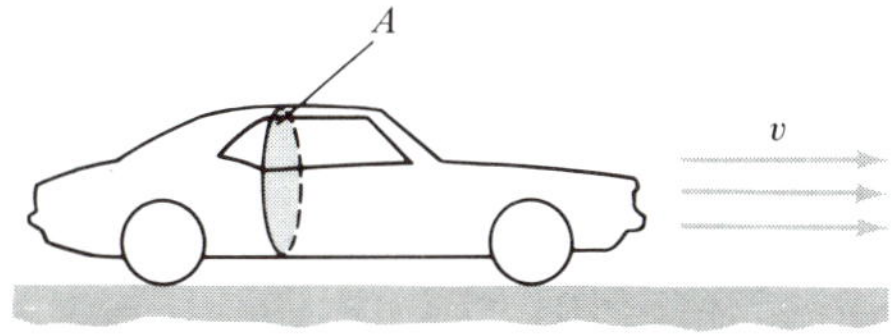

Abb. 1-2. *A ist die Querschnittsfläche des Wagens.*

Lösung: Gemäß Tab. 1-2 ist die Dimension der Kraft mlt^{-2}; also

$$mlt^{-2} = (l^2)^p (ml^{-3})^q (lt^{-1})^r.$$

Gleichsetzen der Dimensionen ergibt

$$\text{für } m: \quad 1 = q,$$

$$\text{für } l: \quad 1 = 2p - 3q + r,$$

$$\text{für } t: \quad -2 = -r.$$

Als Lösung erhalten wir $q = 1$, $r = 2$, $p = 1$. Eingesetzt in Gl. (1-3) ergibt sich

$$F_{\text{Luftwid.}} \sim A\varrho v^2.$$

Diese Gleichung ist bis auf einen Faktor $\frac{1}{2}$ richtig (vgl. S. 135). Auflösung nach v ergibt

$$v \approx \sqrt{\frac{F}{A\varrho}}.$$

Wenn der Luftwiderstand genauso groß wie das Wagengewicht wird, also $F = 10^4$ kg m s^{-2}, erhält man

$$v \approx \sqrt{\frac{10^4 \text{ kg m s}^{-2}}{(2\text{ m}^2)(1\text{ kg m}^{-3})}} = 70 \text{ m/s} = 252 \text{ km/h}.$$

Das bedeutet, daß eine Maschine, die in der Lage ist, einem Auto eine Geschwindigkeit von 252 km/h zu verleihen, dieses Auto ebenso an einer senkrechten Wand hochfahren lassen könnte (natürlich unter der Voraussetzung, daß die Reifen daran haften). Außerdem sehen wir, daß der Luftwiderstand mit dem Quadrat der Geschwindigkeit anwächst. Das bedeutet, daß ein Wagen mit 60 km/h nur ein Sechzehntel des Luftwiderstandes des obigen Wagens spürt. Es ist offensichtlich, daß man durch langsameres Fahren Benzin sparen kann.

1-4 Die Genauigkeit in der Physik

Die Physik rechnet zu den exakten Wissenschaften. Allerdings mögen Studenten, die ein physikalisches Labor kennengelernt haben, anders darüber denken – und in gewissem Sinne haben sie recht. Im allgemeinen ergeben Meßinstrumente nie exakte Ergebnisse. Eine Strecke von 5 cm kann mit Hilfe eines billigen Plastiklineals nur mit einer Genauigkeit von 1 % abgelesen werden. Aber zusätzlich zur Ableseungenauigkeit dehnt sich Plastik mit steigender Temperatur aus; das bedeutet, daß Fehler entstehen, die als systematische Fehler bezeichnet werden. Es ist meist sehr schwierig, die Größe der systematischen Fehler abzuschätzen. Es ist eine ernüchternde Erfahrung, in einem physikalischen Labor allen systematischen Fehlern nachzugehen und deren Größe zu bestimmen. Physiker in der Praxis sind fortwährend mit diesem Problem beschäftigt.

Eines der genauesten Meßinstrumente ist ein Frequenzmesser oder Zähler, der die Anzahl der Schwingungen eines Oszillators zählt. Einer der stabilsten und genauesten Oszillatoren ist die Cäsium-Atomuhr, die durch die Frequenz eines wohldefinierten Hyperfein-Überganges im Grundzustand des Cäsium-133-Atoms gesteuert wird. Zwei solche Oszillatoren bleiben in Phase mit einer Genauigkeit von etwa 1 zu 10^{12}. Sie sind so genau, daß die Sekunde als 9192631770 Perioden einer Schwingung einer „idealen“ Cäsium-Atomstrahluhr definiert werden konnte, wie bereits in Abschn. 1-2 erwähnt.

Genauigkeit des Mittelwertes

Die Genauigkeit eines Meßergebnisses kann verbessert werden, indem man die Messung mehrmals durchführt und dann den Mittelwert berechnet. Als Beispiel wollen wir annehmen, daß n identische Atomuhren das gleiche unbekannte Zeitintervall messen und als Meßergebnis $t_1, t_2, \ldots, t_n$ liefern (die Atomuhren werden gleichzeitig ein- und wieder ausgeschaltet). Dann erhält man als besten Wert für das zu messende Zeitintervall den Mittelwert

$$\bar{t} = \frac{t_1 + t_2 + \ldots + t_n}{n}.$$

Wenn der Fehler einer einzelnen Uhr σ ist, dann kann leicht gezeigt werden, daß der Fehler von $\bar{t}$ sich zu $(\sigma/\sqrt{n})$ ergibt. Wir können das Gesamtergebnis ausdrücken als $t = \bar{t} \pm \sigma/\sqrt{n}$, wobei σ der typische Fehler der Einzelmessung ist. Diese Betrachtung gilt nur für zufällige Fehler, nicht für systematische Fehler.

Genauigkeit von Zahlenangaben

Angenommen, ein Experiment zur Messung einer Geschwindigkeit mit Hilfe eines Lineals und einer genauen Uhr ergibt, daß der beobachtete Körper in „genau“ 3 Sekunden 10 cm zurücklegt. Dann ist

$$v = \frac{10\ \text{cm}}{3\ \text{s}} = 3{,}33333\ \text{cm/s}.$$

Jetzt stellt sich natürlich das Problem, wie viele Dezimalstellen bei der Angabe der Geschwindigkeit berücksichtigt werden müssen. Es ist üblich, höchstens eine Dezimalstelle mehr anzugeben, als es der Genauigkeit des Ergebnisses entspricht. Wenn also die 10 cm nur mit einer Genauigkeit von 1% gemessen wurden, so kann man als Ergebnis der Geschwindigkeitsmessung angeben: $v = (3{,}33 \pm 0{,}03)$ cm/s. Der wahre Wert von v liegt irgendwo zwischen 3,30 und 3,36 cm/s, die zweite Stelle hinter dem Komma ist bereits etwas unsicher. Man könnte zwar das Ergebnis als $v = 3$ cm/s oder als $v = 3{,}333$ cm/s schreiben, die Form $v = 3{,}33$ cm/s ist jedoch vorzuziehen. Die Angabe von mehr Dezimalstellen wäre nicht nur überflüssig, sondern sogar mißverständlich. Man würde ein besseres Ergebnis angeben, als es der Wirklichkeit entspricht.

Wenn die Geschwindigkeit $v = 3{,}33$ cm/s zu einer anderen Geschwindigkeit $v' = 4{,}51$ m/s, die auch nur mit 1% Genauigkeit bekannt ist, addiert wird, ergibt sich:

$$\begin{aligned} v &= 3{,}33 \text{ cm/s} \\ v' &= 451{,}00 \text{ cm/s} \\ \hline v + v' &= 454{,}33 \text{ cm/s} \end{aligned}$$

Man beachte, daß man bei einer solchen Angabe des Ergebnisses annehmen muß, daß die Genauigkeit bei 1 zu 10^4 liegt und nicht beim tatsächlichen Wert von 1 zu 10^2. In diesem Fall muß also die Antwort lauten: $v + v' = 454$ cm/s.

Sofern nicht anders angegeben, sollen die meisten Größen in diesem Buch mit einer Genauigkeit von 1% angegeben werden. Ebenfalls sollten die Übungsaufgaben mit dieser Genauigkeit bearbeitet werden.

Beispiel 3: Ein Student wiederholt mehrfach die Messung der Periode eines Pendels mit Hilfe einer Stoppuhr. Seine Messungen schwanken im Mittel um 1/10 s. Wie oft muß er seine Messungen wiederholen, damit die Periodendauer mit einer Genauigkeit von 1/100 s angegeben werden kann?

Lösung: Es gilt:

$$\text{Fehler des Mittelwertes} = \frac{\sigma}{\sqrt{n}},$$

$$(1/100 \text{ s}) = \frac{(1/10 \text{ s})}{\sqrt{n}},$$

$$\sqrt{n} = \frac{1/10 \text{ s}}{(1/100 \text{ s})} = 10$$

$$n = 100$$

Zur Verbesserung der Genauigkeit um einen Faktor 10 müssen 100 Messungen durchgeführt werden.

1-5 Die Mathematik in der Physik

Die Physik hat den Ruf, höhere Mathematik mit großem Schwierigkeitsgrad zu verwenden. Glücklicherweise ist das nicht der Fall, wenn wir uns nur mit den grundlegenden Begriffen und Prinzipien der Physik auseinandersetzen. Dies folgt aus den allgemeinen Eigenschaften von grundlegenden Naturgesetzen, die sich um so einfacher formulieren lassen, je mehr man sich der Wahrheit nähert. Die mathematische Behandlung wird dann sehr schwierig, wenn nichtelementare Dinge wie z. B. das Dreikörperproblem (die Bewegung von drei wechselseitig aufeinander einwirkenden Körpern) berechnet werden sollen. Das Dreikörperproblem ist deshalb nicht elementar, weil es eine Überlagerung von drei miteinander verknüpften Zweikörperproblemen ist. Das zugehörige elementare Problem löste Isaac Newton vor fast dreihundert Jahren, als er die Bahnen von zwei Körpern unter der Einwirkung einer Wechselwirkungskraft, die umgekehrt proportional zum Quadrat ihres Abstandes ist, bestimmte. Das Zweikörperproblem der Astronomie läßt sich mit elementarmathematischen Mitteln lösen (vgl. Kap. 5), dagegen erfordert die genaue Behandlung des Dreikörperproblems den Einsatz eines großen Elektronenrechners.

Der größte Teil der in diesem Buch beschriebenen Physik benutzt nur einfache Algebra, Geometrie und ein wenig Trigonometrie. Differentialrechnung wird in Kap. 2 eingeführt, wo wir $\frac{\mathrm{d}}{\mathrm{d}x}(x^2) = 2x$ benutzen. Ab Kap. 6 verwenden wir ein wenig Integralrechnung auf dem Niveau von $\int x\,\mathrm{d}x = \frac{1}{2}x^2$. Erst in Kap. 11 werden wir auf die Ableitungen von Sinus und Cosinus stoßen. Vektoranalysis wird in Kap. 3 eingeführt, wobei Produkte von Vektoren bis in die Kapitel 6 und 10 aufgeschoben werden. Dieses Buch kann als Physiklehrbuch auch von den Studenten benutzt werden, die die Mathematikvorlesungen noch nicht abgeschlossen haben. Für den Anfang reichen durchaus gute Schulkenntnisse in Algebra aus.

Im folgenden werden eine Reihe von Fehlern vorgestellt, die häufiger von Studenten am Anfang ihrer Ausbildung gemacht werden. Der Leser sollte diese Fehler leicht erkennen und in der Lage sein, die richtigen Ergebnisse anzugeben. Die korrekten Antworten werden in Anhang 1-1 gegeben. Ein Leser, der Schwierigkeiten bei diesen Aufgaben empfindet, hat wahrscheinlich auch Schwierigkeiten, Physik zu lernen.

Einige häufig auftretende Fehler

1 $(a + b)^2 = a^2 + b^2$

2 $\frac{1}{a + b} = \frac{1}{a} + \frac{1}{b}$

3 Die Hälfte von 10^{-10} ist 10^{-5}

4 $\frac{A}{B} + \frac{X}{Y} = \frac{A + X}{B + Y}$

5 4 dividiert durch $\frac{1}{2}$ ist 2

6 $\sqrt{16ab} = 4ab$

7 $\frac{1}{2}$ von $10^{-8} = 5^{-8}$

8 $\frac{10^{-10}}{10^{-5}} = 10^{-15}$

9 $\log AB = \log A \log B$

10 $\sin(A + B) = \sin A + \sin B$

Besondere Bedeutung haben in der Algebra Exponenten, Logarithmen, gekoppelte Gleichungen sowie die Binomialentwicklung. Die Benutzung von Exponenten wird teilweise im folgenden Abschnitt über Zehnerpotenzen erläutert. Zur Erinnerung geben wir eine Binomialentwicklung an:

$$(1 + a)^n = 1 + na + \frac{n(n-1)}{1 \cdot 2} a^2 + \frac{n(n-1)(n-2)}{1 \cdot 2 \cdot 3} a^3 + \dots$$

Dies kann unter Benutzung des Summationszeichens zusammengefaßt werden:

$$(1 + a)^n = \sum_{j=0}^{\infty} \left(\frac{n!}{j!\,(n-j)!} a^j \right).$$

Das Summationszeichen $\sum$ bedeutet die fortlaufende Summation der Terme, bei denen der Wert j nacheinander um 1 erhöht wird. Dazu zwei Beispiele:

$$\sum_{j=1}^{5} (j) = 1 + 2 + 3 + 4 + 5,$$

$$\sum_{j=1}^{n} (x_j t_j) = x_1 t_1 + x_2 t_2 + \dots + x_n t_n.$$

Ein gebräuchliches Beispiel für die Benutzung gekoppelter Gleichungen ist die Eliminierung unerwünschter Variabler. Wir wollen dazu ein Beispiel aus Kap. 3 mit drei gekoppelten Gleichungen betrachten. Um das Problem zu lösen, brauchen wir nicht zu wissen, was die einzelnen Symbole bedeuten. Die Zentripetalbeschleunigung a_c soll als Funktion des Radius R und der Frequenz f angegeben werden, wobei man von den folgenden 3 Gleichungen ausgeht:

$$a_c = \frac{v^2}{R}, \qquad (1\text{-}4)$$

$$v = \frac{2\pi R}{t}, \qquad (1\text{-}5)$$

$$f = \frac{1}{t}.$$

Wir gehen so vor, daß wir durch Substitution zunächst v eliminieren. Dazu setzen wir v von Gl. (1-5) in Gl. (1-4) ein:

$$a_c = \frac{(2\pi R/t)^2}{R} = \frac{4\pi^2 R}{t^2}.$$

In dieser Gleichung ersetzen wir nun t durch $1/f$:

$$a_c = \frac{4\pi^2 R}{(1/f)^2} = 4\pi^2 f^2 R.$$

Die Klammer wird hierbei verwendet, um auf die vorgenommene Substitution hinzuweisen.

Auf einen weiteren wichtigen Punkt in diesem Zusammenhang, nämlich auf das Lesen und Zeichnen von Kurven und graphischen Darstellungen, wollen wir im nächsten Kapitel näher eingehen.

Zehnerpotenzen

Viele Größen, mit denen man in der Physik zu tun hat, sind viel größer bzw. viel kleiner als 1. Aus Gründen der Bequemlichkeit ist es üblich, jede Größe, unabhängig davon, wie groß oder klein sie ist, als Produkt einer Zahl zwischen 1 und 10 und einer entsprechenden Zehnerpotenz zu schreiben. Zum Beispiel ist die Masse des Elektrons $9{,}11 \cdot 10^{-31}$ kg. Die Mantisse ist 9,11 und der Exponent oder die Zehnerpotenz ist -31. Die Masse der Sonne beträgt $1{,}99 \cdot 10^{30}$ kg. Wir sehen, daß Massen in der Physik einen Bereich von $\sim 10^{60}$ überdecken können. Strecken überdecken einen ähnlichen Bereich von Größenordnungen.

Bei der Lösung von numerischen Problemen hat es sich als günstig erwiesen, zur Ermittlung der Mantisse zunächst eine grobe Überschlagsberechnung vorzunehmen, bevor man einen Rechenschieber bzw. einen einfachen Taschenrechner zu Hilfe nimmt. Die Mantissen werden dabei sinnvollerweise auf eine Stelle gerundet. Einfache Taschenrechner überdecken einen Bereich von 10^{-8} bis 10^{8}, während wissenschaftliche Taschenrechner von 10^{-99} bis 10^{99} reichen. Selbstverständlich sind die letzteren für Physikstudenten weit geeigneter. Ebenfalls ist es wichtig, daß der Taschenrechner über trigonometrische und logarithmische Funktionen sowie über Zwischenspeicher verfügt.

Ein weiterer Vorteil der Zehnerpotenzen zeigt sich bei der Multiplikation und Division. Hierbei brauchen die Exponenten nur addiert bzw. subtrahiert zu werden. Man macht Gebrauch von der Beziehung $10^a \cdot 10^b = 10^{(a+b)}$ und $10^a/10^b = 10^{(a-b)}$.

Die beiden folgenden Beispiele sollen zur Übung bei der Verwendung großer Zahlen sowie bei der Umrechnung von Einheiten dienen. Außerdem sind sie in Zusammenhang mit dem folgenden Abschnitt von gewisser sozialer und politischer Relevanz.

Beispiel 4: Die in den Vereinigten Staaten produzierte elektrische Leistung beträgt, über ein Jahr gemittelt, 250 Millionen Kilowatt (kW). Welche Fläche müßte mit Sonnenzellen bedeckt werden, damit diese elektrische Leistung von der Sonne bereitgestellt werden könnte? Es soll ein Wirkungsgrad von 10% für die Umwandlung von Sonnenenergie in elektrische Energie angenommen werden. Die mittlere mittägliche Sonneneinstrahlung im südlichen Teil der Vereinigten Staaten beträgt etwa 1 kW/m².

Lösung: Nach der Umwandlung der 1 kW/m^2 in elektrische Leistung verbleiben noch 100 W/m^2. Gemittelt über 24 Stunden sind es etwa 25 W/m^2. $P_{total} = 2{,}5 \cdot 10^{11}$ W ist die gesamte benötigte Leistung und A_{total} die Gesamtfläche, die Sonnenenergie auffängt. Dann ist

$$\frac{P_{total}}{A_{total}} = 25\ \mathrm{W/m^2},$$

$$A_{total} = \frac{P_{total}}{25\ \mathrm{W/m^2}} = \frac{2{,}5 \cdot 10^{11}\ \mathrm{W}}{25\ \mathrm{W/m^2}} = 10^{10}\ \mathrm{m^2} = 10^4\ \mathrm{km^2}. \qquad \textbf{(1-6)}$$

Um dieses Ergebnis in Quadratmeilen umzuwandeln, benutzen wir:

$$1\ \mathrm{mi} = 1{,}61\ \mathrm{km} = 1{,}61 \cdot 10^3\ \mathrm{m}$$

oder

$$1\ \mathrm{m} = \frac{1\ \mathrm{mi}}{1{,}61 \cdot 10^3}.$$

In Gl. (1-6) eingesetzt ergibt sich:

$$A_{total} = 10^{10}\left(\frac{1\ \mathrm{mi}}{1{,}61 \cdot 10^3}\right)^2 = \frac{10^{10}}{1{,}61^2 \cdot 10^6}\ \mathrm{mi^2} = 3{,}9 \cdot 10^3\ \mathrm{mi^2}.$$

Dies entspricht einem quadratischen Stück Land mit etwa 62 Meilen bzw. 100 Kilometern Seitenlänge.

Ob nun die Vereinigten Staaten eine solche Fläche zur Erzeugung von Sonnenenergie zur Verfügung stellen, ist eine Frage von sozialer und politischer Bedeutung, eine Frage der Ökonomie, der Ökologie, der Technik und der Politik; es hat fast nichts mit Physik zu tun.

In der obigen Rechnung sind Fragen der Energiespeicherung und der Übertragungsverluste nicht berücksichtigt.

Beispiel 5: Der Vorrat der USA an Kernwaffen wurde im Jahre 1960 auf etwa 40 Millionen Kilotonnen TNT-Äquivalent geschätzt. (Die Hiroshima-Bombe entsprach etwa 15 Kilotonnen TNT.) Wie viele Hiroshima-Bomben pro Stadt wären dies, wenn dieser gesamte Vorrat über einem feindlichen Land mit etwa 200 Städten abgeworfen würde?

Lösung:

$$\text{Bomben/Stadt} = \frac{(40 \cdot 10^6 \text{ Kilotonnen})}{(15 \text{ Kilotonnen/Bombe})(200 \text{ Städte})}$$

$$= \frac{40 \cdot 10^6 \text{ Bomben}}{30 \cdot 10^2 \text{ Stadt}} = 1{,}3 \cdot 10^4 \text{ Bomben/Stadt}$$

Verglichen mit Hiroshima ist dies ein „Overkill"-Faktor von $\sim 10^4$.

Diese beiden Beispiele sind typisch für die Art von Rechnungen, auf die Wissenschaftler überall stoßen. Ein Wissenschaftler sollte in der Lage sein, solche Art Rechnungen auf einem Briefumschlag ohne Rechenschieber und ohne Taschenrechner durchzuführen.

1-6 Wissenschaft und Gesellschaft

Die beiden vorigen Beispiele haben verdeutlicht, wie Wissenschaft und Technologie mit der Gesellschaft wechselwirken, einmal in lebensförderndem und dann auch in lebensbedrohendem Sinne. Die Frage, ob man einen Overkill-Faktor von 10 oder von 10000 haben sollte, wird nicht von Wissenschaftlern entschieden. Die Entscheidung, wie viele Bomben man vorrätig halten sollte und ob man sie weiter testen sollte, wird von den Verantwortlichen in der Regierung getroffen.

1978 waren in den USA drei Naturwissenschaftler im Kongreß und einer im Senat. Kongreßmitglieder wissen nicht, an wen sie sich wegen technischer Beratung wenden sollen. Sie haben Schwierigkeiten, bei technischen Problemen Stellung zu beziehen, z. B. bei der Nutzung der Sonnenenergie, bei SST[1]) (Überschalltransport), ABM[2]) (Raketenabwehr), MIRV[3]) (Raketen mit Mehrfachsprengköpfen), dem B-1-Bomber, der Zerstörung der Ozonschicht, bei den Marschflugkörpern, dem Trident-U-Boot-System usw. Aus diesem Grund hat im Jahre 1973 die AAAS (American Association for the Advancement of Science) und die American Physical Society ein Programm gestartet, das es Wissenschaftlern erlaubt, für ein Jahr oder länger in einem Kongreßbüro zu arbeiten. Eine der ersten, Jessica Tuchman, eine promovierte Biophysikerin von Cal Tech, faßte das Problem folgendermaßen zusammen: „Man kann jederzeit Experten finden, die zu fast jeder Frage z. B. über ABM oder SST gegensätzliche Standpunkte vertreten. Da niemand da ist, der diese Gutachten bewerten kann, begegnen die Politiker den Wissenschaftlern häufig mit Zynismus. Und genau das sollen wir verhindern; wir sind da, um zu übersetzen."

---

[1]) SST: supersonic transport

[2]) ABM: antiballistic missile

[3]) MIRV: multiple indenpendently targetable reentry vehicle

Für Physiker ist das Verstehen der uns umgebenden Welt ein erstrebenswertes Ziel. Der Mensch ist das einzige Lebewesen, das solcher Erkenntnis fähig ist. Die wissenschaftliche Erkenntnis ist ein zentraler Bestandteil unserer modernen Kultur und Zivilisation. Alle geistig schöpferischen Menschen werden versuchen, einen Überblick über den erreichten Wissensstand zu erlangen.

Eine zweite, jedoch weit häufiger genannte Begründung für eine Beschäftigung mit der Physik stellt die Nützlichkeit des naturwissenschaftlichen Verständnisses für den Menschen in unserem modernen technologischen Zeitalter dar, im Zeitalter der Automatisierung, der Luftverschmutzung, der Kernenergie, der Computer, der Raumfahrt, der Raketen und der Kernwaffen. Beinahe in jeder Tageszeitung findet man Artikel, die man ohne physikalische Kenntnisse nicht völlig verstehen kann. Fast jeden Tag erscheinen Artikel über Kernwaffen, Kernenergie, Energiesparen, Sonnen- oder Kernenergie, neue Waffen, Überwachung der Luftverschmutzung, Raumfahrt, UFOs, neue wissenschaftliche Entdeckungen und Pläne usw.

Anhang 1-1 Korrekte Lösungen für die häufig auftretenden Fehler

1 $(a + b)^2 = a^2 + 2ab + b^2$

2 $\frac{1}{a + b} = (a + b)^{-1}$

3 $\frac{1}{2}$ von $10^{-10} = \frac{1}{2} \cdot 10^{-10} = 5 \cdot 10^{-11}$

4 $\frac{A}{B} + \frac{X}{Y} = \frac{AY + BX}{BY}$

5 $\frac{4}{\frac{1}{2}} = 8$

6 $\sqrt{16ab} = 4\sqrt{ab}$

7 $\frac{1}{2}$ von $10^{-8} = \frac{1}{2} \cdot 10^{-8} = 5 \cdot 10^{-9}$

8 $\frac{10^{-10}}{10^{-5}} = 10^{(-10+5)} = 10^{-5}$

9 $\log AB = \log A + \log B$

10 $\sin(A + B) = \sin A \cos B + \cos A \sin B$

Aufgaben

Die Aufgaben 1 bis 13 sind kürzer oder einfacher als die Aufgaben 14 bis 31.

1. Es sei $K = \frac{1}{2}Mv^2$ und $P = Mv$. Drücke K als Funktion von P und M aus.

2. Dreieck A und Dreieck B sind ähnliche Dreiecke.

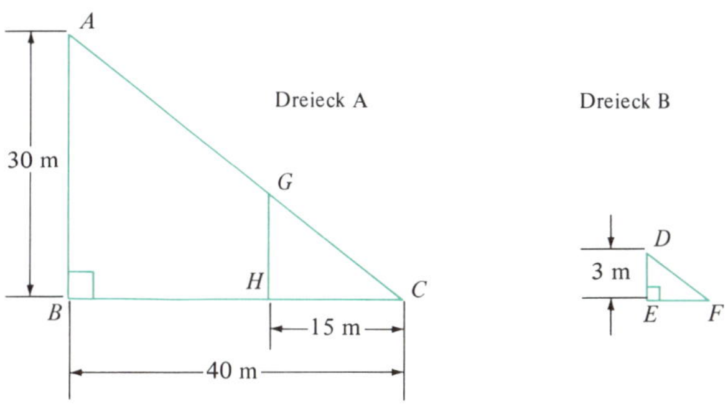

(a) Wie lang ist die Strecke EF in Dreieck B?
(b) Wie lang ist die Strecke GH in Dreieck A?

3. Eine Seifenmarke ist in zwei Größen erhältlich, beide von gleicher Gestalt. Die größere Seife ist 50% länger als die kleinere. Wieviel mehr Seife ist in dem größeren Stück?

4. Berechne $8^{2/3}$, $8^{-2/3}$ und $8^{3/2}$.

5. Zeige, daß $\frac{1+\beta}{\sqrt{1-\beta^2}} = \sqrt{\frac{1+\beta}{1-\beta}}$. Berechne $\frac{1-\beta}{\sqrt{1-\beta^2}}$.

6. Wenn $M = \frac{M_0}{\sqrt{1 - v^2/c^2}}$ ist, wie groß ist dann v in Abhängigkeit von M, M_0 und c?

7. Vereinfache $\exp\left(-\ln\frac{1}{x}\right)$. ($\exp a = e^a$, $e = 2{,}718$)

8. Die Kante eines Würfels wird mit einer Genauigkeit von 1% gemessen. Mit welcher Genauigkeit kann das Volumen des Würfels angegeben werden?

9. Zwei Gramm H_2-Gas enthalten $N_0 = 6{,}02 \cdot 10^{23}$ Moleküle. Wie groß ist die Masse des Wasserstoffatoms?

10. Entwickle $\left(1 - \frac{v^2}{c^2}\right)^{-1/2}$ nach dem Binomial-Theorem. Gib die ersten drei Terme an. Wie groß ist das Verhältnis vom dritten zum zweiten Term, wenn $v/c = 0{,}1$ ist.

11. Wenn eine Pizza von 20 cm Durchmesser 6,– DM kostet, was kostet dann eine Pizza von 30 cm Durchmesser?

12. Bei welchem Wert von x ist die Funktion $y = \exp(-x^2/2)$ um einen Faktor 2 abgefallen?

13. Bei welchem Wert von t ist die Funktion $y = \exp(-t/\tau)$ um einen Faktor 2 abgefallen? Gib das Ergebnis als Funktion von τ an.

Die folgenden Aufgaben sind schwieriger als die Aufgaben 1 bis 13:

14. Es sei $v = v_0 + at$ und $x = x_0 + v_0 t + \frac{1}{2}at^2$. Drücke v als Funktion von x_0, v_0, a und x aus.

15. Ein Objekt in einer Entfernung von 100 m erscheint unter einem Winkel von 1°. Wie hoch ist es? (Bestimme die Höhe, ohne trigonometrische Funktionen zu benützen).

16. Es sei $a = v^2/R$, $v = 2\pi R/t$ und $\nu = 1/t$. Drücke a als Funktion von ν und R aus.

17. Wenn $p = M_0\gamma v$, $E = M_0\gamma c^2$ und $\gamma = (1 - v^2/c^2)^{-1/2}$ ist, wie groß ist dann E als Funktion von M_0, p und c?

18. Trage y gegen x auf, wenn $y = \sin^2 x$ ist und x in Grad angegeben ist.

19. Gib E als Funktion von e und R mit Hilfe der folgenden Informationen an:

$$E = \tfrac{1}{2}mv^2 + U \qquad U = -e^2/R \qquad mv^2/R = e^2/R^2.$$

20. In den beiden folgenden Gleichungen sind x' und t' als Funktionen von x und t angegeben. Drücke x und t nun als Funktionen von x' und t' aus.

$$x' = \frac{x + \beta ct}{\sqrt{1 - \beta^2}} \qquad ct' = \frac{ct + \beta x}{\sqrt{1 - \beta^2}}$$

21. Eine Schallwelle läuft durch einen Metallstab mit einer Querschnittsfläche A. Die Welle wird durch das Verändern einer Kraft ΔF an einem Ende des Stabes erzeugt. Die Elongation des Stabes Δl ist proportional zu ΔF entsprechend der Formel

$$YA\frac{\Delta l}{l} = \Delta F \quad \text{oder} \quad Y := \frac{\Delta F/A}{\Delta l/l},$$

wobei Y als Youngscher Modul bezeichnet wird (Y ist für ein gegebenes Metall konstant). Leite eine Formel für die Schallgeschwindigkeit im Metallstab ab, und zwar als Funktion von Y und der Dichte ϱ. Benutze dazu die Dimensionsanalyse (ϱ ist Masse/Volumen).

22. Die durch „Verbrennen" von Uran in einem Kernreaktor erzeugte Leistung beträgt $P = 10^{-3}\, mc^2/t$. Dabei ist m die Uranmasse, t die Zeit und $c = 3 \cdot 10^8$ m/s die Lichtgeschwindigkeit. Falls m in Kilogramm und t in Sekunden angegeben wird, dann wird P in Watt gemessen. Der Wirkungsgrad für die Umwandlung dieser Energie in elektrische Energie liegt bei 30%. Wieviel Gramm Uran wird pro Tag benötigt, um die Vereinigten Staaten mit elektrischer Energie zu versorgen?

23. In der Relativitätstheorie ist $\gamma = m/m_0$ das Verhältnis der relativistischen Masse zur Ruhemasse. Die Geschwindigkeit ist $v = c(1 - 1/\gamma^2)^{1/2}$. Benutze die Binomialentwicklung und berechne die ersten beiden Terme.

24. Zeige, daß

$$\gamma_+ - \gamma_- = \frac{2\beta_0\beta}{\sqrt{(1 - \beta_0^2)(1 - \beta^2)}},$$

wobei

$$\gamma_+ = (1 - \beta_+^2)^{-1/2} \qquad \beta_+ = \frac{\beta_0 + \beta}{1 + \beta_0\beta},$$

$$\gamma_- = (1 - \beta_-^2)^{-1/2} \qquad \beta_- = \frac{\beta_0 - \beta}{1 - \beta_0\beta}.$$

25. Ein Pendel hat eine Schwingungsdauer von 2,5 s. 40 Messungen werden mit Stoppuhr A vorgenommen, die eine zufällige Meßungenauigkeit von $\sigma = 0{,}1$ s besitzt.

(a) Wie groß ist die Genauigkeit des Mittelwertes?

(b) 10 Messungen der Periode werden mit Stoppuhr B durchgeführt, bei der $\sigma = 0{,}05$ s ist. Welche Genauigkeit erhält man dann?

(c) Nimm an, die 40 Messungen in (a) und die 10 in (b) werden beide im gleichen Experiment durchgeführt. Mit welcher Genauigkeit kann nun die Periode angegeben werden?

26. In der vorhergehenden Aufgabe sieht man, daß vier Messungen mit Uhr A die gleiche Genauigkeit liefern wie eine Messung mit Uhr B. Wie groß ist die Genauigkeit des Mittelwertes von 25 (c), wenn mit jeder Stoppuhr je 10 Messungen durchgeführt werden?

27. Falls $\tan \alpha = \dfrac{\sin \theta + \sin 2\theta}{1 + \cos \theta + \cos 2\theta}$ ist, zeige, daß dann $\alpha = \theta$ ist.

(Zur Erinnerung: $\sin (a + b) = \sin a \cos b + \cos a \sin b$; $\cos (a + b) = \cos a \cos b - \sin a \sin b$.)

28. Beweise, daß $\cos (k + \Delta k)\, x + \cos (k - \Delta k)\, x = 2 (\cos \Delta k x) (\cos kx)$.

29. Drücke $\sin 2A$ als Funktion von $\sin A$ aus.

30. Es sei $C = (A - B^2)$. Wenn $A = (1010 \pm 1)$ und $B = (30{,}0 \pm 0{,}1)$ ist, wie groß ist dann die Genauigkeit von C in Prozent?

31. Wiederhole Aufgabe 30 für $A = (920{,}0 \pm 0{,}1)$ und $B = (30{,}00 \pm 0{,}01)$.

2

Eindimensionale Bewegung

Kap. 2 und 3 beschäftigen sich mit einem Gebiet, das üblicherweise als Kinematik bezeichnet wird. Die Kinematik beschreibt die Beziehungen zwischen Ort, Geschwindigkeit und Beschleunigung eines Teilchens oder Körpers. Dabei interessiert zunächst nicht, wie es zu einer Beschleunigung kommt oder woher die auftretenden Kräfte kommen. Die Beschäftigung mit den Kräften und ihrer Herkunft wird als Dynamik bezeichnet; diese soll in Kap. 4 behandelt werden. Im vorliegenden Kapitel werden wir uns nur mit geradlinigen Bewegungen beschäftigen. Wir wollen die x-Achse so wählen, daß sie entlang der betrachteten eindimensionalen Bewegungsrichtung liegt.

2-1 Geschwindigkeit

Im Zeitalter der Kraftfahrzeuge ist uns der Begriff der Geschwindigkeit schon von Kindheit an geläufig. Das Tachometer im Auto zeigt die momentane Geschwindigkeit in km/h an. **Geschwindigkeit ist der Quotient aus Weg und Zeit.**

Konstante Geschwindigkeit

Fährt ein PKW mit konstanter Geschwindigkeit, so beträgt die in der Zeit t zurückgelegte Entfernung $x = vt$. War der Wagen zur Zeit t_0 bei $x = x_0$, dann gilt

$$x - x_0 = v(t - t_0)$$

oder

$$v = \frac{x - x_0}{t - t_0}, \quad \text{(konstante Geschwindigkeit)} \qquad \text{(2-1)}$$

wobei v eine Konstante ist.

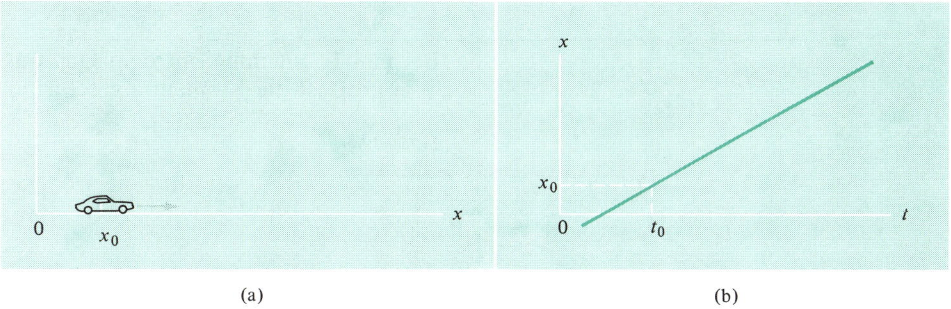

Abb. 2-1. *(a) Der Wagen befindet sich zur Zeit t_0 bei x_0. (b) Darstellung der Ortskoordinate des Wagens gegen die Zeit bei konstanter Geschwindigkeit*

Diese Beziehung zwischen x und t ist in Abb. 2-1 dargestellt. Unser Ausdruck für v kann sowohl positiv als auch negativ sein. Das Vorzeichen gibt die Richtung an: Falls v negativ ist, dann geht die Bewegung in Richtung abnehmender Werte von x.

Momentangeschwindigkeit

Wenn der Wagen beschleunigt oder bremst, dann gibt Gl. (2-1) einen Geschwindigkeitswert an, der nicht mit der Tachometeranzeige übereinstimmt, es sei denn, man betrachtet nur sehr kleine Werte von $(x - x_0)$. Ein solches kleines Streckenelement wollen wir Δx nennen; Δt sei das Zeitintervall, in dem der Wagen die Strecke Δx zurücklegt. Dann ist die Momentangeschwindigkeit definiert als der Grenzwert von $\Delta x/\Delta t$, wenn Δt gegen null geht:

$$v := \lim_{\Delta t \to 0} \left[\frac{\Delta x}{\Delta t}\right]. \qquad \textbf{(2-2)}$$

Dies entspricht jedoch in der Differentialrechnung der ersten Ableitung von x nach der Zeit t. Damit können wir für die Momentangeschwindigkeit schreiben:

$$v := \frac{\mathrm{d}x}{\mathrm{d}t}. \quad \text{(Definition der Momentangeschwindigkeit)} \qquad \textbf{(2-2)}$$

(Das Symbol „:=“ bedeutet „ist definiert als“.)

> **Beispiel 1:** x nehme mit dem Quadrat der Zeit zu; d. h. $x = At^2$. Wie groß ist die Momentangeschwindigkeit zur Zeit t_1?
>
> *Lösung*:
>
> $$v = \frac{\mathrm{d}}{\mathrm{d}t}(At^2) = A\frac{\mathrm{d}(t^2)}{\mathrm{d}t} = 2At.$$
>
> Zur Zeit t_1: $v = 2At_1$.

Im allgemeinen ergibt sich die Ableitung von t^n zu

$$\frac{\mathrm{d}}{\mathrm{d}t}(t^n) = nt^{n-1}.$$

Beispiel 1 könnte auch ohne Benutzung der Differentialrechnung gelöst werden. x_2 sei die Position zur Zeit t_2. Dann gilt

$$\frac{\Delta x}{\Delta t} = \frac{x_2 - x_1}{t_2 - t_1} = \frac{(At_2^2) - (At_1^2)}{t_2 - t_1}.$$

Für t_2 wird $(t_1 + \Delta t)$ eingesetzt:

$$\frac{\Delta x}{\Delta t} = \frac{A(t_1 + \Delta t)^2 - At_1^2}{\Delta t} = \frac{2At_1\,\Delta t + A\,(\Delta t)^2}{\Delta t}$$

$$= 2At_1 + A\,\Delta t.$$

Beim Übergang $\Delta t \to 0$ verschwindet der zweite Term, und man erhält

$$v_1 = 2At_1.$$

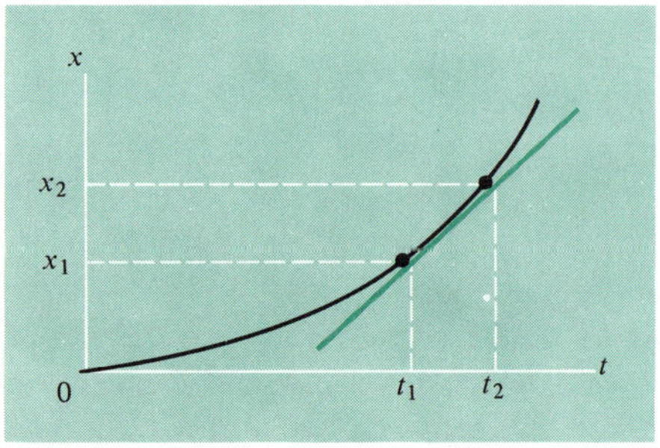

Abb. 2-2. *Die farbige Gerade besitzt den Anstieg $(x_2 - x_1)/(t_2 - t_1)$. Die Momentangeschwindigkeit ist durch den Anstieg der x,t-Kurve gegeben.*

In Abb. 2-2 ist die Kurve $x = At^2$ dargestellt. Die farbige Gerade besitzt den Anstieg $(x_2 - x_1)/(t_2 - t_1)$; dieser Anstieg entspricht dem Anstieg der gekrümmten Kurve für den Fall, daß sich t_2 immer mehr t_1 annähert. Der Anstieg der x,t-Kurve ist also die Momentangeschwindigkeit.

2-2 Mittlere Geschwindigkeit

In diesem Abschnitt diskutieren wir die Durchschnittsgeschwindigkeit, die durch die Formel

$$\bar{v} = \frac{x - x_0}{t} \quad \text{(mittlere Geschwindigkeit)} \qquad \textbf{(2-3)}$$

gegeben ist, wobei $x - x_0$ die in der Zeit t zurückgelegte Strecke bedeutet. Es wäre sehr einfach, die Durchschnittsgeschwindigkeit als $(x - x_0)/t$ zu definieren und dann im Stoff weiterzugehen; jedoch wäre dies logisch nicht ganz korrekt. Wir müssen mit den Definitionen des mathematischen Mittelwerts und der Momentangeschwindigkeit beginnen und dann daraus eine Formel für die mittlere Geschwindigkeit oder Durchschnittsgeschwindigkeit ableiten.

Um einen mathematischen Mittelwert zu bilden, muß man einen Wichtungsfaktor für jeden Beitrag einführen. So wird z. B. die mittlere Geschwindigkeit eines Autos, das während der Zeit t_1 mit der Geschwindigkeit v_1 und während der Zeit t_2 mit der Geschwindigkeit v_2 gefahren ist, definiert als

$$\bar{v} := \frac{v_1 t_1 + v_2 t_2}{t_1 + t_2}. \quad \text{(Definition des gewichteten Mittelwerts)} \quad \mathbf{(2\text{-}4)}$$

Falls wir x_1 und x_2 als Wichtungsfaktoren anstelle von t_1 und t_2 benutzt hätten, so hätten wir eine Durchschnittsgeschwindigkeit relativ zum Ort erhalten. (Eine solche Durchschnittsgeschwindigkeit taucht z. B. in der Hydrodynamik auf.) In der Kinematik bedeutet mittlere Geschwindigkeit – wenn nicht ausdrücklich anders erwähnt – immer „gemittelt über die Zeit“.

Beispiel 2: Ein PKW lege eine Strecke von 10 km mit einer Geschwindigkeit von 20 km/h, dann 10 km mit einer Geschwindigkeit von 60 km/h zurück. Liegt jetzt die Durchschnittsgeschwindigkeit genau zwischen 20 und 60 km/h, also bei 40 km/h?

Lösung: Wir wollen zunächst die Wichtungsfaktoren t_1 und t_2 bestimmen:

$$t_1 = \frac{x_1}{v_1} = \frac{10\,\text{km}}{20\,\text{km/h}} = \frac{1}{2}\,\text{h},$$

$$t_2 = \frac{x_2}{v_2} = \frac{10\,\text{km}}{60\,\text{km/h}} = \frac{1}{6}\,\text{h}.$$

Diese Wichtungsfaktoren werden in Gl. (2-4) eingesetzt:

$$\bar{v} = \frac{20\,\text{km/h}\,(\frac{1}{2}\,\text{h}) + 60\,\text{km/h}\,(\frac{1}{6}\,\text{h})}{(\frac{1}{2}\,\text{h}) + (\frac{1}{6}\,\text{h})} = 30\,\text{km/h}.$$

Nun betrachten wir die allgemeinere Situation, wo sich die Geschwindigkeit eines Körpers dauernd ändert: v_1 für die kurze Zeit t_1, v_2 für die Zeit t_2, v_3 für die Zeit t_3 usw. Dann beträgt die mittlere Geschwindigkeit

$$\bar{v} = \frac{v_1 t_1 + v_2 t_2 + \dots + v_n t_n}{T}, \qquad (2\text{-}5)$$

wobei $T = t_1 + t_2 + t_3 + \dots + t_n$ ist.[1]) Man beachte, daß $x_j = v_j t_j$ die in der Zeit t_j zurückgelegte Strecke darstellt. Dann erhält man aus Gl. (2-5)

$$\bar{v} = \frac{x_1 + x_2 + \dots + x_n}{T}.$$

Die Summe $x_1 + x_2 + \dots + x_n$ stellt die gesamte örtliche Verschiebung des Körpers dar und ist algebraisch gleich $x - x_0$, wobei x_0 die Startposition und x die Position nach der Zeit T ist.

Damit ist unsere Herleitung der Formel $\bar{v} = (x - x_0)/T$ abgeschlossen. Wir weisen darauf hin, daß ein Körper, der eine Strecke mit der konstanten Geschwindigkeit von 60 km/h zurücklegt, dann schnell dreht und mit der gleichen Geschwindigkeit zurückkehrt, die Durchschnittsgeschwindigkeit null besitzt, obwohl er sich dauernd mit einer Geschwindigkeit von $|v| = 60$ km/h fortbewegt.

Beispiel 3: Wir nehmen an, ein Auto fährt mit 100 km/h und wird dann innerhalb von 5 Sekunden abgebremst. Außerdem nehmen wir an, daß die Geschwindigkeit während der 5 Sekunden gleichförmig abnimmt. (Dann ist die mittlere Geschwindigkeit $\bar{v} = 50$ km/h $= 13{,}9$ m/s.) Welche Strecke braucht das Auto, um zum Stehen zu kommen?

Lösung: Wir lösen Gl. (2-3) nach $x - x_0$ auf und setzen 13,9 m/s für $\bar{v}$ ein:

$$x - x_0 = \bar{v}t = (13{,}9 \text{ m/s})(5 \text{ s}) = 69{,}5 \text{ m}.$$

Die Lösung von Beispiel 3 stellt den Bremsweg dar, den üblicherweise Autos auf trockener Straße erreichen können. Ein Fahrer, der ein wenig von Physik versteht, sollte damit rechnen, daß er für das Abbremsen seines Fahrzeugs aus 100 km/h mindestens 15 Wagenlängen

---

[1]) Unter Benutzung des Summationszeichens $\sum$ könnte Gl. (2–5) auch in folgende Form gebracht werden:

$$\bar{v} = \frac{\sum_{j=1}^{n} v_j t_j}{\sum_{j=1}^{n} t_j}.$$

Für Leser, die sich mit Integralrechnung auskennen, kann Gl. (2-5) ausgedrückt werden als

$$\bar{v} = \frac{\int_a^b v \, dt}{t_b - t_a}.$$

braucht. Das Wenige, was wir bisher an Physik gelernt haben, führt bereits zu praktischen Ergebnissen.

Beispiel 4: Ein Radfahrer überquert nacheinander einige Hügel. Die Geschwindigkeit bergauf ist immer v_1, bergab fährt er immer mit der Geschwindigkeit v_2. Die gesamte zurückgelegte Strecke ist l, wobei die Strecken bergauf und bergab jeweils die gleiche Länge haben. Wie groß ist die mittlere Geschwindigkeit des Radfahrers?

Lösung: Die gesamte Zeit, die der Radfahrer bergauf fährt, sei t_1, also $t_1 = (l/2)/v_1$. Entsprechend ist die Zeit für die Strecke bergab gleich $t_2 = (l/2)/v_2$. Einsetzen in Gl. (2-4) ergibt

$$\bar{v} = \frac{v_1(l/2v_1) + v_2(l/2v_2)}{l/2v_1 + l/2v_2} = \frac{2}{1/v_1 + 1/v_2} = \frac{2v_1v_2}{v_1 + v_2}.$$

2-3 Beschleunigung

Wenn wir das Wort Beschleunigung hören, denken wir zunächst an ein Auto, bei dem das Gaspedal niedergetreten wird. Je weiter das Pedal durchgetreten wird, um so größer ist die Beschleunigung. Während der Beschleunigung vergrößert sich die Geschwindigkeit, und die Insassen werden in ihre Sitze gepreßt. Der Druck auf die Sitze ist ein direktes Maß für die Beschleunigung. Der Druck auf das Bremspedal ergibt im Prinzip den gleichen Effekt – eine negative Beschleunigung (oder Abbremsung). **Beschleunigung ist der Quotient aus Geschwindigkeitsänderung und Zeit.**

Gleichförmige Beschleunigung

Wir sagen, daß ein Gegenstand gleichförmig beschleunigt wird, wenn seine Geschwindigkeit gleichmäßig mit der Zeit wächst. Die Beschleunigung a ist konstant, wenn

$$v - v_0 = at$$

oder

$$a = \frac{v - v_0}{t}, \quad \text{(konstante Beschleunigung)} \tag{2-6}$$

wobei $(v - v_0)$ der Zuwachs an Geschwindigkeit während der Zeit t ist. Im MKS-System hat die Beschleunigung a die Dimension Länge geteilt durch das Quadrat der Zeit (m/s^2).

Momentanbeschleunigung

Falls sich die Beschleunigung mit der Zeit ändert, müssen wir die Geschwindigkeitsänderung (Δv) in einem kleinen Zeitintervall (Δt) messen. Dann ist

$$a = \lim_{\Delta t \to 0} \left(\frac{\Delta v}{\Delta t}\right)$$

oder

$$a := \frac{dv}{dt}. \quad \text{(Definition der Momentanbeschleunigung)} \qquad \textbf{(2-7)}$$

In diesem und im nächsten Kapitel werden wir uns mit gleichförmig beschleunigten Bewegungen beschäftigen. In späteren Kapiteln werden wir jedoch auch Bewegungen kennenlernen, bei denen die Beschleunigung sich als Funktion des Ortes und der Zeit ändert.

Gravitationsbeschleunigung

Es ist eine bemerkenswerte experimentelle Tatsache, daß sich alle freien Körper in der Nähe der Erdoberfläche mit einer Beschleunigung von 9,8 m/s^2 in Richtung des Erdmittelpunktes bewegen. Dies ist unabhängig von Masse, Zusammensetzung oder Geschwindigkeit des Körpers. (Falls der Luftwiderstand nicht vernachlässigbar ist, erscheint die Beschleunigung kleiner.) Dieser spezielle Wert der Beschleunigung wird durch den Buchstaben g gekennzeichnet:

$$g := 9{,}8\ m/s^2. \quad \text{(Gravitationsbeschleunigung)}$$

Wir wollen das Symbol g immer als positive Größe betrachten. Wenn also die x-Achse vom Erdmittelpunkt weg nach oben zeigt, dann wäre die Beschleunigung $a = -g$.

Beispiel 5: Ein Körper wird ein ganzes Jahr lang beschleunigt, und zwar mit der Beschleunigung g. Welche Endgeschwindigkeit erreicht der Körper, wenn er aus dem Ruhezustand startet?

Lösung: Gemäß Gl. (2-6) ergibt sich

$$v = gt = (9{,}8\ m/s^2)\,(3{,}16 \cdot 10^7\ s) = 3{,}09 \cdot 10^8\ m/s.$$

Einfluß der Relativität

Man beachte, daß die Endgeschwindigkeit in Beispiel 5 etwas größer ist als die Lichtgeschwindigkeit, die 2,998 · 10^8 m/s beträgt. Ein Grundprinzip, das wir in Kap. 8 näher kennenlernen werden, sagt aus, daß sich kein Körper schneller fortbewegen kann als mit Lichtgeschwindigkeit. Wir sind daher gezwungen, anzunehmen, daß mit der Gleichung $v = at$ etwas nicht stimmt. Wenn wir exakt sein wollen, müssen wir statt solcher Beziehungen wie z. B. Gl. (2-6) die Gleichungen der Einsteinschen Relativitätstheorie benutzen. Der $v = at$ entsprechende Ausdruck der Relativitätstheorie lautet

$$v = at\left[1 + \left(\frac{at}{c}\right)^2\right]^{-1/2}$$

Hier ist c die Lichtgeschwindigkeit und a eine gleichförmige Beschleunigung, wie sie von einem Beobachter auf dem bewegten Körper gemessen wird. Für den Fall, daß at viel größer als c ist, erhält man $v \approx c$. Falls at viel kleiner als c ist, wird die Klammer praktisch 1, und man erhält $v \approx at$.

Solange man es mit „gewöhnlichen" Geschwindigkeiten zu tun hat, sind die Korrekturen infolge der Relativitätstheorie äußerst gering. Es erscheint daher durchaus sinnvoll, die klassische Mechanik unter Beibehaltung von Gl. (2-6) zu studieren. Dies ist für den „Normalfall" eine sehr gute Näherung an die exakten relativistischen Beziehungen. Eine detaillierte Diskussion der Modifikationen infolge der Relativitätstheorie wird in den Kap. 8 und 9 vorgenommen.

2-4 Gleichförmig beschleunigte Bewegung

Wir haben bisher eine Beziehung diskutiert, die uns die Geschwindigkeit angibt, wenn wir Beschleunigung und Zeit kennen. Jedoch möchte man häufig nicht die Geschwindigkeit eines Körpers, sondern seinen Ort kennen, d. h., man benötigt eine Gleichung für x als Funktion von a, t und der Anfangsgeschwindigkeit v_0. Hierzu gehen wir von Gl. (2-3) aus:

$$x = x_0 + \bar{v}t. \qquad \textbf{(2-8)}$$

Bei der gleichförmig beschleunigten Bewegung nimmt die Anfangsgeschwindigkeit v_0 gleichförmig bis zur Geschwindigkeit v zu. Wie man in Abb. 2-3 erkennt, beträgt der Mittelwert der Geschwindigkeit $\frac{1}{2}(v_0 + v)$; dies entspricht dem mittleren Wert auf der v-Achse zwischen v und v_0:

$$\bar{v} = \tfrac{1}{2}(v_0 + v).$$

Wir ersetzen $\bar{v}$ in Gl. (2-8) durch $\frac{1}{2}(v_0 + v)$ und erhalten

$$x = x_0 + \tfrac{1}{2}(v_0 + v)\,t.$$

In dieser Gleichung können wir wiederum v durch $(v_0 + at)$ ersetzen [Gl. (2-6)]:

$$x = x_0 + \tfrac{1}{2}[v_0 + (v_0 + at)]\,t,$$

$$x = x_0 + v_0t + \tfrac{1}{2}at^2. \quad \text{(für konstantes } a\text{)} \qquad \textbf{(2-9)}$$

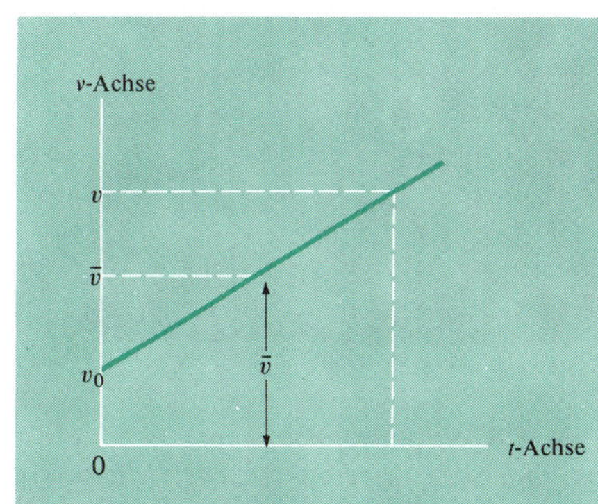

Abb. 2-3. *Geschwindigkeit v als Funktion von t für einen Gegenstand, der von einer Anfangsgeschwindigkeit v_0 gleichförmig beschleunigt wird. Die mittlere Geschwindigkeit ist die Höhe der Kurve auf halber Strecke.*

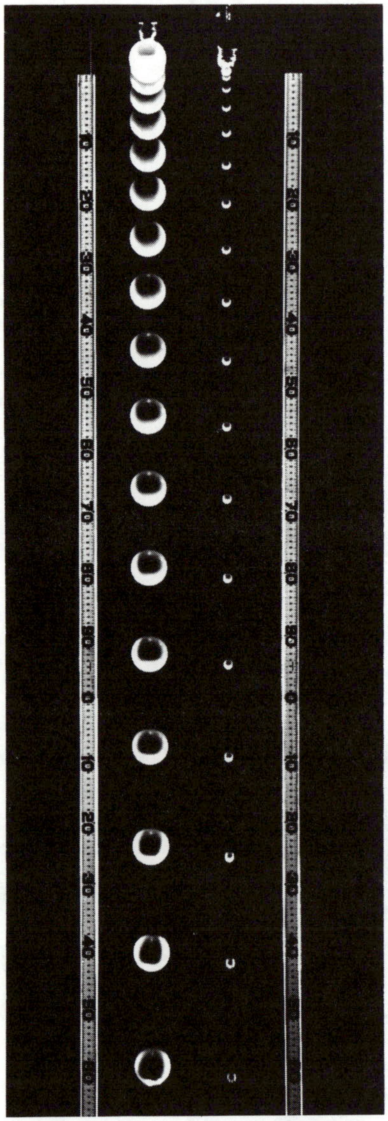

Abb. 2-4. *Stroboskopaufnahme von zwei frei fallenden Kugeln ungleicher Masse. Solche Aufnahmen werden hergestellt, indem bei geöffneter Blende die Kugeln in Abständen von 1/30 Sekunde mit Lichtblitzen beleuchtet werden. Man beachte, daß beide Kugeln, die gleichzeitig losgelassen wurden, auch den Boden gleichzeitig erreichen.* [*Mit freundlicher Genehmigung des Educational Development Center*]

Wir erkennen, daß sich die zurückgelegte Strecke bei einem gleichförmig beschleunigten Körper mit dem Quadrat der Zeit vergrößert. Abb. 2-4 zeigt, daß ein fallender Körper, der aus der Ruhelage startet, eine Strecke $x = \frac{1}{2}gt^2$ fällt.

Abb. 2-5(a) stellt Gl. (2-9) dar. Bei dieser Gleichung wollen wir auf beiden Seiten die Ableitung nach der Zeit bilden:

$$\frac{\mathrm{d}x}{\mathrm{d}t} = v_0 + at.$$

Diese Gleichung ist in Abb. 2-5(b) dargestellt. $\mathrm{d}x/\mathrm{d}t$ ist nach Definition gleich der Geschwindigkeit v. Wir können noch einmal differenzieren und erhalten $\mathrm{d}^2x/\mathrm{d}t^2 = a$; dies ist in Abb. 2-5(c) dargestellt. Es gilt $a = \mathrm{d}v/\mathrm{d}t$. Die zweite Ableitung des Ortes nach der Zeit entspricht einer Beschleunigung.

Beispiel 6: Stelle wie in Abb. 2-5 die Funktion $x = x_0 + v_0t + \frac{1}{2}at$ grafisch dar, allerdings mit negativem v_0. Zu welcher Zeit t_1 verschwindet die Geschwindigkeit?

Lösung: Abb. 2-6 zeigt Gl. (2-9) für ein negatives v_0. Um die Zeit t zu berechnen, für die $v = 0$ ist, lösen wir Gl. (2-6) nach t auf und setzen $v = 0$:

$$t = \frac{v - v_0}{a},$$

$$t_1 = \frac{(0) - v_0}{a}$$

$$= -\frac{v_0}{a}.$$

t ist also nur positiv, wenn v_0 negativ und a positiv ist.

Beispiel 7: Zur Beurteilung der Leistungsfähigkeit eines Autos wird üblicherweise angegeben, welche Zeit der Wagen braucht, um von 0 auf 100 km/h zu beschleunigen. Bei manchen Wagen ist die Begrenzung nicht die Leistung der Maschine, sondern die Haftfähigkeit der Reifen. Gute Reifen sind in der Lage, dem Fahrzeug eine Beschleunigung von $0{,}5g$ zu geben. Wie viele Sekunden braucht ein solcher Wagen, um eine Geschwindigkeit von 100 km/h zu erreichen, und welche Strecke muß er dazu zurücklegen?

Lösung: Da $v_0 = 0$ ist, kann man setzen:

$$v = at \quad \text{oder} \quad t = \frac{v}{a} = \frac{100\ \text{km/h}}{0{,}5 \cdot 9{,}8\ \text{m/s}^2} = \frac{27{,}8\ \text{m/s}}{4{,}9\ \text{m/s}^2} = 5{,}7\ \text{s},$$

$$x = \tfrac{1}{2}at^2 = \tfrac{1}{2}(4{,}9\ \text{m/s}^2)\,(5{,}7\ \text{s})^2 = 79{,}6\ \text{m}.$$

Abb. 2-5. *(a) Graphische Darstellung von $x = x_0 + v_0 t + \frac{1}{2}at^2$. Die zeitliche Ableitung dieser Kurve ist dargestellt in (b); d. h., Kurve (b) ist der Anstieg von (a). Kurve (c) gibt den Anstieg von (b) an.*

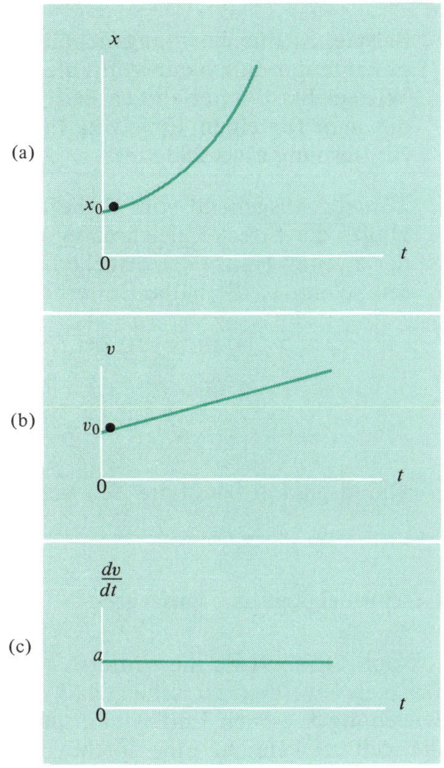

Die Lösung von Beispiel 7 ergibt auch die kürzeste Zeit und die kürzeste Entfernung, in der ein Wagen abgebremst werden kann. Da die maximale Verlangsamung ebenfalls $0{,}5g$ beträgt, ist $a = -4{,}9\ \text{m/s}^2$. Wir benutzen wieder Gl. (2-6), wobei jetzt $v_0 = 100$ km/h die Anfangsgeschwindigkeit und $v = 0$ die Endgeschwindigkeit ist. Dann erhält man

$$0 - 100\ \text{km/h} = 0 - 27{,}8\ \text{m/s} = (-4{,}9\ \text{m/s}^2)\ t$$

$$t = 5{,}7\ \text{s}.$$

Wie erwartet ist dies das gleiche Ergebnis wie in Beispiel 7. Hätten wir den Wagen von Beispiel 7 gefilmt und ließen wir diesen Film rückwärts laufen, so würden wir einen Wagen sehen, der mit einer (negativen) Beschleunigung von $4{,}9\ \text{m/s}^2$ abbremst. Der Wagen braucht zum Abbremsen die gleiche Zeit wie zum Beschleunigen.

Ebenso benötigt ein Ball, den man senkrecht in die Luft wirft, für den Flug nach oben die gleiche Zeit wie für den Fall nach unten. Wie groß ist die momentane Beschleunigung und Geschwindigkeit des Balles, wenn er seine maximale Höhe erreicht? Die Momentangeschwindigkeit ist natürlich null, und man ist versucht zu sagen, die Momentanbeschleunigung ist ebenfalls null. Dies jedoch stimmt nicht. Da die Geschwindigkeit unabhängig von ihrer momentanen Größe mit einer Rate von $9{,}8\ \text{m/s}^2$ abnimmt, muß auch die Momentanbeschleunigung im Scheitelpunkt $a = -9{,}8\ \text{m/s}^2$ betragen.

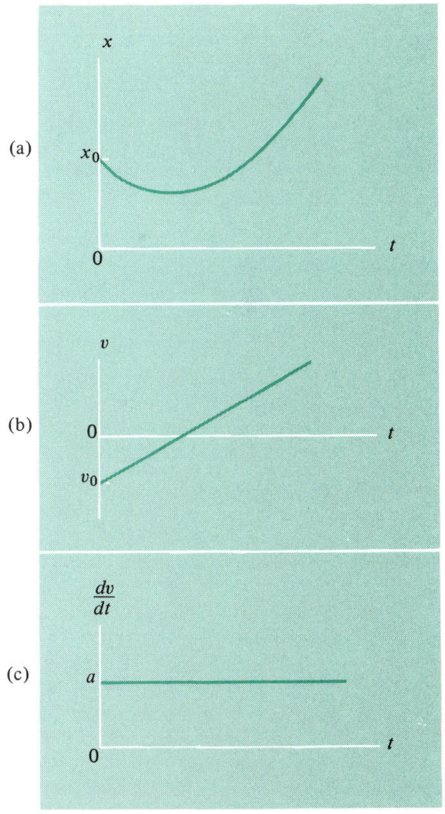

Abb. 2-6. *Die gleiche Darstellung wie in Abb. 2-5. v_0 ist hier jedoch negativ.*

Beispiel 8: Für einen angenehmen Flug sollte die Horizontalkomponente der Beschleunigung nie größer als 10 m/s² sein (etwa g). Wie groß ist unter dieser Bedingung die kürzest mögliche Zeit, die man für einen Flug von Frankfurt nach Hannover benötigt (Entfernung etwa 280 km)?

Lösung: Ausgehend vom Ruhezustand in Frankfurt wird man die Hälfte der Strecke gleichmäßig beschleunigen und dann während der zweiten Hälfte der Strecke bis Hannover gleichmäßig abbremsen. Wenn x_1 die halbe Entfernung ist, dann ist

$$x_1 = \tfrac{1}{2}at_1^2, \quad \text{wobei } t_1 \text{ die Hälfte der Zeit ist.}$$

$$t_1 = \sqrt{\frac{2x_1}{a}} = \sqrt{\frac{280 \cdot 10^3\ \mathrm{m}}{10\ \mathrm{m/s^2}}} = 167\ \mathrm{s}.$$

Die insgesamt benötigte Zeit beträgt 335 s oder 5,58 min.

Geschwindigkeit und Entfernung

Nach Gl. (2-9) ist die Entfernung als Funktion der Zeit bekannt. In Beispiel 9 werden wir sehen, daß es durchaus nützlich sein kann, eine Beziehung zwischen Entfernung und Geschwindigkeit zu besitzen, ohne die Zeit zu kennen. Eine solche Beziehung kann man erhalten, wenn man Gl. (2-6) nach t auflöst und dann in Gl. (2-9) einsetzt:

$$t = \left(\frac{v - v_0}{a}\right).$$

Einsetzen in Gl. (2-9) ergibt:

$$x = x_0 + v_0\left(\frac{v - v_0}{a}\right) + \frac{1}{2}a\left(\frac{v - v_0}{a}\right)^2$$

$$= x_0 + \frac{v^2 - v_0^2}{2a},$$

$$v^2 - v_0^2 = 2a(x - x_0). \quad \text{(für konstantes } a\text{)} \qquad \mathbf{(2\text{-}10)}$$

Beispiel 9: Um in eine Erdumlaufbahn zu gelangen, muß eine Rakete eine Geschwindigkeit von 8 km/s erreichen. Zusätzlich muß sie 200 km zurücklegen, um die Erdatmosphäre zu verlassen. Welche gleichförmige Beschleunigung muß die Rakete erfahren, damit sie nach einem Flug von 200 km die Geschwindigkeit von 8 km/s besitzt?

Lösung: Aus Gl. (2-10) ergibt sich mit $v_0 = 0$ und $x = 2 \cdot 10^5$ m:

$$v^2 = 2ax,$$

$$a = \frac{v^2}{2x} = \frac{(8 \cdot 10^3 \text{ m/s})^2}{2(2 \cdot 10^5 \text{ m})} = 160 \text{ m/s}^2 = 16{,}3g.$$

Dies entspricht etwa der größten Beschleunigung, die ein gut trainierter Astronaut für eine solche Zeitdauer ertragen kann.

Es sind einige Fälle bekannt, bei denen ein Passagier ohne Fallschirm aus einem hochfliegenden Flugzeug gefallen ist und überlebt hat. Ein solcher Passagier könnte durch eine hohe Schneewehe oder durch die Zweige eines Baumes aufgefangen werden. Wie hoch muß die Schneewehe oder wie hoch muß der Baum sein, damit der Passagier den Sturz überlebt, wenn man annimmt, daß ein Mensch für kurze Zeit eine Beschleunigung von $a = 50g$ überleben kann? Ein frei fallender menschlicher Körper wird nur so lange beschleunigt, bis die durch den Luftwiderstand verursachte Bremskraft die Schwerkraft ausgleicht. Dies geschieht etwa bei einer Geschwindigkeit von 190 km/h oder 53 m/s. Wir bezeichnen mit x die Höhe der Schneewehe und erhalten

$$v^2 - v_0^2 = 2ax,$$

$$0 - v_0^2 = -100gx,$$

$$x = \frac{v_0^2}{100g} = \frac{(53 \text{ m/s})^2}{100(9{,}8 \text{ m/s}^2)} = 2{,}9 \text{ m}.$$

Über einen der nachgewiesenen Fälle, wo eine Person einen Sturz ohne Fallschirm überlebt hat, berichtet R. G. Snyder in Band 131, Seite 1290 des *Journal of Military Medicine* (1966):

Während eines Übungsabsprungs eines Fallschirmjägerbataillons aus etwa 400 m Höhe an einem klaren, relativ warmen Tag bemerkte ein Beobachter, daß sich bei einem Bündel, das aus einem C-119-Transporter gefallen war, der Fallschirm nicht öffnete. Der Aufschlag sah aus, als würde eine Mörsergranate im Schnee explodieren. Als die Helfer die Stelle erreichten, fanden sie einen jungen Fallschirmjäger rücklings in einem etwa 1 m tiefen Krater liegen, den er beim Aufschlag in den teilweise weichen und teilweise verharschten Schnee gebohrt hatte. Der junge Mann konnte sprechen und schien unverletzt.

Zusammenfassung

Eine geradlinige Bewegung bei konstanter Geschwindigkeit wird beschrieben durch

$$x = x_0 + vt.$$

Dieselbe Gleichung gilt für die mittlere Geschwindigkeit $\bar{v}$:

$$x = x_0 + \bar{v}t.$$

Die Momentangeschwindigkeit ist

$$v = \frac{dx}{dt}.$$

Bei gleichförmiger Beschleunigung a haben wir

$$x = x_0 + v_0 t + \tfrac{1}{2}at^2, \qquad v = v_0 + at$$

und

$$v^2 - v_0^2 = 2a(x - x_0).$$

Die Momentanbeschleunigung ist

$$a = \frac{dv}{dt} = \frac{d^2x}{dt^2}.$$

Aufgaben

1. Wieviel m/s entspricht 1 km/h?

2. Ein Wagen fährt mit einer konstanten Geschwindigkeit von $v = -10$ km/h. Er startet bei $t = -2$ s und $x = 50$ km.
(a) Trage x gegen t auf.
(b) Zu welcher Zeit erreicht er $x = 0$?

3. Wie groß ist in Beispiel 4 die über die Entfernung gemittelte Durchschnittsgeschwindigkeit des Radfahrers?

4. Ein Körper startet aus der Ruhelage mit gleichförmiger Beschleunigung. Er legt in der Zeit T die Strecke s zurück. Wie groß ist die Momentangeschwindigkeit zur Zeit T als Funktion von s und T?

5. Ein Auto legt die Strecke x_1 mit der Geschwindigkeit v_1 zurück, anschließend die Strecke x_2 mit v_2. Wie groß ist die mittlere Geschwindigkeit, gemittelt über die Entfernung? (Jetzt sind x_1 und x_2 die Wichtungsfaktoren.)

6. Zur Zeit t_1 hat ein Körper die Position x_1 und die Geschwindigkeit v_1. Zu einem späteren Zeitpunkt t_2 hat er die Position x_2 und die Geschwindigkeit v_2.
(a) Wie groß ist die mittlere Geschwindigkeit als Funktion dieser Größen?
(b) Wie groß ist die mittlere Beschleunigung als Funktion dieser Größen?

7. Gegeben sei die folgende Darstellung der Beschleunigung eines Teilchens, das sich entlang der x-Achse bewegt. Skizziere seine Geschwindigkeit und seinen Ort als Funktion der Zeit. Nimm dabei an, daß zur Zeit $t = 0$ sowohl $x = 0$ als auch $v = 0$ ist.

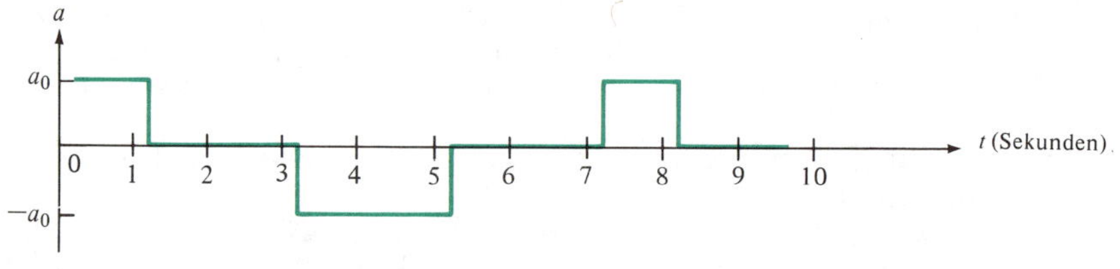

8. Zeichne x als Funktion von t für positives x_0 und v_0, wenn a eine negative Konstante ist.

9. Zeichne x als Funktion von t für negatives x_0 und v_0. Die Beschleunigung a ist eine negative Konstante.

10. Verlängere die Kurven in Abb. 2-6 zu negativen Werten von t.

11. Wiederhole Beispiel 8 für eine horizontale Beschleunigung von $2g$.

12. Wie groß ist die Maximalgeschwindigkeit in Beispiel 8?

13. Wiederhole Beispiel 8 für eine Entfernung, die dem halben Erdumfang entspricht. (Dann ist x_1 ein Viertel des Erdumfangs.)

14. Wie lange würde es unter den Bedingungen von Beispiel 8 dauern, die Erde einmal zu umrunden?

15. Ein Stahlball springt auf einer Stahlplatte mit einer Periode von 1 s. Wie hoch springt der Ball?

16. Ein Auto fährt mit 100 km/h gegen eine feste Wand. Einem Sturz aus welcher Höhe würde dies entsprechen?

17. Eine Rakete wird mit konstanter Beschleunigung vertikal nach oben geschossen und erreicht in einer Höhe von 300 m eine Geschwindigkeit von 1000 km/h. Mit wieviel g wurde sie beschleunigt?

18. Eine Rakete wird mit konstanter Beschleunigung von $16g$ abgeschossen. Wie weit muß sie fliegen, bis sie die Fluchtgeschwindigkeit von 11,3 km/s erreicht?

19. Die Geschwindigkeit eines frei fallenden menschlichen Körpers in der Luft erreicht höchstens etwa 55 m/s. Aus welcher Höhe muß der Körper im Vakuum fallen, um diese Geschwindigkeit zu erreichen?

20. Ein Mensch wirft einen Ball senkrecht in die Luft und fängt ihn 2 s später.
(a) Wie groß war die Anfangsgeschwindigkeit des Balls?
(b) Wie hoch stieg der Ball über den Abwurfpunkt?

21. Ein Körper mit der Anfangsgeschwindigkeit v_0 werde gleichförmig beschleunigt. Er legt in der Zeit T die Strecke x zurück. Wie groß ist die Momentangeschwindigkeit zur Zeit T?

22. Es sei $x = At^n$. Dann ist

$$\frac{\Delta x}{\Delta t} = A\frac{(t + \Delta t)^n - t^n}{\Delta t}.$$

Entwickle $(t + \Delta t)^n$ unter Benutzung der Binomialentwicklung. Wie lauten die Terme erster, zweiter und dritter Ordnung bei $t = 1$ s und $\Delta t = 0{,}1$ s?

23. Ein Körper bewegt sich mit einer Geschwindigkeit von 10 m/s. Er wird gleichförmig abgebremst und kommt nach 20 m zum Stehen.
(a) Wie groß ist die Abbremsung?
(b) Wie lange braucht der Körper, um zum Stehen zu kommen?
(c) Trage v und x gegen t auf.

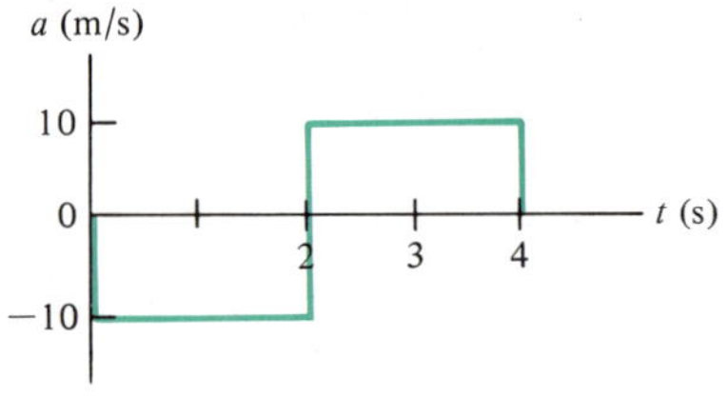

Aufgabe 30

24. Um in der Zeit T in eine Umlaufbahn zu gelangen, muß ein Astronaut aus dem Ruhezustand auf die Umlaufgeschwindigkeit von 8 km/s beschleunigt werden. Nimm an, daß die Beschleunigung der Rakete $4g$ beträgt und daß sie senkrecht nach oben fliegt. Wie lange braucht die Rakete, um die Umlaufgeschwindigkeit zu erreichen, und welche Strecke legt sie dazu zurück?

25. Ein Satellit fliegt in einer Höhe von 400 km. Eine Hochleistungskanone wird senkrecht nach oben gerichtet, um zu versuchen, den Satelliten abzuschießen. Nimm an, daß die Erdbeschleunigung konstant bleibt, und vernachlässige den Luftwiderstand. Welche Mündungsgeschwindigkeit muß die Granate besitzen, um den Satelliten zu erreichen? Wie lange braucht die Granate dazu?

26. Ein Auto fährt mit 100 km/h frontal gegen einen schweren Lastwagen, der ebenfalls eine Geschwindigkeit von 100 km/h besitzt. Der LKW werde durch den Zusammenstoß nicht abgebremst. Aus welcher Höhe müßte der PKW auf seine Frontpartie fallen, damit die Beschädigung mit der vergleichbar ist, die durch den Zusammenstoß mit dem LKW hervorgerufen wird?

27. Welche Endgeschwindigkeit erreicht der Körper in Beispiel 5, wenn er nur $\frac{1}{2}$ Jahr fliegt? Berechne das klassische und das relativistische Ergebnis.

28. Ein aus der Ruhelage startender Körper erfährt während eines Jahres eine Beschleunigung von $1g$. Wie groß ist, vom Startpunkt aus betrachtet, seine Endgeschwindigkeit bei relativistischer Rechnung? Wie nahe kommt er der Lichtgeschwindigkeit, wenn er 10 Jahre lang beschleunigt wird?

29. Wie lange würde es nach der Relativitätstheorie dauern, damit der obige Körper 99% der Lichtgeschwindigkeit erreicht?

30. Ein Teilchen startet aus der Ruhelage und wird entsprechend der nebenstehenden Abbildung 4 s lang beschleunigt.
(a) Trage v gegen t auf.
(b) Trage den Weg gegen die Zeit auf.
(c) Wie weit kommt das Teilchen in den 4 Sekunden?
(d) Wie groß ist die Maximalgeschwindigkeit während der 4 Sekunden?

31. Ein Bewohner einer Wohnung im 5. Stock sieht einen Blumentopf an seinem Fenster vorbeifallen, der von einem höherliegenden Fensterbrett kommt. Das Fenster ist 2 m hoch, und er sieht den Topf 0,1 Sekunde lang. Aus welchem Stockwerk fiel der Topf, wenn der Stockwerkabstand 4 m beträgt?

32. Ein Ball fällt aus einer Höhe von 20 m auf eine ebene Fläche und springt dann wieder 5 m hoch.
(a) Wie groß ist die Geschwindigkeit des Balles, kurz bevor er auftrifft?
(b) Welche Zeit vergeht vom Beginn des Falls bis zu dem Zeitpunkt, wo der Ball wieder seinen höchsten Punkt erreicht?
(c) Wie groß ist die Geschwindigkeit des Balles kurz nach dem Verlassen der Fläche?
(d) Trage y gegen t auf.

33. (Für diese Aufgabe wird Integralrechnung benötigt.) Ein Teilchen startet aus der Ruhelage mit konstanter Beschleunigung a und erreicht eine Geschwindigkeit v_1. Zeige, daß $\bar{v}$, gemittelt über die Strecke, $\frac{2}{3}v_1$ ergibt. Trage v gegen x auf.

34. (Für diese Aufgabe wird Integralrechnung benötigt.) Die Beschleunigung sei $a = At$. Zeige, daß für einen Körper, der aus dem Ruhezustand startet, $x = A(t^3/6)$ gilt.

35. (Integralrechnung nicht notwendig.) Gib bei Aufgabe 34 v als Funktion von t an.

36. (Für diese Aufgabe wird Integralrechnung benötigt.) Wiederhole Aufgabe 35 für einen Körper, der von einer Position x_0 mit der Geschwindigkeit v_0 startet.

37. Wegen des Luftwiderstandes wächst der Benzinverbrauch eines Autos mit dem Quadrat der Geschwindigkeit. Das für eine Strecke x benötigte Benzinvolumen V_B ist bei fester Geschwindigkeit v gegeben durch

$$\frac{V_B}{x} = A + Bv^2.$$

Benutze die in Abb. 7-15 dargestellten Daten, um die folgenden Fragen für einen Ford Pinto zu beantworten:

(a) Wie groß ist A in Liter/km? (1 Liter sind 1000 cm^3.)

(b) Wie groß ist B in (Liter/km)/(km/h)^2?

(c) Wie groß ist B in (Liter s^2)/m^3?

3

Zweidimensionale Bewegung

Im vorhergehenden Kapitel haben wir die geradlinige Bewegung diskutiert. Ob die Ausbreitungsrichtung horizontal oder vertikal war, sie wurde immer als x-Achse bezeichnet. Nun wollen wir die Bewegung in einer Ebene studieren. Es wird gewöhnlich eine vertikale Ebene sein. In diesem Fall wollen wir die horizontale Koordinate mit x, die vertikale Koordinate mit y kennzeichnen. Wir werden sehen, daß man eine zweidimensionale Bewegung wie zwei voneinander unabhängige eindimensionale Bewegungen behandeln kann.

3-1 Bewegungsgleichung für den freien Fall

Wir wollen anhand von Abb. 3-1 zeigen, daß eine Kanonenkugel, die unter einem Winkel θ zur Horizontalen abgefeuert wird, dem Verlauf einer Parabel folgt. In Bild (a) schießt die Spielzeugkanone den weißen Ball mit einer Anfangsgeschwindigkeit $(v_0)_y$ senkrecht nach oben. Der Kameraverschluß bleibt geöffnet, und eine Stroboskoplampe beleuchtet den Vorgang 10mal pro Sekunde. Gemäß Gl. (2-9) ist die vertikale Position des Balles gegeben durch

$$y = (v_0)_y\, t - \tfrac{1}{2} g t^2 . \tag{3-1}$$

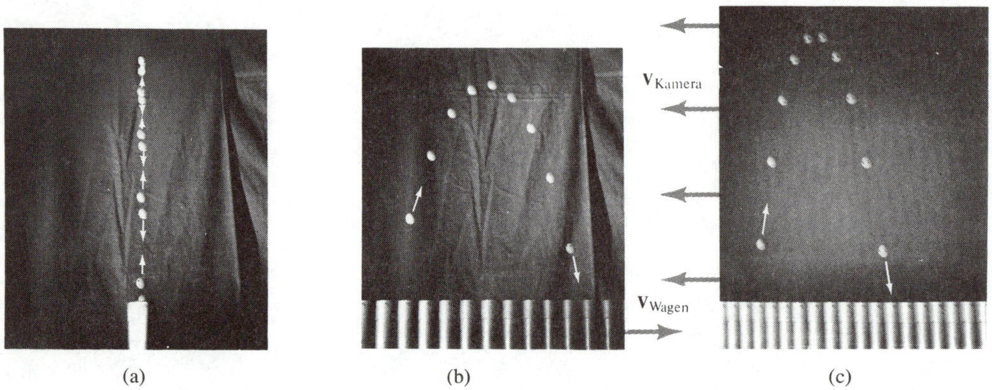

Abb. 3-1. *Stroboskopaufnahmen einer Kugel, die aus einer vertikalen Spielzeugkanone abgeschossen wird. Die Blitzrate beträgt 10 pro Sekunde. (a) Kanone im Ruhezustand. (b) Kanone bewegt sich nach rechts. (c) Gleicher Zustand wie in (a), nur bewegt sich die Kamera nach links.*

In Bild (b) bewegt sich die gleiche vertikal gerichtete Kanone gleichförmig nach rechts, natürlich auch während des Abschusses. In Bild (c) ist die Situation die gleiche wie in Bild (a); nur wird jetzt die Kamera mit gleichförmiger Geschwindigkeit $-(v_0)_x$ nach links bewegt (erkennbar am unscharfen Hintergrund). Dann ist für einen Beobachter, der sich mit der Kamera mitbewegt, die horizontale Position der Kugel gegeben durch

$$x = (v_0)_x\, t. \tag{3-2}$$

Für die vertikale Position muß weiterhin Gl. (3-1) gelten, da wir an der physikalischen Situation nichts geändert haben.

Wir erhalten die Bahngleichung der Kugel in Bild (c), wenn wir Gl. (3-2) nach t auflösen und dann in Gl. (3-1) einsetzen:

$$y = (v_0)_y \left(\frac{x}{(v_0)_x}\right) - \frac{1}{2} g \left(\frac{x}{(v_0)_x}\right)^2$$

$$= \frac{(v_0)_y}{(v_0)_x} x - \frac{g}{2(v_0)_x^2} x^2. \tag{3-3}$$

Dies ist eine Parabelgleichung.

In Bild (b) ist die Kamera in Ruhe wie in Bild (a), jedoch bewegt sich die Kanone auf einem kleinen Wagen mit gleichförmiger Geschwindigkeit v_W nach rechts. Die horizontale Position der Kanone ist durch Gl. (3-2) gegeben, wenn man statt $(v_0)_x$ nur v_W einsetzt. Da die Erdbeschleunigung eines frei fallenden Körpers unabhängig von der Geschwindigkeit ist, ist die vertikale Position der Kugel weiterhin durch Gl. (3-1) gegeben. Daher muß die Kugel wiederum einer Parabel folgen. Abb. 3-1 zeigt dies deutlich. die Bahnform ist in beiden Fällen eine Parabel. Im nächsten Abschnitt werden wir sehen, daß die Anfangsgeschwindigkeit in Abb. 3-1(b) durch $v_0 = \sqrt{(v_0)_x^2 + (v_0)_y^2}$ gegeben ist.

3-2 Vektoren

Bei der Diskussion von zweidimensionalen Bewegungen werden wir Geschwindigkeiten addieren und subtrahieren, auch wenn sie nicht in die gleiche Richtung zeigen. Auch im nächsten Kapitel müssen wir Kräfte addieren und subtrahieren, die nicht in die gleiche Richtung zeigen. Solche Operationen können erleichtert werden, wenn man auf die mathematische Definition eines Vektors zurückgreift. Ein Vektor ist definiert durch Betrag und Richtung, hat jedoch keinen bestimmten Ort im Raum. Zum Beispiel kann in Abb. 3-2 die Anfangsgeschwindigkeit der Kugel durch Angabe ihrer Größe in m/s sowie ihres Winkels θ relativ zur x-Achse charakterisiert werden. Genausogut kann sie durch Angabe ihrer Komponenten $(v_0)_x$ und $(v_0)_y$ charakterisiert werden. Den Zusammenhang zwischen v_0 und den beiden Komponenten liefert der Satz des Pythagoras. In der Zeit Δt legt die Kugel die Strecken Δx und

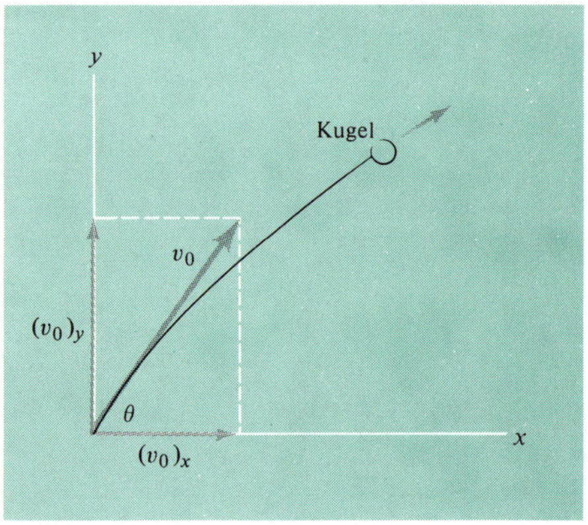

Abb. 3-2. *Anfangsgeschwindigkeit v_0 mit x- und y-Komponente*

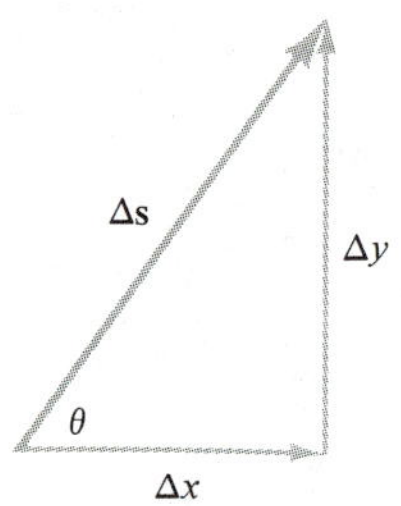

Abb. 3-3. *Zusammenhang zwischen Ortsverschiebung Δs und ihrer x- und y-Komponente*

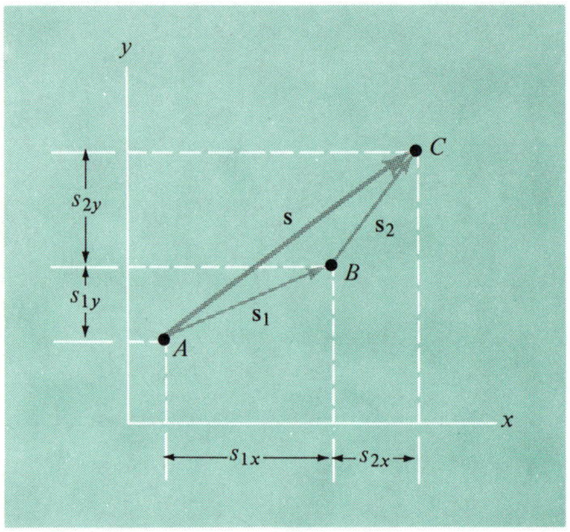

Abb. 3-4. *Addition von zwei Vektoren nach der Polygonzugregel*

Δy in horizontaler und vertikaler Richtung zurück. In der zusammengesetzten Bewegung wird dann die Strecke

$$\Delta s = \sqrt{(\Delta x)^2 + (\Delta y)^2}$$

zurückgelegt, wie es in Abb. 3-3 dargestellt ist. Division durch Δt ergibt

$$\frac{\Delta s}{\Delta t} = \sqrt{\left(\frac{\Delta x}{\Delta t}\right)^2 + \left(\frac{\Delta y}{\Delta t}\right)^2}$$

oder

$$v = \sqrt{v_x^2 + v_y^2}.$$

Ebenfalls ist $v_x = v \cos \theta$ und $v_y = v \sin \theta$. Für drei Dimensionen gilt

$$v = \sqrt{v_x^2 + v_y^2 + v_z^2}.$$

Vektoraddition

Zur Vervollständigung der Vektordefinition muß noch ein Verfahren zur Addition zweier Vektoren verschiedener Richtung angegeben werden. Diese Regel zur Vektoraddition ist in der folgenden Definition enthalten: **Ein Vektor ist eine mathematische Größe, die durch Betrag und Richtung bestimmt ist. Die Komponenten des Summenvektors ergeben sich aus der Addition der Komponenten der Einzelvektoren.** (Vgl. Abb. 3-4.)

Ein Beispiel für eine solche Addition von 2 Vektoren ist in Abb. 3-4 gezeigt. Vektor $\mathbf{s}_1$ ist die Verschiebung von Punkt A nach B, und $\mathbf{s}_2$ ist die Verschiebung von B nach C. Die resultierende Verschiebung von A nach C ist der Summenvektor $\mathbf{s}$. Wir sehen aus Abb. 3-4, daß

$$s_x = s_{1x} + s_{2x}.$$

$$s_y = s_{1y} + s_{2y}.$$

Falls die Vektoren nicht in der xy-Ebene liegen, haben wir zusätzlich

$$s_z = s_{1z} + s_{2z}.$$

In diesem Buch benutzen wir einen fettgedruckten Buchstaben wie $\mathbf{s}$ für einen Vektor und s oder $|\mathbf{s}|$ für den Betrag eines Vektors. Der Betrag eines Vektors ist immer eine positive Größe. Die Vektorgleichung $\mathbf{s} = \mathbf{s}_1 + \mathbf{s}_2$ ist eine mathematische Abkürzung für die oben angegebenen Komponentengleichungen. Man beachte, daß $s < (s_1 + s_2)$ ist (bei $\mathbf{s} = \mathbf{s}_1 + \mathbf{s}_2$), wenn die beiden Vektoren $\mathbf{s}_1$ und $\mathbf{s}_2$ nicht parallel sind. Es ist sogar möglich, daß s kleiner als der Betrag einer der Komponenten ist. Eine solche Situation ist in Abb. 3-5 dargestellt.

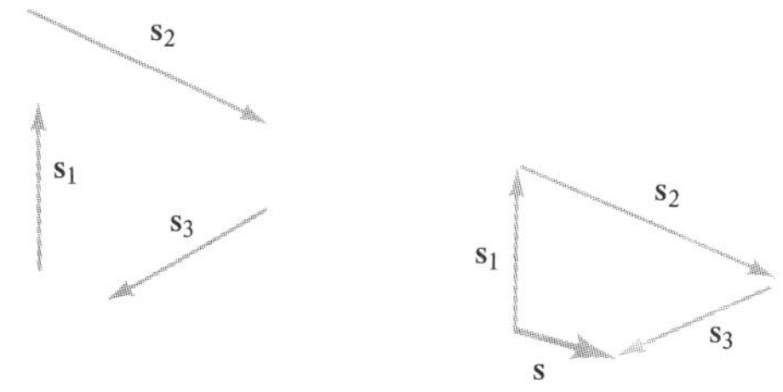

Abb. 3-5. *Verwendung der Polygonzugregel zur Bestimmung von* $\boldsymbol{s} = \boldsymbol{s}_1 + \boldsymbol{s}_2 + \boldsymbol{s}_3$

Polygonzugregel der Vektoraddition

In Abb. 3-4 haben wir den Anfangspunkt von $\boldsymbol{s}_2$ an der Spitze von $\boldsymbol{s}_1$ angesetzt. Dann erhalten wir den Vektor $\boldsymbol{s}$, indem wir den Anfangspunkt von $\boldsymbol{s}_1$ mit der Spitze von $\boldsymbol{s}_2$ verbinden. Man sieht sofort, daß gilt: $s_x = s_{1x} + s_{2x}$ und $s_y = s_{1y} + s_{2y}$; dies aber ist die Definition von $\boldsymbol{s} = \boldsymbol{s}_1 + \boldsymbol{s}_2$. Das Verfahren, den Anfangspunkt eines Vektors an die Spitze des vorhergehenden anzusetzen, wird als Polygonzugregel der Vektoraddition bezeichnet (vgl. Abb. 3-5). Da $s_{1x} + s_{2x} = s_{2x} + s_{1x}$ ist, ist auch $\boldsymbol{s}_1 + \boldsymbol{s}_2 = \boldsymbol{s}_2 + \boldsymbol{s}_1$; das bedeutet, daß die Reihenfolge der Addition das Ergebnis nicht beeinflußt. (Diese Tatsache nennt man das Kommutativgesetz der Vektoraddition.)

Ein negativer Vektor hat den gleichen Betrag wie der positive, ist jedoch entgegengesetzt gerichtet. Ein Vektor kann subtrahiert werden, indem man den entsprechenden negativen Vektor addiert. Falls $\boldsymbol{v} = \boldsymbol{v}_2 - \boldsymbol{v}_1$ ist, dann ist also $\boldsymbol{v} = \boldsymbol{v}_2 + (-\boldsymbol{v}_1)$. Dies ist in Abb. 3-6 dargestellt.

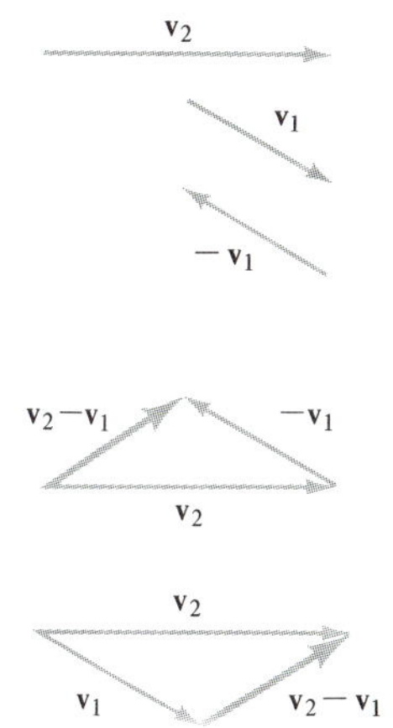

Abb. 3-6. *Im oberen Dreieck wird* $-\boldsymbol{v}_1$ *zu* $\boldsymbol{v}_2$ *addiert, um* $(\boldsymbol{v}_2 - \boldsymbol{v}_1)$ *zu erhalten. Das untere Dreieck stellt eine andere Möglichkeit dar,* $(\boldsymbol{v}_2 - \boldsymbol{v}_1)$ *zu erhalten.*

Beispiel 1: Die Vektoren $\boldsymbol{v}_1$ und $\boldsymbol{v}_2$ besitzen die gleiche Länge v, der Winkel zwischen ihnen sei θ. Wie groß ist $\boldsymbol{v}_2 - \boldsymbol{v}_1$?

Lösung: Es sei $\Delta v = |\boldsymbol{v}_2 - \boldsymbol{v}_1|$. Dies ist die Basis des gleichschenkligen Dreiecks in Abb. 3-7. Für jedes rechtwinklige Teildreieck gilt

$$\sin\left(\tfrac{1}{2}\theta\right) = \frac{\tfrac{1}{2}\Delta v}{v}.$$

Also ist

$$\Delta v = 2v \sin\left(\tfrac{1}{2}\theta\right).$$

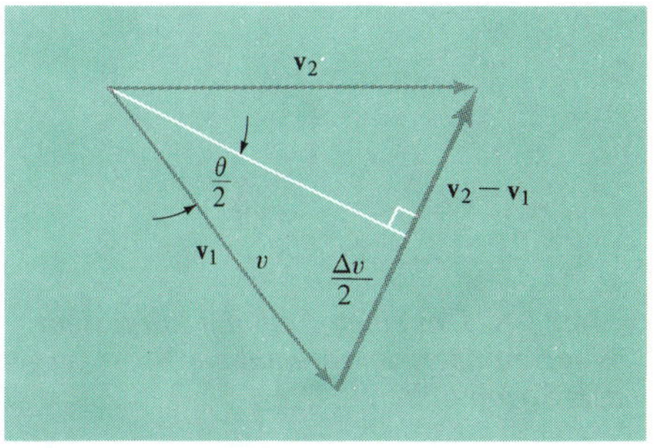

Abb. 3-7. $\boldsymbol{v}_1$ *und* $\boldsymbol{v}_2$ *sind zwei Vektoren gleicher Länge. Der stark ausgezogene Vektor ist ihre Differenz.*

Viele der Größen, mit denen wir uns in der Physik beschäftigen, sind Vektoren. Ob sich nun eine physikalische Größe wie ein mathematischer Vektor verhält, muß letztendlich im Experiment geprüft werden. Einige der Vektorgrößen, die wir kennenlernen werden, sind z. B. Translation, Geschwindigkeit, Beschleunigung, Kraft, Impuls, Drehimpuls, Drehmoment, elektrisches Feld, magnetisches Feld und Stromdichte.

Wenn ein Vektor mit einer Zahl multipliziert oder durch eine Zahl dividiert wird, so ist das Resultat wiederum ein Vektor. Wird z. B. die Verschiebung $\Delta\boldsymbol{s}$ durch Δt dividiert, so ist die resultierende Größe (eine Geschwindigkeit) auch ein Vektor:

$$\boldsymbol{v} := \lim_{\Delta t \to 0} \left[\frac{\Delta \boldsymbol{s}}{\Delta t}\right]. \quad \text{(Definition der Geschwindigkeit)}$$

Wird ein Vektor $\Delta\boldsymbol{v}$ durch Δt dividiert, so ist die resultierende Größe (eine Beschleunigung) ein Vektor:

$$\boldsymbol{a} := \lim_{\Delta t \to 0} \left[\frac{\Delta \boldsymbol{v}}{\Delta t}\right]. \quad \text{(Definition der Beschleunigung)}$$

Wir können nun zeigen, daß sich Geschwindigkeiten vektoriell addieren. Dazu wollen wir als Beispiel ein Boot betrachten, das auf einem Fluß segelt. Es sei $\Delta \boldsymbol{s}$ die Ortsverschiebung des Bootes relativ zum Wasser und $\Delta \boldsymbol{s}_w$ die Verschiebung des Wassers relativ zum Ufer, beide in der Zeit Δt. Wenn $\Delta \boldsymbol{s}'$ die Ortsverschiebung des Bootes relativ zum Ufer ist, dann haben wir $\Delta \boldsymbol{s}' = \Delta \boldsymbol{s}_w + \Delta \boldsymbol{s}$. Nun dividieren wir beide Seiten durch Δt:

$$\frac{\Delta \boldsymbol{s}'}{\Delta t} = \frac{\Delta \boldsymbol{s}_w}{\Delta t} + \frac{\Delta \boldsymbol{s}}{\Delta t}.$$

Für den Grenzfall Δt gegen null erhalten wir

$$\boldsymbol{v}' = \boldsymbol{v}_w + \boldsymbol{v}.$$

In dem folgenden Beispiel ist $\boldsymbol{v}$ die Geschwindigkeit des Bootes in einem Maß- oder Koordinatensystem, das relativ zum Wasser ruht. Dies ist die Geschwindigkeit, die ein Bootsinsasse messen würde, wenn er das Ufer nicht sehen könnte. Ein Beobachter in einem Bezugssystem, das sich relativ zum Ufer in Ruhe befindet, würde eine Geschwindigkeit $\boldsymbol{v}'$ messen, die durch die obige Gleichung gegeben ist.

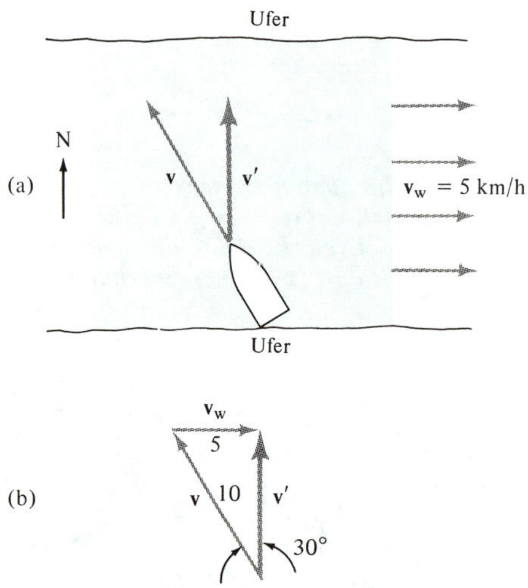

Abb. 3-8. *Um einen Fluß auf kürzestem Wege zu überqueren, muß ein Boot „gegen den Strom halten".*

Beispiel 2: Ein Fährboot möchte auf kürzestem Wege einen Fluß überqueren, der mit einer Geschwindigkeit von 5 km/h nach Osten fließt (vgl. Abb. 3-8). Der Fährmann kennt die Geschwindigkeit der Fähre relativ zum Wasser, nämlich 10 km/h. Welchen Winkel relativ zur Nordrichtung muß die Fähre einschlagen, und wie groß ist ihre Geschwindigkeit relativ zum Ufer?

Lösung: Es sei $\boldsymbol{v}$ die Fährengeschwindigkeit relativ zum Wasser und $\boldsymbol{v}_w$ die Wassergeschwindigkeit. Dann ist $\boldsymbol{v}' = \boldsymbol{v} + \boldsymbol{v}_w$ der Geschwindigkeitsvektor, vom Ufer aus gemessen (er muß genau nach Norden zeigen). Dieses Vektordreieck ist in Abb. 3-8(b) dargestellt. Daraus ergibt sich, daß der Fährmann sein Boot um 30° aus der Nordrichtung heraus nach Westen richten muß. Der Betrag von $\boldsymbol{v}'$ ist cos 30° mal 10 km/h oder 8,66 km/h. Man beachte, daß der resultierende Vektor betragsmäßig kleiner ist als die direkte Summe seiner Einzelbeträge; d. h. $8{,}66 \neq 10 + 5$.

Zerlegung von Vektoren

Bisher haben wir Beispiele diskutiert, in denen der resultierende Vektor aus seinen Komponenten bestimmt werden konnte. Es gibt allerdings auch den umgekehrten Fall, wo ein einzelner Vektor bekannt ist und

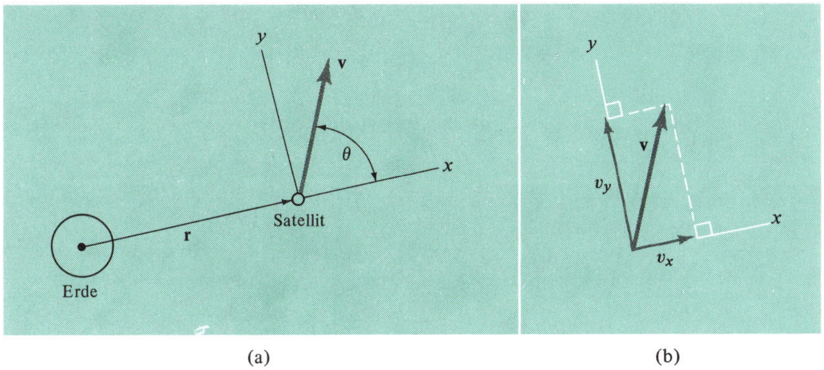

Abb. 3-9. *(a) Ein Satellit besitzt im Abstand* ***r*** *von der Erde eine Geschwindigkeit* ***v****. (b) Von der Spitze von* ***v*** *wird das Lot gefällt, um die x- und y-Komponenten von* ***v*** *zu bestimmen.*

seine Komponenten gesucht sind. Als Beispiel wollen wir die Radial- und Tangentialgeschwindigkeit eines Erdsatelliten in seiner Umlaufbahn bestimmen, wie es in Abb. 3-9(a) verdeutlicht wird. Wir wählen die x-Achse entlang der Radialrichtung $\boldsymbol{r}$. Die Radialkomponente v_x erhält man durch das Lot von $\boldsymbol{v}$ auf die x-Achse (vgl. Abb. 3-9(b)). Also ist $v_x = v \cos\theta$. Die Tangentialkomponente ergibt sich durch das Fällen des Lots auf die y-Achse. Dies bezeichnet man auch als Projektion des Vektors $\boldsymbol{v}$ auf die y-Achse.

Beispiel 3: Eine Masse m rutscht infolge der Gravitationskraft $\boldsymbol{F}_g$ eine schiefe Ebene hinunter, wie in Abb. 3-10 dargestellt. Wie groß ist $F_{\|}$, die Komponente der Schwerkraft parallel zur schiefen Ebene?

Lösung: In Abb. 3-10 haben wir die x-Achse parallel zur schiefen Ebene gewählt. Nun fällen wir das Lot von der Spitze von $\boldsymbol{F}_g$ auf die x-Achse. Wir erkennen aus der Abbildung, daß gilt:

$$F_{\|} = F_g \sin\alpha .$$

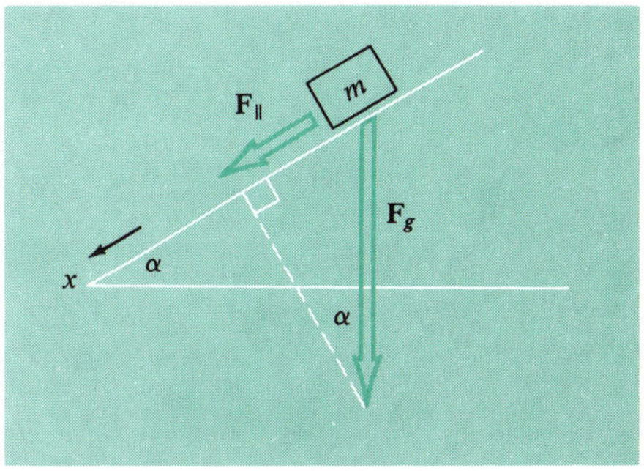

Abb. 3-10. *Die Gravitationskraft* $\boldsymbol{F}_g$ *zieht m senkrecht nach unten. Die Komponente* $\boldsymbol{F}_{\|}$ *erhält man durch Fällen des Lots auf die schiefe Ebene.*

Mit Hilfe der Vektorzerlegung läßt sich auch erklären, wie ein Segelboot gegen den Wind segelt. Abb. 3-11(a) zeigt ein solches Segelboot unter einem Winkel von 45° gegen den Wind. Da die Komponente der Windgeschwindigkeit $\boldsymbol{v}_W$ in Richtung der Bootsbewegung entgegengesetzt zu dieser Bewegungsrichtung zeigt, fragt man sich natürlich, wieso das Boot überhaupt vorwärts kommt.

Zur Erklärung wollen wir die Vektorkraft, die auf das Segel wirkt, zerlegen. Bei einem ebenen Segel ist nur die Windkraft auf das Segel wirksam, die senkrecht auf seine Oberfläche drückt ($\boldsymbol{F}_S$); dies ist in Abb. 3-11(b) dargestellt. Wegen des Kiels unter dem Bootskörper kann das Boot nur in x-Richtung fahren. Man beachte, daß $\boldsymbol{F}_S$ eine Komponente F_x in Bewegungsrichtung hat, die das Boot vorwärts schiebt. Zu dieser Erklärung sind einige Näherungen notwendig, z. B. die Annahme

Abb. 3-11. *(a) Ein Segelboot segelt unter einem Winkel von 45° gegen den Wind. (b) Die Komponente der Kraft auf das Segel in Bewegungsrichtung ist F_x. Diese Kraft bewegt das Boot.*

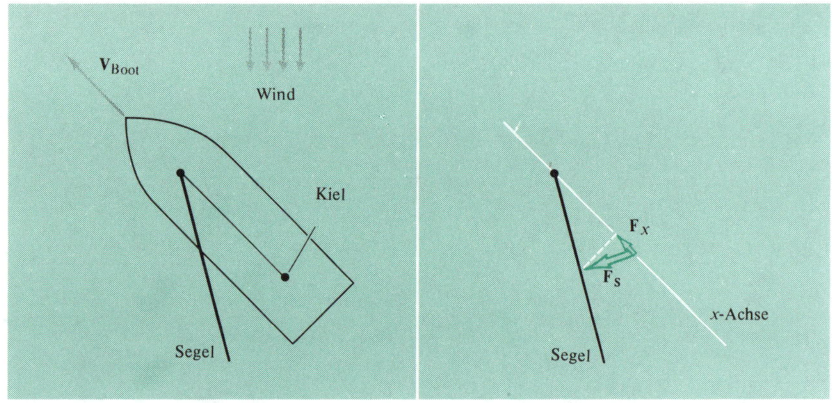

(a) (b)

eines ebenen Segels. In Wirklichkeit ist ein solches Segel gebogen, was einen zusätzlichen Beitrag zum Antrieb des Bootes liefert.

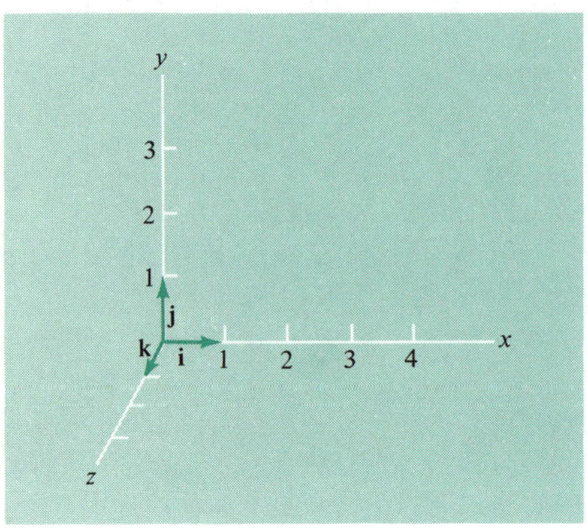

Abb. 3-12. *Die drei Einheitsvektoren **i**, **j** und **k***

Einheitsvektoren

Ein Vektor $\boldsymbol{v}$ kann definiert werden durch Angabe seiner drei Komponenten (v_x, v_y, v_z). In der Physik wird allerdings häufiger die Schreibweise

$$\boldsymbol{v} = \boldsymbol{i}v_x + \boldsymbol{j}v_y + \boldsymbol{k}v_z$$

verwendet, wobei $\boldsymbol{i}$, $\boldsymbol{j}$ und $\boldsymbol{k}$ als Einheitsvektoren entlang der x-, y- und z-Achse definiert sind. Der Vektor $\boldsymbol{i}$ hat die Länge 1 und zeigt parallel zur x-Achse, wie in Abb. 3-12 dargestellt.

Es cxisticrcn auch Rcgcln für dic Vcktormultiplikation. Dicsc bcnötigen wir allerdings erst ab Kap. 6, und ihre Einführung wollen wir bis dahin aufschieben.

Beispiel 4: Der Verschiebungsvektor vom Ursprung zum Ort eines Teilchens (auch Ortsvektor genannt) sei gegeben als Funktion von drei Konstanten:

$$\boldsymbol{S} = \boldsymbol{i}a_1t + \boldsymbol{j}(a_2t - a_3t^2).$$

Bestimme $|\boldsymbol{v}_0|$, $\boldsymbol{v}$ und $\boldsymbol{a}$ (die Beschleunigung).

Lösung: Für die Geschwindigkeit benutzen wir die Definition

$$\boldsymbol{v} = \frac{\mathrm{d}\boldsymbol{S}}{\mathrm{d}t} = \boldsymbol{i}a_1 + \boldsymbol{j}(a_2 - 2a_3t).$$

Zur Zeit $t = 0$ gilt:

$$\boldsymbol{v}_0 = \boldsymbol{i}a_1 + \boldsymbol{j}a_2 \qquad |\boldsymbol{v}_0| = \sqrt{a_1^2 + a_2^2}.$$

Die Beschleunigung ist

$$\boldsymbol{a} = \frac{\mathrm{d}\boldsymbol{v}}{\mathrm{d}t} = \frac{\mathrm{d}}{\mathrm{d}t}[\boldsymbol{i}a_1 + \boldsymbol{j}(a_2 - 2a_3t)] = \boldsymbol{j}(-2a_3).$$

Der Beschleunigungsvektor hat eine konstante Länge von $(2a_3)$ und zeigt nach unten (also in negative y-Richtung). Man beachte, daß die Gleichung für $\boldsymbol{S}$ die Vektordarstellung einer Parabel ist.

3-3 Geschoßbahnen

Ein uraltes militärisches Problem (seit der Erfindung der Schleuder) stellt die Frage dar, wie eine Kanone (oder Schleuder) auszurichten ist, wenn das Ziel sich in einer Entfernung R befindet und die Mündungsgeschwindigkeit des Geschosses v_0 beträgt. Wir wollen also in Abb. 3-13 den Winkel θ bestimmen. Die Flugbahn ist durch Gl. (3-3) gegeben. Wenn wir $(v_0)_x = v_0 \cos\theta$ und $(v_0)_y = v_0 \sin\theta$ setzen, erhalten wir

$$y = (\tan\theta)\, x - \left(\frac{g}{2v_0^2 \cos^2\theta}\right) x^2. \tag{3-4}$$

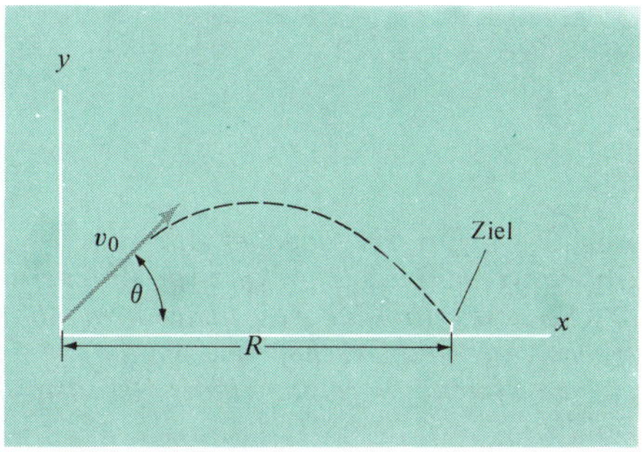

Abb. 3-13. *Bahn eines Geschosses, das unter einem Winkel θ mit der Mündungsgeschwindigkeit v_0 abgeschossen wurde. Die Reichweite ist R.*

Zur Bestimmung von R setzen wir $y = 0$ und $x = R$:

$$0 = (\tan\theta)\, R - \left(\frac{g}{2v_0^2 \cos^2\theta}\right) R^2,$$

$$R = \frac{2v_0^2 \sin\theta\cos\theta}{g} = \frac{v_0^2}{g}\sin 2\theta, \tag{3-5}$$

$$\sin 2\theta = \frac{gR}{v_0^2}.$$

Man sieht, daß man die maximale Reichweite für $2\theta = 90^\circ$ oder $\theta = 45^\circ$ erhält.

Beispiel 5: Von einem Unterseeboot wird eine Rakete auf eine Stadt in 3000 km Entfernung abgeschossen. Sie wird bereits beim Start entdeckt. Wie lang ist die Vorwarnzeit, und wie groß ist die Anfangsgeschwindigkeit (kurz nach Brennschluß)? Rechne unter der Annahme einer ebenen Erdoberfläche, einer konstanten Erdbeschleunigung, einem Abflugwinkel von 45° und berücksichtige, daß die Rakete nur im ersten kurzen Teilstück ihres Flugs beschleunigt wird.

Lösung: Zunächst lösen wir Gl. (3-5) nach v_0 auf:

$$v_0 = \sqrt{gR} \quad \text{für} \quad \theta = 45°$$
$$= \sqrt{9{,}8 \cdot 3 \cdot 10^6}\ \text{m/s} = 5{,}42\ \text{km/s}.$$

(Dies ist 68% der Geschwindigkeit, die benötigt wird, um die Rakete in eine Umlaufbahn zu bringen.) Die x-Koordinate der Raketenposition ist gegeben durch

$$x = (v_0 \cos\theta)\, t \quad \text{oder} \quad t = \frac{x}{v_0 \cos\theta}.$$

Man erhält die Gesamtzeit T für $x = R$:

$$T = \frac{R}{v_0 \cos\theta} = \frac{3 \cdot 10^6}{5{,}42 \cdot 10^3 \cdot 0{,}707}\ \text{s} = 783\ \text{s} = 13\ \text{min}.$$

Beispiel 6: Ein Affe lasse sich genau in dem Moment vom Baum fallen, in dem eine Kugel auf ihn abgefeuert wird, wie es in Abb. 3-14 dargestellt ist. Unter welchem Winkel muß das Gewehr abgeschossen werden, damit die Kugel den Affen im freien Fall trifft? Es wird sich zeigen, daß die Lösung unabhängig von der Mündungsgeschwindigkeit ist.

Abb. 3-14. *Ein frei fallender Affe soll getroffen werden. (a) Lage kurz vor Abfeuern des Schusses. (b) Zur Zeit t nach dem Abfeuern. Affe und Geschoß sind um die gleiche Strecke h_0 relativ zu der Geraden gefallen.*

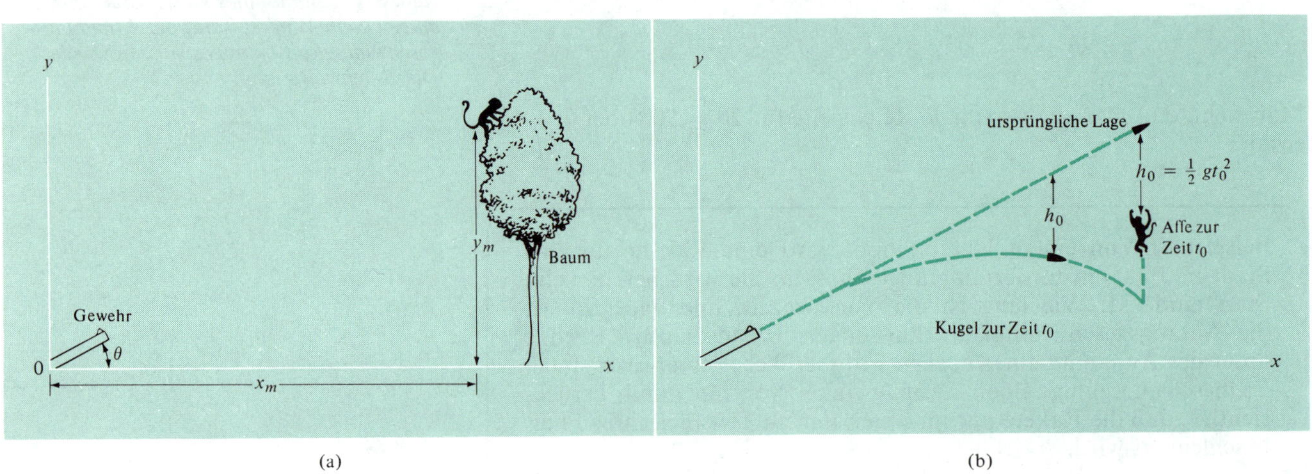

Lösung: Es seien x_m und y_m die Anfangskoordinaten des Affen. Sei t_1 der Zeitpunkt, an dem das Geschoß den Affen trifft. Zu dieser Zeit beträgt die Höhe des Affen

$$y = y_m - \tfrac{1}{2}gt_1^2;$$

die Höhe der Kugel ist dann

$$y = (v_0 \sin\theta)\, t_1 - \tfrac{1}{2}gt_1^2.$$

Durch Gleichsetzen erhält man

$$t_1 = \frac{y_m}{v_0 \sin\theta}. \qquad \text{(3-6)}$$

Die x-Koordinate der Kugel zur Zeit t_1 ist

$$x_m = (v_0 \cos\theta)\, t_1.$$

Nun setzen wir die rechte Seite von Gl. (3-6) für t_1 ein und erhalten

$$x_m = (v_0 \cos\theta)\left(\frac{y_m}{v_0 \sin\theta}\right)$$

oder

$$\tan\theta = \frac{y_m}{x_m}.$$

Das bedeutet, daß das Gewehr genau auf den Affen gerichtet werden muß.

3-4 Gleichförmige Kreisbewegung

Wir wollen nun einen Körper betrachten, der sich mit konstanter Geschwindigkeit v auf einer Kreisbahn mit Radius R bewegt. Obwohl v konstant ist, so ist doch der Vektor $\boldsymbol{v}$ nicht konstant: er ändert dauernd seine Richtung. Die Änderung von $\boldsymbol{v}$ ist ein nichtverschwindender Vektor $\Delta\boldsymbol{v}$. Daraus ergibt sich eine nichtverschwindende Vektorbeschleunigung $\mathrm{d}\boldsymbol{v}/\mathrm{d}t$. **Die Beschleunigung infolge der Änderung der Geschwindigkeitsrichtung wird als Zentripetalbeschleunigung $\boldsymbol{a}_c$ (oder Bahnbeschleunigung) bezeichnet.** Wir wollen nun zeigen, daß der Betrag von $\boldsymbol{a}_c$ gleich v^2/R ist und daß $\boldsymbol{a}_c$ immer zum Kreismittelpunkt zeigt. Um den Betrag von $\boldsymbol{a}_c$ zu berechnen, müssen wir die Geschwindigkeitsdifferenz für zwei aufeinanderfolgende Positionen bestimmen. Wir nehmen an, daß der Körper die Zeit Δt benötigt, um von Position 1 nach 2 zu gelangen

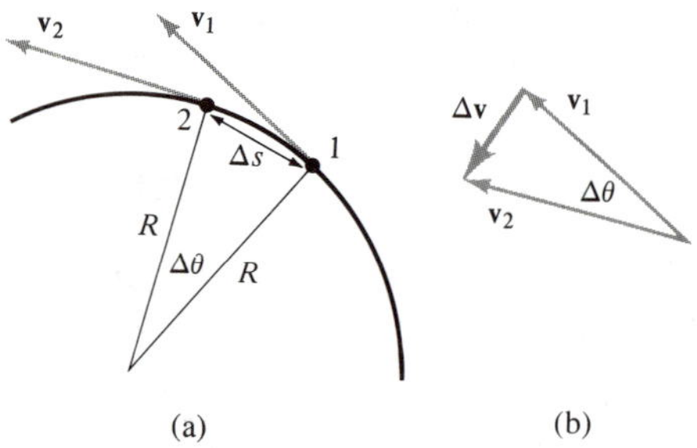

Abb. 3-15. (*a*) *Zwei aufeinanderfolgende Positionen bei einer gleichförmigen Kreisbewegung.* (*b*) *Der Differenzvektor zwischen den beiden Geschwindigkeitsvektoren*

(siehe Abb. 3-15(a)). Außerdem sei $\Delta\boldsymbol{v} = \boldsymbol{v}_2 - \boldsymbol{v}_1$; dann ist

$$\boldsymbol{a}_c = \lim_{\Delta t \to 0} \left(\frac{\Delta \boldsymbol{v}}{\Delta t} \right). \tag{3-7}$$

Man beachte, daß der Winkel $\Delta\theta$ zwischen $\boldsymbol{v}_1$ und $\boldsymbol{v}_2$ gleich dem Winkel $\Delta\theta$ in Abb. 3-15(a) ist (die Schenkel stehen senkrecht aufeinander). Daher sind die Dreiecke in Abb. 3-15(b) und (a) einander ähnlich, und wir erhalten

$$\frac{\Delta v}{v} = \frac{\Delta s}{R}$$

oder

$$\Delta v = \frac{v}{R} \Delta s,$$

wobei Δs die geradlinige Verbindung der Positionen 1 und 2 ist. Division durch Δt ergibt

$$\frac{\Delta v}{\Delta t} = \frac{v}{R} \frac{\Delta s}{\Delta t}.$$

Beim Grenzübergang $\Delta t \to 0$ erhält man $(\Delta v/\Delta t) \to a_c$ und $(\Delta s/\Delta t) \to v$. Wir erhalten also

$$a_c = \frac{v^2}{R}. \quad \text{(Zentripetalbeschleunigung)} \tag{3-8}$$

Man beachte, daß für den Fall $\Delta t \to 0$ der Vektor $\Delta\boldsymbol{v}$ senkrecht auf $\boldsymbol{v}$ steht, so daß er in Richtung Kreismittelpunkt zeigt. Dies aber bedeutet, daß auch die Zentripetalbeschleunigung immer zum Krümmungsmittelpunkt gerichtet ist.

Manchmal ist es praktischer, die Zentripetalbeschleunigung als Funktion von R und T auszudrücken, wobei T die Zeit für einen Umlauf ist. Die Teilchengeschwindigkeit ergibt sich dann aus dem Kreisumfang, dividiert durch die Umlaufzeit T:

$$v = \frac{2\pi R}{T}.$$

Wir ersetzen v in Gl. (3-8) und erhalten

$$a_c = \frac{(2\pi R/T)^2}{R},$$

$$a_c = \frac{4\pi^2}{T^2} R. \tag{3-9}$$

Einige Leser mögen bereits mit dem Begriff der Zentrifugalkraft oder der Zentrifugalbeschleunigung vertraut sein. Eine solche Kraft oder Beschleunigung tritt nur auf, wenn sich der Beobachter in einem rotierenden Bezugssystem befindet (der Beobachter wird beschleunigt). Wir wollen uns in diesem Buch darauf beschränken, daß der Beobachter sich in Ruhe befindet oder sich mit gleichförmiger Geschwindigkeit bewegt, d. h. ohne Beschleunigung. Der Begriff der Zentrifugalbeschleunigung wird deshalb nicht diskutiert (vergleiche auch die Definition von Inertialsystemen in Kap. 4).

Beispiel 7: Wie groß ist die durch die Erddrehung hervorgerufene Zentripetalbeschleunigung[1]) bei einem Körper am Äquator?

Lösung: Es gilt: $T = 1$ Tag $= 8{,}64 \cdot 10^4$ s und $R = R_e = 6370$ km. Eingesetzt in Gl. (3-9) ergibt sich:

$$a_c = \frac{4\pi^2(6{,}37 \cdot 10^6)}{(8{,}64 \cdot 10^4)^2}\,\mathrm{m/s^2} = 0{,}034\,\mathrm{m/s^2}.$$

Dies ist 0,35 % von $g = 9{,}8\,\mathrm{m/s^2}$. Wenn die Erde eine vollkommene Kugel wäre, würde eine Person am Äquator 0,35 % weniger wiegen als an den Polen. Dies ist ein Grund dafür, daß es am Äquator leichter ist, Leichtathletikrekorde einzustellen als in höheren Breitengraden.

3-5 Erdsatelliten

Von Laien wird oft gefragt, warum Erdsatelliten nicht unter der Wirkung der Erdbeschleunigung zur Erdoberfläche zurückfallen, wie alle Gegenstände. Satelliten bilden da auch keine Ausnahme: sie werden ständig mit einer Beschleunigung von $g = 9{,}8\,\mathrm{m/s^2}$ in Richtung des Erdmittelpunktes beschleunigt. Wäre das nicht der Fall, so würden sie sich tangential zur Erdoberfläche von dieser wegbewegen. Jeder Körper, der sich auf einer Kreisbahn bewegt, erfährt automatisch eine Beschleunigung von v^2/R. Wenn der Körper sich auf einer Umlaufbahn um die Erde befindet, so wird diese Beschleunigung durch die Erdanziehung hervorgerufen, und man hat

$$g = \frac{v_c^2}{R_e}, \qquad \text{(3-10)}$$

wobei v_c die sogenannte kritische Umlaufgeschwindigkeit und $R_e = 6370$ km der Erdradius ist. Auflösung von Gl. (3-10) nach v_c ergibt

$$v_c = \sqrt{gR_e} = \sqrt{(9{,}8\,\mathrm{m/s^2})\,(6{,}37 \cdot 10^6\,\mathrm{m})} = 7{,}90\,\mathrm{km/s}. \qquad \text{(3-11)}$$

Dies ist die Minimalgeschwindigkeit, die notwendig ist, um einen Körper in einer Umlaufbahn zu halten. Das Modell des ersten Körpers, der in eine solche Umlaufbahn gebracht wurde (Sputnik I), ist in Abb. 3-16

[1]) Der Zentripetalbeschleunigung ist die Zentrifugalbeschleunigung mit gleichem Betrag entgegen gerichtet. Die Zentrifugalbeschleunigung ergibt sich, wenn der Körper im bewegten Bezugssystem betrachtet wird.

Abb. 3-16. *Naturgetreues Modell von Sputnik I, ausgestellt in Moskau [Mit freundlicher Genehmigung von Sovfoto]*

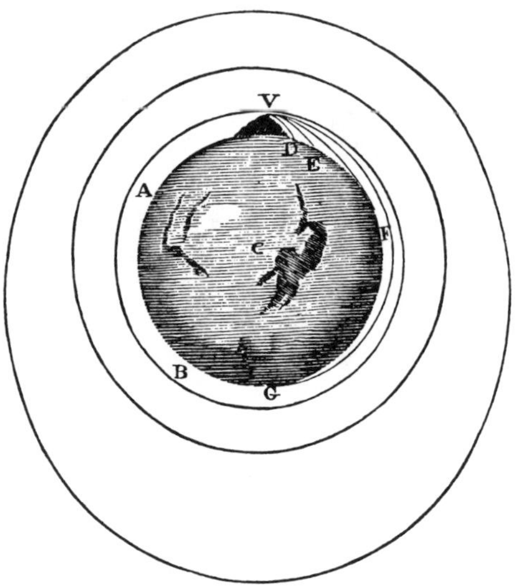

Abb. 3-17. *Darstellung von Satellitenbahnen von Isaac Newton*

gezeigt. Die Umlaufzeit ist gleich dem Erdumfang dividiert durch v_c:

$$T = \frac{2\pi R_e}{v_c} = \frac{40\,000 \text{ km}}{7{,}9 \text{ km/s}} = 5060 \text{ s} = 84 \text{ min}.$$

Dieses Ergebnis stimmt mit den wohlbekannten Umrundungszeiten der vielen niedrigfliegenden Satelliten überein, die, beginnend mit Sputnik I, in eine Umlaufbahn geschossen wurden. Isaac Newton war der erste, der ähnliche Berechnungen vor etwa 300 Jahren durchführte. Abb. 3-17 zeigt eine Skizze mit Satellitenumlaufbahnen, die von Newton persönlich gezeichnet wurde. Er betrachtete eine Kanone auf einer Bergspitze: wenn eine Mündungsgeschwindigkeit von 8 km/s erreicht werden könnte, müßte das Geschoß auf einer Kreisbahn um die Erde laufen.

Es ist nicht unbedingt notwendig, die Geschwindigkeit v_c exakt zu erreichen, um in eine Umlaufbahn zu gelangen. Nehmen wir an, v sei 10% größer als v_c, wie es in Abb. 3-18 dargestellt ist. Da wir uns noch in der Nähe der Erdoberfläche befinden, ist die Erdbeschleunigung noch g. So gilt also

$$g = \frac{v^2}{R} \quad \text{oder} \quad R = \frac{v^2}{g},$$

wobei R der Krümmungsradius der Bahn ist. In diesem Fall ist $v = 1{,}1 v_c = 1{,}1\sqrt{gR_e}$. Einsetzen in die obige Gleichung ergibt

$$R = \frac{(1{,}1\sqrt{gR_e})^2}{g} = 1{,}21 R_e.$$

Hieraus können wir ablesen, daß R den Kreisradius eines niedrigfliegenden Satelliten um 21% übersteigt. Der Körper beginnt sich also von der Erde zu entfernen. Nach einiger Zeit hat dann allerdings die Geschwindigkeit eine vom Erdmittelpunkt weg gerichtete Komponente. Die Gravitationsbeschleunigung wirkt entgegengesetzt zu dieser Bewegungskomponente mit der Folge einer Geschwindigkeitsverringerung, die wiederum ein „Zurückfallen" in Richtung Erde verursacht. Wie wir in Kap. 5 sehen werden, ist die exakte Bahnform eine Ellipse mit dem Erdmittelpunkt in einem Brennpunkt.

Wenn sich allerdings ein Satellit auf einer Kreisbahn in größerer Höhe h über der Erdoberfläche befindet, muß die Tatsache in Betracht gezogen werden, daß die Erdbeschleunigung mit dem Quadrat des Abstandes vom Erdmittelpunkt abnimmt (vgl. Abb. 3-19). Die Erdbeschleunigung im Abstand $(R_e + h)$ vom Erdmittelpunkt beträgt

$$g' = g\frac{R_e^2}{(R_e + h)^2}.$$

(Dies wird in Kap. 5 näher diskutiert.) Durch Gleichsetzen von g' und $v^2/(R_e + h)$ erhält man

$$\frac{v^2}{R_e + h} = g\frac{R_e^2}{(R_e + h)^2},$$

$$v = \sqrt{gR_e}\sqrt{\frac{R_e}{R_e + h}} = v_c\sqrt{\frac{R_e}{R_e + h}}. \qquad (3\text{-}12)$$

Wir sehen, daß die Geschwindigkeit kleiner ist als die kritische Bahngeschwindigkeit.

Wenn ein Raumschiff aus einer hohen Umlaufbahn in eine tiefere Bahn möchte, braucht es nur Bremsraketen zu starten, die eine Kraft entgegengesetzt zur Bewegungsrichtung ausüben. Während des Betriebs der Bremsraketen „fällt" das Raumschiff langsam Richtung Erde, nimmt

(a)

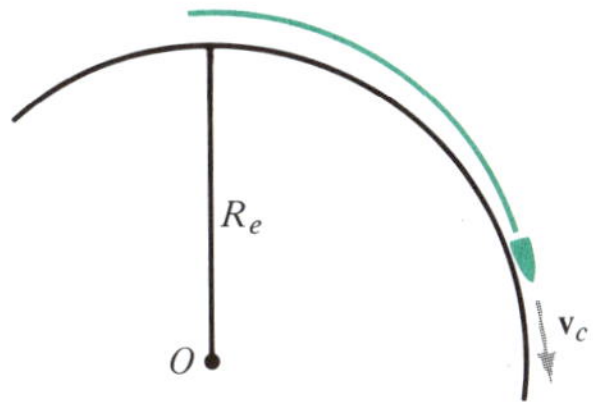

(b)

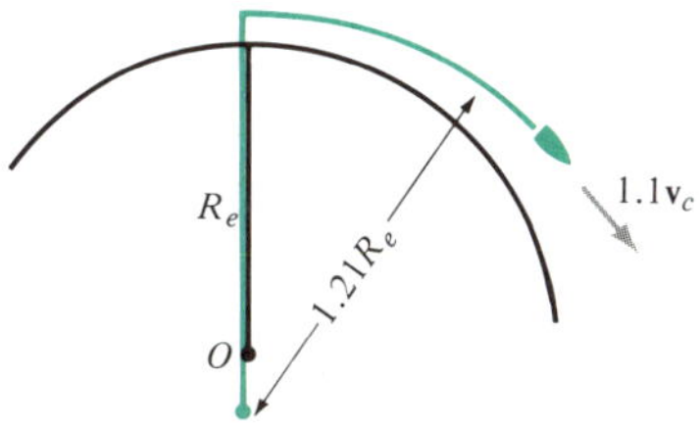

Abb. 3-18. *(a) Bahn eines Erdsatelliten bei einer Umlaufgeschwindigkeit v_c*
(b) Die Bahn bei einer 10% höheren Geschwindigkeit

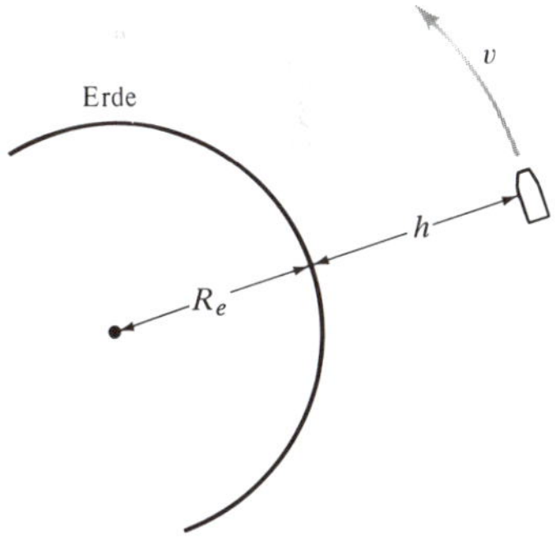

Abb. 3-19. *Ein Satellit auf einer Kreisbahn in einer Höhe h über der Erdoberfläche*

aber dadurch wiederum Geschwindigkeit auf. Wenn man an der Frontpartie eines Autos eine Bremsrakete befestigt hätte und diese starten würde, so würde der Wagen natürlich langsamer. Für einen Satelliten zeigt uns Gl. (3-12) jedoch, daß dessen Geschwindigkeit mit abnehmendem h größer wird; dies steht im Gegensatz zu unserem „normalen Empfinden“.

Zusammenfassung

Vertikale und horizontale Bewegungen können unabhängig voneinander betrachtet werden. Bei Auftreten einer gleichförmigen vertikalen Beschleunigung a_y wird der Bahnverlauf durch eine Parabel beschrieben:

$$x = (v_0 \cos\theta)\, t \quad \text{und} \quad y = (v_0 \sin\theta)\, t + \tfrac{1}{2} a_y t^2.$$

Die Reichweite eines Geschosses beträgt

$$R = \frac{v_0^2}{g} \sin 2\theta.$$

Translation, Geschwindigkeit und Beschleunigung sind Vektoren. Um Vektoren zu addieren oder zu subtrahieren, kann man die Komponentenmethode oder die Polygonzugmethode benutzen. Zur Bestimmung des Vektors der Bahnbeschleunigung müssen Geschwindigkeitsvektoren subtrahiert werden. Bei einer gleichförmigen kreisförmigen Bewegung ergibt sich die Zentripetalbeschleunigung zu $a_c = v^2/R$. Für einen niedrigfliegenden Satelliten ist $a_c = g$ und $v = \sqrt{gR_e}$.

Aufgaben

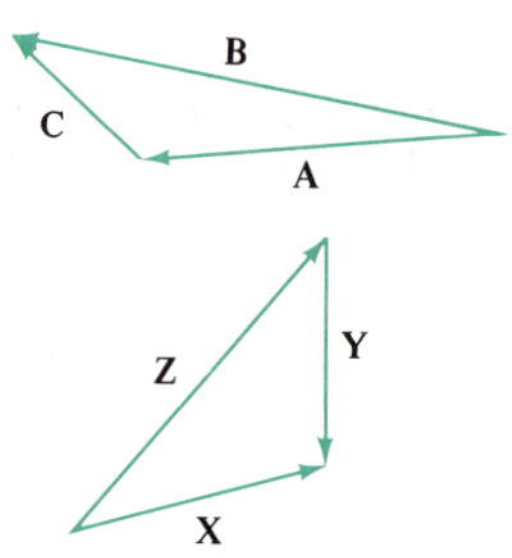

Aufgabe 1

1. Drücke den Vektor $\boldsymbol{C}$ durch die Vektoren $\boldsymbol{A}$ und $\boldsymbol{B}$ aus. Drücke den Vektor $\boldsymbol{Z}$ durch die Vektoren $\boldsymbol{X}$ und $\boldsymbol{Y}$ aus.
2. Es sei $\boldsymbol{A} + \boldsymbol{B} + \boldsymbol{C} = 0$ und $\boldsymbol{A} = 2\boldsymbol{i} + 3\boldsymbol{j} + 4\boldsymbol{k}$ und $\boldsymbol{B} = 5\boldsymbol{i} + 6\boldsymbol{j} + 7\boldsymbol{k}$. Bestimme $\boldsymbol{C}$. Wie groß ist der Betrag von $\boldsymbol{C}$? Wie groß ist der Winkel zwischen $\boldsymbol{C}$ und der x-Achse?
3. Es sei $|\boldsymbol{A}| = 3$ m, $|\boldsymbol{B}| = 2$ m und der Winkel zwischen ihnen 30°. Wie groß ist die Projektion von $\boldsymbol{B}$ auf $\boldsymbol{A}$?
4. Wie groß ist Δv in Beispiel 1 als Funktion von v und θ (im Bogenmaß), wenn θ gegen null geht? Benutze keine trigonometrischen Funktionen.
5. Wie groß ist $F_\perp$, die Komponente von $\boldsymbol{F}_g$ senkrecht zur schiefen Ebene in Beispiel 3?
6. Wiederhole Beispiel 5 für einen Abschußwinkel von 30°, behalte aber die Entfernung von 3000 km bei. Berechne t und v_0. Trage y gegen x und y gegen t auf.
7. Unter welchem Winkel muß eine Kanone abgefeuert werden, damit sie nur die Hälfte der maximalen Reichweite besitzt?
8. Ein Vektor $\boldsymbol{E}$ liegt entlang der y-Achse.
   (a) Wie groß ist die Komponente von $\boldsymbol{E}$ entlang der y'-Achse, die mit der y-Achse den Winkel θ' einschließt? Diese Komponente ist ein Vektor, den wir $\boldsymbol{E}'$ nennen.

(b) Nun betrachte eine y''-Achse unter einem Winkel θ'' zur y'-Achse. Wie groß ist die Komponente von $\boldsymbol{E}'$ entlang der y''-Achse? Wir nennen diese Komponente E''.
(c) Wie groß ist E'' als Funktion von E, θ' und θ''?
(d) Wenn $(\theta' + \theta'') = 90°$, ist dann $E'' = 0$?

9. In Aufgabe 8 sei $\theta' = \theta'' = 45°$. Wie groß ist dann E'' als Funktion von E? Wie groß ist E' und E'' als Funktion von E für $\theta' = 30°$ und $\theta'' = 60°$?

10. Nimm in Aufgabe 8 an, daß $\theta' = \theta'' = 60°$ ist. Wie groß ist E''? Wie groß ist seine y-Komponente? Ist sie positiv oder negativ?

11. Wiederhole Beispiel 2 für den Fall, daß das Fährboot mit 6 km/h relativ zum Wasser fährt.

12. Ein Teilchen bewegt sich mit konstanter Geschwindigkeit auf einer Kreisbahn mit dem Radius R. f sei die Zahl der Umläufe pro Sekunde. Wie groß ist die Beschleunigung des Teilchens als Funktion von f und R?

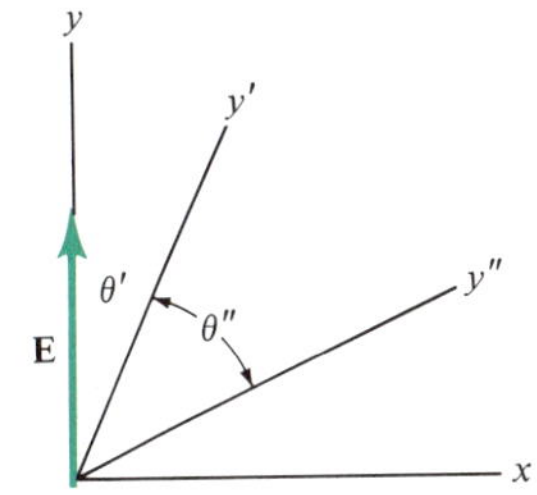

Aufgabe 8

13. Die Kamera in Abb. 3-1 (c) bewege sich mit der Geschwindigkeit

$$\boldsymbol{v}_c = -\boldsymbol{i}\frac{v_c}{\sqrt{2}} - \boldsymbol{j}\frac{v_c}{\sqrt{2}},$$

und die Kugel werde so nach oben geschossen, daß

$$y = v_b t - \tfrac{1}{2}gt^2.$$

Wie lautet die Bahngleichung, von der Kamera aus gesehen? Stelle sie für $v_c = 10$ m/s und $v_b = 20$ m/s grafisch dar.

14. Zeige, daß in Abb. 3-13 die maximale Höhe des Projektils $\frac{1}{4}R$ beträgt, wenn der Abschußwinkel $\theta = 45°$ beträgt.

15. Die Kraft auf das Segel in Abb. 3-11 ist $F_0 \sin\alpha$, wobei α der Winkel zwischen Segel und Wind ist. Bei welchem Wert von α erhält man für das Boot die Maximalgeschwindigkeit, wenn der Winkel zwischen Kiel und Wind θ beträgt?

16. Betrachte ein Geschoß, das unter einem Winkel von 30° zur Horizontalen abgeschossen wird. Die Vertikalkomponente der Anfangsgeschwindigkeit beträgt $v_y = 100$ m/s. Vernachlässige den Luftwiderstand.
(a) Wie groß ist die Anfangsgeschwindigkeit?
(b) T sei die gesamte Flugzeit. Wie groß ist v_y bei $t = \frac{1}{2}T$? Wie groß ist in diesem Moment die Beschleunigung?
(c) Wie groß ist v_y kurz vor $t = T$?
(d) Wie groß ist v_y bei $t = \frac{1}{4}T$?
(e) Trage v_y gegen t auf.

17. Wie groß ist die Maximalhöhe des Geschosses in Abb. 3-13? Gib die Höhe als Funktion von v_0, θ und g an.

18. Die Kugel in Abb. 3-14 treffe den Affen in dem Moment, in dem er den Boden berührt. Wie groß muß v_0 als Funktion von θ und x_m sein?

19. Eine Kugel wird unter einem Winkel von 30° zur Vertikalen von Punkt A aus in die Luft geschossen. Es wirkt nur die Erdanziehung, nicht der Luftwiderstand. Nach 20 s landet die Kugel bei B auf gleicher vertikaler Höhe wie Punkt A. Wie hoch erhebt sich die Kugel über ihre Ausgangshöhe?

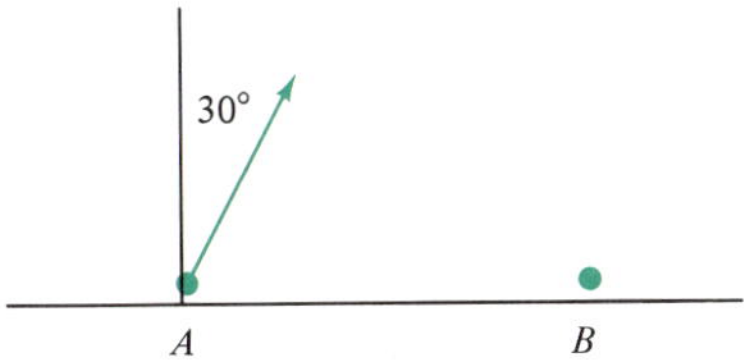

Aufgabe 19

20. Ein Elektron bewegt sich relativ zu einem Bezugssystem mit dem anfänglichen Ortsvektor

$$\boldsymbol{r}_0 = x_0\boldsymbol{i} + z_0\boldsymbol{k}, \quad \text{wobei} \quad x_0 = 3{,}0\,\text{m} \quad \text{und} \quad z_0 = 1{,}0\,\text{m},$$

mit der Anfangsgeschwindigkeit

$$\boldsymbol{v}_0 = v_{0y}\boldsymbol{j}, \quad \text{wobei} \quad v_{0y} = 2{,}0\,\text{m/s},$$

und mit der Beschleunigung

$$\boldsymbol{a}(t) = At\boldsymbol{j} + B\boldsymbol{k}, \quad \text{wobei} \quad A = 12{,}0\,\text{m/s}^3 \quad \text{und} \quad B = 8{,}0\,\text{m/s}^2.$$

(a) Wie lautet die z-Koordinate des Elektrons zur Zeit $t = 0{,}5$ s?
(b) Wie groß ist die Elektronengeschwindigkeit bei $t = 1$ s?
(c) Welcher Winkel liegt zur Zeit $t = 0$ zwischen Ortsvektor $\boldsymbol{r}$ und dem Geschwindigkeitsvektor $\boldsymbol{v}$? Ist dies möglich?

21. Betrachte ein Flugzeug, dessen Reisegeschwindigkeit relativ zur Luft 300 km/h beträgt. Es macht einen fahrplanmäßigen Rundflug zwischen zwei Orten A und B, die 600 km voneinander entfernt sind. Vernachlässige die Zeit für Start, Landung und Drehung.
(a) Wie lange dauert ein Rundflug an einem ruhigen Tag?
(b) Wie lange dauert der Flug, wenn der Wind mit einer Geschwindigkeit von 60 km/h von B nach A weht?
(c) Wie lange dauert es bei 60 km/h Seitenwind?

22. Ein Raumschiff umkreise den Mond auf einer Kreisbahn. Der Radius des Kreises sei $\frac{1}{3}$ des Erdradius, und die Gravitationsbeschleunigung durch den Mond betrage $g/12$, wobei $g = 9{,}8\,\text{m/s}^2$. Wie groß ist seine Geschwindigkeit, verglichen mit der von Erdsatelliten?

23. Es ist eine Apparatur entworfen worden, um den Einfluß einer Beschleunigung von $100g$ auf Insekten zu untersuchen. Das Gerät besteht aus einem 10 cm langen Stab mit Insektenbehältern an beiden Seiten. Der Stab soll um seinen Mittelpunkt rotieren.
(a) Wie groß ist die Insektengeschwindigkeit, wenn die Beschleunigung $100g$ beträgt?
(b) Wie groß ist die Umdrehungszahl pro Sekunde?

24. Die Erdbeschleunigung im Abstand r vom Erdmittelpunkt beträgt $a = g(R_e/r)^2$, wobei R_e der Erdradius ist. Man möchte einen Erdsatelliten über einem festen Punkt des Äquators „parken". Wie groß ist v in Abhängigkeit von g, R_e und t_0, wenn die Zeit für eine Erdumdrehung t_0 ist?

25. Ein Erdsatellit befindet sich auf einer Kreisbahn in einem Abstand von 387000 km vom Erdmittelpunkt. Wie groß ist seine Umlaufzeit in Tagen?

26. In welcher Höhe muß ein Erdsatellit auf einer Kreisbahn laufen, um eine Umlaufzeit von 1 Tag zu haben?

27. Zeige, daß für die Umlaufzeit eines Satelliten in der Höhe h über der Erdoberfläche $t = t_c\left(\dfrac{R_e + h}{R_e}\right)^{3/2}$ gilt, wobei t_c die Umlaufzeit eines niedrigfliegenden Erdsatelliten ist.

28. Die Gravitationsbeschleunigung auf der Mondoberfläche beträgt $0{,}14g$; der Mondradius ist $1{,}74 \cdot 10^3$ km. Wie lange braucht ein Raumschiff, um den Mond in der Nähe der Oberfläche zu umrunden?

4 Dynamik

4-1 Einführung

Eines der Hauptziele der Physik ist die Vorhersage des zukünftigen (oder des früheren) Ortes und der entsprechenden Geschwindigkeiten einzelner Teilchen, die untereinander wechselwirken. Wir haben in Kap. 3 gesehen, daß wir im Prinzip den zukünftigen Ort jedes Teilchens vorhersagen können, wenn wir nur seine Beschleunigung als Funktion der Zeit kennen. Wie wir sehen werden, benötigt man zur Angabe der Beschleunigung Informationen über die auf das Teilchen wirkenden Kräfte sowie über die Teilchenmasse. Das aber bedeutet, daß zur Erreichung des oben genannten Zieles auch die Kräfte und ihre Ursachen studiert werden müssen.

Glücklicherweise zeigt es sich, daß nach unserer heutigen Kenntnis alle Kräfte auf vier fundamentalen Wechselwirkungsarten beruhen: (1) Gravitation, (2) schwache Wechselwirkung, (3) elektromagnetische Wechselwirkung und (4) starke Wechselwirkung. Nach neuer Erkenntnis können schwache Wechselwirkung und elektromagnetische Wechselwirkung einheitlich beschrieben werden (siehe auch Tab. 1-1). Wie wir im nächsten Kapitel sehen werden, wirkt die Gravitationskraft auf alle Massen und wird auch durch Masse hervorgerufen. (Der Begriff der Masse wird formal noch in diesem Kapitel definiert.) Die elektromagnetische Kraft wirkt auf Ladungen und Ströme und wird durch Ladungen und Ströme hervorgerufen. Da Atome geladene Elektronen und Protonen enthalten, sind die Kräfte zwischen Atomen vom Ursprung her elektromagnetischer Art. Da sich gewöhnliche Materie aus Atomen zusammensetzt, sind die meisten der alltäglich auftretenden Kräfte elektromagnetischer Natur, auch z. B. das Vor- und Zurückschnellen einer Feder oder die Kräfte an Berührungsflächen. Die elektromagnetische Kraft soll näher in den Kap. 15 bis 21 diskutiert werden. Die Kernkräfte und die Kräfte der schwachen Wechselwirkung besitzen nur eine sehr kurze Reichweite (nicht größer als 10^{-14} m). Sie werden in den Kap. 29 bis 31 näher behandelt. Es sind die Kernkräfte, die die Atomkerne zusammenhalten, trotz einer starken elektromagnetischen Abstoßung zwischen den Protonen.

Um die durch eine Kraft hervorgerufene Bewegung eines Körpers zu studieren, ist es nicht notwendig, genau über die Art der Kraft oder ihren Ursprung informiert zu sein. Wir wollen also in diesem Kapitel die Auswirkungen von Kräften im allgemeinen behandeln und uns erst später den speziellen Eigenschaften der Gravitation sowie der elektromagnetischen, schwachen und Kernwechselwirkung zuwenden. Die Beschäftigung mit den durch Kräfte hervorgerufenen Bewegungen wird als Dynamik bezeichnet. In der Dynamik hat man es, im Gegensatz zur Kinematik, mit realen Körpern zu tun, die Masse, Impuls, Energie sowie Geschwindigkeit und Beschleunigung besitzen. In Abschn. 4-2 werden die Definitionen von Masse, Kraft und Impuls kurz vorweggenommen. Eine detailliertere physikalische Definition folgt in den Abschn. 4-3 und 4-4.

Es gibt mehrere mathematisch äquivalente Arten, um Größen wie Masse und Kraft zu definieren. Wir wählen hier die Definitionen, die im nächsten Abschnitt näher erläutert werden.

4-2 Definitionen

Masse

Zur Definition der Masse gehen wir von einer Standardmasse von 1 kg aus. Eine solche Standardmasse von 1 kg (in Wirklichkeit 0,99997 kg) ist gegeben durch 1000 cm^3 Wasser bei 4 °C und Atmosphärendruck. Diese Menge Wasser kann zu einem Eisblock gefroren werden. Dann können wir eine unbekannte Masse m mit der Standardmasse m_0 vergleichen, indem wir eine kleine zusammengedrückte Feder zwischen sie bringen, wie es in Abb. 4-1 dargestellt ist. Wenn sich die Massen anfangs in Ruhe befinden und die Feder losgelassen wird, werden sich die Massen in entgegengesetzte Richtungen in Bewegung setzen, und zwar mit den Geschwindigkeiten v und v_0. Wir definieren dann die unbekannte Masse als

$$m := m_0 \frac{v_0}{v}. \quad \text{(Definition der Masse)} \qquad \text{(4-1)}$$

Impuls

Wir definieren den Impuls eines Körpers als das Produkt von Masse und Geschwindigkeitsvektor. Für den Impuls werden wir das Symbol $\boldsymbol{P}$ benutzen:

$$\boldsymbol{P} := m\boldsymbol{v}. \quad \text{(Definition des Impulses)} \qquad \text{(4-2)}$$

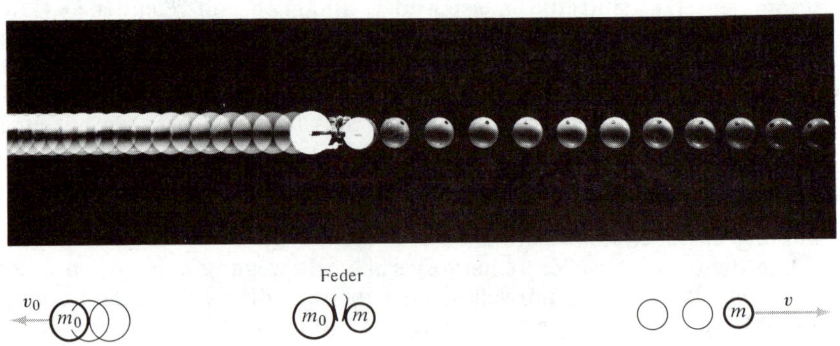

Abb. 4-1. *Stroboskopaufnahme von zwei ungleichen Massen, die durch eine Feder auseinandergeschoben wurden* [*Mit freundlicher Genehmigung des Educational Development Center*]

Kraft

Wenn eine Einzelkraft $\boldsymbol{F}_1$ auf einen Körper der Masse m wirkt, dann ist die Größe der Kraft definiert als die zeitliche Änderung des Impulses:

$$\boldsymbol{F}_1 := \frac{\mathrm{d}\boldsymbol{P}}{\mathrm{d}t}. \quad \text{(Definition der Kraft)} \tag{4-3a}$$

Für einen Körper konstanter Masse ergibt sich

$$\begin{aligned} \boldsymbol{F}_1 &= \frac{\mathrm{d}(m\boldsymbol{v})}{\mathrm{d}t} = m\frac{\mathrm{d}\boldsymbol{v}}{\mathrm{d}t}, \\ \boldsymbol{F}_1 &= m\boldsymbol{a}. \end{aligned} \tag{4-3b}$$

Gl. (4-3b) kann nun benutzt werden, um eine Federwaage zu eichen, wie es in Abb. 4-2[1]) dargestellt ist. Je stärker die Feder gestreckt wird, desto größer ist die Kraft, und desto größer ist die Beschleunigung des reibungsfreien Wagens. Die Skala könnte durch Verwendung eines Wagens mit einer Einheitsmasse geeicht werden. Die Federskala wird so weit gezogen, bis der Wagen eine Beschleunigung von eins erhält, dann wird am Zeiger eine Krafteinheit markiert. Dieser Prozeß wird für zwei Beschleunigungseinheiten wiederholt, was zu zwei Krafteinheiten auf der Skala führt, usw.

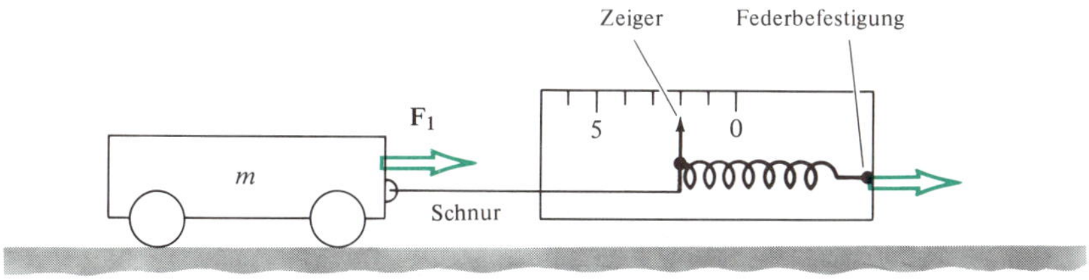

Abb. 4-2. *Die Masse m wird von der Kraft $\boldsymbol{F}_1$ bewegt. Die Kraft wird durch eine nach rechts ziehende Feder hervorgerufen.*

4-3 Newtonsche Bewegungsgesetze

Um die durch Kräfte hervorgerufene Bewegung eines Körpers vorhersagen zu können, benötigen wir ein grundlegendes „Gesetz“ (Theorie), mit dessen Hilfe wir solche Vorhersagen machen können. Diese Theorie kann, muß aber nicht korrekt sein. Die grundlegende Theorie, die uns erlaubt, die Bewegung von Körpern vorherzusagen, besteht aus drei Gleichungen, die als Newtonsche Bewegungsgleichungen bekannt sind. Zunächst wollen wir diese drei Gesetze kurz zusammenstellen und dann eine Diskussion ihrer Bedeutung anschließen. Diese Gesetze wurden zuerst von Isaac Newton gegen Ende des siebzehnten Jahrhunderts formuliert:

---

[1]) Wir nehmen an, daß die Federkraft unvermindert über die Schnur auf den Wagen übertragen wird. Diese Annahme wird auf S. 69 gerechtfertigt.

Erstes Newtonsches Axiom

Ein Körper verbleibt in Ruhe oder bewegt sich mit konstanter Geschwindigkeit (die Beschleunigung ist null), wenn er sich selbst überlassen bleibt (d. h. wenn die Resultierende der auf ihn einwirkenden Kräfte null ist). Mathematisch heißt dies

$$\boldsymbol{a} = 0, \quad \text{wenn} \quad \boldsymbol{F}_{\text{res}} = 0, \quad \text{(1. Newtonsches Axiom)} \qquad \textbf{(4-4)}$$

wobei $\boldsymbol{F}_{\text{res}}$ die Vektorsumme aller auf den Körper wirkenden Kräfte ist.

Zweites Newtonsches Axiom

Die zeitliche Änderung des Impulses ist gleich der resultierenden Kraft, die auf den Körper wirkt. Für einen Körper konstanter Masse ist dies Masse mal Beschleunigung.

$$\boldsymbol{F}_{\text{res}} = \frac{\mathrm{d}\boldsymbol{P}}{\mathrm{d}t} \quad \text{oder} \quad \boldsymbol{F}_{\text{res}} = m\boldsymbol{a}. \quad \text{(2. Newtonsches Axiom)} \qquad \textbf{(4-5)}$$

Drittes Newtonsches Axiom

Bei der Wechselwirkung zweier Körper ist die Kraft, mit der der erste Körper auf den zweiten einwirkt, immer gleich und entgegengesetzt zu der Kraft, mit der der zweite Körper auf den ersten einwirkt:

$$\boldsymbol{F}_{\text{AB}} = -\boldsymbol{F}_{\text{BA}}. \quad \text{(3. Newtonsches Axiom)}$$

Dabei bedeutet der Index AB, daß die Kraft von B ausgeht und auf A wirkt und umgekehrt.

Diskussion des ersten Newtonschen Gesetzes

Das erste Axiom besagt, daß die Beschleunigung $\boldsymbol{a}$ verschwindet, wenn $\boldsymbol{F}_{\text{res}} = 0$ ist. Dies scheint also nur ein Spezialfall des zweiten Axioms zu sein. Trotzdem lohnt es, sich damit zu beschäftigen; denn man muß bedenken, daß die anerkannte wissenschaftliche Lehrmeinung vor Newton auf den alten Sätzen von Aristoteles beruhte. Die Grundlage dessen Beschreibungsweise bestand darin, daß alle Gegenstände zur Ruhe kommen, wenn keine äußeren Kräfte vorhanden sind. Dies scheint auch mit der alltäglichen Erfahrung übereinzustimmen. Wir können überall beobachten, daß bewegte Körper, wenn sie nicht geschoben oder gezogen werden, im allgemeinen nach einer gewissen Zeit zur Ruhe kommen. Ein Auto kommt zum Halt, sobald der Motor abgeschaltet wird. Nach Newtons erstem Axiom muß bei einer Verlangsamung des Wagens eine resultierende Kraft auf den Wagen einwirken. In diesem Fall ergibt sie sich aus der verzögernden Kraft des Luftwiderstandes sowie aus der Reibung in den Rädern und Reifen (vgl. auch Beispiel 1).

Im ersten Gesetz ist ein wichtiges physikalisches Prinzip enthalten: die Existenz von sogenannten Inertialsystemen. Gewiß würde ein beschleunigter Beobachter eine Verletzung des ersten Newtonschen Axioms feststellen. Das erste Axiom bedeutet, daß ein Körper frei von externen

Kräften ist, wenn ein Bezugssystem existiert, in dem er sich in Ruhe befindet. Und falls der Körper sich in einem Bezugssystem in Ruhe befindet, dann existiert ein ganzer Satz von Bezugssystemen, in denen der Körper eine konstante Geschwindigkeit besitzt. Solche Bezugssysteme werden Inertialsysteme genannt. Damit kommt man nach dem ersten Newtonschen Axiom zu der nichttrivialen Vorhersage, daß sich für einen Beobachter in einem Inertialsystem (definiert durch einen ersten ruhenden Körper) alle Körper, auf die keine resultierenden Kräfte einwirken, in Ruhe befinden oder mit konstanter Geschwindigkeit fortbewegen.

Diskussion des zweiten Newtonschen Gesetzes

Es ist klar, daß das zweite Newtonsche Axiom nur gilt, wenn sich der Beobachter in einem Inertialsystem befindet; denn sonst würde sich die rechte Seite der Gleichung $\boldsymbol{F}_{\text{res}} = m\boldsymbol{a}$ in Abhängigkeit von der Beschleunigung des Beobachters ändern. Wir wollen nochmals darauf hinweisen, daß $\boldsymbol{F}_{\text{res}} = m\boldsymbol{a}$ nur für den Fall gilt, daß m eine Konstante ist.

Zu Newtons Lebzeiten zeigten die Experimente, daß m nicht von der Geschwindigkeit abhängt. Jedoch ergeben neuere Messungen, daß m, wie es nach Gl. (4-1) definiert ist, sehr wohl von der Geschwindigkeit abhängt. Das experimentelle Ergebnis lautet

$$m(v) = \frac{m_{\text{Ruhe}}}{\sqrt{1 - v^2/c^2}},$$

wobei m_{Ruhe} die Masse im Ruhezustand und $c = 2{,}998 \cdot 10^8$ m/s die Lichtgeschwindigkeit darstellt (siehe Kap. 9 über Relativitätstheorie). Man beachte, daß sich $m_{\text{Ruhe}} \approx m$ für kleines v ergibt; in diesem Fall kann m als Konstante angesehen werden. Bei Geschwindigkeiten unter 1% der Lichtgeschwindigkeit werden wir m als Konstante behandeln und die Gleichung $\boldsymbol{F}_{\text{res}} = m\boldsymbol{a}$ benutzen. (Für $v/c = 0{,}01$ ist $m = 1{,}00005\, m_{\text{Ruhe}}$.) In diesem Buch wollen wir $m(v)$ als relativistische Masse bezeichnen; sonst meinen wir mit dem Wort „Masse“ immer die Ruhemasse.

Es ist wichtig zu erwähnen, daß die Kraft im zweiten Newtonschen Axiom immer eine resultierende Kraft ist. Vor einer Anwendung des zweiten Axioms muß man also in jedem Fall die Vektorsumme aller Kräfte bilden, die auf den Körper einwirken können.

An diesem Punkt mag der Leser den Eindruck gewinnen, daß wir einen Zirkelschluß durchführen. Wenn die Kraft nach Gl. (4-3) durch $\boldsymbol{F} = m\boldsymbol{a}$ definiert ist, sollte dann nicht das zweite Newtonsche Axiom nach dieser Definition richtig sein und nicht als ein Grundgesetz der Natur erscheinen? Zunächst stellen wir fest, daß Gl. (4-3) und Gl. (4-5) nicht identisch sind; in Gl. (4-3) steht eine Einzelkraft $\boldsymbol{F}_1$ auf der linken Seite, in Gl. (4-5) eine resultierende Kraft $\boldsymbol{F}_{\text{res}}$. Diese Unterscheidung ist sehr wichtig. Sie bedeutet, daß Gl. (4-5) einen zusätzlichen physikalischen Gehalt hat, der experimentell zu prüfen ist. Gl. (4-5) beinhaltet die Additivität von Massen und die Vektoraddition von Kräften. Das heißt, man erhält die Masse $m = (m_A + m_B)$, wenn man die beiden

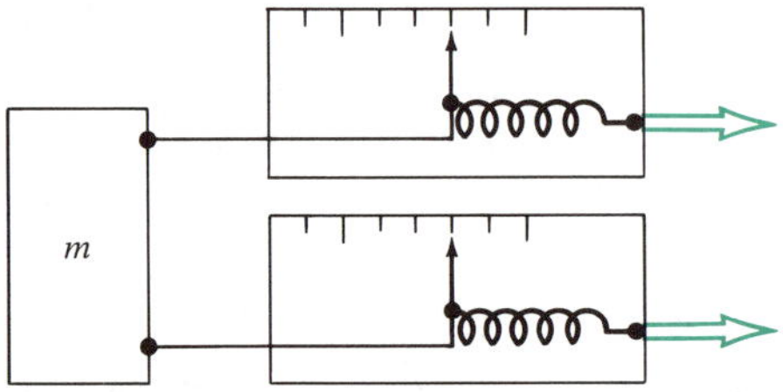

Abb. 4-3. *Wenn jede der beiden identischen Federn eine Beschleunigung a_0 hervorruft, ergeben sie dann zusammen eine Beschleunigung $2a_0$?*

Einzelmassen m_A und m_B zusammenfaßt. Dies erscheint ganz selbstverständlich; jedoch sollten in der Physik alle Selbstverständlichkeiten experimentell überprüft werden. Es gibt eine Reihe von physikalischen Größen, die sich nicht additiv verhalten, z. B. die Beträge von Vektoren oder die Addition zweier Volumina: Wenn man 1 Liter Alkohol und 1 Liter Wasser zusammengießt, erhält man eine Mischung, deren Volumen kleiner als 2 Liter ist.

Man kann die Additivität von Kräften leicht testen, indem man die Federdehnung mißt, die erforderlich ist, um eine Masse von 1 kg mit 1 m/s^2 zu beschleunigen. Diese Größe entspricht der Krafteinheit im MKS-System und wird Newton (N) genannt. Wenn zwei Federn, von denen jede eine Kraft von 1 N erbringt, an einer Masse von 1 kg befestigt werden, so wirkt auf die Masse eine Kraft von 2 N, wie es in Abb. 4-3 dargestellt ist. Wiederum erscheint es offensichtlich, daß die Masse eine Beschleunigung von 2 m/s^2 erfährt; eine solche Annahme muß jedoch sehr sorgfältig durch das Experiment bestätigt werden. Experimente zeigen, daß sich Einzelkräfte, wie sie in Gl. (4-3) definiert sind, vektoriell addieren. Wir sehen, daß die Gleichung $\boldsymbol{F}_{res} = m\boldsymbol{a}$ viel mehr darstellt als eine einfache Definition: sie schreibt nämlich die skalare Additivität der Masse und die vektorielle Additivität der Kraft vor; dieser zusätzliche Gehalt muß natürlich auch im Experiment nachgewiesen werden.[1])

Diskussion des dritten Newtonschen Gesetzes

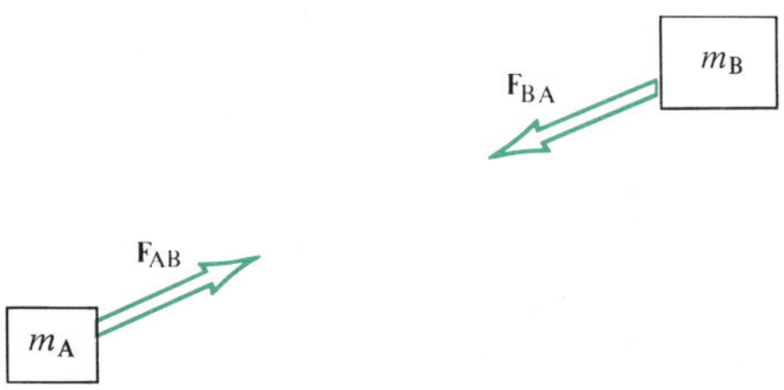

Abb. 4-4. *Zwei wechselwirkende Massen mit den Wechselwirkungskräften.* $\boldsymbol{F}_{AB} = -\boldsymbol{F}_{BA}$

Ein System bestehe nur aus den beiden Massen m_A und m_B. Dann existieren, wie in Abb. 4-4 dargestellt, die Kräfte $\boldsymbol{F}_{AB}$ (die Kraft, die B auf A ausübt) und $\boldsymbol{F}_{BA}$ (die Kraft, die A auf B ausübt). Diese beiden Kräfte werden Wechselwirkungskräfte genannt. Dies können z. B. Gravitationskräfte, elektrische Kräfte oder auch – falls sich A und B berühren – Kontaktkräfte sein. Das dritte Newtonsche Axiom besagt nun, daß für den Fall von Wechselwirkungskräften zwischen zwei Körpern gilt:

$$\boldsymbol{F}_{AB} = -\boldsymbol{F}_{BA}.$$

Als Beispiel wollen wir den Spielzeugzug in Abb. 4-5 betrachten. Der Zug wird von einer externen Kraft $\boldsymbol{F}$ gezogen. Die Wechselwirkungskräfte werden durch masselose Fäden übertragen. Zum Beispiel ist $\boldsymbol{F}_1(2)$ die Kraft auf m_1, hervorgerufen von m_2, und $\boldsymbol{F}_2(1)$ ist die Kraft auf m_2, hervorgerufen durch m_1. Nach dem dritten Newtonschen

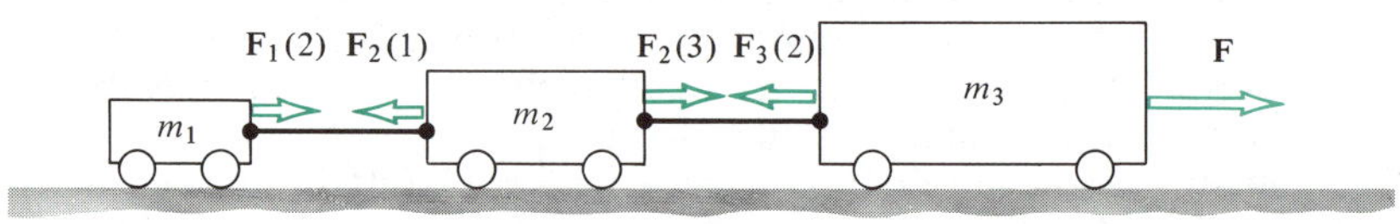

Abb. 4-5. *Ein Zug wird durch eine äußere Kraft reibungslos nach rechts gezogen. Die Wechselwirkungskräfte sind eingezeichnet.*

[1]) Tatsächlich versagt die Beziehung $\boldsymbol{F}_{res} = m\boldsymbol{a}$, wenn m sich nahezu mit Lichtgeschwindigkeit bewegt; die Beziehung $\boldsymbol{F}_{res} = d\boldsymbol{P}/dt$ stimmt jedoch mit dem Experiment in jedem Fall überein, da $d\boldsymbol{P}/dt$ die Geschwindigkeitsabhängigkeit der Masse enthält.

Gesetz ist die Summe $\boldsymbol{F}_2(1) + \boldsymbol{F}_1(2)$ gleich null. Die Beschleunigung des Zuges ergibt sich, wenn man das zweite Newtonsche Axiom auf jeden der Wagen anwendet und dann addiert:

$$\boldsymbol{F}_1(2) = m_1\boldsymbol{a}$$

$$\boldsymbol{F}_2(1) + \boldsymbol{F}_2(3) = m_2\boldsymbol{a}$$

$$\boldsymbol{F}_3(2) + \boldsymbol{F} = m_3\boldsymbol{a}$$

$$[\boldsymbol{F}_1(2) + \boldsymbol{F}_2(1)] + [\boldsymbol{F}_2(3) + \boldsymbol{F}_3(2)] + \boldsymbol{F} = (m_1 + m_2 + m_3)\,\boldsymbol{a}$$

$$\boldsymbol{F} = (m_1 + m_2 + m_3)\,\boldsymbol{a}$$

$$\boldsymbol{a} = \frac{\boldsymbol{F}}{m_1 + m_2 + m_3}$$

Die Summen in den eckigen Klammern verschwinden wegen des dritten Newtonschen Axioms.

Die Diskussion dieses dritten Newtonschen Gesetzes wollen wir in Abschn. 4-5 fortsetzen, der sich mit Kräften an Berührungsflächen beschäftigt.

4-4 Einheiten von Kraft und Masse

Historisch wurde im metrischen System die Masse definiert, indem man dem Wasser bei maximaler Dichte eine Dichte von 1 g/cm³ zuwies: 1 cm³ Wasser bei 4 °C besitzt innerhalb der Meßgenauigkeit die Masse 1 g (Gramm).

Die Krafteinheit im MKS-System ist diejenige Kraft, die einer Masse von 1 kg eine Beschleunigung von 1 m/s² erteilt. Die Krafteinheit ist also 1 kg m/s²; dieser gibt man einen speziellen Namen: das Newton (Abkürzung N). Die cgs-Krafteinheit ist 1 g cm/s² mit der Bezeichnung „Dyn".

$$1\ \text{N} = 1\ \text{kg m/s}^2 = 1(10^3\ \text{g})\,(10^2\ \text{cm})/\text{s}^2 = 10^5\ \text{g cm/s}^2 = 10^5\ \text{dyn}.$$

Beispiel 1: Ein Auto der Masse 1 500 kg fährt mit einer Geschwindigkeit von 120 km/h (33,3 m/s). Wenn das Gaspedal losgelassen wird, verlangsamt sich der Wagen in 5 Sekunden auf 105 km/h. Wie groß ist die resultierende bremsende Kraft (hauptsächlich infolge des Luftwiderstandes)? Mit einem so einfachen Verfahren kann man leicht die resultierende bremsende Kraft auf ein Auto bestimmen.

Lösung: Die mittlere Beschleunigung beträgt

$$a = \frac{\Delta v}{\Delta t} = -\frac{15\ \text{km/h}}{5\ \text{s}} = -\frac{4{,}17\ \text{m/s}}{5\ \text{s}} = -0{,}834\ \text{m/s}^2.$$

Die mittlere Kraft beträgt dann

$$F = ma = (1{,}5\cdot 10^3\ \text{kg})\,(-0{,}834\ \text{m/s}^2) = -1{,}25\cdot 10^3\ \text{N}.$$

Dies ist etwas weniger als 9 % des Wagengewichts.

Tabelle 4-1. *Gegenüberstellung der Krafteinheiten*

System	Masse	Beschleunigung	Kraft
MKS	kg	m/s^2	$1\ N = (1\ kg) \cdot (1\ m/s^2)$
cgs	g (10^{-3} kg)	cm/s^2	$1\ dyn = (1\ g) \cdot (1\ cm/s^2)$

4-5 Kräfte an Berührungsflächen

Wenn zwei Körper in Kontakt gebracht werden, z. B. wenn ein Klotz wie in Abb. 4-6 gegen eine Wand oder auf einen Tisch gedrückt wird, so treten natürlich Kräfte auf. Es gibt nicht nur eine Kraft durch den Klotz auf den Tisch, sondern nach dem dritten Newtonschen Axiom auch eine Kraft des Tisches auf den Klotz. Der Ursprung dieser Kraft ist die Abstoßungskraft zwischen Atomen. Wenn die Elektronenwolken von zwei Atomen zu überlappen beginnen, tritt eine abstoßende Kraft zwischen ihnen auf; diese Abstoßung nimmt zu, je mehr die Atome zusammengeschoben werden. Diese abstoßende Kraft zwischen Atomen ist elektromagnetischen Ursprungs und kann im Vergleich zu Gravitationskräften sehr stark werden. Wenn wir einen Klotz gegen eine Wand schieben, so nähern sich die Oberflächenatome des Klotzes immer weiter den Oberflächenatomen der Wand, bis die resultierende Abstoßungskraft größer als die Schubkraft wird.

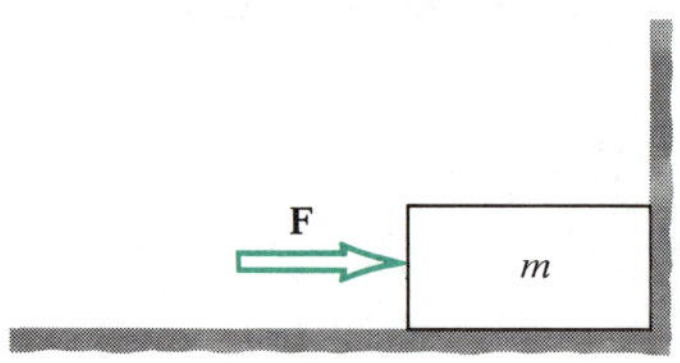

Abb. 4-6. *Ein Klotz wird gegen eine unbewegliche Wand gedrückt.*

In Abb. 4-6 wird ein Block der Masse m mit der Kraft $\boldsymbol{F}$ gegen eine Wand gedrückt. Wenn wir die Gleichung $\boldsymbol{F} = m\boldsymbol{a}$ blind auf die Situation in Abb. 4-6 anwenden, ergäbe sich eine nichtverschwindende Beschleunigung $\boldsymbol{a} = \boldsymbol{F}/m$. Natürlich wird der Klotz trotz der Wirkung von $\boldsymbol{F}$ nicht beschleunigt. Eine vollständige Analyse ergibt, daß die Atome in der Wand auf den Block mit einer Kraft $\boldsymbol{F}_1$ drücken, wobei $\boldsymbol{F}_1$ gleich $(-\boldsymbol{F})$ ist. Die resultierende Kraft ist also

$$\boldsymbol{F}_{res} = \boldsymbol{F} + \boldsymbol{F}_1 = \boldsymbol{F} + (-\boldsymbol{F}) = 0.$$

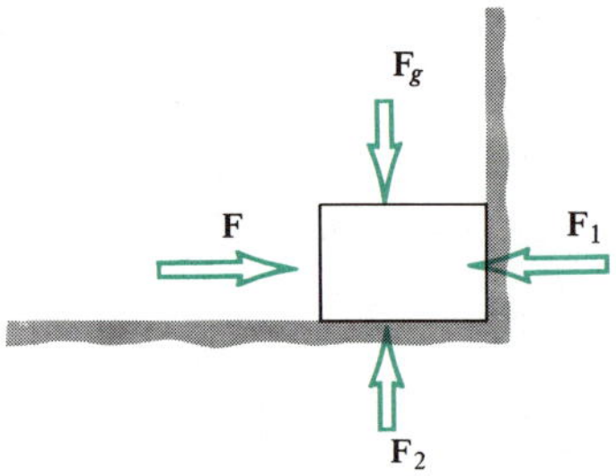

Abb. 4-7. *Die vier Kräfte, die auf den Klotz in Abb. 4-6 wirken. Die Kräfte, die durch den Klotz auf Boden und Wand einwirken, sind nicht dargestellt.*

Falls die Gravitation den Klotz mit der Kraft $\boldsymbol{F}_g$ nach unten zieht, tritt eine weitere Kraft $\boldsymbol{F}_2$ auf, die mit der Stärke $-\boldsymbol{F}_g$ nach oben drückt. Die resultierende Kraft ist dann die Summe aller vier Kräfte (vgl. Abb. 4-7):

$$\boldsymbol{F}_{res} = \boldsymbol{F} + \boldsymbol{F}_1 + \boldsymbol{F}_g + \boldsymbol{F}_2 = \boldsymbol{F} + (-\boldsymbol{F}) + \boldsymbol{F}_g + (-\boldsymbol{F}_g) = 0.$$

Bei allen Anwendungen des zweiten Newtonschen Gesetzes ist eine Bestimmung der resultierenden Kraft erforderlich.

Im folgenden werden wir langsam die große Einfachheit und Schönheit der Newtonschen Gesetze schätzen lernen. Trotzdem kann die korrekte Anwendung dieser Gesetze manchmal sehr trickreich sein. Als Warnung soll das folgende „Paradoxon" dienen:

Wir betrachten zwei Blöcke m_A und m_B auf einer reibungslosen Fläche, wie in Abb. 4-8 dargestellt. Eine Kraft $\boldsymbol{F}$ wirkt auf Block A und durch diesen dann auf Block B. Nach dem dritten Newtonschen Axiom übt Block B eine gleich große, aber entgegengesetzt gerichtete Kraft $(-\boldsymbol{F})$ auf Block A aus. Dann ist die Gesamtkraft auf A gegeben durch die Summe aus angewandter Kraft $\boldsymbol{F}$ und Reaktionskraft von B auf A, also $-\boldsymbol{F}$; d. h. $\boldsymbol{F}_{res} = \boldsymbol{F} + (-\boldsymbol{F}) = 0$. Folglich gilt

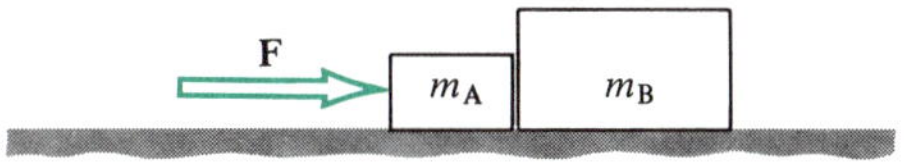

Abb. 4-8. *Zwei Blöcke, die über eine reibungslose Fläche geschoben werden*

$$\boldsymbol{a} = \frac{\boldsymbol{F}_{res}}{m_A} = 0.$$

Hieraus wäre zu schließen, daß der Block A nicht bewegt werden könnte, unabhängig davon, wie groß die angewandte Kraft auch wäre! Man versuche den Fehler zu finden, bevor man zum nächsten Abschnitt übergeht.

Der Fehler beim obigen „Paradoxon" liegt in der Annahme, daß die Kraft $\boldsymbol{F}$ durch Block A hindurch auch auf Block B wirkt. In den Newtonschen Gesetzen wird so etwas nicht gesagt. Statt dessen muß man einen willkürlichen Wert $\boldsymbol{F}'$ für die Kraft ansetzen, die von A auf B wirkt. Das allgemeine Verfahren zur Lösung der meisten Probleme der Dynamik besteht darin, das zweite Newtonsche Axiom auf jede Masse einzeln anzuwenden. Zusätzlich zur Kraft $\boldsymbol{F}$ auf m_A tritt eine Kraft $(-\boldsymbol{F}')$ auf, die von m_B aus in Gegenrichtung wirkt. Die Gesamtkraft auf B ist also $\boldsymbol{F}'$, die Gesamtkraft auf A ist $(\boldsymbol{F} - \boldsymbol{F}')$. Das zweite Newtonsche Gesetz ergibt also

$$(\boldsymbol{F} - \boldsymbol{F}') = m_A \boldsymbol{a},$$

$$\boldsymbol{F}' = m_B \boldsymbol{a}.$$

Die Beschleunigung $\boldsymbol{a}$ ergibt sich durch Addition der beiden obigen Gleichungen:

$$\boldsymbol{F} = (m_A + m_B)\,\boldsymbol{a} \quad \text{oder} \quad \boldsymbol{a} = \frac{\boldsymbol{F}}{m_A + m_B}.$$

Dasselbe Ergebnis erhält man, wenn man die beiden Blöcke wie einen einzelnen Block der Masse $(m_A + m_B)$ behandelt.

Abb. 4-9. *(a) Eine seitliche Kraft* $\boldsymbol{F}$ *wirkt auf Block A. (b) Die Gravitationskraft* $\boldsymbol{F}_g$ *(die an A angreift) sowie die beiden Komponenten der Kraft, die durch B auf A wirkt. Die Vektorsumme aller Kräfte, die auf A wirken, verschwindet. (c) Die Kräfte, die durch A auf B ausgeübt werden. Block B ist auf dem Boden fest verankert.*

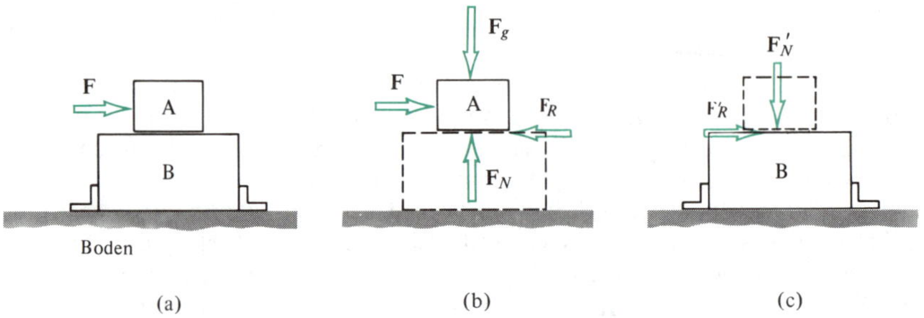

Reibung

Die Kräfte, die wir bisher kennengelernt haben, wirken senkrecht zur Kontaktfläche zwischen den beiden Körpern. Wir wollen sie Normalkräfte nennen. Zusätzlich können aber auch Komponenten parallel zur Oberfläche auftreten, die wir Reibungskräfte nennen wollen. Als Beispiel betrachten wir einen Block A, der auf einem Block B aufliegt (Abb. 4-9). An A lassen wir eine kleine seitliche Kraft $\boldsymbol{F}$ angreifen; trotzdem wird sich Block A nicht bewegen. Das bedeutet, daß $\boldsymbol{F}$ durch eine Reibungskraft $\boldsymbol{F}_R$ kompensiert wird, wie in Abb. 4-9(b) dargestellt; d. h. $\boldsymbol{F}_R = -\boldsymbol{F}$. Wenn $\boldsymbol{F}$ langsam vergrößert wird, beginnt sich A bei einem bestimmten Wert der Kraft zu bewegen; je glatter die Oberfläche ist, desto kleiner ist diese Kraft. Diesen kritischen Wert der Reibungskraft wollen wir $(\boldsymbol{F}_R)_H$ nennen. Durch das Verhältnis von $(F_R)_H$ zur Normalkraft F_N [Abb. 4-9(b)] definieren wir die Haftreibungszahl μ_H:

$$\mu_H := \frac{(F_R)_H}{F_N}. \quad \text{(Haftreibungszahl)}$$

Es ist eine experimentelle Tatsache, daß bei den meisten trockenen Oberflächen μ_H näherungsweise unabhängig von F_N und von der Größe der Berührungsfläche ist.

Falls F größer ist als $(F_R)_H$, bewegt sich der Block in Abb. 4-9; jedoch ist weiterhin noch eine der Bewegung entgegengesetzt gerichtete Reibungskraft der Größe $(F_R)_G$ vorhanden, mit der wiederum eine Gleitreibungszahl μ_G definiert werden kann:

$$\mu_G := \frac{(F_R)_G}{F_N}. \quad \text{(Gleitreibungszahl)}$$

Für die meisten Materialien ist μ_G etwas kleiner als μ_H. Bei trockener Oberfläche ist μ_G normalerweise unabhängig von $\boldsymbol{F}_N$, von der Größe der Kontaktfläche und von der Geschwindigkeit.

Bei der Reibung von weichem Holz auf weichem Holz ist $\mu_H \approx \mu_G \approx 0{,}3$. Für Gummireifen auf Beton kann die Reibungszahl fast 1 werden. Bei vielen Problemen sind die Reibungszahlen bekannt. Dann erhält man die Reibungskraft einfach durch Multiplikation von μ mit F_N. Wir erkennen am Beispiel von Abb. 4-9, daß die Ursache von F_N die Gravitationskraft ist.

Reibung ist grundsätzlich ein kompliziertes Phänomen und soll in diesem Buch nicht näher behandelt werden. Eine tiefere Erklärung erforderte detaillierte Kenntnisse der Wechselwirkungen zwischen den Oberflächenatomen, die auf den Erkenntnissen über Festkörperphysik und Chemie basieren.

Gewicht

4-6 Lösung einiger Probleme

Um in einer Aufgabe die Normalkraft berechnen zu können, müssen wir wissen, wie man die Gravitationskraft F_g bestimmt. Die Gravitationskraft, die auf einen Körper wirkt, ist definiert als das Gewicht des Körpers. (Dies wird in Abschn. 5-4 näher diskutiert.) Da alle Körper in der Nähe der Erdoberfläche eine Beschleunigung $a_g = g$ erfahren, gilt nach dem zweiten Newtonschen Axiom $\boldsymbol{F}_g = m\boldsymbol{a}_g$ oder

$$F_g = mg. \quad \text{(Gewicht)}$$

In der Nähe der Erdoberfläche ist das Gewicht = *mg*.

Beispiel 2: Jeder Reifen eines Autos trägt 25% des Gesamtgewichts. $\mu_H = 0{,}8$ sei die Haftreibungszahl zwischen Reifen und Straße. (a) Wie lang ist die minimale Bremszeit aus einer Geschwindigkeit von 100 km/h? (Die Bremsen wirken auf alle 4 Räder.) (b) In welcher Zeit kann der Wagen eine Geschwindigkeit von 100 km/h erreichen?

Lösung: Wenn die Bremsen so wirken, daß die Räder nicht blockieren, so beträgt die Bremskraft $0{,}8mg$, wobei mg die Größe der Normalkraft ist. (Falls die Reifen rutschen, muß μ_G statt μ_H benutzt werden.) Damit ergibt sich eine negative Beschleunigung von $a = 0{,}8g$. Die Bremszeit ist also

$$t = \frac{v}{a} = \frac{27{,}8\ \text{m/s}}{0{,}8 \cdot 9{,}8\ \text{m/s}^2} = 3{,}55\ \text{s}.$$

Wenn wir von einem Wagen ausgehen, bei dem der Motor nur die Hinterräder antreibt, ist die maximale Antriebskraft nur die Hälfte der obigen Reibungskraft, was wiederum nur die halbe Beschleunigung, also $0{,}4g$, bedeutet. Die Zeit, um eine Geschwindigkeit von 100 km/h zu erreichen, beträgt damit das Doppelte der oben berechneten Bremszeit, also 7,1 s. Es ist allerdings möglich, dieses Ergebnis etwas zu verbessern, wenn man große weiche Reifen verwendet und das Gewicht stärker auf die Antriebsreifen verlagert. Die Anforderungen an die Motorleistung wollen wir in Kap. 7 behandeln.

(a)

(b)

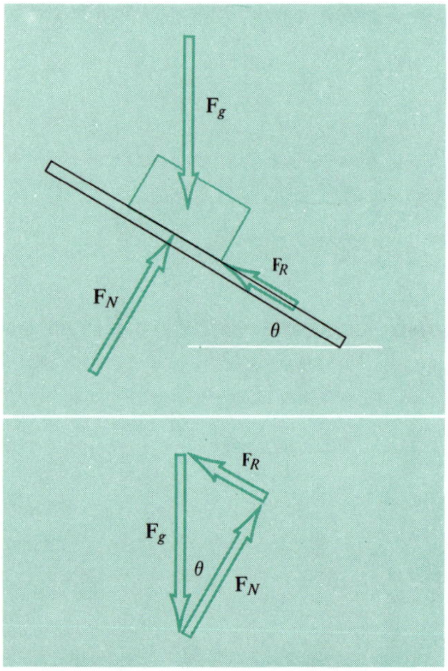

Abb. 4-10. *(a) Klotz in Ruhe auf einer schiefen Ebene. (b) Die drei Kräfte, die auf den Klotz wirken, werden addiert und ergeben* $F_{\text{res}} = 0$.

Beispiel 3: Ein Holzblock liegt auf einem schrägen Holzbrett. Der Neigungswinkel wird bis auf $\theta = 20°$ vergrößert. Bei diesem Winkel beginnt der Block zu rutschen und beschleunigt dann langsam. Wie groß ist μ_H?

Lösung: Nach Abb. 4-10(a) wirken drei Kräfte auf den Holzblock mit $\boldsymbol{F}_g + \boldsymbol{F}_N + \boldsymbol{F}_R = 0$. Die Vektoraddition ist dargestellt in Abb. 4-10(b). Wir sehen, daß

$$\tan\theta = \frac{F_R}{F_N}.$$

Beim Maximalwinkel ist

$$\tan\theta_{\max} = \frac{(F_R)_H}{F_N} = \mu_H,$$

$$\tan 20° = \mu_H,$$

$$\mu_H = 0{,}36.$$

Sobald der Block zu rutschen beginnt, nimmt die Reibungskraft ab, da $(F_R)_G < (F_R)_H$. Die resultierende Kraft ist $F_{\text{res}} = (F_R)_H - (F_R)_G$.

Beispiel 4: Die Reibungszahl zwischen den Rädern eines Wagens mit Allradantrieb und einer steilen Straße betrage 0,8. Welche Steigung kann der Wagen bewältigen, ohne daß er rutscht?

Lösung: Wir können die Beziehung $\tan\theta_{\max} = \mu_H$ des obigen Beispiels benutzen:

$$\tan\theta_{\max} = 0{,}8 \quad \text{oder} \quad \theta_{\max} = 38{,}6°.$$

Wir sehen, daß selbst ein geländegängiger Jeep steilere Strecken nicht bewältigen kann.

Kräfte-Diagramm

Im Beispiel 3 sowie im Beispiel mit den gleitenden Blöcken wurden alle Kräfte, die auf den Körper wirken, bestimmt und dann vektoriell addiert. Das Ergebnis, die resultierende Kraft $\boldsymbol{F}_{\text{res}}$, wurde dann dem Produkt aus Masse des Körpers und seiner Beschleunigung gleichgesetzt, als würde sich ein freier Körper unter der Einwirkung nur einer einzigen Kraft $\boldsymbol{F}_{\text{res}}$ bewegen. Eine Skizze des Körpers mit allen auf ihn wirkenden Kräften wollen wir als Kräfte-Diagramm bezeichnen. Es hat sich bewährt, Probleme, in denen Kräfte betrachtet werden müssen, nach folgendem Schema zu lösen:

1 Betrachte den betreffenden Körper isoliert.
2 Identifiziere alle Kräfte, die auf ihn wirken, einschließlich der Kräfte an Berührungsflächen.
3 Addiere diese Kräfte vektoriell. Es ist hilfreich, dabei ein Kräfte-Diagramm zu benutzen.
4 Wende nun auf den betreffenden Körper $\boldsymbol{F}_{\text{res}} = m\boldsymbol{a}$ an.
5 Wenn nun noch unbekannte Größen vorhanden sind, wiederhole den Prozeß für die anderen Körper im System.

Dazu wollen wir im folgenden noch vier Beispiele behandeln.

Achterbahn

Eine Person der Masse m durchfährt auf der Achterbahn einen „Looping" mit Radius R gemäß Abb. 4-11. Die Geschwindigkeit an der höchsten Stelle sei v. Wie groß ist dann die Beschleunigung, mit welcher Kraft wird die Person gegen den Sitz gepreßt, und wie groß ist die resultierende Kraft auf den Achterbahnfahrer?

Lösung: Nach Definition ist die Beschleunigung $\boldsymbol{a} = \mathrm{d}\boldsymbol{v}/\mathrm{d}t$, gleichgültig, wie stark die Gravitationskraft nach unten zieht. Also ist $a = v^2/R$, wie auf Seite 48 gezeigt. Damit beträgt die resultierende Kraft nach dem zweiten Newtonschen Gesetz

$$F_{\text{res}} = ma = m\frac{v^2}{R}.$$

Abb. 4-11. *Ein Mädchen auf der Achterbahn beim Durchfahren eines Loopings. An der höchsten Stelle stehen Mädchen und Wagen auf dem Kopf.*

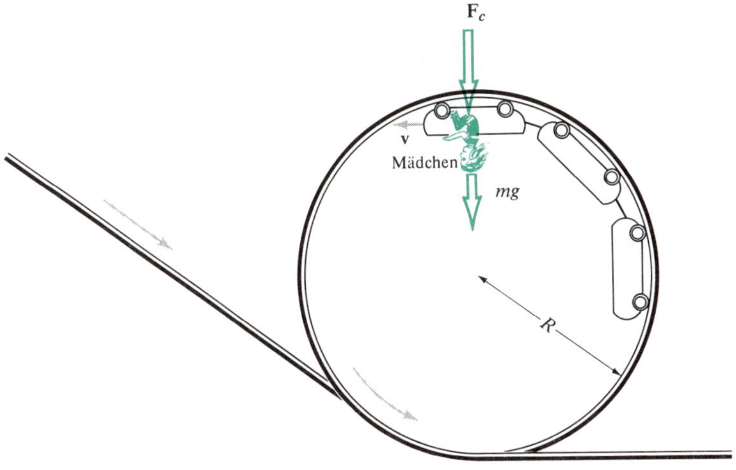

Diese Kraft zeigt nach unten; sie wird hervorgerufen durch die Gravitationskraft sowie durch F_c, die Kraft, die vom Sitz auf die Person ausgeübt wird. Da $F_{res} = mg + F_c$ ist, gilt:

$$m \frac{v^2}{R} = mg + F_c,$$

$$F_c = m\left(\frac{v^2}{R} - g\right).$$

Nach dem dritten Newtonschen Axiom ist dies auch die Kraft, mit der der Körper gegen den Sitz drückt. (Dies ist nach Definition das effektive Gewicht des Körpers. Wenn $v^2/R = g$ ist, dann ist die Person gerade „gewichtslos".)

Schiefe Ebene

Wir wollen die Beschleunigung einer Masse m berechnen, die eine schiefe Ebene mit Neigungswinkel θ hinuntergleitet, wie es in Abb. 4-12 dargestellt ist. Die drei auf die Masse einwirkenden Kräfte sind eingezeichnet. Es gibt die Gravitationskraft mg, die nach unten wirkt, die Kraft $\mathbf{F}_N$, die von der Oberfläche auf die Masse wirkt, und die Reibungskraft $\mathbf{F}_R$, die der Bewegung entgegengerichtet ist. Um die resultierende Kraft zu bestimmen, werden die drei Kräfte in Abb. 4-12(b) vektoriell addiert. In diesem Dreieck bilden $\mathbf{F}_N$ und mg den Winkel θ, da die beiden Kräfte jeweils senkrecht auf den Schenkeln des Winkels θ in Abb. 4-12(a) stehen. Damit ergibt sich

$$F_{res} + F_R = mg \sin\theta.$$

Ersetzen von F_{res} durch ma ergibt

$$ma = mg \sin\theta - F_R. \tag{4-6}$$

Ohne Reibung erhält man

$$a = g \sin\theta. \quad \text{(ohne Reibung)} \tag{4-7}$$

Mit Reibung ersetzt man F_R in Gl. (4-6) durch $\mu_G F_N$:

$$ma = mg \sin\theta - \mu_G F_N.$$

Aus dem Dreieck in Abb. 4-12 ergibt sich $F_N = mg \cos\theta$. Hiermit folgt

$$a = g \sin\theta - \mu_G g \cos\theta. \tag{4-8}$$

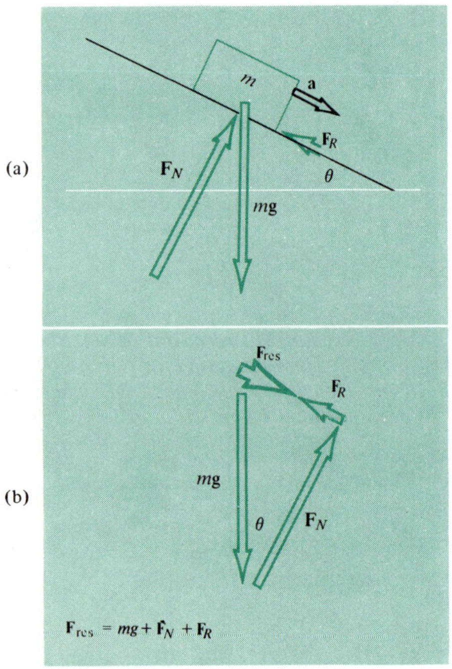

Abb. 4-12. *(a) Masse m auf einer schiefen Ebene. (b) Die drei auf m wirkenden Kräfte werden addiert und ergeben* $\mathbf{F}_{res}$.

Wir erkennen aus Gl. (4-7) und (4-8), daß eine schiefe Ebene dazu benutzt werden kann, die auf einen Körper wirkende Gravitationsbeschleunigung zu reduzieren.

Wenn der Klotz nur gleitet und nicht beschleunigt, ist in Gl. (4-8) $a = 0$, und man erhält

$$g \sin \theta = \mu_G g \cos \theta$$

oder

$$\tan \theta = \mu_G .$$

Genau bei diesem Winkel gleitet der Körper mit konstanter Geschwindigkeit. Wir halten fest, daß diese Gleichung die gleiche Form besitzt wie das Resultat $\tan \theta = \mu_H$ aus Beispiel 3, nur ist jetzt μ_H durch μ_G ersetzt. Der Unterschied ist einfach: wenn der Block mit konstanter Geschwindigkeit gleitet, muß μ_G benutzt werden; wenn der Block bei maximaler Neigung in Ruhe ist, muß μ_H eingesetzt werden.

Wir erkennen an diesen Beispielen, daß sich $\boldsymbol{F}_N$ gerade so einstellt, daß $\boldsymbol{F}_{\text{res}}$ genau in Richtung der Neigung zeigt.

4-7 Atwoodsche Fallmaschine

In der Mechanik trifft man auf eine Vielzahl von Problemen, in denen verschiedene Massen durch Treibriemen oder Seile miteinander verkoppelt sind, die wiederum über frei bewegliche Rollen laufen. Gewöhnlich werden diese Treibriemen, Seile oder Rollen als masselos angesehen; in diesem Fall müssen die Kräfte, die an beiden Enden eines Seiles angreifen, gleich sein, auch dann, wenn das Seil beschleunigt wird. Zum Beispiel habe die resultierende Kraft in Abb. 4-13 den Wert $(F_2 - F_1)$, und die Schnur werde nach rechts beschleunigt. Falls die Schnur die Masse m besitzt, erhalten wir

Abb. 4-13. *Die Kräfte auf ein Seilstück*

$$(F_2 - F_1) = ma .$$

Falls jedoch $m = 0$ ist, ergibt sich

$$(F_2 - F_1) = 0 \quad \text{oder} \quad F_2 = F_1 .$$

Die Kraft, die durch das Seil in Abb. 4-14 an jeder Masse angreift, wird als Zugkraft T bezeichnet. Nach dem dritten Newtonschen Gesetz besitzt diese Kraft die gleiche Größe wie die Kraft, die durch die Masse m auf das Seil ausgeübt wird. Aus dem obigen Resultat $F_1 = F_2$ ergibt sich also $T_1 = T_2$. Wie wir sehen, ist die Zugkraft an beiden Enden des masselosen Seils gleich; wir wollen sie durch den Buchstaben T kennzeichnen. Im vorliegenden Beispiel (auch als Atwoodsche Maschine bezeichnet) wollen wir sowohl die Beschleunigung a als auch die Zugkraft T berechnen. Die dazu notwendigen Gleichungen erhalten wir durch Anwendung des zweiten Newtonschen Gesetzes auf die beiden Massen:

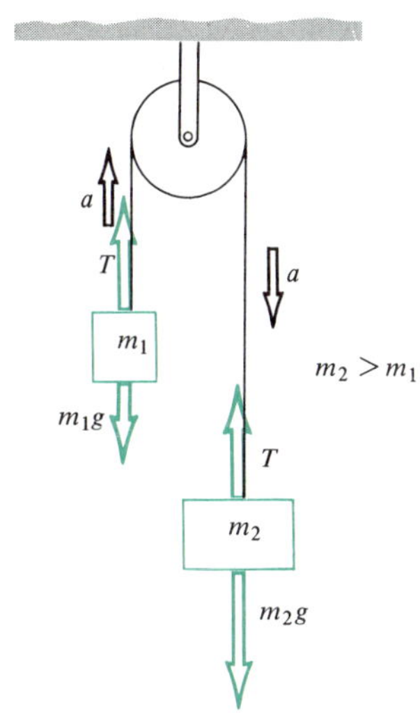

Abb. 4-14. *Atwoodsche Fallmaschine.* ***m₁*** *bewegt sich aufwärts und* ***m₂*** *abwärts. Die Beschleunigung ist jeweils* ***a***.

$$\begin{aligned} &\text{Für } m_1: \quad F_{1\text{res}} = T - m_1 g \quad \text{oder} \quad m_1 a = T - m_1 g. \\ &\text{Für } m_2: \quad F_{2\text{res}} = m_2 g - T \quad \text{oder} \quad m_2 a = m_2 g - T. \end{aligned} \tag{4-9}$$

Wir betrachten dabei die Kräfte in Richtung der Beschleunigung a als positiv. Falls diese Wahl nicht richtig wäre, würde sich eine negative Beschleunigung ergeben. Wir addieren die beiden obigen Gleichungen und erhalten

$$m_1 a + m_2 a = m_2 g - m_1 g,$$

$$a = \frac{m_2 - m_1}{m_2 + m_1} g. \tag{4-10}$$

Wir sehen, daß die Beschleunigung klein ist, falls $m_1 \approx m_2$ ist.

Die Zugkraft erhält man durch Einsetzen von a in Gl. (4-9):

$$m_1 \left(\frac{m_2 - m_1}{m_2 + m_1} g \right) = T - m_1 g,$$

$$T = \frac{2 m_1 m_2}{m_1 + m_2} g.$$

4-8 Das konische Pendel

Abb. 4-15 zeigt ein konisches Pendel. Eine Masse m hängt an einem Faden der Länge L und befindet sich in gleichförmiger, kreisförmiger Bewegung. Die Beschleunigung ist also eine Zentripetalbeschleunigung, und $\boldsymbol{F}_{\text{res}}$ muß in Richtung des Mittelpunktes der Kreisbahn zeigen. Die Geschwindigkeit sei v und der Radius der Kreisbahn R. Die einzigen Kräfte, die auf m wirken, sind mg in Richtung nach unten sowie die

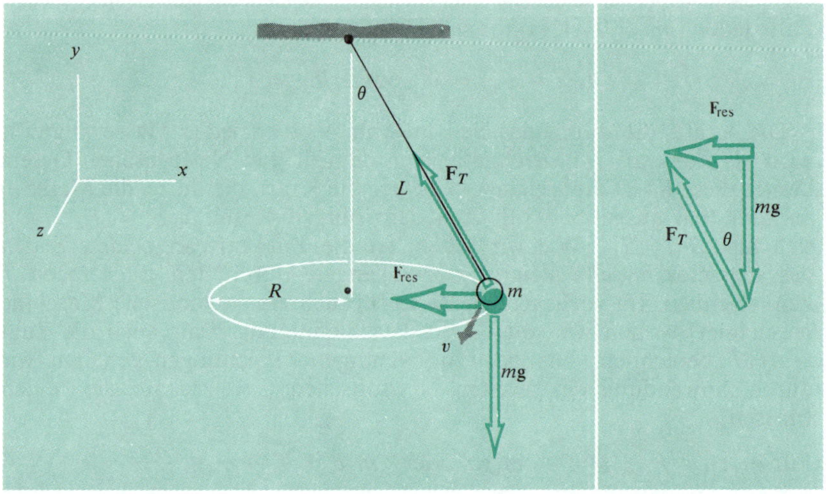

(a) (b)

Abb. 4-15. (*a*) *Ein konisches Pendel mit einer Masse m, die sich gleichförmig auf einer Kreisbahn bewegt. Die Masse m wird von einem Faden gehalten.* (*b*) *Die Vektorsumme der Kräfte, die auf m wirken.*

Zugkraft des Fadens $\boldsymbol{F}_T$, die mit der Vertikalen den Winkel θ bildet. Diese beiden Kräfte werden in Abb. 4-15(b) vektoriell addiert, um die resultierende Kraft $\boldsymbol{F}_{\text{res}}$ zu bestimmen:

$$F_{\text{res}} = mg \tan \theta.$$

Wir ersetzen F_{res} durch ma und erhalten

$$ma = mg \tan \theta.$$

Nun benutzen wir Gl. (3-9) und ersetzen die Zentripetalbeschleunigung a durch $4\pi^2 R/T^2$:

$$m\left(\frac{4\pi^2}{T^2} R\right) = mg \tan \theta$$

Auflösung nach der Schwingungsperiode T ergibt

$$T = 2\pi \sqrt{\frac{R}{g \tan \theta}}.$$

R kann durch $(L \sin \theta)$ ersetzt werden:

$$T = 2\pi \sqrt{\frac{L}{g} \cos \theta}.$$

Man beachte, daß die Periode unabhängig von der Masse m ist.

Für kleine θ ist $\cos \theta \approx 1$, und es gilt

$$T = 2\pi \sqrt{\frac{L}{g}} \quad \text{(für kleine Oszillationen).} \tag{4-11}$$

In diesem Fall ist die Schwingungsdauer sowohl von der Masse als auch vom Winkel θ unabhängig. Betrachten wir nur die Koordinaten von m sowie die Komponenten von F_{res} und v in der xy-Ebene, so erhalten wir das physikalische Äquivalent eines einfachen (mathematischen) Pendels, das mit der Periode $T = 2\pi\sqrt{L/g}$ zwischen $x = -R$ und $x = +R$ hin und her schwingt. Gl. (4-11) beschreibt also auch die Periode eines einfachen Pendels, natürlich nur für kleine Winkel θ.

4-9 Impulserhaltung

In diesem Abschnitt wollen wir das Gesetz der Impulserhaltung aus dem zweiten und dritten Gesetz von Newton ableiten. Später werden wir auch das Gesetz der Energieerhaltung aus den Newtonschen Bewegungsgesetzen gewinnen. Interessanterweise kann man auch umgekehrt vorgehen: Die Newtonschen Bewegungsgesetze können auch aus den Gesetzen der Impuls- und Energieerhaltung abgeleitet werden. Man hat hier durchaus die Wahl, was postuliert und was abgeleitet wird. Die hier gegebene Darstellung ist die traditionelle und historische.

Es sollte noch erwähnt werden, daß mit Hilfe höherer Mathematik die Newtonschen Gesetze sowie die Erhaltungssätze von Impuls und Energie aus den Gesetzen der Homogenität von Raum und Zeit hergeleitet werden können. Das **Gesetz von der Homogenität des Raumes** besagt, daß alle physikalischen Gesetze überall im Raum gleich sind. Das **Gesetz von der Homogenität der Zeit** fordert, daß die physikalischen Gesetze sich nicht mit der Zeit ändern. (Daraus folgt natürlich, daß die physikalischen Konstanten stets ihren Wert behalten.) Unabhängig davon, wie plausibel solche Symmetrieprinzipien klingen mögen: sie müssen durch experimentelle Messungen überprüft werden.

Wir erinnern uns, daß der Impuls nach Gl. (4-2) als $\boldsymbol{P} = m\boldsymbol{v}$ definiert ist. Das Gesetz der Impulserhaltung besagt nun, daß der Gesamtimpuls eines **abgeschlossenen Systems** für alle Zeit erhalten bleibt. Unter Gesamtimpuls verstehen wir die Vektorsumme der Impulse aller Teilchen im System. Als abgeschlossen bezeichnen wir ein System, in dem keine externen Kräfte auftreten. Die Quellen aller Kräfte befinden sich im System selbst. Wenn das abgeschlossene System aus zwei wechselwirkenden Teilchen m_A und m_B besteht, gilt nach dem dritten Newtonschen Gesetz $\boldsymbol{F}_\mathrm{AB} = -\boldsymbol{F}_\mathrm{BA}$; ein solcher Fall ist z. B. in Abb. 4-4 dargestellt. Wir benutzen das zweite Newtonsche Gesetz und ersetzen jede Kraft durch $\mathrm{d}\boldsymbol{P}/\mathrm{d}t$:

$$\frac{\mathrm{d}\boldsymbol{P}_\mathrm{AB}}{\mathrm{d}t} = -\frac{\mathrm{d}\boldsymbol{P}_\mathrm{BA}}{\mathrm{d}t},$$

$$\frac{\mathrm{d}\boldsymbol{P}_\mathrm{AB}}{\mathrm{d}t} + \frac{\mathrm{d}\boldsymbol{P}_\mathrm{BA}}{\mathrm{d}t} = 0,$$

$$\frac{\mathrm{d}}{\mathrm{d}t}(\boldsymbol{P}_\mathrm{AB} + \boldsymbol{P}_\mathrm{BA}) = 0,$$

$$(\boldsymbol{P}_\mathrm{AB} + \boldsymbol{P}_\mathrm{BA}) = \text{eine Konstante} \quad \text{oder} \quad \boldsymbol{P}_\mathrm{total} = \text{eine Konstante}$$

Wir sehen, daß sich der Gesamtimpuls des Systems nicht mit der Zeit ändert. Die obige Ableitung kann leicht auf ein System von n Teilchen übertragen werden. Solange keine externen Kräfte wirken, erhalten wir immer

$$\sum_j \boldsymbol{P}_j = \text{konstant}$$

oder

$$\sum_j \boldsymbol{p}_j = \sum_j \boldsymbol{P}_j, \quad \text{(Impulserhaltung)} \qquad \textbf{(4-12)}$$

wobei im unteren Fall $\boldsymbol{p}$ den Anfangsimpuls und $\boldsymbol{P}$ den Impuls zu einer späteren Zeit darstellt.

Beispiel 5: Die Zwei-Körper-Explosion: Zwei Massen m_1 und m_2 sind in Ruhe; zwischen ihnen befindet sich eine kleine gespannte Feder (s. Abb. 4-1). Wie groß ist das Verhältnis ihrer Geschwindigkeiten, wenn die Feder sich entspannt hat?

Lösung: Gemäß Gl. (4-12) gilt

$$\boldsymbol{p}_1 + \boldsymbol{p}_2 = \boldsymbol{P}_1 + \boldsymbol{P}_2,$$

wobei $\boldsymbol{p}_1 = \boldsymbol{p}_2 = 0$ der Anfangsimpuls ist.

$$0 + 0 = \boldsymbol{P}_1 + \boldsymbol{P}_2, \tag{4-13}$$

$$\boldsymbol{P}_1 = -\boldsymbol{P}_2 \quad \text{oder} \quad m_1\boldsymbol{v}_1 = -m_2\boldsymbol{v}_2,$$

$$\frac{v_1}{v_2} = -\frac{m_2}{m_1}.$$

Das Minuszeichen besagt, daß die Geschwindigkeiten in entgegengesetzte Richtungen zeigen.

Man beachte, daß Gl. (4-13) in diesem Beispiel identisch ist mit Gl. (4-1), die wir als Definition der Masse benutzt haben.

Beispiel 6: In Abb. 4-16 ist ein Gewehr von 3 kg Masse dargestellt, das Kugeln von 10 g Masse mit einer Anfangsgeschwindigkeit von 600 m/s abfeuern kann. Es wird angenommen, daß das Gewehr vor dem Abdrücken nicht fest gegen die Schulter gepreßt wird. Wie groß ist die Rückstoßgeschwindigkeit des Gewehrs, ehe es gegen die Schulter schlägt.

Lösung: Da Gewehr und Kugel keinen Anfangsimpuls besitzen, können wir Gl. (4-13) zur Berechnung des Geschwindigkeitsverhältnisses verwenden; dabei benutzen wir den Index *g* für das Gewehr und *b* für die Kugel:

$$\frac{v_g}{v_b} = -\frac{m_b}{m_g},$$

$$v_g = -\frac{m_b}{m_g} v_b$$

$$= -\frac{0{,}01}{3}(-600)\ \text{m/s} = 2\ \text{m/s}.$$

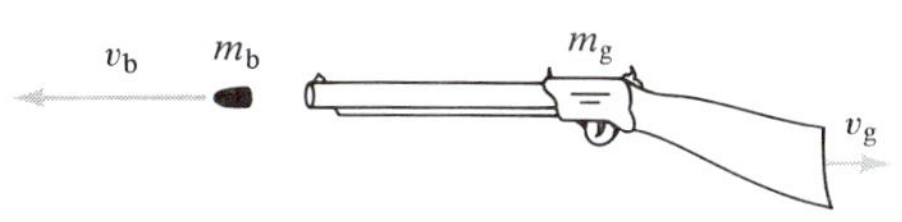

Abb. 4-16. *Ein Gewehr der Masse m_g nach Abfeuern einer Kugel der Masse m_b.*

Beispiel 6 verdeutlicht das Prinzip des Raketenantriebs. Das Gewehr entspricht dabei der Rakete, die Kugel dem Treibstoff, der mit der Geschwindigkeit v_b ausgestoßen wird. Die Raketengeschwindigkeit nimmt jedesmal um den Betrag v_g zu, wenn die Brennstoffmasse m_b ausgestoßen wird.

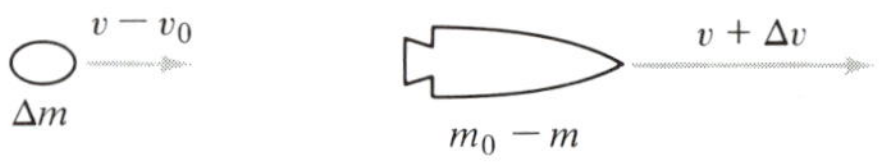

Abb. 4-17. *Eine Rakete stößt Brennstoff der Masse Δm mit der Geschwindigkeit v_0 aus.*

***Beispiel 7:** (Leser, die noch nicht mit der Integralrechnung vertraut sind, sollten dieses Beispiel überspringen.) Eine Rakete der Gesamtmasse m_0 startet aus der Ruhelage. Nach Verbrauch von Brennstoff der Masse m erreicht sie eine Geschwindigkeit v. Die Ausstoßgeschwindigkeit des Brennstoffs relativ zur Rakete beträgt immer v_0; bestimme v als Funktion von m.

Lösung: Abb. 4-17 zeigt die Verhältnisse im Laborsystem (im Laborsystem ist $v = 0$, wenn $m = 0$ ist). Die Rakete hat eine zusätzliche Brennstoffmasse Δm ausgestoßen. Unter Anwendung des Impulserhaltungssatzes erhalten wir eine Beziehung zwischen Δm und Δv:

Die Masse $(m_0 - m)$ erhalte einen Geschwindigkeitszuwachs Δv. Dies bedeutet eine Impulszunahme $\Delta P_1 = (m_0 - m)\,\Delta v$. Nun nehmen wir ein Stück Δm weg und reduzieren dessen Geschwindigkeit um v_0. Dies ist eine Impulsabnahme $\Delta P_2 = (\Delta m)\,v_0$. Wegen der Impulserhaltung können beide Größen gleichgesetzt werden:

$$(m_0 - m)\,\Delta v = (\Delta m)\,v_0,$$

$$\Delta v = v_0 \frac{\Delta m}{m_0 - m} \quad \text{oder} \quad \mathrm{d}v = v_0 \frac{\mathrm{d}m}{m_0 - m}.$$

Durch Integration beider Seiten erhält man v:

$$v = v_0 \int_0^m \frac{\mathrm{d}m}{m_0 - m},$$

$$v = v_0 \ln\left(\frac{m_0}{m_0 - m}\right). \tag{4-14}$$

Die Endgeschwindigkeit wird erreicht, wenn $(m_0 - m)$ die Masse der leeren Rakete ist. Das Verhältnis $m_0/(m_0 - m)$ kann in der Praxis etwa 10 zu 1 werden, was eine Endgeschwindigkeit von $v = 2{,}3 v_0$ bedeutet. Um in eine Erdumlaufbahn zu gelangen (was höhere Geschwindigkeiten voraussetzt), müssen mehrstufige Raketen verwendet werden.

Zusammenfassung

Falls die Kraft auf einen Körper der Masse m bekannt ist, sind mit Hilfe der drei Newtonschen Bewegungsgesetze die Beschleunigung sowie die zukünftigen Geschwindigkeiten und Positionen bestimmbar.

Axiom 1: Falls $\boldsymbol{F}_{\text{res}} = 0, \quad \boldsymbol{a} = 0.$

Axiom 2: $\boldsymbol{F}_{\text{res}} = \mathrm{d}\boldsymbol{P}/\mathrm{d}t = m\boldsymbol{a}$, wobei der Impuls $\boldsymbol{P} := m\boldsymbol{v}$

Axiom 3: Die Kraft von m_a auf m_b ist gleich und entgegengesetzt der Kraft von m_b auf m_a.

Eine Einzelkraft kann definiert und bestimmt werden durch Messung der Beschleunigung einer bekannten Masse m; die Größe der Kraft ist $m\boldsymbol{a}$. Eine Kraft von 1 N gibt einer Masse von 1 kg eine Beschleunigung von 1 m/s^2.

Eine unbekannte Masse m kann mit Hilfe der Impulserhaltung mit einer Standardmasse m_0 verglichen werden. Wenn die beiden Massen durch eine kleine Feder aus der Ruhelage auseinandergetrieben werden, dann gilt $m\boldsymbol{v} = -m_0\boldsymbol{v}_0$.

Wenn ein Körper entlang einer Oberfläche gleitet, dann ist die Kraft der Unterlage auf den Körper so, daß $\boldsymbol{F}_{\text{res}}$ entlang der Oberfläche zeigt.

Es kann eine Kraftkomponente entlang der Oberfläche geben, die der Bewegung entgegengerichtet ist: die Reibungskraft. Die Reibungszahl ist $\mu = F_R/F_N$, wobei F_N die Normalkraft ist.

Bei einem Körper, der eine schiefe Ebene herabgleitet, addieren sich Normalkraft, Gravitationskraft und Reibungskraft vektoriell und ergeben $\boldsymbol{F}_{\text{res}}$.

Das Gesetz der Impulserhaltung besagt bei Anwendung auf ein abgeschlossenes System von n Teilchen: $\sum m_j\boldsymbol{v}_j = \sum m_j\boldsymbol{V}_j$ oder $\boldsymbol{P}_{\text{total}}$ = konstant.

Aufgaben

1. Ein Traktor mit einer Geschwindigkeit von 10 km/h zieht einen Klotz mit einer Kraft von 10^3 N. Die Gravitationskraft auf den Klotz ist 2000 N. Wie groß ist die resultierende Kraft auf den Klotz?
2. Bei welcher Geschwindigkeit ist die relativistische Masse $m(v) = 1{,}01 m_{\text{Ruhe}}$?
3. Drücke in Abb. 4-5 die Zugkraft auf jede Schnur als Funktion von m_1, m_2, m_3 und F aus. Wie groß ist die resultierende Kraft auf jeden Wagen als Funktion dieser Größen?
4. Die Kraft in Beispiel 1 sei proportional zu v^2. Wie lange würde es dauern, den Wagen von 105 km/h auf 90 km/h abzubremsen? (Die Kraft sei konstant über dieses Intervall, und ihr Betrag sei $(7/8)^2$ mal so groß wie ihr Betrag bei 108 km/h.)
5. Der Wagen in Beispiel 1 soll in weiteren 5 Sekunden auf 95 km/h abgebremst werden. Wie groß ist die mittlere resultierende Kraft auf den Wagen während dieses Zeitabschnitts?
6. Wie groß ist in Abb. 4-8 die resultierende Kraft auf m_A, und wie groß ist die resultierende Kraft auf m_B? Gib die Lösung als Funktion von m_A, m_B und F an.
7. Was ist bei folgender Überlegung falsch: Ein Traktor zieht einen Pflug mit der Kraft $\boldsymbol{F}$. Nach Newtons drittem Gesetz ist die Kraft des Bodens auf den Pflug $(-\boldsymbol{F})$. Da die Summe der beiden Kräfte verschwindet, dürfte sich der Pflug nicht bewegen.
8. Das Gewehr in Beispiel 6 wird von dem Jäger in horizontaler Richtung abgefeuert. Der Jäger befindet sich auf einer reibungsfreien Eisfläche. Wie groß ist seine Geschwindigkeit nach dem Schuß, wenn er eine Masse von 60 kg besitzt?
9. Ein Elektron der Masse $9{,}1 \cdot 10^{-31}$ kg bewege sich um ein Proton auf einer Kreisbahn mit einem Durchmesser von 10^{-10} m. Die Anziehungskraft beträgt $9 \cdot 10^{-8}$ N. Wie groß ist die Elektronengeschwindigkeit? Wie viele Umläufe macht das Elektron pro Sekunde?

10. In Abb. 4-10 sei $\theta = 30°$, $\mu_H = 0{,}4$ und $\mu_G = 0{,}38$. Während der Klotz nach unten gleitet, nehme θ ab, bis der Klotz langsamer wird und zur Ruhe kommt. Bei welchem Wert von θ geschieht dies? Dann wird θ wieder vergrößert, bis der Block wieder zu rutschen beginnt. Wie groß ist dieser zweite Wert von θ?

11. Ein Pendel bewegt sich auf einer horizontalen Kreisbahn. Die Schnur habe eine Länge l und bilde mit der Vertikalen einen Winkel von 20°.
(a) Wie groß ist die Periode des Pendels, wenn $l = 1$ m ist?
(b) Wie groß ist das Verhältnis seiner Periode zu der eines einfachen Pendels, das nur kleine Oszillationen macht?
(c) Wiederhole die Rechnung für 45° anstelle von 20°.

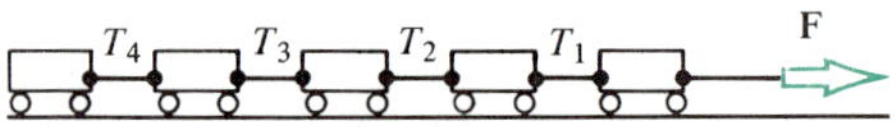

Aufgabe 12

12. Ein Spielzeugzug mit 5 Wagen (siehe nebenstehende Abbildung) wird von einem Kind mit der Kraft $\boldsymbol{F}$ gezogen. Die Masse jedes Wagens ist m.
(a) Wie groß sind die Zugkräfte T_1, T_2, T_3 und T_4 als Funktion von F und m? Vernachlässige die Reibung.
(b) Wie groß ist die Beschleunigung?

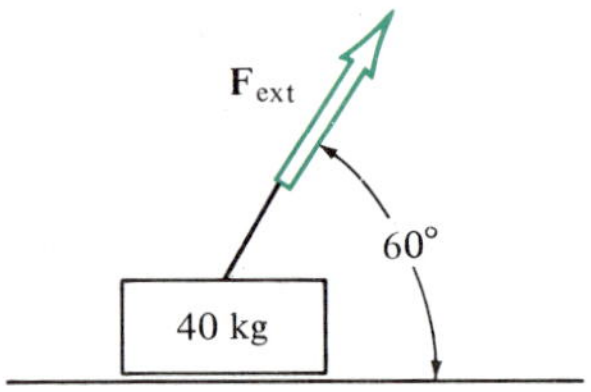

Aufgabe 13

13. Ein Klotz der Masse 40 kg befindet sich unter dem Einfluß der Schwerkraft auf einer reibungslosen Fläche. Eine äußere Kraft von 200 N wird angelegt, wie in der nebenstehenden Abbildung dargestellt.
(a) Wie groß ist die resultierende Kraft auf den Block? Gib Größe und Richtung an.
(b) $\boldsymbol{F}_{ext}$ sei 800 N statt 200 N. Wie groß ist nun die resultierende Kraft?

14. Bei welchem Wert von v würde die Person in Abb. 4-11 nur noch die Hälfte ihres Gewichtes spüren? Gib die Lösung als Funktion von g und R an.

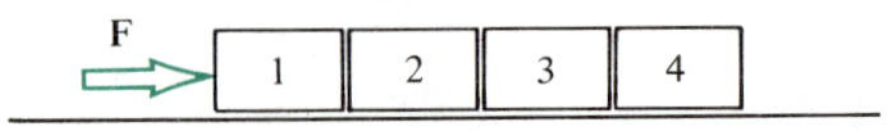

Aufgabe 15

15. Vier identische Blöcke der Masse m werden entlang einer reibungslosen Fläche mit der Kraft F geschoben. Bestimme die folgenden Größen als Funktion von m und F:
(a) Die Beschleunigung von Block 4.
(b) Die Kraft von Block 1 auf Block 2.

16. In einem abgeschlossenen System, bestehend aus drei Körpern m_1, m_2 und m_3, existieren sechs Wechselwirkungskräfte $\boldsymbol{F}_{12}$, $\boldsymbol{F}_{13}$, $\boldsymbol{F}_{21}$, $\boldsymbol{F}_{23}$, $\boldsymbol{F}_{31}$, $\boldsymbol{F}_{32}$. Beweise unter Benutzung der Newtonschen Gesetze, daß $\boldsymbol{P}_1 + \boldsymbol{P}_2 + \boldsymbol{P}_3 =$ konstant.

17. Das System in Aufgabe 16 sei nicht abgeschlossen; d. h., es existieren zusätzlich zu den sechs Wechselwirkungskräften noch drei externe Kräfte $\boldsymbol{F}_{1\,ext}$, $\boldsymbol{F}_{2\,ext}$, $\boldsymbol{F}_{3\,ext}$. Beweise, daß

$$\boldsymbol{F}_{1\,ext} + \boldsymbol{F}_{2\,ext} + \boldsymbol{F}_{3\,ext} = \frac{d}{dt}(\boldsymbol{P}_1 + \boldsymbol{P}_2 + \boldsymbol{P}_3).$$

18. Es gelte $m = m_0(1 - v^2/c^2)^{-1/2}$. Drücke $F = d(mv)/dt$ als Funktion von m_0 und v aus.

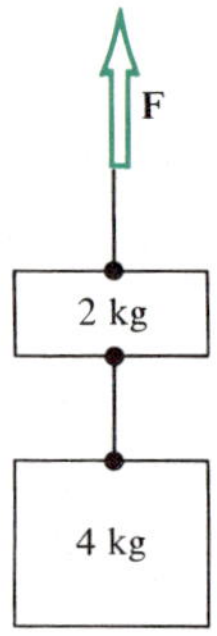

Aufgabe 19

19. Zwei Blöcke sind durch eine Schnur verbunden. Ein weiteres Stück Schnur ist an dem oberen Block befestigt. Die Blöcke werden durch die Erdanziehung nach unten gezogen.
(a) Wie groß muß die Kraft an der oberen Schnur sein, damit die Blöcke in Ruhe bleiben?
(b) Wie groß muß die Kraft an der oberen Schnur sein, damit die Blöcke eine Beschleunigung von 2 m/s² nach oben erfahren? Wie groß ist dann die Zugkraft an der Schnur zwischen den Blöcken?

20. Zwischen m_1 und m_2 befindet sich eine Schnur, die über eine reibungslose Rolle läuft. m_1 wird unten auf dem Tisch festgehalten.
(a) Welche Kraft wird benötigt, um m_1 auf dem Tisch zu halten, wenn $m_1 = 0{,}1$ kg und $m_2 = 0{,}3$ kg ist?
(b) Wie groß ist die Zugkraft in der Schnur, wenn m_1 auf dem Tisch gehalten wird?
(c) Wie groß ist die Zugkraft, wenn m_1 losgelassen wird?

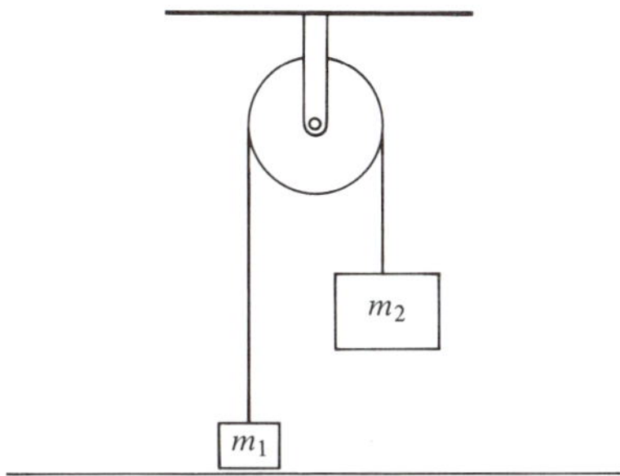

Aufgabe 20

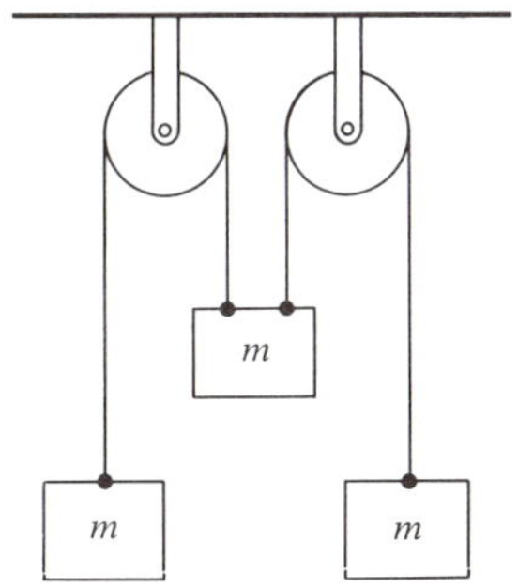

Aufgabe 21

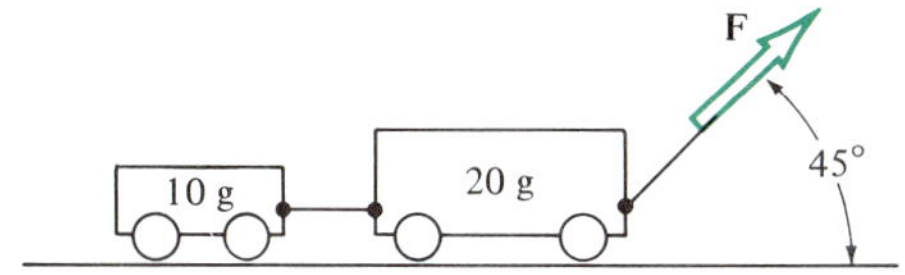

Aufgabe 24

21. Betrachte die „doppelte“ Atwoodsche Maschine mit masselosen Seilen und Rollen. Vernachlässige die Reibung und gib die Lösungen als Funktion von m und g an.
   (a) Wie groß ist die Beschleunigung der Masse in der Mitte?
   (b) Wie groß ist die Zugkraft in jedem Seil?

22. Nimm an, der Fahrer des Jeeps in Beispiel 4 hat vergessen, den Allradantrieb einzuschalten. Ab welchem Anstiegswinkel würde er abrutschen, wenn 60% des Wagengewichts auf den Hinterrädern lastet?

23. Eine Einzelkraft F wirkt während eines Zeitraums t_0 auf eine Masse m. Um wieviel nimmt der Impuls von m zu? Gib die Lösung als Funktion von F und t_0 an.

24. Ein Kind zieht das nebenstehende Spielzeug auf einer reibungsfreien Unterlage mit einer Kraft $F = 1{,}4 \cdot 10^4$ dyn, die unter einem Winkel von 45° angreift.
   (a) Wie groß ist die Beschleunigung des Zuges?
   (b) Wie groß ist die Zugkraft in dem Seil, das die beiden Wagen verbindet?
   (c) Wie groß ist die Zugkraft in dem Seil, mit dem das Kind das Spielzeug zieht?
   (d) Welche Kraft wirkt von der Unterlage auf den 20-g-Wagen?

25. Betrachte das nebenstehende System von Massen und Rollen, gehe dabei von einem masselosen Seil und von reibungslosen Rollen aus.
   (a) Welche Beziehung zwischen den beiden Massen ist notwendig, damit sich das System im Gleichgewicht befindet und sich nicht mehr bewegt?
   (b) Berechne Richtung und Betrag der Beschleunigung von m_2, wenn $m_1 = 6$ kg und $m_2 = 8$ kg ist.

26. Der Winkel θ in Abb. 4-12 werde so weit vergrößert, daß der Block zu rutschen beginnt. Leite eine Formel für die Beschleunigung als Funktion von μ_G, μ_H und g ab.

27. Eine Masse m bewege sich auf einer Kreisbahn in der xz-Ebene. Eine Masse $2m$ befinde sich in der Drehachse. (Die Rolle dreht sich mit m, ist aber sonst stationär.) Gehe davon aus, daß weder Rolle und Seil eine Masse besitzen, noch daß eine Reibung auftritt. Wie groß ist die Rotationsperiode von m? Wie groß ist der Winkel θ?

28. Eine zweistufige Rakete besitzt vor dem Start eine Gesamtmasse von 25,5 Tonnen. In der nebenstehenden Tabelle sind die Masse des Treibstoffs sowie die Massen der leeren Raketenteile zusammengestellt. Sobald die 20 Tonnen Treibstoff der ersten Stufe verbraucht sind, wird die erste Stufe abgestoßen und die zweite Stufe gestartet. Die Ausstoßgeschwindigkeit des Treibstoffs beträgt 1 km/s.

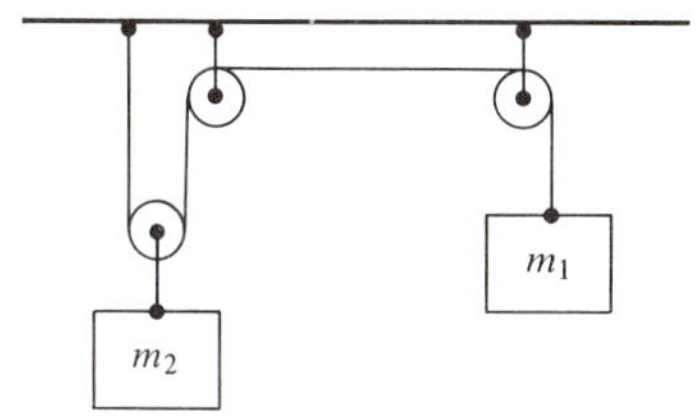

Aufgabe 25

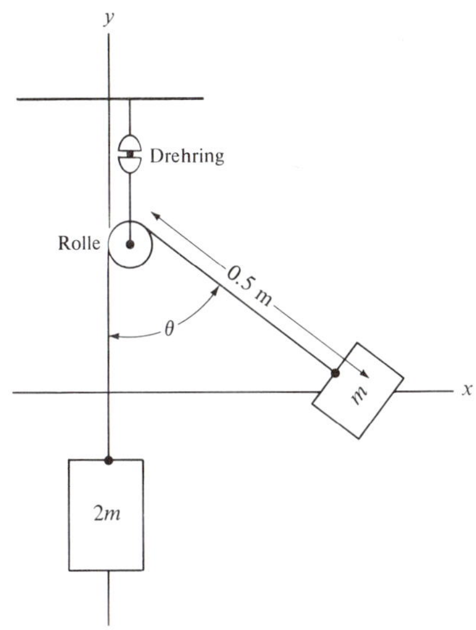

Aufgabe 27

	Gehäuse	Treibstoff
1. Stufe	2 Tonnen	20 Tonnen
2. Stufe	$\frac{1}{2}$ Tonne	3 Tonnen

Aufgabe 28

(a) Wie groß ist die Geschwindigkeit zum Zeitpunkt des Abtrennens der ersten Stufe?

(b) Wie groß ist die Endgeschwindigkeit, wenn der gesamte Treibstoff verbraucht ist?

29. Die Rakete in Aufgabe 28 besitze noch ein dritte Stufe. Das Leergewicht dieser dritten Stufe beträgt $^1/_5$ Tonne, der entsprechende Treibstoff $^4/_5$ Tonne. (Das Gesamtgewicht der startfertigen Rakete beträgt also 26,5 Tonnen.) Wie groß ist die Endgeschwindigkeit der dritten Stufe? Erreicht sie die Orbitalgeschwindigkeit?

30. Ein Holzklotz hat eine Masse von 2 kg und befindet sich auf einer glatten waagerechten Fläche in Ruhe. Eine Kugel der Masse 5 g hat eine Geschwindigkeit von 500 m/s in horizontaler Richtung. Sie schlägt in den Klotz ein und bleibt in ihm stecken. Wie groß ist die Geschwindigkeit von Klotz und Kugel nach dem Zusammenstoß?

31. Ein Vater (60 kg) befindet sich mit seiner Tochter (20 kg) auf einer reibungsfreien Eisfläche in Ruhe. Wenn der Vater seiner Tochter einen 1 kg schweren Ball mit einer Horizontalgeschwindigkeit von 5 m/s zuwirft, wie groß ist dann seine Geschwindigkeit nach dem Abwurf, und welche Geschwindigkeit hat die Tochter nach dem Auffangen?

32. In Aufgabe 31 springe der Ball von der Tochter wieder zurück und fliege mit 4 m/s auf den Vater zu. Wie groß ist jetzt die Geschwindigkeit der Tochter?

33. Ein Auto fährt durch eine ausgebaute Kurve mit einem Krümmungsradius R. Wie groß sollte der Neigungswinkel α als Funktion von v, R und g sein? (Die Aufgabe kann ähnlich wie das konische Pendel behandelt werden, wobei die Kontaktkraft F_N die gleiche Rolle spielt wie die Kraft der Schnur F_T.)

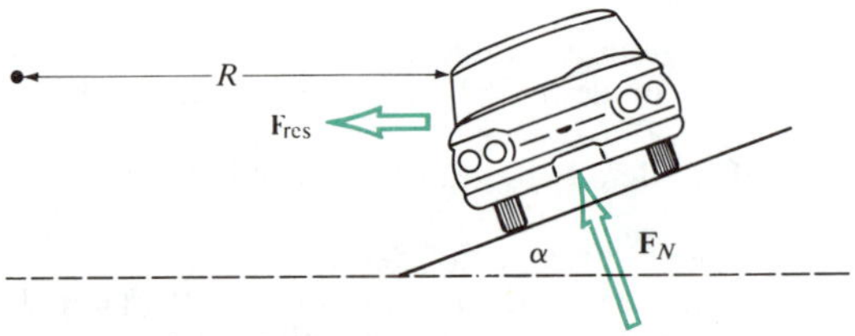

Aufgabe 33. *Ein Auto fährt mit der Geschwindigkeit v in einer Richtung senkrecht zur Papierebene.*

34. Eine Straße in einer Kleinstadt verläuft in einer leichten Kurve mit dem Krümmungsradius $R = 100$ m. Die Kurve ist nicht ausgebaut, und die Geschwindigkeitsbegrenzung beträgt 40 km/h. Nach leichtem Schneefall beträgt der Reibungskoeffizient für einen Personenwagen $\mu_H = 0{,}2$. Wird der Wagen schleudern, wenn er mit der maximal zulässigen Geschwindigkeit durch die Kurve fährt? Wenn ja, bei welcher Geschwindigkeit beginnt er wegzurutschen?

35. Die Kurve in Aufgabe 34 sei mit einem Neigungswinkel von $\alpha = 10°$ ausgebaut. Bei welcher Geschwindigkeit würde der Wagen wegrutschen, wenn $\mu_H = 0{,}1$ ist?

36. Ein Jeep fährt langsam einen Abhang mit einem Neigungswinkel von 30° herunter. Er erreicht eine Grasfläche mit $\mu_H = 0{,}5$ und $\mu_G = 0{,}48$. Beginnt er zu rutschen? Wenn ja, wie lange dauert es, bis er eine Geschwindigkeit von 26,8 m/s erreicht?

37. In Abb. 4-12 sei $\mu_H = 0{,}3$ und $\mu_G = 0{,}2 + Av$, wobei $A = 2$ s/m ist.

(a) Ein Klotz wird auf einer schiefen Ebene mit einem Neigungswinkel von 30° losgelassen. Wie groß ist seine anfängliche Beschleunigung?

(b) Wie groß ist die höchste Geschwindigkeit?

5

Gravitation

5-1 Das allgemeine Gravitationsgesetz

Im folgenden wollen wir eine der möglichen Ursachen für die Kraft $\boldsymbol{F}$ in der Gleichung $\boldsymbol{F} = m\boldsymbol{a}$ etwas genauer betrachten. Man kann die Kraft $\boldsymbol{F}$ als Ursache einer Beschleunigung $\boldsymbol{a}$ ansehen. Alltägliche Beispiele für solche Kräfte sind z. B. die Erdanziehung auf eine Masse sowie die Anziehung eines Eisenstücks durch einen Magneten. Weitere Beispiele sind Anziehung oder Abstoßung zwischen zwei Magneten, Anziehung oder Abstoßung zwischen zwei geladenen Körpern, Kräfte an Berührungsflächen sowie die Kräfte, die durch Federn oder Gummibänder übertragen werden. In diesem Kapitel wollen wir uns nur auf die Kräfte beschränken, die durch Gravitation hervorgerufen werden.

Im Sommer des Jahres 1665 fragte Newton bei der Beobachtung eines vom Baum fallenden Apfels nach der Ursache dieses Vorgangs. Wenn es eine Anziehungskraft zwischen Erde und Apfel gibt, dann muß es auch eine Anziehung zwischen beliebigen Massen m_1 und m_2 geben. Da die Kraft proportional zur Masse des Apfels ist, muß sie auch proportional zu jeder der beiden Massen m_1 und m_2 sein: $F \sim m_1 m_2$. (Das Symbol „$\sim$" bedeutet „ist proportional zu".)

Newton fragte sich außerdem, ob die Kraft auf den Apfel wohl abnehmen würde, falls der Apfel einen größeren Abstand von der Erde hätte (s. Abb. 5-2). Er nahm an, daß der Apfel die gleiche Beschleunigung erfahren würde wie der Mond, wenn er nur genauso weit entfernt wäre. Die Natur der Gravitationskraft zwischen Erde und Mond sowie zwischen Erde und Apfel sollte die gleiche sein.

Abb. 5-1. *Newton mit dem Apfel. Zeichnung von N. Mistry*

Beispiel 1: Wie groß ist die Beschleunigung des Mondes, und wie groß ist das Verhältnis der Mondbeschleunigung zur Gravitationsbeschleunigung auf der Erdoberfläche?

Lösung: Nach Gl. (3-9) für die Zentripetalbeschleunigung beträgt die Mondbeschleunigung $a = 4\pi^2 r_m/T^2$, wobei r_m der Abstand Erde–Mond ist. Dieser Abstand beträgt $3{,}86 \cdot 10^5$ km, die Umlaufperiode T ist 27,3 Tage oder $2{,}36 \cdot 10^6$ s. Damit ergibt sich die Mondbeschleunigung zu $a = 2{,}73 \cdot 10^{-3}$ m/s². In der Nähe der

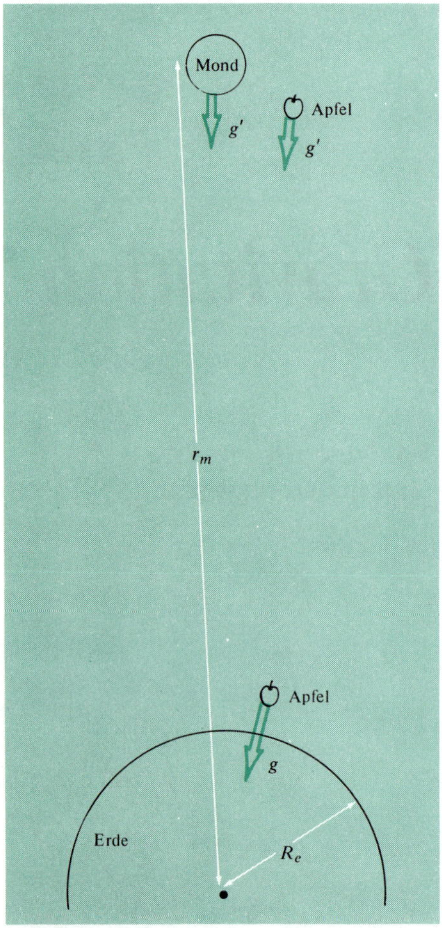

Abb. 5-2. *Die Gravitationsbeschleunigung des Apfels nimmt ab, je weiter er von der Erde weg ist. Mond und Apfel haben die gleiche Beschleunigung g′, wenn sie den gleichen Abstand zum Erdmittelpunkt haben.*

Erdoberfläche beträgt die Beschleunigung $g = 9{,}8\ \mathrm{m/s^2}$. Das Verhältnis beträgt also $a/g = 1/3\,590 \approx (1/60)^2$, was etwa R_e^2/r_m^2 entspricht.

Newton führte die gleichen einfachen Rechnungen wie in Beispiel 1 durch und fand, daß die Gravitationskraft auf einen Apfel gleichfalls um einen Faktor $3\,600 = 60^2$ reduziert wird, was dem Verhältnis des Quadrats der Entfernungen entspricht. Newton schloß daraus, daß die Gravitationskraft F zwischen zwei Massen mit dem Quadrat ihres Abstandes abnehmen muß. Er schlug daher das folgende Gesetz für die Gravitationsanziehung zwischen zwei Massen m_1 und m_2 vor:

$$F \sim \frac{m_1 m_2}{r^2}.$$

Wir wollen noch den Proportionalitätsfaktor G einführen:

$$F = G\frac{m_1 m_2}{r^2}. \quad \text{(allgemeines Gravitationsgesetz)} \qquad \textbf{(5-1)}$$

Beispiel 2: Newton war in der Lage, den numerischen Wert von G abzuschätzen. Er nahm eine mittlere Dichte der Erde von $\varrho = 5 \cdot 10^3\ \mathrm{kg/m^3}$ an (diese „Annahme" stimmt mit dem korrekten Wert bis auf 10% überein) und berechnete G in Abhängigkeit von ϱ, R_e und g.

Lösung: Wir verwenden Gl. (5-1) und setzen für die Kraft zwischen der Erdmasse M_e und einem Apfel der Masse m:

$$F = G\frac{M_e m}{r^2}.$$

Wir setzen $r = R_e$, den Abstand des Erdmittelpunktes vom Apfelmittelpunkt.

$$F = G\frac{M_e m}{R_e^2}$$

Nach Newtons zweitem Gesetz muß dies gleich ma sein, wobei $a = g$ ist:

$$G\frac{M_e m}{R_e^2} = mg,$$

$$G = \frac{g R_e^2}{M_e}. \qquad \textbf{(5-2)}$$

M_e ist gleich Dichte mal Volumen: $M_e = \varrho(4/3\pi R_e^3)$. Also:

$$G = \frac{gR_e^2}{\varrho \frac{4}{3}\pi R_e^3} = \frac{3g}{4\pi\varrho R_e}.$$

Mit $R_e = 6{,}37 \cdot 10^6$ m und $\varrho = 5 \cdot 10^3$ kg/m³ ergibt sich $G = 7{,}35 \cdot 10^{-11}$ N m² kg^{-2}, was 10% höher liegt als der heutige Wert von $G = 6{,}67 \cdot 10^{-11}$ N m² kg^{-2}.

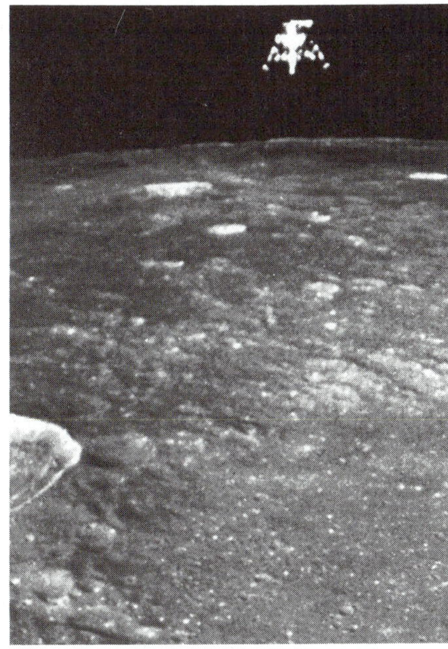

Abb. 5-3. *NASA-Aufnahme der Mondfähre auf einer Kreisbahn um den Mond*

Als Newton die Gravitationsbeschleunigung am Ort des Mondes mit der auf der Erdoberfläche verglich, nahm er an, daß die Erde sich so verhält, als ob ihre Masse in ihrem Mittelpunkt konzentriert wäre. Er nahm an, daß dies immer für Kräfte gilt, deren Größe umgekehrt proportional zum Quadrat des Abstandes abnimmt. Den Beweis dazu konnte er allerdings erst zwanzig Jahre später führen. Wahrscheinlich führte ihn dieses Problem dazu, die Integralrechnung zu erfinden. Die Integration ist sehr mühsam und auch zu lang, um hier vorgestellt zu werden. Wir werden jedoch in Kap. 16 bei der Behandlung des Gaußschen Satzes einen simplen Beweis bringen, daß sich eine feste Kugel so verhält, als wäre ihre Masse im Zentrum konzentriert. Dies stimmt natürlich bei der Frage nach der Kraft innerhalb einer Kugel nicht mehr: würde man ein Loch bis zum Erdmittelpunkt bohren, so würde die Gravitationskraft mit der Annäherung an den Erdmittelpunkt immer weiter abnehmen (siehe dazu Abschn. 5-6).

Gl. (5-1) wird als allgemeines Gravitationsgesetz bezeichnet, da dieses Gesetz für alle Beispiele von Gravitationskräften anwendbar ist. Das gleiche Gesetz, das einen fallenden Körper auf der Erde beschreibt, erklärt gleichzeitig die Bahnen der Planeten und Kometen um die Sonne sowie die Bewegungen der riesigen Galaxien. Es erlaubt uns ebenfalls, die Massen der Erde, der Sonne und der meisten Planeten sowie deren Umlaufzeiten zu berechnen.

Abb. 5-4. *NASA-Aufnahme vom Mondfahrzeug auf der Mondoberfläche*

Beispiel 3: Wie groß ist die Umlaufzeit eines Apollo-Mondraumschiffs auf seiner Kreisbahn um den Mond kurz vor seiner Landung (siehe Abb. 5-3)?

Lösung: Wir verwenden $F = GM_m m/R^2$ in der Gleichung $F = ma$, wobei M_m die Mondmasse, R den Radius der Umlaufbahn und m die Masse des Raumschiffs darstellt. Für die Beschleunigung a setzen wir $(4\pi^2/T^2)\,R$:

$$G\frac{M_m m}{R^2} = m\left(\frac{4\pi^2}{T^2}R\right),$$

$$T^2 = \frac{4\pi^2}{GM_m}R^3, \qquad (5\text{-}3)$$

$$T = 2\pi\sqrt{\frac{R^3}{GM_m}}.$$

Mit dem Mondradius $R \approx 1740$ km, $M_m = 7{,}35 \cdot 10^{22}$ kg und $G = 6{,}67 \cdot 10^{-11}$ N m² kg⁻² erhalten wir $T = 6{,}5 \cdot 10^3$ s oder 108 Minuten.

Beispiel 4: Ein synchroner Erdsatellit ist ein Satellit, der immer am selben Punkt über dem Äquator „steht". Wie groß ist der Abstand eines synchronen Erdsatelliten vom Erdmittelpunkt?

Lösung: Damit ein Satellit über demselben Punkt der Erdoberfläche stehenbleibt, muß er eine Umlaufdauer haben, die der Zeit für eine Erdumdrehung entspricht, also 24 Stunden. Die Gravitationsbeschleunigung des Satelliten beträgt $g(R_e^2/r^2)$, was mit der Zentripetalbeschleunigung des Satelliten übereinstimmen muß. Also ist

$$\frac{4\pi^2 r}{T^2} = g\frac{R_e^2}{r^2};$$

dabei ist r der Abstand des Satelliten vom Erdmittelpunkt.

$$r^3 = \frac{gR_e^2}{4\pi^2}T^2.$$

Mit $R_e = 6{,}37 \cdot 10^6$ m und $T = 24$ h $= 86400$ s ergibt sich $r = 42000$ km.

5-2 Das Cavendish-Experiment

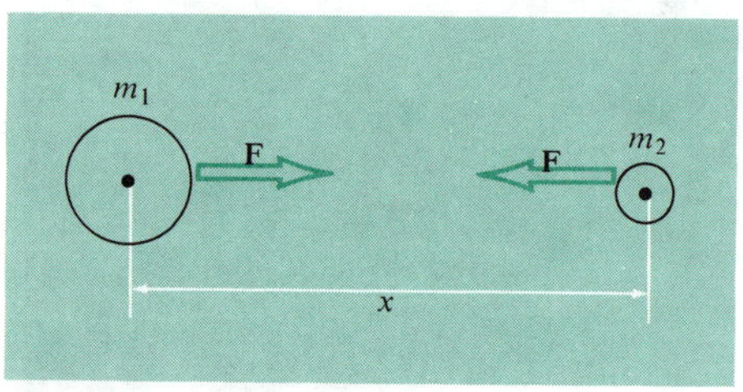

Abb. 5-5. *F ist die Gravitationskraft zwischen m_1 und m_2.*

Für Newtons Berechnung von G war eine Annahme über die mittlere Dichte der Erde notwendig. Wenn die Erde einen superdichten Kern enthalten hätte (was bei vielen Sternen der Fall ist), wäre ein sehr großer Fehler bei der Berechnung von G aufgetreten. Warum soll man nicht G unabhängig von der Erdmasse bestimmen, indem man mit zwei Massen m_1 und m_2 ein Laborexperiment durchführt, wie es Abb. 5-5 darstellt? F sei die Kraft von m_1 auf m_2, also $F = Gm_1m_2/x^2$. Dann ist

$$G = \frac{Fx^2}{m_1m_2},$$

wobei x der Abstand zwischen den beiden Kugelmittelpunkten ist. Jedoch ist für zwei Massen von 1 kg im Abstand von 10 cm $F = 6{,}67 \cdot 10^{-9}$ N. Das ist weniger als das 10^{-9}fache des Gewichts einer solchen Masse. Diese Kraft ist zu klein, um mit konventionellen Mitteln gemessen zu werden.

Henry Cavendish erdachte 1797 eine raffinierte Methode, um eine so kleine Kraft zu messen. Er machte Gebrauch von der Tatsache, daß die Kraft zum Verdrillen einer langen, dünnen Quarzfaser in der

Abb. 5-6. *(a) Ein Stab mit zwei kleinen Kugeln der Masse m hängt an einer Quarzfaser. (b) Zwei große Kugeln der Masse M werden in die Nähe der kleinen Kugeln gebracht und drehen die Faser um den Winkel α.*

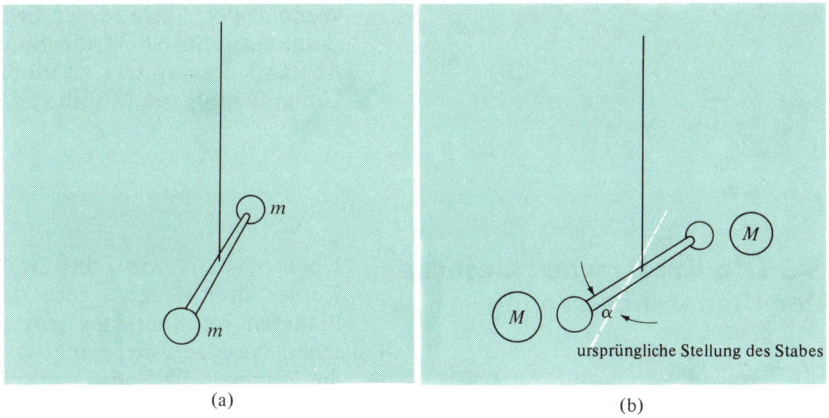

gleichen Größenordnung ist wie die Gravitationskraft zwischen zwei Bleikugeln, die sich fast berühren. Zunächst befestigte er zwei kleinere Bleikugeln an den Enden eines leichten Stabes, wie in Abb. 5-6(a) dargestellt. Dann brachte er zwei größere Bleikugeln in die Nähe der kleineren und bestimmte die Winkelablenkung des Stabes α [Abb. 5-6(b)]. Verfeinerte Messungen nach der Cavendish-Methode ergeben den Wert $G = 6{,}67 \cdot 10^{-11}\ \mathrm{N\,m^2\,kg^{-2}}$.

Wägung der Erde

Ausgerüstet mit einem zuverlässigen Wert für G löste Cavendish Gl. (5-2) nach M_e auf:

$$M_e = \frac{gR_e^2}{G}. \tag{5-4}$$

Die Genauigkeit seines Wertes für die Erdmasse war natürlich nur so groß wie die Genauigkeit von G. Nach diesem Verfahren „wog" Cavendish nicht nur die Erde, sondern auch die Sonne, den Jupiter und alle anderen Planeten mit beobachtbaren Monden.

In Abb. 5-7 sei M die Masse der Sonne (oder die Jupitermasse) und m die Masse eines Planeten (oder die eines Jupitermondes). Dann ist $F = GMm/R^2$, und die Zentripetalbeschleunigung beträgt $a = 4\pi^2 R/T^2$. Eingesetzt in $F = ma$ ergibt sich

$$G\frac{Mm}{R^2} = m\left(\frac{4\pi^2 R}{T^2}\right),$$

$$M = \frac{4\pi^2 R^3}{GT^2}. \tag{5-5}$$

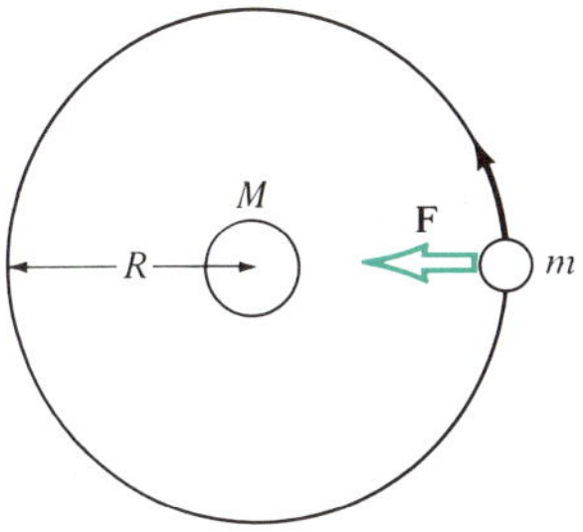

Abb. 5-7. *Ein Körper der Masse m kreist um die Masse M. F ist die Gravitationskraft.*

Wenn R der Abstand der Erde von der Sonne und T die Umlaufzeit ist (1 Jahr), dann ist M die Sonnenmasse. Ebenso können wir für R den Abstand des Jupiters zu einem seiner 13 Monde wählen und für T die Umlaufzeit dieses Mondes; dann ergibt Gl. (5-5) die Jupitermasse.

5-3 Die Keplerschen Gesetze der Planetenbewegung

Noch bevor Newton das Gravitationsgesetz formulierte, hatte Johannes Kepler drei Gesetze gefunden, mit deren Hilfe die Bewegungen der Planeten im Sonnensystem beschrieben werden können. Die Keplerschen Gesetze untermauerten die Hypothese von Kopernikus, nach der die Planeten die Sonne umkreisen, und nicht umgekehrt.

Im 16. Jahrhundert wurde es als Ketzerei angesehen, wenn jemand behauptete, daß die Planeten die Sonne umkreisen. So wurde Giordano Bruno, der die Hypothese des Kopernikus vom heliozentrischen System unterstützte, als Ketzer von der Inquisition verhört und im Jahre 1600 auf dem Scheiterhaufen verbrannt. Selbst Galilei wurde eingekerkert, von der Inquisition angeklagt und mußte öffentlich seine Lehren widerrufen.

Das Dogma der damaligen Zeit, das auf den Lehren von Aristoteles und Ptolemäus beruhte, beschrieb die Planetenbahnen durch komplizierte Bewegungen von Kreisen innerhalb anderer Kreise, die wiederum die Erde als Mittelpunkt hatten. Zur Beschreibung der Bahn des Mars benötigte man etwa ein Dutzend Kreise verschiedener Größe. Johannes Kepler wollte nachweisen, daß Erde und Mars um die Sonne kreisen. Er wollte eine einfache geometrische Bahnform finden, welche die vielen vorhandenen Messungen der Bahnpositionen des Mars erklären konnte. Nach Jahren mühsamer Arbeit war er dann in der Lage, drei einfache Gesetze aufzustellen, die das experimentelle Material, das von den Beobachtungen der Planetenbahnen vorhanden war, sehr gut wiedergaben.

Die Keplerschen Gesetze gelten ebenso für die Bewegungen von Satelliten um einen Planeten.

Erstes Keplersches Gesetz

Die Planeten bewegen sich auf Ellipsen, in deren einem Brennpunkt die Sonne steht.

Zweites Keplersches Gesetz (Flächensatz)

Die Verbindungslinie Sonne–Planet überstreicht in gleichen Zeiten gleiche Flächen.

Drittes Keplersches Gesetz

Die Quadrate der Umlaufzeiten der Planeten verhalten sich wie die dritten Potenzen ihrer großen Halbachsen. Für Kreisbahnen gilt

$$\frac{R_1^3}{R_2^3} = \frac{T_1^2}{T_2^2}\,.$$

Eine große Halbachse ist die Hälfte des größten Durchmessers der Bahnellipse.

Newton wandte sein allgemeines Gravitationsgesetz natürlich nicht nur auf fallende Äpfel und auf den Mond an, sondern auch auf die Kräfte zwischen Sonne und Planeten. Er konnte beweisen, daß genau dann, wenn die Kraft umgekehrt proportional zum Quadrat des Abstandes ist, jede Planetenbahn eine Ellipse mit der Sonne in einem Brennpunkt ist. Er konnte ebenfalls zeigen, daß

$$\frac{R_1^3}{R_2^3} = \frac{T_1^2}{T_2^2}$$

für zwei Planeten auf einer Kreisbahn gilt (für elliptische Bahnen ist R die große Halbachse). Zusätzlich konnte er den Flächensatz aus seinen drei Bewegungsgesetzen ableiten. Die Tatsache, daß er alle drei Keplerschen Gesetze, die ja die Bewegungen der Planeten bis ins einzelne genau beschrieben, herleiten konnte, mußte als endgültige Bestätigung der Newtonschen Dynamik gelten.

Newtons Ableitungen des ersten und dritten Keplerschen Gesetzes sind zu kompliziert, um hier wiederholt zu werden. Jedoch können wir einen Spezialfall des dritten Keplerschen Gesetzes betrachten, in dem sich die beiden Planeten auf Kreisbahnen bewegen (tatsächlich befinden sich alle Planeten außer Pluto auf angenäherten Kreisbahnen). Wenn wir Gl. (5-5) auf Planet 1 anwenden, erhalten wir

$$M = \frac{4\pi^2 R_1^3}{G T_1^2} .$$

Angewandt auf Planet 2 ergibt sich

$$M = \frac{4\pi^2 R_2^3}{G T_2^2} .$$

Gleichsetzen der beiden rechten Seiten ergibt

$$\frac{R_1^3}{T_1^2} = \frac{R_2^3}{T_2^2} \quad \text{oder} \quad \frac{R_1^3}{R_2^3} = \frac{T_1^2}{T_2^2} .$$

Das zweite Keplersche Gesetz folgt direkt aus dem Gesetz der Erhaltung des Drehimpulses. Dieses Gesetz werden wir in Kap. 10 aus den Newtonschen Bewegungsgesetzen herleiten. Wir werden sehen, daß der Drehimpuls L des Planeten in Abb. 5-8 gegeben ist durch

$$L = rmv_\perp . \quad \text{(Drehimpuls)}$$

Dann ist

$$\frac{L}{2m} = \frac{1}{2} r v_\perp .$$

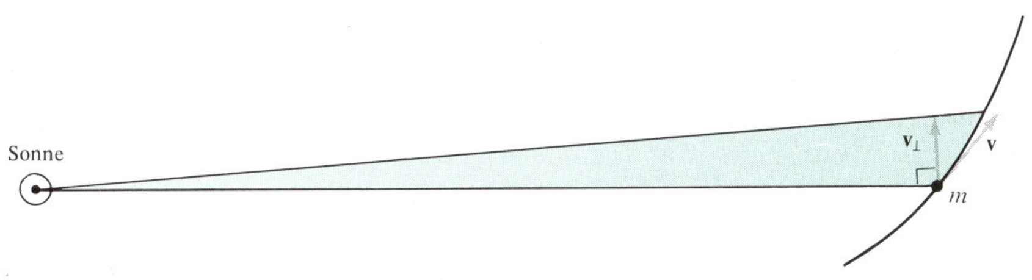

Abb. 5-8. *Ein Planet m mit der Geschwindigkeit* $\mathbf{v}$ *wird von der Sonne angezogen.* $\mathbf{v}_\perp$ *ist die Komponente von* $\mathbf{v}$ *senkrecht zur Verbindungslinie Sonne–Planet.*

Man sieht leicht, daß $\frac{1}{2}rv_\perp$ (die farbige Fläche in Abb. 5-8) annähernd die Fläche darstellt, die in 1 Sekunde überstrichen wird. Wir setzen also

$$\frac{L}{2m} = \frac{\mathrm{d}A}{\mathrm{d}t},$$

wobei $\mathrm{d}A/\mathrm{d}t$ die von der Verbindungslinie Sonne–Planet überstrichene Fläche pro Zeit darstellt. Nach dem Gesetz der Drehimpulserhaltung muß die linke Seite der Gleichung konstant sein, also auch die rechte Seite: $\mathrm{d}A/\mathrm{d}t =$ konstant.

5-4 Gewicht

Das Gewicht eines Körpers ist gewöhnlich definiert als die resultierende Gravitations- oder Schwerkraft, die auf den Körper wirkt. In der Nähe der Erdoberfläche ist dies bei einem Körper der Masse m gleich mg.

Beispiel 5: Um welchen Faktor wird das Gewicht eines Astronauten reduziert, wenn er von der Erde auf den Mond kommt? Benutze $M_m/M_e = 0{,}0123$ und $R_m/R_e = 0{,}273$.

Lösung: Das Gewicht auf dem Mond beträgt

$$F_m = G\frac{M_m m}{R_m^2}.$$

Das Gewicht auf der Erde beträgt

$$F_e = G\frac{M_e m}{R_e^2}.$$

Das Verhältnis ist

$$\frac{F_m}{F_e} = \frac{M_m}{M_e}\left(\frac{R_e}{R_m}\right)^2 = 0{,}165.$$

Der Astronaut in Abb. 5-9 demonstriert, daß sein Gewicht nur ein Sechstel seines Normalgewichts beträgt.

Die obige Definition des Gewichts kann etwas verwirrend erscheinen, wenn sie auf einen beschleunigten Körper angewandt wird. Zum Beispiel fühlt sich ein Astronaut, der in einem Satelliten um die Erde kreist, schwerelos, obwohl doch die Gravitationskraft noch auf ihn wirkt. Sogar der Astronaut in Abb. 5-9 ist gewichtslos, bis er wieder auf der Mondoberfläche landet. Das physiologische Gefühl von Gewicht hängt davon ab, wie schwer es ist, Arm oder Kopf zu heben. Der menschliche Organismus spürt Gewichtsveränderungen im Gleichgewichtsorgan des

Abb. 5-9. *NASA-Aufnahme eines Astronauten, der von der Mondoberfläche hochspringt*

inneren Ohrs oder über innere Organe, wie z. B. im Magen. Wir wollen nun ein effektives Gewicht definieren, das eine Möglichkeit zur Bestimmung des physiologischen Gewichts bietet.

Effektives Gewicht

Wir definieren das effektive Gewicht eines Körpers als das Gewicht, das man bei Wägung des Körpers mit einer Federwaage erhält. Das effektive Gewicht ist also das Gewicht, das z. B. eine Personenwaage anzeigt. Es ist die Kraft des Körpers auf die Waage. Natürlich muß diese Waage so orientiert sein, daß die Kraft des Körpers senkrecht auf sie wirkt. In Abb. 5-10 sei $\boldsymbol{F}_w = -\boldsymbol{j}F_w$ diese Kraft. Nach dem dritten Newtonschen Axiom übt die Waage auf den Mann eine Kraft $+\boldsymbol{j}F_w$ aus.

Nun betrachten wir einen Mann, der in einem Aufzug auf einer Waage steht und nach oben beschleunigt wird. Die resultierende Kraft auf den Mann ist die Schwerkraft nach unten ($-\boldsymbol{j}mg$) plus die Kraft der Unterlage $\boldsymbol{j}F_w$, die nach oben wirkt:

$$\boldsymbol{F}_{res} = -\boldsymbol{j}mg + \boldsymbol{j}F_w.$$

Ersetzen von $\boldsymbol{F}_{res}$ durch ($\boldsymbol{j}ma$) ergibt:

$$\boldsymbol{j}ma = -\boldsymbol{j}mg + \boldsymbol{j}F_w,$$

$$F_w = m(g + a).$$

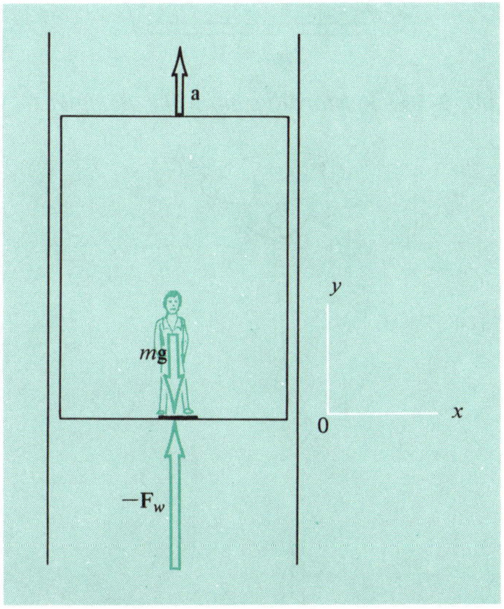

Abb. 5-10. *Ein Mann in einem Aufzug, der nach oben beschleunigt wird. Die Kraft, die den Mann nach oben drückt, beträgt* ($-\boldsymbol{F}_w$).

Das effektive Gewicht ist also

$$\boldsymbol{F}_w = -\boldsymbol{j}F_w = -\boldsymbol{j}m(g + a).$$

Wir sehen, daß das effektive Gewicht nach unten zeigt und die Größe $m(g + a)$ besitzt. (Wir benutzen „g" immer als positive Größe.)

Bei einem bremsenden Aufzug ist $\boldsymbol{F}_{res} = -\boldsymbol{j}ma$ und damit

$$\boldsymbol{F}_w = -\boldsymbol{j}m(g - a). \quad \text{(für einen bremsenden Aufzug)}$$

Als Funktion der Vektoren $\boldsymbol{g}$ und $\boldsymbol{a}$ ergibt sich das effektive Gewicht zu

$$\boldsymbol{F}_w = m(\boldsymbol{g} - \boldsymbol{a}). \tag{5-6}$$

Falls der Aufzug frei fällt, ist $\boldsymbol{a} = \boldsymbol{g}$ und $\boldsymbol{F}_w = 0$; d. h., der Mann ist gewichtslos. Dies ist die Situation eines Astronauten in einem Erdsatelliten. Alle Raumfahrzeuge befinden sich im freien Fall, außer in den kurzen Zeiten, in denen sie ihren Raketenantrieb benutzen. „Künstliche" Schwerkraft kann man erzeugen, indem man das Raumschiff um seine Achse rotieren läßt (siehe dazu Beispiel 8).

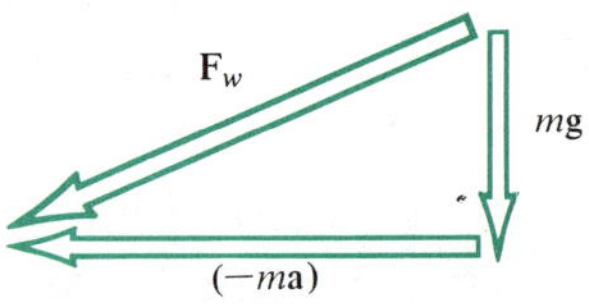

Abb. 5-11. *Vektordiagramm für Beispiel 6*

Beispiel 6: Angenommen, ein Wagen mit Raketenantrieb kann horizontal mit $2g$ beschleunigt werden. Wie groß ist das effektive Gewicht des Fahrers?

Lösung: Gemäß Gl. 5-6 gilt

$$\boldsymbol{F}_w = m\boldsymbol{g} - m\boldsymbol{a}.$$

Diese beiden Vektoren, die einen rechten Winkel bilden, werden in Abb. 5-11 voneinander subtrahiert. Da sich die beiden Schenkel des rechten Winkels wie 1 zu 2 verhalten, ist die Hypothenuse $\sqrt{5}$mal mg; d. h. $F_w = 2{,}236mg$.

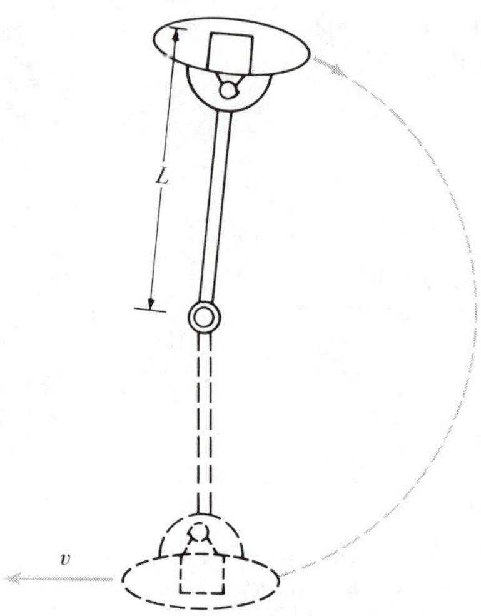

Abb. 5-12. *Die Überschlagschaukel*

Beispiel 7: Auf Jahrmärkten findet man manchmal eine Art Schaukel, die wie ein Pendel mit ansteigender Amplitude schwingt, bis der Passagier auf dem Kopf steht (vgl. Abb. 5-12). Wenn das Pendel zurückschwingt, erreicht es eine Maximalgeschwindigkeit von $v = 2\sqrt{gL}$ (dies wird in Beispiel 3 von Kap. 7 gezeigt).

(a) Wie groß ist die Beschleunigung am tiefsten Punkt?
(b) Wie groß ist dann die resultierende Kraft auf den Passagier?
(c) Wie groß ist dann das effektive Gewicht des Passagiers?

Lösung: Für Teil (a) ist die Beschleunigung $a = v^2/L = 4g$. Wir können das zweite Newtonsche Axiom benutzen, um die resultierende Kraft zu bestimmen. Wir multiplizieren die Beschleunigung mit der Masse des Passagiers und erhalten $F_{res} = 4mg$. Dies ist gleich der Kraft des Sitzes F_c, die nach oben drückt, minus der Gravitationskraft mg nach unten:

$$F_c - mg = 4mg,$$

$$F_c = 5mg.$$

Nach unserer Definition ist die Kraft des Passagiers auf den Sitz das effektive Gewicht, in diesem Fall also $5mg$. Jeder Teil des Körpers ist also fünfmal schwerer als normal.

Beispiel 8: Wir betrachten ein Raumschiff, das aus zwei Kammern besteht, die durch einen 20 m langen Gang miteinander verbunden sind (vgl. Abb. 5-13). Wie viele Umdrehungen pro Sekunde muß das Raumschiff machen, damit die Passagiere die gleiche Schwerkraft wie auf der Erde fühlen?

Lösung: Sei T die Zeit für eine Umdrehung und f die Anzahl der Umdrehungen pro Sekunde, dann ist die Anzahl der Umdrehungen pro Sekunde mal T (in Sekunden) gleich 1:

$$fT = 1 \quad \text{oder} \quad T = \frac{1}{f}.$$

Nun ersetzen wir T in der Gleichung $a_c = 4\pi^2 R/T^2$ durch $1/f$ und erhalten

$$a_c = 4\pi^2 f^2 R,$$

$$f = \frac{1}{2\pi}\sqrt{\frac{a_c}{R}}.$$

Das effektive Gewicht ist mg, wenn $a_c = g$ ist:

$$f = \frac{1}{2\pi}\sqrt{\frac{g}{R}} = \frac{1}{2\pi}\sqrt{\frac{9{,}8\ \text{m/s}^2}{10\ \text{m}}} = 0{,}158\ \text{Umdrehungen/s}$$

Ein solches Raumschiff, das sich pro Minute 9,5mal dreht, gibt also einem Passagier in 10 m Entfernung vom Drehpunkt das Gefühl, sich auf der Erde zu befinden.

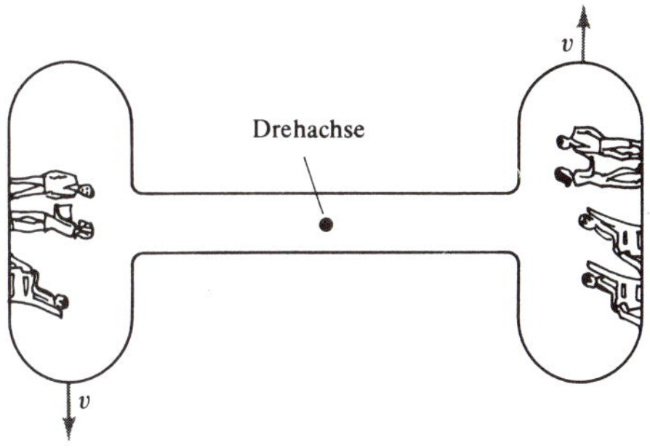

Abb. 5-13. *Ein rotierendes Raumschiff erzeugt eine „künstliche“ Schwerkraft für die Passagiere. Ihr effektives Gewicht ist das gleiche wie auf der Erde.*

*5-5 Äquivalenzprinzip

In Kap. 2 erwähnten wir die experimentelle Tatsache, daß alle Körper in der Nähe der Erdoberfläche mit derselben Beschleunigung nach unten fallen, unabhängig von ihrer Masse. Dies führte Newton zu dem Postulat, daß die Gravitationskraft proportional zur Masse des Körpers ist. Man muß sich natürlich fragen, ob dies auch richtig ist. Wir könnten z. B. eine alternative Hypothese aufstellen, daß nämlich die Gravitationskraft proportional zur Anzahl der Nukleonen (Protonen und Neutronen) im Körper statt proportional zu der auf Seite 56 definierten Masse ist. Dann wäre die Gravitationskraft auf ein Heliumatom genau 4mal so groß wie die auf ein Wasserstoffatom. Jedoch ist die experimentell gemessene Masse von Helium nicht ganz 4mal die Masse von Wasserstoff, sondern $m_{\mathrm{He}}/m_{\mathrm{H}} = 3{,}9715$. Messungen mit größerer Genauigkeit als 1 % sind erforderlich, um zu beurteilen, ob die zweite Hypothese (die Schwerkraft ist proportional zur Nukleonenzahl) korrekt ist. Nur Experimente sind in der Lage, über die Richtigkeit einer der beiden Hypothesen zu entscheiden.

Genaugenommen wird die **schwere Masse** eines Körpers durch Newtons Gravitationsgesetz definiert. Soweit wir heute wissen, ist die schwere Masse eher proportional zur Anzahl der Nukleonen als zu einer Masse, wie sie auf Seite 56 definiert wurde (wir bezeichnen diese als **träge Masse**, um sie von der schweren Masse zu unterscheiden). Die Gravitationskraft zwischen zwei Körpern ist $F = Gm_1'm_2'/r^2$, wobei wir die schwere Masse mit m' bezeichnen. Die Masse, die in der Gleichung $F = ma$ auftritt, ist die träge Masse. Diese soll nicht besonders gekennzeichnet werden. Eine träge Masse m_1 im freien Fall in der Nähe der Erdoberfläche besitze eine Beschleunigung a_1, wobei

$$m_1 a_1 = G\frac{M_e' m_1'}{R_e^2}. \qquad (5\text{-}7)$$

Eine Masse m_2 einer anderen Substanz habe eine leicht verschiedene Beschleunigung a_2, wobei

$$m_2 a_2 = G\frac{M_e' m_2'}{R_e^2}. \qquad (5\text{-}8)$$

Division von Gl. (5-7) durch Gl. (5-8) ergibt

$$\frac{m_1}{m_2}\frac{a_1}{a_2} = \frac{m_1'}{m_2'}.$$

Man erkennt sofort, daß das Verhältnis der trägen Massen gleich dem der schweren Massen ist, unter der Bedingung, daß alle Körper mit der gleichen Beschleunigung fallen: $a_1 = a_2 = g$. Wenn wir für eine Substanz die träge Masse gleich der schweren Masse setzen, dann sind beide auch für alle anderen Substanzen gleich; d. h., wenn $m_1 = m_1'$ gilt, dann ist auch $m_2 = m_2'$.

Newton konnte die Beziehung $a_1 = a_2$ mit einer Genauigkeit von 1 zu 1000 bestätigen. Im Jahre 1901 bestätigte ein ungarischer Physiker, R. Eötvös, die Übereinstimmung mit einer Genauigkeit von 1 zu 10^8.

Im Jahre 1964 konnte R. Dicke von der Princeton University die Messungen von Eötvös noch um einen Faktor 300 verbessern. Diese Resultate sprechen sehr stark dafür, daß schwere Masse und träge Masse für alle Substanzen wirklich exakt übereinstimmen. Dies wird als Äquivalenzprinzip bezeichnet. Es ist ein fundamentales Naturgesetz, das genauso wie die anderen Gesetze auf experimentellen Tatsachen beruht.

Eine Konsequenz des Äquivalenzprinzips besteht darin, daß es keine Möglichkeit gibt, zwischen einer Beschleunigung des Bezugssystems und einer Gravitationsbeschleunigung zu unterscheiden. Würde ein Physiklabor in einen großen Aufzug eingebaut und würde dieser beschleunigt, gäbe es im Inneren keine Möglichkeit zu entscheiden, ob der Aufzug beschleunigt wird oder ob er in Ruhe ist und von außen eine Gravitationskraft eingeschaltet wurde. Wie wir in Kap. 9 weiter sehen werden, ist das Äquivalenzprinzip der Ausgangspunkt für Einsteins allgemeine Relativitätstheorie.

*5-6 Das Schwerefeld innerhalb einer Kugel

Unter einem Gravitationsfeld wollen wir die Gravitationsbeschleunigung als Funktion des Ortes verstehen. Das Feld einer Hohlkugel mit der Masse m und dem Radius R beträgt Gm/r^2 für $r > R$, wobei r vom Kugelmittelpunkt aus gerechnet wird. Eine kugelförmige Masse verhält sich also so, als wäre ihre Masse im Zentrum konzentriert. Damit jedoch stellt sich die Frage, wie groß das Gravitationsfeld an einem beliebigen Punkt innerhalb der Kugelschale ist (vgl. Abb. 5-14). Zunächst betrachten wir den Beitrag eines Flächenelements A_1. Es ruft eine Kraft $F_1 \sim A_1/r_1^2$ hervor, die nach links zieht. Nun verlängern wir jeden Punkt von A_1 durch P auf die Gegenseite und erhalten ein Flächenelement A_2 im Abstand r_2. Fläche A_2 trägt eine Kraft F_2 bei, die nach rechts zieht, wobei

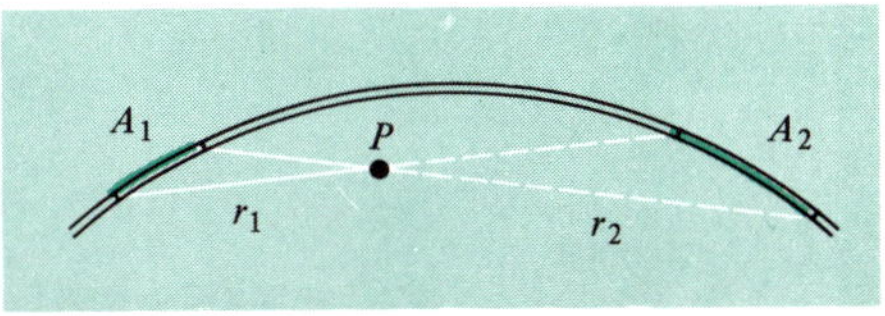

Abb. 5-14. *Ein Punkt P innerhalb einer dünnen Kugelschale. Die Flächenelemente A_1 und A_2 liegen sich, von P aus gesehen, gegenüber.*

$$\frac{F_1}{F_2} = \frac{A_1}{A_2} \cdot \frac{r_2^2}{r_1^2}.$$

Man sieht leicht aus der Geometrie, daß

$$\frac{A_1}{A_2} = \frac{r_1^2}{r_2^2}.$$

Diese Beziehung, in die obige Gleichung eingesetzt, ergibt

$$\frac{F_1}{F_2} = \left(\frac{r_1^2}{r_2^2}\right) \frac{r_2^2}{r_1^2} = 1.$$

Das bedeutet, daß sich die beiden Beiträge von A_1 und A_2 gerade aufheben.

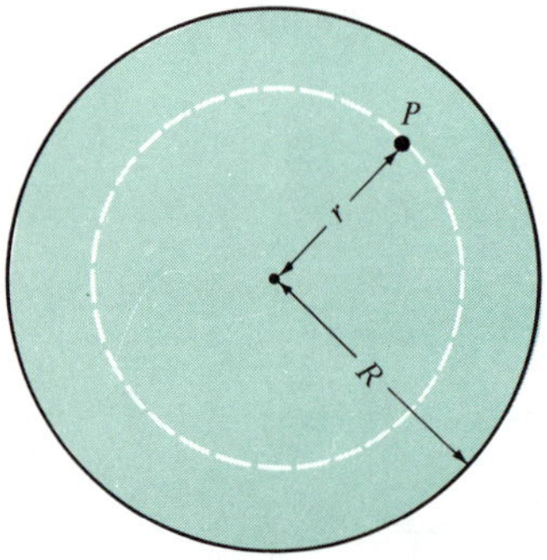

Abb. 5-15. *Eine massive Kugel mit einem Punkt P im Abstand r vom Mittelpunkt. Durch P wird eine imaginäre Kugelfläche gelegt.*

Diese Betrachtung kann für jedes beliebige Flächenelement durchgeführt werden. Das bedeutet aber, daß innerhalb der Kugelschale die resultierende Kraft verschwindet; d. h., das Gravitationsfeld innerhalb einer Kugelschale ist null. Das Feld innerhalb einer sehr dicken Kugelschale ist ebenfalls null, da diese Schale jeweils in dünne Schalen zerlegt werden kann.

In Abb. 5-15 zeigen wir eine Vollkugel mit dem Radius R, in der wir im Abstand r vom Mittelpunkt einen Punkt P annehmen wollen. Durch diesen Punkt legen wir eine imaginäre Kugelfläche. Wie wir im vorigen Abschnitt gesehen haben, ist das Feld, das durch die äußere Kugelschale erzeugt wird, am Punkt P gleich null. Sei $m(r)$ die Masse des inneren Teils. Dann ist das von $m(r)$ erzeugte Feld gerade das Feld an der Oberfläche einer Kugel vom Radius r, also

$$a = G\frac{m(r)}{r^2}\,.$$

Die Masse des inneren Teils der Kugel ist das Produkt aus Dichte ϱ und Volumen: $m(r) = \varrho\,\frac{4}{3}\pi r^3$. Das resultierende Feld am Punkt P ist also

$$a = G\frac{\frac{4}{3}\pi\varrho r^3}{r^2} = \tfrac{4}{3}\pi\varrho G r\,. \qquad \textbf{(5-9)}$$

Wir stellen fest, daß das Feld vom Zentrum zur Oberfläche linear zunimmt. Da die Dichte gleich der Gesamtmasse m, dividiert durch das Gesamtvolumen, ist, also

$$\varrho = \frac{m}{\frac{4}{3}\pi R^3}\,,$$

ergibt sich aus Gl. (5-9)

$$a = G\frac{m}{R^2}\,\frac{r}{R}\,.$$

Man beachte, daß dieses Resultat von der Annahme ausgeht, daß die Kugel eine homogene Dichte besitzt. Wenn wir dies auch für die Erde annehmen und wir (gR_e^2/G) für m einsetzen – s. Gl. (5-4) –, so erhalten wir

$$a = g\frac{r}{R_e} \quad \text{(innerhalb der Erde)} \qquad \textbf{(5-10)}$$

und

$$a = g\frac{R_e^2}{r^2}\,. \quad \text{(außerhalb der Erde)}$$

Dies ist in Abb. 5-16 dargestellt.

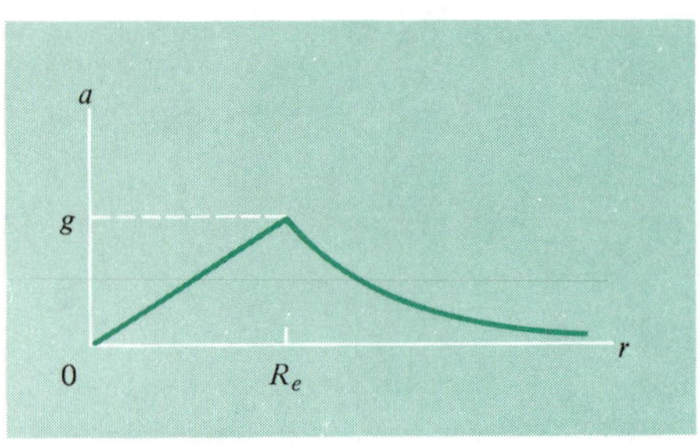

Abb. 5-16. *Das Gravitationsfeld der Erde als Funktion des Abstandes vom Erdmittelpunkt (für homogene Dichte). a ist zum Zentrum hin gerichtet.*

Zusammenfassung

Newtons allgemeines Gravitationsgesetz $F = Gm_1m_2/r^2$ gilt für alle Massen. Wenn m_1 die Erde ist, kann m_2 ein Apfel oder der Mond sein. Gleichfalls kann m_1 die Sonne sein und m_2 ein Planet. Für die Beschleunigung des Planeten ergibt sich $a = Gm_1/r^2$.

Falls sich ein Satellit oder ein Planet in einer Kreisbahn befindet, so kann seine Beschleunigung nach $a_c = 4\pi^2 R/T^2$ bestimmt werden. Setzt man diese Beziehung gleich Gm_1/R^2, so erhält man m_1. Hierdurch können die Massen von Sonne, Erde und von Planeten, die selbst über Monde verfügen, bestimmt werden. G wurde ursprünglich durch Messung der Kräfte zwischen kleinen Kugeln im Cavendish-Experiment bestimmt.

Newton konnte mit seinem allgemeinen Gravitationsgesetz die drei auf experimentellen Beobachtungen beruhenden Keplerschen Gesetze ableiten. Die Keplerschen Gesetze:

1 Planeten folgen elliptischen Bahnen.
2 Gesetz gleicher Flächen.
3 Die Quadrate der Umlaufzeiten verhalten sich wie die dritten Potenzen der großen Bahnhalbachsen.

Das effektive Gewicht $\boldsymbol{F}_w$ ist das Gewicht, das man auf einer Personenwaage abliest: $\boldsymbol{F}_w = m(\boldsymbol{g} - \boldsymbol{a})$.

Die Gravitationskraft innerhalb einer Hohlkugel verschwindet. Außerhalb der Kugel verhält sich die Kraft so, als wäre die gesamte Masse im Zentrum konzentriert. Im Falle einer Vollkugel mit homogener Dichte nimmt die Schwerkraft vom Zentrum zur Oberfläche hin linear zu.

Aufgaben

1. Ein Student von 60 kg Masse befindet sich in einem Aufzug, der mit $a_y = 9{,}8\ \mathrm{m/s^2}$ nach oben beschleunigt wird. Wie groß ist die resultierende Kraft auf den Studenten in Newton?

2. Ein Student von 60 kg Masse befindet sich in einem Aufzug, der mit $9{,}8\ \mathrm{m/s^2}$ nach unten beschleunigt wird. Wie groß ist die resultierende Kraft auf den Studenten in Newton?

3. Die Entfernung des Mars von der Sonne ist 52% größer als die Entfernung Erde–Sonne. Bestimme mit dieser Angabe die Dauer eines Marsjahres.

4. Ein Flugzeug mit einer konstanten Geschwindigkeit von 300 km/h fliegt einen Bogen nach oben gemäß nebenstehender Abbildung. Wie groß muß der Radius R gewählt werden, damit sich die Passagiere schwerelos fühlen?

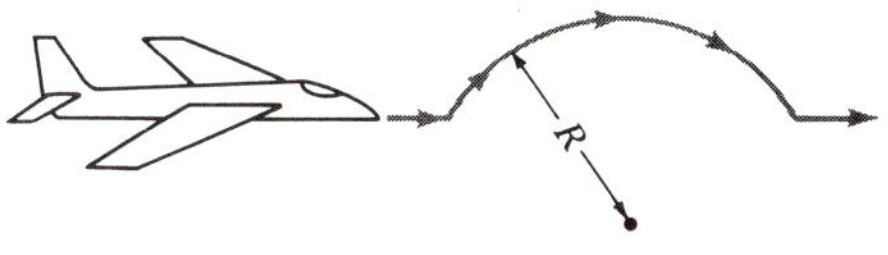

Aufgabe 4

5. Können wir nach dem dritten Keplerschen Gesetz die Umlaufzeit des Mondes mit der der Erde vergleichen? Können wir die Umlaufzeit des Mondes mit der eines Jupitermondes vergleichen? Können wir die Umlaufzeiten aller Jupitermonde miteinander vergleichen?

6. Ein Aufzug startet vom Erdgeschoß mit einer Anfangsbeschleunigung von $5\ \mathrm{m/s^2}$.

(a) Das effektive Gewicht der Passagiere wird (größer werden, abnehmen, gleich bleiben).

(b) Die Schwingungsperiode eines Pendels in einem solchen Aufzug wird (größer werden, abnehmen, gleich bleiben).

(c) Wenn der Aufzug die Geschwindigkeit von 10 m/s erreicht hat, soll er diese während seiner weiteren Fahrt beibehalten. Unter dieser Bedingung wird das effektive Gewicht eines Passagiers (vergrößert, verkleinert, gleich bleiben).

7. Wie groß wäre die Umlaufzeit des Mondes, wenn er eine doppelt so große Masse besäße, jedoch auf der gleichen Bahn wie jetzt umlaufen würde?

8. Ein Aufzug startet mit einer Beschleunigung von 5 m/s². Wie groß ist das effektive Gewicht eines 60 kg schweren Mannes während der Beschleunigung? Der Aufzug fährt dann mit gleichförmiger Geschwindigkeit von 10 m/s nach oben. Wie groß ist jetzt das effektive Gewicht des Mannes? Wie groß wäre das effektive Gewicht, wenn das Aufzugseil reißen würde?

9. Ein Mann mit einem Gewicht von 600 N betritt im 15. Stock eines Gebäudes mit 100 Stockwerken einen Aufzug. Hier steigt er auf eine Waage. Der Aufzug setzt sich in Bewegung, und er beobachtet sein Gewicht auf der Waage. Für 5 s liest er 720 N ab, dann 600 N für 20 s, schließlich 480 N für 5 s. Danach erreicht der Aufzug das Ende seiner Fahrt.

(a) Befindet er sich auf dem Dach oder im Keller?

(b) Wie hoch ist das Gebäude? (Nach der gleichen Methode kann ein Astronaut angeben, wie weit seine Raumkapsel geflogen ist.)

10. Die Mittelpunkte von zwei identischen Kugeln sind 1 m voneinander entfernt. Wie groß muß die Masse jeder Kugel sein, damit ihre Anziehungskraft 1 N beträgt?

11. An einem bestimmten Punkt zwischen Erde und Mond ist die Gravitationskraft auf ein Raumschiff gleich null. Wo liegt dieser Punkt? Ist ein Passagier nur an diesem Punkt schwerelos?

12. Wie groß ist 200 km über der Erdoberfläche der Wert von g?

13. Berechne die Sonnenmasse und benutze dabei G, den Erdabstand und die Erdumlaufzeit.

14. Ein Raumschiff fliegt von der Erde in Richtung Sonne. Bei welchem Abstand von der Erde verschwindet die resultierende Gravitationskraft auf das Raumschiff?

15. Wie groß ist die Beschleunigung der Erde auf ihrer Bahn um die Sonne?

16. Wie groß ist „g" auf der Oberfläche des Mars. Sein Radius beträgt $3{,}43 \cdot 10^6$ m, seine Dichte ist $3{,}95 \cdot 10^3$ kg/m³.

17. Zwei identische Kugeln mit dem Radius R und der Dichte ϱ berühren einander. Wie groß ist die Gravitationskraft zwischen ihnen als Funktion von G, R und ϱ?

18. Die Kugeln in Aufgabe 17 seien aus Blei, und die Kraft zwischen ihnen sei 1 dyn (10^{-5} N). Wie groß muß R sein? Die Dichte von Blei beträgt $11{,}3 \cdot 10^3$ kg/m³.

19. Nimm an, der Wagen in Beispiel 6 beschleunige horizontal mit $a = g$. Wie groß ist das effektive Gewicht des Fahrers?

20. Wie groß ist das effektive Gewicht eines Passagiers in Beispiel 8 von Kapitel 2 auf halber Strecke? (In diesem Moment ist die Horizontalkomponente der Beschleunigung null.)

21. Ein 30 kg schweres Mädchen rutscht ein Seil herunter. Ihre Beschleunigung nach unten beträgt $0{,}1g$.

(a) Wie groß ist ihr effektives Gewicht?

(b) Wie groß ist die Zugkraft im Seil?

22. In dieser Aufgabe wollen wir ein Gerät entwerfen, das für kurze Zeit Schwerelosigkeit erzeugen kann. Zwei Kabinen sind durch einen 20 m langen Arm getrennt und rotieren mit der Geschwindigkeit v auf einem vertikalen Kreis, wie nebenstehend dargestellt. Wie groß muß v sein, damit die Passagiere am oberen Scheitelpunkt gerade schwerelos sind? Wie groß ist bei dieser Geschwindigkeit das effektive Gewicht in der untersten Position?

23. Wie groß wäre der neue Bahnradius des Mondes, wenn seine Bahngeschwindigkeit unter Beibehaltung einer Kreisbahn verdoppelt würde? Wie groß wäre die neue Umlaufzeit?

24. Wie groß ist die Geschwindigkeit v eines Erdsatelliten, der sich auf einer Kreisbahn in der Höhe h über der Erdoberfläche befindet? Drücke v als Funktion von R (dem Erdradius), h und g aus. Nimmt die Geschwindigkeit zu oder ab, wenn auf den Satelliten ein ganz schwacher Luftwiderstand wirkt?

25. Wie groß ist die Gravitationskraft auf eine Masse von 1 kg, die sich am Ort des Mondes befindet, (a) durch die Erdanziehung, (b) durch die Sonnenanziehung? Benutze weder G noch die Massen von Sonne und Erde.

26. Nimm an, die Marssonde Viking umkreise den Mars in einer Höhe von 100 km. Wie groß ist ihre Umlaufzeit? Der Radius des Mars beträgt $3{,}43 \cdot 10^6$ m, und seine Dichte ist $3{,}95\ \mathrm{g/cm^3}$.

27. Wiederhole Aufgabe 26 für eine Mondsonde, die den Mond in einer Höhe von 100 km umkreist.

28. Unsere Milchstraße besteht aus 10^{11} Sternen mit einer mittleren Masse von 10^{30} kg je Stern. Ein Stern am Rand der Milchstraße bewege sich auf einer Kreisbahn mit einem Radius von 50000 Lichtjahren. Wie groß ist seine Geschwindigkeit und seine Umlaufzeit? Der Stern verhalte sich so, als wäre die gesamte Masse der Galaxie im Zentrum konzentriert.

29. Für zwei Planeten auf Kreisbahnen um die Sonne ist das Verhältnis ihrer Bahngeschwindigkeiten gleich einer bestimmten Potenz des inversen Verhältnisses ihrer Bahnradien. Wie groß ist diese Potenz?

30. Wie groß müßte die Umdrehungsgeschwindigkeit der Erde sein, damit sie auseinanderfliegt? (Lose Gegenstände am Äquator gehen dann in eine Kreisbahn um die Erde über.) Gib die Lösung als Funktion von G, M_e und R_e an. Gib auch einen Zahlenwert an.

31. Wiederhole Aufgabe 30 für die Sonne.

32. Angenommen, die schwere Masse m' eines Körpers stimme nicht mit der trägen Masse m überein. Leite noch einmal die Formel für die Periode des konischen Pendels her (Abschn. 4-8). Zeige, daß

$$T = 2\pi \sqrt{\frac{m}{m'} \frac{R}{g \tan \theta}}\,.$$

33. Für Kohlenstoff sei m'/m exakt gleich 1, für Blei jedoch gleich 1,001. Leite Gl. (4-11) noch einmal her und bestimme das Verhältnis der Schwingungsdauern T_C/T_{Pb} für Oszillationen kleiner Amplitude. Gehe dabei von zwei identischen Pendeln aus Kohlenstoff und aus Blei aus.

34. Wenn in einem Stern der thermonukleare Brennstoff „verbrannt" ist, führt die Gravitationskraft zu einem Kollaps des Sterns. Wegen der Erhaltung des Drehimpulses muß die Größe R^2/T (T ist die Rotationsperiode) konstant bleiben. Welchen Minimalradius kann die Sonne erreichen, bevor sie auseinanderfliegt? Ihre Rotationsperiode liegt bei 27 Tagen.

35. Ein Raumschiff zum Mars befinde sich auf einer elliptischen Bahn, deren große Achse gleich der Summe der Entfernungen Erde–Sonne und Sonne–Mars ist. Die Bahn des Raumschiffs ist die gestrichelte Ellipse in der nebenstehenden Abbildung. Welche Zeit benötigt es, um den Mars zu erreichen? Der Abstand Mars–Sonne beträgt $2{,}28 \cdot 10^{11}$ m.

36. Ein Komet befinde sich auf einer elliptischen Bahn um die Sonne mit einer großen Halbachse a und einer kleinen Halbachse b. In einer Ellipse beträgt

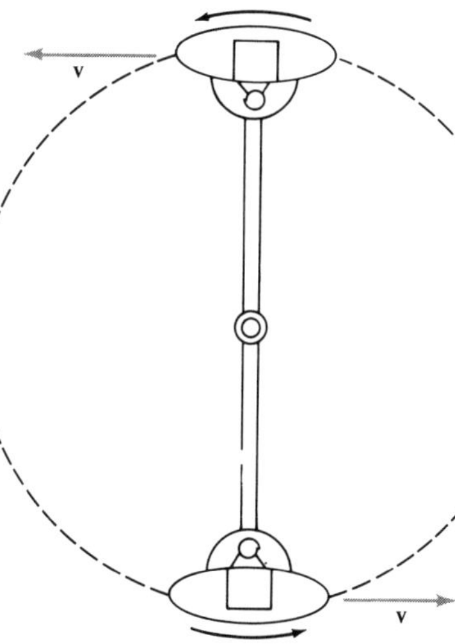

Aufgabe 22

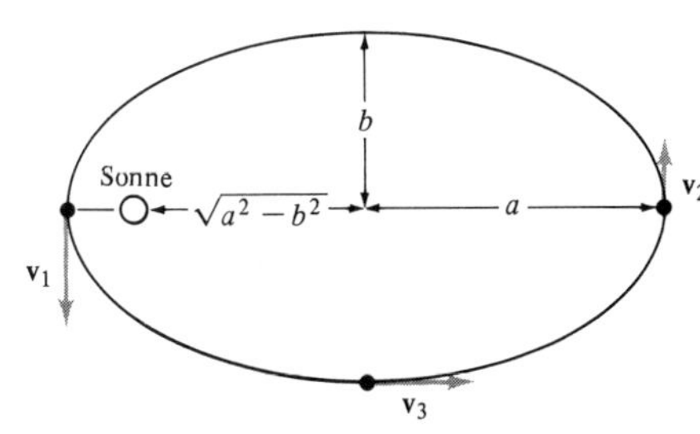

Aufgabe 35

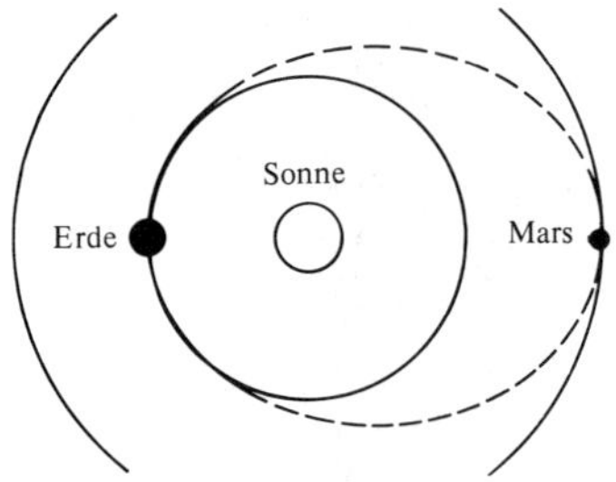

Aufgabe 36

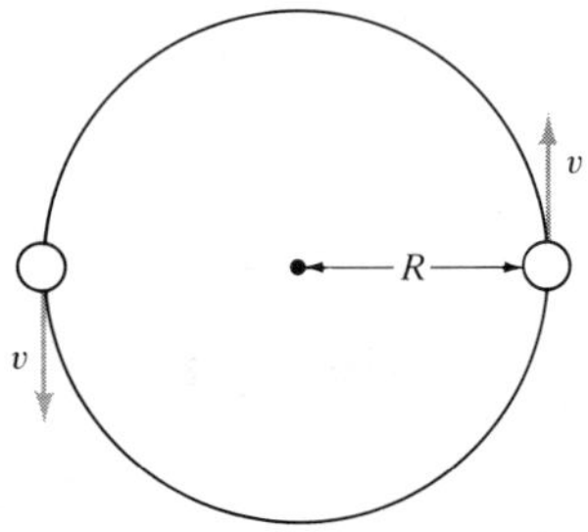

Aufgabe 42

der Abstand des Zentrums vom Fokus $\sqrt{a^2 - b^2}$. Wie groß ist das Verhältnis der Geschwindigkeiten v_2/v_1 als Funktion von a und b? Wie groß ist dieses Verhältnis als Funktion der Exzentrizität $\varepsilon := \sqrt{1 - (b^2/a^2)}$?

37. Wie groß ist in Aufgabe 36 das Verhältnis v_3/v_1?

38. In Beispiel 7 ist die Geschwindigkeit in dem Augenblick, in dem die Schaukel die halbe Strecke nach unten zurückgelegt hat, gleich $\sqrt{2gl}$. Wie groß ist dann das effektive Gewicht des Passagiers?

39. Wenn die Schaukel von Beispiel 7 aus einer horizontalen Lage losgelassen wird, beträgt die Geschwindigkeit in der unteren Position $\sqrt{2gL}$. Wie groß ist dann das effektive Gewicht?

40. Betrachte eine hohle Kugelschale der Masse m mit innerem Radius R_1 und äußerem Radius R_2. Die Wandstärke beträgt also $R_2 - R_1$. Wie groß ist das Gravitationsfeld innerhalb der Schale, also für $R_1 < r < R_2$? Gib die Lösung als Funktion von G, m, R_1 und R_2 an. Die Dichte sei homogen.

41. Mit einem Sputnik-Satelliten wurde ein Hund in den Weltraum geschossen. Der Satellit vollführte eine Rotationsbewegung und brauchte für eine Umdrehung 10 s. Welchen Bruchteil seines Normalgewichts besaß der Hund, wenn er 2,45 m von der Drehachse entfernt war?

42. Zwei Sterne gleicher Masse befinden sich in einer Kreisbahn um einen gemeinsamen Mittelpunkt, wie es die nebenstehende Abbildung zeigt.

(a) Wie groß ist die resultierende Kraft auf jeden der Sterne als Funktion von m, G und R?

(b) Leite eine Formel für die Umlaufzeit als Funktion von m, G und R her.

6 Arbeit und Energie

6-1 Einführung

Die Problematik der Energieversorgung ist inzwischen jedem verantwortungsbewußten Bürger klar geworden. Die Menge der auf der Erde leicht verfügbaren Energie ist begrenzt; dieser Grenze sind wir bereits beträchtlich nahe gekommen. Es ist schwierig, kluge und gerechte Entscheidungen zu treffen, ohne zu wissen, was Energie ist, und ohne die Technologie der Energieerzeugung und -verteilung zu verstehen. In den nächsten beiden Kapiteln werden wir verschiedene Energieformen und ihre Umwandlung ineinander behandeln. Wir werden den Begriff der Arbeit kennenlernen und gleichfalls kinetische Energie, potentielle Energie, Wärmeenergie, chemische Energie und Leistung behandeln. In späteren Kapiteln werden wir dann etwas über den Wirkungsgrad bei der Umwandlung von Wärme in mechanische und elektrische Energie erfahren und natürlich auch den umgekehrten Vorgang kennenlernen: Den Gebrauch von mechanischer und elektrischer Energie, um Wärme zu extrahieren (Klimaanlage, Kühlschrank, Wärmepumpe). Später werden wir uns dann mit Elektromotoren und Generatoren befassen, ebenso mit elektromagnetischer Strahlung, Kernspaltung und Kernfusion, Kernreaktoren, thermonuklearer Energie und der Energie der Sterne.

Das wohl wichtigste Prinzip der Physik soll in diesem und im nächsten Kapitel dargestellt werden – das Gesetz von der Erhaltung der Energie. Es wird ein zentrales Thema in den folgenden Kapiteln sein, wo wir über Mechanik, Relativität, Gravitation, Thermodynamik, Elektromagnetismus, elektromagnetische Strahlung, Atomphysik sowie Kernphysik und moderne Physik sprechen werden. In der Mechanik gibt uns der Satz von der Energieerhaltung ein wirksames Hilfsmittel an die Hand, um die Bewegung von Körpern unter dem Einfluß mannigfaltiger Kräfte zu berechnen. In vielen Fällen wird es sogar möglich sein, die Newtonschen Gesetze zu umgehen und die Bewegung eines Körpers auf einfache und elegante Weise zu analysieren.

Abb. 6-1. *Ein Mann zieht einen Schlitten mit der Kraft F über die Strecke s.*

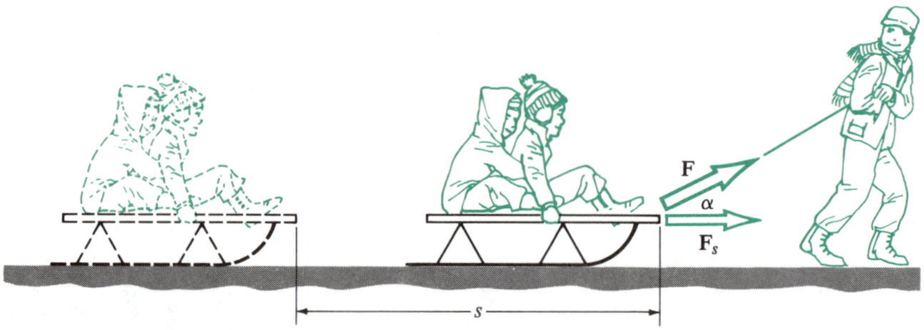

6-2 Arbeit

Eine Kraft, die auf einen Körper wirkt und ihn bewegt, verrichtet an diesem Körper Arbeit. Arbeit hat die Dimension Kraft mal Weg. Quantitativ ist **die von einer Kraft geleistete Arbeit gegeben durch das Produkt zwischen der Komponente der Kraft in Bewegungsrichtung und der zurückgelegten Strecke**. Zum Beispiel zieht der Mann in Abb. 6-1 den Schlitten mit den beiden Kindern über eine Strecke s. Er zieht an dem Seil mit einer konstanten Kraft $\boldsymbol{F}$. Die durch den Mann verrichtete Arbeit ist

$$W = F_s s. \quad \text{(Arbeit bei konstanter Kraft)}$$

Man beachte, daß die Arbeit nicht Fs ist, sondern $F_s s$. F_s ist die Komponente von $\boldsymbol{F}$ in Richtung von $\boldsymbol{s}$. Da $F_s = F \cos \alpha$ ist, kann für die obige Gleichung auch geschrieben werden:

$$W = Fs \cos \alpha. \quad \text{(Arbeit bei konstanter Kraft)} \qquad \textbf{(6-1)}$$

Falls die Kraft nicht konstant ist, muß eine über die Strecke gemittelte Kraft verwendet werden:

$$W = \overline{F}_s s.$$

(Wir bemerken, daß dies das Integral der Kraft F_s über den Weg s ist: $W = \int F_s \, \mathrm{d}s$).

Gl. (6-1) kann auf jede Kraft angewendet werden, die auf den Schlitten wirkt. Zusätzlich zur Zugkraft $\boldsymbol{F}$ am Seil wirkt eine Reibungskraft $\boldsymbol{F_R}$ entgegengesetzt zur Bewegungsrichtung, wie in Abb. 6-2 dargestellt. Die s-Komponente von $\boldsymbol{F_R}$ besitzt die Größe $|\boldsymbol{F_R}|$; jedoch hat sie ein negatives Vorzeichen. Damit ist $W_R = -|\boldsymbol{F_R}|\, s$ die durch die Reibungskraft verrichtete Arbeit.

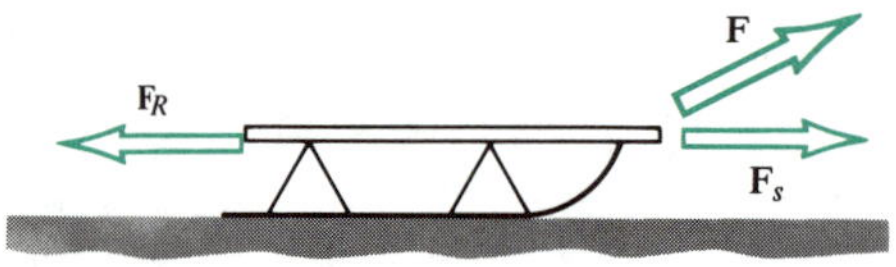

Abb. 6-2. *Ein Schlitten mit Reibungskraft $\boldsymbol{F_R}$ und Zugkraft $\boldsymbol{F}$*

Falls sich der Mann mit konstanter Geschwindigkeit fortbewegt, wird der Schlitten nicht beschleunigt und $F_{\text{res}} = 0$. In horizontaler Richtung gilt also $F_{\text{res}} = F_s - F_R = 0$. Damit ist in diesem Fall die durch die Reibung verrichtete Arbeit dem Betrage nach ebenso groß wie die Arbeit, die der Mann verrichtet; das Vorzeichen ist jedoch negativ.

Wie groß ist die durch die resultierende Kraft verrichtete Arbeit? Falls $F_{\text{res}} = 0$ ist, ist auch die Arbeit null. Falls der Mann seine Schritte beschleunigt, wird F_{res} positiv, der Schlitten wird schneller, und seine kinetische Energie (definiert in Abschn. 6-5) nimmt zu. In Abschn. 6-5 werden wir zeigen, daß die durch F_{res} verrichtete Arbeit gleich der Zunahme der kinetischen Energie ist.

Energie

In diesem Kapitel wollen wir verschiedene Formen der Energie diskutieren. Arbeit ist unsere erste Energieform. Wir sagen, daß die durch die Kraft F an einem Körper oder an einem System von Körpern verrichtete Arbeit die Energie des Systems um den gleichen Betrag vergrößert. Im vorigen Schlittenbeispiel sahen wir, daß bei $F_{res} = 0$ die Anwendung der Zugkraft die Energie erhöht, während die Reibungskraft die Energie des Schlittens um denselben Betrag erniedrigt. Die geleistete Arbeit kommt nicht in einer Zunahme der kinetischen Energie zum Ausdruck; sie wird wegen der Reibung in Wärmeenergie verwandelt. Wir wollen die einzelnen Formen der Energie in den folgenden Abschnitten definieren. Wir werden dann auch sehen, wie es möglich ist, Energie von einer Form in eine andere zu transformieren. Dabei werden wir auch feststellen, daß der Gesamtbetrag der Energie in einem abgeschlossenen System immer erhalten bleibt.

Einheiten

Arbeit und Energie sind gleich Kraft mal Weg mit der Einheit Newton mal Meter (N m). Die Dimension ist ml^2t^{-2}. Dies ist eine so häufig verwendete Einheit, daß man ihr den speziellen Namen „Joule" (J) gegeben hat. Eine 100-Watt-Glühlampe verbraucht jede Sekunde eine Energie von 100 J. 1 PS ist definiert als eine Energie von 735,5 J pro Sekunde. Im cgs-System gibt man der Einheit Dyn · Zentimeter den speziellen Namen Erg.

$$1\ \text{J} = 1\ \text{N} \cdot 1\ \text{m} = (10^5\ \text{dyn}) \cdot (10^2\ \text{cm}) = 10^7\ \text{dyn cm} = 10^7\ \text{erg}.$$

Eine weitere in der Atom- und Kernphysik gebräuchliche Energieeinheit ist das Elektronvolt (eV). Es gilt:

$$1\ \text{eV} = 1{,}6 \cdot 10^{-19}\ \text{J} \quad \text{(Definition des Elektronvolt).}$$

Beispiel 1: In Abb. 6-1 sei $\alpha = 30°$, und der Mann bewege sich mit einer gleichförmigen Geschwindigkeit von 1,5 m/s. Wie groß ist F, wenn der Mann eine Arbeit von 100 J pro Sekunde verrichtet? (Dies entspricht etwa 1/7 PS, was für einen Menschen Schwerstarbeit bedeutet.)

Antwort: In jeder Sekunde legt der Mann die Strecke $s = 1{,}5$ m zurück. Wir benutzen Gl. (6-1):

$$Fs \cos \alpha = W,$$

$$F = \frac{W}{s \cos \alpha} = \frac{100\ \text{J}}{(1{,}5\ \text{m})\,(0{,}866)} = 77\ \text{N}.$$

Eine Kraft von 77 N entspricht einer Masse von 7,9 kg. Wenn der Mann also pro Sekunde eine Masse von etwa 10 kg um einen Meter heben würde, würde er eine Arbeit verrichten, die der am Schlitten vergleichbar ist. Tatsächlich eine Schwerstarbeit!

6-3 Leistung

Wenn Energie verbraucht wird, d. h., wenn sie von einem System auf ein anderes transferiert oder durch eine äußere Kraft auf einen Körper oder ein System übertragen wird, dann wird dieser Energietransfer pro Zeiteinheit als Leistung bezeichnet. Diese Leistung wollen wir mit P bezeichnen. Dann definieren wir

$$P := \frac{\mathrm{d}E}{\mathrm{d}t}. \quad \text{(Definition der Leistung)} \tag{6-2}$$

P ist die momentane Energieübertragungsrate. In MKS-Einheiten wird Leistung in Joule pro Sekunde (J/s) angegeben. Ihre Dimension ist ml^2t^{-3}. Die Einheit J/s wird auch Watt (W) genannt. Eine 100-Watt-Glühlampe verbraucht 100 J/s. Der Mann in Beispiel 1 leistet etwa 100 Watt.

Das Produkt Leistung mal Zeit ist eine Energie. Eine gebräuchliche Energieeinheit ist auch die Kilowattstunde (kWh):

$$1\,\mathrm{kWh} = (10^3\,\mathrm{W}) \cdot (3\,600\,\mathrm{s}) = 3{,}6 \cdot 10^6\,\mathrm{J}.$$

Der typische elektrische Energieverbrauch in den Vereinigten Staaten liegt bei $2 \cdot 10^{12}$ kWh pro Jahr, in der Bundesrepublik Deutschland bei etwa $3 \cdot 10^{11}$ kWh pro Jahr. Dies entspricht etwa $9 \cdot 10^3$ bzw. $5 \cdot 10^3$ kWh pro Kopf der Bevölkerung.

Angenommen, ein Körper bewegt sich unter dem Einfluß der Kraft $\boldsymbol{F}$ mit der Geschwindigkeit $\boldsymbol{v}$. Dann ist die Energiezunahme (durch die Kraft $\boldsymbol{F}$) gegeben durch

$$\mathrm{d}E = F\,\mathrm{d}s \cos\alpha,$$

$$\frac{\mathrm{d}E}{\mathrm{d}t} = F\frac{\mathrm{d}s}{\mathrm{d}t}\cos\alpha,$$

$$P = Fv\cos\alpha. \tag{6-3}$$

Pferdestärke

Eine weitere, ältere Einheit der Leistung ist die Pferdestärke (PS), die etwa der Leistung entspricht, die ein hart arbeitendes Pferd erbringen kann. Die Leistungseinheit PS war schon lange vor dem MKS-System eingeführt. Es zeigt sich, daß 1 PS genau 735,5 W entspricht.

$$1\,\mathrm{PS} = 735{,}5\,\mathrm{W}. \quad \text{(Definition der Pferdestärke)}$$

6-4 Das Skalarprodukt oder Punktprodukt

Wir haben gesehen, daß die in Abb. 6-1 verrichtete Arbeit gegeben ist durch

$$W = Fs\cos\alpha,$$

wobei α der Winkel zwischen dem Vektor $\boldsymbol{F}$ und dem Verschiebungsvektor $\boldsymbol{s}$ ist. Wir wollen nun eine Größe definieren, die wir Skalarprodukt oder Punktprodukt nennen wollen. Wir betrachten zwei Vektoren $\boldsymbol{A}$ und $\boldsymbol{B}$, die einen Winkel α einschließen, wie es Abb. 6-3 zeigt. Dann ist das Skalarprodukt zwischen ihnen definiert als

$$\boldsymbol{A}\cdot\boldsymbol{B} := AB\cos\alpha. \quad \text{(Definition des Skalarprodukts)} \qquad \textbf{(6-4)}$$

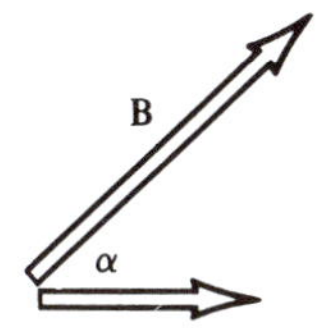

Abb. 6-3. *Zwei Vektoren*

Das Punktprodukt oder Skalarprodukt von zwei Vektoren ist gleich dem Produkt der Beträge der beiden Vektoren, multipliziert mit dem Cosinus des eingeschlossenen Winkels. Immer wenn zwei Vektoren multipliziert werden und ein Punkt das Produkt kennzeichnet (und nicht ein Kreuz), dann gehört gleichzeitig nach der Definition auch der Cosinus des eingeschlossenen Winkels zum Produkt. Der Punkt steht sozusagen für $\cos\alpha$. Das Punktprodukt von zwei Vektoren ist kein Vektor, sondern eine skalare Größe, daher auch der Name Skalarprodukt. Zum Beispiel ist das Punktprodukt von zwei Einheitsvektoren in y-Richtung $\boldsymbol{j}\cdot\boldsymbol{j} = |\boldsymbol{1}|\,|\boldsymbol{1}|\cdot\cos 0° = 1$. Das Skalarprodukt von $\boldsymbol{i}\cdot\boldsymbol{j} = |\boldsymbol{1}|\,|\boldsymbol{1}|\cos 90° = 0$. Man beachte ebenfalls, daß gilt:

$$\boldsymbol{A}\cdot\boldsymbol{B} = \boldsymbol{B}\cdot\boldsymbol{A} \quad \text{und} \quad \boldsymbol{A}\cdot(\boldsymbol{B}+\boldsymbol{C}) = \boldsymbol{A}\cdot\boldsymbol{B} + \boldsymbol{A}\cdot\boldsymbol{C}.$$

Das Produkt $\boldsymbol{A}\cdot\boldsymbol{B}$ ergibt

$$\begin{aligned}\boldsymbol{A}\cdot\boldsymbol{B} &= (\boldsymbol{i}A_x + \boldsymbol{j}A_y + \boldsymbol{k}A_z)\cdot(\boldsymbol{i}B_x + \boldsymbol{j}B_y + \boldsymbol{k}B_z)\\ &= A_xB_x + A_yB_y + A_zB_z. \qquad \textbf{(6-5)}\end{aligned}$$

***Beispiel 2:** Der Vektor A sei eine Funktion von t. Zeige, daß dann gilt:

$$A\frac{\mathrm{d}A}{\mathrm{d}t} = \boldsymbol{A}\cdot\frac{\mathrm{d}\boldsymbol{A}}{\mathrm{d}t}. \qquad \textbf{(6-6)}$$

Lösung:

$$A^2 = A_x^2 + A_y^2 + A_z^2,$$

$$\frac{\mathrm{d}(A^2)}{\mathrm{d}t} = \frac{\mathrm{d}A_x^2}{\mathrm{d}t} + \frac{\mathrm{d}A_y^2}{\mathrm{d}t} + \frac{\mathrm{d}A_z^2}{\mathrm{d}t},$$

$$A\frac{\mathrm{d}A}{\mathrm{d}t} = A_x\frac{\mathrm{d}A_x}{\mathrm{d}t} + A_y\frac{\mathrm{d}A_y}{\mathrm{d}t} + A_z\frac{\mathrm{d}A_z}{\mathrm{d}t}.$$

Es sei $\boldsymbol{B} := \mathrm{d}\boldsymbol{A}/\mathrm{d}t$, $B_x = \mathrm{d}A_x/\mathrm{d}t$, usw. Dann ist gemäß Gl. (6-5) die rechte Seite gleich $\boldsymbol{A}\cdot\boldsymbol{B}$ oder $\boldsymbol{A}\cdot(\mathrm{d}\boldsymbol{A}/\mathrm{d}t)$, was zu zeigen war.

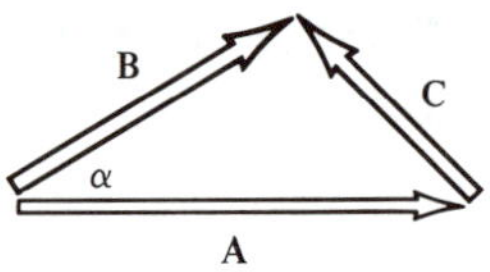

Abb. 6-4

Um die Leistungsfähigkeit der Vektorschreibweise zu demonstrieren, wollen wir eine kurze Ableitung des Cosinussatzes vorführen; die allgemein übliche Ableitung mit Hilfe der Trigonometrie ist weit länger. In dem Dreieck der Abb. 6-4 können wir die Seite $\boldsymbol{C}$ als Funktion von $\boldsymbol{A}$ und $\boldsymbol{B}$ ausdrücken, nämlich $\boldsymbol{C} = \boldsymbol{B} - \boldsymbol{A}$. Durch Quadratur beider Seiten erhalten wir

$$\boldsymbol{C} \cdot \boldsymbol{C} = (\boldsymbol{B} - \boldsymbol{A}) \cdot (\boldsymbol{B} - \boldsymbol{A}),$$

$$C^2 = B^2 - 2\boldsymbol{A} \cdot \boldsymbol{B} + A^2$$

$$= A^2 + B^2 - 2AB\cos\alpha.$$

Wir wollen nun die Arbeit mit Hilfe des Skalarproduktes ausdrücken. Wenn $\boldsymbol{s}$ die Verschiebung eines Körpers darstellt, dann ist die durch die Kraft $\boldsymbol{F}$ geleistete Arbeit gegeben durch

$$W = \boldsymbol{F} \cdot \boldsymbol{s}.$$

Falls die Kraft nicht konstant ist, betrachten wir zunächst einen kleinen Zuwachs $\mathrm{d}W$, der durch Verschiebung um die infinitesimale Strecke $\mathrm{d}\boldsymbol{s}$ geleistet wird:

$$\mathrm{d}W = \boldsymbol{F} \cdot \mathrm{d}\boldsymbol{s}. \qquad \textbf{(6-7)}$$

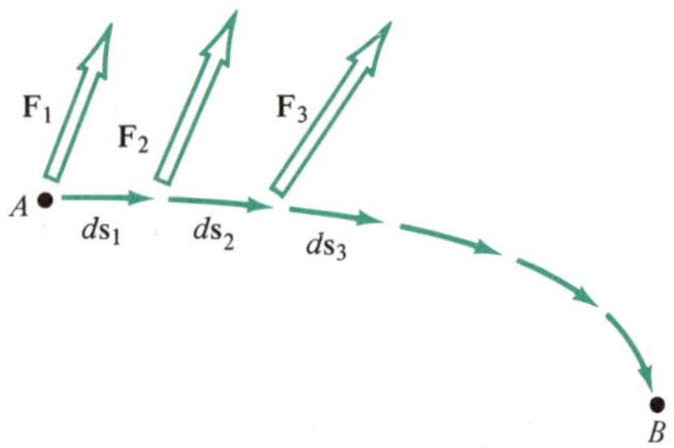

Abb. 6-5. *Der Weg von A nach B wird in Streckenelemente* $\mathrm{d}\boldsymbol{s}_j$ *unterteilt.*

Dann ist die in Abb. 6-5 bei der Bewegung von A nach B verrichtete Arbeit gegeben durch

$$W = \sum \boldsymbol{F}_j \cdot \mathrm{d}\boldsymbol{s}_j = \sum (F_s)_j \, \mathrm{d}s_j.$$

Im Grenzfall geht jedes $\mathrm{d}s_j$ gegen null; dann wird die Summation als bestimmtes Integral $F_s\,\mathrm{d}s$ von A nach B bezeichnet (das Integralzeichen kann auch als spezielles Summationszeichen angesehen werden):

$$W = \int_A^B F_s \, \mathrm{d}s.$$

Dies kann auch geschrieben werden als

$$W = \int_A^B \boldsymbol{F} \cdot \mathrm{d}\boldsymbol{s}. \quad \text{(die von } \boldsymbol{F} \text{ geleistete Arbeit)} \qquad \textbf{(6-8)}$$

Beispiel 3: Um eine Feder um die Strecke x zu dehnen, wird die Kraft $F = kx$ benötigt. (Diese lineare Abhängigkeit von x wird als Hookesches Gesetz bezeichnet.) Wie groß ist die geleistete Arbeit, wenn die Feder um die Strecke x_0 gedehnt wird?

Lösung: Wir setzen in Gl. (6-8) (kx) für F ein und benutzen $\mathrm{d}x$ für $\mathrm{d}s$:

$$W = \int_0^{x_0} (kx)\,\mathrm{d}x = k \int_0^{x_0} x\,\mathrm{d}x = k\left[\frac{x^2}{2}\right]_0^{x_0} = \frac{1}{2} k x_0^2.$$

Bei der Berechnung des Integrals haben wir $\int x^N \, dx = \frac{1}{N+1} x^{N+1}$ verwendet. (Bis jetzt waren Kenntnisse über Integralrechnung nicht erforderlich.)

Beispiel 4: Ein Geschoß fliegt in einer Höhe h mit der Geschwindigkeit $\boldsymbol{v}_A$ parallel zur Erdoberfläche. Beim Punkt B schlägt es auf. Welche Arbeit wurde von der Gravitationskraft geleistet?

Lösung: Wir müssen $W = \int_A^B \boldsymbol{F} \cdot d\boldsymbol{s}$ berechnen, wobei sich der Winkel α zwischen den beiden Vektoren laufend ändert. Jedes Teilelement der Arbeit ist

$$\boldsymbol{F} \cdot d\boldsymbol{s} = mg(ds \cos \alpha).$$

Aus Abb. 6-6 folgt $(ds \cos \alpha) = dy$. Wir setzen dies ein und integrieren:

$$\int_A^B \boldsymbol{F} \cdot d\boldsymbol{s} = \int_A^B (-mg)(dy) = -mg \int_A^B dy = mgh.$$

$W = mgh$ ist die durch die Gravitationskraft geleistete Arbeit bei einer Ausgangshöhe h.

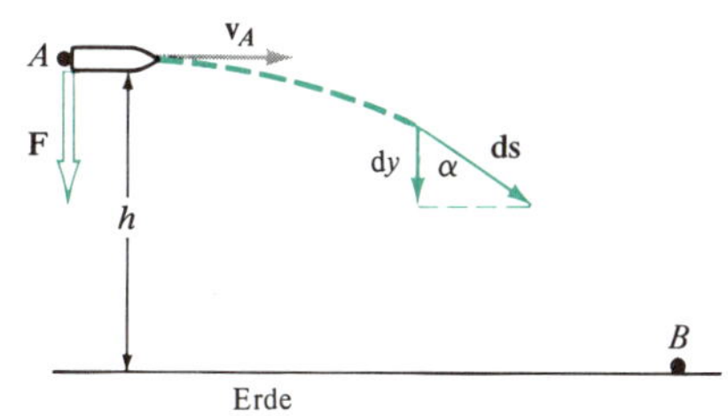

Abb. 6-6. *Das Projektil von Beispiel 4*

6-5 Kinetische Energie

Wir definieren die kinetische Energie eines Körpers der Masse m als

$$K := \tfrac{1}{2}mv^2. \quad \text{(Definition der kinetischen Energie)} \qquad \textbf{(6-9)}$$

Sie hat – wie auch die Energie – die Dimension ml^2t^{-2}. Wir wollen nun zeigen, daß sich die kinetische Energie eines Teilchens genau um den Arbeitsbetrag vergrößert, der durch die resultierende Kraft von außen zugeführt wird. Die durch die resultierende Kraft auf dem Weg von A nach B geleistete Arbeit beträgt

$$W = \int_A^B \boldsymbol{F}_{\text{res}} \cdot d\boldsymbol{s}.$$

Wir ersetzen nun $\boldsymbol{F}_{\text{res}}$ durch $m(d\boldsymbol{v}/dt)$ und $d\boldsymbol{s}$ durch $(\boldsymbol{v}\,dt)$:

$$\int_A^B \boldsymbol{F}_{\text{res}} \cdot d\boldsymbol{s} = \int_A^B \left(m \frac{d\boldsymbol{v}}{dt}\right) \cdot (\boldsymbol{v} \cdot dt).$$

Nach Gl. (6-6) können wir $(d\boldsymbol{v}/dt) \cdot \boldsymbol{v}$ durch $v\,(dv/dt)$ ersetzen:

$$\int_A^B \boldsymbol{F}_{res} \cdot d\boldsymbol{s} = m \int_A^B \left(v \frac{dv}{dt}\right) dt = m \int_A^B v \left(\frac{dv}{dt}\, dt\right).$$

Die Größe $(dv/dt)\,dt$ ist gleich dv, weil für kleine Zeitintervalle Δt gilt: $(\Delta v/\Delta t)\,\Delta t = \Delta v$. Daher gilt

$$\begin{aligned}\int_A^B \boldsymbol{F}_{res} \cdot d\boldsymbol{s} &= m \int_A^B v\,(dv)\\ &= m \left[\tfrac{1}{2}v^2\right]_A^B\\ &= \tfrac{1}{2}mv_B^2 - \tfrac{1}{2}mv_A^2,\end{aligned}$$

$$\int_A^B \boldsymbol{F}_{res} \cdot d\boldsymbol{s} = K_B - K_A. \qquad \text{(Vergrößerung der kinetischen Energie durch geleistete Arbeit)} \qquad \textbf{(6-10)}$$

Dies besagt, daß die beim Übergang von A nach B von der resultierenden Kraft geleistete Arbeit gleich ist der kinetischen Energie am Punkt B minus der kinetischen Energie am Punkt A. Das bedeutet, daß die kinetische Energie genau um den Betrag der geleisteten Arbeit vergrößert wird.

Beispiel 5: Wie groß ist die Geschwindigkeit v_B des Projektils in Abb. 6-6, wenn es am Punkt B auf die Erdoberfläche aufschlägt?

Lösung: Die resultierende Kraft ist $F = mg$. Das in Beispiel 4 berechnete Integral $\int_A^B \boldsymbol{F}_{res} \cdot d\boldsymbol{s}$ besitzt wiederum den Wert (mgh). Damit können wir die linke Seite von Gl. (6-10) durch (mgh) ersetzen:

$$(mgh) = \tfrac{1}{2}mv_B^2 - \tfrac{1}{2}mv_A^2,$$

$$v_B^2 = 2gh + v_A^2.$$

Im obigen Beispiel erkennt man deutlich, wie vorteilhaft die Lösung derartiger Probleme mit Hilfe des Energiebegriffs ist. Man umgeht die Berechnung der Bahnkurve oder die Bestimmung der Geschwindigkeit als Funktion der Zeit.

Beispiel 6: Ein 30 m hoher Wasserfall liefert 10 kg Wasser pro Sekunde. Um wieviel nimmt die kinetische Energie des Wassers pro Sekunde zu, nachdem es über die Kante des Wasserfalls geflossen ist?

Lösung: Wir setzen die linke Seite von Gl. (6-10) gleich (mgh):

$$mgh = \Delta K.$$

Die Wassermenge, die in 1 Sekunde über die Kante fließt, erhält beim Sturz eine kinetische Energie von

$$\Delta K = (10\ \text{kg})\,(9{,}8\ \text{m/s}^2)\,(30\ \text{m}) = 2{,}9\ \text{kJ}\,.$$

Wenn diese 2,9 kJ pro Sekunde mit einem Wirkungsgrad von 100% in elektrische Energie umgewandelt werden könnten, würde man eine elektrische Leistung von 2,9 kW erhalten.

Wir sehen an Beispiel 6, daß ein respektabler Wasserfall für eine Hausversorgung nur 2 bis 3 kW an elektrischer Leistung zur Verfügung stellen könnte. Jedoch benötigt ein typischer amerikanischer Haushalt 10 bis 20 kW, nicht 2 bis 3! Dies macht bereits eines der größten zukünftigen Weltprobleme verständlich: Die Gesellschaften werden so energiehungrig, daß die konventionellen Energiequellen der Erde nicht mehr zur Deckung des Energiebedarfs ausreichen. In den Vereinigten Staaten wird bereits der überwiegende Teil der verfügbaren hydroelektrischen Energie genutzt, und doch deckt dies nur 4% des Gesamtenergiebedarfs. In der Bundesrepublik Deutschland liegt dieser Anteil sogar bei unter 2%.

Beispiel 7: Eine Masse m befinde sich in einer Höhe h über der Erdoberfläche. Sowohl die Erde als auch die Masse seien in Ruhe. Wie groß ist die kinetische Energie der Masse m im Vergleich zur kinetischen Energie der Erde, wenn beide aufeinanderprallen?

Lösung: Wie wir in Beispiel 4 gesehen haben, ist die durch die Gravitation bewirkte Arbeit $W = mgh$, und dies ist gemäß Gl. (6-10) auch die Zunahme der kinetischen Energie von m. Um nun die kinetische Energie der Erde zu bestimmen, benutzen wir den Impulserhaltungssatz. Da der Gesamtimpuls des Systems verschwindet, muß der Impuls der Erde gleich dem Impuls der Masse sein, allerdings mit entgegengesetztem Vorzeichen:

$$M_e v_e = -mv \quad \text{oder} \quad v_e = -\frac{m}{M_e}\,v,$$

$$v_e^2 = \frac{m^2}{M_e^2}\,v^2,$$

$$\tfrac{1}{2}M_e v_e^2 = \frac{m}{M_e}\,(\tfrac{1}{2}mv^2),$$

$$K_e = \frac{m}{M_e}\,K.$$

Wir sehen in Beispiel 7, daß die kinetische Energie der Erde m/M_e-mal so groß ist wie die der Masse m. Für $m = 6$ kg ist $m/M_e = 10^{-24}$. Dies ist eine so kleine Zahl, daß wir den Energieübertrag auf die Erde vernachlässigen können. Den Impulsübertrag darf man allerdings nicht übersehen. In Beispiel 7 hat der Impuls der Erde den gleichen Betrag wie der Impuls unserer Masse m. Im allgemeinen können wir den Energieübertrag vernachlässigen, wenn wir einen Körper der Masse m betrachten, der mit der Erde über irgendeine Art von Kraft (außer Reibung) in Wechselwirkung steht; der Energieübertrag ist so klein, daß er nicht gemessen werden kann. Jedoch muß der Impulsübertrag auf die Erde berücksichtigt werden, damit der Impulserhaltungssatz nicht verletzt erscheint.

6-6 Potentielle Energie

Im nächsten Kapitel werden wir den Energieerhaltungssatz herleiten. Da hierbei das Integral $\int \boldsymbol{F} \cdot \mathrm{d}\boldsymbol{s}$ auftritt, erscheint es sinnvoll, dieses Integral für verschiedene Kräftetypen zu berechnen und ihm außerdem einen eigenen Namen zu geben. Dieser Name lautet potentielle Energie. Eine ganze Reihe von Problemen können stark vereinfacht werden, wenn dieses Integral (die potentielle Energie) vorher bekannt ist. Potentielle Energie kann als eine Energie betrachtet werden, die für einen zukünftigen Gebrauch gespeichert ist. In vielen Fällen kann sie auf Wunsch in andere Energieformen umgewandelt werden.

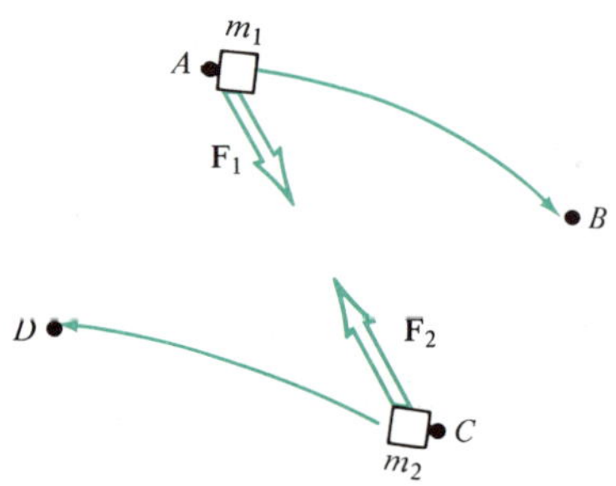

Abb. 6-7. *Ein System von zwei wechselwirkenden Massen m_1 und m_2*

Wir wollen damit beginnen, die potentielle Energie zwischen zwei Massen zu bestimmen, die infolge einer Gravitations- oder einer elektromagnetischen Kraft $\boldsymbol{F}$ wechselwirken, wie es in Abb. 6-7 dargestellt ist. Dann ist die Änderung der potentiellen Energie von m_1 bei Bewegung von A nach B definiert durch

$$\Delta U_1 := -\int_A^B \boldsymbol{F}_1 \cdot \mathrm{d}\boldsymbol{s}_1 . \qquad \textbf{(6-11)}$$

Die Änderung der potentiellen Energie von m_2 beim Übergang von C nach D ist dann

$$\Delta U_2 = -\int_C^D \boldsymbol{F}_2 \cdot \mathrm{d}\boldsymbol{s}_2 .$$

Wegen des dritten Newtonschen Axioms ist $\boldsymbol{F}_1 = -\boldsymbol{F}_2$. Ist m_1 eine Masse üblicher Größe und m_2 die Erdmasse, so ist die Verschiebung so klein, daß ΔU_2 annähernd gleich null ist. Beispiel 7 zeigt, daß $\Delta U_2/\Delta U_1$ etwa von der Größenordnung 10^{-24} ist. Wenn also unser System aus einer einzelnen Masse m und der Erde besteht, haben wir

$$U_B - U_A = -\int_A^B \boldsymbol{F} \cdot \mathrm{d}\boldsymbol{s}, \quad \text{(Änderung der potentiellen Energie)} \qquad \textbf{(6-12)}$$

wobei $\boldsymbol{F}$ die Wechselwirkungskraft zwischen m und der Erde darstellt. Wir sehen, daß die potentielle Energie als die negative Arbeit definiert ist, die von der Wechselwirkungskraft verrichtet wird. **Eine Änderung der potentiellen Energie ist die positive Arbeit, die geleistet werden muß, um einen Körper in Gegenwart einer Wechselwirkungskraft von *A* nach *B* zu bewegen.** (Um einen Körper langsam zu bewegen, muß die Kraft gleich und entgegengerichtet der Wechselwirkungskraft sein.)

Konservative Kräfte

Es muß noch eine Einschränkung über die Kräfte gemacht werden, für die Gl. (6-12) gilt. Diese Gleichung gilt nur für konservative Kräfte. Die Definition einer konservativen Kraft ist in Abb. 6-8 dargestellt. Wenn $\boldsymbol{F}$ eine konservative Kraft ist, dann gilt

$$\underset{\text{Weg 1}}{\int_A^B} \boldsymbol{F}\cdot d\boldsymbol{s} = \underset{\text{Weg 2}}{\int_A^B} \boldsymbol{F}\cdot d\boldsymbol{s}. \quad \text{(Definition einer konservativen Kraft)}$$

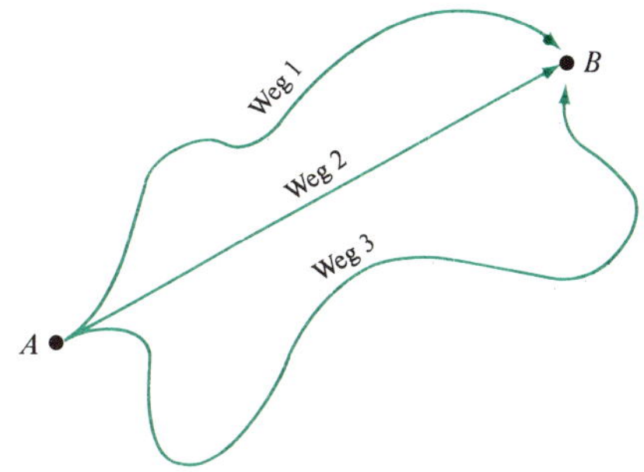

Abb. 6-8. *Einige mögliche Wege zwischen A und B. Für eine konservative Kraft ist* $\int_A^B \boldsymbol{F}\cdot d\boldsymbol{s}$ *für jeden Weg gleich.*

Die durch eine konservative Kraft an einem Körper verrichtete Arbeit ist unabhängig von dem Weg, auf dem der Körper von Punkt A nach Punkt B verschoben wird. Mathematisch äquivalent ist die Feststellung, daß $\int \boldsymbol{F}\cdot d\boldsymbol{s}$ entlang eines geschlossenen Weges verschwindet. Daraus ergibt sich, daß es bei konservativen Kräften nicht möglich ist, durch mehrmaliges Durchlaufen eines Weges Energie zu gewinnen.

Es zeigt sich, daß die vier grundlegenden Wechselwirkungen zwischen Elementarteilchen konservativ sind. Das gleiche muß auch für Kräfte gelten, die sich auf eine dieser Grundkräfte zurückführen lassen, wie z. B. die Kraft auf eine Masse am Ende einer gestreckten Feder. Wenn die Feder gestreckt wird, werden die Atome leicht auseinandergezogen, und die elektromagnetische Anziehung zwischen ihnen ist proportional der Streckung.

Reibung ist ein Beispiel für eine nichtkonservative Kraft. In solch einem Fall ist $\boldsymbol{F}$ immer antiparallel zu $d\boldsymbol{s}$, und $\int \boldsymbol{F}\cdot d\boldsymbol{s}$ entlang eines geschlossenen Weges ist immer negativ (der Körper verliert dauernd Energie). An diesem Punkt taucht natürlich die Frage auf, wie es überhaupt zu nichtkonservativen Kräften kommen kann, da doch alle Wechselwirkungen auf die vier grundlegenden Wechselwirkungen zurückgeführt werden können und diese ja konservativ sind. Die Antwort darauf lautet, daß bei einer Betrachtung der potentiellen und kinetischen Energie der einzelnen Elementarteilchen keine nichtkonservativen Kräfte auftauchen. Dies gilt für die mikroskopische Betrachtungsweise; Reibung ist jedoch ein makroskopischer Effekt, bei dem vernachlässigt wird, was mit den einzelnen Elementarteilchen passiert. Die Reibungskraft kommt durch den Impulsübertrag auf die einzelnen Teilchen zustande (was sich in einer Erhöhung der Temperatur ausdrückt). Wenn also die kinetische Energie eines Körpers unter der Einwirkung der Reibungskraft abnimmt, dann nimmt gleichzeitig die kinetische Energie der Einzelteilchen zu (der Körper wird wärmer). Jede Kraft, die Wärme erzeugt, ist eine nichtkonservative Kraft. Wie wir in

Kap. 12 sehen werden, ist Wärme die kinetische und potentielle Energie der einzelnen Teilchen.

In diesem Abschnitt haben wir gesehen, wie man bei bekannter Kraft die potentielle Energie bestimmt. Nun müssen wir noch das umgekehrte Problem behandeln: Wie wird bei bekannter potentieller Energie die Kraft bestimmt? Wir beginnen mit der Definitionsgleichung (6-12) und wählen einen sehr kleinen Abstand der Punkte A und B in s-Richtung:

$$\mathrm{d}U = -F_s\,\mathrm{d}s.$$

Wenn wir beide Seiten durch ds dividieren, erhalten wir

$$F_s = -\frac{\mathrm{d}U}{\mathrm{d}s}. \quad (\mathrm{d}U \text{ in } s\text{-Richtung}) \tag{6-13}$$

Falls U z. B. als Funktion von x, y und z bekannt ist, gilt

$$F_x = -\frac{\mathrm{d}U}{\mathrm{d}x}, \quad F_y = -\frac{\mathrm{d}U}{\mathrm{d}y}, \quad F_z = -\frac{\mathrm{d}U}{\mathrm{d}z},$$

wobei die Änderungen dU in x-, y-, bzw. z-Richtung genommen werden müssen.

6-7 Die potentielle Energie der Gravitation

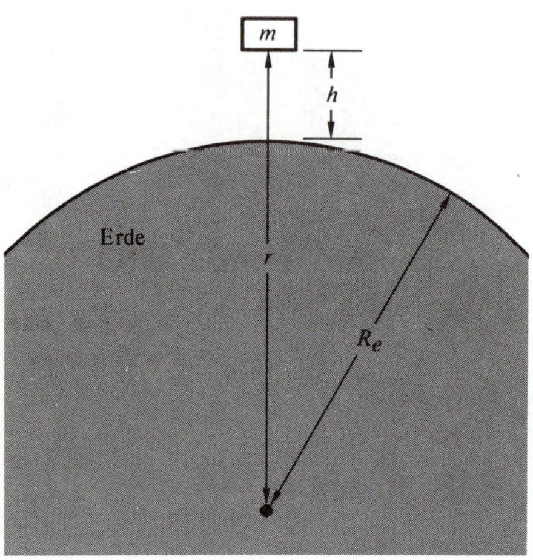

Abb. 6-9. *Eine Masse m in einer Höhe h über der Erdoberfläche*

Wir möchten die potentielle Energie einer Masse m bestimmen, die sich in einer Höhe h über der Erdoberfläche befindet, wie es in Abb. 6-9 dargestellt ist. In Kap. 5 sahen wir, daß nach Newtons allgemeinem Gravitationsgesetz die Kraft auf eine Masse m im Abstand r vom Erdmittelpunkt gegeben ist durch $F = -mg(R_e^2/r^2)$, wobei R_e den Erdradius darstellt. (Das Minuszeichen zeigt die Richtung der Kraft an.) Setzt man diesen Ausdruck in Gl. (6-12) ein, so erhält man

$$U - U_e = -\int_{R_e}^{r} \left(\frac{-mgR_e^2}{r^2}\right) \mathrm{d}r,$$

wobei U_e die potentielle Energie an der Erdoberfläche ist. Nun führen wir die Integration durch:

$$U - U_e = mgR_e^2 \int_{R_e}^{r} r^{-2}\,\mathrm{d}r = mgR_e^2 \left[-\frac{1}{r}\right]_{R_e}^{r}$$

$$U - U_e = mgR_e^2 \left(\frac{1}{R_e} - \frac{1}{r}\right). \quad \text{(Potentielle Energie der Gravitation im Abstand } r \text{ von der Erdoberfläche)} \tag{6-14}$$

Gl. (6-14) beschreibt die Arbeit, die erforderlich ist, um eine Masse m eine Strecke h über die Erdoberfläche zu heben, wobei $h = (r - R_e)$ ist. Die Energie, die benötigt wird, um die Masse m eine unendliche

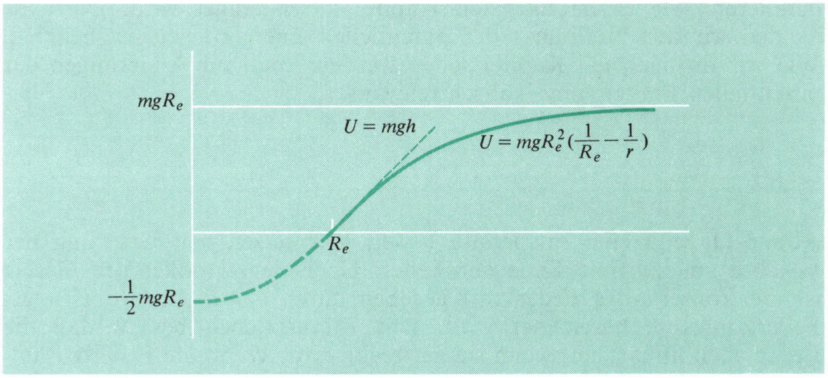

Abb. 6-10. *Darstellung der der Gravitation entsprechenden potentiellen Energie, von der Erdoberfläche aus gemessen. Die unterbrochene Linie ist die potentielle Energie innerhalb der Erdkugel.*

Strecke von der Erde wegzubewegen, ergibt sich dann zu

$$U - U_e = mgR_e^2\left(\frac{1}{R_e} - \frac{1}{\infty}\right) = mgR_e.$$

Dies ist in Abb. 6-10 dargestellt, wo U von Gl. (6-14) als Funktion von r aufgezeichnet ist. Wenn sich m in der Nähe der Erdoberfläche befindet, gilt $R_e/r \approx 1$, und wir erhalten den folgenden Ausdruck:

$$U - U_e = mgR_e^2\left(\frac{r - R_e}{R_e r}\right) = mg\frac{R_e}{r}h,$$

$$U - U_e \approx mgh. \tag{6-15}$$

Beispiel 8: Wie groß ist die potentielle Energie der Gravitation innerhalb der Erdkugel und am Erdmittelpunkt?

Lösung: Gemäß Gl. (5-10) gilt innerhalb der Erde $F = -mgr/R_e$. Dann ist

$$U - U_e = -\int_{R_e}^{r}\left(-mg\frac{r}{R_e}\right)\mathrm{d}r = \frac{mg}{R_e}\int_{R_e}^{r} r\,\mathrm{d}r = \frac{mg}{R_e}\left[\frac{r^2}{2}\right]_{R_e}^{r},$$

$$U - U_e = -\frac{mg}{2R_e}(R_e^2 - r^2).$$

Diese Gleichung ist in Abb. 6-10 als unterbrochene Kurve dargestellt. Für $r = 0$ erhalten wir

$$U - U_e = -\tfrac{1}{2}mgR_e.$$

Nach Abb. 6-10 erhalten wir an der Erdoberfläche gerade eine verschwindende potentielle Energie. Genausogut könnte man den Nullpunkt der potentiellen Energie am Erdmittelpunkt oder bei $r = \infty$

definieren, wie es im nächsten Kapitel durchgeführt wird. Der Ort, an den wir den Nullpunkt der potentiellen Energie legen, ist beliebig. Wie wir im nächsten Kapitel sehen werden, sind nur Änderungen der potentiellen Energie physikalisch relevant.

6-8 Die potentielle Energie der Feder

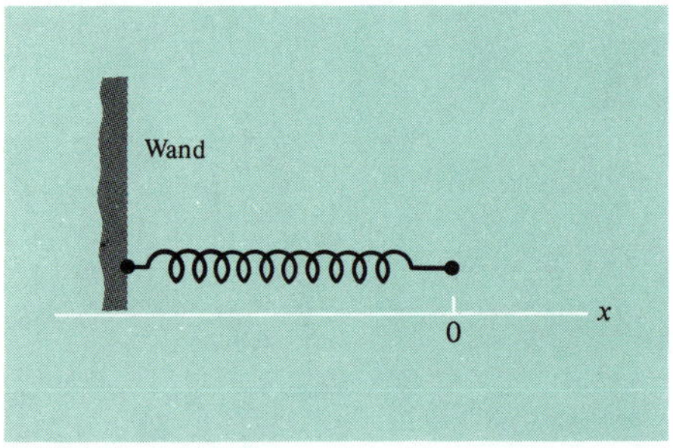

Abb. 6-11. *Eine entspannte Feder*

Abb. 6-11 zeigt eine entspannte Feder. Wir setzen den Ursprung der x-Achse an das freie Ende der Feder. Nach dem Hookeschen Gesetz ist die konservative Federkraft gegeben durch $F = -kx$, wobei k als Federkonstante bezeichnet wird. Das Minuszeichen besagt, daß die Feder nach links zieht, wenn sie gestreckt wird. Wenn die Feder zusammengedrückt wird, ist x negativ, und die Federkraft drückt nach rechts. Wir setzen $U = 0$ bei $x = 0$ und benutzen Gl. (6-12):

$$U = -\int_0^x (-kx)\,\mathrm{d}x = k\int_0^x x\,\mathrm{d}x,$$

$$U = \frac{kx^2}{2}. \quad \text{(Potentielle Energie einer Feder)} \qquad \textbf{(6-16)}$$

Gl. (6-16) ist in Abb. 6-12(b) dargestellt. Abb. 6-12(a) zeigt die zugehörige Kraft.

Abb. 6-12. (*a*) *Die Kraft als Funktion von x für die Feder in Abb. 6-11.* (*b*) *Die zugehörige potentielle Energie*

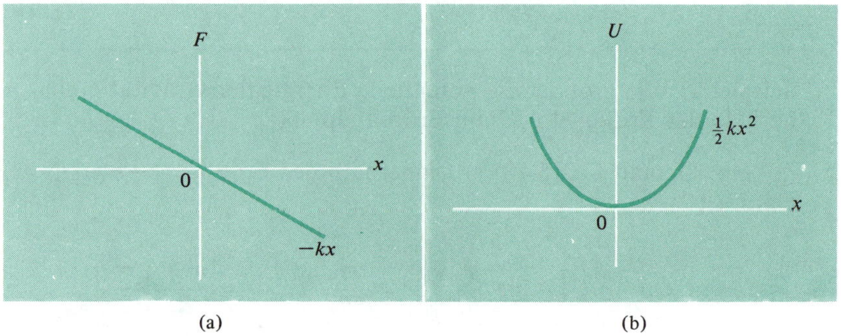

Zusammenfassung

Die durch eine Kraft $\boldsymbol{F}$ bei der Verschiebung eines Körpers von A nach B geleistete Arbeit W ist

$$W := \int_A^B \boldsymbol{F}\cdot\mathrm{d}\boldsymbol{s}.$$

Die Einheit ist Newton · Meter oder Joule; 1 N leistet an einem Körper eine Arbeit von 1 J, wenn der Körper um 1 m in Richtung der Kraft verschoben wird.

Leistung ist Arbeit pro Zeit oder übertragene Energie pro Zeit:

$$P = \frac{dW}{dt}.$$

Das Skalarprodukt zwischen zwei Vektoren ist $\boldsymbol{A} \cdot \boldsymbol{B} := AB \cos \alpha$, wobei α der Winkel zwischen den beiden Vektoren ist.

Kinetische Energie ist definiert als

$$K := \tfrac{1}{2} m v^2.$$

Geleistete Arbeit führt zu einer Erhöhung der kinetischen Energie:

$$\int_A^B \boldsymbol{F}_{\text{res}} \cdot d\boldsymbol{s} = K_B - K_A.$$

Falls $\boldsymbol{F}$ eine konservative Kraft (oder die Vektorsumme von konservativen Kräften) ist, dann ist die Zunahme an potentieller Energie gegeben durch

$$(U_B - U_A) = -\int_A^B \boldsymbol{F} \cdot d\boldsymbol{s}.$$

Dieses Integral ist bei konservativen Kräften unabhängig vom Weg. Reibung ist eine nichtkonservative Kraft. Nichtkonservative Kräfte erzeugen bei ihrer Wirkung auf einen Körper Wärmeenergie.

Die potentielle Energie einer Masse m, auf die die Gravitationskraft einer kugelförmigen Masse M wirkt, ist gegeben durch

$$U = GMm\left(\frac{1}{R} - \frac{1}{r}\right),$$

wobei R der Radius von M ist und $U = 0$ für $r = R$ gilt. Die Lage des Nullpunkts der potentiellen Energie ist beliebig.

Aufgaben

1. Der gegenwärtige jährliche Energieverbrauch liegt in den Vereinigten Staaten bei etwa 10^{13} kWh. Die mittlere Sonnenenergie, die bei Sonnenschein auf der Erde auftrifft, liegt bei etwa 1000 W/m². Wie groß ist das Verhältnis von gegenwärtigem Energieverbrauch zu Energieeinstrahlung von der Sonne, wenn man von einer Fläche der USA von $8 \cdot 10^6$ km² ausgeht?

2. Eine Person trage eine Masse von 10 kg langsam über eine horizontale Strecke von 5 m. Welche Arbeit wird an der Masse geleistet?

3. Ein Erdsatellit der Masse 100 kg befinde sich auf einer Kreisbahn mit Radius $R = 7000$ km.

(a) Welche Arbeit wird durch die Schwerkraft an dem Satelliten beim Durchfliegen einer halben Kreisbahn geleistet?

(b) Angenommen, die Bahnform sei leicht elliptisch, und der Satellit vergrößere während eines halben Umlaufs seinen Abstand zur Erde um 10 km. Wie groß ist dann die geleistete Arbeit? Ist sie positiv oder negativ?

4. Ein Wagen mit einer Masse von 1 t startet aus der Ruhelage mit der konstanten Beschleunigung von 100 m/s². Wieviel PS muß die Maschine liefern

(a) beim Start?

(b) nach 1 s?

(c) nach 10 s?

(d) Wie groß ist die Geschwindigkeit nach 10 s?

5. Der jährliche elektrische Energieverbrauch der Vereinigten Staaten liegt bei etwa $2 \cdot 10^{12}$ kWh. Wieviel Megawatt würden dauernd gebraucht, wenn die Leistung über das ganze Jahr konstant bliebe?

6. Eine entspannte Feder besitzt die Länge x_0. Sie wird durch die Kraft F_1 auf die Länge x_1 gestreckt, wobei $x_1 > x_0$. Dann wird sie weiter auf die Länge x_2 gedehnt, wobei $x_2 > x_1$. Welche Arbeit wurde geleistet, um die Feder von x_1 nach x_2 zu strecken? Gib die Lösung als Funktion von F_1, x_0, x_1 und x_2 an.

7. Die potentielle Energie eines Körpers sei $U = Ax^2$. Wie groß ist die Kraft, die auf ihn wirkt?

8. Angenommen, die Erde besitzt eine homogene Dichte; dann ist die potentielle Energie einer Masse m auf der Erdoberfläche relativ zum Erdmittelpunkt (positiv; negativ) und besitzt die Größe (GM_em/R_e; $\frac{1}{2}mgR_e$; mgR_e; keins davon). Die potentielle Energie einer Masse m auf der Erdoberfläche relativ zu einem Punkt im Unendlichen ist (positiv; negativ) und besitzt die Größe ($\frac{1}{2}mgR_e$; mgR_e; $2mgR_e$; keins davon). Die potentielle Energie einer Masse m am Erdmittelpunkt relativ zu einem Punkt im Unendlichen ist mgR_e mal (1/2; 1; 1,5; 2; 3).

9. Ein Schlafzimmer der Größe 4 m × 4 m × 2,5 m sei luftdicht abgeschlossen. Zwei Personen schlafen darin 8 Stunden lang. Verbrauchen sie den gesamten Sauerstoff? Wenn nicht, wieviel Prozent verbrauchen sie? Die Anfangsdichte des Sauerstoffs liegt bei 0,26 kg/m³. Wir gehen davon aus, daß ein schlafender Mensch eine Leistung von etwa 90 W verbraucht und daß 1 g Sauerstoff zur Erzeugung von 10^4 J Körperenergie benötigt wird. Ist im Raum eine Lüftung notwendig?

10. Eine entspannte Feder der Länge x_0 wird um die zusätzliche Länge x_1 gedehnt. An diesem Punkt beträgt die Federkraft F_1. Welche Arbeit wurde an der Feder geleistet?

11. Ein geladener Körper der Masse 5 g wird um 1,5 m nach rechts von Punkt A zu Punkt B bewegt. Der Körper erfährt eine elektrostatische Kraft von $2 \cdot 10^{-5}$ N nach links. Welche Arbeit muß geleistet werden, um den Körper von A nach B zu verschieben? Wurde seine potentielle Energie vergrößert oder verkleinert?

12. Ein Knallfrosch bewegt sich mit einer Geschwindigkeit von 5 m/s. Er zerplatzt in zwei Stücke von gleicher Masse. Wie groß ist das Verhältnis der kinetischen Energie vor und nach dem Zerplatzen, wenn eines der beiden Stücke kurz nach der Explosion die Geschwindigkeit null hat?

13. Ein Spielzeugzug der Masse 1,2 kg wird mit einer konstanten Kraft von 10^{-3} N gezogen. Zunächst wird der Zug beschleunigt und erreicht dann eine konstante Geschwindigkeit v_0. Wie groß ist v_0, wenn jede Sekunde eine Arbeit von $5 \cdot 10^{-4}$ J aufgewendet wird?

14. Ein Auto fährt mit einer Leistung von 50 PS. Man muß etwa 5mal mehr an Brennstoffenergie einsetzen, als man von dem Automotor zum Wagenantrieb zurückerhält. Angenommen, der Brennstoff würde dazu benutzt, einen elektrischen Generator mit einem Wirkungsgrad von 90% anzutreiben. Wieviel Kilowatt an elektrischer Energie würde man anstelle der Autofahrt erhalten? Wie viele Häuser könnten statt des 50-PS-Wagens mit der gleichen eingesetzten Brennstoffmenge versorgt werden, wenn ein typisches Haus im Mittel etwa 3 kW an Elektrizität verbraucht?

15. Angenommen, die Kraft auf ein Teilchen nehme mit dem Quadrat des Abstandes zum Ursprung zu ($F = kx^2$). Wie groß ist die Zunahme an potentieller Energie bei einer Verschiebung des Teilchens von $x = 0$ nach $x = x_1$?

16. Die potentielle Energie eines Teilchens sei $U = A/r = A(x^2 + y^2 + z^2)^{-1/2}$. Wie groß sind F_x, F_y und F_z?

17. Betrachte eine Hohlkugel mit innerem Radius R_1 und äußerem Radius R_2. Die potentielle Energie der Masse m im Zentrum ist null.

(a) Wie groß ist die potentielle Energie U der Masse m, wenn sie sich im Abstand r vom Zentrum im Bereich I befindet?

(b) Wiederhole die Rechnung für den Bereich II. Dabei hat die Hohlkugel die Gesamtmasse M.

(c) Wiederhole die Rechnung für den Bereich III.

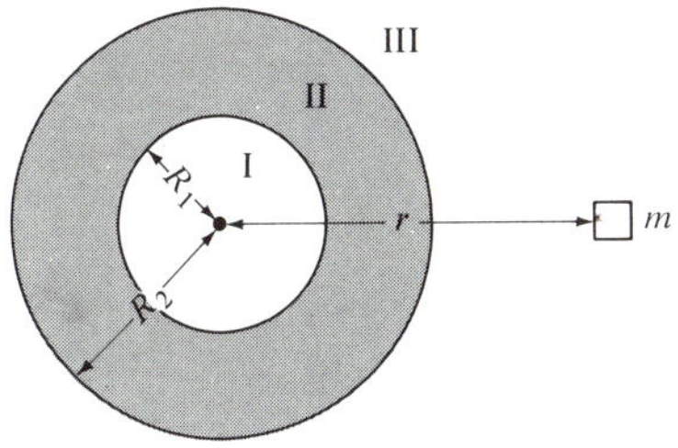

Aufgabe 17

18. Wie groß sind F_x, F_y und F_z, wenn $U = A/r^2 = A/(x^2 + y^2 + z^2)$ ist?

19. Wie weit muß eine Masse von 1 kg fallen, um eine Zunahme an kinetischer Energie von 100 J zu erfahren? Wie lange dauert es? Sind beide Lösungen unabhängig von der Anfangsgeschwindigkeit?

20. Ein Junge zieht einen Schlitten der Masse 5 kg mit einer konstanten Geschwindigkeit von 0,5 m/s. Er zieht mit einer Kraft von 10 N unter einem Winkel von 30° zur Horizontalen.

(a) Wie groß ist die Reibungskraft in Newton?

(b) Wie groß ist die vertikale Komponente der Kraft, mit welcher der Boden von unten auf den Schlitten drückt?

(c) Wie groß ist der Koeffizient der Gleitreibung?

(d) Wie groß ist der Energieverlust pro Zeiteinheit infolge der Reibung?

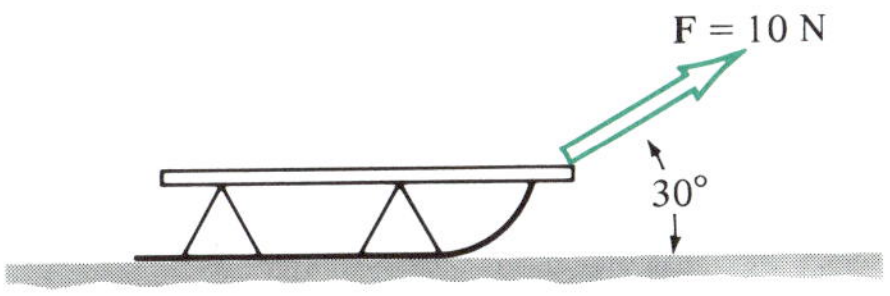

Aufgabe 20

21. Ein Wagen der Masse 1 500 kg fährt mit einer Geschwindigkeit von 32 m/s. Der Fahrer nimmt Gas weg, und der Wagen verlangsamt sich in 3 s auf 28 m/s.

(a) Wie groß ist die resultierende Reibungskraft auf den Wagen?

(b) Wieviel Watt muß die Maschine leisten, um den Wagen auf einer Geschwindigkeit von 30 m/s zu halten?

(c) Wie weit kann der Wagen mit 1 Liter Benzin bei einer Geschwindigkeit von 30 m/s fahren, wenn 1 Liter etwa $8 \cdot 10^6$ J an mechanischer Energie liefert?

22. Eine Kugel der Masse m ist an einer Feder befestigt und diese Feder wiederum an einem Punkt P, wie nebenstehend dargestellt. Die Feder kann sich nicht durchbiegen. Die Kugel bewegt sich auf einer horizontalen Fläche auf einer Kreisbahn mit Radius R mit einer Winkelgeschwindigkeit ω (rad/s). Die Feder mit der Federkonstanten k sei masselos, und die Bewegung erfolge reibungsfrei.

(a) Wie groß ist die Zugkraft in der Feder am Befestigungspunkt der Kugel ($m = 1$ kg, $\omega = 1$ rad/s und $R = 1$ m)?

(b) Wie groß ist die Federkonstante, wenn die Länge der Feder im entspannten Zustand 0,9 m beträgt?

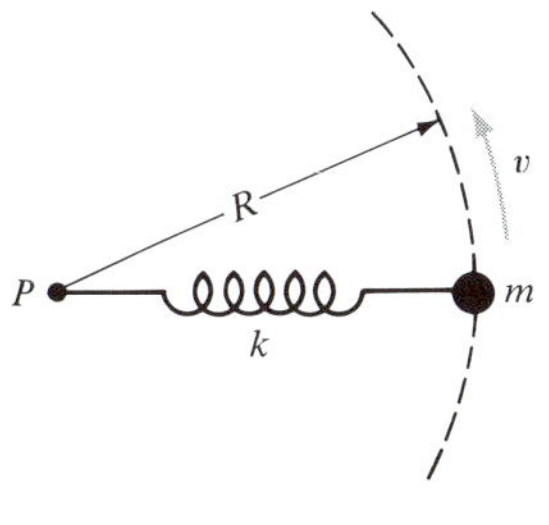

Aufgabe 22

(c) Wie groß ist der Radius der neuen Kreisbahn, wenn Kugel und Feder mit $\omega = 2$ rad/s rotieren?

(d) Welche Arbeit muß an Kugel und Feder geleistet werden, um ω von 1 rad/s auf 2 rad/s zu vergrößern?

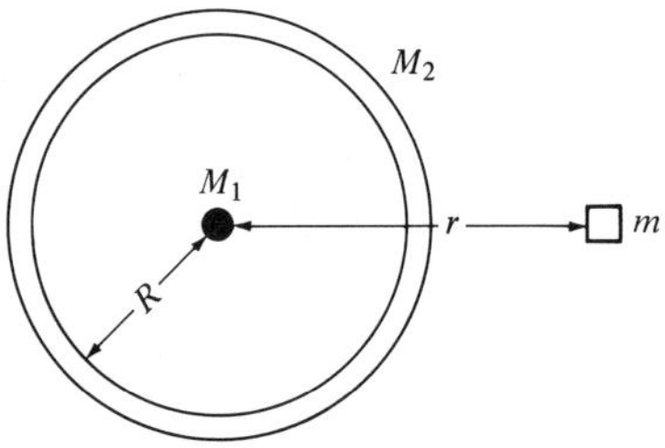

Aufgabe 23

23. Eine punktförmige Masse M_1 befindet sich im Zentrum einer dünnen Kugelschale mit der Masse M_2 und dem Radius R. Eine Masse m wird aus dem Unendlichen bis auf den Abstand r herangebracht.

(a) Wie groß ist die potentielle Energie (bezogen auf unendlichen Abstand), wenn $r > R$?

(b) Wie groß ist die potentielle Energie für $r < R$?

24. Eine massive Kugel mit Dichte ϱ und Radius r besitzt eine Masse von $m = \frac{4}{3}\pi r^3 \varrho$. Wenn eine Masse $\mathrm{d}m = (4\pi r^2 \varrho\, \mathrm{d}r)$ in Form einer Schale der Dicke $\mathrm{d}r$ hinzugefügt wird, dann ist die Änderung der potentiellen Energie gegeben durch

$$\mathrm{d}U = -G\frac{m\,\mathrm{d}m}{r} = -G\frac{(\frac{4}{3}\pi r^3 \varrho)\,(4\pi r^2 \varrho\,\mathrm{d}r)}{r}.$$

Zeige, daß die potentielle Energie der Gravitation für eine feste Kugel mit Radius R und Masse M gegeben ist durch $U = -\frac{3}{5}GM^2/R$. (Denn $\frac{3}{5}GM^2/R$ ist die erforderliche Arbeit, um die Kugel in einzelne Schalen zu zerlegen und alle Massenelemente $\mathrm{d}m$ ins Unendliche zu bringen.)

7 Energieerhaltung

Das Gesetz von der Erhaltung der Energie ist ein zentrales Thema, das die gesamte Physik und die gesamten Ingenieurwissenschaften betrifft. Es führt zu wesentlichen Einschränkungen bei der Energiegewinnung sowie bei der Umwandlung verschiedener Energiearten ineinander.

Das Gesetz von der Erhaltung der Energie verbietet z. B. ein Perpetuum mobile, bei dem ein abgeschlossenes System wie das Wasserrad in Abb. 7-1 fortwährend mechanische Energie nach außen abgibt. Seit Jahrhunderten versuchen Menschen, ein Perpetuum mobile zu erfinden; selbst heute noch gibt es trotz des Energieerhaltungssatzes solche Versuche. Diese „Ungläubigen" verwenden oft komplizierte Systeme von Treibriemen, Rollen, schwingenden und fließenden Gewichten. Aus Abb. 7-1 erkennen wir, daß es weit einfacher ist, ein Perpetuum mobile auf dem Papier zu entwerfen, als es in Wirklichkeit zu bauen.

7-1 Erhaltung der mechanischen Energie

Zunächst wollen wir den Fall betrachten, bei dem die einzige Kraft, die auf den Körper wirkt, eine konservative Kraft $\boldsymbol{F}$ ist. Dann ist diese konservative Kraft gleichzeitig die resultierende Kraft, und nach Gl. (6-10) gilt:

$$\int_A^B \boldsymbol{F} \cdot \mathrm{d}\boldsymbol{s} = K_B - K_A.$$

Nach der Definition der potentiellen Energie [Gl. (6-12)] ist die linke Seite gleich $-(U_B - U_A)$, d. h. die negative Änderung der potentiellen Energie. Setzt man diesen Ausdruck ein, so erhält man

$$-(U_B - U_A) = K_B - K_A,$$

$$K_A + U_A = K_B + U_B. \qquad \text{(Erhaltung der mechanischen Energie)} \qquad \textbf{(7-1)}$$

Abb. 7-1. *Wasserfall, Lithographie von M. C. Escher, 1961. Der Künstler erklärt dazu: „Fallendes Wasser hält ein Mühlrad in Bewegung und fließt dann in einem abfallenden Kanal zwischen zwei Türmen zu dem Punkt, wo der Wasserfall beginnt. Der Müller braucht nur ab und zu einen Eimer Wasser nachzugießen, um die Verluste durch Verdunstung zu kompensieren.“ Danach erläutert Escher die Illusion, auf der sein Bild aufgebaut ist. (Escher Foundation – Haags Gemeentemuseum, Den Haag)*

Gl. (7-1) ist bekannt als Satz von der Erhaltung der mechanischen Energie; er gilt für einen Körper, der einer konservativen Kraft unterworfen ist und eine potentielle Energie U besitzt. Der Satz besagt, daß die Summe von kinetischer und potentieller Energie eines solchen Körpers konstant bleibt, solange keine weiteren Kräfte wirken.

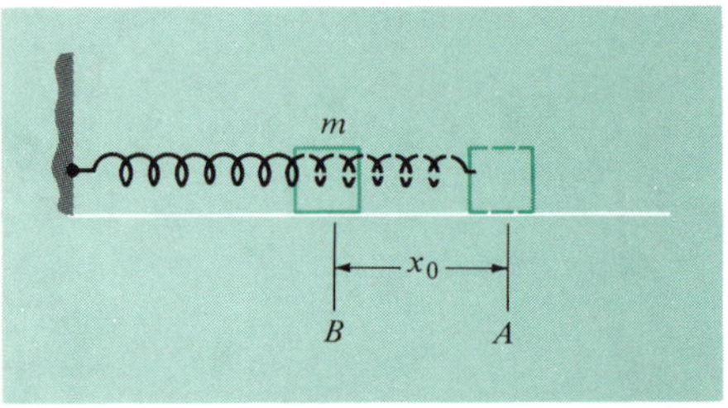

Abb. 7-2. *Eine Feder wird von B nach A gestreckt und dann losgelassen.*

Beispiel 1: Eine Masse m ist am Ende einer masselosen Feder befestigt. Diese Feder mit der Federkonstanten k wird um die Strecke x_0 gedehnt. Dann wird die Masse losgelassen. Wie groß wird ihre maximale Geschwindigkeit (s. Abb. 7-2)?

Lösung: Bevor die Masse losgelassen wird (Punkt A), ist ihre kinetische Energie K_A null. Ihre potentielle Energie beträgt $U_A = \frac{1}{2}kx_0^2$ [s. Gl. (6-16)]. Dann ergibt Gl. (7-1):

$$0 + \tfrac{1}{2}kx_0^2 = \tfrac{1}{2}mv_B^2 + U_B.$$

Die Masse m erreicht ihre Höchstgeschwindigkeit, wenn $U_B = 0$ ist. Dann ist $v_B = v_{max}$, und die obige Gleichung wird zu

$$0 + \tfrac{1}{2}kx_0^2 = \tfrac{1}{2}mv_{max}^2 + 0,$$

$$v_{max} = \sqrt{\frac{k}{m}}\,x_0.$$

Das Gesetz von der Erhaltung der mechanischen Energie ist sehr nützlich bei der Bestimmung von Anfangs- und Endgeschwindigkeiten in Systemen, in denen die Kraft als Funktion der Zeit entweder kompliziert oder schwer bestimmbar ist. Dazu wollen wir noch die folgenden beiden Beispiele betrachten.

Beispiel 2: Eine Masse m hängt an einem Faden der Länge l. Welche horizontale Geschwindigkeit v_0 muß der Masse gegeben werden, damit sie gerade den oberen Scheitelpunkt erreichen kann? (Siehe dazu Abb. 7-3(a).)

Lösung: Wir wollen den oberen Scheitelpunkt mit B bezeichnen. Bei Punkt B muß die Zentripetalbeschleunigung gerade gleich der Gravitationsbeschleunigung g sein:

$$\frac{v_B^2}{l} = g \quad \text{oder} \quad v_B^2 = gl.$$

Dann ist $K_B = \frac{1}{2}mv_B^2 = \frac{1}{2}m(gl)$ und $U_B = mg(2l)$. Die Summe dieser beiden Energien muß gleich der ursprünglichen kinetischen Energie $\frac{1}{2}mv_0^2$ sein, da die anfängliche potentielle Energie null ist. Damit ergibt sich:

$$\tfrac{1}{2}mv_0^2 = \tfrac{1}{2}mgl + 2mgl,$$

$$v_0^2 = 5gl \quad \text{oder} \quad v_0 = \sqrt{5gl}.$$

Beispiel 3: Wir wiederholen Beispiel 2 für den Fall, daß m nicht an einem Faden, sondern an einer masselosen Stange hängt, wie in Abb. 7-3(b) dargestellt.

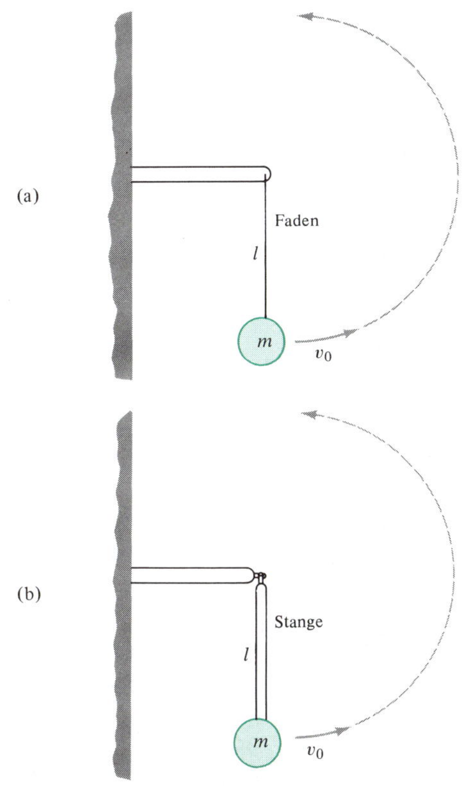

Abb. 7-3. (*a*) *Eine Masse m hängt an einem Faden der Länge l.* (*b*) *Eine Masse m hängt an einer Stange der Länge l.*

Lösung: Nun wird die Masse am höchsten Punkt durch die Stange gegen die Schwerkraft unterstützt, d. h., v_B kann am höchsten Punkt null werden. Dann ist $K_B = 0$, wenn $U_B = 2mgl$ ist, und es gilt

$$\tfrac{1}{2}mv_0^2 = 0 + 2mgl \quad \text{oder} \quad v_0 = 2\sqrt{gl}.$$

Man beachte, daß sich das gleiche Resultat ergibt, wenn man die Masse am oberen Scheitelpunkt losläßt; die Geschwindigkeit an der tiefsten Stelle ist dann wiederum $2\sqrt{gl}$. Dieses Ergebnis gilt natürlich auch für die Schaukel in Beispiel 7 von Kap. 5.

Es gibt Fälle, wo mehr als nur eine Quelle zur potentiellen Energie eines Körpers beiträgt. Ist das der Fall, dann ist die potentielle Energie U die Summe der einzelnen Beiträge. Zum Beispiel beträgt die potentielle Energie einer Masse, die an einer Feder hängt,

$$U = mgy + \tfrac{1}{2}k(y - y_0)^2,$$

wobei y die Höhe von m und y_0 die Höhe ist, bei der die Federkraft verschwindet. Einen ähnlichen Fall wollen wir in Beispiel 4 betrachten.

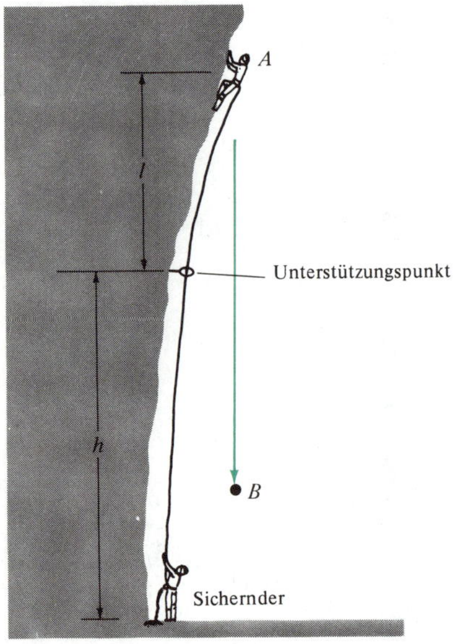

Abb. 7-4. *Ein Bergsteiger stürzt am Punkt A ab und fällt die Strecke 2l. Dann dehnt sich das Nylonseil um die Strecke y_{max}, und der Bergsteiger kommt am Punkt B zur Ruhe. Ein zweiter Bergsteiger hält das Seil so, als wäre es am Unterstützungspunkt befestigt.*

***Beispiel 4:** Mit diesem Beispiel wollen wir zeigen, daß ein angeseilter Bergsteiger einen freien Fall aus beliebiger Höhe überleben kann; d. h., die maximale Momentanbeschleunigung wird nie größer als 25g. Das verwendete Nylonseil wird bis zu dem Punkt, an dem es reißt, wie eine Feder nach dem Hookeschen Gesetz behandelt (es reißt, wenn die Längenausdehnung größer als 25% der ursprünglichen Länge wird). Der Bergsteiger wählt ein Seil, das erst bei einer Beanspruchung mit mehr als seinem 25fachen Körpergewicht reißt ($F_B = 25mg$).

Lösung: Da $F_B = k(0{,}25l)$ ist, ergibt sich die Federkonstante zu

$$k = \frac{F_B}{0{,}25l} = \frac{25mg}{0{,}25l} = 100\frac{mg}{l}.$$

Wir nehmen an, der Bergsteiger stürzt ab, nachdem er eine Höhe l über dem nächsten Unterstützungspunkt erreicht hat, wie es in Abb. 7-4 dargestellt ist. Dann legt er im freien Fall die Strecke $2l$ zurück. y_{max} sei die maximale Dehnung des Seiles, bei der der Bergsteiger wieder die Geschwindigkeit null erreicht. Seine potentielle Energie beträgt an diesem Punkt

$$U_B = mg(h - l - y_{max}) + \tfrac{1}{2}ky_{max}^2.$$

Kurz vor dem Fall betrug die potentielle Energie

$$U_A = mg(h + l).$$

Da die kinetische Energie an den beiden Punkten A und B null ist, haben wir

$$U_A = U_B,$$

$$mg(h + l) = mg(h - l - y_{\max}) + \tfrac{1}{2}ky_{\max}^2.$$

Nun ersetzen wir k durch $(100mg/l)$:

$$mgl = -mgl - mgy_{\max} + \frac{1}{2}\left(100\,\frac{mg}{l}\right)y_{\max}^2,$$

$$0 = 50y_{\max}^2 - ly_{\max} - 2l^2.$$

Die Lösung lautet $y_{\max} = 0{,}21l$, was innerhalb der Zerreißgrenze von $0{,}25l$ liegt. Wir können die maximale Beschleunigung nach dem zweiten Newtonschen Gesetz abschätzen, wonach $F_{\text{res}} = ky_{\max} - mg$ ist:

$$ma_{\max} = ky_{\max} - mg,$$

$$a_{\max} = \frac{ky_{\max}}{m} - g = \frac{(100mg/l)\,(0{,}21l)}{m} - g$$

$$= 20g.$$

Man beachte, daß dieses Resultat unabhängig von der Höhe des Falls ist. Wir können daraus schließen, daß ein Bergsteiger wahrscheinlich überlebt (evtl. mit einigen gebrochenen Rippen), wenn er wie in Abb. 7-4 von einem Überhang abstürzt. Eine größere Gefahr besteht darin, daß der Körper oder der Kopf während des Falles vorstehende Felsstücke streifen könnte.

Bisher haben wir die Erhaltung der mechanischen Energie nur für ein System hergeleitet, das aus einem einzelnen Körper bzw. aus einem einzelnen Körper zusammen mit der „unbeweglichen" Erde besteht. Das Gesetz ist jedoch weit allgemeiner und gilt für alle abgeschlossenen und konservativen Systeme von Körpern. Ein abgeschlossenes System bedeutet, daß keine externen Kräfte auftreten; mit dem Ausdruck konservativ meinen wir, daß alle im System auftretenden Kräfte konservativ sind und sich durch eine potentielle Energie beschreiben lassen.

Es sei

$$K_t = \sum_{j=1}^{N} K_j$$

die gesamte kinetische Energie aller Teilchen im abgeschlossenen System.

Es wird in Anhang 7-1 gezeigt, daß gilt

$$(K_t)_1 + U_1 = (K_t)_2 + U_2, \quad \text{(Erhaltung der mechanischen Energie in einem abgeschlossenen System)}$$

wobei U_1 und U_2 die potentielle Energie des Systems zur Zeit t_1 bzw. t_2 ist.

Die obige Gleichung besagt, daß die Summe der gesamten kinetischen und der gesamten potentiellen Energie zum Zeitpunkt t_1 gleich der entsprechenden Summe zum Zeitpunkt t_2 ist. Für diesen konstanten Energiewert wird gewöhnlich das Symbol E verwendet.

$$E = \sum K_j + U = \text{konstant.} \quad \text{(Erhaltung der Energie für ein abgeschlossenes System von Teilchen)} \tag{7-2}$$

Dies bedeutet, daß die Summe der kinetischen und potentiellen Energien aller Körper im Sonnensystem (oder in jedem anderen abgeschlossenen System) gleich bleibt, unabhängig davon, welche Arten von Wechselwirkungen und von Stößen auftreten.

7-2 Stöße

Wenn zwei Festkörper zusammenstoßen, tritt am Berührungspunkt eine große Kraft auf. Normalerweise ist diese Kraft so groß, daß die Körper am Berührungspunkt eine momentane Kompression erfahren, die eine Änderung der Richtungen und der Beträge der Geschwindigkeiten der beteiligten Körper bewirkt.

Kraftstoß

Die Größe der während eines Stoßes wirkenden Kraft kann mit Hilfe der Definition einer Größe, die wir Kraftstoß $\boldsymbol{I}$ nennen wollen, abgeschätzt werden. Wenn auf einen Körper vom Zeitpunkt t_1 bis zum Zeitpunkt t_2 eine Kraft einwirkt, ergibt sich

$$\boldsymbol{I} := \int_{t_1}^{t_2} \boldsymbol{F}\,\mathrm{d}t. \quad \text{(Definition des Kraftstoßes)} \tag{7-3}$$

Die Größe $\boldsymbol{I}$ kann mit der Änderung des Impulses verknüpft werden, indem wir $\boldsymbol{F}$ durch $\mathrm{d}\boldsymbol{P}/\mathrm{d}t$ ersetzen:

$$\boldsymbol{I} = \int \left(\frac{\mathrm{d}\boldsymbol{P}}{\mathrm{d}t}\right) \mathrm{d}t = \int \mathrm{d}\boldsymbol{P} = \boldsymbol{P}_2 - \boldsymbol{P}_1.$$

Also gilt

$$\int_1^2 \boldsymbol{F}\,\mathrm{d}t = \boldsymbol{P}_2 - \boldsymbol{P}_1. \tag{7-4}$$

Beispiel 5: Ein Wagen der Masse 1500 kg fährt mit einer Geschwindigkeit von 20 m/s gegen einen Baum. Er kommt in $3 \cdot 10^{-2}$ s zum Stehen, was einer Deformation von 30 cm entspricht. Wie groß ist die mittlere Kraft, die in dieser Zeit auf den Wagen wirkt?

Lösung: Der Kraftstoß ist nach Definition gleich dem Produkt aus mittlerer Kraft $\bar{F}$ und Δt, der Dauer des Stoßes. So erhält man

$$\bar{F}\,\Delta t = P_2 - P_1 = mv,$$

$$\bar{F} = \frac{mv}{\Delta t} = \frac{(1{,}5 \cdot 10^3)\,(20)}{3 \cdot 10^{-2}}\,\mathrm{N} = 1{,}0 \cdot 10^6\ \mathrm{N}.$$

Dies ist etwa das 70fache des Wagengewichts.

Beispiel 6: In dem Unfall von Beispiel 5 wird der Fahrer (80 kg) von einem Sicherheitsgurt mit der Breite 5 cm und der Dicke 2 mm gehalten. Wird der Sicherheitsgurt den Stoß aushalten, wenn die Reißfestigkeit des Sicherheitsgurtmaterials bei $5 \cdot 10^8\ \mathrm{N/m^2}$ liegt?

Lösung: Die mittlere Kraft auf den Sicherheitsgurt während des Stoßes ergibt sich aus der Änderung des Impulses des Autofahrers:

$$\bar{F}\,\Delta t = 0 - mv,$$

$$\bar{F} = -\frac{mv}{\Delta t} = -\frac{(80)\,(20)}{3 \cdot 10^{-2}}\,\mathrm{N} = -5{,}33 \cdot 10^4\ \mathrm{N}.$$

Die mittlere Kraft auf jedes Ende des Sicherheitsgurts ist etwa die Hälfte dieses Ergebnisses, also $2{,}67 \cdot 10^4$ N.

Der Querschnitt des Sicherheitsgurtes ist 5 cm mal 0,2 cm oder 1 cm². Die Kraft (auf einen Quadratmeter bezogen) beträgt also $2{,}67 \cdot 10^8$ N. Dies ist etwa die Hälfte der Reißfestigkeit; der Gurt wird also halten.

Wenn der Fahrer in den beiden obigen Beispielen keinen Sicherheitsgurt getragen hätte, wäre sein Kopf gegen die Windschutzscheibe geprallt. Die Stoßzeit Δt bei einem Stoß zwischen Kopf und Windschutzscheibe wäre etwa einen Faktor 100 kleiner gewesen als die Zeit, die der Wagen brauchte, um zum Stehen zu kommen. Da $\bar{F}$ mit $1/\Delta t$ zunimmt, hätte der Fahrer einen Schädelbruch davongetragen.

Wir wollen die Behandlung des Kraftstoßes mit dem Hinweis abschließen, daß beim Zusammenstoß zweier Körper die Kraftstöße gleich und entgegengesetzt gerichtet sind, da auch die Kräfte nach dem dritten Newtonschen Axiom gleich und entgegengesetzt gerichtet sind. Dann ist nach Gl. (7-4) die Impulsänderung des einen Körpers gleich der

Impulsänderung des anderen Körpers. Das ist eine erneute Bestätigung des Impulserhaltungssatzes.

Elastische Stöße

Beim Zusammenstoß zweier Körper ist der Stoß entweder elastisch oder inelastisch. **Beim elastischen Stoß ist die gesamte kinetische Energie nach dem Stoß die gleiche wie vor dem Stoß.** Beim inelastischen Stoß tritt ein Verlust an kinetischer Energie auf. Die Diskussion der inelastischen Stöße soll auf Abschn. 7-5 verschoben werden, in dem der Begriff der Wärmeenergie eingeführt wird.

Wir wollen zwei Typen von elastischen Stößen betrachten: (1) zentrale Stöße und (2) zweidimensionale Stöße von Körpern mit gleicher Masse.

Betrachten wir den zentralen Stoß in Abb. 7-5. Die Anfangsgeschwindigkeiten von m_1 und m_2 seien v_1 und 0. Die Geschwindigkeiten nach dem Stoß seien entsprechend V_1 und V_2. Wir wollen nun V_1 und V_2 als Funktion von v_1 bestimmen. Da zwei Unbekannte auftreten, benötigen wir zwei gekoppelte Gleichungen. Wir verwenden die Erhaltungssätze der kinetischen Energie und des Impulses:

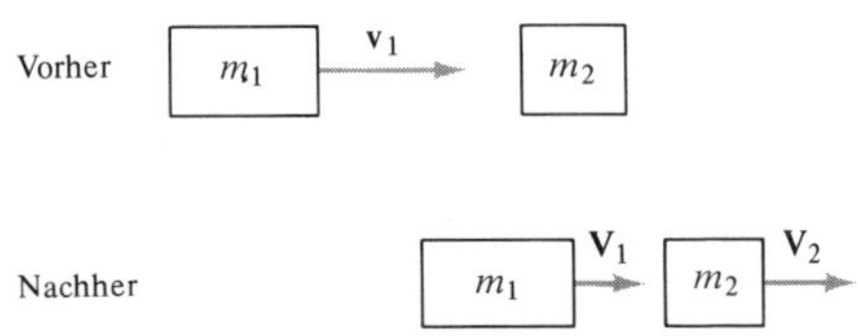

Abb. 7-5. *Zwei Massen m_1 und m_2 beim zentralen elastischen Stoß. V_1 und V_2 sind die Geschwindigkeiten nach dem Stoß.*

$$\tfrac{1}{2}m_1v_1^2 = \tfrac{1}{2}m_1V_1^2 + \tfrac{1}{2}m_2V_2^2, \quad \text{(für die kinetische Energie)} \qquad (7\text{-}5)$$

$$m_1v_1 = m_1V_1 + m_2V_2. \quad \text{(für den Impuls)} \qquad (7\text{-}6)$$

Wir lösen Gl. (7-6) nach V_1 auf und setzen dies in Gl. (7-5) ein. Damit erhalten wir

$$V_2 = \frac{2m_1}{m_1 + m_2}v_1. \qquad (7\text{-}7)$$

Wenn wir Gl. (7-7) in Gl. (7-6) einsetzen, erhalten wir

$$V_1 = \frac{m_1 - m_2}{m_1 + m_2}v_1.$$

Abb. 7-6. *Wenn eine Kugel an einem Ende auftrifft, wird die Geschwindigkeit durch aufeinanderfolgende Stöße ausgetauscht, bis die letzte Kugel am anderen Ende mit der gleichen Geschwindigkeit wegfliegt.*

Man beachte, daß sich beim Spezialfall gleicher Massen $V_1 = 0$ und $V_2 = v_1$ ergibt, d. h., die Geschwindigkeiten werden ausgetauscht. Das Prinzip des Geschwindigkeitsaustauschs wird auch für die Erklärung von Abb. 7-6 benötigt.

Als zweites Beispiel für elastische Stöße betrachten wir das Verhalten von Billardkugeln, wie es in Abb. 7-7 dargestellt ist. Das Ziel besteht darin, die ruhende Kugel in ein bestimmtes Loch zu stoßen. Unter welchem Winkel θ muß die ankommende Kugel nach dem Zusammenstoß wegrollen, wenn der Winkel zum Zielloch 30° beträgt (s. Abb. 7-7)? Wir wollen Reibung und Effet (Eigenrotation der Kugel) vernachlässigen. Wir setzen die kinetische Energie vor und nach dem Stoß gleich und dividieren durch $\frac{1}{2}m$:

$$v_1^2 = V_1^2 + V_2^2. \tag{7-8}$$

Nach dem Impulserhaltungssatz erhalten wir

$$\mathbf{v}_1 = \mathbf{V}_1 + \mathbf{V}_2.$$

Quadrieren beider Seiten ergibt

$$v_1^2 = (\mathbf{V}_1 + \mathbf{V}_2) \cdot (\mathbf{V}_1 + \mathbf{V}_2) = V_1^2 + 2\mathbf{V}_1 \cdot \mathbf{V}_2 + V_2^2,$$

$$v_1^2 = V_1^2 + V_2^2 + 2V_1V_2 \cos\alpha, \tag{7-9}$$

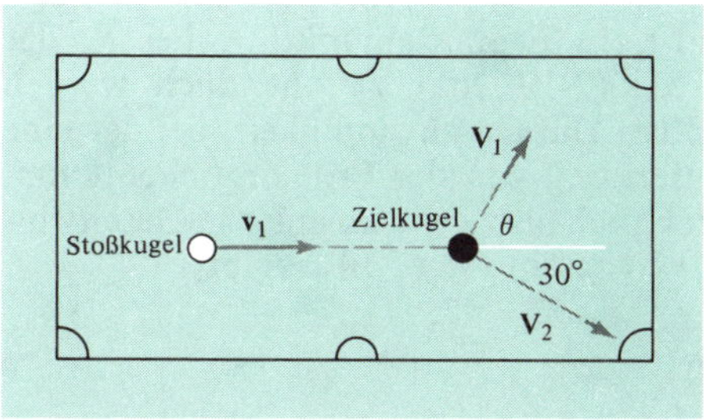

(a)

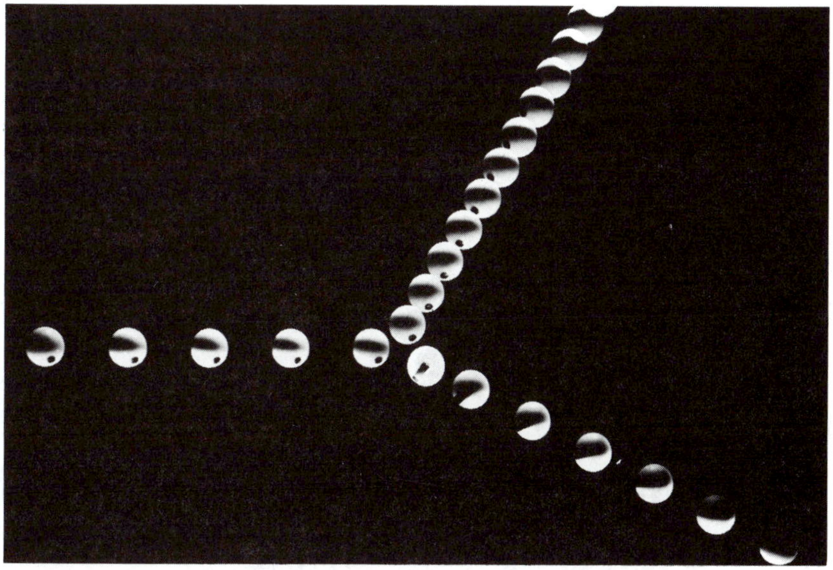

(b)

Abb. 7-7. *(a) Ein Billardtisch mit zwei Kugeln. Unter welchem Winkel muß die ankommende Kugel nach einem Stoß mit der ruhenden Kugel wegrollen, damit die gestoßene Kugel in ein Seitenloch trifft? (b) Stroboskopaufnahme eines Stoßes von zwei Billardkugeln [Foto mit freundlicher Genehmigung des Educational Development Center]* wobei α der Winkel zwischen V_1 und V_2 ist. Wir subtrahieren Gl. (7-8) von Gl. (7-9) und erhalten

$$\cos\alpha = 0 \quad \text{oder} \quad \alpha = 90^\circ.$$

Damit haben wir bewiesen, daß sich zwei Körper gleicher Masse nach einem nicht-zentralen elastischen Stoß unter einem rechten Winkel voneinander entfernen. Daraus ergibt sich als Lösung des Problems in Abb. 7-7 ein Winkel von $\theta = 60^\circ$.

7-3 Erhaltung der Gravitationsenergie

Fluchtgeschwindigkeit

Ein Geschoß der Masse m werde mit einer Geschwindigkeit v_1 senkrecht nach oben geschossen. Welche Höhe kann es erreichen? Kann es die Erde verlassen und nach $r = \infty$ gelangen? r_2 sei der maximal erreichbare Abstand vom Erdmittelpunkt. An diesem Punkt ist die kinetische Energie $K_2 = 0$. Da $K + U$ immer konstant bleibt, gilt

$$\tfrac{1}{2}mv_1^2 + U_1 = 0 + U_2,$$

$$\tfrac{1}{2}mv_1^2 = U_2 - U_1.$$

Setzt man Gl. (6-14) für U ein, so ergibt sich

$$\frac{1}{2}mv_1^2 = mgR_e^2\left(\frac{1}{R_e} - \frac{1}{r_2}\right). \qquad (7\text{-}10)$$

Also ist

$$r_2 = \left(\frac{1}{R_e} - \frac{v_1^2}{2g}\right)^{-1}$$

der maximal erreichbare Abstand vom Erdmittelpunkt, wobei R_e der Erdradius ist. Wir erkennen an Gl. (7-10), daß r_2 unendlich werden kann, wenn v_1 nur genügend groß ist. Die Geschwindigkeit, bei der eine Masse gerade eine unendliche Entfernung von der Erde erreichen kann, wird als Fluchtgeschwindigkeit oder auch als zweite kosmische Geschwindigkeit bezeichnet. Einsetzen von $r_2 = \infty$ in Gl. (7-10) ergibt

$$\frac{1}{2}v_0^2 = gR_e^2\left(\frac{1}{R_e} - 0\right),$$

$$v_0 = \sqrt{2}\sqrt{gR_e}. \quad \text{(Fluchtgeschwindigkeit)} \qquad (7\text{-}11)$$

Wir erinnern uns an Gl. (3-11), wo wir für die kritische Geschwindigkeit zum Erreichen einer Erdumlaufbahn (erste kosmische Geschwindigkeit) $v_c = \sqrt{gR_e}$ erhalten haben. Die Fluchtgeschwindigkeit ist also genau $\sqrt{2}$mal so groß. Da $v_c = 8$ km/s ist, beträgt die Fluchtgeschwindigkeit 11,2 km/s. Bei dieser Diskussion haben wir allerdings den Einfluß des Gravitationsfeldes der Sonne vernachlässigt (siehe dazu Beispiel 7).

Beispiel 7: Wie groß ist die Fluchtgeschwindigkeit aus dem Sonnensystem bei einem Abstand Erde–Sonne von $R_0 = 150 \cdot 10^6$ km? Gib die Lösung als Funktion von R_0 und T_0 (die Umlaufzeit der Erde um die Sonne) an.

Lösung: Die Geschwindigkeit eines Satelliten, der die Sonne im Abstand R_0 umkreist, beträgt $v_c = 2\pi R_0/T_0$. Die Erde ist ein solcher Satellit; bei ihr ist $T_0 = 1$ Jahr $= 3{,}15 \cdot 10^7$ s. Also wird

$$v_c = \frac{2\pi \cdot 150 \cdot 10^6}{3{,}15 \cdot 10^7} \text{ km/s} = 30 \text{ km/s}.$$

Die Fluchtgeschwindigkeit ist $\sqrt{2}$mal größer, also

$$v_0 = \sqrt{2}\,\frac{2\pi R_0}{T_0} = 42 \text{ km/s}.$$

Beispiel 8: Welcher Bruchteil der Fluchtgeschwindigkeit wird benötigt, um eine Rakete bis zum Mond zu schießen?

Lösung: Die Entfernung zum Mond beträgt 60 Erdradien. Einsetzen von $r_2 = 60R_e$ in Gl. (7-10) ergibt

$$\frac{1}{2} v_1^2 = gR_e^2\left(\frac{1}{R_e} - \frac{1}{60R_e}\right),$$

$$v_1^2 = 2gR_e \cdot 59/60,$$

$$v_1 = \sqrt{59/60}\,\sqrt{2gR_e} = 0{,}992 v_0.$$

Mehr als 99 % der Fluchtgeschwindigkeit werden benötigt, um sich 380000 km von der Erde zu entfernen.

Energie bei einer kreisförmigen Umlaufbahn

In Abschn. 6-7 haben wir die potentielle Energie relativ zur Erdoberfläche angegeben. Dies ist sehr unpraktisch, wenn Probleme behandelt werden, die sich mit der Sonne oder den Planeten befassen. Wir benötigen einen Ort im Raum, auf den wir allgemein die potentielle Energie der Gravitation beziehen können. Es hat sich bewährt, in Gl. (6-14) R_e durch ∞ zu ersetzen. Dann ergibt sich für die potentielle Energie einer Masse m, die sich im Abstand r von einer Masse M befindet:

$$U = -\int_{\infty}^{r} \boldsymbol{F} \cdot \mathrm{d}\boldsymbol{s} = -\int_{\infty}^{r} \left(-G\frac{Mm}{r^2}\right) \mathrm{d}r = GMm \int_{\infty}^{r} r^{-2}\,\mathrm{d}r$$

$$= GMm\left[-\frac{1}{r}\right]_{\infty}^{r},$$

$$U = -\frac{GMm}{r}. \quad \text{(potentielle Energie der Gravitation, auf unendlich bezogen)} \qquad \text{(7-12)}$$

Dies ist die Arbeit, die erforderlich ist, um m aus dem Unendlichen bis auf eine Entfernung r an M heranzubringen. Gleichfalls ist U der negative Wert der Arbeit, die man benötigt, um m von r nach unendlich zu bringen.

Die potentielle Energie einer kleinen Masse m auf einer Kreisbahn mit dem Radius R um eine große Masse M beträgt $U = -GMm/R$. Die Zentripetalbeschleunigung ist

$$\frac{v^2}{R} = \frac{F}{m} = G\frac{M}{R^2},$$

$$v^2 = G\frac{M}{R}. \qquad \text{(7-13)}$$

Multiplikation beider Seiten mit $\frac{1}{2}m$ ergibt

$$\frac{1}{2}mv^2 = \frac{GMm}{2R}.$$

Dies ist die kinetische Energie. Man beachte, daß diese halb so groß ist wie die potentielle Energie. Für die gesamte mechanische Energie ergibt sich damit

$$E = K + U = \frac{GMm}{2R} + \left(-\frac{GMm}{R}\right) = -G\frac{Mm}{2R}.$$

Wir stellen fest, daß die Gesamtenergie und die kinetische Energie die gleiche Größe, jedoch umgekehrtes Vorzeichen haben. Der gleiche Fall wird sich ergeben, wenn wir das Bohrsche Modell des Wasserstoffatoms behandeln, wo elektrostatische Kräfte wirksam sind.

7-4 Potentialdiagramme

Da $K + U$ in einem abgeschlossenen System immer konstant bleibt, kann der Betrag von K für jeden Ort bequem aus einem sogenannten Potentialdiagramm abgelesen werden. Die Kurve in Abb. 7-8 stellt die potentielle Energie der Gravitation für zwei Massen M und m als Funktion von r dar. Die horizontale Linie entspricht der Gesamtenergie $E = K + U$. Der Wert von K läßt sich leicht bestimmen, da $K = E - U$ ist. Graphisch ist K immer der vertikale Abstand der horizontalen Linie von der Kurve. Dies ist in Abb. 7-8 für $r = r_1$ dargestellt.

Das Potentialdiagramm einer Feder wird in Abb. 7-9 gezeigt. Am Punkt $x = x_1$ wollen wir E, K und U durch a und b ausdrücken: wenn a und b positive Größen sind, dann ist $E = a + b$, $K = a$ und $U = b$.

Es gibt in der Physik viele Beispiele, in denen die Kraft eine komplizierte Form hat und nicht mehr durch eine einfache analytische Funktion ausgedrückt werden kann. In vielen Fällen kann dann die Potentialkurve durch numerische Methoden oder mit Hilfe von Computerprogrammen bestimmt werden. In diesen Fällen sind Potentialdiagramme von großer Bedeutung.

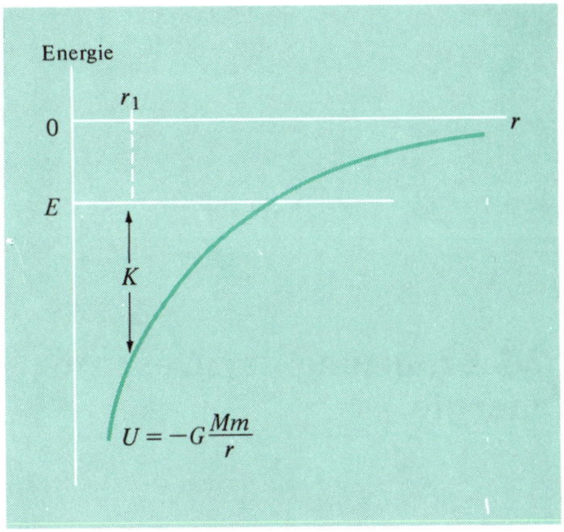

Abb. 7-8. *Potentielle Energie der Gravitation bei zwei Massen M und m*

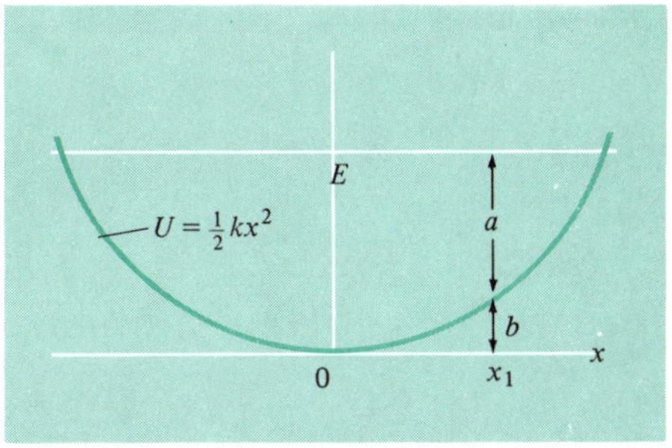

Abb. 7-9. *Potentialdiagramm für eine Feder mit der Federkonstanten k*

Beispiel 9: Abb. 7-10 zeigt die potentielle Energie $U(r)$ zwischen zwei Atomen eines Moleküls, wobei r der Abstand ihrer beiden Mittelpunkte ist.

(a) Wie groß ist E, K und U für $r = r_1$?
(b) Wie groß ist E, K und U für $r = r_2$?
(c) Wie groß ist die resultierende Kraft bei r_1?
(d) Wie groß ist E, wenn die kinetische Energie bei $r = r_1$ verschwindet? (Dies ist in der Abbildung nicht dargestellt.)

Lösung: Für alle r beträgt die Energie $E = -2$ eV. Dies ist durch die weiße horizontale Linie dargestellt. Der Betrag von $U(r)$ kann dann jeweils aus der Zeichnung abgelesen werden. Für $r = r_1$ ist $U(r_1) = -5$ eV. Für $r = r_2$ ist $U(r_2) = -2$ eV. Die kinetische Energie ergibt sich aus $K = E - U$:

$$\text{Bei } r = r_1,\ K = (-2\ \text{eV}) - (-5\ \text{eV}) = 3\ \text{eV}.$$

$$\text{Bei } r = r_2,\ K = (-2\ \text{eV}) - (-2\ \text{eV}) = 0.$$

Die Kraft erhält man nach Gl. (6-13):

$$F = -\frac{\mathrm{d}U}{\mathrm{d}r}.$$

Bei $r = r_1$ verschwindet die Ableitung; also ist $F(r_1) = 0$. Für die Energie in Frage (d) ergibt sich

$$E = K + U = 0 + (-5\ \text{eV}) = -5\ \text{eV}.$$

In diesem Fall hätten wir ein stabiles Molekül ohne atomare Bewegung oder Schwingung.

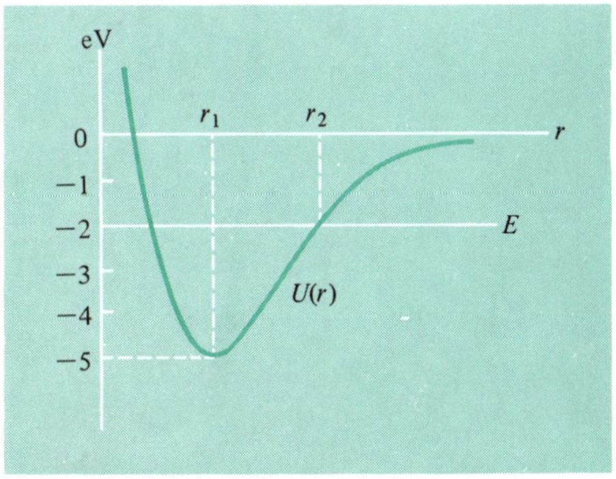

Abb. 7-10. *Darstellung der potentiellen Energie zweier Atome als Funktion des Abstands r*

Gleichgewicht

Ein Körper befindet sich im Gleichgewicht, wenn er sich in Ruhe befindet und die resultierende Kraft verschwindet. Die resultierende

Kraft ist null, wenn der Körper sich in einem lokalen Minimum oder auf einem lokalen Maximum der Potentialkurve befindet. Im ersten Fall ist das Gleichgewicht stabil, im zweiten Fall ist es instabil (eine kleine zusätzliche Kraft würde den Körper in Bewegung setzen).

7-5 Erhaltung der Gesamtenergie

Nun wollen wir den allgemeineren Fall behandeln, bei dem zu einer konservativen Kraft, die nur eine Funktion des Ortes ist, zusätzlich eine Reibungskraft $\boldsymbol{F}_R$ und eine externe Kraft $\boldsymbol{F}_{\text{ext}}$ hinzutritt. Wird die konservative Kraft mit $\boldsymbol{F}_c$ bezeichnet, dann ist die resultierende Kraft $\boldsymbol{F}_{\text{res}}$ gegeben durch

$$\boldsymbol{F}_{\text{res}} = \boldsymbol{F}_c + \boldsymbol{F}_R + \boldsymbol{F}_{\text{ext}}.$$

Mit Hilfe von Gl. (6-10) erhalten wir ΔK, die Zunahme der kinetischen Energie:

$$\int_A^B (\boldsymbol{F}_c + \boldsymbol{F}_R + \boldsymbol{F}_{\text{ext}}) \cdot \mathrm{d}\boldsymbol{s} = \Delta K,$$

$$\int_A^B \boldsymbol{F}_{\text{ext}} \cdot \mathrm{d}\boldsymbol{s} = \Delta K + \left(-\int_A^B \boldsymbol{F}_c \cdot \mathrm{d}\boldsymbol{s}\right) + \int_A^B (-\boldsymbol{F}_R) \cdot \mathrm{d}\boldsymbol{s}.$$

Der zweite Term auf der rechten Seite ist nach Definition gleich ΔU. Also ist

$$\int_A^B \boldsymbol{F}_{\text{ext}} \cdot \mathrm{d}\boldsymbol{s} = \Delta K + \Delta U + \int_A^B \boldsymbol{F}'_R \cdot \mathrm{d}\boldsymbol{s},$$

wobei $\boldsymbol{F}'_R$ die Kraft ist, die benötigt wird, um die Reibung zu überwinden. $\int \boldsymbol{F}'_R \cdot \mathrm{d}\boldsymbol{s}$ ist dann die Arbeit, die von dem Körper geleistet wird, um sich und seine Umgebung aufzuheizen. In der physikalischen Beschreibung entspricht diese Wärme der Arbeit, die zur Erhöhung der kinetischen und potentiellen Energie der einzelnen Atome und Moleküle aufgebracht wird. Vom makroskopischen Standpunkt aus gesehen wird dies als innere Energie U_{i} bezeichnet. U_{i} ist die kinetische und potentielle Energie der Teilchen des Körpers, die nicht in den Werten von K und U, die für den Körper als Ganzes gelten, enthalten sind.

$$\int_A^B \boldsymbol{F}_{\text{ext}} \cdot \mathrm{d}\boldsymbol{s} = \Delta K + \Delta U + \Delta U_{\text{i}}. \quad \text{(Erhaltung der Gesamtenergie)} \quad \textbf{(7-14)}$$

Gl. (7-14) sagt aus, daß die an einem Körper durch eine äußere Kraft geleistete Arbeit gleich der Erhöhung der kinetischen Energie, plus der Erhöhung der potentiellen Energie, plus der Erhöhung der inneren Energie ist. Die gesamte Energie wird berücksichtigt – nichts geht verloren: Dies ist die Erhaltung der Gesamtenergie.

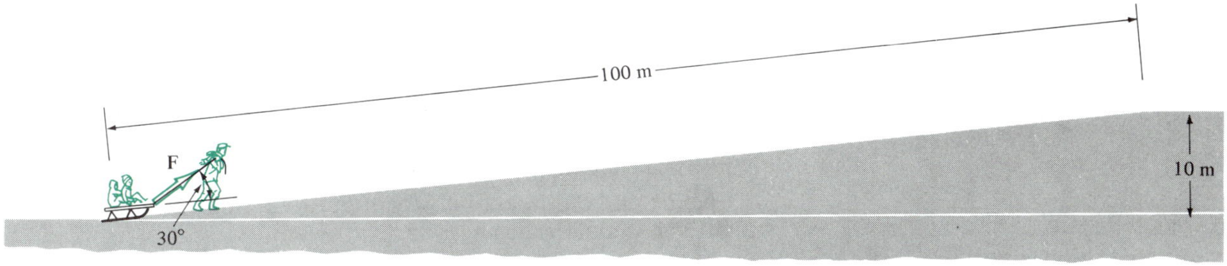

Abb. 7-11. *Ein Mann zieht einen Schlitten einen Hang hinauf.*

Beispiel 10: Ein Schlitten (mit Passagier) habe eine Masse von 50 kg. Die Reibungskraft sei 20 N (vgl. Abb. 7-11).

(a) Welche Arbeit muß der Mann leisten, um den Schlitten den Abhang hinaufzuziehen?

(b) Welche kinetische Energie besitzt der Schlitten am Fuß des Hügels, wenn er an der Spitze des Hügels losgelassen wurde? Wie groß ist seine Geschwindigkeit?

Lösung: (a) Nach Gl. (7-14) beträgt die geleistete Arbeit

$$\begin{aligned}\int \boldsymbol{F}_{\text{ext}} \cdot d\boldsymbol{s} &= \Delta K + \Delta U + \Delta U_i \\ &= 0 + mgh + |F_R|\, s \\ &= 0 + (50)(9{,}8)(10) + (20)(100) = 6900\ \text{J}.\end{aligned}$$

(b) Für die Fahrt nach unten kann Gl. (7-14) ebenfalls angewendet werden:

$$\begin{aligned}0 &= \Delta K + \Delta U + \Delta U_i \quad (\text{da } \boldsymbol{F}_{\text{ext}} = 0) \\ &= \Delta K + (-mhg) + |F_R|\, s,\end{aligned}$$

$$\Delta K = mgh - |F_R|\, s = (50)(9{,}8)(10) - (20)(100) = 2900\ \text{J},$$

$$\tfrac{1}{2}mv^2 = 2900\ \text{J},$$

$$v = \sqrt{\frac{5800}{50}}\ \text{m/s} = 10{,}8\ \text{m/s}.$$

Inelastische Stöße

Bisher haben wir immer nur elastische Stöße betrachtet, d. h. Stöße, bei denen die kinetische Energie nach dem Stoß die gleiche war wie vor dem Stoß. Wenn jedoch makroskopische Körper zusammenstoßen, geht meist etwas kinetische Energie verloren und wird in Wärmeenergie umgewandelt. Wir wollen nun den Extremfall betrachten, bei dem die beiden Stoßpartner nach dem Stoß zusammenbleiben. Das könnte z. B. der Stoß zweier Billardkugeln sein, wobei auf die ruhende Kugel Kaugummi geklebt ist, oder der Zusammenstoß eines Lastwagens mit einem Personenwagen, wie er in Abb. 7-12 dargestellt ist. Wenn die Anfangsgeschwindigkeiten v_1 und v_2 bekannt sind, sollte es möglich sein, die

Abb. 7-12. *Zusammenstoß zwischen LKW und PKW*

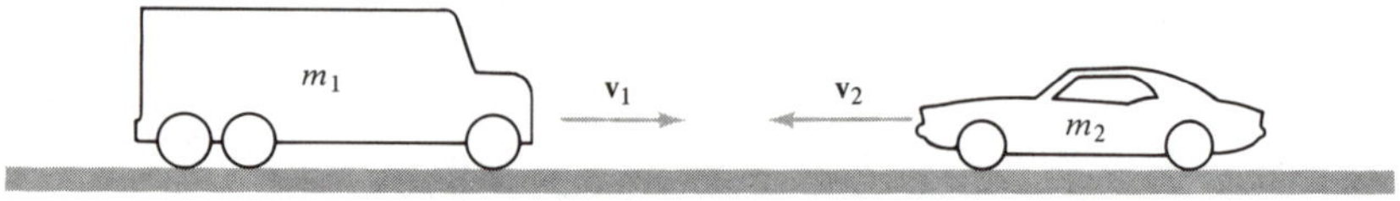

Endgeschwindigkeit V sowie den Betrag der in Wärme umgewandelten Energie zu berechnen. Bei jedem Stoß, ob nun elastisch oder inelastisch, gilt der Impulserhaltungssatz:

$$m_1 v_1 + m_2 v_2 = (m_1 + m_2)\, V,$$

$$V = \frac{m_1 v_1 + m_2 v_2}{m_1 + m_2}.$$

Als Beispiel sei $v_1 = -v_2 = 100$ km/h, $m_1 = 15$ t und $m_2 = 1{,}5$ t; dann ist

$$V = \frac{(15 \cdot 10^3)(100) + (1{,}5 \cdot 10^3)(-100)}{16{,}5 \cdot 10^3} \text{ km/h} = 81{,}8 \text{ km/h}.$$

Der Lastwagen verliert nur etwa 20% seiner Geschwindigkeit, während der Personenwagen seine Fahrtrichtung ändert und vom Lastwagen mitgeschleift wird. Dies ist einer der Gründe dafür, daß Zusammenstöße für die Insassen größerer Autos weniger gefährlich sind.

Für den Fall, daß Lastwagen und Personenwagen nicht aneinander hängenbleiben und die Geschwindigkeit des LKW (oder PKW) nach dem Stoß bekannt ist, kann die Endgeschwindigkeit des PKW (oder LKW) mit Hilfe des Impulserhaltungssatzes berechnet werden:

$$m_1 v_1 + m_2 v_2 = m_1 V_1 + m_2 V_2.$$

Beispiel 11: Wieviel kinetische Energie geht in dem oben beschriebenen Zusammenstoß zwischen LKW und PKW verloren?

Lösung:

$$\Delta K = \tfrac{1}{2} m_1 v_1^2 + \tfrac{1}{2} m_2 v_2^2 - \tfrac{1}{2}(m_1 + m_2)\, V^2$$

$$= \frac{1}{2}\left[m_1 v_1^2 + m_2 v_2^2 - (m_1 + m_2)\left(\frac{m_1 v_1 + m_2 v_2}{m_1 + m_2}\right)^2\right]$$

$$= \frac{1}{2}\,\frac{m_1 m_2}{m_1 + m_2}(v_1 - v_2)^2.$$

Die relative Geschwindigkeit beträgt $(v_1 - v_2) = 200$ km/h $= 55{,}5$ m/s.

$$\Delta K = \frac{1}{2}\,\frac{(15 \cdot 10^3)(1{,}5 \cdot 10^3)}{16{,}5 \cdot 10^3}(55{,}5)^2 \text{ J} = 2{,}1 \cdot 10^6 \text{ J}.$$

Beispiel 12: Die Mündungsgeschwindigkeit einer Kugel kann mit Hilfe eines ballistischen Pendels bestimmt werden. Die Kugel wird in einen Holzklotz geschossen, wie es Abb. 7-13 zeigt. Der Klotz schwingt aus und hebt sich dabei um die Höhe h.

(a) Wie groß ist die Mündungsgeschwindigkeit v als Funktion von m, M und h?

(b) Welcher Bruchteil an kinetischer Energie geht verloren?

Lösung: Nach dem Impulserhaltungssatz gilt

$$mv + 0 = (m + M)\,V,$$

$$v = \frac{m + M}{m}\,V, \qquad \textbf{(7-15)}$$

wobei V die Geschwindigkeit kurz nach dem Stoß ist. V kann durch Gleichsetzen der kinetischen Energie kurz nach dem Stoß mit der potentiellen Energie bei maximaler Höhe bestimmt werden:

$$\tfrac{1}{2}(m + M)\,V^2 = (m + M)\,gh,$$

$$V = \sqrt{2gh}.$$

Also ist

$$v = \frac{m + M}{m}\sqrt{2gh}.$$

Die kinetische Energie nach dem Stoß beträgt $K' = \frac{1}{2}(m + M)\,V^2$ oder nach Gl. (7-15)

$$K' = \frac{1}{2}(m + M)\left(\frac{m}{m + M}\,v\right)^2.$$

Also gilt:

$$K' = \frac{m}{m + M}\left(\frac{1}{2}mv^2\right) = \frac{m}{m + M}\,K,$$

$$\frac{K'}{K} = \frac{m}{m + M}.$$

Der Bruchteil des Energieverlustes ist 1 minus diese Größe bzw. $M/(m + M)$. Wir sehen, daß fast die gesamte kinetische Energie bei einem solchen Stoß verlorengeht.

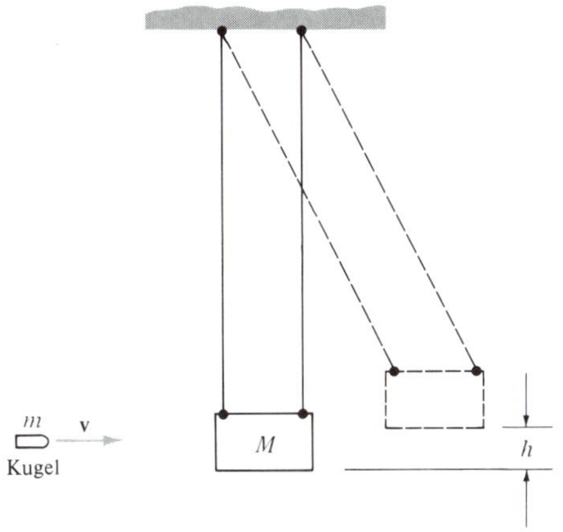

Abb. 7-13. *Das ballistische Pendel. Ein Holzklotz wird bis zur Höhe h ausgelenkt, nachdem er eine Kugel eingefangen hat.*

Innere Energie

Wie wir gesehen haben, ist die innere Energie ein zusätzlicher Energiebetrag, der bei einer makroskopischen Betrachtung der mechanischen Größen des Systems nicht in Erscheinung tritt. Allerdings macht sich die Zunahme der inneren Energie in einer Temperaturerhöhung bemerkbar. Wenn die einzelnen Teilchen ihre Zusammensetzung ändern, wie z. B. bei einer chemischen Reaktion, bei der eine Molekülart in eine andere übergeführt wird, besitzen die Produktmoleküle unter Umständen mehr Energie als die Ausgangsmoleküle. Eine solche Zunahme an mikroskopischer Energie ist bei einer makroskopischen Betrachtung des Systems in der inneren Energie U_i enthalten.

Nicht nur Moleküle können von einer Art in eine andere übergehen, sondern auch Atomkerne und sogar Elementarteilchen. Solche Änderungen der Kernenergie müssen auch in U_i enthalten sein. Wie wir in Kap. 9 sehen werden, besitzen alle Elementarteilchen eine sogenannte Ruhenergie m_0c^2, wobei m_0 die Ruhmasse des Teilchens ist. Wenn also ein Elementarteilchen von einem Zustand in einen anderen übergeht, wird eine Energie $(\Delta m)c^2$ freigesetzt, wobei Δm den Verlust an Ruhmasse darstellt. Auch ein solcher Term ist in U_i enthalten.

Eingehender werden wir die innere Energie und die Wärmeenergie in Kap. 12 behandeln.

*7-6 Energie und Biologie

Eine alltägliche Form der potentiellen Energie ist die chemische Energie. Wenn Atome ein Molekül bilden, so kommt es zwischen ihnen zu einer anziehenden Kraft, die Arbeit verrichtet und Energie in Form von Wärme freisetzt. In Lebewesen sind die Quellen chemischer Energie gewöhnlich die Kohlehydrate (verschiedene Kohlenwasserstoffmoleküle), die sich unter Energiefreisetzung mit Sauerstoff zu H_2O und CO_2 umsetzen. Typischerweise werden pro g Kohlehydrate 20000 J an Energie freigesetzt. Fast die doppelte chemische Energiemenge ist in 1 g Fett enthalten. Wenn Kohlehydrate in Muskelzellen „verbrannt" werden, kann etwa 25% der freigesetzten Energie als mechanische Arbeit verwendet werden. Ein Pferd nimmt im Mittel etwa 2000 W auf; daher kann es über längere Zeit etwa 500 W in Form von mechanischer Arbeit abgeben. Über kürzere Zeiträume kann es etwa 700 bis 800 W leisten. Auf solchen Messungen beruht die Definition der Pferdestärke (PS), nach der 1 PS genau 735,5 W entspricht.

Der Mensch ist ein kleineres Lebewesen. Er kann höchstens 100 W an mechanischer Arbeit pro Zeiteinheit aufbringen. Sogar im Schlaf muß ein typischer Erwachsener seinen „Brennstoff" mit einer Rate von 80 W verbrennen, um seine Körperfunktionen aufrechtzuerhalten. Dies wird als Grundumsatz bezeichnet. Die gleiche Leistung wird benötigt, um eine alltägliche Glühlampe zu betreiben. Im wachen Zustand, z. B. in einer Physikvorlesung, verbraucht ein Student etwa 150 W, d. h., zu den 80 W Grundumsatz kommen noch etwa 40 W für das Gehirn und 15 W für das Herz. Bei leichter Bewegung, wie z. B. Radfahren mit einer Geschwindigkeit von 15 km/h oder Schwimmen mit 1,5 km/h, benötigt ein Mensch etwa 500 W. Bei stärkerer Bewegung, wie z. B. beim Basketballspielen, benötigt er 700 W. Bei noch stärkeren Belastungen (z. B. Radrennen) bringt ein Körper bei gutem Gesundheitszustand mehr als 1000 W auf. Davon werden jedoch nur 100 W in mechanische Energie umgesetzt.

Beispiel 13: Wie lange reicht 1/2 kg Fett, um den menschlichen Körper bei nicht allzu starker Belastung (500 W) mit Energie zu versorgen, oder anders formuliert, wie lange muß eine übergewichtige Person radfahren, um 1/2 kg Fett zu verlieren?

Lösung: Fett besitzt einen Energiegehalt von etwa 40000 J/g. 1/2 kg enthält also 500 · 40000 J oder $20 \cdot 10^6$ J. Da $P = E/t$ ist, haben wir

$$t = \frac{E}{P} = \frac{20 \cdot 10^6\ \mathrm{J}}{500\ \mathrm{W}} = 4 \cdot 10^4\ \mathrm{s} \approx 10\ \mathrm{h}.$$

Bei einer 10stündigen körperlichen Belastung wird etwa 1/2 kg Fett verbraucht; meist führt das jedoch zu einem vermehrten Appetit. Eine andere Möglichkeit, Gewicht zu verlieren, besteht darin, nichts zu essen. Dann würden pro Tag etwa 0,6 kg des körperlichen Fetts benötigt, um den Körper am Leben zu erhalten.

Beispiel 14: Wie viele Kalorien muß man in Form von Nahrungsmitteln pro Tag zu sich nehmen, um am Leben zu bleiben? Eine Nahrungsmittelkalorie (= 1 kcal) enthält eine chemische Energie von 4180 J.

Lösung: Die verbrauchte Mindestleistung liegt bei 80 W im Schlaf und 150 W im wachen Zustand. Nehmen wir einen Mittelwert von 110 W an, dann wird pro Tag benötigt:

$$E = Pt = (110\ \mathrm{W}) \cdot (8{,}6 \cdot 10^4\ \mathrm{s}) = 9{,}5 \cdot 10^6\ \mathrm{J}.$$

Dies ist ein Nahrungsmittel-Energiegehalt von 2260 kcal.

7-7 Die Energie und das Auto

In diesem Abschnitt wollen wir einige der bisher behandelten grundlegenden Prinzipien anwenden, um für ein typisches Auto den Energie- und Treibstoffverbrauch abzuschätzen. Wir wollen die Faktoren verstehen, die den Energieverbrauch eines Autos beeinflussen, um hierdurch in der Lage zu sein, Benzin zu sparen.

Wenn es keine Reibung gäbe, bräuchte ein Auto, das auf gerader Straße fährt, keinen Antrieb. Natürlich wird zur Beschleunigung des Wagens Energie benötigt, z. B. zum Anfahren oder für den Überholvorgang. Wir wollen zunächst berechnen, welche Leistung benötigt wird, um ein Auto aus dem Stand auf 100 km/h zu beschleunigen. Danach wollen wir den Hauptursachen der Reibung bei hohen Geschwindigkeiten nachgehen sowie den zusätzlichen Treibstoffverbrauch bei hoher Geschwindigkeit abschätzen.

Ein Personenwagen kann als sehr gut motorisiert bezeichnet werden, wenn er in 10 s aus dem Stand auf 100 km/h beschleunigen kann. Dies entspricht einer konstanten Beschleunigung von

$$a = \frac{v}{t} = \frac{100\ \text{km/h}}{10\ \text{s}} = 2{,}8\ \text{m/s}^2 \approx 1/4\, g .$$

Zunächst müssen wir natürlich abschätzen, ob die Reibungskraft zwischen Straßenbelag und Reifen ausreichend ist, um eine solche Beschleunigung zu erlauben. Die Reibungskraft beträgt $F_R = ma = m(\frac{1}{4}g)$; die Normalkraft durch die Hinterräder beträgt etwa $\frac{1}{2}mg$. Das Verhältnis von F_R zu Normalkraft ist also etwa 0,5. Dies liegt nahe an der maximal erreichbaren Reibungszahl für Personenwagenreifen. Daher kann man kaum erwarten, mit Personenwagen schneller als in etwa 10 s auf 100 km/h zu kommen. Nur Rennwagen und Sportwagen mit Spezialreifen sowie höherer Belastung der Hinterräder können stärker beschleunigen.

Nun wollen wir uns der Frage zuwenden, über welche Leistung der Motor verfügen muß, um die Haftfähigkeit der Reifen voll auszunutzen. Für einen Wagen der Masse $m = 10^3$ kg muß die Kraft $F_R = ma = (10^3\ \text{kg})(\frac{1}{4}g) \approx 2{,}5 \cdot 10^3$ N betragen. Beim Erreichen einer Geschwindigkeit von 100 km/h muß die Maschine also die folgende Leistung erbringen, s. Gl. (6-3):

$$P = Fv = (2{,}5 \cdot 10^3\ \text{N})\,(28\ \text{m/s}) = 70 \cdot 10^3\ \text{W} \approx 95\ \text{PS}.$$

Für einen Wagen mit einer Masse von 1 t würde eine Maschine, die bei 100 km/h etwa 90 PS liefert, voll ausreichen. Eine größere Leistung würde nur dazu führen, daß die Räder durchdrehen, ohne eine Verbesserung des Fahrverhaltens zu bewirken. Im Augenblick des Anfahrens ist $Fv = 0$, in diesem Moment wird also keine Leistung benötigt; daher drehen die Räder beim Anfahren auch leicht durch.

Luftwiderstand

Nun wollen wir abschätzen, welche Leistung benötigt wird, um den Luftwiderstand des Wagens bei konstanter Geschwindigkeit zu überwinden. Wie wir sehen werden, nimmt der Luftwiderstand mit dem Quadrat der Geschwindigkeit zu und wird bei hohen Geschwindigkeiten dominierend. Andere Reibungsursachen, wie die Reibung im Getriebe oder der Wärmeverlust in den Reifen, hängen hauptsächlich von der Umdrehungszahl des Motors ab und bleiben pro Kilometer annähernd konstant, unabhängig von der Geschwindigkeit. Wir wollen nun abschätzen, welche Leistung von der Maschine zur Überwindung des Luftwiderstandes bei hohen Geschwindigkeiten zur Verfügung gestellt werden muß und wieviel zusätzlicher Brennstoff dazu benötigt wird. Der größte Teil dieses zusätzlichen Benzins könnte also durch eine langsamere Fahrweise eingespart werden.

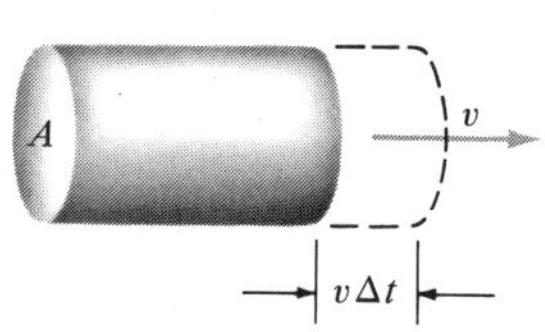

Abb. 7-14. *Eine Luftsäule wird um die Strecke ($v\,\Delta t$) verschoben.*

Eine kleine Luftmenge der Masse Δm vor dem Wagen bekommt durch diesen die kinetische Energie $\frac{1}{2}(\Delta m)\, v^2$, dabei ist v die Geschwindigkeit des Wagens. Nach Abb. 7-14 kann Δm ausgedrückt werden als

$$\Delta m = \varrho_L A v \, \Delta t .$$

$\varrho_L = 1{,}3\ \mathrm{kg/m^3}$ ist die Dichte der Luft und A die effektive Querschnittsfläche des Wagens. Die in der Zeit Δt an die Luft abgegebene Energie beträgt:

$$\Delta E = \tfrac{1}{2}(\Delta m)\, v^2 = \tfrac{1}{2}(\varrho_L A v \, \Delta t)\, v^2 .$$

Damit ist der Leistungsverlust infolge des Luftwiderstandes

$$\frac{\Delta E}{\Delta t} = \tfrac{1}{2}\varrho_L A v^3 . \tag{7-16}$$

Da die Leistung gleich Fv ist, wird die Kraft des Luftwiderstandes zu

$$F_L = \tfrac{1}{2}\varrho_L A v^2 . \tag{7-17}$$

Man beachte, daß A die effektive Querschnittsfläche der Luftmasse ist, die sich annähernd mit Wagengeschwindigkeit bewegt. Eine experimentelle Bestätigung von Gl. (7-16) ist in Abb. 7-15 dargestellt. Die Luft in der Nähe des Wagendaches und an den Wagenseiten gleitet ab und

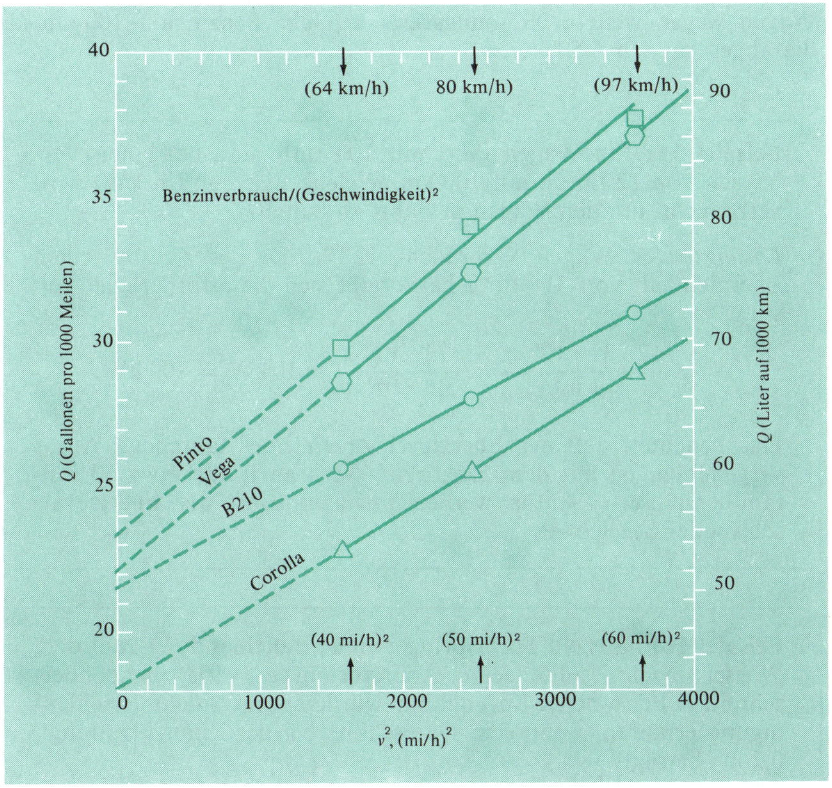

Abb. 7-15. *Benzinverbrauch verschiedener amerikanischer Personenwagen gegen das Quadrat ihrer Geschwindigkeit. Die vertikale Skala ist proportional zur Kraft. Die Tatsache, daß die experimentellen Punkte auf Geraden liegen, zeigt, daß* $F = K_1 + K_2 v^2$. *Der Term* $K_2 v^2$ *tritt infolge des Luftwiderstandes auf.* (*Von R. E. Barker*: *Am. J. Phys., Jan. 1976*)

übernimmt nur einen kleinen Geschwindigkeitsbetrag. Bei einem typischen Personenwagen kann man annehmen, daß A etwa 1 m² beträgt. Die folgenden Abschätzungen können natürlich nicht korrekt sein; sie beinhalten durchaus eine Ungenauigkeit von einem Faktor 2. Gl. (7-16) ergibt für einen Wagen mit einer Geschwindigkeit von 100 km/h:

$$P = \tfrac{1}{2}(1{,}3)\,(1)\,(28)^3 = 14\,300 \text{ W} \approx 19 \text{ PS}.$$

Man beachte, daß die erforderliche Leistung mit der dritten Potenz der Geschwindigkeit anwächst. Um mit dem Wagen 150 km/h fahren zu können, wird 3,375mal soviel Leistung durch den Luftwiderstand verbraucht wie bei einer Fahrt mit 100 km/h; d. h., für die Überwindung des Luftwiderstandes bei 150 km/h werden schon 64 PS benötigt.

Nun wollen wir die Benzinmenge abschätzen, die zur Überwindung des Luftwiderstandes bei 100 km/h benötigt wird. Dazu wird eine Energie benötigt, die gegeben ist durch

$$\Delta E = P\,\Delta t = (14\,300 \text{ W})\,(3\,600 \text{ s}) = 51 \cdot 10^6 \text{ J}.$$

Der Energiegehalt von Benzin liegt bei $31 \cdot 10^3$ J/cm³. Da ein guter Automotor einen Wirkungsgrad von etwa 25% besitzt, erzeugt jeder Liter Benzin eine mechanische Energie von $7{,}75 \cdot 10^6$ J. Das bedeutet, daß unser Wagen zur Überwindung des Luftwiderstandes auf einer Strecke von 100 km etwa 6,5 Liter braucht. Natürlich verbraucht ein Wagen wegen weiterer Reibungsverluste mehr Benzin auf 100 km als die abgeschätzten 6,5 Liter.

Beispiel 15: Ein Wagen fährt mit 100 km/h und hat einen Verbrauch von 12 Litern auf 100 km. Welche Leistung (in kW) wird verbraucht, um den Wagen in Fahrt zu halten?

Lösung: Der Wagen verbraucht 12 l/h. Da jeder Liter einen Energieinhalt von $31 \cdot 10^6$ J hat, ergibt sich die erforderliche Leistung zu

$$P = \frac{12 \cdot 31 \cdot 10^6 \text{ J}}{1 \text{ h}} = \frac{372 \cdot 10^6 \text{ J}}{3{,}6 \cdot 10^3 \text{ s}} = 10^5 \text{ W} = 100 \text{ kW}.$$

Das bedeutet, daß der Energieverbrauch eines fahrenden Autos vergleichbar ist mit dem Elektrizitätsverbrauch von etwa 50 Einfamilienhäusern. Autos werden nicht umsonst als Energieverschwender bezeichnet.

Beispiel 16: Falls ein Turmspringer eine „Bauchlandung" auf dem Wasser macht, sollte seine Abbremsung $a = 50g$ nicht überschreiten. Bei welcher Sprunghöhe würde er eine solche Beschleunigung erfahren, wenn sein Querschnitt bei der „Bauchlandung" 0,2 m² beträgt?

Lösung: Die Geschwindigkeit beim Auftreffen auf die Wasseroberfläche ist gegeben durch

$$v = \sqrt{2gh}.$$

Die Bremskraft ergibt sich nach Gl. (7-17) zu

$$F \approx \tfrac{1}{2}\varrho A(2gh),$$

$$ma \approx \varrho A g h,$$

$$h \approx \frac{m}{\varrho A}\frac{a}{g} = 50\frac{m}{\varrho A} \quad \text{für} \quad a = 50g.$$

Für Wasser ist $\varrho = 10^3\ \mathrm{kg/m^3}$. Dann ergibt sich für $m = 60\ \mathrm{kg}$:

$$h = 50\frac{60\ \mathrm{kg}}{(10^3\ \mathrm{kg/m^3})\,(0{,}2\ \mathrm{m^2})} = 15\ \mathrm{m}.$$

Bei Sprüngen aus größerer Höhe muß man zur Vermeidung schwerer Verletzungen in jedem Fall für eine Verkleinerung des effektiven Querschnitts sorgen; also Kopf oder Füße voran.

Zusammenfassung

Falls keine äußeren Kräfte oder Reibungskräfte auf eine Masse wirken, bleibt die mechanische Energie erhalten: $(K + U)$ = konstant für jede Position der Masse. Dies gilt ebenfalls für ein abgeschlossenes System von N Massen mit $K = \sum_{j=1}^{N} K_j$.

Der Kraftstoß ist definiert als $\boldsymbol{I} = \int \boldsymbol{F}\,\mathrm{d}t = \boldsymbol{P}_2 - \boldsymbol{P}_1$. Bei einem elastischen Stoß geht keine kinetische Energie verloren.

Für eine Masse m läßt sich die Fluchtgeschwindigkeit v_0 von der Oberfläche einer kugelförmigen Masse M angeben:

$$\tfrac{1}{2}mv_0^2 + \left(-G\frac{Mm}{R}\right) = 0 + 0$$

oder

$$v_0 = \sqrt{\frac{2GM}{R}}.$$

Unter Berücksichtigung von Reibungskräften und externen Kräften ergibt sich das Gesetz von der Energieerhaltung zu

$$\int_A^B \boldsymbol{F}_{\mathrm{ext}} \cdot \mathrm{d}\boldsymbol{s} = \Delta K + \Delta U + \Delta U_{\mathrm{i}},$$

wobei ΔU_{i} die Zunahme an Wärme-, chemischer und Ruhenergie ist.

Die Bremskraft auf einen Körper mit effektiver Querschnittsfläche A ist bei der Bewegung durch eine Flüssigkeit gegeben durch $F \approx \frac{1}{2}\varrho A v^2$, wobei ϱ die Dichte des Mediums ist.

Anhang 7-1 Energieerhaltung bei N Teilchen

Die Änderung der gesamten potentiellen Energie ist nach Definition

$$\mathrm{d}U = -\sum_j \boldsymbol{F}_j \cdot \mathrm{d}\boldsymbol{s}_j.$$

Wir ersetzen nun jedes $\boldsymbol{F}_j$ durch $m_j\,(\mathrm{d}\boldsymbol{v}_j/\mathrm{d}t)$ und jedes $\mathrm{d}\boldsymbol{s}_j$ durch $\boldsymbol{v}_j\,\mathrm{d}t$:

$$\mathrm{d}U = -\sum m_j \frac{\mathrm{d}\boldsymbol{v}_j}{\mathrm{d}t} \cdot \boldsymbol{v}_j\,\mathrm{d}t.$$

Nach Gl. (6-3) ersetzen wir $(\mathrm{d}\boldsymbol{v}_j/\mathrm{d}t) \cdot \boldsymbol{v}_j$ durch $v_j\,(\mathrm{d}v_j/\mathrm{d}t)$:

$$\mathrm{d}U = -\sum m_j \left(v_j \frac{\mathrm{d}v_j}{\mathrm{d}t}\right) \mathrm{d}t.$$

Nun ersetzen wir jedes $(\mathrm{d}v_j/\mathrm{d}t)\,\mathrm{d}t$ durch $\mathrm{d}v_j$:

$$\mathrm{d}U = -\sum m_j v_j\,\mathrm{d}v_j$$

$$= -\sum \mathrm{d}(\tfrac{1}{2}m_j v_j^2).$$

Also ist

$$\Delta U = -\sum \Delta K_j.$$

Bei zwei verschiedenen Zeitpunkten t_1 und t_2 ist $\Delta U = U_2 - U_1$ und $\Delta K_j = (K_j)_2 - (K_j)_1$, so daß gilt:

$$U_2 - U_1 = -\sum (K_j)_2 + \sum (K_j)_1,$$

$$(K_t)_1 + U_1 = (K_t)_2 + U_2.$$

Aufgaben

1. Wie groß ist die Geschwindigkeit der Masse m in Beispiel 1, wenn sie den Ort $x = \frac{1}{2}x_0$ erreicht? Gib die Lösung als Funktion von k, m, und x_0 an.
2. Welche Geschwindigkeit muß man der Masse m in Beispiel 2 geben, damit gerade die Befestigungshöhe erreicht wird? Ist das Resultat bei der Aufhängung an einem Faden und bei der Aufhängung an einem Stab gleich?
3. Nimm in Beispiel 5 an, daß der Kopf des Beifahrers 60 cm von der Windschutzscheibe entfernt ist.

(a) Welche Zeit vergeht vom Zeitpunkt der ersten Baumberührung bis zum Auftreffen des Kopfes auf die Windschutzscheibe?
(b) Die Windschutzscheibe deformiere sich um 3 mm. Wie groß ist die mittlere Abbremsung des Kopfes, wenn man annimmt, daß sich der Schädel nicht deformiert?

4. Wie groß ist das Verhältnis von K_1'/K_1 in Abb. 7-5, wenn K_1' die kinetische Energie von m_1 nach dem Stoß ist? Gib die Lösung als Funktion von m_1 und m_2 an.
5. In Abb. 7-5 sei $m_1/m_2 = 2$. Wie groß ist der relative Energieverlust von m_1 infolge des Stoßes?
6. Wie groß ist die Fluchtgeschwindigkeit vom Mond sowie vom Mars? Benötigte Zahlenwerte können aus Anhang A entnommen werden.
7. Welcher Bruchteil der Fluchtgeschwindigkeit wird benötigt, um eine Rakete über die halbe Strecke zum Mond zu schicken?
8. Wiederhole Beispiel 10 für eine Reibungskraft von 30 N.
9. Wie groß ist für das System in Beispiel 11 der relative Verlust an kinetischer Energie?
10. In Abb. 7-13 trifft eine Kugel auf einen 2 kg schweren Holzklotz und hebt diesen um 10 cm. Wie groß ist die Mündungsgeschwindigkeit der Kugel?
11. Eine Person faste eine Woche. Die mittlere Leistung zur Aufrechterhaltung der Körperfunktionen liege bei 100 W. Schätze den Gewichtsverlust ab.
12. Ein 1500 kg schweres Auto, bei dem 50% des Gesamtgewichts auf den Hinterrädern lastet, beschleunigt in 5 s von 0 auf 80 km/h. Wie groß ist der Reibungskoeffizient für die Hinterräder? Welche Leistung liefert die Maschine in dem Augenblick, wo der Wagen 80 km/h erreicht?

13. In Beispiel 3 werde die Masse am oberen Scheitelpunkt losgelassen. θ sei der Winkel zwischen der Stange und ihrer Ausgangsposition. Leite eine Formel für v als Funktion von θ her.
14. Wiederhole Beispiel 4 mit $F_B = 20mg$. Reißt jetzt das Seil?
15. Wie groß sollte in Beispiel 4 die Reißfestigkeit F_B sein, damit $y_{\max} = 0{,}25l$ wird?
16. In Beispiel 4 sei $l = 20$ m. Wie groß ist $y_{\max}$ und $a_{\max}$, wenn das Seil nicht straff gespannt ist, sondern noch 2 m nachgibt?
17. Zeige in Beispiel 5, daß eine Deformation von 30 cm und eine Bremszeit von $3 \cdot 10^{-2}$ s bei Annahme einer gleichförmigen negativen Beschleunigung miteinander konsistent sind.
18. In dieser Aufgabe wollen wir ein Luftkissen als Sicherheitseinrichtung für Autofahrer entwickeln. Wir nehmen an, daß ein menschlicher Schädel einer schweren Verletzung entgeht, wenn seine Beschleunigung $30g$ nicht überschreitet. Wie dick muß das Luftpolster sein, wenn wir als schlimmsten Fall einen Unfall bei 100 km/h und eine Bremszeit von $2 \cdot 10^{-2}$ s annehmen?
19. Nimm in Abb. 7-7 an, daß die ankommende Kugel die halbe Masse der ruhenden Kugel besitzt. Wie groß ist θ, wenn die zunächst ruhende Kugel wie in der Abbildung unter einem Winkel von 30° wegfliegt?
20. (a) Gib die Energie, die eine Masse m für ihre „Flucht" von der Erde (nicht aus dem Sonnensystem) braucht, im Verhältnis zu der für eine Kreisbahn benötigten Energie an.
(b) Wiederhole die Rechnung für eine „Flucht" aus dem Sonnensystem.
21. Das Universum bestehe nur aus einem Neutron und einem Elektron. Das Elektron befinde sich in einer Kreisbahn um das Neutron. Der Radius sei R, und die einzige Kraft zwischen ihnen sei die Gravitationskraft. Außerdem sei $m_e vR = 1{,}05 \cdot 10^{-34}$ J s.
(a) Wie groß ist die Elektronengeschwindigkeit?
(b) Wie groß ist der Radius R der Kreisbahn?

22. Betrachte einen 1000 kg schweren Wagen. Auf gerader Strecke werden 500 N benötigt, um ihn langsam mit konstanter Geschwindigkeit dahinrollen zu lassen.

(a) Wie groß ist die Reibungskraft in Newton?

(b) Wie groß ist die Beschleunigung, wenn eine Kraft von 1000 N angewendet wird?

(c) Wie weit kommt der Wagen ohne Antrieb, wenn er aus dem Stand einen Hügel von 10 m Höhe hinabrollt und dann auf horizontaler Straße bis zum Stand weiterrollt?

23. Block B ruhe auf einer reibungsfreien Fläche. Block A besitze die gleichen Eigenschaften wie Block B und sei am Ende eines Seils der Länge R befestigt. Er werde aus horizontaler Lage losgelassen und stoße mit B zusammen. Nach dem Zusammenstoß haften beide Blöcke aneinander und bewegen sich zusammen weiter.

(a) Wie groß ist die Geschwindigkeit beider Blöcke kurz nach dem Zusammenstoß?

(b) Welche Höhe über der Fläche erreichen sie?

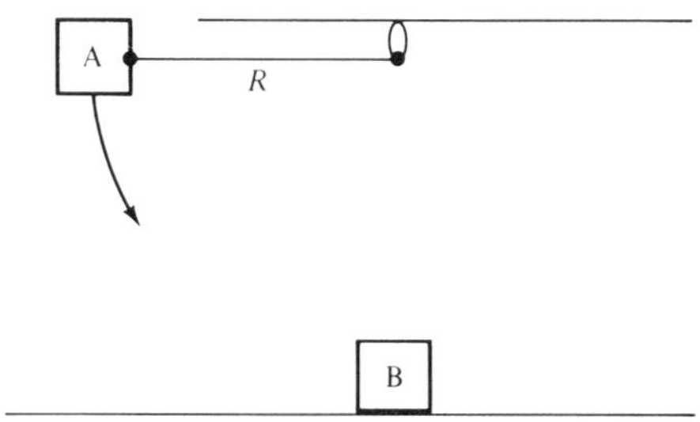

Aufgabe 23

24. Ein Block der Masse 1 kg befindet sich zunächst in Ruhe. Er gleitet dann die nebenstehende schiefe Ebene hinunter und erreicht am Ende dieser schiefen Ebene eine Geschwindigkeit von 100 cm/s.

(a) Welche Arbeit verrichtet die Reibungskraft?

(b) Wie groß ist die konstante Reibungskraft?

(c) Die schiefe Ebene werde mit einer dünnen Ölschicht bedeckt, die die Reibung auf ein Zehntel ihres vorherigen Wertes reduziert. Mit welcher Geschwindigkeit erreicht der Block jetzt das Ende der schiefen Ebene?

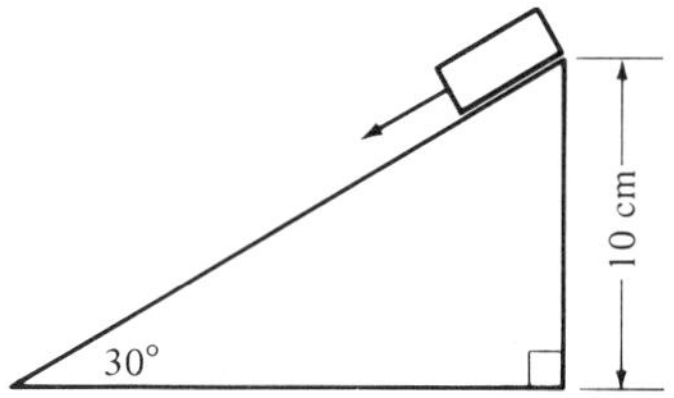

Aufgabe 24

25. Der Personenwagen der Abb. 7-12 befinde sich in Ruhe ($v_2 = 0$). Leite eine Formel für den Energieverlust des Lastwagens her: $\Delta K_1/K_1 = ?$

26. Wie groß ist in Abb. 7-12 die kinetische Energie von m_2 nach dem Zusammenstoß?

27. **(a)** Welche Arbeit ist erforderlich, um eine Masse von 10 g eine reibungslose schiefe Ebene von 3 m Länge und 0,5 m Höhe aufwärts zu schieben?

(b) Angenommen, zwischen Masse und schiefer Ebene wirke eine Reibungskraft von 700 dyn. Wie groß ist jetzt die aufzuwendende Arbeit?

(c) Nehmen wir weiter an, daß eine Kraft von 3000 dyn angewendet wird, um die Masse auf der schiefen Ebene nach oben zu schieben [die Reibungskraft sei dieselbe wie in Fall (b)]. Wie groß ist die Geschwindigkeit der Masse, wenn sie oben ankommt?

28. Schätze mit Hilfe von Abb. 7-15 den effektiven Querschnitt eines Vega ab. Gehe dabei von einem Maschinenwirkungsgrad von 20% aus.

29. Schätze mit Hilfe von Abb. 7-15 die resultierende Reibungskraft F_R auf einen Vega bei kleiner Geschwindigkeit ab. Nimm einen Wirkungsgrad der Maschine von 20% an.

30. Bei welcher Geschwindigkeit ist bei einem Vega der Energieverlust infolge des Luftwiderstandes größer als die Reibungsverluste? Benutze dazu Abb. 7-15.

31. In Beispiel 4 habe der Bergsteiger eine Masse von 60 kg, und es sei $l = 50$ m und $F_B = 1{,}1 \cdot 10^4$ N. Wie groß sind y_{max} und a_{max}?

32. Wir betrachten die Spielzeug-Achterbahn in nebenstehender Skizze. Der Wagen wird bei Punkt A leicht angestoßen, so daß er die Bewegung mit der Geschwindigkeit null beginnt. Er gleitet auf der reibungsfreien Bahn herunter und bewegt sich dann auf der Innenseite einer Kreisschleife vom Radius R. Die Höhe h ist so gewählt, daß der Wagen gerade die Fahrt durch die Schleife schafft, ohne den Kontakt mit der Fahrbahn zu ver-

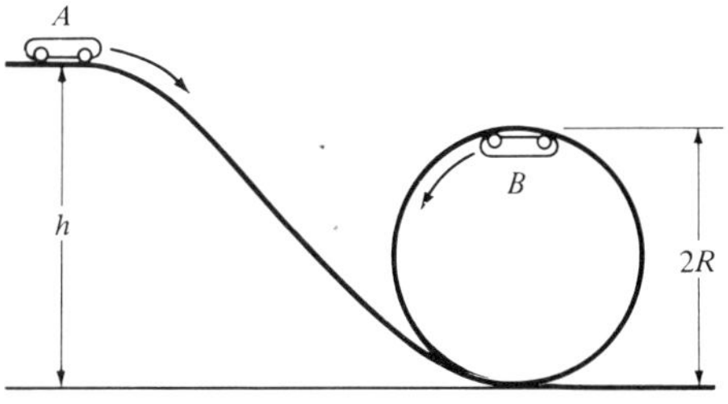

Aufgabe 32

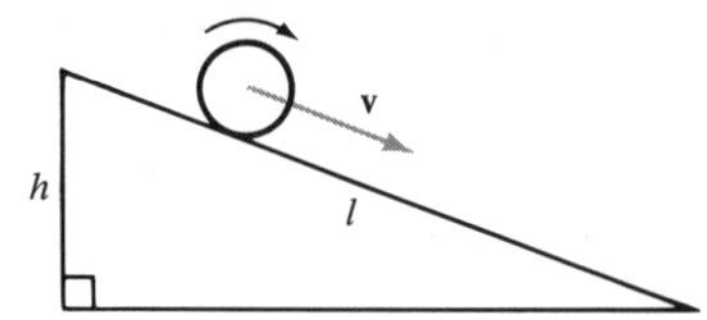

Aufgabe 33

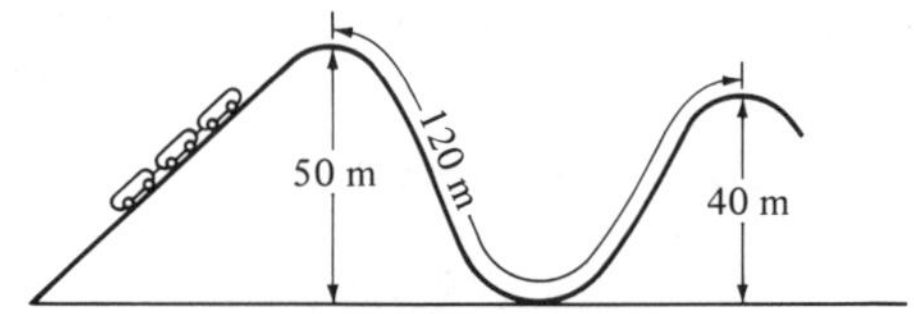

Aufgabe 34

lieren. Gib h als Funktion von R an! Wie groß ist die Kraft, mit der die Fahrbahn im Punkt B auf den Wagen wirkt?

33. Wir betrachten eine Vollkugel, die aus dem Ruhezustand eine schiefe Ebene hinunterrollt. Wir nehmen an, daß die kinetische Energie der Rotation immer gleich der kinetischen Energie der Translation ($\frac{1}{2}mv^2$) ist, wobei v die Geschwindigkeit des Massenmittelpunktes ist. Man kann zeigen, daß die gesamte kinetische Energie gleich der Summe aus der kinetischen Energie der Rotation und der kinetischen Energie der Translation sein muß.

(a) Wie groß ist die gesamte kinetische Energie der Kugel am Ende der schiefen Ebene als Funktion von m, g und h?

(b) Wie groß ist an dieser Stelle die Geschwindigkeit v?

(c) Drücke die Beschleunigung des Massenmittelpunktes durch v und l aus.

34. Eine Berg- und-Tal-Bahn fahre einen 50 m hohen Hügel hinauf. Der nächste Hügel sei 40 m hoch; zwischen beiden Hügeln liege ein Weg von 120 m. Wie groß darf die Reibungskraft auf einen Wagen der Masse 500 kg höchstens sein, damit er die Spitze der zweiten Anhöhe gerade noch erreicht? (Wenn F_R nur ein wenig größer wäre, würde die Bahn die Spitze des zweiten Hügels nicht mehr erreichen. F_R sei konstant.)

35. Wieviel Liter Benzin pro Stunde verbraucht ein Vega bei einer Geschwindigkeit von 100 km/h? Gib die Wärmeenergieerzeugung pro Zeiteinheit in Kilowatt an. Benutze dazu Abb. 7-15.

36. Eine Masse m hängt an einem Seil der Länge l. Eine zweite identische Masse gleitet mit der Geschwindigkeit v_0 über eine reibungslose Fläche.

(a) Auf welche Höhe h wird die erste Masse gehoben, wenn die beiden Körper elastisch zusammenstoßen?

(b) Auf welche Höhe werden beide Massen gehoben, wenn der Zusammenstoß vollständig inelastisch ist?

(c) Wieviel Wärmeenergie wird in Fall (b) erzeugt? Gib die Lösung als Funktion von m und v_0 an.

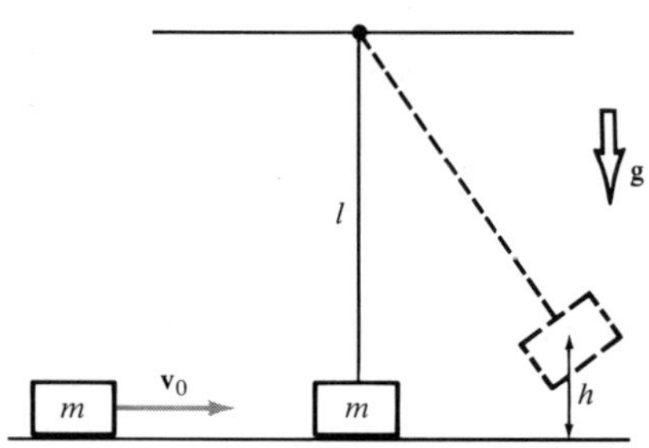

Aufgabe 36

37. Ein Spielzeuggewehr bestehe aus einem Rohr mit einer masselosen Feder, deren Federkonstante $k = 400$ N/m ist. Eine Kugel der Masse 10 g drücke die Feder im Rohr um 5 cm zusammen. Ein Kind hält das Gewehr horizontal 1 m über den Erdboden und schießt die Kugel ab.

(a) Wo landet die Kugel unter Vernachlässigung der Luftreibung?

(b) Wir nehmen an, die Kugel trifft ein Holzstück der Masse 40 g, das von einem Baum herunterhängt. Dabei bleibt die Kugel an dem Holzstück kleben, und beide schwingen nach oben. Wie hoch schwingen sie? Behandle das Holzstück als Massenpunkt am Ende einer masselosen Stange.

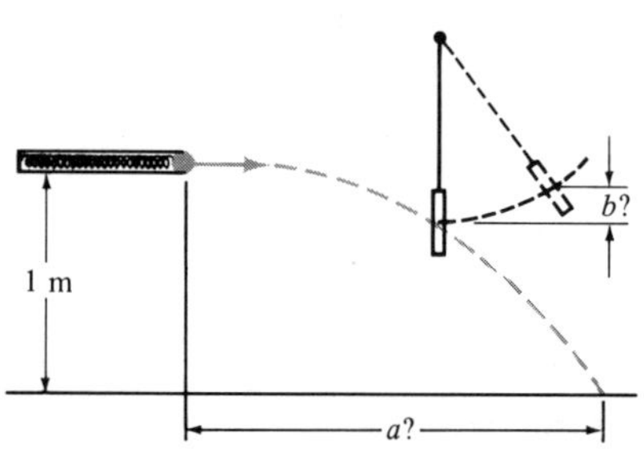

Aufgabe 37

38. (a) Eine Kugel der Masse $m = 2$ kg gleitet ohne Reibung oder Luftwiderstand auf einer vertikalen Stange, wie in der Abbildung dargestellt. Die Kugel wird bei Punkt A aus der Ruhelage losgelassen und fällt dann nach unten. Welche Geschwindigkeit besitzt sie bei Punkt B nach Zurücklegen einer Strecke $d = 4$ m?

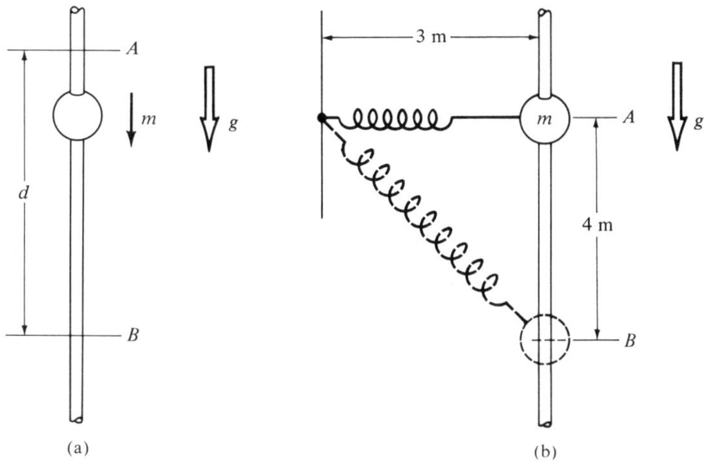

Aufgabe 38

(b) Eine Feder der Länge 3 m (entspannt) mit der Federkonstanten $k = 22$ N/m wird an der Kugel befestigt, wie in der Skizze dargestellt. Wie groß ist jetzt die Geschwindigkeit der Kugel, wenn sie B erreicht? (Die Kugel ist so schwer und die Feder so schwach, daß die Kugel auch tatsächlich Punkt B erreichen kann!)

39. Angenommen, der Zusammenstoß zwischen Lastwagen und Personenwagen in Abb. 7-12 sei ein elastischer Stoß. Welche Geschwindigkeit hat dann der Personenwagen nach dem Zusammenstoß?

40. Der Lastwagen in Abb. 7-12 habe nach dem Zusammenstoß noch eine Geschwindigkeit von 70 km/h.

(a) Wie groß ist die Endgeschwindigkeit des Personenwagens?

(b) Wieviel kinetische Energie geht bei dem Zusammenstoß verloren?

8

Relativistische Kinematik

*8-1 Einführung

Bis jetzt haben wir bei der Darstellung der Mechanik vorausgesetzt, daß alle auftretenden Geschwindigkeiten sehr klein im Vergleich zur Lichtgeschwindigkeit c sind. Nun, da wir die Grundbegriffe der Mechanik entwickelt haben, wollen wir auch den Grund kennenlernen, warum wir diese Einschränkung $v \ll c$ machen müssen. Der Grund für diese Einschränkung ist einfach: die Newtonsche Mechanik (auch als klassische Mechanik bekannt) ist nicht korrekt. Die korrekte Theorie wird als relativistische Mechanik bezeichnet; sie ist auch unter dem Namen **spezielle Relativitätstheorie** bekannt. Es zeigt sich, daß die Newtonsche Mechanik eine Näherung der relativistischen Mechanik darstellt, die für $v \ll c$ sehr genau ist. Für $v \to 0$ werden die Gleichungen der klassischen Mechanik sogar korrekt und können, wie wir gesehen haben, einen großen Teil der physikalischen Welt erklären.

Man könnte fragen, warum wir uns überhaupt um die relativistische Mechanik bemühen, da doch die alltäglichen Geschwindigkeiten weit kleiner als die Lichtgeschwindigkeit sind. Dazu wollen wir einige Begründungen zusammenstellen:

1. Ein großes Gebiet der Physik beschäftigt sich mit dem Licht; und für Licht ist $v = c$.
2. Die Theorie des Lichts wird aus der Theorie der Elektrizität abgeleitet. Wichtige elektrische Effekte wie der Magnetismus und die elektromagnetische Induktion hängen von der Lichtgeschwindigkeit ab. Es ist korrekt, die Theorie der Elektrizität als eine relativistische Theorie zu bezeichnen. Zum Beispiel muß man die Relativitätstheorie kennen, bevor man den Magnetismus wirklich verstehen kann.
3. In der Kernphysik und in der Elementarteilchenphysik bewegen sich einige Teilchen annähernd oder sogar genau mit Lichtgeschwindigkeit. Zum Beispiel bewegen sich Photonen und Neutrinos immer mit $v = c$.
4. Für die moderne Astronomie ist die Relativitätstheorie sehr wichtig. Entfernte Galaxien bewegen sich annähernd mit Lichtgeschwindigkeit. Neuere Phänomene wie Neutronensterne, Pulsare und Schwarze Löcher zeigen relativistische Effekte.
5. Um die Quantenmechanik zu verstehen, müssen wir Erscheinungen wie den photoelektrischen Effekt und den Compton-Effekt behandeln,

wobei es notwendig ist, die relativistischen Beziehungen zwischen Energie, Masse und Impuls zu kennen.

6. Wir werden sehen, daß die Relativitätstheorie manchmal dem gesunden Menschenverstand und der alltäglichen Erfahrung widerspricht. Unsere erste Reaktion wird sein: Das kann nicht stimmen. Es gibt sogar heute noch einige Wissenschaftler, die nicht alle Konsequenzen der Theorie akzeptieren. Dies wird unser erstes Beispiel dafür sein, daß natürliche Phänomene dem gesunden Menschenverstand widersprechen können.
7. Die meisten von uns haben schon einmal gehört, daß die Beziehung $E = mc^2$ existiert und daß sich kein Teilchen oder Signal schneller als das Licht fortbewegen kann. Außerdem sind das Zwillingsparadoxon, die Zeitdilatation oder die Lorentz-Kontraktion keine unbekannten Begriffe mehr. In unserem modernen technologischen Zeitalter sind diese Dinge ein Teil unserer Kultur; das gilt zumindest für eine gebildete Schicht. Sie sollten auf jeden Fall von denen verstanden werden, die sich zu dieser Schicht zählen.

*8-2 Konstanz der Lichtgeschwindigkeit

Das zentrale Paradoxon besteht darin, daß die Lichtgeschwindigkeit für alle Beobachter gleich sein muß. Abb. 8-1 zeigt dafür ein Beispiel, das den gesunden Menschenverstand verletzt und der allgemeinen Erfahrung widerspricht. Ein einzelner Lichtpuls (oder ein Blitz) passiere einen Beobachter A, der auf der Erde steht. Im gleichen Augenblick bewege sich der Beobachter B mit der Geschwindigkeit v_B an A vorbei. Er beobachte den gleichen Lichtpuls. Nach allem, was wir bisher gelernt haben, sollte B für den Lichtpuls eine kleinere Geschwindigkeit messen, nämlich $v'_{Puls} = v_{Puls} - v_B$. Führt man jedoch das Experiment durch, so mißt nicht nur Beobachter A $v_{Puls} = c$ (mit $c = 2{,}998 \cdot 10^8$ m/s), sondern auch Beobachter B, und zwar beim gleichen Lichtpuls zum gleichen Zeitpunkt.

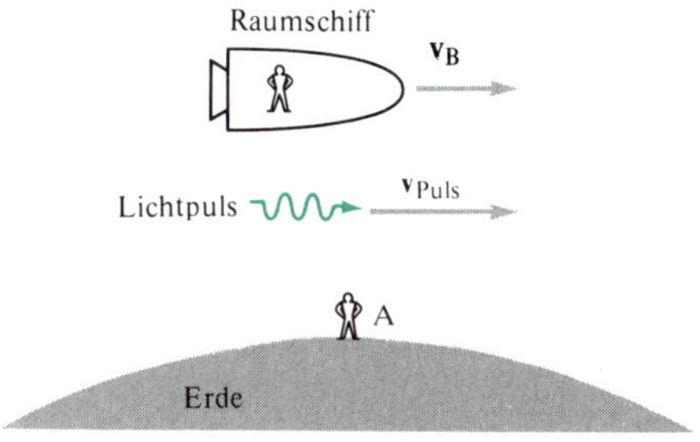

Abb. 8-1. *Beobachter A auf der Erde und Beobachter B in einem Raumschiff messen gleichzeitig die Geschwindigkeit des gleichen Lichtpulses.*

Als ein weiteres Beispiel können zwei Beobachter dienen, von denen sich der eine in bezug auf einen fernen Stern in Ruhe befindet, der andere sich sehr schnell auf diesen Stern zu bewegt. Beide messen die Geschwindigkeit des Lichts, das von diesem Stern kommt. Sie erhalten beide das gleiche Ergebnis: $v_{Licht} = c$. Der Ausgangspunkt der Einsteinschen Relativitätstheorie besteht nun darin, daß die Geschwindigkeit des Lichts immer $c = 2{,}998 \cdot 10^8$ m/s beträgt, unabhängig von der Geschwindigkeit des Beobachters oder der Lichtquelle. Einstein erklärte diese „seltsame" Eigenschaft damit, daß er Raum und Zeit „seltsame" Eigenschaften zuschrieb. Er verlangte, daß sich der Raum, von einem bewegten Beobachter aus gesehen, in Bewegungsrichtung um den Faktor $\sqrt{1 - v^2/c^2}$ „zusammenzieht", und daß sich die Zeit, vom bewegten Beobachter aus gesehen, ebenfalls um diesen Faktor verlangsamt. Er veränderte die Eigenschaften von Raum und Zeit gerade so, daß jeder Lichtpuls von jedem gleichförmig bewegten Beobachter aus gesehen eine Geschwindigkeit $\Delta x'/\Delta t' = c$ besitzt (x' und t' sind Ort und Zeit, wie sie von einem bewegten Beobachter aus gemessen werden). Nun wollen wir eine erste experimentelle Bestätigung dafür kennenlernen, daß die Geschwindigkeit des Lichts unabhängig sowohl von der Geschwindigkeit der Lichtquelle als auch von der Geschwindigkeit des Beobachters ist.

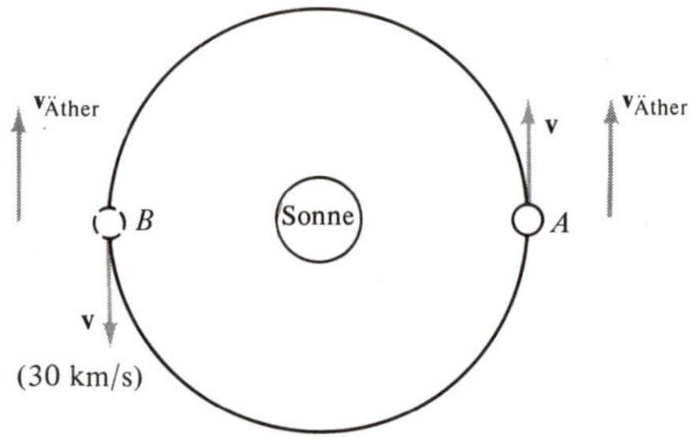

Abb. 8-2. *Die Erdbahn um die Sonne. Wäre die Äthergeschwindigkeit bei Punkt A gleich der Erdgeschwindigkeit, so wäre die Ätherdrift gleich null. Bei Punkt B würde sich die Erde mit einer Geschwindigkeit von 60 km/s relativ zum Äther bewegen.*

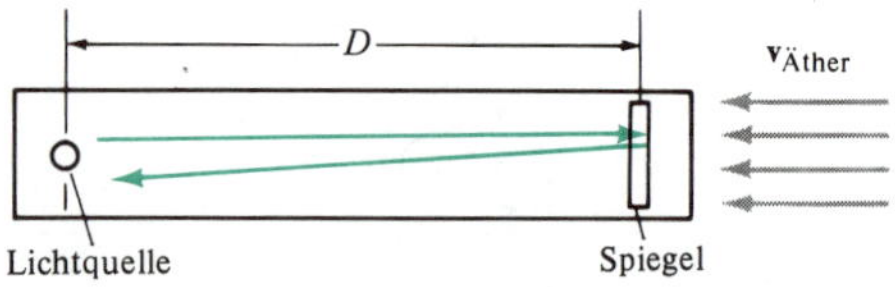

Abb. 8-3. *Eine starre Schiene hält Lichtquelle und Spiegel. Der Äther bewege sich von rechts nach links mit der Geschwindigkeit v.*

Das Michelson-Morley-Experiment

Bevor Einsteins Relativitätstheorie im Jahre 1905 veröffentlicht wurde, waren die meisten Physiker der Meinung, daß das Licht, ebenso wie der Schall, ein Medium für seine Übertragung benötigt. Dieses Medium für die Lichtquellen wurde als Äther bezeichnet. Dann wäre das Bezugssystem, das relativ zum Äther in Ruhe ist, ein bevorzugtes Bezugssystem. Nur in diesem Bezugssystem würde $v_{\mathrm{Licht}} = c$ gelten. Für einen Beobachter, der sich mit der Geschwindigkeit v in Richtung der Lichtquelle bewegt, hätte das Licht eine Geschwindigkeit $(v + c)$. Der Äther sollte ein „physikalisches", jedoch masseloses Medium sein – ein etwas schwieriges Konzept.

Entsprechende Experimente wurden in den Jahren nach 1880 durchgeführt. Sie bestätigten, daß das Licht sich mit der Geschwindigkeit $v_{\mathrm{Licht}} = c$ fortbewegt, unabhängig von der Geschwindigkeit der Quelle oder des Beobachters. Dies widerlegte auch die Äther-Hypothese. Da sich die Erde mit einer Geschwindigkeit von $v = 30$ km/s um die Sonne bewegt, meinten die Verfechter der Äther-Theorie, daß sich die Erde während einer gewissen Zeit im Jahr mit einer Geschwindigkeit von mindestens 30 km/s relativ zum Äther bewegen müßte (was gleichbedeutend ist mit einer Geschwindigkeit des Äthers von 30 km/s relativ zur Erde). Siehe dazu Abb. 8-2. Dann sollte für einen Beobachter auf der Erde das Licht, das sich in Richtung des Äthers bewegt, die Geschwindigkeit $(c + v)$ relativ zur Erde besitzen, und das Licht in entgegengesetzter Richtung sollte die Geschwindigkeit $(c - v)$ besitzen, wobei v mindestens 30 km/s beträgt.

Angenommen, auf einer starren Schiene der Länge D seien eine Lichtquelle und ein Spiegel angebracht, wobei sich der Äther wie in Abb. 8-3 dargestellt bewegt. Dann beträgt die Zeit, die das Licht für die Strecke von der Lichtquelle zum Spiegel benötigt, $t_1 = D/(c - v)$. Die Zeit vom Spiegel zur Lichtquelle zurück beträgt $t_2 = D/(c + v)$. Die Zeit für einen Umlauf beträgt damit

$$t = \frac{D}{c - v} + \frac{D}{c + v} = \frac{2Dc}{c^2 - v^2},$$

$$t = \frac{2D}{c}\left(1 - \frac{v^2}{c^2}\right)^{-1}. \tag{8-1}$$

Die Zeit, die das Licht zum Spiegel und zurück braucht, ist für den Fall, daß sich der Lichtpuls parallel zur Äthergeschwindigkeit bewegt, durch Gl. (8-1) gegeben. Wenn die Anordnung um 90° gedreht wird und die Ausbreitungsrichtung des Lichts senkrecht zur Fortbewegungsrichtung ist, dann muß das Licht für einen Beobachter, der sich relativ zum Äther in Ruhe befindet, die Strecke $2D'$ zurücklegen (s. Abb. 8-4). Dann ergibt sich als Zeit für den Weg zum Spiegel und zurück:

$$t' = \frac{2D'}{c} \quad \text{oder} \quad D' = \frac{ct'}{2}. \tag{8-2}$$

Abb. 8-4. *Drei aufeinanderfolgende Positionen der Schiene, die sich quer zum Äther bewegt. In dieser Abbildung befindet sich der Äther in Ruhe.*

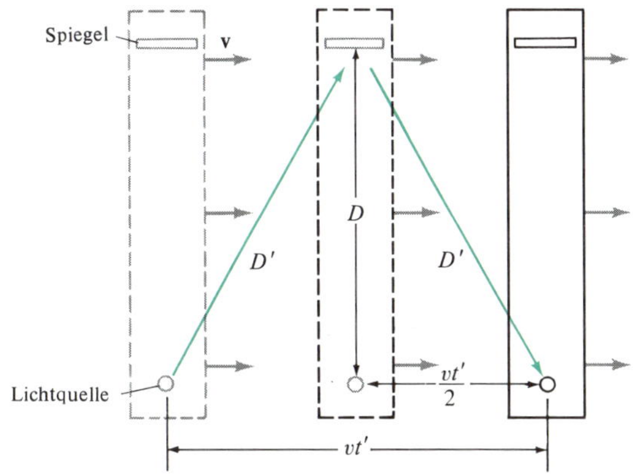

Aus dem rechtwinkligen Dreieck in Abb. 8-4 ergibt sich

$$D'^2 = D^2 + \left(\frac{vt'}{2}\right)^2.$$

Setzt man für D' die rechte Seite von Gl. (8-2) ein, so erhält man

$$\frac{c^2t'^2}{4} = D^2 + \frac{v^2t'^2}{4}.$$

Auflösung nach t':

$$t' = \frac{2D}{c}\left(1 - \frac{v^2}{c^2}\right)^{-1/2}. \qquad \textbf{(8-3)}$$

Wir sehen, daß die Zeitdifferenz zwischen paralleler und transversaler Orientierung gegeben ist durch

$$t - t' = \frac{2D}{c}\left[\left(1 - \frac{v^2}{c^2}\right)^{-1} - \left(1 - \frac{v^2}{c^2}\right)^{-1/2}\right].$$

Dies kann vereinfacht werden, wenn man nur die ersten beiden Terme der Binomialentwicklung mitnimmt $(1 - \varepsilon)^n \approx 1 - n\varepsilon$:

$$t - t' = \frac{2D}{c}\left[\frac{v^2}{c^2} - \frac{v^2}{2c^2}\right] = \frac{Dv^2}{c^3}. \qquad \textbf{(8-4)}$$

Beispiel 1: D in Abb. 8-3 betrage 1 m. Wie groß ist die Zeitdifferenz zwischen longitudinaler und transversaler Orientierung, wenn die Äthergeschwindigkeit 30 km/s beträgt?

Lösung:

$$\frac{v}{c} = \frac{30\ \text{km/s}}{3 \cdot 10^5\ \text{km/s}} = 10^{-4},$$

$$(t - t') = \frac{D(10^{-4})^2}{c} = \frac{D(10^{-8})}{c} = 3{,}3 \cdot 10^{-17}\,\text{s}.$$

In dieser Zeit legt das Licht etwa 1/40 seiner Wellenlänge zurück.

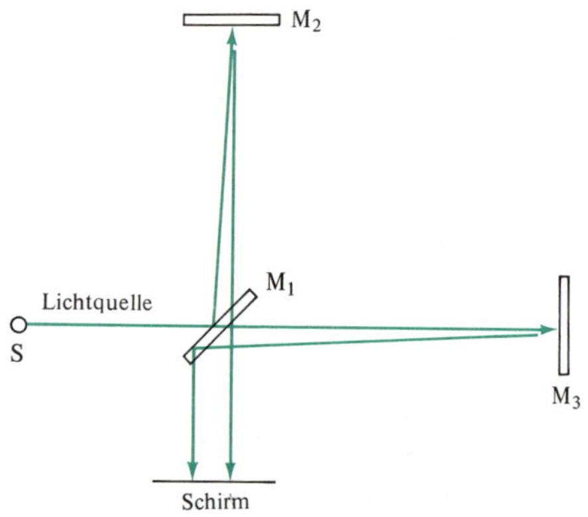

Abb. 8-5. *Das Michelson-Interferometer. Licht von der Lichtquelle S wird durch den halbdurchlässigen Spiegel M_1 aufgespalten und auf dem Schirm wieder zusammengeführt.*

Michelson und Morley wollten solch eine kleine Zeitdifferenz mit Hilfe eines Interferometers mit zwei aufeinander senkrecht stehenden Armen bestimmen. Ein solches Interferometer ist in Abb. 8-5 dargestellt. In dem Interferometer wird Licht aus der Lichtquelle S durch den halbdurchlässigen Spiegel M_1 aufgespalten und auf einem Schirm wieder vereinigt. Wenn die beiden Lichtwege genau die gleiche Länge besitzen, ergibt sich auf dem Schirm eine konstruktive Interferenz (die beiden Wellenamplituden addieren sich). Das Experiment besteht nun darin, die Spiegel so zu justieren, daß sich konstruktive Interferenz ergibt. Nach 6 Stunden hat sich der ganze Apparat infolge der Erdrotation um 90° gedreht, und das neue Interferenzmuster wird beobachtet. Eine Änderung der Zeiten für die beiden Lichtwege infolge der Richtungsänderung der Äthergeschwindigkeit müßte sich in einer Änderung des Interferenzbildes bemerkbar machen (die Amplituden der beiden Lichtwellen könnten sich subtrahieren und zu einer Abnahme der Lichtintensität führen). Sogar eine im Vergleich zur Lichtgeschwindigkeit kleine Äthergeschwindigkeit von 30 km/s müßte einen deutlich spürbaren Effekt ergeben.

Trotz aller Bemühungen gelang es Michelson und Morley nicht, einen solchen Effekt nachzuweisen. Eine mögliche Erklärung dafür war, daß zufälligerweise der Äther eine Geschwindigkeit von 30 km/s relativ zum Sonnensystem besitzt und sich außerdem parallel zur Erde bewegt. Jedoch wiederholten Michelson und Morley ihr Experiment 6 Monate später, als sich die Richtung der Erdbewegung genau umgedreht hatte. Wenn die Äthertheorie wahr gewesen wäre, hätten sie jetzt genau das Doppelte des erwarteten Effekts messen müssen (s. Abb. 8-2). Aber auch jetzt war das Resultat negativ.

Eine andere mögliche Erklärung bestand darin, daß die Erde eine lokale Region des Äthers mit sich zieht. Daraus würde jedoch folgen, daß man eine jährliche Hin- und Herbewegung der Sterne beobachten müßte. Dies wiederum stimmt nicht mit astronomischen Beobachtungen überein.

Als Resultat dieser Experimente können wir schließen, daß sich das Licht im Interferometer unabhängig von der Richtung immer mit der Geschwindigkeit c relativ zur Lichtquelle und zum Spiegel bewegt. Ein letzter Versuch, das negative Ergebnis von Michelson und Morley zu erklären, könnte darin bestehen, die Gesetze der Elektrodynamik so abzuändern, daß das Licht immer mit der Geschwindigkeit c in bezug auf die Quelle der elektromagnetischen Wellen ausgesandt wird. Astronomische Beobachtungen ermöglichen es jedoch, diese Erklärung zu widerlegen. Würde nämlich diese Emissionstheorie des Lichts gelten, dann sollte die Bewegung von Doppelsternen gestört erscheinen und den Keplerschen Gesetzen widersprechen. Wenn einer der Sterne sich mit der Geschwindigkeit v in Richtung Erde bewegt, dann würde das von ihm ausgesandte Licht die Strecke zur Erde mit der Geschwindigkeit $(c + v)$ zurücklegen und eher ankommen als das Licht des Sterns, der sich von uns fortbewegt.

Man könnte erwarten, daß eine solche Reihe entscheidender Experimente einen weitgehenden Einfluß auf Albert Einstein bei der Lösung der Probleme hinterlassen hätte. Jedoch brachte er den Experimenten von Michelson und Morley nur wenig Interesse entgegen. Ihn störte weit mehr die Unvereinbarkeit der Gleichungen der Elektrodynamik mit der klassischen Mechanik. Einer seiner Lieblingsgedanken war die Frage, was geschehen würde, wenn man hinter einem Lichtpuls mit einer Geschwindigkeit $v \approx c$ herfliegen würde. Er ging an das Problem heran, indem er fragte, wie die klassische Vorstellung von Raum und Zeit abgeändert werden müßte, damit die Lichtgeschwindigkeit für alle Beobachter gleich erscheinen würde und damit die Gleichungen der elektromagnetischen Theorie für alle Beobachter, die sich relativ zueinander mit gleichförmiger Geschwindigkeit bewegen, die gleiche Form hätten.

Das Relativitätsprinzip

Wie wir sehen werden, folgt Einsteins neues Verständnis von Raum und Zeit direkt aus zwei grundlegenden Prinzipien. Das erste ist eine für alle Beobachter gleiche Lichtgeschwindigkeit. (Die allgemeinere Formulierung besagt, daß eine Grenzgeschwindigkeit von $c = 2{,}998 \cdot 10^8$ m/s existiert, über die kein Teilchen hinauskommt. Masselose Teilchen wie Photonen oder Neutrinos bewegen sich immer mit $v = c$.) Das zweite

Abb. 8-6. *Albert Einstein (1879–1955)*

grundlegende Prinzip ist das Relativitätsprinzip, das bereits explizit von Galilei formuliert worden ist. Er verlangte, daß die Gesetze der Physik für alle Beobachter, die sich mit gleichförmiger Geschwindigkeit relativ zueinander bewegen, gleich sein müssen, unabhängig von der Größe und der Richtung der Geschwindigkeit. Anders ausgedrückt besagt das Relativitätsprinzip, daß kein bevorzugtes Bezugssystem existiert und damit keine Möglichkeit, eine absolute Geschwindigkeit anzugeben. Wenn man in einem Flugzeug die Augen schließt, kann man das Gefühl haben, sich im Ruhezustand zu befinden. Das Relativitätsprinzip besagt nun, daß es keine physikalischen Experimente gibt, mit deren Hilfe man innerhalb des Flugzeugs die Fluggeschwindigkeit bestimmen kann, ohne mit der Außenwelt Kontakt aufzunehmen.

*8-3 Zeitdilatation

Wir wollen unsere Darstellung der Relativitätstheorie mit einer einfachen Anwendung der beiden Grundprinzipien (Konstanz der Lichtgeschwindigkeit und Relativitätsprinzip) beginnen, um zu erklären, warum Einstein es für notwendig erachtete, unsere bisherige Vorstellung von Zeit abzuändern. Dazu wollen wir uns eine sogenannte „Lichtuhr" vorstellen: Sie besteht aus zwei Spiegeln im festen Abstand D, wie in Abb. 8-7(a) dargestellt.

Wir betrachten zwei Lichtuhren, jede davon besitzt ideal reflektierende Spiegel, die einen Lichtpuls immer hin und her reflektieren. τ sei die Zeit, die ein Lichtpuls vom unteren bis zum oberen Spiegel benötigt. Jedesmal, wenn das Licht auf einen der Spiegel trifft, „tickt" die Lichtuhr einmal. Wir beginnen damit, daß die beiden identischen Lichtuhren nebeneinanderstehen und synchron laufen. Die Zeit zwischen zwei „Ticks" beträgt $\tau = D/c$. Nun lassen wir die Uhr B mit einer Geschwindigkeit v nach rechts laufen, wie es in Abb. 8-7(b) dargestellt ist. Wir müssen uns zunächst fragen, ob die bewegte Uhr immer noch dieselbe Länge wie Uhr A besitzt. Diese Frage können wir beantworten, wenn wir uns vorstellen, daß am oberen Ende von Uhr B ein kleiner Farbpinsel befestigt sei. Wenn sich B an Uhr A vorbeibewegt, hinterläßt dieser Pinsel eine Markierung: Wenn die Markierung am Ende von A erscheint, besitzen beide Uhren immer noch die gleiche Länge. Wenn die Markierung unterhalb vom Ende von A erscheint, wurde B durch die Bewegung verkürzt. Nun wollen wir annehmen, die Markierung erscheine tatsächlich unterhalb vom Ende von Uhr A. Dann würde ein Beobachter, der sich relativ zu Uhr A in Ruhe befindet, feststellen, daß bewegte Uhren (oder alle Längen senkrecht zur Bewegungsrichtung) kürzer erscheinen. Hingegen würde ein Beobachter, der sich mit Uhr B bewegt, feststellen, daß bewegte Uhren länger werden. Aber nach dem Relativitätsprinzip sind beide Beobachter gleichberechtigt und sollten den gleichen Effekt messen. Dies ist nur der Fall, wenn beide Uhren für beide Beobachter die gleiche Länge haben.

Wir wollen nun das Problem vom Standpunkt eines Beobachters betrachten, der sich relativ zu Uhr A in Ruhe befindet. Ein solcher Beobachter sieht bei Uhr B einen längeren Lichtweg, wenn der Lichtpuls von einem Spiegel zum anderen fliegt. Dieser Lichtpuls B läuft auf der

Diagonalen in Abb. 8-7(b) und muß sich, nach dem Prinzip der Konstanz der Lichtgeschwindigkeit, mit derselben Geschwindigkeit bewegen wie der Lichtpuls in Uhr A. Gemäß Beobachter A benötigt also der Lichtpuls B eine längere Zeit, um den oberen Spiegel zu erreichen. Wir wollen die längere Zeit mit T bezeichnen. Dann beträgt die Länge der Diagonalen cT. Die Anwendung des Lehrsatzes des Pythagoras auf Abb. 8-7(b) ergibt

$$(cT)^2 = (vT)^2 + (c\tau)^2.$$

Auflösung nach T ergibt

$$T = \frac{1}{\sqrt{1 - \frac{v^2}{c^2}}}\tau. \qquad \textbf{(8-5)}$$

In der Relativitätstheorie kommt der Faktor $(1 - v^2/c^2)^{-1/2}$ so häufig vor, daß wir ihm das Symbol γ (Gamma) geben wollen.

$$\gamma := \frac{1}{\sqrt{1 - \frac{v^2}{c^2}}}. \quad \text{(Definition)}$$

Der stationäre Beobachter mißt eine Zeit T zwischen zwei „Ticks" der bewegten Uhr. Dieser Zeitraum ist größer als τ, die Zeit zwischen zwei „Ticks" für den Fall, daß sich die Uhren in Ruhe befinden. Wir müssen daraus schließen, daß jeder Beobachter feststellen wird, daß die bewegte Uhr im Vergleich zu einer stationären identischen Uhr um den Faktor γ langsamer läuft.

Die Zeit τ in Gl. (8-5) wird als Eigenzeit bezeichnet. Es ist das Zeitintervall zwischen zwei Ereignissen, wie es von einem Beobachter gemessen wird, der die beiden Ereignisse am gleichen Ort beobachtet. Dann ist T die Zeit, die von einem bewegten Beobachter zwischen denselben Ereignissen mit seiner bewegten Uhr gemessen wird.

$$\tau = \frac{1}{\gamma}T. \quad \text{(Eigenzeit)} \qquad \textbf{(8-6)}$$

Die Eigenzeit einer gegebenen Uhr ist die Zeit, die von einem Beobachter gemessen wird, der sich zusammen mit der Uhr bewegt. Ein Beobachter, der sich relativ zur Uhr bewegt, wird feststellen, daß diese Uhr im Vergleich zu einer zum Beobachter stationären Uhr, Zeitintervalle $T = \gamma\tau$ anzeigt.

Jetzt stellt sich natürlich die Frage, ob dieses Verhalten der Lichtuhren nur an der besonderen Natur des Lichtes liegt? Gehen gewöhnliche mechanische Uhren, deren Teile sich viel langsamer als mit Lichtgeschwindigkeit bewegen, auch um den gleichen Faktor γ nach? Einstein bejahte dies, da der Effekt nichts mit den Eigenschaften einer Uhr zu tun hat, sondern im Wesen der Zeit begründet liegt. Um dies zu erkennen, wollen wir eine Armbanduhr und eine Lichtuhr betrachten, die die gleiche Zeit anzeigen und relativ zueinander in Ruhe sind. Nun werden sie beide mit einer Geschwindigkeit v zur Seite bewegt. Wenn sich der Gang der Lichtuhr verlangsamt, der Gang der Armbanduhr aber nicht, so hätten wir ein einfaches Gerät, mit dessen Hilfe wir Bewegung absolut bestimmen könnten: Wenn die Uhren übereinstimmen, be-

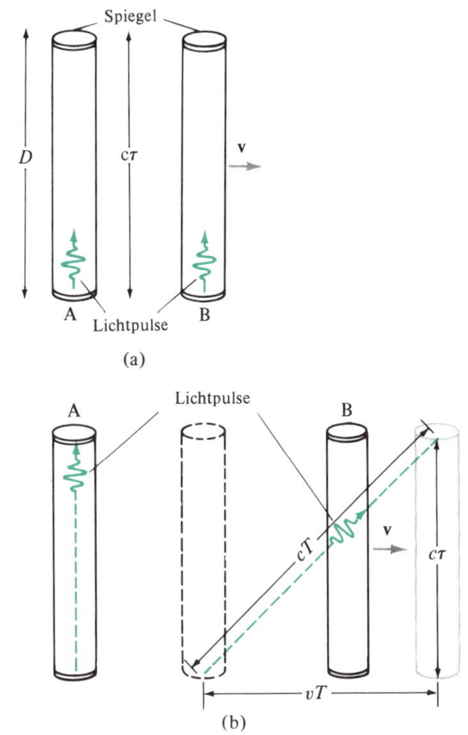

Abb. 8-7. (*a*) *Zwei identische Lichtuhren zum Zeitpunkt* $t = 0$. *Uhr B bewegt sich mit der Geschwindigkeit* v *nach rechts.* (*b*) *Die Lichtuhren* τ *Sekunden später, wie sie von A gesehen werden. Beide Lichtpulse haben eine Strecke* $c\tau$ *zurückgelegt. Puls A hat den Endspiegel erreicht, Puls B noch nicht.*

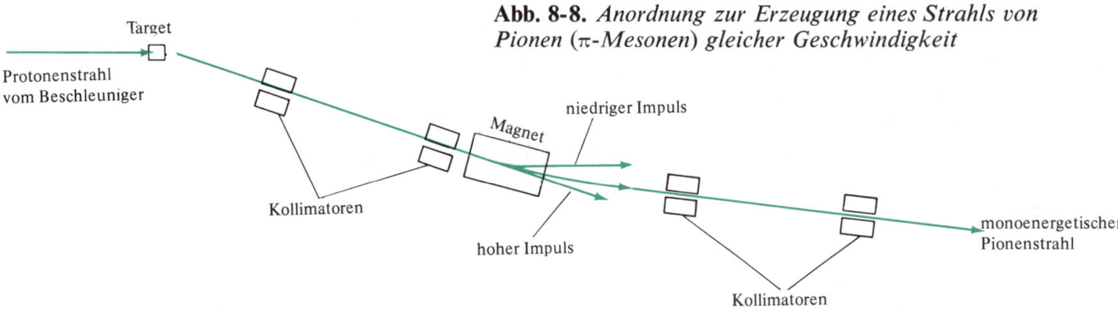

Abb. 8-8. *Anordnung zur Erzeugung eines Strahls von Pionen (π-Mesonen) gleicher Geschwindigkeit*

finden sie sich in Ruhe; wenn jedoch die Lichtuhr nachgeht, weiß jeder, daß sie sich in Bewegung befinden. Das verletzt natürlich das Relativitätsprinzip, worauf wir alle unsere Überlegungen aufgebaut haben.

Da die Zeitdilatation eine Eigenschaft der Zeit selbst ist, gehen nicht nur bewegte Uhren nach, sondern in bewegten Systemen verlaufen auch alle physikalischen Prozesse und chemischen Reaktionen langsamer. Da Leben aus einer komplizierten Überlagerung chemischer Prozesse besteht, muß auch der Ablauf des Lebens um den gleichen Faktor verlangsamt werden. Würde nämlich die biologische Alterung nicht um den gleichen Betrag verlangsamt, so könnten wir eine biologische „Uhr" (z. B. Herzschlag) mit einer bewegten Lichtuhr koppeln, und wir hätten wieder einen Detektor für die absolute Bewegung, was wiederum dem Relativitätsprinzip widersprechen würde. Es ist natürlich klar, daß ein menschliches Wesen (oder eine andere Form von Leben in einem schnell fliegenden Raumschiff) an sich selbst keine Verlangsamung des Alterns feststellt (vgl. dazu auch Abschn. 8-7 über das Altern während des Raumflugs).

Da alle physikalischen Prozesse verlangsamt werden, so muß auch die Halbwertszeit einer radioaktiven Probe um den gleichen Faktor verlangsamt werden. Dieser Einfluß auf die Lebensdauer konnte mit einer Genauigkeit von 1 zu 10^4 nachgewiesen werden. Dabei wurde das Verhalten instabiler Teilchen, die sich annähernd mit Lichtgeschwindigkeit bewegten, untersucht. Die Lebensdauer solcher Teilchen wird um den Faktor γ verlängert. Ein sehr bekanntes instabiles Teilchen ist das Pion oder π-Meson (s. Kap. 31), das eine Halbwertszeit von $1{,}8 \cdot 10^{-8}$ s besitzt. Es kann leicht durch Beschießen eines Targets mit hochenergetischen Teilchen erzeugt werden. Man erhält einen Strahl von Pionen mit gleicher Geschwindigkeit, wenn man nur die Teilchen auskoppelt, die in einem Magneten um den gleichen Winkel abgelenkt wurden, wie es in Abb. 8-8 dargestellt ist.

Beispiel 2: Ein Strahl von π-Mesonen habe eine Geschwindigkeit von $0{,}99c$. (a) Um welchen Faktor wird die Lebensdauer der π-Mesonen – gemessen im Laborsystem – gegenüber ihrer Lebensdauer im Ruhezustand verlängert? (b) Nach welcher Zeit ist die Hälfte der π-Mesonen zerfallen? (c) Welche Strecke legen sie in dieser Zeit zurück?

Lösung: Der Faktor γ beträgt

$$\gamma = \frac{1}{\sqrt{1 - 0{,}99^2}} = 7{,}09.$$

Die Halbwertszeit wird um den Faktor 7,09 länger; sie beträgt $t = 7{,}09(1{,}8 \cdot 10^{-8}\ \mathrm{s}) = 12{,}7 \cdot 10^{-8}\ \mathrm{s}$. Die in dieser Zeit zurückgelegte Strecke beträgt $x = vt = 0{,}99c(12{,}7 \cdot 10^{-8}\ \mathrm{s}) = 37{,}9\ \mathrm{m}$.

Die Zeitdilatation ist nicht nur durch Beobachtung mikroskopischer „Uhren" in Form instabiler Teilchen nachgewiesen worden, sondern konnte auch im Jahre 1960 an sogenannten Mössbauer-Uhren beobachtet werden. Diese nach heutiger Kenntnis stabilsten Zeitmesser arbeiten mit Hilfe des Mössbauer-Effektes. Diese „Uhren" benutzen Photonen von radioaktiven Eisenisotopen, die in einen Kristall eingebettet sind. Zwei identische Mössbauer-Uhren messen die Zeit mit einer relativen Genauigkeit von 1 zu 10^{16}. Eine Zeitverschiebung macht sich durch eine Änderung der Photonenzählrate bemerkbar. Eine solche Verschiebung kann quantitativ gemessen werden. In einem Zeitdilatationsexperiment wurde eine ganze Mössbauer-Uhr in schnelle Rotation versetzt. Man fand bei ihr eine Zeitverzögerung um den Faktor $(1 - v^2/c^2)^{-1/2}$ im Vergleich zu einer identischen, jedoch ruhenden Mössbauer-Uhr.

*8-4 Die Lorentz-Transformation

„Ich schreite kaum, doch wähn ich mich schon weit."
„Du siehst, mein Sohn, zum Traum wird hier die Zeit."
(aus Parsifal, R. Wagner, 1877)

In diesem Abschnitt werden wir sehen, daß der Traum des Dichters sehr nahe an die Wahrheit herangekommen ist. Die Lorentz-Transformation [Gl. (8-9)] zeigt, daß sich Zeit in Raum und Raum in Zeit transformieren kann. Wir wollen nun zwei Beobachter betrachten, die sich relativ zueinander mit einer Geschwindigkeit v bewegen. Wir wollen

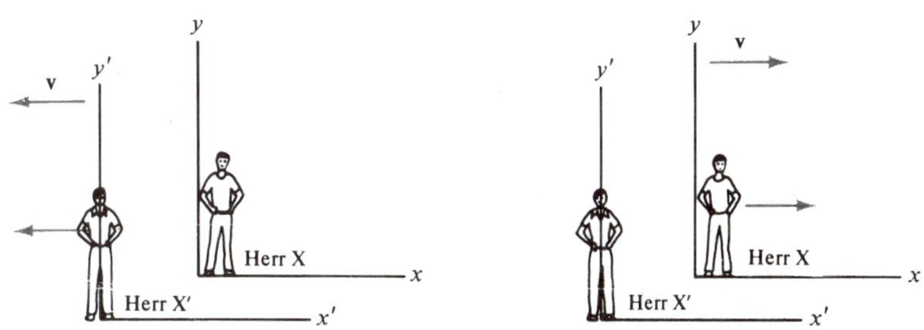

Abb. 8-9. *Zwei Beobachter bewegen sich mit einer Relativgeschwindigkeit v.*

(*a*) *Herr X', von Herrn X aus gesehen* (*b*) *Herr X, von Herrn X' aus gesehen* sie Herr X und Herr X′ nennen. Herr X beobachtet Ereignisse in seinem (x, y, z, t)-Koordinatensystem. Das Koordinatensystem, das Herr X′ benutzt, ist das gestrichene System in Abb. 8-9. Nach der klassischen Mechanik ist die Beziehung zwischen den beiden Koordinatensystemen gegeben durch

$$\begin{cases} x' = x + vt \\ y' = y \\ z' = z \\ t' = t, \end{cases}$$

natürlich unter der Voraussetzung, daß sie sich zur Zeit $t = t' = 0$ am selben Ort befunden haben. Mit diesen Transformationsgleichungen würde ein Lichtstrahl, der sich im ungestrichenen System mit der Geschwindigkeit c nach rechts ausbreitet, im gestrichenen Koordinatensystem eine Geschwindigkeit $(c + v)$ besitzen. Wir wollen nun einen Satz von Transformationsgleichungen suchen, die sicherstellen, daß ein Objekt, das sich im ungestrichenen System mit der Geschwindigkeit $v = c$ fortbewegt, sich im gestrichenen System ebenfalls mit $v' = c$ bewegt. Falls $x = ct$ ist, dann soll gelten $x' = ct'$. Als allgemeine Koordinatentransformation kann angesetzt werden:

$$x' = Ax + Bt, \tag{8-7}$$

$$t' = Et + Fx. \tag{8-8}$$

Dabei können A, B, E und F Funktionen von v sein. (Der Koordinatenursprung beider Systeme befinde sich zum Zeitpunkt $t = t' = 0$ am selben Ort.) Das Resultat von Seite 150 zeigt, daß transversale Längen für beide Beobachter gleich bleiben müssen, d. h. $y' = y$ und $z' = z$. Um die vier Größen A, B, E und F zu bestimmen, benötigen wir vier Beziehungen. Betrachten wir zunächst eine ruhende Uhr bei $x = 0$. Die Zeit zwischen zwei Ticks sei τ. Entsprechend Gl. (8-5) sieht Herr X′ eine bewegte Uhr, bei der die Zeit zwischen zwei Ticks $\gamma\tau$ beträgt. Daher ergibt sich aus Gl. (8-8) mit $x = 0$, $t = \tau$ und $t' = \gamma\tau$:

$$\gamma\tau = E\tau + 0.$$

Also ist

$$E = \gamma.$$

Für Herrn X′ bewegt sich die Uhr mit der Geschwindigkeit v nach rechts; d. h., er sieht sie bei $x' = vt'$. Das wollen wir zusammen mit $x = 0$ in Gl. (8-7) einsetzen:

$$vt' = 0 + Bt,$$

$$B = \frac{vt'}{t}.$$

Also ist $B = v\gamma$, da $t' = \gamma t$ ist.

Zur Bestimmung von A wollen wir die Uhr am Koordinatenursprung von Herrn X′ aufstellen. Herr X sieht dann, wie sich die Uhr mit der

Geschwindigkeit $-v$ nach links bewegt; d. h. $x = -vt$, wenn $x' = 0$ ist. Setzt man das in Gl. (8-7) ein, so ergibt sich

$$0 = A(-vt) + (v\gamma)\, t,$$

$$A = \gamma.$$

Die Gln. (8-7) und (8-8) besitzen nun die Form

$$\begin{cases} x' = \gamma x + \gamma v t, \\ t' = \gamma t + F x. \end{cases}$$

Nun machen wir noch von der Tatsache Gebrauch, daß $x' = ct'$ gilt, wenn $x = ct$ ist. Diese Ausdrücke werden in die beiden vorhergehenden Gleichungen eingesetzt, und anschließend wird die obere durch die untere Gleichung dividiert:

$$\frac{ct'}{t'} = \frac{\gamma ct + \gamma vt}{\gamma t + Fct}.$$

Also ist

$$c = \frac{\gamma c + \gamma v}{\gamma + cF}.$$

Auflösung nach F ergibt

$$F = \frac{v}{c^2}\gamma.$$

Damit sind alle vier Koeffizienten bestimmt, und die Gln. (8-7) und (8-8) lauten in endgültiger Form:

$$\begin{cases} x' = \gamma x + \gamma v t, \\ t' = \gamma t + \gamma \dfrac{v}{c^2} x. \end{cases} \quad \text{(Lorentz-Transformation)} \qquad \textbf{(8-9)}$$

In der Relativitätstheorie wird die Zeit manchmal als vierte Dimension bezeichnet. Genaugenommen ist es jedoch die Größe ct (sie hat die gleiche Dimension wie x, y und z), die sich wie eine vierte Raumkoordinate verhält.

In Gl. (8-9) sind die gestrichenen Koordinaten als Funktion der ungestrichenen angegeben. Es ist manchmal ebenfalls nützlich, die ungestrichenen als Funktion der gestrichenen zu kennen. Dies kann leicht erreicht werden, indem man die beiden gekoppelten Gleichungen nach den beiden Unbekannten x und t auflöst. Das Resultat ist dann

$$\begin{cases} x = \gamma x' - \gamma v t', \\ t = \gamma t' - \gamma \dfrac{v}{c^2} x'. \end{cases}$$

Man beachte, daß diese Gleichungen dieselbe Form wie Gl. (8-9) haben, außer daß v durch $-v$ ersetzt ist. Dies sollte man auch erwarten: Herr X sieht, wie sich Herr X′ mit der Geschwindigkeit $-v$ bewegt, während sich Herr X für Herrn X′ mit der Geschwindigkeit v bewegt.

Die Lorentz-Kontraktion

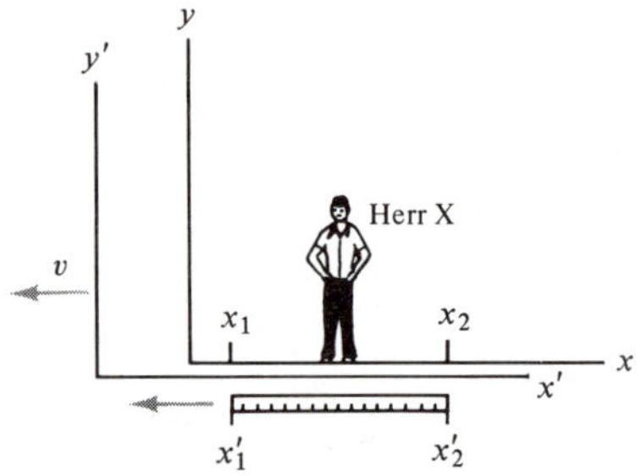

Abb. 8-10. *Ein bewegter Meterstab befindet sich im gestrichenen System in Ruhe.*

Nehmen wir an, Herr X versuche, die Länge eines Meterstabes zu messen, der im gestrichenen System in Ruhe ist (seine Enden liegen bei x'_1 und x'_2, wie es in Abb. 8-10 dargestellt ist). Dann ergibt Gl. (8-9):

$$x'_2 = \gamma x_2 + \gamma v t_2,$$

$$x'_1 = \gamma x_1 + \gamma v t_1.$$

Subtrahiert man die Gleichungen voneinander, so erhält man:

$$x'_2 - x'_1 = \gamma(x_2 - x_1) + \gamma v(t_2 - t_1).$$

Um in seinem Bezugssystem eine zuverlässige Längenmessung des sich bewegenden Objektes durchzuführen, muß Herr X zum gleichen Zeitpunkt, d. h. für $t_1 = t_2$, die Position der beiden Endpunkte messen. Dann wird die obige Gleichung zu

$$x'_2 - x'_1 = \gamma(x_2 - x_1)$$

oder

$$(x_2 - x_1) = \frac{1}{\gamma}(x'_2 - x'_1).$$

(Länge des bewegten Stabes) $= \sqrt{1 - v^2/c^2} \cdot$ (Länge des ruhenden Stabes)

$$l_{\text{bewegt}} = \sqrt{1 - v^2/c^2}\, l_{\text{ruhend}}. \quad \text{(Lorentz-Kontraktion)} \qquad \textbf{(8-10)}$$

Wenn zwei Beobachter aneinander vorbeifliegen und jeder einen Meterstab in Bewegungsrichtung hält, „sieht“ jeder den Stab des anderen um den gleichen Betrag verkürzt. Wir setzen das Wort „sehen“ in Anführungszeichen, weil es wichtig ist, die Position der Endpunkte gleichzeitig zu messen. Bei der Messung mit dem Auge würde infolge einer endlichen Lichtgeschwindigkeit eine Zeitverzögerung zustande kommen. Es wäre sehr kompliziert zu berechnen, wie die Photographie eines schnell bewegten Objektes aussieht, da Korrekturen infolge der verschiedenen Flugzeiten des Lichtes von den Endpunkten berücksichtigt werden müssen.

Beispiel 3: Ein Meterstab fliegt an uns mit einer Geschwindigkeit von 60% der Lichtgeschwindigkeit vorbei. Wie groß erscheint seine Länge?

Lösung: Nach Gl. (8-10) ergibt sich:

$$l = \sqrt{1 - 0{,}6^2}\,(100 \text{ cm})$$
$$= \sqrt{0{,}64}\,(100 \text{ cm}) = 80 \text{ cm}.$$

*8-5 Gleichzeitigkeit

Ein physikalischer Grund für die Abhängigkeit der Länge eines Meterstabes vom Bewegungszustand der Beobachter ist die Relativität der Gleichzeitigkeit von Ereignissen; hierunter ist zu verstehen, daß Ereignisse, die für einen Beobachter gleichzeitig ablaufen, für einen anderen Beobachter nicht zur gleichen Zeit auftreten. Um die Länge eines Meterstabes zu messen, ist es notwendig, den Ort der beiden Enden gleichzeitig zu messen.

Wir wollen am Beispiel eines fahrenden Eisenbahnwagens zeigen, daß zwei Ereignisse, die für einen ruhenden Beobachter gleichzeitig ablaufen, für einen Beobachter innerhalb des fahrenden Eisenbahnwagens nicht gleichzeitig sind. Der Eisenbahnwagen besitzt im Ruhezustand die Länge l, die von Herrn X in der Mitte des Wagens gemessen wird (s. Abb. 8-11). Wir nehmen an, daß Herr X zur Zeit $t = t_0$ an Herrn X′ vorbeifährt, der neben der Eisenbahnstrecke steht. In diesem Augenblick schlagen, für Herrn X′ gleichzeitig, an den Enden des Eisenbahnwagens zwei Blitze ein und hinterlassen auf den Schienen eine Markierung. Jetzt kann Herr X′ den Abstand der beiden Markierungen messen, und er findet einen Abstand

$$l' = \sqrt{1 - v^2/c^2}\, l,$$

wobei l die Länge des Eisenbahnwagens im Ruhezustand ist.

Aber ebenso verblüffend ist die Tatsache, daß es Herrn X so vorkommt, als ob der rechte Blitz zuerst einschlägt. Für Herrn X′ bewegt sich der Mann im Wagen dem Lichtpuls des rechten Blitzes entgegen und trifft daher mit diesem auch früher zusammen. Für Herrn X jedoch sind die beiden Lichtblitze gleich weit entfernt; sieht er jetzt den rechten Lichtblitz zeitlich etwas vor dem linken, so nimmt er an, daß der rechte auch etwas früher eingeschlagen hat. Wenn sich ein anderer Beobachter X″ von derselben Stelle aus nach links bewegen würde, würde er entsprechend behaupten, der linke Blitz habe zuerst eingeschlagen.

Hieraus können wir folgendes schließen: Laufen zwei Ereignisse innerhalb der Zeit ab, die das Licht benötigt, um vom Ort des einen Ereignisses zum Ort des anderen Ereignisses zu gelangen, dann hängt ihre zeitliche Aufeinanderfolge von der Geschwindigkeit des Beobachters ab. In solchen Fällen können Ereignisse der Zukunft vor Ereig-

Abb. 8-11. *Herr X′ sieht, wie zwei Blitze gleichzeitig an den Enden eines Eisenbahnwagens einschlagen. Herr X „eilt" dem rechten Lichtpuls entgegen und trifft ihn zuerst. Ihm erscheint es so, als ob der rechte Blitz zuerst eingeschlagen hat.*

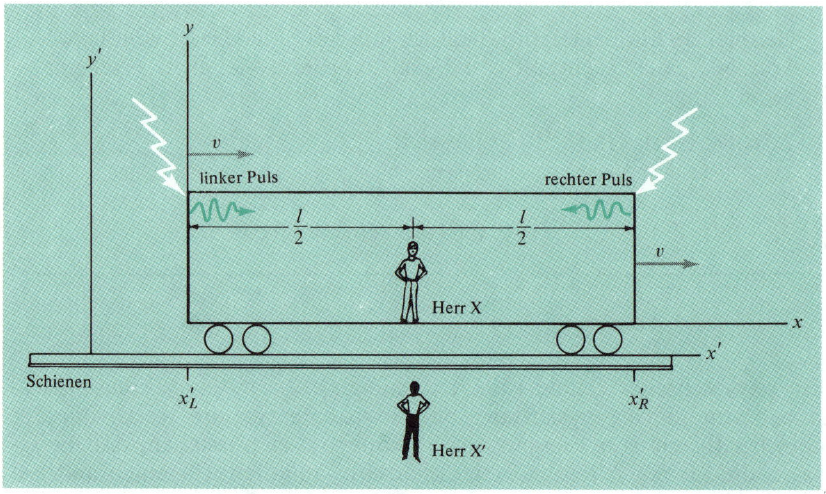

nissen der Vergangenheit ablaufen, wenn man nur die Geschwindigkeit des Beobachters entsprechend wählt.

Beispiel 4: Zwei Blitze treffen die beiden Enden eines 20 m langen Eisenbahnwagens, der sich entlang der x-Achse mit einer Geschwindigkeit von 200 km/h = 55,6 m/s bewegt. Für einen Beobachter außerhalb des Zuges (Herr X′) wird der Wagen gleichzeitig getroffen. Welche Zeitdifferenz zwischen den beiden Blitzen messen die Mitfahrer (im ungestrichenen System)?

Lösung: Wir beziehen uns auf Abb. 8-11. Wir wollen $(t_R - t_L)$ bestimmen. Die Gleichung der Lorentz-Transformation für t' lautet:

$$t'_R = \gamma t_R + \gamma \frac{v}{c^2} x_R,$$

$$t'_L = \gamma t_L + \gamma \frac{v}{c^2} x_L.$$

Durch Subtraktion erhält man

$$(t'_R - t'_L) = \gamma(t_R - t_L) + \frac{\gamma v}{c^2}(x_R - x_L).$$

Für Herrn X′ ist $(t'_R - t'_L) = 0$. Für die Mitfahrer ist $(x_R - x_L) = l =$ Wagenlänge. Setzt man diese Ausdrücke in die obige Gleichung ein, so ergibt sich

$$(t_R - t_L) = -\frac{v}{c^2} l = -\frac{55{,}6}{(3 \cdot 10^8)^2}(20)\ \text{s} = -1{,}24 \cdot 10^{-14}\ \text{s}.$$

Dieser Wert ist zu klein, als daß er noch gemessen werden könnte. Das Minuszeichen bedeutet, daß t_R kleiner ist als t_L; d. h., das Ereignis bei x_R erscheint vor dem Ereignis bei x_L.

*8-6 Doppler-Effekt des Lichts

Wenn sich ein Beobachter in Richtung einer Schallquelle bewegt, nimmt die Schallfrequenz zu; wenn er sich von der Quelle wegbewegt, nimmt die Frequenz ab. Diese durch eine Bewegung hervorgerufene Frequenzverschiebung nennt man Doppler-Effekt. Ein wohlbekanntes Beispiel dafür ist die Pfeife eines näher kommenden Zuges. Wenn der Zug vorbeifährt, ändert sich schlagartig die Frequenz oder der Ton der Pfeife. Ein ähnliches Phänomen gibt es auch bei Lichtwellen. Wenn sich die Lichtquelle in Richtung des Beobachters bewegt (oder, was äquivalent ist, wenn sich der Beobachter in Richtung der Lichtquelle bewegt), nimmt die beobachtete Lichtfrequenz zu (das Licht ist „blauverschoben"). Wenn sich Quelle und Beobachter voneinander entfernen, nimmt die Lichtfrequenz ab (das Licht ist „rotverschoben"). Der Doppler-Effekt des Schalls kann mit Hilfe der klassischen Mechanik berechnet werden, für den Doppler-Effekt des Lichtes wird jedoch die Relativitätstheorie benötigt.

In Abb. 8-12 sind eine Lichtquelle B und ein Detektor A dargestellt, die sich mit der Geschwindigkeit v voneinander entfernen. Wir nehmen an, mit A und B seien identische Uhren verbunden, die im Augenblick des Vorbeiflugs null anzeigen. Wir nehmen weiter an, daß B einen Lichtpuls aussendet, wenn die zugehörige Uhr die Zeit T_B anzeigt. Wir wollen nun den Zeitpunkt T_A bestimmen, an dem der Lichtpuls bei A ankommt. Ein Beobachter im gestrichenen Bezugssystem sieht die stationäre Uhr bei A schneller laufen als die bewegte Uhr bei B. Die Uhr bei A zeigt

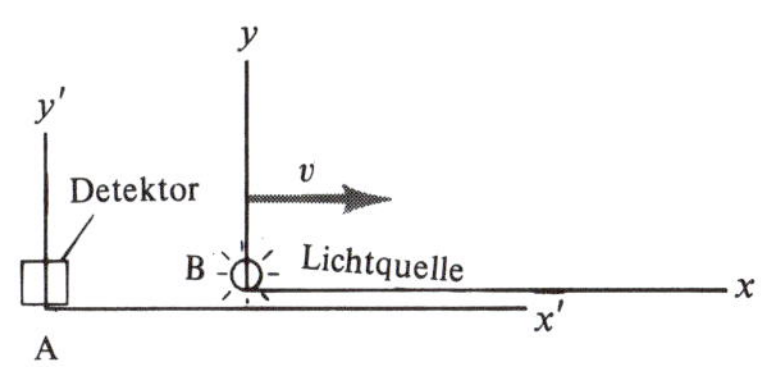

Abb. 8-12. *Für einen Beobachter im gestrichenen System bewegt sich eine Lichtquelle B mit der Geschwindigkeit v nach rechts.*

$$t_A = \gamma T_B,$$

wenn die bewegte Uhr T_B anzeigt. Wir sind jedoch an dem Zeitpunkt interessiert, an dem der Puls von B bei A ankommt. Er hat im gestrichenen Bezugssystem eine Flugzeit von x'/c. Wenn T_A die Ankunftzeit des Pulses bei A im gestrichenen Bezugssystem darstellt, dann gilt

$$T_A = t_A + (\text{Flugzeit}) = t_A + \frac{x'}{c}.$$

Wir ersetzen nun t_A durch (γT_B) und eliminieren x', indem wir berücksichtigen, daß die in der Zeit t_A zurückgelegte Strecke gegeben ist durch $x' = vt_A = v(\gamma T_B)$. Dann gilt

$$T_A = \gamma T_B + \frac{v\gamma T_B}{c}$$

oder

$$T_A = \gamma(1 + \beta)\, T_B, \quad \text{wobei} \quad \beta := \frac{v}{c}.$$

Die Zeitdifferenz zwischen zwei aufeinanderfolgenden Pulsen bzw. die Periode der Oszillation beträgt

$$\tau_A = \gamma(1 + \beta)\,\tau_B, \tag{8-11}$$

wobei τ_B die Periode ist, die an der Lichtquelle gemessen wird. Der Zusammenhang zwischen der Frequenz oder der Pulszahl pro Sekunde und der Schwingungsperiode ist gegeben durch $f = 1/\tau$. Wenn man das Reziproke von Gl. (8-11) bildet und berücksichtigt, daß $\gamma = (1 - \beta^2)^{-1/2}$ ist, so ergibt sich

$$f_A = \frac{\sqrt{1 - \beta^2}}{1 + \beta} f_B$$

oder

$$f_A = \sqrt{\frac{1 - \beta}{1 + \beta}}\, f_B, \quad \text{(sich entfernende Quelle)} \tag{8-12}$$

wobei f_A die Anzahl der von A pro Sekunde empfangenen Pulse ist.

Diese Relation bleibt gleich, ob wir die „Ticks" einer Uhr bei B oder die Schwingungen eines Oszillators bei B zählen; ebenso kann B eine Quelle elektromagnetischer Strahlung sein. Im Falle von Licht ist f_B die Anzahl der von der Quelle emittierten Wellenfronten pro Sekunde und f_A die von einem sich entfernenden Beobachter pro Sekunde empfangenen Wellenfronten. Da $f_A < f_B$ ist, erscheint die Frequenz vermindert (oder rotverschoben), falls sich die Lichtquelle entfernt. Wenn sich die Lichtquelle statt dessen nähert, kehrt sich das Vorzeichen von $\beta = v/c$ um, und das entsprechende Ergebnis lautet

$$f_A = \sqrt{\frac{1 + \beta}{1 - \beta}}\, f_B. \quad \text{(sich nähernde Quelle)} \tag{8-13}$$

Beispiel 5: Rotverschiebungen bis zu einem Faktor 3 sind bei Spektrallinien von bestimmten astronomischen Objekten, die man als Quasare bezeichnet, gefunden worden. Wie groß ist die Geschwindigkeit eines Quasars relativ zur Erde, wenn seine Spektrallinien eine Rotverschiebung um einen Faktor 3 aufweisen?

Lösung: Nach Gl. (8-12) haben wir

$$f_A = \tfrac{1}{3} f_B \quad \text{oder} \quad \tfrac{1}{3} = \sqrt{\frac{1 - \beta}{1 + \beta}},$$

$$1 + \beta = 9(1 - \beta),$$

$$10\beta = 8,$$

$$v = 0{,}8c.$$

Entfernte Galaxien und Quasare scheinen sich von unserem Milchstraßensystem mit einer Geschwindigkeit wegzubewegen, die proportional zum Abstand anwächst. Wenn diese lineare Beziehung zwischen Abstand und Geschwindigkeit auch für den Quasar in unserem Beispiel gilt, dann würde er von uns etwa $12 \cdot 10^9$ Lichtjahre entfernt sein.

*8-7 Das Zwillingsparadoxon

Wer sich ein wenig mit Raumfahrtproblemen beschäftigt hat, wird gehört haben, daß Raumfahrer nicht so schnell altern wie ihre Brüder, die auf der Erde zurückgeblieben sind. Da jedoch für unsere heutigen Raumfahrer $v/c \ll 1$ gilt, kann der Effekt praktisch vernachlässigt werden. Wenn dagegen jemand mit Lichtgeschwindigkeit fliegen könnte, würde er überhaupt nicht altern. Wie wir gesehen haben, verlangsamen sich für einen Beobachter auf der Erde alle Uhren und physikalischen Prozesse (einschließlich des Lebens) innerhalb eines Raumschiffs um einen Faktor $\sqrt{1 - v^2/c^2}$, wenn sich das Raumschiff mit der Geschwindigkeit v fortbewegt [s. Gl. (8-5)].

Beispiel 6: Wir betrachten die Zwillinge A und B in einer Situation, wie sie in Abb. 8-13 dargestellt ist. Die Zwillinge sind 20 Jahre alt, und Zwilling B unternimmt eine Weltraumreise zum Stern Arkturus und zurück mit der Geschwindigkeit $v = 0{,}99c$. Uns Bewohnern der Erde erscheint es so, als ob der Arkturus 40 Lichtjahre entfernt sei. Wie alt sind A und B, wenn B seinen Bruder wiedersieht?

Lösung: Für Zwilling A würde die Reise seines Bruders B 1% länger dauern als 80 Jahre, da B ja nur um 1% langsamer als das Licht fliegt. Wenn B zurückkehrt, wäre A also im Alter von 20 plus 80,8, also von 100,8 Jahren. Für Zwilling A auf der Erde gehen die Uhren im Raumschiff um den Faktor $\sqrt{1 - 0{,}99^2} = 0{,}141$ langsamer. Hieraus folgt, daß im Raumschiff während der Fahrt nur 0,141 mal 80,8 Jahre, also 11,4 Jahre vergehen. Am Ende der Reise beträgt das Alter des Zwillingsbruders B 20 plus 11,4 Jahre, also 31,4 Jahre; B wäre damit 69,4 Jahre jünger als sein Bruder A, der auf der Erde geblieben war.

Der Raumfahrer spürt nicht, daß seine Zeit langsamer abläuft. In Beispiel 6 sieht Zwilling B den Abstand zum Arkturus durch die Lorentz-

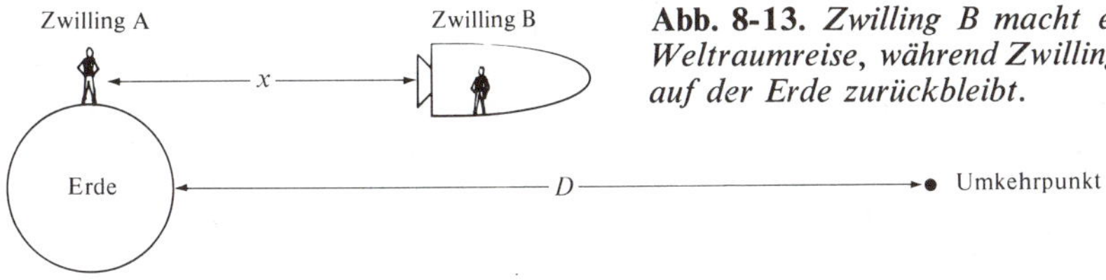

Abb. 8-13. *Zwilling B macht eine Weltraumreise, während Zwilling A auf der Erde zurückbleibt.*

Kontraktion verkürzt. Für ihn beträgt die Entfernung von der Erde zum Arkturus $\sqrt{1 - 0{,}99^2}$ mal 40 Lichtjahre, also 5,64 Lichtjahre. Er sieht, daß sich die Erde mit einer Geschwindigkeit von $v = 0{,}99c$ von ihm entfernt. Er nimmt daher an, daß er für die Hinfahrt 1,01 mal 5,64 Jahre, also 5,7 Jahre und damit für die gesamte Reise 11,4 Jahre benötigt. Diese Berechnungen decken sich mit den Überlegungen, die A auf der Erde anstellt.

Ein Widerspruch wird offensichtlich, wenn der Raumfahrer von seinem Standpunkt aus den Gang der Uhren auf der Erde beurteilt und feststellt, daß sie langsamer laufen als seine Uhr. Dann muß aber A bei seiner Rückkehr zur Erde jünger sein als er, was natürlich den vorigen Resultaten widerspricht. Wenn Geschwindigkeiten wirklich als relativ zu betrachten sind, wie können wir dann überhaupt zu einem unsymmetrischen Resultat kommen? Sollten nicht beide Zwillinge auf das gleiche Alter kommen, wenn man die Symmetrie berücksichtigt? Auf den ersten Blick sieht es so aus, als ob der Einsteinsche Formalismus in sich widersprüchlich ist. Dieser Widerspruch kann jedoch durch den Hinweis aufgelöst werden, daß das Problem selbst unsymmetrisch ist. Der Beobachter auf der Erde bleibt immer im gleichen Bezugssystem, in einem Inertialsystem, während der Raumfahrer beim Umdrehen das Bezugssystem wechselt. Am Ende dieses Abschnitts werden wir die vollständige Rechnung vom Standpunkt des Raumfahrers aus durchführen und immer noch als Ergebnis erhalten, daß der auf der Erde Zurückbleibende mehr altert, obwohl für den Raumfahrer die Uhren auf der Erde langsamer laufen.

Über das Zwillingsparadoxon (es wird auch Uhrenparadoxon genannt) ist lange debattiert worden. Heutzutage akzeptieren fast alle Physiker die hier gegebene Interpretation. Lediglich einige Philosophen, Mathematiker und sogar ein oder zwei Physiker behaupten immer noch, daß beide Zwillinge auf dasselbe physikalische Alter kommen müssen. Der Autor dieses Buches ist so überzeugt von der Verlangsamung des Alterns bei Raumfahrern, wie er von irgend etwas in der Physik überzeugt ist.

Die oben beschriebenen Effekte der Zeitdilatation sind fast immer vernachlässigbar, es sei denn, das Raumschiff erreicht eine kinetische Energie, die vergleichbar mit seiner Ruhmasse ist. Sogar die bei der Kernspaltung oder Kernfusion freigesetzte Energie ist dafür immer noch um einen Faktor 1000 zu gering. In der Praxis ist es unmöglich, die Zeitdilatation für Reisen zu anderen Sternen auszunutzen.

Das Zwillingsparadoxon konnte durch mehrere Experimente bestätigt werden. In einem dieser Experimente wurde der Eisenkristall einer Mössbauer-Uhr (vgl. Seite 153) aufgeheizt und mit einer kalten Mössbauer-Uhr verglichen. Die Eisenatome in dem aufgeheizten Kristall schwingen sehr schnell im Vergleich zu den Atomen im kalten Kristall, wo sie sich annähernd in Ruhe befinden. Zwei identische Eisenkerne emittieren Strahlung der gleichen Frequenz, wenn sie sich auf gleicher Temperatur befinden; jedoch sollten Kerne, die sich in Bewegung befinden (wie Zwilling B), eine Strahlung emittieren, deren Frequenz im Mittel verringert ist. Ein solches Experiment wurde im Jahre 1960 durchgeführt und ergab eine relative Frequenzänderung von $\Delta f/f =$

$= -2{,}4 \cdot 10^{-15}$ bei einer Temperaturzunahme von 1 K. Diese Zahl stimmt mit der Änderung von γ infolge des bekannten temperaturbedingten Anstiegs der mittleren thermischen Geschwindigkeit überein.

Eine weitere Bestätigung gelang mit Hilfe zweier Cäsium-Atomuhren. 1 Sekunde entspricht nach Definition 9192631770 Perioden einer solchen Uhr. Im Oktober 1971 wurde eine Reihe solcher Uhren miteinander verglichen. Einige wurden mit kommerziellen Düsenflugzeugen um die Welt geflogen, die anderen blieben als Referenzuhren im US Naval Observatory. Nach der speziellen Relativitätstheorie sollten die bewegten Uhren im Vergleich zu den ruhenden Uhren (184 ± 23) ns nachgehen. Die gemessene Zeitdifferenz betrug (203 ± 10) ns, so daß Theorie und Experiment im Rahmen der Fehlergrenzen übereinstimmten. Dieses Experiment wurde in der Zeitschrift *Science* am 14. Juli 1972 veröffentlicht.

Zum Schluß dieses Abschnitts wollen wir ausführlich berechnen, wie sich für den Raumfahrer (Zwilling B) die Uhren auf der zurückbleibenden Erde verlangsamen. Wir nehmen wieder an, daß sowohl die Uhr von B als auch die Uhr auf der Erde bei jedem „Tick" einen Lichtpuls aussendet. Wir werden sehen, daß auch der Raumfahrer zu dem Ergebnis kommt, daß auf der Erde mehr Zeit vergangen ist als in seinem Raumschiff. Das Problem lautet also: Wenn die Uhr von A langsamer läuft im Vergleich zu der Uhr von B, wie kann B trotzdem von der langsamen Uhr mehr Pulse empfangen als von seiner eigenen schnelleren Uhr? Wie wir sehen werden, kommt es beim Rückflug zur Erde zu einer Erhöhung der Pulsrate durch die Blauverschiebung des Doppler-Effekts. Dieser Einfluß des Doppler-Effekts ist größer als der Einfluß der Zeitdilatation.

Wir wollen nun die Gesamtzahl der Pulse berechnen, die der Raumfahrer von der Uhr im Raumschiff und von der Uhr auf der Erde empfängt. Sei N_B die Gesamtzahl der Pulse von der Uhr B und N_A die Gesamtzahl der Pulse von der Uhr auf der Erde. Die gesamte Pulszahl von Uhr B beträgt

$$N_B = f_0 t_B,$$

wobei f_0 die Pulsrate der beiden Uhren im Ruhezustand und t_B die von B gemessene gesamte Flugzeit ist:

$$t_B = \frac{\text{zurückgelegte Strecke}}{v}.$$

Wie schon vorher diskutiert, sieht B die Entfernung D verkürzt; für B beträgt also die gesamte Strecke hin und zurück $2D/\gamma$. Daher gilt:

$$N_B = f_0 \left(\frac{2D}{\gamma v}\right). \qquad \textbf{(8-14)}$$

Dies ist also die Gesamtzahl der Pulse, die B von der Uhr des Raumschiffs empfängt.

Die Zahl der Pulse, die B von der Uhr auf der Erde empfängt, beträgt

$$N_A = f_1 t_1 + f_2 t_2,$$

wobei f_1 und f_2 die beobachteten Pulsraten beim Flug von der Erde weg bzw. zur Erde hin sind. Die Zeit für die einfache Strecke beträgt

$$t_1 = t_2 = \frac{1}{2} t_B = \frac{D}{\gamma v} .$$

Daher ist

$$N_A = (f_1 + f_2) \frac{D}{\gamma v} .$$

Für f_1 und f_2 verwenden wir die Resultate der Gln. (8-12) und (8-13):

$$\begin{aligned} N_A &= \left(\sqrt{\frac{1-\beta}{1+\beta}} f_0 + \sqrt{\frac{1+\beta}{1-\beta}} f_0 \right) \frac{D}{\gamma v} \\ &= \left(\sqrt{\frac{1-\beta}{1+\beta}} + \sqrt{\frac{1+\beta}{1-\beta}} \right) \sqrt{1-\beta^2} \frac{D}{v} f_0 \\ &= [(1-\beta) + (1+\beta)] f_0 \frac{D}{v} = \frac{2D}{v} f_0 . \end{aligned}$$

Dies ist das gleiche Resultat, das der Zwilling auf der Erde erhält, wenn er seine Uhr beobachtet; d. h., die Theorie ist selbstkonsistent. Außerdem erhält Zwilling B aus Gl. (8-14) das Resultat, daß die verflossene Zeit auf der Raumschiffuhr $\sqrt{1 - v^2/c^2}$ mal die verflossene Zeit nach der erdfesten Uhr ist. Das Verhältnis ist $N_A/N_B = \gamma$.

In den vorhergehenden Diskussionen haben wir angenommen, daß die Zeit für die Umkehrung der Raumschiffgeschwindigkeit viel kleiner als die Flugzeit ist und daher vernachlässigt werden kann. Die Anzahl der von B empfangenen Pulse während der Drehung ist weit kleiner als die Anzahl der Pulse, die während des mit gleichförmiger Geschwindigkeit durchgeführten Fluges empfangen werden.

Zusammenfassung

Alle Resultate der relativistischen Kinematik können mathematisch aus zwei grundlegenden Postulaten hergeleitet werden: (1) Dem Relativitätsprinzip (es gibt keine Möglichkeit, eine absolute Bewegung zu bestimmen), und (2) der Invarianz der Lichtgeschwindigkeit (die Lichtgeschwindigkeit hat für jeden Beobachter den gleichen Wert).

Diese beiden Postulate bestimmen die Gleichungen der Lorentz-Transformation, die die x- und t-Werte eines Ereignisses, wie sie von einem Beobachter gemessen werden, mit den x'- und t'-Werten desselben Ereignisses verknüpfen, wie sie ein anderer Beobachter mißt, wobei die beiden eine Relativgeschwindigkeit v entlang der x-Achse besitzen:

$$x' = \gamma x + \gamma v t, \quad t' = \gamma t + \gamma \frac{v}{c^2} x, \quad \text{wobei} \quad \gamma = (1 - v^2/c^2)^{-1/2}.$$

Aus diesen Gleichungen folgt sofort, daß ein bewegter Meterstab um den Faktor $1/\gamma$ verkürzt erscheint (Lorentz-Kontraktion) und eine bewegte Uhr um den Faktor γ langsamer läuft (Zeitdilatation). Wenn zwei Ereignisse, die in x-Richtung um eine Strecke l auseinanderliegen, einem Beobachter gleichzeitig erscheinen, so erscheinen sie einem bewegten Beobachter mit einer Zeitdifferenz von $\Delta t = -vl/c^2$ (Problem der Gleichzeitigkeit).

Bei einem bewegten Oszillator wird die beobachtete Frequenz um den Faktor $\gamma(1 + \beta)$ verschoben, wobei $v = \beta c$ die Geschwindigkeit des Oszillators ist (relativistischer Doppler-Effekt). Bewegte Uhren laufen um einen Faktor γ langsamer. Während der Zeit t (auf der Erde) altert ein Raumfahrer auf einem Rundflug nur um $(1 - v^2/c^2)^{1/2}$ mal t, wobei v die Geschwindigkeit relativ zur Erde ist (Zwillingsparadoxon).

Aufgaben

1. Der Arm des Interferometers in Abb. 8-3 bewege sich durch Luft mit einer Geschwindigkeit von $v = 30$ m/s. Die Quelle sende einen Schallpuls aus (nicht Licht). Es sei $D = 2$ m, $v_{\text{Schall}} = 330$ m/s.
(a) Wie groß ist die Flugzeit des Pulses, der zur Quelle zurückreflektiert wurde?
(b) Berechne die Flugzeit für den Fall, daß die Schiene senkrecht zu v steht.
(c) Wiederhole Teil (a), berechne jedoch nur die Flugzeit, die der Schallpuls benötigt, um von der Quelle zum Spiegel zu gelangen.

2. Der Interferometerarm in Aufgabe 1 sei stationär. Ein Ventilator bläst Luft in Längsrichtung der Schiene mit einer Geschwindigkeit von 20 km/h. Um wieviel verlängert sich die Zeit, die der Puls für einen Durchlauf benötigt?

3. Ein Michelson-Interferometer besitze 2 m lange Arme. Wie schnell müßte sich ein angenommener Äther bewegen, damit bei Drehung des Interferometers um 90° eine Verschiebung um einen Interferenzstreifen auftritt? (Δt ist die Zeit, die das Licht braucht, um eine Wellenlänge von 0,4 μm zurückzulegen.)

4. Ein masseloses Teilchen bewege sich mit einer Geschwindigkeit $u = c$ vom Beobachter fort. Dann verfolgt der Beobachter das Teilchen mit einer Geschwindigkeit von $v = 0{,}9c$. Welche Teilchengeschwindigkeit mißt der Beobachter nun?

5. Ein Stab der Länge l bewege sich parallel zu seiner Längsrichtung. Ein Beobachter mißt eine Länge l'. Wie groß ist die Geschwindigkeit des Stabes relativ zum Beobachter?

6. Zeige, daß für $v \ll c$ die Doppler-Verschiebung gegeben ist durch

$$\Delta f = f_{\text{A}} - f_{\text{B}} \approx -\beta f_{\text{B}}.$$

7. Wiederhole Beispiel 2 für einen Pionenstrahl der Geschwindigkeit $v = 0{,}999c$.

8. Entfernte Galaxien und Quasare besitzen einen Rotverschiebungsparameter $Z = \Delta\lambda/\lambda_0$, wobei λ_0 die Wellenlänge einer gegebenen Spektrallinie bei einer ruhenden Quelle ist. $\Delta\lambda$ ist die auf der Erde beobachtete Wellenlängenverschiebung dieser Linie, die von der entfernten, wegfliegenden Quelle ausgesandt wird. Benutze Gl. (8-12), um eine Formel für v/c als Funktion von Z abzuleiten.

9. Welchen Abstand hätten die Markierungen, die die beiden Lichtblitze von Beispiel 4 auf dem Boden hinterlassen würden?

10. Für die Wellenlänge einer bekannten Spektrallinie, die von einer entfernten Galaxis kommt, wird ein Wert von 0,5 μm beobachtet. Normalerweise ist die Wellenlänge dieser Linie 0,4 μm. Wie groß ist die Fluchtgeschwindigkeit der Galaxis?

11. Wiederhole Beispiel 6 für $v = 0{,}999c$.

12. Zwilling B sei ein Raumfahrer, der seinen Bruder A auf der Erde zurückläßt. B fliegt während 30 Erdjahren mit einer Geschwindigkeit von $v = 0{,}1c$. Wieviel jünger ist danach Zwilling B im Vergleich zu seinem Bruder A?

13. Gl. (8-13) kann geschrieben werden als

$$\frac{f}{f_0} = \left(\frac{1+\beta}{1-\beta}\right)^{1/2},$$

wobei f die dopplerverschobene Frequenz darstellt. Drücke $\mathrm{d}f/f_0$ als Funktion von β und $\mathrm{d}\beta$ aus.

14. Eine Uhr werde über eine Strecke von 38 000 km mit einer Geschwindigkeit von 800 km/h geflogen. Wie viele Nanosekunden verliert sie im Vergleich zu einer erdfesten Uhr?

15. Ladungsdichte ist elektrische Ladung pro Volumeneinheit. Scheint die Ladungsdichte eines geladenen Körpers für einen bewegten Beobachter vergrößert oder verkleinert, wenn die elektrische Ladung unabhängig von der Geschwindigkeit des Beobachters ist? Wie groß ist ϱ'/ϱ_0, wenn ϱ_0 die Ladungsdichte im Ruhezustand ist?

16. Angenommen, der Rand des Universums ist 10^{10} Lichtjahre von uns entfernt. Ein Raumfahrer fliege mit einer solchen Geschwindigkeit, daß $(1 - v^2/c^2)^{-1} = 10^8$ ist. Welche Entfernung zum Rand des Universums würde der Raumfahrer messen?

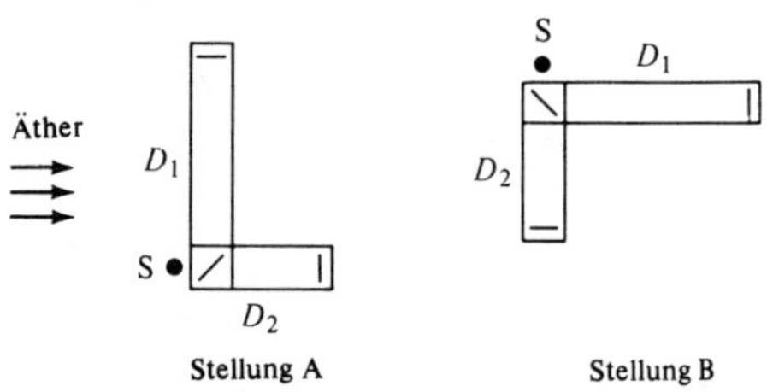

Aufgabe 17

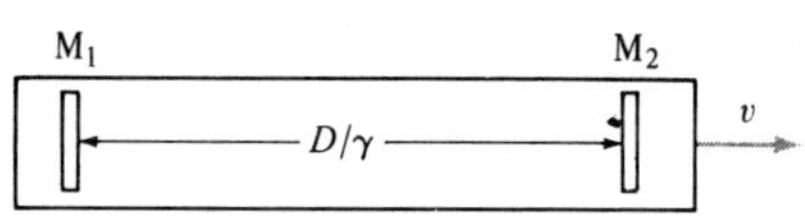

Aufgabe 18

17. Die beiden Arme eines Michelson-Interferometers seien von ungleicher Länge ($D_1 > D_2$). Die Zeitdifferenz zwischen den beiden Lichtwegen sei Δt_A für Stellung A. Bei Drehung des Interferometers um 90° (Arm 1 parallel zur Äthergeschwindigkeit) betrage die Zeitdifferenz Δt_B (Stellung B). Zeige, daß

$$(\Delta t_B - \Delta t_A) \approx \frac{v^2}{c^3}(D_1 + D_2),$$

wenn man von der vorrelativistischen Theorie des Äthers ausgeht. Dies ist die Größe, die Michelson und Morley zu messen versuchten.

18. Die nebenstehend abgebildete Lichtuhr zeige in Bewegungsrichtung. Dann mißt ein stationärer Beobachter für ihre verkürzte Länge den Wert D/γ. t_1 sei die Zeit, die der Lichtpuls für den stationären Beobachter braucht, um von M_1 nach M_2 zu gelangen. (Während dieser Zeit bewegt sich M_1 um vt_1).
   (a) Welche Strecke legt der Lichtpuls für den stationären Beobachter bei seiner Bewegung von M_1 nach M_2 zurück?
   (b) Zeige, daß $t_1 = D/\gamma(c - v)$ ist.
   (c) Wie lange braucht der reflektierte Puls (für den stationären Beobachter), um nach M_1 zurückzukommen?
   (d) Zeige, daß die Zeit für einen Umlauf gegeben ist durch $t_1 + t_2 = \gamma 2D/c$.

19. Gehe von der klassischen Äthertheorie aus; nimm jedoch gleichzeitig an, daß alle Körper relativ zum Äther in Bewegungsrichtung eine Lorentz-Kontraktion erfahren, d. h., die Länge des Interferometerarms D_1 in Aufgabe 17 beträgt in Stellung B $(\sqrt{1 - v^2/c^2 D_1})$. Wiederhole unter diesen Annahmen Aufgabe 17 und berechne $(\Delta t_A - \Delta t_B)$.

20. Wiederhole Aufgabe 19, drehe jedoch das Interferometer nicht um 90°. Dann beträgt die gemessene Zeitdifferenz Δt_A. Die Äthergeschwindigkeit sei v. Nun ändere die Stellung des Interferometers so, daß die Äthergeschwindigkeit v' ist. Da die Rotationsgeschwindigkeit der Erde zur Äthergeschwindigkeit addiert wird, braucht man z. B. nur zu warten, bis sich die Erde um 180° gedreht hat. (Das gleiche erreicht man, wenn man das Interferometer auf einen anderen Breitengrad verlegt.) Zeige, daß gilt:

$$(\Delta t_A - \Delta t_{A'}) \approx (v^2 - v'^2)\frac{(D_1 - D_2)}{c_3}.$$

Solche Experimente wurden durchgeführt. Das Ergebnis war jedoch immer negativ. Das bedeutet, daß die Lorentz-Kontraktion allein dieses negative Resultat nicht erklären kann. Zur Erklärung muß zusätzlich noch die Zeitdilatation berücksichtigt werden.

21. In den beiden gekoppelten Gln. (8-9) seien x' und t' bekannt; x und t seien die Unbekannten. Berechne x und t als Funktion von x' und t'.

22. In Abb. 8-9 gebe es einen dritten Beobachter, Herrn X'', der sich mit der Geschwindigkeit v' nach links bewegt. Seine Koordinaten seien x'' und t''. Nach der Lorentz-Transformation ist die Beziehung zwischen (x'', t'') und (x', t') gegeben durch

$$x'' = \frac{x' + v't'}{\sqrt{1 - v'^2/c^2}},$$

$$t'' = \frac{t' + v'x'/c}{\sqrt{1 - v'^2/c^2}}.$$

Nun benutze Gl. (8-9), um x' und t' aus diesen beiden Gleichungen zu eliminieren. Das Ergebnis sollte lauten:

$$x'' = \frac{x + v''t}{\sqrt{1 - v''^2/c^2}},$$

$$t'' = \frac{t + v''x/c}{\sqrt{1 - v''^2/c^2}}, \quad \text{wobei} \quad v'' = \frac{v + v'}{1 + vv'/c^2}.$$

Man erkennt daraus, daß die Lorentz-Transformation einer Lorentz-Transformation ebenfalls eine Lorentz-Transformation ergibt, wobei sich die Geschwindigkeit nach dem Einsteinschen Additionstheorem der Geschwindigkeiten berechnen läßt.

23. Zwei Blitzlampen S_1 und S_2 sind an den Enden eines Stabes angebracht, der im Ruhezustand eine Länge l_0 besitzt. Der Stab bewegt sich nach rechts mit der Geschwindigkeit v. S_1 und S_2 senden kurz hintereinander je einen Lichtblitz aus, so daß diese gleichzeitig bei Herrn X ankommen. S_1 befand sich bei $x = x_1$ und S_2 bei $x = x_2$, als sie ihre jeweiligen Blitze aussandten. Welchen Abstand $(x_2 - x_1)$ würde Herr X berechnen? Dies ist die Stablänge, die man mit dem Auge feststellen würde oder die man photographieren würde. Man beachte, daß diese Länge größer ist als l_0, nicht kürzer. Wenn man die verschiedenen Zeiten, die das Licht von den beiden Seiten unterwegs ist, berücksichtigt, erhält man natürlich die nach Lorentz kontrahierte Länge. Ein dreidimensionales Objekt würde, wenn man es senkrecht zur Bewegungsrichtung mit einem Auge oder einer Kamera beobachten würde, gedreht erscheinen.

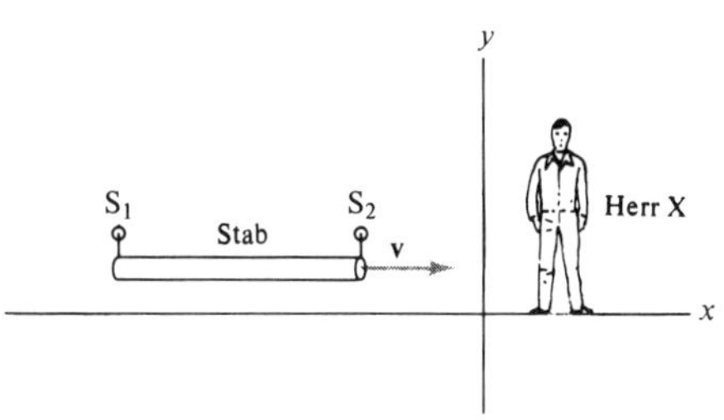

Aufgabe 23

24. Leite eine Formel für den Doppler-Effekt des Schalls her, wenn die Schallquelle sich bewegt und der Detektor stationär ist. In Abb. 8-12 wäre dann das gestrichene System relativ zur Luft in Ruhe.

25. Wiederhole Aufgabe 24 für eine stationäre Schallquelle und einen bewegten Detektor. In Abb. 8-12 würde sich dann die Luft mit der Geschwindigkeit nach rechts bewegen.

26. Ein Eisenbahnwagen der Länge l (im Ruhesystem) bewegt sich nach rechts mit der Geschwindigkeit v (im gestrichenen System gemessen). In diesem gestrichenen System sendet ein entfernter Stern genau über dem Eisenbahnwagen einen Lichtpuls aus, der an den Punkten A und B gleichzeitig (im gestrichenen System) empfangen wird. Für den Beobachter im Wagen wird der Lichtpuls am Punkt A (vor; nach; gleichzeitig mit) dem Lichtpuls bei Punkt B eintreffen. Beachtet man, daß $\Delta t' = \gamma\,\Delta t + \gamma(v/c^2)\,\Delta x$, so erhält man $(t_B - t_A) = [vl/c^2;\ -vl/c^2;\ \gamma vl/c^2;\ -\gamma vl/c^2;\ 0]$. Für einen Beobachter, der sich mit dem Wagen bewegt, erscheint der Stern um einen Winkel θ verschoben, wobei $\theta = [0;\ \sin^{-1}(v/c);\ \tan^{-1}(v/c);\ \sin^{-1}(\gamma v/c);\ \tan^{-1}(\gamma v/c)]$ ist. (Wir wollen annehmen, daß die Strahlen vom Stern parallel eintreffen.)

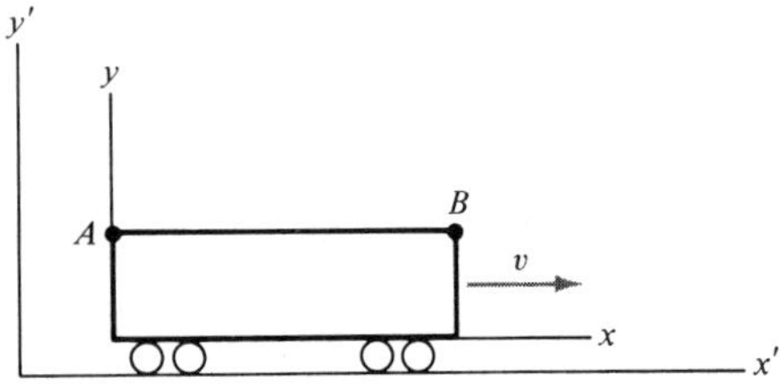

Aufgabe 26

27. Eine Rakete der Ruhelänge 200 m bewegt sich relativ zu uns mit $v/c = \frac{3}{5}$. An der Spitze und am Heck befinden sich zwei synchronisierte Uhren. Wir auf dem Boden haben ebenfalls eine Anzahl von Uhren, die miteinander synchronisiert sind. Genau in dem Moment, in dem die Spitze des Raumschiffs an uns vorbeifliegt, zeigen unsere Uhren und die Uhr an der Spitze $t = 0$ an.
   (a) Was zeigt für uns die Uhr am Ende des Raumschiffs zum Zeitpunkt $t = 0$ an?
   (b) Wie lange braucht für uns das Heck des Raumschiffs, um uns zu erreichen?
   (c) Was zeigt die Heckuhr der Rakete in dem Moment an, in dem sie an uns vorbeifliegt?

28. Eine Stoppuhr befindet sich bei $x = 0$. In einem anderen (gestrichenen) Koordinatensystem bewegt sie sich mit der Geschwindigkeit $v = 0{,}6c$ nach rechts entlang der x'-Achse. Die Stoppuhr bleibt bei $t = 10$ s stehen. (Bei $t' = t = 0$ war sie bei $x' = 0$.)
   (a) Wo befindet sich die Uhr im gestrichenen System in dem Moment, in dem sie stehenbleibt? (Was ist ihre x'-Koordinate?)
   (b) Zu welchem Zeitpunkt im gestrichenen System blieb die Uhr stehen?
   (c) Herr X′ befinde sich bei $x' = 0$ in Ruhe. Wie groß ist seine Geschwindigkeit, wenn sie von einem Beobachter gemessen wird, der sich mit der Stoppuhr bewegt?
   (d) Eine zweite Stoppuhr bei $x = l$ starte zum selben Zeitpunkt $t = 0$, an dem auch die erste Stoppuhr bei $x = 0$ zu laufen beginnt. Welche Zeit zeigt für Herrn X′ (der im gestrichenen System in Ruhe ist) die zweite Uhr in dem Moment an, in dem die erste stehenbleibt? (Dann hat t' den gleichen Wert wie in (b).)

29. Nach der kinetischen Gastheorie gilt $\overline{\frac{1}{2}mv^2} = \frac{3}{2}kT$ für Teilchen der Masse m. Dabei ist T die absolute Temperatur und $k = 1{,}38 \cdot 10^{-23}$ in SI-Einheiten. Ein Eisenatom besitzt die Masse $m = 9{,}3 \cdot 10^{-26}$ kg.
   (a) Berechne $\overline{\beta^2}$ für Eisenatome bei 300 Grad absoluter Temperatur (Raumtemperatur).
   (b) Wie groß ist $\bar{\gamma} = (1 - \overline{\beta^2})^{-1/2}$ für diese Atome?
   (c) Wegen der Zeitdilatation sendet eine Probe von bewegten (oder aufgeheizten) Eisenatomen eine Frequenz $f' = (1/\gamma)\,f_0$ aus, wobei f_0 die Frequenz im Ruhezustand oder bei der absoluten Temperatur null darstellt. Wie groß ist $(f' - f_0)/f_0$ für Eisenatome bei einer absoluten Temperatur von 300 Grad? Wie groß ist bei einer Temperaturänderung um ein Grad die relative Frequenzänderung $\Delta f/f$ beim Mössbauer-Effekt?

9 Relativistische Dynamik

Bisher haben wir die allgemeinen Eigenschaften von Zeit und Raum diskutiert. Nun wollen wir uns mit Teilchen beschäftigen, die Masse, Impuls und Energie besitzen. Wir werden sehen, daß die Gesetze der Impuls- und Energieerhaltung immer noch gelten, daß jedoch die klassichen Definitionen von Impuls und Energie modifiziert werden müssen. Natürlich müssen diese neuen relativistischen Definitionen für $v \to 0$ mit den klassischen Definitionen übereinstimmen. Eine der neuen Überraschungen wird die Tatsache sein, daß mit jeder Masse m eine Energie $E = mc^2$ verbunden ist. Einstein sagte, daß in 1 kg jeder Substanz eine Energie von $9 \cdot 10^{16}$ J enthalten ist. Dieser Energiebetrag ist so groß, daß damit eine 100-W-Glühbirne 30 Millionen Jahre lang betrieben werden könnte.

Bevor wir uns direkt mit Masse, Energie und Impuls beschäftigen, müssen wir zunächst lernen, wie verschiedene Beobachter das gleiche bewegte Objekt sehen; d. h., wir wollen untersuchen, wie sich Geschwindigkeiten in der Relativitätstheorie transformieren.

*9-1 Einsteinsches Additionstheorem der Geschwindigkeiten

Bisher haben wir uns immer mit Objekten oder Teilchen beschäftigt, die in einem Bezugssystem in Ruhe waren und sich daher in einem anderen System mit der Geschwindigkeit v bewegten. Nun wollen wir zu dem Fall übergehen, wo das Objekt in seinem Bezugssystem bereits eine Geschwindigkeit u_x besitzt; im anderen System hat es die Geschwin-

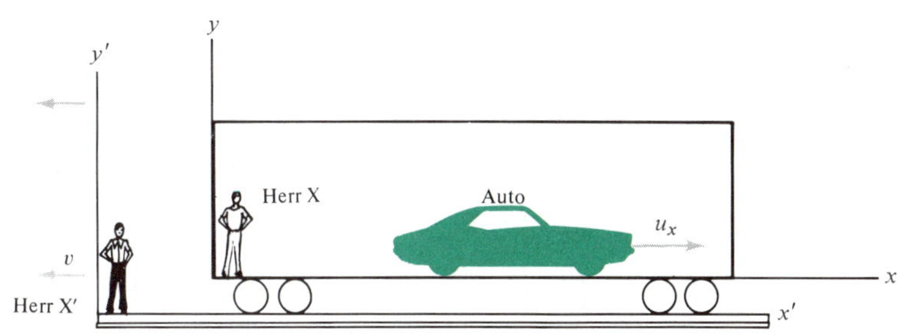

Abb. 9-1. *Herr X' sieht einen Eisenbahnwagen, der sich mit der Geschwindigkeit v nach rechts bewegt. Im Eisenbahnwagen befindet sich ein Auto, das sich mit einer Geschwindigkeit u_x relativ zum Eisenbahnwagen bewegt.*

digkeit u'_x. Eine solche Situation ist in Abb. 9-1 dargestellt, in der das Auto für Herrn X die Geschwindigkeit u_x besitzt, für Herrn X' jedoch die größere Geschwindigkeit u'_x. Klassisch ist $u'_x = u_x + v$. Die relativistische Form kann man erhalten, wenn man Gl. (8-9) in differentieller Form schreibt:

$$\mathrm{d}x' = \gamma\,\mathrm{d}x + \gamma v\,\mathrm{d}t,$$

$$\mathrm{d}t' = \gamma\,\mathrm{d}t + \frac{\gamma v}{c^2}\,\mathrm{d}x.$$

Wir dividieren nun die erste Gleichung durch die zweite:

$$\frac{\mathrm{d}x'}{\mathrm{d}t'} = \frac{\mathrm{d}x + v\,\mathrm{d}t}{\mathrm{d}t + (v/c^2)\,\mathrm{d}x} = \frac{\mathrm{d}x/\mathrm{d}t + v}{1 + (v/c^2)(\mathrm{d}x/\mathrm{d}t)}.$$

Die Substitution von $\mathrm{d}x/\mathrm{d}t$ und $\mathrm{d}x'/\mathrm{d}t'$ durch u_x bzw. u'_x ergibt

$$u'_x = \frac{u_x + v}{1 + vu_x/c^2}. \quad \text{(Einsteinsches Additionstheorem der Geschwindigkeiten)} \tag{9-1}$$

Aus diesem Additionstheorem der Geschwindigkeiten erkennen wir, daß die resultierende Geschwindigkeit kleiner ist als die Summe der Einzelgeschwindigkeiten. Wenn jedoch beide Geschwindigkeiten viel kleiner als die Lichtgeschwindigkeit sind, liegt die resultierende Geschwindigkeit sehr nahe bei der Summe der beiden.

Wenn die Theorie selbstkonsistent ist, muß Gl. (9-1) Geschwindigkeiten, die größer als c sind, ausschließen. Wir wollen im ungestrichenen Bezugssystem ein Teilchen betrachten, das sich bereits mit Lichtgeschwindigkeit fortbewegt, dies könnte z. B. ein Photon oder ein Neutrino sein. Dann ist also $u_x = c$. Dann beobachtet man im gestrichenen System

$$u' = \frac{(c) + v}{1 + v(c)/c^2} = \frac{c + v}{(c + v)/c} = c.$$

Licht (oder irgend etwas anderes), das sich mit der Geschwindigkeit c fortbewegt, bewegt sich also für jeden Beobachter mit c fort, unabhängig davon, welche Geschwindigkeit der Beobachter auch haben möge. Wie schon früher festgestellt, transformieren die Lorentz-Transformationen Raum und Zeit derart, daß sich ein Lichtstrahl immer mit c ausbreitet, unabhängig von der Geschwindigkeit des Beobachters.

Beispiel 1: Zwei Überschallflugzeuge fliegen auf Kollisionskurs aufeinander zu, wie es in Abb. 9-2 dargestellt ist. Ihre Geschwindigkeit relativ zur Erdoberfläche beträgt 3 200 km/h und 1 600 km/h; wie groß ist die Geschwindigkeit des ersten Flugzeugs, gemessen vom zweiten Flugzeug aus?

Lösung: In diesem Fall steht Herr X (das ungestrichene System) auf dem Boden, und Herr X' ist der bewegte Beobachter, der sich

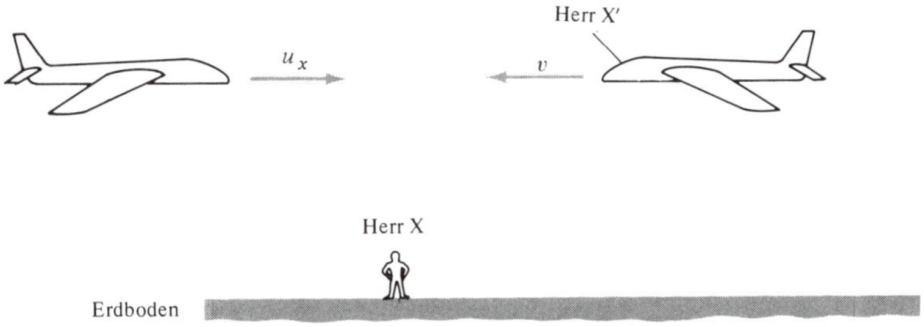

Abb. 9-2. *Zwei Düsenflugzeuge fliegen mit den Geschwindigkeiten u_x bzw. v relativ zum Erdboden. Herr X' sieht vom Beobachterflugzeug aus, daß das linke Flugzeug mit einer Geschwindigkeit u'_x, die kleiner ist als $(u_x + v)$, auf ihn zu kommt.*

mit einer Geschwindigkeit von $v = 3200$ km/h fortbewegt. Das erste Flugzeug hat gemäß Herrn X die Geschwindigkeit $u_x = 1600$ km/h. Dann ergibt sich nach Gl. (9-1):

$$u'_x = \frac{1600 + 3200}{1 + (5{,}12 \cdot 10^6)/c^2}\ \text{km/h} = \frac{4800}{1 + 4{,}4 \cdot 10^{-12}}\ \text{km/h}$$
$$= 4799{,}99999998\ \text{km/h}.$$

Wir sehen, daß auch bei Überschallflugzeugen die klassische Physik eine sehr gute Näherung darstellt.

Beispiel 2: Das Neutron ist ein instabiles Teilchen, das in ein Proton, ein Elektron und ein Antineutrino zerfällt: $n \rightarrow p + e^- + \bar{\nu}$. Das entstehende Elektron erhalte eine Geschwindigkeit von $0{,}8c$, wenn sich das ursprüngliche Neutron im Ruhezustand befand. Wie groß ist die beobachtete Elektronengeschwindigkeit, wenn das Neutron beim Zerfall eine Geschwindigkeit von $0{,}9c$ in Richtung der Elektronengeschwindigkeit besaß?

Lösung: Unser Bezugssystem bewegt sich mit $v = 0{,}9c$; in diesem sollte man eine Elektronengeschwindigkeit $u_x = 0{,}8c$ beobachten. Gl. (9-1) ergibt die resultierende Geschwindigkeit:

$$u'_x = \frac{0{,}8c + 0{,}9c}{1 + 0{,}72c^2/c^2} = \frac{1{,}7}{1{,}72}c = 0{,}988c.$$

Beispiel 3: Der Wagen in Abb. 9-1 fahre mit der Geschwindigkeit u nach links. Wie groß ist die Geschwindigkeit des Wagens im gestrichenen System?

Lösung: In diesem Fall ist $u_x = -u$. Eingesetzt in Gl. (9-1) ergibt sich

$$u'_x = \frac{v - u}{1 - uv/c^2}.$$

Das Resultat von Beispiel 3 sollte dann verwendet werden, wenn u_x und v bei Beobachtung im gestrichenen System entgegengesetztes Vorzeichen haben.

*9-2 Definition des relativistischen Impulses

Nach der klassischen Physik beträgt der Impuls $\boldsymbol{p} = m\boldsymbol{u}$, wobei m die Masse des Teilchens und $\boldsymbol{u}$ seine Geschwindigkeit ist. Die x-Komponente des Gesamtimpulses in einem abgeschlossenen System ergibt sich aus der Summation über alle Teilchen:

$$(p_x)_{\text{total}} = \sum_j m_j u_{jx}.$$

Dabei ist u_{jx} die x-Komponente der Geschwindigkeit des j-ten Teilchens. Nach dem klassischen Gesetz der Impulserhaltung ist

$$\sum_j m_j u_{jx} = \sum_j m_j U_{jx}, \tag{9-2}$$

wobei U_j die Geschwindigkeit des j-ten Teilchens zu einem späteren Zeitpunkt darstellt. Dieser spätere Zeitpunkt könnte z. B. nach einem Stoß sein, wie es in Abb. 9-3 dargestellt ist. Nun addieren wir $\sum_j m_j v$ zu beiden Seiten von Gl. (9-2):

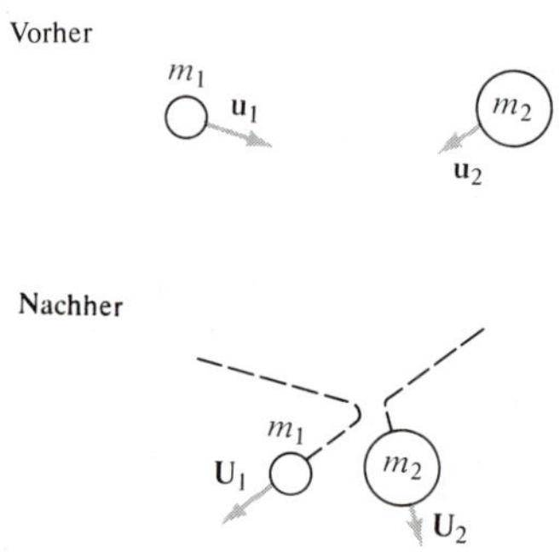

Abb. 9-3. *Elastischer Stoß zwischen zwei Massen m_1 und m_2*

$$\sum m_j(u_{jx} + v) = \sum m_j(U_{jx} + v). \tag{9-3}$$

In der klassischen Mechanik sieht ein Beobachter, der sich mit der Geschwindigkeit v nach links bewegt, die Geschwindigkeiten $u'_{jx} = u_{jx} + v$ und $U'_{jx} = U_{jx} + v$. Einsetzen in Gl. (9-3) ergibt

$$\sum m_j u'_{jx} = \sum m_j U'_{jx}.$$

Diese Gleichung besagt das Folgende: Bleibt der Impuls in einem Bezugssystem erhalten, so bleibt er auch in allen anderen erhalten. Jedoch bleibt der Impuls in der Relativitätstheorie, wenn er als $\boldsymbol{mu}$ definiert wird, im gestrichenen Bezugssystem nur dann erhalten, wenn

$$\sum m_j \frac{u_{jx} + v}{1 + vu_{jx}/c^2} = \sum m_j \frac{U_{jx} + v}{1 + vU_{jx}/c^2}.$$

Es ist im allgemeinen nicht möglich, diese Gleichung zu erfüllen, wenn gleichzeitig Gl. (9-2) oder (9-3) gelten soll.

Daher war Einstein mit dem Problem konfrontiert, eine neue mathematische Form für den Impuls zu finden, die bei der Transformation in ein neues Bezugssystem erhalten bleibt. Es gelang ihm, eine Definition für den relativistischen Impuls anzugeben, bei der der Impuls in jedem Bezugssystem erhalten bleibt, wenn er in irgendeinem System eine Erhaltungsgröße ist. Diese Definition lautet

$$\boldsymbol{p} := m\gamma(u)\,\boldsymbol{u}, \quad \text{(relativistischer Impuls)} \tag{9-4}$$

wobei

$$\gamma(u) := \left(1 - \frac{u^2}{c^2}\right)^{-1/2}.$$

Um nun zu zeigen, daß der nach Gl. (9-4) definierte Impuls auch für bewegte Beobachter erhalten bleibt, müssen wir zunächst sehen, wie er sich von einem Koordinatensystem in ein anderes transformiert. Dies wird in Anhang 9-1 gezeigt, wobei sich das folgende Resultat ergibt:

$$\begin{cases} p_x' = \gamma p_x + \gamma\beta \dfrac{E}{c} \\ p_y' = p_y \\ p_z' = p_z \\ \dfrac{E'}{c} = \gamma \dfrac{E}{c} + \gamma\beta p_x. \end{cases} \tag{9-5}$$

Dabei ist $E := m\gamma(u)\,c^2$, $E' := m\gamma(u')\,c^2$, und $\beta := v/c$.

Wir sehen, daß sich die vier Größen $(p_x, p_y, p_z, E/c)$ genau in der gleichen Art transformieren wie die Größen (x, y, z, ct) nach der Lorentz-Transformation. Einstein identifizierte p als Teilchenimpuls und E als Teilchenenergie. Eine Rechtfertigung für diese Identifikation wird im nächsten Abschnitt gegeben. Dort wollen wird das Folgende zeigen: Bleibt der relativistische Impuls im ungestrichenen System erhalten, so gilt dies auch im gestrichenen System.

*9-3 Erhaltung von Impuls und Energie

Wenn die Teilchengeschwindigkeit viel kleiner als die Lichtgeschwindigkeit ist, gilt für Einsteins relativistischen Impuls $p_x = m\gamma(u)\,u_x \to mu_x$, da $\gamma(u) \to 1$, wenn $u \to 0$. Daher stimmt Einsteins Definition des Impulses im klassischen Grenzfall mit dem Impuls in der klassischen Mechanik überein. Wie steht es jedoch mit seiner Energiedefinition?

$$\begin{aligned} E &:= m\gamma(u)\,c^2 \qquad (9\text{-}6) \\ &= m\left(1 - \frac{u^2}{c^2}\right)^{-1/2} c^2 \\ &\approx m\left(1 + \frac{u^2}{2c^2}\right)c^2 \quad \text{für} \quad u/c \ll 1. \end{aligned}$$

Hier haben wir die Binomialentwicklung benutzt, um $(1 - u^2/c^2)^{-1/2} \approx (1 + u^2/2c^2)$ zu erhalten. Damit ergibt sich nach Einstein für die Energie im Grenzfall kleiner Geschwindigkeiten:

$$E \approx mc^2 + \tfrac{1}{2}mu^2.$$

$\frac{1}{2}mu^2$ ist die klassische Energie eines freien Teilchens der Geschwindigkeit u. Das heißt, Einsteins neue Energiedefinition stimmt mit der klassischen Physik überein, wenn man zur kinetischen Energie eine feste Größe mc^2 addiert. In der klassischen Mechanik ist eine additive Konstante zur Energie vollkommen willkürlich. In Einsteins Theorie ist dies jedoch nicht der Fall. Einstein zog den Schluß, daß ein Teilchen auch im Ruhezustand einen Energiebetrag $E_0 = mc^2$ enthält. Diesen Energiebetrag nannte er Ruhenergie. Seit dem Jahre 1905 wurde diese gewagte Vorhersage mehrfach bestätigt – als eine Bestätigung kann die Atombombe angesehen werden. Weitere Beispiele sollen im nächsten Abschnitt diskutiert werden.

Zum Schluß wollen wir nun noch zeigen, daß die relativistischen Formen von p_x, p_y, p_z und E auch im gestrichenen System erhalten bleiben, wenn sie vorher im ungestrichenen Bezugssystem erhalten waren. Wir wollen ein System von n wechselwirkenden Teilchen betrachten. Die Anfangswerte des Gesamtimpulses und der Gesamtenergie sind

$$(p_x)_{\text{total}} = \sum_j p_{jx} \quad \text{und} \quad e_{\text{total}} = \sum_j e_j,$$

wobei wir die Anfangswerte durch kleine Buchstaben kennzeichnen wollen. Mit Großbuchstaben wollen wir die Werte bezeichnen, die zu einem späteren Zeitpunkt gehören. Impuls und Energie im gestrichenen Bezugssystem ergeben sich nach Gl. (9-5) zu

$$p'_{jx} = \gamma p_{jx} + \gamma\beta\left(\frac{e_j}{c}\right),$$

$$\frac{e'_j}{c} = \gamma\frac{e_j}{c} + \gamma\beta p_{jx}.$$

Die Summation über die p'_{jx} aller n Teilchen ergibt:

$$\sum p'_{jx} = \gamma \sum p_{jx} + \gamma\beta \sum \frac{e_j}{c}. \tag{9-7}$$

Nun machen wir noch Gebrauch von der Bedingung, daß Impuls und Energie im ungestrichenen System erhalten bleiben:

$$\sum p_{jx} = \sum P_{jx} \quad \text{und} \quad \sum e_j = \sum E_j.$$

Setzt man diese Ausdrücke in Gl. (9-7) ein, so ergibt sich:

$$\begin{aligned}\sum p'_{jx} &= \gamma\left(\sum P_{jx}\right) + \gamma\beta\left(\sum \frac{E_j}{c}\right)\\ &= \sum\left[\gamma P_{jx} + \gamma\beta\frac{E_j}{c}\right]\\ &= \sum\,[P'_{jx}].\end{aligned}$$

Dieses Ergebnis besagt, daß im gestrichenen System der Anfangswert des Gesamtimpulses gleich dem Endwert des Gesamtimpulses ist; d. h., im gestrichenen System bleibt der Impuls erhalten.

Das gleiche können wir für die Energie zeigen, wenn wir die n Energiegleichungen aufsummieren:

$$\sum e'_j = \gamma \sum e_j + \gamma v \sum p_{jx}.$$

Nun benutzen wir noch die Tatsache, daß Impuls und Energie im ungestrichenen System erhalten bleiben, also:

$$\begin{aligned}\sum e'_j &= \gamma\left(\sum E_j\right) + \gamma v\left(\sum P_{jx}\right)\\ &= \sum\,[\gamma E_j + \gamma v P_{jx}] = \sum E'_j.\end{aligned}$$

Wenn also Impuls und Energie (wie sie von Einstein definiert sind) im ungestrichenen System erhalten bleiben, so sind sie auch im gestrichenen System Erhaltungsgrößen.

Wir wissen aus der klassischen Physik, daß Einsteins Formeln für Impuls und Energie von der Art sind, daß sie in einem Bezugssystem erhalten bleiben, in dem alle Geschwindigkeiten weit kleiner als die Lichtgeschwindigkeit sind. Wir haben eben gezeigt, daß der relativistische Impuls und die relativistische Energie auch dann erhalten bleiben, wenn sich der Beobachter nahezu mit Lichtgeschwindigkeit bewegt. Es kommt jedoch nicht darauf an, wie plausibel die Theorie ist; der wirkliche Beweis liegt in der experimentellen Bestätigung der Vorhersagen. Es ist fast überflüssig zu betonen, daß die Erhaltung der relativistischen Energie und des relativistischen Impulses im Experiment zuverlässig bestätigt wurde. Einige Beispiele sollen im nächsten Abschnitt vorgestellt werden.

*9-4 Äquivalenz von Masse und Energie

Einsteins Vorhersage [Gl. (9-6)], daß eine Masse m im Ruhezustand einen Energiebetrag von $E = mc^2$ enthält, war damals sehr gewagt. Heute hat die Formel jedoch zu vielfältigen praktischen Anwendungen geführt, u. a. zu Kernenergie und Kernwaffen. Einstein vermutete, daß ein Energiebetrag $\Delta E = (\Delta m)\, c^2$ frei würde, wenn die Ruhmasse eines

Teilchens (oder einer Menge von Teilchen) um den Betrag (Δm) erniedrigt werden könnte.

Beispiel 4: Wie groß ist der Energiegehalt von 1 g Sand? Wie groß ist diese Energie im Vergleich zu den 7000 cal, die beim Verbrennen von 1 g Kohle frei werden? (1 cal $\triangleq$ 4,18 J.)

Lösung:

$$E_0 = (10^{-3}\ \text{kg})\,(3 \cdot 10^8\ \text{m/s})^2 = 9 \cdot 10^{13}\ \text{J}.$$

Die freigesetzte Energie beim Verbrennen von 1 g Kohle beträgt (7000 cal) · 4,18 J/cal oder $2{,}9 \cdot 10^4$ J. Die Ruhenergie ist also $3{,}1 \cdot 10^9$mal größer als die chemische Energie.

Wir ersehen aus Beispiel 4, daß die Freisetzung von nur einem Tausendstel der Ruhenergie immer noch millionenmal mehr ist als die Energieausbeute konventioneller Energiequellen.

Beispiel 5: 1 Tonne TNT setzt bei der Explosion eine Energie von 10^9 cal frei. Welche Masse muß bei einer 1-Megatonnen-Atombombe in Energie umgewandelt werden?

Lösung: 1 Megatonne TNT setzt 10^{15} cal oder $4{,}18 \cdot 10^{15}$ J frei.

$$m = \frac{E}{c^2} = \frac{4{,}18 \cdot 10^{15}\ \text{kg}}{9 \cdot 10^{16}} = 0{,}046\ \text{kg} = 46\ \text{g}.$$

Bei der Explosion einer 1-Megatonnen-Bombe nimmt die Masse des explosiven Materials um 46 g ab. Die Gesamtmasse des benötigten explosiven Materials ist etwa um einen Faktor 1000 größer; eine 1-Megatonnen-H-Bombe muß also mehr als 50 kg wiegen.

Die erste experimentelle Bestätigung für die Einsteinsche Masse-Energie-Beziehung gelang beim radioaktiven Zerfall durch Vergleich der freigesetzten Energie mit der Massendifferenz zwischen Ausgangskern und entstehenden Spaltprodukten. Als Beispiel für eine Nachprüfung der Gleichung $E_0 = mc^2$ im Laboratorium wollen wir den einfachsten Fall eines Betazerfalls betrachten, den Betazerfall des freien Neutrons. Das freie Neutron zerfällt in ein Proton, ein Elektron und ein Antineutrino (mit verschwindender Ruhmasse):

$$\text{n} \rightarrow \text{p} + \text{e}^- + \bar{\nu}.$$

Die Zerfallsprodukte besitzen eine kinetische Gesamtenergie von $1{,}25 \cdot 10^{-13}$ J. Die meßbare Ruhmasse des Neutrons ist um $13{,}9 \cdot 10^{-31}$ kg größer als die Massen von Proton und Elektron zusammen. Die dieser Massenabnahme entsprechende Energie sollte $\Delta E = (13{,}9 \cdot 10^{-31})(3 \cdot 10^8)^2$ J sein; das ist genau $1{,}25 \cdot 10^{-13}$ J. Dieser Energiebetrag stimmt innerhalb der Meßgenauigkeit mit der kinetischen Energie der Spaltprodukte überein.

Ein anderes Beispiel für die in der Ruhmasse enthaltene riesige Energiemenge ist die Annihilation eines Elektrons und eines Positrons (s. Abb. 9-4). Das Positron ist ein positives Elektron und soll in Kap. 31 näher beschrieben werden. Wenn ein Elektron und ein Positron in Kontakt kommen, so werden beide Teilchen vernichtet, d. h., sie zerstrahlen in zwei Photonen. Photonen sind die Quanten der elektromagnetischen Strahlung. In diesem Fall wird eine Ruhenergie von $2m_ec^2$ in elektromagnetische Strahlung umgewandelt (m_e ist die Ruhmasse des Elektrons).

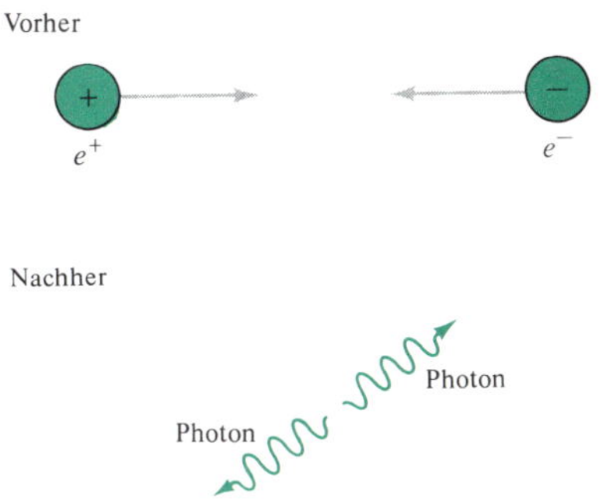

Abb. 9-4. *Vernichtung von Elektron und Positron und gleichzeitige Erzeugung von zwei Photonen*

Als drittes Beispiel kann das Myon dienen, ein Elementarteilchen, das in ein Elektron und zwei Neutrinos zerfällt:

$$\mu^- \rightarrow e^- + 2\nu.$$

Das Myon besitzt eine 208mal größere Ruhmasse als das auftretende Elektron. Die beiden Neutrinos haben verschwindende Ruhmasse. In diesem Beispiel wird also 99,5% der Ruhmasse des Myons in die kinetische Energie des Elektrons und der beiden Neutrinos umgewandelt.

Das Umgekehrte kann natürlich auch auftreten – kinetische Energie kann in Ruhmasse verwandelt werden. Wenn ein Teilchen hoher kinetischer Energie mit einem Atomkern oder einem Proton zusammenstößt, können neue Teilchen entstehen, wobei ein Teil der ursprünglichen kinetischen Energie in Ruhmasse der neuen Teilchen verwandelt wird. Abb. 9-5 zeigt ein Beispiel, bei dem ein Proton von 300 GeV

Abb. 9-5. *Ein 300-GeV-Proton trifft auf einen Wasserstoffkern in einer Wasserstoff-Blasenkammer. Vom Ort des Stoßes gehen die Spuren von 24 geladenen Teilchen aus. Das Photo wurde im Fermi National Accelerator Laboratory aufgenommen.*

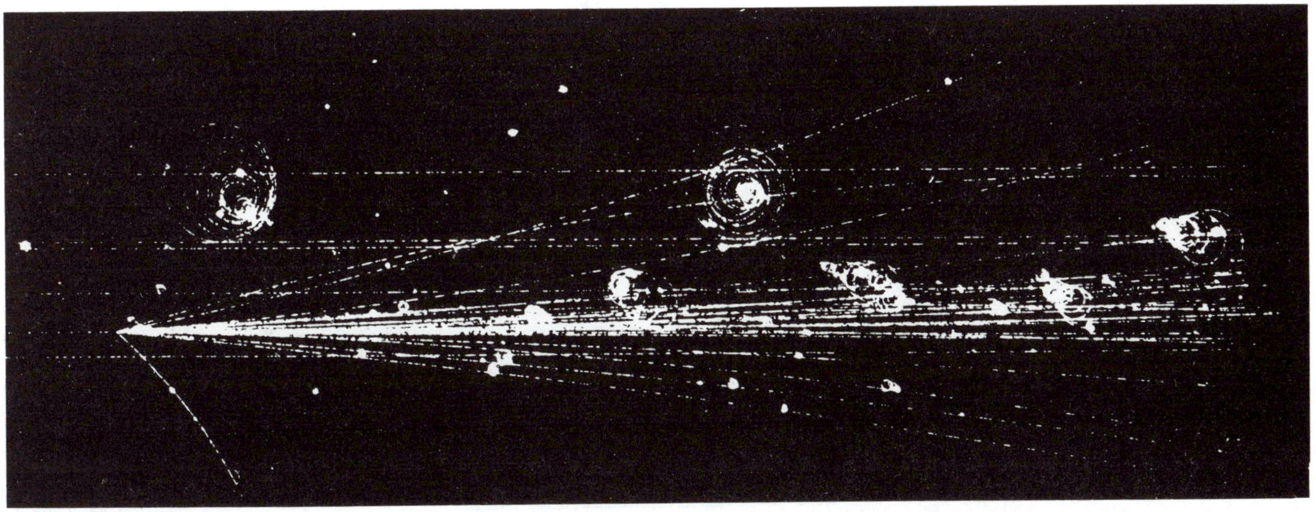

($3 \cdot 10^{11}$ eV) kinetischer Energie mit einem ruhenden Proton in einer Wasserstoff-Blasenkammer zusammenstößt. 22 neue Teilchen (hauptsächlich Pionen) werden dabei erzeugt.

Es existiert jedoch eine Einschränkung, die die Umwandlung von Ruhenergie in andere Energieformen begrenzt. In Kap. 31 werden wir ein grundlegendes Naturgesetz kennenlernen: die Erhaltung der Baryonenzahl. Dieses Gesetz bestimmt, daß die Gesamtzahl von Protonen und Neutronen in einer Probe gewöhnlicher Materie konstant bleiben muß. Deshalb gibt es prinzipiell keine Möglichkeit, ein Gramm Sand in eine Energiemenge von $9 \cdot 10^{13}$ J zu verwandeln. Jedoch ist es in einem großen Atomkern wie z. B. Uran möglich, die Protonen und Neutronen so aufzuteilen, daß eine Verminderung der Ruhmasse um 0,1 % auftritt. Bei dieser sogenannten Kernspaltung teilt sich ein Kern wie Uran spontan in zwei etwa gleich große Kerne plus einige Neutronen. Die gesamte Ruhmasse der Endprodukte ist etwa 0,1 % geringer als die ursprüngliche Ruhmasse. Beim inelastischen Stoß zweier Teilchen oder beim Zerfall eines einzelnen Teilchens bleibt die Ruhmasse offensichtlich nicht erhalten; jedoch bleibt die Gesamtenergie
$E = \sum m_j \times (1 - u_j^2/c^2)^{-1/2}\, c^2$ erhalten.

*9-5 Kinetische Energie

Die Definition der kinetischen Energie in der Relativitätstheorie ist die gleiche wie in der klassischen Mechanik: die kinetische Energie eines Teilchens ist die Energie der Bewegung des Teilchens. Die Bewegungsenergie eines freien Teilchens erhält man, wenn man die Ruhenergie von Gl. (9-6) subtrahiert:

$$K := E - mc^2 = mc^2 \left[\left(1 - \frac{u^2}{c^2}\right)^{-1/2} - 1\right]. \quad \text{(kinetische Energie)}$$

Wie schon vorher erwähnt, kann man die Binomialentwicklung anwenden $[(1 - \varepsilon)^n \to (1 - n\varepsilon)$ für $\varepsilon \to 0]$ und findet $K \to \frac{1}{2}mu^2$, was wiederum dem klassischen Wert entspricht.

Beispiel 6: Ein Teilchen besitze eine kinetische Energie, die genauso groß ist wie seine Ruhenergie. Wie groß ist seine Geschwindigkeit?

Lösung:

$$K = mc^2 \left[\left(1 - \frac{u^2}{c^2}\right)^{-1/2} - 1\right] = mc^2,$$

$$\left(1 - \frac{u^2}{c^2}\right)^{-1/2} = 2,$$

$$\left(1 - \frac{u^2}{c^2}\right) = \frac{1}{4},$$

$$\frac{u}{c} = \sqrt{\frac{3}{4}} \quad \text{oder} \quad u = 0{,}866c.$$

An diesem Punkt ist es sinnvoll, unsere relativistischen Ausdrücke für Impuls, Energie und Geschwindigkeit noch einmal zusammenzustellen:

$$p = m\left(1 - \frac{u^2}{c^2}\right)^{-1/2} u, \tag{9-8}$$

$$E = m\left(1 - \frac{u^2}{c^2}\right)^{-1/2} c^2, \tag{9-9}$$

$$E = K + mc^2.$$

Wir erhalten die Geschwindigkeit als Funktion von p und E, wenn wir Gl. (9-8) durch Gl. (9-9) dividieren:

$$\frac{p}{E} = \frac{u}{c^2}$$

oder

$$u = \frac{pc^2}{E}. \tag{9-10}$$

Man beachte, daß die Gln. (9-8) und (9-9) mit der Tatsache konsistent sind, daß Materieteilchen nie Lichtgeschwindigkeit erreichen können. Einsetzen von $u = c$ in diese Gleichungen würde unendlichen Impuls oder unendliche Energie bedeuten, was ja sinnlos ist.

Wir erhalten eine sehr nützliche Beziehung zwischen E, p und m, wenn wir beide Seiten von Gl. (9-9) quadrieren:

$$E^2\left(1 - \frac{u^2}{c^2}\right) = (mc^2)^2,$$

$$E^2 - \frac{E^2u^2}{c^2} = m^2c^4.$$

Einsetzen der rechten Seite von Gl. (9-10) für u ergibt:

$$E^2 - p^2c^2 = m^2c^4. \tag{9-11}$$

Beispiel 7: Im Fermi National Accelerator Laboratory in der Nähe von Chicago, Illinois, werden Protonen bis zum 400fachen ihrer Ruhenergie beschleunigt.

(a) Wie groß ist die Geschwindigkeit dieser Protonen?

(b) Wie groß ist das Verhältnis von E zu pc?

Lösung: (a) Wir setzen $E = 400\,mc^2$ in Gl. (9-9) ein und benutzen $\beta = u/c$:

$$400mc^2 = mc^2(1 - \beta^2)^{-1/2},$$

$$1 - \beta^2 = \frac{1}{400^2},$$

$$\beta = \sqrt{1 - \frac{1}{160\,000}} \approx 1 - \frac{1}{320\,000}$$

oder

$$u = 0{,}999\,997c.$$

(b) Nach Gl. (9-10) ergibt sich

$$\frac{E}{pc} = \frac{c}{u} = \frac{1}{\beta} \approx 1 + \frac{1}{320\,000}.$$

*9-6 Kraft und Masse

Relativistische Masse

In älteren Lehrbüchern war es üblich, den relativistischen Impuls als $p = m(u)\,u$ auszudrücken, wobei

$$m(u) := \frac{m}{\sqrt{1 - u^2/c^2}} \quad \text{(relativistische Masse)} \qquad \textbf{(9-12)}$$

als relativistische Masse bezeichnet wurde. In diesem Buch wollen wir das Symbol m für die Ruhmasse reservieren. Wenn wir relativistische Masse meinen, wollen wir die Bezeichnung $m(u)$ verwenden. Aus Gl. (9-12) wird klar, daß die relativistische Masse, ähnlich wie die Energie E, mit wachsender Geschwindigkeit zunimmt. Für ein freies Teilchen gilt $m(u) = (1/c^2)\,E$. Die relativistische Masse ist also gleich der relativistischen Energie multipliziert mit der Proportionalitätskonstanten $(1/c^2)$. Daraus folgt aber, daß die relativistische Masse in einem abgeschlossenen System erhalten bleibt, während sich die Ruhmasse der einzelnen Teilchen ändern kann.

Schwere Masse

Wir wollen einige Teilchen in einem Kasten mit perfekt reflektierenden Wänden einschließen und die kinetische Energie der Teilchen vergrößern. Um wieviel vergrößert sich nun das Gewicht des Kastens? Die Teilchen innerhalb des Kastens könnten genausogut Photonen ohne Ruhmasse sein. Die schwere Masse des Kastens (definiert als Gewicht dividiert durch g) beträgt E_{total}/c^2. Dieses Resultat wird von der allgemeinen Relativitätstheorie vorhergesagt und auch experimentell bestätigt. Man beachte, daß die Masse eines Systems von Photonen nicht die Summe der Ruhmassen der einzelnen Photonen ist. Wenn Photonen in den Kasten gebracht würden, würde die schwere Masse um den Betrag $\Delta m = \Delta E/c^2$ zunehmen, wobei ΔE die Gesamtenergie der Photonen ist.

Relativistische Kraft

Es ist sinnvoll, die Kraft in der Art zu definieren, daß Newtons drittes Bewegungsgesetz für zwei wechselwirkende Teilchen immer noch gilt. Wegen des Impulserhaltungssatzes gilt $\mathrm{d}\boldsymbol{p}_1 = -\mathrm{d}\boldsymbol{p}_2$. Dann ist $\mathrm{d}\boldsymbol{p}_1/\mathrm{d}t = -\mathrm{d}\boldsymbol{p}_2/\mathrm{d}t$. In der Relativitätstheorie gilt also der folgende Ausdruck für die Kraft:

$$\boldsymbol{F} := \frac{\mathrm{d}\boldsymbol{p}}{\mathrm{d}t}.$$

Man beachte, daß bei dieser Definition der Betrag und die Richtung der Kraft von der Geschwindigkeit des bewegten Beobachters abhängen, während in der klassischen Mechanik die Kraft unabhängig von der Geschwindigkeit des Beobachters ist. Die Änderung von Richtung und Größe einer Kraft in Abhängigkeit von der Geschwindigkeit des Beobachters führt zu interessanten Effekten, wie z. B. zu magnetischen Kräften bei der Behandlung der elektromagnetischen Wechselwirkung. Relativistische Effekte beim Elektromagnetismus werden wir in Kap. 17 diskutieren.

*9-7 Allgemeine Relativitätstheorie

Um genau zu sein, sollte das, was wir bisher als Relativitätstheorie kennengelernt haben, als spezielle Relativitätstheorie bezeichnet werden, um es von der allgemeinen Relativitätstheorie zu unterscheiden. Einstein entwickelte die komplette spezielle Relativitätstheorie im Jahre 1905 und einen großen Teil der allgemeinen Relativitätstheorie im Jahre 1911. Die allgemeine Relativitätstheorie ist eine moderne relativistische Theorie der Gravitation.

Nach Newtons Theorie der Gravitation ist $F = Gm_1m_2/r^2$ eine Kraft, die momentan wirkt. Das aber bedeutet eine augenblickliche Übertragung eines Signals oder von Energie von m_1 zu m_2, ohne jegliche Zeitverzögerung. Nach unseren bisherigen Erkenntnissen verletzt dies aber eine der grundlegenden Aussagen der Relativitätstheorie, nach der sich weder Energie noch irgendein anderes Signal schneller als mit Lichtgeschwindigkeit fortbewegen kann. So kam Einstein dazu, das Problem einer relativistischen Theorie der Gravitation anzupacken. Diese neue Theorie sollte sowohl dem Relativitätsprinzip genügen als auch gleichzeitig ergeben, daß schwere Masse immer äquivalent zur trägen Masse ist. Dies führte ihn dazu, das sogenannte Äquivalenzprinzip zu formulieren (s. Abschn. 5-5). Dieses Prinzip besagt, daß es äquivalent ist, ob man sich in einem Gravitationsfeld befindet oder in einem beschleunigten Bezugssystem. Zum Beispiel hat ein Passagier in einem Raumschiff, das abhebt und nach oben beschleunigt wird, den Eindruck, als wäre die Schwerkraft plötzlich vergrößert worden. In einer Rakete, die mit einer Beschleunigung $a = 2g$ die Erde verläßt, würden alle Teile, auch der Raumfahrer, dreimal mehr wiegen im Vergleich zu ihrem Normalgewicht. Diese „Pseudoschwerkraft" ist exakt proportional zur trägen Masse. Kein physikalisches Experiment innerhalb der Rakete kann dem Raumfahrer sagen, ob die Schwerkraft der Erde plötzlich um einen

Faktor drei vergrößert wurde oder ob die Rakete relativ zur Erde beschleunigt wurde.

Einstein formulierte die allgemeine Relativitätstheorie einschließlich des Äquivalenzprinzips in einer mathematischen Form, die weit über den Rahmen dieses Buches hinausgeht. In dieser mathematischen Beschreibung verändert jede Masse den Raum in ihrer Nähe derart, daß frei bewegte Objekte einer Bahn folgen, die in Richtung der Masse gekrümmt ist, die diese Änderung hervorruft. Einsteins Gleichungen beschreiben den Betrag der Krümmung als Funktion der Stärke (oder Masse) der Quelle.

Klassisch würden wir sagen, daß jedes Objekt, das eine gekrümmte Bahn durchläuft, unter dem Einfluß irgendeiner Kraft beschleunigt wird. Diese Beschleunigung ist in der allgemeinen Relativitätstheorie eine Eigenschaft des Raumes und erklärt so das Phänomen der Gravitation. Da der Raum selbst „gekrümmt" ist, ist der Effekt auf alle trägen Massen der gleiche, und das Äquivalenzprinzip ist automatisch erfüllt.

Eine der Konsequenzen dieser Theorie ist die Vergrößerung der Wellenlänge von Licht, das sich von einer Masse entfernt. Dieser Effekt wird als Gravitations-Rotverschiebung bezeichnet. Eine solche Rotverschiebung kann bei den Spektrallinien der Sonne und anderer schwerer Sterne beobachtet werden. Daher müssen Atomuhren auf der Oberfläche der Sonne langsamer laufen als die gleichen Uhren hier auf der Erde. Wie wir hiernach erwarten, sagt die allgemeine Relativitätstheorie eine Verlangsamung aller Uhren in Gegenwart eines Gravitationsfeldes voraus. Tatsächlich sollten zwei Uhren, die sich auf der Erde um 1 m Höhe unterscheiden, verschieden schnell gehen: die untere sollte um 1 zu 10^{16} langsamer laufen. Frequenzstandards von solcher Genauigkeit wurden zuerst im Jahre 1960 gebaut; sie beruhen auf Photonen, die unter bestimmten Bedingungen von radioaktiven Atomkernen des Eisens, die in einen Kristall eingebaut wurden, ausgesandt werden. Das Phänomen, das eine solche Frequenzgenauigkeit zuläßt, wird als Mössbauer-Effekt bezeichnet (s. S. 153).

Lange Zeit war es schwierig, die allgemeine Relativitätstheorie experimentell zu prüfen. Aber schließlich ist es mit Hilfe dieser genauen Frequenzstandards in Laborexperimenten gelungen, zu beweisen, daß Schwerkraft die Zeit verlangsamt. Die ersten Experimente dieser Art wurden in einem 21 m hohen Turm der Harvard University im Jahre 1960 durchgeführt.

Von der allgemeinen Relativitätstheorie wurde ein weiterer Effekt vorhergesagt: ein Lichtstrahl, der an der Sonne vorbeiläuft, wird in Richtung des Sonnenmittelpunktes gekrümmt. Man benötigt die allgemeine Relativitätstheorie, um die Gravitationskraft zwischen der Sonne und einem mit Lichtgeschwindigkeit vorbeifliegenden Photon zu berechnen. Nur während einer Sonnenfinsternis ist es möglich, Sterne zu beobachten, deren scheinbare Position am Himmel in der Nähe des Sonnenrandes liegt. Man kann nun nachweisen, daß diese Positionen genau um den Betrag verschoben erscheinen, den Einstein vorhergesagt hat.

Eine weitere Vorhersage der allgemeinen Relativitätstheorie besagte, daß ein Stern nach Verbrauch seiner thermonuklearen Energie kollabieren kann und daß dieser Kollaps in einem sogenannten Schwarzen

Loch enden kann. Ein Schwarzes Loch hat die Eigenschaft, daß sich kein Licht und kein anderes Signal mehr allzu weit von der Oberfläche entfernen kann. Ein solcher Stern würde plötzlich und vollständig verschwinden und niemals mehr sichtbar werden. Theorie und Messungen zu den Schwarzen Löchern sind ein Hauptthema von Kap. 30. Weiterhin fordert die allgemeine Relativitätstheorie, daß eine beschleunigte Masse (wie ein kollabierender Stern oder ein Zusammenstoß von zwei Sternen) Gravitationswellen aussenden sollte, ebenso, wie eine beschleunigte elektrische Ladung elektromagnetische Strahlung aussendet. In der letzten Zeit sind Detektoren für Gravitationswellen gebaut worden, die empfindlich genug sein sollten, die Gravitationswellen, die von einer Supernova in nicht allzu großer Entfernung ausgehen, nachzuweisen (s. Kap. 30).

Kosmologie

Die allgemeine Relativitätstheorie hat großen Einfluß auf den Bereich der Astrophysik, der als Kosmologie bezeichnet wird. Die Kosmologie beschäftigt sich mit dem Ursprung, der Größe und der Struktur des Universums, wobei es z. B. um folgende Fragen geht: Ist das Universum unendlich oder endlich? Nimmt es in der Größe zu? Wie und wann wurden unser Sonnensystem und unsere Galaxie gebildet. Wie viele Galaxien gibt es, und wie sind sie verteilt? Wo kommen sie her, und wie sah das Universum aus, bevor sie gebildet wurden? Um die Kosmologie besser zu verstehen, müssen wir zusätzlich zur Relativitätstheorie noch einiges über Kernphysik lernen. Daher werden wir einige der obigen Fragen erst in Kap. 30 nach der Behandlung der Kernphysik diskutieren.

Zusammenfassung

Das Einsteinsche Additionstheorem der Geschwindigkeiten kann aus den Gleichungen der Lorentz-Transformation abgeleitet werden. Das Resultat

$$u_x' = \frac{u_x \pm v}{1 \pm u_x v/c^2}$$

entspricht dem klassischen Ausdruck $u_x' = u_x \pm v$.

Wenn der Impuls definiert wird als $\boldsymbol{p} = m\gamma(u)\,\boldsymbol{u}$ und die Energie als $E = m\gamma(u)\,c^2$, dann bleiben Impuls und Energie in jedem Bezugssystem erhalten, vorausgesetzt, sie sind in irgendeinem System Erhaltungsgrößen.

Die Ruhmasse besitzt die Ruhenergie $E = mc^2$. In den Fällen, in denen die Ruhmasse vermindert werden kann (z. B. bei der Elektron-Positron-Vernichtung), wird die Ruhenergie in andere Formen wie z. B. kinetische Energie umgewandelt.

Für ein freies Teilchen beträgt die kinetische Energie

$$K = E - mc^2 = mc^2[\gamma(u) - 1].$$

Eine nützliche Beziehung zwischen Energie und Impuls lautet

$$E^2 = p^2c^2 + (mc^2)^2$$

Die relativistische Masse eines Körpers mit der Geschwindigkeit u ist definiert als

$$m(u) = \frac{m}{\sqrt{1 - u^2/c^2}}.$$

Die relativistische Masse eines abgeschlossenen Systems bleibt erhalten, weil die Energie erhalten bleibt. Die Gravitationskraft wirkt auf die relativistische Masse. Die relativistische Theorie der Gravitation, die allgemeine Relativitätstheorie, hat das Äquivalenzprinzip als Ausgangspunkt.

Anhang 9-1 Impuls-Energie-Transformation

Um zu sehen, wie sich die Komponenten von $\boldsymbol{p} = m\gamma(u)\,\boldsymbol{u}$ transformieren, müssen wir zunächst herausfinden, wie sich die Komponenten von $\gamma(u)\,\boldsymbol{u}$ beim Übergang von einem Koordinatensystem zum anderen transformieren. Wir gehen von der differentiellen Form der Lorentz-Transformation [Gl. (8-9)] aus, wobei beide Seiten durch $\mathrm{d}\tau$ dividiert sind (τ ist die Eigenzeit, die ein Beobachter auf dem bewegten Teilchen messen würde):

$$\left\{\begin{aligned} \frac{\mathrm{d}x'}{\mathrm{d}\tau} &= \frac{\gamma\,\mathrm{d}x}{\mathrm{d}\tau} + \gamma v \frac{\mathrm{d}t}{\mathrm{d}\tau}, \\ \frac{\mathrm{d}y'}{\mathrm{d}\tau} &= \frac{\mathrm{d}y}{\mathrm{d}\tau}, \\ \frac{\mathrm{d}z'}{\mathrm{d}\tau} &= \frac{\mathrm{d}z}{\mathrm{d}\tau}, \\ \frac{\mathrm{d}t'}{\mathrm{d}\tau} &= \frac{\gamma\,\mathrm{d}t}{\mathrm{d}\tau} + \frac{\gamma v}{c^2}\frac{\mathrm{d}x}{\mathrm{d}\tau}. \end{aligned}\right. \tag{9-13}$$

In Abb. 9-1 ist die Eigenzeit τ die Zeit, die ein Beobachter innerhalb des sich mit u_x bewegenden Wagens messen würde (im ungestrichenen System). Die Beziehungen zwischen t und τ, sowie zwischen t' und τ sind durch Gl. (8-6) gegeben:

$$\mathrm{d}\tau = \frac{1}{\gamma(u)}\,\mathrm{d}t \quad \text{und} \quad \mathrm{d}\tau = \frac{1}{\gamma(u')}\,\mathrm{d}t'.$$

Diese Ausdrücke wollen wir in die Gln. (9-13) einsetzen und gleichfalls beachten, daß

$$\frac{\mathrm{d}x'}{\mathrm{d}t'} := u'_x, \quad \frac{\mathrm{d}x}{\mathrm{d}t} := u_x \quad \ldots.$$

Dann erhalten wir:

$$
\begin{aligned}
\gamma(u')\,u'_x &= \gamma\gamma(u)\,u_x + \gamma v\gamma(u), \quad \text{wobei} \quad \gamma(u) := \left(1 - \frac{u^2}{c^2}\right)^{-1/2} \\
\gamma(u')\,u'_y &= \gamma(u)\,u_y \\
\gamma(u')\,u'_z &= \gamma(u)\,u_z \qquad\qquad\qquad\qquad \gamma(u') := \left(1 - \frac{u'^2}{c^2}\right)^{-1/2} \\
\gamma(u') &= \gamma\gamma(u) + \frac{\gamma v}{c^2}\gamma(u)\,u_x \qquad\qquad\quad \gamma := \left(1 - \frac{v^2}{c^2}\right)^{-1/2}
\end{aligned}
\tag{9-14}
$$

Dieser Satz von vier Gleichungen beschreibt die Transformation aller drei Komponenten der Geschwindigkeit $\boldsymbol{u}$ im ungestrichenen Bezugssystem auf eine Geschwindigkeit $\boldsymbol{u}'$, die in einem Bezugssystem, das sich mit der Geschwindigkeit v nach links bewegt, beobachtet wird (s. Abb. 9-1).

Um die Gln. (9-14) für den relativistischen Impuls zu verwenden, brauchen wir nur beide Seiten mit m zu multiplizieren. Wir wollen dabei die Bezeichnungen $p_x := m\gamma(u)\,u_x$, $p'_x := m\gamma(u')\,u'_x$, usw. verwenden. Dann werden die Gln. (9-14) zu

$$
\begin{cases}
p'_x = \gamma p_x + \gamma v m\gamma(u), \\
p'_y = p_y, \\
p'_z = p_z, \\
m\gamma(u') = \gamma m\gamma(u) + \dfrac{\gamma v}{c^2}\,p_x.
\end{cases}
$$

Zum Schluß wollen wir noch die Beziehungen $E := m\gamma(u)\,c^2$, $E' := m\gamma(u')\,c^2$ und $\beta := v/c$ verwenden. Nun lauten die obigen Gleichungen

$$
\begin{cases}
p'_x = \gamma p_x + \gamma\beta\dfrac{E}{c}, \\
p'_y = p_y, \\
p'_z = p_z, \\
\dfrac{E'}{c} = \gamma\left(\dfrac{E}{c}\right) + \gamma\beta p_x.
\end{cases}
\tag{9-5}
$$

Aufgaben

1. Berechne in Gl. (9-1) u_x als Funktion von u'_x und v.

2. Wiederhole Beispiel 2 für den Fall, daß sich das Zerfallselektron in entgegengesetzte Richtung zum Neutron bewegt.

3. Wenn Kohle oder Öl verbrannt wird, besitzen die Endprodukte etwas weniger Ruhmasse als das Ausgangsprodukt. Ein typischer Wagen fahre ein ganzes Jahr lang mit 50 PS (der Brennstoff selbst liefere eine Leistung von 250 PS). Um wieviel nimmt die Masse der Endprodukte in einem Jahr ab?

4. Welcher Verlust an Ruhmasse würde ausreichen, um den Energieverbrauch der Vereinigten Staaten für ein Jahr zu decken. Die USA verbrauchen etwa 10^{13} kWh pro Jahr. Wieviel Gramm an Spaltprodukten würden pro Jahr erzeugt, wenn diese Energie durch Kernspaltung bereitgestellt würde?

5. Ein Proton der Ruhenergie 938 MeV erhält eine kinetische Energie von 47 MeV. Um wieviel Prozent wird die relativistische Masse vergrößert?

6. Erscheinen die Sterne durch die Krümmung der Lichtstrahlen näher an der Sonne oder weiter entfernt von der Sonne?

7. Wieviel Mikrogramm strahlt eine 100-Watt-Glühlampe pro Jahr ab?

8. Die Geschwindigkeit eines Körpers sei so groß, daß seine Masse um 10% vergrößert wird.

(a) Um welchen Bruchteil nimmt seine Länge ab?

(b) Wie groß ist seine kinetische Energie, wenn seine Ruhenergie E_0 ist?

9. Die Ruhenergie eines Protons beträgt 938 MeV. Betrachte ein Proton, das sich mit halber Lichtgeschwindigkeit bewegt.

(a) Wie groß ist seine kinetische Energie nach der klassischen Mechanik?

(b) Wie groß ist seine kinetische Energie in MeV nach der relativistischen Mechanik?

10. Der Energiefluß von der Sonne beträgt auf der Erdoberfläche etwa 1 kW/m². Wieviel Gramm der Sonnenmasse erreichen die Erde pro Jahr?

11. Für einen Beobachter, der sich relativ zu Teilchen A in Ruhe befindet, scheint Teilchen A zu zerfallen und ein Teilchen B mit der Geschwindigkeit $v = 0{,}5c$ nach rechts auszustoßen. Angenommen, wir beobachten das gleiche Ereignis, wenn Teilchen A sich mit der Geschwindigkeit $v_A = 0{,}4c$ nach rechts bewegt. Welche Geschwindigkeit würden wir dann für B messen? (A bewegt sich beim Zerfall nach rechts.)

12. Welche Masse an spaltbarem Material wird für eine 20-Kilotonnen-Atombombe benötigt?

13. Die kinetische Energie eines Pions sei 35 MeV. Um welchen Faktor wird die Halbwertszeit vergrößert? Die Ruhenergie eines Pions beträgt 140 MeV.

14. Ein Proton besitze die Gesamtenergie $E = 100 m_p c^2$. Wie groß ist seine Geschwindigkeit?

15. Was ist für ein Teilchen der Ruhmasse m_0 und der Geschwindigkeit v größer: $\frac{1}{2} m_0 v^2$, $p^2/2m_0$ oder seine kinetische Energie?

16. Wenn wir Dichte als relativistische Masse dividiert durch Volumen definieren, um welchen Faktor nimmt dann die Dichte eines Körpers zu, wenn er sich mit der Geschwindigkeit v bewegt?

17. Ein freies Proton besitze die kinetische Energie K_0.

(a) Wie groß ist die gesamte relativistische Energie E als Funktion von K_0 und der Ruhmasse m_p?

(b) Wie groß ist der relativistische Impuls p als Funktion von m_p und K_0?

(c) Wie groß ist die Geschwindigkeit als Funktion von E und p?

18. Ladungsdichte ist elektrische Ladung pro Volumen. Elektrische Ladung ist relativistisch invariant. Um welchen Faktor nimmt die Ladungsdichte eines Körpers zu, der sich mit der Geschwindigkeit v bewegt?

19. Gehe von den Gleichungen der Lorentz-Transformation für x und t als Funktion von x' und t' aus. Leite eine Formel für u_x als Funktion von u'_x her, wobei v dieselbe Richtung wie in Abb. 9-1 besitzt.

20. **(a)** Es sei $x_1 = x$, $x_2 = y$, $x_3 = z$ und $x_4 = ct$. Drücke die Gleichungen der Lorentz-Transformation in Abhängigkeit von x_1, x_2, x_3, x_4 aus.

(b) Es sei $p_1 = p_x$, $p_2 = p_y$, $p_3 = p_z$, $p_4 = E/c$. Schreibe Gl. (9-5) als Funktion von p_1, p_2, p_3 und p_4.

(c) Beweise, daß $x_1^2 - x_4^2 = x_1'^2 - x_4'^2$.
(d) Beweise, daß $x_1'p_1' - x_4'p_4' = x_1p_1 - x_4p_4$.

21. Eine Größe A mit 4 Komponenten (A_1, A_2, A_3, A_4) transformiere sich genauso wie die 4 Komponenten von x oder p in Aufgabe 20; das heißt $A_1' = \gamma A_1 + \gamma\beta A_4$ und $A_4' = \gamma A_4 + \gamma\beta A_1$. Die Größe A wird als Vierervektor bezeichnet.
(a) Beweise, daß $A_1'^2 - A_4'^2 = A_1^2 - A_4^2$.
(b) Beweise, daß für zwei verschiedene Vierervektoren gilt:
$A_1'B_1' - A_4'B_4' = A_1B_1 - A_4B_4$.
(c) Beweise, daß $(A_1' + B_1')^2 - (A_4' + B_4')^2 = (A_1 + B_1)^2 - (A_4 + B_4)^2$.

22. Die Ruhenergie des K-Mesons beträgt 495 MeV. Betrachte einen K-Mesonenstrahl von 330 MeV (jedes K-Meson hat eine kinetische Energie von 330 MeV).
(a) Wie groß ist die Gesamtenergie jedes K-Mesons?
(b) Wie groß ist die Ruhmasse des K-Mesons in Gramm?
(c) Wie groß ist die Geschwindigkeit dieser K-Mesonen?
(d) Gib für diese K-Mesonen das Verhältnis von relativistischer Masse zu Ruhmasse an.
(e) Die Halbwertszeit des K-Mesons im Ruhezustand beträgt $1{,}0 \cdot 10^{-8}$ s. Welche Halbwertszeit wird bei diesem K-Mesonenstrahl beobachtet?

23. Wir betrachten einen Strahl von Pionen, die alle gleiche Geschwindigkeit haben. Die gemessene Halbwertszeit dieser Pionen ist 67% länger als die Halbwertszeit im Ruhezustand. Die Ruhenergie eines Pions beträgt 140 MeV.
(a) Wie groß ist die kinetische Energie jedes Pions im Strahl?
(b) Wie groß ist die Geschwindigkeit jedes Pions?
(c) Wie groß ist das Verhältnis von relativistischer Masse zu Ruhmasse?
(d) Wie groß ist p/mc für jedes Pion im Strahl, wenn m die Ruhmasse ist?

24. **(a)** Betrachte einen Stoß zwischen zwei Billardkugeln gleicher Ruhmasse m. Nach dem Stoß haben die beiden Kugeln die gleiche Energie $(E_1 = E_2 = E)$. Wie groß ist der relativistische Impuls p jeder Kugel nach dem Stoß als Funktion von e_1, der Energie der ankommenden Kugel?
(b) Benutze Energie- und Impulserhaltung, um die folgende Beziehung abzuleiten:

$$\sin\theta = \sqrt{\frac{2mc^2}{e_1 + 3mc^2}}.$$

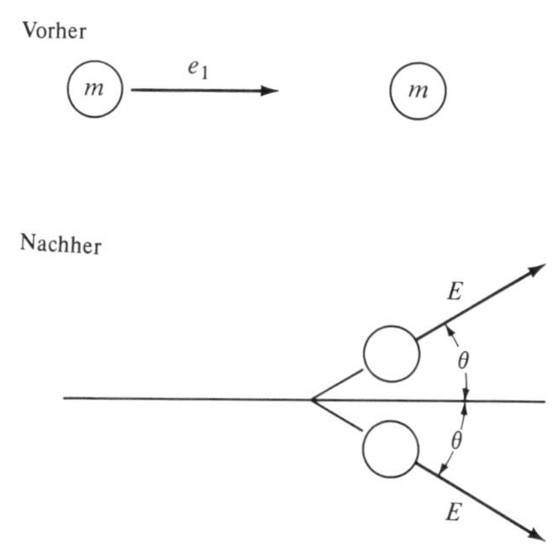

Aufgabe 24

25. Leite eine Formel für den Impuls p als Funktion von kinetischer Energie K und Ruhmasse m her.

26. Konventionelle Hochenergiebeschleuniger beschleunigen jedes Strahlteilchen der Masse m auf eine Gesamtenergie E_b. Diese Teilchen treffen dann auf ein stationäres „Target", das in Abb. (a) von gleicher Ruhmasse ist. Man kann jedoch auch einen solchen Zusammenstoß erhalten, indem man zwei Strahlen von niedrigerer Energie E' zusammenstoßen läßt. Wir möchten eine Formel für E' als Funktion von E_b erhalten. Das heißt, ein Beobachter, der sich in Abb. (a) nach rechts bewegt, sieht beide Teilchen mit der gleichen Energie E'. (Benutze die Gleichung $E' = \gamma E + \gamma\beta pc$.)
(a) Zeige, daß

$$\beta = \frac{E_b - mc^2}{p_bc} = \frac{p_bc}{E_b + mc^2}.$$

(b) Zeige, daß

$$E' = \sqrt{\frac{mc^2}{2}\cdot(E_b + mc^2)}.$$

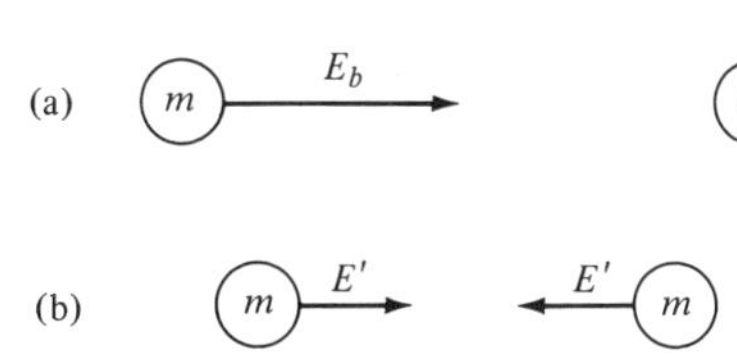

Aufgabe 26

27. Ein Beschleuniger für Proton-Proton-Stöße mit Strahlenergien von je 30 GeV arbeitet bei CERN in der Nähe von Genf in der Schweiz. Wie groß müßte die Strahlenergie für einen äquivalenten konventionellen Beschleuniger sein? (Benutze die Beziehung in Aufgabe 26 (b) sowie $m_p c^2 = 0{,}938$ GeV.)

28. Beschleuniger für Elektron-Positron-Stöße mit Strahlenergien bis zu je $E' = 16$ GeV sind im Bau. Wie groß wäre die Strahlenergie für einen äquivalenten konventionellen Elektronenbeschleuniger? ($m_e c^2 = 5{,}1 \cdot 10^{-4}$ GeV.)

29. Benutze das Additionstheorem der Geschwindigkeiten, um zu zeigen, daß

$$u'_x \approx v_1 + \left(1 - \frac{v^2}{c^2}\right) u_x, \quad \text{wenn} \quad u_x \ll c.$$

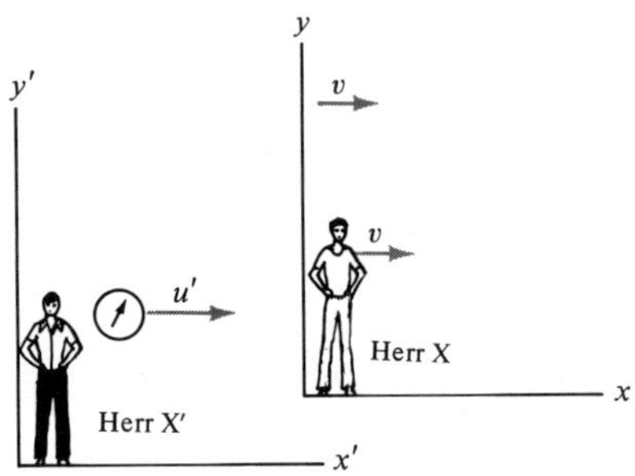

Aufgabe 30

30. Herr X', der sich im Ruhezustand befindet, sieht eine Uhr, die sich mit der Geschwindigkeit u' nach rechts bewegt. Ein Beobachter, der sich mit u' nach rechts bewegt, mißt zwischen zwei „Ticks" die Zeit $\Delta\tau$. Herr X, der sich mit der Geschwindigkeit v nach rechts bewegt, sieht die Uhr mit einer Geschwindigkeit u.
   (a) Wie groß ist u in Abhängigkeit von u' und v? (u' und v sind positive Zahlen.)
   (b) Herr X mißt Δt als Zeit zwischen zwei Ticks. Wie groß ist $\Delta t/\Delta\tau$?

31. Gib die Grenzwerte von u in Aufgabe 37 für kleine t ($a_0 t \ll c$) und für große t ($a_0 t \gg c$) an.

32. Ein Myon besitzt eine Ruhmasse $m_0 = 105\ \text{MeV}/c^2$ und hat im Ruhezustand eine Lebensdauer von $2 \cdot 10^{-6}$ s. Im Fermi National Accelerator wird zum Zeitpunkt $t = 0$ ein Myon mit einer kinetischen Energie von 10,395 MeV erzeugt.
   (a) Wie groß ist die Gesamtenergie des Myons?
   (b) Wie groß ist γ?
   (c) Wie groß ist seine Geschwindigkeit v und sein Impuls p?
   (d) Gib die Lebensdauer im Laborsystem an.
   (e) Wie weit fliegt es, bevor es zerfällt?

33. Ein Körper der Ruhmasse m bewegt sich mit der Geschwindigkeit u und der Beschleunigung $a = \mathrm{d}u/\mathrm{d}t$. Die Richtung von u bleibt konstant.
   (a) Wie groß ist die Kraft F im ungestrichenen System in Abhängigkeit von m, u und a?
   (b) Wie groß ist für Herrn X' die y-Komponente der Kraft $F'_y = \mathrm{d}p'_y/\mathrm{d}t'$? Herr X' bewegt sich mit der Geschwindigkeit v nach links. Gib die Antwort in Abhängigkeit der ungestrichenen Größen.

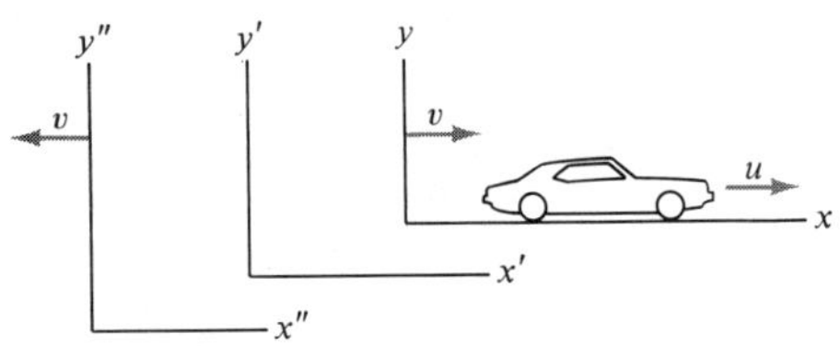

Aufgabe 34

34. Im ungestrichenen Bezugssystem bewegt sich ein Wagen mit der Geschwindigkeit u nach rechts. Relativ zum gestrichenen System bewegt sich das ungestrichene nach rechts mit der Geschwindigkeit v. Das doppelt gestrichene System bewegt sich relativ zum gestrichenen mit der Geschwindigkeit v nach links.
   (a) Wie groß ist die Geschwindigkeit des ungestrichenen Systems relativ zum doppelt gestrichenen?
   (b) Wie groß ist die Geschwindigkeit des Wagens u'', gemessen von einem Beobachter im doppelt gestrichenen System?

35. (a) Ein Photon besitzt die kinetische Energie E. Wie groß ist seine relativistische oder Gravitationsmasse?
   (b) Das obige Photon ist Teil eines Lichtstrahls, der sich in einem Aufzugschacht der Höhe h nach unten bewegt. Wie groß ist die relative Änderung der kinetischen Energie für ein solches Photon? Gib die Antwort als Funktion von g, h und c an.

36. Zeige, daß für $\gamma \gg 1$ der Impuls gegeben ist durch

$$p \approx \left(1 - \frac{1}{2\gamma^2}\right)\frac{E}{c}.$$

37. Betrachte eine konstante Kraft der Stärke $m_0 a_0$ in x-Richtung. Diese Kraft wird auf ein Teilchen der Ruhmasse m_0 angewandt, das zu Anfang im Ruhezustand ist; a_0 ist eine Konstante. (Man kann zeigen, daß a_0 die Beschleunigung ist, wie sie von einem Beobachter gesehen wird, der die gleiche Momentangeschwindigkeit wie das Teilchen besitzt.)

(a) Ausgehend von

$$\frac{\mathrm{d}p_x}{\mathrm{d}t} = m_0 a_0 \quad \text{oder} \quad \frac{\mathrm{d}}{\mathrm{d}t}\left[u\left(1 - \frac{u^2}{c^2}\right)^{-1/2}\right] = a_0,$$

zeige, daß gilt

$$u = \frac{a_0 t}{\sqrt{1 + a_0^2 t^2/c^2}}.$$

(b) Klassisch würde das Teilchen nach einer gewissen Zeit t_0 eine Geschwindigkeit $u = c$ erreichen. Wie groß ist die wahre Geschwindigkeit zur Zeit t_0?

10

Rotationsbewegung

Bei der Untersuchung von Systemen wechselwirkender Teilchen läßt sich eine große Vereinfachung vornehmen, wenn man die Rotations- und Translationsbewegung einzeln behandelt. Um eine solche Vereinfachung vornehmen zu können, müssen wir zunächst zwei neue Größen definieren: Drehimpuls und Drehmoment. Wir werden zeigen, daß für ein abgeschlossenes System der Drehimpuls genauso erhalten bleibt wie der lineare Impuls oder die Energie. Die Drehimpulserhaltung ist ein Erhaltungssatz von gleichem Range wie Energie- und Impulserhaltung. Wiederum kann eine Reihe von Größen berechnet werden, ohne daß die auftretenden Kräfte oder die Bewegungen der individuellen Teilchen genau bekannt sind. In den letzten beiden Abschnitten dieses Kapitels wollen wir den Spezialfall eines Teilchensystems untersuchen, in dem die Teilchen ihre relative Lage beibehalten. Solch ein System wird als ausgedehnter oder starrer Körper bezeichnet. Wegen ihrer Bedeutung im Alltagsleben ist die Behandlung solcher starrer Körper auch in diesem Buch wichtig.

10-1 Kinematik der Drehbewegung

Bevor wir die Dynamik der Drehbewegung (Drehkräfte und ihre Effekte) diskutieren können, müssen wir zunächst die Mathematik der Drehbewegung ausarbeiten. Wir werden Gleichungen der Drehbewegung entwickeln, ähnlich den kinematischen Gleichungen, die wir in Kap. 2 für eindimensionale Bewegungen kennengelernt haben.

Das Analogon zur örtlichen Verschiebung x ist bei der Drehbewegung der Drehwinkel θ. Das Analogon zur Geschwindigkeit $\mathrm{d}x/\mathrm{d}t$ ist die Winkelgeschwindigkeit $\mathrm{d}\theta/\mathrm{d}t$.

$$\omega := \frac{\mathrm{d}\theta}{\mathrm{d}t}. \quad \text{(Winkelgeschwindigkeit)} \qquad \textbf{(10-1)}$$

Es ist allgemein üblich, für $\mathrm{d}\theta/\mathrm{d}t$ den griechischen Buchstaben ω (Omega) zu verwenden, der die momentane Winkelgeschwindigkeit angibt.

Für eine Kreisbewegung existiert eine einfache Beziehung zwischen ω und der Geschwindigkeit entlang dem Kreisumfang v, also der Tangentialgeschwindigkeit. Wir betrachten ein Teilchen, das sich auf einer Kreisbahn mit Radius R bewegt, wie es in Abb. 10-1 dargestellt ist. Nach der Definition des Bogenmaßes beträgt die zurückgelegte Strecke entlang dem Kreisumfang

$$s = R\theta .$$

Nun differenzieren wir beide Seiten nach t und erhalten:

$$\frac{ds}{dt} = R\frac{d\theta}{dt}$$

oder

$$v = R\omega \quad \text{(für Kreisbewegung).} \qquad \textbf{(10-2)}$$

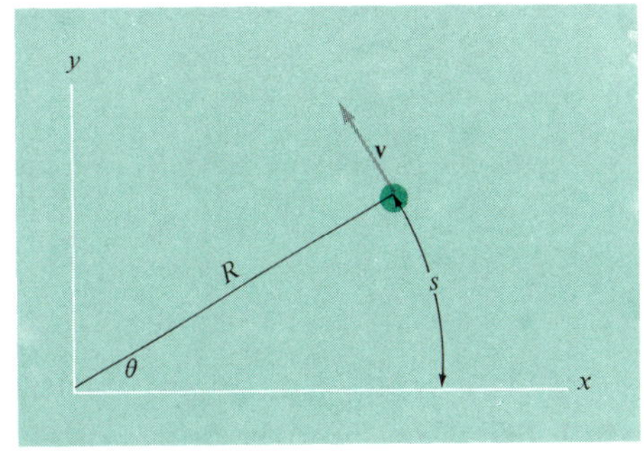

Abb. 10-1. *Ein Teilchen legt auf einer Kreisbahn die Strecke $s = R\theta$ zurück.*

Die Größen v und ω können sich mit der Zeit ändern, R jedoch bleibt konstant.

Für den Fall einer gleichförmigen Kreisbewegung wird ω auch als Winkelgeschwindigkeit oder Kreisfrequenz bezeichnet. Die Geschwindigkeit v ist die pro Sekunde zurückgelegte Strecke, was dem Umfang $2\pi R$ mal der Anzahl der Umdrehungen pro Sekunde f entspricht. Wenn wir $v = 2\pi Rf$ in Gl. (10-2) einsetzen, erhalten wir

$$(2\pi Rf) = R\omega,$$

$$\omega = 2\pi f. \quad \text{(für gleichförmige Kreisbewegung)} \qquad \textbf{(10-3)}$$

Der Buchstabe f steht für die Frequenz in Umdrehungen pro Sekunde, während ω in Radiant pro Sekunde gemessen wird.

Winkelbeschleunigung

Ähnlich wie die lineare Beschleunigung als d^2x/dt^2 definiert ist, so wird die Winkelbeschleunigung definiert als

$$\alpha := \frac{d^2\theta}{dt^2}. \quad \text{(Winkelbeschleunigung)} \qquad \textbf{(10-4)}$$

Man erhält eine Beziehung zwischen linearer Beschleunigung und Winkelbeschleunigung durch Ableitung beider Seiten von Gl. (10-2) nach der Zeit t:

$$\frac{dv}{dt} = R\frac{d\omega}{dt},$$

$$a = R\alpha. \quad \text{(für Kreisbewegung)} \qquad \textbf{(10-5)}$$

Hierbei ist a die lineare Beschleunigung des Teilchens entlang des Kreisumfangs. Wenn die Beschleunigung entlang dem Kreisumfang gleichförmig ist, gilt Gl. (2-9):

$$s = s_0 + v_0 t + \tfrac{1}{2}at^2.$$

Nun ersetzen wir s durch $(R\theta)$, v_0 durch $(R\omega_0)$ und a durch $(R\alpha)$:

$$\theta = \theta_0 + \omega_0 t + \tfrac{1}{2}\alpha t^2. \quad \text{(für gleichförmige Winkelbeschleunigung)} \quad \textbf{(10-6)}$$

Wenn α und R konstant sind, erhalten wir aus Gl. (2-10) die Beziehung

$$2\alpha(\theta - \theta_0) = \omega^2 - \omega_0^2.$$

10-2 Das Vektorprodukt oder Kreuzprodukt

Die Definitionen von Drehimpuls und Drehmoment machen Gebrauch von einer Größe, die in der Vektoranalysis als Vektorprodukt oder als Kreuzprodukt bekannt ist. In Abschn. 6-3 haben wir die Definition des Skalarprodukts oder Punktprodukts zweier Vektoren kennengelernt:

$$\boldsymbol{A} \cdot \boldsymbol{B} := AB \cos \alpha.$$

Hierbei kann man den Punkt als eine Art „Abkürzung" für $\cos \alpha$ ansehen. Im Vektorprodukt kann man das Kreuz als „Abkürzung" für $\sin \alpha$ ansehen:

$$\boldsymbol{A} \times \boldsymbol{B} := \hat{\boldsymbol{n}} AB \sin \alpha \quad \text{(Vektorprodukt oder Kreuzprodukt)} \quad \textbf{(10-7)}$$

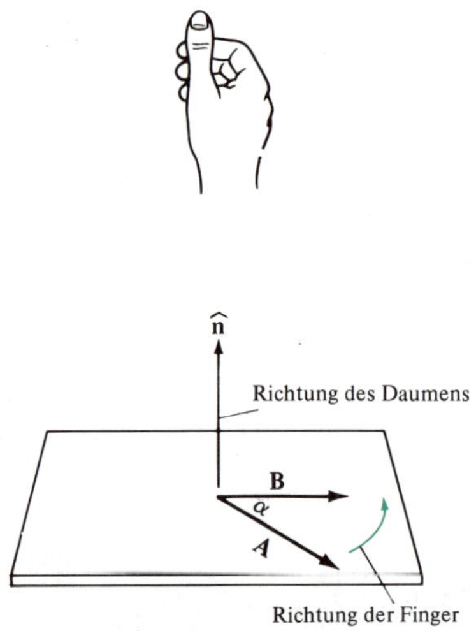

Abb. 10-2. *Illustration der „Rechte-Hand-Regel". Der Daumen der rechten Hand zeigt in Richtung von* $\hat{\boldsymbol{n}}$*, der Normalen auf der Fläche, die* $\boldsymbol{A}$ *und* $\boldsymbol{B}$ *enthält. Die Stellung der Finger parallel zu dieser Fläche ist so gewählt, als sollte* $\boldsymbol{A}$ *in Richtung* $\boldsymbol{B}$ *gedreht werden. Dann zeigt der Daumen die Richtung von* $(\boldsymbol{A} \times \boldsymbol{B})$ *an.*

In der obigen Definitionsgleichung des Vektorprodukts ist die Größe $\hat{\boldsymbol{n}}$ ein Einheitsvektor, der senkrecht zur Ebene gerichtet ist, die von $\boldsymbol{A}$ und $\boldsymbol{B}$ aufgespannt wird. Diese Senkrechte zur $\boldsymbol{A}$ und $\boldsymbol{B}$ enthaltenden Ebene kann zwei mögliche Richtungen angeben. Es gibt eine Konvention, sich auf eine der beiden Möglichkeiten festzulegen: die sogenannte „Rechte-Hand-Regel", die in Abb. 10-2 verdeutlicht ist. Die Finger der rechten Hand werden so gehalten, als wollte man den ersten Vektor in Richtung des zweiten Vektors drehen. Der Daumen zeigt dann in Richtung des Vektorprodukts.

Man beachte die folgenden Anwendungen von Gl. (10-7):

$$\boldsymbol{A} \times \boldsymbol{A} = 0$$
$$\boldsymbol{A} \times (\boldsymbol{B} + \boldsymbol{C}) = \boldsymbol{A} \times \boldsymbol{B} + \boldsymbol{A} \times \boldsymbol{C}$$
$$\boldsymbol{A} \times \boldsymbol{B} = -\boldsymbol{B} \times \boldsymbol{A}$$
$$\boldsymbol{i} \times \boldsymbol{i} = \boldsymbol{j} \times \boldsymbol{j} = \boldsymbol{k} \times \boldsymbol{k} = 0$$
$$\boldsymbol{i} \times \boldsymbol{j} = \boldsymbol{k}$$
$$\boldsymbol{j} \times \boldsymbol{k} = \boldsymbol{i}$$
$$\boldsymbol{k} \times \boldsymbol{i} = \boldsymbol{j}$$

Hierbei sind $\boldsymbol{i}$, $\boldsymbol{j}$ und $\boldsymbol{k}$ Einheitsvektoren in x-, y- und z-Richtung.

Beispiel 1: Berechne $\boldsymbol{A} \times \boldsymbol{B}$, wenn $\boldsymbol{A} = \boldsymbol{i}A_x + \boldsymbol{j}A_y$ und $\boldsymbol{B} = \boldsymbol{i}B_x + \boldsymbol{j}B_y$ ist. Wie groß ist der Sinus des Winkels zwischen $\boldsymbol{A}$ und $\boldsymbol{B}$?

Lösung:

$$\begin{aligned} \boldsymbol{A} \times \boldsymbol{B} &= (\boldsymbol{i}A_x + \boldsymbol{j}A_y) \times (\boldsymbol{i}B_x + \boldsymbol{j}B_y) \\ &= \boldsymbol{i} \times \boldsymbol{j}A_xB_y + \boldsymbol{j} \times \boldsymbol{i}A_yB_x \\ &= \boldsymbol{k}(A_xB_y - A_yB_x), \end{aligned}$$

$$\sin\alpha = \frac{|\boldsymbol{A} \times \boldsymbol{B}|}{|\boldsymbol{A}|\,|\boldsymbol{B}|} = \frac{A_xB_y - A_yB_x}{\sqrt{(A_x^2 + A_y^2)(B_x^2 + B_y^2)}}.$$

Das Vektorprodukt taucht nicht nur in den Definitionen von Drehimpuls und Drehmoment auf, sondern auch in der Elektrizitätslehre, um z. B. die Kraft auf eine bewegte Ladung zu beschreiben oder um das durch einen Strom erzeugte Magnetfeld zu berechnen.

10-3 Drehimpuls

Ein einzelnes Teilchen kann auch dann einen Drehimpuls besitzen, wenn es sich entlang einer geraden Linie bewegt. Der Drehimpuls $\boldsymbol{L}$ ist definiert durch

$$\boldsymbol{L} := \boldsymbol{r} \times \boldsymbol{p}, \quad \text{(Drehimpuls)} \qquad \textbf{(10-8)}$$

wobei $\boldsymbol{p}$ der lineare Impuls des Teilchens und $\boldsymbol{r}$ der Ortsvektor des Teilchens ist, der vom Ursprung des Koordinatensystems ausgeht. Zum Beispiel ist für das Teilchen in Abb. 10-3 der Drehimpuls $L = rmv \sin\alpha$. Nach der Rechte-Hand-Regel zeigt $\boldsymbol{L}$ in die Papierebene hinein (oder in die negative z-Richtung). Der gekrümmte Pfeil in Abb. 10-3(b) zeigt die Richtung der Finger der rechten Hand an.

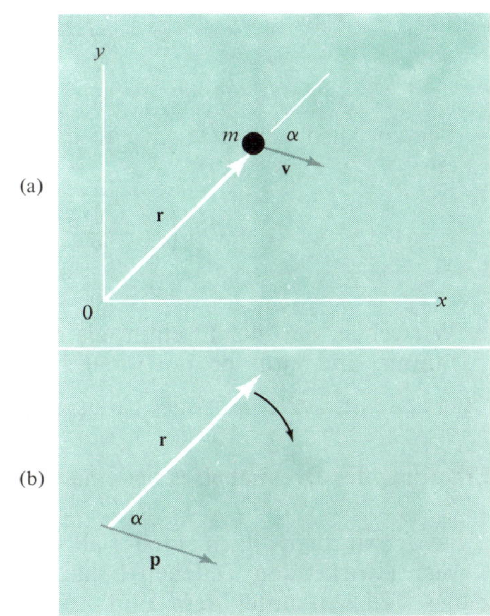

Abb. 10-3. (*a*) *Eine Masse m bewegt sich in der xy-Ebene mit der Geschwindigkeit* $\boldsymbol{v}$. (*b*) *Relative Lage von* $\boldsymbol{r}$ *und Impuls* $\boldsymbol{p}$. *Der gekrümmte Pfeil gibt die Richtung der Finger bei der Anwendung der Rechte-Hand-Regel an.*

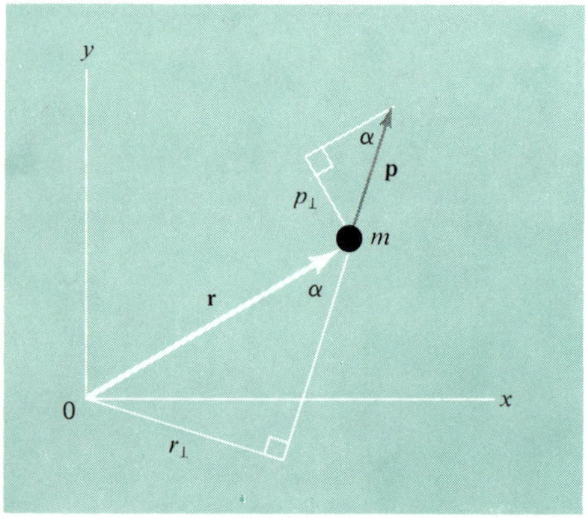

Abb. 10-4. *Die Masse m bewegt sich mit dem Impuls* ***p*** *in der xy-Ebene.* $r_\perp$ *ist die Komponente des Ortsvektors senkrecht zum Impuls* ***p***; $p_\perp$ *ist die Impulskomponente senkrecht zu* ***r***.

Gl. (10-8) ist auch relativistisch korrekt, wenn man für $\boldsymbol{p}$ den relativistischen Impuls verwendet. Man beachte, daß der Betrag von $\boldsymbol{L}$ von der Wahl des Ursprungs des Koordinatensystems abhängt. Man sieht leicht aus Abb. 10-4, daß

$$L = rp_\perp \quad \text{und} \quad L = r_\perp p,$$

wobei $p_\perp = p \sin \alpha$ und $r_\perp = r \sin \alpha$ ist.

Die Größe $p_\perp$ ist die Komponente von p, die senkrecht zu r ist; $r_\perp$ ist der senkrechte Abstand zur Bewegungsrichtung des Teilchens.

*__Beispiel 2:__ Die Gezeitenkräfte bewirken eine Verlangsamung der Erdrotation bzw. eine Verkleinerung des Drehimpulses der Erde. Wir wollen zeigen, daß der Mond wegen der Erhaltung des Drehimpulses langsam seinen Abstand zur Erde vergrößert, d. h., daß der Drehimpuls des Mondes mit vergrößertem Radius zunimmt.

Lösung: Nach Definition ist der Drehimpuls des Mondes $L = Rmv$, wobei R der Bahnradius und m die Masse des Mondes ist. Um das Problem zu lösen, müssen wir v in Abhängigkeit von R ausdrücken. Dazu setzen wir die Kraft auf den Mond gleich ma:

$$G\frac{M_e m}{R^2} = m\left(\frac{v^2}{R}\right)$$

oder

$$v = \sqrt{\frac{GM_e}{R}}.$$

Diesen Ausdruck setzen wir in die Gleichung für den Drehimpuls ein:

$$L = Rm\left(\sqrt{\frac{GM_e}{R}}\right) = m\sqrt{GM_e}\,R^{1/2}.$$

Wir sehen, daß der Drehimpuls mit vergrößertem Bahnradius zunimmt, und zwar proportional zur Quadratwurzel des Radius.

Erhaltung des Drehimpulses bei einem einzelnen Körper

Bevor wir den allgemeinen Fall eines abgeschlossenen Systems von n wechselwirkenden Teilchen behandeln, wollen wir zunächst ein einzelnes Teilchen unter dem Einfluß einer Zentralkraft in Richtung des

Koordinatenursprungs betrachten. Ein Beispiel dafür ist ein Planet auf seiner Umlaufbahn um die Sonne:

$$\boldsymbol{L} = \boldsymbol{r} \times \boldsymbol{p},$$

$$\frac{\mathrm{d}\boldsymbol{L}}{\mathrm{d}t} = \frac{\mathrm{d}\boldsymbol{r}}{\mathrm{d}t} \times \boldsymbol{p} + \boldsymbol{r} \times \frac{\mathrm{d}\boldsymbol{p}}{\mathrm{d}t}$$

$$= \boldsymbol{v} \times \boldsymbol{p} + \boldsymbol{r} \times \boldsymbol{F}.$$

Der Term $\boldsymbol{v} \times \boldsymbol{p}$ verschwindet, da die beiden Vektoren parallel sind. Der Term $\boldsymbol{r} \times \boldsymbol{F}$ wird null, da $\boldsymbol{F}$ eine Zentralkraft ist und daher die beiden Vektoren parallel (oder antiparallel) sind. Daher gilt

$$\frac{\mathrm{d}\boldsymbol{L}}{\mathrm{d}t} = 0 \quad \text{oder} \quad \boldsymbol{L} = \text{konstant}.$$

Wir haben bewiesen, daß ein Körper unter dem Einfluß einer Zentralkraft einen konstanten Drehimpuls besitzt. Dieses Ergebnis haben wir bereits auf S. 85 benutzt, um den Keplerschen Flächensatz abzuleiten.

10-4 Dynamik der Drehbewegung

In diesem Abschnitt werden wir die zu $\boldsymbol{F} = m\boldsymbol{a}$ äquivalente Gleichung der Drehbewegung kennenlernen und die Erhaltung des Drehimpulses für allgemeine Systeme von Teilchen nachweisen.

Drehmoment

Wir wollen nun für die Drehbewegung eine Größe definieren, die analog zur Kraft bei der linearen Bewegung ist. Wenn eine Kraft $\boldsymbol{F}$ auf ein Teilchen wirkt, dann ist das entsprechende Drehmoment definiert durch

$$\boldsymbol{T} := \boldsymbol{r} \times \boldsymbol{F}, \quad \text{(Drehmoment)} \tag{10-9}$$

wobei $\boldsymbol{r}$ der Ortsvektor ausgehend von einem Referenzpunkt ist. Um die Analogie zu $\boldsymbol{F} = m\boldsymbol{a}$ zu zeigen, differenzieren wir beide Seiten von Gl. (10-8):

$$\frac{\mathrm{d}\boldsymbol{L}}{\mathrm{d}t} = \frac{\mathrm{d}}{\mathrm{d}t}(\boldsymbol{r} \times \boldsymbol{p})$$

$$= \frac{\mathrm{d}\boldsymbol{r}}{\mathrm{d}t} \times \boldsymbol{p} + \boldsymbol{r} \times \frac{\mathrm{d}\boldsymbol{p}}{\mathrm{d}t}$$

$$= \boldsymbol{v} \times \boldsymbol{p} + \boldsymbol{r} \times \boldsymbol{F}_{\text{res}}.$$

Der erste Term verschwindet, da $\boldsymbol{v}$ und $\boldsymbol{p}$ parallel sind. Der zweite Term ist nach Definition das resultierende Drehmoment, also

$$\boldsymbol{T}_{\text{res}} = \frac{\mathrm{d}\boldsymbol{L}}{\mathrm{d}t}. \quad \textbf{(10-10)}$$

Wir sehen also, daß das resultierende Drehmoment auf ein Teilchen gleich ist der zeitlichen Änderung des Drehimpulses; genauso, wie die resultierende Kraft auf ein Teilchen gleich ist der zeitlichen Änderung des Impulses.

Erhaltung des Drehimpulses

Zur Verallgemeinerung auf ein System von n Teilchen wollen wir Gl. (10-10) über alle n Teilchen summieren:

$$\sum_{j=1}^{n} \boldsymbol{T}_j = \frac{\mathrm{d}}{\mathrm{d}t}\left(\sum_{j=1}^{n} \boldsymbol{L}_j\right) = \frac{\mathrm{d}}{\mathrm{d}t}\boldsymbol{L}_{\text{total}}. \quad \textbf{(10-11)}$$

$\boldsymbol{L}_{\text{total}}$ ist dabei der Gesamtdrehimpuls des ganzen Systems. Bei einem abgeschlossenen System gibt es keine externen Drehmomente, und die linke Seite der Gleichung enthält alle internen Drehmomente, die durch die Wechselwirkungskräfte zwischen den n Teilchen hervorgerufen werden können. Nach dem dritten Newtonschen Axiom ist jedes Paar von Wechselwirkungskräften gleich und entgegengesetzt gerichtet. (Relativistische Effekte können nichtzentrale Kräfte hervorrufen, jedoch wirken diese zeitlich gemittelt genauso wie Zentralkräfte.) Da $r_{\perp}$ gleich ist für jedes Paar von Wechselwirkungskräften, sind auch ihre Drehmomente gleich und entgegengesetzt gerichtet. Da die linke Seite von Gl. (10-11) die Summe aller dieser Paare ist, muß sie verschwinden, und Gl. (10-11) lautet:

$$0 = \frac{\mathrm{d}}{\mathrm{d}t}\boldsymbol{L}_{\text{total}}$$

oder

$$\boldsymbol{L}_{\text{total}} = \text{konstant.} \quad \text{(Erhaltung des Drehimpulses)} \quad \textbf{(10-12)}$$

Wir haben soeben die Erhaltung des Drehimpulses für ein abgeschlossenes System gezeigt. Dies ist eine direkte Konsequenz der Newtonschen Bewegungsgesetze. Es gibt eine Vielzahl von Problemen bei rotierenden Systemen, wo die Endgeschwindigkeiten oder Enddrehimpulse, sogar bei unbekannten Wechselwirkungskräften, berechnet werden können; die einzige Annahme, die dabei gemacht wird, ist die Erhaltung des Drehimpulses.

***Beispiel 3:** Ein Student steht auf einem Drehtisch und hält zwei Hanteln an den ausgestreckten Armen. Er erhält einen Stoß und dreht sich mit $f_1 = 0{,}5$ Umdrehungen pro Sekunde. Dann zieht der Student die Hanteln an seinen Körper, wie es in Abb. 10-5 dargestellt ist. Wie schnell dreht er sich jetzt? Die Hanteln seien ursprünglich 60 cm von der Drehachse entfernt und werden dann auf 10 cm Abstand herangezogen. Die Masse der Hanteln sei so, daß Student und Hanteln bei 60 cm Abstand gleichen Drehimpuls besitzen.

Lösung: Der anfängliche Drehimpuls der Hanteln beträgt

$$L_H = R_1 m v_1 = R_1 m(\omega_1 R_1) = m\omega_1 R_1^2,$$

wobei m die Masse der beiden Hanteln darstellt. Der anfängliche Drehimpuls des Systems beträgt

$$L_1 = L_{s_1} + m\omega_1 R_1^2,$$

wobei L_{s_1} der Anfangsdrehimpuls des Studenten ist.

Nach Voraussetzung war $L_{s_1} = L_H$, so daß $L_{s_1} = m\omega_1 R_1^2$. Wenn sich die Hanteln im Abstand R_2 befinden, ist der Drehimpuls des Gesamtsystems

$$L_2 = L_{s_2} + m\omega_2 R_2^2.$$

Wegen der Erhaltung des Gesamtdrehimpulses des Systems gilt

$$L_{s_2} + m\omega_2 R_2^2 = L_{s_1} + m\omega_1 R_1^2.$$

Da der Drehimpuls des Studenten proportional zu seiner Drehgeschwindigkeit bzw. zu seiner Kreisfrequenz ist, haben wir

$$L_{s_2} = \frac{\omega_2}{\omega_1} L_{s_1}.$$

Setzt man diesen Ausdruck in die vorhergehende Gleichung ein, so ergibt sich:

$$\left(\frac{\omega_2}{\omega_1} L_{s_1}\right) + m\omega_2 R_2^2 = L_{s_1} + m\omega_1 R_1^2.$$

Nun verwenden wir $L_{s_1} = m\omega_1 R_1^2$ und lösen nach ω_2 auf:

$$\omega_2 = \omega_1 \frac{2R_1^2}{R_1^2 + R_2^2},$$

$$f_2 = (0{,}5)\frac{2(0{,}6)^2}{0{,}6^2 + 0{,}1^2}\,\text{s}^{-1} = 0{,}97 \text{ Umdrehungen pro Sekunde.}$$

Wir sehen, daß sich die Winkelgeschwindigkeit des Studenten fast verdoppelt hat.

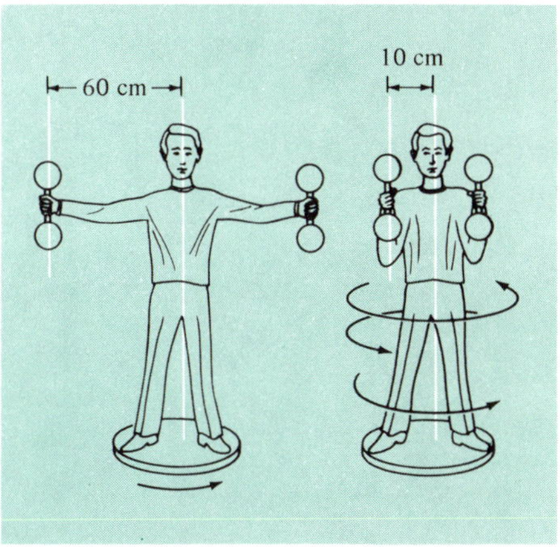

Abb. 10-5. *Ein Student dreht sich beim Heranziehen von zwei Hanteln schneller.*

Nach diesem Verfahren erhöht auch ein Eiskunstläufer seine Drehgeschwindigkeit, indem er bei seiner Pirouette Arme und Beine anzieht.

Beispiel 4: Ein Student steht auf einem Drehtisch und hält das Rad eines Fahrrades über seinem Kopf. Er dreht das Rad, bis er selbst eine Winkelgeschwindigkeit $\omega_1 = 5\,\mathrm{s}^{-1}$ erreicht. Nun steigt er vom Drehtisch herunter und steigt dann wieder auf. Danach dreht er das Rad nach unten, wie in Abb. 10-6 dargestellt. Wie groß ist nun seine Winkelgeschwindigkeit?

Lösung: Der anfängliche Drehimpuls des Systems ist null, d. h.

$$0 = L_{s_1} + L_0$$

oder

$$L_{s_1} = -L_0 .$$

Hierbei ist L_0 der Drehimpuls, den das Rad erhalten hat.

Wenn der Student auf den Boden steigt, fällt L_{s_1} auf null (sein Drehimpuls wird auf die Erde übertragen). Beim Zurücksteigen auf den Drehtisch beträgt der Drehimpuls von Student plus Rad L_0. Das Drehen des Rades nach unten ändert dessen Drehimpuls auf $(-L_0)$. Da der Gesamtdrehimpuls des Systems gleich L_0 bleiben muß, haben wir

$$L_0 = L_{s_2} + (-L_0)$$

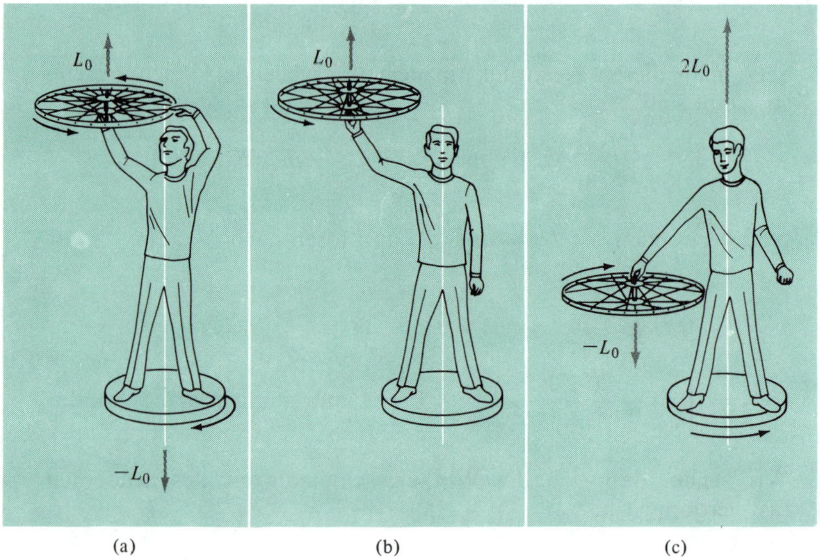

Abb. 10-6. (*a*) *Der Student dreht das Rad.* (*b*) *Er steigt wieder auf den Drehtisch, nachdem er kurz auf dem Boden gestanden hat.* (*c*) *Dann dreht er die Oberseite des Rads nach unten.*

oder

$$L_{s_2} = 2L_0 .$$

Wir stellen fest, daß der Student sich nun doppelt so schnell dreht wie ursprünglich, jedoch in entgegengesetzter Richtung; d. h. $\omega_2 = 10\ \mathrm{s}^{-1}$.

Gl. (10-11) galt sowohl für ein System unter dem Einfluß von äußeren Drehmomenten als auch für abgeschlossene Systeme. Wenn externe Drehmomente auftreten, heben sich die inneren Drehmomente immer noch auf, und die Summation

$$\sum_{j=1}^{n} \boldsymbol{T}_j \quad \text{wird zu} \quad \boldsymbol{T}_{\text{ext}},$$

wobei $\boldsymbol{T}_{\text{ext}}$ die Vektorsumme aller auf das System wirkenden externen Drehmomente ist. In den nächsten beiden Beispielen wollen wir ein System diskutieren, das aus dem Rad eines Fahrrads besteht, dessen Masse als in der Felge konzentriert angenommen wird.

Beispiel 5: Ein Fahrrad kann eine leichte Steigung mit konstanter Geschwindigkeit hinauffahren, wenn die Kraft des Bodens auf das Hinterrad $F_2 = 4$ N beträgt, wie es in Abb. 10-7 dargestellt ist. Mit welcher Kraft F_1 muß die Kette am hinteren Zahnkranz ziehen, wenn $R_2/R_1 = 6$ ist?

Lösung: Da die Winkelgeschwindigkeit des Rades konstant bleibt, ist $\mathrm{d}L/\mathrm{d}t = 0$ und

$$\boldsymbol{T}_{\text{res}} = (\boldsymbol{T}_2 + \boldsymbol{T}_1) = 0,$$

also

$$|T_1| = |T_2| .$$

Anwendung von Gl. (10-9) ergibt

$$R_1 F_1 = R_2 F_2,$$

$$F_1 = \left(\frac{R_2}{R_1}\right) F_2 = (6)(4\ \mathrm{N}) = 24\ \mathrm{N}.$$

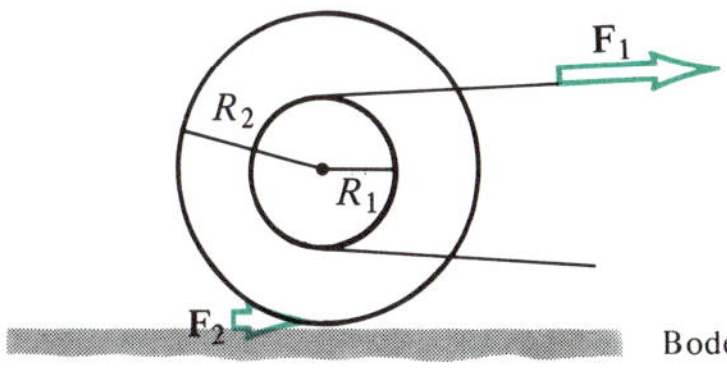

Abb. 10.7. *Das Hinterrad eines Fahrrades wird durch eine Kette mit der Kraft F_1 gedreht. Der Boden drückt auf das Rad mit der Kraft F_2.*

Beispiel 6: Das Rad von Beispiel 5 sei hochgebockt. Wie lange dauert es, bis die Felge eine Umlaufgeschwindigkeit von 8,94 m/s erreicht, wenn eine konstante Kraft von 20 N auf die Kette wirkt? Es sei $R_2 = 30$ cm, und die Gesamtmasse des Rades betrage $m = 2$ kg (m sei in der Felge konzentriert).

Lösung: Nach Gl. (10-10) gilt:

$$R_1 F_1 = \frac{\Delta L}{\Delta t},$$

$$\Delta t = \frac{\Delta L}{R_1 F_1}.$$

ΔL ist gleich dem Drehimpuls im Endzustand, der $R_2 mv$ beträgt:

$$\Delta L = R_2 mv = (0{,}3 \text{ m})\,(2 \text{ kg})\,(8{,}94 \text{ m/s}) = 5{,}36 \text{ kg m}^2/\text{s},$$

$$\Delta t = \frac{5{,}36 \text{ kg m}^2/\text{s}}{(0{,}05 \text{ m})\,(20 \text{ N})} = 5{,}36 \text{ s}.$$

10-5 Massenmittelpunkt

Im allgemeinen ist die Bewegung eines Körpers sehr kompliziert, wenn individuelle Massenpunkte betrachtet werden. Jedoch gibt es einen Punkt im System, der sich in gerader Linie mit konstanter Geschwindigkeit bewegt. Dieser Punkt ist der Massenmittelpunkt, dessen Ort $\boldsymbol{R}_\text{M}$ definiert ist als

$$\boldsymbol{R}_\text{M} := \frac{\sum m_j \boldsymbol{r}_j}{\sum m_j}. \quad \text{(Ort des Massenmittelpunkts)} \qquad \textbf{(10-13)}$$

Der Massenmittelpunkt oder Schwerpunkt ist ein mittlerer Ort, wobei die Masse als Wichtungsfaktor bei der Bildung des Mittelwertes herangezogen wurde. Ein Beobachter, der relativ zu $\boldsymbol{R}_\text{M}$ ruht, befindet sich im sogenannten Schwerpunktsystem. Als nächstes wollen wir beide Seiten von Gl. (10-13) nach der Zeit differenzieren:

$$\frac{\mathrm{d}\boldsymbol{R}_\text{M}}{\mathrm{d}t} = \frac{\sum m_j \,\mathrm{d}\boldsymbol{r}_j/\mathrm{d}t}{\sum m_j}.$$

Die linke Seite ist nach Definition die Geschwindigkeit des Schwerpunkts $\boldsymbol{v}_\text{M}$. Daher ist

$$\boldsymbol{v}_\text{M} = \frac{\sum m_j \boldsymbol{v}_j}{M} = \frac{\sum \boldsymbol{p}_j}{M} = \frac{\boldsymbol{P}_\text{total}}{M}, \qquad \textbf{(10-14)}$$

wobei M die Gesamtmasse des Systems ist.

Da $\boldsymbol{P}_\text{total}$ für ein abgeschlossenes System konstant bleibt, haben wir damit nachgewiesen, daß die Geschwindigkeit des Massenmittelpunktes

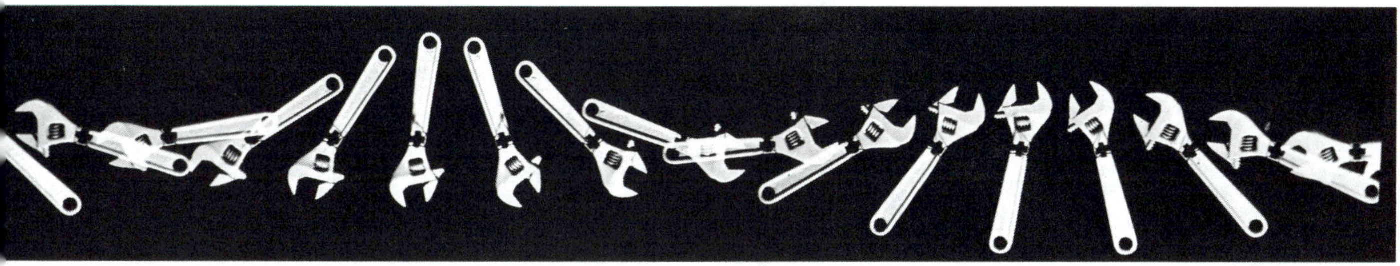

Abb. 10-8. *Ein Schraubenschlüssel, der sich ohne Einwirkung einer äußeren Kraft bewegt. Man beachte, daß er gleichförmig um den Schwerpunkt rotiert, der durch ein schwarzes Band gekennzeichnet ist.* [*Mit freundlicher Genehmigung des Physical Science Committee*]

in einem abgeschlossenen System in Betrag und Richtung konstant bleibt. Ein solches abgeschlossenes System ist das in Abb. 10-8 dargestellte bewegte Werkzeug. Man beachte, daß jeder Punkt des Werkzeugs einer Drehbewegung folgt, mit Ausnahme des Schwerpunkts, der gleichförmig einer geraden Linie folgt.

Die Verwendung des Schwerpunktbegriffs bildet eine große Erleichterung bei der Bestimmung der gesamten kinetischen Energie. Wir wollen zeigen, daß die gesamte kinetische Energie gegeben ist durch die Summe aus der kinetischen Energie im Schwerpunktsystem und $\frac{1}{2}Mv_{\mathrm{M}}^2$. Ist v_j die Geschwindigkeit im Laborsystem, so gilt

$$\begin{aligned} K_{\text{total}} &= \tfrac{1}{2} \sum m_j v_j^2 \\ &= \tfrac{1}{2} \sum m_j(\boldsymbol{v}_{\mathrm{M}} + \boldsymbol{v}_j') \cdot (\boldsymbol{v}_{\mathrm{M}} + \boldsymbol{v}_j'). \end{aligned}$$

Hierbei ist $\boldsymbol{v}_j'$ die Geschwindigkeit von m_j, wie sie im Schwerpunktsystem gemessen wird.

Die Berechnung des Skalarprodukts ergibt

$$K_{\text{total}} = \tfrac{1}{2}(\sum m_j)\, v_{\mathrm{M}}^2 + \boldsymbol{v}_{\mathrm{M}} \cdot \sum (m_j \boldsymbol{v}_j') + \tfrac{1}{2} \sum m_j v_j'^2.$$

Da $\sum m_j \boldsymbol{v}_j'$ gleich der Geschwindigkeit des Schwerpunkts im Schwerpunktsystem mal M ist, verschwindet dieser zweite Term, und man erhält

$$K_{\text{total}} = \tfrac{1}{2}Mv_{\mathrm{M}}^2 + K'. \qquad \textbf{(10-16)}$$

Hierbei ist K' die gesamte kinetische Energie, wie man sie im Schwerpunktsystem mißt. Diese Gleichung ist besonders nützlich, wenn wir im nächsten Abschnitt starre Körper behandeln. Im Schwerpunktsystem kann ein starrer Körper nur kinetische Energie der Rotation besitzen. Dann wird Gl. (10-16) zu

$$K_{\text{total}} = \tfrac{1}{2}Mv_{\mathrm{M}}^2 + K_{\text{rot}}', \quad \text{(für starre Körper)} \qquad \textbf{(10-17)}$$

wobei K_{rot}' die kinetische Energie der Rotation im Schwerpunktsystem ist.

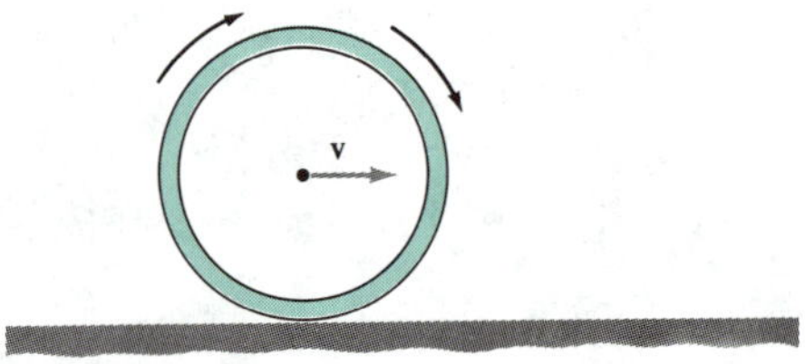

Abb. 10-9. *Ein Reifen rollt über eine ebene Fläche.*

Beispiel 7: Ein Reifen der Masse m rolle auf einer ebenen Fläche, wie es in Abb. 10-9 dargestellt ist. Der Reifenmittelpunkt besitze die Geschwindigkeit v. Wie groß ist die kinetische Energie des Reifens?

Lösung: Nach Gl. (10-17) haben wir

$$K_{\text{total}} = \tfrac{1}{2}mv^2 + \tfrac{1}{2}mv_U'^2,$$

wobei v_U' die Umfangsgeschwindigkeit im Schwerpunktsystem darstellt. Da ein Beobachter, der sich mit dem Reifenmittelpunkt mitbewegt, sieht, daß sich der Kontaktpunkt Reifen–Unterlage mit der Geschwindigkeit v nach hinten bewegt, ist $v_U' = v$.

$$K_{\text{total}} = \tfrac{1}{2}mv^2 + \tfrac{1}{2}m(v)^2 = mv^2.$$

Wir sehen, daß die Energie des Reifens doppelt so groß ist wie die Energie eines nichtrotierenden Körpers der Masse m, der sich mit der gleichen Geschwindigkeit v fortbewegt.

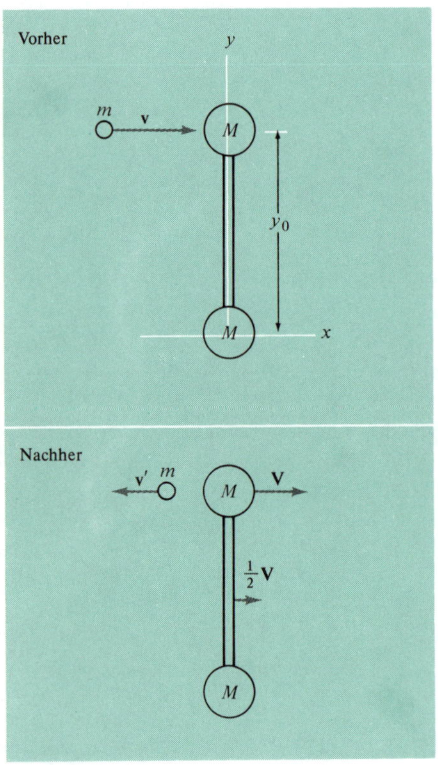

Abb. 10-10. *Eine Masse m stößt mit dem Ende einer festen Hantel zusammen. Kurz nach dem Stoß betragen die Geschwindigkeiten des oberen Endes, des unteren Endes und des Schwerpunktes V, 0 bzw. ½V.*

***Beispiel 8:** Eine Masse m stoße mit dem Ende einer Hantel zusammen, wie es in Abb. 10-10 dargestellt ist. Die Hantel befinde sich zunächst im Ruhezustand. Welcher Anteil der übertragenen kinetischen Energie geht nach dem Stoß in die Rotationsbewegung?

Lösung: Kurz vor dem Zusammenstoß beträgt der gesamte Drehimpuls y_0mv (vom Ursprung aus gemessen), kurz danach $(y_0MV - y_0mv')$. Nach dem Gesetz der Drehimpulserhaltung müssen beide Ausdrücke gleich sein, und wir erhalten

$$y_0mv = y_0MV - y_0mv'$$

oder

$$mv = MV - mv'.$$

Dies besagt, daß nur die obere Masse linearen Impuls übernimmt, die untere Masse erhält nichts von dem verfügbaren Impuls. Also beträgt die gesamte kinetische Energie der Hantel nach dem Stoß

$$K_{\text{total}} = \tfrac{1}{2}MV^2,$$

wobei V die Geschwindigkeit der oberen Masse kurz nach dem Stoß ist. Nach Gl. (10-17) haben wir

$$\begin{aligned} K'_{\text{rot}} &= K_{\text{total}} - \tfrac{1}{2}M_{\text{total}}\,V_M^2 \\ &= (\tfrac{1}{2}MV^2) - \tfrac{1}{2}(2M)(\tfrac{1}{2}V)^2 \\ &= \tfrac{1}{4}MV^2, \end{aligned}$$

was genau die Hälfte der auf die Hantel übertragenen kinetischen Energie ausmacht. Wir werden in Kap. 12 sehen, daß ein hantelförmiges Molekül bei einem Zusammenstoß mit einem anderen Teilchen im Mittel zwei Drittel soviel Rotationsenergie übernimmt wie Translationsenergie.

10-6 Starre Körper und Trägheitsmomente

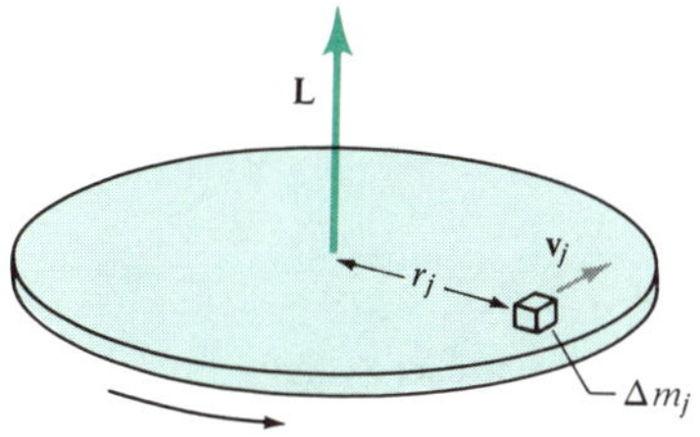

Abb. 10-11. *Eine rotierende Scheibe mit einem Massenelement Δm_j*

Bisher haben wir uns hauptsächlich mit einzelnen Teilchen und mit Punktmassen beschäftigt. Jedoch sind die meisten Massen in der Natur ausgedehnte starre Körper, die sich sowohl drehen als auch fortbewegen können. Ein starrer Körper kann in Massenelemente Δm_j unterteilt werden. Wir wollen annehmen, daß der Abstand dieser Massenelemente immer konstant bleibt.

Wir wollen uns nun einen starren Körper ansehen, der mit der Winkelgeschwindigkeit ω um eine feste Achse im Schwerpunktsystem rotiert (s. dazu Abb. 10-11). Die Geschwindigkeit des Masseelements Δm_j im Abstand r_j von der Drehachse beträgt dann $v_j = r_j\omega$. Die Größe des Drehimpulses ist

$$L = \sum r_j \, \Delta m_j v_j = \sum r_j \, \Delta m_j (r_j \omega)$$
$$= (\sum r_j^2 \, \Delta m_j) \, \omega .$$

Die Größe in der Klammer wollen wir als Trägheitsmoment I definieren:

$$I := \sum r_j^2 \, \Delta m_j . \qquad \textbf{(10-18)}$$

Bei einer kontinuierlichen Masseverteilung haben wir entsprechend:

$$I := \int r^2 \, \mathrm{d}m, \quad \text{(Trägheitsmoment)} \qquad \textbf{(10-18)}$$

Damit ist

$$L = I\omega . \qquad \textbf{(10-19)}$$

Da das Drehmoment durch

$$T = \frac{\mathrm{d}L}{\mathrm{d}t}$$

gegeben ist, erhalten wir

$$T = I\frac{\mathrm{d}\omega}{\mathrm{d}t} = I\alpha . \qquad \textbf{(10-20)}$$

Im Schwerpunktsystem beträgt die kinetische Energie

$$K = \tfrac{1}{2} \sum \Delta m_j v_j^2 = \tfrac{1}{2} \sum \Delta m_j (r_j \omega)^2$$
$$= \tfrac{1}{2} \left(\sum \Delta m_j r_j^2\right) \omega^2 .$$

Tab. 10-1. *Trägheitsmomente (um die eingezeichnete Drehachse) für einige häufig auftretende Körper*

Körper	I	
Reifen oder Ring	mR^2	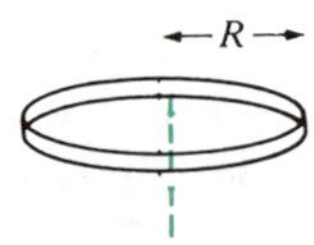
Scheibe oder Zylinder	$\frac{1}{2}mR^2$	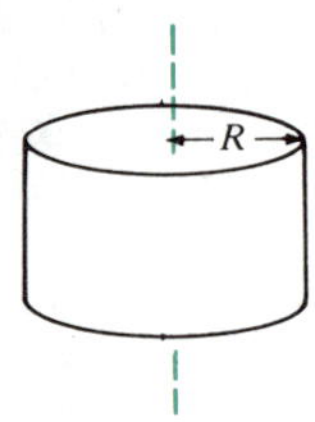
Stange um ihr Zentrum	$\dfrac{ml^2}{12}$	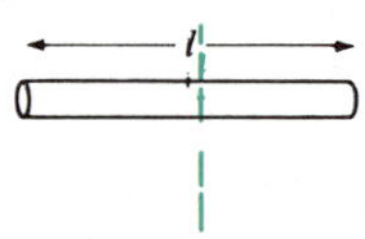
Stange um ein Ende	$\dfrac{ml^2}{3}$	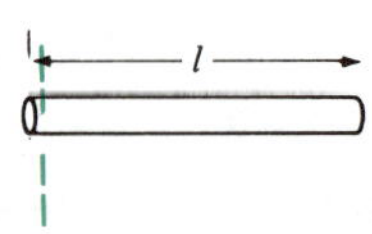
Vollkugel	$\frac{2}{5}mR^2$	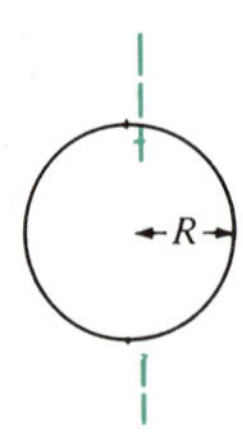
Kugelschale	$\frac{2}{3}mR^2$	
Scheibe um ihren Rand	$\frac{3}{2}mR^2$	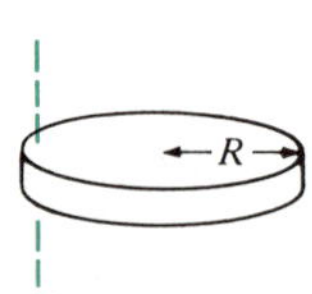

Also ist

$$K = \tfrac{1}{2}I\omega^2,$$

und gleichzeitig

$$K = \frac{1}{2}\frac{(I\omega)^2}{I} = \frac{1}{2}\frac{L^2}{I}. \qquad \textbf{(10-21)}$$

Beispiel 9: Wie groß ist bei einem Reifen und bei einer festen Scheibe das Trägheitsmoment um die Symmetrieachse, wenn beide die Masse M und den Radius R besitzen?

Lösung: Beim Reifen liegen alle Massenelemente bei $r = R$, also ist

$$I_{\text{Reifen}} = MR^2.$$

Bei der Scheibe in Abb. 10-12 ist $\mathrm{d}A = 2\pi r\,\mathrm{d}r$ die Fläche zwischen r und $(r + \mathrm{d}r)$. Die Gesamtfläche beträgt πR^2. Daher gilt

$$\frac{\mathrm{d}m}{M} = \frac{\mathrm{d}A}{A} = \frac{2\pi r\,\mathrm{d}r}{\pi R^2},$$

$$\mathrm{d}m = M\frac{2r\,\mathrm{d}r}{R^2},$$

$$I_{\text{Scheibe}} = \int_0^R r^2\,\mathrm{d}m = \int_0^R r^2\left(\frac{2Mr\,\mathrm{d}r}{R^2}\right) = \frac{2M}{R^2}\int_0^R r^3\,\mathrm{d}r = \frac{2M}{R^2}\left[\frac{r^4}{4}\right]_0^R$$

$$= \tfrac{1}{2}MR^2.$$

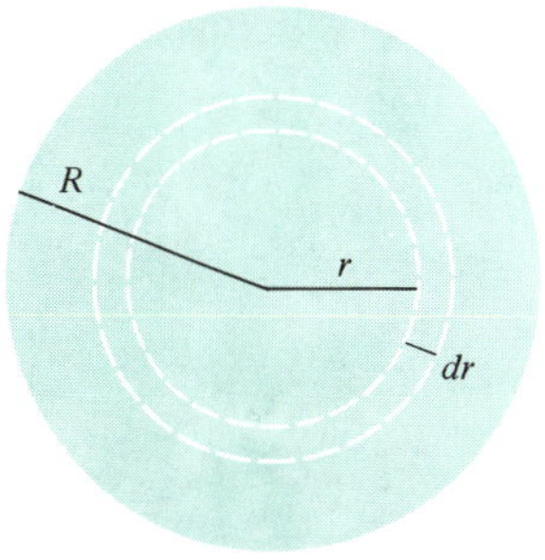

Abb. 10-12. *Ring der Dicke* dr *innerhalb einer festen Scheibe mit Radius R.*

Die Trägheitsmomente einiger häufig auftretender Körper sind in Tab. 10-1 zusammengestellt.

Beispiel 10: Ein Reifen und eine Scheibe, beide mit Masse m und Radius R, rollen eine schiefe Ebene mit Neigungswinkel θ herunter (s. Abb. 10-13). Wie groß ist jeweils ihre Beschleunigung?

Lösung: Wenn Reifen und Scheibe den ebenen Boden erreichen, ist ihre potentielle Energie (mgh) in kinetische Energie von Rotation und Translation übergegangen. Nach Gl. (10-17) haben wir

$$mgh = \tfrac{1}{2}mv^2 + \tfrac{1}{2}I\omega^2, \quad \text{wobei} \quad \omega = v/R$$

Dies für ω eingesetzt ergibt

$$mgh = \tfrac{1}{2}mv^2 + \tfrac{1}{2}I\left(\frac{v}{R}\right)^2.$$

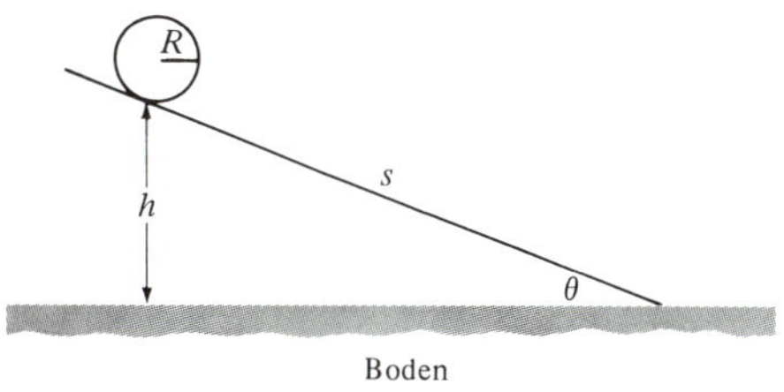

Abb. 10-13. *Ein Reifen oder eine Scheibe auf einer schiefen Ebene* (*Beispiel 10*)

Auflösung nach v^2 ergibt

$$v^2 = \frac{2mgh}{m + I/R^2}.$$

Für eine gleichförmig beschleunigte Bewegung ist $v^2 = 2as$; also folgt

$$2as = \frac{2mgh}{m + I/R^2},$$

$$a = \frac{m}{m + I/R^2} g \sin\theta.$$

Für den Reifen gilt

$$\frac{I}{R^2} = m \quad \text{und} \quad a_{\text{Reifen}} = \tfrac{1}{2} g \sin\theta.$$

Für die Scheibe gilt

$$\frac{I}{R^2} = \tfrac{1}{2} m \quad \text{und} \quad a_{\text{Scheibe}} = \tfrac{2}{3} g \sin\theta.$$

Man beachte, daß die Lösung unabhängig von Masse und Radius ist, sie hängt nur von der Form des Körpers ab. Wir erinnern uns, daß ein Teilchen, das eine schiefe Ebene hinuntergleitet, eine Beschleunigung von $a = g \sin\theta$ erhält.

10-7 Statik

Ein ganzer Zweig der Ingenieurwissenschaften beschäftigt sich mit starren Körpern, die im Ruhezustand unter Krafteinwirkung stehen. Es ist wichtig zu wissen, welche Kräfte notwendig sind, um einen Körper davon abzuhalten, sich zu bewegen oder zusammenzufallen. Ein Studium der Statik ist notwendig, um Dächer und Brücken zu konstruieren, die auch unter maximaler Belastung nicht zusammenbrechen. Da dieses Thema normalerweise in Sonderkursen gelehrt wird, wollen wir hier nur kurz die grundlegenden Prinzipien behandeln.

Es sind zwei Bedingungen erforderlich, um einen Körper im stationären Zustand zu halten:

Bedingung I: Die Vektorsumme aller Kräfte muß verschwinden.

$$\sum \boldsymbol{F}_j = 0. \tag{10-22}$$

Bedingung II: Die Vektorsumme aller Drehmomente muß verschwinden.

$$\sum \boldsymbol{T}_j = 0.$$

Die erste Bedingung folgt aus Newtons erstem Bewegungsgesetz; die zweite aus der Beziehung $\boldsymbol{T}_{\text{res}} = \mathrm{d}\boldsymbol{L}/\mathrm{d}t$ (wenn $\boldsymbol{L}$ gleich null bleiben soll, muß auch $\mathrm{d}\boldsymbol{L}/\mathrm{d}t$ gleich null sein).

Die meisten Probleme der Statik behandeln starre Körper, die zweidimensional in einer Ebene (in der xy-Ebene) betrachtet werden können. Dann ergibt Bedingung I die folgenden beiden Gleichungen:

$$\sum (F_j)_x = 0 \quad \text{und} \quad \sum (F_j)_y = 0.$$

Bedingung II ergibt $\sum T_z = 0$. T_z ist positiv für eine Drehung gegen den Uhrzeigersinn und negativ für eine Drehung in Uhrzeigerrichtung. Damit haben wir drei gekoppelte Gleichungen, womit Probleme gelöst werden können, bei denen bis zu drei Größen berechnet werden müssen. Wir wollen nun einige Beispiele betrachten.

Beispiel 11: Die Massen m_1 und m_2 befinden sich an den Enden einer Stange der Länge l, wie es in Abb. 10-14 dargestellt ist. In welchem Abstand zu m_1 muß eine Unterstützung angebracht werden, damit die beiden Massen ausbalanciert sind – d. h., die Stange darf sich nicht mehr drehen?

Lösung: Dieses Problem kann allein unter Benutzung von Bedingung II gelöst werden. Dazu müssen wir einen Ursprung wählen, von dem aus wir die Drehmomente berechnen können. Die Rechnungen können sehr vereinfacht werden, wenn man den Angriffspunkt der Drehmomente als Ursprung annimmt. Wenn wir den gesuchten Unterstützungspunkt als Ursprung annehmen, verschwindet ein durch die Kraft F hervorgerufenes Drehmoment. Das Drehmoment, hervorgerufen durch m_1, würde eine positive Drehung, das Drehmoment durch m_2 eine negative Drehung verursachen. Also gilt

$$T_1 + T_2 = (m_1 g x) + [-m_2 g (l - x)] = 0$$

$$(m_1 g + m_2 g)\, x = m_2 g l,$$

$$x = \frac{m_2}{m_1 + m_2}\, l.$$

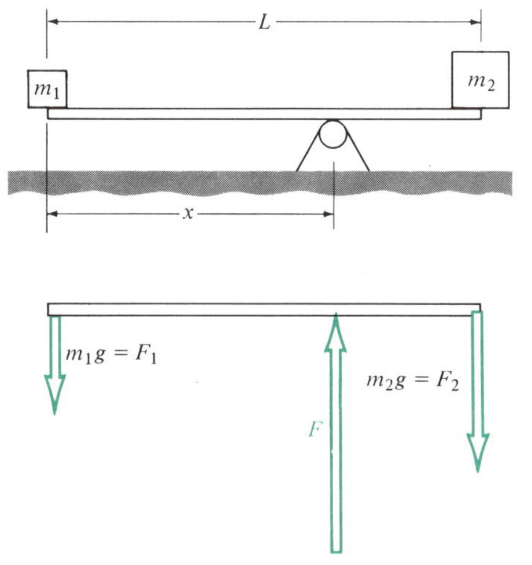

Abb. 10-14. *Der Abstand x wird so gewählt, daß m_1 und m_2 ausbalanciert sind.*

Beispiel 11 veranschaulicht das Prinzip des Hebels. Man beachte, daß eine kleine Kraft F_1 genügt, um einen Körper, der eine große Kraft ausübt, auszubalancieren oder anzuheben. Das Verhältnis

$$\frac{F_2}{F_1} = \frac{x}{l - x}$$

wird als Hebelverhältnis bezeichnet.

Ein weiteres anschauliches Beispiel liefert die Handkurbel in Abb. 10-15. Hier besagt Bedingung II, daß

$$|T_1| = |T_2|,$$

$$R_1 F_1 = R_2 F_2$$

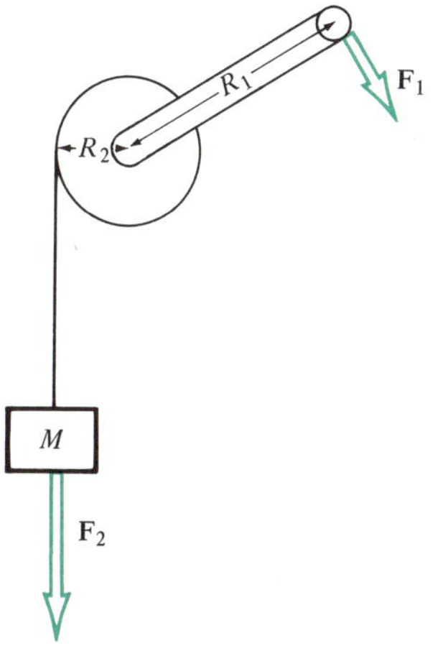

Abb. 10-15. *Eine Handkurbel kann die Masse M mit der Kraft F_1 halten, wenn sie im Abstand R_1 von der Drehachse angreift.*

oder

$$F_1 = \left(\frac{R_2}{R_1}\right) F_2 .$$

Ein schweres Gewicht kann angehoben werden, indem das Verhältnis R_2/R_1 entsprechend verkleinert wird. Wir stellen fest, daß das Beispiel der Handkurbel, bei dem eine Masse mit konstanter Geschwindigkeit angehoben wird, dem Beispiel 5 sehr ähnlich ist, wo sich auch ein Rad mit konstanter Geschwindigkeit drehte.

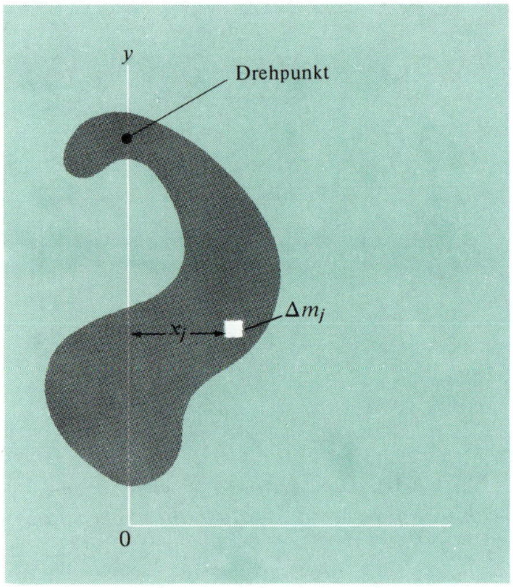

Abb. 10-16. *Ein beliebig geformter Körper hängt an einem Drehpunkt.*

Beispiel 12: Ein starrer Körper beliebiger Form hänge an einem reibungslosen Drehpunkt. Beweise, daß der Schwerpunkt genau unter diesem Drehpunkt liegt.

Lösung: Nach Abb. 10-16 beträgt das Drehmoment um den Drehpunkt, hervorgerufen durch die Schwerkraft auf das Massenelement Δm_j,

$$T_z = -x_j \, \Delta m_j g .$$

Die Summe aller dieser Drehmomente beträgt

$$(T_z)_{\text{total}} = -\sum x_j \, \Delta m_j g .$$

Nach Bedingung II ist dies null. Also ist

$$\sum x_j \, \Delta m_j = 0$$

oder

$$\frac{\sum x_j \, \Delta m_j}{\sum \Delta m_j} = 0 .$$

Die linke Seite ist nach Definition die x-Koordinate des Schwerpunkts. Das heißt, sowohl Drehpunkt als auch Schwerpunkt besitzen die gleiche x-Koordinate.

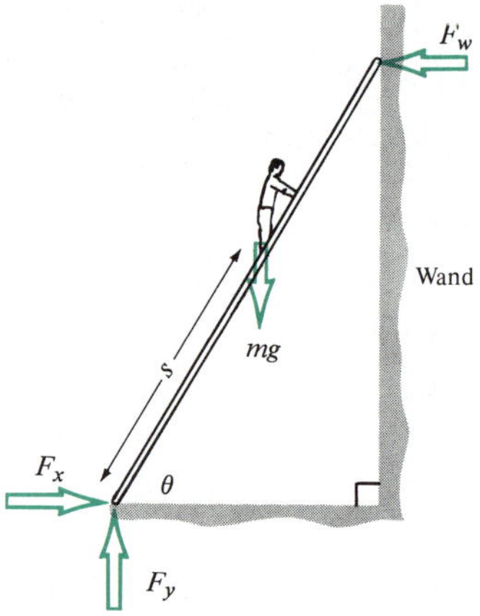

Abb. 10-17. *Ein Mann befindet sich auf einer Leiter der Länge l im Abstand s vom Fuß der Leiter.*

Beispiel 13: Angenommen, die Reibungszahl zwischen Leiter und Boden in Abb. 10-17 betrage $\mu = 0{,}4$. Wie weit kann ein Mann die Leiter hinaufklettern, bevor diese wegrutscht? Setze einen reibungslosen Wandkontakt sowie ein im Vergleich zur Leitermasse großes Körpergewicht des Mannes voraus.

Lösung: Es gibt drei Unbekannte: F_x, F_y und F_w. Bedingung I ergibt:

$$F_x + (-F_w) = 0,$$

$$F_y + (-mg) = 0.$$

Für Bedingung II wählen wir den Fuß der Leiter als Ursprung:

$$F_w l \sin\theta + (-mgs\cos\theta) = 0$$

oder

$$F_w = \frac{mgs}{l}\cot\theta. \qquad \textbf{(10-23)}$$

Sobald der Mann den Punkt erreicht, an dem die Leiter wegrutscht, gilt

$$F_x = \mu F_y.$$

Nun ersetzen wir F_x und F_y durch F_w und mg (nach Bedingung I):

$$F_w = \mu mg.$$

Wird dieser Ausdruck mit Gl. (10-23) gleichgesetzt, so ergibt sich

$$\frac{mgs}{l}\cot\theta = \mu mg,$$

$$s = \mu l\tan\theta.$$

Für $\mu = 0{,}4$ und $\theta = 60^\circ$ erhalten wir $s = 0{,}69l$. Unter diesen Bedingungen sollte der Mann höchstens zwei Drittel der Leiter hinaufklettern können.

10-8 Schwungräder

Wie wir gesehen haben, läßt sich in einem rotierenden festen Körper ein Energiebetrag von $\frac{1}{2}I\omega^2$ speichern. Bei einer rotierenden Scheibe mit Radius R ist dies $\frac{1}{4}mR^2\omega^2$.

Wir wollen nun ein Automobil betrachten, in dem sich statt einer Maschine ein Schwungrad befindet. Wenn der Wagen steht, könnte dieses Schwungrad durch eine kleine Maschine mit hohem Wirkungsgrad (z. B. durch einen Elektromotor) in Gang gesetzt werden und dadurch Energie speichern. Auf diese Art könnte ein Auto, statt mit Benzin, mit Elektrizität aus Kohlekraftwerken betrieben werden. Wir wollen nun kurz diskutieren, wieviel Energie in einem Schwungrad gespeichert werden kann und das Ergebnis mit einem konventionellen Benzinmotor vergleichen.

Die Begrenzung der Drehzahl eines Schwungrades ist durch die Bruchfestigkeit des Schwungradmaterials gegeben. Es ist leicht zu zeigen, daß für eine rotierende Scheibe gilt

$$\frac{1}{2}I\omega_{max}^2 = \frac{V}{4}S_{max},$$

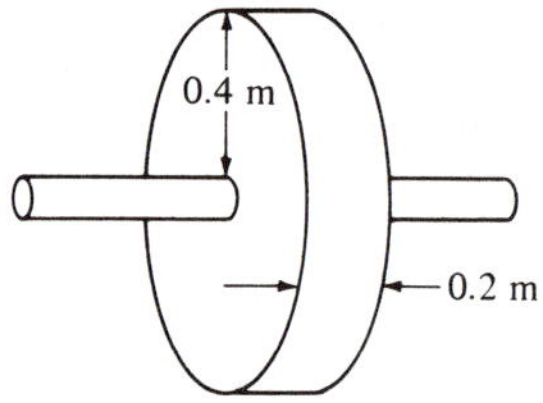

Abb. 10-18. *Ein Schwungrad kann einen Automotor ersetzen.*

wobei S_{max} die Bruchfestigkeit (Kraft pro Fläche) und V das Volumen der Scheibe darstellt. Typische Bruchfestigkeiten einiger starker Materialien, wie z. B. Stahl oder Quarz, liegen bei $S_{max} \approx 3 \cdot 10^9$ N/m². Dann könnte ein Schwungrad der in Abb. 10-18 angegebenen Größe, also mit einem Volumen von 0,1 m³, die folgende Energie speichern:

$$\tfrac{1}{2}I\omega^2 = \frac{(0{,}1\ \text{m}^3)}{4}(3 \cdot 10^9\ \text{N/m}^2) \approx 8 \cdot 10^7\ \text{J}.$$

Besteht das Schwungrad aus Quarz oder aus einem anderen Material der Dichte $\approx 2 \cdot 10^3$ kg/m³, so hätte es eine Masse von etwa 200 kg, was immer noch klein gegenüber der typischen Masse eines normalen Autos von 1 000 kg ist. Ein Wagen mit konventionellem Motor hat etwa einen Benzinvorrat von 50 Litern mit einem Energiegehalt von $31 \cdot 10^3$ J/cm³, also insgesamt $1{,}55 \cdot 10^9$ J. Jedoch kann davon nur etwa 20% in mechanische Energie umgesetzt werden (vgl. Kap. 13). So besitzt der konventionelle Wagen einen Energievorrat von $31 \cdot 10^7$ J, verglichen mit den $8 \cdot 10^7$ J des Schwungrades. Die Reichweite des „motorlosen" Wagens würde demnach etwa ein Viertel der normalen Reichweite betragen, also etwa 100 km.

Bis heute sind diese Betrachtungen zum größten Teil nur theoretische Spekulation. Jedoch könnten andere Formen und Materialtypen weit effektiver und ökonomischer sein. Zum gegenwärtigen Zeitpunkt allerdings verweisen Sicherheits- und Kostenüberlegungen solche Fortbewegungsmethoden ins Experimentier- und Entwicklungsstadium.

Beispiel 14: Wie viele Umdrehungen pro Sekunde macht das oben beschriebene Schwungrad?

Lösung:

$$\tfrac{1}{2}I\omega^2 = 8 \cdot 10^7\ \text{J},$$

$$\omega^2 = \frac{16 \cdot 10^7\ \text{J}}{(mR^2/2)} = \frac{16 \cdot 10^7\ \text{J}}{(200\ \text{kg})\,(0{,}4\ \text{m})^2/2} = 10^7\ \text{s}^{-2},$$

$$\omega = 3{,}16 \cdot 10^3\ \text{s}^{-1},$$

$$f = 503\ \text{Umdrehungen pro Sekunde.}$$

Beispiel 15: Ein Wagen der Masse 1 000 kg fahre mit einer Geschwindigkeit von 22,4 m/s (etwa 80 km/h). Er erfährt eine Gesamtreibungskraft von $F_R = 0{,}07mg = 686$ N. Wie weit kommt er mit einer anfänglich gespeicherten Energie von $8 \cdot 10^7$ J?

Lösung:

$$P = F_R v = (686)\,(22{,}4)\ \text{W} = 1{,}54 \cdot 10^4\ \text{J/s}.$$

Wenn K die anfängliche kinetische Energie des Schwungrades und T die Fahrzeit ist, dann gilt $P = K/T$ oder

$$T = \frac{K}{P} = \frac{8 \cdot 10^7\ \mathrm{J}}{1{,}54 \cdot 10^4\ \mathrm{J/s}} = 5{,}2 \cdot 10^3\ \mathrm{s} = 1{,}44\ \mathrm{h}.$$

Die Strecke beträgt $x = vT = 116$ km.

Zusammenfassung

Winkelgeschwindigkeit ist definiert als $\omega = \mathrm{d}\theta/\mathrm{d}t$. Winkelbeschleunigung ist definiert als $\alpha = \mathrm{d}\omega/\mathrm{d}t = \mathrm{d}^2\theta/\mathrm{d}t^2$.

Bei einer Kreisbewegung gilt $v = R\omega$; die Komponente der Beschleunigung in Umfangsrichtung beträgt $a = R\alpha$. Bei einer gleichförmigen Kreisbewegung gilt $\omega = 2\pi f$ und $\theta = \theta_0 + \omega_0 t + \frac{1}{2}\alpha t^2$.

Das Produkt $\boldsymbol{A} \times \boldsymbol{B}$ ist ein Vektor mit dem Betrag $AB \sin\alpha$, dessen Richtung durch die „Rechte-Hand-Regel" bestimmt ist.

Der Drehimpuls ist als $\boldsymbol{L} = \boldsymbol{r} \times \boldsymbol{P}$ und das Drehmoment als $\boldsymbol{T} = \boldsymbol{r} \times \boldsymbol{F}$ definiert. Wegen der Newtonschen Gesetze gilt $\boldsymbol{T}_{\mathrm{res}} = \mathrm{d}\boldsymbol{L}/\mathrm{d}t$.

Wenn die Kraft auf einen Körper eine Zentralkraft ist, bleibt der Drehimpuls $\boldsymbol{L}$ des Körpers erhalten. Der Drehimpulserhaltungssatz stellt fest, daß in einem abgeschlossenen System die Vektorsumme der Drehimpulse aller Teilchen konstant bleibt: $\sum \boldsymbol{L}_j =$ konstant.

Der Gesamtimpuls eines Systems beträgt $\boldsymbol{P}_{\mathrm{total}} = M_{\mathrm{total}}\boldsymbol{v}_{\mathrm{M}}$, wobei $\boldsymbol{v}_{\mathrm{M}} = \mathrm{d}\boldsymbol{R}_{\mathrm{M}}/\mathrm{d}t$ und $\boldsymbol{R}_{\mathrm{M}} = \sum m_j \boldsymbol{r}_j / \sum m_j$ die Lage des Schwerpunkts angibt.

Das Trägheitsmoment eines starren Körpers beträgt $I = \sum r_j^2 \Delta m_j = \int r^2\,\mathrm{d}m$, wobei r der Abstand zur Drehachse ist. Ein starrer Körper, der mit der Winkelgeschwindigkeit ω um eine Drehachse rotiert, besitzt den Drehimpuls $L = I\omega$.

Falls sich ein starrer Körper im Ruhezustand befindet (oder sich um eine feste Achse mit konstantem ω dreht), so muß er den folgenden beiden Bedingungen gehorchen:

I $\sum \boldsymbol{F}_j = 0$,

II $\sum \boldsymbol{T}_j = 0$.

Mit Hilfe dieser Bedingungen kann der Angriffspunkt sowie die Größe und Richtung einer unbekannten Kraft bestimmt werden, die erforderlich ist, um einen ausgedehnten Körper im Gleichgewicht zu halten.

Aufgaben

1. Die Winkelposition eines Teilchens ist gegeben durch $\theta = a + bt + ct^2$. Wie groß ist die Winkelgeschwindigkeit und Winkelbeschleunigung zum Zeitpunkt $t = t_0$?

2. Wie groß ist die lineare Geschwindigkeit und die Beschleunigung entlang dem Kreisumfang für das Teilchen in Aufgabe 1, wenn es sich auf einer

Kreisbahn mit Radius R bewegt? Wie groß ist die Komponente der Beschleunigung in Richtung des Kreismittelpunkts?

3. Es sei $\theta = \theta_0 + \omega_0 t + \frac{1}{2}\alpha_0 t^2$.
   (a) Wie groß ist die mittlere Winkelgeschwindigkeit $\bar{\omega}$ während der Zeit t?
   (b) Drücke $\bar{\omega}$ als Funktion von θ, θ_0 und t aus.
4. Das Rad eines Fahrrades mit Masse m und Radius R habe seine gesamte Masse in der Felge konzentriert. Es habe um seine Achse eine Winkelgeschwindigkeit ω. Wie groß ist sein Drehimpuls in Abhängigkeit von m, R und ω?
5. Wiederhole Beispiel 3 unter der Annahme, daß der Drehimpuls des Studenten weit kleiner ist als der der Hanteln. Vergleiche die kinetische Energie der Hanteln zu Anfang und zu Ende.
6. Der Student in Beispiel 4 steige nicht vom Drehtisch herunter. Wie wäre Richtung und Größe seiner Winkelgeschwindigkeit, wenn er das Rad von oben nach unten kippen würde?
7. Wiederhole Beispiel 6 für eine Kettenkraft von 10 N.
8. Wiederhole Beispiel 10 für den Fall, daß eine massive Kugel die schiefe Ebene hinunterrollt.
9. Ein starrer Körper mit Trägheitsmoment I besitze eine Winkelbeschleunigung α um seine Achse und eine momentane Winkelgeschwindigkeit ω. Wie groß ist die zugeführte Leistung?
10. Wie groß ist bei dem Reifen in Beispiel 10 das Verhältnis von kinetischer Energie der Rotation zu kinetischer Energie der Translation? Berechne dieses Verhältnis ebenfalls für die Scheibe.

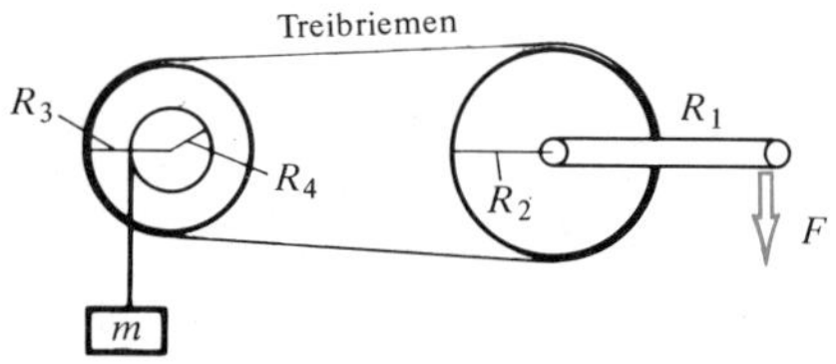

Aufgabe 11

11. Welche Kraft muß auf die Kurbel wirken, um eine Masse m zu heben?
12. Wo muß ein Kind (20 kg) sitzen, um eine 4 m lange Schaukel mit seinem Vater (70 kg) und seiner Mutter (60 kg) auszubalancieren?

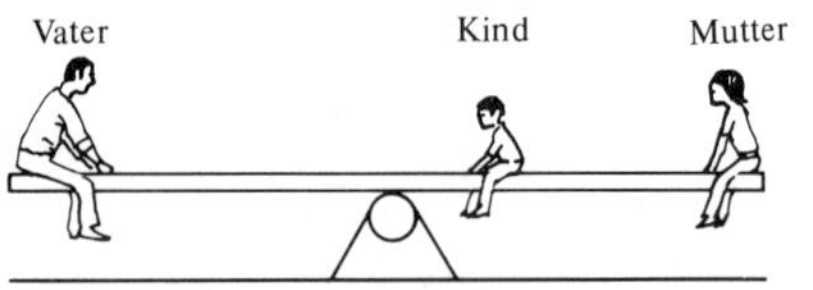

Aufgabe 12

13. Ein Schwungrad aus Eisen besitzt eine Dichte $\varrho = 8 \cdot 10^3$ kg/m³, ein Schwungrad aus Quarz eine Dichte von $\varrho = 2{,}4 \cdot 10^3$ kg/m³. Beide besitzen die gleiche Bruchfestigkeit und die gleiche Masse. Berechne das Verhältnis der maximal speicherbaren Energie für die beiden Schwungräder.
14. Die Felge eines Fahrradrades mit 0,8 m Durchmesser habe eine Masse von 1,5 kg. Wie groß ist der Drehimpuls des Rades, wenn das Fahrrad eine Geschwindigkeit von 3 m/s besitzt? Vernachlässige die Masse der Speichen.
15. Ein Meterstab mit gleichmäßiger Masseverteilung besitze eine Masse von 100 g. An der 100-cm-Marke werde eine Masse von 50 g befestigt. Bei welcher Markierung liegt dann der Schwerpunkt?
16. Drei Massen unter dem Einfluß der Schwerkraft werden auf einem Meterstab wie nebenstehend ausbalanciert. Berechne x in cm.

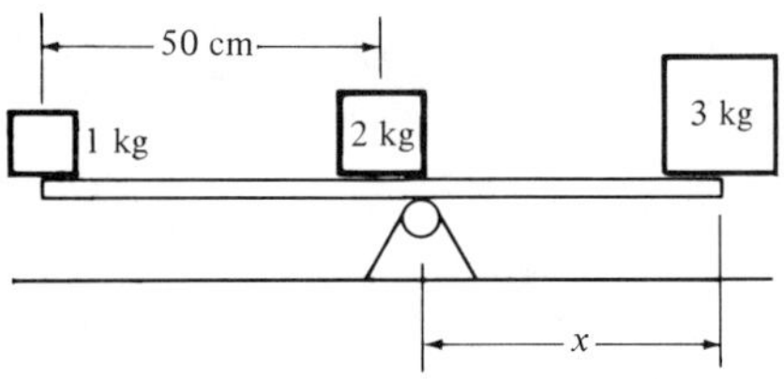

Aufgabe 16

17. Eine 10 kg schwere Leiter lehnt unter einem Winkel von 45° an einer reibungslosen Wand. Wie groß ist die Kraft der Leiter gegen die Wand?
18. Zeige, daß $\boldsymbol{A} \times \boldsymbol{B} = \boldsymbol{i}(A_y B_z - A_z B_y)$ ist, wenn die beiden Vektoren $\boldsymbol{A}$ und $\boldsymbol{B}$ in der yz-Ebene liegen.
19. Zeige, daß gilt
$$\boldsymbol{A} \times \boldsymbol{B} = \begin{vmatrix} \boldsymbol{i} & \boldsymbol{j} & \boldsymbol{k} \\ A_x & A_y & A_z \\ B_x & B_y & B_z \end{vmatrix}.$$
20. Zeige, daß $(\boldsymbol{A} \times \boldsymbol{B}) \cdot \boldsymbol{C} = \boldsymbol{A} \cdot (\boldsymbol{B} \times \boldsymbol{C})$ ist.
21. Wiederhole Beispiel 1 für $\boldsymbol{A} = \boldsymbol{i}A_x + \boldsymbol{j}A_y + \boldsymbol{k}A_z$ und $\boldsymbol{B} = \boldsymbol{i}B_x + \boldsymbol{j}B_y + \boldsymbol{k}B_z$.
22. Wiederhole Beispiel 3 unter der Annahme, daß der Drehimpuls des Studen-

ten doppelt so groß ist wie der der Hanteln, wenn diese 60 cm von der Drehachse entfernt sind.

23. Ein Proton und ein Neutron (beide mit Masse m_0) ziehen sich infolge der Gravitationskraft an und befinden sich in einer Kreisbahn um ihren gemeinsamen Schwerpunkt.

(a) Wie groß ist der gesamte Drehimpuls des Systems um das Massenzentrum in Abhängigkeit von m_0, R_0 und v_0, wenn R_0 der Radius der Kreisbahn und v_0 die Teilchengeschwindigkeit ist?

(b) Wie groß ist die Kraft auf das Neutron in Abhängigkeit von G, m_0 und R_0?

(c) Wie groß ist die Kraft auf das Neutron in Abhängigkeit von m_0, R_0 und v_0?

(d) Wie groß ist R_0 in Abhängigkeit von $\hbar$, m_0 und G, wenn der gesamte Drehimpuls $L = \hbar$ beträgt, wobei $\hbar$ als Planck-Konstante (Plancksches Wirkungsquantum) bezeichnet wird?

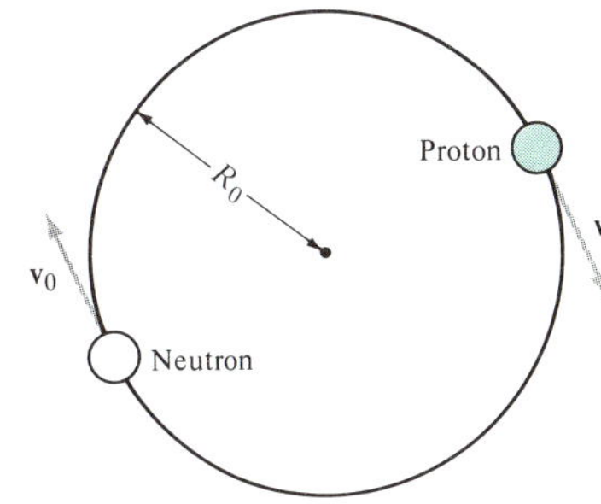

Aufgabe 23

24. Zwei kleine Satelliten von gleicher Masse m befinden sich in Kreisbahnen mit Abstand R_1 und R_2 vom Erdmittelpunkt.

(a) Wie groß ist der Drehimpuls von Satellit 1 in Abhängigkeit von m, M_e, G und R_1?

(b) Gib das Verhältnis von R_1 zu R_2 an, wenn Satellit 2 einen doppelt so großen Drehimpuls wie Satellit 1 besitzt.

(c) Wie groß ist das Verhältnis der kinetischen Energien von Satellit 2 zu Satellit 1?

25. Eine feste Scheibe der Masse m rollt auf einer Oberfläche. Der Mittelpunkt besitzt eine Geschwindigkeit v. Wie groß ist die kinetische Energie der Scheibe?

26. Eine feste Kugel der Masse m rollt auf einer Oberfläche. Der Mittelpunkt besitzt eine Geschwindigkeit v. Wie groß ist die kinetische Energie der Kugel?

27. Wiederhole Beispiel 8 für den Fall, daß die Masse m die Hantel im Abstand y vom Ursprung trifft (y ist kleiner als y_0).

28. Wie groß ist das Verhältnis des Drehimpulses der Erdrotation zum Bahndrehimpuls des Mondes? Gib einen numerischen Wert an.

29. **(a)** Wie groß ist der Gesamtdrehimpuls des Systems Erde–Mond?

(b) Wie groß wäre der maximale Abstand des Mondes von der Erde, wenn die Erde ihre Drehung einstellen würde (siehe Beispiel 2)?

(c) Welche Zeit braucht der Mond dann für eine Umdrehung?

30. Die Umdrehungsperiode der Sonne beträgt 27 Tage. Wenn der Kernbrennstoff verbraucht ist, erfährt sie einen Gravitationskollaps, wobei der Drehimpuls erhalten bleibt. Welchen kleinsten Radius kann sie erreichen, bevor sie auseinanderfliegt? (Sie fliegt auseinander, wenn die Zentripetalbeschleunigung die Gravitationsbeschleunigung an der Oberfläche übertrifft.)

31. Eine Stange mit der Masse m und der Länge l dreht sich um eine Achse, die von einem Stangenende eine Entfernung x hat. Wie groß ist das Trägheitsmoment?

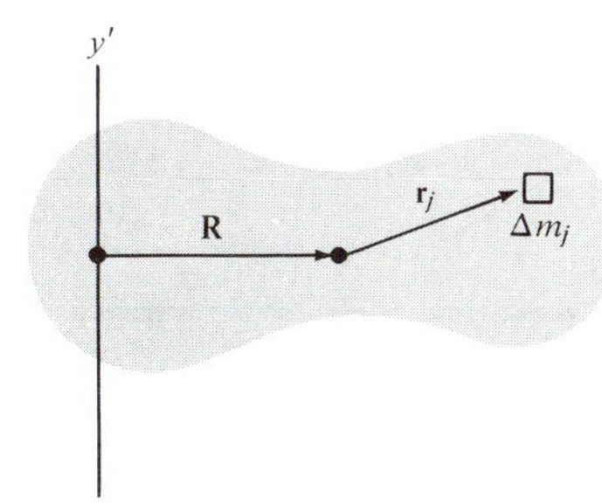

Aufgabe 32

32. Das Trägheitsmoment eines Körpers um seinen Schwerpunkt sei I. Wie groß ist das Trägheitsmoment um die Achse y', die die Strecke R vom Schwerpunkt entfernt ist? Das Resultat lautet $I' = I + mR^2$ und wird als Steinerscher Satz bezeichnet.
(Zur Erinnerung: $I' = \sum \Delta m_j(\boldsymbol{R} + \boldsymbol{r}_j)^2$.)

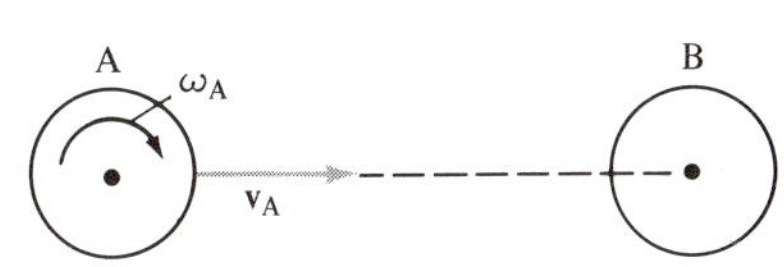

Aufgabe 33

33. Wir betrachten den Zusammenstoß von zwei identischen zylindrischen Pucks mit Radius r_0 und Masse m auf einem reibungslosen „Lufttisch", wie es die nebenstehende Abbildung zeigt. Puck A besitzt eine lineare Geschwindigkeit v_A und eine Winkelgeschwindigkeit ω_A um seinen Schwerpunkt. Die lineare Geschwindigkeit v_A ist genau auf den Mittelpunkt von Puck B gerichtet, der sich anfänglich im Ruhezustand befindet. Beim Zusammenstoß bleiben die beiden Pucks aneinander haften und bilden einen starren Körper.

(a) Wie groß ist die lineare Geschwindigkeit des Systems (beider Pucks) nach dem Zusammenstoß?

(b) Wie groß ist der Drehimpuls des Systems um seinen Massenmittelpunkt (genau zwischen den Pucks) vor dem Zusammenstoß?

(c) Berechne die Winkelgeschwindigkeit des Systems um seinen Schwerpunkt (die Kontaktstelle) nach dem Zusammenstoß.

(d) Wie groß ist die gesamte mechanische Energie des Systems vor dem Zusammenstoß?

(e) Wieviel Energie ging beim Zusammenstoß verloren?

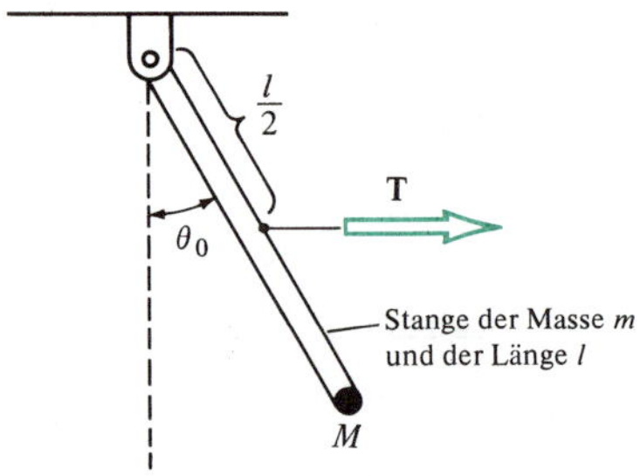

Aufgabe 34

34. Ein Pendel bestehe aus einem Massenpunkt der Masse M am Ende einer Stange mit der Masse m und der Länge l. Das Pendel sei reibungslos an der Decke befestigt. Das Pendel werde durch eine Schnur an der Stangenmitte unter einem Winkel θ_0 gehalten, dabei sei die Zugkraft an der Schnur gleich T. Zum Zeitpunkt $t = 0$ wird die Schnur durchschnitten, und das Pendel schwingt frei.

(a) Zeichne ein Kräftediagramm des Pendels vor Durchtrennen der Schnur.

(b) Gib T in Abhängigkeit von M, m, g und θ_0 an.

(c) Bei $t = 0$ wird die Schnur durchtrennt. Bestimme das Drehmoment um den Drehpunkt als Funktion von θ. Wie groß ist das Trägheitsmoment des Pendels um die Drehachse?

(d) Gib für kleines θ die Bewegungsgleichung des Pendels an. Wie groß ist die Frequenz der Schwingung?

(e) Ist der Drehimpuls des Pendels um seinen festen Drehpunkt zeitlich konstant?

35. Leite für eine Stange, die sich um ein Ende dreht, die Formel $I = ml^2/3$ her.

36. Leite für eine Stange, die um ihren Mittelpunkt rotiert, die Formel $I = ml^2/12$ her.

37. Wiederhole Beispiel 13 für den Fall, daß die Masse der Leiter ein Viertel der Masse des Mannes beträgt. Setze $\theta = 60°$.

38. Der Winkel, unter dem eine Leiter an einer Wand lehnt, wird langsam verkleinert. Bei welchem Winkel beginnt die Leiter zu rutschen, wenn die Reibungszahl $\mu = 0{,}25$ beträgt?

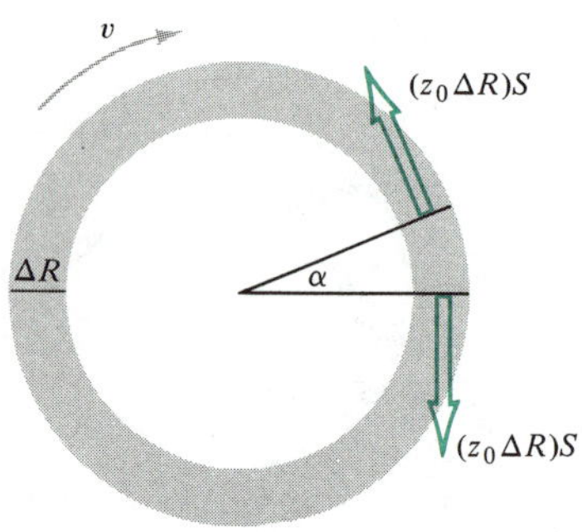

Aufgabe 39

39. Wir betrachten einen rotierenden Reifen der Breite z_0 und der radialen Dicke ΔR. Die beiden Streckkräfte auf ein Reifenstück sind in der nebenstehenden Abbildung dargestellt. Die maximale Stärke ist gleich der Bruchfestigkeit S_{max} mal der Fläche $(z_0 \Delta R)$. Die Vektorsumme dieser beiden Streckkräfte muß gleich der Zentripetalkraft sein. Zeige, daß $\frac{1}{2}\omega^2_{max} = VS_{max}/2$ ist.

40. **(a)** Ein Schwungrad mit einem Durchmesser von 40 cm und einer Masse von 25 kg kann eine Energie von 10 kWh speichern. Wie groß ist seine Winkelgeschwindigkeit?

(b) Wie groß ist die Zentripetalbeschleunigung eines Punktes auf dem Radumfang?

(c) Ein Wagen der Masse 10^3 kg enthält das oben beschriebene Schwungrad. Die gesamte Energie werde dafür verbraucht, den Wagen einen Berg hinaufzufahren; welche maximale Höhe kann er erreichen?

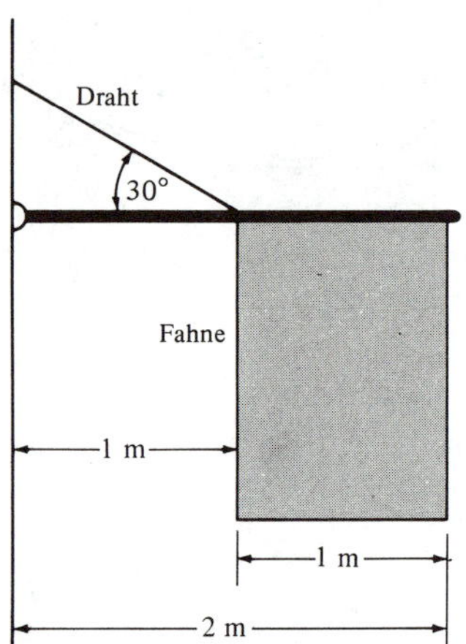

Aufgabe 41

41. Eine Fahnenstange der Masse m sei drehbar an einer Hauswand befestigt und werde durch ein Drahtseil gehalten, wie nebenstehend dargestellt. Die Fahne soll wie ein fester Körper behandelt werden; sie besitze eine Masse M. Wie groß ist die Zugkraft im Draht?

11 Schwingungen

Bisher haben wir die lineare Bewegung und die Drehbewegung bei konstanter Beschleunigung diskutiert. Weiterhin haben wir ein- und zweidimensionale Bewegungen untersucht, die durch Kräfte bestimmt werden, die mit dem Quadrat des Abstandes abnehmen (Gravitation). In diesem Kapitel wollen wir nun Bewegungen betrachten, bei denen sich der Körper mit der Zeit sinusförmig hin und her bewegt. (Dies bedeutet eine sinus- oder kosinusförmige Abhängigkeit von der Zeit.) Zunächst werden wir zeigen, daß ein Körper, der dem Hookeschen Gesetz gehorcht, eine Sinusschwingung ausführen muß. Wir wollen solche Sinusschwingungen detailliert behandeln und dazu einige passende Beispiele anführen. Danach werden wir sehen, daß jeder Körper im stabilen Gleichgewicht sinusförmig schwingen muß, wenn man ihn leicht aus der Gleichgewichtslage verschiebt. Die Sinusschwingung ist die häufigste Bewegungsform des Alltags und gehört daher zu den wichtigsten physikalischen Themenbereichen.

11-1 Harmonische Kräfte

Eine Kraft auf einen Körper, die proportional zu seiner Verschiebung aus der Ursprungslage ist und immer in Richtung dieses Ursprunges zeigt, wird als harmonische oder elastische Kraft bezeichnet. Wenn wir für die Richtung der Verschiebung die x-Achse wählen, dann drückt die Gleichung

$$F = -kx$$

eine harmonische Kraft aus, wobei x die Verschiebung aus der Gleichgewichtslage darstellt. Wie wir schon auf Seite 110 gesehen haben, hat die Kraft einer gestreckten (oder gestauchten) Feder diese Eigenschaft, solange die Feder nicht über ihre elastische Grenze gedehnt wird.

Die Beobachtung, daß eine Feder eine harmonische Kraft ausübt, wenn sie nicht zu sehr gedehnt wird, wird als Hookesches Gesetz bezeichnet:

$$F = -k(x - x_1). \quad \text{(Hookesches Gesetz)} \qquad \textbf{(11-1)}$$

(a)

(b)

(c)

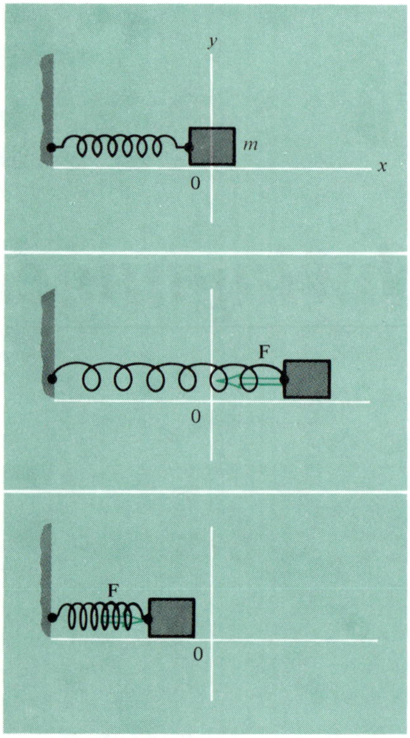

Abb. 11-1. *Die Masse m gleitet auf einer reibungslosen Fläche. Die Feder ist* (*a*) *entspannt*, (*b*) *gestreckt*, (*c*) *gedrückt*.

Hierbei ist x_1 die Gleichgewichtslage. In Abb. 11-1 ist der Koordinatenursprung als Gleichgewichtslage gewählt ($x_1 = 0$). Die Feder werde um die Strecke x_0 gestreckt und zum Zeitpunkt $t = 0$ losgelassen. Dann kann man zeigen, daß die x-Koordinate der Masse als Funktion der Zeit gegeben ist durch

$$x = x_0 \cos \omega t, \quad \text{wobei} \quad \omega = \sqrt{k/m} \quad \text{ist.} \tag{11-2}$$

$k = -F/x$ ist die sogenannte Federkonstante. Eine derartige sinusförmige Bewegung wird gewöhnlich als einfache harmonische Bewegung bezeichnet. Wir wollen von $F_{res} = ma$ ausgehen, wobei F_{res} die Federkraft $(-kx)$ ist:

$$-kx = ma,$$

$$-kx = m\left(\frac{d^2x}{dt^2}\right),$$

$$\frac{d^2x}{dt^2} = -\frac{k}{m}x. \tag{11-3}$$

Diese Gleichung wird als Differentialgleichung zweiter Ordnung bezeichnet. Ein häufig angewandtes Verfahren bei der Lösung von Differentialgleichungen besteht darin, eine Lösung zu „raten" und dann zu sehen, ob sie wirklich die Differentialgleichung erfüllt. Als „Lösungsversuch" nehmen wir

$$x = x_0 \cos \omega t.$$

Dann ist

$$\frac{dx}{dt} = -x_0\omega \sin \omega t \quad \text{(Geschwindigkeit)} \tag{11-4}$$

und

$$\frac{d^2x}{dt^2} = -x_0\omega^2 \cos \omega t. \quad \text{(Beschleunigung)} \tag{11-5}$$

Dies setzen wir in die linke Seite von Gl. (11-3) ein, ebenso $(x_0 \cos \omega t)$ für x auf der rechten Seite,und wir erhalten

$$(-x_0\omega^2 \cos \omega t) = -\frac{k}{m}(x_0 \cos \omega t),$$

$$\omega^2 = \frac{k}{m}.$$

Wir sehen, daß $x = x_0 \cos \omega t$ tatsächlich eine Lösung ist, aber nur dann, wenn $\omega = \sqrt{k/m}$ ist. Die Funktion $x = x_0 \sin \omega t$ ist ebenfalls eine mögliche mathematische Lösung; sie erfüllt jedoch nicht die Anfangsbedingungen ($x = x_0$ zum Zeitpunkt $t = 0$). Die allgemeine Lösung lautet $x = x_0 \cos(\omega t + \varphi)$, wobei φ ein beliebiger Phasenwinkel ist. Die Konstanten x_0 und φ sind durch die Anfangsbedingungen festgelegt.

Die Geschwindigkeit als Funktion der Zeit ist durch Gl. (11-4) gegeben, die Beschleunigung durch Gl. (11-5). Diese Funktionen sind

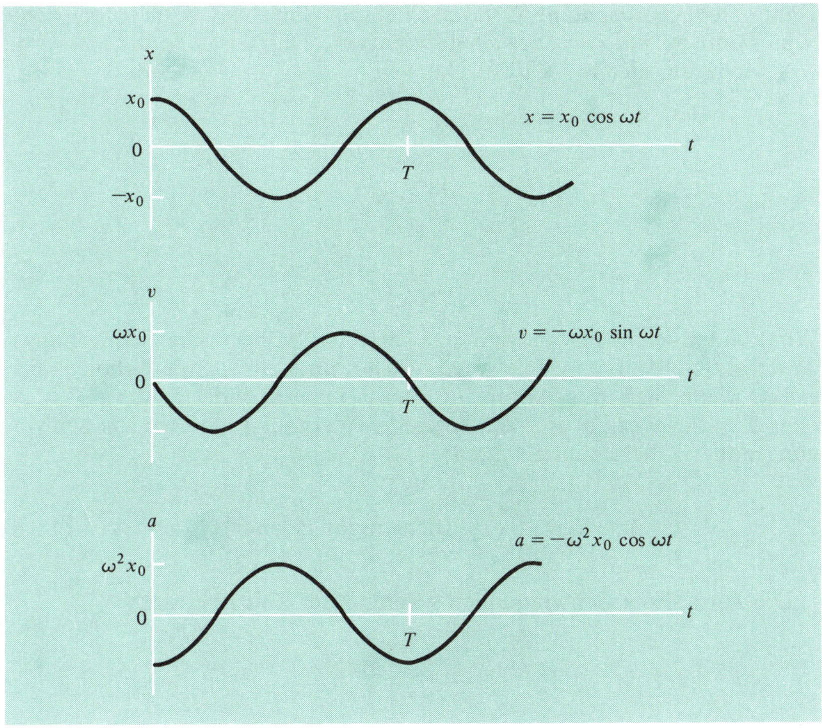

Abb. 11-2. *Darstellung von x, v und a als Funktion der Zeit bei einer harmonischen Bewegung. Die Schwingungsdauer T hat den Wert* $2\pi/\omega$.

in Abb. 11-2 übereinander dargestellt. Man ersieht aus Gl. (11-4), daß die maximale Geschwindigkeit

$$v_{\max} = \omega x_0 \qquad \textbf{(11-6)}$$

beträgt. Die Geschwindigkeit ist immer dann maximal, wenn $x = 0$ ist.

Wir sehen aus Gl. (11-3), daß die Beschleunigung immer durch das Produkt aus $(-\omega^2)$ und der Verschiebung x gegeben ist:

$$\frac{d^2x}{dt^2} = -\omega^2 x.$$

Dies ist eine sehr nützliche Beziehung: Wenn die Bewegungsgleichung eines Körpers in die Form $d^2x/dt^2 = -Cx$ gebracht werden kann (wobei C eine beliebige Konstante ist), dann ist $x = x_0 \cos \omega t$ mit $\omega = \sqrt{C}$.

Wenn

$$\frac{d^2u}{dt^2} = -Cu,$$

dann ist

$$\omega = \sqrt{C} \quad \text{und} \quad u = u_0 \cos \omega t. \qquad \textbf{(11-7)}$$

Dabei stellt u irgendeine Ortsverschiebung dar. Dies wird sofort deutlich, wenn man $u = u_0 \cos \omega t$ differenziert. Dann ist $d^2u/dt^2 = -\omega^2 u$, was wiederum gleich $-Cu$ ist. Das heißt

$$-\omega^2 u = -Cu,$$

$$\omega = \sqrt{C}.$$

11-2 Schwingungsdauer

Wir können leicht zeigen, daß $\omega = 2\pi/T$ ist, wobei T die Schwingungsdauer darstellt. Die Funktionen $\cos \omega t$ und $\sin \omega t$ wiederholen sich exakt, wenn sich das Argument genau um 2π ändert. Aus $\omega T = 2\pi$ oder $T = 2\pi/\omega$ ergibt sich ein spezieller Wert für t, den wir als Schwingungsdauer T bezeichnen wollen:

$$T = \frac{2\pi}{\omega}. \quad \text{(Schwingungsdauer)} \tag{11-8}$$

Die Anzahl der Schwingungen während der Zeit t beträgt

$$n = \frac{t}{T}.$$

Wenn wir beide Seiten durch t dividieren, erhalten wir die Anzahl der Schwingungen pro Zeiteinheit:

$$\frac{n}{t} = \frac{1}{T}.$$

Die linke Seite ist nach Definition die Frequenz der Schwingung, im folgenden durch den Buchstaben f gekennzeichnet:

$$f = \frac{1}{T}. \quad \text{(Frequenz der Schwingung)} \tag{11-9}$$

Durch Vergleich von Gl. (11-8) mit Gl. (11-2) erhalten wir

$$T = 2\pi \sqrt{\frac{m}{k}} \tag{11-10}$$

für die Schwingungsdauer einer Masse m, die am Ende einer Feder mit der Federkonstanten k befestigt ist.

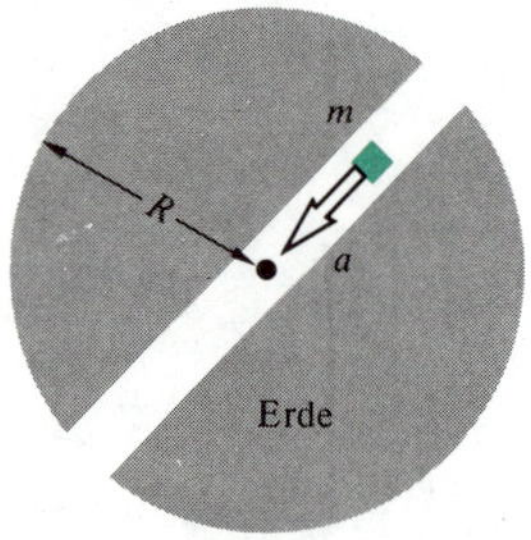

Abb. 11-3. *Die Masse m fällt in ein Loch durch den Erdmittelpunkt.*

Beispiel 1: Angenommen, es sei möglich, ein Loch durch die Erde zu bohren, wie es in Abb. 11-3 dargestellt ist. Wie lange würde eine Masse brauchen, um die andere Erdseite zu erreichen, wenn man sie in dieses Loch fallen ließe? Die Dichte der Erde sei homogen, und der Luftwiderstand werde vernachlässigt. (Das Loch könnte z. B. evakuiert werden.) Wie groß ist die Geschwindigkeit, wenn die Masse den Erdmittelpunkt passiert?

Lösung: Aus Kap. 5 wissen wir, daß die Gravitationskraft innerhalb einer festen Kugel proportional zum Abstand vom Mittelpunkt der Kugel ist. Nach Gl. (5-10) beträgt die Gravitationsbeschleunigung innerhalb der Erde

$$a = -\frac{g}{R} r \quad \text{oder} \quad \frac{d^2 r}{dt^2} = -\left(\frac{g}{R}\right) r .$$

Diese Gleichung besitzt dieselbe Form wie Gl. (11-7), mit r für die Ortsverschiebung u und mit g/R für die Konstante C. Da ω die Quadratwurzel aus der Proportionalitätskonstanten zwischen Beschleunigung und Ortsverschiebung ist, gilt

$$\omega = \sqrt{C} = \sqrt{\frac{g}{R}} .$$

Also gilt

$$T = \frac{2\pi}{\omega},$$

$$T = 2\pi \sqrt{\frac{R}{g}} = 2\pi \sqrt{\frac{6{,}37 \cdot 10^6 \text{ m}}{9{,}8 \text{ m/s}^2}} = 5{,}06 \cdot 10^3 \text{ s} = 84 \text{ min}.$$

Dies ist die Zeit, die die Masse m braucht, um zum anderen Ende der Erde zu gelangen und wieder zum Ausgangspunkt zurückzukehren. Die Zeit bis zum anderen Ende ist genau die Hälfte davon, also 42 Minuten. Um die Geschwindigkeit am Erdmittelpunkt zu bestimmen, benutzen wir Gl. (11-6):

$$v_{\text{max}} = \omega R = \sqrt{gR} = 7{,}9 \cdot 10^3 \text{ m/s}$$

Wir stellen eine interessante Übereinstimmung fest: Die Schwingungsdauer und v_{max} besitzen die gleichen Werte wie bei einem niedrigfliegenden Erdsatelliten [s. Gl. (3-11)].

***Beispiel 2:** Zwei Massen m_1 und m_2 sind an den beiden Enden einer Feder mit der Federkonstanten k befestigt. Die Feder wird gestreckt, und beide Massen werden gleichzeitig losgelassen. Wie groß ist die Schwingungsperiode?

Lösung: Es sei x_1 die Verschiebung von m_1 aus dem Gleichgewichtszustand und x_2 die Verschiebung von m_2 aus dem Gleichgewichtszustand. Wir beachten, daß die Lage des Schwerpunkts

Abb. 11-4. *Die Massen m_1 und m_2 an den Enden einer gestreckten Feder*

erhalten bleiben muß; also gilt:

$$m_1 x_1 = -m_2 x_2 \quad \text{oder} \quad x_1 = -\frac{m_2}{m_1} x_2.$$

Nun verwenden wir $F_{\text{res}} = ma$ für m_2, wobei die resultierende Kraft auf m_2 die Kraft F in Abb. 11-4 ist. Es gilt also $F = -k(x_2 - x_1)$, wobei $(x_2 - x_1)$ die Streckung der Feder ist.

$$-k\,(x_2 - x_1) = m_2 \frac{\mathrm{d}^2 x_2}{\mathrm{d}t^2}.$$

Nun ersetzen wir x_1 auf der linken Seite durch $-(m_2/m_1)\,x_2$. Damit ergibt sich

$$-k\left[x_2 - \left(-\frac{m_2}{m_1} x_2\right)\right] = m_2 \frac{\mathrm{d}^2 x_2}{\mathrm{d}t^2},$$

$$\frac{\mathrm{d}^2 x_2}{\mathrm{d}t^2} = -\frac{k(m_1 + m_2)}{m_1 m_2} x_2$$

oder

$$\frac{\mathrm{d}^2 x_2}{\mathrm{d}t^2} = -\left(\frac{k}{\mu}\right) x_2.$$

Hierbei wird $\mu := m_1 m_2/(m_1 + m_2)$ als reduzierte Masse bezeichnet. Die vorhergehende Gleichung hat dieselbe Form wie Gl. (11-7), wobei u durch x_2 und C durch (k/μ) ersetzt ist. Also erhalten wir

$$\omega = \sqrt{\frac{k}{\mu}}$$

oder

$$T = 2\pi \sqrt{\frac{\mu}{k}}. \qquad \textbf{(11-11)}$$

Wir stellen fest, daß bei allen Beispielen mit einfacher harmonischer Bewegung die Schwingungsdauer T unabhängig von der Schwingungsamplitude x_0 (oder u_0) ist, solange das Hookesche Gesetz gilt. Bereits Galilei beobachtete diese Eigenschaft der harmonischen Bewegung und versuchte, mit Hilfe der Bewegung eines Pendels eine Uhr zu konstruieren.

11-3 Das Pendel

In Abschn. 4-8 haben wir bereits festgestellt, daß die Schwingungsdauer eines Pendels bei kleinen Oszillationen gegeben ist durch $T = 2\pi\sqrt{l/g}$. In diesem Abschnitt werden wir das gleiche Resultat auf allgemeinere

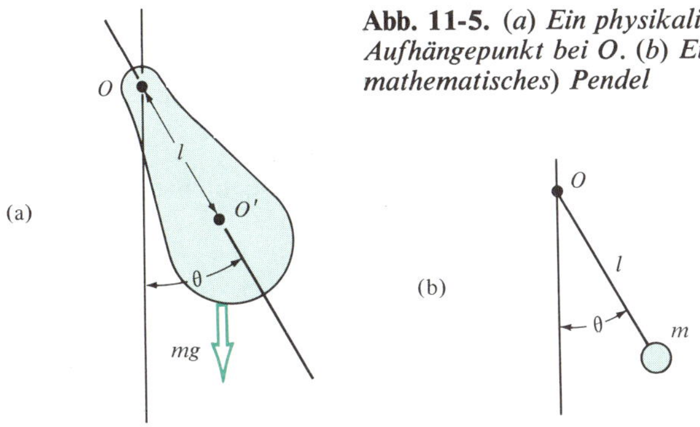

Abb. 11-5. *(a) Ein physikalisches Pendel mit dem Aufhängepunkt bei O. (b) Ein einfaches (oder mathematisches) Pendel*

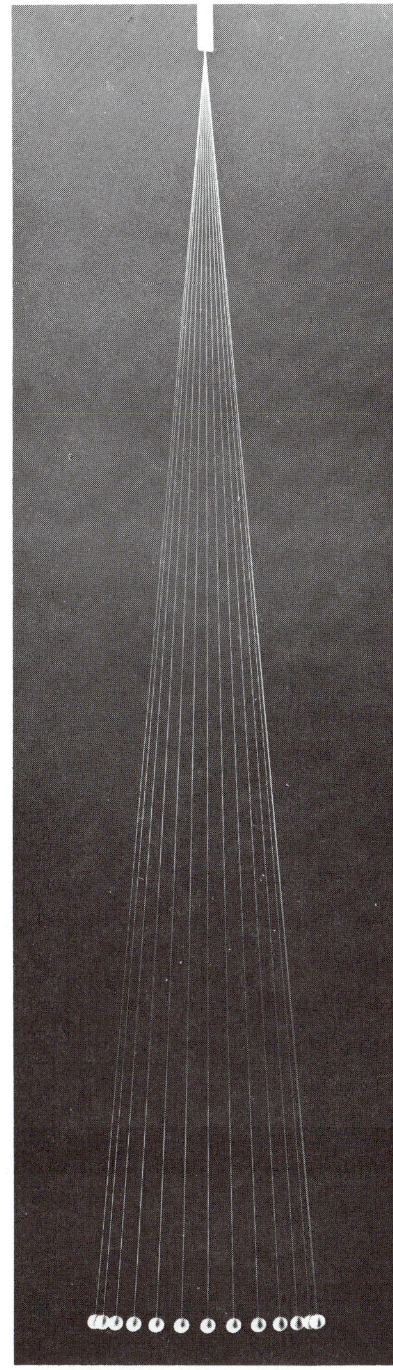

Abb. 11-6. *Stroboskopaufnahme eines einfachen Pendels [Mit freundlicher Genehmigung des Development Center]*

Art erhalten und gleichzeitig Beziehungen angeben, die Ort und Geschwindigkeit einer Pendellinse als Funktion der Zeit wiedergeben.

Um zu allgemein gültigen Ergebnissen zu gelangen, wollen wir einen beliebig geformten Körper betrachten, der an einem Punkt O drehbar gelagert ist, wie es in Abb. 11-5 dargestellt ist. Sein Schwerpunkt liege bei O', im Abstand l vom Aufhängungspunkt. Um die Schwingungsdauer angeben zu können, wird zusätzlich das Trägheitsmoment I um den Punkt O benötigt. Das Drehmoment auf den Körper beträgt $T = -mgl \sin\theta$. Unter der Verwendung der Beziehung $T = I\alpha$ [Gl. (10-20)] ergibt sich

$$(-mgl \sin\theta) = I \frac{d^2\theta}{dt^2},$$

$$\frac{d^2\theta}{dt^2} = -\frac{mgl}{I} \sin\theta.$$

Für kleine Oszillationen ist $\sin\theta \approx \theta$:

$$\frac{d^2\theta}{dt^2} = -\left(\frac{mgl}{I}\right)\theta.$$

Dieser Ausdruck hat wieder die gleiche Form wie Gl. (11-7), wobei mgl/I der Konstanten C und der Winkel θ der Verschiebung u entspricht. Die Lösung lautet

$$\theta = \theta_0 \cos\omega t,$$

wobei

$$\omega = \sqrt{\frac{mgl}{I}} \quad \text{oder} \quad T = 2\pi\sqrt{\frac{I}{mlg}}. \qquad \textbf{(11-12)}$$

Im Falle eines einfachen Pendels befindet sich die gesamte Masse im Abstand l vom Drehpunkt, daher ist $I = ml^2$. Setzt man diesen Ausdruck in Gl. (11-12) ein, so ergibt sich

$$T = 2\pi\sqrt{\frac{(ml^2)}{mlg}}$$

und

$$T = 2\pi\sqrt{\frac{l}{g}}. \quad \text{(Schwingungsdauer des einfachen Pendels)} \qquad \textbf{(11-13)}$$

Man beachte, daß die Schwingungsdauer in dieser Form nicht nur unabhängig von der Amplitude, sondern auch von der Masse ist. Wenn jedoch der Winkel θ größer wird, gilt die Näherung $\sin\theta \approx \theta$ nicht mehr. Bis zu Winkeln von 20° ist jedoch Gl. (11-13) innerhalb von 1% korrekt. Abb. 11-6 zeigt eine Stroboskopaufnahme der Bewegung eines einfachen Pendels.

Beispiel 3: Das Pendel einer alten Uhr schwingt in genau einer Sekunde von einer Seite zur anderen (10 cm). Dann beträgt die gesamte Schwingungsperiode $T = 2$ s.

(a) Wie lang ist das Pendel?

(b) Wie groß ist die Maximalgeschwindigkeit der Pendellinse?

Lösung: (a) Auflösung von Gl. (11-13) nach l ergibt:

$$l = g\left(\frac{T}{2\pi}\right)^2 = 9{,}8\,\frac{\text{m}}{\text{s}^2}\left(\frac{2\text{ s}}{2\pi}\right)^2 = 0{,}99\text{ m}.$$

(b) Gemäß Gl. (11-6) gilt:

$$v_{max} = \omega x_0 = \frac{2\pi}{T}x_0, \quad \text{wobei} \quad x_0 = \frac{10\text{ cm}}{2} = 5\text{ cm},$$

$$v_{max} = \frac{2\pi}{2\text{ s}}(5\text{ cm}) = 15{,}7\text{ cm/s}.$$

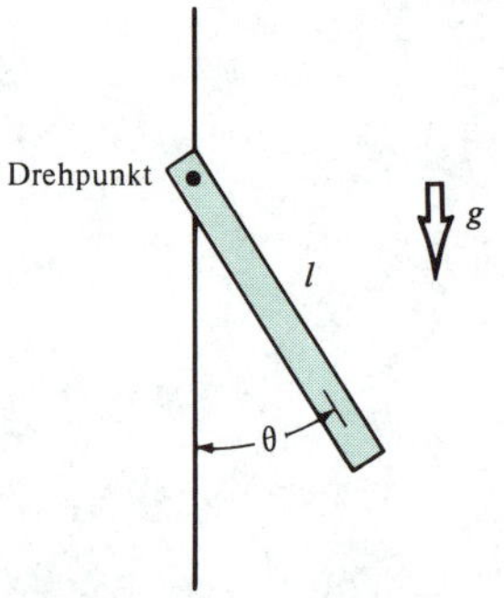

Abb. 11-7. *Eine Stange der Masse m ist an einem Ende drehbar aufgehängt.*

Beispiel 4: Wie groß ist die Schwingungsdauer einer Stange der Masse m und der Länge l (s. Abb. 11-7)?

Lösung: Nach Tab. 10-1 ist das Trägheitsmoment einer Stange der Länge l bei der Drehung um ein Ende gegeben durch $I = \frac{1}{3}ml^2$. Dies in Gl. (11-12) eingesetzt ergibt

$$T = 2\pi\sqrt{\frac{(\frac{1}{3}ml^2)}{mlg}} = 2\pi\sqrt{\frac{l}{3g}},$$

was genau $1/\sqrt{3}$ mal der Periode eines einfachen (mathematischen) Pendels der gleichen Länge entspricht.

11-4 Die Energie der harmonischen Bewegung

Die potentielle Energie einer am Ende einer Feder befestigten Masse wurde bereits in den Kap. 6 und 7 behandelt. Wenn die Feder um eine Strecke x gedehnt wird, beträgt die potentielle Energie $U = \frac{1}{2}kx^2$. Wenn eine Masse um die anfängliche Strecke x_0 ausgelenkt und dann losgelassen wird, beträgt die Anfangsenergie des Systems $\frac{1}{2}kx_0^2$. Wir stellen fest, daß die Energie der harmonischen Bewegung vom Quadrat der Amplitude x_0 abhängt. Wenn wir Reibungskräfte vernachlässigen, muß die Summe aus kinetischer und potentieller Energie $\frac{1}{2}kx_0^2$ betragen. Zu jedem Zeitpunkt gilt also

$$\tfrac{1}{2}mv^2 + \tfrac{1}{2}kx^2 = \tfrac{1}{2}kx_0^2$$

oder

$$v^2 = \frac{k}{m}(x_0^2 - x^2).$$

Da $k/m = \omega^2$ ist, erhalten wir

$$v = \omega\sqrt{x_0^2 - x^2}. \tag{11-14}$$

Die über die Zeit gemittelte potentielle Energie beträgt

$$\bar{U} = \tfrac{1}{2}k\overline{x^2}.$$

Wir ersetzen x durch $(x_0 \cos \omega t)$ und erhalten

$$\bar{U} = \tfrac{1}{2}kx_0^2\,\overline{\cos^2 \omega t}.$$

Die über die Zeit gemittelte kinetische Energie beträgt $\bar{K} = \frac{1}{2}m\overline{v^2}$. Nun ersetzen wir m durch k/ω^2 und v durch $(-\omega x_0 \sin \omega t)$:

$$\bar{K} = \frac{1}{2}\left(\frac{k}{\omega^2}\right)\overline{(-\omega x_0 \sin \omega t)^2} = \frac{1}{2}kx_0^2\,\overline{\sin^2 \omega t}$$

Es ist sofort ersichtlich, daß $\bar{U} = \bar{K}$, denn eine Darstellung der Funktion $\sin^2 \omega t$ sieht – bis auf eine Verschiebung um $T/4$ – genauso aus wie eine Darstellung von $\cos^2 \omega t$. Die mittlere Höhe der beiden Kurven muß gleich sein (sie ist gleich 1/2); daher ist

$$\bar{K} = \bar{U} = \tfrac{1}{4}kx_0^2.$$

Es gilt $\sin^2 \omega t + \cos^2 \omega t = 1$. Die mittlere Höhe von $\sin^2 \omega t$ ist gleich 1/2, da die Mittelwerte der beiden Summanden gleich sind.

Bei der Behandlung der spezifischen Wärme in Kap. 13 werden wir von der Tatsache Gebrauch machen, daß für schwingende Atome oder Moleküle in einem Festkörper die potentielle Energie gleich der kinetischen Energie ist.

11-5 Kleine Oszillationen

Meist befinden sich starre Körper in einer Ruhelage, d. h. in einem stabilen Gleichgewicht. Bei einem Körper im stabilen Gleichgewicht ist die resultierende Kraft null. Jede Kraft zur Verschiebung eines solchen Körpers um eine Strecke x aus der Gleichgewichtslage heraus muß in ihrer Richtung entgegengesetzt zu x sein. Allgemein ist eine solche Kraft von der Form

$$F = a_1 x + a_2 x^2 + a_3 x^3 + \dots,$$

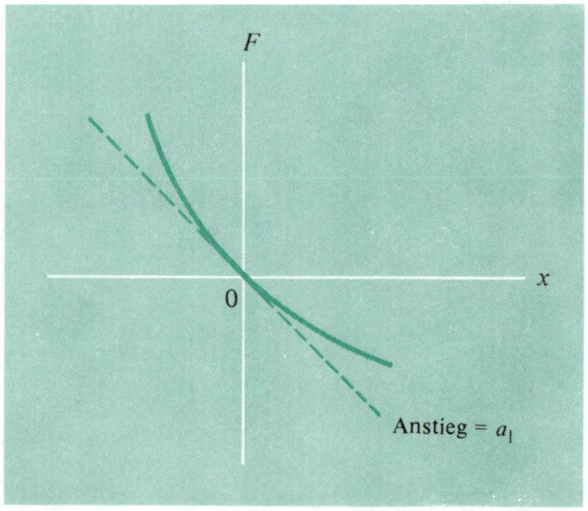

Abb. 11-8. *Die Kraft auf einen Körper im stabilen Gleichgewicht als Funktion der Verschiebung x aus der Gleichgewichtslage*

wobei a_1 eine negative Größe ist. Eine solche verallgemeinerte Funktion ist in Abb. 11-8 dargestellt. Der Anstieg im Nullpunkt beträgt

$$\left(\frac{\mathrm{d}F}{\mathrm{d}x}\right)_0 = a_1 .$$

Für kleine Oszillationen um den Nullpunkt kann jede solche Kurve als Gerade betrachtet werden:

$$F = a_1 x$$

oder

$$\frac{\mathrm{d}^2 x}{\mathrm{d}t^2} = -\left(-\frac{a_1}{m}\right)x, \quad \text{wobei} \quad a_1 = \left(\frac{\mathrm{d}F}{\mathrm{d}x}\right)_0 .$$

Hier haben wir wieder die gleiche Form wie bei Gl. (11-7), jetzt mit $C = (-a_1/m)$. Also ergibt sich

$$\omega = \sqrt{-\frac{a_1}{m}}$$

oder

$$T = 2\pi\sqrt{-\frac{m}{(\mathrm{d}F/\mathrm{d}x)_0}} . \quad \text{(Schwingungsdauer bei kleinen Auslenkungen)} \quad \textbf{(11-15)}$$

Das aber bedeutet, daß wir bei einem Körper die Periode von Oszillationen kleiner Amplitude um die Gleichgewichtslage berechnen können, wenn nur der Verlauf der Kräftefunktion bekannt ist.

Wir können die Schwingungsperiode auch erhalten, wenn die potentielle Energie als Funktion der Verschiebung bekannt ist. Da $F = -\mathrm{d}U/\mathrm{d}x$ ist, ergibt sich die Federkonstante zu

$$k = -\left(\frac{\mathrm{d}F}{\mathrm{d}x}\right)_0 = -\left[\frac{\mathrm{d}(-\mathrm{d}U/\mathrm{d}x)}{\mathrm{d}x}\right]_0 = \left(\frac{\mathrm{d}^2 U}{\mathrm{d}x^2}\right)_0 . \quad \textbf{(11-16)}$$

Diese zweite Ableitung muß am Gleichgewichtspunkt, an dem U ein Minimum besitzt, berechnet werden.

Beispiel 5: Ein Eiswürfel werde vom tiefsten Punkt einer kugelförmigen Schale (Krümmungsradius 10 cm) verschoben. Wie groß ist die Oszillationsperiode nach dem Loslassen, wenn die Reibungskräfte vernachlässigt werden?

Lösung: Nach Gl. (6-13) beträgt die x-Komponente der Kraft $F_x = -\mathrm{d}U/\mathrm{d}x$, wobei $U = mgy$ ist. Wir wollen die Achsen so wählen, daß die Bewegung in der xy-Ebene verläuft, wie es in Abb. 11-9 dargestellt ist. Die Gleichung des Kreises lautet dann

$$x^2 + (R - y)^2 = R^2.$$

Auflösung nach y ergibt

$$y = R - \sqrt{R^2 - x^2}.$$

Dann ist

$$\frac{\mathrm{d}U}{\mathrm{d}x} = mg\frac{\mathrm{d}}{\mathrm{d}x}\left(R - \sqrt{R^2 - x^2}\right) = \frac{mgx}{\sqrt{R^2 - x^2}}.$$

Im Grenzfall $x \ll R$ ist $\mathrm{d}U/\mathrm{d}x \approx mgx/R$ und

$$F_x = -\frac{mg}{R}x \quad \text{oder} \quad \frac{\mathrm{d}F_x}{\mathrm{d}x} = -\frac{mg}{R}.$$

Setzt man diesen Ausdruck in Gl. (11-15) ein, so ergibt sich

$$T = 2\pi\sqrt{-\frac{m}{(-mg/R)}} = 2\pi\sqrt{\frac{R}{g}} = 2\pi\sqrt{\frac{0{,}1\ \mathrm{m}}{9{,}8\ \mathrm{m/s^2}}} = 0{,}635\ \mathrm{s}.$$

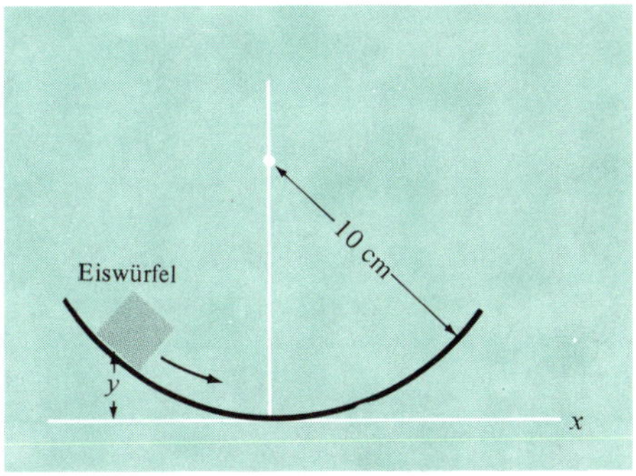

Abb. 11-9. *Der reibungslose Eiswürfel wird aus der dargestellten Position losgelassen.*

***Beispiel 6:** Die potentielle Energie in einem zweiatomigen Molekül kann ausgedrückt werden als die Summe aus einem anziehenden Teil $-b/r^3$ und einem kurzreichweitigen abstoßenden Teil a/r^5, also $U = (a/r^5) - (b/r^3)$. Dies ist in Abb. 11-10 dargestellt. Wo ist die Gleichgewichtslage r_0, und wie groß ist die Federkonstante k zwischen den beiden Atomen? Wie groß ist die Schwingungsfrequenz dieses zweiatomigen Moleküls, wenn jedes Atom die Masse m besitzt?

Lösung: Man erhält die Gleichgewichtslage, wenn man die Gleichung $\mathrm{d}U/\mathrm{d}r = 0$ nach r auflöst:

$$\frac{\mathrm{d}U}{\mathrm{d}r} = -\frac{5a}{r^6} + \frac{3b}{r^4}.$$

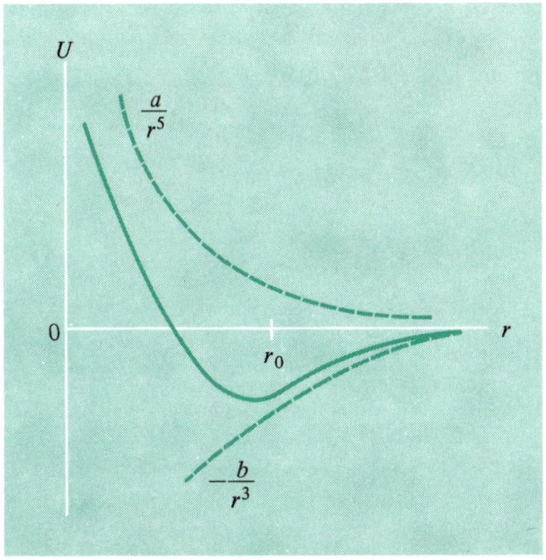

Abb. 11-10. *Potentielle Energie zwischen zwei Atomen, bestehend aus einem anziehenden Teil $-b/r^3$ und einem abstoßenden Teil a/r^5.*

Setzt man diesen Ausdruck gleich null, so ergibt sich:

$$-\frac{5a}{r_0^6}+\frac{3b}{r_0^4}=0,$$

$$r_0=\sqrt{\frac{5a}{3b}}.$$

Nach Gl. (11-16) erhält man für die Federkonstante:

$$k=\left(\frac{\mathrm{d}^2U}{\mathrm{d}r^2}\right)_{r_0},$$

$$\frac{\mathrm{d}^2U}{\mathrm{d}r^2}=\frac{30a}{r^7}-\frac{12b}{r^5},$$

$$\left(\frac{\mathrm{d}^2U}{\mathrm{d}r^2}\right)_{r_0}=\frac{1}{r_0^5}\left(\frac{30a}{r_0^2}-12b\right)=\left(\frac{3b}{5a}\right)^{5/2}\left(\frac{30a}{5a/3b}-12b\right),$$

$$k=6b\left(\frac{3b}{5a}\right)^{5/2}.$$

Durch Verwendung von $\mu = m/2$ in Gl. (11-11) folgt

$$f=\frac{1}{2\pi}\sqrt{\frac{k}{m/2}}=\frac{1}{2\pi}\sqrt{\frac{12b}{m}\left(\frac{3b}{5a}\right)^{5/2}}.$$

Für typische zweiatomige Moleküle ergibt sich ein Wert von etwa 10^{14} Hz. Die beiden mit dieser Frequenz vor und zurück schwingenden Atome senden elektromagnetische Strahlung dieser Frequenz aus. Diese Frequenz beträgt etwa ein Fünftel der Frequenz des roten Lichtes und wird als Infrarotstrahlung bezeichnet.

Jeder Festkörper besteht aus Atomen, die durch anziehende Kräfte aneinander gebunden sind. Wenn jedoch diese Atome näher zusammengedrückt werden, so stoßen sie sich wieder ab. Einzelheiten dieser zwischenatomaren Kräfte werden in Kap. 27 behandelt. Wir erkennen an Beispiel 6, daß diese interatomaren Kräfte sich bei kleinen Auslenkungen wie harmonische Kräfte verhalten. Die Atome in Festkörpern unterliegen einer einfachen harmonischen Bewegung, wenn sie aus ihrer Gleichgewichtslage verschoben werden. Eine solche Bewegung verläuft nach der Funktion $\cos \omega t$, wobei ω durch Masse und Kraftkonstante des betrachteten Festkörpers bestimmt ist. Natürlich dauert eine solche sinusförmige Bewegung nicht unendlich lange, wenn sie einmal angestoßen ist. Dies liegt daran, daß zusätzlich zu den oben besprochenen elastischen Kräften auch noch andere Kräfte wirken, die Schwingungsenergie in Wärme umwandeln. Bei einigen Festkörpern, wie

z. B. einer Klaviersaite oder einem schwingenden Kristall, sind diese die Bewegung hemmenden Kräfte so klein, daß die Energie erst nach Hunderten von Schwingungen vollständig in Wärme umgewandelt wird. Demgegenüber verliert eine Feder bereits nach wenigen Schwingungen die Hälfte ihrer Schwingungsenergie.

Nicht nur kleine Objekte schwingen sinusförmig (einige sogar mit Frequenzen, die vom menschlichen Ohr hörbar sind), sondern auch große Objekte wie Brücken und Hochhäuser. Der obere Teil eines Wolkenkratzers schwingt sinusförmig hin und her, wenn er von einem Windstoß erfaßt wird. An einem normalen windigen Tag schwingt der Eiffelturm um mehr als einen Meter mit einer Periode von einigen Sekunden. Wenn wir das Prinzip kleiner Oszillationen verstehen, verstehen wir auch das Prinzip der meisten Geräuschquellen. Gl. (11-15) besagt, daß die von einem schwingenden Körper abgestrahlte Frequenz nicht von der Amplitude der Schwingung abhängt. Dies ist bei den Schallquellen, die uns im Alltagsleben begegnen, fast immer der Fall.

Beispiel 7: Eine Masse $m = 10$ g sei zwischen zwei gestreckten Federn befestigt, wovon jede eine Kraft von $F_0 = 15$ N ausübe (s. Abb. 11-11). Die Masse werde um die Strecke x waagerecht verschoben, wie in (b) dargestellt. Wie groß ist die Schwingungsdauer nach dem Loslassen, wenn die Länge der gestreckten Feder $l = 10$ cm beträgt? Jede zusätzliche Streckung der Federn sei vernachlässigbar.

Lösung: Aus Abb. 11-11(b) erkennt man, daß $F_x = -F_0 x/l$ ist. Da zwei Federn vorhanden sind, beträgt die resultierende Kraft auf m

$$F = \frac{2F_0}{l}x,$$

$$\frac{dF}{dx} = -\frac{2F_0}{l}.$$

Setzt man diesen Ausdruck in Gl. (11-15) ein, so ergibt sich

$$T = 2\pi\sqrt{-\frac{m}{(-2F_0/l)}} = 2\pi\sqrt{\frac{ml}{2F_0}} = 0{,}0363 \text{ s}$$

und

$$f = \frac{1}{T} = 27{,}6 \text{ Hz}.$$

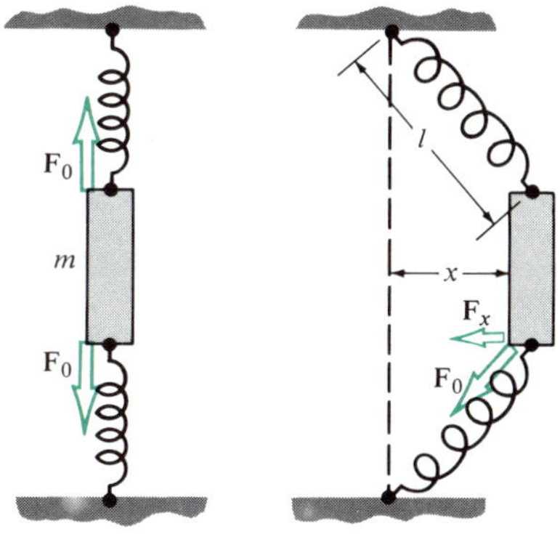

Abb. 11-11. (*a*) *Die Masse m ist zwischen zwei gestreckten Federn aufgehängt.* (*b*) *Die Masse wird um die Strecke x nach der Seite verschoben.*

Mit Hilfe von Beispiel 7 kann erklärt werden, warum eine gestreckte Feder (oder ein Draht, oder eine Saite) nach dem Zupfen schwingt. Wir sehen, daß die Schwingungsfrequenz annähernd durch $\sqrt{F_0/ml}$ gegeben ist, wobei F_0 die Zugkraft, m die effektive Masse und l die Länge ist. Wir sehen auch, daß für einen großen Variationsbereich der Zugkraft die Vibrationsfrequenz in dem Bereich liegt, den das menschliche Ohr wahrnehmen kann (≈ 20 bis 15000 Hz). Beispiel 7 beschreibt im Prinzip ebenfalls einen typischen Lautsprecher, dessen Spule eine Masse von etwa 10 g besitzt. Dann ist $2F_0 = 30$ N die gesamte Zugkraft, mit der die Spule gehalten wird. Wenn ein solcher Trichter eines Lautsprechers verschoben und dann losgelassen wird, so besitzt er eine natürliche Oszillationsfrequenz (Eigenfrequenz) in der Größenordnung von 30 Hz.

11-6 Schallintensität

Laufende Wellen

Wird ein Teil eines kontinuierlichen Mediums (z. B. das Ende einer Saite oder eine Luftschicht) in harmonische Bewegung versetzt, so wird diese Bewegung auf den benachbarten Teil des Mediums übertragen, von diesem wieder auf den nächsten Teil und so weiter, mit dem Resultat, daß sich die sinusförmige Störung im Medium ausbreitet. Diese resultierende Bewegung wird als laufende oder fortschreitende Welle bezeichnet. Eine solche laufende Welle entlang einer Saite ist in Abb. 20-10 dargestellt. Es scheint nützlicher, laufende Wellen erst in Kap. 20 näher zu diskutieren; der Leser, der die laufenden Wellen bereits jetzt besser kennenlernen möchte, kann ohne weiteres zunächst die Abschn. 20-6 und 20-7 lesen und dann zum vorliegenden Abschnitt zurückkehren.

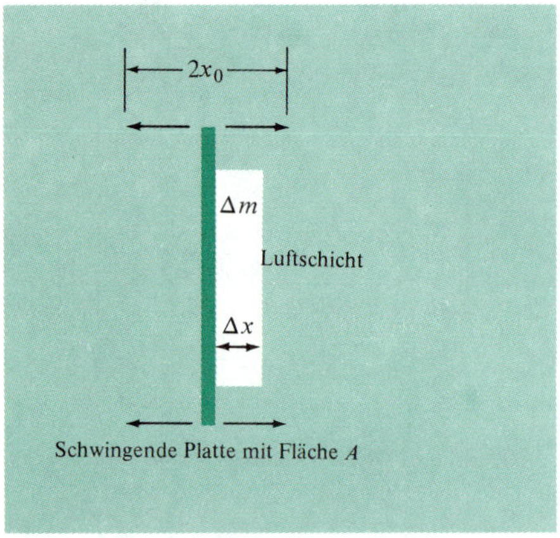

Abb. 11-12. *Eine schwingende Platte versetzt eine Luftschicht in Schwingungen mit der Amplitude x_0.*

Schallwellen

Eine schwingende Membran überträgt an die Luft eine laufende Welle, die sich dann mit der Wellengeschwindigkeit u von der Quelle fortbewegt. Eine solche Welle wird als Schallwelle bezeichnet. Nehmen wir an, die Masse in Abb. 11-11 sei eine dünne, ebene Membran mit der Fläche A, die sich in einfacher harmonischer Bewegung mit einer Amplitude x_0 und einer Frequenz $\omega/2\pi$ vor und zurück bewegt. Sie überträgt, wie in Abb. 11-12 dargestellt, Energie auf eine Luftschicht der Masse Δm. Die maximale kinetische Energie dieser Luftschicht beträgt

$$\tfrac{1}{2}\,\Delta m v_0^2 = \tfrac{1}{2}\,\Delta m \omega^2 x_0^2,$$

$$\Delta E = \tfrac{1}{2}(\varrho A\,\Delta x)\,\omega^2 x_0^2, \qquad \textbf{(11-17)}$$

wobei ϱ die Dichte der Luft darstellt.

Da bei der einfachen harmonischen Bewegung die mittlere potentielle Energie gleich der mittleren kinetischen Energie ist, beschreibt Gl. (11-17) den Energieinhalt einer Luftschicht mit der Querschnittsfläche A und der Dicke Δx. Versetzt man die Membran zum Zeitpunkt $t = 0$ in Schwingung, so bewegt sich die Schwingung in der Luft, in Abb. 11-12 mit einer Geschwindigkeit $u = \Delta x/\Delta t$ nach rechts, wobei Δx die Strecke ist, die die Störung in der Zeit Δt zurücklegt. Die Energieübertragungsrate auf jede folgende Luftschicht der Dicke Δx ergibt sich durch Division von Gl. (11-17) durch Δt:

$$\frac{\Delta E}{\Delta t} = \frac{1}{2}\,\varrho A\,\frac{\Delta x}{\Delta t}\,\omega^2 x_0^2.$$

Daher beträgt die Leistung, die die schwingende Platte in positive x-Richtung abstrahlt,

$$P = \tfrac{1}{2}\varrho A\omega^2 x_0^2 u.$$

Die Intensität jeder Art von fortschreitender Welle ist als Leistung pro Flächeneinheit definiert. Wenn wir beide Seiten der letzten Gleichung durch A dividieren, erhalten wir

$$I = \tfrac{1}{2}\varrho\omega^2 x_0^2 u. \quad \text{(Intensität einer Schallwelle)} \qquad \mathbf{(11\text{-}18)}$$

Die SI-Einheit für die Intensität ist Watt pro Quadratmeter. Das stellt den Energiefluß in Joule pro Sekunde durch eine Querschnittfläche von 1 m^2 dar. Man beachte, daß die Intensität proportional zum Quadrat der Amplitude ist. Dies trifft auf alle Arten von fortschreitenden Wellen zu, wie z. B. auf Wasserwellen, Wellen auf einer Saite, elektromagnetische Wellen usw.

Die kleinste Schallintensität, die ein menschliches Ohr wahrnehmen kann, beträgt etwa $I_0 \approx 10^{-12}$ W/m^2. Dies wird als Hörgrenze bezeichnet. Wie wir im folgenden Beispiel sehen werden, liegt dies fast an der Grenze dessen, was nach den Gesetzen der Physik überhaupt erreichbar ist.

*__Beispiel 8:__ Nach der kinetischen Theorie der Wärme (nächstes Kapitel) hat jedes Teilchen oder jeder Körper (z. B. auch ein Trommelfell) infolge molekularer Stöße bei Raumtemperatur eine kinetische Energie von etwa $6 \cdot 10^{-21}$ J. Wie groß ist nun die kinetische Energie, die ein Trommelfell durch eine Schallwelle an der Hörgrenze erhält? Vergleiche dies mit der bereits vorhandenen thermischen Energie von $6 \cdot 10^{-21}$ J. Die Schallgeschwindigkeit beträgt $u = 330$ m/s, die Dichte der Luft $\varrho = 1{,}3$ kg/m^3. Benutze $m_e = 0{,}1$ g für die Masse des Trommelfells.

Lösung: Setzen wir voraus, daß das Trommelfell frei schwingt, so wird es bei seiner harmonischen Bewegung die gleiche Geschwindigkeit wie die Luft annehmen. Dann beträgt die auf das Trommelfell übertragene mittlere kinetische Energie

$$K = \tfrac{1}{2}m_e\overline{v_{\text{Luft}}^2}.$$

Da $v_{\text{Luft}} = \omega x_0 \sin \omega t$ ist, erhalten wir

$$\overline{v_{\text{Luft}}^2} = \tfrac{1}{2}\omega^2 x_0^2$$

und

$$K = \tfrac{1}{2}m_e(\tfrac{1}{2}\omega^2 x_0^2).$$

Löst man Gl. (11-18) nach $\omega^2 x_0^2$ auf und setzt den erhaltenen Ausdruck in die obige Gleichung ein, so ergibt sich

$$K = \frac{1}{4} m_e \left(\frac{2I}{\varrho u}\right)$$

$$K = \frac{1}{4}(10^{-4}\,\mathrm{kg})\left(\frac{2 \cdot 10^{-12}\,\mathrm{W/m^2}}{1{,}3\,\mathrm{kg/m^3} \cdot 330\,\mathrm{m/s}}\right) = 1{,}16 \cdot 10^{-19}\,\mathrm{J}.$$

Wir stellen fest, daß sich dieser Wert nur um einen Faktor 20 von der aufgeprägten thermischen Energie unterscheidet. Dies ist um so bemerkenswerter, wenn wir bedenken, daß viele der alltäglichen Geräusche bei etwa dem 10^{10}fachen Wert von I_0 liegen.

Die Dezibelskala

Ein Düsenflugzeug, das einige Meter entfernt startet, kann eine Schallintensität von $\approx 10^{15} I_0$ erzeugen. Ein naher U-Bahnzug ergibt eine Schallintensität von etwa 10^{10} mal I_0. Ist man solchen Schallintensitäten ausgesetzt, so kann es zu einer Gehörschädigung kommen. Elektronisch verstärkte Rockkonzerte erzeugen Schallintensitäten von bis zu 10^{12} mal I_0. Dies liegt gerade an der Schmerzgrenze und setzt mit der Zeit die Hörfähigkeit herab.

Die eben erwähnten Exponenten ergeben mit 10 multipliziert die sogenannte Dezibelskala der Schallmessung. Wenn eine Schallintensität β in Dezibel angegeben wird, dann ist

$$\beta = 10 \lg \frac{I}{I_0}. \quad \text{(Intensität in Dezibel)} \qquad \mathbf{(11\text{-}19)}$$

Die Abkürzung für Dezibel ist db; d. h., die Hörgrenze liegt bei 0 db und ein typisches Rockkonzert bei 120 db. Arbeiter, die Lärm von über 100 db ausgesetzt sind, sollten in jedem Fall Ohrenschützer tragen. Es ist unverantwortlich, wenn Rockmusiker, Arbeiter an Kreissägen oder Nieter ohne Ohrschutz arbeiten.

Zusammenfassung

Gilt $F = -kx$, dann wird F als harmonische oder elastische Kraft bezeichnet, und die resultierende Bewegung ist eine Sinusschwingung der Form

$$x = x_0 \cos \omega t, \quad \text{wobei} \quad \omega = 2\pi/T = \sqrt{k/m}.$$

In diesem Fall ist die mittlere potentielle Energie $\overline{U} = \frac{1}{2}k\overline{x^2}$ gleich der mittleren kinetischen Energie $\overline{K} = \frac{1}{2}m\overline{v^2}$.

Wenn die zweite Ableitung einer Größe $u(t)$ proportional zu $-u$ ist, dann ist $u = u_0 \cos \omega t$; d. h., aus $\mathrm{d}^2u/\mathrm{d}t^2 = -Cu$ folgt $u = u_0 \cos \omega t$

mit $\omega = \sqrt{C}$. (Aufgabe 3 kann z. B. sofort durch Benutzen von $2\pi/T = \sqrt{C}$ gelöst werden.)

Die Frequenz ist $f = 1/T = \omega/2\pi$.

Für ein einfaches (mathematisches) Pendel gilt $\omega = \sqrt{g/l}$ oder $T = 2\pi\sqrt{l/g}$.

Jeder Körper im stabilen Gleichgewicht folgt bei kleiner Auslenkung einer harmonischen Bewegung mit einer Schwingungsdauer

$$T = 2\pi\sqrt{\frac{m}{k_{\text{eff}}}}, \quad \text{wobei} \quad k_{\text{eff}} = -(\mathrm{d}F/\mathrm{d}x)_0 = (\mathrm{d}^2U/\mathrm{d}x^2)_0.$$

Diese Formel ist nützlich, wenn entweder $F(x)$ oder $U(x)$ bekannt ist. Der Punkt des stabilen Gleichgewichts ist der Ort, an dem die Funktion $U(x)$ ein Minimum hat.

Die Intensität einer Schallwelle ist proportional zum Quadrat der Amplitude. Sie ist definiert als der Energiefluß pro Fläche und pro Zeit. Die Schallintensität beträgt $I = \frac{1}{2}\varrho\omega^2 x_0^2 u$, wobei ϱ die Dichte der Luft und u die Ausbreitungsgeschwindigkeit ist. Die Intensität in Dezibel ist $\beta = 10 \lg (I/I_0)$.

Aufgaben

1. Ein Teilchen folgt einer harmonischen Bewegung. Die Verschiebung x ist in der nebenstehenden Abbildung als Funktion der Zeit dargestellt. Wie groß sind Amplitude, Schwingungsdauer, Maximalgeschwindigkeit und maximale Beschleunigung?

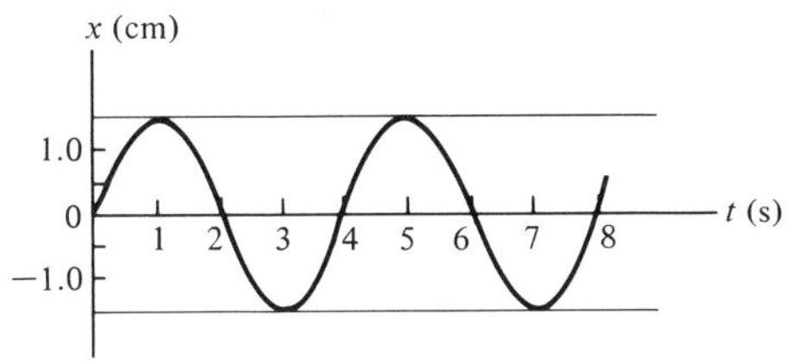

Aufgabe 1

2. Eine Masse m führt eine harmonische Bewegung nach der Gleichung $\mathrm{d}^2x/\mathrm{d}t^2 = -Kx$ aus.
(a) Wie groß ist die Schwingungsdauer?
(b) Wie groß ist die Momentangeschwindigkeit in Abhängigkeit von x, x_0 und K, wenn die Amplitude x_0 ist?

3. Die x-Koordinate eines Teilchens folgt der Gleichung

$$A^2 \frac{\mathrm{d}^2x}{\mathrm{d}t^2} + x = 0.$$

Wie groß ist die Schwingungsdauer?

4. Ein Ball fällt aus einer Höhe von 1 m und springt (bei Annahme vollkommen elastischer Stöße) mit konstanter Amplitude auf und nieder.
(a) Wie groß ist die Schwingungsdauer?
(b) Ist dies eine harmonische Bewegung?

5. Das Pendel einer alten Standuhr hat eine Periode von $T = 1$ s. Wie lang ist das Pendel?

6. Die x-Koordinate eines Teilchens folgt der Gleichung $\mathrm{d}^2x/\mathrm{d}t^2 = -\omega^2 x$, die y-Koordinate der Gleichung $\mathrm{d}^2y/\mathrm{d}t^2 = -\omega^2 y$. Der maximale x-Wert sowie der maximale y-Wert betragen jeweils R_0. Zum Zeitpunkt $t = 0$ ist $x = R_0$ und $y = R_0$.
(a) Gib x, y und r als Funktion von t an.
(b) Gib v als Funktion von t an.
(c) Wie sieht die Bahn des Teilchens aus?

7. Eine Pendellinse legt bei der Schwingung von Umkehrpunkt zu Umkehrpunkt eine Strecke von 4 cm zurück und erreicht am tiefsten Punkt eine Geschwindigkeit von 10 cm/s. Wie groß ist bei Annahme kleiner Oszillationen die Schwingungsperiode in Sekunden?

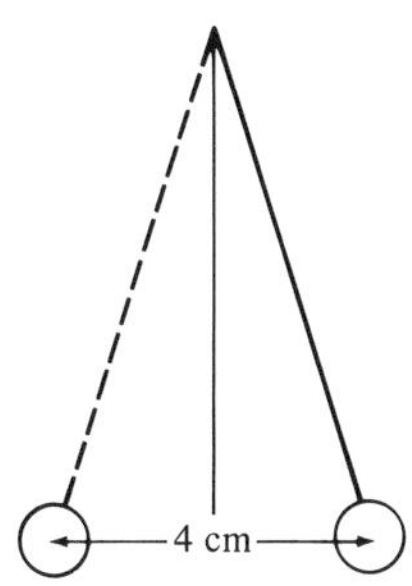

Aufgabe 7

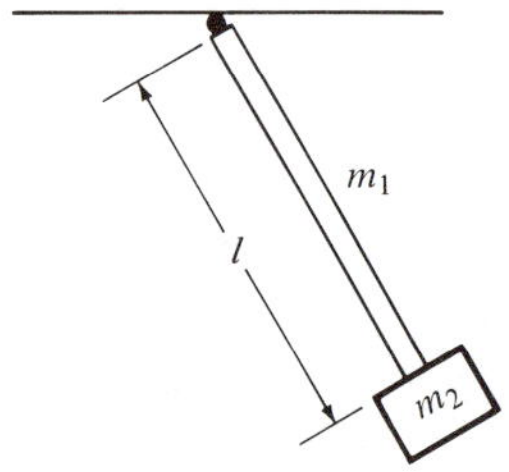

Aufgabe 8

8. Ein Pendel bestehe aus einer Stange der Masse m_1, an deren Ende eine Masse m_2 befestigt ist. Wie groß ist bei Annahme kleiner Oszillationen die Schwingungsperiode in Abhängigkeit von m_1, m_2, l und g?

9. Im Wasserstoffmolekül beträgt die Kraft auf jedes Wasserstoffatom $F = -A(r - r_0)$, wobei $A = 0{,}057$ N/m ist und $r_0 = 7{,}4 \cdot 10^{-11}$ m der Gleichgewichtsabstand zwischen den Zentren der beiden Wasserstoffatome ist. Wie groß ist die Frequenz der Schwingung?

10. Wie groß ist die Beschleunigung als Funktion von x_0, ω und t, wenn die Ortskoordinate eines Teilchens durch $x = x_0 \sin \omega t$ gegeben ist?

11. Die Amplitude einer Schallwelle werde verdoppelt. Wie groß ist die Zunahme in Dezibel?

12. Die Schallintensität eines Lautsprechers ist proportional zum Quadrat der angelegten Spannung. Um wieviel Dezibel wird die Schallintensität vergrößert, wenn die Spannung um einen Faktor 10 erhöht wird?

13. Eine Masse m, die am Ende einer Feder befestigt ist, werde um die Strecke x_0 ausgelenkt und zum Zeitpunkt t_1 losgelassen. Die Federkonstante sei k.

(a) Drücke x als Funktion von k, m, x_0, t_1 und t aus.

(b) Drücke v als Funktion der obigen Größen aus.

14. In Aufgabe 13 sei die Geschwindigkeit positiv und zum Zeitpunkt $t = 0$ maximal.

(a) Gib x als Funktion von k, m, x_0 und t an.

(b) Gib v als Funktion von k, m, x_0 und t an.

15. Wiederhole Aufgabe 14 für den Fall, daß zum Zeitpunkt $t = 0$ die Größe der Geschwindigkeit zwar maximal, ihr Vorzeichen jedoch negativ ist.

16. Wiederhole Aufgabe 6 für den Fall, daß zum Zeitpunkt $t = 0$ gilt: $x = 0$ und $y = R_0$. v_x sei positiv.

17. Wiederhole Aufgabe 6 für den Fall, daß zum Zeitpunkt $t = 0$ gilt: $x = R_0/\sqrt{2}$ und $y = R_0/\sqrt{2}$. v_x und v_y seien negativ.

18. Eine Masse m ist an einer Feder mit unbekannter Federkonstanten befestigt. Sie schwingt vor und zurück zwischen $x = -x_0$ und $+x_0$. Zum Zeitpunkt $t = t_1$ beträgt die Verschiebung $x = x_1$ und die Beschleunigung $a = a_1$.

(a) Wie groß ist die Schwingungsdauer in Abhängigkeit von a_1 und x_1?

(b) Gib die Federkonstante in Abhängigkeit von a_1, x_1 und m an!

(c) Wie groß ist die Maximalgeschwindigkeit in Abhängigkeit von x_0, x_1 und a_1?

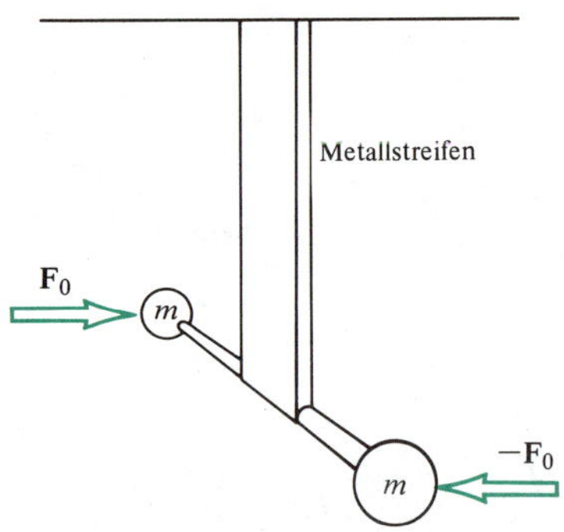

Aufgabe 19

19. Eine masselose Stange der Länge l besitze an beiden Enden eine Masse m. Die Stange sei an einem relativ steifen Metallstreifen befestigt, wie nebenstehend dargestellt.

(a) Wie groß ist unter Vernachlässigung der Masse des Metallstreifens das Trägheitsmoment des Systems um eine vertikale Achse durch die Mitte der Stange? (Gib die Lösung in Abhängigkeit von einer oder mehreren der Größen m, l, F_0 und θ_0 an.)

(b) Wenn eine Kraft F_0 auf jede der beiden Massen senkrecht zur Stange wirkt, wird der Metallstreifen um den Winkel θ_0 verdrillt. Der Metallstreifen erzeugt dadurch ein Drehmoment in umgekehrter Richtung, und zwar $T = -k\theta$. Drücke k als Funktion der obigen Größen aus.

(c) Wie viele Schwingungen pro Sekunde macht die Stange, wenn sie losgelassen wird?

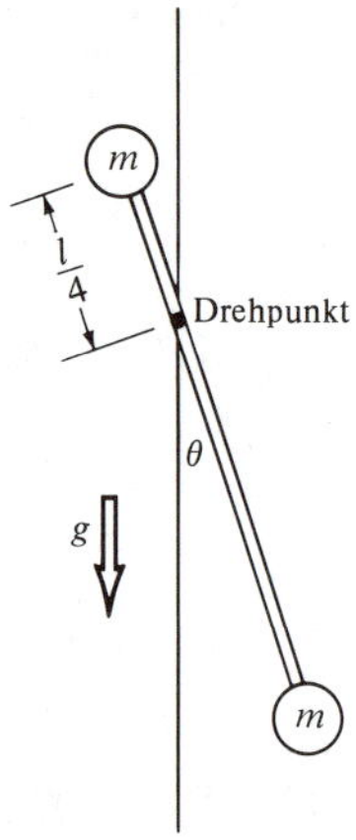

Aufgabe 20

20. Wir betrachten zwei Massen m, die durch eine masselose Stange der Länge l verbunden sind. Die Stange ist im Abstand $\frac{1}{4}l$ vom oberen Endpunkt drehbar gelagert und oszilliert mit kleiner Amplitude um diesen Punkt.

(a) Wie groß ist das Trägheitsmoment um die Drehachse?

(b) Wie groß ist das Drehmoment um die Drehachse bei kleiner Auslenkung aus der Vertikalen um den Winkel θ?
(c) Gib $d^2\theta/dt^2$ in Abhängigkeit von l und T an.
(d) Wie groß ist die Schwingungsdauer als Funktion von l und g?
(e) Wie groß wäre die Schwingungsdauer, wenn man die obere Masse entfernt?

21. Wiederhole Beispiel 2 und wende $F_{res} = ma$ auf m_1 an. Bestimme d^2x_1/dt^2 als Funktion von x_1 und berechne die Schwingungsdauer von m_1.

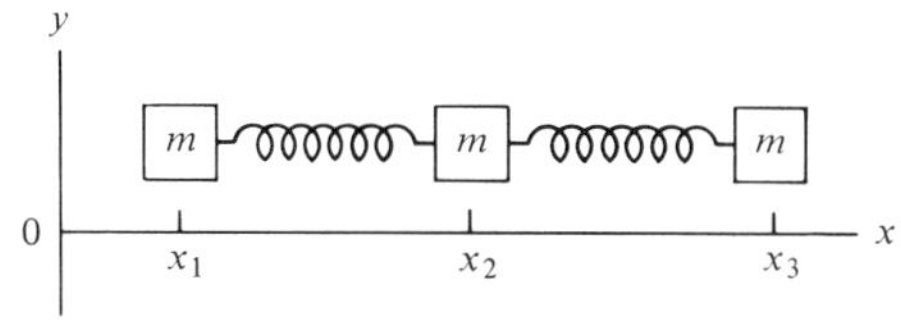

Aufgabe 22

22. Drei Massen m sind durch zwei Federn miteinander verbunden, wie nebenstehend dargestellt. Jede Feder besitzt die Federkonstante k_0. Es seien Δx_1, Δx_2 und Δx_3 die Verschiebungen aus der Gleichgewichtslage. Die beiden äußeren Massen werden um den gleichen Betrag nach außen gezogen und dann losgelassen; d. h. $\Delta x_1 = -\Delta x_3$ und $\Delta x_2 = 0$. Wie groß ist die Schwingungsdauer in Abhängigkeit von m und k_0?

23. In Aufgabe 22 werden die Endmassen festgehalten, und die Zentralmasse wird nach rechts verschoben. Dann werden alle drei gleichzeitig losgelassen. Da die Lage des Schwerpunkts fest bleiben muß, gilt $\Delta x_1 + \Delta x_2 + \Delta x_3 = 0$. Benutze $(F_2)_{res} = ma_2$, um d^2x_2/dt^2 als Funktion von x_2 zu bestimmen. Zeige, daß die Schwingungsdauer durch $T = 2\pi\sqrt{m/3k_0}$ gegeben ist.

24. Zum Zeitpunkt $t = 0$ habe die Kugel eines „Kreispendels" die Geschwindigkeit $\boldsymbol{v}_0 = \boldsymbol{i}v_0$ am Orte ($x = 0$; $y = y_0$), wie nebenstehend dargestellt. Für alle t gelte: $x \ll l$ und $y \ll l$. (Die Kugel folgt einer Ellipsenbahn.)
(a) Gib x als Funktion von t in Abhängigkeit von l, y_0, g und v_0 an.
(b) Bestimme $y(t)$.
(c) Berechne die Geschwindigkeit $v = \sqrt{v_x^2 + v_y^2}$ als Funktion von t.
(d) Für welchen Wert von v_0 ist v unabhängig von t?

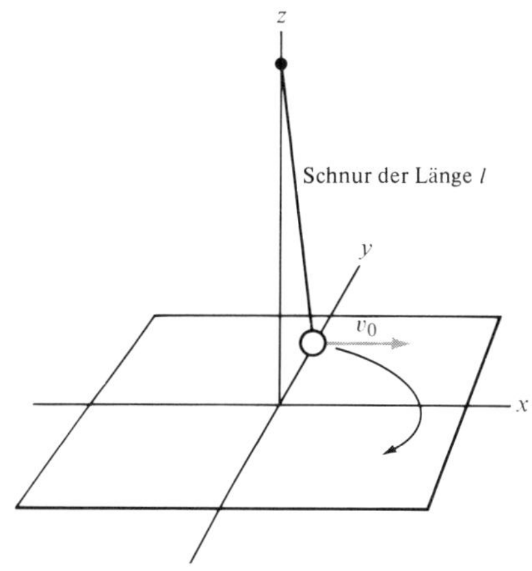

Aufgabe 24

25. Die potentielle Energie zwischen zwei Ionen der Masse m sei von der Form

$$U = \frac{a}{r^5} - \frac{b}{r}.$$

(a) Bestimme die Gleichgewichtslage in Abhängigkeit von a und b.
(b) Zeige, daß die Kreisfrequenz gegeben ist durch

$$\omega = \sqrt{\frac{8b}{m}\left(\frac{b}{5a}\right)^{1/4}}$$

26. Die potentielle Energie durch die Kraft zwischen zwei Atomen sei $U(r) = B\{1 - \exp[-A(r - r_0)^2]\}$. Wie groß ist die Oszillationsfrequenz in Abhängigkeit von m, A und B, wenn die beiden Atome die gleiche Masse m besitzen und sie um die Gleichgewichtslage mit kleiner Amplitude oszillieren?

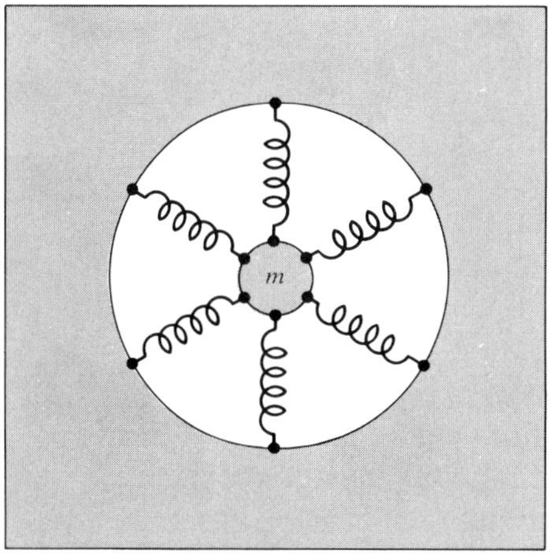

Aufgabe 27

27. Die Masse von 10 g in Beispiel 7 werde von 6 gestreckten Federn von 10 cm Länge gehalten, wie es nebenstehend dargestellt ist. Für jede Feder sei $F_0 = 5$ N. Wie groß ist die Oszillationsfrequenz, wenn m leicht aus der Papierebene herausgezogen und dann losgelassen wird?

28. Die Amplitude einer Schallwelle sei 1000mal so groß wie die Minimalamplitude, die noch hörbar ist. Wie groß ist die Intensität in Dezibel?

29. Die Schallintensität eines Lautsprechers ist proportional zum Quadrat der Eingangsspannung. Wie groß ist die Differenz in Dezibel zwischen zwei Signalspannungen V_1 und V_2?

30. Das Trommelfell eines Kaninchens besitze die 10fache Fläche und die gleiche Dicke wie ein menschliches Trommelfell. Die kinetische Energie des Trommelfells an der Hörgrenze sei die gleiche wie beim Menschen. Bei welcher Intensität in Dezibel liegt dann die Hörgrenze des Kaninchens?

12

Kinetische Theorie der Wärme

Bisher haben wir uns nur mit einfachen mechanischen Systemen beschäftigt, die aus einem oder aus zwei Körpern oder Teilchen bestehen. Ein typisches Gasvolumen enthält jedoch eine extrem große Zahl von Teilchen. Der mikroskopischen Bewegung jedes einzelnen Teilchens oder Moleküls zu folgen, ist unmöglich; möglich ist es jedoch, makroskopische Größen von praktischer Bedeutung zu berechnen. Einige dieser Größen wie Druck, Temperatur, Wärme, Entropie, innere Energie und mechanische Arbeit sollen in diesem und in den nächsten Kapiteln definiert werden. Durch die Anwendung der Newtonschen Mechanik auf ein solches Vielteilchenproblem wird es gelingen, nützliche Verknüpfungen zwischen den makroskopischen Größen abzuleiten. Die Lehre von den funktionalen Zusammenhängen dieser makroskopischen Größen heißt Thermodynamik. In diesem und in dem nächsten Kapitel werden wir zeigen, wie die „Hauptsätze" der Thermodynamik aus der Newtonschen Mechanik abgeleitet werden können. Diese mikroskopische Behandlung der Thermodynamik wird als kinetische Theorie der Wärme oder kinetische Gastheorie bezeichnet. In den Kap. 13 und 14 werden die thermodynamischen Hauptsätze auf praktische Systeme angewandt, wie z. B. Motoren, Heiz- und Kühlsysteme. Das Studium der Thermodynamik wird uns zeigen, daß die meisten Motoren sowie die meisten Heiz- und Kühlsysteme der heutigen Zeit recht verschwenderisch mit der Energie umgehen.

12-1 Der hydrostatische Druck

Sowohl ein Gas als auch eine Flüssigkeit unter Druck üben auf die sie einschließenden Gefäßwände Kräfte aus. Bei der folgenden Betrachtung wollen wir uns auf ruhende Gase oder Flüssigkeiten beschränken (Hydrostatik). Die ausgeübte Kraft steht senkrecht auf der jeweiligen Gefäßwand; als Druck auf die Wand wird definiert

$$P := \frac{\Delta F}{\Delta A} \quad \text{(Druck)}, \qquad \textbf{(12-1)}$$

wobei ΔF die Kraft auf die Wandfläche ΔA ist.

Man kann auch vom Druck innerhalb der Flüssigkeit sprechen. Diesen könnte man mit einem kleinen Würfel messen, den man mit der Flüssigkeit füllt und wie in Abb. 12-1 in das Gefäß eintaucht. Da sich die Flüssigkeit in Ruhe befindet, muß die von der Flüssigkeit ausgeübte Kraft ΔF für alle Würfelflächen gleich sein. Der Druck am Ort des Würfels ist $\Delta F/\Delta A$, wenn ΔA die Seitenfläche des Würfels ist. Offenbar ist der Druck auf alle Seitenflächen gleich, unabhängig von ihrer Orientierung. Läßt man die Schwerkraft unberücksichtigt, so folgt daraus, daß der innere Druck im ganzen Flüssigkeitsvolumen gleich ist; dabei ist es gleichgültig, welche Form das die Flüssigkeit enthaltende Gefäß besitzt. Diesen Sachverhalt nennt man das **Pascalsche Prinzip: Wird ein Druck P_0 auf einen Teil der Flüssigkeitsoberfläche ausgeübt, so überträgt er sich gleichmäßig auf alle Teile der Oberfläche.**

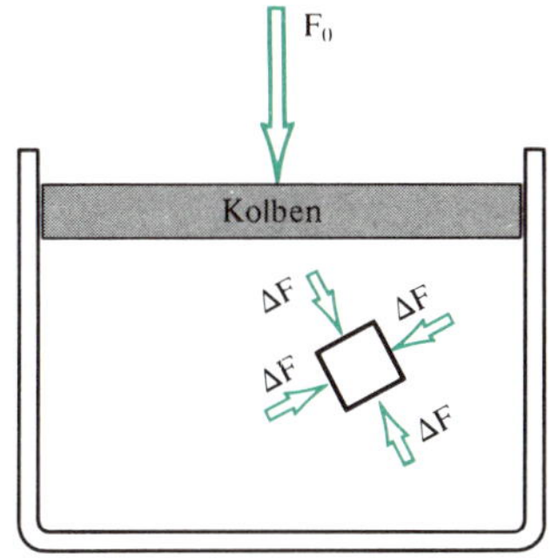

Abb. 12-1. *Kräfte auf einen Würfel, der in eine Flüssigkeit eingetaucht ist.*

Beispiel 1: Eine hydraulische Hebebühne für Autos besteht aus zwei Zylindern mit Kolben, die durch ein Rohr verbunden sind (s. Abb. 12-2). Der große Kolben hat einen Durchmesser von 1 m, der kleine einen Durchmesser von 10 cm. Das Gewicht des Wagens beträgt F_2. Wieviel mal kleiner als F_2 muß die Kraft F_1 auf den kleinen Kolben sein, um den Wagen zu heben?

Lösung: Beide Kolben sind Wände desselben Gefäßes und sind daher nach dem Pascalschen Prinzip dem gleichen Druck ausgesetzt. Sei $P_1 = F_1/A_1$ der Druck auf den kleinen Kolben und $P_2 = F_2/A_2$ der auf den großen, so gilt:

$$\frac{F_1}{A_1} = \frac{F_2}{A_2}$$

oder

$$F_1 = F_2 \frac{A_1}{A_2} = 0{,}01 F_2.$$

Man sieht, daß die Kraft auf den Pumpkolben nur 1% des Fahrzeuggewichts betragen muß.

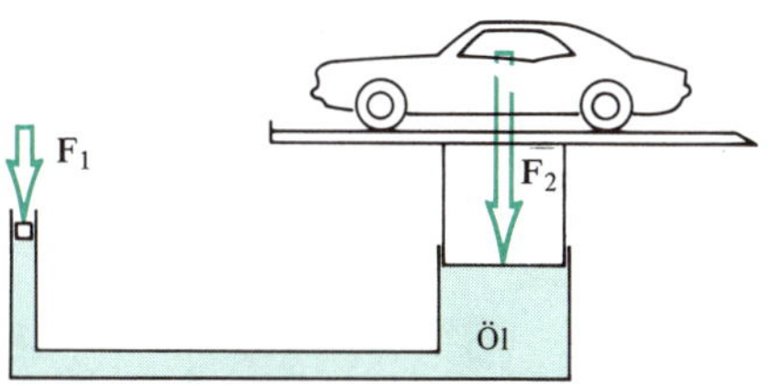

Abb. 12-2. *Hydraulische Hebebühne für ein Auto*

Berücksichtigt man nun die Schwerkraft, so ist der Druck innerhalb einer inkompressiblen Flüssigkeit nicht mehr überall gleich, vielmehr gilt

$$P = P_0 + \varrho g h, \qquad \textbf{(12-2)}$$

wobei P_0 der von oben auf den Kolben wirkende äußere Druck, ϱ die Dichte der Flüssigkeit und h die Eintauchtiefe ist. Betrachtet man z. B. die Flüssigkeitssäule in Abb. 12-3, so wirkt auf den Gefäßboden A nicht nur die übertragene Kraft $P_0 A$, sondern zusätzlich das Gewicht der Flüssigkeitssäule

$$mg = (\varrho A h)\, g.$$

Die Gesamtkraft ist demnach

$$F = P_0 A + \varrho g h A.$$

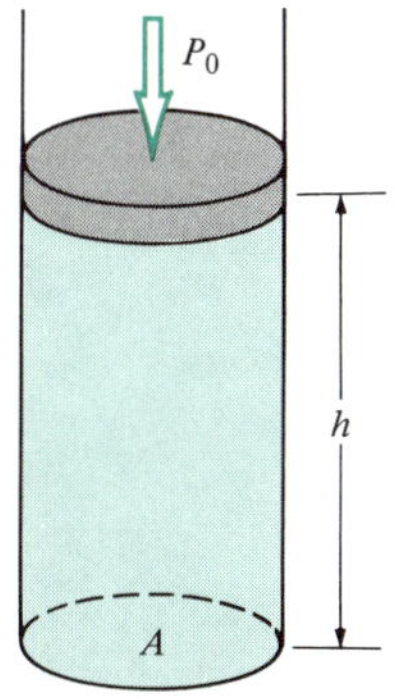

Abb. 12-3. *Flüssigkeitssäule der Höhe h unter dem äußeren Druck* P_0

Dividiert man beide Seiten der Gleichung durch A, so erhält man für den Gesamtdruck am Boden des Gefäßes

$$P = P_0 + \varrho g h.$$

Da in der ruhenden Flüssigkeit keine seitliche Verschiebung der Volumenelemente erfolgen kann, ist dieser Ausdruck unabhängig von der Gefäßform.

Das Barometer

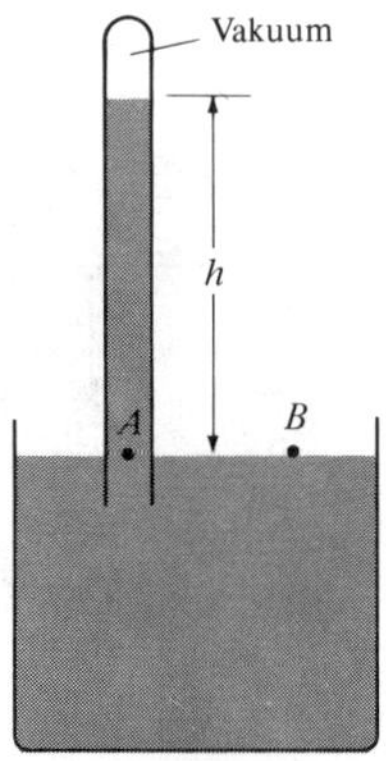

Abb. 12-4. *Quecksilberbarometer*

Die Höhe h der Erdatmosphäre beträgt einige hundert Kilometer. Für den Luftdruck an der Erdoberfläche gilt $P = \varrho g h$, wobei ϱ die über die Höhe der Atmosphäre gemittelte Dichte der Luft ist. Man erhält für den Luftdruck

$$P_0 = 1{,}01 \cdot 10^5 \text{ N/m}^2.$$

Dieser Wert des Drucks wird auch 1 Atmosphäre (atm) genannt. Die Einheit des Drucks im MKS-System (N/m^2) hat auch die Bezeichnung Pascal (Pa). Eine weitere Einheit ist bar (1 bar = 10^5 Pa).

Wir füllen ein Rohr mit Quecksilber ($\varrho = 13{,}6 \cdot 10^3 \text{ kg/m}^3$) und tauchen es gemäß Abb. 12-4 umgekehrt in ein Becherglas, das ebenfalls Quecksilber enthält. Nach Gl. (12-2) gilt bei Punkt A für den Druck: $P_A = \varrho g h$, wobei h die Höhe der Quecksilbersäule über der Oberfläche im Becherglas ist. Dieser Druck ist gleich dem Druck bei B, also $P_A = P_B$, da sich beide Punkte in gleicher Höhe befinden; er ist ebenfalls gleich dem Luftdruck, also:

$$\varrho g h = P_{\text{atm}},$$

$$h = \left(\frac{1}{\varrho g}\right) P_{\text{atm}}$$

$$= \frac{1{,}01 \cdot 10^5}{13{,}6 \cdot 10^3 \cdot 9{,}8} \text{ m} = 0{,}76 \text{ m}. \qquad (12\text{-}3)$$

Da die Höhe der Quecksilbersäule proportional zum Luftdruck ist, kann sie benutzt werden, um den Luftdruck zu messen. Die Druckdifferenz, die 1 mm Höhenänderung der Quecksilbersäule entspricht, heißt auch 1 Torr; es besteht der Zusammenhang 1 atm = 760 mm Hg = 760 Torr. Ein Gerät zur Messung des Luftdrucks heißt ganz allgemein Barometer. Die Anordnung in Abb. 12-4 ist das häufig benutzte Quecksilberbarometer.

Nach Gl. (12-3) würde die Höhe eines Wasserbarometers 13,6mal größer sein als die eines Quecksilberbarometers, weil Wasser eine 13,6mal kleinere Dichte hat ($h_{\text{Wasser}} = 10{,}3$ m). Taucht man eine oben offene Röhre in ein Glas mit Wasser und verbindet das obere offene

Ende mit einer Vakuumpumpe, so steigt das Wasser beim Evakuieren höchstens 10,3 m. Viele Brunnen sind tiefer als 10 m. Wie kann trotzdem Wasser aus ihnen herausgepumpt werden? Der Trick besteht darin, eine Eintauchpumpe zu verwenden, die man auf den Grund des Brunnens verlegt.

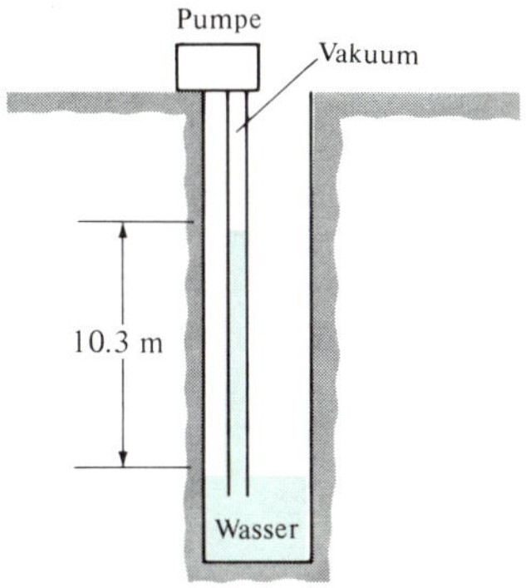

Abb. 12-5. *Dies ist die falsche Anordnung, um Wasser aus einem Brunnen zu pumpen; sie könnte jedoch als Barometer dienen.*

Beispiel 2: Die Hauptwasserleitung einer Stadt liegt 100 m höher als ein an sie angeschlossenes Haus (Abb. 12-6). Wie groß ist der Wasserdruck im Haus, wenn der Druck P_0 in der Hauptleitung 4 atm beträgt?

Lösung: Man verwendet Gl. (12-2), $P = P_0 + \varrho g h$:

$$\varrho g h = (10^3\ \mathrm{kg/m^3})\,(9{,}8\ \mathrm{m/s^2})\,(100\ \mathrm{m}) = 9{,}8 \cdot 10^5\ \mathrm{N/m^2} = 9{,}8\ \mathrm{atm}.$$

Der gesamte statische Druck beträgt demnach

$$(4 + 9{,}8)\ \mathrm{atm} = 13{,}8\ \mathrm{atm}.$$

Dies ist ein zu hoher Druck für den Hausgebrauch. Ein Druckreduzierventil müßte eingebaut werden.

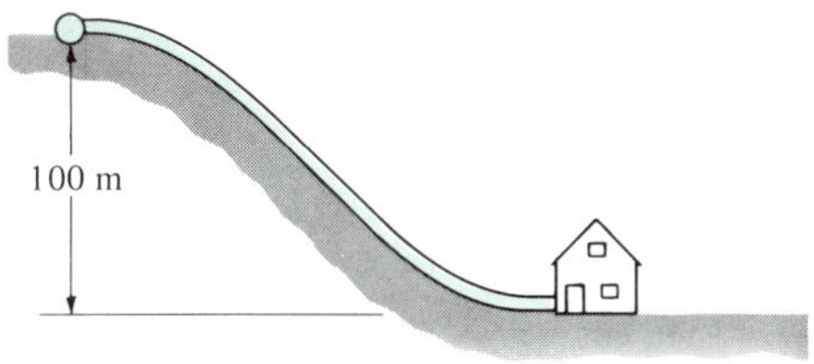

Abb. 12-6. *Der Wasserdruck im Haus ist höher als in der Hauptwasserleitung, wenn das Haus unterhalb der Hauptwasserleitung liegt.*

Beispiel 3: Wie groß ist der Druck im Mittelpunkt der Erde bzw. der Sonne? Wir nehmen Kugeln konstanter Dichte an, mit folgenden Daten: Erdradius $R_e = 6{,}36 \cdot 10^6$ m, Sonnenradius $R_s = 6{,}95 \cdot 10^8$ m, Dichte der Erde $\varrho_e = 5{,}52 \cdot 10^3\ \mathrm{kg/m^3}$ und Dichte der Sonne $\varrho_s = 1{,}42 \cdot 10^3\ \mathrm{kg/m^3}$. Die Gravitationsbeschleunigung auf der Sonnenoberfläche beträgt $g_s = 274\ \mathrm{m/s^2}$.

Lösung: Nach Gl. (12-2) herrscht in der Tiefe h ein Druck $P = \varrho \bar{g} h$, wobei $\bar{g}$ die mittlere durch die Gravitation verursachte Beschleunigung darstellt. In Kap. 5 wurde gezeigt, daß g innerhalb einer Kugel konstanter Dichte proportional zur Entfernung vom Mittelpunkt anwächst; demnach gilt für die gemittelte Beschleunigung $\bar{g} = \frac{1}{2} g$ und für den Druck $P = \frac{1}{2} \varrho g R$.

Erde:

$$P = \tfrac{1}{2}(5{,}52 \cdot 10^3)\,(9{,}8)\,(6{,}36 \cdot 10^6) = 1{,}72 \cdot 10^{11}\ \mathrm{N/m^2}.$$

Sonne:

$$P = \tfrac{1}{2}(1{,}42 \cdot 10^3)\,(274)\,(6{,}95 \cdot 10^8) = 1{,}35 \cdot 10^{14}\ \mathrm{N/m^2}.$$

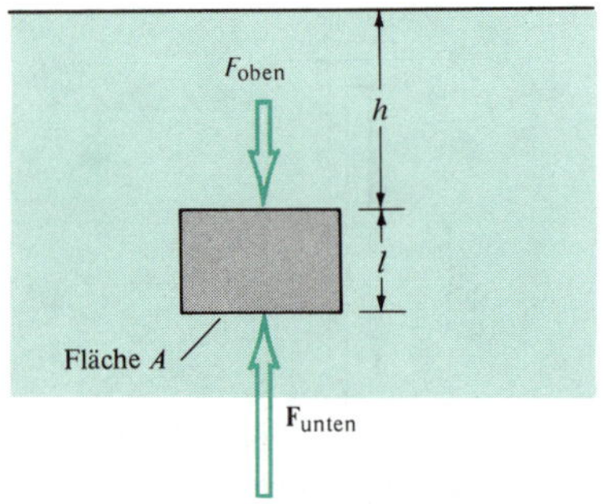

Abb. 12-7. *Ein Quader vom Volumen lA ist in einer Flüssigkeit der Dichte ϱ untergetaucht. Auf den Körper wirken die Kräfte F_{oben} und F_{unten}.*

Das Archimedische Prinzip

Ein Quader der Höhe l und der Grundfläche A ist in eine Flüssigkeit der Dichte ϱ eingetaucht und hat einen Abstand h zur Oberfläche (Abb. 12-7). Auf ihn wirkt von unten eine Kraft

$$F_{unten} = PA = \varrho g(h + l)\,A\,.$$

Von oben erfährt er die Kraft

$$F_{oben} = (\varrho g h)\,A\,.$$

Die resultierende Kraft auf den Quader ist

$$F_{unten} - F_{oben} = \varrho g l A = m_{Fl} g\,,$$

wobei $m_{Fl} = \varrho l A$ die Masse der Flüssigkeit ist, die der eingetauchte Quader verdrängt. Der Quader erfährt eine resultierende Kraft nach oben, die sogenannte Auftriebskraft, die gleich ist dem Gewicht der verdrängten Flüssigkeitsmenge. Diese Tatsache heißt **Archimedisches Prinzip**, und er gilt für beliebig geformte Körper: **Ein in eine Flüssigkeit eingetauchter Körper erfährt eine Auftriebskraft, die gleich ist dem Gewicht der von ihm verdrängten Flüssigkeitsmenge.**

$$F_{Auftrieb} = m_{Fl} g. \qquad \textbf{(12-4)}$$

Wird dieses Prinzip auf den Spezialfall eines schwimmenden Körpers angewandt, so sagt es aus, daß der schwimmende Körper gerade die Wassermenge verdrängt, die seinem eigenen Gewicht entspricht.

Eine häufig gestellte Frage ist diese: Was geschieht mit dem Wasserstand in einem Glas mit Eiswasser, wenn das Eis schmilzt? Steigt er oder sinkt er? Die Antwort ist: Der Wasserstand bleibt gleich unter der Voraussetzung, daß das Eis vor dem Schmelzen im Wasser schwamm. Ein Eisblock verdrängt nämlich so viel Wasser, wie sein eigenes Gewicht ausmacht; das entsprechende Volumen füllt er dann gerade aus, wenn er selbst zu Wasser wird. Ein ähnliches Problem tritt bei einem schiffbaren Kanal auf, der mittels eines Aquädukts über eine Straße geführt wird. Die Wände und der Boden des Aquäduktes werden nicht stärker belastet, wenn ein Schiff durchfährt.

Beispiel 4: Betrachten wir einen Heißluftballon mit 10 m Durchmesser. Die Dichte der Luft im Innern des Ballons beträgt 75% der Dichte außerhalb. Welche Last kann der Ballon befördern, wenn die Dichte der Luft außerhalb 1,3 kg/m³ beträgt?

Lösung: Das Archimedische Prinzip gilt auch für Gase. Die Masse des Gases, die vom Ballon verdrängt wird, ist

$$M_{Gas} = \varrho_{Luft}\left(\tfrac{4}{3}\pi R^3\right) = (1{,}3)\,\tfrac{4}{3}\pi(5)^3\ \text{kg} = 680\ \text{kg}.$$

Nach Gl. (12-4) gilt für die Auftriebskraft

$$F_{Auftrieb} = M_{Gas}g.$$

Gleichgewicht herrscht, wenn der Ballon samt Ladung das gleiche Gewicht hat wie das verdrängte Gasvolumen, d. h., wenn die Gesamtmasse 680 kg ist:

$$M_{Gas}g = (0{,}75)\,M_{Gas}g + M_{Last}g = (0{,}75)\,(680\ \text{kg})\,g + M_{Last}g.$$

Offenbar darf die Ladung M_{Last} höchstens 170 kg betragen.

12-2 Die Zustandsgleichung des idealen Gases

Ein ideales Gas erfüllt zwei Bedingungen: (1) Das Eigenvolumen der Gasmoleküle ist viel kleiner als das Volumen, in das das Gas eingeschlossen ist. (2) Die Reichweite der Kraft zwischen zwei Molekülen ist viel kleiner als die mittlere Entfernung zwischen den Molekülen. In diesem Abschnitt soll gezeigt werden, daß ein ideales Gas folgender Gleichung genügt:

$$PV = NkT. \quad \text{(Zustandsgleichung des idealen Gases)} \qquad \textbf{(12-5)}$$

Dabei ist P der Druck des Gases, N die Zahl der Gasmoleküle im Volumen V, T die absolute Temperatur und k eine physikalische Universalkonstante, die für alle idealen Gase gleich ist. Die Gleichung des idealen Gases erweist sich als sehr nützlich; sie gestattet die Berechnung von Druck, Volumen, Dichte oder Temperatur einer bestimmten Gasmenge, unabhängig von der Art des Gases. Der Begriff der Temperatur wird im nächsten Abschnitt eingeführt.

Beispiel 5: Eine Luftblase verdreifache ihr Volumen beim Aufsteigen vom Grund eines Sees zur Oberfläche. Wie tief ist der See?

Lösung: P_1 und V_1 seien Druck und Volumen am Grund des Sees. Dann ist P_2 gleich dem Luftdruck P_0, und es gilt $V_2 = 3V_1$. Wenn sich die Temperatur der Blase während des Aufsteigens nicht ändert, ergibt Gl. (12-5)

$$P_1V_1 = P_2V_2$$

$$= (P_0)\,(3V_1).$$

Am Grund des Sees herrscht also ein Druck $P_1 = 3P_0$. Die Druckdifferenz zwischen Oberfläche und Grund beträgt also $2P_0$, und nach Gl. (12-2) ist dies ϱgh. Als Tiefe des Sees erhält man gerade die doppelte Höhe eines Wasserbarometers, d. h. 20,6 m (s. Abb. 12-5).

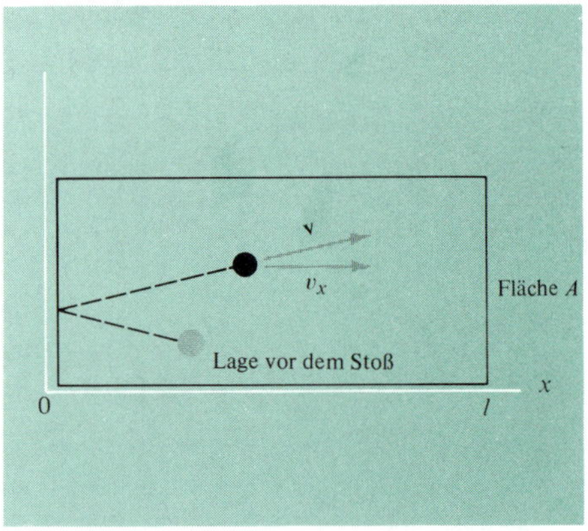

Abb. 12-8. *Teilchen in einem quaderförmigen Volumen der Größe lA unmittelbar nach einem Stoß auf die linke Wand*

In der nun folgenden Herleitung der Zustandsgleichung des idealen Gases werden die Moleküle als kleine, harte Kugeln behandelt, die sich in einem quaderförmigen Volumen V befinden. Unter harten Kugeln versteht man solche, die nur elastische Stöße ausführen können. Zuerst betrachten wir nur ein einzelnes dieser Teilchen und lassen es gegen die linke Seite des Volumens in Abb. 12-8 stoßen. Die mittlere Kraft, die das Teilchen in der Zeit Δt auf die Wand ausübt, ist

$$\bar{F} = \frac{\Delta p_x}{\Delta t}.$$

Die Impulsänderung infolge des Stoßes beträgt

$$\Delta p_x = mv_x - (-mv_x) = 2mv_x.$$

Da die Zeit zwischen den Stößen mit der Wand

$$\Delta t = \frac{2l}{v_x}$$

ist, ergibt sich für die mittlere Kraft eines Teilchens auf die Wand

$$\bar{F} = \frac{(2mv_x)}{(2l/v_x)} = \frac{mv_x^2}{l}.$$

Für alle N Teilchen im Volumen ist die Gesamtkraft auf die Wand

$$F = N\frac{m\overline{v_x^2}}{l},$$

wobei $\overline{v_x^2}$ das über alle Teilchen gemittelte v_x^2 bedeutet. $\overline{v_x^2}$ wird als mittlere quadratische Geschwindigkeit in x-Richtung bezeichnet. Dividiert man beide Seiten der Gleichung durch die Wandfläche A, so erhält man den Druck:

$$P = \frac{Nm\overline{v_x^2}}{Al}.$$

(Al) kann durch das Volumen V ersetzt werden:

$$P = \frac{Nm\overline{v_x^2}}{V}$$

oder

$$PV = Nm\overline{v_x^2}. \qquad \textbf{(12-6)}$$

Die Gleichung sagt aus, daß das Produkt PV für eine gegebene Menge eines Gases konstant ist, solange die mittlere kinetische Energie der Teilchen konstant ist. Dies wird das **Boyle-Mariottesche Gesetz** genannt. Die Aufgabe in Beispiel 5 wurde Hilfe dieses Gesetzes gelöst. Nun wollen wir in Gl. (12-6) von v_x auf v übergehen:

$$\overline{v^2} = \overline{v_x^2} + \overline{v_y^2} + \overline{v_z^2}.$$

Da die Teilchen in gleicher Weise gegen alle sechs Wände stoßen, gilt

$$\overline{v_x^2} = \overline{v_y^2} = \overline{v_z^2}$$

und damit

$$\overline{v^2} = 3\overline{v_x^2} \quad \text{oder} \quad \overline{v_x^2} = \frac{\overline{v^2}}{3}.$$

In Gl. (12-6) kann damit $\overline{v_x^2}$ durch $\overline{v^2}/3$ ersetzt werden:

$$PV = Nm\left(\frac{\overline{v^2}}{3}\right). \qquad (12\text{-}7)$$

Im nächsten Abschnitt werden wir sehen, daß die rechte Seite definitionsgemäß gleich NkT ist, wobei T die absolute Temperatur bedeutet. Es soll noch einmal hervorgehoben werden, daß damit durch die Anwendung der Newtonschen Mechanik auf ein mikroskopisches System eine wichtige Beziehung zwischen den makroskopischen Größen P, V und T abgeleitet worden ist.

12-3 Temperatur

Die Temperatur wird als eine Größe definiert, die der mittleren kinetischen Energie der Teilchen in einem Volumen proportional ist:

$$T := \left(\frac{2}{3k}\right)\frac{m\overline{v^2}}{2} \quad \text{(Definition der Temperatur)} \qquad (12\text{-}8)$$

$$= \left(\frac{2}{3k}\right)\bar{K}.$$

Dabei ist $\bar{K}$ die mittlere kinetische Energie eines Teilchens. Die Proportionalitätskonstante $(2/3k)$ enthält die Boltzmann-Konstante k; der Zahlenwert von k ist durch die Einheit der Temperatur bestimmt. Diese Einheit heißt Grad und ist festgelegt als 1/100 des Temperaturabstands zwischen dem Schmelzpunkt und dem Siedepunkt des Wassers bei Normaldruck (1 atm). Somit hängt die Boltzmann-Konstante von Messungen der Eigenschaften des Wassers ab; der experimentell bestimmte Wert ist

$$k = 1{,}38 \cdot 10^{-23}\ \text{J/Grad.} \quad \text{(Boltzmann-Konstante)}$$

Eliminiert man $\overline{v^2}$ in den Gln. (12-7) und (12-8), so erhält man

$$PV = NkT. \quad \text{(Zustandsgleichung des idealen Gases)}$$

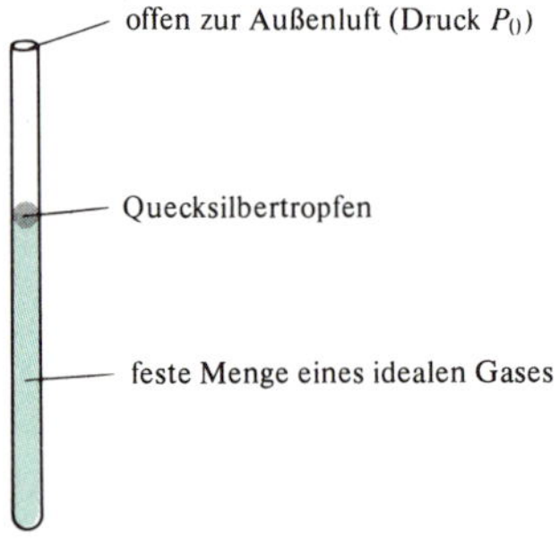

Abb. 12-9. *Gasthermometer, bei dem der Druck konstant gehalten wird.*

Thermometer

Die direkteste Messung der Temperatur würde ihre Definition nach Gl. (12-8) ausnutzen. Man müßte also die kinetische Energie der Gasmoleküle bestimmen. Es ist aber sehr schwierig, ein Gasmolekül zu sehen, geschweige denn, seine kinetische Energie zu messen. Besser eignet sich Gl. (12-5), um die Temperatur einer Gasprobe zu bestimmen; denn es ist relativ einfach, das Produkt PV einer solchen Probe zu messen. Dies kann beispielsweise mit dem Gasthermometer in Abb. 12-9 geschehen. Das Volumen des Gases ist stets konstantem Druck, dem Luftdruck, ausgesetzt; somit gilt:

$$V = \left(\frac{Nk}{P_0}\right) T \quad \text{oder} \quad V \sim T \tag{12-9}$$

Da die Höhe des Quecksilbertropfens, der als verschiebbarer Kolben das Ausströmen des Gases verhindert, dem Gasvolumen proportional ist, ist sie auch der Temperatur T proportional. Es ist wichtig, in einem Gasthermometer ein ideales Gas zu verwenden. Würde man das Gas in Abb. 12-9 vollständig durch Quecksilber ersetzen, hätte man das bekannte Quecksilberthermometer vor sich. Obwohl nun Quecksilber bei weitem kein ideales Gas ist, so ist seine Volumenzunahme im Bereich der Zimmertemperatur noch näherungsweise proportional zur Temperatur. Thermometer, die keine idealen Gase verwenden, müssen letztlich immer mit solchen Thermometern geeicht werden, die auf idealen Gasen basieren.

Neben dem Gasthermometer mit konstantem Druck gibt es auch eines, bei dem das Volumen konstant gehalten wird, z. B. beim Wert V_0. Gl. (12-5), nach P aufgelöst, lautet $P = (Nk/V_0)\,T$. Jetzt ist der Druck, der nötig ist, um das Gas auf das Volumen V_0 zu beschränken, die Meßgröße für die Temperatur. Bei Zimmertemperatur und darüber verhalten sich die meisten Gase wie ideale Gase. Erniedrigt man die Temperatur bis zum absoluten Nullpunkt, so werden alle Gase

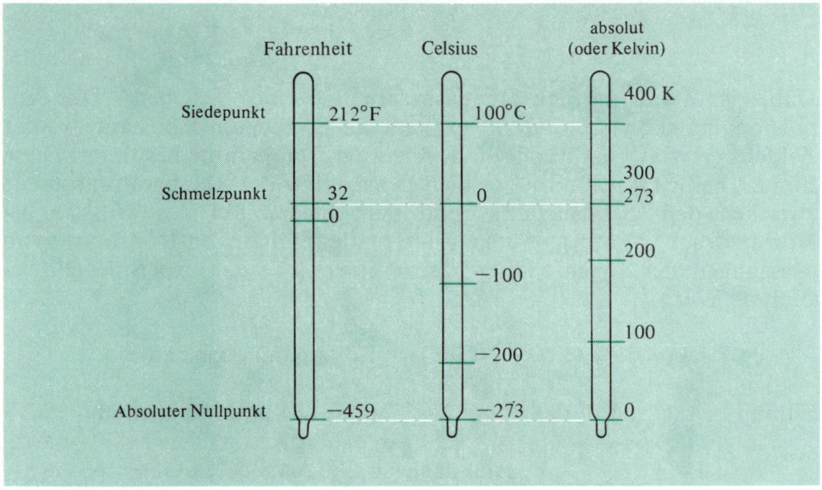

Abb. 12-10. *Vergleich der Fahrenheit-, Celsius- und Kelvin-Temperaturskalen*

schließlich „nichtideal", da sie sich verflüssigen. Am längsten bleibt Helium ein ideales Gas; es wird erst bei 4 Grad über dem absoluten Nullpunkt flüssig.

Beispiel 6: Bei der Temperatur von gefrierendem Wasser und bei Normaldruck (1 atm) beträgt die Dichte von Stickstoff, dem Hauptbestandteil der Luft, 1,255 kg/m^3; dies ist ein Meßwert. Die Masse des Stickstoffmoleküls ist $4{,}68 \cdot 10^{-26}$ kg. Welchen Wert hat die absolute Temperatur (Kelvin) am Gefrierpunkt des Wassers (0° Celsius)?

Lösung: Gl. (12-5) wird nach N aufgelöst: $N = PV/kT$. Beide Seiten werden mit m/V multipliziert:

$$\frac{Nm}{V} = \frac{mP}{kT}.$$

Die linke Seite ist die Dichte ϱ des Gases, da Nm seine Gesamtmasse ist:

$$\varrho = \frac{mP}{kT} \quad \text{(Dichte eines idealen Gases).} \qquad \textbf{(12-10)}$$

Für T ergibt sich

$$T = \frac{mP}{k\varrho} = \frac{(4{,}68 \cdot 10^{-26})\,(1{,}01 \cdot 10^{5})}{(1{,}38 \cdot 10^{-23})\,(1{,}255)} = 273\ \text{Grad}.$$

Nach unserer Definition der Temperatur [Gl. (12-8)] gefriert Wasser also bei 273 Grad absolut. Die absolute Temperaturskala wird auch Kelvin-Skala genannt; die Einheit der Temperatur ist Kelvin, abgekürzt K; dies ist auch die internationale Einheit (SI-Einheit). Als Beispiel für die Schreibweise diene wiederum der Gefrierpunkt des Wassers: 273 K. Im Alltag wird nun weltweit die Celsius-Temperaturskala verwandt; in ihr ist der Gefrierpunkt des Wassers auf null Grad festgelegt (0 °C) und der Siedepunkt auf 100 Grad (100 °C). Da die Differenz zwischen Gefrier- und Siedepunkt des Wassers sowohl für die Celsius- als auch für die Kelvin-Skala 100 Grad beträgt, ist die Größe von 1 Grad in beiden Skalen gleich. Ein Vergleich der Celsius- und Kelvin-Skala sowie der noch in den USA benutzten Fahrenheit-Skala ist in Abb. 12-10 gegeben. 1 Grad Fahrenheit entspricht 5/9 Grad Celsius.

Beispiel 7: Die Temperatur im Mittelpunkt der Sonne soll abgeschätzt werden. Dabei wird der Einfachheit halber angenommen, daß die Sonne eine Kugel konstanter Dichte ist und aus einem idealen Gas von Wasserstoffatomen besteht: $M = 2{,}0 \cdot 10^{30}$ kg und $R = 6{,}96 \cdot 10^8$ m. Die Masse eines H-Atoms beträgt $m_H = 1{,}67 \cdot 10^{-27}$ kg.

Lösung: Gl. (12-10), nach T aufgelöst, ergibt

$$T = \frac{m_H P}{k\varrho}, \quad \text{wobei} \quad \varrho = \frac{M}{\frac{4}{3}\pi R^3} = 1{,}41 \cdot 10^3 \text{ kg/m}^3.$$

Für den Druck im Mittelpunkt können wir das Ergebnis aus Beispiel 3 verwenden: $P = 1{,}35 \cdot 10^{14}$ N/m². Damit folgt für T:

$$T = \frac{(1{,}67 \cdot 10^{-27})\,(1{,}35 \cdot 10^{14})}{(1{,}38 \cdot 10^{-23})\,(1{,}41 \cdot 10^{3})} \text{ K} = 1{,}16 \cdot 10^7 \text{ K}.$$

Diese Temperatur ist ausreichend, um eine langsame, aber ständige thermonukleare Reaktion in Gang zu halten, wie in Kap. 30 besprochen wird.

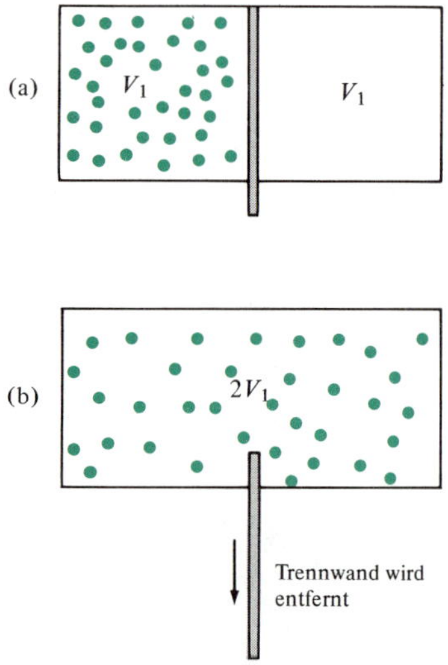

Abb. 12-11. *Freie Expansion eines Gases. In (b) ist die Trennwand herausgezogen worden.*

Nach Gl. (12-8) wird die Temperatur $T = 0$ K dann erreicht, wenn jegliche Bewegung der Teilchen aufhört. Diese Temperatur heißt absoluter Nullpunkt und liegt bei −273 °C.

Zum Schluß des Abschnitts über die Temperatur soll nun anhand zweier Beispiele das Verständnis des neuen Temperaturbegriffs vertieft werden. Im ersten Beispiel betrachten wir ein Volumen V_1 mit N_1 Teilchen der mittleren quadratischen Geschwindigkeit $\overline{v_1^2}$. Nun verdoppeln wir die Zahl der Teilchen im Volumen V_1 und halten dabei $\overline{v_1^2}$ konstant. Ändert sich dabei die Temperatur? Nach der Definitionsgleichung ist $T \sim \frac{1}{2}m\overline{v^2}$ und folglich bleibt sie gleich. Im zweiten Beispiel lassen wir das Gas frei in ein evakuiertes Gefäß mit gleichem Volumen expandieren, indem wir plötzlich die Trennwand in Abb. 12-11 entfernen. Das neue Gasvolumen ist also doppelt so groß wie das ursprüngliche. Wieder fragen wir nach der Temperatur. Nun, $\overline{v^2}$ ist wiederum gleichgeblieben. Ändert sich also die mittlere kinetische Energie pro Teilchen nicht, so ändert sich auch nicht die Temperatur. Die freie Expansion eines idealen Gases verursacht keine Temperaturänderung.

12-4 Die Gleichverteilung der Energie

Wir nehmen es als selbstverständlich an, daß zwischen zwei oder mehreren Körpern verschiedener Temperatur ein Temperaturausgleich stattfindet, sobald sie miteinander in Berührung gebracht werden. Nach genügend langer Zeit erreichen sie alle die gleiche Temperatur. Dabei kann es sich um feste Körper, Flüssigkeiten oder Gase handeln. Diese Erfahrung des täglichen Lebens war so unzweifelhaft, daß sie nicht für wert befunden wurde, einen eigenen physikalischen Hauptsatz zu bilden. Dies änderte sich nach der Formulierung des ersten und zweiten Hauptsatzes der Thermodynamik. Danach wurde als nullter Hauptsatz festgelegt, daß isolierte Körper, die miteinander in Berührung gebracht werden, thermisches Gleichgewicht annehmen.

Der nullte Hauptsatz der Wärmelehre

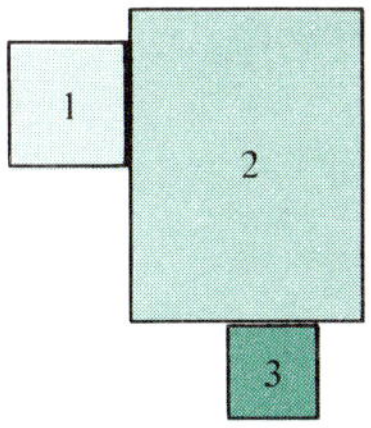

Abb. 12-12. *Drei Körper im thermischen Gleichgewicht*

Wenn die Körper 1 und 2 im thermischen Gleichgewicht sind und das gleiche für die Körper 2 und 3 gilt, so sind auch 1 und 3 in demselben thermischen Gleichgewicht, als würden sie sich direkt berühren. Sind die Körper in Abb. 12-12 Behälter, die mit drei verschiedenen idealen Gasen gefüllt sind, so wird behauptet, daß die mittlere kinetische Energie pro Molekül für alle drei gleich ist. Läßt man die Erfahrung des täglichen Lebens außer acht, so ist es ganz und gar nicht unmittelbar einleuchtend, warum $\frac{1}{2}m_1\overline{v_1^2} = \frac{1}{2}m_2\overline{v_2^2}$ gilt, wenn zwei Gase aneinander grenzen oder sich als Mischung in demselben Behälter befinden. Dies soll nun im folgenden wiederum, wie anfangs angekündigt, mit Hilfe der Newtonschen Mechanik bewiesen werden.

Betrachten wir ein Teilchen der Masse m_2 in einem Volumen, das N_1 Teilchen der Masse m_1 enthält. Die Relativgeschwindigkeit zwischen diesem Teilchen mit der Masse m_1 und einem der anderen Sorte mit der Masse m_2 ist $\boldsymbol{v}_{\text{rel}} = (\boldsymbol{v}_1 - \boldsymbol{v}_2)$. Diese Größe ist unabhängig davon, ob sie im Laborsystem oder in irgendeinem anderen Koordinatensystem beobachtet wird. Haben die beiden Teilchen die Impulse $\boldsymbol{p}_1$ und $\boldsymbol{p}_2$, so ist die Richtung ihres Schwerpunktes durch den Vektor $(\boldsymbol{p}_1 + \boldsymbol{p}_2)$ gegeben. Da diese Richtung unabhängig von der Richtung von $\boldsymbol{v}_{\text{rel}}$ ist, gilt:

$$\overline{(\boldsymbol{p}_1 + \boldsymbol{p}_2) \cdot \boldsymbol{v}_{\text{rel}}} = 0,$$

$$\overline{(\boldsymbol{p}_1 + \boldsymbol{p}_2) \cdot (\boldsymbol{v}_1 - \boldsymbol{v}_2)} = 0,$$

$$\overline{\boldsymbol{p}_1 \cdot \boldsymbol{v}_1} - \overline{\boldsymbol{p}_1 \cdot \boldsymbol{v}_2} + \overline{\boldsymbol{p}_2 \cdot \boldsymbol{v}_1} - \overline{\boldsymbol{p}_2 \cdot \boldsymbol{v}_2} = 0.$$

Der Mittelwert $\overline{\boldsymbol{p}_1 \cdot \boldsymbol{v}_2}$ ist null, weil für ein gegebenes $\boldsymbol{p}_1$ jede Komponente von $\boldsymbol{v}_2$ gleich oft negativ und positiv ist; das Analoge gilt für $\overline{\boldsymbol{p}_2 \cdot \boldsymbol{v}_1}$. Somit gilt:

$$\overline{\boldsymbol{p}_1 \cdot \boldsymbol{v}_1} - \overline{\boldsymbol{p}_2 \cdot \boldsymbol{v}_2} = 0,$$

$$\overline{p_1 v_1} = \overline{p_2 v_2},$$

$$m_1\overline{v_1^2} = m_2\overline{v_2^2}.$$

Damit ist der Beweis geführt.

Der Gleichverteilungssatz der Energie

Die obige Ableitung zeigt, daß im thermischen Gleichgewicht alle Teilchen im Mittel die gleiche kinetische Energie der Translation haben, unabhängig von ihrer Masse. Wie verhält es sich nun mit der kinetischen Energie von Rotation und Schwingung? Zwei hantelförmige Moleküle beginnen offensichtlich, nach einem Stoß von der Art, wie er

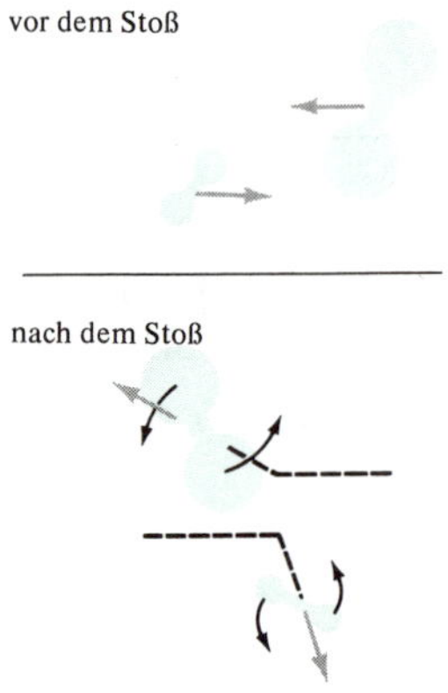

Abb. 12-13. *Zwei Moleküle werden durch einen Stoß in Rotation versetzt.*

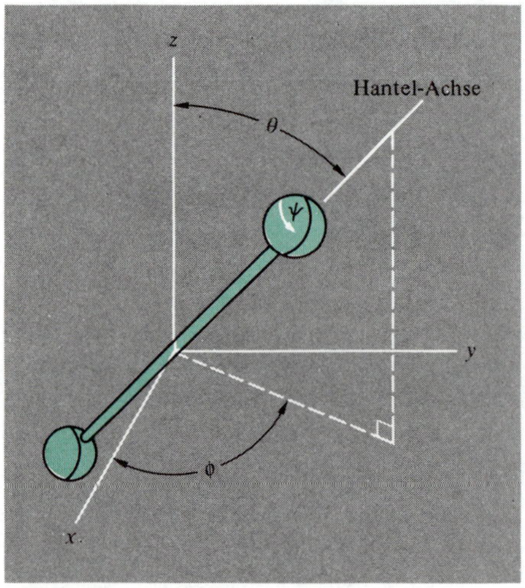

Abb. 12-14. *Die drei Winkel φ, θ und ψ beschreiben die Lage der Hantel im Raum.*

in Abb. 12-13 angedeutet ist, zu rotieren. In Beispiel 8 von Kap. 10 wurde ein hantelförmiges Molekül von einem einzelnen Atom gestoßen. Es zeigte sich, daß die auf das Molekül übertragene Energie zu gleichen Beträgen auf seine Translation und seine Rotation verteilt wurde. Eine Verallgemeinerung der Herleitung im vorherigen Absatz ergibt, daß die mittlere kinetische Energie in jedem Freiheitsgrad für alle Teilchen gleich ist. Dies wird als Gleichverteilungssatz der Energie bezeichnet. Die Ableitung in voller Allgemeinheit ist zu umfangreich für dieses Buch. Die Zahl der Freiheitsgrade eines Körpers ist gleich der Zahl voneinander linear unabhängiger Koordinaten, die man zur Festlegung seiner Lage im Raum braucht.

Die mittlere kinetische Energie der Translation beträgt nach Gl. (12-8):

$$\tfrac{1}{2}m\overline{v^2} = \tfrac{3}{2}kT.$$

Das entspricht drei Freiheitsgraden, da die drei Koordinaten (x, y, z) gebraucht werden, um den Schwerpunkt des Moleküls festzulegen. Die mittlere Energie pro Freiheitsgrad ist also $\frac{1}{2}kT$ für jedes Teilchen.

$$\text{Mittlere Energie pro Freiheitsgrad} = \tfrac{1}{2}kT \quad \text{(Gleichverteilungssatz der Energie)} \qquad (12\text{-}11)$$

Für einen starren Körper benötigt man drei zusätzliche Freiheitsgrade, um seine Orientierung zu beschreiben. Die Orientierung der Hantelachse in Abb. 12-14 beispielsweise wird durch den Polarwinkel θ und den Azimutwinkel φ festgelegt. Außerdem braucht man den Winkel ψ, um die Lage der Hantel bezüglich ihrer Achse zu definieren. Demnach würde man erwarten, daß zusätzlich zur Translation auf die Rotation ein Betrag von $\frac{3}{2}kT$ entfallen würde. Dann würde die gesamte kinetische Energie jedes Hantel-Moleküls im Mittel $3kT$ betragen. Zweiatomige Moleküle werden jedoch als „glatt“ angenommen, d. h., es kann keinerlei Reibung an der Oberfläche geben. Dies macht es unmöglich, durch einen Stoß Rotation um die Hantelachse zu erzeugen, und beschränkt die Zahl der Freiheitsgrade der Rotation auf zwei. So muß also die kinetische Energie eines zweiatomigen Moleküls im Mittel $\frac{5}{2}kT$ betragen. Abweichungen vom Gleichverteilungssatz der Energie wurden beobachtet; sie sollen in Abschn. (13-3) des folgenden Kapitels behandelt werden.

12-5 Die kinetische Theorie der Wärme

Auf Seite 131 wird die innere Energie eines Systems definiert als die Summe von kinetischer und potentieller Energie der einzelnen Teilchen des Systems ohne Berücksichtigung der makroskopischen Energie des Systems. Die innere Energie ist die zusätzliche Energie der einzelnen Teilchen, die nicht in Erscheinung tritt, wenn das System makroskopisch betrachtet wird. Für ein Volumen, das N nichtrotierende Teilchen enthält, wäre die innere Energie gerade die kinetische Energie der Translation $U = \frac{3}{2}NkT$.

U wird gemeinhin als Symbol für die innere Energie eines Systems von Teilchen verwandt. Leider wird die gleiche Abkürzung auch für die potentielle Energie benutzt, was zu Verwechslungen führen kann. Enthält das Volumen solche Teilchen, die um alle drei Raumrichtungen rotieren können, z. B. H_2O-Moleküle, so ergibt sich für ihre innere Energie:

$$U = K_{\text{Translation}} + K_{\text{Rotation}},$$

$$U = \tfrac{3}{2}NkT + \tfrac{3}{2}NkT = 3NkT. \qquad (12\text{-}12)$$

Es sei daran erinnert, daß zweiatomige Moleküle („glatte Hanteln") einen Rotationsfreiheitsgrad weniger haben:

$$U = \tfrac{3}{2}NkT + \tfrac{2}{2}NkT = \tfrac{5}{2}NkT.$$

Bis hierher wurden nur Beispiele idealer Gase angegeben. Auch kompliziertere Systeme haben wohldefinierte innere Energien. Wird die innere Energie eines Systems erhöht, so steigt seine Temperatur. Die innere Energie eines Gases hängt von seiner Masse, seiner Temperatur und seinem Druck (oder seinem Volumen) ab.

Wärmeenergie

Reibt man an der Wand eines Wasserbehälters, so verrichtet man Arbeit gegen die Reibungskraft. Dadurch nimmt die innere Energie und mit ihr die Temperatur des Wassers zu. Das Reiben erzeugt Wärmeenergie, die in das Wasser übertragen wird. Zusätzlich zur Einheit der (mechanischen) Energie, dem Joule, hatte man früher eine spezielle Einheit für die Wärmeenergie eingeführt, die Kalorie (cal). Es ist die Energie (Wärmeenergie), die benötigt wird, um 1 g Wasser um 1 °C (oder 1 K) zu erwärmen. Genauer:

1 cal := Wärmemenge, um 1 g Wasser
von 14,5 auf 15,5 °C zu erwärmen (Definition der Kalorie).

Entsprechend gilt: 1 kcal = Wärmemenge, um 1 kg Wasser um 1 °C zu erwärmen. Um den Wärmeenergiegehalt von Nahrungsmitteln anzugeben, wurde vielfach noch der Begriff der „großen" Kalorie (= 1 kcal) benutzt. Diese Einheit ist sehr veraltet und sollte nicht mehr verwendet werden, da sie zu mancherlei Verwechslungen Anlaß geben kann. Die Verbrennung von 1 g Fett setzt eine Wärmeenergie von 10 kcal frei. Oder umgekehrt: ein Essen von 1000 kcal könnte im Körper maximal 100 g Fett bilden. Wir werden im nächsten Abschnitt sehen, daß diese Energie ausreicht, um einen menschlichen Körper 7 km hochzuheben.

Das mechanische Wärmeäquivalent

Um Verwirrung zu vermeiden, ist es besser, anstelle der Kalorie nur das Joule als allgemeine Einheit der Wärmeenergie zu verwenden, da die Kalorie keine SI-Einheit ist. Der Umrechnungsfaktor von kcal auf Joule wird als mechanisches Wärmeäquivalent bezeichnet. Dies ist leicht experimentell zu bestimmen, indem man eine bestimmte Menge mechanischer Arbeit ($F_R \Delta s$) in Form von Reibung auf eine definierte Menge Wasser überträgt. Ein Standardversuch für Physikstudenten im Anfänger-Praktikum besteht darin, daß eine bekannte Reibungskraft auf die dünne Wand eines mit Wasser gefüllten Kupferbehälters ausgeübt wird. Mißt man die Temperaturerhöhung und die aufgewandte Arbeit, so errechnet man daraus das mechanische Wärmeäquivalent. Inzwischen wurde die Definition der Kalorie über die Erwärmung des Wassers fallengelassen und statt dessen, ausgehend vom Joule, definiert:

$$1 \text{ cal} = 4{,}1868 \text{ Joule.}$$

Die Übereinstimmung dieses Wertes mit der ursprünglichen Definition ist besser als 1 Promille.

Wärme ist der Übertrag von „versteckter" Teilchenenergie von einem Körper auf einen anderen. Die innere Energie (Energie der einzelnen Teilchen) eines Körpers kann entweder dadurch vergrößert werden, daß man mechanische Arbeit am Körper verrichtet (z. B. durch Reibung) oder daß man ihn mit einem anderen wärmeren Körper in Berührung bringt. Der Mechanismus des Temperaturausgleichs ist Energieübertragung durch Teilchenstöße. Die Teilchen des ersten Körpers nehmen Energie auf, wenn sie mit den energiereicheren Teilchen des zweiten Körpers zusammenstoßen.

Beispiel 8: Ein Mensch muß im Durchschnitt mit einer Leistung von 120 W Wärme erzeugen, um am Leben zu bleiben.

(a) Wieviel kcal muß er dazu pro Tag in Form von Nahrung zu sich nehmen?

(b) Wie hoch könnte ein Mensch mit 60 kg Körpergewicht pro Tag steigen, wenn man annimmt, daß ein Anteil von 10% des minimalen täglichen Kalorien-Bedarfs in mechanische Arbeit umgewandelt werden kann?

Lösung: (a) Die Energie, die pro Tag verbraucht wird, um zu leben, beträgt (120 W) (86400 s/Tag) = $1{,}04 \cdot 10^7$ J/Tag.
In kcal ausgedrückt ergibt das

$$\frac{1{,}04 \cdot 10^7 \text{ J/Tag}}{4185 \text{ J/kcal}} = 2{,}48 \cdot 10^3 \text{ kcal/Tag}.$$

(b) Die mechanische Arbeit beim Steigen ist mgh; dies ist gleich 10% des Ergebnisses von (a):

$$mgh = 1{,}04 \cdot 10^6 \text{ J},$$

$$h = \frac{1{,}04 \cdot 10^6 \text{ J}}{(60 \text{ kg})(9{,}8 \text{ m/s}^2)} = 1{,}76 \text{ km}.$$

Ein Bergsteiger sollte in der Lage sein, an einem Tag diesen Höhenunterschied ohne Gewichtsverlust zu durchsteigen, indem er doppelt soviel ißt wie normal. Würde er nur die normale Nahrungsmenge zu sich nehmen, müßten die zum Klettern notwendigen 2480 Kilokalorien von seinem Körperfett kommen. Bei 10 kcal pro Gramm würde er 250 g pro Tag von seinem Körperfett verlieren.

Zusammenfassung

Der Druck auf ein Flächenelement ΔA ist der Quotient aus der Kraft ΔF, die senkrecht auf das Flächenelement wirkt, und dem Flächenelement: $P := \Delta F/\Delta A$.

Für eine Flüssigkeit konstanter Dichte in einem Gravitationsfeld gilt $P = P_0 + \varrho g h$, wobei P_0 der Druck auf die Oberfläche ist und h die Eintauchtiefe, gemessen von der Oberfläche.

Der Druck der Erdatmosphäre an der Oberfläche der Erde ist $P_{atm} = 1{,}01 \cdot 10^5\ \mathrm{N/m^2}$.

Wird ein Körper in eine Flüssigkeit eingetaucht, so erfährt er durch die Flüssigkeit eine Auftriebskraft, die gleich dem Gewicht der verdrängten Flüssigkeitsmenge ist.

Ein ideales Gas, bestehend aus N kleinen, harten Kugeln der Masse m in einem Volumen V, übt einen Druck P aus, der folgendem Gesetz genügt:

$$PV = Nm\frac{\overline{v^2}}{3}.$$

In der kinetischen Gastheorie wird die absolute Temperatur T über die mittlere kinetische Energie der Teilchen definiert:

$$T := \left(\frac{2}{3k}\right)\frac{m\overline{v^2}}{2}.$$

Dabei ist $k = 1{,}38 \cdot 10^{-23}\ \mathrm{J/K}$ die Boltzmann-Konstante. Eliminiert man $\overline{v^2}$ aus den beiden vorausgehenden Gleichungen, so erhält man

$$PV = NkT. \quad \text{(Zustandsgleichung des idealen Gases)}$$

Temperaturen können durch Bestimmung des Volumens eines idealen Gases bei konstantem Druck oder durch Bestimmung des Drucks bei konstantem Volumen gemessen werden.

Man kann beweisen, daß zwei Körper, die man miteinander in Berührung bringt, nach genügend langer Zeit dieselbe Temperatur annehmen; diese Tatsache wird nullter Hauptsatz der Thermodynamik genannt. Damit in Zusammenhang steht der Gleichverteilungssatz der Energie; er besagt, daß alle Freiheitsgrade im Gleichgewicht gleich viel Energie beinhalten.

Die makroskopisch nicht in Erscheinung tretende Energie der einzelnen Teilchen eines Systems heißt innere Energie. Wärmeenergie entsteht, wenn Arbeit gegen Reibungskräfte verrichtet wird. Die Wärmemenge 1 kcal erhöht die Temperatur von 1 kg Wasser um 1 °C (oder 1 K).

Aufgaben

1. Eine Grammophonnadel hat einen Radius $R = 10^{-2}$ mm. Ihr Auflagegewicht entspricht dem von 2 g. Nimmt man an, die Kontaktfläche ist πR^2, wie groß ist dann der Druck, der auf die Schallplatte ausgeübt wird?

2. Eine Luftblase verdoppelt ihr Volumen beim Aufsteigen vom Grunde eines Sees. Wie tief ist er?

3. Wie groß wäre die Dicke der Erdatmosphäre, wenn sie die konstante Dichte $\varrho = 1{,}25\ \text{kg/m}^3$ hätte?

4. Nehmen wir an, die Pumpe in Abb. 12-5 könnte nur bis zu einem Druck von 0,1 atm abpumpen. Wie groß wäre dann die Höhe der Wassersäule?

5. Die Dichte von Eis beträgt $\varrho = 0{,}9\ \text{g/cm}^3$. Welcher Bruchteil eines Eiswürfels befindet sich dann über der Wasseroberfläche? Hängt die Antwort von der Form des Eisstücks ab?

6. Wie tief muß man in einen See tauchen, um einen um 50% höheren Druck als an der Oberfläche vorzufinden?

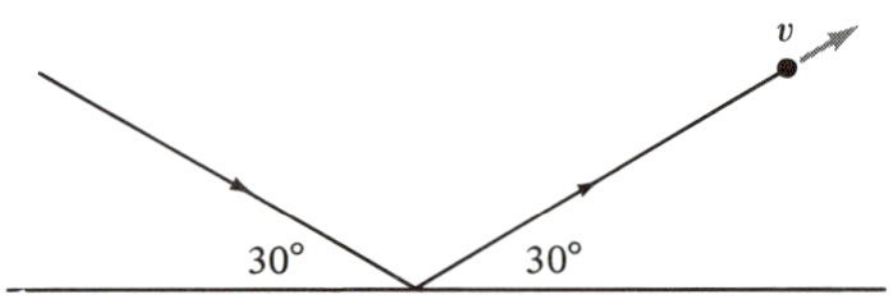

Aufgabe 7

7. Ein Teilchen der Masse m und der Geschwindigkeit v trifft unter 30° auf eine Oberfläche auf (s. Abbildung). Es wird auch unter 30° reflektiert, ohne Änderung des Betrags seiner Geschwindigkeit. Wie groß ist der Betrag seiner Impulsänderung?

8. Ein Ballon hat die Gesamtmasse 50 kg und das Volumen 110 m³. Er ist mit einem Seil am Erdboden befestigt.

(a) Wie groß ist die Kraft in Seilrichtung, wenn das Seil vom Ballon senkrecht nach oben gezogen wird?

(b) Ein Wind verschiebt den Ballon zur Seite, so daß das Seil mit der Vertikalen einen Winkel von 30° bildet. Wie groß ist nun die Kraft in Seilrichtung? (Der Auftrieb sei unverändert.)

9. Ein Körper wiegt unter Wasser 200 N, über Wasser 300 N; berechne seine Dichte und sein Volumen.

10. Ein Bleiblock mit der Dichte 11,5 g/cm³ schwimmt in Quecksilber der Dichte 13,6 g/cm³.

(a) Welcher Bruchteil des Blocks ist untergetaucht?

(b) Welche Kraft ist notwendig, um den Block vollständig unterzutauchen, wenn der Block die Masse 2 kg hat?

11. Ein Stück Holz mit der Dichte 0,8 g/cm³ schwimmt in einer Flüssigkeit der Dichte 1,2 g/cm³. Das Volumen des Holzstücks beträgt 36 cm³.

(a) Wie groß ist die Masse des Holzstücks?

(b) Wie groß ist die Masse der verdrängten Flüssigkeit?

(c) Wieviel vom Volumen des Holzes liegt über dem Flüssigkeitsspiegel?

12. Jemand möchte dadurch abnehmen, daß er weniger ißt. Wieviel Körpergewicht verliert er pro Woche, wenn er seine Nahrungsmenge so weit verringert, daß er pro Tag 1000 kcal von seinem Körperfett bezieht?

13. Ein Mensch mit Übergewicht treibt pro Tag 1 Stunde Sport, um abzunehmen. Sein Körper leistet dabei zusätzlich 400 W. Wie groß ist der Gewichtsverlust bei unveränderter Nahrungsmenge?

14. Ein Duschbad dauert 10 min. Dabei werden 15 l/min heißes Wasser verbraucht. Die Temperatur des heißen Wassers beträgt 60 °C, die des kalten Wassers 20 °C. Welche Wärmeenergie in Joule wird für das Duschen gebraucht? Wieviel kostet ein Duschbad, wenn der Preis für 1 kWh DM 0,20 beträgt?

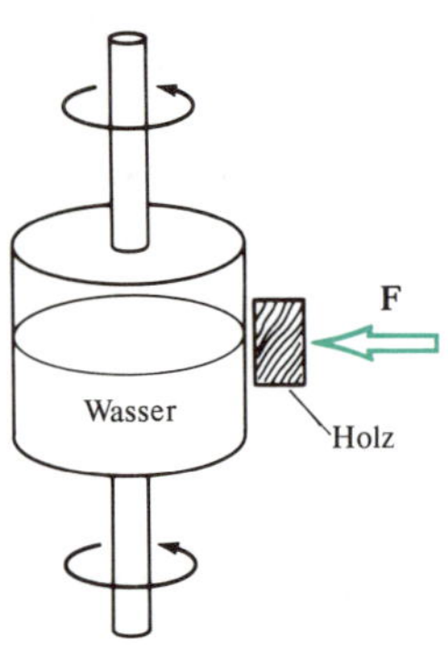

Aufgabe 15

15. Ein dünnwandiges, zylinderförmiges Gefäß aus Kupfer mit dem Durchmesser 2 cm enthält 100 cm³ Wasser. Das Gefäß wird mit zwei Umdrehungen pro Sekunde in Rotation versetzt. Eine äußere Kraft von 10 N drückt einen Holzblock gegen die Gefäßwand. Wie groß ist die Temperaturerhöhung des Wassers nach 2 min, wenn man annimmt, daß die gesamte Reibungswärme zur Erwärmung des Wassers dient?

16. Wie stark erwärmt sich Wasser, wenn es über einen Wasserfall von 50 m Höhe hinabfällt?

17. Ein Bach hat ein Gefälle von 200 m über 2 km. Wie groß ist der Temperaturanstieg, wenn die kinetische Energie des Wassers nicht zunimmt und die Reibungswärme nur ins Wasser übergeht?

18. **(a)** Im Innern eines quaderförmigen Volumens befinden sich kleine harte Scheiben, die miteinander stoßen. Die Oberflächenreibung zwischen den Scheiben sei vorhanden. Bestimme das Verhältnis von mittlerer Rotationsenergie zu mittlerer Translationsenergie.

(b) Nun schwimmen die Scheibchen auf dem dünnen Luftpolster eines Lufttischs und führen Stöße aus. Welches Verhältnis besteht jetzt zwischen Rotations- und Translationsenergie?

19. In einem Volumen V befinden sich N Teilchen mit der mittleren kinetischen Energie pro Teilchen ε.

(a) Wie groß ist die gesamte kinetische Energie innerhalb des Volumens?

(b) Welche Temperatur herrscht im Volumen?

(c) Wie groß ist der Druck auf die Wände des Gefäßes?

(d) Wie verändern sich Temperatur und Druck, wenn das Volumen des Gefäßes dadurch verdoppelt wird, daß es an ein gleich großes leeres Gefäß angeschlossen wird?

20. Ein ideales Gas befindet sich in einem Behälter mit festem Volumen bei 0 °C und 1 atm.

(a) Wie ändern sich Temperatur und Druck, wenn die mittlere Geschwindigkeit pro Molekül verdoppelt wird?

(b) Wie viele Moleküle sind im Behälter, wenn sein Volumen 1 l ist?

21. Ein ideales Gas in einem Behälter besteht aus N Molekülen. Nun wird die Zahl der Moleküle verdoppelt, die gesamte kinetische Energie oder Wärmeenergie des Gases aber unverändert beibehalten (d. h., die Gesamtenergie der neuen Gasmenge ist genau so groß wie die der ursprünglichen).

(a) Wie groß ist das Verhältnis des neuen Drucks zum ursprünglichen Druck?

(b) Wie groß ist das Verhältnis der neuen Temperatur zur ursprünglichen Temperatur?

22. Druck und Temperatur im Mittelpunkt des Planeten Jupiter sollen abgeschätzt werden, wenn seine Masse $1{,}9 \cdot 10^{27}$ kg und sein Radius $7{,}2 \cdot 10^{4}$ km beträgt.

23. Auf der Oberfläche des Mondes soll ein Gebäude errichtet werden, das 0,5 atm Druck im Innern standhält. Das Dach hat die Form eines Halbzylinders von 2 m Radius; die Länge ist l (siehe nebenstehende Abbildung). Welche Kraft F pro m Länge ist nötig, um das Dach auf dem Boden zu halten? Welche minimale Dicke d muß für das Dach gewählt werden, wenn die Wände und das Dach eine Bruchfestigkeit von $2 \cdot 10^{9}$ N/m² besitzen? (Bruchfestigkeit ist die maximale Kraft pro Fläche, die auf einen Materialstab einwirken kann, ohne ihn zu zerbrechen.)

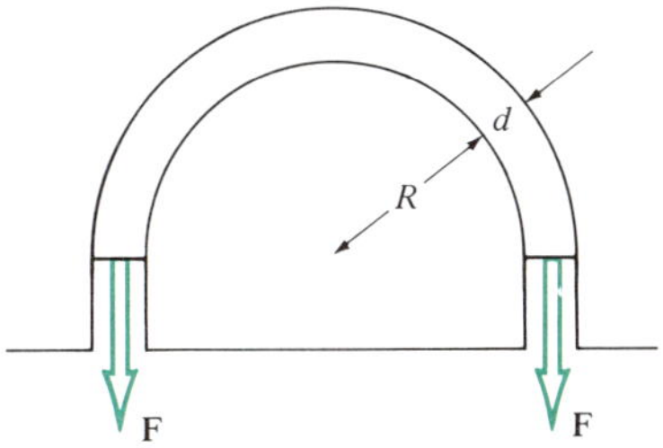

Aufgabe 23

24. Eine stählerne Gasflasche hat 0,5 m Durchmesser. Welche Wandstärke d muß sie haben, damit sie einem Druck von 150 atm standhält? Die Bruchfestigkeit für Stahl ist $1 \cdot 10^{9}$ N/m² (vgl. Aufgabe 23).

25. Eine Kugel mit dem Radius R soll einem Druck P standhalten. Die Bruchfestigkeit der Wand ist S (Kraft pro Fläche). Berechne die minimale Wandstärke d in Abhängigkeit von R, P und S (vgl. Aufgabe 24).

26. Betrachten wir ein einzelnes Photon in einem quaderförmigen Behälter mit dem Volumen $V = Al$. Das Photon bewege sich parallel zur x-Achse, und die Wände seien vollständig reflektierend. Das Photon habe die Energie E und den Impuls $p = E/c$.

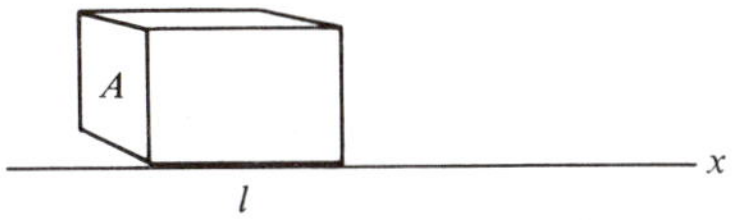

Aufgabe 26

(a) Welcher Impuls wird auf die Wand übertragen, wenn das Photon reflektiert wird?
(b) Wie groß ist der mittlere Druck auf die Wand durch die ständige Reflexion des Photons?
(c) Nehmen wir an, N Photonen der Energie E seien im Behälter und $N/3$ bewegen sich parallel zur x-Achse. Wie groß ist das Produkt PV als Funktion von N und E?

27. Nehmen wir an, die Dichte der Erdatmosphäre ist proportional zum Druck, d. h. $\varrho/\varrho_0 = P/P_0$, wobei ϱ_0 und P_0 Dichte und Druck auf der Erdoberfläche sind. Nach Gl. (12-2) ergibt eine Höhenänderung dh eine Druckänderung $\mathrm{d}P = -\varrho g\,\mathrm{d}h$.
(a) Beweise, daß der Druck durch die Funktion $P(h) = P_0 \exp(-h/h_0)$ gegeben ist, wobei $P_0 = \varrho_0 g h_0$ gilt.
(b) In welcher Höhe ist der Druck auf den Wert $\frac{1}{2}P_0$ zurückgegangen?
(c) Wie groß ist der Druck auf dem Gipfel des Mt. Everest (h = 8,8 km)?

28. Angenommen, die Teilchen im Quader von Abb. 12-8 sind extrem relativistisch, d. h., für ihren Impuls gilt annähernd $p \approx E/c$, wobei E die Energie der Teilchen ist. Benutze $\overline{p_x v_x} = \frac{1}{3}\overline{pv}$ und beweise, daß $PV = E_t/3$ gilt, wobei E_t die Gesamtenergie im Quader ist. Was ist der Unterschied zum nicht-relativistischen Ergebnis, wenn in diesem Fall E_t die gesamte kinetische Energie im Quader ist?

29. Beweise, daß Gl. (12-7) im relativistischen Fall exakt lautet:

$$PV = \frac{N}{3}\overline{pv}.$$

30. Eine Bombe mit einer Sprengkraft von 1 Megatonne TNT explodiert in einer unterirdischen Höhle von 200 m Durchmesser.
(a) Wie groß ist der Druck in der Höhle, wenn die Bombe eine Energie von $4 \cdot 10^{15}$ J freisetzt?
(b) Die Höhle wird auseinandergerissen, wenn der Druck, den das sie umgebende Gestein verursacht, überschritten wird. Wie tief sollte die Höhle liegen, wenn die Gesteinsdichte $3 \cdot 10^3$ kg/m^3 beträgt?

31. Welches ist der zahlenmäßige Zusammenhang zwischen Radius R und Tiefe y der Höhle, bei dem sie dem Druck in Aufgabe 30 standhält?

32. Betrachten wir einen Stern aus N Wasserstoffatomen der Masse m_H. Er sei eine Kugel konstanter Dichte mit dem Radius R. Berechne Druck und Temperatur im Zentrum als Funktion von m_H, N, R und G (G Gravitationskonstante).

33. Wie nimmt die Dichte der Erdatmosphäre mit der Höhe ab? Leite folgende Formel her unter der Annahme, daß überall in der Atmosphäre dieselbe Temperatur herrscht:

$$\varrho = \varrho_0 \exp\left(-\frac{mgh}{kT}\right).$$

13 Thermodynamik

Dieses Kapitel befaßt sich eingehender mit den makroskopischen Größen Druck, Volumen, Temperatur und Energie. Zusätzlich werden praktische Anwendungen wie z. B. Verbrennungsmotoren und ihr Wirkungsgrad diskutiert.

13-1 Der erste Hauptsatz der Thermodynamik

Der erste Hauptsatz der Thermodynamik ist nichts anderes als der Energieerhaltungssatz. Nachdem die Begriffe der inneren Energie und der Wärmeenergie eingeführt sind, kann die Energie eines Körpers in einen makroskopischen und einen mikroskopischen Anteil aufgespalten werden. Makroskopisch ist die mechanische Energie des Gesamtsystems (z. B. die Bewegung eines Körpers), mikroskopisch ist die „versteckte“ Energie der einzelnen Teilchen, die innere Energie. Werden zwei Körper oder Systeme verschiedener Temperaturen miteinander in Berührung gebracht, so fließt die Wärmeenergie ΔQ vom wärmeren zum kälteren. Nach dem Energiesatz muß die Wärme, die in das System geflossen ist, gleich sein der Summe aus Zunahme an innerer Energie und der Arbeit, die das System an seiner äußeren Umgebung verrichtet hat:

$$\begin{pmatrix}\text{in das System}\\ \text{geflossene Wärme}\end{pmatrix} = \begin{pmatrix}\text{Zunahme an}\\ \text{innerer Energie}\end{pmatrix} + \begin{pmatrix}\text{vom System}\\ \text{geleistete Arbeit}\end{pmatrix}$$

oder

$$\Delta Q = \Delta U + \Delta W. \quad \text{(1. Hauptsatz der Thermodynamik)} \qquad \textbf{(13-1)}$$

Dieses Gesetz gilt auch in umgekehrter Richtung: Wird an einem System Arbeit verrichtet, so kann das System Wärme abgeben; in diesem Fall haben ΔW und ΔQ negative Vorzeichen. Es erscheint hier wichtig, auf eine Inkonsistenz der Bezeichnungsweise aufmerksam zu machen. ΔQ und ΔU sind Änderungen des Systems, während ΔW die vom System und nicht die am System geleistete Arbeit bedeutet. Diese Bezeichnungsweise ist jedoch Konvention und wird deshalb auch hier übernommen.

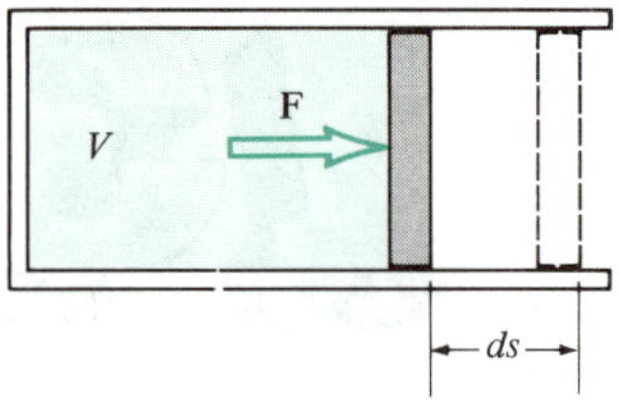

Abb. 13-1. *Ein Gas drückt auf einen Kolben mit der Kraft F. Das Gas verrichtet dabei die Arbeit F* ds, *wenn der Kolben um den Weg* ds *verschoben wird.*

Gl. (13-1) erscheint häufig auch in der Form

$$dU = dQ - dW. \tag{13-2}$$

Betrachtet man als spezielles System ein Gas in einem Zylinder, das mit der Kraft F auf einen Kolben drückt (s. Abb. 13-1), so gilt für die von diesem Gas verrichtete Arbeit:

$$dW = F\,ds = \frac{F}{A}(A\,ds) = P\,dV.$$

Gl. (13-2) nimmt damit die spezielle Form an

$$dU = dQ - P\,dV. \tag{13-3}$$

13-2 Avogadro-Konstante

Der in der Thermodynamik häufig benutzte Begriff des Mols und die wichtige Avogadro-Konstante sollen in diesem Abschnitt eingeführt werden.

Das Mol

Besonders die Chemiker verwenden das Mol als standardisierte Mengeneinheit für chemische Elemente oder Verbindungen. Ein Mol eines Elements oder einer Verbindung ist die Menge in Gramm, die zahlenmäßig der relativen Atom- bzw. Molekularmasse des Elements bzw. der Verbindung gleich ist. Im SI ist definiert:

1 mol = Stoffmenge eines Elements oder einer Verbindung, die aus ebensoviel Teilchen besteht, wie Atome in 12 g ^{12}C enthalten sind.

Leichter zu merken ist:

1 mol = relative Molekularmasse in Gramm.

Die relative Molekularmasse einer Verbindung ist die Summe der relativen Atommassen ihrer Bestandteile. Die relativen Atommassen aller Elemente sind im periodischen System der Elemente auf S. 600 wiedergegeben. Das Kohlenstoffisotop Kohlenstoff-12 (abgekürzt ^{12}C) hat definitionsgemäß die relative Atommasse 12. Wasserstoff hat demzufolge die relative Atommasse 1,008, denn es gilt

$$\frac{M(^1H)}{M(^{12}C)} = \frac{1{,}008}{12}.$$

Nach der Definition des Mols hat also 1 mol Kohlenstoff (^{12}C) die Masse 12 g und 1 mol Wasserstoffgas ($^1H_2$) die Masse (2 · 1,008) g = 2,016 g.

Die Avogadro-Konstante

In späteren Kapiteln werden wir Techniken kennenlernen, mit denen die Massen von Elementarteilchen wie Protonen und Elektronen absolut gemessen werden können. Das Ergebnis für ein Wasserstoffatom ist

$m_H = 1{,}673 \cdot 10^{-24}$ g. Damit läßt sich die Zahl N_0 der Wasserstoffatome in einem Mol atomaren Wasserstoffs ($M = 1{,}008$ g) bestimmen:

$$N_0 = \frac{M \text{ g/mol}}{m_H \text{ g/Atom}} = \frac{1{,}008 \text{ g/mol}}{1{,}673 \cdot 10^{-24} \text{ g/Atom}} = 6{,}02 \cdot 10^{23} \text{ Atome/mol.}$$

Diese Zahl heißt Avogadro-Konstante; sie ist die Anzahl der Moleküle in einem Mol einer chemischen Verbindung.

Beispiel 1: Welches Volumen beansprucht ein Mol eines idealen Gases bei Normaldruck (1 atm) und $T = 273$ K (0 °C)?

Lösung: Benutze Gl. (12-5), setze $N = N_0$ und löse nach V auf:

$$V = \frac{N_0 kT}{P_0} = \frac{(6{,}02 \cdot 10^{23})(1{,}38 \cdot 10^{-23})(273)}{(1{,}01 \cdot 10^5)} \text{ m}^3$$

$$= 2{,}24 \cdot 10^{-2} \text{ m}^3 = 22{,}4 \text{ Liter.}$$

Dieses Volumen wird Molvolumen genannt.

1811 gab Avogadro folgende später nach ihm benannte Regel an: Zwei Gase der gleichen Temperatur, des gleichen Drucks und des gleichen Volumens enthalten die gleiche Anzahl von Teilchen. Nach Gl. (12-5) gilt für die beiden Gase 1 und 2:

$$N_1 = \frac{P_1 V_1}{kT_1} \quad \text{und} \quad N_2 = \frac{P_2 V_2}{kT_2}.$$

In der Tat gilt $N_1 = N_2$, wenn $P_1 = P_2$ und $V_1 = V_2$ und $T_1 = T_2$. Die Avogadrosche Regel ist also eine direkte Folge aus der Zustandsgleichung des idealen Gases. Wird dieses Gesetz speziell auf 1 mol eines idealen Gases angewandt, so gilt

$$PV = N_0 kT. \quad \text{(für 1 mol eines idealen Gases)}$$

Das Produkt $N_0 k$ wird gemeinhin universelle Gaskonstante R genannt:

$$R := N_0 k = (6{,}02 \cdot 10^{23})(1{,}38 \cdot 10^{-23})$$
$$= 8{,}31 \text{ J/(mol K)} = 1{,}99 \text{ cal/(mol K)}.$$

13-3 Spezifische Wärmekapazität

Die spezifische Wärmekapazität ist definiert als dQ/dT pro Masseneinheit eines Stoffes. Die molare Wärmekapazität (auch Molwärme) ist dQ/dT pro mol. Die molare Wärmekapazität eines Gases ist die Wärmemenge, die benötigt wird, um die Temperatur eines Mols um 1 Grad zu erhöhen.

Molare Wärmekapazität bei konstantem Volumen

Üblicherweise wird die Abkürzung C_v für die molare Wärmekapazität eines Gases benutzt, dessen Volumen konstant gehalten wird. Setzt man $\mathrm{d}V = 0$ in Gl. (13-3), so ergibt sich $\mathrm{d}Q = \mathrm{d}U$ und somit

$$C_v = \frac{\mathrm{d}U}{\mathrm{d}T}.$$

Nach Gl.(12-12) hat ein Mol eines einatomigen idealen Gases die innere Energie $U = \frac{3}{2}N_0kT$. Daraus folgt $\mathrm{d}U/\mathrm{d}T = \frac{3}{2}N_0k$ oder

$$C_v = \tfrac{3}{2}R = 3 \text{ cal/(mol K)}.$$

Zweiatomige Moleküle haben wir in Kap. 12 als „glatte" Hanteln mit zwei Freiheitsgraden der Rotation kennengelernt. Ein Mol hat daher die innere Energie $U = \frac{5}{2}N_0kT$, und die molare Wärmekapazität ergibt sich zu $C_v \approx \frac{5}{2}R$. Drei- und mehratomige Moleküle sollten bei drei Freiheitsgraden der Rotation ein C_v von $3R$ haben. Allerdings gibt es Abweichungen von diesen Vorhersagen; diese werden im folgenden diskutiert.

Nach der klassischen Mechanik sollte die molare Wärmekapazität unabhängig von der Temperatur sein. Alle Gase mit Ausnahme der einatomigen haben jedoch ein C_v, das mit der Temperatur zunimmt. Die molare Wärmekapazität von H_2 als Funktion der Temperatur ist in

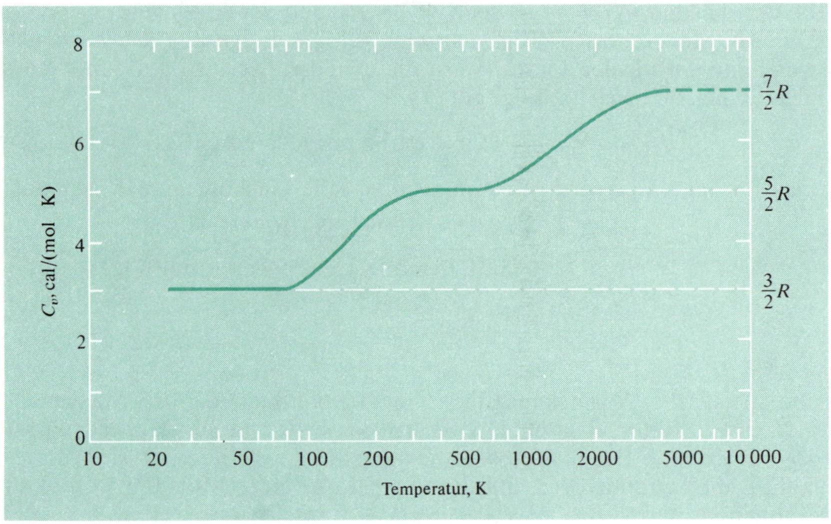

Abb. 13-2. *Molare Wärmekapazität von Wasserstoffgas bei konstantem Volumen als Funktion der Temperatur*

Abb. 13-2 wiedergegeben. Bei Temperaturen unter 100 K nimmt die molare Wärmekapazität den Wert $C_v \approx \frac{3}{2}R$ an, was darauf schließen läßt, daß bei so tiefen Temperaturen keine Rotationsfreiheitsgrade angeregt sind. Dies vermag die Quantenmechanik zu erklären. In Kap. 26 wird gezeigt, daß der Drehimpuls eines quantenmechanischen Systems gequantelt ist und mindestens die Größe $L_{\text{min}} = h/2\pi \approx 10^{-34}$ kg m² s⁻¹ hat; h ist dabei die Planck-Konstante. Nach Gl. (10-21) gilt für die entsprechende minimale kinetische Energie der Rotation $(K_{\text{rot}})_{\text{min}} = \frac{1}{2}L_{\text{min}}^2/I$, wobei I das Trägheitsmoment des Moleküls ist. Ist $\frac{1}{2}kT$ kleiner als diese minimale Rotationsenergie, so steht bei einem typischen Stoß nicht genügend Energie zur Verfügung, um die Rotation anzuregen.

Beispiel 2: Bei welcher Temperatur ist $\frac{1}{2}kT$ gleich der minimalen Rotationsenergie eines Wasserstoffmoleküls?

Lösung:

$$\frac{1}{2}kT = \frac{1}{2}\frac{L_{\text{min}}^2}{I},$$

$$T = \frac{L_{\text{min}}^2}{kI}, \qquad \textbf{(13-4)}$$

wobei $I = 2m\overline{R^2}$ das Trägheitsmoment ist. Für H_2 gilt: $m = 1{,}67 \cdot 10^{-27}$ kg und $R \approx 5 \cdot 10^{-11}$ m. Dann ist $I = 2(1{,}67 \times \times 10^{-27})(5 \cdot 10^{-11})^2 = 8{,}3 \cdot 10^{-48}$ kg m². I wird in Gl. (13-4) eingesetzt:

$$T = \frac{(10^{-34})^2}{(1{,}38 \cdot 10^{-23})(8{,}3 \cdot 10^{-48})} = 87\text{ K}.$$

Nun ist klar, weshalb C_v von H_2 bei ungefähr 100 K anfängt zuzunehmen.

Bei Temperaturen über 2000 K nimmt das C_v von H_2 weiter von $\approx (5/2)R$ auf $\approx (7/2)R$ zu. Dies legt den Schluß nahe, daß zwei weitere Freiheitsgrade, die Schwingungen, angeregt werden. Wie schon in Abschn. 11-5 gezeigt, können die beiden Wasserstoffatome gegeneinander schwingen mit einer Frequenz, die durch die Kurvenform der potentiellen Energie gegeben ist. In Beispiel 6 von Kap. 11 haben wir festgestellt, daß diese molekularen Schwingungsfrequenzen im Infraroten liegen, typischerweise bei $\approx 10^{14}$ Hz. In Kap. 26 werden wir sehen, daß auch die Schwingungsbewegung quantisiert ist mit einer minimalen Vibrationsenergie $(E_{\text{vib}})_{\text{min}} = hf$. Das bedeutet, daß für $f = 10^{14}$ Hz $(E_{\text{vib}})_{\text{min}} \approx 6 \cdot 10^{-20}$ J gilt. Ist die mittlere kinetische Energie eines Moleküls größer als dieser

Wert, so kann Schwingungsanregung stattfinden. Dieser Fall tritt ein, wenn

$$kT \approx 6 \cdot 10^{-20}\,\text{J} \quad \text{oder} \quad T \approx 4 \cdot 10^{3}\,\text{K}.$$

Der Gleichverteilungssatz der Energie verlangt also, daß bei Temperaturen über 4000 K die mittlere Schwingungsenergie der Moleküle $\bar{K}_{vib}$ gleich $\frac{1}{2}kT$ ist. Zusätzlich zur kinetischen Energie der Schwingung gibt es auch eine potentielle Energie der Schwingung. In Abschn. 11-4 wurde abgeleitet, daß mittlere kinetische und mittlere potentielle Energie der Schwingung gleich sind. Damit ergibt sich für die mittlere innere Energie eines Moleküls

$$U = \bar{K}_{trans} + \bar{K}_{rot} + \bar{K}_{vib} + \bar{U}_{vib},$$

$$U = (3/2)kT + (2/2)kT + (1/2)kT + (1/2)kT, \quad (U \text{ eines Moleküls})$$

$$U = (7/2)N_0kT = (7/2)RT. \quad (U \text{ pro Mol})$$

Für die molare Wärmekapazität erhält man

$$C_v = (7/2)R.$$

Unsere Vorhersagen für die Werte der molare Wärmekapazität verschiedener Gase sind in der ersten Spalte von Tab. 13-1 wiedergegeben. Tab. 13-2 zeigt, daß sie bemerkenswert gut mit den experimentellen Werten übereinstimmen.

***Beispiel 3:** Wie groß ist die molare Wärmekapazität eines festen Kristalls?

Lösung: In diesem Fall ist jedes Atom fest an einem Platz des Kristallgitters gebunden. Da es in allen drei Richtungen Schwingungen ausführen kann, ist sein Beitrag zur kinetischen Energie $(3/2)kT$. Hinzu kommt wiederum ein gleicher Anteil an mittlerer potentieller Energie, so daß die mittlere innere Energie $U = (6/2)kT$ beträgt. Die innere Energie pro Mol ist demzufolge $U = 3N_0kT$, und die molare Wärmekapazität ist $C_v = 3R = 6$ cal/(mol K) unabhängig von der relativen Atommasse. Dies wird als Dulong-Petitsches Gesetz bezeichnet (s. Tab. 13-2).

Aus den Messungen von C_v als Funktion von T war das Temperaturverhalten der Freiheitsgrade der Rotation und der Schwingung schon lange vor der Entwicklung der Quantenmechanik bekannt. Erst die Quantenmechanik ermöglichte es jedoch, dieses „seltsame" Temperaturverhalten zu verstehen.

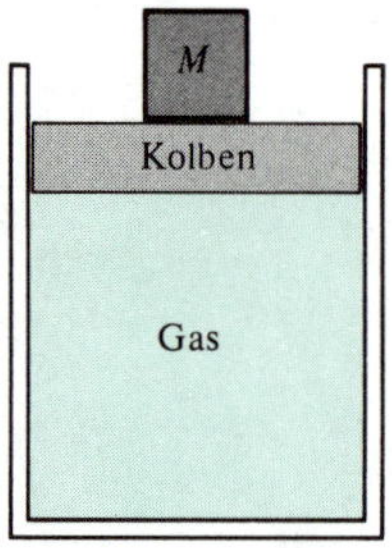

Abb. 13-3. *Ein Gas befindet sich in einem Zylinder unter konstantem Druck. Der Kolben kann sich frei bewegen, wenn das Gas erhitzt oder abgekühlt wird.*

Molare Wärmekapazität bei konstantem Druck

Ein Mol eines Gases wird unter konstantem Druck gehalten, wie es in Abb. 13-3 dargestellt ist. Wird das Gas erwärmt, so dehnt es sich aus

Tabelle 13-1. *Theoretische Werte der molaren Wärmekapazität verschiedener Typen von idealen Gasen*

Typ des idealen Gases	C_v	C_p	$C_p/C_v = \gamma$
Einatomig	$(3/2)R$	$(5/2)R$	$(5/3)$
Zweiatomig mit Rotation	$(5/2)R$	$(7/2)R$	$(7/5)$
Zweiatomig mit Rotation und Vibration	$(7/2)R$	$(9/2)R$	$(9/7)$
Mehratomig mit Rotation, ohne Vibration	$(6/2)R$	$(8/2)R$	$(4/3)$

Tabelle 13-2. *Werte der molaren Wärmekapazität bei* 20 °C *und* 1 atm *in* cal/(mol K)

Substanz	C_v	C_p	C_p/C_v
Einatomige Gase			
He	2,98	4,97	1,67
Ar	2,98	4,97	1,67
Zweiatomige Gase			
H_2	4,88	6,87	1,41
N_2	4,96	6,95	1,40
Mehratomige Gase			
CO_2	6,80	8,83	1,30
NH_3	6,65	8,80	1,31
Festkörper			
Al		5,82	
Cu		5,85	
Ag		6,09	

d. h., ein Teil der zugeführten Wärme wird in mechanische Arbeit von der Größe $P\,\Delta V$ verwandelt. Nach Gl. (13-3) gilt

$$dQ = dU + P\,dV.$$

Da U nur von der Temperatur abhängt, ergibt sich $dU = C_v\,dT$ und

$$dQ = C_v\,dT + P\,dV. \tag{13-5}$$

Aus der Zustandsgleichung des idealen Gases folgt

$$dV = \frac{R}{P}\,dT.$$

Dies wird in Gl. (13-5) eingesetzt:

$$dQ = C_v\,dT + P\left(\frac{R}{P}\,dT\right).$$

Dividiert man beide Seiten durch dT, so erhält man

$$\frac{dQ}{dT} = C_v + R.$$

Dieser Ausdruck ist die Definition der molaren Wärmekapazität bei konstantem Druck: C_p. Es gilt also

$$C_p - C_v = R. \quad \text{(gültig für ideale Gase)} \tag{13-6}$$

Das Ergebnis dieser Herleitung stimmt gut mit den experimentellen Daten überein; einige sind in Tab. 13-2 angegeben.

13-4 Isotherme Expansion

Verbrennungsmotoren verwenden häufig Zylinder und Kolben wie in Abb. 13-3. Das Gas im Zylinder könnte z. B. eine Mischung von Kohlenwasserstoffen und Luft sein. Wird das Gemisch gezündet, so entsteht im Gas ein hoher Druck, der den Kolben in Bewegung setzt. Der Kolben könnte über eine Pleuelstange mit einer Kurbelwelle verbunden werden, so daß die ursprünglich erzeugte mechanische Energie $P\,dV$ in kinetische Energie der Rotation umgesetzt werden könnte.

Wir wollen nun die mechanische Arbeit berechnen, die nach außen abgegeben wird, wenn sich durch die Kolbenbewegung das Volumen von V_1 auf V_2 vergrößert. Dabei sollen zwei Fälle unterschieden werden: (1) isotherme Expansion, d. h., die Temperatur des Gases wird konstant gehalten, und (2) adiabatische Expansion, d. h., das Gas ist thermisch von seiner Umgebung isoliert.

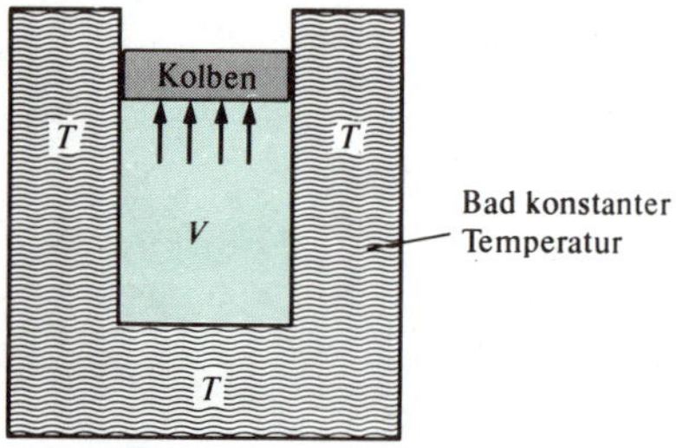

Abb. 13-4. *Isotherme Expansion. Das Gas im Zylinder befindet sich immer im thermischen Gleichgewicht mit dem Temperaturbad.*

Abb. 13-4 zeigt eine isotherme Expansion; die Zylinderwände müssen auf konstanter Temperatur gehalten werden, und der Kolben muß sich langsam genug bewegen, um dem Gas Zeit zu lassen, im thermischen Gleichgewicht mit den Wänden zu bleiben. Würde das Gas zu schnell expandieren, so würde es sich abkühlen, da ein Teil seiner inneren Energie in die mechanische Arbeit $W = \int P\,dV$ umgewandelt würde. Offenbar fließt bei der isothermen Expansion Wärme aus dem Temperaturbad in das Gas, um dessen Temperatur aufrechtzuerhalten. Diese Wärmemenge muß gleich der vom Gas verrichteten mechanischen Arbeit sein. Dieses Ergebnis folgt auch aus dem ersten Hauptsatz der Thermodynamik: $dQ = dU + P\,dV$. Bei der isothermen Expansion gilt $dU = 0$ und somit:

$$dQ = P\,dV = dW,$$

$$\Delta Q = \Delta W = \int_{V_1}^{V_2} P\,dV.$$

Bei einem idealen Gas kann im Integranden P durch NkT/V ersetzt werden:

$$\Delta Q = \Delta W = \int \left(\frac{NkT}{V}\right) dV = NkT \int \frac{dV}{V},$$

$$\Delta Q = \Delta W = NkT \ln \frac{V_2}{V_1}. \quad \text{(isotherme Expansion des idealen Gases)} \qquad \mathbf{(13\text{-}7)}$$

13-5 Adiabatische Expansion

Läßt man es zu, daß sich der Kolben bei hohem Gasdruck schnell bewegt, so kann das Gas in der kurzen Zeit normalerweise nicht im thermischen Gleichgewicht mit den Zylinderwänden bleiben. Das thermische Gleichgewicht bleibt jedoch, sofern die Expansion nicht zu schnell verläuft, innerhalb des Gases selbst erhalten. Da in solchen Fällen also keine Wärme von den Zylinderwänden in das expandierende Gas fließt, können wir in Gl. (13-3) $dQ = 0$ setzen:

$$dU + P\,dV = 0.$$

$\mathrm{d}U$ substituieren wir durch $C_v\,\mathrm{d}T$:

$$C_v\,\mathrm{d}T + P\,\mathrm{d}V = 0. \quad \text{(für 1 mol)} \tag{13-8}$$

Wir erhalten einen Ausdruck für $\mathrm{d}T$, indem wir $RT = PV$ differenzieren:

$$R\,\mathrm{d}T = P\,\mathrm{d}V + V\,\mathrm{d}P.$$

Löst man nach $\mathrm{d}T$ auf und setzt das Ergebnis in Gl. (13-8) ein, so erhält man:

$$C_v\left(\frac{P\,\mathrm{d}V}{R} + \frac{V\,\mathrm{d}P}{R}\right) + P\,\mathrm{d}V = 0,$$

$$\left(\frac{C_v + R}{R}\right) P\,\mathrm{d}V + \frac{C_v V}{R}\,\mathrm{d}P = 0.$$

Jetzt können wir Gl. (13-6) benutzen und $(C_v + R)$ durch C_p ersetzen:

$$C_p P\,\mathrm{d}V + C_v V\,\mathrm{d}P = 0,$$

$$\gamma\frac{\mathrm{d}V}{V} + \frac{\mathrm{d}P}{P} = 0, \quad \text{wobei} \quad \gamma := C_p/C_v.$$

Diese Gleichung können wir integrieren:

$$\gamma\int\frac{\mathrm{d}V}{V} + \int\frac{\mathrm{d}P}{P} = 0,$$

$$\gamma \ln V + \ln P = \ln K.$$

Dabei ist $\ln K$ eine Integrationskonstante. Durch einfache Umformung folgt:

$$\ln(PV^\gamma) = \ln K,$$

$$PV^\gamma = K.$$

Damit haben wir gezeigt, daß bei einem idealen Gas das Produkt PV^γ während einer adiabatischen Expansion konstant bleibt, mit anderen Worten:

$$P_1V_1^\gamma = P_2V_2^\gamma. \quad \text{(adiabatische Expansion eines idealen Gases)} \tag{13-9}$$

Mit $PV = RT$ kann man Gl. (13-9) umformen in

$$T_1V_1^{\gamma-1} = T_2V_2^{\gamma-1} \tag{13-10}$$

oder

$$\frac{T_1}{P_1^{\gamma-1}} = \frac{T_2}{P_2^{\gamma-1}}. \tag{13-10a}$$

Diese beiden Gleichungen sind zusammen mit Gl. (13-9) als die Poissonschen Gleichungen bekannt.

Es erweist sich als nützlich, für eine feste Gasmenge ein PV-Diagramm zu zeichnen. Abb. 13-5 zeigt sowohl eine isotherme als auch eine adiabatische Expansion von V_1 auf V_2. Im adiabatischen Fall ist P proportional $1/V^\gamma$, wobei γ immer größer als 1 ist; deshalb liegt die adiabatische Kurve immer unterhalb der entsprechenden isothermen.

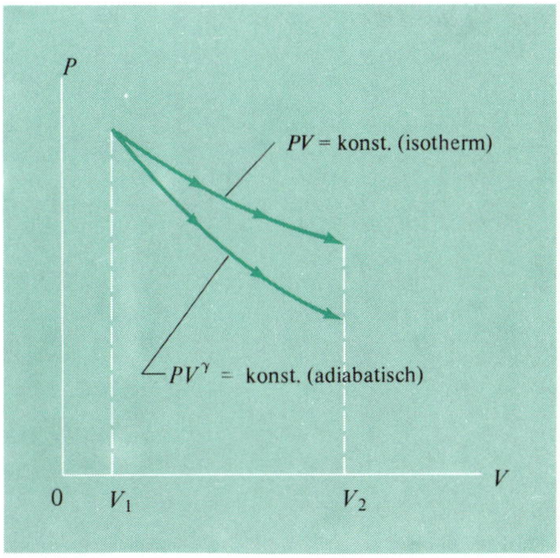

Abb. 13-5. *Vergleich von isothermer und adiabatischer Expansion, ausgehend vom gleichen Druck und Volumen.*

Bei isothermer Expansion wird, wie oben gezeigt wurde, Wärme in mechanische Arbeit umgewandelt, und diese Wärme wird dem Temperaturbad entzogen. Dehnt sich ein Mol eines idealen Gases von V_1 auf V_2 aus, so ist die geleistete Arbeit durch Gl. (13-7) gegeben:

$$\Delta W = RT \ln \frac{V_2}{V_1}. \quad \text{(isotherme Expansion von 1 mol eines idealen Gases)} \tag{13-11}$$

Bei adiabatischer Expansion wird ein Teil der inneren Energie des Gases in mechanische Arbeit umgewandelt. Dehnt sich ein Mol eines idealen Gases von V_1 auf V_2 aus, so verrichtet es die Arbeit

$$\Delta W = \int_{V_1}^{V_2} P \, \mathrm{d}V. \tag{13-12}$$

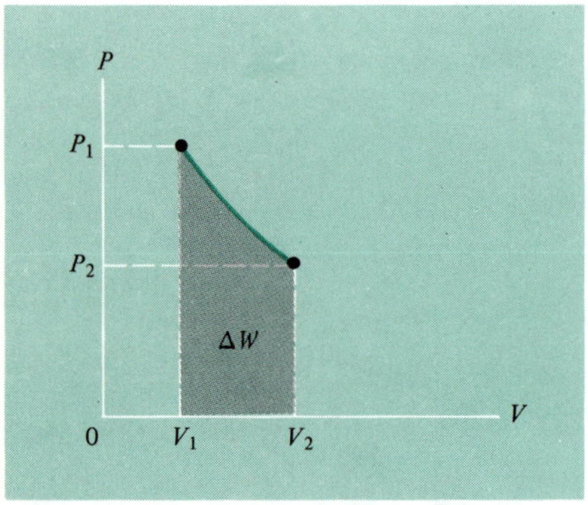

Abb. 13-6. *Der schattierte Bereich entspricht der Arbeit, die vom Gas verrichtet wird, wenn es sich adiabatisch von V_1 auf V_2 ausdehnt.*

Dies ist der dunkel gezeichnete Bereich unter der Kurve in Abb. 13-6. Die Variable P in Gl. (13-12) kann durch Verwendung von Gl. (13-9) eliminiert werden:

$$PV^\gamma = P_1 V_1^\gamma.$$

Also gilt

$$P = (P_1 V_1^\gamma)\, V^{-\gamma}.$$

Setzt man P in Gl. (13-12) ein, so erhält man:

$$\Delta W = \int_{V_1}^{V_2} [(P_1 V_1^\gamma)\, V^{-\gamma}] \, \mathrm{d}V = P_1 V_1^\gamma \left[\frac{1}{-\gamma + 1} V^{-\gamma+1}\right]_{V_1}^{V_2},$$

$$\Delta W = \frac{P_1 V_1^\gamma}{\gamma - 1} \left[\frac{1}{V_1^\gamma} - \frac{1}{V_2^\gamma}\right],$$

$$\Delta W = \frac{P_1 V_1}{\gamma - 1} \left[1 - \left(\frac{V_1}{V_2}\right)^{\gamma-1}\right]. \quad \text{(für adiabatische Expansion von 1 mol eines idealen Gases)} \tag{13-13}$$

Beispiel 4: Ein Benzinmotor hat ein Kompressionsverhältnis von 8 zu 1; das bedeutet $V_2/V_1 = 8$. In welchem Verhältnis stehen Auspuff- und Verbrennungstemperatur zueinander?

Lösung: Nehmen wir adiabatische Expansion eines idealen Gases an, so folgt unmittelbar aus Gl. (13-10)

$$\frac{T_2}{T_1} = \left(\frac{V_1}{V_2}\right)^{\gamma-1}.$$

Das Gas besteht hauptsächlich aus Luft, ist also zweiatomig, und hat nach Tab. 13-1 $\gamma = 1{,}4$:

$$\frac{T_2}{T_1} = \left(\frac{1}{8}\right)^{0{,}4} = 0{,}435.$$

Beispiel 5: Der Einzylindermotor eines Motorrads hat ein Kompressionsverhältnis von 6 : 1. Der Kolben verursacht eine maximale Volumenänderung im Zylinder von 200 cm³. Wie groß ist die Leistung durch die Expansion des Gases, wenn der Motor eine Drehzahl von 3000 Upm (50 Hz) hat? Es wird adiabatische Expansion eines idealen Gases mit $P_1 = 20\,\text{atm} \approx 2 \cdot 10^6\,\text{N/m}^2$ vorausgesetzt.

Lösung: Die Daten können direkt in Gl. (13-13) eingesetzt werden:

$$\Delta W = \frac{(2 \cdot 10^6\,\text{N/m}^2)(200 \cdot 10^{-6}\,\text{m}^3)}{1{,}4 - 1}\left[1 - \left(\frac{1}{6}\right)^{0{,}4}\right] = 511\,\text{J}$$

Diese Arbeit wird während einer halben Umdrehung geleistet, also in $\Delta t = 10^{-2}$ s; damit ergibt sich für die Leistung während der Expansion:

$$P = \frac{\Delta W}{\Delta t} = \frac{511}{0{,}01} = 5{,}1 \cdot 10^4\,\text{W} = 51\,\text{kW}$$

Müßte für die Kompression des Gases keine Arbeit aufgewandt werden, so würde die mittlere Leistung 25,5 kW betragen. Berücksichtigt man jedoch die Energie, die benötigt wird, um neues, kaltes Benzin-Luft-Gemisch zu komprimieren, so ist die abgegebene Leistung im Mittel nur noch ungefähr 7 kW.

Wir haben gesehen, daß die einfache Theorie, die wir entwickelt haben, mit einigem Erfolg auf praktische Motoren angewandt werden kann. Wir erhalten Informationen darüber, welche Parameter eines Motors geändert werden müssen, um seine Leistung zu erhöhen, und, was besonders wichtig ist, wir kennen die Gründe dafür. Diese Art grundlegenden Verständnisses ist notwendig für Ingenieure, die versuchen, bessere Motoren zu entwerfen.

Kompression eines Gases

Isotherme und adiabatische Expansion sind reversible Prozesse. Das bedeutet folgendes: Nimmt man die Expansion auf einen Film auf und läßt dann den Film rückwärts ablaufen, so ist das, was man auf der Leinwand sieht, ein möglicher physikalischer Vorgang. Offenbar wird Arbeit verrichtet, wenn der Kolben in den Zylinder gedrückt wird. Im Fall der adiabatischen Kompression wird diese Arbeit in innere Energie umgewandelt und führt zu einer Temperaturerhöhung. Bei der isothermen Kompression wird diese Energie als Wärme an das Temperaturbad abgegeben. Die Gln. (13-7) bis (13-13) gelten in gleicher Weise für Expansion und Kompression.

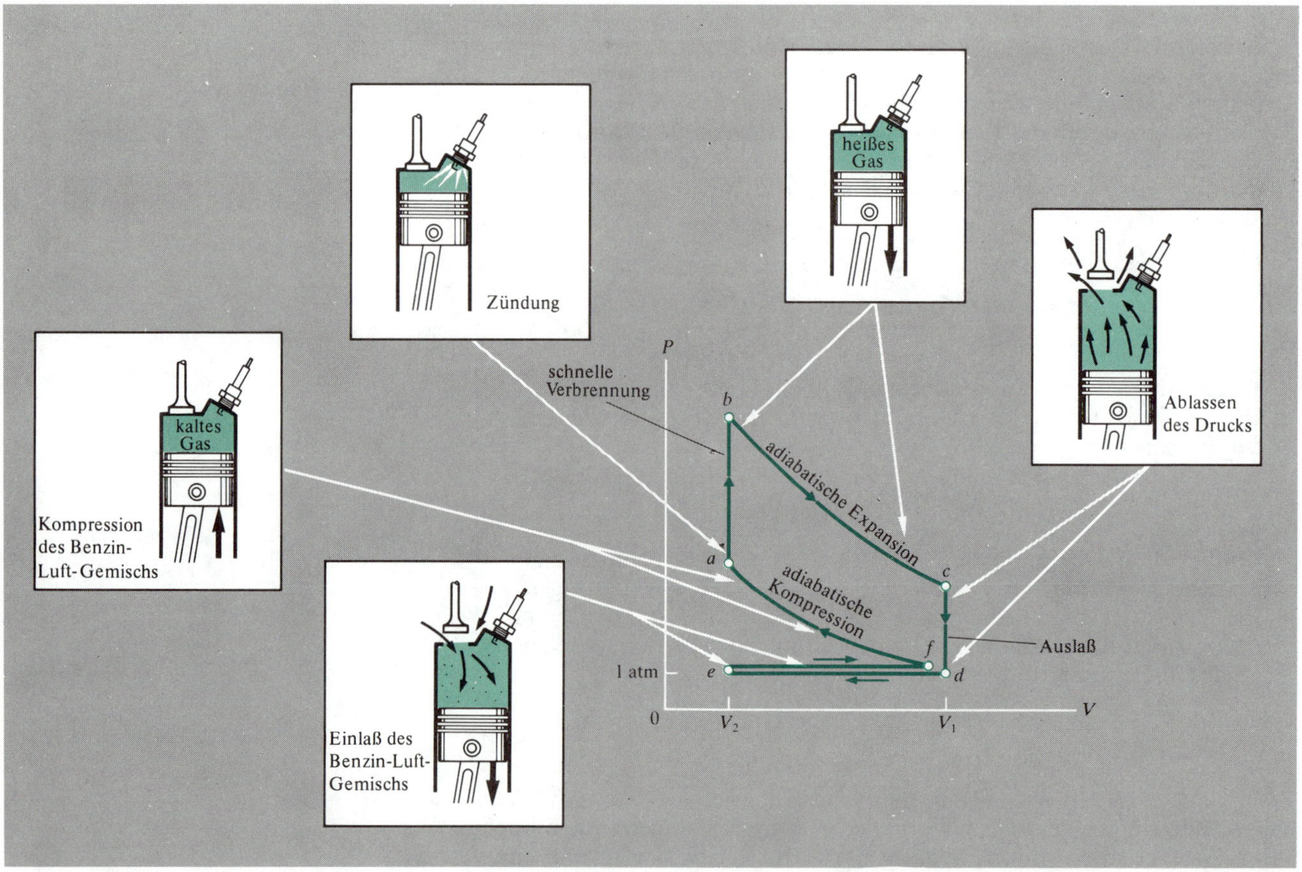

Abb. 13-7. *PV-Diagramm eines Zyklus im Viertakt-Ottomotor. Die Stellung des Kolbens und der Ventile für die einzelnen Phasen sind schematisch wiedergegeben.*

13-6 Der Otto-Motor

In diesem Abschnitt wollen wir uns mit der Arbeitsweise und dem Wirkungsgrad eines normalen Viertakt-Benzinmotors beschäftigen, wie er z. B. im Auto verwendet wird. Während eines Zyklus bewegt sich der Kolben zweimal abwärts und zweimal aufwärts, was zur Bezeichnung Viertakt geführt hat. Die verschiedenen Phasen eines vollständigen Zyklus sind in Abb. 13-7 wiedergegeben:

a Das komprimierte Benzin-Luft-Gemisch wird mit einer Zündkerze gezündet.

$a \to b$ Plötzlicher Druckanstieg nach der Zündung während der Verbrennung.

c Ende der adiabatischen Expansion, das Auslaßventil wird geöffnet.

$c \to d$ Das heiße noch unter Druck stehende Gas verläßt den Zylinder durch das Auslaßventil.

e Der Kolben hat das restliche Gas aus dem Zylinder gedrückt, danach schließt sich das Auslaßventil, und das Einlaßventil öffnet sich.

f Frisches Benzin-Luft-Gemisch ist angesaugt worden, das Einlaßventil schließt sich.

$f \to a$ Das frische Gemisch wird adiabatisch komprimiert.

Ein Benzin-Luft-Gemisch setzt bei der Verbrennung pro Gramm Brennstoff 7,4 kcal Wärmeenergie frei. Es ist sehr bedeutsam zu wissen, welcher Bruchteil dieser Energie in verwendbare mechanische Energie umgewandelt werden kann. Dieser Bruchteil wird als Wirkungsgrad ε des Motors bezeichnet:

$$\varepsilon := \frac{\Delta W}{\Delta Q_{ab}}.$$

Dabei ist ΔW die vom Motor in einem Zyklus geleistete mechanische Arbeit und ΔQ_{ab} die vom Gemisch freigesetzte Verbrennungswärme. Für die geleistete Arbeit verwenden wir Gl. (13-13):

$$\Delta W = \frac{P_b V_1}{\gamma - 1}\left[1 - \left(\frac{V_1}{V_2}\right)^{\gamma-1}\right] - \frac{P_a V_1}{\gamma - 1}\left[1 - \left(\frac{V_1}{V_2}\right)^{\gamma-1}\right]$$

$$= \frac{(P_b - P_a)\, V_1}{\gamma - 1}\left[1 - \left(\frac{V_1}{V_2}\right)^{\gamma-1}\right].$$

Für jedes Mol des Gases gilt $(P_b - P_a)\, V_1 = R(T_b - T_a)$, also:

$$\Delta W = \frac{R(T_b - T_a)}{(C_p - C_v)/C_v}\left[1 - \left(\frac{V_1}{V_2}\right)^{\gamma-1}\right],$$

$$\Delta W = C_v(T_b - T_a)\left[1 - \left(\frac{V_1}{V_2}\right)^{\gamma-1}\right]. \qquad \textbf{(13-14)}$$

Hierbei wurde $R = (C_p - C_v)$ von Gl. (13-6) benutzt. Die Wärmemenge, die benötigt wird, um das Gas von T_a auf T_b zu erwärmen, ist

$$\Delta Q_{ab} = C_v(T_b - T_a).$$

Den Wirkungsgrad erhält man, indem man Gl. (13-14) durch ΔQ_{ab} dividiert:

$$\varepsilon = 1 - \left(\frac{V_1}{V_2}\right)^{\gamma-1}. \qquad \textbf{(13-15)}$$

Beispiel 6: Wie groß ist der theoretische Wirkungsgrad eines Benzinmotors mit einem Kompressionsverhältnis von 8 : 1?

Lösung: $V_1/V_2 = \frac{1}{8}$ und $\gamma = 1{,}4$ werden in Gl. (13-15) eingesetzt; es ergibt sich

$$\varepsilon = 1 - (\tfrac{1}{8})^{0{,}4} = 0{,}56.$$

Wichtig ist die Anmerkung, daß der Wert von 56% aus Beispiel 6 die **theoretische** obere Grenze für den Wirkungsgrad darstellt. Tatsächlich haben Benzinmotoren Wirkungsgrade, die nur halb so groß oder sogar noch kleiner sind. Das hat mehrere Ursachen: Das Benzin verbrennt nicht vollständig; die Zylinderwände werden gekühlt, folglich geht Wärme im Kühlsystem verloren; außerdem spielt die Reibung im Motor eine Rolle. Ein Benzin- oder Heizöl-Brenner kann bei der Erzeugung von Wärme auf fast 100% Wirkungsgrad kommen, ein Verbrennungsmotor dagegen verwandelt nur ungefähr 25% der im Brennstoff steckenden Energie in mechanische Energie; der Rest geht zum größten Teil als Wärme verloren.

Zusammenfassung

Der erste Hauptsatz der Thermodynamik ist der erweiterte Energieerhaltungssatz, der auch die innere Energie eines Systems einbezieht. Der Satz besagt $\Delta Q = \Delta U + \Delta W$, wobei ΔQ die in das System geflossene Wärmeenergie, ΔU die Zunahme der inneren Energie und ΔW die vom System geleistete Arbeit ist. Für ein Gas, das einen Kolben verschiebt, gilt $\mathrm{d}W = P\,\mathrm{d}V$.

Ein Mol einer Verbindung ist die relative Molekularmasse in Gramm. Ein Mol einer Verbindung enthält $N_0 = 6{,}02 \cdot 10^{23}$ Moleküle (Avogadro-Konstante).

Die molare Wärmekapazität (Molwärme) ist definiert als $\mathrm{d}Q/\mathrm{d}T$ pro Mol; $\mathrm{d}Q$ ist dabei die in das System fließende Wärme. C_v ist die molare Wärmekapazität bei konstantem Volumen, entsprechend C_p bei konstantem Druck. Für ein ideales Gas gilt $(C_p - C_v) = N_0 k := R = 1{,}99$ cal/(mol K)

Es gilt $C_v = \frac{3}{2}R$ für einatomige Gase und $\frac{5}{2}R$ für Gase, bestehend aus zweiatomigen Molekülen. Zweiatomige Moleküle können wegen der Quantisierung des Drehimpulses und der Schwingungsenergie bei tiefen Temperaturen nicht rotieren oder schwingen; deshalb ist C_v eine Funktion der Temperatur.

Läßt man ein ideales Gas bei konstanter Temperatur expandieren, so ist die Wärmemenge, die ins Gas übergeht, um seine innere Energie aufrechtzuerhalten, gegeben durch

$$\Delta Q = NkT \ln \frac{V_2}{V_1}\,. \quad \text{(isotherme Expansion)}$$

Expandiert dasselbe Gas, ohne daß Wärme zu- oder abgeführt wird, so gilt

$$P_1 V_1^\gamma = P_2 V_2^\gamma, \quad \text{(adiabatische Expansion)}$$

wobei $\gamma = C_p/C_v$ ist.

Aufgaben

1. Ein luftgefüllter Ballon habe einen Durchmesser von 20 cm und befinde sich 10 m unter Wasser. Er werde ein kleines Stück abgesenkt, so daß sich der Durchmesser auf 19,8 cm verringert. Benütze Gl. (13-1) und berechne ΔW. Ist ΔW positiv oder negativ?

2. Welche Wärmemenge wäre in den Ballon von Aufgabe 1 geflossen, wenn die innere Energie im Ballon während des Absinkens um 10 J zugenommen hätte?

3. Wie viele Moleküle enthält 1 g (a) Wasserstoffgas, (b) Wasser, (c) Glukose ($C_6H_{12}O_6$)?

4. **(a)** Eine gute Vakuumpumpe kann ein geeignetes 10-l-Gefäß auf 10^{-12} atm evakuieren. Wie viele Moleküle sind im evakuierten Gefäß bei Zimmertemperatur?

(b) 1 l eines bestimmten Gases habe die Masse 0,0894 g bei 0 °C und bei einem Druck von 1 atm. Welches Gas ist das?

5. Das beste Vakuum, das Menschen auf der Erde herstellen können, ist ungefähr 10^{-13} mbar. Wie viele Moleküle pro cm^3 befinden sich noch in diesem Vakuum bei $T = 300$ K? Das Vakuum des interstellaren Raums enthält ungefähr ein Proton pro cm^3!

6. Die relative Atommasse von Sauerstoff ist 16. 8 g O_2 seien in einem 8-l-Gefäß bei einem Druck von 1 atm eingeschlossen.

(a) Gib die Zahl der Mole O_2-Gas im Gefäß an.

(b) Wie viele O_2-Moleküle befinden sich im Gefäß?

(c) Bestimme die Temperatur und die gesamte kinetische Energie der Moleküle.

7. Wie groß ist die spezifische Wärmekapazität von Helium, Wasserstoff und Stickstoff, wenn das Volumen dieser Gase konstant gehalten wird?

8. Vergleiche miteinander die von der Quantenmechanik erlaubten Minimalenergien für Rotation und Schwingung eines H_2-Moleküls.

9. Betrachten wir ein mehratomiges Molekül, das zwei voneinander unabhängige Schwingungsmoden hat. Wie groß ist C_v für 1 mol eines solchen Gases?

10. Welches ist die spezifische Wärmekapazität von Kupfer?

11. Wiederhole Beispiel 4 für ein Kompressionsverhältnis von 6 : 1.

12. Wie erhöht sich der theoretische Wirkungsgrad eines Benzinmotors, wenn man das Kompressionsverhältnis von 6 : 1 auf 8 : 1 vergrößert?

13. Betrachten wir ein Mol eines idealen einatomigen Gases und ein Mol eines zweiatomigen Gases, die getrennt voneinander adiabatisch im gleichen Verhältnis komprimiert werden. Vor der Kompression hatten beide Gase die gleiche Temperatur; welche Temperaturen haben sie danach?

14. Beweise, daß für adiabatische Zustandsänderungen $(T_1^\gamma P_1^{1-\gamma}) = (T_2^\gamma P_2^{1-\gamma})$ gilt.

15. **(a)** 1 mol Sauerstoff wird mit 2 mol Wasserstoff vermischt. Welche Wärmekapazität hat die Mischung (18 g) bei konstantem Volumen?

(b) Wie groß ist die Wärmekapazität bei konstantem Volumen, wenn die Mischung gezündet wird und 18 g Wasserdampf bildet?

16. Nehmen wir an, die Zustandsgleichung für 1 mol eines realen (nicht-idealen) Gases laute $P(V - V_0) = RT$, wobei V_0 das Eigenvolumen von N_0 Molekülen bedeute. Was ergibt sich für $(C_p - C_v)$ in diesem Fall?

17. Das Gas von Aufgabe 16 dehnt sich isotherm von V_1 auf V_2 aus; wie groß ist ΔQ?

18. Zeige, daß für das reale Gas der Aufgaben 16 und 17 im Falle adiabatischer Zustandsänderung die Beziehung gilt: $P(V - V_0)^\gamma = \text{const.}$

19. Ein Mol N_2-Gas bei $V_1 = 22{,}4$ l und Normaldruck expandiere adiabatisch auf das doppelte Volumen $V_2 = 2V_1$. Danach werde es isotherm wieder auf das alte Volumen komprimiert.

(a) Berechne P_2 und T_2.

(b) Wie groß ist ΔW_{12}, die während der adiabatischen Expansion geleistete Arbeit?

(c) Wie groß ist ΔW_{23}, die während der isothermen Kompression geleistete Arbeit?

(d) Welcher Nettobetrag an Energie ist nach außen abgegeben worden?

(e) Wie groß ist T_3, die Endtemperatur?
(f) Wie groß ist $C_v(T_1 - T_3)$?

20. Ein Mol N_2-Gas bei $V_1 = 22{,}4\,l$ und Normaldruck wird adiabatisch komprimiert auf $V_2 = \frac{1}{2}V_1$ und dann isotherm expandiert auf das ursprüngliche Volumen.
(a) Wie groß sind P_2 und T_2?
(b) Welcher Nettobetrag an Arbeit wird nach außen abgegeben?
(c) Wie groß ist T_3, die Endtemperatur?
(d) Wie groß ist $C_v(T_3 - T_1)$?

21. Ein Gas bestehe aus kleinen rauhen Kugeln (im Gegensatz zu kleinen glatten Kugeln). Solche Kugeln können Rotationsenergie aufnehmen. Die Masse der Kugeln sei m.
(a) Wie viele Freiheitsgrade hat jedes Teilchen?
(b) Gib das Verhältnis der mittleren kinetischen Rotationsenergie zur mittleren Translationsenergie im Gleichgewicht an.
(c) Wie groß ist C_v, die molare Wärmekapazität bei konstantem Volumen, in Abhängigkeit von R?
(d) Wie groß ist C_p in Abhängigkeit von R?
(e) Die mittlere quadratische Geschwindigkeit sei $\overline{v_0^2}$. Wie groß ist dann die Temperatur in Abhängigkeit von v_0 und anderen Konstanten?

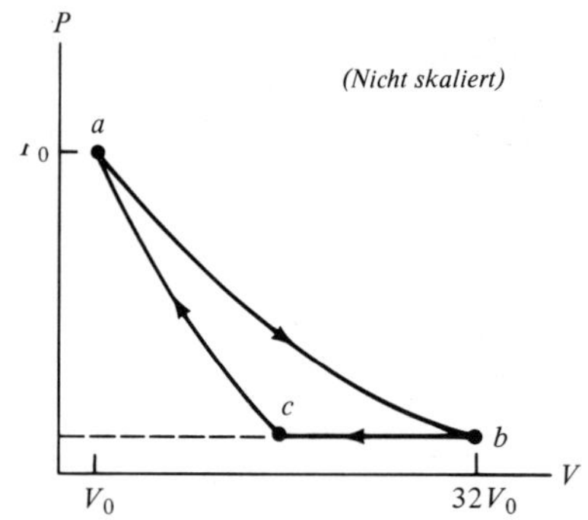

Aufgabe 22

22. Ein Mol eines idealen einatomigen Gases durchläuft einen reversiblen Zyklus, wie er in der Abbildung wiedergegeben ist. Anfangs ist das Gas bei Punkt a im Zustand P_0, V_0 und T_0. Das Volumen des Gases bei b ist $V = 32V_0$.

$a \to b$ T bleibt konstant
$b \to c$ P bleibt konstant
$c \to a$ adiabatische Kompression

(a) Vervollständige die folgende Tabelle, d. h., gib die Größen ΔU, ΔQ und ΔW als Funktion von P_0, V_0, T_0 und R an.

	ΔU	ΔQ	ΔW
$a \to b$			
$b \to c$			
$c \to a$			
$a \to b \to c \to a$			

(b) Vervollständige die folgende Tabelle. Die Information der Tabelle in (a) kann mitbenutzt werden.

	P	V	T
a	P_0	V_0	T_0
b		$32V_0$	
c			

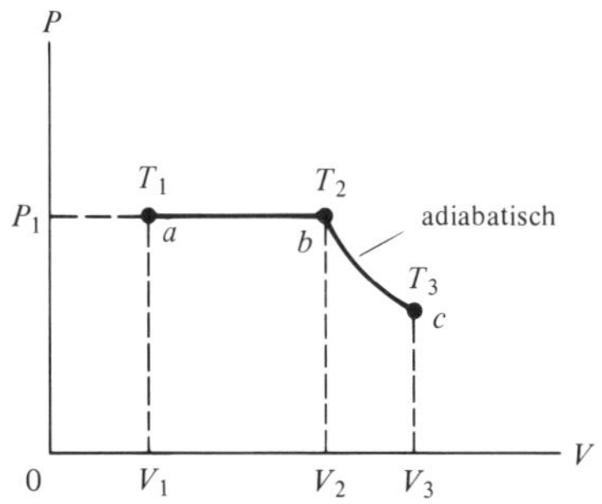

Aufgabe 23

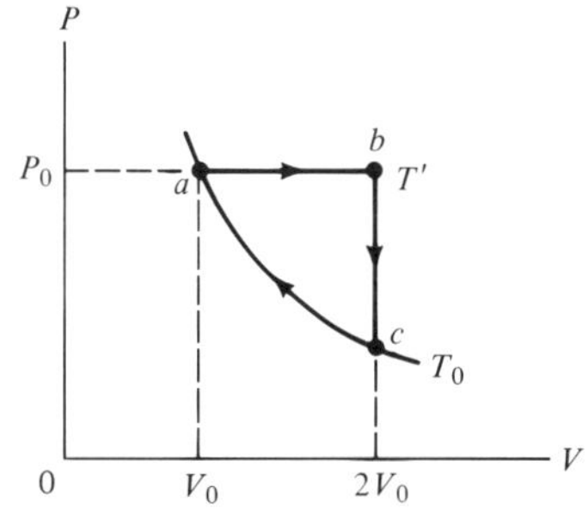

Aufgabe 24

23. Ein Mol eines idealen einatomigen Gases expandiert bei konstantem Druck P_1 von a nach b.
(a) Gib T_2 als Funktion von T_1, V_1 und V_2 an.
(b) Welche Arbeit wurde vom Gas während der Expansion von a nach b verrichtet?
(c) Welche Wärmemenge ist während des Übergangs von a nach b ins Gas geflossen? (ΔW als Funktion von R, T_1 und T_2.)
(d) Bestimme V_3 in Abhängigkeit von V_2, T_2 und T_3.

24. Eine Wärmekraftmaschine hat den Zyklus $a \to b \to c \to a$. Der Weg $c \to a$ verläuft entlang einer Isothermen. Ist der Druck bei Punkt c gleich dem Druck P_0 multipliziert mit [$\frac{1}{2}$; $1/\sqrt{2}$; ln 2 oder (1 − ln 2)]? Ist die Temperatur T' bei Punkt b gleich T_0 multipliziert mit [ln 2; $\sqrt{2}$; 2 oder $2\sqrt{2}$]? Wie groß ist die Wärmemenge, die von der Maschine beim Übergang von a nach b aufgenommen wird: [$C_p(T' - T_0)$; $C_v(T' - T)$; $\int_a^b P\,dV$ oder ein anderer Wert]? Die mechanische Arbeit, die in einem Zyklus geleistet wird, ist $P_0 V_0$ multipliziert mit [1; ln 2; $/1\sqrt{2}$) ; 1/2; $\frac{1}{2}$; 1 − ln 2; einer anderen Zahl]. (Nimm ein ideales Gas an.)

25. Berechne in PS die mittlere Leistung des Benzinmotors in Beispiel 5 über den ganzen Otto-Zyklus.

26. Wie groß ist T_1 in Beispiel 5? Benutze Abb. 13-7.

27. Betrachte den umgekehrten Kreisprozeß im nebenstehenden PV-Diagramm eines idealen einatomigen Gases: $V_0 = 100\,\text{l}$; $P_0 = 1$ atm; $R = 0{,}082$ l atm (mol K)$^{-1}$. Der Zyklus besteht aus folgenden Schritten:
1. Isobare Expansion ($a \to b$) bei $P = P_0$ (isobar = bei konstantem Druck)
2. Isotherme Expansion ($b \to c$) bei $T = 600$ K (isotherm = bei konstanter Temperatur)
3. Isochore Abkühlung ($c \to d$) bei $V = 2V_0$ (isochor = bei konstantem Volumen)
4. Isotherme Kompression ($d \to a$) bei $T = 400$ K.

(a) Bestimme W_{ab}, W_{bc} und W_{cd}.
(b) Gegeben sei $W_{da} = [-(200/3) \ln 3]$ l atm (l = Liter).
Bestimme Q_{ab}, Q_{bc}, Q_{cd} und Q_{da} als positive Größen und gib für jedes Q an, ob es sich um vom System aufgenommene oder abgegebene Wärme handelt.
(c) Leite eine Formel für den Wirkungsgrad als Funktion von Q_{ab}, Q_{bc}, Q_{cd} und Q_{da} her und berechne den numerischen Wert.

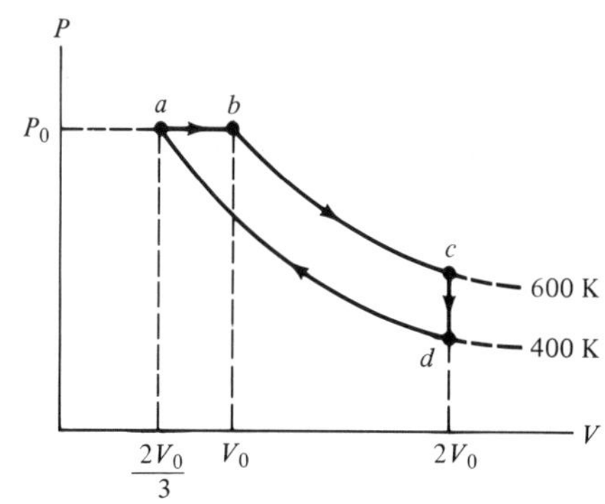

Aufgabe 27

14

Der zweite Hauptsatz der Thermodynamik

Der zweite Hauptsatz der Thermodynamik ist ein Naturgesetz, das viele Bereiche des täglichen Lebens durchdringt und große praktische und philosophische Bedeutung hat. Wir werden in Abschn. 14-5 sehen, daß der zweite Hauptsatz aus der klassischen Mechanik (oder aus der Quantenmechanik) abgeleitet werden kann, wenn man eine mikroskopische und nicht eine makroskopische Betrachtungsweise wählt. Der Schriftsteller C. P. Snow führt in seinem Buch „The Two Cultures" den zweiten Hauptsatz der Thermodynamik als ein Beispiel dafür an, daß zwischen den Naturwissenschaftlern und den Nicht-Naturwissenschaftlern eine kulturelle Kluft besteht. Seiner Beobachtung nach können beide Gruppen eine Diskussion über Shakespeare führen; aber sobald die Unterhaltung auf wichtige Aspekte des zweiten Hauptsatzes übergeht, können nur noch die naturwissenschaftlich Gebildeten folgen.

Es ist unbedingt notwendig, die wichtigen Einschränkungen zu verstehen, die der zweite Hauptsatz der Thermodynamik verlangt, wenn es darum geht, Systeme zu entwickeln, die optimal Brennstoffenergie in mechanische Energie umwandeln. Diese Einschränkungen sind sehr eng mit dem Carnotschen Kreisprozeß verknüpft, den wir im folgenden behandeln möchten.

14-1 Der Carnotsche Kreisprozeß

In diesem Abschnitt werden wir uns mit einer Wärmekraftmaschine befassen, die einen höheren theoretischen Wirkungsgrad hat als ein Verbrennungsmotor; sie ist sogar die Maschine mit dem höchstmöglichen Wirkungsgrad. Diese Maschine wird als Carnot-Maschine oder als Maschine, die dem Carnotschen Kreisprozeß folgt, bezeichnet. Ihr *PV*-Diagramm ist in Abb. 14-1 dargestellt. Sie verwendet einen Zylinder und einen Kolben, aber es gibt keine Ventile, und dieselbe Gasmenge oder Arbeitssubstanz wird bei jedem Umlauf wiederverwendet. Wärmeenergie aus einer Verbrennung (von z. B. Benzin oder Öl) wird benutzt, um ein Wärmereservoir auf der Temperatur T_1 zu halten. Außerdem braucht man ein zweites Wärmereservoir bei der niedrigeren Temperatur T_2. Beispielsweise könnte die Carnot-Maschine an einem See

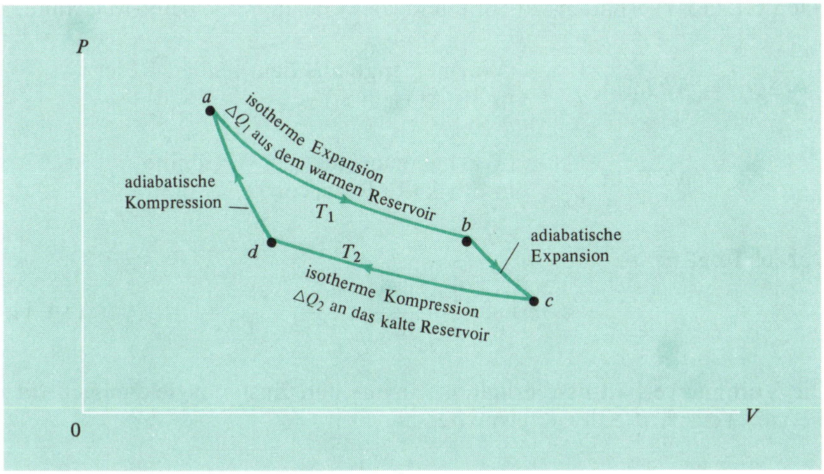

Abb. 14-1. *Der Carnotsche Kreisprozeß. Die Wärmemenge ΔQ_1 wird dem Reservoir der Temperatur T_1 entzogen, ΔQ_2 wird an das Reservoir T_2 abgegeben. Die eingeschlossene Fläche entspricht der geleisteten Arbeit.*

stehen, der als das Reservoir mit der niedrigeren Temperatur dienen würde (290 K), und kochendes Wasser könnte als Hochtemperaturreservoir verwendet werden. Wasser beider Reservoire zirkuliert abwechselnd um den Gaszylinder. In Abb. 14-1 sieht man, daß die Wärmemenge ΔQ_1 dem Hochtemperaturreservoir entzogen wird, um das Gas isotherm zu expandieren ($a \to b$); eine kleinere Menge ΔQ_2 wird während der isothermen Kompression ($c \to d$) ans Niedrigtemperaturreservoir abgegeben. ΔQ_2 ist positiv definiert, wenn es die ans kalte Reservoir abgegebene Wärmemenge darstellt.

Nach dem ersten Hauptsatz der Thermodynamik ist der Verlust an Wärmeenergie bei einem Zyklus ($\Delta Q_1 - \Delta Q_2$) gleich der vom System geleisteten mechanischen Arbeit ΔW (s. Abb. 14-2):

$$\Delta Q_1 - \Delta Q_2 = \Delta W.$$

Der Wirkungsgrad ε ist das Verhältnis von geleisteter mechanischer Arbeit ΔW zur Wärmemenge ΔQ_1, die dem Hochtemperaturreservoir entzogen wird:

$$\varepsilon = \frac{\Delta W}{\Delta Q_1} = \frac{\Delta Q_1 - \Delta Q_2}{\Delta Q_1} = 1 - \frac{\Delta Q_2}{\Delta Q_1}.$$

Abb. 14-2. *Schema einer Carnot-Maschine. Die umgesetzten Energien sind zur Breite der Pfeile proportional.*

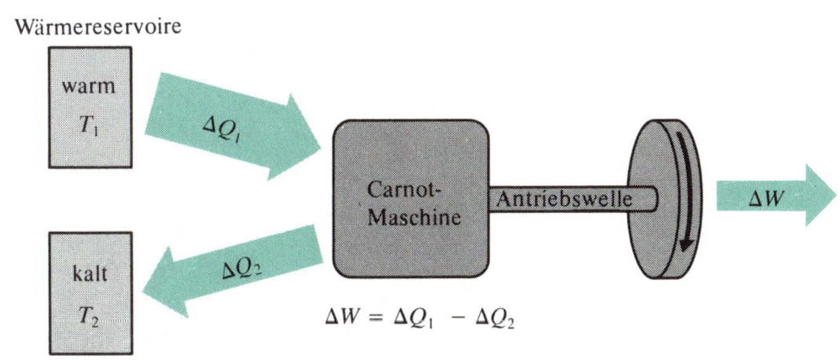

Nach Gl. (13-7) erhalten wir für ein ideales Gas in der Carnot-Maschine:

$$\Delta Q_1 = NkT_1 \ln \frac{V_b}{V_a}, \quad \text{(Wärmemenge aus dem heißen Reservoir in die Maschine)}$$

$$\Delta Q_2 = NkT_2 \ln \frac{V_c}{V_d}. \quad \text{(Wärmemenge aus der Maschine in das kalte Reservoir)}$$

Daraus folgt für ε:

$$\varepsilon = 1 - \frac{T_2}{T_1} \frac{\ln (V_c/V_d)}{\ln (V_b/V_a)}. \tag{14-1}$$

Die Volumenverhältnisse erhalten wir aus den Zustandsgleichungen für die vier Teilschritte des Kreisprozesses:

$$P_a V_a = P_b V_b \quad \text{isotherme Expansion}$$

$$P_b V_b^\gamma = P_c V_c^\gamma \quad \text{adiabatische Expansion}$$

$$P_c V_c = P_d V_d \quad \text{isotherme Kompression}$$

$$P_d V_d^\gamma = P_a V_a^\gamma \quad \text{adiabatische Kompression}$$

Nun werden alle vier Gleichungen miteinander multipliziert:

$$P_a P_b P_c P_d V_a V_b^\gamma V_c V_d^\gamma = P_a P_b P_c P_d V_b V_c^\gamma V_d V_a^\gamma,$$

$$V_b^{\gamma-1} V_d^{\gamma-1} = V_c^{\gamma-1} V_a^{\gamma-1},$$

$$\frac{V_b}{V_a} = \frac{V_c}{V_d}.$$

Setzt man dieses Resultat in Gl. (14-1) ein, so ergibt sich:

$$\varepsilon = 1 - \frac{T_2}{T_1} = \frac{T_1 - T_2}{T_1} = \frac{\Delta W}{\Delta Q_1}. \quad \text{(Wirkungsgrad der Carnot-Maschine)} \tag{14-2}$$

Arbeitet eine Carnot-Maschine mit siedendem und mit gefrierendem Wasser, so beträgt der Wirkungsgrad

$$\varepsilon = \frac{373\,\text{K} - 273\,\text{K}}{373\,\text{K}} = 0{,}27.$$

Um eine Carnot-Maschine mit dem Verbrennungsmotor des vorherigen Kapitels zu vergleichen, gehen wir davon aus, daß Benzin in der Verbrennung ein heißes Reservoir bis auf eine Temperatur $T_1 \approx 2700\,\text{K}$ erhitzen kann. Die Luft der Umgebung dient als kaltes Reservoir

($T_2 \approx 300$ K). Der Wirkungsgrad

$$\varepsilon = \frac{2700 - 300}{2700} = 0{,}89 \qquad (14\text{-}3)$$

steht dem theoretischen Maximum von 0,59 gegenüber, das Gl. (13-15) für den Verbrennungsmotor nach dem Otto-Prinzip angibt. Der Carnot-Zyklus ist also in diesem Fall 1,5mal effizienter als der Otto-Zyklus. Diese theoretischen Wirkungsgrade werden allerdings in der Praxis kaum erreicht, da Verluste durch Reibung, Wärmeableitung und durch Irreversibilität im Vorgang auftreten; adiabatische und isotherme Expansionen sind nur im Grenzfall sehr langsamer Zustandsänderung reversibel.

14-2 Thermische Umweltbelastung

Abschn. 14-4 wird zeigen, daß die Carnot-Maschine die Wärmekraftmaschine mit dem höchstmöglichen Wirkungsgrad ist. Da die meisten Kraftwerke zur Elektrizitätserzeugung mit siedendem Wasser arbeiten, könnte man meinen, der Wirkungsgrad würde den Wert von 27%, der im letzten Absatz ausgerechnet wurde, nicht überschreiten. Wasser wird jedoch unter hohem Druck zum Sieden gebracht und erreicht deshalb sehr viel höhere Temperaturen. In Kraftwerken, die fossile Brennstoffe benutzen, wird Wasserdampf auf Temperaturen von 500 K und höher überhitzt. Der Wirkungsgrad kann dann mehr als 40% betragen. Kernkraftwerke arbeiten aus Sicherheitsgründen bei kleineren Temperaturen und Drücken und haben typische Wirkungsgrade von 30%.

In jedem Fall wird der größte Teil der Energie, die vom Brennstoff geliefert wird, als Wärme ans Niedrigtemperaturreservoir als sog. Abwärme abgegeben. Diese Energie ist vollständig verloren und dient letztlich dazu, die Umwelt aufzuheizen, z. B. einen Fluß, dessen Wasser zur Kühlung verwendet wird, oder die Luft der Umgebung, falls Kühltürme eingesetzt werden. Diese Aufheizung der Umgebung ist gewöhnlich unerwünscht und kann eine erhebliche Umweltbelastung darstellen.

Wir sehen daraus, daß es eine Verschwendung von Brennstoffen bedeutet, wenn man Häuser elektrisch beheizt. Würden diese Brennstoffe direkt im Haus verbrannt, so würde bei der Wärmeerzeugung ein Wirkungsgrad von nahezu 100% erreicht, verglichen mit nur $\approx$30% bei der Stromerzeugung [Gl. (14-2)]. Die Verbrennung im Haus ist allerdings nicht für jede Art von Brennstoff problemlos. Bei der Verwendung von Kohle entsteht eine beträchtliche Umweltverschmutzung. Von großer Bedeutung in diesem Zusammenhang sind Wärmepumpen, die im folgenden Abschnitt behandelt werden.

14-3 Kältemaschinen und Wärmepumpen

Da alle isothermen und adiabatischen Expansionen reversibel sind, können wir eine Carnot-Maschine in umgekehrter Richtung laufen lassen. Beginnen wir bei Punkt *a* in Abb. 14-3, so haben wir zuerst eine

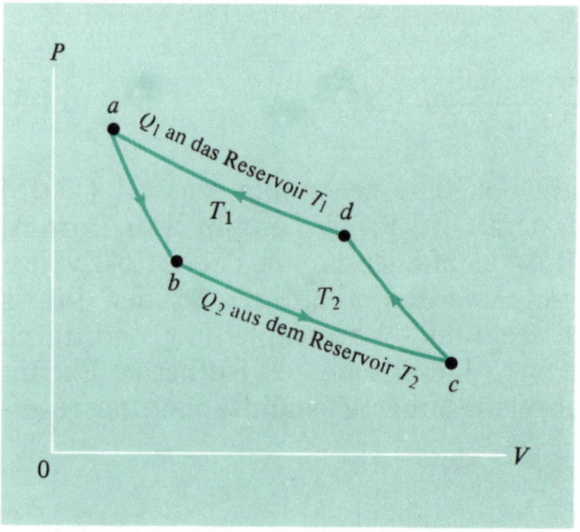

Abb. 14-3. *Der Carnotsche Kreisprozeß in umgekehrter Richtung (Kühlschrank). Die Wärmemenge Q'_2 wird dem Reservoir T_2 entzogen, Q'_1 wird an T_1 abgegeben.*

adiabatische Expansion nach Punkt b, danach isotherme Expansion von b nach c, gefolgt von adiabatischer und isothermer Kompression $c \to d$ und $d \to a$. Wegen der Reversibilität ändert sich auch der Ausdruck für den Wirkungsgrad nicht:

$$\frac{\Delta W}{\Delta Q_1} = \frac{\Delta W}{\Delta W + \Delta Q_2} = \frac{T_1 - T_2}{T_1}.$$

Allerdings sind ΔQ und ΔW nun negativ. Zweckmäßig sind folgende Bezeichnungen: W' = von der Maschine geleistete Arbeit, Q'_1 = an das warme Reservoir abgegebene Wärmemenge und Q'_2 = dem kalten Reservoir entzogene Wärmemenge. Damit gilt $W' = -\Delta W, Q'_1 = -\Delta Q_1$ und $Q'_2 = -\Delta Q_2$. Die Größen können in die obige Gleichung eingesetzt werden:

$$\frac{(-W')}{(-W') + (-Q'_2)} = \frac{T_1 - T_2}{T_1}$$

oder

$$\frac{Q'_2}{W'} = \frac{T_2}{T_1 - T_2}. \quad \text{(Leistungsziffer)} \qquad \textbf{(14-4)}$$

Die Leistungsziffer Q'_2/W' ist eine wichtige Größe beim Bau von Kältemaschinen. Sie ist der Quotient aus der Wärmemenge, die dem zu kühlenden Objekt entzogen wird, und der mechanischen Arbeit, die man braucht, um diese Wärmemenge zu entziehen. Günstig ist, daß die Leistungsziffer gewöhnlich größer als 1 ist.

Bei einem typischen Kühlschrank hat das Tiefkühlfach als kaltes Reservoir eine Temperatur von $T_2 \approx 250$ K. Das warme Reservoir ist die Luft am Wärmetauscher mit etwa $T_1 = 310$ K. Damit ergibt Gl. (14-4)

$$\frac{Q'_2}{W'} = \frac{250}{310 - 250} = 4{,}17.$$

Daraus sieht man, daß für jedes Joule, das der Kompressor als elektrische Energie aufnimmt, dem Kühlschrank eine Wärmemenge von 4,17 J entzogen wird, vorausgesetzt, das System folgt dem Carnotschen Kreisprozeß.

Eine Wärmepumpe ist im Prinzip das gleiche wie eine Kältemaschine, und diese wiederum ist, wie wir gesehen haben, eine Carnot-Maschine mit umgekehrtem Drehsinn. Eine Kältemaschine pumpt Wärme aus einem Kühlraum in die Umgebungsluft. Man könnte z. B. ein Haus heizen, indem man eine Kältemaschine ins Freie stellt, die der Luft die Wärmemenge Q_2' entzieht und die Wärmemenge Q_1' ins Innere des Hauses liefert. Die gepumpte Wärmemenge pro geleisteter mechanischer (elektrischer) Energie ist

$$\frac{Q_1'}{W'} = \frac{1}{\varepsilon} = \frac{T_1}{T_1 - T_2}. \tag{14-4a}$$

Das Verhältnis Q_1'/W' ist die Leistungsziffer einer Wärmepumpe. Betragen z. B. die Temperaturen außen 250 K und innen 300 K, dann ergibt sich im Idealfall

$$\frac{Q_1'}{W'} = \frac{300}{300 - 250} = 6.$$

Das bedeutet, daß pro Joule elektrischer Energie, die den Kompressor treibt, der Luft im Freien eine Wärmemenge von 5 J entzogen und eine Wärmemenge von 6 J ins Haus gebracht werden. In Wirklichkeit haben Wärmepumpen Leistungsziffern, die weniger als die Hälfte der eben errechneten ausmachen. Abb. 14-4 zeigt eine in den USA gebräuchliche Wärmepumpe zur Beheizung eines Einfamilienhauses. Sie benutzt die Außenluft als Wärmereservoir. Andere Anordnungen verwenden zu diesem Zweck das Erdreich, das Grundwasser oder Oberflächengewässer.

Gebäude werden in der Mehrzahl noch dadurch beheizt, daß man an Ort und Stelle Brennstoff in Form von Öl, Gas oder Kohle verbrennt. Dabei erreicht man einen Wirkungsgrad von ungefähr 70% für die Umwandlung chemischer Energie in Wärmeenergie. Benutzt man elektrische Energie direkt zur Heizung, also nicht in einer Wärmepumpe,

Abb. 14-4. *Eine Wärmepumpe im Einsatz an einem Einfamilienhaus in Ithaca im Staate New York (USA)*

so beträgt der Wirkungsgrad bei der Umwandlung von chemischer Energie in den Brennstoffen in nutzbare Wärmeenergie nur etwa 30%. Mit Wärmepumpen gelingt es, ein Mehrfaches der eingesetzten chemischen Energie als Wärmeenergie in ein Haus zu transportieren. Da Öl, Gas oder Kohle bei einer sehr hohen Temperatur verbrennen, kann im Idealfall etwa 85% der chemischen Energie in mechanische Energie umgewandelt werden [s. Gl. (14-3)]. Diese mechanische Energie W' könnte eine idealisierte Wärmepumpe antreiben, um die Wärmemenge Q_1' in ein Gebäude zu bringen.

Beträgt die Zimmertemperatur $T_1 = 300$ K und die Außentemperatur $T_2 = 273$ K, so ergibt Gl. (14-4a) als Leistungsziffer

$$\frac{Q_1'}{W'} = \frac{300\ \mathrm{K}}{300\ \mathrm{K} - 273\ \mathrm{K}} = 11\,.$$

Dies ist das Verhältnis von ins Gebäude gebrachter Wärmemenge zur aufgewandten mechanischen Energie. Da letztere mit 85% Wirkungsgrad erzeugt werden könnte, wäre es also möglich, mit 1 Joule Brennstoffenergie eine Wärmemenge von $0{,}85 \cdot 11\ \mathrm{J} = 9{,}4\ \mathrm{J}$ ins Gebäude zu bringen, verglichen mit 0,7 J bei direkter Heizung durch Verbrennung. Das Verhältnis $0{,}7\ \mathrm{J}/9{,}4\ \mathrm{J} = 7{,}5\%$ ist dann der Wirkungsgrad bei der Verbrennung; direkte elektrische Heizung hat danach nur $\approx 3\%$ Wirkungsgrad. Es ist vorgeschlagen worden, Wirkungsgrade von Energiesystemen nach dieser neuen Definition zu messen, d. h., die mechanische Energie oder die Wärmeenergie, die ein System erzeugt, auf die theoretische obere Grenze zu beziehen, die durch idealisierte Carnot-Maschinen erzeugt werden könnte. Diese neue Art, Wirkungsgrade anzugeben, basiert auf dem zweiten Hauptsatz der Thermodynamik, während die herkömmliche Art dem ersten Hauptsatz entspricht.

14-4 Der zweite Hauptsatz der Thermodynamik

Wie wir gesehen haben, kann man Wärmekraftmaschinen bauen, die eine Wärmemenge ΔQ in eine mechanische Energie ΔW umwandeln. Warum kann man nicht die in den Weltmeeren gespeicherte Wärmeenergie in mechanische und damit elektrische Energie umwandeln? Mit nur 1% Wirkungsgrad würde man schon $\approx 10^{24}$ J erhalten, das 10^5fache des Weltjahresbedarfs an elektrischer Energie. Es zeigt sich, daß es einen fundamentalen Grund gibt, weswegen diese riesige Menge an gespeicherter Wärme nicht nutzbar gemacht werden kann. Wie wir im folgenden sehen werden, verhindert der zweite Hauptsatz der Thermodynamik die direkte Umwandlung von Wärme in mechanische Energie.

An den Anfang sollen vier Versionen des zweiten Hauptsatzes gestellt werden, die alle mathematisch äquivalent sind:

1. Ein Perpetuum mobile zweiter Art ist unmöglich.
2. Bringt man zwei Körper unterschiedlicher Temperatur miteinander in Berührung, so fließt Wärmeenergie von dem Körper höherer Temperatur zu dem niederer Temperatur.
3. Es gibt keine periodisch zwischen den Temperaturen T_1 und T_2

arbeitende Wärmekraftmaschine mit einem höheren Wirkungsgrad als dem der Carnot-Maschine: $(T_1 - T_2)/T_1$.

4. In einem abgeschlossenen System kann die Entropie nicht abnehmen.

Die Entropie wird in einem eigenen Abschnitt (14-5) behandelt. Man unterscheidet zwei verschiedene Arten des Perpetuum mobile; sie sind in Abb. 14-5 schematisch dargestellt. Ein sog. Perpetuum mobile erster Art wäre eine Maschine, die aus sich selbst heraus läuft – sie ist von der Umgebung vollkommen abgeschlossen – und permanent Energie an die Umgebung abgibt. Nach dem Energieerhaltungssatz müßte also ein unendlich großer Energiebetrag in einem endlichen Volumen eingeschlossen sein. Es ist offensichtlich, daß ein Perpetuum mobile erster Art unmittelbar dem Energieerhaltungssatz widerspricht.

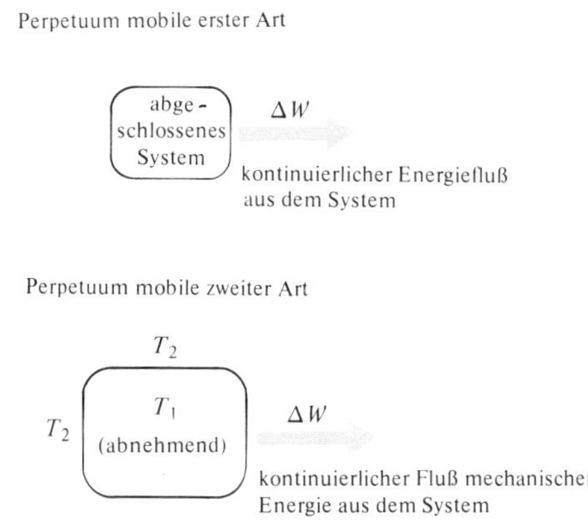

Abb. 14-5. *Schematische Darstellung des Perpetuum mobile erster und zweiter Art*

Eine Maschine nach dem Prinzip des Perpetuum mobile zweiter Art verletzt das Gesetz von der Erhaltung der Energie jedoch nicht und ist aus diesem Grunde schwerer zu durchschauen. Eine solche Maschine würde Wärmeenergie in mechanische Energie umwandeln; die Quelle der Wärmeenergie würde sich dabei kontinuierlich abkühlen, während sie mechanische Energie an die Umgebung abgäbe. Könnte man eine solche Anlage konstruieren, so wäre es möglich, die gesamte Energie der Ozeane von $\approx 10^{26}$ J in mechanische Energie umzuwandeln. Das wäre mehr Energie, als von allen Menschen, die bisher auf der Erde gelebt haben, verbraucht worden ist. Der zweite Hauptsatz sagt jedoch aus, daß es unmöglich ist, unmittelbar die ungeordnete thermische Bewegung von Molekülen in die geordnete Bewegung einer Maschine oder eines Generators überzuführen.

Allerdings ist es möglich, dem Meer einen Teil seiner Energie dadurch zu entziehen, daß man sich die Tatsache zunutze macht, daß die Oberflächentemperatur höher ist als die Temperatur der tieferen Bereiche. Es werden heute bereits Wärmekraftmaschinen konstruiert, die zyklisch mit diesen beiden Reservoiren arbeiten. Der maximale Wirkungsgrad wäre $\varepsilon = (T_1 - T_2)/T_1$, und dies ergäbe einen Wert von $\approx 1/30$, da $T_1 - T_2$ ungefähr 10 K oder weniger beträgt.

Nachdem wir die Version 1 des zweiten Hauptsatzes diskutiert haben, wollen wir demonstrieren, daß die anderen drei Versionen logisch äquivalent sind. Würde Version 2 verletzt, so könnte Wärme vom kälteren zum wärmeren Reservoir fließen. Würde man diese Wärme benutzen, um eine Wärmekraftmaschine zu betreiben, hätte man das Perpetuum mobile zweiter Art geschaffen und damit Version 1 verletzt.

Als Nächstes werden wir zeigen, daß Wärme vom kalten zum warmen Reservoir fließen könnte, wenn es eine Wärmekraftmaschine mit einem höheren Wirkungsgrad als die Carnot-Maschine gäbe. Mit anderen Worten, eine Verletzung von Version 3 impliziert eine Verletzung von 2. Nehmen wir also an, unsere Supermaschine habe einen Wirkungsgrad $\varepsilon_s > \varepsilon$, wobei $\varepsilon = (T_1 - T_2)/T_1$ der Carnotsche Wirkungsgrad ist. Nehmen wir die von der Supermaschine geleistete Arbeit und führen sie z. B. über eine Antriebswelle der Carnot-Maschine zu, die als Kältemaschine zwischen denselben Wärmereservoiren arbeiten soll, so wird als Nettoeffekt eine Übertragung von Wärme aus dem kalten Reservoir in das warme Reservoir stattfinden, wie es in Abb. 14-6 gezeigt ist.

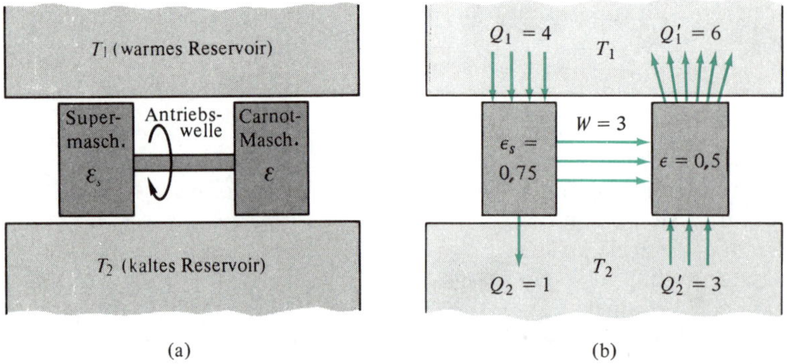

Abb. 14-6. (*a*) *Die Supermaschine mit* $\varepsilon_s = 0{,}75$ *treibt eine Carnot-Maschine mit* $\varepsilon = 0{,}5$ *rückwärts an.* (*b*) *4 Einheiten der Wärmemenge treiben die Supermaschine an, die wiederum mit 3 Einheiten mechanischer Energie die Carnotsche Kältemaschine antreibt. Als Ergebnis sind zwei Einheiten Wärmemenge vom Reservoir* T_2 *zum Reservoir* T_1 *geflossen.*

Beispiel 1: Die Supermaschine entziehe dem warmen Reservoir die Wärmemenge Q_1. Wie groß ist dann die durch ein System von zwei Maschinen vom kalten in das warme Reservoir netto übertragene Wärmemenge?

Lösung: Die Supermaschine leistet die mechanische Arbeit $W = \varepsilon_s Q_1$ zum Antrieb der Carnot-Maschine. Diese wiederum gibt die Wärmemenge $Q_1' = W/\varepsilon$ an das warme Reservoir ab. Die effektiv auf das warme Reservoir übertragene Wärmemenge ist

$$Q_1' - Q_1 = \frac{W}{\varepsilon} - Q_1 = \frac{\varepsilon_s Q_1}{\varepsilon} - Q_1 = \left(\frac{\varepsilon_s - \varepsilon}{\varepsilon}\right) Q_1 .$$

Da netto keine mechanische Arbeit geleistet wird, muß auch die dem kalten Reservoir netto entzogene Wärmemenge null sein.

Beispiel 1 zeigt, daß Version 2 verletzt wird, wenn $\varepsilon_s - \varepsilon > 0$ oder $\varepsilon_s > \varepsilon$ ist.

In Abschn. 14-5 wird gezeigt, daß auch Version 4 des zweiten Hauptsatzes mit den Versionen 1, 2 und 3 äquivalent ist. Eine Verallgemeinerung der obigen Überlegungen führt zu dem Schluß, daß alle Maschinen, die reversibel sind, den gleichen Wirkungsgrad haben müssen. Man braucht nur die beiden Maschinen von Abb. 14-6 zu betrachten. Die Maschine mit dem größeren Wirkungsgrad läuft vorwärts und treibt die andere mit dem kleineren Wirkungsgrad rückwärts an. Der Nettoeffekt wäre die Übertragung von Wärme aus dem kalten in das warme Reservoir, ein Widerspruch zum zweiten Hauptsatz.

Die thermodynamische Temperatur

Unsere ursprüngliche Definition der Temperatur basiert auf der kinetischen Energie der einzelnen Teilchen (s. Abschn. 12-3). Es gibt eine äquivalente makroskopische Definition. Wir haben soeben bewiesen, daß der Carnotsche Kreisprozeß, unabhängig von der benutzten Substanz, den Wirkungsgrad

$$\frac{W}{Q_1} = \frac{T_1 - T_2}{T_1}$$

besitzt. Nach dem ersten Hauptsatz gilt $W = Q_1 - Q_2$, und wir erhalten

$$\frac{Q_1 - Q_2}{Q_1} = \frac{T_1 - T_2}{T_1}$$

oder

$$\frac{T_1}{T_2} = \frac{Q_1}{Q_2}. \qquad \textbf{(14-5)}$$

Man kann also das Temperaturverhältnis zweier Wärmereservoire messen, indem man die während eines Zyklus der Carnot-Maschine übertragenen Wärmemengen bestimmt. Gl. (14-5) definiert die sog. thermodynamische Temperaturskala. Diese makroskopische Definition der Temperatur ist der mikroskopischen Definition äquivalent, da die Herleitung von Gl. (14-5) auf die mikroskopische Theorie der Wärme zurückgeht.

14-5 Entropie

Die Entropie ist ein Maß für die „Unordnung“ in einem System von Teilchen. Die Wahrscheinlichkeit p, daß ein System von Teilchen einen bestimmten Zustand annimmt, wächst mit der Unordnung in den Ortskoordinaten und Geschwindigkeiten der Teilchen in diesem Zustand. Die Entropie S eines Systems ist definiert als

$$S := k \ln p, \quad \text{(Definition der Entropie)} \qquad \textbf{(14-6)}$$

wobei k die Boltzmann-Konstante ist. Nach der Definition der Wahrscheinlichkeit wird ein System häufiger in einem Zustand größerer Wahrscheinlichkeit sein als in einem kleinerer. Ist ein System anfangs in einem Zustand kleinerer Wahrscheinlichkeit, so wird es also danach streben, in Zustände größerer Wahrscheinlichkeit überzugehen. Da S mit p zunimmt, gilt für eine Änderung

$$\Delta S \geqq 0. \qquad \textbf{(14-7)}$$

Das ist genau der zweite Hauptsatz in Version 4. Noch muß gezeigt werden, daß die anderen drei Versionen äquivalent sind; dies wird am Ende des Abschnitts geschehen.

Aus der Definitionsgleichung folgt:

$$\Delta S = S_2 - S_1 = k \ln p_2 - k \ln p_1,$$

$$\Delta S = k \ln \left(\frac{p_2}{p_1}\right). \qquad \textbf{(14-8)}$$

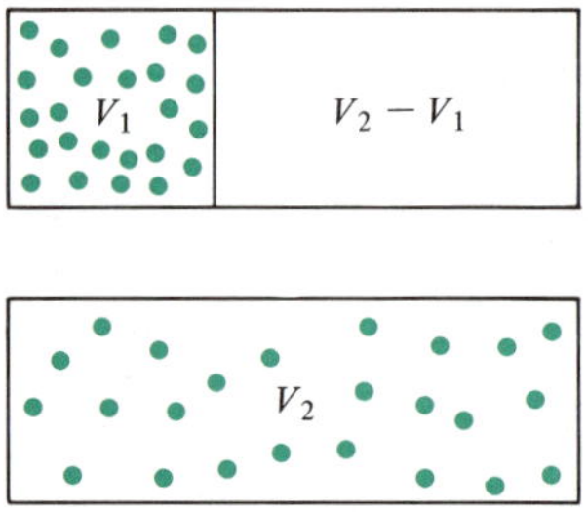

Abb. 14-7. *Freie Expansion von V_1 auf V_2 nach Entfernen der Trennwand*

Wir sehen, daß nur Verhältnisse von Wahrscheinlichkeiten oder relative Wahrscheinlichkeiten benötigt werden, um Entropieänderungen zu berechnen.

Die Formel für die Entropieänderung soll nun auf die freie Expansion eines Gases vom Volumen V_1 auf ein Volumen V_2 angewandt werden (Abb. 14-7). Die Wahrscheinlichkeit dafür, daß sich ein Teilchen in V_1 befindet, bezogen auf die Wahrscheinlichkeit dafür, daß es sich in V_2 befindet, ist

$$\left(\frac{p_1}{p_2}\right) = \frac{V_1}{V_2}. \quad \text{(für 1 Teilchen)}$$

Für N Teilchen werden die Einzelwahrscheinlichkeiten multipliziert, und man erhält als relative Wahrscheinlichkeit für N Teilchen

$$\frac{p_1}{p_2} = \left(\frac{V_1}{V_2}\right)^N. \quad \text{(für } N \text{ Teilchen)}$$

Setzt man diesen Ausdruck in Gl. (14-8) ein, so ergibt sich

$$\Delta S = Nk \ln\left(\frac{V_2}{V_1}\right). \tag{14-9}$$

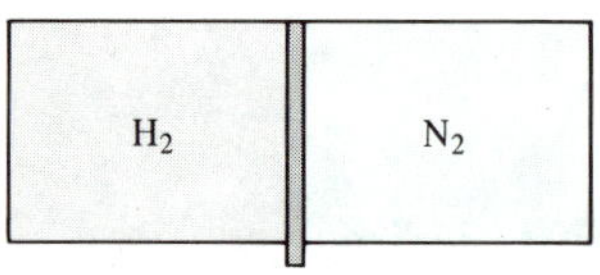

Abb. 14-8. *Behälter mit zwei Gasen*

Beispiel 2: Ein Zweiliter-Behälter ist durch eine Wand in der Mitte geteilt (s. Abb. 14-8). Die eine Hälfte ist mit Wasserstoff gefüllt, die andere mit Stickstoff. Beide Gase befinden sich bei 0 °C und Normaldruck. Wie groß ist die Zunahme der Entropie, wenn die Wand entfernt wird, so daß sich die Gase mischen?

Lösung: Die Entropiezunahme für jedes Gas allein ist durch Gl. (14-9) gegeben:

$$\Delta S = Nk \ln\left(\frac{V_2}{V_1}\right) = Nk \ln 2.$$

Die gesamte Entropiezunahme ist doppelt so groß:

$$\Delta S = 2Nk \ln 2.$$

Bei Normaldruck und -temperatur beansprucht ein Mol eines Gases 22,4 l (s. S. 255). Da 1 mol N_0 Moleküle enthält, befinden sich in 1 Liter (1/22,4) N_0 Moleküle. Damit kann der Zahlenwert von ΔS bestimmt werden:

$$\Delta S = 2\left(\frac{N_0}{22{,}4}\right) k \ln 2 = 0{,}062R = 0{,}124 \text{ cal/K}.$$

Gl. (14-9) läßt sich vereinfachen, wenn man die rechte Seite mit T erweitert:

$$\Delta S = \frac{NkT \ln (V_2/V_1)}{T}.$$

Der Zähler ist gleich der Wärmemenge ΔQ von Gl. (13-7). Das ist die Wärmemenge, die dem System im Anfangszustand zugeführt werden muß, damit es über eine reversible Zustandsänderung (isotherme Expansion) zum Endzustand gelangt. Setzt man ΔQ ein, so erhält man

$$\Delta S = \frac{\Delta Q}{T},$$

oder

$$\mathrm{d}S = \frac{\mathrm{d}Q}{T}. \qquad \textbf{(14-10)}$$

Dabei ist $\mathrm{d}Q$ die Wärmemenge, die während einer reversiblen Zustandsänderung in das System fließt. Gl. (14-10) wurde für den speziellen Fall der freien Expansion eines idealen Gases gewonnen. Mit größerem mathematischem Aufwand läßt sich auch die allgemeine Gültigkeit von Gl. (14-10) beweisen. Diese statistische Behandlung der Thermodynamik nennt man statistische Mechanik.

Nun haben wir einen makroskopischen Ausdruck für die Änderung der Entropie und können damit beweisen, daß $\Delta S > 0$ gleichbedeutend damit ist, daß Wärme von einem warmen auf einen kalten Körper übergeht, wenn man beide miteinander in Berührung bringt, und nicht umgekehrt. In Abb. 14-9 betrachten wir zwei gleiche Körper, die anfangs die Temperaturen T_1 und T_2 haben. Bringt man beide Körper thermisch in Kontakt, so werden die Temperaturen eine kurze Zeit später $T_1 - \mathrm{d}T_1$ und $T_2 + \mathrm{d}T_2$ betragen, entsprechend dem jeweiligen Wärmeübertrag $\mathrm{d}Q_1 = -mc\,\mathrm{d}T_1$ und $\mathrm{d}Q_2 = +mc\,\mathrm{d}T_2$, wobei c die spezifische Wärmekapazität (cal $\mathrm{K}^{-1}\,\mathrm{g}^{-1}$) ist. Aus $\mathrm{d}Q_1 = -\mathrm{d}Q_2$ folgt $\mathrm{d}T_1 = \mathrm{d}T_2 = \mathrm{d}T$. Nach Gl. (14-10) ist die Entropieänderung für jeden Körper

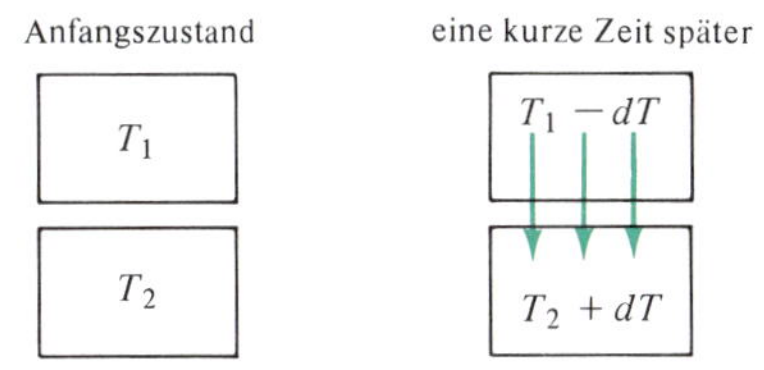

Abb. 14-9. *Zwei gleiche Körper werden thermisch miteinander in Berührung gebracht; Wärme fließt vom einen zum anderen.*

$$\mathrm{d}S_1 = -\frac{mc\,\mathrm{d}T}{T_1} \quad \text{und} \quad \mathrm{d}S_2 = \frac{mc\,\mathrm{d}T}{T_2}.$$

Die Entropieänderung des Gesamtsystems beträgt $\mathrm{d}S = \mathrm{d}S_1 + \mathrm{d}S_2$:

$$\mathrm{d}S = mc\,\mathrm{d}T\left(\frac{1}{T_2} - \frac{1}{T_1}\right) \qquad \textbf{(14-11)}$$

Löst man diese Gleichung nach $\mathrm{d}T$ auf, so erhält man

$$\mathrm{d}T = \frac{T_1 T_2}{mc}\left(\frac{\mathrm{d}S}{T_1 - T_2}\right).$$

Schon vorher haben wir bewiesen, daß $\mathrm{d}S$ immer positiv ist (4. Version des zweiten Hauptsatzes); unter dieser Voraussetzung sagt die soeben hergeleitete Gleichung aus, daß $\mathrm{d}T$ und $T_1 - T_2$ gleiches Vorzeichen haben. Wenn also $T_1 > T_2$ gilt, so fließt Wärme vom kalten zum warmen Körper. Damit ist die Äquivalenz der Versionen 4 und 2 des zweiten Hauptsatzes bewiesen.

Beispiel 3: Angenommen, die übertragene Wärmemenge $\mathrm{d}Q_1$ in Abb. 14-9 wäre benutzt worden, um eine Carnot-Maschine zwischen T_1 und T_2 anzutreiben. Welchen Betrag an mechanischer Energie hätte man erhalten?

Lösung: Nach Gl. (14-2) gilt

$$\mathrm{d}W = \mathrm{d}Q_1 \left(\frac{T_1 - T_2}{T_1}\right) = T_2\,\mathrm{d}Q_1 \left(\frac{1}{T_2} - \frac{1}{T_1}\right).$$

Nach Gl. (14-11) kann dieser Ausdruck geschrieben werden als

$$\mathrm{d}W = T_2\,\mathrm{d}S.$$

Läßt man also die Entropie in Abb. 14-9 zunehmen, so geht die mechanische Energie des Betrages T_2 mal Entropiezunahme verloren.

Es kann gezeigt werden, daß das Ergebnis von Beispiel 3 der Spezialfall eines allgemeinen Theorems ist: Erfolgt in einem abgeschlossenen System von Körpern unterschiedlicher Temperatur eine Entropiezunahme $\mathrm{d}S$, so ist damit ein Verlust an mechanischer Energie verbunden, der gleich ist $\mathrm{d}S$ mal der Temperatur des kältesten Körpers. Damit haben wir eine andere physikalische Interpretation der Entropiezunahme: Verlust von verfügbarer Energie pro Temperatureinheit. Alle diese Ergebnisse folgen aus der anfangs gegebenen Definition, daß die Zunahme der Entropie mit einer Zunahme der Wahrscheinlichkeit verknüpft ist (oder mit einer Zunahme der „Unordnung“ der Teilchen des Systems).

Beispiel 4: Ein Stück Eisen der Masse 1 kg und der Temperatur 100 °C wird mit einem anderen Stück Eisen der gleichen Masse und der Temperatur 0 °C zusammengebracht. Wie groß ist die Zunahme der Entropie, wenn die Gleichgewichtstemperatur 50 °C erreicht ist?

Lösung: Sei T_1 die Anfangstemperatur des kalten Stücks und c die spezifische Wärmekapazität, so gilt

$$\mathrm{d}S_1 = mc\frac{\mathrm{d}T}{T}.$$

Die Entropieänderung ist

$$\Delta S_1 = mc\int_{T_1}^{T_e}\frac{\mathrm{d}T}{T} = mc\ln\frac{T_e}{T_1},$$

wobei T_e die Endtemperatur ist. Ist T_2 die Anfangstemperatur des heißen Stücks, so ist seine Entropieänderung

$$\Delta S_2 = mc \ln \frac{T_e}{T_2}.$$

Die Entropieänderung des Gesamtsystems ist

$$\Delta S = mc\left(\ln \frac{T_e}{T_1} + \ln \frac{T_e}{T_2}\right) = mc \ln\left(\frac{T_e^2}{T_1 T_2}\right)$$

$$= mc \ln \frac{323^2}{(273)\,(373)} = 0{,}024 mc.$$

Nach dem Dulong-Petitschen Gesetz ist die molare Wärmekapazität von Eisen näherungsweise 6 cal/(K mol) (s. S. 258). Für 1 kg ≙ 17,9 mol ergibt sich $mc = 107$ cal/K und $\Delta S = 2{,}57$ cal/K.

Beispiel 5: Bei einem nach dem Carnotschen Kreisprozeß arbeitenden Kühlschrank liefert der Kompressor eine mechanische Energie von 1 J. Damit wird dem Kühlschrankinnern bei 0 °C Wärme entzogen und an die Küche bei 27 °C abgegeben.
(a) Wie groß ist die Entropieänderung im Innern des Kühlschranks?
(b) Wie groß ist die Entropieänderung des Gesamtsystems?

Lösung: (a) Nach Gl. (14-4) ist die dem Kühlschrank entzogene Wärmemenge

$$Q_2' = \frac{T_2}{T_1 - T_2} W' = \frac{273}{27}(1\text{ J}) = 10{,}1\text{ J}.$$

Die Entropieänderung ist

$$\Delta S_2 = \frac{\Delta Q_2}{T_2},$$

wobei $\Delta Q_2 = -Q_2' = -10{,}1$ J die Wärmemenge ist, die an das Kühlschrankinnere abgegeben wird. Damit ergibt sich die Entropieänderung zu

$$\Delta S_2 = -\frac{10{,}1}{273}\text{ J/K} = -3{,}7 \cdot 10^{-2}\text{ J/K}.$$

In diesem Fall hat die Entropie abgenommen und nicht zugenommen!
(b) Mit Gl. (14-5) erhält man die Entropieänderung des Gesamtsystems. Es ergibt sich

$$\frac{\Delta Q_1}{T_1} + \frac{\Delta Q_2}{T_2} = 0.$$

Die Entropieänderung des Gesamtsystems, Kühlschrankinneres plus Küche, ist null.

Beispiel 5 zeigt, daß es möglich ist, die Entropie eines Körpers zu verringern, ohne den zweiten Hauptsatz zu verletzen. Das liegt daran, daß der zweite Hauptsatz nur für abgeschlossene Systeme gilt; berücksichtigt man alle Teile eines Systems, so bleibt die Gesamtentropie entweder gleich oder nimmt zu. Natürlich bewirkt der Mensch lokale Entropieabnahmen auf der Erde. Kühlschränke oder Wärmepumpen transportieren Wärme von einem kalten zu einem warmen Körper. Aus einem Gemisch von guten und schlechten Erdnüssen kann man die schlechten aussortieren. Das Leben selbst besteht aus Vorgängen, die lokale Entropieabnahmen einschließen. Immer, wenn wir lokal eine Zunahme der „Ordnung" im Gegensatz zur „Unordnung" beobachten, ist damit eine lokale Abnahme der Entropie verbunden. Aber das Gesamtsystem, das letztlich auch unsere eigentliche Energiequelle, die Sonne, einschließt, ist durch die Zunahme der Entropie gekennzeichnet.

14-6 Zeitumkehr

Der zweite Hauptsatz der Thermodynamik legt anscheinend eine ganz bestimmte Richtung für den Zeitfluß fest. Würde die Richtung der Zeit umgekehrt, so würde die Gesamtentropie eines abgeschlossenen Systems abnehmen. Damit wäre es unter anderem möglich, daß Wärme vom Kalten zum Warmen übergeht. Betrachten wir nun unter dem Gesichtspunkt der Zeitumkehr etwas genauer die freie Expansion eines Gases. Dazu wollen wir den Fall der zwei Behälter in Abb. 14-10 untersuchen. Jeder habe ein Volumen von 1 cm^3, zwischen beiden befinde sich eine Trennwand. Hat der Behälter 1 einen Druck von 1 atm, so ist die Anzahl der Teilchen in ihm $6{,}02 \cdot 10^{23}$ dividiert durch die Zahl der cm^3 in 22,4 l; das ergibt $2{,}7 \cdot 10^{19}$ Teilchen. Zu Beginn unseres Gedankenexperiments ist der Behälter 2 vollkommen leer. Nun entfernen wir die Trennwand, und binnen kurzem werden wir die Hälfte der Teilchen im Behälter 2 vorfinden. Das Gas ist ins Vakuum expandiert. Gleichgültig, wie lange wir warten, die Umkehrung dieses Vorgangs wird niemals eintreten. Allerdings wird die Zahl der Teilchen in Behälter 2 etwas schwanken. Die Statistik sagt aus, daß zu ungefähr 70% der Zeit die Anzahl der Teilchen in einem gegebenen Volumen zwischen $N + \sqrt{N}$ und $N - \sqrt{N}$ liegt, wobei N die mittlere Zahl ist. Im vorliegenden Fall haben wir

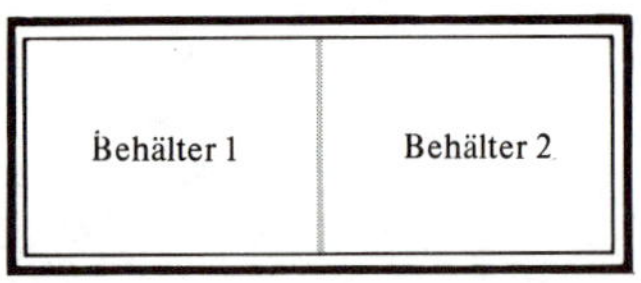

Abb. 14-10. *Ein irreversibler Vorgang. Anfangs ist das Gas im Behälter 1. Sobald die Trennwand entfernt wird, expandiert es in den leeren Behälter 2.*

$$N \pm \sqrt{N} = 1{,}35 \cdot 10^{19} \pm \sqrt{1{,}35 \cdot 10^{19}} = (1{,}35 \pm 0{,}00000000037) \cdot 10^{19}.$$

Wir sehen, die Schwankungen sind so klein, daß sie kaum nachgewiesen werden können, und es ist undenkbar, daß eine so große Schwankung auftritt, daß überhaupt keine Teilchen mehr im Behälter 2 sind.

Nehmen wir nun folgendes an: Nachdem die Trennwand herausgezogen ist und sich die Teilchen aus dem Behälter 1 auch in den Behälter 2 ausgebreitet haben, werde die Zeit plötzlich angehalten, und sie beginne, rückwärts zu laufen. Physikalisch kann die Zeit niemals zurücklaufen, aber wir könnten zur Veranschaulichung der Zeitumkehr einen Film über das Experiment drehen und diesen im Projektor rückwärts laufen lassen. Wir würden also beobachten, daß sich der Behälter 2 spontan entleert und in ihm ein Vakuum entsteht. Nun sind wir mit einer paradoxen Situation konfrontiert. Einerseits wissen wir, daß sich in der Natur ein Behälter niemals spontan bis zu einem Vakuum entleert, wenn man ihn zur Außenluft öffnet; andererseits wird keines der Newtonschen Gesetze verletzt, wenn man den Film rückwärts abspielt. Der Film zeigt uns nämlich, wie Ort und Impuls der Teilchen im Behälter 2 im einzelnen beschaffen sein müssen, damit die Teilchen sich in einer solchen Weise bewegen und miteinander stoßen, daß sie alle schließlich den Behälter verlassen. Während dieses Vorgangs würde kein physikalisches Gesetz verletzt werden. Der Widerspruch löst sich auf, wenn man daran denkt, daß dieser einen speziellen Konfiguration der Teilchen im Behälter 2 eine beinahe unendliche Zahl von Konfigurationen gegenübersteht, bei denen die Teilchen fast gleich verteilt in beiden Behältern bleiben. In der Praxis tritt die Konfiguration, die es den Teilchen ermöglicht, den Behälter 2 zu verlassen, also niemals ein. Daraus folgt, daß die Expansion eines Gases ins Vakuum ein irreversibler Prozeß ist; allerdings ist es im Prinzip möglich, daß ein Vakuum „spontan“ entsteht.

Stellen wir uns vor, jemand würde einen Anfangszustand so präparieren, daß die Teilchen nach vielen Stößen die eine Hälfte des Behälters vollständig verlassen würden. Ein solcher Anfangszustand, der sehr unwahrscheinlich ist, ist in Abb. 14-11 für ein System von 40 „harten“ Kugeln im Computerbild 1 gezeigt. Wären die Computerrechnungen jedoch noch weiter fortgesetzt worden, so würden wir noch $\approx 10^{12}$ Computerbilder durchsehen müssen, bevor wir wieder 40 Teilchen auf der linken Seite vorfinden würden. Bei einem Bild pro Sekunde würde das $\approx 10^5$ Jahre dauern.

Befinden sich N Teilchen im Behälter, so ist die Wahrscheinlichkeit, diese alle in der linken Hälfte vorzufinden, $(\frac{1}{2})^N$. Bei 10^{19} Teilchen bedeutet dies, daß dieser Fall praktisch niemals eintritt. Sogar wenn man künstlich den Anfangszustand so präparieren würde, daß sich die rechte Hälfte entleeren würde, so würde sie sich sofort wieder füllen und „niemals“ wieder entleeren. In diesem Sinne gilt der zweite Hauptsatz unabhängig von der Zeitrichtung. Drücken wir es anders aus; wir drehen einen Film von einer freien Expansion einer großen Anzahl von Teilchen gerade von dem Moment an, in dem die Trennwand entfernt wird. Dann spielen wir den Film rückwärts ab und beobachten, wie eine Hälfte des Behälters wieder leer wird. Das interpretieren wir als eine äußerst seltene Fluktuation oder als eine momentane Abnahme der Entropie. Könnten wir aber den Film weiter rückwärts laufen lassen – ein Computer z. B. könnte den Stößen in die Vergangenheit hinein folgen – so nähme die Entropie wieder zu, und dem zweiten Hauptsatz würde genügt werden, obwohl nun die Zeit wirklich rückwärts liefe.

Alle wirklich fundamentalen Gesetze der Physik, die uns bisher begegnet sind, gelten auch bei der Umkehr der Zeit. Zeitreversibilität (oder Invarianz bei Zeitumkehr) bedeutet, daß dieselben Gleichungen oder Gesetze der Physik gelten, wenn man die Bewegungsrichtung (einschließlich der Rotation) aller Teilchen umkehrt. Dieses fundamentale Symmetrieprinzip der Natur wurde vor nicht allzu langer Zeit mit eigens dafür ausgedachten Experimenten nachgeprüft. 1964 wurde eine Ver-

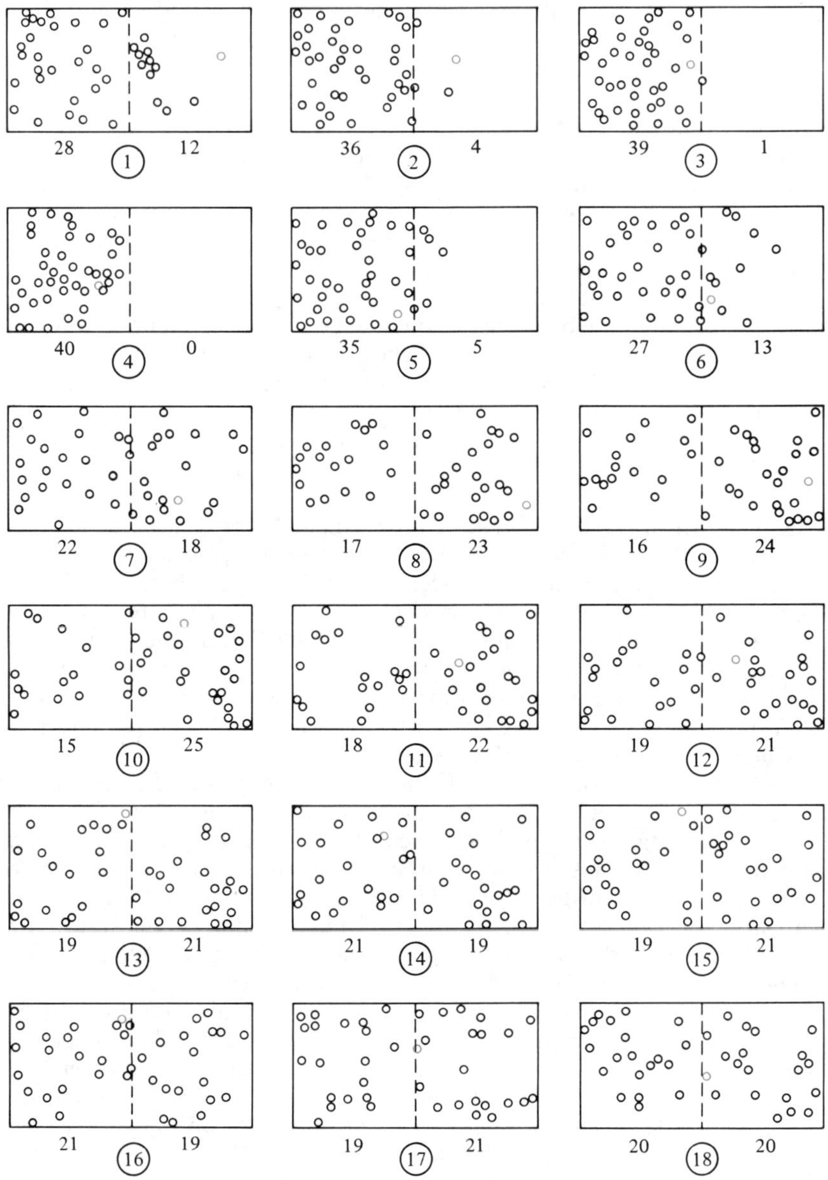

Abb. 14-11. *Computerbilder der Lage von 40 harten Kugeln, die in einem Behälter miteinander stoßen. Bild 1 stellt den höchst unwahrscheinlichen Zustand dar, der drei Bilder später dazu führt, daß sich alle Teilchen in der linken Hälfte befinden. Ein solcher Zustand würde erst nach* $\approx 10^{12}$ *weiteren Bildern wieder eintreten. Zwischen den Bildern liegt immer die gleiche Zeit. Eine der Kugeln ist farbig eingezeichnet, damit man ihrer Bewegung folgen kann. (Übernommen von Berkley Physics Course, Vol. 5, by F. Reif. Copyright © 1965 McGraw-Hill, Inc. Benutzt mit Erlaubnis des Verlags.)*

letzung bei der schwachen Wechselwirkung gefunden. Die starke und die elektromagnetische Wechselwirkung, die die Kern- und Atomphysik bestimmen, sind anscheinend nicht betroffen. Verletzungen wurden außerdem bei zwei anderen sehr grundlegenden Symmetrieprinzipien gefunden (Paritätserhaltung und Antiteilchensymmetrie). Im letzten Kapitel werden die neueren Erkenntnisse über diese drei Symmetrieprinzipien behandelt.

Zusammenfassung

Eine Carnot-Maschine arbeitet zwischen zwei Wärmereservoiren der Temperaturen T_1 und T_2 mit $T_1 > T_2$. Läuft sie vorwärts, entzieht sie während eines Umlaufs die Wärmemenge Q_1 dem T_1-Reservoir und gibt die Wärmemenge Q_2 an das T_2-Reservoir ab. Die geleistete Arbeit ist $W = Q_1 - Q_2$.

Der Wirkungsgrad ist $\varepsilon := W/Q_1 = 1 - T_2/T_1$. Weiter gilt $T_2/T_1 = Q_2/Q_1$, eine Beziehung, die zur Messung von Temperaturen ausgenutzt werden kann (thermodynamische Temperaturskala).

Läuft eine Carnot-Maschine rückwärts, so wird die Wärmemenge Q_2' dem kalten Reservoir entzogen und die Wärmemenge Q_1' ans warme Reservoir abgegeben. Die Wirksamkeit einer Carnotschen Kältemaschine wird durch die Leistungsziffer beschrieben:

$$\frac{Q_2'}{W'} = \frac{T_2}{T_1 - T_2}.$$

Der zweite Hauptsatz der Thermodynamik kann durch Anwendung der mathematischen Statistik auf die klassische Mechanik hergeleitet werden; das Ergebnis besagt, daß Wärme nicht spontan von einem kalten auf einen warmen Körper übergehen kann. Äquivalent ist die Aussage, daß keine Wärmekraftmaschine einen höheren Wirkungsgrad haben kann als die Carnot-Maschine. Äquivalent ist außerdem der Satz, daß die Entropie eines abgeschlossenen Systems nicht abnehmen kann. Entropie ist definiert als

$$S := k \ln p,$$

wobei p die Wahrscheinlichkeit bedeutet, daß ein System einen bestimmten Zustand annimmt. Gleichbedeutend damit ist $dS = dQ/T$ mit dQ als der Wärmemenge, die dem System entlang einem reversiblen Weg zugeführt wird. Weiterhin bedeutet die Entropiezunahme eines abgeschlossenen Systems den Verlust der mechanischen Energie $\Delta W = T' \Delta S$ mit T' als tiefster Temperatur innerhalb des Systems.

Aufgaben

1. Kehre die Richtung aller Pfeile in Abb. 14-2 um. Welche der Größen ΔW, ΔQ_1 und ΔQ_2 werden negativ? Gilt noch die Relation $\Delta W = \Delta Q_1 - \Delta Q_2$?

2. In Abb. 14-1 seien ΔQ_{ab} und ΔQ_{cd} die Wärmemengen, die während der Wege $a \to b$ bzw. $c \to d$ in die Arbeitssubstanz fließen. Drücke ΔQ_1 und ΔQ_2 durch ΔQ_{ab} und ΔQ_{cd} aus. Wie groß ist ΔQ_{bc}?

3. Eine Carnot-Maschine entzieht dem Meer dadurch Energie, daß sie mit einer Temperaturdifferenz von 5° zwischen dem wärmeren Wasser an der Oberfläche und dem kälteren Wasser in der Tiefe arbeitet. Wie groß ist die maximale abgegebene Leistung in Watt, wenn dem Oberflächenwasser eine Wärmemenge von 10^3 kcal pro s entzogen wird?

4. Drücke in Abb. 14-3 ΔQ_{da} und ΔQ_{bc} durch Q_1' und Q_2' aus.

5. Mit einer Carnot-Kühlmaschine soll Helium auf 4 K abgekühlt werden. Wieviel mechanische Energie in J braucht man, um bei 4 K dem Helium eine Wärmemenge von 1 J zu entziehen? (Das warme Reservoir sei auf Zimmertemperatur.)

6. Wiederhole Aufgabe 5 mit Helium bei 0,1 K.
7. Eine Carnot-Kühlmaschine entzieht einem Körper, der gekühlt wird, eine Wärmemenge von 140 J. Diese Wärmemenge wird bei 27 °C an den Wärmetauscher abgegeben. Der Körper ist während des Kühlens auf einer mittleren Temperatur von 7 °C. Welche Arbeit in J wird benötigt?
8. Es sei $\varepsilon_s = 0{,}55$ in Abb. 14-6. Welche Wärmemenge wird netto von T_2 nach T_1 übertragen?
9. Nehmen wir in Beispiel 5 an, wir hätten 0,5 l H_2 und 1,5 l N_2. Wie groß ist die Zunahme der Entropie durch das Mischen?
10. Wie groß ist in Abb. 14-11 die Wahrscheinlichkeit dafür, daß alle 40 Teilchen in der linken Seite des Behälters sind?
11. Der Behälter in Abb. 14-11 enthalte insgesamt fünf Teilchen. Wie groß ist die Wahrscheinlichkeit, daß alle fünf in der linken Hälfte sind?
12. Die Carnot-Maschine in Abb. 14-1 benutze ein ideales Gas. Zeige, daß für den Wirkungsgrad $\varepsilon = 1 - (V_b/V_c)^{\gamma-1}$ gilt.
13. Zeige, daß für die Carnot-Maschine $\Delta W = \Delta Q_2[(T_1/T_2) - 1]$ gilt.
14. Eine elektrische Leistung von 100 W treibt eine Wärmepumpe an mit der Leistungsziffer $Q_1'/W = 12$. Welche Wärmeleistung (Wärmemenge pro Zeit) in Watt steht zur Heizung zur Verfügung?

15. Zeige: Der Wirkungsgrad des Otto-Motors in Abb. 13-7 ist $\varepsilon = 1 - (T_c/T_b)$.
16. Der Brennstoff in einem 100-MW-Kraftwerk erzeugt 10^8 W mechanische (elektrische) Leistung. Der Gesamtwirkungsgrad ist 0,4.
   (a) Wie groß ist die Abwärme pro Sekunde?
   (b) Die Abwärme wird durch das Kühlwasser abgeführt; bei welchem Wasserfluß wird das Wasser um 5 °C erwärmt?
17. Ein Kühlschrank im Haushalt entzieht bei der Herstellung von Eiswürfeln dem Verdampfer bei 260 K eine Wärmemenge von 50 kcal. Wieviel mechanische Energie wird mindestens benötigt, um die Eiswürfel herzustellen (Carnot-Prozeß)? Die Zimmertemperatur beträgt 300 K. Welche elektrische Leistung benötigt der Kühlschrank, wenn er eine Kälteleistung von 3 kcal/min hat?
18. Ein Mol Luft bei 1 atm und 300 K wird adiabatisch auf einen Druck von 2 atm komprimiert. Wie groß sind Volumen und Temperatur nach der Kompression? Wie groß ist die Entropieänderung?
19. Zwei Carnot-Maschinen sind hintereinander geschaltet wie abgebildet. Maschine 1 entzieht die Wärmemenge Q_1 dem Reservoir T_1 und gibt Q_2 an T_2 ab, dem Eingangsreservoir für Maschine 2. Diese wiederum nimmt Q_2 auf und gibt Q_3 an T_3 ab. Bestimme den Gesamtwirkungsgrad, also die insgesamt abgegebene Arbeit dividiert durch Q_1, die Wärme, die beide Maschinen antreibt.

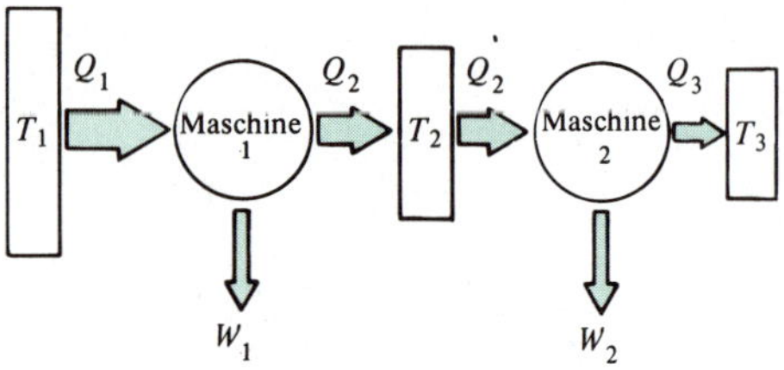

Aufgabe 19

20. Ein Mol Helium soll mit Hilfe einer idealen Carnot-Kühlmaschine von Zimmertemperatur (300 K) auf 100 K abgekühlt werden. Welche Arbeit in J muß unter der Voraussetzung einer konstanten molaren Wärmekapazität von $^5/_2 R$ aufgebracht werden?
21. Wiederhole Aufgabe 20 mit einer Endtemperatur von 10 K anstatt 100 K.
22. Es soll abgeschätzt werden, welche Wärmemenge der Luft in einem Raum 10 m × 5 m × 3 m bei 35 °C entzogen werden muß, um die Temperatur um 20° zu verringern. Ein Kühlgerät (Air-Conditioner) mit einer Leistungsziffer von 1,8 soll die Abkühlung in 30 min bewirken. Wie groß ist die benötigte elektrische Leistung?
23. Nehmen wir an, eine idealisierte Wärmepumpe wird elektrisch angetrieben und nicht durch eine Wärmekraftmaschine. Wie groß ist der Wirkungsgrad (definiert nach zweitem Hauptsatz S. 276), wenn die Temperatur innen 300 K und außen 273 K beträgt?

24. Ein Auto spürt bei einer Geschwindigkeit von 80 km/h eine Gegenkraft von 500 N. Wie groß ist der Wirkungsgrad (definiert nach dem zweiten Hauptsatz S. 276), wenn sein Benzinverbrauch 6 l/100 km beträgt?

25. Nimm in Beispiel 4 an, daß 2 kg Eisen von 100 °C mit 1 kg bei 0 °C zusammengebracht werden. Berechne die Endtemperatur und die Entropieänderung des Systems.

26. Wie groß ist die Entropieabnahme des Gases in Aufgabe 20?

27. Folgendes Experiment wird zur Bestimmung der spezifischen Wärmekapazität einer Metallegierung durchgeführt:

Die Probe der Legierung hat eine Masse von 200 g und ist in siedendes Wasser getaucht. Dann wird die Probe schnell herausgezogen und in ein isoliertes Kalorimeter gebracht, das anfangs 300 cm^3 Wasser von 20 °C enthielt. Man beobachtet, daß die Temperatur im Kalorimeter auf 30 °C steigt und dort stehenbleibt.

(a) Wie groß ist die spezifische Wärmekapazität der Legierung? Die Wärmekapazität des Kalorimeters soll vernachlässigt werden; die spezifische Wärmekapazität des Wassers beträgt 1 cal g^{-1} K^{-1}.

(b) Die spezifischen Wärmekapazitäten der Legierung und des Wassers seien in dem Temperaturintervall konstant. Berechne dann

1) die Entropieänderung der Legierung, ΔS_L

2) die Entropieänderung des Wassers, ΔS_W

3) die Gesamtänderung der Entropie.

15

Die elektrostatische Kraft

In den nächsten sechs Kapiteln befassen wir uns mit dem vielleicht wichtigsten physikalischen Phänomen, der elektromagnetischen Wechselwirkung. Sie ist nicht nur die Grundlage aller elektrischen Erscheinungsformen, sondern auch die Ursache der Kraft, die die Materie auf der atomaren und molekularen Stufe zusammenhält. Sogar die Kapitel über Strahlung und Optik, die den sechs Kapiteln über die Elektrizität folgen, behandeln indirekt noch die elektromagnetische Wechselwirkung, da das Licht selbst elektromagnetische Strahlung ist. In den der Optik folgenden Kapiteln wird die Quantenmechanik auf die elektromagnetische Wechselwirkung angewandt, um Atome, Moleküle und Festkörper zu beschreiben. In gewisser Beziehung ist der Rest des Buches also dem Studium der Elektrizität und ihrer Anwendungen gewidmet.

15-1 Elektrische Ladung

Die einzige grundlegende Wechselwirkung, die wir bisher kennengelernt haben, ist die Gravitation. Für die Massenanziehungskraft zwischen einem Elektron und einem Proton in dem Abstand, der gleich dem Radius eines Wasserstoffatoms ist, erhalten wir

$$F = G\frac{m_p m_e}{R_H^2} = 3{,}61 \cdot 10^{-47}\,\text{N}.$$

Es existiert aber außerdem noch eine andere Anziehungskraft zwischen Elektron und Proton, die $8{,}19 \cdot 10^{-8}$N beträgt, also $2{,}27 \cdot 10^{39}$mal größer ist! Diese viel stärkere Kraft, die wie die Gravitationskraft umgekehrt proportional zum Quadrat des Abstands ist, wird die elektrostatische Kraft genannt.

Wie wir wissen, besteht gewöhnliche Materie aus Elektronen, Protonen und Neutronen. Wenn nun aber die elektrostatischen Kräfte zwischen Elektronen und Protonen sowie zwischen Elektronen und Elektronen um so viele Größenordnungen stärker sind als die Gravitationskräfte, weshalb beobachten wir dann, daß die Gravitationskräfte zwischen großen Körpern stärker sind als die elektrostatischen

Kräfte? Das liegt daran, daß die elektrostatische Kraft zwischen zwei Elektronen (oder zwischen zwei Protonen) abstoßend ist und bei gleichem Abstand genau den gleichen Betrag hat wie die anziehende Kraft zwischen Elektron und Proton. Da in einem Körper die Anzahl von Elektronen und Protonen gleich ist, heben sich die starken elektrostatischen Kräfte auf, und übrig bleibt die schwache Gravitationskraft.

Die Quelle der Gravitationskraft ist das, was wir auf S. 90 schwere Masse nannten. Die Masse könnten wir auch als „Gravitations-Ladung" bezeichnen. Die entsprechende Quelle der elektrostatischen Kraft wird elektrische Ladung genannt (kurz: Ladung). Die Masse oder die Ladung eines Teilchens ist nur ein mathematisches Attribut, das beschreibt, wie stark das Teilchen auf die Gravitationskraft bzw. die elektrostatische Kraft reagiert. Beide Arten von Kräften existieren unabhängig voneinander; deshalb gibt es auch keine feste Beziehung zwischen der Masse und der Ladung eines Körpers. Im Gegensatz zur Masse kann die elektrische Ladung positiv oder negativ sein. Zwei Ladungen von entgegengesetztem Vorzeichen erfahren eine Anziehungskraft, wohingegen zwei Ladungen gleichen Vorzeichens einander abstoßen (s. Abb. 15-1).

Die abstoßende Kraft zwischen Ladungen desselben Vorzeichens kann mit zwei Ballons demonstriert werden, die man mit einem wollenen Tuch reibt. Einige der äußeren Elektronen der Atome in der Wolle werden beim Reiben von den Atomen des Ballons eingefangen, deshalb sind die Ballons negativ geladen (Elektronen sind die Träger negativer Ladung). Wenn der eine Ballon dem anderen genähert wird, so stößt er ihn ab, ohne ihn jemals zu berühren (ein Fall von Fernwirkung).

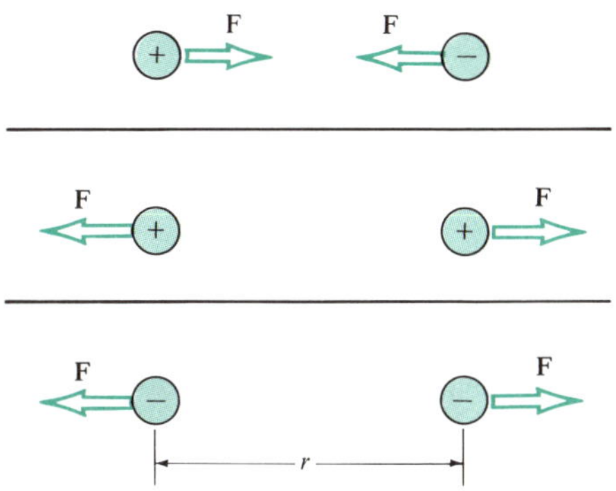

Abb. 15-1. *Abhängigkeit der Richtung der elektrostatischen Kraft von den Vorzeichen der beiden Ladungen*

Quantisierung der Ladung

Experimente zeigen, daß kein geladenes Teilchen eine kleinere Ladung haben kann als ein Proton oder Elektron. Diese elementare Einheit der Ladung ist gleich $1{,}6 \cdot 10^{-19}$ Coulomb; sie wird Elementarladung genannt und mit „e" abgekürzt. Einige Elementarteilchen wie z. B. Neutronen, Photonen oder Neutrinos haben die Ladung null. Geladene Körper können nur ganzzahlige Vielfache der Ladung e haben.

Erhaltung der Ladung

Eines der fundamentalen Gesetze der Physik ist das Gesetz von der Erhaltung der Ladung. Es sagt aus, daß in einem abgeschlossenen System die Nettomenge der Ladung (Menge positiver Ladung minus Menge negativer Ladung) konstant ist. Das Gesetz gilt sogar noch in dem extremen Fall der Vernichtung von geladenen Teilchen. Wenn ein Elektron durch ein Positron vernichtet wird, so werden beide, positive und negative Ladung, zerstört; die Netto-Ladung null bleibt jedoch vor und nach der Vernichtung unverändert. Das Gesetz von der Erhaltung der Ladung ist durch viele empfindliche Experimente sehr gut bestätigt worden.

15-2 Coulomb-Gesetz

Wie beim Newtonschen Gravitationsgesetz ist die Kraft zwischen zwei geladenen Teilchen proportional zum Produkt der zwei Ladungen q_1 und q_2 und umgekehrt proportional zum Quadrat des Abstands zwischen den Teilchen:

$$F = k_0 \frac{q_1 q_2}{r^2}. \quad \text{(Coulomb-Gesetz)} \qquad \textbf{(15-1)}$$

Die Proportionalitätskonstante k_0 muß experimentell bestimmt werden; sie wird auch als Coulomb-Konstante bezeichnet. Der funktionale Zusammenhang zwischen F, q und r ist bis zu extrem hoher Genauigkeit überprüft worden.

Im cgs-System wird Gl. (15-1) benutzt, um die Einheit der Ladung zu definieren. Setzt man $k_0 = 1$, so erhält man Ladungseinheiten von der Größe, daß zwei Einheiten im Abstand von 1 cm die Kraft 1 dyn aufeinander ausüben. Diese Einheit heißt elektrostatische Ladungseinheit, abgekürzt „el. stat. LE". Im cgs-System gilt also

$$F = \frac{q_1 q_2}{r^2},$$

wenn q in el. stat. LE angegeben wird.

Im MKS-System oder SI ist die Ladung über die magnetische Kraft zwischen zwei von identischen Strömen durchflossenen Leitern definiert. Wie wir in Kap. 17 sehen werden, ist diese Einheit der Ladung viel größer. Die MKS-Einheit der Ladung wird Coulomb genannt, abgekürzt „C". Es gilt folgende Umrechnung:

$$1\ \text{C} = 2{,}998 \cdot 10^9\ \text{et. stat. LE.}$$

In Kap. 17 wird gezeigt werden, daß der Umrechnungsfaktor exakt der 10fache Wert der Lichtgeschwindigkeit ist.

Nun können wir k_0 im MKS-System ausrechnen. Aus Gl. (15-1) folgt:

$$k_0 = \frac{Fr^2}{q_1 q_2}.$$

Wir setzen $q_1 = q_2 = 1$ el. stat. LE, $r = 1$ cm und $F = 1$ dyn:

$$k_0 = \frac{(1\,\text{dyn})\,(1\,\text{cm})^2}{(1\,\text{el. stat. LE})^2} = \frac{(10^{-5}\ \text{N})\,(10^{-2}\ \text{m})^2}{[1\ \text{C}/(2{,}998 \cdot 10^9)]^2},$$

$$k_0 = 8{,}988 \cdot 10^9\ \text{N m}^2/\text{C}^2 \approx 9 \cdot 10^9\ \text{N m}^2/\text{C}^2.$$

Der Faktor $9 \cdot 10^9$ ist nicht nur genügend genau; sondern auch leicht zu merken. Im MKS-System ist es üblich, k_0 in der Form $1/4\pi\varepsilon_0$ zu schreiben, also

$$F = \frac{1}{4\pi\varepsilon_0} \frac{q_1 q_2}{r^2},$$

wobei

$$\varepsilon_0 := \frac{1}{4\pi k_0} = 8{,}854 \cdot 10^{-12}\ \mathrm{C^2/(N\ m^2)}. \qquad \textbf{(15-2)}$$

ε_0 heißt elektrische Feldkonstante, andere Namen sind absolute Dielektrizitätskonstante oder Influenzkonstante.

In diesem Buch werden wir in den Gleichungen der Elektrizität gewöhnlich k_0 anstelle von ε_0 benutzen. Das vereinfacht nicht nur manche Rechnungen, sondern hat auch den Vorteil, daß unsere Gleichungen im MKS- und cgs-System dieselben sind; im cgs-System braucht nämlich nur $k_0 = 1$ gesetzt zu werden. Für jemanden, der tiefer in die Physik eindringt, ist es erforderlich, beide Versionen der elektromagnetischen Theorie zu lernen, die cgs- oder auch Gaußsche Version und die MKS-Version. In unserer Darstellung lernen wir cgs gleichzeitig mit MKS, ohne zusätzlichen Aufwand.

***Beispiel 1:** Zwei Kugeln aus Kohlenstoff haben je einen kleinen Überschuß an Elektronen. Welches Verhältnis von Elektronen zu Protonen ist nötig, damit eine der Massenanziehungskraft gleiche Coulombsche Abstoßungskraft erzeugt wird?

Lösung:

$$F_E = F_G,$$

$$k_0 \frac{q_1 q_2}{r^2} = G \frac{m_1 m_2}{r^2},$$

wobei q_1 und q_2 die Ladungen, m_1 und m_2 die Massen der beiden Kugeln sind. Also gilt

$$\left(\frac{q_1}{m_1}\right)\left(\frac{q_2}{m_2}\right) = \frac{G}{k_0}.$$

Wenn wir in beiden Kugeln für das gleiche Elektronen-Protonen-Verhältnis sorgen, erhalten wir

$$\frac{q_1}{m_1} = \sqrt{\frac{G}{k_0}}.$$

Es gilt

$$q_1 = (N_e - N_p)\, e$$

und

$$m_1 = N_p m_p + N_n m_n + N_e m_e,$$

wobei N_p, N_n und N_e jeweils die Anzahl der Protonen, Neutronen und Elektronen ist und m_p, m_n und m_e ihre Massen sind. Benutzt man $m_p \approx m_n \gg m_e$ und $N_p = N_n$ (Kohlenstoff), so erhält man $m_1 \approx 2N_p m_p$ und damit

$$\frac{q_1}{m_1} = \frac{(N_e - N_p)\,e}{2N_p m_p} = \sqrt{\frac{G}{k_0}},$$

$$\frac{N_e - N_p}{N_p} = \frac{2m_p}{e}\sqrt{\frac{G}{k_0}} = 1{,}8 \cdot 10^{-18}.$$

Wir sehen, daß der Effekt der Gravitation kompensiert wird, wenn nur ein überschüssiges Elektron auf je $5 \cdot 10^{17}$ Protonen kommt.

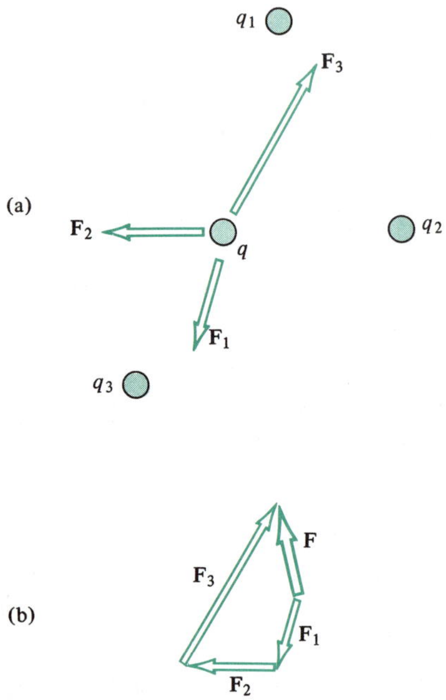

Abb. 15-2. *(a) Kräfte auf q durch q_1, q_2 und q_3. (b) Die Vektorsumme ergibt die resultierende Kraft **F**.*

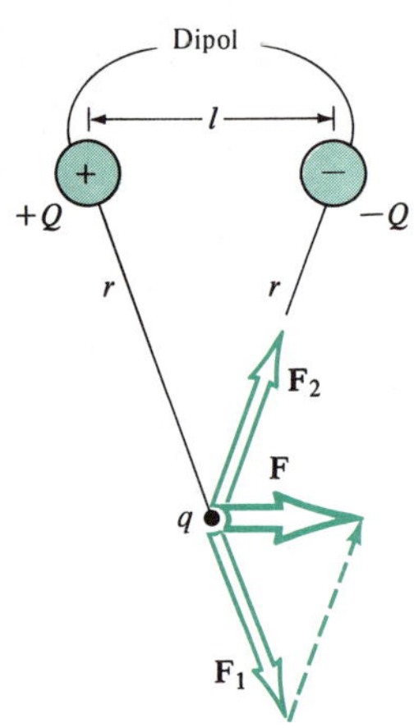

Abb. 15-3. *Kräfte auf eine Ladung q von einem Dipol p = Ql*

Das Superpositionsprinzip

Bisher haben wir nur die Kraft auf einen geladenen Körper diskutiert, die durch die Gegenwart eines einzelnen anderen geladenen Körpers verursacht wird. Nun wollen wir annehmen, daß sich der fragliche Körper in der Umgebung mehrerer geladener Körper befindet. Wie sieht dann die elektrostatische Kraft auf den ersten Körper aus? Wir sind versucht, dieses Problem in derselben Weise zu behandeln, wie wir es bei der Gravitation taten; d. h. alle Kräfte, die zwischen dem ersten Körper und je einem anderen Körper existieren, vektoriell zu einer resultierenden Kraft zu addieren. Damit ergäbe sich nach Abb. 15-2 $\boldsymbol{F} = \boldsymbol{F}_1 + \boldsymbol{F}_2 + \boldsymbol{F}_3$ als die Kraft auf den Körper der Ladung q. Das mag selbstverständlich erscheinen; aber man kann es nicht auf einen grundlegenderen Satz zurückführen. Das Prinzip der Superposition muß für die elektrostatische Kraft experimentell getestet werden; glücklicherweise besteht es den Test.

Wir werden auf Probleme stoßen, bei denen die Quelle der elektrostatischen Kraft ein ausgedehnter homogen geladener Körper ist, wie z. B. ein geladener Draht oder eine geladene rechteckige Platte. Dann muß man über den ganzen Körper integrieren: $\boldsymbol{F} = \int \mathrm{d}\boldsymbol{F}$; $\mathrm{d}\boldsymbol{F}$ ist die Kraft jedes Ladungselements. Wir werden uns mit dem Begriff der linearen Ladungsdichte λ befassen, gemessen in Coulomb C pro Längeneinheit m, außerdem mit der Flächenladungsdichte σ (C/m²) und der Raumladungsdichte ϱ (C/m³).

Beispiel 2: Ein elektrischer Dipol besteht aus zwei Ladungen $+Q$ und $-Q$ im Abstand l. Das Dipolmoment ist definiert als $p = Ql$. Welche Kraft wird auf die Ladung q in Abb. 15-3 ausgeübt?

Lösung: Da das Dreieck mit den Ladungen an den Eckpunkten

dem Kräftedreieck ähnlich ist, gilt:

$$\frac{F}{F_1} = \frac{l}{r},$$

$$F = \frac{l}{r} F_1 = \frac{l}{r}\left(k_0 \frac{Qq}{r^2}\right) = qk_0 \frac{Ql}{r^3}$$

$$= qk_0 \frac{p}{r^3}.$$

Wir sehen, daß die Kraft, die ein Dipol auf eine Ladung q ausübt, umgekehrt proportional zur 3. Potenz des Abstands ist. Der allgemeine Fall, bei dem sich q in beliebiger Lage zum Dipol befindet, wird auf S. 320 behandelt.

15-3 Das elektrische Feld

Auf S. 91 haben wir den Begriff des Gravitationsfeldes eingeführt. Man kann die Gravitationsfeldstärke an einem beliebigen Raumpunkt erhalten, wenn man eine Masse m an diesen Punkt bringt und die resultierende Gravitationskraft F_G auf diese Masse mißt; die Gravitationsfeldstärke ist definitionsgemäß gleich F_G/m. Wir können das gleiche für das elektrische Feld tun und an einem bestimmten Punkt die resultierende elektrostatische Kraft $\boldsymbol{F}$ auf eine Probeladung q messen; dabei muß man beachten, daß die Testladung die Lage der übrigen Ladungen nicht verändert. Als elektrische Feldstärke definiert man den Quotienten aus elektrostatischer Kraft und Ladung:

$$\boldsymbol{E} := \frac{\boldsymbol{F}}{q}. \quad \text{(Definition der elektrischen Feldstärke)} \qquad \textbf{(15-3)}$$

Die Richtung von $\boldsymbol{E}$ fällt mit der Richtung der Kraft $\boldsymbol{F}$ auf eine positive Testladung zusammen. Die Einheit von E ist Newton pro Coulomb oder, wie wir im nächsten Kapitel sehen werden, Volt pro Meter.

Als ein Beispiel betrachten wir das elektrische Feld im Punkt P der Abb. 15-4. P ist von den Ladungen Q und $-Q$ gleich weit entfernt. Setzen wir das Ergebnis von Beispiel 2 in Gl. (15-3) ein, so erhalten wir

$$E = \frac{k_0 q(p/r^3)}{q} = k_0 \frac{p}{r^3}.$$

Die Richtung der Feldstärke E bei Punkt P weist nach rechts.

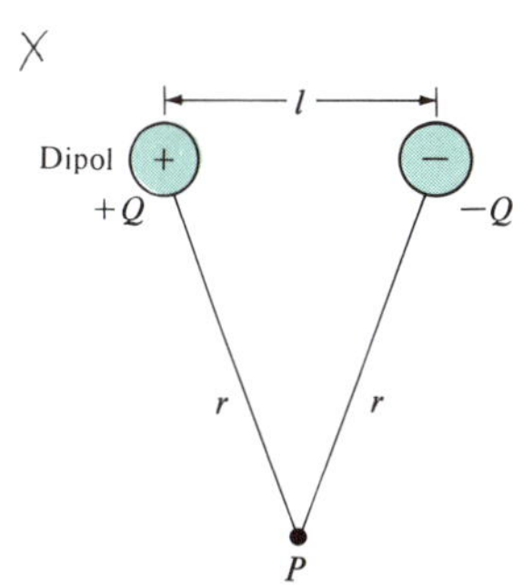

Abb. 15-4. *Zur Berechnung des elektrischen Felds eines Dipols*

Die Feldstärke im Abstand R von einer einzelnen Punktladung Q ist

$$\boldsymbol{E} = \frac{1}{q}\boldsymbol{F} = \frac{1}{q}\left(k_0 \frac{Qq}{r^2}\hat{\boldsymbol{r}}\right).$$

$$\boldsymbol{E} = k_0 \frac{Q}{r^2}\hat{\boldsymbol{r}} \quad \text{(elektr. Feldstärke einer Punktladung } Q\text{)} \qquad \textbf{(15-4)}$$

Dabei ist $\hat{\boldsymbol{r}}$ der Einheitsvektor in Richtung $Q - P$.

Das elektrische Feld einer Konfiguration von n Punktladungen hat als Feldstärke die Vektorsumme

$$\boldsymbol{E} = k_0 \sum_{j=1}^{n} \frac{Q_j}{r_j^2}\hat{\boldsymbol{r}}_j.$$

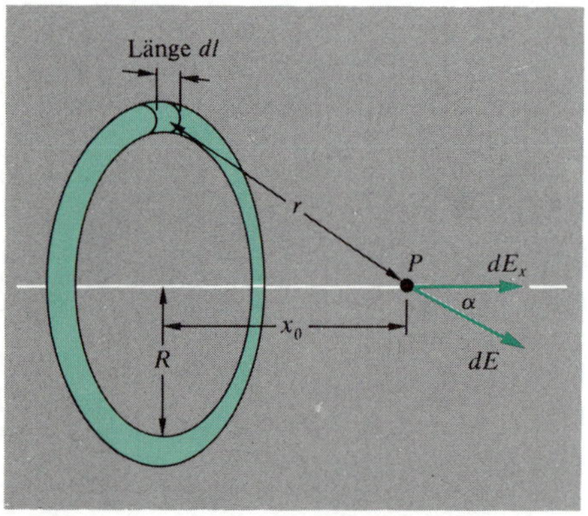

Abb. 15-5. *Das Feld eines gleichmäßig geladenen Rings der Gesamtladung Q*

Beispiel 3: Ein geladener Ring vom Radius R hat eine Gesamtladung Q. Berechne die Feldstärke auf der Achse im Abstand x_0 vom Mittelpunkt.

Lösung: Nach Abb. 15-5 erzeugt das Ringelement $\mathrm{d}l$ die Feldstärke

$$\mathrm{d}E_x = \mathrm{d}E\,(\cos\alpha).$$

Führt man die lineare Ladungsdichte des Rings $\lambda = Q/2\pi R$ ein, so folgt mit Gl. (15-4):

$$\mathrm{d}E = k_0 \frac{\lambda\,\mathrm{d}l}{r^2}.$$

Damit und mit $\cos\alpha = x_0/r$ ergibt sich für $\mathrm{d}E_x$:

$$\mathrm{d}E_x = k_0 \frac{\lambda\,\mathrm{d}l}{r^2}\,\frac{x_0}{r},$$

$$E = E_x = \frac{k_0\lambda x_0}{r^3}\int \mathrm{d}l = \frac{k_0\lambda x_0}{r^3}\,(2\pi R)$$

$$= \frac{k_0 x_0 Q}{(x_0^2 + R^2)^{3/2}}.$$

E ist gleich E_x, da sich die anderen Komponenten von E (senkrecht zur Achse) aufheben. Im Mittelpunkt des Rings ($x_0 = 0$) ist $E = 0$. Für $x_0 \gg R$ geht E gegen den Grenzwert k_0Q/x_0^2; das ist derselbe Wert, den eine Punktladung im gleichen Abstand hervorrufen würde.

Der Vorteil bei der Benutzung des Feldbegriffs besteht darin, daß man sich nicht um die Einzelheiten der Quelle des Feldes zu kümmern braucht. Zum Beispiel ist die Feldstärke im Gebiet I der Abb. 15-6 (a) und (b) in beiden Fällen $E = k_0Q/r^2$. Für die Quelle eines solchen

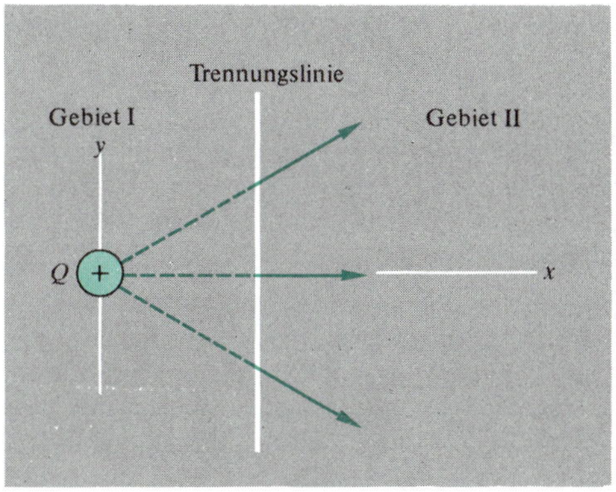

(a)

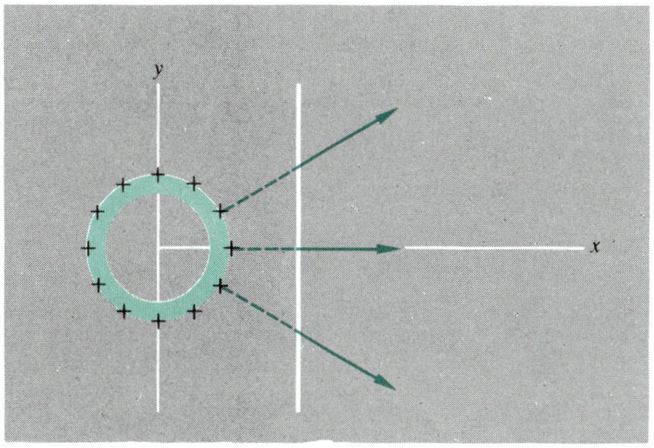

(b)

Abb. 15-6. *In den Bildern (a) und (b) ist das Feld im Gebiet I gleich. Es ist unmöglich, die Ladungsverteilung im Gebiet II allein durch Feldmessungen im Gebiet I zu bestimmen.*

Feldes gibt es viele Möglichkeiten. Es könnte eine Punktladung sein, so wie in Abb. 15-6(a), oder eine homogen geladene Schale wie in (b). Auch mit noch so detaillierten Messungen im Gebiet I ist es nicht möglich, etwas über die Ladungsverteilung der Quelle des Feldes im Gebiet II herauszubekommen. Wir werden sehen, daß das elektrische Feld wirklich physikalischen Charakter hat, indem ihm eine lokale Energie und ein eigener Impuls zugeschrieben werden können. Mit dem Feldformalismus kommt man zu einer übersichtlichen Beschreibung, weil alle Kräfte lokal entstehen (Nahwirkung) und das Konzept der Fernwirkung von Kräften umgangen wird.

15-4 Elektrische Feldlinien

Die Richtung von $\boldsymbol{E}$ im gesamten Raum kann mit Hilfe von Linien dargestellt werden, wie es in Abb. 15-7 gezeigt ist. Solche Linien, die die Richtung von $\boldsymbol{E}$ in jedem Punkt angeben, heißen Feldlinien. Diese Linien veranschaulichen nicht nur die Feldrichtung, sondern sie können auch die Größe des Betrags von $\boldsymbol{E}$ im Raum darstellen. Das erreicht

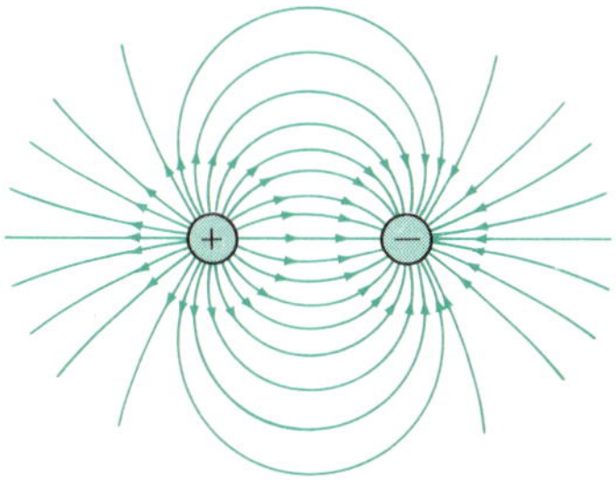

(a)

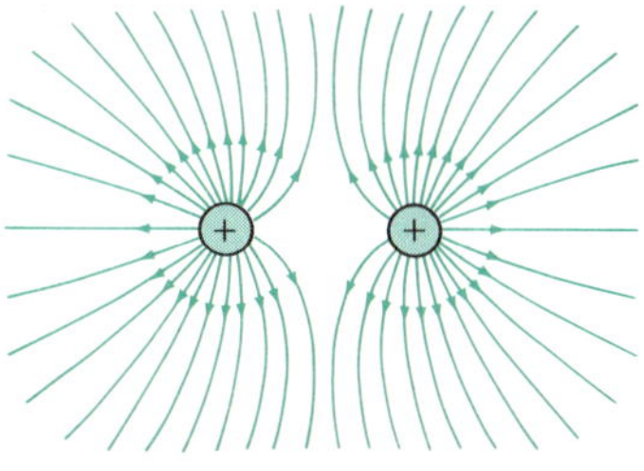

(b)

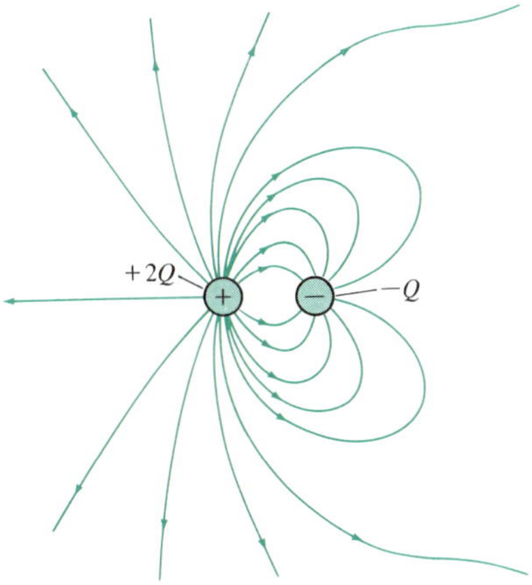

(c)

Abb. 15-7. *Feldliniendiagramme für (a) zwei Ladungen von unterschiedlichem Vorzeichen (Dipol), (b) zwei Ladungen gleichen Vorzeichens und (c) zwei Ladungen der Größe −Q und +2Q*

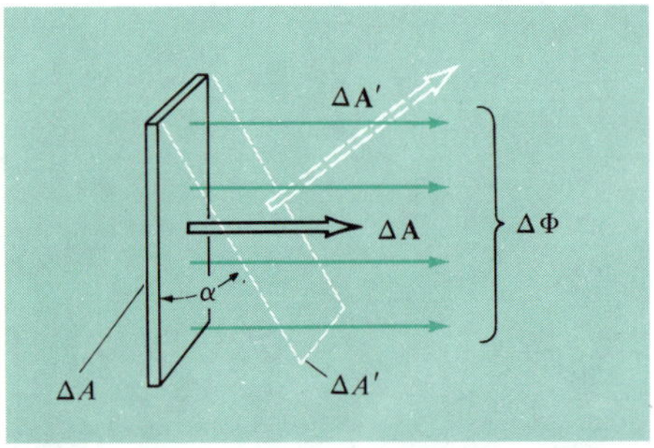

Abb. 15-8. *Vier Feldlinien schneiden die Flächen ΔA und $\Delta A'$, die gegeneinander um den Winkel α verkippt sind. Die Fläche ΔA bildet mit den Linien des Kraftflusses rechte Winkel.*

man, indem man die Feldlinien so zeichnet, daß ihre Flächendichte gleich dem Betrag von $\boldsymbol{E}$ ist. Wir wählen in Abb. 15-8 eine Fläche $\Delta \boldsymbol{A}$ senkrecht zu $\boldsymbol{E}$. Die Richtung des Vektors $\Delta \boldsymbol{A}$ ist konventionsgemäß senkrecht zur Fläche, also parallel zu $\boldsymbol{E}$. Der Betrag von ΔA ist der Flächeninhalt von ΔA.

$\Delta \Phi$ sei die Anzahl der Feldlinien, die durch die Fläche ΔA treten. Dann gilt

$$E = \frac{\Delta \Phi}{\Delta A}$$

oder

$$\Delta \Phi = E \, \Delta A .$$

Betrachten wir nun die Fläche $\Delta A'$ in Abb. 15-8, die um den Winkel α gegen ΔA verkippt ist; sie schließt die gleiche Linienzahl $\Delta \Phi$ ein. Es gilt

$$\Delta A' = \frac{\Delta A}{\cos \alpha} .$$

Wir bilden folgendes Skalarprodukt:

$$\boldsymbol{E} \cdot \Delta \boldsymbol{A}' = E(\Delta A') \cos \alpha = E\left(\frac{\Delta A}{\cos \alpha}\right) \cos \alpha = E \, \Delta A = \Delta \Phi .$$

Somit gilt also ganz allgemein:

$\mathrm{d}\Phi = \boldsymbol{E} \cdot \mathrm{d}\boldsymbol{A}$. (elektr. Kraftfluß oder Anzahl der Feldlinien durch ein Flächenelement) **(15-5)**

Der Gesamtfluß oder die Gesamtzahl der Feldlinien durch eine ausgedehnte Fläche S ist die Größe $\boldsymbol{E} \cdot \mathrm{d}\boldsymbol{A}$, summiert über die Fläche:

$$\Phi = \sum_{\text{Fläche}} \boldsymbol{E} \cdot \Delta \boldsymbol{A} .$$

Das kann als Flächenintegral ausgedrückt werden:

$$\Phi = \int_S \boldsymbol{E} \cdot \mathrm{d}\boldsymbol{A} . \quad \text{(elektr. Fluß durch eine Fläche } S\text{)}$$

Abb. 15-9 zeigt als Beispiel eine Fläche S mit drei möglichen Flächenelementen. Die Größe Φ, welche der Gesamtzahl der Feldlinien durch die Fläche S gleich ist, wird auch elektrischer Kraftfluß oder elektrischer Fluß genannt.

Entfernen wir uns von der Quelle des Feldes, so könnten wir erwarten, daß neue Feldlinien auftauchen oder alte verschwinden; aber wir

Abb. 15-9. *Randkurve der Oberfläche S mit den Punkten A bis G. Drei Oberflächenelemente mit ihren Vektoren sind in (b) eingezeichnet. In (b) ist angedeutet, daß die Fläche zwischen der Randlinie in (a) nicht eben zu sein braucht.*

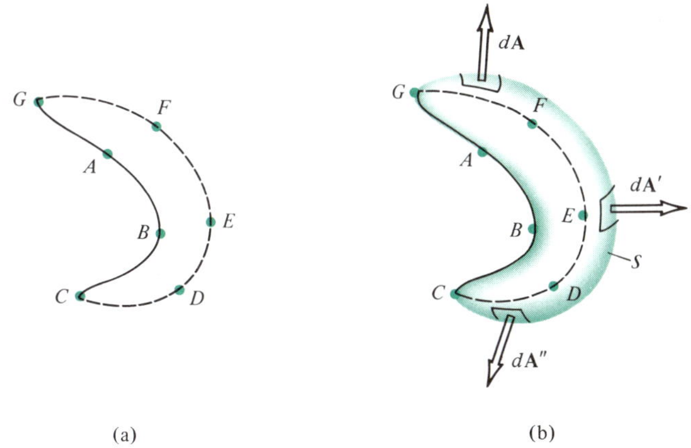

werden gleich sehen, daß für eine einzelne Punktladung die Anzahl der Linien für alle r-Werte gleichbleibt. Wir denken uns die Ladung Q von einer Kugel mit dem Radius r_1 umgeben (Abb. 15-10). Mit $4\pi r_1^2$ als Gesamtfläche der Kugelschale ergibt sich die Anzahl der Feldlinien, die durch sie hindurchtreten, zu

$$\Phi = E(4\pi r_1^2) = \left(k_0 \frac{Q}{r_1^2}\right)(4\pi r_1^2)$$

$$= 4\pi k_0 Q.$$

Dieses Ergebnis ist unabhängig von r_1 und gilt also für alle Werte von r. Die Gesamtzahl der Feldlinien, die von einer Punktladung Q ausgehen, ist $4\pi k_0 Q$, und diese Linien setzen sich kontinuierlich fort bis ins Unendliche.

Nun werden wir zeigen, daß die Anzahl der Linien auch dann $\Phi = 4\pi k_0 Q$ ist, wenn die umgebende geschlossene Fläche keine Kugel ist. Wir haben schon bewiesen, daß $\boldsymbol{E} \cdot \mathrm{d}\boldsymbol{A} = \boldsymbol{E} \cdot \mathrm{d}\boldsymbol{A}'$ gilt, wenn $\mathrm{d}\boldsymbol{A}$ und $\mathrm{d}\boldsymbol{A}'$ von denselben Linien geschnitten werden; infolgedessen gilt auch

$$\Phi = \int_{\text{Kugel}} \boldsymbol{E} \cdot \mathrm{d}\boldsymbol{A} = \int_{S'} \boldsymbol{E} \cdot \mathrm{d}\boldsymbol{A}',$$

wobei S' die Oberfläche eines beliebigen Volumens ist, in dem sich Q befindet. Wir benutzen das Symbol $\oint \boldsymbol{E} \cdot \mathrm{d}\boldsymbol{A}$ für das Integral über eine beliebig geformte, aber geschlossene Oberfläche. Wir können also schreiben

$$\oint \boldsymbol{E} \cdot \mathrm{d}\boldsymbol{A} = 4\pi k_0 Q, \qquad (15\text{-}6)$$

wenn die Oberfläche eine einzelne Punktladung umschließt. Eine solchermaßen geschlossene Fläche heißt Gaußsche Fläche.

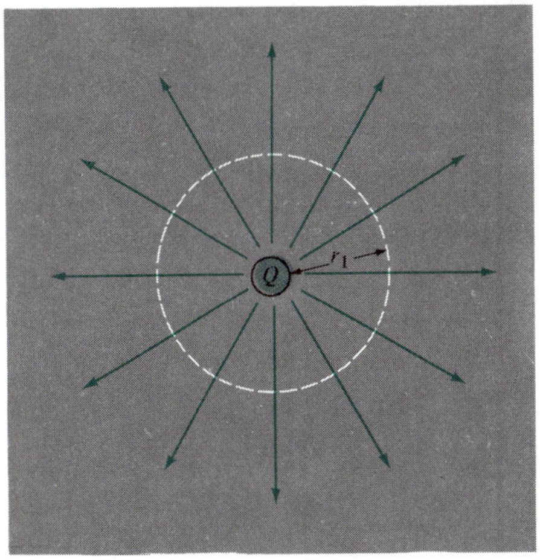

Abb. 15-10. *Feldlinien einer Punktladung, die eine gedachte Kugel schneiden.*

15-5 Der Gaußsche Satz

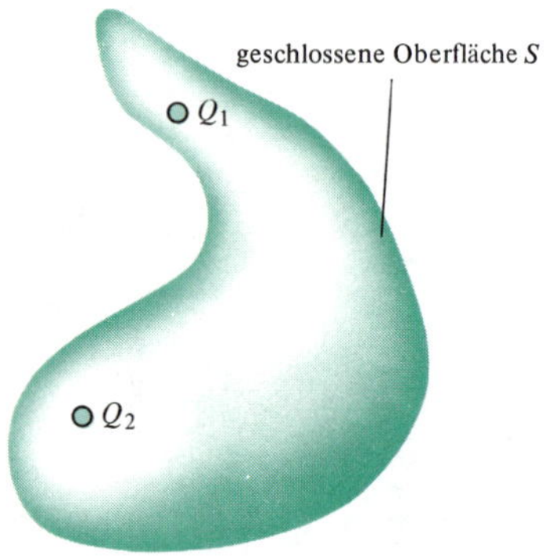

Abb. 15-11. *Zwei Punktladungen in einem Volumen, das von der Oberfläche S umschlossen wird.*

Nun umschließe eine Oberfläche gemäß Abb. 15-11 zwei Ladungen Q_1 und Q_2. Die Anzahl der Feldlinien, die die Fläche schneiden, ist

$$\Phi_{\text{total}} = \oint \boldsymbol{E} \cdot \mathrm{d}\boldsymbol{A} = \oint (\boldsymbol{E}_1 + \boldsymbol{E}_2)\,\mathrm{d}\boldsymbol{A}$$

$$= \oint \boldsymbol{E}_1 \cdot \mathrm{d}\boldsymbol{A} + \oint \boldsymbol{E}_2 \cdot \mathrm{d}\boldsymbol{A},$$

wobei $\boldsymbol{E}_1$ die Feldstärke des von Q_1 allein erzeugten Felds ist und $\boldsymbol{E}_2$ nur von Q_2 herrührt. Nach Gl. (15-6) kann man $\oint \boldsymbol{E}_1 \cdot \mathrm{d}\boldsymbol{A} = 4\pi k_0 Q_1$ und $\oint \boldsymbol{E}_2 \cdot \mathrm{d}\boldsymbol{A} = 4\pi k_0 Q_2$ setzen; damit erhält man

$$\Phi_{\text{total}} = (4\pi k_0 Q_1) + (4\pi k_0 Q_2)$$

$$= 4\pi k_0 (Q_1 + Q_2).$$

Wir haben für den Fall von zwei Ladungen gezeigt, daß die Anzahl der Feldlinien, die die geschlossene Oberfläche verlassen, gleich ist dem Produkt aus $(4\pi k_0)$ und der Gesamtladung, die von der Fläche umgeben ist. Diese Herleitung kann ohne Weiteres auf n Punktladungen ausgedehnt werden, die sich innerhalb eines geschlossenen Volumens befinden. Das Ergebnis heißt Gaußscher Satz:

$$\oint \boldsymbol{E} \cdot \mathrm{d}\boldsymbol{A} = 4\pi k_0 Q_{\text{in}}. \quad \text{(Gaußscher Satz)} \qquad \textbf{(15-7)}$$

Q_{in} ist die effektive Ladung innerhalb des Volumens. Ist Q_{in} negativ, so dringen die Feldlinien in das Volumen ein, ist Q positiv, so treten sie heraus. Feldlinien können nur an Ladungen anfangen oder enden, im übrigen sind sie ununterbrochen. Ist $4\pi k_0 Q_{\text{in}}$ eine kleine Zahl, so könnte man „Mikro-Linien" zeichnen; 10^6 Mikro-Linien entsprechen einer normalen Linie.

Der Gaußsche Satz gilt unabhängig davon, ob sich auch außerhalb des betrachteten Volumens Ladungen befinden. Nimmt man z. B. die Oberfläche in Abb. 15-12, für die $Q_{\text{in}} = 0$ ist. In diesem Bild muß eine außerhalb liegende Ladungsverteilung den Fluß erzeugen, der durch die Oberfläche hindurchtritt. Wir können den Gesamtfluß wie folgt aufspalten:

$$\Phi_{\text{total}} = \Phi_{ab} + \Phi_{bc} + \Phi_{cd} + \Phi_{da}.$$

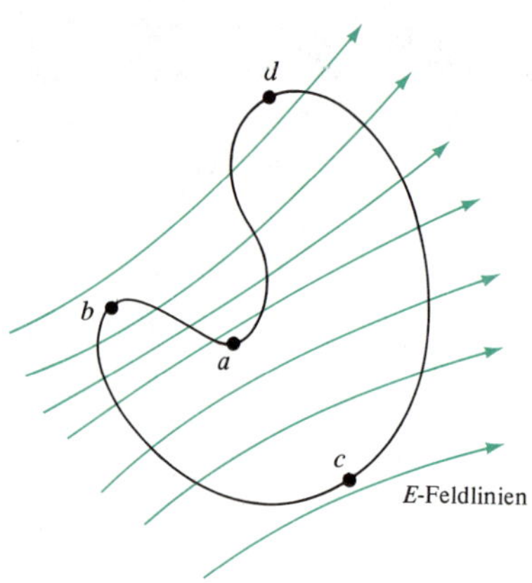

Abb. 15-12. *Zweidimensionale Wiedergabe einer geschlossenen Oberfläche. Die Quelle des* ***E****-Felds befindet sich außerhalb der Oberfläche.*

Drei Linien verlassen das Volumen zwischen a und b, also ist $\Phi_{ab} = +3$. Zwischen b und c dringen fünf Linien in das Volumen ein: $\Phi_{bc} = -5$. Sechs Linien treten zwischen c und d heraus: $\Phi_{cd} = +6$ und $\Phi_{da} = -4$, weil vier Linien zwischen d und a eindringen. Addiert man die vier Teile des Flusses, so erhält man in Übereinstimmung mit Gl. (15-7):

$$\Phi_{\text{total}} = (+3) + (-5) + (+6) + (-4) = 0.$$

Es ist klar, daß jede Linie, die in das Volumen hineintritt, es auch wieder verlassen muß, so daß die Nettoanzahl der das Volumen verlassenden Linien gleich null ist. (Eine hineingehende Linie entspricht negativem Fluß, eine herauskommende positivem.)

Da die linke Seite von Gl. (15-7) die Nettoanzahl der Feldlinien ist, die ein Volumen durch eine geschlossene Oberfläche verlassen, können wir schreiben:

$$\Phi = 4\pi k_0 Q_{\text{in}}$$

oder:

$$\text{(Anzahl der Linien, die das Volumen verlassen)} = 4\pi k_0 \cdot \text{(effektive Ladung innerhalb des Volumens)}$$

Dies ist eine andere Form des Gaußschen Satzes. Wenn man k_0 durch $1/4\pi\varepsilon_0$ ersetzt, lautet der Satz

$$\oint \boldsymbol{E} \cdot \mathrm{d}\boldsymbol{A} = \frac{1}{\varepsilon_0} Q_{\text{in}}. \qquad \textbf{(15-8)}$$

Der Gaußsche Satz in der Version von Gl. (15-7) oder Gl. (15-8) ist eine der vier fundamentalen Maxwell-Gleichungen, die die gesamte elektromagnetische Theorie bestimmen. Obwohl der Gaußsche Satz dem Coulomb-Gesetz mathematisch äquivalent ist, erleichtert gerade seine Form die Berechnung elektrischer Felder oder Ladungsverteilungen. Dies wird im nächsten Kapitel deutlich, wenn wir mit seiner Hilfe folgende Felder berechnen:

1. außerhalb einer geladenen Kugelschale,
2. innerhalb und außerhalb einer homogen geladenen massiven Kugel,
3. außerhalb eines geladenen Stabes,
4. innerhalb eines homogen geladenen massiven Zylinders,
5. über einer geladenen dünnen Platte,
6. zwischen zwei geladenen Platten,
7. innerhalb einer homogen geladenen dicken Platte.

Würden wir das Feld außerhalb einer homogen geladenen massiven Kugel mit dem Coulomb-Gesetz berechnen, so würden wir auf ein ziemlich kompliziertes Dreifachintegral stoßen. Auf diese Weise bewies Newton, daß sich die Masse der Erde so verhält, als ob sie ganz im Mittelpunkt konzentriert wäre. Hätte er den Gaußschen Satz gekannt, so hätte er diese Aussage in zwei Zeilen beweisen können, statt über mehrere Seiten umständliche Rechnungen durchführen zu müssen.

Die meisten festen Körper können in zwei Gruppen eingeteilt werden, in Leiter und Nichtleiter (auch Isolatoren genannt). Bei einem Isolator kann man zusätzliche Ladung auf die Oberfläche oder ins Innere bringen, und sie bleibt dort haften. Leiter besitzen jedoch eine große Zahl freier Elektronen, die nicht an ein bestimmtes Atom gebunden sind. Aus diesem Grund könnte ein elektrisches Feld im Innern eines Leiters nur für kurze Zeit bestehen, denn die freien Leitungselektronen würden sich unter dem Feldeinfluß fortbewegen und sich an der Oberfläche ansammeln, bis sich ein gleichgroßes entgegengesetztes Feld aufgebaut hat.

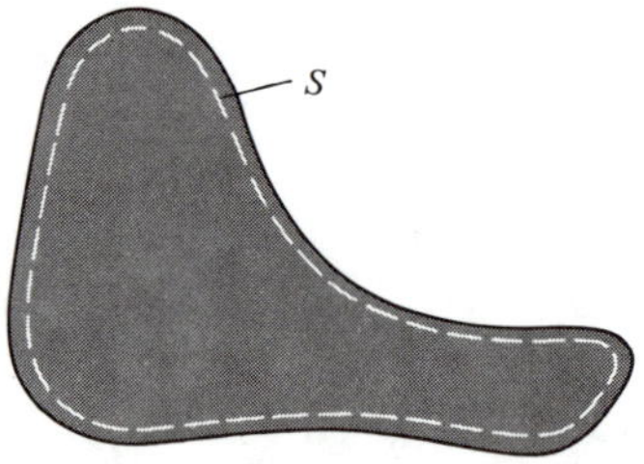

Abb. 15-13. *Die gestrichelte Linie deutet eine Oberfläche an, die unmittelbar unter der äußeren Oberfläche liegt.*

Bevor wir diesen Abschnitt abschließen, wollen wir mit dem Gaußschen Satz beweisen, daß eine Ladung, die man auf einen Leiter bringt, an der Oberfläche erscheint, selbst dann, wenn man sie zuerst ins Innere bringt. In Abb. 15-13 ist ein Leiter von beliebiger Form gezeichnet, er könnte sogar hohl sein. Die gestrichelte Linie deutet eine geschlossene Fläche S an, die etwas unterhalb der äußeren Leiteroberfläche liegt. Nach dem Gaußschen Satz können wir für die geschlossene Fläche S ansetzen:

$$\oint_S \boldsymbol{E} \cdot \mathrm{d}\boldsymbol{A} = 4\pi k_0 Q_{\mathrm{in}}.$$

Jetzt wollen wir solange warten, bis sich alle Ladungen und Leitungselektronen verteilt haben und nicht mehr bewegen. Wenn sich aber die Ladungen nicht mehr bewegen, heißt das, daß keine elektrische Kraft mehr an ihnen angreift, also die Feldstärke E überall auf der Fläche S null ist; daraus folgt

$$\oint \boldsymbol{E} \cdot \mathrm{d}\boldsymbol{A} = 0$$

und

$$0 = 4\pi k_0 Q_{\mathrm{in}}.$$

Die effektive Ladung im Innern des Volumens, das von der geschlossenen Oberfläche S umgeben ist, ist null ($Q_{\mathrm{in}} = 0$). Da wir alle möglichen geschlossenen Oberflächen nehmen können und immer $Q_{\mathrm{in}} = 0$ erhalten, haben wir bewiesen, daß die effektive Ladung in jedem noch so kleinen Bereich im Innern des Leiters null sein muß.

Beispiel 4: Die Erde besitzt ein schwaches elektrisches Feld, dessen Stärke direkt über der Oberfläche typischerweise 100 N/C beträgt.
(a) Wie groß ist die elektrische Feldstärke unmittelbar unter der Erdoberfläche?
(b) Welche Oberflächenladung erzeugt ein Feld mit $E = 100$ N/C direkt über der Oberfläche? Wie viele zusätzliche Elektronen pro cm^2 wären das?

Lösung: (a) Da die Erde ein Leiter ist, ist unterhalb der Oberfläche kein elektrisches Feld vorhanden; denn innerhalb eines Leiters existiert kein ständiges E-Feld.
(b) Man kann den Gaußschen Satz auf eine Kugel anwenden, deren Radius etwas größer als der Erdradius R_e ist und die die Erde umschließt. Da E über die Erdoberfläche A_e konstant ist, ergibt sich für das Integral

$$\oint \boldsymbol{E} \cdot \mathrm{d}\boldsymbol{A} = EA_e$$

und

$$EA_e = 4\pi k_0 Q_e,$$

wobei Q_e die gesamte Oberflächenladung ist.

Die Flächenladungsdichte setzen wir folgendermaßen an:

$$\sigma = \frac{Q_e}{A_e} = \frac{E}{4\pi k_0} = \frac{100}{4\pi(9 \cdot 10^9)}\,\mathrm{C/m^2} = 8{,}84 \cdot 10^{-14}\,\mathrm{C/cm^2}.$$

Da ein Elektron die Elementarladung $e = 1{,}6 \cdot 10^{-19}$ C trägt, substituieren wir C durch $e/(1{,}6 \cdot 10^{-19})$ und erhalten die Flächenladungsdichte in Elementarladungen (oder Elektronen) pro cm²:

$$\sigma = 8{,}84 \cdot 10^{-14}\,\frac{e/(1{,}6 \cdot 10^{-19})}{\mathrm{cm^2}} = 5{,}52 \cdot 10^5\,\frac{e}{\mathrm{cm^2}}.$$

Beispiel 5: Setzt man trockene Luft einem elektrischen Feld aus, dessen Stärke größer als 10^6 N/C ist, werden rasch Ionen gebildet, die dünne Funken verursachen; die Luft wird leitend. Welche Ladung kann auf einer Kugel mit einem Radius 1 cm (1 m) maximal gespeichert werden?

Lösung: Nehmen wir eine Kugel als Gaußsche Oberfläche, deren Radius etwas größer ist als derjenige der geladenen Kugel. Da E konstant ist, ergibt das Oberflächenintegral $E(4\pi R^2)$. Dies muß nach dem Gaußschen Satz gleich $4\pi k_0 Q$ sein:

$$E(4\pi R^2) = 4\pi k_0 Q,$$

$$Q = \frac{ER^2}{k_0}.$$

Für $R = 10^{-2}$ m erhält man

$$Q = \frac{(1 \cdot 10^6)\,(10^{-2})^2}{9 \cdot 10^9}\,\mathrm{C} = 1{,}1 \cdot 10^{-8}\,\mathrm{C}.$$

Für $R = 1$ m ist Q 10^4mal größer, also

$$Q = 1{,}1 \cdot 10^{-4}\,\mathrm{C}.$$

Das veranschaulicht die Größe der Einheit Coulomb. Eine Kugel mit einem Radius von knapp 100 m wäre nötig, um 1 C in Luft zu speichern.

Abb. 15-14. *Ein kugelförmiger Leiter ist innen hohl und enthält dort eine Ladung +Q. Dadurch werden Ladungen an der Innen- und Außenfläche influenziert.*

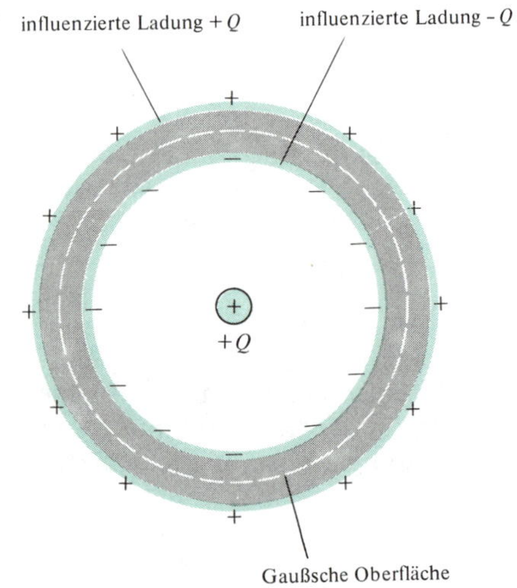

Elektrische Influenz

Besitzt ein elektrisch neutraler Leiter einen Hohlraum, so muß auch in diesem Fall die effektive Ladung überall im Innern null sein. Es könnte aber eine feste Ladung inmitten des Hohlraums angebracht sein. Dann müßte nach dem Gaußschen Satz auch eine gleichgroße Ladung mit umgekehrtem Vorzeichen auf der Wand des Hohlraums existieren, wie es in Abb. 15-14 gezeigt ist. Denn eine Gaußsche Fläche, angedeutet durch eine gestrichelte Linie in Abb. 15-14, würde im Leiterinnern die effektive Ladung null einschließen.

Da der Leiter elektrisch neutral ist, muß auf der äußeren Oberfläche eine Ladung vorhanden sein, die genauso groß ist wie die Ladung auf der inneren Wand, allerdings mit entgegengesetztem Vorzeichen. Das ist ein Beispiel für elektrische Influenz. Immer wenn ein neutraler Körper in ein elektrisches Feld gebracht wird, werden durch Influcnz auf den Oberflächen Ladungen erscheinen, die das Feld innerhalb des Körpers zu null machen, wenn der Körper ein Leiter ist (sogar wenn er ein schlechter Leiter ist). Bei einem vollkommenen Isolator treten auch influenzierte Ladungen auf, aber sie machen das Innere nicht vollständig feldfrei. Ein solcher Isolator wird als Dielektrikum bezeichnet (s. Abschn. 16-6).

Mit Hilfe der Influenz gelingt es, Ladungen auf elektrisch neutralen Leitern zu erzeugen. Das wird an dem Beispiel in Abb. 15-15 deutlich, wo ein vorher geladener Glasstab in die Nähe zweier ungeladener kugelförmiger Leiter gebracht wird. In Abb. 15-15(a) werden durch die positive Ladung des Glasstabs Leitungselektronen von der rechten Kugel auf die linke gezogen. Wenn man die Kugeln trennt, behalten sie ihre Ladungen [Abb. 15-15(b)]. Im Bild (c) ist der Glasstab entfernt worden, und die Ladungen haben sich auf den Oberflächen der Kugeln verteilt. Dieser Vorgang kann mit dem ursprünglichen Isolator beliebig oft wiederholt werden. Man kann mit ihm jede gewünschte Zahl von Leitern aufladen, ohne daß er seine Ladung verliert.

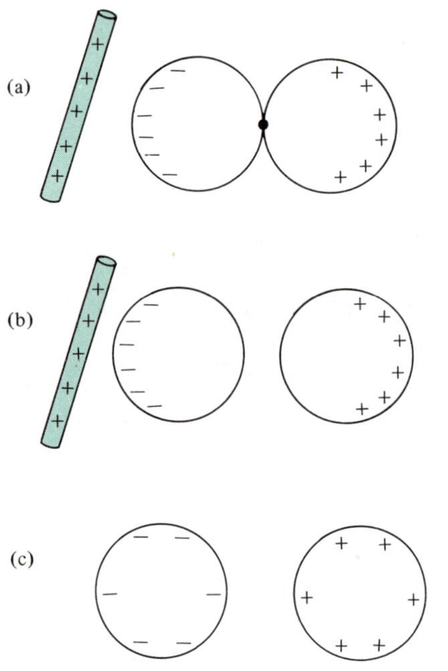

Abb. 15-15. *Ladevorgänge durch Influenz. (a) Ein geladener Stab wird in die Nähe zweier ungeladener Leiter gebracht. (b) Die Leiter werden getrennt. (c) Der geladene Stab wird entfernt und läßt die zwei Leiter mit gleicher positiver und negativer Ladung zurück.*

Zusammenfassung

Allen Elementarteilchen ist eine bestimmte Ladung eigen: null, $+e$, $-e$ oder ganzzahlige Vielfache von $\pm e$, wobei die Elementarladung e gleich $1{,}6 \cdot 10^{-19}$ Coulomb (C) ist. Das Coulomb-Gesetz beschreibt die Kraft zwischen zwei geladenen Teilchen:

$$\boldsymbol{F} = k_0 \frac{q_1 q_2}{r^2} \hat{\boldsymbol{r}} \quad \text{mit} \quad k_0 = 9{,}00 \cdot 10^9 \text{ N m}^2/\text{C}^2.$$

Die elektrische Feldstärke $\boldsymbol{E}$ ist definiert als der Quotient aus der Kraft $\boldsymbol{F}$ und der Ladung q, auf die die Kraft wirkt, also $\boldsymbol{E} = \boldsymbol{F}/q$. Das E-Feld, das von einer Punktladung Q erzeugt wird, ist $\boldsymbol{E} = k_0(Q/r^2)\,\hat{\boldsymbol{r}}$.

Der elektrische Kraftfluß, der zahlenmäßig gleich der Anzahl der Feldlinien ist, wird definiert als $d\Phi = \boldsymbol{E} \cdot d\boldsymbol{A}$. Der Nettofluß, der einen Körper verläßt, ist $\Phi = \oint \boldsymbol{E} \cdot d\boldsymbol{A}$, wobei das Integral über eine Oberfläche zu nehmen ist, die den Körper vollständig einschließt. Der Gaußsche Satz sagt aus, daß ein solches Oberflächenintegral gleich dem Produkt aus $4\pi k_0$ und der effektiven Ladung innerhalb der Oberfläche ist:

$$\oint \boldsymbol{E} \cdot d\boldsymbol{A} = 4\pi k_0 Q_{\text{in}}.$$

Eine Konsequenz des Gaußschen Satzes ist die Tatsache, daß das Innere eines Leiters ladungsfrei bleibt.

Aufgaben

1. Wie groß ist das Verhältnis zwischen der elektrostatischen und der Gravitationskraft zweier Elektronen?
2. Wiederhole Beispiel 1 für zwei Kugeln festen Wasserstoffs.
3. Gib die elektrische Feldstärke bei Punkt P als Funktion von q, l und r an.

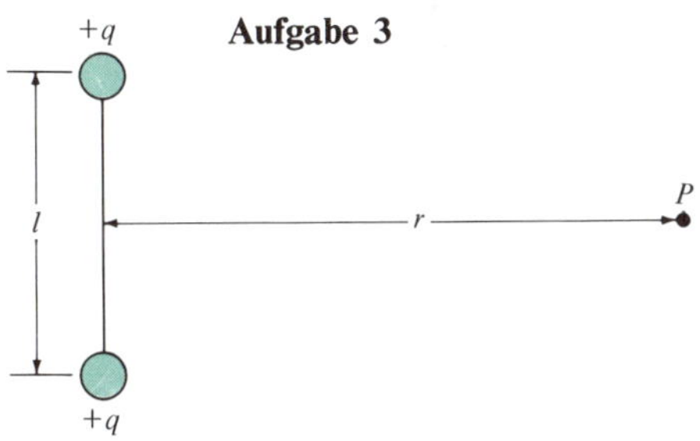

Aufgabe 3

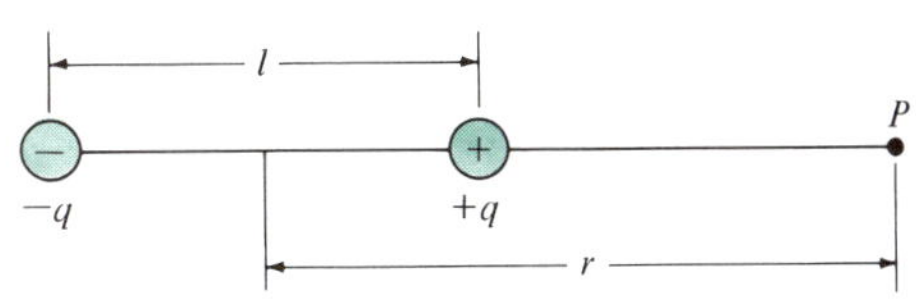

Aufgabe 4

4. Wie groß ist die Feldstärke E als Funktion von q, r und l bei P?
5. Eine positive Ladung werde auf eine Metallkugel gebracht. Wird die Masse der Kugel zunehmen, abnehmen oder gleichbleiben?
6. Eine Ladung von $-4 \cdot 10^{-5}$ C befinde sich 10 cm von einer Ladung $+5 \cdot 10^{-5}$ C. Wie groß ist die elektrostatische Kraft? Wieviel Feldlinien gehen ins Unendliche, wenn keine anderen Ladungen vorhanden sind?

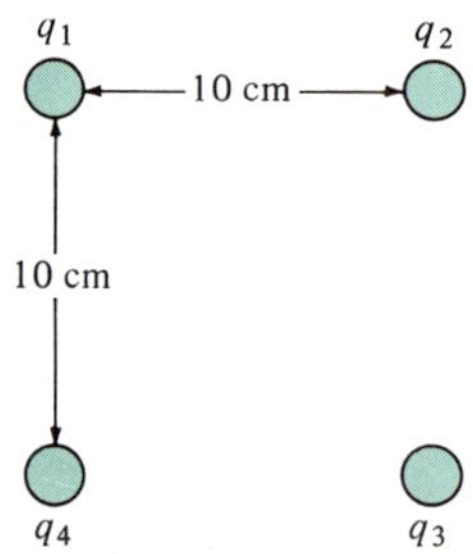

Aufgabe 8

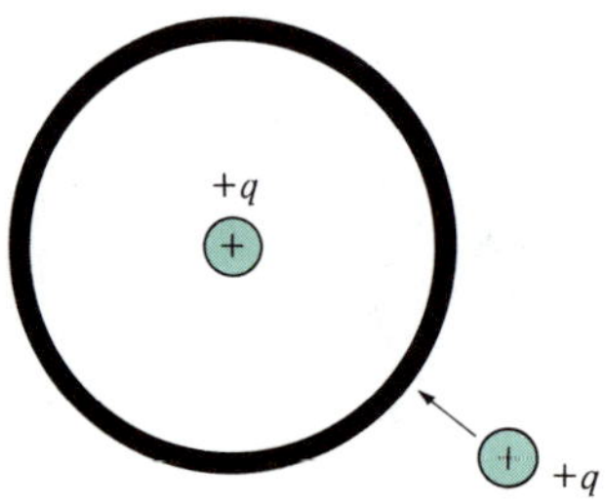

Aufgabe 12

7. Eine Ladung $-1 \cdot 10^{-6}$ C befinde sich im Mittelpunkt einer hohlen Metallkugel, die eine positive Oberflächenladung $+1{,}5 \cdot 10^{-6}$ C auf ihrer äußeren Oberfläche habe.
   (a) Zeichne ein Feldliniendiagramm.
   (b) Welcher Netto-Kraftfluß verläßt die Kugel?
   (c) Wieviel Überschußladung ist auf dem Leiter?
8. Ein Quadrat mit der Seitenlänge 10 cm hat Ladungen von 10^{-8} C an allen vier Ecken. Gib Größe und Richtung von E im Zentrum des Quadrats an, wenn die Vorzeichen der vier Ladungen wie folgt sind:
   (a) +, +, +, +
   (b) +, −, +, −
   (c) +, +, −, −
9. Wie groß ist das Verhältnis von Gravitations- zu elektrostatischer Kraft zwischen zwei Protonen?
10. Angenommen, die Erde hätte eine überschüssige Oberflächenladung von einem Elektron pro cm².
    (a) Wie groß wäre die elektrische Feldstärke dicht unter der Oberfläche?
    (b) Wie groß wäre die elektrische Feldstärke dicht über der Oberfläche?
11. Zeichne die Feldlinien für Abb. 15-14.
12. Eine Ladung $+q$ befindet sich im Mittelpunkt einer leitenden Hohlkugel. Eine Ladung der Größe $+q$ wird auf die äußere Oberfläche der Kugel gebracht. Welche effektive Ladung befindet sich (a) auf der inneren Wandfläche und (b) auf der äußeren Oberfläche der Kugel, nachdem alle Ladungen ins Gleichgewicht gekommen sind?
13. Wiederhole Aufgabe 4 für den Fall, daß beide Ladungen q positiv sind.
14. Wie groß muß eine Kugel sein, um die Ladung 1 C in Luft halten zu können?

15. Wir wollen die Hypothese untersuchen, daß die Anziehungskraft zwischen ungleichnamigen Ladungen etwas stärker ist als die Abstoßungskraft zwischen gleichnamigen. Es bestehe eine überschüssige Anziehung von $4{,}04 \cdot 10^{-37}$, d. h., es gelte

$$F = \begin{cases} -(1 + 4{,}04 \cdot 10^{-37})\, k_0 \dfrac{Q_1 Q_2}{r^2}, & \text{wenn } Q_1 \text{ und } Q_2 \text{ entgegengesetzte Vorzeichen haben,} \\ +k_0 \dfrac{Q_1 Q_2}{r^2}, & \text{wenn } Q_1 \text{ und } Q_2 \text{ das gleiche Vorzeichen haben.} \end{cases}$$

    Wie groß wäre die effektive Kraft zwischen zwei Wasserstoffatomen im Abstand von 1 m? Vergleiche diesen Wert mit der Gravitationskraft. Warum könnte die Hypothese die Gravitation nicht erklären? (Gib ein Beispiel an, bei dem diese Hypothese zu einer falschen Lösung für die Gravitationskraft führt.)
16. Das Wasserstoffatom bestehe aus einem Elektron der Ladung $-e$ in kreisförmiger Umlaufbahn und einem Proton der Ladung $+e$ im Zentrum. Der Bahnradius für das Elektron betrage $0{,}53 \cdot 10^{-10}$ m.
    (a) Wie groß ist das Verhältnis von Lichtgeschwindigkeit zu Elektronengeschwindigkeit?
    (b) Wie viele Umläufe pro Sekunde macht das Elektron?
17. Zwei Ringe vom Radius R befinden sich, wie abgebildet, im Abstand R voneinander. Wie groß ist die Feldstärke auf der x-Achse als Funktion von x, R und Q, wenn Q die Ladung jedes Rings ist?

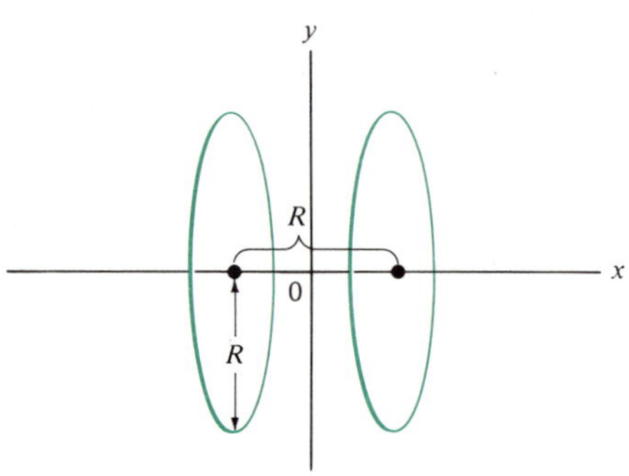

Aufgabe 17

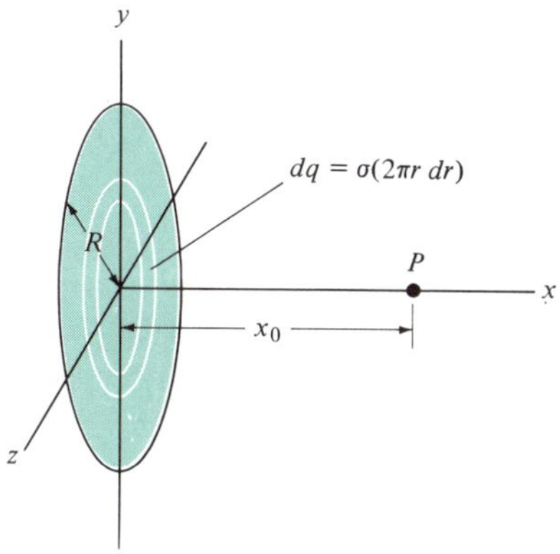

Aufgabe 18

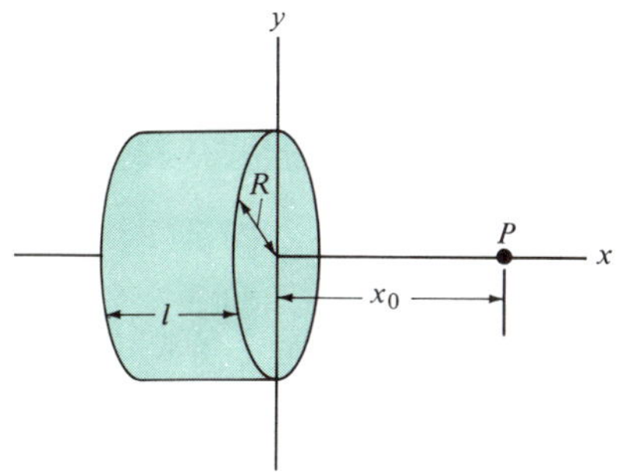

Aufgabe 20

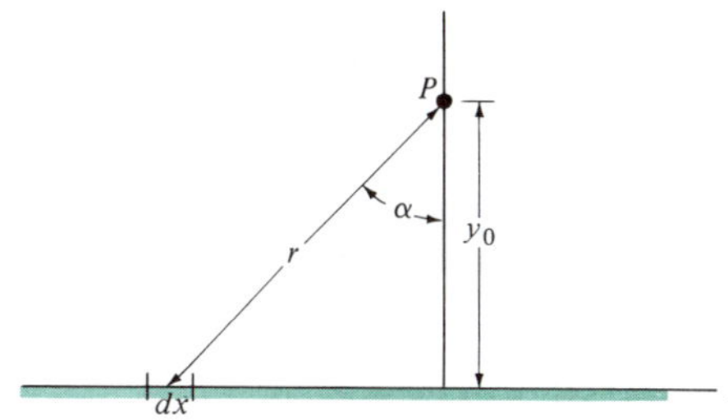

Aufgabe 21

18. Wie groß ist die elektrische Feldstärke, die bei Punkt *P* von einer homogen geladenen Scheibe vom Radius *R* und der Oberflächenladungsdichte $\sigma = Q/\pi R^2$ erzeugt wird? (Hinweis: Ein Ring von der Dicke d*r* und vom Radius *r* hat eine Ladung $\mathrm{d}q = 2\pi r\sigma\,\mathrm{d}r$.)

19. Laß in Aufgabe 18 *R* gegen unendlich gehen, um die Feldstärke einer unendlich großen Ebene der Oberflächenladungsdichte σ zu erhalten.

20. Welche Feldstärke erzeugt eine geladene zylindrische Oberfläche vom Radius *R* und der Länge *l* im Punkt *P*? Die Gesamtladung ist *Q*.

21. Wie groß ist die Feldstärke im Abstand y_0 von einem unendlich langen geladenen Kabel mit der linearen Ladungsdichte λ? Der Beitrag von d*x* ist

$$\mathrm{d}E_y = k_0 \frac{\lambda\,\mathrm{d}x}{r^2} \cos\alpha = \frac{k_0\lambda}{y_0} \cos\alpha\,\mathrm{d}\alpha.$$

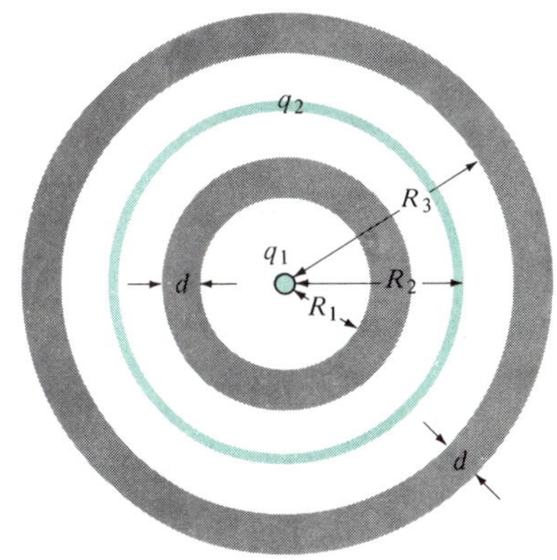

Aufgabe 22

22. Betrachte zwei konzentrische Hohlkugeln der Dicke *d*. Beide Kugeln seien Leiter. Die inneren Radien der beiden Kugelschalen seien R_1 und R_3. Eine Punktladung q_1 befinde sich im Mittelpunkt. Eine dünne Kugelschale vom Radius R_2 sei zwischen den anfangs beschriebenen Schalen und trage die Ladung q_2.
(a) Welche Ladung befindet sich auf der Oberfläche vom Radius R_1?
(b) Welche Ladung befindet sich auf der Oberfläche vom Radius R_3?
(c) Welche Ladung befindet sich auf der Oberfläche vom Radius $(R_1 + d)$?
(d) Welche Ladung befindet sich auf der Oberfläche vom Radius $(R_3 + d)$?

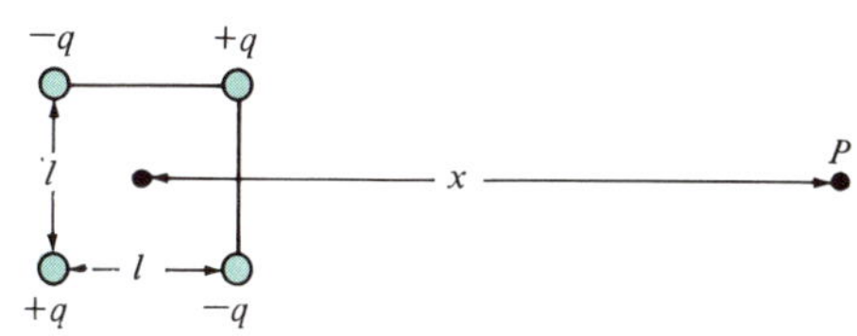

Aufgabe 23

23. Ladungen der Größe *q* sitzen an den Ecken eines Quadrats, wie abgebildet. Der Punkt *P* befindet sich im Abstand *x* vom Zentrum. Welches ***E***-Feld liegt bei *P* vor, wenn $x \gg l$ ist?

24. Zwei Dipole mit dem Dipolmoment *p* haben einen Abstand x_0 voneinander und weisen in entgegengesetzte Richtungen. Zeige, daß für den Fall $x \gg x_0$ für die Feldstärke $E = 3k_0 p x_0/x^4$ gilt. (Eine solche Ladungsverteilung wird Quadrupol genannt. Beachte die *x*-Abhängigkeit der elektrischen Feldstärke: $E \sim 1/x^4$.)

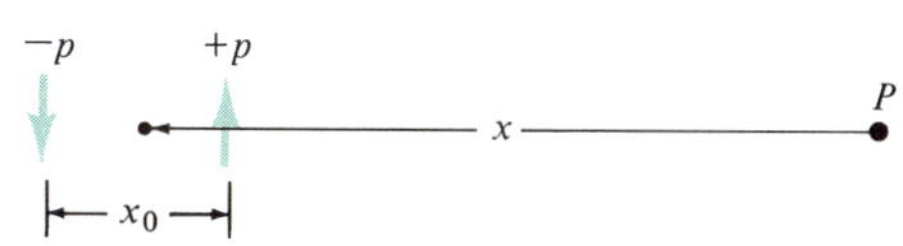

Aufgabe 24

25. Die Ringe in Aufgabe 17 haben einen Abstand von $\sqrt{2}\,R$. Bestimme $\mathrm{d}E/\mathrm{d}x$ und $\mathrm{d}^2E/\mathrm{d}x^2$ bei $x = y = 0$.

26. Beispiel 3: In welcher Entfernung x_0 hat *E* sein Maximum?

16

Elektrostatik

In der Elektrizitätslehre beschäftigt man sich häufig mit geladenen Oberflächen für die Anwendung in Kondensatoren, Antennen, Übertragungskabeln, Wellenleitern, Halbleiterbauteilen und so fort. Um die Ladung und die Spannung bei solchen Anordnungen berechnen zu können, muß man zuerst in der Lage sein, das elektrische Feld bestimmter Grundtypen von Ladungsverteilungen auszurechnen. Deshalb werden wir in diesem Kapitel das elektrische Feld sphärischer, zylindrischer und ebener Ladungsverteilungen berechnen. Dann werden wir das elektrische Potential oder die elektrische Spannung definieren und zeigen, wie man, ausgehend von einer bekannten Ladungsverteilung, die Spannung bestimmt. Das Kapitel behandelt am Schluß die Begriffe Kapazität und Dielektrikum.

16-1 Sphärische Ladungsverteilungen

Unser erstes Beispiel soll eine geladene Kugeloberfläche mit der Ladung Q sein (Abb. 16-1). Wir wollen $\boldsymbol{E}$ innerhalb und außerhalb der Kugel berechnen. Aus Symmetriegründen müssen die Feldlinien radial nach außen gerichtet sein. (Eine gegebene Feldlinie, die die Oberfläche verläßt, kann nicht abbiegen, da es keinen Vorzug von links gegenüber rechts oder umgekehrt gibt.) Wir nehmen die gestrichelte Kugel vom Radius r als Integrationsfläche (diese wird auch Gaußsche Oberfläche genannt).

An jedem Punkt der Oberfläche gilt $\boldsymbol{E} \cdot \mathrm{d}\boldsymbol{A} = E\,\mathrm{d}A$ und

$$\oint \boldsymbol{E} \cdot \mathrm{d}\boldsymbol{A} = E \oint \mathrm{d}A = E(4\pi r^2).$$

Nach dem Gaußschen Satz kann das $4\pi k_0 Q_{\mathrm{in}}$ gleichgesetzt werden:

$$E(4\pi r^2) = 4\pi k_0 Q$$

$$E = k_0 \frac{Q}{r^2} \quad \text{für} \quad r > R. \qquad \mathbf{(16\text{-}1)}$$

Wir sehen, daß dieses Ergebnis mit dem übereinstimmt, das wir erhalten würden, wenn die Ladung bei $r = 0$, also im Kugelmittelpunkt, konzentriert wäre.

Für die Feldstärke im Innern der Kugel setzen wir an:

$$\oint \boldsymbol{E}_{\text{in}} \cdot \mathrm{d}\boldsymbol{A} = 0$$

$$E_{\text{in}}\,(4\pi r^2) = 0$$

$$E_{\text{in}} = 0 \quad \text{für} \quad r < R.$$

Dies ist das gleiche Ergebnis, das wir auf S. 92 für das Gravitationsfeld im Innern einer Hohlkugel erhalten hatten.

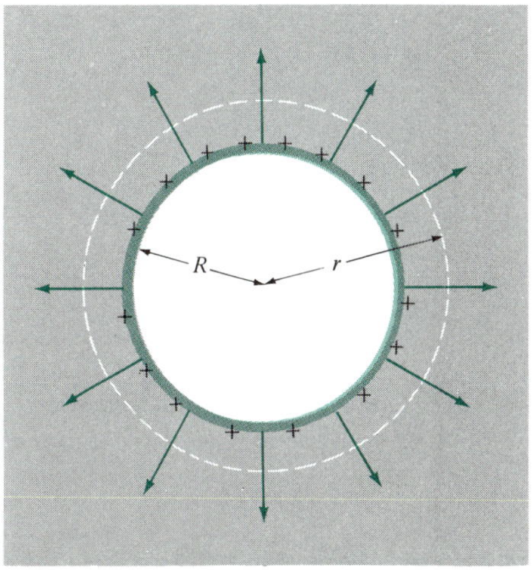

Abb. 16-1. *Gleichförmig geladene Kugeloberfläche vom Radius R. Die gestrichelte Linie ist eine gedachte Kugel vom Radius r.*

Homogen geladene Kugel

Da eine homogen geladene massive Kugel aus einer Reihe von konzentrischen Kugelschalen aufgebaut werden kann, gilt Gl. (16-1) unverändert für die Feldstärke außerhalb. Setzt man $r = R$ in Gl. (16-1), so erhält man

$$E = k_0 \frac{Q}{R^2}, \quad \text{(auf der Oberfläche einer geladenen Kugel)} \qquad \textbf{(16-2)}$$

wobei Q die Gesamtladung der Kugel ist. Natürlich ist eine homogene Ladungsverteilung nur in einer nichtleitenden Kugel möglich. Mit dem Ergebnis kann man übrigens auch beweisen, daß eine kugelförmige Masse eine Gravitationskraft erzeugt, die sich so verhält, als ob ihre Masse im Mittelpunkt konzentriert wäre. Da die Gravitationskraft genauso wie die elektrostatische Kraft umgekehrt proportional zum Quadrat des Abstands ist, würde der Gaußsche Satz für die Gravitation das gleiche Ergebnis wie Gl. (16-1) liefern, nur müßte k_0 durch G und Q durch M, die Masse der Kugel, ersetzt werden:

$$\text{(Gravitationsfeldstärke)} = G\frac{M}{R^2}.$$

Drückt man die Gravitationsfeldstärke als Kraft pro Einheitsmasse (Einheitsladung der Gravitation) aus, so gilt

$$\frac{F}{m} = G\frac{M}{R^2}$$

oder

$$F = G\frac{Mm}{R^2},$$

wobei m eine kleine Probemasse an der Oberfläche der Kugel ist. Das ist die Lösung eines Problems, das Newton sehr lange beschäftigt hat. Wenn m die Masse eines Apfels ist, zieht ihn die Erde so an, als ob ihre gesamte Masse im Mittelpunkt konzentriert wäre. Genug nun über die Gravitation und zurück zur Elektrostatik!

Unsere nächste Aufgabe ist es, E an einem Punkt P innerhalb einer homogen geladenen Kugel zu berechnen. Wir legen eine gedachte Kugel als Gaußsche Oberfläche durch den Punkt P, wie es in Abb. 16-2 gezeigt ist. Diese Oberfläche schließt das Volumen $\frac{4}{3}\pi r^3$ ein, was $(r/R)^3$-mal das Gesamtvolumen ist. Also ist die Ladung im Innern der gedachten Kugel $Q_{in} = Q(r/R)^3$, und der Gaußsche Satz ergibt:

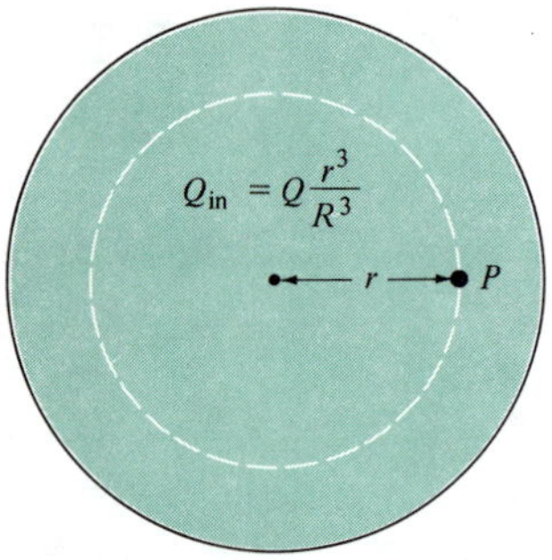

Abb. 16-2. *Eine gedachte Kugeloberfläche durch den Punkt P schließt die Ladung Q_{in} ein.*

$$\oint \boldsymbol{E} \cdot \mathrm{d}\boldsymbol{A} = 4\pi k_0 \left(Q \frac{r^3}{R^3}\right)$$

$$E(4\pi r^2) = 4\pi k_0 Q \frac{r^3}{R^3}$$

$$E = k_0 \frac{Q}{R^3} r. \qquad \textbf{(16-3)}$$

Dies ist das Feld im Innern einer homogen geladenen Kugel vom Radius R und mit der Gesamtladung Q. Abb. 16-3 ist eine graphische Darstellung der Feldstärke E als Funktion von r; innerhalb der Kugel nimmt E linear mit r zu, außerhalb fällt E mit $1/r^2$ ab.

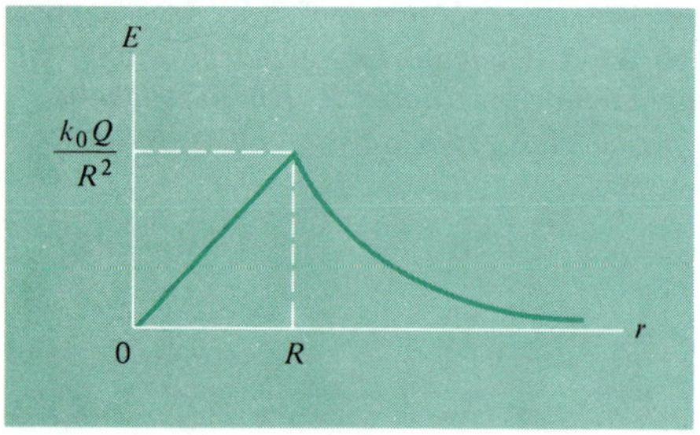

Abb. 16-3. *Die Feldstärke E als Funktion der Entfernung vom Mittelpunkt einer gleichförmig geladenen Kugel*

***Beispiel 1:** Wir werden in Kap. 25 sehen, daß ein recht vernünftiges Modell des Wasserstoffatoms das Elektron als harte, homogen geladene Kugel mit dem Radius $R = 10^{-10}$ m, der Gesamtladung $Q = -e = -1{,}6 \cdot 10^{-19}$ C und der Masse $m_e = 9{,}1 \times 10^{-31}$ kg beschreibt. Normalerweise befindet sich das Proton mit der Ladung $+e$ im Zentrum der Elektronenwolke. Nehmen wir an, das Proton ist wie in Abb. 16-4 um das kleine Stück x_0 aus dem Zentrum herausgerückt. Läßt man Proton und Elektron los, so oszillieren sie mit der Amplitude x_0 um ihre Gleichgewichtslage. Wie groß ist die Frequenz der Oszillation?

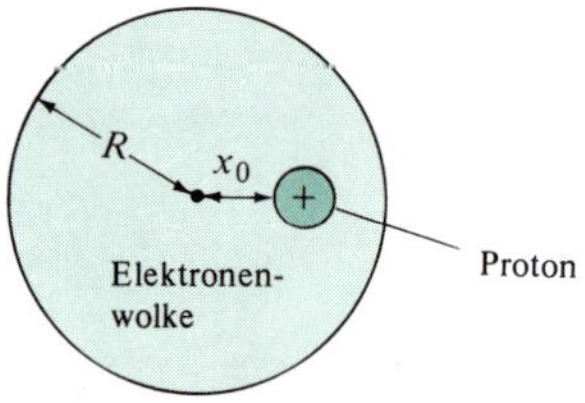

Abb. 16-4. *Das Elektron (als gleichmäßig geladene Kugel dargestellt) ist um die Strecke x_0 gegenüber dem Proton verschoben.*

Lösung: Nach Gl. (16-3) erfährt das Proton folgende Rückstellkraft:

$$F = eE = e\left[k_0 \frac{(-e)}{R^3} x\right],$$

$$F = -k_0 \frac{e^2}{R^3} x.$$

Nach dem dritten Newtonschen Gesetz greift die gleiche Kraft als Gegenkraft an dem Elektron an:

$$m_e \frac{\mathrm{d}^2 x}{\mathrm{d}t^2} = -\frac{k_0 e^2}{R^3} x.$$

Eigentlich müßte man statt m_e die reduzierte Masse $\mu = M_p m_e/(M_p + m_e)$ einsetzen; aber beide sind fast gleich (s. S. 220).

Man dividiert beide Seiten durch m_e und erhält

$$\frac{d^2x}{dt^2} = -\left(\frac{k_0 e^2}{m_e R^3}\right)x.$$

Vergleicht man dies mit Gl. (11-7), so folgt für die Schwingungsfrequenz:

$$\omega = \sqrt{\frac{k_0 e^2}{m_e R^3}}, \qquad \textbf{(16-3a)}$$

$$f = \frac{1}{2\pi}\sqrt{\frac{(9\cdot 10^9)(1{,}6\cdot 10^{-19})^2}{(9{,}1\cdot 10^{-31})(10^{-10})^3}}\,\mathrm{s}^{-1} = 2{,}5\cdot 10^{15}\,\mathrm{Hz}.$$

Diese Frequenz liegt dicht bei der Frequenz der elektromagnetischen Strahlung, die von einem Wasserstoffatom während seines Übergangs vom ersten angeregten Zustand zum Grundzustand ausgesandt wird. Das Ergebnis bestätigt die Behauptung, daß das gewählte Modell sinnvoll ist.

***Beispiel 2:** Welches Dipolmoment wird in einem Atom induziert, wenn es in ein elektrisches Feld gebracht wird? Das äußere Elektron sei wieder eine gleichförmig geladene Wolke vom Radius R.

Lösung: Wird ein neutrales Atom in ein elektrisches Feld mit der Feldstärke E_0 gebracht, wie es in Abb. 16-5 schematisch dargestellt ist, so erfährt das äußere Elektron die Kraft $F = -eE_0$ und wird um die Strecke x_0 gegenüber dem Atomrumpf mit der effektiven Ladung e verschoben. (Atomrumpf = Atomkern plus Elektronen der inneren Schalen.) Damit hat das Atom das Dipolmoment $p = ex_0$ erhalten. Wenn das Elektron als homogen geladene Kugel behandelt wird, kann das Dipolmoment in Abhängigkeit von R, e und E_0 angegeben werden.

Nach Gl. (16-3) erzeugt die Elektronenwolke am Ort des Rumpfs ein elektrisches Feld mit der Feldstärke

$$E_{\text{Wolke}} = -\frac{k_0 e}{R^3}x_0.$$

Die resultierende Feldstärke am Rumpf ist

$$E_{\text{res}} = E_0 + E_{\text{Wolke}} = E_0 - \frac{k_0 e}{R^3}x_0.$$

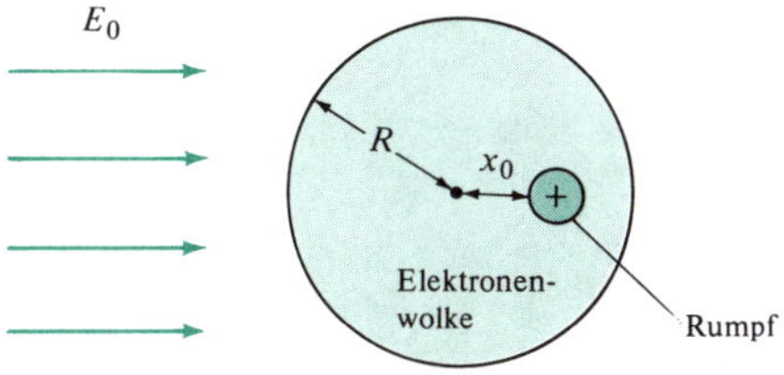

Abb. 16-5. *Ein elektrisches Feld (E_0) verschiebt die Elektronenwolke um die Strecke x_0 gegenüber dem Rumpf des Atoms.*

Da der Rumpf im Gleichgewicht ist, muß die resultierende Kraft bzw. Feldstärke verschwinden:

$$0 = E_0 - \frac{k_0 e}{R^3} x_0,$$

$$x_0 = \frac{R^3}{e k_0} E_0.$$

Damit ergibt sich für das Dipolmoment

$$p = e x_0 = \frac{R^3}{k_0} E_0. \qquad \textbf{(16-4)}$$

16-2 Lineare Ladungsverteilungen

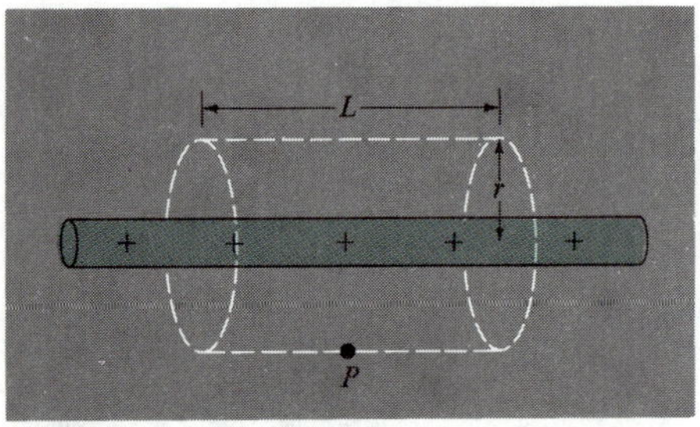

Abb. 16-6. *Teil eines geladenen langen Stabs. Die Gaußsche Oberfläche ist ein gedachter Zylinder von der Länge L und dem Radius r.*

Wir wollen zuerst das Feld im Abstand r von einem homogen geladenen Stab untersuchen; die Länge des Stabes sei sehr viel größer als r. λ sei die lineare Ladungsdichte des Stabes (Ladung pro Längeneinheit). Wir denken uns einen Zylinder der Länge L gemäß Abb. 16-6 als Gaußsche Oberfläche. Sie schließt die Ladung $Q_{\mathrm{in}} = \lambda L$ ein. Dann besagt der Gaußsche Satz:

$$\oint \boldsymbol{E} \cdot \mathrm{d}\boldsymbol{A} = 4\pi k_0(\lambda L).$$

Wiederum folgt aus Symmetrieargumenten, daß die Feldlinien nur radial nach außen gerichtet sind. Deshalb stehen die Vektoren $\boldsymbol{E}$ und $\mathrm{d}\boldsymbol{A}$ an den beiden Endflächen des gedachten Zylinders senkrecht aufeinander, und sie sind parallel entlang der gekrümmten Oberfläche. Da $\boldsymbol{E} \cdot \mathrm{d}\boldsymbol{A}$ an den beiden Enden null ist, gilt die Beziehung

$$\oint \boldsymbol{E} \cdot \mathrm{d}\boldsymbol{A} = E(2\pi r L).$$

Aus den beiden letzten Gleichungen erhält man die Feldstärke E:

$$2\pi r L E = 4\pi k_0 \lambda L,$$

$$E = \frac{2k_0\lambda}{r}. \quad \text{(von einer linearen Ladungsverteilung)} \qquad \textbf{(16-5)}$$

Um das Feld im Innern eines gleichförmig geladenen nichtleitenden Stabes zu bestimmen, nehmen wir wieder einen Zylinder der Länge L

als Integrationsfläche (Gaußsche Oberfläche), aber diesmal mit dem Zylinderradius $r < R$. Wenn ϱ die Ladung pro Volumeneinheit ist, ergibt sich für die im gestrichelten Zylinder in Abb. 16-7 eingeschlossene Ladung $Q_{in} = \varrho\pi r^2 L$. Damit läßt sich der Gaußsche Satz anwenden:

$$\oint \boldsymbol{E} \cdot \mathrm{d}\boldsymbol{A} = 4\pi k_0(\varrho\pi r^2 L)$$

$$E(2\pi r L) = 4\pi k_0 \varrho\pi r^2 L$$

$$E = 2k_0\varrho\pi r. \quad \text{(im Innern eines Stabes)} \qquad \mathbf{(16\text{-}6)}$$

Setzt man die lineare Ladungsverteilung $\lambda = \varrho\pi R^2$ ein, so ergibt sich die Feldstärke in der Form

$$E = \frac{2k_0\lambda}{R^2}\, r. \qquad \mathbf{(16\text{-}6)}$$

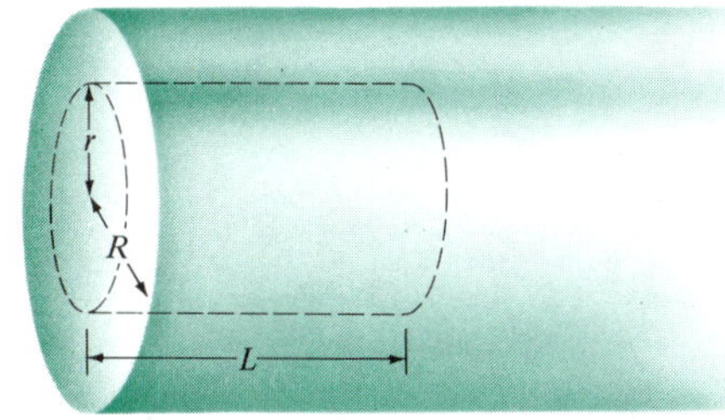

Abb. 16-7. *Teil eines homogen geladenen Stabs. Integrationsfläche ist ein Zylinder von der Länge L und vom Radius r.*

Beispiel 3: Ein Koaxialkabel besteht aus einem inneren Draht, der von einem leitenden Hohlzylinder umgeben ist. Angenommen, beide haben die linearen Ladungsdichten λ und $-\lambda$, wie es in Abb. 16-8 angegeben ist. (a) Welches elektrische Feld existiert im Gebiet I? (b) Wie groß ist die Feldstärke E im Gebiet II?

Lösung: (a) Als Integrationsfläche können wir einen Zylinder nehmen, der beide Leiter einschließt. Da die eingeschlossene Ladung effektiv null ist, ist $E_I = 0$.
(b) Im Gebiet zwischen den Leitern hat das Feld, das durch den äußeren Hohlzylinder erzeugt wird, die Feldstärke null aus dem gleichen Grunde, aus dem die Feldstärke im Innern einer Hohlkugel null ist. Die Feldstärke aufgrund des Leiters in der Mitte des Kabels ist durch Gl. (16-5) gegeben:

$$E_{II} = \frac{2k_0\lambda}{r}. \qquad \mathbf{(16\text{-}7)}$$

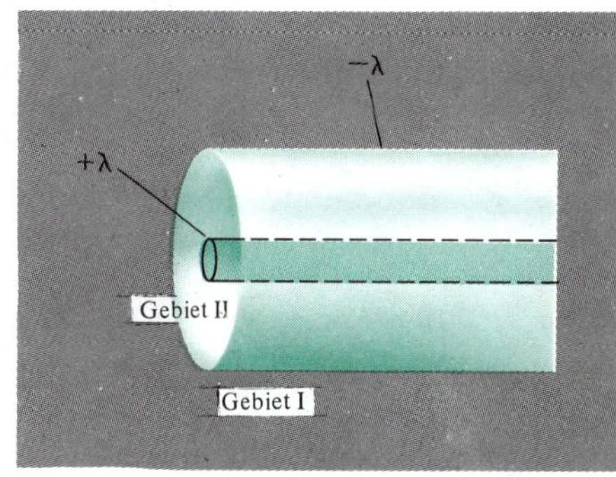

Abb. 16-8. *Koaxiale Leiter gleicher Ladung unterschiedlicher Polarität*

16-3 Ebene Ladungsverteilungen

Nun soll das Feld einer unendlich großen, homogen geladenen, ebenen Fläche berechnet werden; σ ist die Flächenladungsdichte, Ladung pro Flächeneinheit. (Zur Realisierung dieses Falles könnte man eine dünne Metallplatte nehmen und das Feld in solchen Punkten betrachten, deren Abstand zur Oberfläche der Platte klein gegen ihre Entfernung zu den Rändern ist.) Als Integrationsfläche nehmen wir die Oberfläche eines Zylinders mit ebenen Seitenflächen A_0 (Dose), wie es Abb. 16-9 beschreibt. Die kreisförmigen Flächen A_0 haben einen Abstand a von der betrachteten geladenen Fläche. Die eingeschlossene Ladung ist dann $Q_{in} = \sigma A_0$. Da es keine Vorzugsrichtung gibt, laufen die Feldlinien von der Fläche in gleicher Dichte sowohl nach links als auch nach rechts.

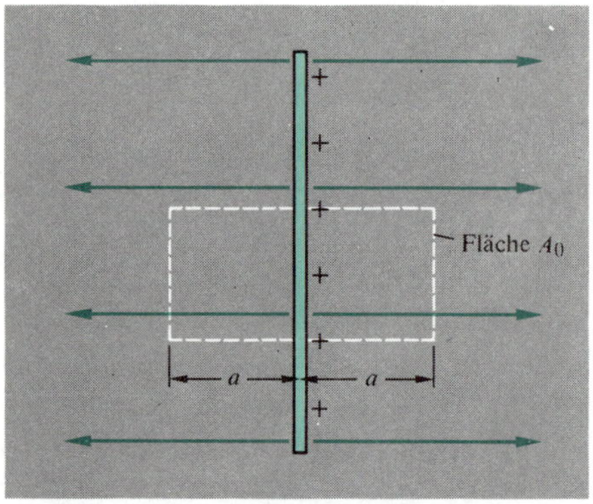

Abb. 16-9. *Seitenansicht einer geladenen unendlich großen dünnen Platte mit der Flächenladungsdichte* σ (C/m²). *Die gestrichelte Linie ist die Seitenansicht eines Zylinders der Länge 2a und der Grundfläche* A_0.

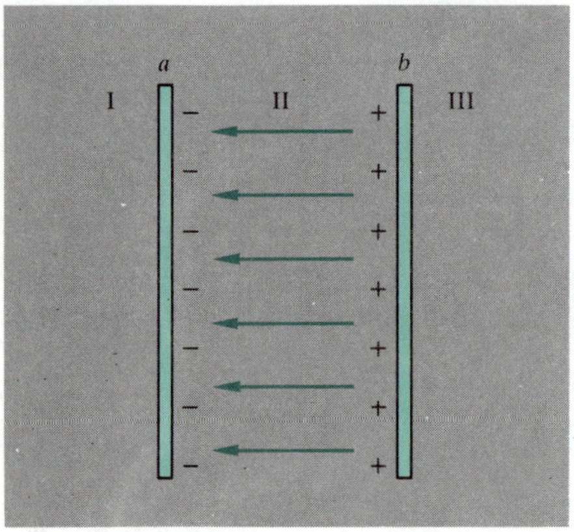

Abb. 16-10. *Das elektrische Feld zwischen zwei dünnen Platten, die entgegengesetzt geladen sind.*

Das Oberflächenintegral von jeder Seite hat den Wert EA_0, zusammen ergibt das

$$\oint \boldsymbol{E} \cdot \mathrm{d}\boldsymbol{A} = 2EA_0 .$$

Nach dem Gaußschen Satz gilt außerdem:

$$\oint \boldsymbol{E} \cdot \mathrm{d}\boldsymbol{A} = 4\pi k_0 \sigma A_0$$

$$2EA_0 = 4\pi k_0 \sigma A_0$$

$$E = 2\pi k_0 \sigma . \quad \text{(geladene dünne Platte)} \tag{16-8}$$

Man beachte, daß die Feldstärke unabhängig vom Abstand zur Platte ist.

In vielen praktischen Anwendungen hat man zwei planparallele Platten mit gleichen Ladungen von entgegengesetztem Vorzeichen. Eine solche Anordnung ist schematisch in Abb. 16-10 gezeigt. Platte *a* allein erzeugt die Feldstärke $E_a = 2\pi k_0 \sigma$. Diese Feldstärke zeigt auf die Platte *a* hin. Platte *b* erzeugt $E_b = 2\pi k_0 \sigma$. Diese Feldstärke zeigt von Platte *b* weg. Damit ergibt sich für die resultierende Feldstärke:
in Gebiet I:

$$E_{\mathrm{I}} = E_{a_{\mathrm{I}}} + E_{b_{\mathrm{I}}}$$
$$= 2\pi k_0 \sigma + (-2\pi k_0 \sigma) = 0,$$

in Gebiet II:

$$E_{\mathrm{II}} = E_{a_{\mathrm{II}}} + E_{b_{\mathrm{II}}}$$
$$= (-2\pi k_0 \sigma) + (-2\pi k_0 \sigma)$$
$$E_{\mathrm{II}} = -4\pi k_0 \sigma , \tag{16-9}$$

in Gebiet III:

$$E_{\mathrm{III}} = E_{a_{\mathrm{III}}} + E_{b_{\mathrm{III}}}$$
$$= (-2\pi k_0 \sigma) + (2\pi k_0 \sigma) = 0 .$$

Wir sehen, daß die Feldstärke zwischen den Platten $4\pi k_0 \sigma$ beträgt und außerhalb null ist.

Oberfläche eines Leiters

Wir haben im letzten Kapitel gezeigt, daß ein einzelner geladener Leiter seine gesamte Ladung auf der äußeren Oberfläche trägt und das Innere feldfrei ist. Weiterhin müssen die Feldlinien senkrecht auf der Oberfläche stehen. Wäre das nicht so, hätte $\boldsymbol{E}$ Komponenten in Richtungen parallel zur Oberfläche des Leiters, dies würde zu einer Bewegung der Leitungselektronen führen, bis diese Komponenten verschwinden. In Abb. 16-11 wird ein kleines Oberflächenelement ΔA von einem Zylinder mit verschwindender Höhe umgeben. Das Integral von $\boldsymbol{E}$ über die Zylinderoberfläche ist

$$\oint \boldsymbol{E} \cdot \mathrm{d}\boldsymbol{A} = E \Delta A .$$

Da die eingeschlossene Ladung $Q_{in} = \sigma\,\Delta A$ ist, ergibt sich mit dem Gaußschen Satz:

$$E\,\Delta A = 4\pi k_0(\sigma\,\Delta A)$$

$$E = 4\pi k_0\sigma. \quad \text{(an der Oberfläche eines Leiters)}$$

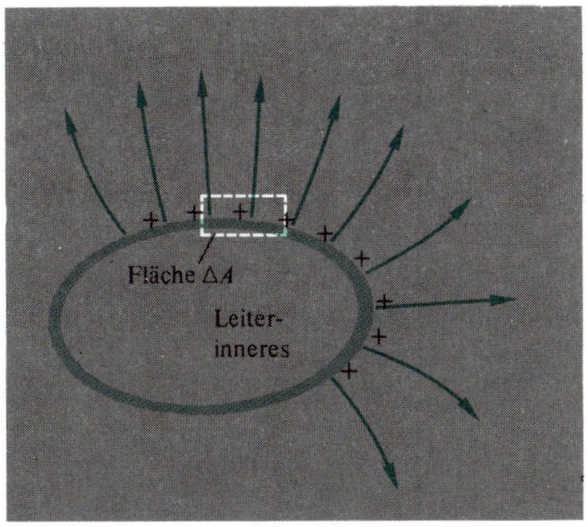

Abb. 16-11. *Die gestrichelte Linie stellt einen Zylinder mit der Grundfläche ΔA dar, der die Ladung $\sigma\,\Delta A$ einschließt.*

Homogen geladene dicke Platte

Wir wollen E im Abstand x_0 von der Mittelebene der gleichförmig geladenen dicken Platte von Abb. 16-12 bestimmen, die in zwei Dimensionen (y und z) unendlich ausgedehnt ist. Als Gaußsche Fläche wählen wir die Oberfläche eines Quaders, der in x-Richtung die Seitenlänge x_0 hat und dessen Seitenfläche in der yz-Ebene A_0 ist. Der Quader hat das Volumen x_0A_0 und schließt die Ladung $Q_{in} = \varrho x_0 A_0$ ein. Der einzige Beitrag zum Oberflächenintegral $\oint \boldsymbol{E}\cdot \mathrm{d}\boldsymbol{A}$ kommt von der rechten Seitenfläche des Quaders, da aus Symmetriegründen für $x = 0$ auch $E = 0$ ist:

$$\oint \boldsymbol{E}\cdot \mathrm{d}\boldsymbol{A} = EA_0$$

$$EA_0 = 4\pi k_0 Q_{in}$$

$$= 4\pi k_0(\varrho x_0 A_0)$$

$$E = 4\pi k_0 \varrho x_0. \qquad \textbf{(16-10)}$$

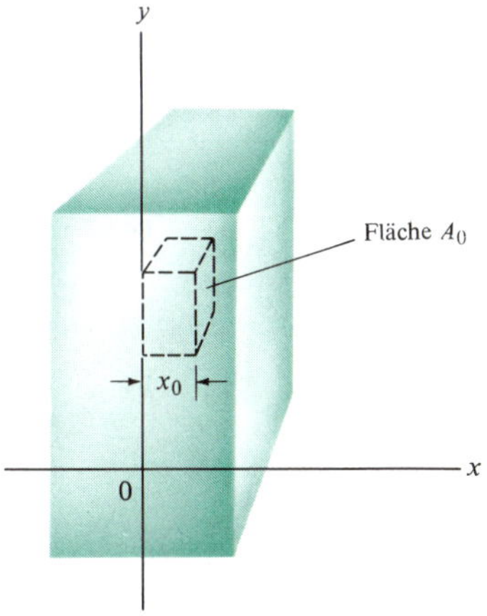

Abb. 16-12. *Gleichförmig geladene dicke Platte mit der yz-Ebene als Mittelebene. Die linke Kante des gestrichelten Quaders liegt auf der y-Achse.*

Beispiel 4: Ein Elektron werde ins Innere einer gleichförmig geladenen Platte an die Stelle $x = x_0$ gebracht und dann losgelassen. Beschreibe seine Bewegung unter Vernachlässigung aller Reibungskräfte.

Lösung: Nach Gl. (16-10) ist die Kraft auf das Elektron in Abhängigkeit von x

$$F = (-e)\,E = -4\pi k_0 e \varrho x.$$

Daraus folgt

$$\frac{\mathrm{d}^2x}{\mathrm{d}t^2} = -\left(\frac{4\pi k_0 e\varrho}{m_e}\right)x.$$

Das Elektron führt also eine harmonische Bewegung aus. Nach Gl. (11-7) ist die Lösung der obigen Differentialgleichung $x = x_0 \cos\omega t$ mit

$$\omega = \sqrt{\frac{4\pi k_0 e\varrho}{m_e}}.$$

Wir sehen, daß die Schwingungsfrequenz in Beispiel 4 unabhängig von der Dicke der Platte ist. Ein Beispiel einer solchen Platte oder Schicht positiver Ladung ist eine Plasmaschicht, wie etwa die Ionosphäre oberhalb der Erdatmosphäre. Die Dichte der positiven Ladung sei $\varrho = \mathfrak{N}_+ e$, wobei $\mathfrak{N}_+$ gleich der Anzahl der Ionen pro Volumeneinheit ist. Damit erhält man für die Frequenz der Schwingungsbewegung eines einzelnen Elektrons in der Schicht

$$f = \frac{1}{2\pi}\sqrt{\frac{4\pi k_0 \mathfrak{N}_+ e^2}{m_e}}\,.$$

Es kann gezeigt werden, daß der Ausdruck für die Schwingungsfrequenz auch richtig ist, wenn die Anzahl der Elektronen und Ionen übereinstimmt. Werden die Elektronen im Plasma gestört, so oszillieren sie mit dieser Frequenz, der sog. Plasmafrequenz.

Hochfrequenzwellen mit einer niedrigeren Frequenz als der Plasmafrequenz werden von der Ionosphäre reflektiert. Dann verhält sich die Ionosphäre wie ein Leiter. Diese Reflexion ermöglicht Funkverbindungen über weite Entfernungen auf der Erdoberfläche. Möchte man aber mit Raumfahrzeugen Funkkontakt halten, muß man Frequenzen wählen, die höher als die Plasmafrequenz sind.

Tabelle 16-1. *Elektrische Feldstärken verschiedener Typen von geladenen Körpern (Massive Körper sollen homogen im ganzen Volumen geladen sein.)*

Ort	Körper	E (mit k_0)	E (mit ε_0)
außen	massive Kugel oder Hohlkugel	$k_0 \frac{Q}{r^2}$	$\frac{1}{4\pi\varepsilon_0}\frac{Q}{r^2}$
innen	Hohlkugel	0	0
innen	massive Kugel	$k_0 \frac{Q}{R^3} r$	$\frac{1}{4\pi\varepsilon_0}\frac{Q}{R^3} r$
außen	Stab	$2k_0 \frac{\lambda}{r}$	$\frac{1}{2\pi\varepsilon_0}\frac{\lambda}{r}$
innen	massiver Stab	$2k_0 \frac{\lambda}{R^2} r$	$\frac{1}{2\pi\varepsilon_0}\frac{\lambda}{R^2} r$
beide Seiten	einzelne dünne Platte	$2\pi k_0 \sigma$	$\frac{1}{2\varepsilon_0}\sigma$
zwischen zwei dünnen Platten	zwei dünne Platten mit σ und $-\sigma$	$4\pi k_0 \sigma$	$\frac{1}{\varepsilon_0}\sigma$
Abstand x von der Mittelebene	dicke Platte	$4\pi k_0 \varrho x$	$\frac{1}{\varepsilon_0}\varrho x$
unmittelbar über der Oberfläche	Leiter	$4\pi k_0 \sigma$	$\frac{1}{\varepsilon_0}\sigma$

Die Felder, die wir für die verschiedenen Formen geladener Körper erhalten haben, sind in Tab. 16-1 zusammengefaßt.

16-4 Das elektrische Potential

Vor dem Studium dieses Abschnitts ist es empfehlenswert, noch einmal S. 106 bis 110 und Abschn. 7-3 zu lesen.

Gl. (6-12) in analoger Weise auf einen Körper mit der Ladung q im elektrischen Feld angewandt, ergibt folgende Beziehung für die Differenz der potentiellen Energie zwischen Punkt a und Punkt b:

$$U_b - U_a = -\int_a^b \boldsymbol{F} \cdot \mathrm{d}\boldsymbol{s} = -q \int_a^b \boldsymbol{E} \cdot \mathrm{d}\boldsymbol{s}. \quad \text{(potentielle Energie im elektr. Feld)} \qquad \textbf{(16-11)}$$

$\boldsymbol{F}$ ist die elektrostatische Kraft, die auf q wirkt, $\boldsymbol{E}$ die elektrische Feldstärke. Wie im Gravitationsfeld definieren wir $U = 0$, wenn der Körper unendlich weit weg ist. Also gilt

$$U(r) = -q \int_\infty^r \boldsymbol{E} \cdot \mathrm{d}\boldsymbol{s}.$$

Bringen wir eine Ladung q aus dem Unendlichen bis auf die Entfernung r an eine Punktladung Q heran, so ist die potentielle Energie gleich der Arbeit, die gegen die elektrostatische Kraft verrichtet worden ist:

$$U = -q \int_\infty^r k_0 \frac{Q}{r^2} \mathrm{d}r$$

$$= -qQk_0 \left[-\frac{1}{r} \right]_\infty^r$$

$$U = k_0 \frac{qQ}{r}. \quad \text{(potentielle Energie zweier Punktladungen } Q \text{ und } q\text{)} \qquad \textbf{(16-12)}$$

Das elektrische Potential V ist definiert als Quotient aus potentieller Energie des elektrischen Feldes und Ladung:

$$V := \frac{U}{q}. \quad \text{(Definition des elektrischen Potentials)}$$

Die Einheit des elektrischen Potentials ist Joule pro Coulomb und heißt Volt. Dividiert man beide Seiten der Gl. (16-12) durch q, so erhält man das Potential einer Punktladung Q:

$$V = \frac{k_0 Q}{r}. \quad \text{(Potential einer Punktladung)} \qquad \textbf{(16-13)}$$

(a)

(b)

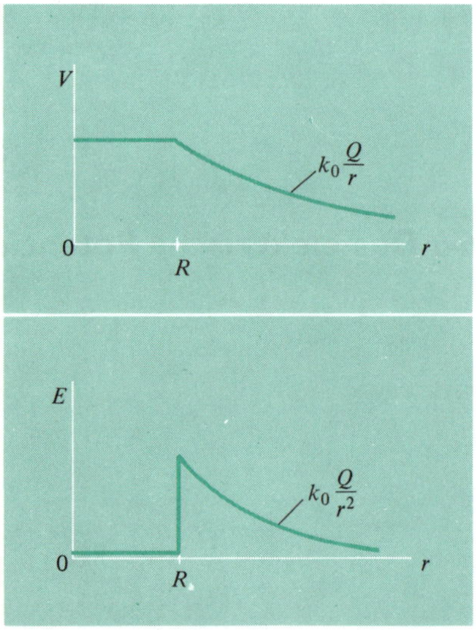

Abb. 16-13. *(a) Potential einer Hohlkugel vom Radius R. (b) Zugehörige elektrische Feldstärke.*

Physikalisch ausgedrückt, ist das Potential die Arbeit, die erforderlich ist, um die Einheitsladung (im MKS-System 1 C) einer Punktladung Q vom Unendlichen bis auf die Entfernung r zu nähern. Das elektrische Potential ist der Quotient aus potentieller Energie und Ladung, genauso wie die elektrische Feldstärke der Quotient aus Kraft und Ladung ist.

Die Potentialdifferenz zwischen zwei Punkten entspricht der Arbeit, die erforderlich ist, um die Einheitsladung von einem Punkt zum anderen zu bewegen. Den allgemeinen Ausdruck für die Potentialdifferenz erhält man, wenn man Gl. (16-11) durch q dividiert:

$$V_b - V_a = -\int_a^b \boldsymbol{E} \cdot \mathrm{d}\boldsymbol{s}. \quad \text{(Potentialdifferenz)} \qquad \text{(16-14)}$$

Die Potentialdifferenz wird auch elektrische Spannung genannt; ihre Einheit ist das oben erwähnte Volt. Betrachten wir z. B. die Potentialdifferenz zwischen der Oberfläche und dem Mittelpunkt einer geladenen Kugelschale. Da im Integrationsintervall $E = 0$ ist, gilt $V_b - V_a = 0$, d. h., das Potential im Mittelpunkt ist gleich dem an der Oberfläche. V als Funktion von r ist in Abb. 16-13(a) aufgetragen. Im Vergleich dazu zeigt Abb. 16-13(b) E als Funktion von r. E ist in jedem Punkt die negative Steigung (1. Ableitung) der V-Kurve, denn aus Gl. (16-14) folgt $\mathrm{d}V = -E\,\mathrm{d}r$ oder $E = -\mathrm{d}V/\mathrm{d}r$; allgemeiner ist

$$\mathrm{d}V = -\boldsymbol{E} \cdot \mathrm{d}\boldsymbol{s}.$$

Abb. 16-14. *(a) Der Professor setzt sich selbst dem Potential von* $\approx 10^5$ Volt *aus, indem er die Elektrode eines Bandgenerators berührt. (b) Lange Haare verdeutlichen den Feldlinienverlauf besonders schön.*

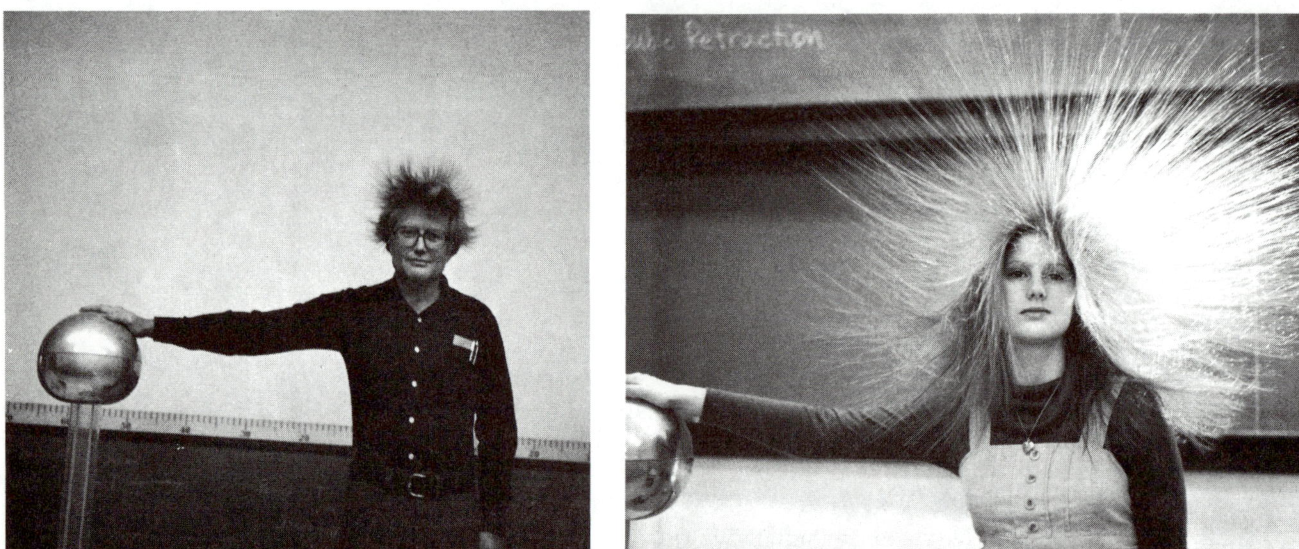

(a)

(b)

Für dx als Komponente von $d\boldsymbol{s}$ in x-Richtung erhält man

$$dV = -E_x\,dx.$$

Die Komponenten von $\boldsymbol{E}$ in einem kartesischen Koordinatensystem erhält man durch folgende partielle Ableitungen von V:

$$E_x = -\frac{\partial V}{\partial x}, \qquad E_y = -\frac{\partial V}{\partial y}, \qquad E_z = -\frac{\partial V}{\partial z}. \tag{16-15}$$

Wir sehen, daß für die elektrische Feldstärke die Einheiten Volt pro Meter und Newton pro Coulomb äquivalent sind und daß $\boldsymbol{E}$ immer in die Richtung zeigt, in der V abnimmt.

Experimente zeigen, daß die elektrische Feldstärke in Luft bei Atmosphärendruck einen Wert von ungefähr 10^6 V/m nicht überschreiten kann. Bei Feldstärken darüber treten elektrische Überschläge auf, d. h., eine Kettenreaktion setzt ein, bei der vorhandene Ionen so stark beschleunigt werden, daß sie neue Ionen bilden, die schließlich über die erhöhte Leitfähigkeit der Luft Funken- oder Koronaentladungen ermöglichen. Die Effekte einer Koronaentladung sind in Abb. 16-14(a) und (b) gezeigt. Der Professor berührt die Elektrode eines Bandgenerators (Van-de-Graaf-Generator), der ein Potential bis $\approx 10^5$ V erreichen kann (vgl. Beispiel 5). Dünne Funken sprühen knisternd von den Spitzen seiner Kopfhaare. Die gleichnamig geladenen Haare stoßen einander ab und zeigen ein Feldliniendiagramm des geladenen Kopfes, das besonders schön in Abb. 16-14(b) zum Ausdruck kommt.

Beispiel 5: Wie groß sind die Maximalwerte von Ladung und Spannung einer Kugel von 30 cm Durchmesser in Luft?

Lösung: Da das Feld, das von einer Kugel erzeugt wird, dem einer Punktladung gleicht, können wir für das Potential an der Oberfläche Gl. (16-13) benutzen:

$$V = \frac{k_0 Q}{R} = \left(k_0 \frac{Q}{R^2}\right) R.$$

Der Ausdruck in der Klammer ist gleich der Feldstärke E, deshalb schreiben wir:

$$V = (E)\,R.$$

Aus dem Maximalwert der elektrischen Feldstärke in Luft von 10^6 V/m folgt

$$V_{max} = (10^6\ \text{V/m})\,(0{,}15\ \text{m}) = 1{,}5 \cdot 10^5\ \text{V}.$$

Löst man $V = k_0 Q/R$ nach Q auf, erhält man für die maximale Ladung

$$Q_{max} = \frac{V_{max} R}{k_0} = \frac{(1{,}5 \cdot 10^5)\,(0{,}15)}{9 \cdot 10^9}\ \text{C} = 2{,}5 \cdot 10^{-6}\ \text{C}.$$

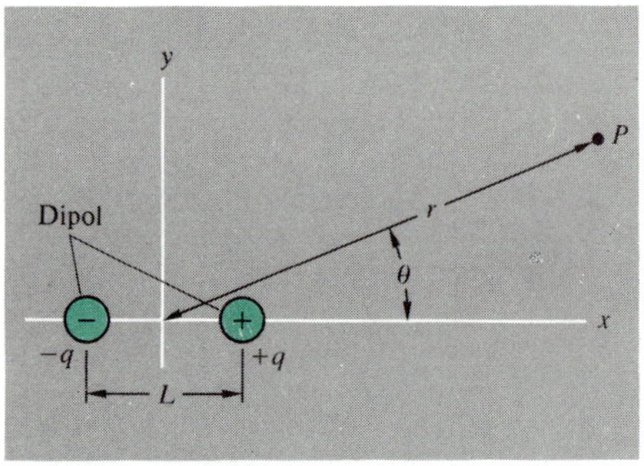

Abb. 16-15. *Elektrischer Dipol entlang der x-Achse*

***Beispiel 6:** Der elektrische Dipol $p = qL$ in Abb. 16-15 zeigt in x-Richtung. Gib V, E_x und E_y für den Fall $r \gg L$ an.

Lösung: Ist der Abstand r des Punktes P groß gegen L, so ist seine Entfernung von $+q$ gleich $(r - \frac{1}{2}L\cos\theta)$ und von $-q$ gleich $(r + \frac{1}{2}L\cos\theta)$. Das Gesamtpotential bei P ist gleich der Summe der Einzelpotentiale:

$$V = k_0 \frac{q}{r - \frac{1}{2}L\cos\theta} + k_0 \frac{(-q)}{r + \frac{1}{2}L\cos\theta} = k_0 \frac{qL\cos\theta}{r^2 - (L^2/4)\cos^2\theta}.$$

Für $r \gg L$ vereinfacht sich dies zu

$$V \approx k_0 \frac{p\cos\theta}{r^2} = k_0 p \frac{x}{r^3}.$$

Es folgt für die elektrische Feldstärke:

$$E_y = -\frac{\partial V}{\partial y} = -k_0 px \frac{\partial(r^{-3})}{\partial y} = -k_0 px(-3)\, r^{-4} \frac{\partial r}{\partial y}$$
$$= 3k_0 p \frac{x}{r} \frac{1}{r^3} \frac{\partial}{\partial y}(x^2 + y^2 + z^2)^{1/2} = 3\frac{k_0 p\cos\theta}{r^3}\left(\frac{y}{r}\right)$$
$$= \frac{3k_0 p\cos\theta\sin\theta}{r^3},$$

$$E_x = -\frac{\partial V}{\partial x} = -\frac{k_0 p}{r^3} - k_0 px\frac{\partial(r^{-3})}{\partial x} = \frac{k_0 p}{r^3}\left(-1 + \frac{3x}{r}\frac{\partial r}{\partial x}\right)$$
$$= \frac{k_0 p}{r^3}(-1 + 3\cos^2\theta)$$
$$= \frac{k_0 p}{r^3}(3\cos^2\theta - 1).$$

Wir sehen, daß die Feldstärke für einen festen Winkel θ mit $1/r^3$ abnimmt. Ein Feldliniendiagramm für diesen Dipol ist in Abb. 15-7(a) wiedergegeben.

Wir betrachten als nächstes das Feld und die Potentialdifferenz zweier entgegengesetzt geladener Platten der Fläche A, die sich im Abstand x_0 gegenüberstehen, wie es Abb. 16-16 zeigt. Ihre Ladungsdichten sind $\sigma = Q/A$ und $-Q/A$, wenn die Gesamtladungen $+Q$ bzw. $-Q$ sind.

Gl. (16-14) ergibt für die Potentialdifferenz

$$\Delta V = -Ex_0.$$

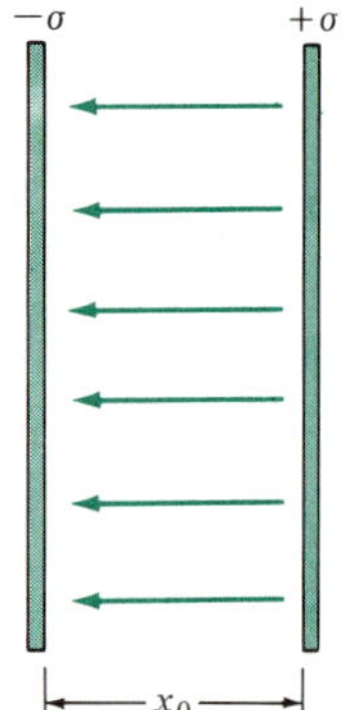

Abb. 16-16. *Zwei ungleichnamig geladene Platten der Flächenladungsdichte σ*

Da die Feldlinien von der positiven zur negativen Platte laufen, sagt das Minuszeichen aus, daß das höhere Potential an der positiven Platte ist. Nach Gl. (16-9) ist $E = -4\pi k_0 \sigma$, so daß für ΔV folgt:

$$\Delta V = 4\pi k_0 \sigma x_0 .$$

Ersetzt man σ durch Q/A, so erhält man

$$\Delta V = \frac{4\pi k_0 x_0}{A} Q . \qquad \textbf{(16-16)}$$

Das nächste Beispiel ist ein Koaxialkabel mit der linearen Ladungsdichte λ (C/m) auf dem inneren Leiter und $-\lambda$ auf dem äußeren Mantel. Welche Potentialdifferenz besteht zwischen innerem und äußerem Leiter, wenn der Radius des inneren Leiters a und der des äußeren b ist? Der Querschnitt des Kabels ist in Abb. 16-17 schematisch dargestellt. Für die Potentialdifferenz geht man von Gl. (16-14) aus:

$$\Delta V = \int_a^b E \, dr .$$

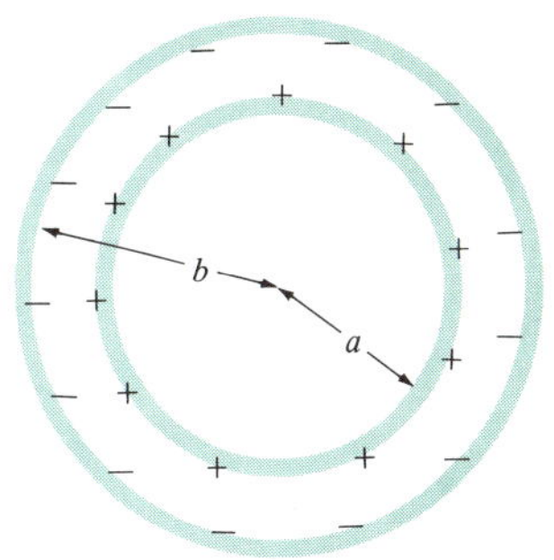

Abb. 16-17. *Querschnitt durch ein Koaxialkabel mit Leitern gleicher Ladung entgegengesetzten Vorzeichens*

Setzt man E aus Gl. (16-7) ein, so ergibt sich:

$$\Delta V = \int_a^b \left(\frac{2k_0\lambda}{r}\right) dr = 2k_0\lambda [\ln r]_a^b$$

$$\Delta V = 2k_0\lambda \ln \frac{b}{a} . \qquad \textbf{(16-17)}$$

Sind n geladene Körper vorhanden, so ist das Potential an einem Punkt P die Summe der n Einzelpotentiale. Das folgt aus dem Superpositionsprinzip:

$$\begin{aligned} V &= -\int \boldsymbol{E} \cdot d\boldsymbol{s} = -\int (\boldsymbol{E}_1 + \boldsymbol{E}_2 + \ldots + \boldsymbol{E}_n) \cdot d\boldsymbol{s} \\ &= \left(-\int \boldsymbol{E}_1 \cdot d\boldsymbol{s}\right) + \left(-\int \boldsymbol{E}_2 \cdot d\boldsymbol{s}\right) + \ldots + \left(-\int \boldsymbol{E}_n \cdot d\boldsymbol{s}\right) \\ &= V_1 + V_2 + \ldots + V_n . \end{aligned}$$

Die Potentialdifferenz zwischen zwei Punkten ist eine eindeutige Größe, da die elektrostatische Kraft eine konservative Kraft ist. Das Integral $\int \boldsymbol{F} \cdot d\boldsymbol{s}$ über einen geschlossenen Weg ist nämlich null, wie in Kap. 6 schon für das Gravitationsfeld gezeigt wurde:

$$\oint \boldsymbol{E} \cdot d\boldsymbol{s} = 0 . \quad \text{(in der Elektrostatik)} \qquad \textbf{(16-18)}$$

Das Elektronvolt

Eine nützliche Energieeinheit in der Physik ist gegeben durch die Energie, die ein Elektron (oder ein anderes Teilchen der gleichen Ladung) aufnimmt, wenn es durch die Potentialdifferenz von 1 V beschleunigt wird. Das elektrische Feld, das auf das Teilchen einwirkt, erhöht seine kinetische Energie um

$$\Delta K = -\Delta U = e\,\Delta V = (1{,}60 \cdot 10^{-19}\ \mathrm{C})\,(1\ \mathrm{V}) = 1{,}60 \cdot 10^{-19}\ \mathrm{J}.$$

Dieser Energiebetrag wird ein Elektronvolt (eV) genannt.

$$1\ \mathrm{eV} = 1{,}60 \cdot 10^{-19}\ \mathrm{J}. \quad \text{(Elektronvolt)}$$

Neben eV benutzt man auch MeV und GeV:

$$1\ \mathrm{MeV} = 10^6\ \mathrm{eV} = 1{,}6 \cdot 10^{-13}\ \mathrm{J},$$

$$1\ \mathrm{GeV} = 10^9\ \mathrm{eV} = 1{,}6 \cdot 10^{-10}\ \mathrm{J}.$$

Beispiel 7: Im Bohrschen Atommodell des Wasserstoffatoms befindet sich das Elektron in einer kreisförmigen Bahn vom Radius $R = 0{,}53 \cdot 10^{-10}$ m. Im Mittelpunkt dieser Bahn ist das Proton. Berechne (a) die Geschwindigkeit des Elektrons, (b) die elektrische potentielle Energie in eV und (c) die gesamte mechanische Energie in eV.

Lösung: Um die Geschwindigkeit zu erhalten, setzen wir $F = ma$ an, wobei $F = k_0 e^2/R^2$ die elektrostatische Kraft und $a = v^2/R$ die Beschleunigung ist:

$$k_0 \frac{e^2}{R^2} = m \frac{v^2}{R}, \qquad \textbf{(16-19)}$$

$$v = \sqrt{\frac{k_0 e^2}{mR}} = \sqrt{\frac{(9 \cdot 10^9)\,(1{,}6 \cdot 10^{-19})^2}{(9{,}11 \cdot 10^{-31})\,(0{,}53 \cdot 10^{-10})}}\ \mathrm{m/s}$$

$$= 2{,}18 \cdot 10^6\ \mathrm{m/s} = \frac{c}{137}.$$

Für die potentielle Energie benutzen wir Gl. (16-12) mit $q_p = e$ und $q_e = -e$:

$$U = -k_0 \frac{e^2}{R} = -(9 \cdot 10^9)\,\frac{(1{,}6 \cdot 10^{-19})^2}{0{,}53 \cdot 10^{-10}}\ \mathrm{J} = -27{,}2\ \mathrm{eV}.$$

Die kinetische Energie erhalten wir durch Multiplizieren beider Seiten von Gl. (16-19) mit $\frac{1}{2}R$:

$$\frac{1}{2}mv^2 = \frac{1}{2}k_0\frac{e^2}{R} = -\frac{1}{2}U.$$

Die kinetische Energie ist also halb so groß wie die potentielle Energie. Die gesamte mechanische Energie ist

$$E = K + U = (-\tfrac{1}{2}U) + U = \tfrac{1}{2}U = -13{,}6\,\text{eV}.$$

Dieser Energiebetrag ist notwendig, um das Elektron vom Proton weg ins Unendliche zu bewegen. Diese Energie heißt Ionisierungsenergie.

Wir beschließen diesen Abschnitt mit der Bemerkung, daß jede Leiteroberfläche eine Äquipotentialfläche ist. Wenn das nicht so wäre, hätten zwei Punkte im Abstand Δs auf der Oberfläche die Potentialdifferenz ΔV. Dann wäre E_s auf der Oberfläche gleich $-\Delta V/\Delta s$, und Leitungselektronen würden sich entgegengesetzt zur Richtung von E_s verschieben. Die Feldlinien stehen immer senkrecht auf den Äquipotentiallinien oder -flächen, und sie weisen immer in Richtung niedrigeren Potentials.

Wir könnten jetzt damit fortfahren, Potentiale, Ladungsverteilungen und Feldstärken verschiedenster Geometrien von Leitern und Nichtleitern zu berechnen. Da wir aber hauptsächlich an den grundlegenden Prinzipien und Gesetzen interessiert sind, werden wir diesen Teil der Elektrostatik nicht behandeln.

16-5 Kapazität

Kapazität ist die Eigenschaft von Kondensatoren, die in fast allen elektrischen und elektronischen Geräten eingesetzt werden. Ein Kondensator hat zwei Anschlüsse, an denen eine Potentialdifferenz (Spannung) angelegt werden kann. Ist eine Ladung Q bei einer Potentialdifferenz ΔV gespeichert, so ist die Kapazität gegeben durch:

$$C := \frac{Q}{\Delta V}. \quad \text{(Kapazität)}$$

C ist durch die Bauart des Kondensators bestimmt und wird in Coulomb pro Volt gemessen. Diese Einheit wird Farad (F) genannt. 1 F ist eine sehr große Einheit, die durch Kondensatoren normaler Größe nie erreicht wird. Daher werden allgemein die Einheiten µF, nF und pF benutzt (1 F = 10^6 µF = 10^9 nF = 10^{12} pF).

Gewöhnlich bestehen Kondensatoren aus zwei leitenden Platten, die durch eine dünne Isolierschicht voneinander getrennt sind. Häufig sind

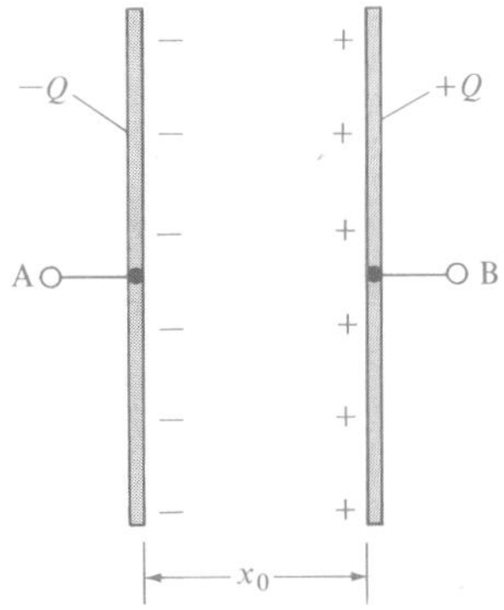

Abb. 16-18. *Plattenkondensator mit der Potentialdifferenz ΔV an den Anschlüssen A und B*

die beiden Platten als Folien ausgebildet und aufgewickelt. Die Ladungen auf den Platten sind gleich und haben entgegengesetztes Vorzeichen. Eine Anordnung wie in Abb. 16-18 heißt Plattenkondensator; hier sind beide Platten parallel zueinander im Abstand x_0. Nach Gl. (16-16) gilt für die Potentialdifferenz zwischen zwei entgegengesetzt geladenen Platten

$$\Delta V = \frac{4\pi k_0 x_0}{A} Q.$$

Daraus abgeleitet ist

$$\frac{Q}{\Delta V} = \frac{A}{4\pi k_0 x_0}.$$

Das ist definitionsgemäß die Kapazität eines Plattenkondensators ohne Isoliermaterial zwischen den Platten:

$$C = \frac{A}{4\pi k_0 x_0}. \qquad \textbf{(16-20)}$$

Mit dem im MKS-System benutzten $\varepsilon_0 = 1/(4\pi k_0)$ lautet Gl. (16-20)

$$C = \varepsilon_0 \frac{A}{x_0}.$$

Als zweites Beispiel wollen wir die Kapazität pro Längeneinheit (Kapazitätsbelegung) eines Koaxialkabels berechnen. Diese Größe ist der Quotient aus linearer Ladungsdichte λ und Potentialdifferenz ΔV:

$$C_l = \frac{\lambda}{\Delta V}.$$

Der Nenner ist durch Gl. (16-17) gegeben:

$$\Delta V = 2k_0\lambda \ln \frac{b}{a}.$$

Damit ergibt sich für C_l:

$$C_l = \frac{1}{2k_0 \ln (b/a)}. \qquad \textbf{(16-21)}$$

Beispiel 8: Wie groß ist die Kapazität (in pF) eines 1 m langen HiFi-Kabels, wenn der Durchmesser des inneren Leiters 1 mm und der des äußeren 5 mm beträgt?

Lösung: Wir benutzen Gl. (16-21) und erhalten

$$C_l = \frac{1}{2k_0 \ln (b/a)}, \quad \text{wobei} \quad \frac{b}{a} = 5 \quad \text{ist.}$$

$$C_l = \frac{1}{2(9 \cdot 10^9) \ln 5} \text{ F/m} = 34{,}5 \cdot 10^{-12} \text{ F/m} = 34{,}5 \text{ pF/m}.$$

34,5 pF ist die Kapazität eines 1 m langen Kabels, wenn kein Isoliermaterial zwischen Leiter und Abschirmung ist. HiFi-Kabel benutzen aber gewöhnlich Polyäthylen als Isolierschicht. Wie wir im nächsten Abschnitt sehen werden, muß man in diesem Fall das Ergebnis mit der Dielektrizitätskonstanten von Polyäthylen multiplizieren; diese beträgt 2,3.

Energiespeicherung

Nehmen wir an, ein ungeladener Kondensator wird geladen, dadurch daß man langsam die Spannung von 0 auf V_0 erhöht. Die Ladung nimmt damit von 0 auf Q_0 zu, und es gilt $Q_0 = CV_0$. Bringt man dq vom negativen zum positiven Pol, so ist die geleistete Arbeit

$$\mathrm{d}U = V\,\mathrm{d}q.$$

Die gesamte während des Ladevorgangs verrichtete Arbeit bzw. die dann im Kondensator gespeicherte Energie ist

$$U = \int_0^{Q_0} V\,\mathrm{d}q = \int_0^{Q_0} \left(\frac{q}{C}\right) \mathrm{d}q$$

$$U = \frac{1}{2}\frac{Q_0^2}{C}, \quad \text{(in einem Kondensator gespeicherte Energie)} \qquad \textbf{(16-22)}$$

oder mit $Q_0 = CV_0$:

$$U = \tfrac{1}{2}CV_0^2.$$

Beispiel 9: Welche Energie ist notwendig, um die Ladung Q auf eine Kugelschale vom Radius R zu bringen?

Lösung: Befindet sich schon eine Ladung q auf der Kugeloberfläche, so ist die Arbeit, um eine zusätzliche Ladung dq aus dem Unendlichen heranzubringen,

$$\mathrm{d}U = V\,\mathrm{d}q = \left(k_0 \frac{q}{R}\right) \mathrm{d}q.$$

Die Gesamtarbeit, die man benötigt, um die Ladung Q auf der Kugeloberfläche anzusammeln, ist

$$U = \int_0^{Q} \frac{k_0}{R}\, q\,\mathrm{d}q = \frac{k_0}{R}\left[\frac{q^2}{2}\right]_0^Q = \frac{k_0 Q^2}{2R}. \qquad \textbf{(16-23)}$$

Beispiel 10: Nehmen wir einmal an, der Radius des Elektrons ist gleich dem des Protons, also 10^{-15} m. Setzen wir weiter voraus, daß die Ladung des Elektrons $q_e = -1{,}6 \cdot 10^{-19}$ C auf seiner Oberfläche verteilt ist.
(a) Bestimme die potentielle Energie einer solchen Ladungsverteilung?
(b) Wie groß ist die relativistische Masse, die dieser Energie äquivalent ist?

Lösung: Gl. (16-23) ergibt

$$U = \frac{k_0 q_e^2}{2R} = \frac{(9 \cdot 10^9)(1{,}6 \cdot 10^{-19})^2}{2 \cdot 10^{-15}} \text{ J}$$

$$= 1{,}15 \cdot 10^{-13} \text{ J} = 0{,}72 \text{ MeV}.$$

Die dieser Energie äquivalente Masse ist

$$m = \frac{U}{c^2} = \frac{1{,}15 \cdot 10^{-13}}{(3 \cdot 10^8)^2} \text{ kg} = 1{,}28 \cdot 10^{-30} \text{ kg}.$$

Diese Masse ist bereits größer als die gemessene Elektronenmasse von $0{,}91 \cdot 10^{-30}$ kg. Neuere Experimente geben Hinweise darauf, daß der Elektronenradius sogar noch viel (mindestens 10mal) kleiner ist als 10^{-15} m; also sollte die Ruhmasse des Elektrons mehr als 10mal größer sein als der gemessene Wert. Diese Diskrepanz ist nach wie vor eine der ungeklärten Fragen der Physik.

Gl. (16-22) gibt die gespeicherte Energie als Funktion der Ladung an. Es ist interessant, einen analogen Ausdruck als Funktion der elektrischen Feldstärke herzuleiten. Für einen Plattenkondensator wie in Abb. 16-16 besteht ein einfacher Zusammenhang zwischen E und Q:

$$E = 4\pi k_0 \frac{Q_0}{A} \quad \text{oder} \quad Q_0 = \frac{EA}{4\pi k_0}.$$

Setzen wir diesen Audruck für Q_0 in Gl. (16-22) ein, so erhalten wir

$$U = \frac{1}{2C}\left(\frac{EA}{4\pi k_0}\right)^2.$$

Mit Hilfe von Gl. (16-20) können wir C eliminieren:

$$U = \frac{1}{2(A/4\pi k_0 x_0)}\left(\frac{EA}{4\pi k_0}\right)^2 = \frac{E^2}{8\pi k_0} A x_0.$$

Nun dividieren wir beide Seiten durch $\mathscr{V} = Ax_0$, dem vom elektrischen Feld beanspruchten Volumen:

$$\frac{U}{\mathscr{V}} = \frac{E^2}{8\pi k_0}. \quad \text{(Energiedichte des elektr. Feldes)} \qquad \textbf{(16-24)}$$

Gl. (16-24) legt die Annahme nahe, daß die Energie, die verbraucht wird, um eine Ladung in ihre endgültige Lage zu transportieren, im elektrischen Feld gespeichert war und dieses die Energiedichte $E^2/8\pi k_0$ (J/m³) hatte. Offenbar ist ein solches Vorgehen im Fall des Plattenkondensators richtig. Eine kompliziertere allgemeinere Herleitung beweist, daß die Gesamtenergie, die nötig ist, um eine beliebige Ladungsverteilung aufzubauen, gleich dem Integral von $E^2/8\pi k_0$ über den ganzen Raum ist. Dabei ist E die durch die Ladungsverteilung erzeugte Feldstärke. Gl. (16-24) gilt also ganz allgemein, und man kann die physikalische Interpretation benutzen, daß das elektrische Feld Energie speichert mit der Dichte $E^2/8\pi k_0$. Bisher war Gl. (16-24) nur ein anderer Weg, um die Energie zu berechnen, die man benötigt, um Ladungen in einer bestimmten Konfiguration anzuordnen. Die Vorstellung von der im Feld gespeicherten Energie erlangt noch größere Bedeutung beim Studium der Energie eines elektrischen und magnetischen Feldes, das von einer beschleunigten Ladung abgestrahlt wird und das sich mit Lichtgeschwindigkeit ausbreitet. Wie wir in Kap. 20 sehen werden, stimmt die abgestrahlte Energie mit Gl. (16-24) überein.

16-6 Dielektrikum

In den vorausgegangenen Abschnitten haben wir die Felder betrachtet, die von Ladungen auf metallischen Leitern erzeugt wurden. Die Leiter befanden sich dabei im leeren Raum. Bringt man ein Material zwischen die Platten eines Kondensators, so beobachtet man, daß sich seine Kapazität erhöht. Wir nennen die neue Kapazität C' und definieren das Verhältnis von C' zu C als Dielektrizitätskonstante $\varkappa$ des Materials:

$$\varkappa := \frac{C'}{C}. \quad \text{(Definition der Dielektrizitätskonstante)} \qquad \textbf{(16-25)}$$

Dabei ist C die Kapazität des Kondensators ohne Material zwischen den Platten. In Anlehnung an das im MKS-System gebräuchliche ε_0 wird die Dielektrizitätskonstante eines Materials häufig mit ε abgekürzt. Die Kapazität eines Kondensators schreibt sich dann als

$$C = \varepsilon_0 \varepsilon \frac{A}{x_0},$$

wobei A die Fläche und x_0 der Plattenabstand ist.

Ein (nichtleitendes) Material, das man zwischen die Platten eines Kondensators schiebt, nennt man Dielektrikum. Abb. 16-19 zeigt, warum sich die Kapazität erhöht, wenn ein Dielektrikum zwischen die Platten eingeführt wird. Bringt man einen Nichtleiter in ein äußeres elektrisches Feld, erscheinen Oberflächenladungen an den Enden, wie es in Abb. 16-20 gezeigt ist. Die Entstehung dieser Oberflächenladungen

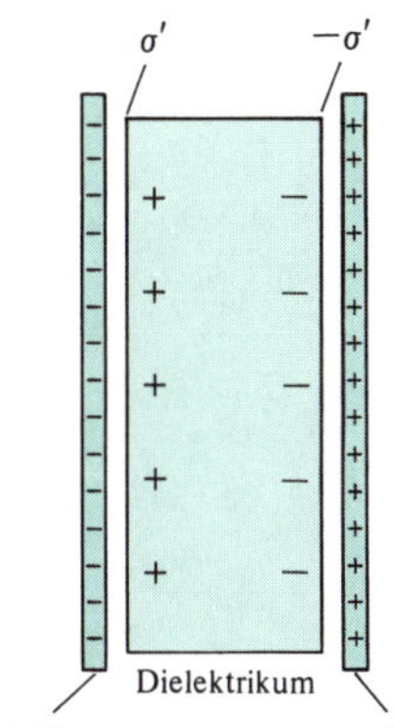

Abb. 16-19. *Die Oberflächenladung $q' = \sigma' A$ erscheint auf einer dielektrischen Scheibe, wenn sie zwischen die Platten eines geladenen Kondensators geschoben wird. q' verringert E und die Potentialdifferenz zwischen den Platten.*

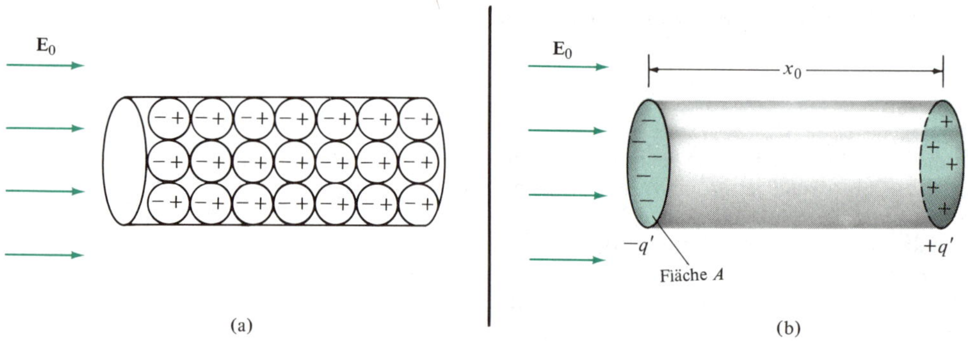

Abb. 16-20. *Wird ein dielektrischer Zylinder in ein externes Feld ($\boldsymbol{E}_0$) gebracht, richten sich die atomaren Dipolmomente aus (a). Dadurch ergibt sich die effektive Ladungsverteilung in Bild (b).*

werden wir etwas später in diesem Abschnitt erklären, wenn wir die Dielektrizitätskonstante auf die grundlegenden atomaren Konstanten zurückführen. Zunächst wollen wir $\varkappa$ mit Hilfe der Oberflächenladung q' ausdrücken. Die Kapazität in Abb. 16-19 ist

$$C' = \frac{q_0}{V} = \frac{q_0}{Ex_0},$$

wobei für E folgendes gilt:

$$E = 4\pi k_0 \sigma = 4\pi k_0 \left(\frac{q_0}{A} - \frac{q'}{A}\right).$$

Setzt man diesen Ausdruck für E ein, so ergibt sich

$$C' = \frac{q_0}{4\pi k_0 (q_0/A - q'/A)\, x_0} = \frac{1}{1 - q'/q_0} \, \frac{A}{4\pi k_0 x_0} = \frac{1}{1 - q'/q_0} C.$$

Dividiert man beide Seiten durch C, so erhält man

$$\varkappa = \frac{1}{1 - q'/q_0}. \qquad \textbf{(16-26)}$$

Nun zur Erklärung, warum eine Oberflächenladung q' an den Enden eines Nichtleiters auftritt, wenn er in ein äußeres elektrisches Feld gebracht wird. Ursache sind die Dipolmomente der einzelnen Atome oder Moleküle. Manche Moleküle haben ein permanentes Dipolmoment und werden deshalb als polare Moleküle bezeichnet. Aber auch die Moleküle, die kein permanentes Dipolmoment besitzen, können ein induziertes Dipolmoment haben, das schon in Beispiel 2 behandelt wurde. Hat jedes Teilchen im Mittel das Dipolmoment $\bar{p}$ in Richtung von E, so haben die N Teilchen im Zylinder von Abb. 16-20 das Gesamtdipolmoment

$$p_{\text{total}} = N\bar{p}.$$

Da die Teilchen elektrisch neutral bleiben, ist die über jedes Volumen innerhalb des Zylinders gemittelte Ladung null. Dennoch erscheint die effektive Ladung q' an den Enden und ergibt

$$p_{\text{total}} = q' x_0$$

als Dipolmoment des Zylinders. Durch Gleichsetzen der beiden Ausdrücke für p_{total} erhält man

$$q' x_0 = N\bar{p}$$
$$q' x_0 = (\mathfrak{N} A x_0)\,\bar{p}$$
$$q' = \mathfrak{N} A \bar{p},$$

wobei $\mathfrak{N}$ die Anzahl der Teilchen pro Volumeneinheit ist. q' in Gl. (16-26) eingesetzt, ergibt

$$\varkappa = \frac{1}{1 - \mathfrak{N}(A/q_0)\,\bar{p}}. \qquad \textbf{(16-27)}$$

Für die meisten Materialien ist der Quotient $\bar{p}/q_0$ eine Konstante, und somit hängt $\varkappa$ nicht von der angelegten Spannung ab. Bei polaren Molekülen nimmt $\bar{p}$ mit der Temperatur ab. Alle Atome und nichtpolaren Moleküle haben kein permanentes Dipolmoment; ein elektrisches Feld induziert in ihnen jedoch ein Dipolmoment von der Größe

$$p \approx \frac{R^3}{k_0} E,$$

wie es schon in Gl. (16-4) angegeben wurde. Benutzt man $E = 4\pi k_0[(q_0 - q')/A]$, so erhält man

$$p \approx 4\pi R^3 \left(\frac{q_0 - q'}{A}\right).$$

Das kann in Gl. (16-27) eingesetzt werden:

$$\varkappa \approx \frac{1}{1 - 4\pi\mathfrak{N}R^3(1 - q'/q_0)}.$$

Nach Gl. (16-26) kann der Klammerausdruck durch $1/\varkappa$ ersetzt werden:

$$\varkappa \approx \frac{1}{1 - 4\pi\mathfrak{N}R^3(1/\varkappa)}.$$

Nach $\varkappa$ aufgelöst:

$$\varkappa \approx 1 + 4\pi\mathfrak{N}R^3.$$

Diese Abhängigkeit der Dielektrizitätskonstanten vom Atomradius R und von der Atomdichte $\mathfrak{N}$ gilt nicht exakt, da die äußeren Elektronen näherungsweise als homogen geladene Kugeln behandelt werden. Auch darf der Abstand der Atome voneinander nicht zu klein sein. Die Herleitung ist jedoch recht gut für atomare Gase, und sie gibt uns die physikalische Erklärung, warum Materialien aus nichtpolaren Molekülen oder aus Atomen eine Dielektrizitätskonstante haben, die größer als 1 ist.

Zusammenfassung

Eine einfache Anwendung des Gaußschen Satzes zeigt, daß das Feld einer kugelförmigen Ladungs- oder Massenverteilung so beschaffen ist, als ob die Ladung oder die Masse ganz im Mittelpunkt konzentriert wäre: $E = k_0 Q_{\text{total}}/r^2$. Da die Feldstärke innerhalb einer homogen geladenen Wolke linear mit dem Abstand vom Mittelpunkt zunimmt, führt eine Punktladung, die man ins Innere der Wolke bringt, eine harmonische Schwingungsbewegung aus. In ähnlicher Weise wird bei einem Atom die kugelförmige Elektronenwolke gegenüber dem Kern verschoben, wenn es in ein Feld mit der Feldstärke E_0 gebracht wird; die Verschiebung ist proportional zu E_0. Das bedeutet, daß ein Dipolmoment der Größe $p = (R^3/k_0)\,E_0$ induziert wird, wobei R der Radius der Elektronenwolke ist.

Das elektrische Feld einer linearen Ladungsverteilung hat eine Feldstärke, die mit $1/r$ abfällt: $E = 2k_0\lambda/r$. Dagegen ist die Feldstärke bei einer geladenen unendlich ausgedehnten ebenen Fläche überall im Raum konstant: $E \doteq 2\pi k_0 \sigma$.

Die elektrische potentielle Energie einer Ladung ist gegeben durch $U = -q \int_{\infty}^{r} \boldsymbol{E} \cdot d\boldsymbol{s}$, wobei U im Unendlichen als null definiert ist. Das elektrische Potential an einem gegebenen Punkt im Raum ist die potentielle Energie pro Ladungseinheit $V = U/q$ und somit zahlenmäßig gleich der Arbeit, die benötigt wird, um eine Ladungseinheit aus dem Unendlichen an den gegebenen Punkt zu bringen. Das Potential einer Punktladung ist $V = k_0 Q/r$.

Die Potentialdifferenz zweier entgegengesetzt geladener Kondensatorplatten ist $\Delta V = 4\pi k_0 x_0 (Q/A)$. Da die Kapazität als $C = Q/\Delta V$ definiert ist, hat ein Plattenkondensator die Kapazität $C = A/(4\pi k_0 x_0)$.

Ein Elektron erhält die kinetische Energie von 1 Elektronvolt (1 eV) beim Durchlaufen einer Potentialdifferenz von 1 V; $1\ \text{eV} = 1{,}6 \cdot 10^{-19}$ J.

Die in einem Kondensator gespeicherte Energie ist $U = \frac{1}{2}Q^2/C$, dies ist gleich dem Integral von $E^2/(8\pi k_0)$ über den ganzen Raum. Die Energiedichte eines elektrischen Feldes ist $dU/d\mathscr{V} = E^2/(8\pi k_0)$ ($\mathscr{V}$ bedeutet hier Volumen). Die Dielektrizitätskonstante $\varkappa = C'/C$ ist das Verhältnis der Kapazitäten mit und ohne Dielektrikum. Das Dielektrikum erhöht die Kapazität dadurch, daß auf ihm eine Oberflächenladung q' erscheint, die damit das elektrische Feld zwischen den Platten herabsetzt: $E' = E/\varkappa$.

Aufgaben

1. Auf den drei konzentrischen dünnen Kugelschalen der nebenstehenden Abbildung befinden sich die Ladungen Q_1, Q_2 und Q_3. Bestimme E und V in den Gebieten I, II, III und IV.
2. In der Ionosphäre sei $P = 10^{-3}$ atm und $T = 300$ K. 10^{-4} der Atome seien ionisiert. Wie groß ist die Plasmafrequenz?
3. Wie groß muß eine Kugel sein, damit sie 500000 V in Luft halten kann? Wie groß ist dann die Ladung?
4. Zwei unendlich große Platten haben wie abgebildet die Dicke x_0 und den Abstand d. Die Ladungsdichte in den Platten beträgt ϱ (C/m³). Bestimme E in den Gebieten I, II, III, IV und V.
5. Wiederhole Aufgabe 4 für den Fall, daß die Platten gleich, aber entgegengesetzt geladen sind.
6. Zeige mit den Ergebnissen von Beispiel 6, daß das elektrische Potential in der Entfernung r von einem Dipol p durch $V = k_0 \boldsymbol{p} \cdot \hat{\boldsymbol{r}}/r^2$ gegeben ist, wobei $\hat{\boldsymbol{r}}$ der Einheitsvektor in $\boldsymbol{r}$-Richtung ist.
7. Ein Plattenkondensator hat den Plattenabstand 0,1 mm. Wie groß muß die Fläche der Platten sein, damit die Kapazität 1 F erreicht wird?

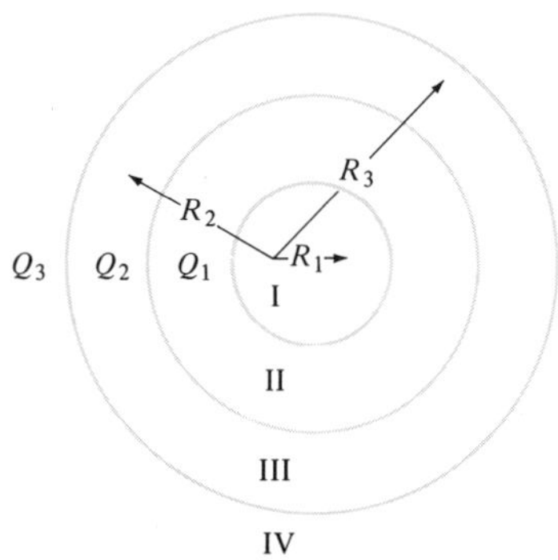

Aufgabe 1

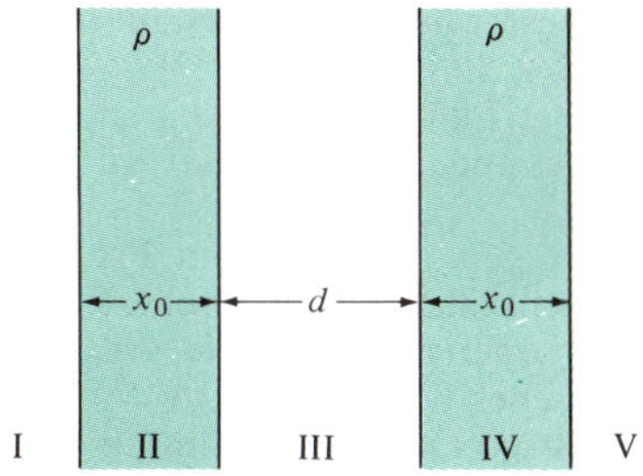

Aufgabe 4

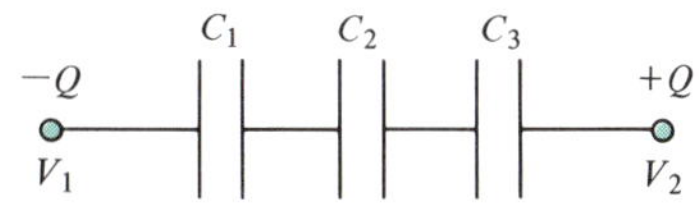

Aufgabe 9

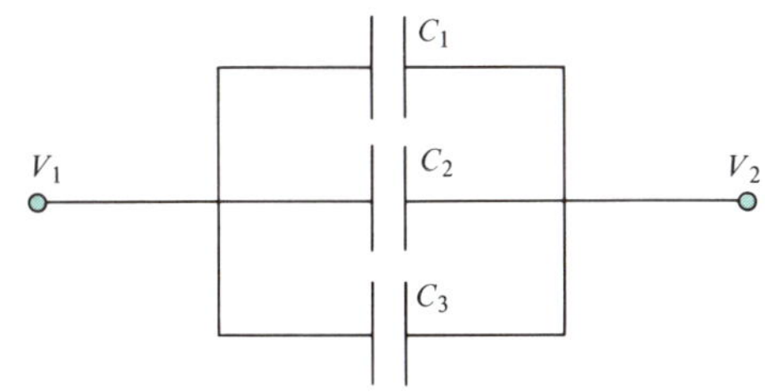

Aufgabe 10

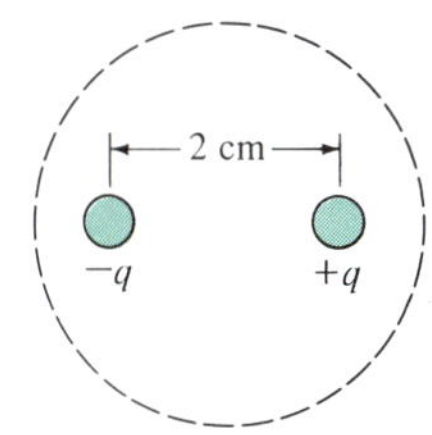

Aufgabe 11

8. Die Kapazität eines einzelnen Leiters ist definiert als $C = Q/V$, wobei V das elektrische Potential bezogen auf unendlich ist. Wie ist dann die Kapazität einer Kugel vom Radius R? Gib den numerischen Wert in pF für $R = 1$ cm an.

9. Die Kapazität von drei Kondensatoren in Serie ist gegeben durch $C = Q/(V_2 - V_1)$. Bestimme C als Funktion von C_1, C_2 und C_3.

10. Die Kapazität dreier parallel geschalteter Kondensatoren ist

$$C = \frac{Q_1 + Q_2 + Q_3}{V_2 - V_1}.$$

Welche Abhängigkeit hat C von C_1, C_2 und C_3?

11. Ein elektrischer Dipol bestehe aus zwei Ladungen q und $-q$ der Größe 10^{-7} C im Abstand 2 cm.

(a) Welcher Gesamtfluß oder welche Nettoanzahl von Feldlinien verläßt die gestrichelte Kugel vom Radius 2 cm?

(b) Wie groß ist das Potential im Mittelpunkt der Kugel?

(c) Wie groß ist die Feldstärke im Mittelpunkt?

12. Nehmen wir an, die zwei Protonen im Heliumkern haben einen Abstand von $1{,}5 \cdot 10^{-15}$ m.

(a) Wie groß ist die elektrostatische Kraft zwischen ihnen?

(b) Welche Energie ist notwendig, um die Protonen so nah aneinander zu bringen?

13. Ein Elektron ist $5{,}3 \cdot 10^{-11}$ m von einem Proton entfernt. Wie groß ist seine Fluchtgeschwindigkeit?

14. Betrachte ein Elektron der Ladung $-e$ und der Masse m sowie ein ungeladenes Neutron der Masse M im Abstand R.

(a) Bestimme die Kraft zwischen den Teilchen als Funktion von R und anderen physikalischen Konstanten.

(b) Das Elektron befinde sich in einer Kreisbahn um das Neutron. Bestimme die gegenseitige Kraft in Abhängigkeit von m, R und v, der Geschwindigkeit des Elektrons in der Kreisbahn.

(c) Bestimme die kinetische Energie des Elektrons als Funktion von G, m, M und R.

(d) Wie groß ist die potentielle Energie des Elektrons?

15. Zwei parallele Platten haben einen Abstand von 2 cm. Das Feld zwischen den Platten beträgt 20000 N/C. Wie groß ist die Potentialdifferenz zwischen den Platten?

16. Betrachte zwei parallele, unendlich große, ebene Flächen im Abstand von 8 cm. Beide haben die positive Ladungsdichte 10^{-6} C/m². Wie groß ist die elektrische Feldstärke zwischen den Flächen?

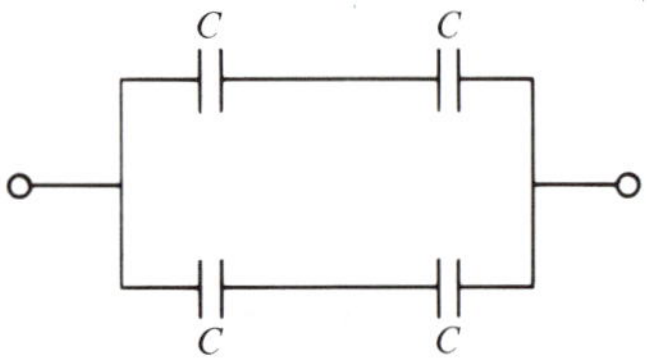

Aufgabe 22

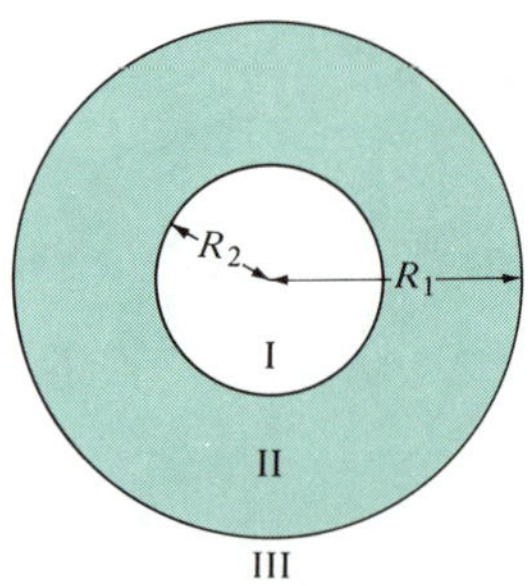

Aufgabe 23

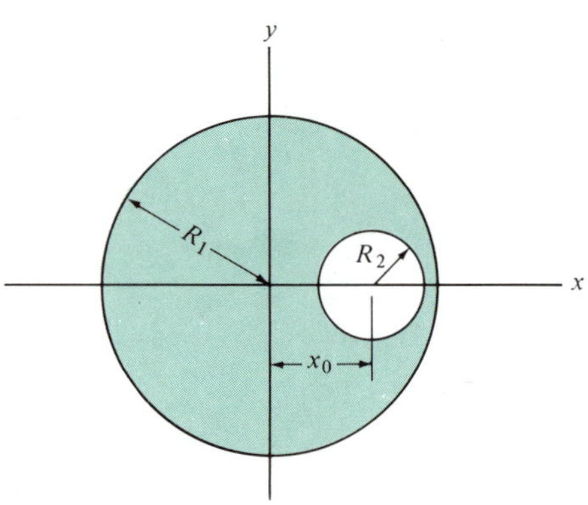

Aufgabe 24

17. Eine Kugel aus Kohlenstoff von 1 cm Durchmesser habe ein überschüssiges Elektron pro eine Million Protonen.
(a) Wie groß ist die Ladung, wenn die Dichte 1,7 g/cm³ beträgt?
(b) Wie groß sind die elektrische Feldstärke und das Potential an der Oberfläche der Kugel?

18. Ein Elektron befindet sich in einer kreisförmigen Bahn um ein Proton. In welchem Verhältnis zueinander stehen potentielle und kinetische Energie des Elektrons? Ist das Verhältnis positiv oder negativ? Wie groß ist das Verhältnis von Bindungsenergie zu kinetischer Energie?

19. Angenommen, die Erde hätte eine überschüssige Oberflächenladung von 1 Elektron/cm². Welches Potential hätte die Erde?

20. Schätze die Dielektrizitätskonstante von Heliumgas bei 1 atm und 300 K ab. Benutze dabei $R = 10^{-10}$ m.

21. Schätze die Dielektrizitätskonstante von flüssigem Helium ab. R sei 10^{-10} m und $\varrho = 150\ \mathrm{kg/m^3}$.

22. Welche Kapazität hat das abgebildete System von vier Kondensatoren gleicher Kapazität C?

23. Betrachte die abgebildete Kugelschale der Dicke $R_1 - R_2$; sie sei homogen geladen. Wie groß ist E in den Gebieten I, II und III, wenn Q die Gesamtladung ist?

24. Eine homogen geladene Kugel vom Radius R_1 habe ein kugelförmiges Loch vom Radius R_2, das um die Strecke x_0 gegenüber dem Mittelpunkt verschoben ist. Wie groß ist E auf der x-Achse als Funktion von x? ϱ sei die Ladungsdichte. (Hinweis: Die Superposition der Felder zweier Kugeln der Radien R_1 und R_2 gleicher Ladungsdichten von unterschiedlichem Vorzeichen hat die gleiche Lösung.)

25. Wiederhole Aufgabe 24 und berechne E auf der y-Achse. Gib sowohl Betrag als auch Richtung an.

26. Wie groß ist das elektrische Potential im Innern der Kugel von Aufgabe 24 als Funktion von r und θ?

27. Gib $V(r)$ in den drei Gebieten der Aufgabe 23 an.

28. Eine Hochspannungsleitung bestehe aus einem Draht von 1 cm Durchmesser. An jedem Aufhängungspunkt ist das Potential im Abstand von 20 cm null. Wie groß ist die höchste Spannung auf der Leitung, ohne daß es in der Luft Überschläge gibt? Wie groß ist die maximale lineare Ladungsdichte der Leitung? Nimm an, daß das Potential überall im Abstand von 20 cm von der Leitung gleich null ist.

29. Zwei Metallplatten von 100 cm² Flächeninhalt haben einen Abstand von 2 cm. Die Ladung der linken Platte ist $-2 \cdot 10^{-9}$ C, die der rechten ist $-4 \cdot 10^{-9}$ C.
(a) Wie groß ist die Feldstärke an der linken Oberfläche der linken Platte?
(b) Wie groß ist die Feldstärke zwischen den Platten?
(c) Wie groß ist die Feldstärke an der rechten Oberfläche der rechten Platte?
(d) Welche Potentialdifferenz haben die Platten?

30. Ein Hohlzylinder mit dem äußeren Radius R_1 und dem inneren Radius R_2 sei homogen geladen mit der Ladungsdichte ϱ. Wie groß ist E innen und außen?

31. Zwei unendlich lange entgegengesetzt geladene Drähte haben einen Abstand x_0, wie es abgebildet ist. Die linearen Ladungsdichten sind λ und $-\lambda$. Zeige, daß für den Fall $r \gg x_0$ gilt:

$$V(r, \alpha) = 2k_0 \frac{\lambda x_0}{r^2} \cos \alpha.$$

32. Leite in Aufgabe 31 einen exakten Ausdruck für E auf der x-Achse und auf der y-Achse her.

33. Ein Hochenergiebeschleuniger schießt einen Protonenstrahl der kinetischen Energie 1 MeV in Wasserstoffgas.
(a) Wie groß ist die gesamte kinetische Energie eines Strahlprotons und eines Targetprotons im Schwerpunktsystem?
(b) Wie groß ist die potentielle Energie zwischen einem Proton des Strahls und einem Wasserstoffkern bei minimal möglichem Abstand?
(c) Welchen Wert hat der minimale Abstand?

34. Betrachte die drei abgebildeten geladenen dünnen Platten. Das Potential der Platte A ist null, und es gilt $E_3 = 0$.
(a) Wie groß ist das Potential von B?
(b) Wie groß ist das Potential von C?
(c) Wie groß sind die Ladungsdichten der drei Platten?

35. Nehmen wir an, ein Proton, das sich einem bestimmten Atomkern nähert, „sieht“ den abgebildeten Verlauf der potentiellen Energie $U(r)$. Nehmen wir weiterhin an, das Proton wird im Kern vom Radius R eingefangen mit einer Gesamtenergie $E_0 = 2$ MeV.
(a) Welche kinetische Energie hat das Proton im Kern?
(b) Welche potentielle Energie hat es im Kern?
(c) Welche zusätzliche Energie braucht es, um nach der klassischen Physik den Kern zu verlassen?
(d) Welche kinetische Energie brauchen Protonen, die von außen auf den Kern geschossen werden, um nach den klassischen Gesetzen in ihn eindringen zu können? Es wird angenommen, daß die Protonen im Unendlichen starten.

36. Bei einem Plattenkondensator ist der Raum zwischen den Platten mit Polyäthylen ausgefüllt ($\varkappa = 2{,}3$). Welche Ladung pro m² wird auf der Oberfläche des Polyäthylens induziert, wenn der Plattenabstand 1 mm und die angelegte Spannung 1000 V betragen?

37. Ein Dielektrikum ($\varkappa$) der Dicke x_1 wird zwischen die Platten eines Kondensators geschoben. Bestimme die Kapazität C', wenn der Plattenabstand x_0 größer als x_1 ist.

38. Zwei leitende Kugeln der Radien R_1 und R_2 sind durch einen Draht der Länge L verbunden, wobei $L \gg R_1 > R_2$. Eine Ladung wird auf das leitende System gebracht und erhöht sein Potential auf V_0.
(a) Welches Verhältnis besteht zwischen E_1 auf der Oberfläche der Kugel R_1 zu E_2 auf der Oberfläche der Kugel R_2? (Das Ergebnis erklärt, weshalb E an scharfen Ecken oder Kanten von Leitern größer ist.)
(b) In welchem Verhältnis stehen die Flächenladungsdichten σ_1 und σ_2 zueinander?

Aufgabe 38

39. Wie groß sind Q_1 und Q_2 in Aufgabe 38 in Abhängigkeit von V_0, R_1 und R_2?

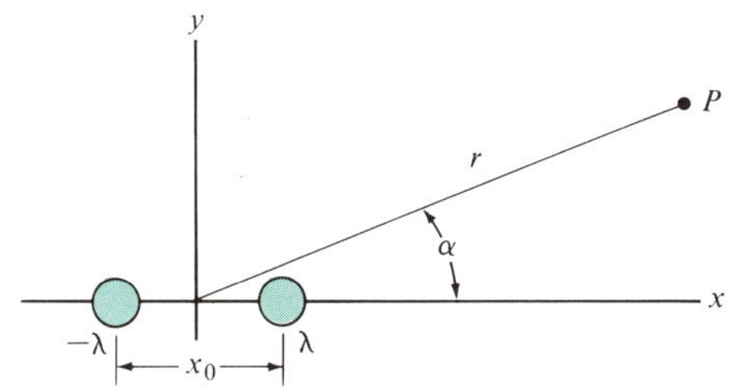

Aufgabe 31

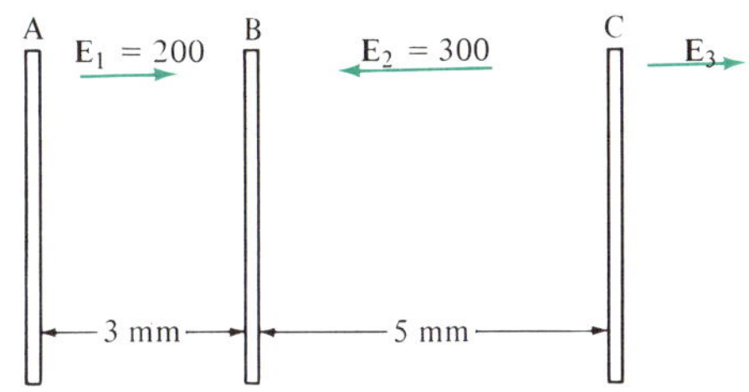

Aufgabe 34

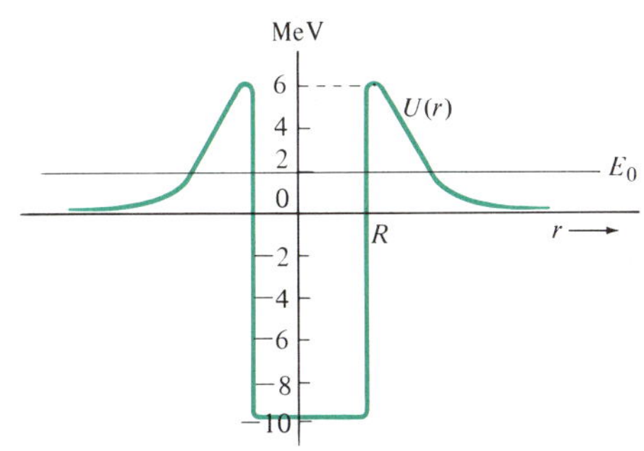

Aufgabe 35

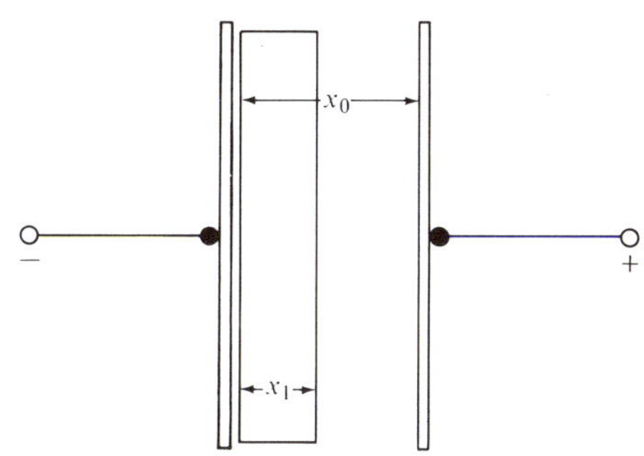

Aufgabe 37

40. Betrachte eine massive, homogen geladene Kugel vom Radius R und der Gesamtladung Q. Bestimme die elektrische potentielle Energie der Ladungsverteilung. Benutze $\mathrm{d}U = V\,\mathrm{d}q$ und baue die Kugel aus konzentrischen Schalen mit $\mathrm{d}q = (4\pi r^2\,\mathrm{d}r)\,\varrho$ auf.

41. Zeige in Aufgabe 40 durch Integrieren von $E^2/8\pi k_0$ über den ganzen Raum, daß für die potentielle Energie gilt: $U = (3/5)k_0Q^2/R$.

42. Welches Potential hat der Mittelpunkt der Kugel von Aufgabe 40?

Ausgewählte physikalische Konstanten

Eine vollständigere Zusammenstellung, in der die Konstanten auf vier Stellen angegeben sind, befindet sich im Anhang A.

Lichtgeschwindigkeit	c	$3{,}00 \cdot 10^8$ m/s
Gravitationsbeschleunigung an der Erdoberfläche	g	$9{,}8$ m/s^2
Gravitationskonstante	G	$6{,}67 \cdot 10^{-11}$ N m^2/kg^2

Boltzmann-Konstante	k	$1{,}38 \cdot 10^{-23}$ J/K
Avogadro-Konstante	N_0	$6{,}02 \cdot 10^{23}$ /mol
Elementarladung	e	$1{,}60 \cdot 10^{-19}$ C
Elektronenmasse	m_e	$9{,}1 \cdot 10^{-31}$ kg
Protonenmasse	m_p	$1{,}67 \cdot 10^{-27}$ kg
Planck-Konstante	h	$6{,}63 \cdot 10^{-34}$ J s
Masse der Erde	M_e	$5{,}98 \cdot 10^{24}$ kg
Masse des Mondes	M_m	$7{,}36 \cdot 10^{22}$ kg
Masse der Sonne	M_s	$1{,}99 \cdot 10^{30}$ kg
Abstand Erde – Mond		$3{,}80 \cdot 10^{5}$ km
Erdradius	R_e	$6{,}35 \cdot 10^{3}$ km
Elektrische Konstanten	$k_0 = 1/(4\pi\varepsilon_0)$	$9{,}00 \cdot 10^{9}$ N m²/C²
	$k_0/c^2 = \mu_0/4\pi$	10^{-7} N s²/C²
	ε_0	$8{,}85 \cdot 10^{-12}$ F/m

Physi

Physik

JAY OREAR
CORNELL UNIVERSITY

BAND 2

Carl Hanser Verlag München Wien

Titel der amerikanischen Originalausgabe:

Jay Orear, Physics

Macmillan Publishing Co., Inc.
866 Third Avenue, New York, New York 10022

Collier Macmillan Canada, Ltd.

Übersetzer und Bearbeiter der deutschsprachigen Ausgabe:

Dr. rer. nat. Jürgen Häger

Dr. rer. nat. Wolfgang Krieger

Dr. rer. nat. Michael Stock

Prof. Dr. Herbert Walther

Einmalige zweibändige Lizenzausgabe für
Weltbild Verlag GmbH, Augsburg
mit Genehmigung des Carl Hanser Verlags München Wien

Druck und Buchbinderei: Druckerei Parzeller, Fulda
Printed in Germany
ISBN 3-446-17976-3

17

Elektrischer Strom und magnetische Kraft

Magnetismus und magnetisches Feld sind beim Studium der Elektrizität von ähnlich großer Bedeutung wie Elektrostatik und elektrisches Feld. Dieses Kapitel wird zeigen, daß die magnetische Kraft einfach eine Folge der speziellen Relativitätstheorie ist. Das Coulomb-Gesetz und die spezielle Relativitätstheorie verlangen nämlich zusätzlich zur elektrostatischen Kraft die Existenz der magnetischen Kraft. Diese Kraft wirkt auf eine Ladung q, die sich bewegt, und ist proportional zu ihrer Geschwindigkeit v. Die Feldstärke des zugehörigen magnetischen Feldes wird definiert als Quotient aus magnetischer Kraft und (qv). Praktische Anwendungen der magnetischen Effekte werden in den folgenden beiden Kapiteln besprochen.

17-1 Der elektrische Strom

Magnetische Effekte treten auf, wenn sich Ladungen bewegen, also bei elektrischen Strömen. Vor dem Magnetismus müssen wir daher erst den elektrischen Strom behandeln. Fließt durch eine Fläche ein elektrischer Strom, so definiert man als Stromstärke I den Quotienten aus der durch die Fläche transportierten Ladung und der dazu benötigten Zeit:

$$I := \frac{Q}{t}. \quad \text{(Definition der elektr. Stromstärke)} \qquad \textbf{(17-1)}$$

Die Einheit ist Coulomb pro Sekunde und wird Ampere genannt, abgekürzt A.

Eine von der Stromstärke abgeleitete Größe ist die elektrische Stromdichte $\boldsymbol{j}$, die definiert ist als das Produkt aus Ladungsdichte ϱ und Geschwindigkeit $\boldsymbol{v}$:

$$\boldsymbol{j} := \varrho \boldsymbol{v}. \quad \text{(Definition der Stromdichte)} \qquad \textbf{(17-2)}$$

Diese Größe ist gleich der Stromstärke pro Flächeneinheit, gemessen in $\mathrm{C\,m^{-2}\,s^{-1}}$ oder $\mathrm{A/m^2}$.

Betrachten wir den Strom durch eine Fläche A, die nicht senkrecht auf $\boldsymbol{j}$ steht, so erhalten wir die Stromstärke I, indem wir das Skalarprodukt

$$I = \boldsymbol{j} \cdot \boldsymbol{A}$$

bilden, wobei der Vektor $\boldsymbol{A}$ senkrecht auf der Fläche steht und als Betrag die Größe des Flächeninhalts hat. Variiert $\boldsymbol{j}$ über A, muß integriert werden:

$$I = \int \boldsymbol{j} \cdot \mathrm{d}\boldsymbol{A}$$

In einem Leiter aus Metall können sich die positiven Ladungen, die Atomkerne, nicht bewegen; sie sind in einem Kristallgitter an feste Plätze gebunden. Doch die äußeren Elektronen, die sog. Leitungselektronen, sind nicht mehr fest an einzelne Atome gebunden, sondern können sich frei im Leiter bewegen. Das widerspricht der klassischen Physik und kann nur mit Hilfe der Quantenmechanik erklärt werden (s. Kap. 28). Ist kein elektrisches Feld vorhanden, bewegen sich die Leitungselektronen ungeordnet in alle Richtungen, d. h., addiert man alle ihre Geschwindigkeitsvektoren, so kommt im Zeitmittel null heraus. Wenn $\mathfrak{N}$ die Anzahl der Leitungselektronen pro Volumeneinheit ist, dann ist $\varrho = \mathfrak{N}e$ die Ladungsdichte und $j = (\mathfrak{N}e)\,\overline{v_d}$ die Stromdichte, wobei $\overline{v_d}$ die mittlere Driftgeschwindigkeit der Leitungselektronen ist. Die Stromstärke erhält man, indem man j mit der Fläche A multipliziert:

$$I = \mathfrak{N}e\overline{v_d}A. \qquad \textbf{(17-3)}$$

In welche Richtung fließt nun der Strom? Die Definition der Richtung des elektrischen Stroms stammt aus einer Zeit, in der noch nichts über die Leitungselektronen als Träger des Stroms bekannt war. So wurde definiert, daß ein Strom immer vom positiven zum negativen Pol einer Spannungsquelle fließt, mit der Vorstellung, daß positive Ladungsträger vorhanden sind. Elektronen bewegen sich also entgegen der Stromrichtung. Hätte man die Ladung der Elektronen anstatt als negativ als positiv definiert, wäre dieses Problem nicht entstanden. In diesem Buch (und den meisten anderen Büchern) weist ein Richtungspfeil für den Strom immer in die Richtung, in der sich positive Ladungsträger bewegen würden. Kommt der betrachtete Strom durch Elektronen zustande, so bewegen sich diese entgegengesetzt zum Strompfeil.

Beispiel 1: Ein Strom von der Stärke 1 A fließt durch einen Kupferdraht vom Querschnitt 1 mm². Wie groß ist die mittlere Driftgeschwindigkeit der Leitungselektronen?

Lösung: Gl. (17-3) wird nach $\overline{v_d}$ aufgelöst:

$$\overline{v_d} = \frac{I}{\mathfrak{N}eA}.$$

Unter der Annahme, daß pro Atom ein Leitungselektron vorhanden ist, ergibt sich $\mathfrak{N} = DN_0/M$, wobei $D = 8{,}9\ \mathrm{g/cm^3}$ die Dichte des Kupfers, $N_0 = 6{,}02 \cdot 10^{23}$ Atome/mol die Avogadro-Konstante und $M = 63{,}6$ g/mol die Masse eines Mols Kupfer bedeuten:

$$\mathfrak{N} = \frac{(8{,}9\ \mathrm{g/cm^3})(6{,}02 \cdot 10^{23}\ \mathrm{Atome/mol})}{63{,}6\ \mathrm{g/mol}} = 8{,}42 \cdot 10^{22}\ \frac{\mathrm{Atome}}{\mathrm{cm^3}}$$

$$= 8{,}42 \cdot 10^{28}\ \mathrm{m^{-3}},$$

$$\overline{v_d} = \frac{1\ \mathrm{A}}{(8{,}42 \cdot 10^{28}\ \mathrm{m^{-3}})(1{,}6 \cdot 10^{-19}\ \mathrm{C})(10^{-6}\ \mathrm{m^2})} = 7{,}4 \cdot 10^{-5}\ \mathrm{m/s}$$

$$= 0{,}074\ \mathrm{mm/s}.$$

Die typische Driftgeschwindigkeit der Leitungselektronen beträgt also $\approx 0{,}1$ mm/s. Elektrische Ströme können auch in Gasen und Flüssigkeiten fließen. In Leuchtstoffröhren treten z. B. Ströme in Gasen auf. Die sich bewegenden Ladungsträger in diesen Strömen sind sowohl positive Ionen als auch Elektronen. Die leichteren Elektronen sind jedoch viel schneller und liefern den Hauptbeitrag zum Strom. Stößt ein Elektron mit einem Gasion oder -atom zusammen, kann die kinetische Energie der Teilchen durch das Ion oder das Atom absorbiert und dann als elektromagnetische Strahlung wieder ausgesandt werden, z. T. als Licht im sichtbaren Spektralbereich.

Das Ohmsche Gesetz

Legt man eine Potentialdifferenz (Spannung) V über einen Leiter, so fließt ein bestimmter Strom der Stärke I. Georg Ohm entdeckte im frühen 19. Jahrhundert, daß die Stromstärke in Metallen proportional zur angelegten Spannung ist, solange die Temperatur konstant gehalten wird. Ohm definierte als Widerstand eines Leiters den Quotienten aus Spannung und Stromstärke:

$$R := \frac{V}{I}. \quad \text{(Definition des elektr. Widerstands)}$$

Diese Gleichung beinhaltet die Definition des Widerstands. Die Aussage, daß das Verhältnis $R = V/I$ bei einem Metall für konstante Temperatur unabhängig von der Stromstärke I ist, wird Ohmsches Gesetz genannt. Im MKS-System wird V in Volt und I in Ampere gemessen; die Einheit des Widerstands ist daher Volt/Ampere, wofür später die spezielle Bezeichnung Ohm eingeführt wurde. Die Abkürzung ist Ω.

Wie grundlegend ist nun das Ohmsche Gesetz? Ist es ein neues fundamentales Naturgesetz, oder ist es nur eine Folge der Struktur der

Materie und der bereits bekannten physikalischen Gesetze? Glücklicherweise ist Letzteres richtig. Der Widerstand verschiedener Stoffe unter vielfältigen Bedingungen kann ziemlich gut mit der modernen Festkörperphysik erklärt werden (Kap. 28). Im folgenden Abschnitt wird das Ohmsche Gesetz mit Hilfe zweier Ergebnisse der Theorie der Metalle hergeleitet.

Herleitung des Ohmschen Gesetzes

Die Quantentheorie der Metalle sagt aus, daß die äußeren Elektronen der Atome infolge ihrer Wellennatur nicht an einzelne Atome gebunden sind, wenn diese einen Kristall bilden. Aus der Quantentheorie folgt außerdem, daß sich diese Leitungselektronen um viele Atomdurchmesser fortbewegen können, ehe sie mit einem Atom zusammenstoßen. L sei die mittlere Entfernung, die zwischen zwei Stößen zurückgelegt wird, die sogenannte mittlere freie Weglänge. Die mittlere Zeit zwischen zwei Stößen ist dann $\Delta t = L/u$, wobei u die mittlere Geschwindigkeit der Leitungselektronen ist. (u ist vollkommen zufällig auf alle Richtungen verteilt und gibt keinen Anlaß für einen Nettostrom.) Legt man jedoch eine Potentialdifferenz an ein Stück Metall an, so wirkt auf jedes Leitungselektron die Kraft eE, und es erreicht während der Zeit Δt eine Driftgeschwindigkeit $v_d = \Delta u$, die durch folgende Gleichung gegeben ist:

$$m\frac{\Delta u}{\Delta t} = eE \quad \text{(2. Newtonsches Gesetz)}$$

$$\Delta u = v_d = \frac{eE\,\Delta t}{m}.$$

Δt wird durch die mittlere Zeit zwischen zwei Stößen (L/u) ersetzt:

$$\overline{v_d} = \frac{eL}{mu}E.$$

Die Driftgeschwindigkeit hat für alle Leitungselektronen die gleiche Richtung, nämlich die Richtung von $-\boldsymbol{E}$, und führt daher zu einem Nettostrom. Jedes Elektron verliert seine Driftgeschwindigkeit bei jedem Stoß. Die mittlere freie Weglänge ist so klein, daß v_d immer viel kleiner als u ist. Wie wir schon in Beispiel 1 gesehen haben, beträgt die Driftgeschwindigkeit gewöhnlich weniger als 1 mm/s.

Wir erhalten die Stromstärke in einem Draht der Querschnittsfläche A, wenn wir den soeben für v_d erhaltenen Ausdruck in Gl. (17-3) einsetzen:

$$I = \frac{\mathfrak{N}e^2LA}{mu}E. \tag{17-4}$$

Damit läßt sich eine Formel für den Widerstand eines Drahtes der Länge x_0 (s. Abb. 17-1) angeben, wenn man berücksichtigt, daß die Spannung V zwischen den Enden Ex_0 beträgt. Wir substituieren E durch V/x_0 in Gl. (17-4) und erhalten für die Stromstärke

$$I = \left(\frac{\mathfrak{N}e^2L}{mu}\,\frac{A}{x_0}\right)V$$

und für den Widerstand

$$R = \frac{mux_0}{\mathfrak{N}e^2LA}\,.$$

Der Widerstand eines Stabes ist also proportional zu seiner Länge und umgekehrt proportional zu seinem Querschnitt. Man beachte, daß der Ausdruck für R konstant ist, solange u, die mittlere Geschwindigkeit der Elektronen, konstant bleibt; dies ist der Fall, wenn sich die Temperatur nicht ändert. Die Proportionalitätskonstante ist der sog. spezifische Widerstand ϱ:

$$R = \varrho\frac{x_0}{A}\,.$$

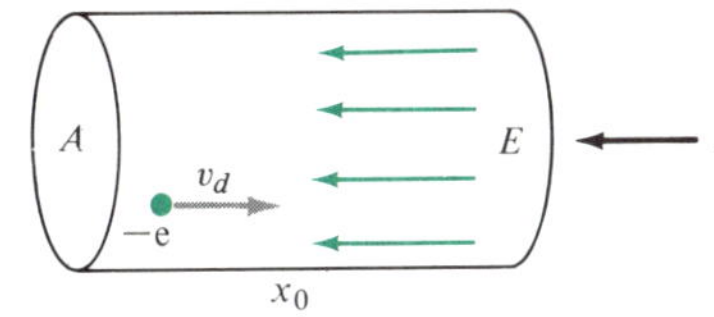

Abb. 17-1. *Leiter der Länge x_0 mit einem Leitungselektron der Driftgeschwindigkeit v_d*

Beispiel 2: Die elektrische Leitfähigkeit σ ist durch die Gleichung $j = \sigma E$ definiert. Leite σ her in Abhängigkeit von $\mathfrak{N}$, e, m und u.

Lösung: Wir betrachten einen Zylinder von der Länge x_0 und vom Querschnitt A. Wir multiplizieren beide Seiten der obigen Gleichung mit A:

$$jA = \sigma AE.$$

Die linke Seite ist definitionsgemäß die Stromstärke I, also erhält man

$$\sigma = \frac{I}{AE}\,.$$

I kann durch den Ausdruck in Gl. (17-4) ersetzt werden:

$$\sigma = \frac{\left(\frac{\mathfrak{N}e^2LAE}{mu}\right)}{AE} = \frac{\mathfrak{N}e^2L}{mu} = \frac{1}{\varrho}\,. \qquad (17\text{-}5)$$

Wärmeverluste

Jedesmal, wenn ein Leitungselektron mit einem Atom stößt, verliert es die kinetische Energie wieder, die es vom elektrischen Feld aufgenommen hatte. Diese Energie geht in die ungeordnete Bewegung der Atome über, wird also in Wärmeenergie umgewandelt. Da es also keine Nettozunahme an kinetischer Energie gibt, ist der Energieverlust der Leitungselektronen durch Stöße

$$\mathrm{d}E_w = V\,\mathrm{d}q,$$

wobei dq die Ladung ist, die über die Potentialdifferenz V transportiert wurde. Daraus folgt:

$$\frac{\mathrm{d}E_w}{\mathrm{d}t} = V\frac{\mathrm{d}q}{\mathrm{d}t} = VI,$$

$$P = VI. \quad \text{(elektr. Verlustleistung)} \qquad \textbf{(17-6)}$$

Gl. (17-6) kann als $P = I^2R$ geschrieben werden, indem man V durch IR ersetzt, oder als $P = V^2/R$, wenn man I durch V/R ersetzt. Die Größe P ist die elektrische Leistung, die in Wärme umgesetzt wird. Nach Gl. (17-6) ist die Leistungseinheit Watt gleichbedeutend mit Volt mal Ampere. Eine 100-W-Glühbirne zieht einen Strom $I = P/V = 100$ W/220 V = 0,45 A; die elektrische Energie wird in Licht und Wärme verwandelt. In einem Haus wird fast das ganze elektrisch erzeugte Licht innen absorbiert und in Wärme umgesetzt. Elektrische Glühbirnen heizen also beinahe genau so gut wie elektrische Heizöfen.

Beispiel 3: Eine Glühbirne hat 60 W bei 220 V. Wie groß ist ihr Widerstand?

Lösung: Die Stromstärke $I = 60$ W/220 V = 0,27 A. Der Widerstand folgt aus dem Ohmschen Gesetz:

$$R = \frac{V}{I} = \frac{220\ \mathrm{V}}{0{,}27\ \mathrm{A}} = 815\,\Omega.$$

Dieses Ergebnis erhält man auch direkt aus der Beziehung $P = V^2/R$.

Elektromotorische Kraft (EMK)

Man braucht eine zeitlich konstante Quelle elektrischer Energie, um in einem Widerstand einen konstanten Strom aufrechterhalten zu können. Zwei solche häufig benutzten Quellen sind elektrische Batterien und elektrische Generatoren. Sie erzeugen eine elektromotorische Kraft. In einer solchen Quelle, kurz EMK genannt, wird Energie irgendeiner Form in elektrische Energie umgewandelt; in der Batterie ist es chemische Energie, im Generator mechanische Energie. In einer Solarzelle wird Lichtenergie in elektrische Energie umgewandelt. Wir benutzen das Symbol $\mathscr{E}$ für EMK und definieren

$$\mathscr{E} = \frac{\Delta W}{\Delta q}, \quad \text{(Definition der EMK)}$$

wobei ΔW die elektrische Energie ist, die der Ladung Δq mitgegeben wird, wenn sie durch die Quelle der elektromotorischen Kraft fließt. In Abb. 17-2 bezeichnen wir eine Batterie mit $\mathscr{E}$. Eine Ladung Δq, die vom negativen zum positiven Pol fließt, erhält die Energie $(\Delta q)\,\mathscr{E}$.

17-3 Gleichstromkreise

Obwohl die Netzwerktheorie eigentlich ein Gebiet der angewandten Physik oder der Ingenieurwissenschaften ist, wollen wir uns kurz damit befassen. Eine kurze Einführung in die Theorie der Wechselstromkreise wird in Abschn. 19-6 gegeben. Es gibt im täglichen Leben so viele Anwendungen von einfachen Stromkreisen, daß auch ein allgemeines Lehrbuch der Physik wenigstens einige von ihnen behandeln sollte. (Für eine weitergehende Diskussion siehe auch Anhang 28-1.) Für das tägliche Leben ist es nützlich zu wissen, wie man Lautsprecher oder einen Plattenspieler an eine Stereoanlage anschließt, wie man eine Alarmanlage verdrahtet oder wie man elektrische Weihnachtsbaumkerzen, Batterieladegeräte, Autokassettenrekorder usw. installiert.

Die meisten Stromkreise beinhalten Serien- und bzw. oder Parallelschaltungen von Widerständen. Man erhält den Gesamtwiderstand R_t einer Schaltungskombination verschiedener Widerstände, indem man die Spannung über der Kombination durch die Stärke des Gesamtstroms teilt, der durch die Kombination fließt. In den beiden Kombinationen von drei Widerständen, die in Abb. 17-2 gezeigt sind, ist der Gesamtwiderstand

$$R_t = \frac{V}{I}.$$

In einer Serienschaltung fließt der gleiche Strom durch alle Widerstände. In einer Parallelschaltung ist der Gesamtstrom die Summe der

Abb. 17-2. *Drei Widerstände R_1, R_2 und R_3 in Serienschaltung (a) und in Parallelschaltung (b)*

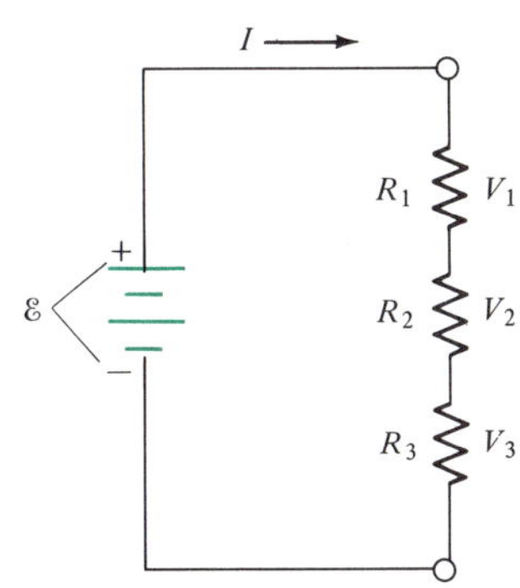

(a) Serienschaltung

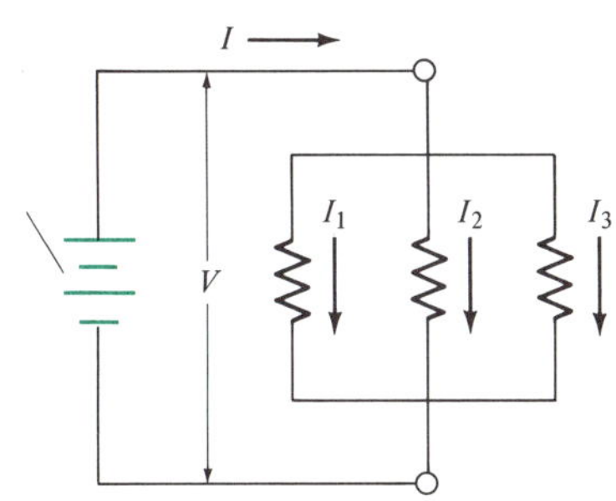

(b) Parallelschaltung

Ströme durch die einzelnen Widerstände. In der Serienschaltung ist die Gesamtspannung

$$V = V_1 + V_2 + V_3.$$

Man dividiert beide Seiten durch die Stromstärke I und erhält

$$\frac{V}{I} = \frac{V_1}{I} + \frac{V_2}{I} + \frac{V_3}{I}$$

oder

$$R_t = R_1 + R_2 + R_3. \quad \text{(Serienschaltung)} \qquad \textbf{(17-7)}$$

In der Serienschaltung ist der Gesamtwiderstand gleich der Summe der Einzelwiderstände.

In der Parallelschaltung ist die Gesamtstromstärke (s. Abb. 17-2b)

$$I = I_1 + I_2 + I_3.$$

Dividiert man beide Seiten durch V, erhält man

$$\frac{I}{V} = \frac{I_1}{V} + \frac{I_2}{V} + \frac{I_3}{V}$$

oder

$$\frac{1}{R_t} = \frac{1}{R_1} + \frac{1}{R_2} + \frac{1}{R_3}. \quad \text{(Parallelschaltung)} \qquad \textbf{(17-8)}$$

In einer Parallelschaltung ist der Reziprokwert des Gesamtwiderstands gleich der Summe der Reziprokwerte der Einzelwiderstände.

Viele komplizierte Stromkreise können in einfache Serien- und Parallelschaltungen zerlegt werden. Wie man dazu vorgeht, wird im folgenden Beispiel erläutert.

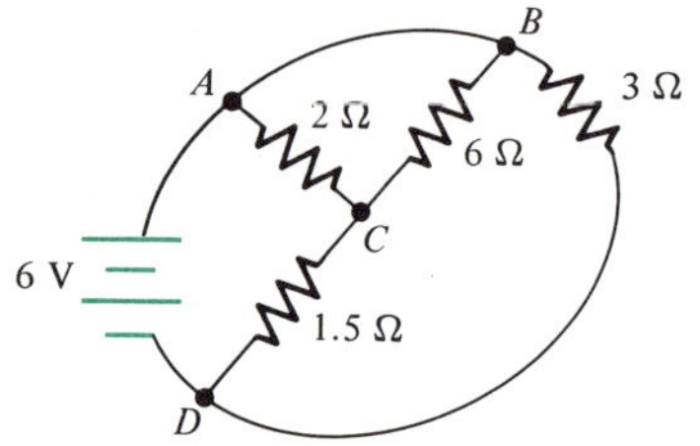

(a)

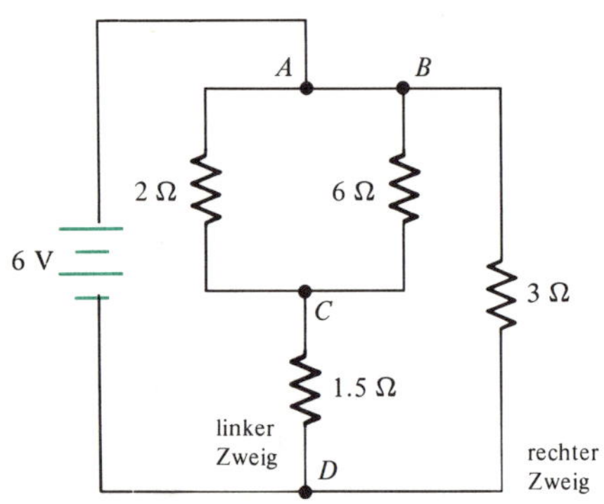

(b)

Abb. 17-3. *(a) Komplizierte Schaltung von Widerständen (Das Symbol Ω bedeutet Ohm.) (b) Der gleiche Stromkreis ist noch einmal gezeichnet, um Serien- und Parallelkombinationen deutlicher hervortreten zu lassen.*

Beispiel 4: Betrachte den Stromkreis in Abb. 17-3: (a) Welchen Gesamtstrom liefert die Batterie? (b) Welcher Strom fließt durch den 6-Ohm-Widerstand?

Lösung: Um die Stromstärke I zu finden, müssen wir zunächst R_t ausrechnen. Das wird erleichtert, wenn wir den Stromkreis gemäß Abb. 17-3(b) umzeichnen, so daß Serien- und Parallelschaltungen von Widerständen deutlicher heraustreten. Wir beginnen mit der Parallelschaltung der Widerstände 2 Ohm und 6 Ohm. R sei der

Gesamtwiderstand dieser Parallelschaltung; dann gilt:

$$\frac{1}{R} = \frac{1}{2} + \frac{1}{6} = \frac{2}{3}$$

$$R = 1{,}5 \text{ Ohm}$$

Dieser Widerstand ist in Serie mit einem 1,5-Ohm-Widerstand geschaltet, also ist der Gesamtwiderstand des linken Teils

$$R' = R + 1{,}5 = 3 \text{ Ohm}.$$

Schließlich liegt der linke Teil (R') parallel zu einem 3-Ohm-Widerstand:

$$\frac{1}{R_t} = \frac{1}{R'} + \frac{1}{3} = \frac{2}{3}$$

$$R_t = 1{,}5 \text{ Ohm}$$

Für die Stärke des Gesamtstroms von der Batterie erhält man

$$I = \frac{V}{R_t} = \frac{6}{1{,}5} \text{ A} = 4 \text{ A}.$$

Um den Strom durch den 6-Ohm-Widerstand zu finden, müssen wir erst den Strom I' durch den linken Teil bestimmen:

$$I' = \frac{6 \text{ V}}{R'} = 2 \text{ A}.$$

Dieser Strom teilt sich so auf, daß die Spannung über den Widerständen 6 Ohm und 2 Ohm gleich ist. Also fließen 75% von I' durch den 2-Ohm-Widerstand, und 25% von I' oder 0,5 A fließen durch den 6-Ohm-Widerstand.

Der Kurzschluß

In Abb. 17-4 ist der untere Pol der Spannungsquelle mit der Erde verbunden, d. h., er liegt auf dem Potential der Erde. In der Netzwerktheorie ist das Erdpotential als null definiert. Verbinden wir nur einen Punkt des Stromkreises mit Erde, so fließt kein Strom durch diese Verbindung. Welches Potential hat der Punkt A in Abb. 17-4? Offenbar kann man von A einen solchen Weg zur Erde finden, der durch keinen der Widerstände führt. Die Verbindungsleitungen werden in diesen Diagrammen als widerstandslos angenommen. Nach dem Ohmschen

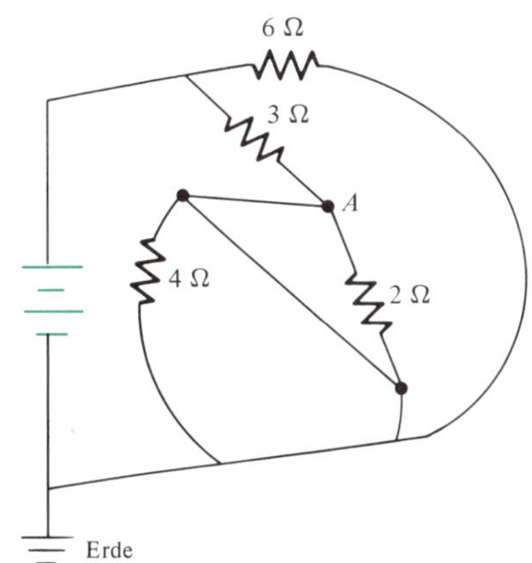

Abb. 17-4. *Verdeutlichung eines Kurzschlusses. Der Punkt A ist zur Erde kurzgeschlossen.*

Gesetz ist der Spannungsabfall oder die Potentialdifferenz über der Verbindungsleitung

$$\begin{aligned} V &= IR_{\text{Leitung}} \\ &= I \cdot 0 \\ &= 0 \text{ Volt}. \end{aligned}$$

Das Potential des Punktes A ist also null. Ganz allgemein kann gesagt werden, daß zwei Punkte, die durch eine widerstandslose Leitung miteinander verbunden sind, auf dem gleichen Potential liegen. Da die Potentialdifferenz über den Widerständen 2 Ohm und 4 Ohm null ist, fließt kein Strom durch sie. Diese Widerstände sind, wie man sagt, kurzgeschlossen. Würde man die beiden Pole einer 220-V-Steckdose kurzschließen, wäre die Stromsträke

$$I = \frac{V}{R} = \frac{220 \text{ V}}{0 \text{ Ohm}} = \infty .$$

In Wirklichkeit wäre die Stromstärke nicht unendlich, da die Leitungen doch einen kleinen Restwiderstand haben; die Stromstärke wäre jedoch groß genug, um Funken sprühen und Sicherungen durchbrennen zu lassen.

Die Kirchhoffschen Regeln

In komplizierteren Stromkreisen können die Widerstände so angeordnet sein, daß sie nicht in Serien- oder Parallelschaltungen aufgelöst werden können. Abb. 17-5(a) zeigt ein Beispiel dafür. Kompliziertere Kreise können auch, wie in Abb. 17-5(b), mehr als eine Spannungsquelle haben. Es gibt ein allgemeines Verfahren, um solche komplexen Schaltungen zu behandeln. Dieses benutzt die sog. Kirchhoffschen Regeln, welche folgendermaßen lauten:

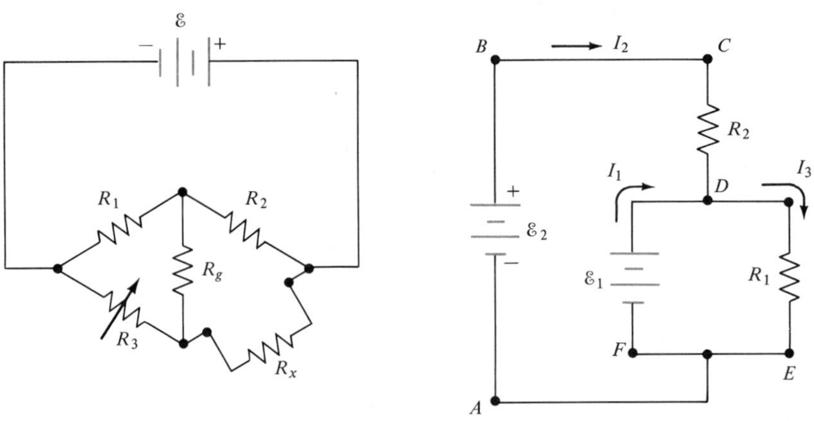

(a) (b)

Abb. 17-5. (*a*) *Wheatstonesche Brücke; gemessen werden soll der unbekannte Widerstand R_x.* (*b*) *Spannungsstabilisator: R_1 erhält seine Spannung von $\mathscr{E}_1$ und seinen Strom von $\mathscr{E}_2$.*

1) **Knotenregel oder Verzweigungssatz:** In jedem Knoten oder Verzweigungspunkt ist die Summe der zu- und abfließenden Ströme gleich null.
2) **Maschenregel:** In jedem geschlossenen Stromkreis (Masche) ist die Summe aller Spannungsanstiege gleich null (ein Spannungsabfall ist ein negativer Spannungsanstieg).

Die Maschenregel ist eine Konsequenz des Energieerhaltungssatzes, die Knotenregel folgt aus der Erhaltung der Ladung.

Es wird angenommen, daß jeder Zweig seine eigene Stromstärke und seine eigene Stromrichtung hat. Die Maschenregel besagt, daß ein Spannungsabfall erfolgt, wenn ein Widerstand in der Richtung überquert wird, die mit der Stromrichtung identisch ist; ein Spannungsanstieg tritt ein, wenn eine EMK von − nach + durchlaufen wird. Kommt heraus, daß eine Stromstärke negativ ist, so bedeutet dies, daß der tatsächliche Strom entgegengesetzt zur angenommenen Richtung fließt.

Als Beispiel wollen wir nun in Abb. 17-5(b) die Stromstärken berechnen. Die Maschenregel besagt für den Kreis *ABCDEA*

$$\mathscr{E}_2 - I_2 R_2 - I_3 R_1 = 0,$$

und sie ergibt für den Kreis *EFDE*

$$\mathscr{E}_1 - I_3 R_1 = 0.$$

Zieht man beide Gleichungen voneinander ab, so erhält man:

$$\mathscr{E}_2 - \mathscr{E}_1 - I_2 R_2 = 0$$

$$I_2 = \frac{\mathscr{E}_2 - \mathscr{E}_1}{R_2}.$$

I_1 folgt aus der Knotenregel am Punkt D:

$$I_1 + I_2 - I_3 = 0$$

$$I_1 = I_3 - I_2 = \frac{\mathscr{E}_1}{R_1} - \frac{\mathscr{E}_2 - \mathscr{E}_1}{R_2} = \mathscr{E}_1\left(\frac{1}{R_1} + \frac{1}{R_2}\right) - \frac{\mathscr{E}_2}{R_2}.$$

Unter der Bedingung $\mathscr{E}_1(1/R_1 + 1/R_2) = \mathscr{E}_2/R_2$ ist $I_1 = 0$; es wird also kein Strom aus $\mathscr{E}_1$ gezogen. Die Schaltung, in der $I_1 \approx 0$ ist, hat eine wichtige praktische Anwendung. Angenommen, es ist notwendig, einen ganz bestimmten, genau definierten Spannungswert $\mathscr{E}_1$ über R_1 zu haben, obwohl durch R_1 ein starker Strom (I_3) fließt. Die Schaltung in Abb. 17-5(b) wirkt dann wie ein Spannungsstabilisator. Kleine Spannungsänderungen in der größeren Quelle $\mathscr{E}_2$ wirken sich nicht auf die Spannung $\mathscr{E}_1$ aus, die an R_1 liegt. $\mathscr{E}_1$ könnte z. B. ein Normalelement sein, das nur wenig Strom zu liefern braucht, denn der Hauptstrom, den R_1 zieht, kommt von $\mathscr{E}_2$. Die Spannung über R_1 wird jedoch von $\mathscr{E}_1$ bestimmt. Würde nur die Quelle $\mathscr{E}_1$ benutzt, müßte sie den ganzen Strom liefern.

Auch die Schaltung in Abb. 17-5(a) hat eine praktische Anwendung als sehr genaue Methode, um einen unbekannten Widerstand R_x zu messen. Stellt R_g den Widerstand eines Galvanometers dar, so haben wir eine sog. Wheatstonesche Brücke vor uns. (Ein Galvanometer ist ein empfindliches Strommeßgerät.) R_x wird dadurch bestimmt, daß man den variablen Widerstand R_3 (Potentiometer) so einstellt, daß kein Strom durch R_g fließt. Dann gilt $R_2/R_1 = R_x/R_3$ oder $R_x = R_3(R_2/R_1)$.

17-4 Die magnetische Kraft (experimentell)

Die Erfahrungen des täglichen Lebens mit magnetischen Kräften beziehen sich auf Permanentmagnete, Elektromagnete, Spulen, Relais, Elektromotoren, auf die Ablenkung von Elektronenstrahlen in Fernsehbildröhren usw. Alle diese Phänomene können auf eine fundamentale Kraft zurückgeführt werden, die zwischen bewegten Ladungen oder zwischen Strömen auftritt, da bewegte Ladungen mit einem Strom gleichbedeutend sind. In Kap. 18 werden wir sehen, daß vom atomphysikalischen Standpunkt aus ein Magnet permanente Kreisströme enthält und daß die Kraft auf einen Magneten als fundamentale Kraft zwischen bewegten Ladungen erklärt werden kann. Nun wollen wir uns damit beschäftigen, wie diese fundamentale Kraft auf eine einzelne bewegte Ladung q wirkt.

Unabhängig davon, ob sich eine Ladung bewegt: auf sie wirkt immer die Kraft $\boldsymbol{F}_E = q\boldsymbol{E}$, wenn sie sich in einem elektrischen Feld befindet. Bewegt sich die Ladung aber mit der Geschwindigkeit v, so tritt häufig eine *zusätzliche* Kraft $\boldsymbol{F}_{\text{mag}}$ auf, die proportional zum Produkt qv ist. Manche Lehrbücher der Physik führen diese zusätzliche Kraft, die als magnetische Kraft bezeichnet wird, als ein experimentelles Ergebnis ein und implizieren damit, daß es sich dabei um eine grundlegend neue Kraft handelt. Eine solche Darstellung ist irreführend. Im nächsten Abschnitt wird gezeigt, daß eine zu qv proportionale Kraft eine notwendige Konsequenz der Relativitätstheorie ist. Das heißt, würde eine solche Kraft nicht existieren, wäre die Relativitätstheorie verletzt. An dieser Kraft ist also nichts neu oder grundlegend; sie folgt aus der relativistischen Behandlung des Coulomb-Gesetzes. Für die effektive elektromagnetische Kraft auf eine bewegte Ladung gilt dann

$$\boldsymbol{F} = q\boldsymbol{E} + \boldsymbol{F}_{\text{mag}}.$$

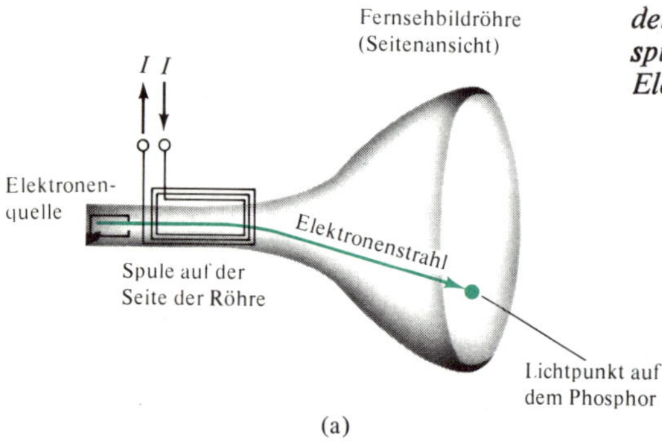

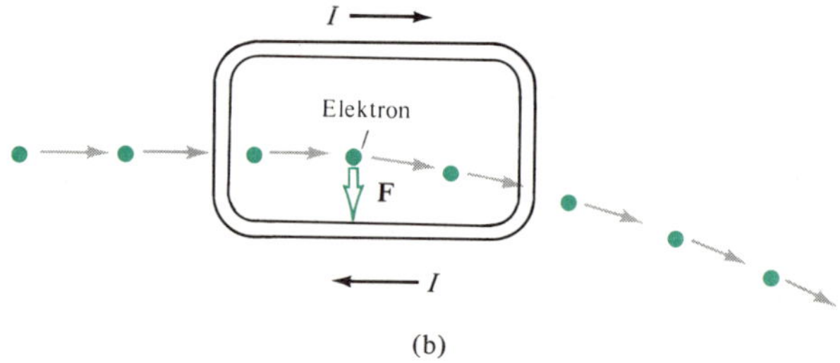

Abb. 17-6. (*a*) *Seitenansicht einer Fernsehbildröhre mit einer Spule für die Vertikalablenkung auf der einen Seite; eine gleiche Spule befindet sich auf der anderen Seite.* (*b*) *Ausschnitt von Bild* (*a*) *mit einer einzelnen Windung der Ablenkspule. Der Strom im unteren Teil der Spule zieht das sich nach rechts bewegende Elektron an, der Strom im oberen Teil stößt es ab.*

Abb. 17-7. *Zwei ungeladene Leiter im Abstand weniger cm ziehen einander deutlich sichtbar an oder stoßen einander ab, wenn sie an einen Akkumulator angeschlossen werden, je nachdem ob die Ströme parallel oder antiparallel sind. Dieses Demonstrationsexperiment sollte schnell durchgeführt werden, bevor die Leiter zu heiß werden (Beispiel für einen Kurzschluß!).*

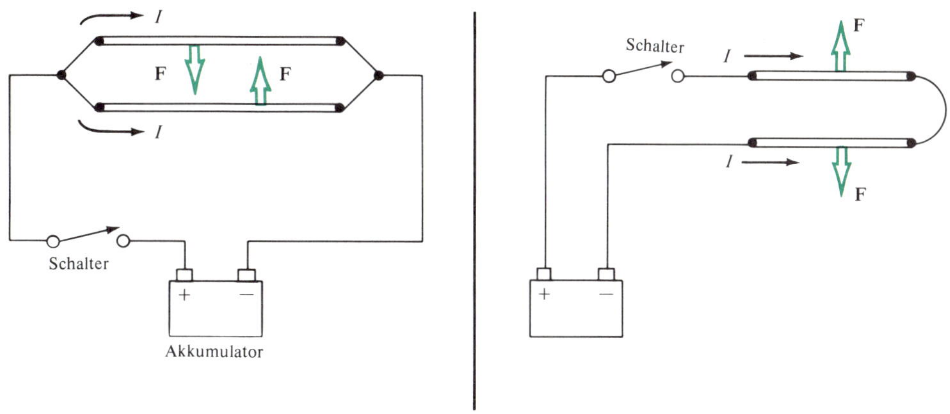

Da $\boldsymbol{F}_{\text{mag}}$ proportional zu qv ist, läßt sich eine vektorielle Größe $\mathfrak{B}$ definieren, so daß sich schreiben läßt:

$$\boldsymbol{F}_{\text{mag}} = q\boldsymbol{v} \times \mathfrak{B}$$

Im nächsten Abschnitt werden wir sehen, daß das die Definitionsgleichung für die magnetische Feldstärke $\mathfrak{B}$ ist, und wir werden erfahren, wie $\mathfrak{B}$ in Abhängigkeit vom elektrischen Strom, der das Magnetfeld erzeugt, berechnet wird. Wir bezeichnen den Betrag von $\mathfrak{B}$ mit $\mathscr{B}$.

Interessant ist, daß diese „neue" Kraft, die man auch Lorentz-Kraft nennt, sogar in solchen Fällen existieren kann, in denen die effektive elektrostatische Kraft null ist (wenn nämlich die Nettoladung auf Leitern null ist). Die Abbn. 17-6, 17-7 und 17-8 zeigen derartige Situationen. Abb. 17-6 verdeutlicht, daß Elektronen, die sich innerhalb einer Fernsehröhre im Vakuum bewegen, durch solche Leitungselektronen in der Ablenkspule angezogen werden, die sich parallel zum Elektronenstrahl bewegen und von Elektronen abgestoßen werden, die sich antiparallel bewegen. Abb. 17-7 zeigt ein einfaches Demonstrationsexperiment für die Beobachtung, daß sich parallele Ströme anziehen.

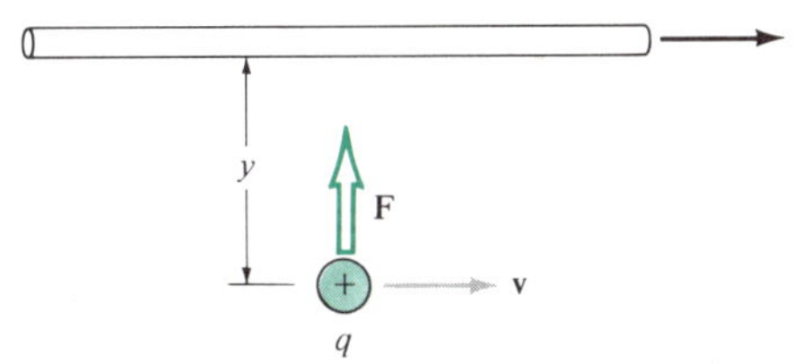

Abb. 17-8. *Eine einzelne Punktladung q, die sich mit der Geschwindigkeit **v** parallel zu einem Strom I bewegt, wird von ihm angezogen.*

Ersetzt man den unteren Strom in Abb. 17-7(a) durch eine einzelne sich bewegende Ladung q, so beobachtet man eine anziehende Kraft auf q, wie es in Abb. 17-8 dargestellt ist. Mißt man diese Kraft, so stellt man fest, daß sie proportional zu I und umgekehrt proportional zum Abstand y ist:

$$F_{\text{mag}} = (10^{-7})\left(\frac{2I}{y}\right)(qv). \qquad \textbf{(17-9)}$$

Die Proportionalitätskonstante beträgt 10^{-7}, wenn man SI-Einheiten benutzt. In der Praxis verwendet man die entsprechende Gleichung für zwei Ströme, um über die Kraft zwischen diesen Strömen die MKS-Einheit der Stromstärke (Ampere) zu definieren. Die Einheit der Ladung (Coulomb) kann dann bei definierter Stromstärke durch ein Experiment entsprechend Abb. 17-8 und Gl. (17-9) festgelegt werden. Den Wert von k_0 erhält man, wenn man zwei solchermaßen bestimmte C-Einheiten im Abstand von 1 m hält und die Coulomb-Kraft zwischen ihnen mißt: $F = k_0(Q^2/R^2)$. Es kommt heraus, daß das so experimentell bestimmte k_0 die Größe $k_0 = c^2/10^7$ hat, wobei $c = 2{,}998 \cdot 10^8$ ist. Das ist der gleiche Wert, den auch die Lichtgeschwindigkeit hat. Im folgenden Abschnitt werden wir nicht nur Gl. (17-9) herleiten, sondern auch beweisen, daß k_0 den Wert $c^2/10^7$ haben muß.

17-5 Herleitung der magnetischen Kraft

Wir wollen die Situation in Abb. 17-8 etwas genauer untersuchen. Der Strom I besteht aus Leitungselektronen, die sich mit der Driftgeschwindigkeit v_d nach links bewegen. Damit der Leiter elektrisch neutral bleibt, muß es eine Kette positiver Ionen geben, die sich nicht verschieben (Abb. 17-9). Wenn durch die Leitungselektronen die lineare Ladungsdichte λ^- erzeugt wird, ist die lineare Ladungsdichte durch die Ionen λ^+, wobei $\lambda^+ = -\lambda^-$ ist. Unser Ziel ist es, die effektive Kraft auf die Ladung q zu berechnen, wenn es überhaupt eine solche Kraft gibt. Alles, was wir bisher wissen, ist, wie man elektrische Kräfte auf ruhende Ladungen ausrechnet.

Wir können jedoch q dadurch ruhend (stationär) machen, daß wir uns mit q bewegen. Der sich bewegende Beobachter sieht, wie sich sowohl die Elektronen als auch die Ionen nach links bewegen, während q in Ruhe bleibt. An diesem Punkt führen wir ein berühmtes Ergebnis der Relativitätstheorie in die Betrachtung ein, die Lorentz-Kontraktion. Die positiven Ionen erscheinen in kürzeren Abständen voneinander, kürzer um den Faktor $\sqrt{1 - v^2/c^2}$. Leser, die die Kapitel über die Relativitätstheorie übersprungen haben, müssen wir bitten, dies zu glauben. Für das Weitere ist es jedoch nicht notwendig, Kap. 8 und 9 gelesen zu haben. Da sich die Elektronen schneller als die Ionen bewegen, werden ihre Abstände stärker verkürzt als die der Ionen. Für einen bewegten Beobachter erscheint also λ^- größer als λ^+, und die effektive Ladungsdichte des Leiters ist negativ und nicht null. In Anhang 17-1 wird gezeigt, daß die effektive Ladungsdichte für den bewegten Beobachter die folgende Form hat:

$$\lambda' = -\frac{1}{\sqrt{1 - v^2/c^2}}\left(\frac{v}{c^2}\right) I. \qquad (17\text{-}10)$$

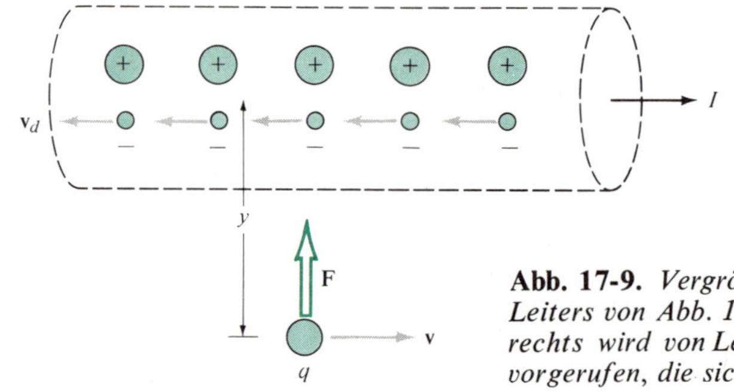

Abb. 17-9. *Vergrößerte Darstellung des Leiters von Abb. 17-8. Der Strom nach rechts wird von Leitungselektronen hervorgerufen, die sich nach links bewegen.*

$I = \lambda^+ v_d$ ist die Stärke des ursprünglichen Stroms im Leiter [s. Gl. (17-25)]. Für den bewegten Beobachter zieht der negativ geladene Leiter die Ladung q mit der Kraft F' an:

$$F' = qE' = q\left(\frac{2k_0\lambda'}{y}\right).$$

Für E' wurde die Feldstärke einer linearen Ladungsverteilung eingesetzt [Gl. (16-5)]. Substituiert man noch λ' durch den Ausdruck von Gl. (17-10), so ergibt sich die Kraft, die der bewegte Beobachter sieht:

$$F' = \frac{qv}{\sqrt{1 - v^2/c^2}}\left(\frac{2k_0}{c^2}\frac{I}{y}\right). \tag{17-11}$$

Damit haben wir gezeigt, daß die Relativitätstheorie die Existenz einer Kraft auf q verlangt. Der bewegte Beobachter mißt F'; demnach mißt ein ruhender Beobachter nach den Regeln der Relativitätstheorie die Kraft $F = \sqrt{1 - v^2/c^2}F'$, also

$$F = \frac{k_0}{c^2}\left(\frac{2I}{y}\right)qv. \tag{17-12}$$

Wir fassen zusammen: Eine exakte Rechnung, die das Coulomb-Gesetz [Gl. (16-5)] und Ergebnisse der Relativitätstheorie benutzt, ergibt Gl. (17-12) für die Kraft F in Abb. 17-8. Diese Kraft ist offenbar proportional zu q, v und I und umgekehrt proportional zu y. Sie stimmt erwartungsgemäß mit experimentellen Beobachtungen überein [Gl. (17-9)]. Ein Vergleich von Gl. (17-9) mit Gl. (17-12) ergibt $k_0/c^2 = 10^{-7}$ N/A² oder

$$k_0 = 10^{-7}c^2 \text{ N/A}^2 = 8{,}988 \cdot 10^9 \text{ N m}^2/\text{C}^2.$$

Die Übereinstimmung ist natürlich durch die Meßgenauigkeit bestimmt.

17-6 Das magnetische Feld

Genauso wie wir die elektrische Feldstärke als den Quotienten aus elektrostatischer Kraft und Ladung definiert haben, können wir die magnetische Feldstärke $\mathscr{B}$ als Quotienten aus magnetischer Kraft und der Größe (qv) definieren, also

$$\mathscr{B} := \frac{F_{\text{mag}}}{qv}.$$

Die Einheit von $\mathscr{B}$ ist N/(Am) mit dem speziellen Namen Tesla, im SI abgekürzt mit T.

Dividiert man Gl. (17-12) durch qv, so erhält man

$$\mathscr{B} = \frac{k_0}{c^2} \frac{2I}{y} \qquad \textbf{(17-13)}$$

als die magnetische Feldstärke im Abstand y von einem einzelnen Leiter. In dieser Form würden manche Gleichungen, in denen $\mathscr{B}$ vorkommt, den Faktor 4π enthalten. Dieser Faktor kann eliminiert werden durch die Einführung einer neuen Konstanten μ_0:

$$\mathscr{B} = \frac{\mu_0}{4\pi} \frac{2I}{y}, \quad \text{wobei} \quad \frac{\mu_0}{4\pi} := \frac{k_0}{c^2} = 10^{-7}\ \text{N/A}^2. \qquad \textbf{(17-14)}$$

Mit $k_0 := 1/4\pi\varepsilon_0$ ergibt sich

$$\mu_0 \varepsilon_0 = \frac{1}{c^2}. \qquad \textbf{(17-15)}$$

Ob man nun k_0/c^2 oder $\mu_0/4\pi$ benutzt, ist Geschmacksache. In diesem Buch werden wir im allgemeinen k_0/c^2 verwenden, damit wir nur eine Proportionalitätskonstante haben (k_0). Außerdem sehen wir bei dieser Schreibweise sofort, wo die Lichtgeschwindigkeit in die Gleichungen der Elektrizitätslehre eingeht.

Bis hierher haben wir uns mit der Kraft nur für den Fall befaßt, daß sich die Ladung q parallel zu $\boldsymbol{I}$ bewegt. Für andere Bewegungsrichtungen von q relativ zu $\boldsymbol{I}$ ergibt die Relativitätstheorie die in Abb. 17-10 angegebenen Richtungen für die magnetische Kraft. Die Abhängigkeit von $\boldsymbol{F}_{\text{mag}}$ von der Richtung von $\boldsymbol{v}$ wird allgemein durch folgende Vektorgleichung beschrieben:

$$\boldsymbol{F}_{\text{mag}} = q\boldsymbol{v} \times \mathfrak{B} \qquad \textbf{(17-16)}$$

Die Rechte-Hand-Regel, die im folgenden erläutert wird, ist eine einfache Merkregel für die relativen Richtungen von $\mathfrak{B}$ und $\boldsymbol{I}$.

Abb. 17-10. *Magnetische Kraft* ***F*** *für vier verschiedene Richtungen von* ***v***

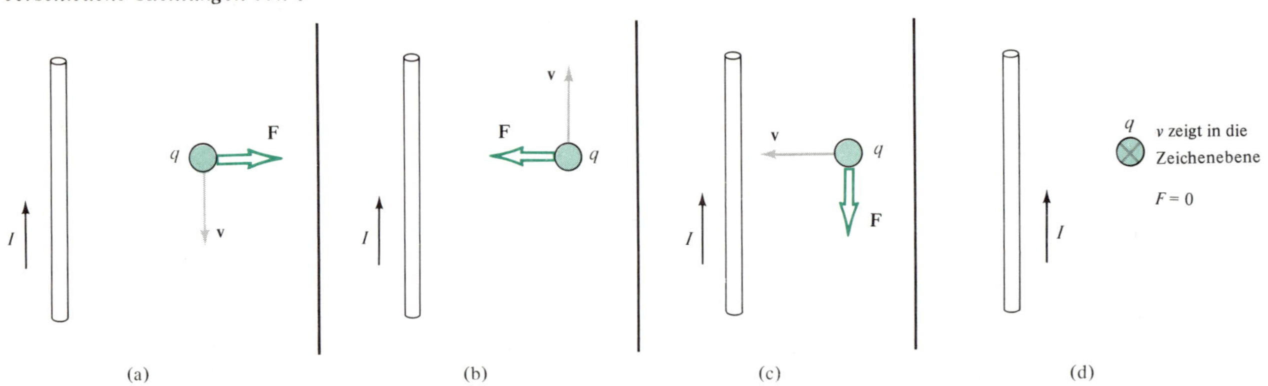

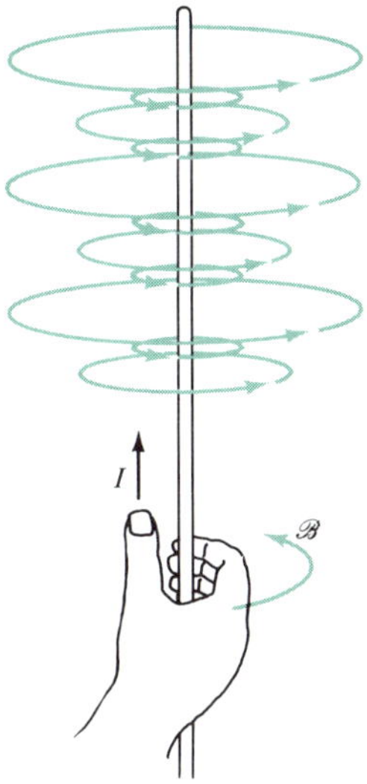

(a)

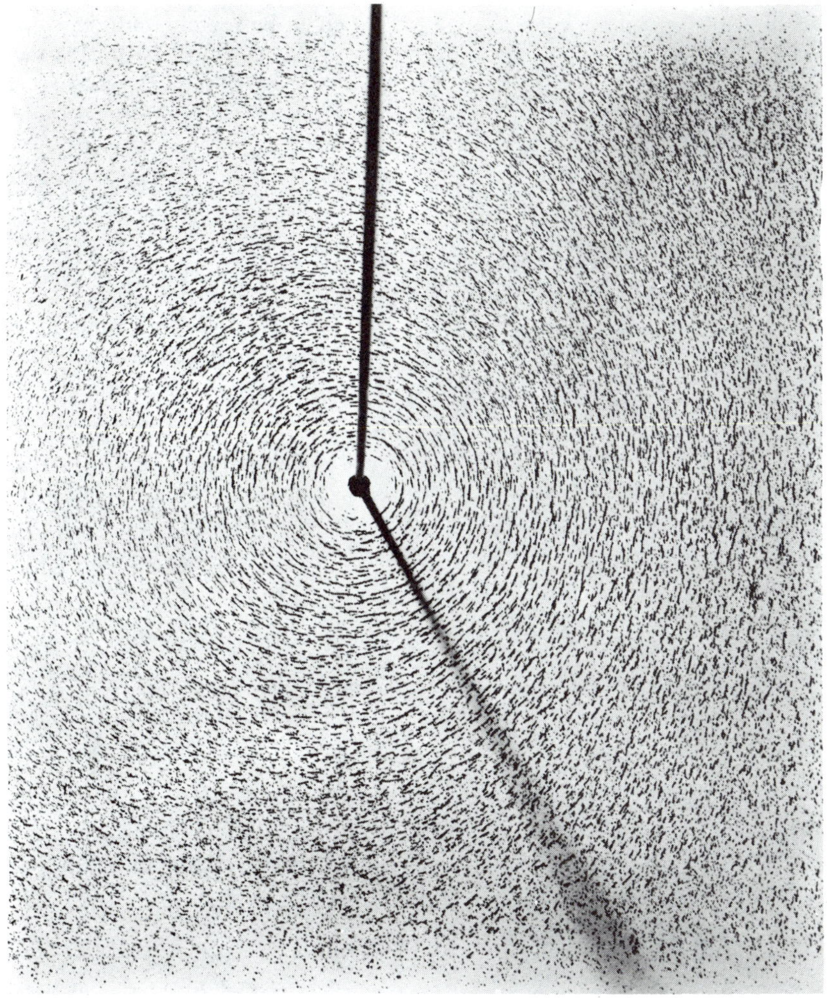

(b)

Abb. 17-11. (*a*) *Darstellung der Rechte-Hand-Regel. Die Magnetfeldlinien werden von einem langen geraden Strom erzeugt.* (*b*) *Photographie von Eisenfeilspänen, die um einen langen geraden Leiter herum auf eine Unterlage gestreut wurden. Wenn der Strom eingeschaltet wird, verhält sich jeder Span wie ein Miniaturmagnet und richtet sich nach dem* 𝔅*-Feld aus.* [*Mit freundlicher Genehmigung des Educational Development Center.*]

Die Rechte-Hand-Regel

Diese Regel ist in Abb. 17-11 verdeutlicht. Zeigt der Daumen der rechten Hand in die Richtung von I, so zeigen die Finger in die Richtung von 𝔅, wobei die Linien des 𝔅-Feldes kreisförmig den Strom umgeben. In Abb. 17-8 zeigt dann 𝔅 am Ort der Ladung q senkrecht in die Zeichenebene hinein; das Kreuzprodukt $\boldsymbol{v} \times$ 𝔅 zeigt nach oben, in der korrekten Richtung von $\boldsymbol{F}$.

Im nächsten Kapitel werden wir zwei Gesetze herleiten, das Amperesche Gesetz und das Biot-Savartsche-Gesetz, die es uns ermöglichen, Magnetfelder auch bei komplizierteren Stromverteilungen auszurechnen. Wichtig erscheint es, darauf hinzuweisen, daß $\boldsymbol{F}_{\text{mag}}$ immer senkrecht auf $\boldsymbol{v}$ steht. Deshalb kann die magnetische Kraft die kinetische Energie einer bewegten Ladung weder vergrößern noch verkleinern [$\int \boldsymbol{F}_{\text{mag}} \cdot d\boldsymbol{s} = 0$, vgl. Gl. (6-10)]. Eine Ladung, die sich in einem homogenen Magnetfeld bewegt, folgt Kreisbahnen. In diesem Fall ist die Beschleunigung v^2/R, und die Kraft ist:

$$m\frac{v^2}{R} = qv\mathscr{B}$$

$$R = \frac{mv}{q\mathscr{B}}. \quad \text{(Radius der Kreisbahn)}$$

Die Spur, die ein sich in einem homogenen Magnetfeld bewegendes Elektron zurückgelassen hat, ist in Abb. 31-3 wiedergegeben.

Beispiel 5: Wie groß ist die Umlaufzeit eines geladenen Teilchens, das sich mit der Geschwindigkeit v in einem homogenen Magnetfeld bewegt?

Lösung: Für die Zeit eines Umlaufs gilt

$$T = \frac{2\pi R}{v}.$$

Setzt man $R = mv/(q\mathscr{B})$ ein, so erhält man

$$T = \frac{2\pi}{v}\left(\frac{mv}{q\mathscr{B}}\right) = \frac{2\pi m}{q\mathscr{B}}.$$

Die Umlaufzeit ist also unabhängig sowohl von R als auch von v.

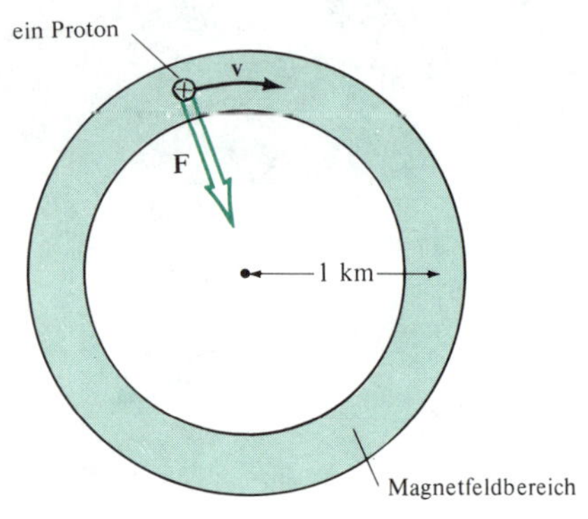

Abb. 17-12. *Der Ring eines 500-GeV-Protonen-Synchrotons von oben gesehen. Die Protonen kreisen im Uhrzeigersinn zwischen den Polschuhen von Magneten (nicht gezeigt). $\mathfrak{B}$ zeigt aus der Zeichenebene heraus und ($\boldsymbol{v} \times \mathfrak{B}$) hat die Richtung des Vektors $\boldsymbol{F}$.*

Beispiel 6: Der Teilchenbeschleuniger mit der höchsten Energie befindet sich in Batavia, Illionois, USA. Er besteht aus einer torusförmigen Vakuumkammer von 2 km Durchmesser, die sich zwischen den Polschuhen von Magneten befindet. Die Magnete erzeugen eine maximale Feldstärke von $\mathscr{B} = 1{,}8$ T (Tesla). Von oben gesehen, bewegt sich ein Protonenstrahl, wie in Abb. 17-12 angedeutet, im Uhrzeigersinn mit fast Lichtgeschwindigkeit auf einer Kreisbahn.
(a) Welche Richtung hat $\mathfrak{B}$?
(b) Wie groß ist die Energie der Protonen, wenn $\mathscr{B}$ den Wert von 1,8 T erreicht hat?

Lösung: (a) Die Kraft ist eine Zentripetalkraft, die auf den Mittelpunkt gerichtet ist. ($\boldsymbol{v} \times \mathfrak{B}$) ist dann zum Mittelpunkt gerichtet, wenn $\mathfrak{B}$ senkrecht aus der Zeichenebene nach oben zeigt.
(b) Die Zentripetalkraft ist $F_c = m_r(v^2/R)$, wobei m_r die relativistische Masse ist. Da diese Kraft durch das Magnetfeld erzeugt

wird, hat sie die Größe ($ev\mathscr{B}$), also kann man gleichsetzen

$$m_r \frac{v^2}{R} = ev\mathscr{B}.$$

Nun ersetzen wir v durch die Lichtgeschwindigkeit c:

$$m_r c^2 = ec\mathscr{B}R.$$

Da die linke Seite die relativistische Gesamtenergie ist, ergibt sich

$$E = (1{,}6 \cdot 10^{-19})\,(3 \cdot 10^8)\,(1{,}8)\,(10^3)\ \mathrm{J} = 8{,}64 \cdot 10^{-8}\ \mathrm{J}$$
$$= 540\ \mathrm{GeV}.$$

Beachte, daß eine magnetische Kraft nicht den Betrag der Geschwindigkeit oder die kinetische Energie der Teilchen ändert. Zur Beschleunigung der Protonen werden elektrische Felder verwendet, die bei jedem Umlauf auf einer kurzen Strecke auf die Teilchen wirken.

17-7 Einheiten der magnetischen Feldstärke

Wenn sich eine Ladung bewegt, erfährt sie sowohl die elektrostatische Kraft $q\boldsymbol{E}$ als auch die magnetische Kraft; deshalb lautet der Ausdruck für die elektrische Gesamtkraft folgendermaßen:

$$\boldsymbol{F} = q\boldsymbol{E} + q\boldsymbol{v} \times \mathfrak{B} \qquad (17\text{-}17)$$

Diese elektrische Gesamtkraft wird elektromagnetische Kraft genannt. Wir können sofort von Gl. (17-17) ablesen, daß $\mathscr{B}$ und E nicht dieselben Einheiten haben. Aus diesem Grunde benutzt dieses Buch auch verschiedene Schrifttypen für $\mathscr{B}$ und E. Offenbar sind die Einheiten von $[v\mathscr{B}]$ und von E gleich. $\mathscr{B}$ hat also die Einheit von E (V/m) dividiert durch m/s, d. h. $[\mathscr{B}] = \mathrm{V\,s\,m^{-2}}$. Diese Einheit hat den speziellen Namen Tesla erhalten. In älteren Büchern wird statt Tesla auch Weber/$\mathrm{m^2}$ verwandt. Aus historischen Gründen wird $\mathscr{B}$ auch die magnetische Induktion genannt. Hier wird mit $\mathscr{B}$ die magnetische Feldstärke bezeichnet.

Im cgs-System (Gaußsches System) wird die magnetische Feldstärke definiert über die Gleichung

$$\boldsymbol{F}_{\text{mag}} = \frac{q\boldsymbol{v}}{c} \times \boldsymbol{B}_{\text{cgs}}. \quad \text{(cgs-System)} \qquad (17\text{-}18)$$

Die cgs-Einheit von $\boldsymbol{B}$ (Betrag von $\boldsymbol{B}_{\text{cgs}}$) wird „Gauß" genannt. Es gilt der Zusammenhang

$$1\ \text{Tesla} = 10^4\ \text{Gauß}.$$

Im cgs-System haben E und $\boldsymbol{B}$ dieselben Einheiten. Im nächsten Abschnitt werden wir sehen, daß ein solches System manche Vorteile hat. Ein Vergleich der Gln. (17-17) und (17-18) ergibt

$$\mathfrak{B}_{\mathrm{MKS}} \rightleftarrows \frac{\boldsymbol{B}_{\mathrm{cgs}}}{c}.$$

Deshalb kann jede Gleichung der Elektrizitätslehre in diesem Buch in cgs-Form geschrieben werden, indem man $\mathfrak{B}$ durch $\boldsymbol{B}/c$ ersetzt.

In diesem Buch ist eine duale Darstellung gewählt: alle elektrischen Gleichungen sind effektiv gleichzeitig in beiden Maßsystemen gültig. Die Gleichungen im cgs-System erhält man einfach, indem man $k_0 = 1$ und $\mathfrak{B} = \boldsymbol{B}/c$ setzt. Im Grunde sind die Gleichungen aber im MKS-System geschrieben, wobei angenommen wird, daß man $\mathfrak{B}$ als Magnetfeldstärke, gemessen in Tesla, und $k_0 = 9{,}00 \cdot 10^9$ benutzt. Dann werden alle anderen Größen in den praktischen Einheiten Volt, Ampere, Ohm usw. gemessen. Da außerdem die im MKS-System geschriebenen Gleichungen k_0 und c statt ε_0 und μ_0 benutzen, werden viele pädagogische und physikalische Vorteile, die mit dem cgs- oder Gaußschen System zusammenhängen, für diejenigen deutlich, die ausschließlich das MKS-System verwenden.

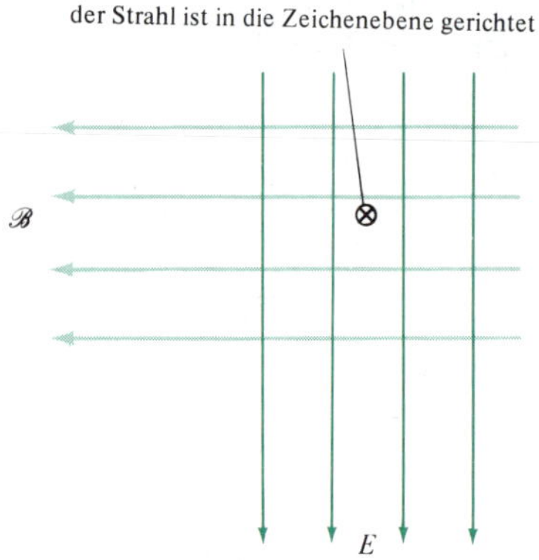

Abb. 17-13. *Elektrische und magnetische Feldlinien stehen senkrecht aufeinander*

Beispiel 7: Ein Protonenstrahl der Geschwindigkeit $v = 0{,}1c$ durchquert den Bereich, in dem sich ein magnetisches und ein elektrisches Feld kreuzen, wie es in Abb. 17-13 dargestellt ist. Die Protonen bewegen sich senkrecht zur Zeichenebene. Die elektrostatische Kraft auf die Protonen ist $3 \cdot 10^{-13}$ N.
(a) Bei welchem Verhältnis E/B wird die resultierende Kraft auf die Protonen null? Gib die Lösung in MKS- und cgs-Einheiten an.
(b) Wie groß ist B in Gauß?
(c) Angenommen, E/B hat den Wert von (a). Welches sind dann Betrag und Richtung der resultierenden Kraft auf ein Teilchen der Ladung $+e$ und der Geschwindigkeit $v = 0{,}2c$? (Die Anordnung der gekreuzten Felder wird benutzt, um Teilchen einer bestimmten Geschwindigkeit zu selektieren.)

Lösung: (a) Gl. (17-17):

$$\boldsymbol{F}_{\mathrm{res}} = 0 = e\boldsymbol{E} + e\boldsymbol{v} \times \mathfrak{B}$$

$$\boldsymbol{E} = -\boldsymbol{v} \times \mathfrak{B}.$$

Da v und $\mathscr{B}$ senkrecht aufeinander stehen, ist $E = v\mathscr{B}$ oder $E/\mathscr{B} = v$ im MKS-System. Für das cgs-System ersetzt man $\mathscr{B}$ durch B/c und erhält $E/B = v/c$.

(b) $$E = \frac{F}{e} = \frac{3 \cdot 10^{-13}\ \mathrm{N}}{1{,}6 \cdot 10^{-19}\ \mathrm{C}} = 1{,}875 \cdot 10^6\ \mathrm{N/C},$$

$$\mathscr{B} = \frac{E}{v} = \frac{1{,}875 \cdot 10^6}{3 \cdot 10^7}\,\mathrm{T} = 0{,}0625\,\mathrm{T} = 625\ \text{Gauß}.$$

(c) Es ist $v_1 = 0{,}1c$:

$$\boldsymbol{F}_{\text{res}} = e\boldsymbol{E} + 2e\boldsymbol{v}_1 \times \mathfrak{B}$$

$$= e\boldsymbol{E} + e\boldsymbol{v}_1 \times \mathfrak{B} + e\boldsymbol{v}_1 \times \mathfrak{B}$$

$$= (0) + (-e\boldsymbol{E})$$

$F_{\text{res}} = 3 \cdot 10^{-13}$ N; $\boldsymbol{F}_{\text{res}}$ zeigt nach oben.

17-8 Relativistische Transformation von $\mathfrak{B}$ und E

In diesem Abschnitt werden wir sehen, daß sich für bewegte Beobachter $\mathfrak{B}$ in $\boldsymbol{E}$ transformiert und umgekehrt. Physikalisch sollten diese Größen deshalb nicht mehr unterschieden, sondern gemeinsam als elektromagnetisches Feld betrachtet werden. Dieses Feld wird durch sechs Komponenten (E_x, E_y, E_z, B_x, B_y, B_z) beschrieben, die für einen bewegten Beobachter alle „durcheinander geworfen" werden. Von diesem Standpunkt entspricht das cgs-System mehr der physikalischen Wirklichkeit, da alle Komponenten derselben physikalischen Größe wenigstens dieselbe Einheit haben sollten.

Wir werden nun zwei häufige Spezialfälle von Feldtransformationen betrachten. Im ersten untersuchen wir den Fall, daß überall im Laborsystem $\mathfrak{B} = 0$ ist. Ortsfeste Ladungen und ein elektrisches Feld seien vorhanden. Wir werden zeigen, daß ein bewegter Beobachter die Feldstärke $\mathfrak{B}' = (\boldsymbol{v}'/c^2) \times \boldsymbol{E}'$ sieht, wobei $\boldsymbol{v}'$ die Geschwindigkeit der sich im gestrichenen System bewegenden Ladungen ist. Zuerst betrachten wir den geladenen Leiter in Abb. 17-14, der im Laborsystem ruht. Dann ist im ganzen Raum $\mathscr{B} = 0$, und im Punkt P gilt $E = 2k_0\lambda/y$. Nun versetzen wir uns in Herrn X', der sich mit der Geschwindigkeit $\boldsymbol{v}$ bewegt, wie dargestellt. Er sieht einen Strom der Stärke $I' = \lambda' v$ nach links fließen, wobei in seinem Koordinatensystem λ' die Ladungsdichte auf dem Leiter ist. Nach Gl. (17-13) sieht er ein Magnetfeld der Feldstärke

$$\mathscr{B}' = \frac{k_0}{c^2}\,\frac{2(\lambda' v)}{y}\,.$$

Benutzt man $E' = 2k_0\lambda'/y$, so folgt

$$\mathscr{B}' = \frac{v}{c^2}\,E'\,.$$

In Vektorform lautet diese Gleichung

$$\mathfrak{B}' = \frac{\boldsymbol{v}'}{c^2} \times \boldsymbol{E}',$$

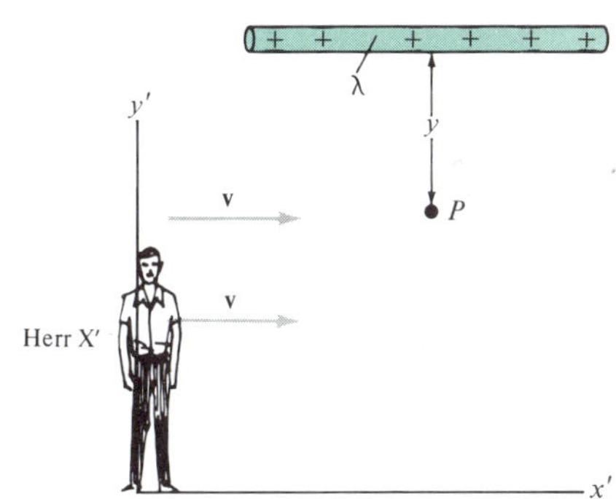

Abb. 17-14. *Der geladene Leiter ruht im Laborsystem (ungestrichenes System).*

wobei $\boldsymbol{v}'$ die Geschwindigkeit der Ladungen im gestrichenen System ist. Dieses Ergebnis muß unabhängig von der Form des Ladungssystems sein, wenn das transformierte lokale Feld im Punkt P eindeutig sein soll. Es gilt also ganz allgemein, daß ein System von Ladungen, die sich alle mit der gleichen Geschwindigkeit $\boldsymbol{v}$ bewegen, ein magnetisches Feld erzeugt, das folgender Gleichung genügt:

$$\mathfrak{B} = \frac{\boldsymbol{v}}{c^2} \times \boldsymbol{E}. \quad \text{(bei Ladungen, die alle die gleiche Geschwindigkeit } \boldsymbol{v} \text{ haben)} \qquad \textbf{(17-19)}$$

Wir haben alle Striche weggelassen, da wir jetzt Ladungen betrachten, die sich in einem ungestrichenen System bewegen. Gl. (17-19) wird sehr nützlich sein zur Herleitung des Biot-Savartschen Gesetzes am Anfang des nächsten Kapitels. Es sei bemerkt, daß im cgs-System bei bewegten Ladungen $B/E = v/c$ gilt; das bedeutet, daß das magnetische und das elektrische Feld im Grenzfall $v \to c$ gleich werden.

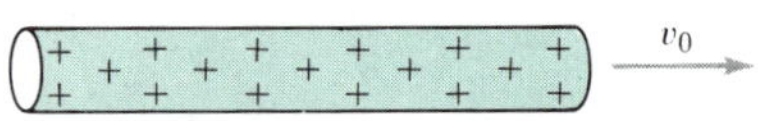

Abb. 17-15. *Ein Stab mit einer Oberflächenladung bewegt sich mit der Geschwindigkeit v_0 nach rechts. Die Ladung einer Längeneinheit ist Q_l, wenn der Stab ruht.*

Beispiel 8: Ein langer geladener Stab hat die Oberflächenladung Q_l auf jedem Meter seiner Länge. Er bewegt sich mit der Geschwindigkeit v_0 nach rechts (Abb. 17-15). Wie groß sind E und $\mathscr{B}$ unmittelbar außerhalb des Stabes?

Lösung: Bewegt sich der Stab, so ist seine lineare Ladungsdichte $\lambda = \gamma Q_l$, wobei $\gamma = 1/\sqrt{1 - v_0^2/c^2}$ ist. Nach Gl. (16-5) gilt

$$E = k_0 \frac{2\lambda}{R} = 2k_0 \frac{\gamma Q_l}{R}.$$

Mit Gl. (17-18) folgt

$$\mathscr{B} = \frac{v_0}{c^2} E = \frac{2k_0}{c^2} \gamma \frac{v_0 Q_l}{R}.$$

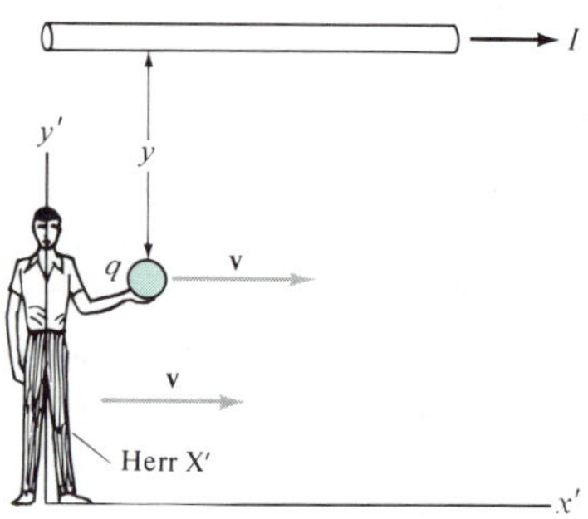

Abb. 17-16. *Ein ungeladener ruhender Leiter führt den Strom I. Er wird von Herrn X' beobachtet, der sich mit der Geschwindigkeit v bewegt.*

Im zweiten Fall einer Feldtransformation gehen wir von der umgekehrten Situation aus, daß im Laborsystem überall $\boldsymbol{E} = 0$ ist. Wir betrachten einen ungeladenen Leiter, in dem ein Strom der Stärke I fließt, wie es in Abb. 17-16 gezeigt ist. Wir sahen in Abschn. 17-5, daß Herr X' dann netto eine negative Ladung auf dem Leiter beobachtet und daß an einer Ladung q in seiner Hand eine Kraft angreift:

$$F' = qv\left(\frac{2k_0\gamma I}{c^2 y}\right), \quad \text{wobei} \quad \gamma = \frac{1}{\sqrt{1 - v^2/c^2}}.$$

Division beider Seiten durch q ergibt

$$E' = v\left(\frac{2k_0}{c^2}\,\frac{\gamma I}{y}\right).$$

Nach Gl. (17-13) mißt Herr X' außerdem die magnetische Feldstärke

$$\mathscr{B}' = 2\frac{k_0}{c^2}\,\frac{I'}{y},$$

die in die Zeichenebene hineinzeigt. Mit Gl. (17-26) (Anhang 17-1) kann I' durch γI ersetzt werden:

$$\mathscr{B}' = 2\frac{k_0\gamma I}{c^2 y}.$$

Vergleicht man das mit der vorletzten Gleichung, so folgt verallgemeinert

$$\boldsymbol{E}' = -\boldsymbol{v}' \times \mathfrak{B}',$$

wobei $\boldsymbol{v}'$ die im gestrichenen System beobachtete Geschwindigkeit des Stromleiters ist. Wir schließen wiederum aus der Forderung, daß die Transformation des lokalen Feldes eindeutig sein muß, daß für jede Form eines Stromes, der sich mit der Geschwindigkeit $\boldsymbol{v}$ bewegt, für das von ihm erzeugte elektrische Feld die allgemeine Beziehung gilt

$$\boldsymbol{E} = -\boldsymbol{v} \times \mathfrak{B}. \quad \text{(bei Strömen, die sich mit der Geschwindigkeit } \boldsymbol{v} \text{ bewegen)} \qquad \textbf{(17-20)}$$

Wie zuvor haben wir alle Striche weggelassen, da wir nun von sich bewegenden Strömen sprechen, die im ungestrichenen System beobachtet werden. Diese Form des elektrischen Feldes wird durch die sog. elektromagnetische Induktion hervorgerufen, die eingehender in Kap. 19 behandelt wird. Dieses Ergebnis führt uns unmittelbar zum Induktionsgesetz, nach dem ein sich änderndes magnetisches Feld ein elektrisches Feld induziert.

Beispiel 9: Ein Flugzeug fliegt mit 278 m/s genau nach Norden. Es befindet sich bei einer geographischen Breite, an der die vertikale Komponente des Erdmagnetfelds 0,6 Gauß beträgt und nach unten zeigt.
(a) Welche elektrische Feldstärke mißt der Pilot?
(b) Werden die Flugzeugflügel elektrisch aufgeladen?

Lösung: (a) Da sich der Pilot relativ zur Quelle des Erdmagnetfeldes bewegt, kann man Gl. (17-20) anwenden:

$$E = v\mathscr{B} = (278\ \text{m/s})\,(0{,}6 \cdot 10^{-4}\ \text{T}) = 0{,}167\ \text{V/m}.$$

(b) Nach Gl. (17-20) hat $\boldsymbol{E}$ die Richtung von $-\boldsymbol{v} \times \mathfrak{B}$; das ist Osten. Daher sammeln sich positive Ladungen auf dem östlichen Flügel und negative auf dem westlichen an. Für einen auf dem Erdboden ruhenden Beobachter führt das zu einer Potentialdifferenz zwischen den Flügeln. Für 20 m Spannweite beträgt diese Potentialdifferenz

$$V = Ex_0 = (0{,}167\ \text{V/m})\,(20\ \text{m}) = 3{,}34\ \text{V}.$$

Zusammenfassung

Die elektrische Stromstärke ist $I = Q/t = \int \boldsymbol{j} \cdot \mathrm{d}\boldsymbol{A}$, wobei $\boldsymbol{j} = \varrho \boldsymbol{v}$ die Stromdichte ist, deren Betrag in A/m^2 gemessen wird. Es gilt $I = \varrho v A = \mathfrak{N} e v A$, wenn $\mathfrak{N}$ die Anzahl der Leitungselektronen pro m^3 ist.

Das Ohmsche Gesetz besagt: I ist proportional zu V in einem Metall, das auf konstanter Temperatur gehalten wird. $R = V/I$ ist die Definition des Widerstands. Die elektrische Leistung ist $P = VI$.

Die magnetische Kraft zwischen einem Strom I und einer parallel dazu im Abstand y bewegten Ladung q ergibt sich experimentell zu

$$F_{\text{mag}} = qv\left(\frac{\mu_0}{4\pi}\right)\frac{2I}{y},$$

wobei die Konstante $\mu_0/4\pi = 10^{-7}\ \text{N/A}^2$ gesetzt wurde. Damit ist die Einheit der Stromstärke im MKS-System festgelegt.

Die Anwendung der Relativitätstheorie auf das Coulomb-Gesetz liefert das Ergebnis

$$F_{\text{mag}} = qv\left(\frac{k_0}{c^2}\right)\frac{2I}{y}.$$

Daraus folgt $k_0/c^2 = 10^{-7}\ \text{N/A}^2 = (\mu_0/4\pi)$ oder $\mu_0\varepsilon_0 = 1/c^2$. Die magnetische Feldstärke $\mathscr{B}$ ist F_{mag}/qv; für einen Strom I längs einer Geraden ergibt das

$$\mathscr{B} = \frac{k_0}{c^2}\,\frac{2I}{y}.$$

Die Richtung von $\boldsymbol{F}_{\text{mag}}$ ist gegeben durch die Rechte-Hand-Regel: Weist der Daumen in Stromrichtung, folgen die Finger den gekrümmten $\mathfrak{B}$-Feldlinien. Die Richtung von $\boldsymbol{F}_{\text{mag}}$ erhält man aus der Beziehung $\boldsymbol{F}_{\text{mag}} = q\boldsymbol{v} \times \mathfrak{B}$. Diese Kraft steht immer senkrecht auf der Geschwindigkeit. Bewegt sich ein geladenes Teilchen in einem homogenen Magnetfeld, so folgt es einer Kreisbahn mit dem Radius $R = mv/q\mathscr{B}$, wenn $\boldsymbol{v}$ senkrecht auf $\mathfrak{B}$ steht.

Für den Übergang ins cgs-System oder Gaußsche System setzt man $k_0 = 1$ und ersetzt $\mathfrak{B}$ durch $(\boldsymbol{B}/c)$.

In einem System, in dem es nur Ströme gibt und in dem alle Ströme sich mit der Geschwindigkeit $\boldsymbol{v}$ bewegen, gilt $\boldsymbol{E} = -\boldsymbol{v} \times \mathfrak{B}$.

In einem System, in dem alle Ladungen die gleiche Geschwindigkeit $\boldsymbol{v}$ haben und in dem es keine Ströme gibt, ist $\mathfrak{B} = (\boldsymbol{v}/c^2) \times \boldsymbol{E}$.

Anhang 17-1 Transformation von Strom und Ladung

Wir wollen zeigen, daß der neutrale Leiter in Abb. 17-8 für einen sich zusammen mit q bewegenden Beobachter folgende Ladungsdichte hat:

$$\lambda' = \frac{-1}{\sqrt{1 - v^2/c^2}} \frac{v}{c^2} I.$$

Das gestrichene Koordinatensystem bewege sich mit dem Beobachter. Er sieht, daß sich positive Ionen und Leitungselektronen nach links bewegen, die Ionen mit der Geschwindigkeit v, die Leitungselektronen mit der größeren Geschwindigkeit v'_- (s. Abb. 17-17). Die Ladungsdichte des Leiters ist dann

$$\lambda' = \lambda'_+ + \lambda'_- . \qquad \textbf{(17-21)}$$

Mit Hilfe der Lorentz-Kontraktion folgt:

$$\lambda'_+ = \frac{1}{\sqrt{1 - v^2/c^2}} \lambda_+ \qquad \textbf{(17-22)}$$

und

$$\lambda'_- = \frac{1}{\sqrt{1 - v'^2_-/c^2}} (\lambda_-)_0 , \qquad \textbf{(17-23)}$$

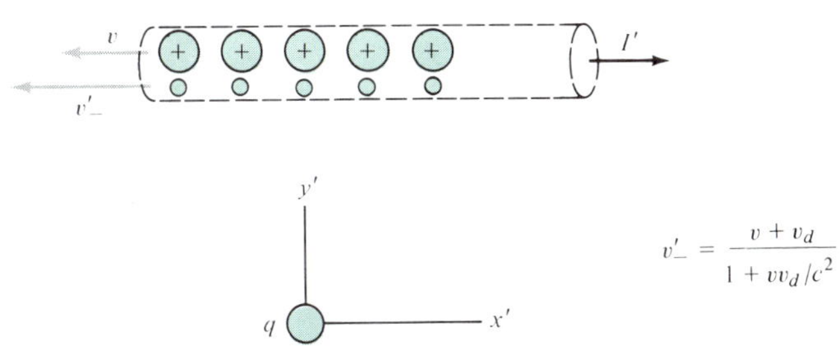

Abb. 17-17. *Anordnung wie in Abb. 17-8, jedoch von einem sich mit der Ladung q bewegenden Beobachter gesehen.*

wobei $(\lambda_-)_0$ die Ladungsdichte der Leitungselektronen im Ruhezustand ist. Wiederum mit der Lorentz-Kontraktion gilt

$$\lambda_- = \frac{1}{\sqrt{1 - v_d^2/c^2}}(\lambda_-)_0 \quad \text{oder} \quad (\lambda_-)_0 = \sqrt{1 - v_d^2/c^2}\,\lambda_- .$$

Das setzen wir in Gl. (17-23) ein und erhalten

$$\lambda'_- = \frac{\sqrt{1 - v_d^2/c^2}}{\sqrt{1 - v_-'^2/c^2}}\,\lambda_- .$$

Wir setzen $\beta = v/c$, $\beta_d := v_d/c$ und $\beta' := v'_-/c$ und schreiben

$$\lambda'_- = \frac{\sqrt{1 - \beta_d^2}}{\sqrt{1 - \beta'^2}}\,\lambda_- .$$

Nun benutzen wir das Einsteinsche Additionstheorem der Geschwindigkeiten [Gl. (9-1)], um β' zu eliminieren:

$$\beta' = \frac{\beta_d + \beta}{1 + \beta_d\beta},$$

$$\lambda'_- = \frac{\sqrt{1 - \beta_d^2}}{\sqrt{1 - \left(\frac{\beta_d + \beta}{1 + \beta_d\beta}\right)^2}}\,\lambda_- = \frac{(1 + \beta_d\beta)\sqrt{1 - \beta_d^2}}{\sqrt{(1 - \beta^2)(1 - \beta_d^2)}}\,\lambda_- ,$$

$$\lambda'_- = \frac{(1 + \beta_d\beta)}{\sqrt{1 - \beta^2}}\,\lambda_- . \qquad (17\text{-}24)$$

Setzen wir diesen Ausdruck und den von Gl. (17-22) in Gl. (17-21) ein, so erhalten wir

$$\lambda' = \frac{1}{\sqrt{1 - \beta^2}}\,\lambda_+ + \frac{1 + \beta_d\beta}{\sqrt{1 - \beta^2}}\,\lambda_- .$$

Wir ersetzen λ_+ durch $(-\lambda_-)$:

$$\lambda' = \frac{\beta_d\beta}{\sqrt{1 - \beta^2}}\,\lambda_- = \frac{1}{\sqrt{1 - \beta^2}}\,\frac{v}{c^2}\,\lambda_- v_d .$$

Mit $I = -\lambda_- v_d$ erhalten wir das Ergebnis

$$\lambda' = -\frac{1}{\sqrt{1 - v^2/c^2}}\,\frac{vI}{c^2} . \qquad (17\text{-}25)$$

Die Transformation des Stroms

Die Stromstärke I' ist $I' = \lambda'_+ v + \lambda'_- v'_-$. Wir setzen die Ausdrücke der Gln. (17-22) und (17-24) ein:

$$I' = \left(\frac{1}{\sqrt{1-\beta^2}}\lambda_+\right)v + \left(\frac{1+\beta_d\beta}{\sqrt{1-\beta^2}}\lambda_-\right)v'_- .$$

Wir ersetzen λ_+ durch $(-\lambda_-)$ und v' durch $(v + v_d)/(1 + \beta_d\beta)$:

$$I' = -\frac{\lambda_- v}{\sqrt{1-\beta^2}} + \left(\frac{1+\beta_d\beta}{\sqrt{1-\beta^2}}\lambda_-\right)\left(\frac{v+v_d}{1+\beta_d\beta}\right) = \frac{\lambda_- v_d}{\sqrt{1-\beta^2}} .$$

Das Ergebnis ist

$$I' = \gamma I, \quad \text{wobei} \quad \gamma = 1/\sqrt{1-\beta^2} . \qquad \textbf{(17-26)}$$

Aufgaben

1. Die Leitungselektronen in einem Kupferdraht von 2 mm² Querschnitt haben eine mittlere Driftgeschwindigkeit von 0,1 mm/s. Wie groß ist die Stromstärke?

2. Die Leitfähigkeit von Kupfer ist $5{,}9 \cdot 10^7$ (Ohm m)$^{-1}$. Die mittlere Elektronengeschwindigkeit ist $u = 1{,}3 \cdot 10^6$ m/s. Wie groß ist die mittlere freie Weglänge?

3. Der spezifische Widerstand ϱ ist so definiert, daß der Widerstand R eines Zylinders der Länge x_0 und der Querschnittsfläche A durch $R = \varrho(x_0/A)$ gegeben ist. Drücke ϱ als Funktion von $\mathfrak{N}$, e, L, m und u aus.

4. Die Leitungen eines Hauses sind für 50 A bei 220 V ausgelegt.
(a) Wie groß ist die maximale elektrische Leistung?
(b) Wieviel Kilowattstunden werden verbraucht, wenn einen Monat lang die volle Leistung bezogen wird, und wie hoch ist die Stromrechnung bei einem Preis von DM 0,20/kWh?

5. Eine 12-V-Autobatterie hat einen Innenwiderstand von 0,05 Ohm. Unbeabsichtigt werden die beiden Pole mit einem Starthilfekabel von 0,1 Ohm Widerstand überbrückt.
(a) Welcher Strom wird gezogen?
(b) Welche Leistung wird im Starthilfekabel in Wärme umgesetzt? Wird mehr Wärme pro Zeiteinheit erzeugt als von einer 100-W-Glühbirne?

6. In Abb. 17-7 haben die beiden Stäbe einen Widerstand von 0,2 Ohm, und der Widerstand des restlichen Stromkreises beträgt 0,1 Ohm. Wie groß ist die gegenseitige Kraft der Stäbe pro m, wenn sie einen Abstand von 1 cm haben und an einer 12-V-Batterie hängen?

7. Zwei lange, gerade und parallele Leiter haben einen Abstand von 16 cm und führen jeweils einen Strom von 4 A. Bestimme $\mathfrak{B}$ in einem Punkt in der Mitte zwischen den Leitern,
(a) wenn die Ströme in derselben Richtung fließen,
(b) wenn die Ströme in entgegengesetzter Richtung fließen.

8. Ein Elektron, das sich horizontal von Osten nach Westen bewegt, tritt in ein Magnetfeld ein und wird nach unten abgelenkt. Welche Richtung hat das Magnetfeld?

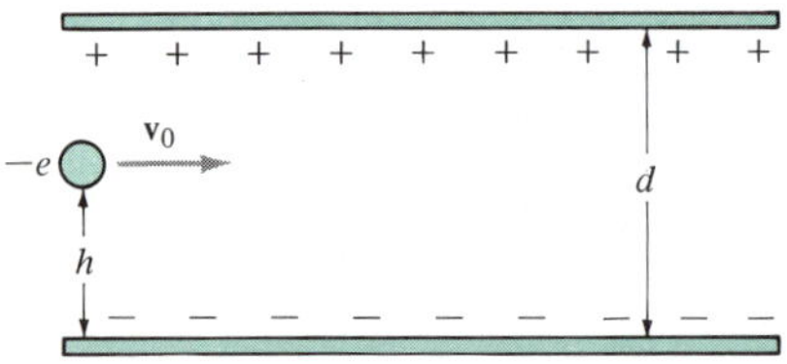

Aufgabe 9

9. Ein Elektron der Masse m fliegt mit der Geschwindigkeit v_0 zwischen zwei parallele geladene Platten ($v_0 \ll c$).

(a) Welche Richtung hat die Beschleunigung? Gib ihren Betrag in Abhängigkeit von e, E und m an.

(b) Wie lange dauert es, bis das Elektron auf eine der beiden Platten aufschlägt? (Zeitdauer T als Funktion von e, E, m, h, d und v_0)

(c) Angenommen, die Feldlinien wären nicht elektrische, sondern magnetische und das $\mathscr{B}$-Feld würde in die Richtung zeigen, in die jetzt das E-Feld zeigt. Welches wären dann Betrag und Richtung der Kraft auf das Elektron (Betrag als Funktion von e, v_0 und $\mathscr{B}$)?

10. Stelle eine Formel auf für die Umlaufzeit eines Elektrons der Geschwindigkeit v in einem homogenen Magnetfeld $\mathfrak{B}$. $\boldsymbol{v}$ steht senkrecht auf $\mathfrak{B}$.

11. Angenommen, das Wasserstoffatom besteht aus einem Elektron in einer Kreisbahn vom Radius $R = 5{,}3 \cdot 10^{-11}$ m um ein Proton. Welcher Strom fließt um das Proton?

12. Eine gleichförmig geladene massive Kugel vom Radius R und der Gesamtladung Q rotiert mit der Periode T. $\varrho = Q/(^4/_3\pi R^3)$.

(a) Wie groß ist j am Äquator?

(b) Wie groß ist die Stärke des Gesamtstroms, der um die Achse fließt?

13. Wiederhole Aufgabe 12 für eine rotierende Hohlkugel von homogener Oberflächenladung. In diesem Fall wird j am Äquator unendlich, der Gesamtstrom aber ist endlich. $\sigma = Q/4\pi R^2$.

14. Für welchen Wert von r wird die an r abgegebene Leistung maximal?

15. Ein Kasten enthält drei Widerstände, die wie in der Abbildung geschaltet sind. Der Widerstand zwischen den Anschlüssen 1 und 2 wird zu R_{12} gemessen, entsprechend sind R_{13} und R_{23} definiert. Wie groß sind R_1, R_2 und R_3?

16. Die nebenstehende Abbildung zeigt die Schaltung dreier Widerstände in einem Kasten. Bestimme R_A, R_B und R_C in Abhängigkeit von R_{12}, R_{13} und R_{23}?

17. Ein Ohmmeter ist ein Gerät zur Messung unbekannter Widerstände. Es enthält ein Meßwerk mit einem Zeiger, der Vollausschlag anzeigt, wenn ein Strom von 60 mA durch das Meßwerk fließt. Außerdem befinden sich, wie abgebildet, eine 6-V-Batterie und ein 100-Ohm-Widerstand in dem Instrument. Die Skala ist von unendlich bis null geeicht. (Wenn die

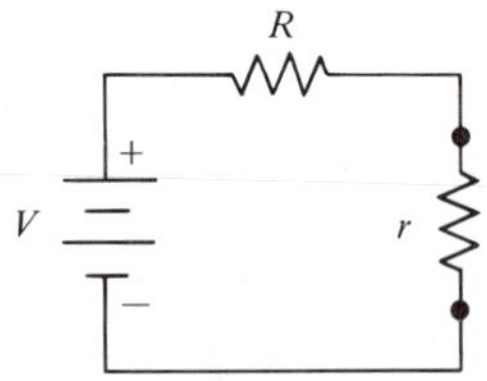

Aufgabe 14

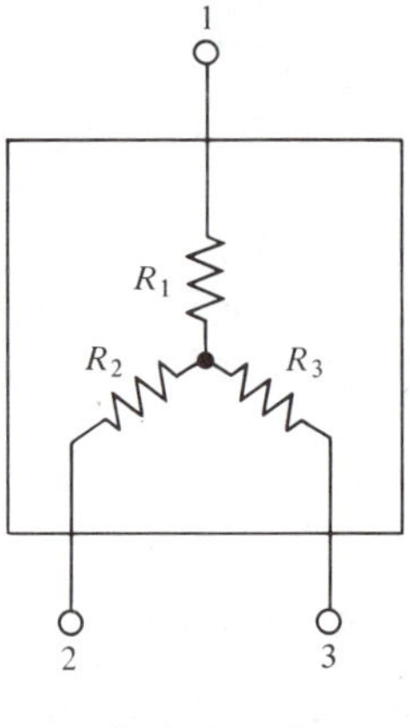

Aufgabe 15

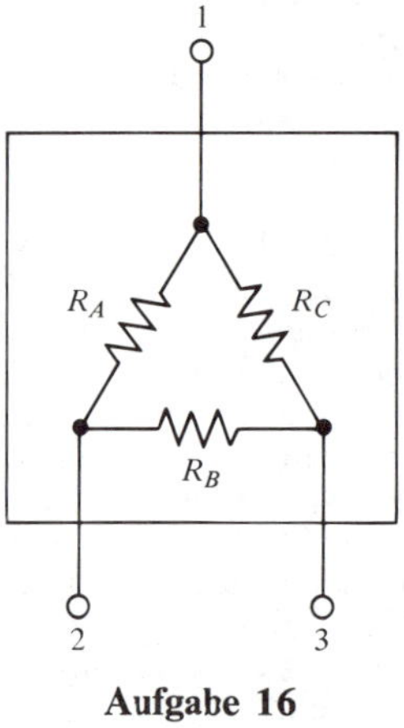

Aufgabe 16

Aufgabe 17. *Ohmmeter*

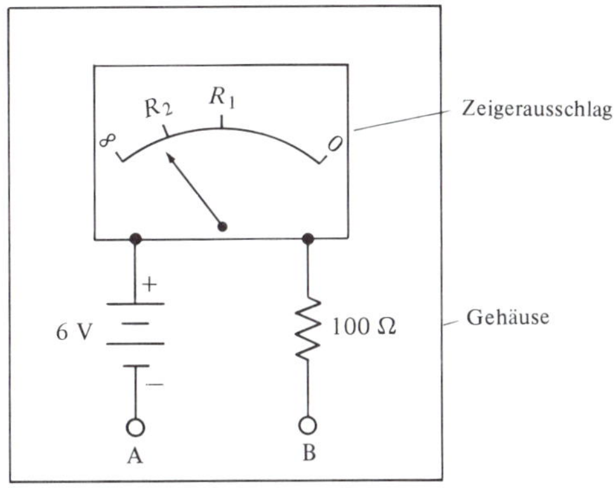

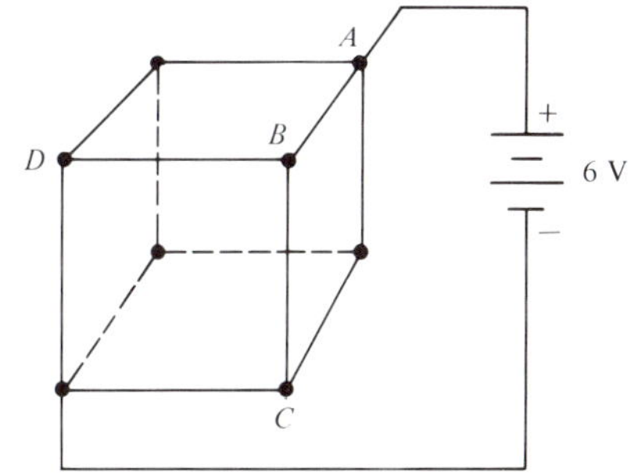

Aufgabe 18

Buchsen A und B kurzgeschlossen werden, ist $I = 60\,\text{mA}$; der Zeiger schlägt voll aus und zeigt 0 Ohm an.)

(a) Welcher Widerstand R_1 wird vom Instrument bei halbem Ausschlag angezeigt?

(b) Wie groß ist R_2, wenn der Zeigerausschlag $\frac{1}{4}$ der Skala beträgt?

18. Jede Kante des abgebildeten Würfels ist ein Widerstand von 10 Ohm. Welcher Strom fließt bei Anschluß einer 12-V-Batterie? (Hinweis: Der Strom bei *A* verteilt sich auf drei gleiche Wege, der Strom bei *B* verteilt sich auf zwei gleiche Wege.)

19. Das Elektronen-Synchroton der Cornell-University in Ithaca im Staate New York hat einen Durchmesser von 100 m. Von oben gesehen kreisen die Elektronen gegen den Uhrzeigersinn mit fast Lichtgeschwindigkeit. Sie haben eine Energie von 12 GeV.

(a) Welche Richtung hat $\mathfrak{B}$?

(b) Welchen Betrag hat $\mathfrak{B}$, wenn man annimmt, daß es im Bereich des Rings homogen ist?

20. Ein Elektronenstrahl der Geschwindigkeit 10^6 m/s soll mit Hilfe eines Magneten um 90° abgelenkt werden.

(a) Wie muß $\mathfrak{B}$ gerichtet sein, damit der Strahl, wie abgebildet, nach unten abgelenkt wird?

(b) Welchen Krümmungsradius hat die Elektronenbahn zwischen den Polschuhen des Magneten? ($\mathfrak{B}$ soll homogen sein zwischen den Polen und null außerhalb.)

(c) Welche Kraft in N wirkt auf die Elektronen im Magnetfeld?

(d) Welchen Betrag hat $\mathfrak{B}$?

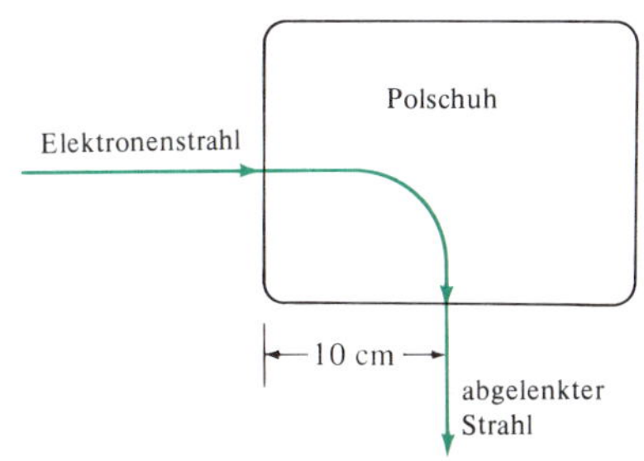

Aufgabe 20

21. Wie groß ist die relativistische Masse eines Elektrons, das sich auf einem Kreis von 10 cm Durchmesser in einem Magnetfeld von 1 Tesla bewegt? Wie groß ist das Verhältnis dieser Masse zur Ruhmasse?

22. Im Bevatron in Berkeley in Kalifornien erreichen die Protonen eine Masse, die siebenmal so groß ist wie ihre Ruhmasse, und sie haben eine Geschwindigkeit von $v = 0{,}99c$. Welchen Durchmesser muß der Bevatron-Magnet haben, wenn er eine Feldstärke von 1,8 T erzeugt?

23. Zwei unendlich große, dünne Platten der Flächenladungsdichte $+\sigma$ und $-\sigma$ haben einen Abstand von $y_0 = 2$ cm. Die Ladungsdichte beträgt $\sigma = 10^{-5}\ \text{C/m}^2$.

(a) Wie groß ist E bei Punkt P, wenn die Platten ruhen?

(b) Wie groß ist E bei P, wenn sich die Platten mit der Geschwindigkeit $v = 0{,}6c$ nach rechts bewegen?

(c) Welche Feldstärke $\mathfrak{B}$ liegt bei P vor, wenn sich die Platten mit $0{,}6c$ nach rechts bewegen? Gib Betrag und Richtung an.

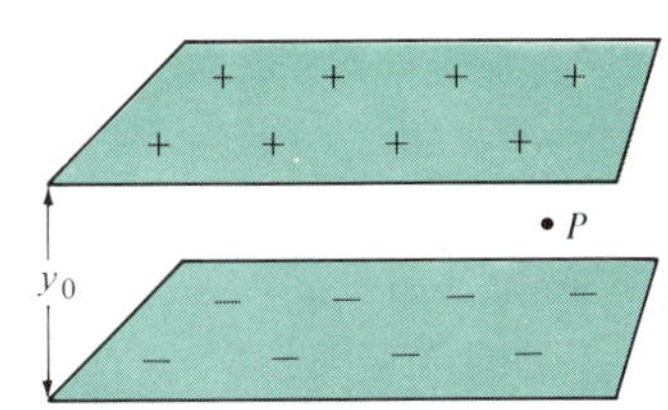

Aufgabe 23

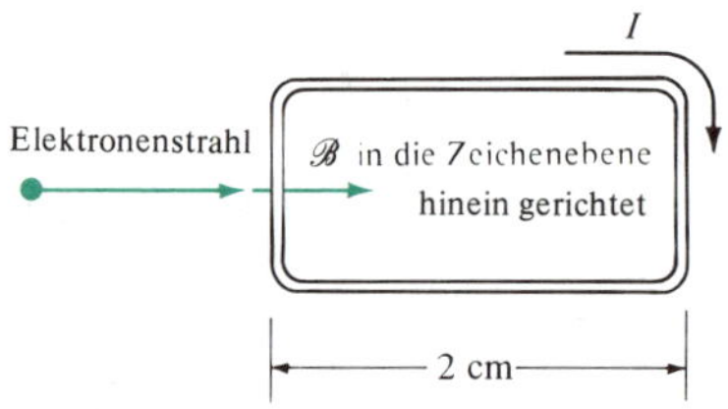

Aufgabe 24

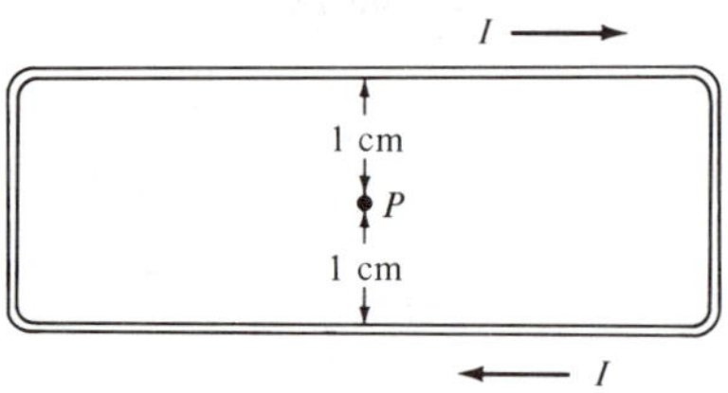

Aufgabe 25

24. Nehmen wir an, die Spulen für die Vertikalablenkung in einer Fernsehbildröhre erzeugen ein homogenes Magnetfeld von 50 Gauß, das in die Zeichenebene hineinzeigt. Das Magnetfeld ist null außerhalb der Spule. Die Elektronen im Strahl haben eine Energie von 20000 eV.
(a) Wird der Strahl nach oben oder nach unten abgelenkt?
(b) Unter welchem Winkel wird der Strahl abgelenkt?

25. In einer langen rechteckigen Spule fließt wie abgebildet ein Strom der Stärke $I = 10$ A. Die Spule sei so lang, daß Inhomogenitäten des Magnetfelds am Rand vernachlässigt werden können.
(a) Bestimme Betrag und Richtung von $\mathfrak{B}$ im Punkt *P*. (*P* ist 1 cm von jedem Leiter entfernt.)
(b) Wenn sich die Spule mit der Geschwindigkeit v nach rechts bewegt, wird der Strom um den Faktor $\gamma = (1 - v^2/c^2)^{-1/2}$ größer. Wie groß ist jetzt $\mathfrak{B}$ im Punkt *P*, wenn $v = 0{,}6c$ beträgt?
(c) Wie groß ist ***E*** im Punkt *P*, wenn sich die Spule wie in (b) bewegt? Bestimme Betrag und Richtung.

26. Eine 3-V-Batterie hat einen Innenwiderstand von 0,2 Ohm. Drei 1,5-Ohm-Glühbirnen sind parallel an die Pole der Batterie angeschlossen. Welche Spannung liegt an den Polen?

27. In einem Gehäuse befinden sich ein Widerstand r und eine Batterie $\mathcal{E}$ in Serie geschaltet (s. Abbildung). Wird ein Widerstand $R = 20\,\Omega$ zwischen die Anschlüsse gelegt, so zeigt ein Amperemeter 250 mA an. Bei $R = 80\,\Omega$ ist die Anzeige 100 mA. Wie groß sind Batteriespannung $\mathcal{E}$ und Widerstand r?

28. Für die Schaltung in Abb. 17-5 (a) gelten folgende Werte: $\mathcal{E} = 6$ V, $R_1 = R_2 = R_3 = 3\,\Omega$, $R_x = 3{,}01\,\Omega$ und $R_g = 0{,}1\,\Omega$. Welcher Strom fließt durch R_g?

29. Ein Voltmeter hat einen Innenwiderstand r (s. Abbildung).
(a) Was zeigt es an, wenn es parallel zu R_2 geschaltet ist?
(b) Welche Spannung lag über R_2, bevor das Voltmeter angeschlossen wurde?

30. Wenn in Aufgabe 29 das Voltmeter über R_2 gelegt wird, fällt die Spannung über R_2 auf den halben Wert. Wie groß ist r als Funktion von R_1 und R_2?

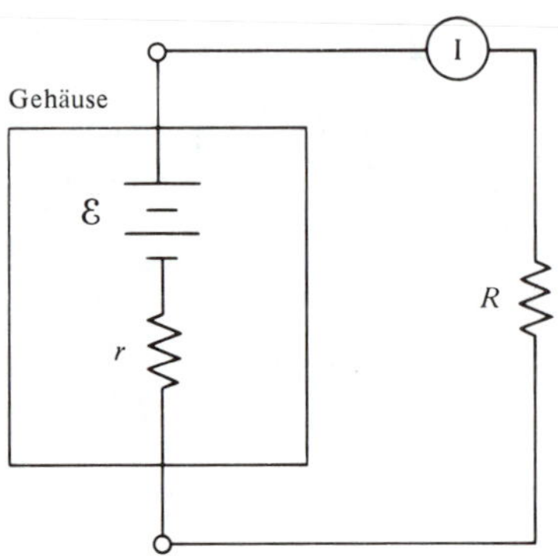

Aufgabe 27

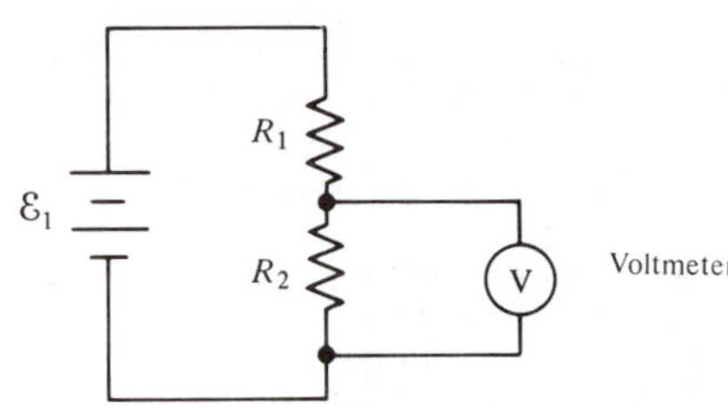

Aufgabe 29

18

Das magnetische Feld

18-1 Das Amperesche Gesetz[1])

Im letzten Kapitel haben wir das Magnetfeld eines unendlich langen geraden Leiters, der von einem Strom der Stärke I durchflossen wird, berechnet:

$$\mathscr{B} = \frac{2k_0 I}{c^2 r}. \quad \text{(im Abstand } r \text{ vom Leiter)}$$

Nun wollen wir das Magnetfeld bestimmen, das durch andere häufig vorkommende Stromverteilungen erzeugt wird, wie z. B. Ströme in Spulen, massiven Stäben und dünnen Platten. Es gibt eine allgemeine Gleichung, die es erlaubt, die Feldstärke $\mathfrak{B}$ für das Magnetfeld, das durch einen beliebigen Strom hervorgerufen wird, zu berechnen. Diese Gleichung heißt das Amperesche Gesetz. Während man beim Gaußschen Satz das Integral von $\boldsymbol{E}$ über eine geschlossene Oberfläche zu nehmen hatte, muß man beim Ampereschen Gesetz $\mathfrak{B}$ über einen geschlossenen Weg integrieren. Dies wird auch Linienintegral genannt und schreibt sich als

$$\oint \mathfrak{B} \cdot \mathrm{d}\boldsymbol{s}.$$

Zuerst wollen wir das Linienintegral um einen einzelnen langen Leiter berechnen, wofür wir schon die Lösung kennen. In Abb. 18-1 nehmen wir als geschlossenen Weg einen Kreis vom Radius r. Da $\mathfrak{B}$ und d$\boldsymbol{s}$ immer parallel sind, können wir schreiben

$$\oint_{\text{Kreis}} \mathfrak{B} \cdot \mathrm{d}\boldsymbol{s} = \oint \mathscr{B}\, \mathrm{d}s = \mathscr{B} \oint \mathrm{d}s = \left(\frac{2k_0 I}{c^2 r}\right)(2\pi r)$$

$$= \frac{4\pi k_0}{c^2} I.$$

Dieses Ergebnis ist unabhängig von r und gilt für jeden Kreis, durch dessen Mittelpunkt der Leiter geht.

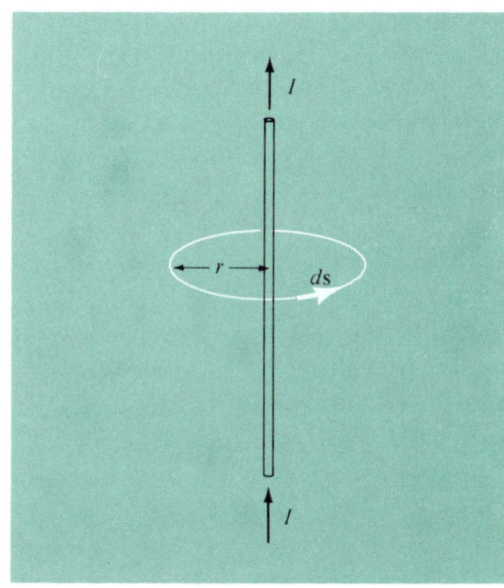

Abb. 18-1. *Linienintegral entlang einem kreisförmigen Weg vom Radius r. Ein Element* d$\boldsymbol{s}$ *des Wegs ist eingezeichnet.*

[1]) auch: Durchflutungsgesetz oder Amperesches Verkettungsgesetz

Wir können weiterhin zeigen, daß die soeben hergeleitete Beziehung für jede beliebige Form eines Weges gilt, der den Leiter vollständig einschließt:

$$\oint_{\text{Kreis}} \mathfrak{B} \cdot \mathrm{d}\boldsymbol{s} = \oint_{\text{bel. Weg}} \mathfrak{B} \cdot \mathrm{d}\boldsymbol{s}.$$

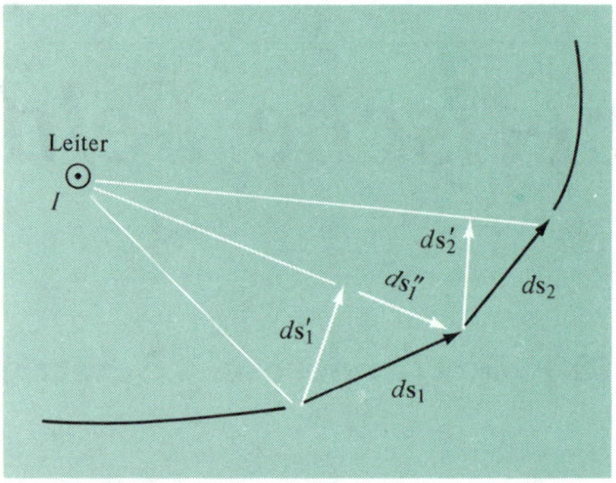

Abb. 18-2. *Ein Strom der Stärke I fließt im Leiter aus der Buchseite heraus.* $\mathrm{d}\boldsymbol{s}_1$ *und* $\mathrm{d}\boldsymbol{s}_2$ *sind die Elemente eines beliebigen Weges;* $\mathrm{d}\boldsymbol{s}_1'$ *und* $\mathrm{d}\boldsymbol{s}_2'$ *bilden rechte Winkel mit den Radiusvektoren vom Leiter.*

Nach Abb. 18-2 können wir ansetzen

$$\mathfrak{B}_1 \cdot \mathrm{d}\boldsymbol{s}_1 = \mathfrak{B}_1 \cdot (\mathrm{d}\boldsymbol{s}_1' + \mathrm{d}\boldsymbol{s}_1'').$$

Es gilt $\mathfrak{B}_1 \cdot \mathrm{d}\boldsymbol{s}_1'' = 0$, da die Vektoren senkrecht aufeinander stehen, also gilt

$$\mathfrak{B}_1 \cdot \mathrm{d}\boldsymbol{s}_1 = \mathfrak{B}_1 \cdot \mathrm{d}\boldsymbol{s}_1'.$$

Weiter:

$$\mathfrak{B}_1 \cdot \mathrm{d}\boldsymbol{s}_1 + \mathfrak{B}_2 \cdot \mathrm{d}\boldsymbol{s}_2 = \mathfrak{B}_1 \cdot \mathrm{d}\boldsymbol{s}_1' + \mathfrak{B}_2 \cdot \mathrm{d}\boldsymbol{s}_2'.$$

Offensichtlich sind $\mathrm{d}\boldsymbol{s}_1$ und $\mathrm{d}\boldsymbol{s}_2$ Elemente eines beliebigen Weges, während $\mathrm{d}\boldsymbol{s}_1'$ und $\mathrm{d}\boldsymbol{s}_2'$ Elemente von Kreisen sind, wobei die in der Abbildung eingezeichneten Radien jeweils gleiche Winkel einschließen. Also ist die linke Seite der obigen Gleichung ein Teil des Linienintegrals längs eines beliebigen Wegs, und die rechte Seite ist ein Teil des entsprechenden Linienintegrals längs eines Kreises. Da $\mathfrak{B} \cdot \mathrm{d}\boldsymbol{s}$ den gleichen Wert hat für alle kreisförmigen Wege, für die der Radius den gleichen Winkel überstreicht, folgt

$$\oint_{\text{bel. Weg}} \mathfrak{B} \cdot \mathrm{d}\boldsymbol{s} = \oint_{\text{Kreis}} \mathfrak{B} \cdot \mathrm{d}\boldsymbol{s} = 4\pi \frac{k_0}{c^2} I.$$

Wenn der beliebige Weg n verschiedene Ströme I_1 bis I_n einschließt, gilt

$$\oint \mathfrak{B}_1 \cdot \mathrm{d}\boldsymbol{s}_1 + \ldots + \oint \mathfrak{B}_n \cdot \mathrm{d}\boldsymbol{s} = \frac{4\pi k_0}{c^2}(I_1 + \ldots + I_n),$$

wobei $\mathfrak{B}_n$ die Feldstärke ist, die von I_n allein erzeugt wird. Wir können die n Integrale zu einem zusammenfassen:

$$\oint (\mathfrak{B}_1 + \ldots + \mathfrak{B}_n) \cdot \mathrm{d}\boldsymbol{s} = \frac{4\pi k_0}{c^2} I_{\text{in}}$$

oder

$$\oint_C \mathfrak{B} \cdot \mathrm{d}\boldsymbol{s} = \frac{4\pi k_0}{c^2} I_{\text{in}}. \quad \text{(Amperesches Gesetz)} \qquad \textbf{(18-1)}$$

I_{in} ist dabei die Stärke des Nettostroms, der von dem geschlossenen Weg umgeben ist, und es ist $\mathfrak{B} = \mathfrak{B}_1 + \ldots + \mathfrak{B}_n$. Wir können $I = \int \boldsymbol{j} \cdot \mathrm{d}\boldsymbol{A}$

einsetzen und erhalten

$$\oint_C \mathfrak{B} \cdot \mathrm{d}\boldsymbol{s} = \frac{4\pi k_0}{c^2} \int_S \boldsymbol{j} \cdot \mathrm{d}\boldsymbol{A}. \qquad \textbf{(18-2)}$$

$\boldsymbol{j}$ ist die Stromdichte und S ist eine beliebige Oberfläche, die als Begrenzung die Linie C hat. Verwendet man μ_0 und ersetzt k_0/c^2 durch $\mu_0/4\pi$, so erhält man eine weitere Form des Ampereschen Gesetzes:

$$\oint \mathfrak{B} \cdot \mathrm{d}\boldsymbol{s} = \mu_0 I_{\mathrm{in}}.$$

Damit ist 4π aus den Gleichungen verschwunden.

Zwar geht unsere Herleitung des Ampereschen Gesetzes nur von Strömen längs gerader Linien aus, doch gibt es eine allgemeinere Herleitung, die alle zeitlich konstanten Ströme einschließt, ob sie nun geraden oder gekrümmten Linien folgen. Im nächsten Abschnitt werden wir das Amperesche Gesetz auf drei häufig vorkommende Stromverteilungen anwenden.

Der magnetische Kraftfluß

Den elektrischen Kraftfluß durch eine Fläche S definierten wir als

$$\Phi_E = \int_S \boldsymbol{E} \cdot \mathrm{d}\boldsymbol{A};$$

das ist gleich der Anzahl der Feldlinien von $\boldsymbol{E}$ durch die Fläche S. In derselben Weise definieren wir

$$\Phi_B = \int_S \mathfrak{B} \cdot \mathrm{d}\boldsymbol{A}$$

als magnetischen Kraftfluß oder die Anzahl der $\mathfrak{B}$-Feldlinien durch die Fläche S. Dann ist die magnetische Feldstärke zahlenmäßig gleich der Anzahl der Feldlinien pro Flächeneinheit. Wie Abb. 17-11 zeigt, bilden die $\mathfrak{B}$-Feldlinien um einen einzelnen Strom geschlossene Kreise. Dann muß $\oint \mathfrak{B} \cdot \mathrm{d}\boldsymbol{A}$ über jede geschlossene Oberfläche null sein (der eintretende magnetische Fluß muß gleich dem austretenden sein). Für n verschiedene Ströme gilt:

$$\oint \mathfrak{B} \cdot \mathrm{d}\boldsymbol{A} = \oint \mathfrak{B}_1 \cdot \mathrm{d}\boldsymbol{A} + \ldots + \oint \mathfrak{B}_n \cdot \mathrm{d}\boldsymbol{A}.$$

Dabei ist $\mathfrak{B}_n$ die Feldstärke des vom n-ten Strom allein erzeugten Feldes. Da jeder Summand auf der rechten Seite für sich allein genommen null ist, folgt:

$$\oint \mathfrak{B} \cdot \mathrm{d}A = 0. \qquad \textbf{(18-3)}$$

Wie beim Ampereschen Gesetz gibt es einen allgemeineren Beweis, der auch Ströme entlang gekrümmter Wege einschließt.

18-2 Stromverteilungen

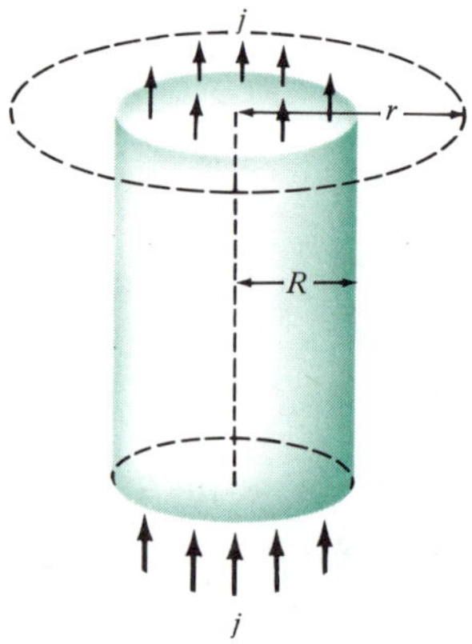

Abb. 18-3. *Durch einen massiven Stab vom Radius R fließt ein Strom der Dichte j. Das Linienintegral wird entlang dem gestrichelten Kreis vom Radius r ausgeführt.*

Massiver Stab

In einem massiven Stab vom Radius R fließe ein Strom mit einer homogenen Stromdichte j. Der Gesamtstrom hat dann die Stromstärke $I = j\pi R^2$. Wir wollen $\mathfrak{B}$ innerhalb und außerhalb des Stabes bestimmen. Folgen wir dem gestrichelt gezeichneten Kreis in Abb. 18-3, so können wir ansetzen:

$$\oint \mathfrak{B} \cdot d\boldsymbol{s} = \frac{4\pi k_0}{c^2} I$$

$$\mathscr{B}(2\pi r) = \frac{4\pi k_0}{c^2} I$$

$$\mathscr{B} = \frac{2k_0}{c^2} \frac{I}{r} \quad \text{für } r > R.$$

Das Feld außerhalb des Stabes sieht also so aus, als ob der Strom ganz in der Mitte des Stabes konzentriert wäre. Für einen zweiten Integrationsweg mit $r < R$ erhalten wir

$$\oint \mathfrak{B} \cdot d\boldsymbol{s} = \frac{4\pi k_0}{c^2} \int \boldsymbol{j} \cdot d\boldsymbol{A}$$

$$\mathscr{B}(2\pi r) = \frac{4\pi k_0}{c^2} j(\pi r^2)$$

$$\mathscr{B} = \frac{2\pi k_0}{c^2} jr = \frac{2k_0}{c^2} \frac{I}{R^2} r \quad \text{für } r < R. \tag{18-4}$$

Das Feld im Innern des Stabes steigt linear mit der Entfernung von der Mitte an.

Wir sehen, daß die Ausdrücke für $\mathscr{B}$ innerhalb und außerhalb des massiven Stabes die gleiche Form haben wie die entsprechenden Ausdrücke für E. Dieses Ergebnis hätten wir auch vorhersagen können: Nach Gl. (17-19) folgt nämlich für die magnetische Feldstärke bei einem bewegten geladenen Körper

$$\mathfrak{B} = \frac{\boldsymbol{v} \times \boldsymbol{E}}{c^2}.$$

$\boldsymbol{E}$ beschreibt dabei das elektrische Feld dieses Körpers. Das obige Ergebnis für $\mathscr{B}$ innerhalb des Stabes hätte man also auch erhalten können, wenn man von einem sich bewegenden Stab der homogenen Ladungsdichte ϱ ausgegangen wäre. Nach Tab. 16-1 ist das elektrische Feld des Stabes $E = 2\pi k_0 \varrho r$. Dann muß sich folgendes für das Magnetfeld ergeben:

$$\mathscr{B} = \frac{v}{c^2}(2\pi k_0 \varrho r) = \frac{2\pi k_0}{c^2}(\varrho v)\, r.$$

Das geht in Gl. (18-4) über, wenn (ϱv) durch j ersetzt wird.

Tabelle 18-1. *Elektrische und magnetische Felder von geladenen Körpern, die sich mit der Geschwindigkeit v in Richtung ihrer Länge bewegen.*

Ort	Körper	E	$\mathcal{B}$ (mit k_0)	$\mathcal{B}$ (mit μ_0)
außen	Stab	$\frac{2k_0\lambda}{r}$	$\frac{v}{c^2}\left(\frac{2k_0\lambda}{r}\right) = \frac{2k_0}{c^2}\frac{I}{r}$	$\frac{\mu_0}{2\pi}\frac{I}{r}$
innen	Stab	$\frac{2k_0\lambda}{R^2}r$	$\frac{v}{c^2}\left(\frac{2k_0\lambda}{R^2}r\right) = \frac{2k_0}{c^2}\frac{I}{R^2}r$	$\frac{\mu_0}{2\pi}\frac{I}{R^2}r$
auf jeder Seite	einzelne dünne Platte mit $\mathcal{J} = \sigma v$	$2\pi k_0\sigma$	$\frac{v}{c^2}(2\pi k_0\sigma) = \frac{2\pi k_0}{c^2}\mathcal{J}$	$\frac{\mu_0}{2}\mathcal{J}$
dazwischen	2 dünne Platten mit $\mathcal{J}$ und $-\mathcal{J}$	$4\pi k_0\sigma$	$\frac{v}{c^2}(4\pi k_0\sigma) = \frac{4\pi k_0}{c^2}\mathcal{J}$	$\mu_0\mathcal{J}$
x von der Mitte	dicke Platte	$4\pi k_0\varrho x$	$\frac{v}{c^2}(4\pi k_0\varrho x) = \frac{4\pi k_0}{c^2}jx$	$\mu_0 jx$
r von der Ladung	Punktladung $q(v \ll c)$	$\frac{k_0 q\hat{\boldsymbol{r}}}{r^2}$	$\frac{\boldsymbol{v}}{c^2}\times\left(\frac{k_0 q\hat{\boldsymbol{r}}}{r^2}\right) = \frac{k_0}{c^2}\frac{q\boldsymbol{v}\times\hat{\boldsymbol{r}}}{r^2}$	$\frac{\mu_0}{4\pi}\frac{q\boldsymbol{v}\times\hat{\boldsymbol{r}}}{r^2}$

In Tab. 18-1 sind die Feldstärken E und $\mathcal{B}$ der Felder verschiedener geladener Körper zusammengestellt, die sich in Richtung ihrer Länge bewegen. In jedem dieser Fälle erhält man $\mathcal{B}$, indem man jeweils ϱ, λ oder σ in den Formeln für E durch j, I oder $\mathcal{J}$ ersetzt und mit $1/c^2$ multipliziert. In der letzten Spalte ist k_0 durch den äquivalenten Faktor $\mu_0 c^2/4\pi$ ersetzt worden.

Flächenströme

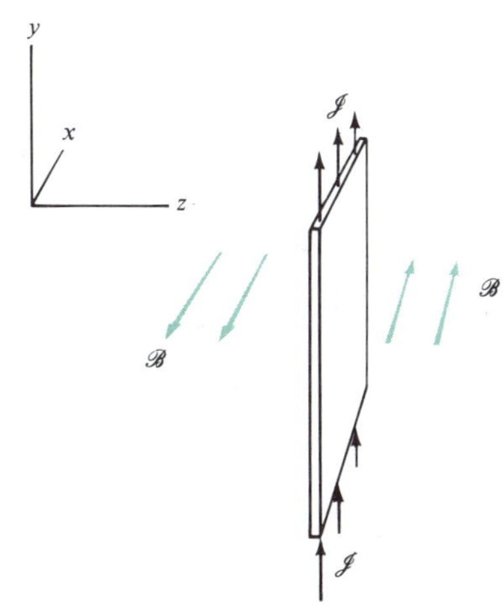

Abb. 18-4. *Dünne Platte mit der Flächenstromdichte $\mathcal{J}$ nach oben. $\mathfrak{B}$ weist nach hinten auf der rechten Seite der Platte und nach vorn auf der linken.*

Ein ebener Flächenstrom liegt vor, wenn man eine geladene dünne Platte mit der Geschwindigkeit v bewegt. Der Flächenstrom wird durch die Flächenstromdichte $\mathcal{J}$ beschrieben mit der Definition $\mathcal{J} := \sigma v$. $\mathcal{J}$ hat die Einheit A/m. In Abb. 18-4 fließt der Strom in y-Richtung, d. h., pro Meter in x-Richtung fließt ein Strom der Stärke $\mathcal{J}$ Ampere nach oben.

In die Gl. (17-19)

$$\mathfrak{B} = \frac{\boldsymbol{v}}{c^2} \times \boldsymbol{E}$$

setzen wir E aus Tab. 18-1 ein und erhalten

$$\mathcal{B} = \frac{2\pi k_0}{c^2}\mathcal{J}. \quad \text{(für einen Flächenstrom)} \tag{18-5}$$

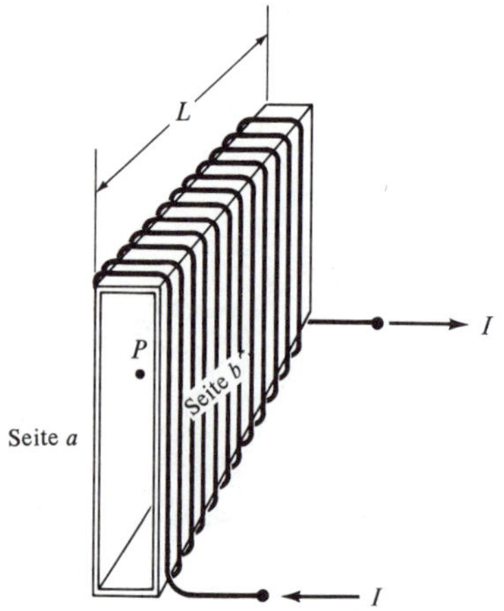

Abb. 18-5. *Rechteckige Spule der Länge L mit N Windungen, die von einem Strom der Stärke I durchflossen wird.*

Beispiel 1: Welches magnetische Feld herrscht im Innern der langen Spule von rechteckigem Querschnitt, die in Abb. 18-5 gezeigt ist? Die Spule habe die Länge L und die Windungszahl N. Es fließt ein Strom der Stärke I. Die lange Seite des Rechtecks sei sehr viel größer als die kurze.
Lösung: Man kann sich die Spule aus vier dünnen Platten zusammengesetzt denken, von denen jede folgende Flächenstromdichte hat:

$$\mathcal{J} = I \frac{N}{L} \text{ A/m}.$$

Für einen Punkt P im Innern der Spule (weitweg von den Enden) wirken die Seitenflächen a und b wie zwei unendlich große Platten mit den Flächenstromdichten $\mathcal{J}$ und $-\mathcal{J}$ (s. Tab. 18-1, 4. Zeile). Das von a und b erzeugte Feld hat daher die Feldstärke

$$\mathcal{B} = \frac{4\pi k_0}{c^2} \mathcal{J} = \frac{4\pi k_0}{c^2} \frac{IN}{L}.$$

Die Effekte der übrigen beiden Seitenflächen (oben und unten) werden vernachlässigt. In Wirklichkeit kompensieren diese beiden Seitenflächen gerade einen Effekt, der dadurch entsteht, daß die Seitenflächen a und b nur endliche Höhe haben; das obige Ergebnis gilt also exakt. Diese rechteckige Spule ist ein Spezialfall der allgemeinen runden Spule, die im folgenden behandelt wird.

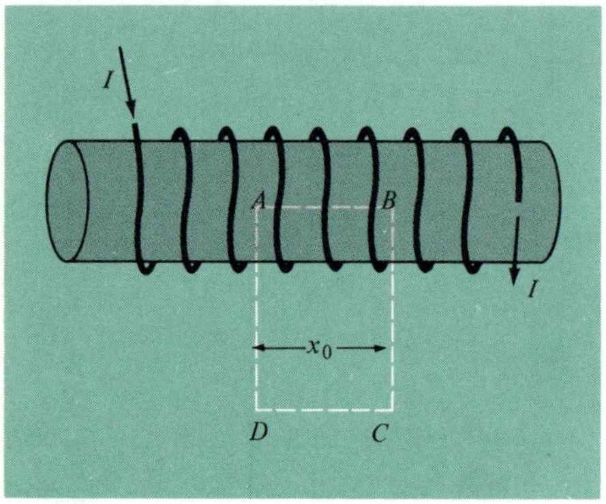

Abb. 18-6. *Darstellung einer Spule mit rundem Querschnitt; das gestrichelte Rechteck ist der Integrationsweg für das Amperesche Gesetz.*

Die Spule

Die Gleichung $\mathfrak{B} = \boldsymbol{v} \times \boldsymbol{E}/c^2$ ist nutzlos, wenn der Strom im Kreis fließt statt entlang gerader Linien. Das verbreitetste Beispiel von Kreisströmen ist eine Spule, bei der der Strom um die Oberfläche eines Zylinders herumfließt, wie es in Abb. 18-6 dargestellt ist. Wenn n_l die Anzahl der Windungen pro Längeneinheit ist, ergibt sich für die Flächenstromdichte $\mathcal{J} = n_l I$. Nun wird das Amperesche Gesetz auf den rechteckigen geschlossenen Weg $ABCD$ angewandt:

$$\oint_{ABCD} \mathfrak{B} \cdot \mathrm{d}\boldsymbol{s} = 4\pi \frac{k_0}{c^2} I_{\text{in}},$$

$$\mathcal{B}_{\text{innen}} \int_{AB} \mathrm{d}s + \int_{BC} \mathfrak{B} \cdot \mathrm{d}\boldsymbol{s} + \mathcal{B}_{\text{außen}} \int_{CD} \mathrm{d}s + \int_{DA} \mathfrak{B} \cdot \mathrm{d}\boldsymbol{s} = 4\pi \frac{k_0}{c^2} (\mathcal{J} x_0).$$

Das erste Integral hat gerade den Wert $\mathscr{B}_{\text{innen}}x_0$, da $\mathfrak{B}$ und d$\boldsymbol{s}$ parallel sind. Das zweite und das vierte Integral sind null, da $\mathfrak{B}$ und d$\boldsymbol{s}$ senkrecht aufeinander stehen. Das dritte Integral ist näherungsweise null, weil $\mathscr{B}_{\text{außen}}$ fast null ist. Das wird durch die geringe Dichte der magnetischen Feldlinien außerhalb einer Spule in Abb. 18-7 (b) bestätigt. (Für eine unendlich lange Spule wäre $\mathscr{B}_{\text{außen}}$ exakt gleich null). Also gilt:

$$\mathscr{B}_{\text{innen}}(x_0) + 0 + 0 + 0 = \frac{4\pi k_0}{c^2}\mathscr{J}x_0,$$

$$\mathscr{B}_{\text{innen}} = \frac{4\pi k_0}{c^2}\mathscr{J}. \quad \text{(Feld im Innern einer langen Spule)} \qquad \textbf{(18-6)}$$

Für $\mathscr{J}$ können wir $n_l I$ einsetzen:

$$\mathscr{B} = \frac{4\pi k_0}{c^2} n_l I = \frac{4\pi k_0}{c^2}\frac{N}{L} I. \qquad \textbf{(18-7)}$$

N ist dabei die Gesamtzahl der Windungen, und L ist die Länge der Spule. Dieses Ergebnis hängt nicht davon ab, welcher Punkt im Innern der Spule betrachtet wird, da die Seite AB nicht auf der Spulenachse liegen muß. Bemerkenswert ist außerdem, daß Gl. (18-7) das gleiche Ergebnis ist, das auch für die rechteckige Spule in Beispiel 1 gewonnen wurde. Das Feld im Innern einer Spule ist also homogen und von ihrer Form unabhängig, solange die Spule sehr lang ist.

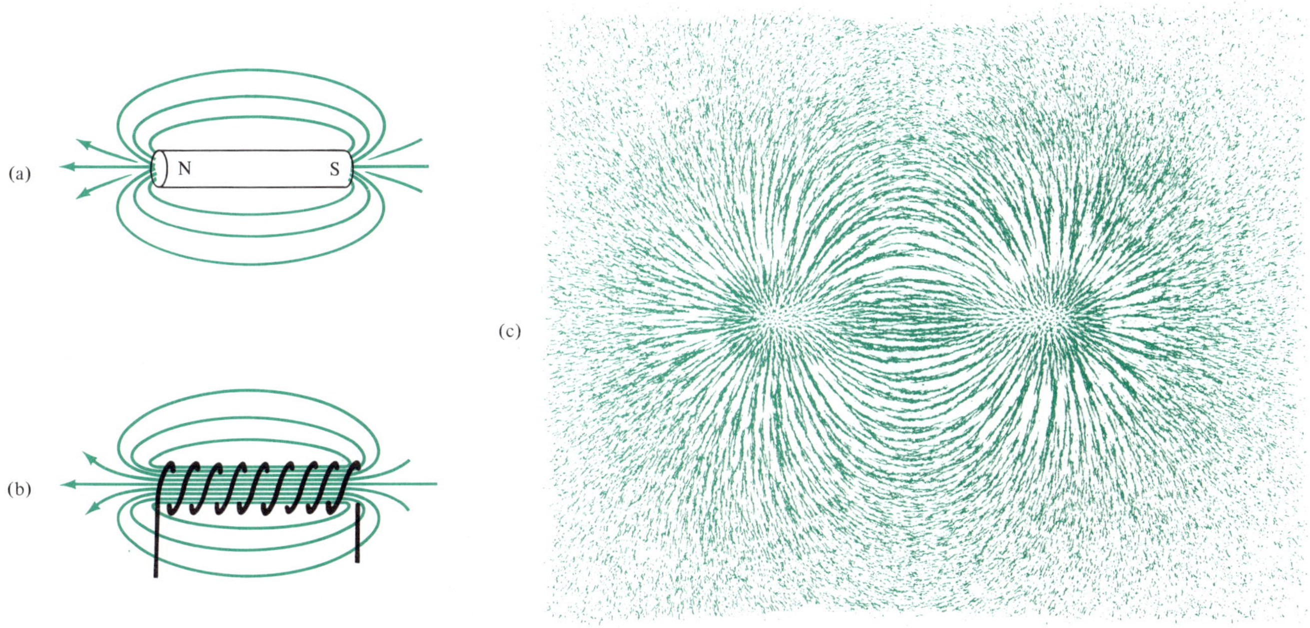

Abb. 18-7. (*a*) *$\mathscr{B}$-Feldlinien eines magnetisierten Stabes.* (*b*) *$\mathscr{B}$-Feldlinien einer Spule von der gleichen Form.* (*c*) *Die magnetischen Kraftlinien können dadurch sichtbar gemacht werden, daß man Eisenfeilspäne auf ein Papier streut, das auf einem Stabmagneten liegt. Die Feilspäne richten sich entlang den Kraftlinien aus.*

18-3 Das Biot-Savartsche Gesetz

Es gibt noch ein anderes Gesetz, das es erlaubt, die magnetische Feldstärke $\mathfrak{B}$ einer beliebigen Stromverteilung zu berechnen, das Biot-Savartsche Gesetz. Dieses Gesetz muß dem Ampereschen Gesetz mathematisch äquivalent sein. In manchen Fällen läßt sich $\mathfrak{B}$ leichter mit dem Biot-Savartschen Gesetz berechnen.

Übrigens stellt die letzte Zeile in Tab. 18-1 eine „Herleitung" des Biot-Savartschen Gesetzes dar. Wenn sich eine Ladung q mit der Geschwindigkeit v bewegt, wobei $v \ll c$ vorausgesetzt wird, so ist das elektrische Feld $\boldsymbol{E} = k_0 q\hat{\boldsymbol{r}}/r^2$, und nach Gl. (17-1) ergibt sich für das magnetische Feld

$$\mathfrak{B} = \frac{\boldsymbol{v}}{c^2} \times \left(\frac{k_0 q\hat{\boldsymbol{r}}}{r^2}\right) = \frac{k_0}{c^2}\,\frac{q\boldsymbol{v} \times \hat{\boldsymbol{r}}}{r^2}\,.$$

Betrachtet man nur ein Ladungselement dq, das sich um das Längenelement d$\boldsymbol{l}$ verschiebt, so gilt für das von dq erzeugte Magnetfeld

$$\mathrm{d}\mathfrak{B} = \frac{k_0}{c^2}\,\mathrm{d}q\,\frac{\dfrac{\mathrm{d}\boldsymbol{l}}{\mathrm{d}t} \times \hat{\boldsymbol{r}}}{r^2} = \frac{k_0}{c^2}\,\frac{\mathrm{d}q}{\mathrm{d}t}\,\frac{\mathrm{d}\boldsymbol{l} \times \hat{\boldsymbol{r}}}{r^2}$$

$$\mathrm{d}\mathfrak{B} = \frac{k_0}{c^2}\,I\,\frac{\mathrm{d}\boldsymbol{l} \times \hat{\boldsymbol{r}}}{r^2} \quad \text{(Biot-Savartsches Gesetz)} \qquad \textbf{(18-8)}$$

Wir haben die Einschränkung $v \ll c$ gemacht. Eine allgemeine Herleitung zeigt aber, daß Gl. (18-8) exakt ist. Jedoch müssen wir daran denken, daß der Strom einen geschlossenen Weg haben muß und daß das Gesamtfeld in einem Punkt nur dann erhalten wird, wenn Gl. (18-8) über den gesamten geschlossenen Weg integriert wird. Es ist nicht möglich, einem Stromelement $I\,\mathrm{d}\boldsymbol{l}$ ein bestimmtes d$\mathfrak{B}$ zuzuordnen, weil es unmöglich ist, cin bcstimmtcs Stromelement von den anderen abzutrennen.

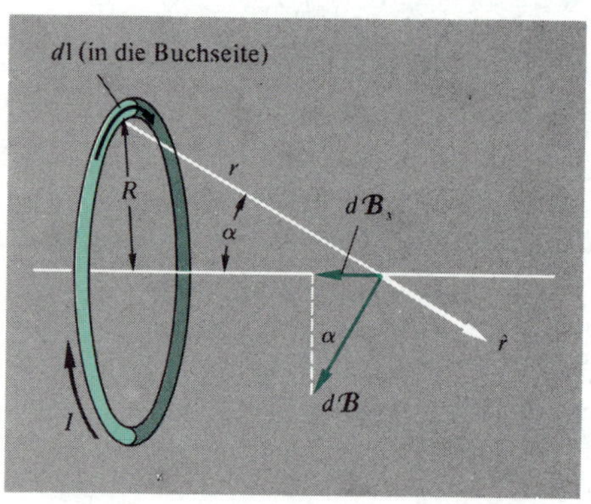

Abb. 18-8. d$\boldsymbol{B}$ *ist das magnetische Feld, das von dem Stromelement I* d$\boldsymbol{l}$ *eines Rings vom Radius R erzeugt wird.*

Beispiel 2: Welche Feldstärke hat das Magnetfeld längs der Achse eines ringförmigen Stroms?

Lösung: In Abb. 18-8 sieht man, daß $\hat{\boldsymbol{r}}$ und d$\boldsymbol{l}$ senkrecht aufeinander stehen. Gl. (18-8) lautet damit

$$\mathrm{d}\mathscr{B} = \frac{k_0}{c^2}\,I\,\frac{\mathrm{d}l}{r^2}\,.$$

Die Komponente in Achsenrichtung ist

$$\mathrm{d}\mathscr{B}_x = \frac{k_0}{c^2}\,I\,\frac{\mathrm{d}l}{r^2}\sin\alpha = \frac{k_0}{c^2}\,I\,\frac{R}{r^3}\,\mathrm{d}l.$$

Die Integration über den Ring ergibt

$$\mathscr{B}_x = \frac{k_0}{c^2} I \frac{R}{r^3} (2\pi R) = \frac{k_0}{c^2} \frac{2I}{r^3} \pi R^2,$$

$$\mathscr{B} = \frac{k_0}{c^2} \frac{2IA}{r^3}. \qquad \textbf{(18-9)}$$

A ist dabei die Fläche, die vom Strom der Stärke I eingeschlossen wird. $\mathscr{B}_x$ ist in diesem Fall aus Symmetriegründen gleich $\mathscr{B}$.

Wie beim elektrischen Dipol (Beispiel 2 in Kap. 15) ist die Feldstärke umgekehrt proportional zur dritten Potenz des Abstands. In großer Entfernung sehen die E-Feldlinien eines elektrischen Dipols genauso aus wie die $\mathscr{B}$-Feldlinien einer Stromschleife, die sich also wie ein magnetischer Dipol verhält; das wird näher in Abschn. 18-4 untersucht.

Beispiel 3: Das Erdmagnetfeld ist im wesentlichen das Feld eines magnetischen Dipols. Angenommen, das Feld wird von einem Strom erzeugt, der unter dem Äquator mit einem Radius von 5000 km um den Erdmittelpunkt kreist. Welche Stärke dieses Stromes würde an jedem der beiden Magnetpole eine magnetische Feldstärke von 1 Gauß erzeugen?

Lösung: Wir lösen Gl. (18-9) nach I auf:

$$I = \frac{\mathscr{B} r^3}{2A(k_0/c^2)}.$$

Die Entfernung vom Strom zum Magnetpol beträgt $r = 8\,100$ km, die Fläche des Stroms ist $A = \pi(5 \cdot 10^6)^2\ \mathrm{m}^2$, und $k_0/c^2 = 10^{-7}\ \mathrm{N/A^2}$. Damit ergibt sich:

$$I = \frac{(10^{-4})\,(8{,}1 \cdot 10^6)^3\ \mathrm{A}}{2\pi(5 \cdot 10^6)^2\,(10^{-7})} = 3{,}38 \cdot 10^9\ \mathrm{A}.$$

Irgendwie muß also ein Strom von mehr als einer Milliarde Ampere im Innern der Erde fließen. Die Geophysik hat mögliche Erklärungen für die Ursache eines solchen Stromes.

Beispiel 4: Wiederhole die Rechnung in Beispiel 3 im cgs-System.

Lösung: Die richtige Formel im cgs-System erhalten wir dadurch, daß wir $\mathscr{B} = B/c$ und $k_0 = 1$ setzen:

$$\frac{B}{c} = \frac{1}{c^2}\frac{2IA}{r^3}$$

oder

$$I = \frac{Bcr^3}{2A}.$$

Wir setzen ein: $B = 1$ Gauß, $c = 3 \cdot 10^{10}$ cm/s, $R = 8{,}1 \cdot 10^8$ cm und $A = \pi(5 \cdot 10^8 \text{ cm})^2$:

$$I = \frac{(1)\,(3 \cdot 10^{10})\,(8{,}1 \cdot 10^8)^3}{2\pi(5 \cdot 10^8)^2} = 1{,}01 \cdot 10^{19} \quad \text{el. stat. LE/s}$$

$$= 1{,}01 \cdot 10^{19}\left(\frac{1}{3 \cdot 10^9}\,\frac{\text{C}}{\text{s}}\right)$$

$$= 3{,}38 \cdot 10^9 \text{ A}.$$

Da wir uns gerade mit Stromelementen beschäftigen, wollen wir die Kraft $\mathrm{d}\boldsymbol{F}$ auf das Stromelement $I\,\mathrm{d}\boldsymbol{l}$ ausrechnen, das sich in einem Magnetfeld der Feldstärke $\mathfrak{B}$ befindet. Wir benutzen Gl. (17-16):

$$\mathrm{d}\boldsymbol{F} = \mathrm{d}q\,\boldsymbol{v} \times \mathfrak{B}$$

$$= \mathrm{d}q\left(\frac{\mathrm{d}\boldsymbol{l}}{\mathrm{d}t}\right) \times \mathfrak{B} = \frac{\mathrm{d}q}{\mathrm{d}t}\,\mathrm{d}\boldsymbol{l} \times \mathfrak{B},$$

$$\mathrm{d}\boldsymbol{F} = I\,\mathrm{d}\boldsymbol{l} \times \mathfrak{B}. \quad \text{(Kraft auf ein Stromelement)} \qquad \textbf{(18-10)}$$

Das folgende Beispiel zeigt, wie die Größe der Einheit Ampere durch Gl. (18-10) bestimmt ist. Wenn zwei gleiche Ströme im Abstand von 1 m in ihrer Stärke so eingestellt werden, daß die Kraft pro Meter $2 \cdot 10^{-7}$N/m beträgt, dann ist die Stromstärke in jedem Leiter 1 A.

Beispiel 5: Wie groß ist die Kraft pro Längeneinheit zwischen zwei gleichen Strömen im Abstand r? Rechne den Zahlenwert für $r = 1$ m und $I = 1$ A aus.

Lösung: Aus Gl. (18-10) folgt:

$$F = I\,\boldsymbol{l} \times \mathfrak{B}.$$

In Abb. 18-9 sehen wir, daß $\mathfrak{B}$ in die Buchseite hineinzeigt und somit senkrecht auf $\boldsymbol{l}$ steht. Das Vektorprodukt ($\boldsymbol{l} \times \mathfrak{B}$) weist nach rechts. Wir setzen $\mathfrak{B}$ aus Gl. (17-13) ein:

$$\frac{F}{l} = I\left(\frac{2k_0}{c^2}\,\frac{I}{r}\right) = \frac{2k_0}{c^2}\,\frac{I^2}{r}.$$

Für $r = 1$ m und $I = 1$ A erhalten wir

$$\frac{F}{l} = 2\left(10^{-7}\,\frac{\mathrm{N}}{\mathrm{A}^2}\right)\frac{(1\ \mathrm{A})^2}{1\ \mathrm{m}} = 2\cdot 10^{-7}\ \mathrm{N/m}.$$

So ist im SI das Ampere definiert. Die Konstante k_0/c^2, die gleich $\mu_0/4\pi$ ist, wurde genau gleich 10^{-7} gesetzt, so daß die Kraft genau $2\cdot 10^{-7}$ N/m beträgt, wenn in beiden Drähten Ströme von 1 A fließen.

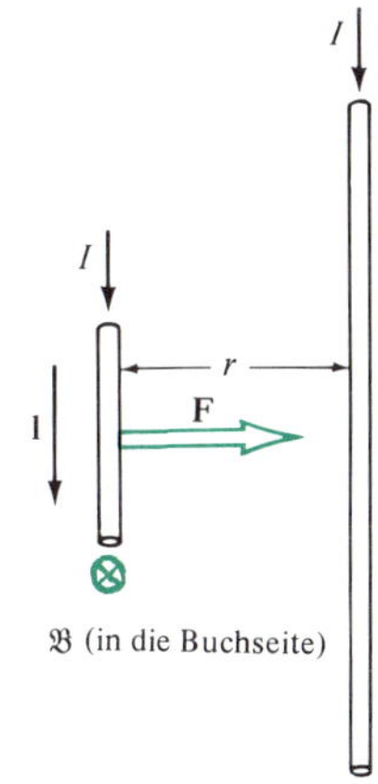

Abb. 18-9. *Zwei gleiche Ströme I ziehen sich mit der Kraft **F** an.*

Beispiel 6: Die rechteckige Spule von Abb. 18-10 befindet sich in einem homogenen Magnetfeld. Wie groß ist das Drehmoment auf die Spule?

Lösung: Die Untersuchung des Vektorprodukts $\boldsymbol{l} \times \mathfrak{B}$ für jede der vier Seiten ergibt, daß die magnetischen Kräfte auf die beiden Seiten l_1 ein Netto-Drehmoment ausüben:

$$T = F(l_2 \sin\alpha).$$

Die magnetische Kraft auf die Seite l_1 ist

$$F = I l_1 \mathscr{B}.$$

Also folgt für das Drehmoment

$$T = (I l_1 \mathscr{B})(l_2 \sin\alpha) = I l_1 l_2 \mathscr{B} \sin\alpha$$
$$= (IA)\,\mathscr{B}\sin\alpha. \qquad \textbf{(18-11)}$$

(Die Kräfte auf die Seiten l_2 liegen genau auf einer Linie und kompensieren sich.)

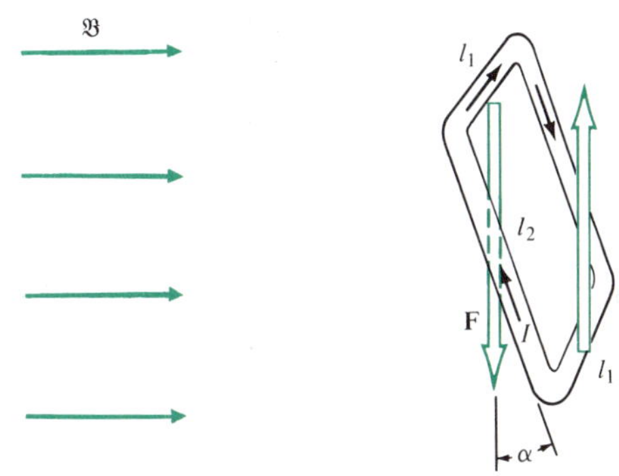

Abb. 18-10. *Rechteckige Spule der Fläche ($l_1 l_2$) in einem homogenen Magnetfeld. Die Kräfte auf die Seiten l_1 sind eingezeichnet.*

18-4 Magnetismus

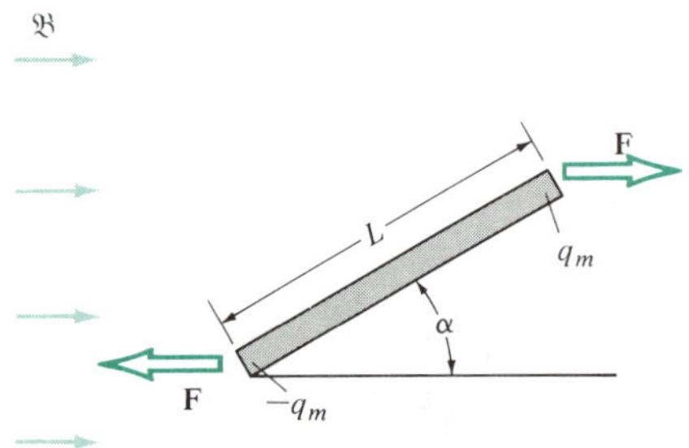

Abb. 18-11. *Ein Stabmagnet der Länge L bildet mit der Richtung eines äußeren Magnetfelds den Winkel α. Die magnetische Polstärke ist q_m. Die Kräfte auf die Pole sind eingezeichnet.*

Wenn ein Stabmagnet in ein homogenes Magnetfeld gebracht wird, so hat er das Bestreben, sich mit dem Feld auszurichten, wie es in Abb. 18-11 gezeigt ist. Ein Kompaß enthält eine Magnetnadel, die sich im Magnetfeld der Erde in Richtung der Feldlinien einstellt. Diesen Effekt kann man dadurch beschreiben, daß man dem einen Ende des Stabmagneten eine magnetische Polstärke (oder magnetische Ladung) $+q_m$ und dem anderen Ende $-q_m$ zuordnet. Die magnetische Ladung (falls sie existiert) hat die Eigenschaft, daß die Kraft, die an ihr angreift, die Form $\boldsymbol{F} = q_m\mathfrak{B}$ hat, analog zur elektrischen Ladung. Obwohl nun die magnetische Ladung nicht wirklich existiert, wie weiter unten diskutiert wird, so kann man mit ihr doch mathematisch auf einfache Weise Magnete beschreiben.

Das Drehmoment auf den Magneten in Abb. 18-11 ist

$$T = FL\sin\alpha,$$

$$T = q_m L\,\mathscr{B}\sin\alpha. \qquad \textbf{(18-12)}$$

Das Produkt $(q_m L)$ wird als magnetisches Moment μ definiert. Das Drehmoment auf ein magnetisches Moment ist dann

$$T = \mu\,\mathscr{B}\sin\alpha,$$

in Vektorschreibweise

$$\boldsymbol{T} = \boldsymbol{\mu}\times\mathfrak{B}.$$

Wir sehen, daß sich die Stromschleife in Gl. (18-11) genauso verhält wie ein Stabmagnet, und Beispiel 1 hat letztlich gezeigt, daß sie auch ein Magnetfeld der gleichen Art erzeugt. Wir erhalten das effektive magnetische Moment einer Stromschleife, indem wir die Beträge der Drehmomente von Gl. (18-11) und (18-12) gleichsetzen:

$$\mu\mathscr{B}\sin\alpha = (IA)\,\mathscr{B}\sin\alpha$$

$$\mu = IA. \quad \text{(magn. Moment einer Stromschleife)} \qquad \textbf{(18-13)}$$

Vor der Entdeckung des Elektrons und der Elektronenströme im Atom wurde das Verhalten von Magneten im Magnetfeld mit der Hypothese der magnetischen Ladung erklärt. Aber wenn magnetische Ladung ebenso wie elektrische Ladung existiert, sollte es auch möglich sein, eine bestimmte magnetische Nettoladung positiver oder negativer Polarität zu isolieren. Man könnte erwarten, daß man einen magnetischen Pol dadurch isolieren kann, daß man das Ende eines Stabmagneten abbricht. Sobald man jedoch einen solchen Versuch durchführt, erscheinen wieder jeweils ein positiver und ein negativer Pol an den beiden Bruchstücken, wie es in Abb. 18-12 dargestellt ist. Bisher sind in der Natur niemals isolierte magnetische Pole gefunden worden. Die Versuche, magnetische Ladungen zu isolieren, sind so zahlreich gewesen, daß nunmehr die meisten Physiker glauben, daß diese nicht existieren. Man ist vielmehr der Meinung, daß die Eigenschaften eines Stabmagneten mit den sog. Ampereschen Kreisströmen erklärt werden können.

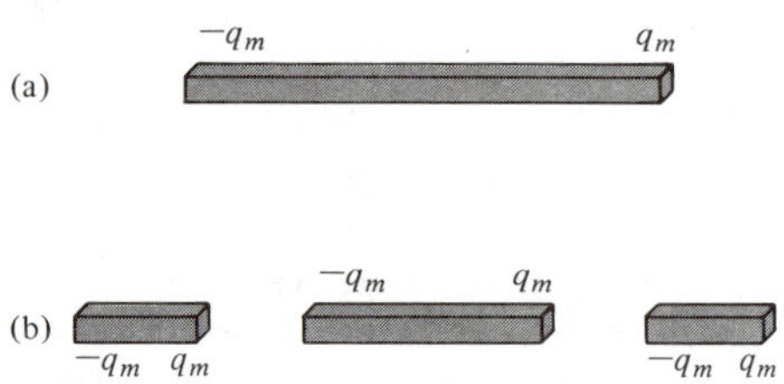

Abb. 18-12. *Der Stabmagnet von (a) ist in drei Teile zerbrochen worden (b).*

Es wird behauptet, daß jeder Stabmagnet in Wirklichkeit eine Spule ist mit einem Netto-Oberflächenstrom, der außen herumfließt, wie es Abb. 18-13 zeigt. Wir wollen nun herausfinden, wie die Oberflächenstromdichte $\mathscr{J}'$ für einen Stabmagneten der Polstärke q_m beschaffen sein

Abb. 18-13. (*a*) *Ein Stabmagnet mit den resultierenden Ampereschen Strömen um seine Oberfläche.* (*b*) *Seitenansicht mit den einzelnen atomaren Strömen; der Nettostrom ist farbig eingezeichnet.*

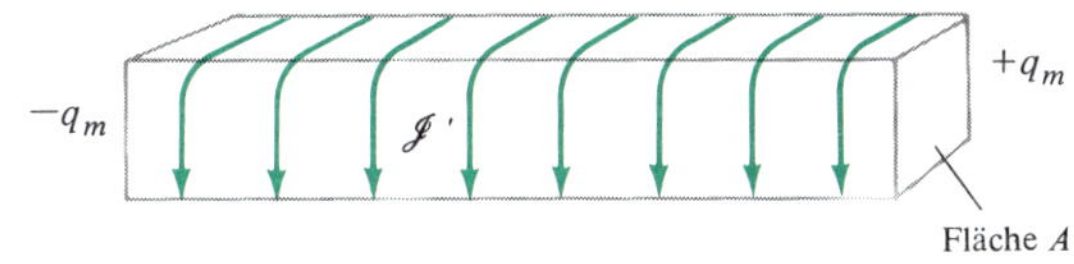

muß. Beispiel 6 zeigte, daß das Drehmoment auf eine einzelne Windung einer Spule $T_1 = IA\mathcal{B} \sin\alpha$ ist. Bei N Windungen ist das Drehmoment $T = NIA\mathcal{B} \sin\alpha$. Da für die Oberflächenstromdichte $\mathcal{J}' = NI/L$ gilt, folgt $T = \mathcal{J}'LA\mathcal{B} \sin\alpha$. Diesen Ausdruck können wir mit der rechten Seite von Gl. (18-12) gleichsetzen:

$$q_m L\mathcal{B} \sin\alpha = \mathcal{J}'LA\mathcal{B} \sin\alpha,$$

$$q_m = \mathcal{J}'A. \qquad \textbf{(18-14)}$$

Ein Stabmagnet der Polstärke q_m kann also als ein Stück Metall mit der permanenten Flächenstromdichte $\mathcal{J}' = q_m/A$ um seine Oberfläche beschrieben werden. Gl. (18-14) sagt außerdem aus, daß sich eine Spule mit der Flächenstromdichte $\mathcal{J}'$ wie ein Stabmagnet der Polstärke $q_m = \mathcal{J}'A$ verhält.

Nun wollen wir sehen, ob die atomaren Ströme in einem Eisenatom eine Magnetfeldstärke von $\mathcal{B} \approx 2$ Tesla erzeugen können, wie es im Innern eines vollständig magnetisierten Stücks Eisen beobachtet wird. Wenn jedes Atom aufgrund seines Elektronenstroms ein magnetisches Moment μ_a hat und $\mathfrak{N}$ Atome pro Volumeneinheit vorhanden sind, dann ist das magnetische Gesamtmoment eines Stabs der Querschnittsfläche A und der Länge L $\mu = \mathfrak{N}AL\mu_a$, wobei alle magnetischen Momente ausgerichtet sind. Wie im nächsten Kapitel gezeigt wird, kann μ_a aus den Elektronenströmen errechnet werden; es ergibt sich ein Wert von $1{,}86 \cdot 10^{-23}$ A m². Da das magnetische Gesamtmoment definitionsgemäß $(q_m L)$ ist, folgt:

$$(q_m L) = \mathfrak{N}AL\mu_a,$$

$$q_m = \mathfrak{N}A\mu_a.$$

Wir benutzen Gl. (18-14), um q_m durch $(\mathcal{J}'A)$ zu ersetzen:

$$(\mathcal{J}'A) = \mathfrak{N}A\mu_a,$$

$$\mathcal{J}' = \mathfrak{N}\mu_a. \qquad \textbf{(18-15)}$$

Für Eisen gilt $\mathfrak{N} = 8{,}51 \cdot 10^{22}$ Atome pro cm³. Wir benutzen den vorausgesagten Wert $\mu_a = 1{,}86 \cdot 10^{-23}$ A m² und erhalten für die Oberflächenstromdichte

$$\mathcal{J}' = (8{,}51 \cdot 10^{28}\ \text{m}^{-3})(1{,}86 \cdot 10^{-23}\ \text{A m}^2) = 1{,}58 \cdot 10^6\ \text{A/m}.$$

Gl. (18-6) gibt die magnetische Feldstärke im Innern einer Spule an. Wenn wir den Stabmagneten aus Eisen als Spule betrachten, müssen wir den soeben erhaltenen Wert für die Oberflächenstromdichte einsetzen:

$$\mathscr{B} = \frac{4\pi k_0}{c^2} \mathscr{J}' = \frac{4\pi(9 \cdot 10^9)}{(3 \cdot 10^8)^2} (1{,}58 \cdot 10^6) \text{ T} = 1{,}99 \text{ T}.$$

Dieses Ergebnis stimmt mit den Messungen für vollständig magnetisiertes Eisen überein.

In einer herkömmlichen Spule könnte eine solch hohe Oberflächenstromdichte niemals erreicht werden. Bringt man jedoch einen Eisenkern ins Innere der Spule, so kann das Magnetfeld um mehrere Größenordnungen verstärkt werden.

Das magnetische Moment des Elektrons

Wenn man die Quantenmechanik zur Hilfe nimmt, braucht man das magnetische Moment μ_a des Eisenatoms nicht zu messen; es kann vollständig ausgerechnet werden. Es soll nun skizziert werden, wie der Weg dieser Rechnung ist. Angenommen, ein Elektron befindet sich in einer Kreisbahn vom Radius r, dann ist der Elektronenstrom gleich dem Produkt aus der Ladung e und der Umlaufsfrequenz: $I = e(v/2\pi r)$. Nach Gl. (18-13) ergibt sich für das magnetische Moment

$$\mu_e = I(\pi r^2) = \left(\frac{ev}{2\pi r}\right)(\pi r^2) = \frac{evr}{2}$$
$$= \frac{e}{2m}(mvr).$$

Offenbar ist mvr der Drehimpuls L:

$$\mu_e = \frac{e}{2m} L. \tag{18-16}$$

Wie wir in der Quantenmechanik sehen werden, ist der Bahndrehimpuls des Elektrons in Vielfache von $L = h/2\pi$ quantisiert, wobei $h = 6{,}63 \cdot 10^{-34}$ J s die Planck-Konstante ist. Damit erhalten wir als minimales magnetisches Moment

$$\mu_e = \frac{e}{2m}\frac{h}{2\pi} = 9{,}3 \cdot 10^{-24} \text{ A m}^2.$$

Nach Gl. (18-16) ist dieses Ergebnis unabhängig vom Radius r der Kreisbahn, so daß man ein solches magnetisches Moment auch von einem rotierenden Elektron erwarten kann. Die Quantenmechanik zeigt, daß das wirklich der Fall ist. Allen Elektronen ist ein magnetisches Moment $\mu_e = 9{,}3 \cdot 10^{-24}$ A m² eigen. Im Eisenatom kompensieren sich die magnetischen Momente aller 26 Elektronen in den verschiedenen Schalen mit Ausnahme von zweien. Deshalb hat das magnetische Moment von Eisen den Wert $\mu_{Fe} = 2\mu_e = 1{,}86 \cdot 10^{-23}$ A m². Dieser theoretische Wert stimmt mit dem Meßwert überein.

Es muß noch erklärt werden, warum sich Eisenatome vorzugsweise so ausrichten, daß ihre magnetischen Momente alle in dieselbe Richtung weisen. Eine vollständige Erklärung greift auf die Quantenmechanik und die Festkörperphysik zurück. Nach der modernen Theorie der Festkörperphysik sind Eisen, Kobalt und Nickel (die ferromagnetischen Metalle) aus makroskopischen Bereichen aufgebaut. In diesen sog. Weißschen Bezirken, deren Größe bei 1/100 bis 1/10 mm liegt, sind die Atome bereits vollständig ausgerichtet. In einer unmagnetisierten Probe sind die Bezirke vollständig unregelmäßig orientiert. Während des Magnetisierungsvorganges richten sich die Bezirke dadurch aus, daß sich ihre Grenzen verschieben; und zwar wachsen die günstig zur Feldrichtung liegenden Bezirke auf Kosten der anderen.

18-5 Die Maxwell-Gleichungen für stationäre Ströme

Für $\mathfrak{B}$ und $\boldsymbol{E}$ sind uns bisher vier Gleichungen in Integralform begegnet. Wie wir gesehen haben, können sie aus dem Coulomb-Gesetz und aus der Relativitätstheorie hergeleitet werden. Diese vier Gleichungen werden die Maxwell-Gleichungen genannt. Tab. 18-2 enthält sie in der folgenden Reihenfolge: Gl. (15-7) (Gaußscher Satz), Gl. (16-7) (eine Potentialdifferenz hängt nicht vom Weg ab), Gl. (18-3) (die Feldlinien von $\mathfrak{B}$ sind geschlossen) und Gl. (18-1) (Amperesches Gesetz). Der Vollständigkeit halber sind die Gleichungen sowohl in cgs- als auch in MKS-Schreibweise angegeben. Die cgs-Form erhält man, indem man $k_0 = 1$ setzt und $\mathfrak{B}$ durch $(\boldsymbol{B}/c)$ ersetzt. Für das MKS-System ist auch die Schreibweise angegeben, die ε_0 und μ_0 benutzt; man ersetzt k_0 durch $1/4\pi\varepsilon_0$ und (k_0/c^2) durch $(\mu_0/4\pi)$. Die Gleichungen I und III enthalten Integrale über vollständig geschlossene Oberflächen. Die linken Seiten von I und III sind der elektrische bzw. der magnetische Kraftfluß, die netto die geschlossene Oberfläche verlassen. Die Gleichungen II und IV sind Linienintegrale entlang beliebiger geschlossener Wege.

Bis jetzt haben wir uns nur mit stationären Strömen befaßt. Mit dem nächsten Kapitel beginnen wir, den allgemeinen Fall zu betrachten, in dem Ströme zeitabhängig sind. Wir werden dann sehen, daß die Gleichungen II und IV einen zusätzlichen Term auf der rechten Seite erhalten werden.

Tabelle 18-2. *Die Maxwell-Gleichungen für stationäre Ströme*

	MKS mit k_0	MKS mit ε_0 und μ_0	cgs
I	$\oint \boldsymbol{E}\cdot d\boldsymbol{A} = 4\pi k_0 Q_{in}$	$\oint \boldsymbol{E}\cdot d\boldsymbol{A} = \frac{1}{\varepsilon_0} Q_{in}$	$\oint \boldsymbol{E}\cdot d\boldsymbol{A} = 4\pi Q_{in}$
II	$\oint \boldsymbol{E}\cdot d\boldsymbol{s} = 0$	$\oint \boldsymbol{E}\cdot d\boldsymbol{s} = 0$	$\oint \boldsymbol{E}\cdot d\boldsymbol{s} = 0$
III	$\oint \mathfrak{B}\cdot d\boldsymbol{A} = 0$	$\oint \mathfrak{B}\cdot d\boldsymbol{A} = 0$	$\oint \boldsymbol{B}\cdot d\boldsymbol{A} = 0$
IV	$\oint \mathfrak{B}\cdot d\boldsymbol{s} = \frac{4\pi k_0}{c^2} I_{in}$	$\oint \mathfrak{B}\cdot d\boldsymbol{s} = \mu_0 I_{in}$	$\oint \boldsymbol{B}\cdot d\boldsymbol{s} = \frac{4\pi}{c} I_{in}$

Zusammenfassung

Das Magnetfeld eines stationären Stromes kann mit dem Ampereschen Gesetz bestimmt werden; dieses ergibt für das über einem beliebigen Weg integrierte Magnetfeld

$$\oint \mathfrak{B} \cdot d\boldsymbol{s} = 4\pi \frac{k_0}{c^2} I_{\text{in}}.$$

I_{in} ist die Stärke des Nettostroms, der vom Integrationsweg eingeschlossen ist. Diese Stromstärke ist gleich $\int \boldsymbol{j} \cdot d\boldsymbol{A}$, wobei man über eine beliebige Fläche, die den Integrationsweg als Randlinie hat, integrieren muß. Eine zweite grundlegende Beziehung für das Magnetfeld sagt aus, daß der magnetische Nettofluß durch jede beliebige, aber geschlossene Oberfläche null ist:

$$\oint \mathfrak{B} \cdot d\boldsymbol{A} = 0.$$

Für manche Anwendungen ist das Biot-Savartsche Gesetz nützlich:

$$d\mathfrak{B} = \frac{k_0}{c^2} I \frac{d\boldsymbol{l} \times \hat{\boldsymbol{r}}}{r^2}.$$

Aus den vorausgegangenen Beziehungen erhält man

$$\mathcal{B} = 4\pi \frac{k_0}{c^2} I n_l$$

für das Feld im Innern einer Spule mit n_l Windungen pro Längeneinheit. Das Feld eines einzelnen geraden Leiters ist

$$\mathcal{B} = \frac{2k_0}{c^2} \frac{I}{r}.$$

Das Feld, das von einem ebenen Flächenstrom erzeugt wird, ist

$$\mathcal{B} = 2\pi \frac{k_0}{c^2} \mathcal{J},$$

wobei $\mathcal{J}$ die Flächenstromdichte gemessen in Ampere pro m ist.

Das Magnetfeld eines Permanentmagneten kann mit Hilfe der atomaren Stromschleifen (Amperesche Elementarströme) erklärt werden, die sich effektiv zu einem Flächenstrom der Dichte $\mathcal{J}'$ aufaddieren, der so wie in einer Spule um die Oberfläche des Permanentmagneten fließt. Diesem Oberflächenstrom kann man die Polstärke $q_m = \mathcal{J}'A$ zuordnen.

Das magnetische Moment einer einzelnen Stromschleife der Fläche A ist $\mu = IA$. Das magnetische Moment eines einzelnen Elektrons ist

$$\mu_e = \frac{e}{2m}\frac{h}{2\pi},$$

wobei h die Planck-Konstante ist.

Aufgaben

1. Betrachte zwei zueinander parallele, unendlich große dünne Platten jeweils mit dem Oberflächenstrom der Dichte $\mathcal{J}$. Bestimme Betrag und Richtung $\mathfrak{B}$ in den Gebieten I, II und III.
2. Betrachte zwei aneinander stoßende Platten mit den Stromdichten j in entgegengesetzten Richtungen. Jede Platte hat die Dicke x_0. Gib Betrag und Richtung von $\mathfrak{B}$ in den Gebieten I, II, III und IV an.
3. Die Abbildung zeigt zwei konzentrische lange Spulen der Radien R_1 und R_2 mit den Oberflächenstromdichten $\mathcal{J}_1$ und $\mathcal{J}_2$. Welches sind Betrag und Richtung von $\mathfrak{B}$ in den Bereichen $r < R_1$, $R_1 < r < R_2$ und $r > R_2$?
4. Eine 1 m lange Spule von 8 cm Durchmesser habe 500 Windungen.
   (a) Wie groß ist $\mathcal{B}$ im Innern der Spule, wenn sie einen Strom von 5 A führt?
   (b) Wie groß ist die Anzahl der magnetischen Kraftflußlinien bei diesem Strom?
5. Ein Elektron bewegt sich anfangs in Richtung einer Spulenachse. Beschreibe seine weitere Bewegung.
6. Ein Koaxialkabel besteht aus einem inneren Zylinder vom Radius R_1 und einem äußeren Zylinder vom Radius R_2. Es fließt ein Strom der Stärke I auf den Oberflächen beider Zylinder, aber in entgegengesetzter Richtung (parallel und antiparallel zur Achse). Wie groß ist $\mathcal{B}$ im Abstand r von der Achse, wenn
   (a) r zwischen den beiden Zylindern liegt?
   (b) r außerhalb des äußeren Zylinders liegt?

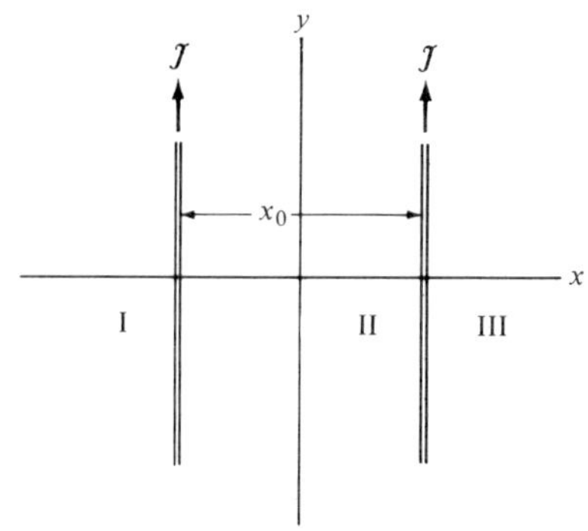

Aufgabe 1

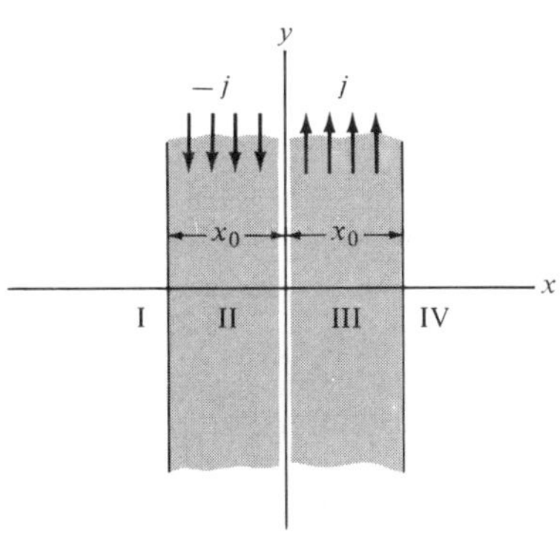

Aufgabe 2

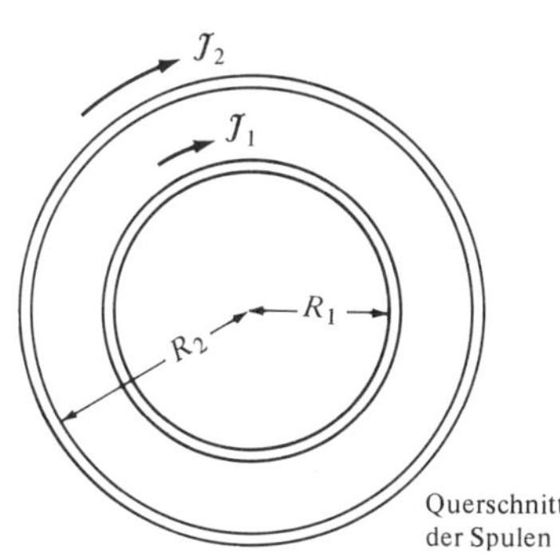

Aufgabe 3

7. In einem vertikalen Koaxialkabel fließt ein Strom der Stärke $I_1 = 3$ A im inneren Leiter nach unten und ein Strom der Stärke $I_2 = 2$ A im äußeren zylindrischen Leiter nach oben. Der äußere Zylinder hat einen Durchmesser von 3 cm, der innere Leiter ist 4 mm stark.
   (a) Wie groß ist $\mathscr{B}$ in einer Entfernung von 5 cm von der Mitte?
   (b) Wie groß ist $\mathscr{B}$ im Innern des Kabels im Abstand 0,5 cm von der Mitte?
8. Angenommen, der Strom von Beispiel 3 fließt über eine Fläche, die gleich einem Viertel der Querschnittsfläche der Erde ist.
   (a) Wie groß ist die Stromdichte j?
   (b) Welche Stromstärke pro cm^2 liegt vor?
   (c) Angenommen, der Strom wird durch Elektronen verursacht, die sich mit einer Driftgeschwindigkeit von 10^{-4} m/s bewegen. Wieviel bewegte Elektronen pro cm^3 sind vorhanden?
9. Welche Kraft in dyn wirkt auf jeden cm zweier Ströme von 1 A im Abstand 1 cm?
10. Wie groß ist $\mathscr{B}$ am Ende einer Spule? (Hinweis: Betrachte eine zweite identische Spule, die an das Ende der ersten stößt, so daß effektiv eine lange Spule entsteht.)

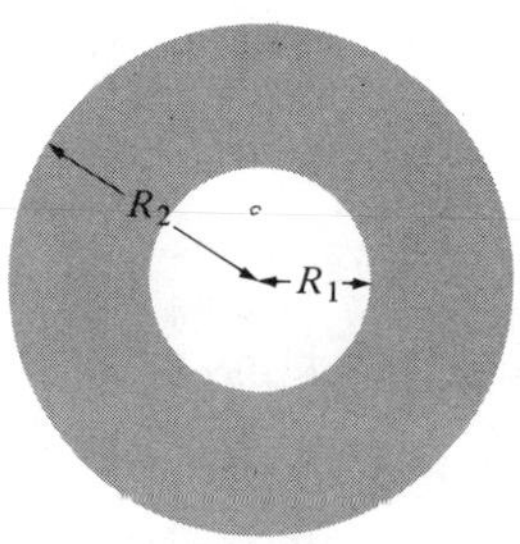

Aufgabe 11

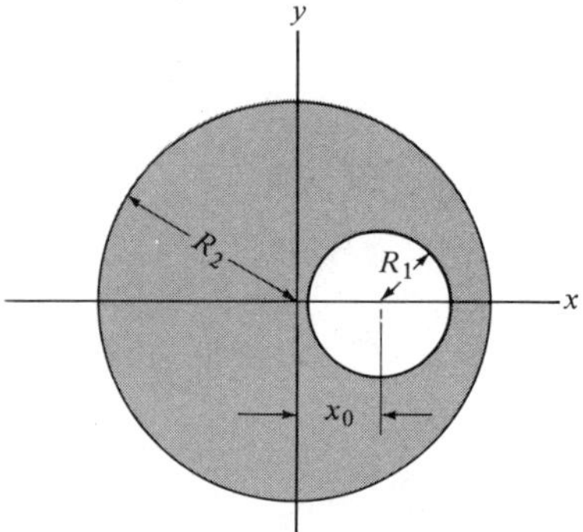

Aufgabe 12

11. Ein hohler leitender Stab hat einen inneren Radius R_1 und einen äußeren Radius R_2. Ein Strom hat überall im Stab die gleiche Stärke und fließt parallel zur Achse. Wie groß ist $\mathscr{B}$ in den Bereichen $r < R_1$, $R_1 < r < R_2$ und $r > R_2$?
12. Das zylindrische Loch von Aufgabe 11 ist exzentrisch angeordnet mit einer Entfernung x_0 von der Mitte. Wie groß ist $\mathscr{B}$ in jedem Punkt der x-Achse? Hinweis: Die Lösung dieser Aufgabe ist die gleiche wie für zwei massive Zylinder gleicher, aber entgegengesetzter Stromdichte mit den Radien R_1 und R_2, die voneinander den Abstand x_0 haben.
13. Wiederhole Aufgabe 12 für $\mathscr{B}$ auf der y-Achse.
14. Leite eine Formel her für $\mathscr{B}$ im Innern einer toroidalen Spule. Der innere Radius ist R_1, der äußere ist R_2. Die Spule hat N Windungen.
15. Eine Spule hat die Länge L und den Oberflächenstrom der Dichte $\mathscr{J}$. Damit ergibt Gl. (18-9)

$$d\mathscr{B} = \frac{k_0}{c^2}\frac{2A\mathscr{J}\,dx}{r^3}.$$

Die Integration über x ergibt $\mathscr{B}$ im Punkt P. Zeige, daß das Ergebnis für $\mathscr{B}$ folgendermaßen lautet:

$$\mathscr{B} = \frac{2\pi k_0}{c^2}\mathscr{J}(\cos\theta_2 - \cos\theta_1),$$

wenn θ_1 und θ_2 die Winkel sind, die r entsprechend der Abbildung mit der x-Achse am vorderen und hinteren Ende der Spule einschließt.
16. Wiederhole Aufgabe 15 für den Fall, daß sich der Punkt P im Innern der Spule befindet.
17. Zwei parallele Ringe vom Radius R führen einen Strom I, wie abgebildet. Der Abstand der Ringe beträgt wiederum R. Mit Gl. (18-9) soll ein Ausdruck für $\mathscr{B}$ als Funktion von x für alle Punkte der x-Achse hergeleitet werden.

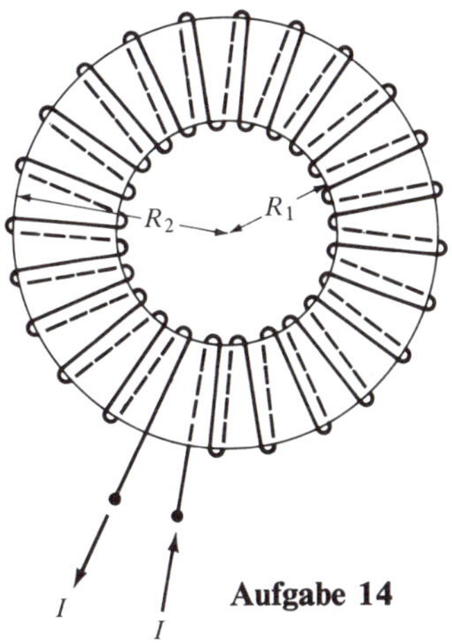

Aufgabe 14

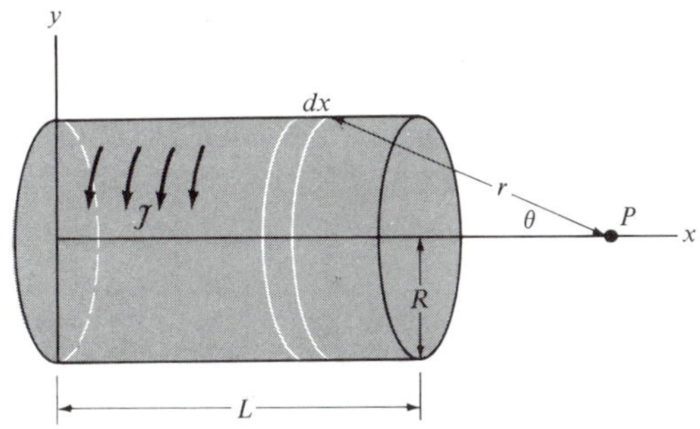

Aufgabe 15

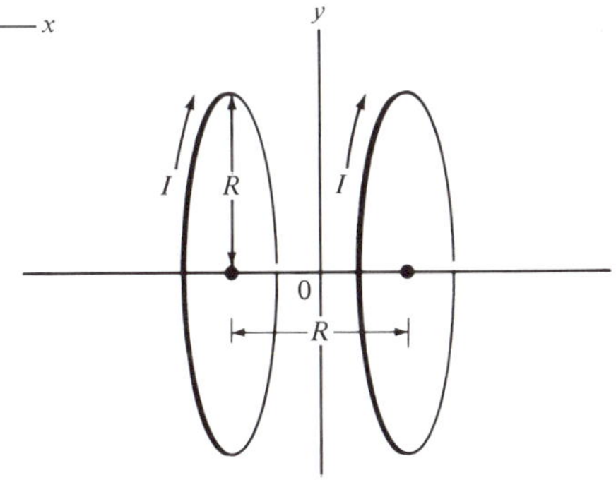

Aufgabe 17

18. Wie groß ist $\mathscr{B}$ in Aufgabe 17 für $x = 0$? Wie groß sind die ersten drei Ableitungen von $\mathscr{B}$ nach x an der Stelle $x = 0$? Man beachte, daß eine solche Spulenanordnung ein recht homogenes Feld im Bereich des Zentrums ergibt; derartige Spulen werden auch Helmholtz-Spulen genannt.

19. Die in Abb. 18-10 gezeigte Spule habe ein Trägheitsmoment I_0, und in ihr fließe ein Strom I in entgegengesetzter Richtung wie abgebildet. Die Spule werde um einen kleinen Winkel α gedreht und dann losgelassen. Bestimme die Schwingungsdauer als Funktion von I_0, I, A und $\mathscr{B}$.

20. Wenn eine einzelne magnetische Ladung existieren würde, hätte der Gaußsche Satz für die magnetische Ladung die Form

$$\oint_S \mathscr{B} \cdot \mathrm{d}\boldsymbol{A} = KQ_m,$$

wobei Q_m die effektive magnetische Ladung wäre, die von der Fläche S eingeschlossen würde. Bestimme die Proportionalitätskonstante K. (siehe Aufgabe 4b.)

21. Eine bestimmte Metall-Legierung enthält $8 \cdot 10^{22}$ Atome pro cm^3, wobei je Atom zwei Elektronen ausgerichtet sind. Welches magnetische Feld liegt im Innern der magnetisierten Substanz vor?

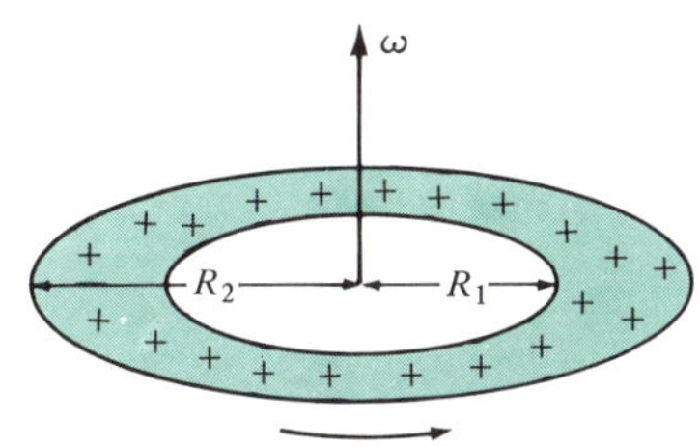

Aufgabe 22

22. Ein Ring der Masse M hat die Radien innen R_1 und außen R_2. Er ist homogen geladen mit der Gesamtladung Q und rotiert um seine Achse mit der Winkelgeschwindigkeit ω.
- **(a)** Bestimme den Drehimpuls L als Funktion von M, R_1, R_2 und ω.
- **(b)** Wie groß ist das magnetische Moment μ in Abhängigkeit von Q, R_1, R_2 und ω?
- **(c)** Bestimme das Verhältnis μ/L. Ist es das gleiche wie für ein Elektron in einer Kreisbahn?

23. Wiederhole Aufgabe 22 für eine Scheibe vom Radius R.

24. Drei unendliche, dicke Platten haben die Stromdichten j wie abgebildet. Gib Betrag und Richtung von $\mathfrak{B}$ in den Gebieten I, II, III und IV an.

25. Wiederhole Aufgabe 2 für den Fall, daß die beiden Platten voneinander einen Abstand x_1 haben.

26. Welcher magnetische Kraftfluß verläßt insgesamt die Ladung q_m in Abb. 18-11?

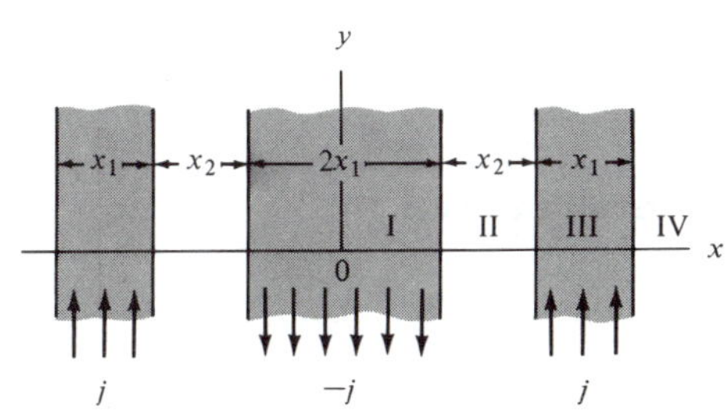

Aufgabe 24

19

Die elektromagnetische Induktion

Das zentrale Thema dieses Kapitels ist das Faradaysche Induktionsgesetz; dieses hat die einfache Form EMK $= -\mathrm{d}\Phi/\mathrm{d}t$, wobei die elektromotorische Kraft EMK als Quotient aus Arbeit und Ladung definiert ist, wenn die Ladung längs einer geschlossenen Schleife bewegt wird, und Φ der magnetische Kraftfluß durch diese Schleife ist. Wir werden zeigen, daß sich das Faradaysche Gesetz auf drei verschiedene Fälle anwenden läßt:

1. Eine Leiterschleife bewegt sich durch ein stationäres magnetisches Feld – manchmal auch als magnetische EMK bezeichnet.
2. Eine stationäre Leiterschleife (oder eine gedachte Leiterschleife) befindet sich in einem Magnetfeld, dessen Erzeuger sich bewegt – zuweilen auch elektrische EMK genannt.
3. Eine stationäre Leiterschleife (oder eine gedachte Leiterschleife) ist in einem Magnetfeld, dessen Erzeuger ruht, bei dem sich jedoch der Strom als Ursache des Magnetfelds zeitlich ändert – ebenfalls eine elektrische EMK.

Im Fall 1 ist die EMK gleich $(1/q) \oint \boldsymbol{F}_m \cdot \mathrm{d}\boldsymbol{s}$, wobei die magnetische Kraft auf die Ladung q über einen geschlossenen Weg zu integrieren ist. In den Fällen 2 und 3 ist die EMK gleich $\oint \boldsymbol{E} \cdot \mathrm{d}\boldsymbol{s}$ bei Integration über einen geschlossenen Weg. Im Fall 3 erzeugt das sich ändernde Magnetfeld, wie wir sehen werden, ein es begleitendes elektrisches Feld.

19-1 Motoren und Generatoren

Abb. 19-1 verdeutlicht das Prinzip eines elektrischen Generators. Eine einfache rechteckige Leiterschleife befindet sich in einem homogenen Magnetfeld. Wenn die Schleife um die eingezeichnete Achse gedreht wird, erscheint eine Spannung an den Enden P_1 und P_2. Es wird sich zeigen, daß diese Spannung ihre Polarität mit der Rotationsfrequenz der Schleife ändert. Im folgenden werden wir die Spannung in Abhängigkeit von der Größe der Schleife, von der magnetischen Feldstärke $\mathscr{B}$ und von der Winkelgeschwindigkeit ω berechnen.

Abb. 19-1. *(a) Rechteckige Leiterschleife der Fläche $A = l_1 l_2$, die gegen den Uhrzeigersinn in einem homogenen Magnetfeld rotiert. Die Ladung q in l_1 erfährt die Kraft $\boldsymbol{F} = q\boldsymbol{v} \times \mathfrak{B}$. (b) Seitenansicht von (a).*

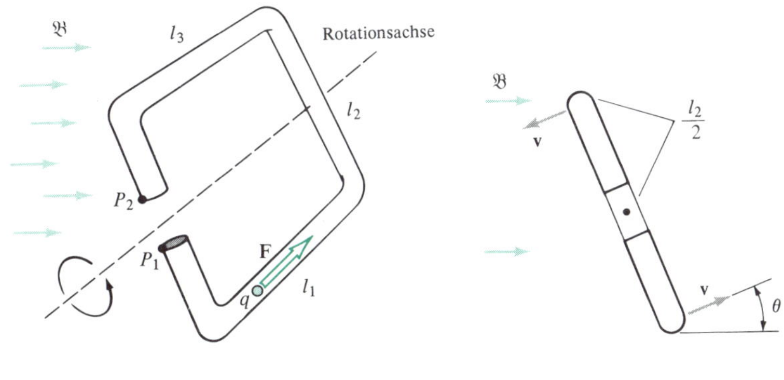

Wir betrachten dazu die Kraft F auf eine Teilladung q in der unteren Seite l_1 der Schleife. Da überall $E = 0$ gilt, ist die einzige Kraft, die auf q wirkt, die magnetische Kraft $\boldsymbol{F}_1 = q\boldsymbol{v} \times \mathfrak{B}$. Für den Betrag dieser Kraft schreiben wir

$$F_1 = q\left(\frac{\omega l_2}{2}\right)\mathscr{B}\sin\theta,$$

wobei wir v durch $(\omega l_2/2)$ ersetzt haben. Die Arbeit, die an der Ladung q verrichtet wird, während sie entlang l_1 fließt, ist

$$W_1 = \boldsymbol{F}_1 \cdot \boldsymbol{l}_1 = \left(q\frac{\omega l_2}{2}\mathscr{B}\sin\theta\right) l_1 .$$

An der Ladung q wird keine Arbeit verrichtet, wenn sie sich entlang l_2 bewegt, da F und l_2 aufeinander senkrecht stehen. Wenn q entlang l_3 fließt, ist die Arbeit $W_3 = W_1$. Somit ist die Gesamtarbeit, die an q auf dem Weg von P_1 nach P_2 durch die magnetische Kraft geleistet wird,

$$W = q l_1 l_2 \mathscr{B}\omega\sin\theta .$$

Wird eine Ladung q entlang der Leiterschleife von P_1 nach P_2 bewegt, so definiert man als EMK den Quotienten aus dabei verrichteter Arbeit und q:

$$\text{EMK} = \frac{W}{q} = \mathscr{B} l_1 l_2 \omega \sin\theta.$$

Benutzt man die Fläche der Schleife $l_1 l_2 = A$ und $\theta = \omega t$, so kann man schreiben

$$\text{EMK} = \mathscr{B} A\omega \sin\omega t. \qquad \textbf{(19-1)}$$

Es ist klar, daß die elektromotorische Kraft keine Kraft im eigentlichen Sinne ist. Sie hat die Einheit Joule pro Coulomb oder Volt. Die EMK ist die Energie pro Ladungseinheit, die den Leitungselektronen jedesmal mitgegeben wird, wenn sie den Stromkreis durchlaufen; dabei wird angenommen, daß die Anschlüsse P_1 und P_2 mit einem äußeren Stromkreis verbunden sind. Eine EMK ist eine Spannungsquelle im gleichen Sinne wie eine Batterie. Jedes Leitungselektron nimmt entsprechend der EMK Energie auf, wenn es durch die rotierende Spule des Generators fließt. Diese zusätzliche Energie kann auf die Atome eines äußeren Stromkreises übertragen werden und führt zu ohmscher Heizung.

Wir können nun die EMK auf den magnetischen Kraftfluß zurückführen, der durch die Leiterschleife (oder die Spule mit einer Windung) hindurchtritt. Der magnetische Fluß durch die rotierende Schleife ist:

$$\Phi_B = \int \mathfrak{B} \cdot \mathrm{d}A = \mathcal{B} l_1 l_2 \cos\theta = \mathcal{B} A \cos \omega t .$$

Die Ableitung des Flusses nach der Zeit ist

$$\frac{\mathrm{d}\Phi_B}{\mathrm{d}t} = -\mathcal{B} A \omega \sin \omega t .$$

Der Vergleich mit Gl. (19-1) ergibt die anfangs angegebene Version des Faradayschen Gesetzes:

$$\mathrm{EMK} = -\frac{\mathrm{d}\Phi_B}{\mathrm{d}t} .$$

Bisher haben wir gezeigt, daß das Faradaysche Gesetz für eine rechteckige Stromschleife in einem stationären und homogenen Magnetfeld gilt.

Wenn die rotierende Spule aus n Windungen besteht, die in Serie geschaltet sind, ist die EMK n-mal so groß wie für eine Windung. Wird ein Kondensator an die Pole P_1 und P_2 in Abb. 19-1 angeschlossen, so sammelt sich bei P_2 rasch eine positive Ladung an. Wird die Ladung so groß, daß $\int_{P_1}^{P_2} \boldsymbol{E} \cdot \mathrm{d}\boldsymbol{s}$ entlang der Schleife gleich und entgegengesetzt zur magnetischen EMK ist, so fließt keine Ladung mehr. Die Spannung, die an den Polen P_1 und P_2 erscheint, ist dann gleich der EMK.

Beispiel 1: Eine Spule mit 200 Windungen von der in Abb. 19-1 dargestellten Form mit einer Länge von 5 cm und einer Höhe von 6 cm rotiert mit 60 Umdrehungen pro s in einem Feld von 0,5 T (5000 Gauß). Zeichne ein Diagramm der erzeugten Spannung als Funktion der Zeit.

Lösung: Gl. (19-1) gibt die Spannung einer Windung an. Man setzt $\mathcal{B} = 0{,}5$ T, $A = 30 \cdot 10^{-4}$ m^2 und $\omega = 120\pi$ s^{-1} ein und erhält

$$\begin{aligned} \mathrm{EMK/Wdg} &= (0{,}5)\,(30 \cdot 10^{-4})\,(120\pi) \sin \omega t \ \mathrm{V} \\ &= 0{,}565 \sin \omega t \ \mathrm{V} . \end{aligned}$$

Die Multiplikation mit 200 Windungen ergibt

$$\text{EMK} = 113 \sin \omega t \text{ V}.$$

Diese Funktion ist in Abb. 19-2 graphisch dargestellt. Die allgemein im Haushalt benutzte Spannung ist $V = 311 \sin(100\pi t)$. Der zeitliche Mittelwert ist $\sqrt{\overline{V^2}} = 220$ V. Ein Strom oder eine Spannung, die einen sinusförmigen zeitlichen Verlauf haben, nennt man Wechselstrom oder Wechselspannung.

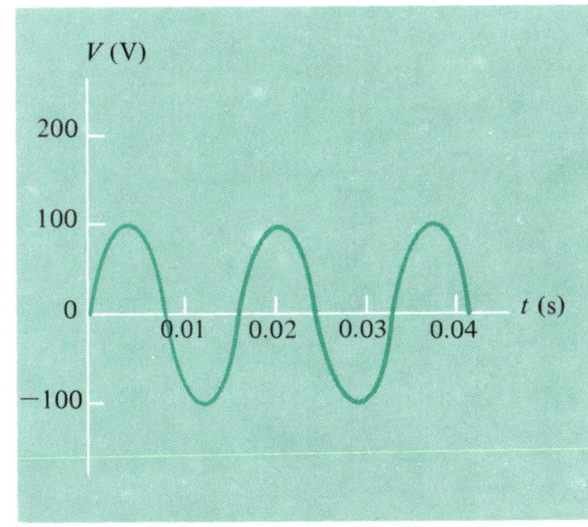

Abb. 19-2. *Wechselspannung, wie sie vom Generator in Beispiel 1 erzeugt wird.*

Elektromotoren

Wenn die rechteckige Schleife von Abb. 19-1 von Hand oder durch sonstige mechanische Kräfte gedreht wird, haben wir einen elektrischen Generator. Wird stattdessen ein Strom der Stärke I von außen durch die Schleife geschickt, so entsteht ein Drehmoment, das durch Gl. (18-11) gegeben ist:

$$T = IA\mathscr{B} \sin \theta.$$

Wenn der Strom von P_1 durch die Schleife nach P_2 fließt, hat das Drehmoment das Bestreben, die Spule im Uhrzeigersinn zu drehen.

Beispiel 2: Durch die Spule von Beispiel 1 wird ein sinusförmiger Strom geschickt, der sie mit 60 Umdrehungen pro s in Rotation versetzt. Der Spitzenwert des Stromes ist 2 A. Welche Spitzenleistung wird vom Motor abgegeben?

Lösung: Für eine geradlinige Bewegung ist die Leistung $P = Fv$. Für die Bewegung längs eines Kreises vom Radius R gilt

$$P = (RF)(v/R) = T\omega.$$

Mit dem Drehmoment für n Windungen $T = nIA\mathscr{B} \sin \theta$ folgt

$$P = (nIA\mathscr{B} \sin \theta)\,\omega.$$

Die Spitzenleistung ist

$$P_0 = nIA\mathscr{B}\omega.$$

Setzt man Zahlenwerte ein ($N = 200$, $I = 2$ A, $A = 30 \cdot 10^{-4}$ m^2, $\mathscr{B} = 0{,}5$ T), so erhält man

$$P_0 = 226 \text{ W}.$$

In den Beispielen 1 und 2 müßten die Anschlüsse P_1 und P_2 über Schleifkontakte mit den Zuleitungen elektrisch verbunden werden, da sich sonst die Zuleitungen verdrillen würden.

19-2 Das Faradaysche Induktionsgesetz

Wir haben bis jetzt nur gezeigt, daß das Faradaysche Gesetz für den Spezialfall der rechteckigen Spule, die im homogenen Magnetfeld rotiert, anwendbar ist. Im Anhang 19-1 beweisen wir, daß auch im Fall einer Spule beliebiger Gestalt, die sich mit der linearen Geschwindigkeit v durch ein inhomogenes Magnetfeld bewegt, die induzierte EMK gleich $-\mathrm{d}\Phi_B/\mathrm{d}t$ ist.

Im Anhang 19-1 wird folgendes gezeigt: Bewegt sich eine Spule durch ein Magnetfeld und durchläuft eine Ladung eine Windung der Spule, so gilt für den Quotienten aus der beim Umlauf geleisteten Arbeit und der Ladung

$$\mathrm{EMK} = -\frac{\mathrm{d}\Phi_B}{\mathrm{d}t}. \qquad (19\text{-}2)$$

Auf eine stationäre Spule kann keine magnetische Kraft wirken, da $v = 0$ ist. Wenn sich jedoch der Erzeuger des Magnetfeldes (z. B. andere stromdurchflossene Spule oder Stabmagnet) bewegt, so entsteht am Ort der Spule ein elektrisches Feld, das folgender Gleichung genügt:

$$\oint \boldsymbol{E} \cdot \mathrm{d}\boldsymbol{s} = -\frac{\mathrm{d}\Phi_B}{\mathrm{d}t}. \quad \text{(Faradaysches Induktionsgesetz)} \qquad (19\text{-}3)$$

Gl. (19-3) kann unmittelbar aus Gl. (19-2) gewonnen werden, wenn man das Prinzip der Relativität auf das System Spule–Magnetfelderzeuger anwendet. Offenbar hängt die gemessene EMK nur von der Relativgeschwindigkeit zwischen Spule und dem Magnetfelderzeuger ab. Ein relativ zur Spule ruhender Beobachter muß die gleiche Kraft auf eine Ladung in der Spule sehen wie ein Beobachter, der sich zusammen mit dem Magnetfelderzeuger fortbewegt. Definitionsgemäß ist der Quotient aus Kraft und Ladung q die elektrische Feldstärke, die der relativ zur Spule ruhende Beobachter wahrnimmt. Dieses Ergebnis ist mathematisch konsistent mit Gl. (17-20), die besagt $\boldsymbol{E} = -\boldsymbol{v} \times \mathfrak{B}$, wobei $\boldsymbol{v}$ die Geschwindigkeit des bewegten Erzeugers ist.

Wir fassen zusammen: Wenn sich die Spule durch das Magnetfeld bewegt, entsteht eine EMK nicht aufgrund eines elektrischen Felds (integriert über einen geschlossenen Weg), vielmehr erzeugt die magnetische Kraft eine EMK der Größe $-\mathrm{d}\Phi_B/\mathrm{d}t$; dieser Fall ist in Abb. 19-3(a) wiedergegeben.

Ruht jedoch die Spule relativ zu einem Beobachter, und der Magnetfelderzeuger bewegt sich relativ zu ihm, so entsteht ein elektrisches Feld, das nach Gl. (19-3) berechnet werden kann. Dieser Fall ist in Abb. 19-3(b) schematisch dargestellt. Nach dem Prinzip der Relativität müssen die beiden Meßgeräte in (a) und (b) den gleichen Wert anzeigen. Im Experiment (b) ruft das sich ändernde Magnetfeld am Ort der Spule B eine Kraft auf die Leitungselektronen im Leiter hervor, die zum Ausschlag des Instruments führt. Die Kraft pro Ladung ist definitionsgemäß die elektrische Feldstärke.

Aber wie erklärt man das Ergebnis von Experiment (c) in Abb. 19-3, bei dem sich keine der Spulen bewegt? Ändert man den Widerstand R um einen geeigneten Betrag pro Sekunde, so kann man es erreichen, daß sich die Magnetfeldstärke am Ort der Spule B um den gleichen Betrag pro Sekunde ändert wie bei Experiment (b). Die Magnetfeldstärke und ihre Ableitungen nach der Zeit am Ort der Spule B sind also in beiden Experi-

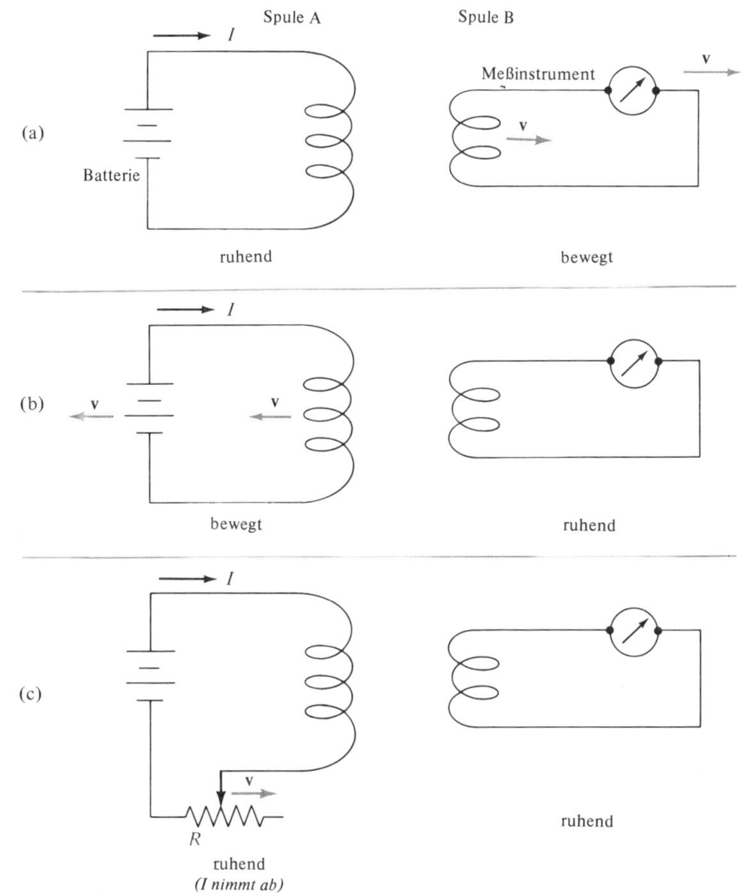

Abb. 19-3. (*a*) *Spule B wird durch das Magnetfeld von Spule A bewegt; das Meßinstrument zeigt eine induzierte EMK an.* (*b*) *Die Relativgeschwindigkeit zwischen den beiden Spulen ist die gleiche wie bei* (*a*)*; das Instrument hat den gleichen Zeigerausschlag.* (*c*) *Der Widerstand R nimmt um einen solchen Betrag pro Zeiteinheit zu, daß $\mathscr{B}$ am Ort der Spule B mit dem gleichen Betrag pro Zeiteinheit abnimmt wie in* (*a*) *und in* (*b*).

menten gleich. Bei (b) haben wir geschlossen, daß die Änderung des Magnetfelds eine Kraft auf die Leitungselektronen erzeugt hat. Da die Änderung des Magnetfelds in (c) genau gleich ist wie in (b), muß die gleiche Kraft auf die Ladungen in der Spule B entstehen, und die Zeigerausschläge in (b) und (c) müssen gleich sein. Wenn das nicht so wäre, würden identische Bedingungen am Ort der Spule B zu nicht eindeutigen Ergebnissen führen. Unsere ursprüngliche Absicht bei der Einführung der Felder (E und $\mathscr{B}$) war es, die Möglichkeit zu eröffnen, Kräfte auf geladene Teilchen zu berechnen. Wenn eine solche mathematische Konstruktion einen Sinn haben soll, so müssen bestimmte Werte von E, $\mathscr{B}$ und ihren Ableitungen in eindeutiger Weise bestimmte Werte der Kräfte auf geladene Teilchen ergeben. Das Verhalten des Magnetfelderzeugers in weiter Ferne sollte die lokale Situation nur mittelbar beeinflussen. Wir sind also gezwungen zu verlangen, daß die Gleichung

$$\oint \boldsymbol{E} \cdot \mathrm{d}\boldsymbol{s} = -\frac{\mathrm{d}\Phi_B}{\mathrm{d}t}$$

für die Experimente (b) und (c) gleichermaßen gültig ist.

Wir haben gerade hergeleitet, daß das Faradaysche Gesetz in Form von Gl. (19-3) auch auf ein System stationärer Stromkreise anwendbar ist. Ein sich ändernder Strom in dem einen Kreis kann eine EMK und ein elektrisches Feld in einem zweiten Kreis induzieren. Tatsächlich braucht der zweite Kreis nicht vorhanden zu sein. Das elektrische Feld erscheint, ob nun der zweite Kreis vorhanden ist oder nicht. Die Gleichung

$$\oint \boldsymbol{E} \cdot \mathrm{d}\boldsymbol{s} = -\frac{\mathrm{d}\Phi_B}{\mathrm{d}t}$$

ist vollkommen allgemein und gilt für beliebige gedachte geschlossene Wege im Raum. Sie kann auch folgendermaßen geschrieben werden:

$$\oint_C \boldsymbol{E} \cdot \mathrm{d}\boldsymbol{s} = -\frac{\mathrm{d}}{\mathrm{d}t}\left(\int_S \mathfrak{B} \cdot \mathrm{d}\boldsymbol{A}\right),$$

$$\oint_C \boldsymbol{E} \cdot \mathrm{d}\boldsymbol{s} = -\int_S \frac{\partial \mathfrak{B}}{\partial t} \cdot \mathrm{d}\boldsymbol{A}. \qquad \textbf{(19-4)}$$

S ist dabei eine beliebige Fläche, die die Kurve C als Randlinie hat. Wir haben den Übergang auf $\partial\mathfrak{B}/\partial t$ vollzogen, da sich die Umrandung von $\mathrm{d}\boldsymbol{A}$ zeitlich nicht ändert.

19-3 Lenzsche Regel

Damit das Minuszeichen in Gl. (19-4) eine Bedeutung erhält, ist es wichtig, die Richtung von $\mathrm{d}\boldsymbol{A}$ im Flächenintegral in der korrekten Weise festzulegen. Das kann mit Hilfe der Rechte-Hand-Regel geschehen, die in Abb. 19-4 illustriert ist. Krümmt man die Finger der rechten Hand in Richtung des Linienintegrals (Richtung von $\mathrm{d}\boldsymbol{s}$), dann weist der Daumen in die positive Richtung der von C umrandeten Fläche S. An Gl. (19-4) und Abb. 19-4 kann man ablesen, daß die induzierte EMK negativ wird, wenn der Fluß in der Richtung von $\mathrm{d}\boldsymbol{A}$ zunimmt. Das führt dazu, daß ein Strom entgegengesetzt zum $\mathrm{d}\boldsymbol{s}$-Pfeil in Abb. 19-4 fließt. Ein solcher Strom erzeugt selbst einen magnetischen Fluß, welcher der Richtung der Flußzunahme entgegengesetzt ist. **Die Beobachtung, daß ein induzierter Strom einen Fluß hervorruft, der der Änderung des ursprünglichen Flusses entgegengesetzt ist, heißt Lenzsche Regel.**

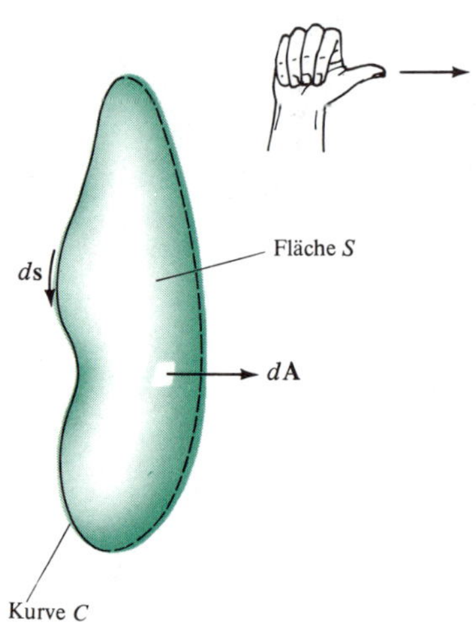

Abb. 19-4. *Methode, um mit der rechten Hand die positive Richtung der Fläche S zu bestimmen.*

Ein anschauliches Beispiel für die Lenzsche Regel ist das Verhalten einer geschlossenen Schleife aus supraleitendem Material. Gleichgültig, wie stark die Änderung äußerer Magnetfelder auch ist, der Netto-Fluß durch die supraleitende Schleife bleibt konstant. (Würde der Fluß sich nämlich ändern, so würde eine EMK induziert werden, die einen Strom unendlicher Stärke hervorrufen würde; dies ist unmöglich.) Wenn man einen supraleitenden Ring in die Nähe eines Magneten bringt, wird in dem Ring ein Strom gerade von der Stärke induziert, daß der von diesem Strom erzeugte Fluß den Fluß des Magneten kompensiert (s. Abb. 19-5). Außerdem wirkt dann auf jedes Element des Rings eine Kraft $I\,\mathrm{d}\boldsymbol{l} \times \mathfrak{B}$, die es vom Magneten abstößt. Diese Kraft kann das Gewicht des Rings überschreiten. Ein Ring aus gut leitendem Material kann tatsächlich für kurze Zeit über dem Pol eines Magneten schweben. Bei einer anderen An-

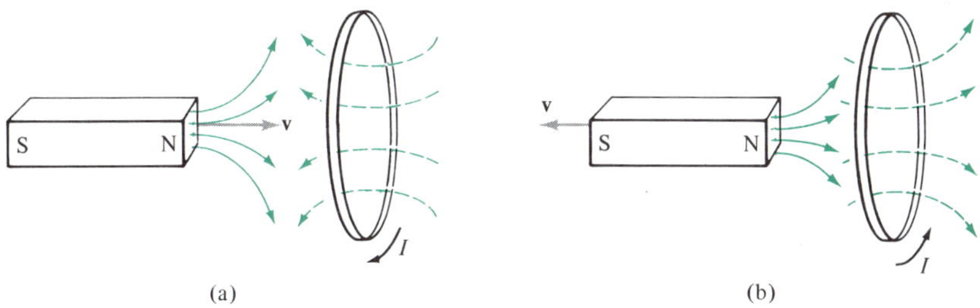

Abb. 19-5. *(a) Der Stabmagnet bewegt sich nach rechts und vergrößert damit den Fluß in der geschlossenen Leiterschleife. Der induzierte Strom erzeugt die gestrichelten Magnetfeldlinien, die der Flußzunahme durch den Stabmagneten entgegenwirken. (b) Ein ursprünglich ruhender Stabmagnet wird nach links bewegt. Die Flußabnahme an der Leiterschleife induziert in ihr einen Strom, der so gerichtet ist, daß sein $\mathscr{B}$-Feld (gestrichelte Linien) der Flußänderung entgegengesetzt ist, d. h., die gestrichelten Linien versuchen, den ursprünglichen Fluß zu erhalten. In (a) ist die resultierende Kraft auf die Schleife nach rechts, in (b) ist sie nach links gerichtet.*

wendung der Lenzschen Regel wird ein Stabmagnet in eine supraleitende Rinne gelegt; der Stabmagnet schwebt dann in der Rinne. In diesem Zusammenhang sei erwähnt, daß es Pläne gibt, Hochgeschwindigkeitszüge zu bauen, die auf von supraleitenden Spulen erzeugten Magnetkissen schweben sollen.

Es ist nicht notwendig, daß die Leiter supraleitend sind. Nach der Lenzschen Regel erfährt jeder Leiter, der in ein magnetisches Feld geschoben wird, eine abstoßende Kraft. Die in solchen Fällen induzierten Ströme werden Wirbelströme genannt.

Transformatoren

Wenn zwei getrennte Spulen auf denselben Kern gewickelt sind und sich in der einen Spule der Strom ändert, so wird in der anderen Spule eine EMK erzeugt. Diese EMK kann mit dem Faradayschen Gesetz berechnet werden. Eine solche Spulenanordnung heißt Transformator. Bei den meisten Transformatoren liegen Primär- und Sekundärspule direkt übereinander, damit durch beide dieselben $\mathscr{B}$-Feldlinien hindurchgehen (s. Abb. 19-6). Damit haben auch beide Spulen den gleichen Wert $d\Phi_B/dt$. Die Primärspule habe die Windungszahl n_1, die Sekundärspule habe die Windungszahl n_2. Nach Gl. (19-3) ergibt sich für die EMK oder für die induzierte Spannung in der Spule 2:

$$V_2 = -n_2 \frac{d\Phi_B}{dt}.$$

In ähnlicher Weise erhält man für die Spule 1

$$V_1 = -n_1 \frac{d\Phi_B}{dt}.$$

Das Verhältnis der beiden Spannungen ist dann

$$\frac{V_2}{V_1} = \frac{n_2}{n_1}.$$

Wird eine Wechselspannung $V_\sim$ anfangs an die Primärspule gelegt, so steigt der Strom, bis $n_1\, d\Phi_B/dt$ einen Wert erreicht, der fast gleich $V_\sim$ ist, d. h. $V_\sim \approx V_1$.

19-4 Induktion

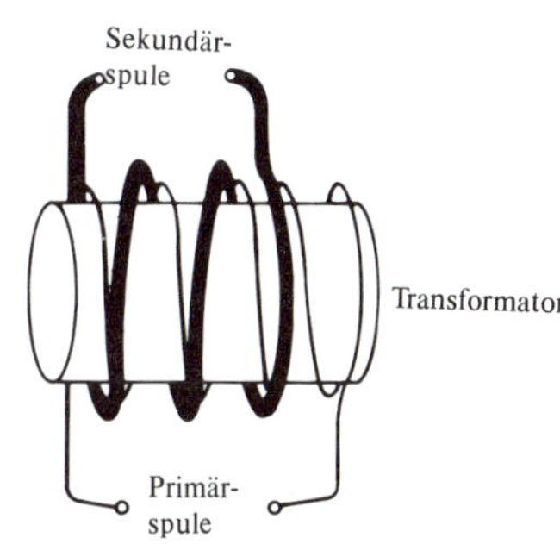

Abb. 19-6. *Transformator*

Wir sehen, daß beim Anlegen einer Wechselspannung an die Primärspule die induzierte Sekundärspannung dadurch größer oder kleiner gemacht werden kann, daß man ein geeignetes Verhältnis der Windungszahlen wählt. Diese bequeme Methode, kleine Spannungen in große (und umgekehrt) zu verwandeln, ist einer der Vorteile, Wechselstrom statt Gleichstrom zu verwenden. Dieser Vorteil ist ungemein wichtig, wenn es darum geht, Strom zu erzeugen und zu übertragen. Die wirtschaftlichsten Generatoren erzeugen Wechselstrom relativ niedriger Spannung. Wie wir in Beispiel 3 erfahren werden, ist es notwendig, eine hohe Spannung zu benutzen, um die Verluste bei den langen Übertragungsleitungen klein zu halten. Ein Transformator wandelt vor der Übertragung sehr verlustarm die niedrige Spannung in Hochspannung um. Nach der Übertragung muß ein weiterer Transformator die Spannung wieder auf einen ungefährlicheren und bequemeren Wert heruntertransformieren.

Wir wollen die Frage, weshalb die Verwendung von Hochspannung günstiger ist, am speziellen Beispiel eines Generators untersuchen, der 10 MW über eine Übertragungsleitung mit einem Widerstand von 10 Ohm liefert.

Beispiel 3: Berechne den Übertragungsverlust eines Generators, der 10 MW über eine Übertragungsleitung mit einem Widerstand von 10 Ohm liefert. Betrachte die zwei Fälle: die Spannung an der Leitung betrage (a) $1{,}4 \cdot 10^4$ V und (b) 10^5 V.

Lösung: Mit $P = IV$ ergibt sich für die Stromstärke in der Übertragungsleitung $I = P/V$. Die Verlustleistung in der Leitung ist $P_{\text{Verl.}} = I^2R = (P/V)^2 R = RP^2/V^2 = (10)(10^7)^2/V^2 = 10^{15}/V^2$. Die Übertragungsverluste sinken also mit dem Quadrat der Spannung. Es ergibt sich:

(a) $P_{\text{Verl.}} = 10^{15}/(1{,}4 \cdot 10^4)^2 = 5$ MW, d. h., die Hälfte der ursprünglichen Leistung geht verloren.

(b) $P_{\text{Verl.}} = 10^{15}/(10^5)^2 = 10^5$ W, d. h. ein Verlust von 1%.

Es ist klar, daß in diesem Fall zur Übertragung mehr als 20 kV benutzt werden sollten.

Selbstinduktion

Wenn sich der Strom durch eine Spule ändert, ändert sich der Fluß durch jede Windung, und nach dem Faradayschen Gesetz wird dann in jeder Windung eine EMK induziert gemäß

$$\frac{\text{EMK}}{\text{Wdg}} = -\frac{\mathrm{d}\Phi}{\mathrm{d}t}.$$

$\mathrm{d}\Phi/\mathrm{d}t$ ist dabei die Flußänderung pro Zeiteinheit für eine Windung. Diese EMK wird als Gegenspannung bezeichnet. Ist der Fluß durch alle

Windungen gleich, so ist die gesamte Gegenspannung

$$\text{EMK} = -N\frac{\mathrm{d}\Phi}{\mathrm{d}t}.$$

Die Größe $N\Phi$ ist der Gesamtfluß der Spule. Er muß der Stromstärke I in der Spule proportional sein:

$$N\Phi = LI \qquad \textbf{(19-5)}$$

oder

$$L := \frac{N\Phi}{I}. \quad \text{(Definition der Induktivität)}$$

Die Proportionalitätskonstante L wird die Induktivität oder der Koeffizient der Selbstinduktion genannt. Die Differentiation von Gl. (19-5) ergibt eine äquivalente Definition von L:

$$N\frac{\mathrm{d}\Phi}{\mathrm{d}t} = L\frac{\mathrm{d}I}{\mathrm{d}t}$$

oder

$$\text{EMK} = -L\frac{\mathrm{d}I}{\mathrm{d}t}. \quad \text{(selbstinduzierte Gegenspannung)} \qquad \textbf{(19-6)}$$

Die Einheit von L ist (Vs)/A oder Ohm · s. Im MKS-System hat diese Einheit den Namen Henry, mit der SI-Abkürzung H.

Als Beispiel berechnen wir die Induktivität einer Spule der Länge x_0 mit N Windungen (s. Abb. 19-7). Aus Gl. (19-5) folgt:

$$L = N\frac{\Phi_1}{I}.$$

Der Fluß durch eine einzelne Windung ist

$$\Phi_1 = \mathscr{B}A, \quad \text{wobei} \quad \mathscr{B} = \frac{4\pi k_0}{c^2}\frac{NI}{x_0}$$

durch Gl. (18-7) gegeben ist. Somit erhält man

$$\Phi_1 = \frac{4\pi k_0 NA}{c^2 x_0} I.$$

Abb. 19-7. *Der Strom I in der Spule der Länge x_0 erzeugt den Fluß Φ_1.*

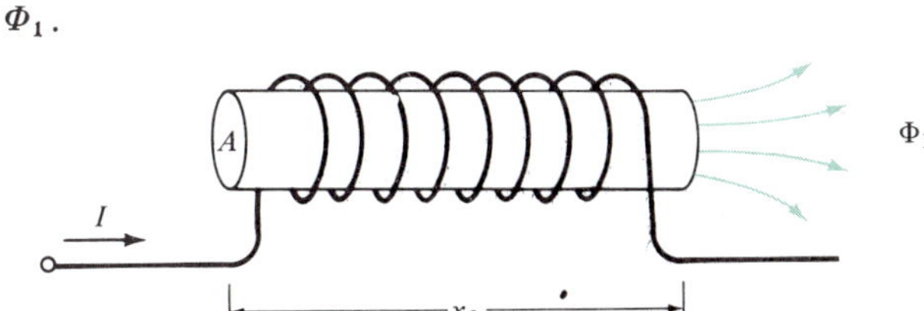

L ergibt sich, wenn man Φ_1 mit N/I multipliziert:

$$L = \frac{4\pi k_0 N^2 A}{c^2 x_0}. \quad \text{(Induktivität einer Spule)} \qquad (19\text{-}7)$$

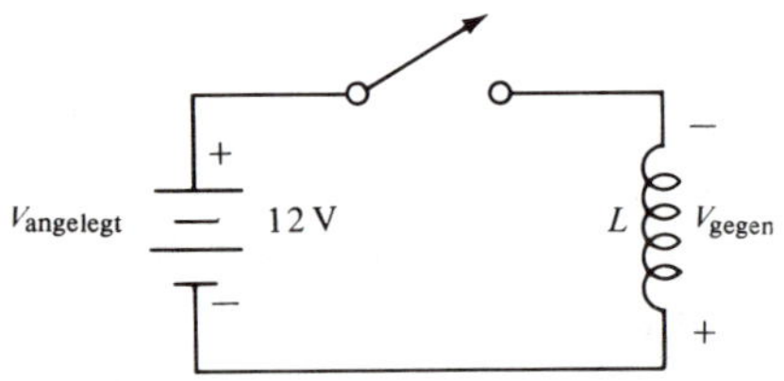

Abb. 19-8. *Der Schalter wird zum Zeitpunkt $t = 0$ geschlossen.*

Beispiel 4: Eine supraleitende Spule mit 10 cm Länge, 1000 Windungen und 2 cm² Fläche ist an eine 12-V-Batterie angeschlossen (Abb. 19-8). Wie groß ist die Stromstärke 0,01 s nach dem Schließen des Schalters?

Lösung: Mit Gl. (19-7) wird die Induktivität berechnet:

$$L = 4\pi \left(\frac{k_0}{c^2}\right) \frac{N^2 A}{x_0} = 4\pi(10^{-7}) \frac{(1000)^2\,(2{,}0 \cdot 10^{-4})}{0{,}1}\,\text{H}$$
$$= 2{,}51 \cdot 10^{-3}\ \text{H}.$$

Nach dem Ohmschen Gesetz gilt für die EMK im Stromkreis $(V_{angelegt} + V_{gegen}) = IR$. Da für eine supraleitende Spule $R = 0$ ist, folgt

$$V_{gegen} = -V_{angelegt}.$$

Für V_{gegen} setzen wir $-L\,\mathrm{d}I/\mathrm{d}t$ ein:

$$\left(-L\frac{\mathrm{d}I}{\mathrm{d}t}\right) = -V_{angelegt},$$

$$L\frac{\mathrm{d}I}{\mathrm{d}t} = V_{angelegt},$$

$$\mathrm{d}I = \frac{12\ \text{V}}{L}\,\mathrm{d}t,$$

$$I = \frac{12}{2{,}51 \cdot 10^{-3}}\,t = 4780t.$$

Für $t = 0{,}01$ s ist $I = 47{,}8$ A. Die Stromstärke nimmt weiter linear mit der Zeit zu, bis eine bestimmte Grenze für die Supraleitung erreicht ist, bei der ein plötzlicher Übergang vom Widerstand null auf den normalen Widerstand stattfindet.

19-5 Energie des magnetischen Feldes

Der LC-Schwingkreis

Kondensatoren werden nicht nur zur Speicherung von Ladung verwendet, sondern sie dienen auch dazu, in Verbindung mit Spulen Wechselspannungen und -ströme zu erzeugen. Wir wollen den einfachsten

Fall der Parallelschaltung eines Kondensators (Kapazität) und einer Spule (Induktivität) in Abb. 19-9 untersuchen. Der ohmsche Widerstand des Kreises wird als null angenommen. Bei $t = 0$ soll also ein geladener Kondensator an eine Spule angeschlossen werden. Die Spannung am Kondensator ist

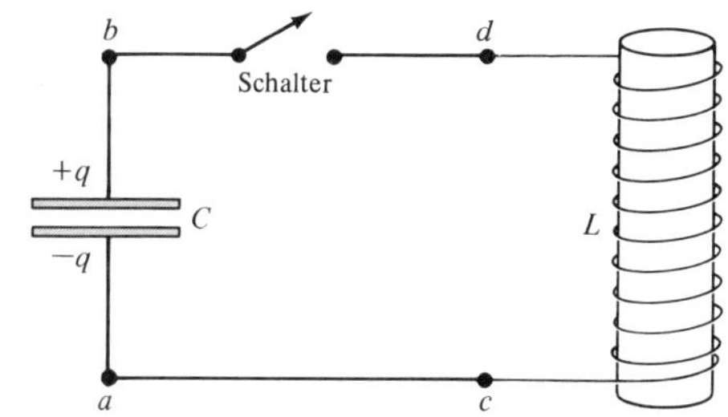

Abb. 19-9. *Der Schalter wird zum Zeitpunkt $t = 0$ geschlossen; damit wird der geladene Kondensator C an die Spule L angelegt.*

$$V_{ab} = \frac{q}{C}.$$

Nach Gl. (19-6) ist die Spannung an der Spule

$$V_{cd} = -L\frac{\mathrm{d}I}{\mathrm{d}t}.$$

Zu allen Zeiten t nach dem Schließen des Schalters müssen diese beiden Spannungen gleich sein:

$$\frac{q}{C} = -L\frac{\mathrm{d}I}{\mathrm{d}t}.$$

Nun substituieren wir I durch $\mathrm{d}q/\mathrm{d}t$:

$$\frac{q}{C} = -L\frac{\mathrm{d}^2q}{\mathrm{d}t^2},$$

$$\frac{\mathrm{d}^2q}{\mathrm{d}t^2} = -\frac{1}{LC}q.$$

Diese Differentialgleichung hat dieselbe Form wie die Gleichung für eine einfache harmonische Bewegung. Die Lösung ist in Gl. (11-7) gegeben:

$$q = q_0 \cos \omega t, \quad \text{wobei} \quad \omega = \frac{1}{\sqrt{LC}}.$$

Die Spannung am Kondensator ist damit

$$V = \frac{q}{C} = \frac{q_0}{C}\cos \omega t = V_0 \cos \omega t;$$

sie oszilliert mit der Frequenz

$$f = \frac{1}{2\pi\sqrt{LC}}.$$

Das Zeitverhalten der Stromstärke erhält man durch Differentiation von $q = q_0 \cos \omega t$:

$$I = \frac{\mathrm{d}q}{\mathrm{d}t} = -q_0\omega \sin \omega t.$$

Dies ist ein Wechselstrom, und die Anordnung in Abb. 19-8 nennt man einen Schwingkreis mit der Resonanzfrequenz f. Das negative Vorzeichen des Ausdrucks für I besagt, daß die Ladung q anfangs von der Kondensatorplatte, die mit q_0 geladen ist, wegfließt. Die gleiche Ladungsmenge muß auf die andere Kondensatorplatte fließen, da in der Spule keine Ladung gespeichert werden kann. Offenbar verhält sich ein Wechselstrom so, als ob er durch den Kondensator hindurchfließt, wobei die Stromstärke gegenüber der Spannung eine Phasenverschiebung von 90° aufweist (Sinus und Kosinus sind um 90° gegeneinander phasenverschoben, s. Abb. 19-11).

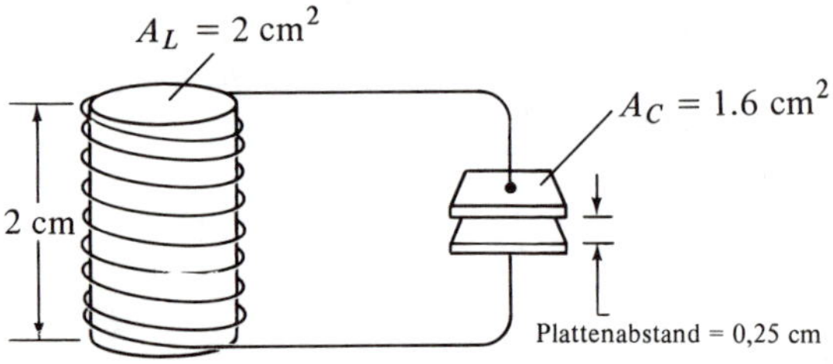

Abb. 19-10. *Spule und Kondensator sind in natürlicher Größe gezeichnet; die Spule hat 10 Windungen.*

Beispiel 5: Welche Resonanzfrequenz hat der Schwingkreis in Abb. 19-10?

Lösung: L wird nach Gl. (19-7) berechnet:

$$L = \frac{4\pi k_0 N^2 A_L}{c^2 x_L} = 1{,}26 \cdot 10^{-6}\ \mathrm{H}.$$

C folgt aus Gl. (16-20):

$$C = \frac{A_C}{4\pi k_0 x_0} = 5{,}67 \cdot 10^{-13}\ \mathrm{F},$$

$$\sqrt{LC} = \sqrt{(1{,}26 \cdot 10^{-6})(5{,}67 \cdot 10^{-13})} = 8{,}43 \cdot 10^{-10}\ \mathrm{s},$$

$$f = \frac{1}{2\pi\sqrt{LC}} = 1{,}88 \cdot 10^{8}\ \mathrm{s}^{-1} = 188\ \mathrm{MHz}.$$

Frequenzen in diesem Bereich werden beim Fernsehen verwendet, und Fernsehempfänger enthalten auch Bauteile, die den abgebildeten ähneln.

Die Energie des Magnetfelds

Wir gehen wieder von der Situation in Abb. 19-9 aus. Anfangs ist der Kondensator geladen; seine gespeicherte Energie beträgt nach Gl. (16-22):

$$V = \frac{1}{2}\frac{q_0^2}{C} = \frac{1}{2} C V_0^2.$$

Nach dem Schließen des Schalters sinkt die Spannung V, und damit nimmt die im elektrischen Feld zwischen den Platten des Kondensators gespeicherte Energie ab. Nach dem Energieerhaltungssatz kann diese Anfangsenergie nicht verschwinden – sie muß an anderer Stelle gespeichert werden. Wir werden gleich zeigen, daß sie im magnetischen Feld der Spule gespeichert wird.

Wenn eine Ladung $\mathrm{d}q$ durch eine Spule fließt, nimmt diese die Energie $\mathrm{d}U = V\,\mathrm{d}q$ auf, wobei $V = -L\,\mathrm{d}I/\mathrm{d}t$ ist:

$$\mathrm{d}U = \left(L\frac{\mathrm{d}I}{\mathrm{d}t}\right)\mathrm{d}q = L\frac{\mathrm{d}I\,\mathrm{d}q}{\mathrm{d}t} = L\,\mathrm{d}I\left(\frac{\mathrm{d}q}{\mathrm{d}t}\right) = LI\,\mathrm{d}I.$$

Wenn die Stromstärke von null auf I_0 ansteigt, so ist die in der Spule gespeicherte Energie

$$U = \int_0^{I_0} LI\,\mathrm{d}I = \tfrac{1}{2}LI_0^2. \qquad \textbf{(19-8)}$$

Beispiel 6: Welche Energie ist in Abb. 19-9 zur Zeit t in der Spule, und welche ist in dem Kondensator gespeichert?

Lösung: Die im Kondensator gespeicherte Energie ist

$$U_c = \tfrac{1}{2}VC^2 = \tfrac{1}{2}C(V_0\cos\omega t)^2 = \tfrac{1}{2}CV_0^2\cos^2\omega t.$$

Die in der Spule gespeicherte Energie ergibt sich nach Gl. (19-8):

$$U_L = \tfrac{1}{2}LI^2 = \tfrac{1}{2}L(-q_0\omega\sin\omega t)^2 = \tfrac{1}{2}Lq_0^2\omega^2\sin^2\omega t.$$

Nun ersetzen wir q_0 durch (CV_0):

$$U_L = \tfrac{1}{2}L(CV_0)^2\,\omega^2\sin^2\omega t.$$

Da $\omega^2 = 1/LC$ ist, folgt

$$U_L = \tfrac{1}{2}CV_0^2\sin^2\omega t.$$

Die Summe

$$U_C + U_L = \tfrac{1}{2}CV_0^2\cos^2\omega t + \tfrac{1}{2}CV_0^2\sin^2\omega t = \tfrac{1}{2}CV_0^2$$

ist gleich der anfänglich in das System gesteckten Energie.

Gl. (19-8) besagt, daß Energie im Magnetfeld der Spule gespeichert ist; deshalb soll diese Energie als Funktion der magnetischen Feldstärke ausgedrückt werden. Für eine lange Spule ist das einfach; wir ersetzen L durch den von Gl. (19-7) angegebenen Ausdruck:

$$U = \frac{1}{2}\left(\frac{4\pi k_0 N^2 A}{c^2 x_0}\right) I^2.$$

Nun eliminieren wir I mit Hilfe von Gl. (18-7) $\mathscr{B} = [4\pi k_0 NI/(c^2 x_0)]$:

$$U = \frac{1}{2}\left(\frac{4\pi k_0 N^2 A}{c^2 x_0}\right)\left(\frac{\mathscr{B}}{\frac{4\pi k_0 N}{c^2 x_0}}\right)^2$$

$$= \frac{c^2 A x_0 \mathscr{B}^2}{8\pi k_0}.$$

Wenn wir durch Ax_0, also durch das Volumen der Spule $\mathscr{V}$ dividieren, erhalten wir

$$\frac{U}{\mathscr{V}} = \frac{c^2 \mathscr{B}^2}{8\pi k_0}. \quad \text{(Energiedichte des Magnetfelds)} \qquad \textbf{(19-9)}$$

Diese Herleitung wurde zwar für den speziellen Fall einer langen Spule durchgeführt, ein allgemeinerer Beweis zeigt jedoch, daß für eine beliebig geformte Spule das Integral von $c^2\mathscr{B}^2/8\pi k_0$ über den ganzen Raum gleich $\frac{1}{2}LI^2$ ist, wobei L die Induktivität der Spule bedeutet.

Genauso wie wir $E^2/8\pi k_0$ als die pro Volumeneinheit gespeicherte Energie des elektrischen Feldes interpretiert haben, können wir $c^2\mathscr{B}^2/(8\pi k_0)$ als die im Magnetfeld pro Volumeneinheit gespeicherte Energie auffassen. Im allgemeinen sind im Raum beide Arten von Feldern vorhanden, so daß sich die Gesamtenergiedichte des elektromagnetischen Feldes folgendermaßen schreibt:

$$\frac{\mathrm{d}U}{\mathrm{d}\mathscr{V}} = \frac{1}{8\pi k_0}(E^2 + c^2\mathscr{B}^2). \qquad \textbf{(19-10)}$$

Das nächste Kapitel wird zeigen, daß für die elektromagnetische Welle, die von einem zeitveränderlichen Strom abgestrahlt wird, die Beziehung $E = c\mathscr{B}$ gilt. Dann ist die abgestrahlte Energie, die im elektrischen Feld enthalten ist, gleich der im Magnetfeld enthaltenen.

19-6 Wechselstromkreise

Bei der Diskussion des Schwingkreises von Abb. 19-9 haben wir gesehen, daß für einen Wechselstrom zwischen Stromstärke und Spannung bei Kapazitäten und Induktivitäten ganz bestimmte funktionale Zusammenhänge bestehen. Unser Ziel in diesem Abschnitt ist es, bei gegebener Wechselspannung die Stromstärke in einer Schaltung aus Kondensatoren, Spulen und Widerständen zu berechnen.

Kapazitiver Widerstand

Zuerst wollen wir die Stromstärke bestimmen, wenn eine Wechselspannung $V = V_0 \sin \omega t$ an eine Kapazität angelegt wird. Die Spannung zu jedem Zeitpunkt ist

$$V = \frac{q}{C}.$$

Daraus folgt durch Ableiten nach t:

$$\frac{dV}{dt} = \frac{1}{C}\frac{dq}{dt}.$$

Nun ersetzen wir V durch $(V_0 \sin \omega t)$ und dq/dt durch I:

$$\omega V_0 \cos \omega t = \frac{1}{C} I,$$

$$I = \omega C V_0 \cos \omega t = \omega C V_0 \sin(\omega t + 90°)$$

oder

$$I = I_0 \sin(\omega t + 90°).$$

$I_0 = \omega C V_0$ ist der Maximalwert oder Spitzenwert der Stromstärke. Man beachte, daß der Strom, der in eine Kapazität fließt, der Spannung an der Kapazität um 90° vorauseilt; d. h., der Spitzenwert der Stromstärke wird eine Viertelperiode eher erreicht als der der Spannung (s. Abb. 19-11). Die soeben erhaltene Relation zwischen den Maximalwerten von Stromstärke und Spannung lautet

$$V_0 = \frac{1}{\omega C} I_0.$$

Die Proportionalitätskonstante $1/(\omega C)$ wird kapazitiver Widerstand X_C genannt:

$$X_C := \frac{1}{\omega C}. \quad \text{(kapazitiver Widerstand)} \qquad \textbf{(19-11)}$$

Also gilt

$$V_0 = I_0 X_C. \qquad \textbf{(19-12)}$$

Abb. 19-11. *Zeitlicher Verlauf von Stromstärke und Spannung über einem Kondensator; die Stromstärke eilt der Spannung um 90° voraus.*

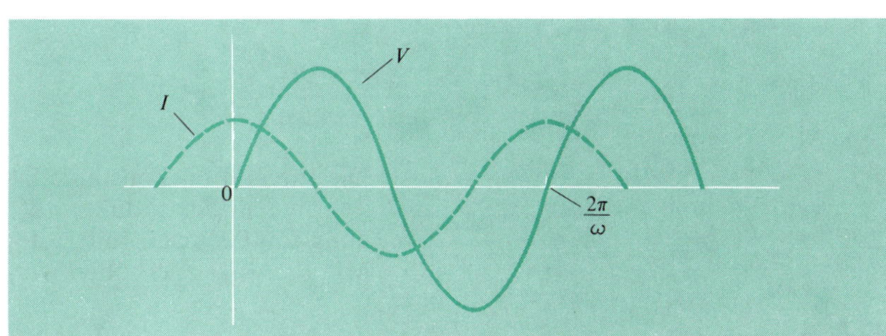

Diese Gleichung hat die gleiche Form wie das Ohmsche Gesetz: $V = IR$. Der Widerstand X_C verhält sich in einem Wechselstromkreis genauso wie ein ohmscher Widerstand R in einem Gleichstromkreis. X_C ist aber nicht mehr als eine Proportionalitätskonstante zwischen den Spitzenwerten von Strom und Spannung.

Beispiel 7: Welcher Strom fließt in einem 1-μF-Kondensator, wenn die angelegte Spannung einen Spitzenwert von 100 V und eine Frequenz von 60 Hz (1 kHz und 1 MHz) hat?

Lösung: Da $\omega = 2\pi f$ ist, betragen die drei Werte für ω: 377, 6283 und $6{,}283 \cdot 10^6\ \text{s}^{-1}$. Die drei Werte des kapazitiven Widerstands für $C = 10^{-6}$ F sind $X_C = 1/\omega C = 2653$, 159 und 0,159 Ohm. Damit ergeben sich folgende drei Werte für den Spitzenstrom:
$I_0 = V_0/X_C = 27{,}4$ mA, 629 mA und 629 A.

Induktiver Widerstand

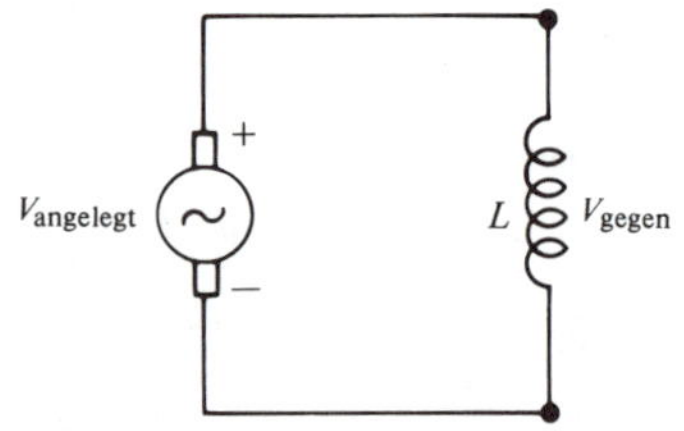

Abb. 19-12. *Ein Wechselstromgenerator ist an eine Induktivität angeschlossen.*

In Abb. 19-12 ist ein Wechselstromgenerator an eine Induktivität angeschlossen. Die angelegte Spannung ist $V_{\text{ang.}} = V_0 \sin \omega t$. Wie wir in Beispiel 4 gesehen haben, gilt $V_{\text{ang.}} = L\, \mathrm{d}I/\mathrm{d}t$ und somit:

$$\frac{\mathrm{d}I}{\mathrm{d}t} = \frac{1}{L} V_0 \sin \omega t,$$

$$\mathrm{d}I = \frac{1}{L} V_0 \sin \omega t \,\mathrm{d}t,$$

$$I = \frac{V_0}{L} \int \sin \omega t \,\mathrm{d}t$$

$$= -\frac{V_0}{\omega L} \cos \omega t$$

$$= \frac{V_0}{\omega L} \sin (\omega t - 90°).$$

Die Integrationskonstante ist null, da kein Gleichstromanteil vorhanden ist. Im Fall der Induktivität hinkt also der Strom der angelegten Spannung um 90° nach (oder die Spannung eilt dem Strom um 90° voraus). Mit $V_0 = I_0 \omega L$ erhalten wir für den induktiven Widerstand

$$X_L := \omega L. \quad \text{(induktiver Widerstand)} \qquad \textbf{(19-13)}$$

Serienkreis

Eine Wechselstromquelle werde an die Serienschaltung eines Widerstands R, einer Spule L und eines Kondensators C angelegt, wie es in Abb. 19-13 gezeigt ist. Die Stromstärke sei $I = I_0 \sin \omega t$. Dann sind die momentanen Spannungen:

$V_R = I_0 R \sin \omega t,$

$V_L = X_L I_0 \sin(\omega t + 90°)$ (Spannung über L ist dem Strom um 90° voraus)

$V_C = X_C I_0 \sin(\omega t - 90°)$ (Spannung über C ist gegen den Strom um 90° verzögert)

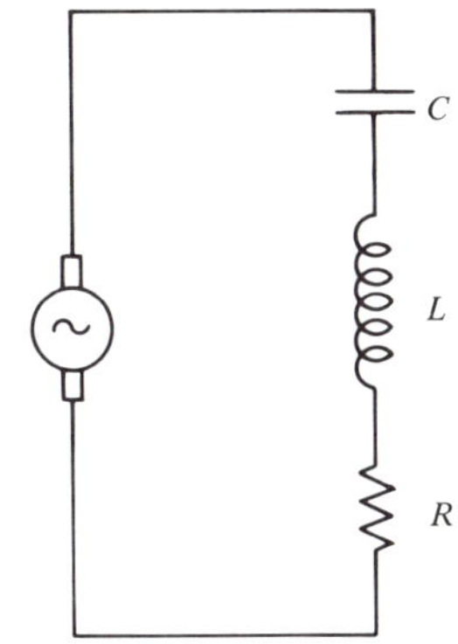

Abb. 19-13. *Eine Wechselspannung ist an eine LCR-Serienschaltung angelegt.*

Die Gesamtspannung zu jedem Zeitpunkt ist

$$V = V_R + V_C + V_L,$$
$$V = I_0 R \sin \omega t - X_C I_0 \cos \omega t + X_L I_0 \cos \omega t,$$
$$\frac{V}{I_0} = R \sin \omega t + (X_L - X_C) \cos \omega t. \qquad \textbf{(19-14)}$$

Die Funktionen Sinus und Kosinus können mit Hilfe einer Phasenverschiebung φ zusammengefaßt werden. φ wird anhand von Abb. 19-14 folgendermaßen definiert:

$$\varphi := \tan^{-1} \frac{X_L - X_C}{R}.$$

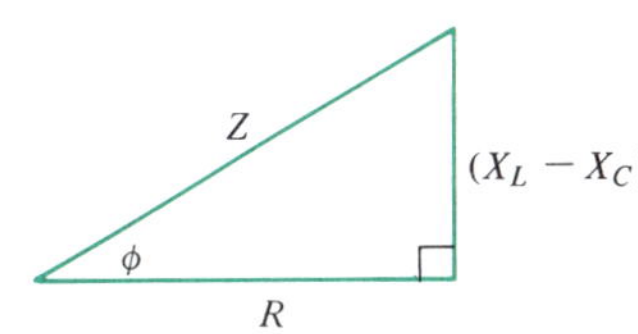

Abb. 19-14. *Zusammenhang zwischen Phasenwinkel φ, Widerstand R, induktivem Widerstand X_L, kapazitivem Widerstand X_C und Impedanz Z*

Die Hypotenuse des Dreiecks ist

$$Z = \sqrt{R^2 + (X_L - X_C)^2}.$$

Nun werden beide Seiten von Gl. (19-14) durch Z dividiert:

$$\frac{1}{Z}\frac{V}{I_0} = \frac{R}{Z} \sin \omega t + \frac{X_L - X_C}{Z} \cos \omega t$$
$$= \cos \varphi \sin \omega t + \sin \varphi \cos \omega t = \sin(\omega t + \varphi),$$
$$V = Z I_0 \sin(\omega t + \varphi). \qquad \textbf{(19-15)}$$

Offenbar eilt die Spannung V dem Strom I um den Phasenwinkel φ voraus, und ihr Spitzenwert ist $V_0 = Z I_0$. Die Proportionalitätskonstante zwischen V_0 und I_0 wird Impedanz oder Wechselstromwiderstand genannt und ist das Analogon zum ohmschen Widerstand im Gleichstromkreis:

$$\frac{V_0}{I_0} = Z = \sqrt{R^2 + \left(\omega L - \frac{1}{\omega C}\right)^2}. \quad \text{(Impedanz im Serienkreis)} \qquad \textbf{(19-16)}$$

Resonanz

Die Impedanz eines Serienkreises hat ein Minimum für den Fall

$$\left(\omega L - \frac{1}{\omega C}\right) = 0;$$

das bedeutet

$$\omega = \frac{1}{\sqrt{LC}}.$$

Dieser spezielle Wert von ω wird Resonanzfrequenz ω_0 genannt:

$$\omega_0 = \frac{1}{\sqrt{LC}}$$

oder

$$f_0 = \frac{1}{2\pi\sqrt{LC}}.$$

Beispiel 8: Ein Fernsehempfänger hat in seinem Eingangsteil eine Spule und einen Kondensator, die gemäß Abb. 19-15(a) an eine Fernsehantenne angeschlossen sind. Wir nehmen an, die Wechselspannung, die von einem Fernsehsender mit der Antenne aufgenommen wird, ist 100 μV. Die Induktivität der Spule beträgt $L = 1{,}26\,\mu H$ ($1\,\mu H = 10^{-6}$ H), ihr Widerstand ist $R = 20$ Ohm. Die Kapazität des Kondensators ist $C = 0{,}567$ pF.

(a) Welche Werte haben Stromstärke und Spannung am Kondensator bei der Resonanzfrequenz $f_0 = 188$ MHz?

Abb. 19-15. *(a) Resonanzserienschwingkreis zum Beispiel 8. (b) Ausgangsspannung am Kondensator als Funktion der Frequenz*

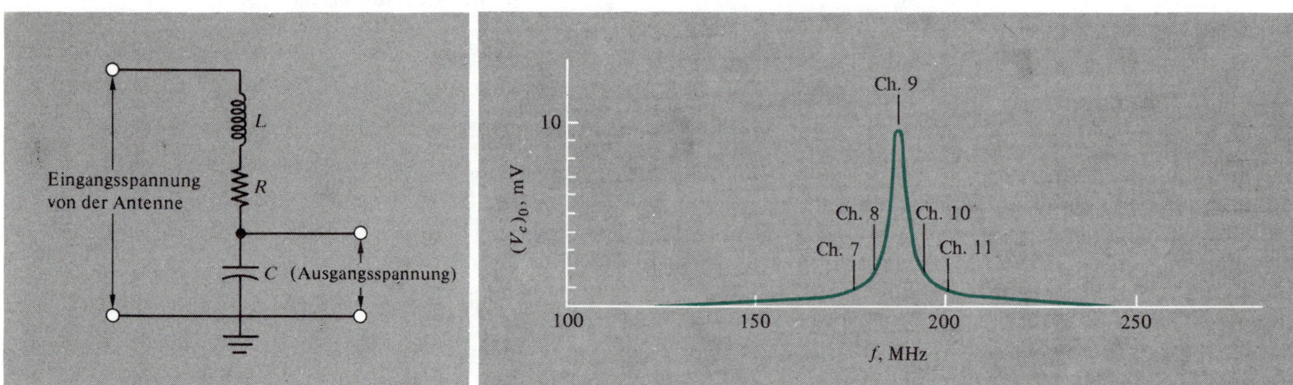

(a) (b)

(b) Trage die Ausgangsspannung als Funktion der Frequenz für die Eingangsspannung von 100 μV auf.
(c) Um welchen Faktor ist das Signal einer Frequenz unterdrückt, die um 6 MHz höher liegt?

Lösung: (a) Bei der Resonanzfrequenz gilt $Z = \sqrt{R^2 + 0} = R = 20$ Ohm:

$$I_0 = \frac{V_0}{Z} = \frac{10^{-4}\ \text{V}}{20\ \Omega} = 5\ \mu\text{A}.$$

Die Spitzenspannung am Kondensator ist $(V_C)_0 = I_0 X_C = I_0(1/\omega C) = 7{,}46$ mV. Man sieht, daß diese einfache Schaltung eine Spannungsverstärkung von 74,6 bewirkt.
(b) Siehe Abb. 19-5(b)
(c) Für eine beliebige Frequenz f ist die Ausgangsspannung

$$(V_C)_0 = I_0 X_C = \frac{V_0}{\sqrt{R^2 + \left(\omega L - \dfrac{1}{\omega C}\right)^2}}\,\frac{1}{\omega C}$$

$$= \frac{V_0}{\sqrt{(2\pi f RC)^2 + \left(\dfrac{f^2}{f_0^2} - 1\right)^2}}.$$

Für $f = 194$ MHz ist $(V_C)_0 = 1{,}54$ mV; dieser Wert ist um einen Faktor 4,84 kleiner als der Spitzenwert 7,46 mV bei der Resonanzfrequenz.

Leistung

Die momentane Leistung, die in Abb. 19-13 verbraucht wird, ist $P(t) = V(t)\,I(t)$. Nach Gl. (19-15) ist $V(t) = V_0 \sin(\omega t + \varphi)$, wenn $I = I_0 \sin \omega t$ ist. Also folgt

$$P(t) = V_0 I_0 \sin(\omega t + \varphi) \sin \omega t$$
$$= V_0 I_0 (\sin \omega t \cos \varphi + \cos \omega t \sin \varphi) \sin \omega t.$$

Da $\cos \omega t \sin \omega t = (\sin 2\omega t)/2$, ist die über die Zeit gemittelte Leistung

$$\bar{P} = V_0 I_0 \left(\overline{\sin^2 \omega t} \cos \varphi + \frac{\overline{\sin 2\omega t}}{2} \sin \varphi\right).$$

Das ergibt

$$P = \frac{V_0 I_0}{2} \cos\varphi, \qquad \textbf{(19-17)}$$

da $\overline{\sin^2 \omega t} = \frac{1}{2}$ und $\overline{\sin 2\omega t} = 0$ ist. Es gilt $\overline{\sin^2 \omega t} = \frac{1}{2}$ wegen $\sin^2 \omega t + \cos^2 \omega t = 1$ und wegen $\overline{\sin^2 \omega t} = \overline{\cos^2 \omega t}$. (Die Funktionen Sinus und Kosinus sind bis auf eine Phasenverschiebung von 90° identisch.) Der Mittelwert $\overline{\sin 2\omega t}$ ist null, da die Funktion gleich oft positiv und negativ ist. $\cos\varphi$ wird auch Leistungsfaktor genannt; nach Abb. 19-14 ist $\cos\varphi = R/Z$. Damit ergibt sich

$$P = \frac{(ZI_0)\,I_0}{2}\,\frac{R}{Z} = \frac{1}{2} I_0^2 R.$$

Wir werden gleich sehen, daß die gesamte Leistung nur im Widerstand umgesetzt wird; der Kondensator und die Spule verbrauchen keine Leistung. Wir werden nun zeigen, daß $\frac{1}{2}I_0^2$ gleich dem Quadrat des mittleren Stromes I_{eff} (Effektivwert) ist:

$$I_{\text{eff}} := \sqrt{\overline{I^2}}.$$

Das mittlere Quadrat der Stromstärke ist

$$\overline{I^2} = I_0^2\,\overline{\sin^2 \omega t} = \tfrac{1}{2} I_0^2 \ .$$

Für den Effektivwert ergibt sich

$$I_{\text{eff}} = \frac{1}{\sqrt{2}} I_0 .$$

Die mittlere verbrauchte Leistung ist damit $I_{\text{eff}}^2 R$ für den ganzen Stromkreis. Andererseits wissen wir, daß ein Widerstand R allein schon die Leistung $I^2 R$ in Wärme umwandelt; für den Kondensator oder die Spule bleibt also nichts mehr übrig; die Leistung wird nur im Widerstand verbraucht (s. auch Beispiel 9).

Wechselstrommeßgeräte sind so gebaut, daß sie immer I_{eff} und V_{eff} anzeigen. Für die im Haushalt verwendete Wechselspannung von 220 V bedeutet dies, daß der Effektivwert diese Größe hat und daß die Spitzenspannung $\sqrt{2}$ mal 220 V, d. h. 311 V beträgt. Die Spannung oszilliert mit einer Frequenz von 50 Hz zwischen +311 V und −311 V. Es ist bequem, die Anzeige der Meßgeräte in Effektivwerten zu haben, weil dann die verbrauchte Leistung für ohmsche Lasten gleich dem Produkt aus Voltanzeige und Ampereanzeige ist.

Beispiel 9: Ein 10-μF-Kondensator wird an eine Wechselspannung von 120 V und 60 Hz angeschlossen.
(a) Welche Stromstärke zeigt ein Wechselstrom-Amperemeter an?
(b) Wie groß ist die mittlere abgegebene Leistung?

Lösung:

$$I_{\text{eff}} = \frac{V_{\text{eff}}}{X_C}, \quad \text{wobei} \quad X_C = \frac{1}{2\pi f C} = \frac{1}{2\pi(60)\,(10^{-5})}\,\Omega = 265\,\Omega,$$

$$I_{\text{eff}} = \frac{120\text{ V}}{265\,\Omega} = 0{,}452\text{ A},$$

$$\bar{P} = V_{\text{eff}} I_{\text{eff}} \cos\varphi,$$

wobei $\varphi = -90°$ der Phasenwinkel ist (die Spannung folgt dem Strom mit einer Phasenverschiebung von 90°). Da $\cos\varphi = 0$ ist, wird $\bar{P} = 0$. Die momentane Leistung ist

$$P(t) = V_0 I_0 \sin(\omega t - 90°) \sin\omega t = -\tfrac{1}{2} V_0 I_0 \sin 2\omega t.$$

Sie hat den Maximalwert $\frac{1}{2} V_0 I_0 = 54{,}2$ W. Man beachte, daß die Leistung als Funktion der Zeit genauso oft positiv wie negativ ist; im Mittel ist sie daher null. Wenn sie negativ ist, wird gespeicherte Energie zurück in die Spannungsquelle geliefert.

19-7 *RC*- und *RL*-Glieder

Immer, wenn eine Spannung plötzlich an eine Schaltung gelegt wird, die einen Widerstand und einen Kondensator (oder einen Widerstand und eine Spule) enthält, tritt ein Strom auf, der sich exponentiell mit der Zeit ändert. Wir werden nun drei Beispiele dafür betrachten.

RC-Glieder

Das erste Beispiel ähnelt der Situation in Abb. 19-9; ein geladener Kondensator wird an eine Spule geschaltet. In Abb. 19-16 wird zur Zeit $t = 0$ der Schalter geschlossen, und der Kondensator C beginnt, sich über den Widerstand R zu entladen. Zu jedem Zeitpunkt t ist die Spannung am Kondensator gleich dem Spannungsabfall IR am Widerstand:

$$\frac{q}{C} = IR.$$

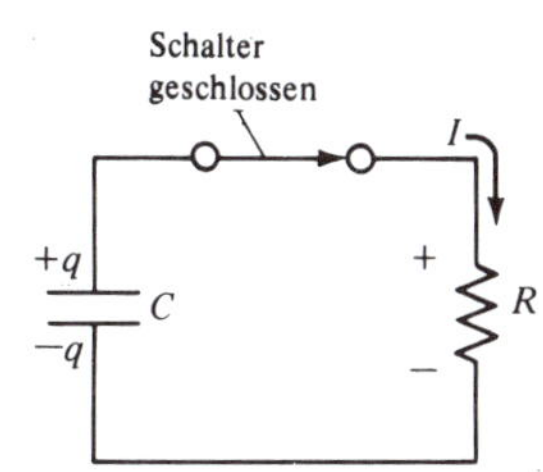

Abb. 19-16. *Zur Zeit $t = 0$ wird der geladene Kondensator C an den Widerstand R angelegt.*

Die Stromrichtung in Abb. 19-16 ist so, daß $I = -\mathrm{d}q/\mathrm{d}t$ ist:

$$\frac{q}{C} = -R\frac{\mathrm{d}q}{\mathrm{d}t},$$

$$\frac{\mathrm{d}q}{q} = -\frac{\mathrm{d}t}{RC}.$$

Die Integration beider Seiten ergibt

$$\ln q = -\frac{t}{RC} + \text{Konstante}$$

oder

$$q = q_0 \exp\left(\frac{-t}{RC}\right).$$

Der Kondensator benötigt also Zeit, um sich zu entladen; in der Zeit $\tau = RC$ fällt die Ladung auf ein e-tel des Anfangswertes.

Im nächsten Beispiel werden wir eine Batterie der EMK $\mathscr{E}$ an die Serienschaltung eines Kondensators und eines Widerstands anlegen. Dies geschieht zur Zeit $t = 0$ durch Schließen des Schalters in Abb. 19-17. Wir werden zeigen, daß bei $t = 0$ die volle Spannung $\mathscr{E}$ am Widerstand erscheint und daß sie exponentiell mit der Zeit abnimmt:

$$V_R = \mathscr{E} \exp\left(-\frac{t}{RC}\right).$$

In Abb. 19-17(b) ist die Potentialdifferenz zwischen den Punkten A und B gleich der EMK $\mathscr{E}$. Andererseits ist diese Potentialdifferenz gleich der Summe der Spannungen über dem Widerstand und über dem Kondensator.

$$\mathscr{E} = IR + \frac{1}{C}q. \qquad \textbf{(19-18)}$$

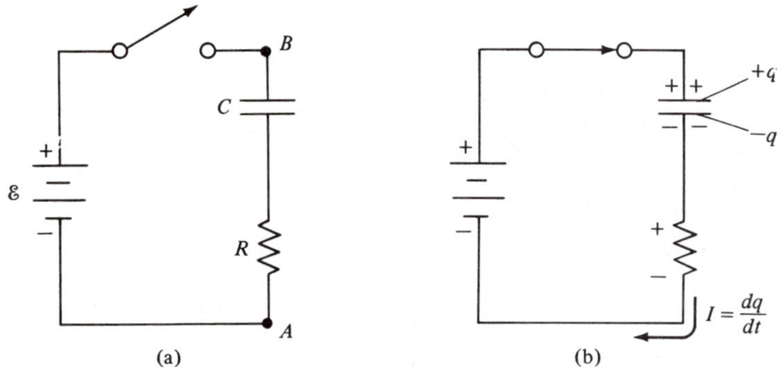

Abb. 19-17. (*a*) *Vor* $t = 0$. (*b*) *Nach* $t = 0$; *in* (*b*) *ist die gleiche Ladungsmenge im Kondensator gespeichert, die durch den Widerstand geflossen ist.*

Nun leiten wir beide Seiten nach der Zeit ab:

$$0 = R\frac{\mathrm{d}I}{\mathrm{d}t} + \frac{1}{C}\frac{\mathrm{d}q}{\mathrm{d}t}$$

$$= R\frac{\mathrm{d}I}{\mathrm{d}t} + \frac{1}{C}I,$$

$$\frac{\mathrm{d}I}{I} = -\frac{1}{RC}\mathrm{d}t.$$

Die Integration beider Seiten ergibt

$$\ln I = -\frac{t}{RC} + \text{Konstante},$$

d. h.

$$I = I_0 \exp\left(-\frac{t}{RC}\right). \qquad \textbf{(19-19)}$$

Die Integrationskonstante I_0 erhält man, wenn man I in Gl. (19-18) einsetzt:

$$\mathscr{E} = R(I_0\,\mathrm{e}^{-t/RC}) + \frac{1}{C}q.$$

Zur Zeit $t = 0$ ist auch $q = 0$, und die Gleichung ergibt:

$$\mathscr{E} = RI_0 \exp(-0) + 0$$

$$= RI_0,$$

$$I_0 = \frac{\mathscr{E}}{R}.$$

Der Spannungsabfall über dem Widerstand ist

$$V_R = RI$$

$$= R(I_0\,\mathrm{e}^{-t/RC}).$$

I_0 kann durch $(\mathscr{E}/R)$ ersetzt werden:

$$V_R = \mathscr{E} \exp\left(-\frac{t}{RC}\right). \qquad \textbf{(19-20)}$$

Zur Zeit $t = 0$ gilt tatsächlich $V_R = \mathscr{E}$.

Das Produkt RC hat die Dimension einer Zeit und wird Zeitkonstante genannt. Ist z. B. $R = 1\ \mathrm{M\Omega}$ und $C = 10\ \mu\mathrm{F}$, so hat RC den Wert

$$RC = (10^6\ \Omega)(10 \cdot 10^{-6}\ \mathrm{F}) = 10\ \mathrm{s}.$$

In diesem Fall ist 10 s nach dem Einschalten die Spannung am Widerstand R auf $1/e$ vom Anfangswert abgesunken.

RL-Glieder

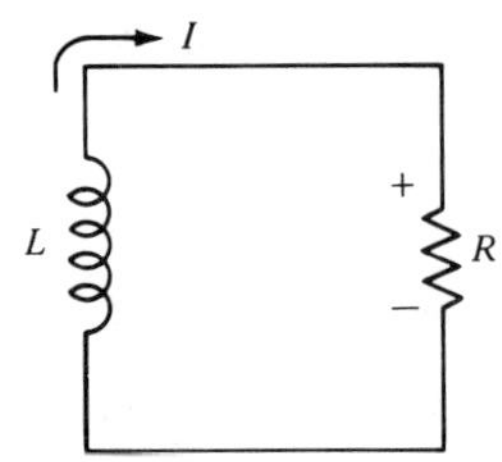

Abb. 19-18. *Bei $t = 0$ ist die Stromstärke I_0 vorhanden.*

Abb. 19-18 zeigt als letztes Beispiel eine Spule L, deren Enden über einen Widerstand R miteinander verbunden sind. Zur Zeit $t = 0$ habe der Strom die Stärke I_0. Dann kann mit der gleichen mathematischen Herleitung wie oben gezeigt werden, daß der Strom einem Exponentialgesetz genügt:

$$I = I_0 \exp\left(-\frac{Rt}{L}\right).$$

Der Spannungsabfall über der Spule muß gleich dem Spannungsabfall am Widerstand sein:

$$-L\frac{\mathrm{d}I}{\mathrm{d}t} = IR,$$

$$\frac{\mathrm{d}I}{I} = -\frac{R}{L}\mathrm{d}t,$$

$$I = I_0 \exp\left(-\frac{Rt}{L}\right).$$

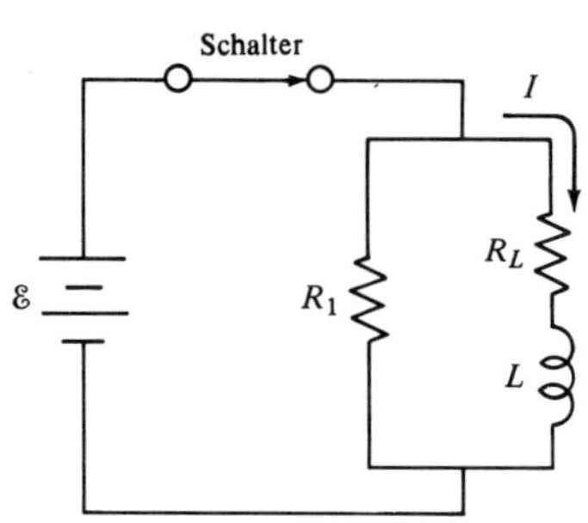

Abb. 19-19. *Wenn der Schalter geöffnet wird, erscheint für den Fall $R_1 \gg R_L$ eine sehr hohe Spannung an den Kontakten des Schalters.*

Der anfängliche Strom I_0 kann mit Hilfe der Schaltung in Abb. 19-19 erzeugt werden; hier ist R_L der innere ohmsche Widerstand der Spule; ihre Induktivität ist L. War der Schalter für eine sehr viel längere Zeit als L/R_L geschlossen, dann ist der Strom I_0 durch L gleich $\mathscr{E}/R_L$. Unmittelbar nach Öffnen des Schalters muß I_0 auch durch R_1 fließen. (Sonst würde $\Delta I/\Delta t$ gegen unendlich gehen, wenn Δt gegen null geht.) Direkt, nachdem der Schalter geöffnet wird, ist der Spannungsabfall über R_1:

$$V_1 = I_0 R_1 = \mathscr{E}\frac{R_1}{R_L}.$$

Die Potentialdifferenz zwischen den beiden Schalterkontakten bei offenem Schalter ist

$$(V_1 + \mathscr{E}) = \mathscr{E}\left[\frac{R_1}{R_L} + 1\right].$$

Man beachte: Für den Fall $R_1 \gg R_L$ wird die Spannung am Schalter bedeutend größer als die Batteriespannung. Es könnten unter Umständen Funken überspringen, und der Schalter könnte dabei sogar beschädigt werden. In praktischen Anwendungen ist es deshalb notwendig, einen kleineren Widerstand der Spule parallel zu schalten, bevor sie von der Spannungsquelle abgeklemmt wird.

Wir sehen, daß sich Induktivitäten so verhalten, als ob sie bei einer schnellen Änderung darauf beharren, denselben Strom beizubehalten, während Kapazitäten bei einer plötzlichen Änderung widerstandslos werden.

Zusammenfassung

Das Faradaysche Induktionsgesetz sagt aus, daß über einen geschlossenen Weg eine EMK erzeugt wird, die gleich der Änderung des vom Weg eingeschlossenen magnetischen Flusses ist:

$$\oint \boldsymbol{E} \cdot \mathrm{d}\boldsymbol{s} = -\frac{\mathrm{d}\Phi_B}{\mathrm{d}t}.$$

Der zeitveränderliche Fluß Φ_B kann durch bewegte Spulen (oder Magnete) oder durch zeitabhängige ortsfeste Ströme hervorgerufen werden. Die EMK wird mit demselben Ausdruck berechnet, wenn eine geschlossene Leiterschleife ein Magnetfeld durchquert. Ein bekanntes Beispiel dafür ist eine Spule der Fläche A, die mit der Winkelgeschwindigkeit ω in einem homogenen Magnetfeld B rotiert; hier gilt

$$\mathrm{EMK} = \mathscr{B} A \omega \sin \omega t.$$

Diese Art der Erzeugung einer EMK oder einer Spannung ist die Grundlage für elektrische Generatoren.

Das Minuszeichen im Faradayschen Gesetz bedeutet, daß die induzierte Spannung einen Strom zu erzeugen versucht, dessen magnetischer Fluß der Änderung des ursprünglichen Flusses Φ_B entgegenwirkt (Lenzsche Regel).

Ein Transformator besteht aus einer Primär- und einer Sekundärspule, die auf denselben Kern gewickelt sind. Legt man an die Primärspule eine Wechselspannung, so wird in der Sekundärspule eine Wechselspannung derart induziert, daß das Verhältnis der Spannungen gleich dem Verhältnis der Windungszahlen ist:

$$\frac{V_{\mathrm{sek}}}{V_{\mathrm{pri}}} = \frac{N_{\mathrm{sek}}}{N_{\mathrm{pri}}}.$$

Wenn L die Induktivität einer Spule ist, wird von ihr folgende Gegenspannung erzeugt:

$$V_{\mathrm{gegen}} = -L\frac{\mathrm{d}I}{\mathrm{d}t}.$$

Eine lange Spule hat die Induktivität

$$L = 4\pi \frac{k_0}{c^2} \frac{N^2 A}{x_0}.$$

Wird eine Induktivität L parallel zu einer Kapazität C geschaltet, so fließt die Ladung hin und her mit der Schwingungsfrequenz

$$f = 1/(2\pi \sqrt{LC}).$$

Die in einer Induktivität gespeicherte Energie in Abhängigkeit von der Stromstärke I ist

$$U = \tfrac{1}{2} L I^2.$$

Das ist mathematisch äquivalent dem Integral von

$$\frac{\mathrm{d}U}{\mathrm{d}\mathscr{V}} = \frac{c^2 \mathscr{B}^2}{8\pi k_0}$$

über den ganzen Raum. Der allgemeine Ausdruck für die Energiedichte des elektromagnetischen Feldes in einem beliebigen Punkt des Raumes ist

$$\frac{\mathrm{d}U}{\mathrm{d}\mathscr{V}} = \frac{1}{8\pi k_0}(E^2 + c^2 \mathscr{B}^2).$$

Legt man die Wechselspannung $V = V_0 \sin \omega t$ an eine Kapazität, so fließt ein Strom der Stärke

$$I = \frac{V_0}{X_C} \sin(\omega t + 90°), \quad \text{wobei} \quad X_C = \frac{1}{\omega C} \text{ der kapazitive Widerstand ist.}$$

Die Stromstärke in einer Induktivität ist

$$I = \frac{V_0}{X_L} \sin(\omega t - 90°), \quad \text{wobei} \quad X_L = \omega L \text{ der induktive Widerstand ist.}$$

Bei einer Serienschaltung von L, C und R mit der Stromstärke $I = I_0 \sin \omega t$ ist die Spannung $V = Z I_0 \sin(\omega t + \varphi)$, wobei Z die Impedanz ist und φ die Phasenverschiebung:

$$Z = \sqrt{R^2 + \left(\omega L - \frac{1}{\omega C}\right)^2} \quad \text{und} \quad \tan \varphi = \frac{\omega L - 1/(\omega C)}{R}.$$

Die mittlere Leistung in einem Wechselstromkreis ist $V_{\mathrm{eff}} I_{\mathrm{eff}} \cos \varphi = I^2{}_{\mathrm{eff}} R$, wobei $I_{\mathrm{eff}} = \sqrt{\overline{I^2}} = I_0/\sqrt{2}$ ist.

Wenn eine EMK an ein R und ein C in Serie angelegt wird, ist die Stromstärke $I = (\mathscr{E}/R) \exp(-t/RC)$.

Anhang 19-1 Leiterschleife beliebiger Form

Wir wollen zeigen, daß in der bewegten Schleife (beliebiger Form) von Abb. 19-20 eine EMK der Größe $-\mathrm{d}\Phi_B/\mathrm{d}t$ erzeugt wird. $\mathfrak{B}$ kann eine beliebige Funktion des Ortes sein. Wird die Ladung dq um d$\boldsymbol{s}$ verschoben, so wird gegen die magnetische Kraft eine Arbeit verrichtet:

$$\begin{aligned} \mathrm{d}W &= \boldsymbol{F}_{\mathrm{mag}} \cdot \mathrm{d}\boldsymbol{s} \\ &= (q\boldsymbol{v} \times \mathfrak{B}) \cdot \mathrm{d}\boldsymbol{s} \\ &= q\left(\frac{\Delta \boldsymbol{x}}{\Delta t} \times \mathfrak{B}\right) \cdot \mathrm{d}\boldsymbol{s}. \end{aligned}$$

$\Delta\boldsymbol{x}$ ist ein Vektor in x-Richtung vom Betrag Δx.

$$\begin{aligned} \mathrm{d}W &= -q\frac{(\mathfrak{B} \times \Delta\boldsymbol{x}) \cdot \mathrm{d}\boldsymbol{s}}{\Delta t} \\ &= -q\frac{\mathfrak{B} \cdot \Delta\boldsymbol{x} \times \mathrm{d}\boldsymbol{s}}{\Delta t}. \end{aligned}$$

(Wir haben folgende Eigenschaft des Vektor- und Skalarprodukts benutzt: $\boldsymbol{A} \times \boldsymbol{B} \cdot \boldsymbol{C} = \boldsymbol{A} \cdot \boldsymbol{B} \times \boldsymbol{C}$.) In Abb. 19-20 sieht man, daß $(\Delta\boldsymbol{x} \times \mathrm{d}\boldsymbol{s})$ gleich d$\boldsymbol{A}$, dem Vektor des Flächenelements, ist:

$$\mathrm{d}W = -q\frac{\mathfrak{B} \cdot (\mathrm{d}\boldsymbol{A})}{\Delta t}.$$

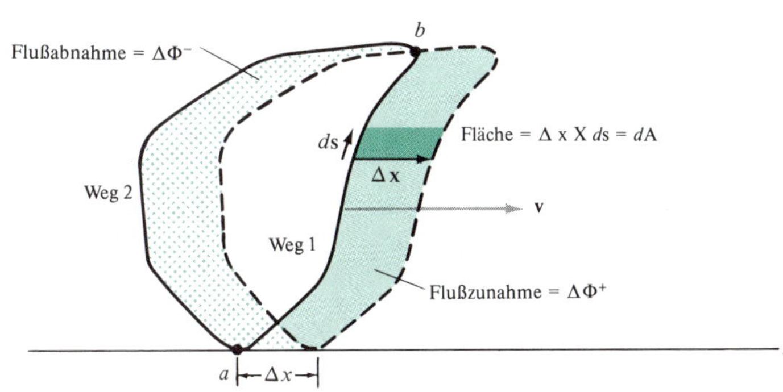

Abb. 19-20. *Eine geschlossene Leiterschleife, bestehend aus Weg 1 und Weg 2, bewegt sich mit der Geschwindigkeit v in x-Richtung. Die gestrichelte Linie zeigt die Lage der Schleife nach der Zeit Δt. Dann hat der Fluß um $\Delta\Phi^+$ zugenommen und um $\Delta\Phi^-$ abgenommen.*

Die gesamte Arbeit für die Bewegung der Ladung q von a nach b entlang dem Weg 1 ist

$$W_{ab1} = \int_{\substack{a \\ \text{Weg 1}}}^{b} \mathrm{d}W = -q \frac{\int_a^b \mathfrak{B} \cdot \mathrm{d}A}{\Delta t} = -q \frac{\Delta \Phi^+}{\Delta t}.$$

Für den Weg 2 erhält man

$$W_{ba2} = \int_{\substack{b \\ \text{Weg 2}}}^{a} \mathrm{d}W = q \frac{\Delta \Phi^-}{\Delta t}.$$

Die EMK ist der Quotient aus der Arbeit entlang dem geschlossenen Weg und der Ladung q:

$$\text{EMK} = \frac{W_{ab1} + W_{ba2}}{q} = -\frac{\Delta \Phi^+}{\Delta t} + \frac{\Delta \Phi^-}{\Delta t} = -\frac{\Delta \Phi^+ - \Delta \Phi^-}{\Delta t}$$
$$= -\frac{\Delta \Phi_B}{\Delta t} = -\frac{\mathrm{d}\Phi_B}{\mathrm{d}t}.$$

Das ist das Faradaysche Gesetz für eine Spule, die sich in einem Magnetfeld bewegt.

Aufgaben

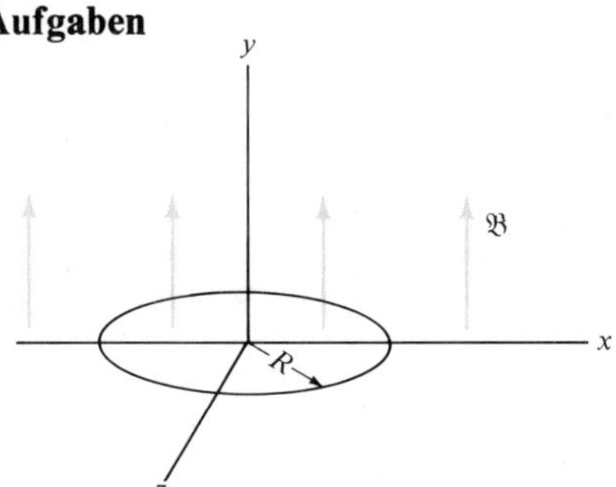

Aufgabe 1

1. Eine kreisförmige Leiterschleife vom Radius R befindet sich in einem homogenen Magnetfeld $\mathfrak{B}$. Die Schleife liegt anfänglich in der xz-Ebene, wie abgebildet. Wie groß ist die mittlere induzierte EMK, wenn die Schleife in 1/2 s um 180° um die z-Achse gedreht wird?
2. Nun werde die Schleife von Aufgabe 1 in x-Richtung mit der konstanten Geschwindigkeit v ohne Rotation durch das homogene Magnetfeld bewegt. Welche EMK wird jetzt induziert?
3. Die Schleife von Aufgabe 1 sei nun stationär, und die Feldstärke des Magnetfelds werde verringert. In welcher Richtung, von oben gesehen, fließt der induzierte Strom?
4. Ein idealer Stromkreis bestehe aus der EMK $\mathscr{E}_0$ und der Induktivität L wie abgebildet; der ohmsche Widerstand sei null. Welche Stromstärke liegt 1 s nach Schließen des Schalters vor, wenn $L = 0{,}1$ H und $\mathscr{E}_0 = 1{,}5$ V ist?
5. Ein wie abgebildet gebogener Draht wird mit der Frequenz f in einem homogenen Magnetfeld der Feldstärke $\mathfrak{B}$ gedreht. Welche Amplituden

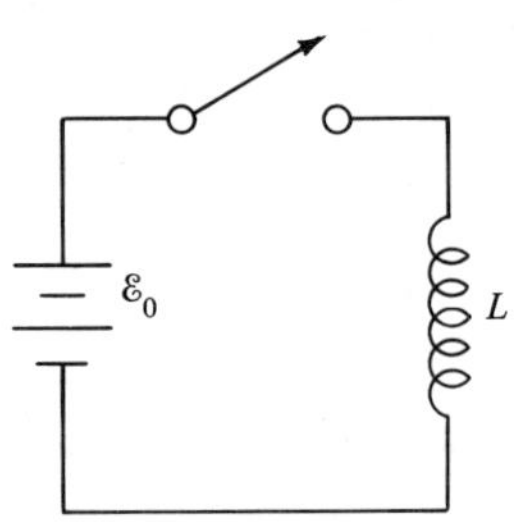

Aufgabe 4

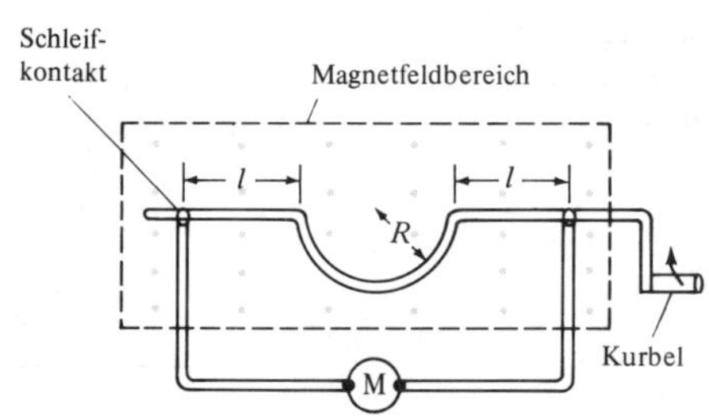

Aufgabe 5. *Der zu einem Halbkreis vom Radius R gebogene Draht wird gleichmäßig mit einer Kurbel gedreht. 𝔅 zeigt aus der Buchseite heraus. Das Meßinstrument M ist über Schleifkontakte angeschlossen.*

haben die induzierte Spannung und die induzierte Stromstärke, wenn der Innenwiderstand des Meßinstruments M den Wert R_m hat und der Widerstand des übrigen Stromkreises vernachlässigbar ist?

6. Ein waagerechter leitender Stab von der Länge 1 m, vom Gewicht $mg = 1$ N und vom Widerstand $R = 10$ Ohm fällt entlang zweier Schienen, mit denen er einen geschlossenen Stromkreis bildet (siehe nebenstehende Abbildung). Der Widerstand der Schienen sei vernachlässigbar. Der Stab fällt durch ein Magnetfeld der Feldstärke $\mathscr{B} = 2$ T, das senkrecht auf der durch die Schienen aufgespannten Ebene steht und in die Buchseite hinein gerichtet ist. Welche Endgeschwindigkeit erreicht der Stab, wenn die Reibung vernachlässigt wird? In welche Richtung fließt der induzierte Strom?

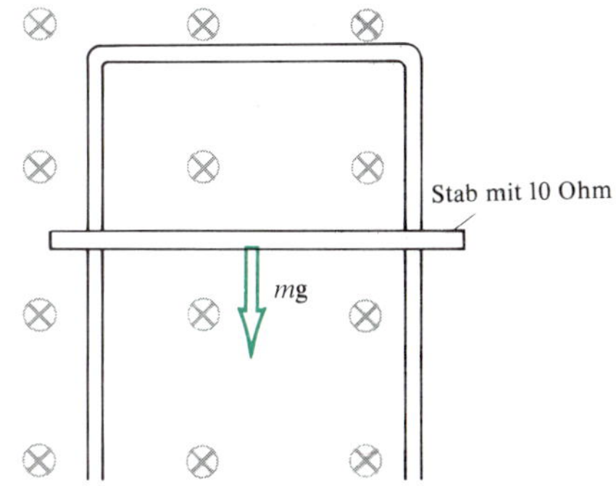

Aufgabe 6

7. Ein Leiterquadrat mit der Seitenlänge 1 m und dem Widerstand 0,5 Ohm ruht in einem homogenen Magnetfeld, dessen Feldstärke $\mathfrak{B}$ mit der Quadratebene einen Winkel von 45° bildet und gleichmäßig mit einer Rate von 0,1 T/s zunimmt. Welche Leistung wird im Leiterquadrat verbraucht?

8. In der Abbildung zu dieser Aufgabe wird zur Zeit $t = 0$ der Schalter von a nach b umgelegt. Gib einen Ausdruck für die Ladung des Kondensators an als Funktion von $\mathscr{E}$, C, L und t.

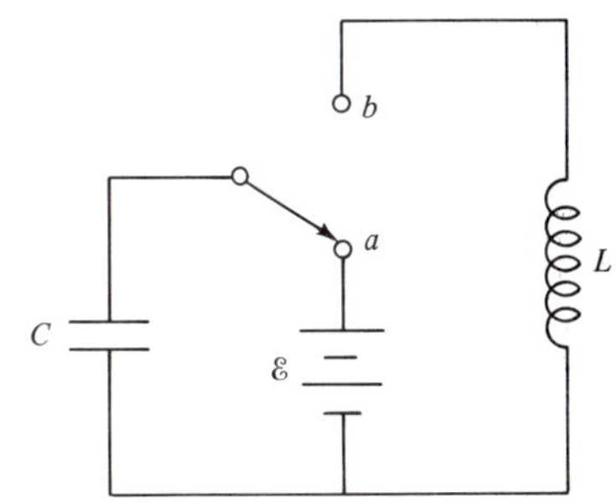

Aufgabe 8

9. Eine Spule hat eine Induktivität L und einen Widerstand R. Welche Frequenz f muß eine Wechselspannung haben, damit sie dem Strom um 45° vorausgeht?

10. Eine Spule mit 300 Windungen und einer Fläche von 100 cm² rotiert wie in Abb. 19-1 in einem homogenen Magnetfeld von 0,5 T mit 1 800 Upm. Welchen Spitzenwert hat die erzeugte EMK?

11. Eine Spule mit 1000 Windungen, deren Fläche (100 cm²) senkrecht zum Erdmagnetfeld ist, wird in 1 s um 90° verkippt. Die mittlere während dieser Zeit erzeugte EMK der Spule beträgt 0,6 mV. Welche Feldstärke hat das Erdmagnetfeld?

12. Ein Transformator hat 10 Windungen in der Primärspule und 25 Windungen in der Sekundärspule. Eine 50-Hz-Wechselspannung wird an die Primärspule gelegt; im Maximum gehen vier $\mathfrak{B}$-Feldlinien durch beide Spulen. Welche Spitzenspannungen liegen an der Primär- und an der Sekundärspule?

13. Eine Verallgemeinerung des Gleichverteilungssatzes der Energie besagt, daß die mittlere im Magnetfeld des interstellaren Raums gespeicherte Energie gleich sein sollte der mittleren kinetischen Energie der Teilchen, die zum größten Teil Wasserstoffatome der thermischen Geschwindigkeit von ungefähr 10^3 m/s sind. Die Dichte der Teilchen ist ungefähr 1 cm^{-3}. Schätze die mittlere magnetische Feldstärke ab.

14. In Beispiel 1 ist die erzeugte Spannung $V = 113 \sin \omega t$ in Volt. Wie groß ist der Effektivwert V_{eff}?

$$V_{\text{eff}} := \sqrt{\overline{V^2}}; \quad \overline{V^2} := \frac{1}{T}\int_0^T V^2 \mathrm{d}t.$$

15. Die Spule in Abb. 19-1 wird in 1/2 s von $\theta = 0°$ auf $\theta = 180°$ gedreht. Welche mittlere Spannung liegt während dieser Zeit an den Punkten P_1 und P_2? (Bestimme die Spannung als Funktion von l_1, l_2 und $\mathscr{B}$)

16. Wiederhole Aufgabe 15 für eine Drehung von 90° auf 270°.

17. Die Spule in Abb. 19-1 ruhe und $\mathscr{B}$ nehme ab. Welcher Punkt ist dann auf höherem Potential, P_1 oder P_2?

18. Wende den Energieerhaltungssatz auf folgendes verlustfreies System an. Ein 12-V-Transformator liefert 10 A an einen Motor.
(a) Welche Leistung hat der Motor?
(b) Welche Stromstärke fließt aus einer 220-V-Steckdose?

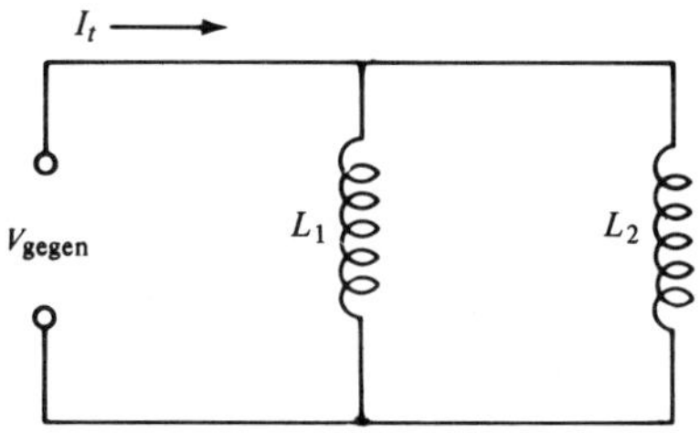

Aufgabe 21

19. Ein 100-MW-Wechselstromgenerator versorgt eine Stadt über eine Hochspannungsleitung von 5 Ohm Widerstand. Welche Spannung sollte verwendet werden, damit die Verluste bei der Übertragung nur 2% betragen?

20. **(a)** Eine Spule ist 3 cm lang; ihre Fläche ist 1 cm^2; sie hat 100 Windungen. Bestimme ihre Induktivität.

(b) Ein Plattenkondensator hat Platten von der Fläche 5 cm^2 im Abstand von 2 mm. Wie groß ist seine Kapazität?

21. Die Abbildung zeigt zwei parallel geschaltete Spulen der Induktivitäten L_1 und L_2. Beweise:

$$\frac{1}{L_t} = \frac{1}{L_1} + \frac{1}{L_2}, \quad \text{wobei} \quad V_{\text{gegen}} = L_t \frac{dI_t}{dt}$$

22. Drücke $Z = \sqrt{R^2 + (\omega L - 1/\omega C)^2}$ in Abhängigkeit von der Resonanzfrequenz ω_0 und von R, L und ω aus.

23. In Aufgabe 22 setzen wir $Q := \omega_0 L/R$. Drücke Z als Funktion von ω_0, R, Q und ω aus.

24. Eine Spule mit $L = 1$ H und $R = 0$ Ohm wird an eine 220-V-Steckdose angeschlossen. Welcher Strom fließt, und welche Leistung wird verbraucht?

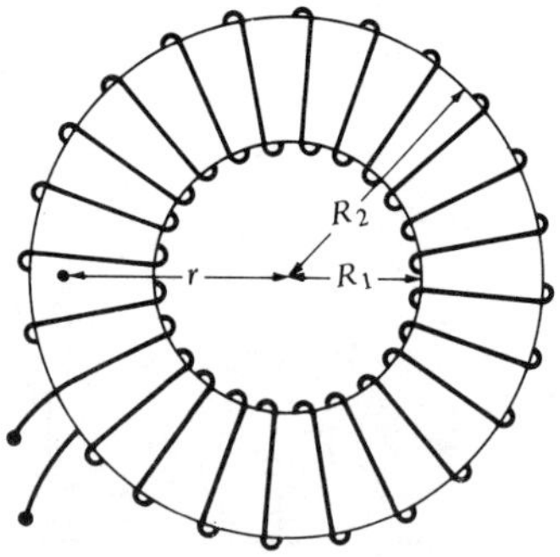

Aufgabe 25

25. Eine toroidale Spule hat N Windungen. Der innere Radius ist R_1, der äußere Radius ist R_2. Wie groß ist $\mathscr{B}$ im Innern des Toroids als Funktion von r? Wie groß ist die Induktivität dieses Toroids bei einem quadratischen Querschnitt?

26. Integriere in Aufgabe 25 $c^2\mathscr{B}^2/(8\pi k_0)$ über den ganzen Raum. Vergleiche das Ergebnis mit $\frac{1}{2}LI^2$.

27. In Abb. 19-1 werde ein 10-Ohm-Widerstand zwischen P_1 und P_2 gelegt. Welche Ladung (in Coulomb) fließt durch den Widerstand, wenn die Spule von 0° nach 180° gekippt wird. Benutze $l_1 = l_2 = 0{,}1$ m und $\mathscr{B} = 1{,}5$ T. Zeige, ausgehend von $I = (1/R)\,V$, daß $dq = (1/R)\,d\Phi$ gilt.

28. Die beiden Enden der Spule von Beispiel 1 sind wie abgebildet an einen geteilten Kupferring angeschlossen. Der geteilte Schleifring (Kommutator) hat Kontakt mit zwei „Bürsten" aus Kupfer. Zeichne ein Diagramm der Potentialdifferenz zwischen den Anschlüssen A und B als Funktion der Zeit. Bestimme

$$\bar{V} = \frac{1}{T}\int_0^T V\,dt.$$

(Das ist das Prinzip eines Gleichspannungsgenerators.)

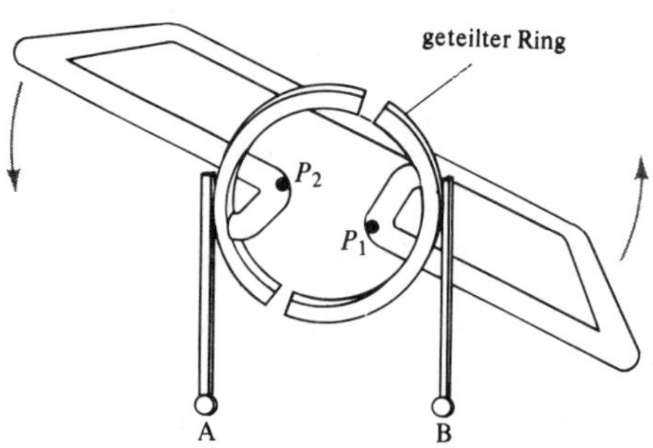

Aufgabe 28. *Die rechteckige Leiterschleife von Abb. 19-1 ist mit einem geteilten Ring versehen worden, der mit der Schleife rotiert. Dadurch werden die Anschlüsse A und B abwechselnd an P_1 und P_2 gelegt.*

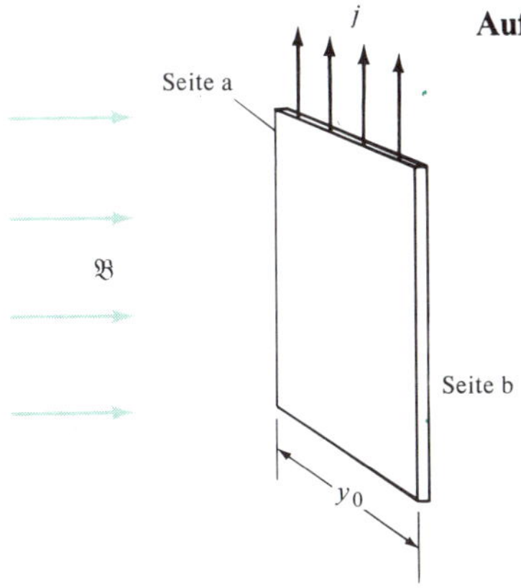

Aufgabe 29

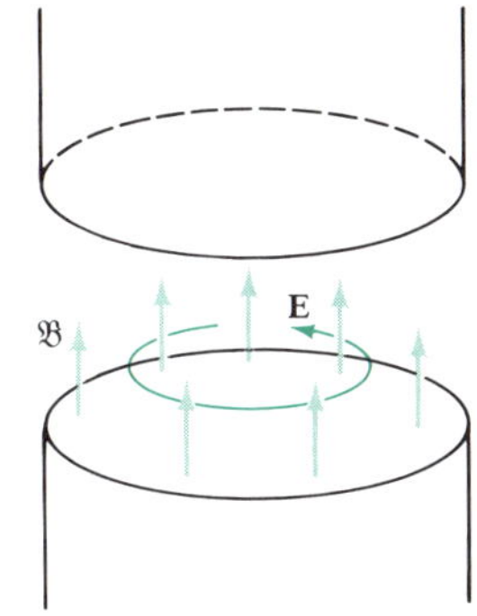

Aufgabe 31. *Wenn der Zyklotronmagnet eingeschaltet wird, werden kreisförmige E-Feldlinien induziert.*

29. Ein leitender Streifen mit der Stromdichte j befindet sich in einem homogenen Magnetfeld der Feldstärke $\mathfrak{B}$, wie abgebildet. Wenn der Strom durch Leitungselektronen hervorgerufen wird, wirkt auf jedes Elektron eine magnetische Kraft.
(a) Welche Seite wird positiver, a oder b?
(b) Der leitende Streifen könnte ein Halbleiter vom Typ p sein, in dem der Strom durch positive Ladungsträger zustande kommt. Welches wäre die positivere Seite in diesem Fall? (Dieses Phänomen wird Hall-Effekt genannt und gestattet es, das Vorzeichen der Ladungsträger zu bestimmen.)

30. In Aufgabe 29 sei $\mathfrak{N}$ die Anzahl der Leitungselektronen pro Volumeneinheit. Bestimme die Potentialdifferenz der Seiten a und b als Funktion von j, $\mathscr{B}$, $\mathfrak{N}$, y_0 und e. (Hinweis: Die resultierende Kraft auf ein Leitungselektron in a–b-Richtung muß null sein.)

31. Ein Zyklotronmagnet besteht aus runden Polbacken vom Radius 50 cm (s. Abbildung). Wegen der großen Induktivität nimmt nach dem Einschalten die Stromstärke 2 s lang linear zu, bis der Magnet seine maximale Feldstärke von 2 T erreicht. Während dieser Zeit wird ein E-Feld induziert.
(a) Gib E als Funktion von $\partial\mathscr{B}/\partial t$ und r an.
(b) Wie groß ist E bei $r = 40$ cm?

32. Wiederhole Aufgabe 31 (a) für den Fall, daß r größer als der Radius des Magneten R ist.

33. Wenn man die Anschlüsse einer Batterie niedriger Spannung mit der Zunge berührt, kann man die Elektrizität geradezu schmecken. Zum Beispiel ergeben 1,5 V im Abstand von 6 cm einen kräftigen Geschmack. Wie schnell muß man seinen Kopf zwischen den Polbacken des Zyklotronmagneten von Aufgabe 31 hin- und herbewegen, um denselben Geschmack zu verspüren? ($\mathscr{B} = 2$ T).

34. Eine quadratische Windung aus Kupferdraht mit einem Widerstand von 0,5 Ohm fällt in den Bereich eines Magnetfelds der Feldstärke $\mathscr{B} = 1{,}6$ T (s. Abbildung). Die Kantenlänge ist 5 cm, die Masse pro Länge beträgt 2 g/cm. Wie groß ist die Endgeschwindigkeit? (Die magnetische Kraft wirkt der Gravitationskraft entgegen.) In welche Richtung fließt der Strom?

35. Die Abbildung zeigt eine Induktivität und einen Widerstand in Serie. Zur Zeit $t = 0$ wird durch Schließen des Schalters die Spannung V

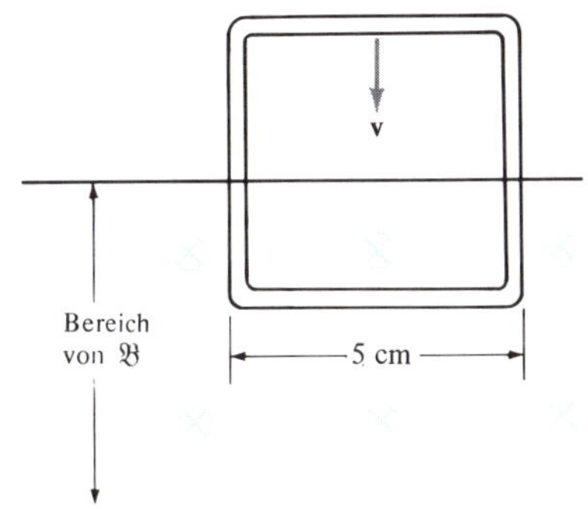

Aufgabe 34

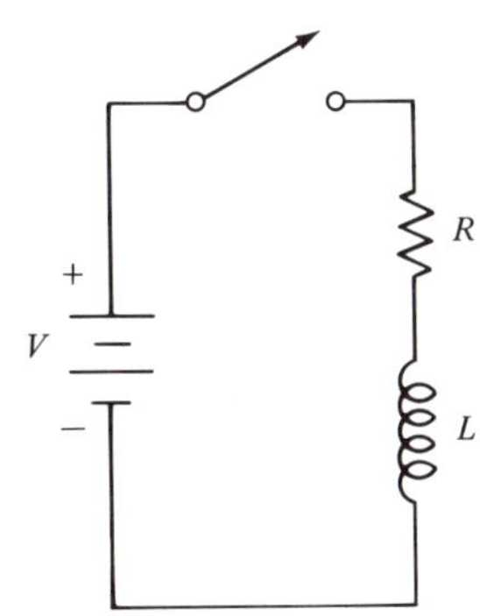

Aufgabe 35

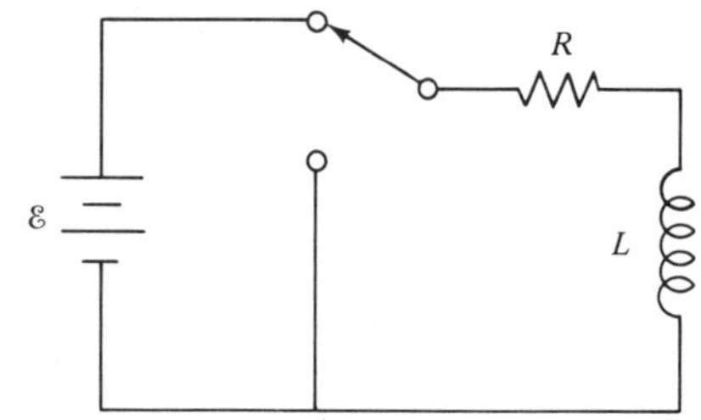

Aufgabe 36

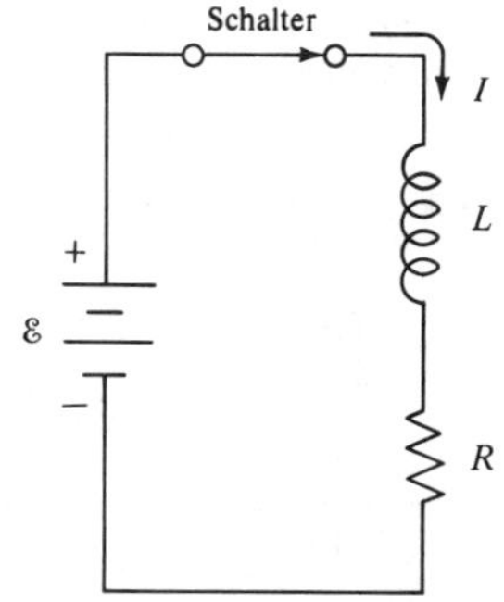

Aufgabe 43

angelegt. Beweise, daß der Strom folgende Zeitabhängigkeit hat:

$$I = \frac{V}{R}\left[1 - \exp\left(-\frac{Rt}{L}\right)\right].$$

36. **(a)** Betrachte die nebenstehende Abbildung. Welche Energie ist in L gespeichert, wenn sich der Schalter in der oberen Stellung befindet und wenn die Stromstärke einen zeitunabhängigen Wert erreicht hat?
(b) Welche Zeitabhängigkeit hat die Potentialdifferenz am Widerstand R, wenn der Schalter nach unten umgelegt wird?
(c) Welche Energie wird insgesamt nach dem Umlegen des Schalters im Widerstand in Wärme umgesetzt (von $t = 0$ bis $t = \infty$)?

37. Entwirf eine Serienschaltung ähnlich wie in Beispiel 8, so daß $f_0 = 1$ MHz beträgt und V_c auf die Hälfte absinkt, wenn die Frequenz den Wert $f = f_0 + \Delta f$ mit $\Delta f = 5$ kHz annimmt. (Eine solche Empfindlichkeitskurve findet man bei AM-Radioempfängern.)

38. Eine Spule mit $L = 1$ H und $R = 1$ Ohm wird an eine 220-V-Steckdose angeschlossen. Wie groß ist die Stromstärke, und welche Leistung wird verbraucht?

39. Wiederhole Beispiel 9 für den Fall, daß ein 100-Ohm-Widerstand in Serie mit dem Kondensator geschaltet ist.
(a) Wie groß ist die Stromstärke (Effektivwert)?
(b) Wie groß ist die mittlere abgegebene Leistung?
(c) Welche momentane Maximalleistung fließt in den Kondensator?

40. Ein Kondensator von 1 µF ist defekt und hat einen inneren Widerstand von 100 MΩ. Bei $t = 0$ wird er auf 100 V geladen. Nach welcher Zeit ist die Spannung auf 10 V abgesunken?

41. Abb. 19-17: Nach welcher Zeit hat die Spannung am Widerstand den Wert $\frac{1}{2}\mathscr{E}$? (t als Funktion von R und C)

42. Abb. 19-17: Drücke die Spannung am Kondensator in Abhängigkeit von $\mathscr{E}$, R, C und t aus.

43. Der Schalter in der nebenstehenden Abbildung wird zur Zeit $t = 0$ geschlossen. Leite eine Formel her für den Spannungsabfall an R als Funktion von $\mathscr{E}$, L, R und t. Hinweis: Die Summe der Spannungsabfälle im Stromkreis ist $\mathscr{E} - L\,(\mathrm{d}I/\mathrm{d}t) - IR = 0$.

20

Elektromagnetische Strahlung

Dieses und die nächsten drei Kapitel behandeln das Thema Wellen und Optik. In diesem Kapitel diskutieren wir zuerst laufende elektromagnetische Wellen und später laufende Wellen auf einem Seil.

In Tab. 18-2 sind die sog. Maxwell-Gleichungen der Elektrostatik und Magnetostatik angegeben. Mit diesen Gleichungen können alle diejenigen elektrischen Erscheinungen beschrieben werden, die mit ruhenden oder gleichförmig bewegten Ladungen und konstanten Strömen zusammenhängen.

20-1 Verschiebungsstrom

Nun wollen wir uns dem allgemeineren Fall zeitlich veränderlicher Ströme und beschleunigter Ladungen zuwenden. Deshalb müssen die vier Gleichungen von Tab. 18-2 so modifiziert werden, daß auch sich ändernde magnetische und elektrische Felder berücksichtigt werden. Ein Teil dieser Arbeit ist bereits im letzten Kapitel geleistet worden. In Kap. 19 haben wir gesehen, daß ein sich änderndes Magnetfeld ein elektrisches Feld erzeugt, ein Vorgang, der mit dem Faradayschen Gesetz beschrieben wird:

$$\oint \boldsymbol{E} \cdot \mathrm{d}\boldsymbol{s} = -\frac{\mathrm{d}}{\mathrm{d}t}\Phi_B,$$

wobei $\Phi_B = \int \mathfrak{B} \cdot \mathrm{d}\boldsymbol{A}$ der eingeschlossene magnetische Fluß ist. Im nächsten Abschnitt werden wir erfahren, daß die Gleichung für $\oint \mathfrak{B} \cdot \mathrm{d}\boldsymbol{s}$ (das Amperesche Gesetz) den ähnlich gearteten Zusatzterm $(1/c^2)(\mathrm{d}/\mathrm{d}t)\Phi_E$ auf der rechten Seite benötigt, wenn das elektrische Feld sich ändert. Mit diesen Zusatztermen in Gl. II bzw. IV von Tab. 18-2 nehmen die Maxwell-Gleichungen ihre allgemeinste Form an und bilden die Grundlage zur Beschreibung aller elektrischen Phänomene. Wie wir später in diesem Kapitel sehen werden, werden nach den Maxwell-Gleichungen ein elektrisches und ein magnetisches Feld mit der Fortpflanzungsgeschwindigkeit $v = c$ immer dann ausgestrahlt, wenn ein Strom an- oder abgeschaltet wird oder sich irgendwie mit der Zeit ändert.

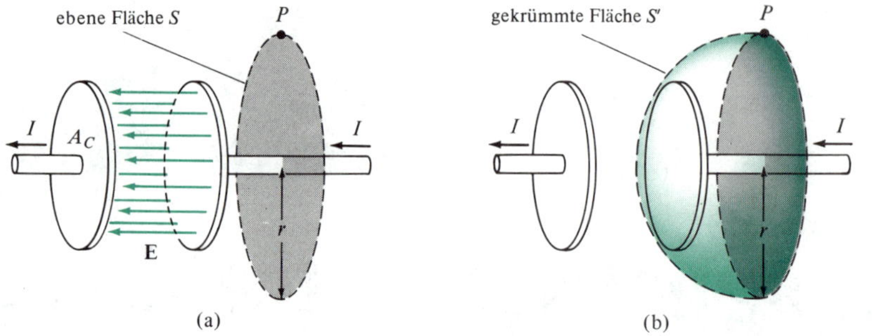

Abb. 20-1. *Ein Strom der Stärke I fließt in einen Kondensator mit kreisrunden Platten. Bild (a) zeigt das elektrische Feld zwischen den Platten. Die ebene Fläche in (a) mit der gestrichelten Randlinie schließt den Strom ein; die gekrümmte Fläche von (b) schließt den Strom nicht ein.*

Das Beispiel in Abb. 20-1 verdeutlicht, warum der Zusatzterm $(1/c^2)\,(\mathrm{d}/\mathrm{d}t)\,\Phi_E$ dem Ampereschen Gesetz hinzugefügt werden muß. Die Abbildung zeigt einen Kondensator mit zwei runden Platten. Der Kondensator wird durch einen Strom der Stärke I geladen; dabei wird Ladung auf die rechte Platte gebracht und der linken entzogen. Das Magnetfeld im Punkt P erhält man, indem man einen Kreis vom Radius r durch den Punkt P zieht und das Amperesche Gesetz anwendet. Die ebene Fläche S mit dem Kreis als Rand in Bild (a) schließt den Strom (I) ein, so daß das Amperesche Gesetz [Gl. (18-2)] folgendes ergibt:

$$\oint_{\text{Kreis}} \mathfrak{B} \cdot \mathrm{d}\boldsymbol{s} = 4\pi \frac{k_0}{c^2} \int_S \boldsymbol{j} \cdot \mathrm{d}\boldsymbol{A}.$$

In Abb. 20-1(a) ist $\int \boldsymbol{j} \cdot \mathrm{d}\boldsymbol{A} = I$, und für $\mathscr{B}$ erhält man:

$$\mathscr{B}\, 2\pi r = 4\pi \frac{k_0}{c^2} I,$$

$$\mathscr{B} = \frac{2k_0}{c^2} \frac{I}{r}. \quad \text{(im Punkt } P\text{)}$$

Das Amperesche Gesetz muß jedoch für alle möglichen Flächen gelten, die von demselben Kreis umrandet werden, und sollte also auch auf die gekrümmte Fläche S' von Bild (b) anwendbar sein. Aber in diesem Fall ist $\int_{S'} \boldsymbol{j} \cdot \mathrm{d}\boldsymbol{A} = 0$ – durch die Fläche fließt kein Strom – und das Amperesche Gesetz würde $\oint \mathfrak{B} \cdot \mathrm{d}\boldsymbol{s} = 0$ ergeben. Das steht im Widerspruch zu dem oben erhaltenen Ergebnis, von dem wir wissen, daß es richtig ist. Anhand ähnlicher Beispiele bemerkte Maxwell 1860, daß das Amperesche Gesetz in der Form von Kap. 18 im Fall sich ändernder elektrischer Felder nicht anwendbar ist. Er fand, daß die Schwierigkeiten ausgeräumt werden konnten, wenn der Term $(1/c^2) \int (\partial \boldsymbol{E}/\partial t) \cdot \mathrm{d}\boldsymbol{A}$ auf der rechten Seite addiert wurde; das so korrigierte Amperesche Gesetz lautet:

$$\oint \mathfrak{B} \cdot \mathrm{d}\boldsymbol{s} = 4\pi \frac{k_0}{c^2} \int \boldsymbol{j} \cdot \mathrm{d}\boldsymbol{A} + \frac{1}{c^2} \int \frac{\partial \boldsymbol{E}}{\partial t} \cdot \mathrm{d}\boldsymbol{A}.$$

Nun wollen wir zeigen, daß diese Gleichung immer das gleiche Ergebnis für $\mathscr{B}$ im Punkt P liefert, ob nun S oder S' als Integrationsfläche benutzt wird. In dem Teil der Fläche S', der zwischen den Kondensatorplatten liegt, gilt

$$E = 4\pi k_0 \frac{Q}{A_C}.$$

Daraus folgt

$$\frac{\partial E}{\partial t} = \frac{4\pi k_0}{A_C} \frac{\partial Q}{\partial t} = \frac{4\pi k_0}{A_C} I \qquad \textbf{(20-1)}$$

im Bereich der Kondensatorfläche A_C. Das Integral dieses Ausdrucks über die Fläche S' ist

$$\int_{S'} \frac{\partial \boldsymbol{E}}{\partial t} \cdot \mathrm{d}\boldsymbol{A} = 4\pi k_0 I.$$

Damit wird der Maxwellsche Zusatzterm zu

$$\frac{1}{c^2} \int_{S'} \frac{\partial \boldsymbol{E}}{\partial t} \cdot \mathrm{d}\boldsymbol{A} = \frac{1}{c^2}(4\pi k_0 I).$$

Setzt man diesen Term mit $\oint \mathfrak{B} \cdot \mathrm{d}\boldsymbol{s}$ gleich, so erhält man, wie wir wissen, das richtige Resultat. Damit lautet das nach Maxwell korrigierte Amperesche Gesetz

$$\oint \mathfrak{B} \cdot \mathrm{d}\boldsymbol{s} = \frac{4\pi k_0}{c^2} \int \boldsymbol{j} \cdot \mathrm{d}\boldsymbol{A} + \frac{1}{c^2} \int \frac{\partial \boldsymbol{E}}{\partial t} \cdot \mathrm{d}\boldsymbol{A}. \qquad \textbf{(20-2)}$$

Der erste Summand auf der rechten Seite ist ein wirklicher Strom, der durch eine von einem geschlossenen Weg umgebene Fläche fließt. Den zweiten Summanden kann man sich als einen Pseudostrom vorstellen; Maxwell nannte ihn den Verschiebungsstrom.

Beispiel 1: Bestimme $\mathscr{B}$ als Funktion von r zwischen den Kondensatorplatten in Abb. 20-2.

Lösung: Wenn wir Gl. (20-2) auf den gestrichelten Weg in Abb. 20-2 anwenden, erhalten wir:

$$\mathscr{B}(2\pi r) = 0 + \frac{1}{c^2}\left(\frac{\partial E}{\partial t}\right)(\pi r^2),$$

$$\mathscr{B} = \frac{r}{2c^2} \frac{\partial E}{\partial t}.$$

Wir benutzen Gl. (20-1) für $\partial E/\partial t$:

$$\mathscr{B} = \frac{r}{2c^2}\left(\frac{4\pi k_0 I_c}{\pi R^2}\right) = \frac{2k_0 I_0}{c^2 R^2} r.$$

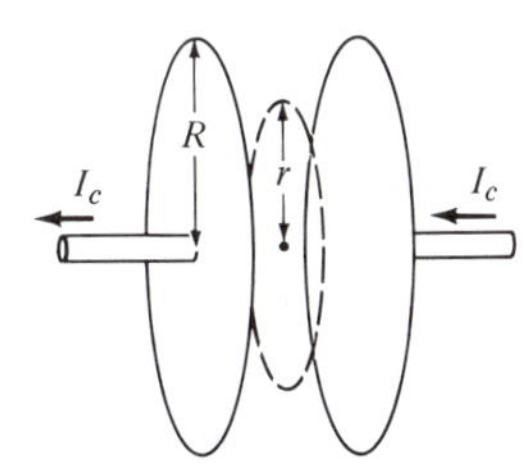

Abb. 20-2. *Der Strom der Stärke I_c fließt „durch“ den Plattenkondensator. Die $\mathfrak{B}$-Feldlinien verlaufen kreisförmig um die Achse.*

Man beachte, daß das gleiche Ergebnis in Gl. (18-4) für das magnetische Feld im Innern eines massiven Stabs vom Radius R bei einem Strom I_c erhalten wurde. Das Magnetfeld zwischen den Kondensatorplatten sieht also so aus, als ob der Raum zwischen den Platten mit einem leitenden Material ausgefüllt wäre.

20-2 Die Maxwell-Gleichungen in allgemeiner Form

Nun, da wir sowohl das Faradaysche Induktionsgesetz als auch den Term mit dem Verschiebungsstrom als Zusatz zum Ampereschen Gesetz kennen, wollen wir die vier Maxwell-Gleichungen in ihrer allgemeinsten Form zusammenstellen; dies ist in Tab. 20-1 geschehen. Mit den Gleichungen von dieser Tabelle können $\boldsymbol{E}$ und $\mathfrak{B}$ als Funktion von Ort und Zeit bestimmt werden, wenn Ort und Geschwindigkeit der Ladungen bekannt sind, die die Felder hervorrufen. Dann sind $\boldsymbol{E}$ und $\mathfrak{B}$ am Ort jedes Teilchens bekannt, und damit ist die Kraft auf jedes Teilchen gegeben als $\boldsymbol{F} = q\boldsymbol{E} + q\boldsymbol{v} \times \mathfrak{B}$. Das erlaubt, die zukünftige Bewegung miteinander wechselwirkender geladener Teilchen zu berechnen. Im Prinzip haben wir damit das Ziel der elektromagnetischen Theorie erreicht, das darin besteht, in einem System wechselwirkender geladener Teilchen die zukünftigen Orte und Geschwindigkeiten der Teilchen vorherzusagen. Maxwell entdeckte zusätzlich, daß in diesen Feldern Strahlungsenergie enthalten sein kann.

Es sei daran erinnert, daß diese Gleichungen in den Kap. 16 bis 19 aus dem Coulomb-Gesetz und der Forderung nach seiner Konsistenz mit der speziellen Relativitätstheorie hergeleitet wurden. Alle vier Gleichungen zusammengenommen können als relativistische Form des Coulomb-Gesetzes aufgefaßt werden. Es ist in der Tat möglich, alle vier Maxwell-Gleichungen in einer Tensorgleichung zusammenzufassen.

Tabelle 20-1. *Die Maxwell-Gleichungen*

MKS mit k_0	MKS mit ε_0 und μ_0	cgs-System
I Gaußscher Satz $\oint \boldsymbol{E} \cdot \mathrm{d}\boldsymbol{A} = 4\pi k_0 \int \varrho \, \mathrm{d}V$	$\oint \boldsymbol{E} \cdot \mathrm{d}\boldsymbol{A} = \frac{1}{\varepsilon_0} \int \varrho \, \mathrm{d}V$	$\oint \boldsymbol{E} \cdot \mathrm{d}\boldsymbol{A} = 4\pi \int \varrho \, \mathrm{d}V$
II Faradaysches Induktionsgesetz $\oint \boldsymbol{E} \cdot \mathrm{d}\boldsymbol{s} = -\int \frac{\partial \mathfrak{B}}{\partial t} \cdot \mathrm{d}\boldsymbol{A}$	$\oint \boldsymbol{E} \cdot \mathrm{d}\boldsymbol{s} = -\int \frac{\partial \mathfrak{B}}{\partial t} \cdot \mathrm{d}\boldsymbol{A}$	$\oint \boldsymbol{E} \cdot \mathrm{d}\boldsymbol{s} = -\frac{1}{c} \int \frac{\partial \mathfrak{B}}{\partial t} \cdot \mathrm{d}\boldsymbol{A}$
III es gibt keine magnetischen Monopole $\oint \mathfrak{B} \cdot \mathrm{d}\boldsymbol{A} = 0$	$\oint \mathfrak{B} \cdot \mathrm{d}\boldsymbol{A} = 0$	$\oint \mathfrak{B} \cdot \mathrm{d}\boldsymbol{A} = 0$
IV Amperesches Gesetz (korrigierte Form) $\oint \mathfrak{B} \cdot \mathrm{d}\boldsymbol{s} = \frac{4\pi k_0}{c^2} \int \boldsymbol{j} \cdot \mathrm{d}\boldsymbol{A} + \frac{1}{c^2} \int \frac{\partial \boldsymbol{E}}{\partial t} \cdot \mathrm{d}\boldsymbol{A}$	$\oint \mathfrak{B} \cdot \mathrm{d}\boldsymbol{s} = \mu_0 \int \boldsymbol{j} \cdot \mathrm{d}\boldsymbol{A} + \mu_0 \varepsilon_0 \int \frac{\partial \boldsymbol{E}}{\partial t} \cdot \mathrm{d}\boldsymbol{A}$	$\oint \mathfrak{B} \cdot \mathrm{d}\boldsymbol{s} = \frac{4\pi}{c} \int \boldsymbol{j} \cdot \mathrm{d}\boldsymbol{A} + \frac{1}{c} \int \frac{\partial \boldsymbol{E}}{\partial t} \cdot \mathrm{d}\boldsymbol{A}$

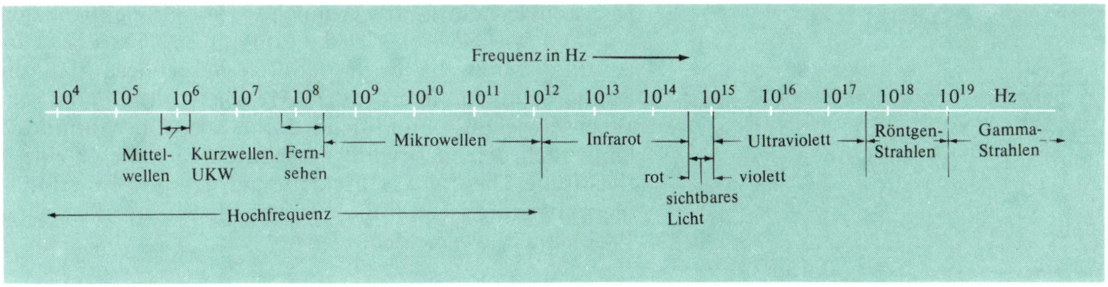

Abb. 20-3. *Das elektromagnetische Spektrum*

Die Gleichungen gelten sowohl im Vakuum als auch im Innern von Materie, wenn die atomaren Ladungen und Ströme (und die atomaren magnetischen Momente) explizit mit in die Ladungsdichte ϱ und die Stromdichte $\boldsymbol{j}$ eingeschlossen werden. Die Gleichungen gelten für alle möglichen Flächen und Wege und führen zu eindeutigen Lösungen für $\boldsymbol{E}$ und $\mathfrak{B}$ bei vorgegebenen Ladungs- und Stromverteilungen (ϱ und $\boldsymbol{j}$). Man kann aus der Eindeutigkeit der Lösungen Nutzen ziehen, indem man für ein bestimmtes Problem die Art der Lösung rät und sie dann in die Maxwell-Gleichungen einsetzt, um zu sehen, ob sie sie erfüllt. Wenn ein bestimmter mathematischer Ausdruck die Maxwell-Gleichungen für alle möglichen Flächen und Wege erfüllt, muß er *die* Lösung sein. Im nächsten Abschnitt werden wir dieses Eindeutigkeitstheorem auf den Fall einer dünnen Metallplatte anwenden, in der ein sinusförmiger Strom fließt.

Maxwell beschrieb nicht nur alle elektrischen Erscheinungen mit vier einfachen Gleichungen, sondern er leitete aus ihnen auch mathematische Konsequenzen her, die niemand zuvor mit „Elektrizität" in Verbindung gebracht hatte. 1864 zeigte er, daß eine beschleunigte Ladung ein elektrisches und ein magnetisches Feld abstrahlt, die sich mit der Geschwindigkeit $u = 1/\sqrt{\mu_0\varepsilon_0} = c$ fortbewegen, daß weiter der Feldstärkevektor des abgestrahlten elektrischen Feldes senkrecht auf dem des abgestrahlten magnetischen Feldes steht und daß beide mit der Fortpflanzungsrichtung der Welle rechte Winkel bilden. Er zeigte außerdem, daß bei dieser ausgesandten Welle $E = c\mathscr{B}$ im MKS-System und $E = B$ im cgs-System gilt und daß tatsächlich Energie und Impuls abgestrahlt oder von der beschleunigten Ladung abgegeben werden, Energie und Impuls, die im abgestrahlten Feld enthalten sind. Wenn die Ladung eine Schwingungsbewegung ausführt, haben die Wellen die gleiche Schwingungsfrequenz. Er stellte die Hypothese auf, daß Licht aus solchen elektromagnetischen Wellen mit geeigneten Frequenzen (4 bis $7 \cdot 10^{14}$ Hz) besteht und daß es elektromagnetische Wellen mit beliebigen Frequenzen gibt, von der Frequenz null angefangen (s. Abb. 20-3).

Maxwell klärte also nicht nur das Wesen des Lichts auf, sondern er schlug auch vor, daß Ladungen beim resonanten Schwingen in bestimmten elektrischen Stromkreisen (Schwingkreisen) elektromagnetische Wellen ausstrahlen, die auch meßbar sind. Er sagte die Möglichkeit von Funkverbindungen voraus, lange bevor solche Phänomene entdeckt wurden! Aufgrund dieser großartigen Synthese verschiedenartiger physikalischer Erscheinungen wird vielfach die Meinung vertreten, daß Maxwells Werk die größte Errungenschaft der klassischen Physik darstellt.

Maxwell leistete gewiß Ähnliches für die elektromagnetische Wechselwirkung wie Newton für die Gravitation. Darüber hinaus wird die Bedeutung Maxwells noch dadurch vergrößert, daß die physikalischen Phänomene in übergroßer Mehrheit durch die elektromagnetische Wechselwirkung und nicht durch die Gravitation bestimmt werden. Ohne sich dessen bewußt zu sein, entwickelte er eine vollständige relativistische Theorie des Elektromagnetismus. Er erfand die Feldtheorie, die notwendig ist, um die mit dem Begriff der Fernwirkung verknüpften Probleme zu vermeiden.

20-3 Elektromagnetische Strahlung

Schon beim bloßen Ansehen der Maxwell-Gleichungen erkennt man, daß sich elektrische und magnetische Felder gegenseitig aufrechterhalten können, auch wenn die Quelle, die sie erzeugt, abgeschaltet wird. Natürlich können sich nicht verändernde Ladungsquellen oder Ströme nur konstante Felder erzeugen ($\boldsymbol{E}$ nach dem Coulomb-Gesetz und $\mathfrak{B}$ nach dem Ampereschen Gesetz). Doch ein sich ändernder Strom (beschleunigte Ladung) ruft ein sich änderndes Magnetfeld hervor, d. h., $\partial\mathfrak{B}/\partial t$ ist ungleich null. Dann muß nach Gl. II ein elektrisches Feld erzeugt werden, sogar, wenn überall im Raum $\varrho = 0$ gilt. Für das elektrische Feld, das erzeugt wird, ist $\partial \boldsymbol{E}/\partial t$ ungleich null, so daß es nach Gl. IV zu $\mathfrak{B}$ einen Beitrag leistet, *auch dann noch, wenn die Stromquelle schon abgeschaltet ist*. Natürlich ist für diesen neuen Beitrag zum magnetischen Feld $\partial\mathfrak{B}/\partial t$ ungleich null, so daß ein neues $\boldsymbol{E}$ erzeugt wird usw. Es ist, als wenn ein Hund seinen eigenen Schwanz fangen wollte. Wenn die Energie in den Feldern nicht irgendwie abgegeben werden kann, setzt sich dieser Vorgang fort bis in alle Ewigkeit, obwohl sich die Störung, wie wir bald sehen werden, im Raum mit einer Geschwindigkeit ausbreitet, die durch die Proportionalitätskonstanten in den Maxwell-Gleichungen gegeben ist. Der Hund versucht fortwährend, seinen Schwanz zu fangen, aber seine äußere Begrenzung expandiert mit der Geschwindigkeit $u = c$.

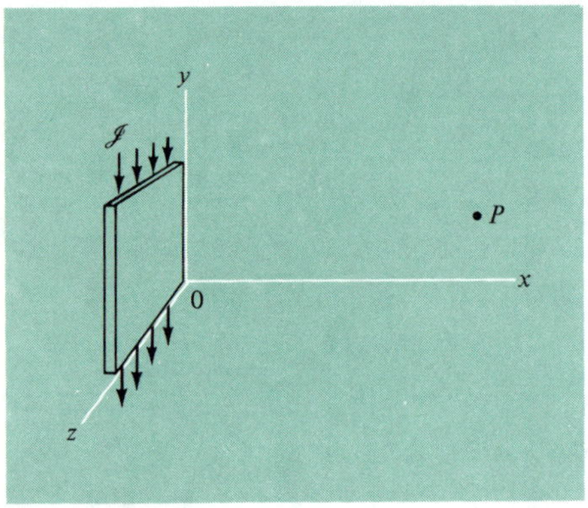

Abb. 20-4. *Ein rechteckiger Ausschnitt aus einer unendlich ausgedehnten dünnen Platte mit der Flächenstromdichte $\mathscr{J}$*

Strahlung von einem ebenen Flächenstrom

Betrachten wir eine unendlich ausgedehnte dünne Platte (die yz-Ebene) mit einem Flächenstrom in negativer y-Richtung. Seine Flächenstromdichte $\mathscr{J}$ ist die Stromstärke pro Längeneinheit in z-Richtung (s. Abb. 20-4). Auch für den Fall, daß sich der Strom mit der Zeit ändert, können wir das Magnetfeld in der Nähe der Platte berechnen, wenn wir, wie es Abb. 20-5 zeigt, einen rechtwinkligen Integrationsweg um den Strom herum legen. a sei die Breite und b die Höhe des Rechtecks. Wir messen $\mathfrak{B}$ in der Entfernung $a/2$ von der Platte. Geht a gegen null, so geht auch die Fläche des Rechtecks gegen null, und wir können den Term $\int(\partial \boldsymbol{E}/\partial t)\cdot \mathrm{d}\boldsymbol{A}$ in Gl. (20-2) außer acht lassen. Da $\mathscr{J}$ in die Buchseite hineinzeigt, sollten wir dem Integrationsweg im Uhrzeigersinn folgen.

Dann ergibt Gl. (20-2):

$$\oint \mathfrak{B} \cdot d\mathbf{s} = \frac{4\pi k_0}{c^2} I_{\text{in}} = \frac{4\pi k_0}{c^2} \mathscr{J} b,$$

$$2\mathfrak{B}\, b = \frac{4\pi k_0}{c^2} \mathscr{J} b,$$

$$\mathscr{B} = \frac{2\pi k_0}{c^2} \mathscr{J}. \quad \text{(Feld in der Nähe des Stroms)} \qquad \textbf{(20-3)}$$

Das ist das gleiche Ergebnis wie in Gl. (18-5), wo $\mathscr{J}$ über die ganze Platte konstant ist. Hier kann $\mathscr{J}$ jedoch zeitabhängig sein, und unser Ergebnis gilt nur sehr nahe an der Platte.

Das Feld in einem Punkt P, der nicht in der Nähe der Platte liegt, kann dadurch bestimmt werden, daß man zwei zueinander senkrechte Integrationsrechtecke um den Punkt P legt; eines davon ist in Abb. 20-5 eingezeichnet. Da die Herleitung etwas langwierig ist, wird sie im Anhang 20-1 dargestellt. Das Ergebnis ist:

$$\frac{\partial E_y}{\partial x} = -\frac{\partial \mathscr{B}_z}{\partial t}, \qquad \textbf{(20-4)}$$

$$\frac{\partial^2 \mathscr{B}_z}{\partial x^2} = \frac{1}{c^2} \frac{\partial^2 \mathscr{B}_z}{\partial t^2}. \quad \text{(Wellengleichung)} \qquad \textbf{(20-5)}$$

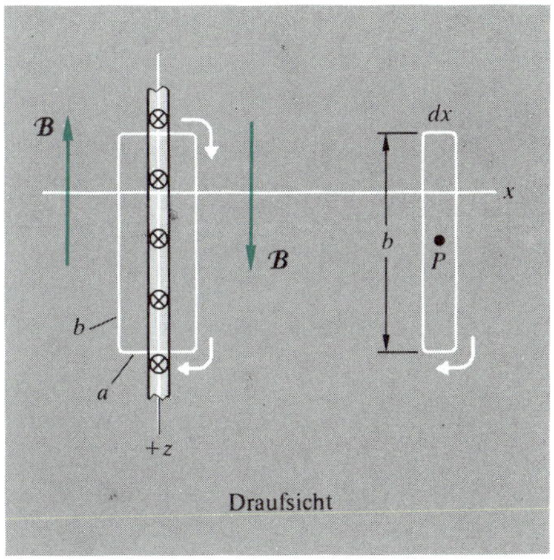

Abb. 20-5. *Abb. 20-4 von oben gesehen. Der Strom fließt in die Buchseite hinein. Das Linienintegral wird entlang einem Weg im Uhrzeigersinn um den Strom herum ausgeführt. Ein zweites Integral wird um den Punkt P genommen.*

Diese bekannte Differentialgleichung heißt Wellengleichung. Wir werden sie im einzelnen in Abschn. 20-6 untersuchen. Ihre Lösung ist eine laufende Welle mit der Fortpflanzungsgeschwindigkeit $u = c$. Gl. (20-4) besagt zusätzlich, daß das magnetische Feld von einem elektrischen Feld begleitet wird; es gilt $E = c\mathscr{B}$. Beide Feldvektoren stehen aufeinander senkrecht. Die Lösungen werden genauer in den nächsten beiden Abschnitten erarbeitet.

20-4 Strahlung eines sinusförmigen ebenen Flächenstroms

Der Flächenstrom in Abb. 20-4 habe die Form

$$\mathscr{J} = \mathscr{J}_0 \cos \omega t,$$

wobei $\mathscr{J}_0$ die Richtung der negativen y-Achse hat. Solche sinusförmigen Ströme können mit elektronischen Schaltungen leicht erzeugt werden (s. S. 395). Wir möchten $\mathscr{B}(x, t)$ für alle Werte von x und t bestimmen. Für kleine x kennen wir schon die Lösung in Form von Gl. (20-3):

$$\mathscr{B}_z(x, t) = \frac{2\pi k_0}{c^2} \mathscr{J}_0 \cos \omega t. \quad \text{(für kleine } x\text{)}$$

Für große x gehen wir so vor, daß wir eine Lösung raten, die mit derjenigen für kleine x konsistent ist und die, wie wir dann zeigen müssen, auch Gl. (20-5) genügt. Damit wäre das die eindeutige Lösung für den betrachteten Strom. Wir raten als Lösung folgenden Ausdruck, der mit der Lösung für kleine x übereinstimmt:

$$\mathscr{B}_z(x, t) = \frac{2\pi k_0}{c^2} \mathscr{J}_0 \cos\omega\left(t - \frac{x}{c}\right). \tag{20-6}$$

Die linke Seite von Gl. (20-5) wird damit zu

$$\frac{\partial^2 \mathscr{B}_z}{\partial x^2} = -\left(\frac{\omega}{c}\right)^2 \frac{2\pi k_0}{c^2} \mathscr{J}_0 \cos\left(\omega t - \frac{\omega}{c} x\right) = -\frac{\omega^2}{c^2} \mathscr{B}_z.$$

Die rechte Seite ergibt

$$\frac{1}{c^2} \frac{\partial^2 \mathscr{B}_z}{\partial t^2} = \frac{1}{c^2}(-\omega^2) \frac{2\pi k_0}{c^2} \mathscr{J}_0 \cos\left(\omega t - \frac{\omega}{c} x\right) = -\frac{\omega^2}{c^2} \mathscr{B}_z.$$

Offenbar ist also die linke Seite gleich der rechten, wenn man für $\mathscr{B}$ den Ansatz von Gl. (20-6) wählt. Außerdem ergibt Gl. (20-6) $\mathscr{B}_z = (2\pi k_0/c^2) \cdot \mathscr{J}_0 \cos\omega t$, wenn x gegen null geht; das bedeutet, sie gehorcht der sogenannten Randbedingung und ist somit die einzige Lösung unseres Problems.

Wie Abschn. 20-6 zeigen wird, ist die Form $\cos\omega(t - x/c)$ eine Sinuswelle, die sich entlang der x-Achse mit der Geschwindigkeit $u = c$ fortbewegt und die Wellenlänge $\lambda = 2\pi c/\omega$ hat.

Das abgestrahlte elektrische Feld

Wir erhalten E, indem wir die nun bekannte Lösung für $\mathscr{B}$ in Gl. (20-4) einsetzen:

$$\begin{aligned}
\frac{\partial E_y}{\partial x} &= -\frac{\partial}{\partial t}\left[\mathscr{B}_0 \cos\omega\left(t - \frac{x}{c}\right)\right] \\
&= \omega\mathscr{B}_0 \sin\omega\left(t - \frac{x}{c}\right), \\
E_y &= \omega\mathscr{B}_0 \int \sin\omega\left(t - \frac{x}{c}\right) \mathrm{d}x \\
&= c\mathscr{B}_0 \cos\omega\left(t - \frac{x}{c}\right) + \text{Konstante.}
\end{aligned}$$

Die Integrationskonstante ist null, da es keine Nettoladung gibt, die ein konstantes elektrisches Feld erzeugen könnte. Also erhalten wir

$$E_y = c\mathscr{B}_z = \frac{2\pi k_0}{c} \mathscr{J}_0 \cos\omega\left(t - \frac{x}{c}\right). \quad \text{(Strahlungsfelder)} \tag{20-7}$$

In unserer Herleitung wies $\mathscr{J}_0$ in negative y-Richtung. Die Amplituden von E_y und $\mathscr{B}_z$ werden beide positiv, so daß $\mathscr{J}$ und E_y in der Nähe der Platte entgegengesetzte Richtungen haben. Dies kann man sich dadurch klarmachen, daß man nach dem Ladungszustand der oberen und der

Abb. 20-6. *Eine ebene elektromagnetische Welle breitet sich nach rechts mit der Geschwindigkeit $u = c$ aus. Die Welle wird durch einen sinusförmigen Flächenstrom der Dichte $\mathcal{J}$ in der yz-Ebene erzeugt.*

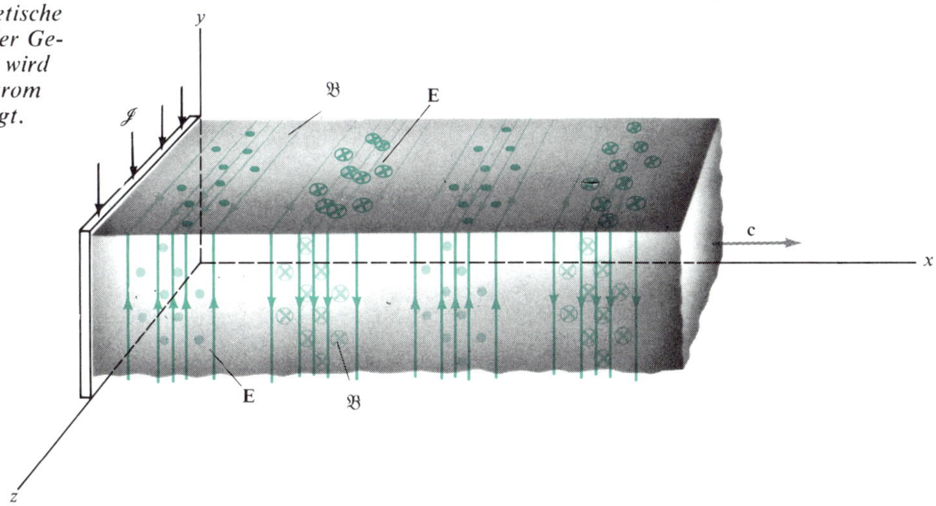

unteren Kante der Platte fragt. Positive Ladungen sammeln sich unten an und negative oben, so daß die E-Feldlinien von unten nach oben verlaufen, entgegengesetzt zur Stromrichtung.

Wir haben gezeigt, daß folgende Beziehungen gelten: $E = c\mathcal{B}$ im MKS-System und $E = B$ im cgs-System. Wir haben außerdem gezeigt, daß elektrisches Feld und Magnetfeld aufeinander senkrecht stehen. (Wir könnten das Integral $\oint \boldsymbol{E} \cdot d\boldsymbol{s}$ längs des Rechtecks in Abb. 20-5 ausführen, um zu beweisen, daß $E_z = 0$ ist.) Die für E und $\mathcal{B}$ erhaltenen Lösungen sind für beliebige Integrationswege der Maxwell-Gleichungen richtig, sie sind eindeutig. Die elektrischen und magnetischen Feldlinien im Fall eines sinusförmigen ebenen Flächenstroms sind in Abb. 20-6 wiedergegeben.

*__Beispiel 2:__ Ein Blitzlicht mit 3 W Lichtleistung sendet einen Strahl aus, dessen Querschnitt ein Quadrat der Kantenlänge 10 cm ist (Abb. 20-7). Der Strahl trifft auf eine polierte Metalloberfläche und wird reflektiert. Der reflektierte Strahl, der ebenfalls die Leistung 3 W hat, wird durch einen Oberflächenstrom folgender Dichte hervorgerufen:

$$\mathcal{J} = \frac{I_0}{z_0} \cos \omega t$$

(a) Wie groß ist I_0, die Stärke des Gesamtstromes in der Platte, in Ampere?
(b) Berechne E_0 in Vm^{-1}.
(c) Wie groß ist B_0 in Gauß?

Lösung: Das Licht in dem Strahl von 10^{-2} m^2 Querschnitt legt in 1 s eine Strecke von $3 \cdot 10^8$ m zurück. Das entspricht einem Vo-

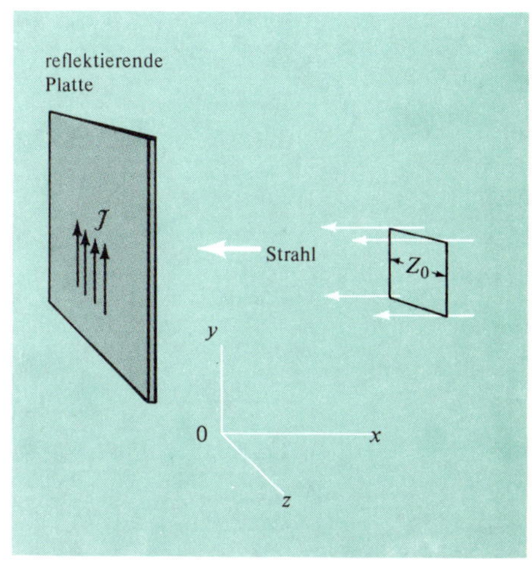

Abb. 20-7. *Ein Strahl von quadratischem Querschnitt trifft von rechts auf einen Spiegel und wird reflektiert. Der induzierte Flächenstrom der Dichte $\mathcal{J}$ erzeugt den reflektierten Strahl.*

lumen von $3 \cdot 10^6$ m³, das eine Energie von 3 J enthält. Die Energiedichte ist also

$$\frac{dU}{dV} = \frac{3\text{ J}}{3 \cdot 10^6\text{ m}^3} = 10^{-6}\text{ J/m}^3.$$

Nach Gl. (19-10) ist diese Energie zu gleichen Teilen im elektrischen und magnetischen Feld enthalten:

$$\frac{\overline{E^2}}{8\pi k_0} = \frac{1}{2} \cdot 10^{-6}\text{ J/m}^3.$$

Aus $\overline{E^2} = \frac{1}{2}E_0^2$ folgt:

$$E_0^2 = 8\pi k_0 \cdot 10^{-6}\text{ J/m}^3,$$

$$E_0 = \sqrt{8\pi(9 \cdot 10^9) \cdot 10^{-6}}\text{ V/m} = 475\text{ V/m},$$

$$\mathscr{B}_0 = \frac{E_0}{c} = \frac{475}{3 \cdot 10^8}\text{ T} = 1{,}58 \cdot 10^{-6}\text{ T}$$

oder

$$B = 1{,}58 \cdot 10^{-2}\text{ Gauß}.$$

Löst man Gl. (20-7) nach $\mathscr{J}_0$ auf, so ergibt sich

$$\mathscr{J}_0 = \frac{cE_0}{2\pi k_0} = \frac{(3 \cdot 10^8)(475)}{2\pi(9 \cdot 10^9)}\text{ A/m} = 2{,}52\text{ A/m},$$

$$I_0 = z_0\mathscr{J}_0 = (0{,}1\text{ m})(2{,}52\text{ A/m}) = 0{,}252\text{ A}.$$

***Beispiel 3:** Ein Wechselstromgenerator ist an eine große Metallplatte angeschlossen und erzeugt in ihr eine oszillierende Flächenstromdichte $\mathscr{J}_0 \cos \omega t$. Das elektrische Strahlungsfeld E_S läßt eine Kraft eE_S auf jedes Leitungselektron der Platte wirken, so daß ein Energieübertrag vom Generator auf die Elektronen stattfindet. Welche Leistung pro m² wird dem Generator entzogen? Verluste durch Restwiderstände sollen vernachlässigt werden.

Lösung: Betrachtet man einen rechteckigen Plattenausschnitt mit den Seiten x_0 und y_0, so erhält man für die Leistung pro Fläche (Intensität)

$$\frac{P}{A} = \frac{VI}{y_0 z_0} = \frac{(E_S y_0)(\mathscr{J} z_0)}{y_0 z_0} = E_S\mathscr{J}.$$

Mit $\mathscr{B}_S = (2\pi k_0/c^2)\,\mathscr{J}$ erhält man

$$\frac{P}{A} = \frac{c^2}{2\pi k_0} E_S \mathscr{B}_S .$$

Das ist Energie, die im elektrischen und magnetischen Feld abgestrahlt wird (s. Abschn. 21-1). Die nach links und rechts abgestrahlte Energie ist jeweils die Hälfte davon. Also gilt für eine laufende elektromagnetische Welle

$$\text{Leistung pro Flächeneinheit oder Intensität} = \frac{c^2}{4\pi k_0} E\mathscr{B}.$$

***Beispiel 4:** Welchen effektiven Widerstand hat ein quadratischer Ausschnitt (Seitenlänge 1 m) der Platte von Beispiel 3?

Lösung:

$$R = \frac{V}{I} = \frac{E y_0}{\mathscr{J} z_0}.$$

Für $y_0 = z_0 = 1$ m ergibt sich

$$R = \frac{E}{\mathscr{J}} = \frac{2\pi k_0}{c} = 2\pi \frac{9 \cdot 10^9}{3 \cdot 10^8} \Omega = 188{,}5\,\Omega .$$

In einer realen Metallplatte ist die Flächenstromdichte auf jeder der beiden Oberflächen $\frac{1}{2}\mathscr{J}$. Der effektive Widerstand pro m^2 jeder Oberfläche ist dann das Doppelte des eben errechneten Werts:

$$4\pi \frac{k_0}{c} = \frac{1}{\varepsilon_0 c} = \sqrt{\frac{\mu_0}{\varepsilon_0}} = 377\,\Omega .$$

Dieser Wert wird auch als Impedanz des Vakuums bezeichnet.

20-5 Nichtsinusförmige Stromquellen, Fourieranalyse

Im Gegensatz zu einer sinusförmigen Stromquelle wollen wir nun eine Stromquelle betrachten, die ein beliebiges Zeitverhalten hat. Es werden ein E- und ein $\mathscr{B}$-Feld ausgesandt, die die gleiche Zeitabhängigkeit haben wie die Quelle. Als Beispiel nehmen wir den Fall eines Flächenstroms, der einen sägezahnförmigen Verlauf mit der Periode τ hat. Abb. 20-8 zeigt, daß eine Sägezahnfunktion als unendliche Reihe von

Sinusfunktionen entwickelt werden kann; mit $\omega = 2\pi/\tau$ kann man schreiben

$$F(t) = \sum_{n=1}^{\infty} \left(\frac{1}{n} \sin n\omega t\right).$$

Das nennt man die Fourierentwicklung der periodischen Funktion $F(t)$. Ganz allgemein läßt sich jede periodische Funktion der Frequenz $1/\tau$ als Summe von Sinus- und Kosinusfunktionen der Frequenzen $n(1/\tau)$ darstellen, wobei n von 1 bis ∞ läuft. Es ist verblüffend, daß vollkommen gerade Linien mit extrem scharfen Ecken aus reinen Sinuskurven, die kontinuierlich gekrümmt sind, aufgebaut werden können. Allerdings braucht man eine unendliche Zahl von Sinusfunktionen zu einer solchen Darstellung.

Für eine sägezahnförmige elektromagnetische Welle muß der Flächenstrom folgende Gestalt haben:

$$\mathscr{I} = \mathscr{I}_0 \sum_{n=1}^{\infty} \left(\frac{1}{n} \sin n\omega t\right), \quad \text{wobei} \quad \omega = \frac{2\pi}{\tau}.$$

Jeder Sinusterm in dieser Entwicklung hat die durch die Gln. (20-6) und (20-7) gegebene Lösung. Da die Maxwell-Gleichungen in E, $\mathscr{B}$ und j linear sind, ist die resultierende Lösung die Summe der getrennten Lösungen. Diese Tatsache wird Superpositionsprinzip genannt. Als resultierende Lösung ergibt sich daher

$$E = c\mathscr{B} = \frac{2\pi k_0}{c} \mathscr{I}_0 \sum \left[\frac{1}{n} \sin n\omega \left(t - \frac{x}{c}\right)\right].$$

Da sich jeder Term der Entwicklung mit der gleichen Geschwindigkeit $u = c$ in Richtung der x-Achse fortpflanzt, laufen die Sinuswellen gewissermaßen nebeneinander her und addieren sich immer in derselben Weise, wie auch in Abb. 20-8. Damit hat das Feld in jedem Raumpunkt dieselbe sägezahnförmige Zeitabhängigkeit wie die Quelle, nur gegenüber dieser um x/c zeitlich verzögert.

Die allgemeinste Funktion für eine periodische Flächenstromdichte ist folgender Ausdruck:

$$\mathscr{J} = \sum_{n=1}^{\infty} A_n \sin(n\omega t + \varphi_n).$$

Die Lösung für die von $\mathscr{J}$ erzeugte elektromagnetische Welle hat die gleiche Zeitabhängigkeit:

$$E = c\mathscr{B} = \frac{2\pi k_0}{c} \sum A_n \sin\left[n\omega\left(t - \frac{x}{c}\right) + \varphi_n\right].$$

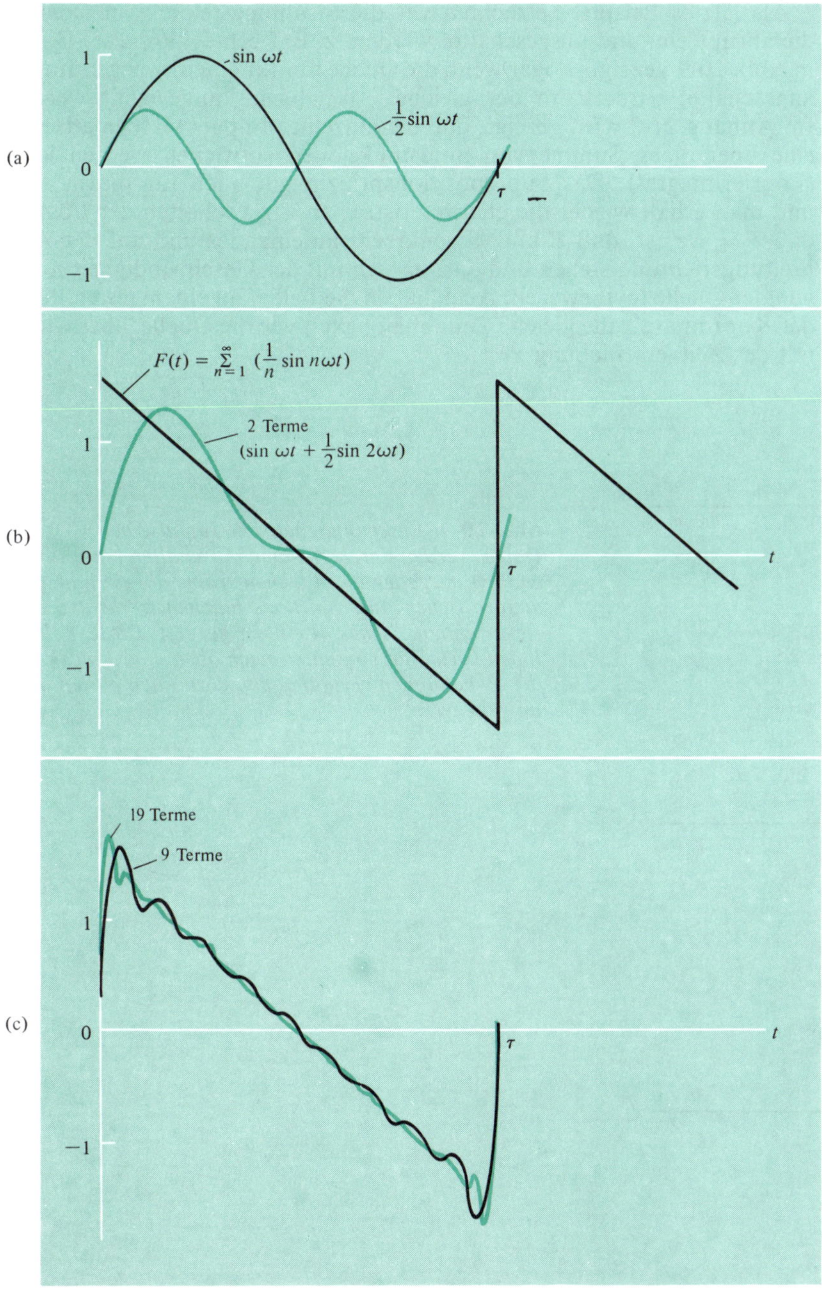

Abb. 20-8. *Die Sägezahnfunktion in (b) kann nach Sinusfunktionen entwickelt werden. Für eine exakte Darstellung wird eine unendliche Anzahl von Sinusfunktionen benötigt. (a) Die ersten zwei Sinusfunktionen. (b) Die beiden Sinuswellen von (a) sind addiert worden. (c) Die Summe der ersten 9 bzw. 19 Terme.*

Als letztes Beispiel betrachten wir die Strahlungsfelder von Quellen, die abrupt ein- und ausgeschaltet werden, z. B. Rechteckimpulse. Das ist in Abb. 20-9 gezeigt. Sogar wenn die Quelle nur für einen einzigen Impuls angeschaltet wird, kann der gleiche Formalismus angewandt werden. Im Anhang 21-2 wird gezeigt, daß ein einzelner Impuls mathematisch in eine unendliche Summe von Sinusfunktionen entwickelt werden kann (Fourierintegral). Das Superpositionsprinzip gilt auch für diesen Fall, und man erhält wieder die charakteristischen Eigenschaften der Lösung, daß $E = c\mathscr{B}$ ist, daß $\boldsymbol{E}$ und $\mathfrak{B}$ senkrecht aufeinander und auf der Ausbreitungsrichtung stehen und daß sie sich mit der Geschwindigkeit $u = c$ von der Quelle fortbewegen. Auch haben die Felder an einem festen Punkt der Koordinate x die gleiche Zeitabhängigkeit wie die Quelle, aber wieder mit der Zeitverschiebung x/c.

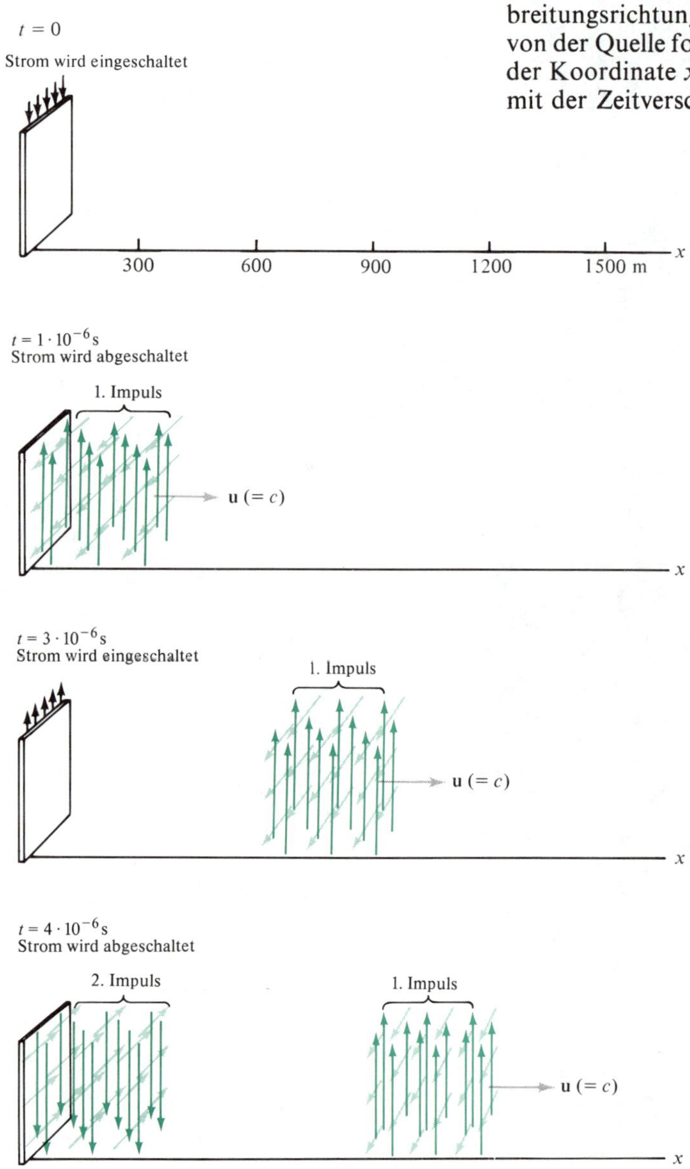

Abb. 20-9. *Elektromagnetische Impulse von* 10^{-6} s *Dauer werden durch An- und Abschalten eines unendlich ausgedehnten Flächenstroms abgestrahlt. Ein quadratischer Ausschnitt des Flächenstroms und der elektromagnetischen Welle ist gezeigt. Die* ***E****-Feldlinien verlaufen von unten nach oben oder umgekehrt, die* $\mathfrak{B}$*-Feldlinien verlaufen von vorn nach hinten oder umgekehrt.*

20-6 Laufende Wellen

Da es einfacher ist, sich eine laufende Welle auf einem Seil vorzustellen als eine laufende elektromagnetische Welle, beginnen wir diesen Abschnitt mit Wellen auf einem Seil. Die mathematische Behandlung ist für alle Arten von laufenden Wellen gleich, elektromagnetische Wellen nach Gl. (20-7) eingeschlossen.

Wird das Ende eines langen gedehnten Seils sinusförmig auf und ab bewegt, so beobachtet man, wie eine Sinuswelle über das Seil läuft. Dies ist in Abb. 20-10 gezeigt. Wir werden beweisen, daß die Geschwindigkeit der Sinuswelle von der Zugkraft im Seil T und von der Masse pro Längeneinheit μ abhängt. Wir benutzen v für die Geschwindigkeit, mit der sich ein Seilpunkt quer zum Seil bewegt, und u für die Geschwindigkeit der Welle; das ist die Geschwindigkeit, mit der sich z. B. die Spitze eines Wellenbergs auf dem Seil fortbewegt.

Zunächst müssen wir uns davon überzeugen, daß die folgende Funktion eine Sinuswelle darstellt, die sich mit der Geschwindigkeit u in der positiven x-Richtung fortpflanzt:

$$y(x, t) = y_0 \cos \frac{2\pi}{\lambda}(x - ut). \quad \text{(laufende Welle)} \qquad \textbf{(20-8)}$$

Für einen festen Zeitpunkt t hat y die Form

$$\cos\left(\frac{2\pi x}{\lambda} + \varphi\right), \quad \text{wobei } \varphi \text{ ein fester Winkel ist.}$$

Man beachte, daß der Winkel $(2\pi x/\lambda + \varphi)$ um 2π zunimmt, wenn x um λ vergrößert wird. Also ist λ die Wellenlänge, d. h., die Welle wiederholt sich nach der Entfernung λ. Wir können zeigen, daß u in Gl. (20-8) die Fortpflanzungsgeschwindigkeit der Welle ist, indem wir der Spitze eines Wellenbergs folgen. $y(x, t)$ erreicht ein Maximum, wenn $[(2\pi/\lambda)(x - ut)]$ in Gl. (20-8) gleich null ist:

$$\frac{2\pi}{\lambda}(x - ut) = 0.$$

Daraus folgt

$$x = ut \quad \text{oder} \quad u = \frac{x}{t},$$

wobei x die Lage der Spitze des Wellenbergs zur Zeit $t = 0$ ist. Definitionsgemäß ist x/t die Geschwindigkeit der Spitze, und diese ist, wie wir gerade gezeigt haben, gleich u. Diese Geschwindigkeit wird als Fortpflanzungsgeschwindigkeit der Welle definiert. (Genaugenommen ist es die sog. Phasengeschwindigkeit im Gegensatz zur Gruppengeschwindigkeit, die in Kap. 21 eingeführt wird.)

Da wir nun gezeigt haben, daß Gl. (20-8) eine Sinuswelle darstellt, die sich mit der Geschwindigkeit u fortbewegt, können wir die Gleichung unter Zuhilfenahme von ω umschreiben. Dazu verwenden wir die Beziehung

$$\lambda f = u. \quad \text{(Fortpflanzungsgeschwindigkeit)} \qquad \textbf{(20-9)}$$

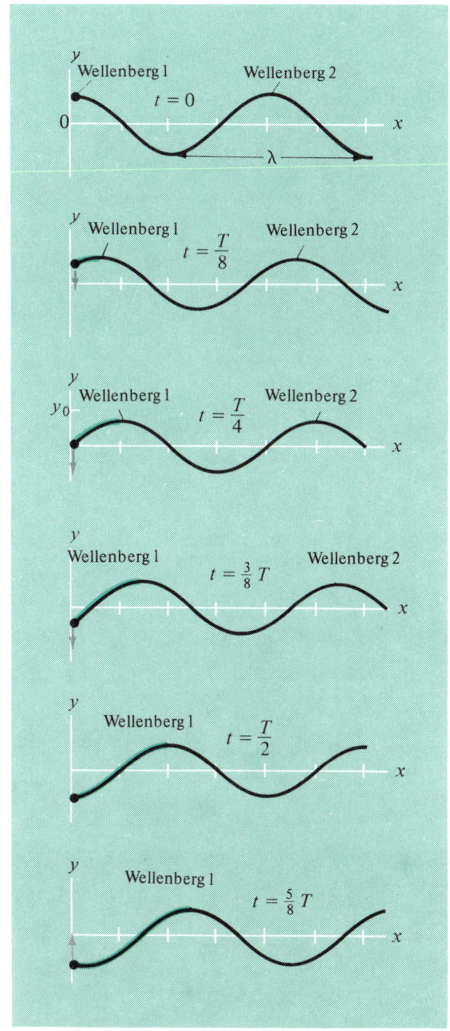

Abb. 20-10. *Laufende Welle auf einem Seil. Der Punkt bei $x = 0$ bewegt sich gemäß $y = y_0 \cos \omega t$. Die Momentaufnahmen wurden in Zeitabständen von 1/8-Periode aufgenommen. Die Spitze des Wellenbergs bewegt sich $^5/_8\lambda$ nach rechts.*

Das Produkt aus Wellenlänge und Frequenz ist gleich der Fortpflanzungsgeschwindigkeit der Welle. Wir können das umschreiben:

$$\frac{\lambda}{2\pi}(2\pi f) = u$$

oder

$$\frac{\lambda}{2\pi}\omega = u.$$

Wir ersetzen u in Gl. (20-8) durch $(\lambda/2\pi)\,\omega$ und erhalten:

$$y(x, t) = y_0 \cos\left(\frac{2\pi}{\lambda}x - \omega t\right) = y_0 \cos\left(\omega t - \frac{2\pi}{\lambda}x\right).$$

Oft wird die Schreibweise $k = 2\pi/\lambda$ verwendet. Die Größe k wird auch Wellenzahl genannt. Damit ergibt sich

$$y(x, t) = y_0 \cos(\omega t - kx),$$

wobei definiert ist

$$k := \frac{2\pi}{\lambda} \quad \text{(Wellenzahl)} \qquad \textbf{(20-10)}$$

und

$$\frac{\omega}{k} = u. \quad \text{(Phasengeschwindigkeit)} \qquad \textbf{(20-11)}$$

Für einen festen Wert von x hat y die Form $y_0 \cos(\omega t - \varphi)$, wobei φ ein fester Phasenwinkel ist. Das heißt, daß jede Stelle des Seils auf und ab schwingt, also eine harmonische Bewegung ausführt.

Beispiel 5: Eine laufende Welle ist von der Form $y = \cos(Ax + Bt)$. Wie groß ist ihre Geschwindigkeit?

Lösung: Vergleicht man mit Gl. (20-8), so erhält man $A = 2\pi/\lambda$ und $B = -2\pi u/\lambda$; dann ist $B/A = -u$ oder $u = -B/A$ die Wellengeschwindigkeit. Die Welle läuft in die negative x-Richtung, wenn A und B positiv sind.

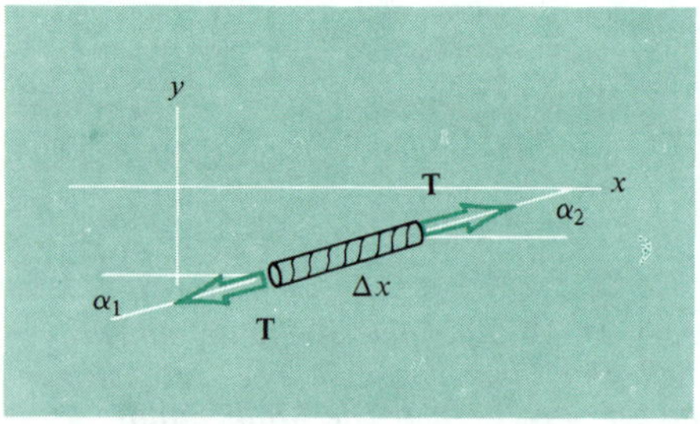

Abb. 20-11. *Auf das Seilelement Δx wirkende Kräfte*

Nun können wir darangehen, eine Formel für die Fortpflanzungsgeschwindigkeit der Welle in Abhängigkeit von T und μ des Seils herzuleiten. Wir nehmen ein kurzes Stück des Seils Δx, das an seinen Enden mit der x-Achse die kleinen Winkel α_1 und α_2 bildet (s. Abb. 20-11). Für kleine Winkel gilt $\sin\alpha \approx \alpha \approx \partial y/\partial x$. Die resultierende Kraft auf das Seil in y-Richtung ist $F_{res} = (T\alpha_2 - T\alpha_1)$. Dies ist gleich dem Produkt aus Masse $(\mu\,\Delta x)$ und Beschleunigung in y-Richtung $\partial^2 y/\partial t^2$. (Die Schreibweise $\partial y/\partial t$ bedeutet, daß die unabhängige Variable x konstant gehalten wird, während die zeitliche Ableitung von y gebildet wird.)

Wir erhalten:

$$F_{res} = (T\alpha_2 - T\alpha_1) = (\mu\,\Delta x)\frac{\partial^2 y}{\partial t^2},$$

$$T\frac{\Delta\alpha}{\Delta x} = \mu\frac{\partial^2 y}{\partial t^2},$$

$$\frac{\partial\alpha}{\partial x} = \frac{\mu}{T}\frac{\partial^2 y}{\partial t^2}.$$

Nun setzen wir auf der linken Seite $\alpha = \partial y/\partial x$ und erhalten

$$\frac{\partial^2 y}{\partial x^2} = \frac{\mu}{T}\frac{\partial^2 y}{\partial t^2}. \quad \text{(Wellengleichung für ein Seil)} \qquad \textbf{(20-12)}$$

Diese Gleichung ist die Wellengleichung für ein Seil. Wir erhalten die Fortpflanzungsgeschwindigkeit, wenn wir die entsprechenden Ableitungen von Gl. (20-8) in Gl. (20-12) einsetzen:

$$\frac{\partial^2 y}{\partial x^2} = -y_0\left(\frac{2\pi}{\lambda}\right)^2 \cos\frac{2\pi}{\lambda}(x - ut), \qquad \textbf{(20-13)}$$

$$\frac{\partial^2 y}{\partial t^2} = -y_0\left(\frac{2\pi}{\lambda}u\right)^2 \cos\frac{2\pi}{\lambda}(x - ut). \qquad \textbf{(20-14)}$$

Nun wird Gl. (20-13) auf der linken Seite und Gl. (20-14) auf der rechten Seite von Gl. (20-12) eingesetzt. Es folgt:

$$\left(\frac{2\pi}{\lambda}\right)^2 = \frac{\mu}{T}\left(\frac{2\pi u}{\lambda}\right)^2$$

$$u = \sqrt{\frac{T}{\mu}}. \quad \text{(Fortpflanzungsgeschwindigkeit auf einem Seil)} \qquad \textbf{(20-15)}$$

Damit haben wir nicht nur einen Ausdruck für die Wellengeschwindigkeit hergeleitet, sondern wir haben gleichzeitig bewiesen, daß Gl. (20-8), die eine laufende Welle beschreibt, eine Lösung von Gl. (20-12) ist. Wir haben also gezeigt, daß eine Sinuswelle über ein Seil geschickt werden kann mit einer Geschwindigkeit, die unabhängig von Amplitude und Frequenz ist.

Beispiel 6: Eine Gitarrensaite ist 30 cm lang (entsprechend einer halben Wellenlänge) und hat eine Masse von 100 g. Welche Kraft in Längsrichtung muß auf die Saite ausgeübt werden, um sie auf das mittlere C (262 Hz) abzustimmen?

Lösung: Gl. (20-15) wird nach T aufgelöst:

$$T = \mu u^2,$$

wobei $\mu = 0{,}1\ \text{kg}/0{,}3\ \text{m} = 0{,}333\ \text{kg/m}$ beträgt. Wir können u aus der Beziehung $u = \lambda f$ erhalten:

$$u = (0{,}6\ \text{m})\,(262\ \text{Hz}) = 157{,}2\ \text{m/s}.$$

Daraus folgt

$$T = (0{,}333\ \text{kg/m})\,(157{,}2\ \text{m/s})^2 = 8{,}24 \cdot 10^3\ \text{N}.$$

Das ist eine ziemlich große Kraft für eine so dünne Saite. Aus diesem Grunde bestehen die Saiten von Musikinstrumenten gewöhnlich aus hochfesten Legierungen.

Wir ersetzen μ/T in Gl. (20-12) durch $1/u^2$ und erhalten

$$\frac{\partial^2 y}{\partial x^2} = \frac{1}{u^2}\frac{\partial^2 y}{\partial t^2}. \quad \text{(Wellengleichung)} \qquad \textbf{(20-16)}$$

Diese Gleichung hat dieselbe Form wie Gl. (20-5); anstelle von y steht dort $\mathscr{B}_z$, und anstelle von u steht c. Gl. (20-16) ist eine Wellengleichung, die für alle Arten von laufenden Wellen gilt, für Schallwellen, elektromagnetische Wellen, Wasserwellen, Wellen entlang Stäben, Seilen und Federn. Wir haben schon gezeigt, daß die Lösung für die Wellengleichung die Form hat:

$$y = y_0 \cos\frac{2\pi}{\lambda}(x - ut) = y_0 \cos\omega\left(t - \frac{x}{u}\right). \qquad \textbf{(20-17)}$$

Sie ist für jede Frequenz ω gültig. Im Fall einer sinusförmigen Flächenstromdichte der Amplitude $\mathscr{J}_0$ erhält man eine Welle, die sich in x-Richtung mit der Geschwindigkeit $u = c$ fortpflanzt und die Wellenlänge $\lambda = 2\pi c/\omega$ hat:

$$E_y = \frac{2\pi k_0}{c}\mathscr{J}_0 \cos\omega\left(t - \frac{x}{c}\right).$$

Die in diesem und dem folgenden Abschnitt dargestellte Wellentheorie ist recht allgemein und für alle Arten von Wellen anwendbar.

20-7 Energieübertragung durch Wellen

Wenn man das Ende eines langen, straff gespannten Seils mit der Hand in Schwingungen versetzt, verrichtet man Arbeit, die in kinetische und potentielle Energie von Massenpunkten des Seils verwandelt wird, deren Entfernung von der Erregerstelle mit fortschreitender Zeit immer größer wird. Die in das Seil eingespeiste Energie wird mit der Fortpflanzungsgeschwindigkeit der Welle übertragen; sie könnte am anderen Ende des Seils wieder aufgefangen und weiterbenutzt werden. Die pro Zeiteinheit übertragene Energie läßt sich über die Kraft berechnen, mit der das Seil auf und ab bewegt werden muß. Wenden wir die Beziehung $P = \boldsymbol{F} \cdot \boldsymbol{v}$ [Gl. (6-3)] auf den Sachverhalt in Abb. 20-12 an, so erhalten wir die Leistung

$$P = \boldsymbol{T} \cdot \boldsymbol{v} = T\left(\frac{\partial y}{\partial t}\right) \sin\alpha,$$

wobei $v = \partial y/\partial t$ gesetzt wurde. Da α immer klein bleibt, gilt $\sin\alpha \approx -\partial y/\partial x$ und damit

$$P = -T\left(\frac{\partial y}{\partial t}\right)\left(\frac{\partial y}{\partial x}\right).$$

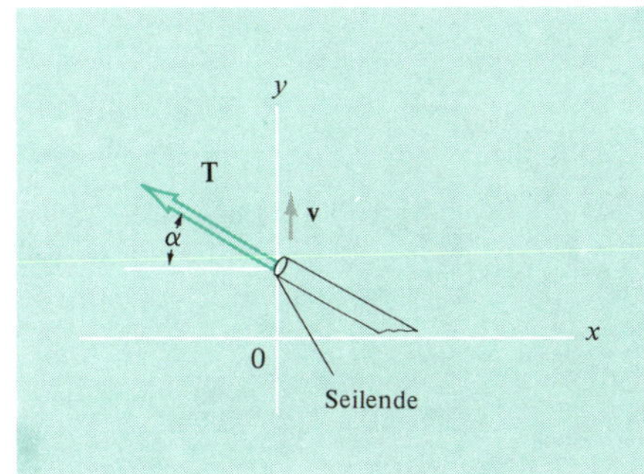

Abb. 20-12. *Das Seilende wird nach oben bewegt, um eine laufende Welle zu erzeugen.*

Aus $y = y_0 \cos\omega(t - x/u)$ folgt:

$$\frac{\partial y}{\partial t} = -y_0\omega \sin\omega\left(t - \frac{x}{u}\right),$$

$$\frac{\partial y}{\partial x} = y_0 \frac{\omega}{u} \sin\omega\left(t - \frac{x}{u}\right)$$

$$P = Ty_0^2 \frac{\omega^2}{u} \sin^2\omega t.$$

Das ist die momentane Leistung zur Zeit t an der Stelle $x = 0$. Da das zeitliche Mittel von $\sin^2\omega t$ gleich $\frac{1}{2}$ ist, ergibt sich für die mittlere Leistung

$$\bar{P} = \frac{T\omega^2}{2u} y_0^2. \quad \text{(mittlere auf einem Seil übertragene Leistung)} \qquad \textbf{(20-18)}$$

Die mittlere übertragene Leistung pro Flächeneinheit wird als Intensität der Welle definiert (s. Abschn. 11-6). Wir sehen, daß die Wellenintensität proportional zum Quadrat der Wellenamplitude ist. Der Bezug der Leistung auf die Fläche ist nur sinnvoll bei Wellen im dreidimensionalen Raum wie Schallwellen und elektromagnetische Wellen. Allen Arten von Wellen ist jedoch gemeinsam, daß die Intensität proportional zum Quadrat der Amplitude ist. Das stimmt mit unserem früheren Befund überein, wonach die Energie einer elektromagnetischen Welle proportional zu E^2 ist. Die Proportionalitätskonstante, die die Flächenstromdichte $\mathcal{J}$ mit der abgestrahlten Leistung verknüpft, wird im nächsten Kapitel berechnet.

Beispiel 7: Ein langer Metalldraht hat eine Masse pro Längeneinheit von $\mu = 4$ g/cm; an ihm zieht die Kraft $T = 5 \cdot 10^3$ N. Ein Vibrator mit einer Leistung von 10 W ist mit dem einen Ende verbunden. Er erzeugt eine Sinusschwingung, die auf das mittlere C (262 Hz) abgestimmt ist. Das andere Ende ist an einen Energieabsorber angeschlossen, so daß keine Welle reflektiert wird. (a) Wie groß ist die Fortpflanzungsgeschwindigkeit der Welle? (b) Wie groß ist die Wellenlänge? (c) Wie groß ist die maximale Auslenkung quer zum Draht?

Lösung: (a) Die Wellengeschwindigkeit ist

$$u = \sqrt{\frac{T}{\mu}} = \sqrt{\frac{5 \cdot 10^3 \text{ N}}{0{,}4 \text{ kg/m}}} = 112 \text{ m/s}.$$

(b) Die Wellenlänge ist

$$\lambda = \frac{u}{f} = \frac{112 \text{ m/s}}{262 \text{ s}^{-1}} = 0{,}427 \text{ m}.$$

(c) Gl. (20-18) wird nach y_0 aufgelöst:

$$y_0 = \frac{1}{\omega}\sqrt{\frac{2u\bar{P}}{T}} = \frac{1}{2\pi(262)}\sqrt{\frac{2\,(112)\,(10)}{5 \cdot 10^3}} \text{ m}$$

$$= 4{,}06 \cdot 10^{-4} \text{ m} = 0{,}406 \text{ mm}.$$

Zusammenfassung

Um zeitveränderliche Ströme beschreiben zu können, muß der rechten Seite von Gl. (18-1) (Amperesches Gesetz) ein zusätzlicher Term hinzugefügt werden. Die so korrigierte Form des Ampereschen Gesetzes ist

$$\oint \mathfrak{B} \cdot d\boldsymbol{s} = \frac{4\pi k_0}{c^2} I_{\text{in}} + \frac{1}{c^2}\frac{d\Phi_E}{dt},$$

I_{in} und Φ_E können als Flächenintegrale geschrieben werden. Es ist über eine Fläche zu integrieren, die den Integrationsweg des Linienintegrals $\oint \mathfrak{B} \cdot d\boldsymbol{s}$ als Rand hat:

IV $$\oint \mathfrak{B} \cdot d\boldsymbol{s} = \frac{4\pi k_0}{c^2}\int \boldsymbol{j} \cdot d\boldsymbol{A} + \frac{1}{c^2}\int \frac{\partial \boldsymbol{E}}{\partial t} \cdot d\boldsymbol{A}.$$

Diese und die nächsten drei Gleichungen bilden die vier Maxwell-Gleichungen:

I $$\oint \boldsymbol{E} \cdot d\boldsymbol{A} = 4\pi k_0 \int \varrho \, dV, \quad \text{(Gaußscher Satz)}$$

II $$\oint \boldsymbol{E} \cdot d\boldsymbol{s} = -\int \frac{\partial \mathfrak{B}}{\partial t} \cdot d\boldsymbol{A}, \quad \text{(Faradaysches Induktionsgesetz)}$$

III $$\oint \mathfrak{B} \cdot d\boldsymbol{A} = 0. \quad \text{(es gibt keine magnetischen Ladungen)}$$

Diese vier Gleichungen bestimmen vollständig die Felder, die von einem System bewegter Ladungen (beschleunigte Ladungen eingeschlossen) erzeugt werden. Werden die Ladungen beschleunigt, so zeigen die Gleichungen, daß ein elektromagnetisches Feld abgestrahlt wird, welches sich von der Quelle mit der Geschwindigkeit $c = 3 \cdot 10^8$ m/s entfernt. Es gilt $E = c\mathscr{B}$; außerdem stehen $\boldsymbol{E}$ und $\mathfrak{B}$ senkrecht aufeinander sowie senkrecht auf der Ausbreitungsrichtung.

Das spezielle Beispiel eines zeitabhängigen Flächenstroms in einer unendlich ausgedehnten dünnen Platte wurde ausführlich behandelt. Das Ergebnis zeigt, daß E und $\mathscr{B}$ folgender Wellengleichung genügen:

$$\frac{\partial^2 y}{\partial x^2} = \frac{1}{c^2}\frac{\partial^2 y}{\partial t^2}. \qquad (\text{wobei } y = E_y, \mathscr{B}_z)$$

Ist der Flächenstrom sinusförmig ($\mathscr{J} = \mathscr{J}_0 \cos \omega t$) mit $\mathscr{J}_0$ in negativer y-Richtung, so ist die Lösung

$$E_y = c\mathscr{B}_z = \frac{2\pi k_0}{c}\mathscr{J}_0 \cos \omega \left(t - \frac{x}{c}\right).$$

Das ist eine laufende Welle, die sich mit der Geschwindigkeit $u = c$ von der Platte entfernt.

Wenn der Strom in der Platte zwar periodisch, aber nicht sinusförmig ist, kann er mit Hilfe einer Fourieranalyse als Summe von Sinusfunktionen dargestellt werden. Das Strahlungsfeld in einem beliebigen festen Raumpunkt ist dann

$$E = c\mathscr{B} = \frac{2\pi k_0}{c}\mathscr{J}(t'),$$

wobei $t' = (t - x/c)$ die Zeitverzögerung (Retardierung) gegenüber der Erregerquelle ist.

Die Beziehung zwischen Frequenz f, Wellenlänge λ und Phasengeschwindigkeit u ist $\lambda f = u$ oder $\omega/k = u$.

Die Auslenkung y (z. B. auf einem Seil) mit der folgenden Abhängigkeit von x und t ist eine Lösung der Wellengleichung:

$$y = y_0 \cos(\omega t - kx), \qquad (\text{laufende Welle})$$

$$\frac{\partial^2 y}{\partial x^2} = \frac{1}{u^2}\frac{\partial^2 y}{\partial t^2}. \qquad (\text{Wellengleichung})$$

Die Fortpflanzungsgeschwindigkeit einer auf einem Seil laufenden Welle ist $u = \sqrt{T/\mu}$, wobei T die Kraft in Seilrichtung und μ die Masse pro Längeneinheit ist. Die mittlere auf dem Seil übertragene Leistung ist

$$\bar{P} = \frac{T\omega^2}{2u} y_0^2.$$

Anhang 20-1 Herleitung der Wellengleichung

Um $\mathscr{B}$ im Punkt P von Abb. 20-5 zu bestimmen, folgen wir dem in der Abbildung eingezeichneten rechtwinkligen Integrationsweg um den Punkt P. Wenn wir den Integrationsweg im Uhrzeigersinn durchlaufen, zeigt der Flächenvektor d$\boldsymbol{A}$ in die Buchseite hinein, d. h. in negativer y-Richtung. Damit ergibt sich für das Skalarprodukt:

$$\boldsymbol{E} \cdot \mathrm{d}\boldsymbol{A} = -E_y \, \mathrm{d}A = -E_y(b \, \mathrm{d}x).$$

Wir benutzen Gl. (20-2)

$$\oint \mathfrak{B} \cdot \mathrm{d}\boldsymbol{s} = 0 + \frac{1}{c^2} \int \frac{\partial \boldsymbol{E}}{\partial t} \cdot \mathrm{d}\boldsymbol{A},$$

und erhalten

$$(\mathscr{B}_z + \mathrm{d}\mathscr{B}_z)\, b - \mathscr{B}_z b = -\frac{1}{c^2} \frac{\partial E_y}{\partial t} (b \, \mathrm{d}x),$$

wobei $\mathscr{B} = \mathscr{B}_z$ an der linken Seite und $\mathscr{B} = (\mathscr{B}_z + \mathrm{d}\mathscr{B}_z)$ an der rechten Seite des Rechtecks gilt. (Die Seiten oben und unten liefern keinen Beitrag zu $\oint \mathfrak{B} \cdot \mathrm{d}\boldsymbol{s}$.) Daraus folgt

$$\mathrm{d}\mathscr{B}_z = -\frac{1}{c^2} \frac{\partial E_y}{\partial t} \mathrm{d}x,$$

$$\left(\frac{\mathrm{d}\mathscr{B}_z}{\mathrm{d}x}\right)_{t = \text{konst.}} = -\frac{1}{c^2} \frac{\partial E_y}{\partial t},$$

$$\frac{\partial \mathscr{B}_z}{\partial x} = -\frac{1}{c^2} \frac{\partial E_y}{\partial t}. \qquad \textbf{(20-19)}$$

Das ist eine partielle Ableitung, da Abb. 20-5 eine Momentaufnahme darstellt, d. h., t wird bei der Ableitung konstant gehalten.

Eine zweite Beziehung zwischen $\mathscr{B}$ und E erhalten wir mit Hilfe der zweiten Maxwell-Gleichung (Gl. II von Tab. 20-1). In dieser Gleichung folgen wir gegen den Uhrzeigersinn einem Integrationsweg in der xy-Ebene um den Punkt P, wie es in Abb. 20-13 gezeigt ist.

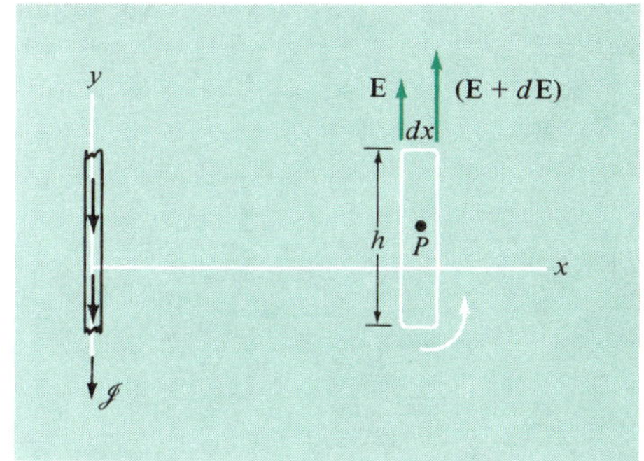

Abb. 20-13. *Seitenansicht der Platte von Abb. 20-4*

$$\oint \boldsymbol{E} \cdot \mathrm{d}\boldsymbol{s} = -\int \frac{\partial \mathfrak{B}}{\partial t} \cdot \mathrm{d}\boldsymbol{A},$$

$$(E_y + \mathrm{d}E_y)\, h - E_y h = -\frac{\partial \mathscr{B}}{\partial t}(h\,\mathrm{d}x),$$

$$\mathrm{d}E_y = -\frac{\partial \mathscr{B}_z}{\partial t}\,\mathrm{d}x,$$

$$\left(\frac{\mathrm{d}E_y}{\mathrm{d}x}\right)_{t=\text{konst.}} = -\frac{\partial \mathscr{B}_z}{\partial t},$$

$$\frac{\partial E_y}{\partial x} = -\frac{\partial \mathscr{B}_z}{\partial t}. \qquad \textbf{(20-4)}$$

Unser Ziel ist es, $\mathscr{B}$ im Punkt P zu finden. Wir haben nun zwei gleichzeitig geltende Gleichungen für die Unbekannten $\mathscr{B}_z$ und E_y. Wir können E_y eliminieren, indem wir die x-Ableitung der ersten Gleichung und die t-Ableitung der zweiten Gleichung bilden. Die Ableitung von Gl. (20-19) nach x ergibt:

$$\frac{\partial}{\partial x}\left(\frac{\partial \mathscr{B}_z}{\partial x}\right) = \frac{\partial}{\partial x}\left(-\frac{1}{c^2}\frac{\partial E_y}{\partial t}\right),$$

$$\frac{\partial^2 \mathscr{B}_z}{\partial x^2} = -\frac{1}{c^2}\frac{\partial^2 E_y}{\partial x\,\partial t}. \qquad \textbf{(20-20)}$$

Nun leiten wir Gl. (20-4) nach t ab:

$$\frac{\partial}{\partial t}\left(\frac{\partial E_y}{\partial x}\right) = \frac{\partial}{\partial t}\left(-\frac{\partial \mathscr{B}_z}{\partial t}\right),$$

$$\frac{\partial^2 E_y}{\partial x\,\partial t} = -\frac{\partial^2 \mathscr{B}_z}{\partial t^2}.$$

Das setzen wir in der rechten Seite von Gl. (20-20) ein:

$$\frac{\partial^2 \mathscr{B}_z}{\partial x^2} = -\frac{1}{c^2}\left[-\frac{\partial^2 \mathscr{B}_z}{\partial t^2}\right],$$

$$\frac{\partial^2 \mathscr{B}_z}{\partial x^2} = \frac{1}{c^2}\frac{\partial^2 \mathscr{B}_z}{\partial t^2}. \qquad \textbf{(20-5)}$$

Damit haben wir die Wellengleichung erhalten.

Aufgaben

1. Wie lauten die Maxwell-Gleichungen in Tab. 20-1 als Funktion des magnetischen Kraftflusses Φ_B, des elektrischen Flusses Φ_E, des eingeschlossenen Stromes I_{in} und der eingeschlossenen Ladung Q_{in}.
2. Mit Abb. 20-3 soll die elektromagnetische Strahlung folgender Wellenlängen klassifiziert werden: **(a)** 1 m, **(b)** 1 cm, **(c)** 1 μm, **(d)** 0,5 μm, (e) 1 Å = 10^{-10} m.
3. Angenommen, $\boldsymbol{E}$ in Abb. 20-5 mit dem Betrag $E = E_0 \cos \omega t$ zeigt aus der Buchseite heraus. Bestimme $\int (\partial \boldsymbol{E}/\partial t) \cdot d\boldsymbol{A}$ als Funktion von a, b, E_0 und ω für einen rechteckigen Weg um den Strom.
4. Welchen Wert hat $\int \boldsymbol{E} \cdot d\boldsymbol{s}$ entlang dem Rechteck in Abb. 20-5?
5. Zeichne ein Schaubild folgender Funktion $y(x)$:

$$y = \sum \frac{1}{n} \sin nx = \sum_{j=0}^{\infty} \frac{1}{2j + 1} \sin (2j + 1)\, x, \quad n \text{ ungerade.}$$

6. Gilt Gl. (20-7) auch für negative x, d. h. für eine von der Platte in Abb. 20-4 nach links laufende Welle? Falls nicht, ändere Gl. (20-7) so ab, daß sie E_y und $\mathcal{B}_z$ für negative x beschreibt.
7. Welche Richtung hat $(\boldsymbol{E} \times \mathcal{B})$ in Gl. (20-7)?
8. Betrachte die laufende Welle $y = \sin (Ax - Bt)$. Welche Ausbreitungsgeschwindigkeit u hat sie?
9. Ein schwingendes Seil hat eine Massenbelegung von 10 g/m und eine Schwingungsfrequenz von 30 Hz. Mit welcher Kraft muß das Seil gestreckt werden, damit sich eine Wellenlänge von 20 cm ergibt?
10. Eine auf einem Seil laufende Welle hat die Form $y = \sin (at - bx)$. Drücke a und b als Funktion von λ und f aus.
11. Wiederhole Beispiel 6 für eine Frequenz, die eine Oktave über dem mittleren C liegt. Das entspricht einer Frequenz von $f = 2 \cdot 262$ Hz.
12. Die sog. temperierte Skala in der Musik geht von zwölf gleichmäßig über eine Oktave verteilten Tönen aus; d. h., das Verhältnis zweier aufeinanderfolgender Notenfrequenzen ist immer gleich. Wie groß ist dieses Verhältnis?
13. Ein sehr ausgedehnter Flächenstrom oszilliere sinusförmig mit einer Frequenz von 100 MHz. Die Feldstärke des abgestrahlten elektrischen Felds habe einen Spitzenwert von 5 V/cm.
   (a) Welchen Spitzenwert hat der Strom (A/m)?
   (b) Wie groß ist der Spitzenwert von $\mathcal{B}$ in Tesla?
14. Wie groß ist der Abstand (in Wellenlängen) zweier Intensitätsmaxima einer elektromagnetischen Welle?
15. Wo liegen die Grenzen des sichtbaren Wellenlängenbereichs in Angström? 1 Angström (Å) = 10^{-10} m. Benutze Abb. 20-3.
16. Die tiefsten und höchsten Frequenzen, die das menschliche Ohr noch wahrnehmen kann, liegen bei 20 bzw. 15000 Hz. Welches sind die entsprechenden Wellenlängen in Luft? Die Schallgeschwindigkeit in Luft beträgt 330 m/s.

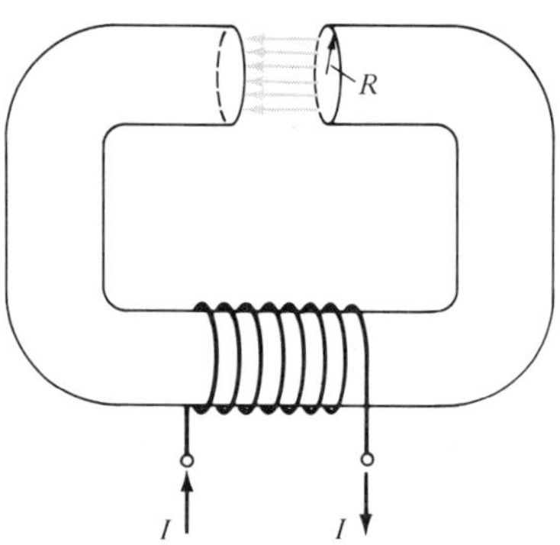

Aufgabe 18

17. In Abb. 20-1 ist ein Strom der Stärke I_C während einer Zeit Δt geflossen.
   (a) Wie groß ist die Feldstärke zwischen den Platten im Abstand r von der Achse?
   (b) Wie groß ist $\mathcal{B}$ im Abstand r von der Achse?
   (Verwende in den Formeln R, r, E und Δt.)
18. Ein Elektromagnet mit einem hufeisenförmigen Kern wird zur Zeit $t = 0$ eingeschaltet. Der Fluß nehme linear mit der Zeit zu, d. h. $\Phi = K_1 t$. Bestimme Betrag und Richtung von $\boldsymbol{E}$ zwischen den Polbacken. (E als Funktion von K_1, t, r und R.)
19. Angenommen, die Spule in Aufgabe 18 hat N Windungen, und die Stromstärke ist $I = K_2 t$. Wie groß ist die Induktivität in Abhängigkeit von K_1, K_2 und N?

20. Setze $B_z = B_0 \cos(kx - \omega t)$ in Gl. (20-5) ein und löse nach dem Verhältnis ω/k auf.

21. Setze $B_z = f(x - ut)$ in Gl. (20-5) ein. Für welchen Wert von u ist das eine Lösung?

22. Setze $B_z = B_1 \cos \omega_1(t - x/c) + B_2 \cos \omega_2(t - x/u)$ in Gl. (20-5) ein. Für welchen Wert von u ist das eine Lösung?

23. Zwei parallele, dünne Platten haben voneinander den Abstand $\lambda/2$, wobei $\lambda = 2\pi c/\omega$ ist. Jede Platte führt einen Flächenstrom der Dichte $\mathcal{J} = \mathcal{J}_0 \cos \omega t$.

(a) Wie groß ist $\mathcal{B}$ in einem Punkt P im Abstand x von der zweiten Platte?

(b) Bestimme $\mathcal{B}$ in der Mitte zwischen beiden Platten.

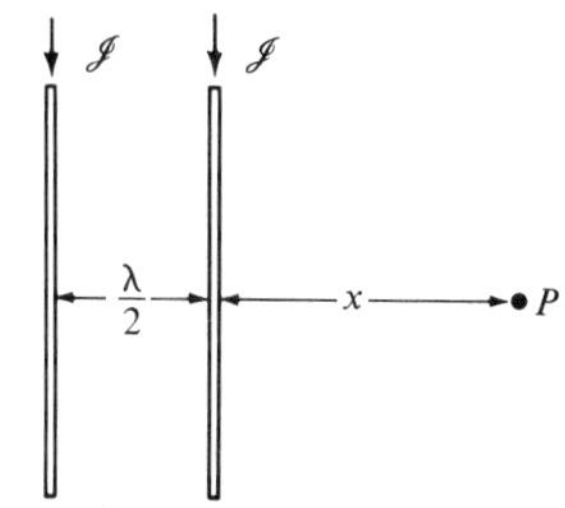

Aufgabe 23

24. Angenommen, die Metallplatte in Abb. 20-7 wird durch ein Gitter von vertikalen Stäben im Abstand 2 cm ersetzt. Der Durchmesser der Drähte beträgt 1 mm.

(a) Welcher Strom wird in jedem Draht induziert, wenn die gleiche Strahlung wie in Beispiel 2 auf das Gitter fällt? Benutze: $I_{\text{Draht}} = \mathcal{J}$ mal Drahtdurchmesser.

(b) Welche Leistung wird in jedem Draht in Wärme umgewandelt, wenn die Drähte aus Kupfer sind, das einen spezifischen Widerstand von $\varrho = 1{,}72 \cdot 10^{-8}$ Ohm m hat?

(c) Welcher Bruchteil der Energie des Lichtstrahls geht als Verlustleistung in das Gitter?

25. Eine Platte aus Germanium ist 1 mm dick und hat im Innern ein elektrisches Feld $E_{\text{in}} = 400 \cos \omega t$ (V/m). Das elektrische Feld wird dadurch erzeugt, daß die Platte an einen Wechselspannungsgenerator der Frequenz $\omega/2\pi = 10^9$ Hz angeschlossen wird. Der spezifische Widerstand ist $\varrho = 0{,}5$ Ohm m. Wie groß ist die Feldstärke E_s des abgestrahlten Feldes? Welches Verhältnis besteht zwischen den Feldstärken des Strahlungsfeldes und des inneren Feldes?

26. Es gelte $\mathcal{J} = \mathcal{J}_1 \sin \omega t + 2\mathcal{J}_1 \cos \omega t$. $\mathcal{J}$ soll in der Form $\mathcal{J} = \mathcal{J}_0 \sin(\omega t + \varphi)$ ausgedrückt werden.

(a) Wie groß ist $\mathcal{J}_0$ als Funktion von $\mathcal{J}_1$?

(b) Wie groß ist φ?

(Hinweis: $\mathcal{J}_0 \sin(\omega t + \varphi) = (\mathcal{J}_0 \cos \varphi) \sin \omega t + (\mathcal{J}_0 \sin \varphi) \cos \omega t$)

27. Es sei $\mathcal{J} = A_1 \sin \omega t + A_2 \cos \omega t$. Drücke $\mathcal{J}$ in folgender Form aus: $\mathcal{J} = \mathcal{J}_0 \sin(\omega t + \varphi)$

(a) Gib $\mathcal{J}_0$ in Abhängigkeit von A_1 und A_2 an.

(b) Gib φ als Funktion von A_1 und A_2 an.

28. Eine Platte hat die Länge y_0, die Breite z_0 und die Dicke x_0. Ihr spezifischer Widerstand ist ϱ. Ein Wechselstromgenerator, der die Spannung $V_0 \cos \omega t$ erzeugt, ist an die Platte angeschlossen, wie abgebildet. Zeige, daß das Strahlungsfeld im Punkt P die folgende Form hat:

$$E_s = \frac{2\pi k_0}{c} \frac{x_0}{\varrho y_0} V_0 \cos(\omega t - kx), \quad \text{wenn} \quad x \ll y_0 \quad \text{und} \quad x_0 \ll \lambda \quad \text{gilt.}$$

29. Aufgabe 28:

(a) Welche mittlere Leistung wird pro Flächeneinheit in der Platte verbraucht? Benutze $P = V^2/R$.

(b) Welche mittlere Leistung pro Flächeneinheit wird abgestrahlt? Benutze

$$\frac{\mathrm{d}U}{\mathrm{d}V} = \frac{\overline{E^2}}{8\pi k_0} + \frac{c^2}{8\pi k_0} \mathcal{B}^2.$$

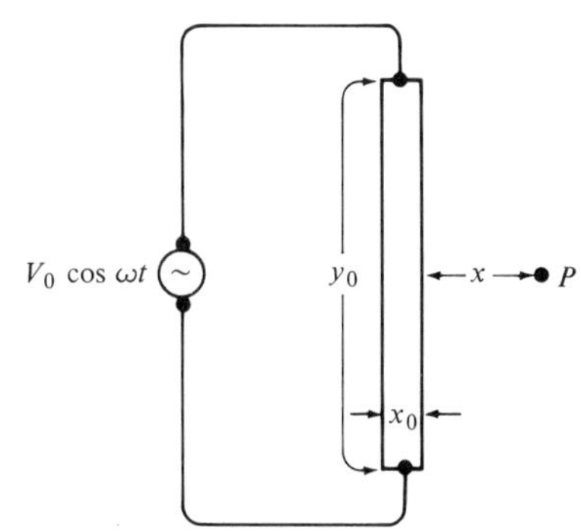

Aufgabe 28

30. Bestimme die Fortpflanzungsgeschwindigkeit einer Welle, die eine Lösung folgender Gleichung ist:

$$A \frac{\partial^2 y}{\partial t^2} = B \frac{\partial^2 y}{\partial x^2}.$$

21

Wechselwirkung von Strahlung mit Materie

In diesem Kapitel werden wir untersuchen, wie eine elektromagnetische Welle mit verschiedenen Materialien wechselwirkt. Wir werden uns mit den vier Fällen schlechter Leiter, guter Leiter, Nichtleiter und Plasma befassen. Es wird sich zeigen, daß ein schlechter Leiter Energie und Impuls aus der eingestrahlten Welle aufnimmt; das erlaubt eine Aussage über die Energie und den Impuls einer elektromagnetischen Welle. Ein guter Leiter reflektiert die Welle zu 100%. Ein Nichtleiter wie z. B. ein Gas läßt die Welle ungeschwächt durch; aber die Welle bewegt sich im Gas anscheinend mit einer kleineren Geschwindigkeit als der Vakuum-Lichtgeschwindigkeit fort. Im Plasma dagegen sieht es so aus, als ob sich die Welle schneller ausbreitet als mit der Vakuum-Lichtgeschwindigkeit. Diese offensichtlich paradoxen Fälle lassen sich erklären, wenn eine mikroskopische Betrachtungsweise in atomaren Dimensionen gewählt wird. Zum Schluß behandeln wir die Strahlung einer einzelnen oszillierenden Punktladung.

21-1 Die Energie der Strahlung

Beispiel 3 von Kap. 20 hat gezeigt, daß ein oszillierender Strom pro Flächeneinheit die Leistung $c^2 E\mathscr{B}/(4\pi k_0)$ abgibt, wobei E und $\mathscr{B}$ die Feldstärken der abgestrahlten elektromagnetischen Welle sind. Diese Energie muß irgendwo bleiben. Wenn die laufende elektromagnetische Welle diese Energie von der Quelle wegtransportiert, sollten wir sie auffangen können, indem wir eine Platte aus absorbierendem Material in den Weg der Welle stellen. Wir wählen einen elektrischen Leiter mit endlichem Widerstand, damit wir die ohmsche Wärme berechnen können, die in der Platte erzeugt wird. Nach dem Energieerhaltungssatz ist die erzeugte Wärmemenge gleich der Energie der elektromagnetischen Welle, die in die Platte eingedrungen ist. Kap. 16 gab uns schon einen Hinweis darauf, daß das Feld selbst Energie enthält. Im einzelnen war gezeigt worden, daß die gesamte elektrostatische Energie eines Systems das Integral von $E^2/(8\pi k_0)$ über den ganzen Raum ist. Ähnlich wurde in Kap. 18 gefordert, daß die magnetische Energie pro Volumeneinheit $c^2\mathscr{B}^2/(8\pi k_0)$ beträgt. Wenn diese Energie wirklich in den Feldern selbst enthalten ist, würden wir erwarten, daß die ohmsche Wärme in einer absorbierenden Schicht gleich der Summe der beiden Terme ist.

Abb. 21-1 zeigt, wie eine elektromagnetische Welle auf ein rechteckiges Stück einer unendlich ausgedehnten Schicht fällt. Wenn ein Strom der Dichte j erzeugt wird, ist die Stromstärke I in dem rechteckigen Stück $j(z_0\,\Delta x)$. Die Potentialdifferenz zwischen oben und unten ist $V = Ey_0$. Also ist die verbrauchte Leistung

$$\frac{\mathrm{d}U}{\mathrm{d}t} = IV = (jz_0\,\Delta x)\,(Ey_0)$$

$$= jE(y_0 z_0\,\Delta x), \quad \text{wobei} \quad (y_0 z_0\,\Delta x) \quad \text{das Volumen ist.}$$

Wir haben soeben gezeigt, daß die Verlustleistung pro Volumeneinheit in einem leitenden Medium jE ist. Die sinusförmige ebene elektromagnetische Welle, die auf eine leitende Schicht trifft, erzeugt aber nicht nur Wärme (jE W/m³), sondern der von ihr induzierte Strom der Dichte j muß seine eigene elektromagnetische Welle gemäß Gl. (20-7) wieder abstrahlen. Das ist in Abb. 21-1 für den Fall einer dünnen Platte der Dicke Δx gezeigt. ΔE beschreibt das vom induzierten Strom j ausgesandte Feld. E_{in} bezeichnet die elektrische Feldstärke der ursprünglich einfallenden Welle. Die erzeugte Flächenstromdichte in der Platte ist $\mathscr{J} = j\,\Delta x$; damit ergibt sich nach Gl. (20-7)

$$\Delta E = -\frac{2\pi k_0}{c}\,j\,\Delta x. \tag{21-1}$$

Wir setzen das Minuszeichen, um auszudrücken, daß $\boldsymbol{\Delta E}$ beim Verlassen der Platte die entgegengesetzte Richtung von $\boldsymbol{j}$ hat. Ist ΔS die Verlustleistung pro Flächeneinheit, so erhält man für die dünne Platte der Dicke Δx

$$\Delta S = \frac{1}{y_0 z_0}\,\frac{\mathrm{d}U}{\mathrm{d}t} = jE\,\Delta x.$$

Man löst Gl. (21-1) nach Δx auf und setzt es in die obige Gleichung ein:

$$\Delta S = \frac{-c}{2\pi k_0}\,E\,\Delta E \tag{21-2}$$

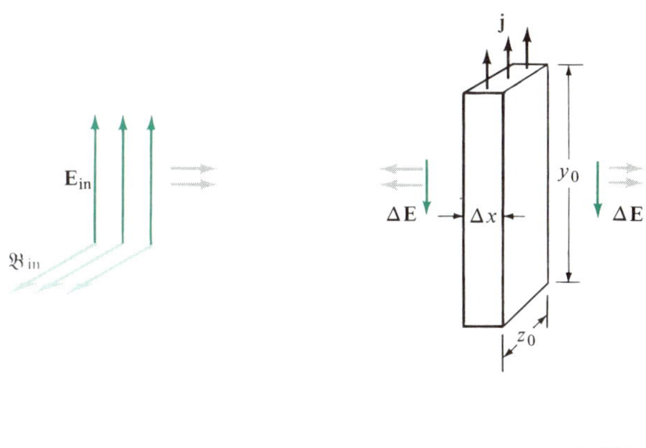

Abb. 21-1. *Die ankommende Welle ($\boldsymbol{E}_{\text{in}}$) läuft nach rechts. Wenn die Welle auf die Platte trifft, wird in dieser ein Strom induziert, der sein eigenes Feld ($\boldsymbol{\Delta E}$) nach links und nach rechts aussendet.*

Nun betrachten wir einen ganzen Stapel derartiger Platten. Jedes ΔE, das nach rechts ausgesandt wird, hat immer entgegengesetzte Richtung zur Feldstärke des Felds, das es hervorgerufen hat, und schwächt so dieses Feld. Jedes ΔE, das nach links ausgesandt wird, ist eine schwache reflektierte Welle. Wenn die Leitfähigkeit σ so klein ist, daß E kaum geschwächt wird, wenn es eine Wellenlänge tief in den Leiter eindringt, löschen sich die reflektierten Wellen aus; denn für jede reflektierte Welle wird tiefer in der Platte ein Partner erzeugt, der ihr gegenüber eine Phasenverschiebung von $\lambda/2$ hat. (Wellenberg trifft auf Wellental des Partners, so daß die Summe überall null wird.) Das gesamte System der reflektierten Wellen löscht sich gegenseitig aus. Für diese Betrachtung benötigen wir also einen nicht so guten Leiter, z. B. Graphit oder ein ionisiertes Gas. Die Verhältnisse bei einem guten Leiter wie z. B. Silber werden später behandelt. Wenn die Schicht aus dünnen Platten unendlich dick ist, wird das gesamte einfallende Feld (E_{in}) absorbiert, und die absorbierte Leistung pro Fläche ergibt sich einfach durch Integration von Gl. (21-2):

$$S = -\frac{c}{2\pi k_0}\int_{E_{in}}^{0} E\,\mathrm{d}E = \frac{c}{4\pi k_0}E_{in}^2$$

$$= \frac{c^2}{4\pi k_0}E_{in}\mathscr{B}_{in}.$$

Die Strahlungsleistung pro Flächeneinheit (Intensität) ist der Betrag des sog. Poynting-Vektors $\boldsymbol{S}$. Da die Richtung des Energieflusses durch das Vektorprodukt $\boldsymbol{E} \times \mathfrak{B}$ gegeben ist, gilt für den Vektor $\boldsymbol{S}$

$$\boldsymbol{S} = \frac{c^2}{4\pi k_0}\boldsymbol{E} \times \mathfrak{B}. \quad \text{(Poynting-Vektor)} \qquad \textbf{(21-3)}$$

Beispiel 1: Betrachten wir denselben 3-W-Scheinwerfer wie in Beispiel 2 von Kap. 20 (mit einem quadratischen Strahl 10 cm × 10 cm). (a) Wie groß ist $\bar{S}$? (b) Bestimme $\overline{E_0}$ mit Hilfe von Gl. (21-3) und der Beziehung $\mathscr{B} = E/c$.

Lösung: (a) Da $\bar{S}$ gleich Leistung pro Fläche ist, gilt

$$\bar{S} = \frac{3\ \mathrm{W}}{(0{,}1\ \mathrm{m})^2} = 300\ \mathrm{W/m^2}.$$

(b) In der Betragsform von Gl. (21-3) wird $\mathscr{B}$ durch E/c ersetzt:

$$\bar{S} = \frac{c^2}{4\pi k_0}E\left(\frac{E}{c}\right) = \frac{c}{4\pi k_0}\overline{E^2}.$$

Mit $\overline{E^2} = \frac{1}{2}E_0^2$ erhalten wir:

$$\bar{S} = \frac{c}{8\pi k_0} E_0^2,$$

$$E_0 = \sqrt{\frac{8\pi k_0}{c}\bar{S}} = 475 \text{ V/m}.$$

Das gleiche Ergebnis erhielten wir in Beispiel 2 von Kap. 20.

Schließlich wollen wir noch sehen, ob unser Ergebnis für S mit den früher gewonnenen Ausdrücken für die Energiedichte konsistent ist. Betrachten wir eine ebene Welle, die durch die Fläche A hindurchgeht. Nach der Definition von S ist die in der Zeit $\mathrm{d}t$ durch die Fläche geflossene Energie

$$\mathrm{d}U = S\,A\,\mathrm{d}t.$$

$\mathrm{d}U$ ist die Energie, die in einem Volumen $\mathrm{d}V = A\,\mathrm{d}x$ enthalten ist, wobei $\mathrm{d}x = c\,\mathrm{d}t$ ist:

$$\mathrm{d}U = S\,A\frac{\mathrm{d}x}{c},$$

$$= \frac{S}{c}\mathrm{d}V,$$

oder

$$\frac{\mathrm{d}U}{\mathrm{d}V} = \frac{S}{c}.$$

Wir benutzen Gl. (21-3) für S:

$$\frac{\mathrm{d}U}{\mathrm{d}V} = \frac{1}{c}\left(\frac{c^2}{4\pi k_0} E\mathscr{B}\right).$$

E wird durch $c\mathscr{B}$ ersetzt:

$$\frac{\mathrm{d}U}{\mathrm{d}V} = \frac{c^2\mathscr{B}^2}{8\pi k_0} + \frac{(c\mathscr{B})^2}{8\pi k_0}.$$

Nun ersetzt man im ersten Summanden $c\mathscr{B}$ durch E:

$$\frac{\mathrm{d}U}{\mathrm{d}V} = \frac{E^2}{8\pi k_0} + \frac{c^2\mathscr{B}^2}{8\pi k_0}.$$

Die beiden Summanden auf der rechten Seite sind tatsächlich die Energiedichten des elektrischen und des magnetischen Feldes. Dies zeigt, daß die in der absorbierenden Schicht erzeugte Wärmemenge numerisch gleich der Energie ist, die wir auch früher für das elektrische und das magnetische Feld erhielten. Unsere These, daß die reflektierte Welle sich selbst auslöscht, wird durch die Tatsache gestützt, daß Graphit beispielsweise schwarz aussieht, d. h., er reflektiert keine elektromagnetische Strahlung. Unsere andere Behauptung, daß das eindringende Licht absorbiert wird, läßt sich durch die Beobachtung rechtfertigen, daß eine Graphitschicht genügender Dicke undurchsichtig ist.

21-2 Der Impuls des Strahlungsfeldes

Wir wollen nun zeigen, daß die ebene Welle in Abb. 21-1 nicht nur Energie, sondern auch Impuls an die Schicht abgibt. Betrachten wir wieder einen rechteckigen Ausschnitt der Fläche $z_0 y_0$ der unendlich ausgedehnten Schicht der Dicke Δx in Abb. 21-2. Da $jE\,\mathrm{d}t$ die ohmsche Wärmemenge pro Volumeneinheit ist, die in der Zeit $\mathrm{d}t$ an die Schicht abgegeben wird, ist die Energie, die in dem Ausschnitt in der Zeit $\mathrm{d}t$ absorbiert wird, gleich dem Produkt aus $jE\,\mathrm{d}t$ und dem Volumen $(y_0 z_0\,\Delta x)$:

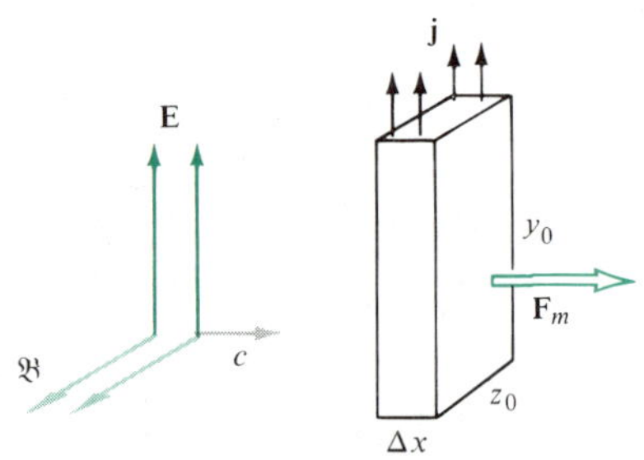

Abb. 21-2. *Die einlaufende Welle induziert in der Platte einen Strom der Stärke $I = jz_0\,\Delta x$. Die magnetische Kraft auf diesen Strom ist $\boldsymbol{F_m} = \boldsymbol{I}\boldsymbol{y}_0 \times \mathfrak{B}$.*

$$\mathrm{d}U = (jE\,\mathrm{d}t)\,(y_0 z_0\,\Delta x).$$

Nun ersetzen wir E durch $c\mathscr{B}$:

$$\mathrm{d}U = cjz_0\,\Delta x\,y_0\mathscr{B}\,\mathrm{d}t\,.$$

Mit der Stromstärke

$$I = j(z_0\,\Delta x)$$

erhalten wir

$$\mathrm{d}U = cIy_0\mathscr{B}\,\mathrm{d}t\,.$$

Da das rechteckige Stück ein Stromelement der Länge y_0 darstellt, das senkrecht auf den Feldlinien des Magnetfelds steht, wirkt auf dieses Element eine magnetische Kraft $\boldsymbol{F_m} = \boldsymbol{I}\boldsymbol{y}_0 \times \mathfrak{B}$ mit der Richtung von $\boldsymbol{E} \times \mathfrak{B}$, d. h. der Richtung der einfallenden Welle. Für $(Iy_0\mathscr{B})$ kann also F_m gesetzt werden:

$$\mathrm{d}U = cF_m\,\mathrm{d}t$$

Der an das rechteckige Stück abgegebene Impuls ist $\mathrm{d}p = F_m\,\mathrm{d}t$:

$$\mathrm{d}U = c\,\mathrm{d}p$$

$$\mathrm{d}p = \frac{1}{c}\,\mathrm{d}U. \qquad \textbf{(21-4)}$$

Wie oben können wir für eine dicke Platte über x integrieren und erhalten als Ergebnis $p = U/c$. Mit anderen Worten, der an eine Schicht abgegebene Impuls ist gleich $1/c$ mal der absorbierten Energie.

Das Strahlungsfeld enthält also sowohl Energie als auch Impuls. Jedes Volumenelement des Strahlungsfeldes hat den Energieinhalt

$$\mathrm{d}U = \frac{E^2}{4\pi k_0}\,\mathrm{d}V;$$

sein Impuls beträgt $1/c$ mal diesen Wert. In vektorieller Schreibweise ist der Impuls, der in einem Volumenelement $\mathrm{d}V$ enthalten ist,

$$\mathrm{d}\boldsymbol{p} = \frac{1}{c}\left(\frac{\boldsymbol{S}}{c}\,\mathrm{d}V\right). \quad \left(\text{unter Verwendung von } \mathrm{d}U = \frac{S}{c}\,\mathrm{d}V\right)$$

Wir sehen, daß das Strahlungsfeld, das von einer beschleunigten Ladung als Quelle ausgesandt wird, eigene physikalische Realität besitzt. Es hat in jedem Punkt des Raumes Energie und Impuls, die gemessen werden können. Die Energie kann man schon spüren, wenn man seine Hand in einen Lichtstrahl hält. Der größte Teil des Lichts wird von der Hand absorbiert und in Wärme umgewandelt. Da $1/c$ einen so kleinen Wert hat, ist es schwierig, den Impuls eines Lichtstrahls zu messen (s. Abb. 21-3).

Abb. 21-3. *Radiometer; Licht, das von der glänzenden Seite der Flügel zurückgeworfen wird, überträgt auf diese doppelt soviel Impuls wie Licht, das auf der geschwärzten Seite absorbiert wird. Demnach sollte sich das Flügelrad von oben gesehen im Uhrzeigersinn drehen. In der Praxis dreht es sich jedoch gerade anders herum! Das kommt daher, daß ein anderer physikalischer Effekt stärker ist: Das Restgas in der Nähe der schwarzen Oberfläche wird zu höherem Druck erhitzt. Würde man den Glaskolben besser evakuieren, so würde sich der Drehsinn umkehren.*

Beispiel 2: Eine starke Lampe strahle Licht mit einer Leistung von 100 W auf einen reflektierenden Flügel eines Radiometers. Mit welcher Kraft drückt das Licht auf den Flügel?

Lösung: Nach Gl. (21-4) ist der Impuls des Strahls

$$\mathrm{d}p = \frac{1}{c}\,\mathrm{d}U.$$

Da der Strahl bei der Reflexion seine Richtung umkehrt, ist der auf den Flügel übertragene Impuls doppelt so groß:

$$\mathrm{d}p_{\text{Flügel}} = \frac{2}{c}\,\mathrm{d}U.$$

Die Kraft ist

$$F = \frac{\mathrm{d}p_{\text{Flügel}}}{\mathrm{d}t} = \frac{2}{c}\frac{\mathrm{d}U}{\mathrm{d}t} = \frac{2}{3\cdot 10^8}(100)\ \mathrm{N} = 6{,}67\cdot 10^{-7}\ \mathrm{N}.$$

Auch bei kleiner Reibung kann eine so kleine Kraft den Flügel kaum bewegen.

Die physikalische Realität des Feldes wird noch deutlicher werden, wenn wir uns in Kap. 24 mit der Quantenmechanik beschäftigen. Dann werden wir sehen, daß das Strahlungsfeld aus physikalischen Teilchen besteht, die Photonen genannt werden und die genauso real existieren wie Elektronen oder Protonen. Jedes Photon hat die Energie $U = hf$ und den Impuls $p = hf/c$, wobei f die Frequenz der elektromagnetischen Welle und h die Planck-Konstante ist; h ist eine sehr kleine Zahl.

21-3 Reflexion an einem guten Leiter

Wie schon erwähnt, wird bei relativ guter Leitfähigkeit nicht die ganze elektromagnetische Welle absorbiert, sondern ein merklicher Teil wird reflektiert. Das kann man leicht für den Grenzfall $\sigma = \infty$ sehen (Supraleiter). Wir rufen uns ins Gedächtnis zurück, daß die Feldstärke im Innern eines Supraleiters immer null sein muß; sonst würde ein unendlich großer Strom fließen. Daher wird sich ein von einem einfallenden Feld (E_{in}) induzierter Oberflächenstrom so einstellen, daß das von ihm selbst abgestrahlte Feld (ΔE) die gleiche Feldstärke wie das einfallende Feld hat: $\Delta E = -E_{in}$. Die effektive Feldstärke im Innern des Leiters ist dann $E = E_{in} + \Delta E = 0$. Die resultierende Feldstärke des Felds links von der Platte ist nicht überall null, da zwei Sinuswellen gleicher Amplitude vorliegen, die in entgegengesetzter Richtung laufen. Wir erhalten deshalb eine stehende Welle mit Knoten und Bäuchen auf der linken Seite der Schicht in Abb. 21-4. Stehende Wellen werden in Abschn. 22-1 besprochen.

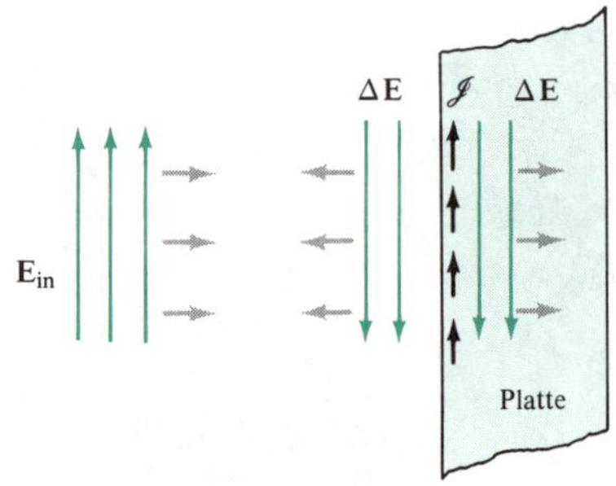

Abb. 21-4. *Eine Welle trifft auf eine supraleitende Platte. Der induzierte Flächenstrom stellt sich so ein, daß die Feldstärke des abgestrahlten Felds ΔE gerade gleich E_{in} ist.*

Beispiel 3: Bestimme in Abb. 21-4 die Oberflächenstromdichte sowie Betrag und Richtung der von ihr erzeugten magnetischen Feldstärke $\Delta\mathfrak{B}$.

Lösung: Mit Hilfe von Gl. (20-7) ergibt sich:

$$\Delta E = c\,\Delta\mathscr{B} = \frac{2\pi k_0}{c}\mathscr{J},$$

$$\mathscr{J} = \frac{c}{2\pi k_0}\Delta E = \frac{c}{2\pi k_0}E_{in}.$$

Die von $\mathscr{J}$ erzeugte Magnetfeldstärke erhält man, wenn man die erste Gleichung nach $\Delta\mathscr{B}$ auflöst:

$$\Delta\mathscr{B} = \frac{2\pi k_0}{c^2}\mathscr{J} = \frac{E_{in}}{c}.$$

Die Richtung von $\Delta\mathfrak{B}$ in der Nähe von $\mathscr{J}$ ist durch die Rechte-Hand-Regel gegeben: Rechts von $\mathscr{J}$ ist $\Delta\mathfrak{B}$ in die Zeichenebene hineingerichtet, links von $\mathscr{J}$ zeigt $\Delta\mathfrak{B}$ aus dieser Ebene heraus. Man beachte, daß das Vektorprodukt $\Delta\boldsymbol{E} \times \Delta\mathfrak{B}$, das in die Ausbreitungsrichtung zeigt, in beiden Fällen von $\mathscr{J}$ weggerichtet ist. Eine letzte Beobachtung: $\mathscr{J}$ ist hier gleich groß wie die Flächenstromdichte der ursprünglichen Quelle von E_{in}.

Damit können wir unsere Diskussion der Wechselwirkung von Strahlung mit solcher Materie abschließen, die freie Elektronen enthält. Diese Wechselwirkung führt zu Elektronenströmen mit den oben behandelten Effekten. Nun wenden wir uns Materialien ohne freie Elektronen zu. Diese Materialien werden Nichtleiter oder Isolatoren genannt.

21-4 Wechselwirkung von Strahlung mit einem Nichtleiter

Die Atome von Nichtleitern haben äußere Elektronen, die locker gebunden sind und unter dem Einfluß eines externen Feldes verschoben werden. Wir wollen nun versuchen, die Größe einer solchen Verschiebung abzuschätzen.

In unserem Atommodell, das dem der modernen Quantentheorie schon recht nahe kommt, wird ein äußeres Elektron als kugelförmige Wolke vom Radius R dargestellt. Wir machen die Näherung, daß die Ladungsdichte in dieser Kugel homogen ist. Wenn eine solche Kugel um die Strecke y gegenüber dem Atommittelpunkt ausgelenkt wird, tritt nach Gl. (16-3) eine zu y proportionale Rückstellkraft auf, und die Elektronenwolke schwingt in einer harmonischen Bewegung um das Zentrum des Atoms [s. Gl. (16-3a)]. Das Zentrum des Atoms besteht aus dem Kern und den inneren Elektronen, die fest an ihn gebunden sind. Nach Gl. (16-3a) ist die Kraft auf die äußere Elektronenwolke

$$F_{\text{atomar}} = -m\omega_0^2 y, \tag{21-5}$$

wobei $\omega_0/(2\pi)$ die Schwingungsfrequenz ist.

Trifft eine Welle der Feldstärke E_{in} auf die Elektronenwolke, so wirkt auf das äußere Elektron eine resultierende Kraft

$$F_{\text{res}} = F_{\text{atomar}} + (-e)\,E_{in},$$

$$m\frac{d^2y}{dt^2} = -m\omega_0^2 y - eE_{in}.$$

Wir haben y für die Auslenkung gewählt und nicht x, weil wir nur solche Felder E_{in} betrachten wollen, deren Feldstärke in y-Richtung zeigt. Für die einfallende Welle verwenden wir unseren gewohnten Ausdruck $E_{in} = E_0 \cos\omega(t - x/c)$, wobei x die Ausbreitungsrichtung ist. Damit nimmt die vorausgegangene Gleichung folgende Gestalt an:

$$\frac{d^2y}{dt^2} = -\omega_0^2 y - \frac{eE_0}{m}\cos\omega\left(t - \frac{x}{c}\right).$$

ω_0 ist dabei die natürliche Schwingungsfrequenz des äußeren Atomelektrons. Die Lösung dieser Differentialgleichung ist

$$y = -\frac{eE_0}{m(\omega_0^2 - \omega^2)} \cos \omega \left(t - \frac{x}{c}\right). \quad \text{(21-6)}$$

Diese Lösung kann durch Einsetzen in die Differentialgleichung nachgeprüft werden.

Wir haben also gesehen, wie sich ein einzelnes Atom unter dem Einfluß der Strahlung verhält. Nun wollen wir viele solcher Atome in einem Festkörper oder einem Gas zusammen betrachten.

21-5 Brechzahl

Betrachten wir nun eine Schicht der Dicke Δx, die aus den oben beschriebenen Atomen besteht, und eine ebene Welle, die auf die Schicht auftrifft. Können wir erraten, was passieren wird? Nun, wie wir an Gl. (21-6) gesehen haben, veranlaßt das einfallende elektrische Feld (E_{in}) die Atomelektronen zu Sinusschwingungen. Jedes oszillierende Elektron muß eine eigene elektromagnetische Welle abstrahlen. Wie im Fall der leitenden Schicht gibt es also eine reflektierte und eine transmittierte Welle, aber es gibt keine ohmsche Verlustleistung in der Schicht. Die gesamte Energie bleibt innnerhalb der elektromagnetischen Wellen; die Schicht ist also durchsichtig. Aus der Optik wissen wir, daß sich eine elektromagnetische Welle, also auch eine Lichtwelle, in der Schicht mit der Geschwindigkeit $u < c$ ausbreitet. Das Verhältnis $c/u = n$ ist als Brechzahl definiert. Die meisten durchsichtigen festen Stoffe haben eine Brechzahl von ungefähr 1,5; d. h., die Lichtgeschwindigkeit wird um $\approx 33\%$ verlangsamt. In Tab. 21-1 ist die Brechzahl für einige gängige Materialien angegeben.

Woher kommt es, daß elektromagnetische Wellen sich mit $u < c$ ausbreiten können? Die Gln. (20-5) und (20-7) sagen aus, daß die E- und $\mathscr{B}$-Felder der Wellengleichung mit der Fortpflanzungsgeschwindigkeit c genügen müssen. Von den einzelnen Teilchen aus gesehen, ist das sicher richtig. Das Strahlungsfeld eines beschleunigten geladenen Teilchens breitet sich mit $u = c$ aus. Der Widerspruch löst sich auf, wenn man

Tabelle 21-1. *Die Brechzahl verschiedener Materialien (für $\lambda = 5{,}9 \cdot 10^{-7}$ m, gelbes Licht der Natrium-D-Linie)*

Medium	Brechzahl	Medium	Brechzahl
Luft	1,0003	Plexiglas	1,50 … 1,52
Kohlendioxid	1,63	Quarz (geschmolzen)	1,46
Diamant	2,42	Saphir	1,77
Jenaer Glas SFS1 (schwerstes Flint)	1,92	Kochsalz	1,54
Jenaer Glas F3 (Flint)	1,61	Wasser	1,33
Jenaer Glas Bk1 (Borkron)	1,51		

Abb. 21-5. *Die einlaufende Welle $\boldsymbol{E}_{in}$ trifft auf eine Platte; in dieser wird die Stromdichte* $\boldsymbol{j}$ *induziert, die zur auslaufenden Welle* $\boldsymbol{E}'$ *beiträgt.*

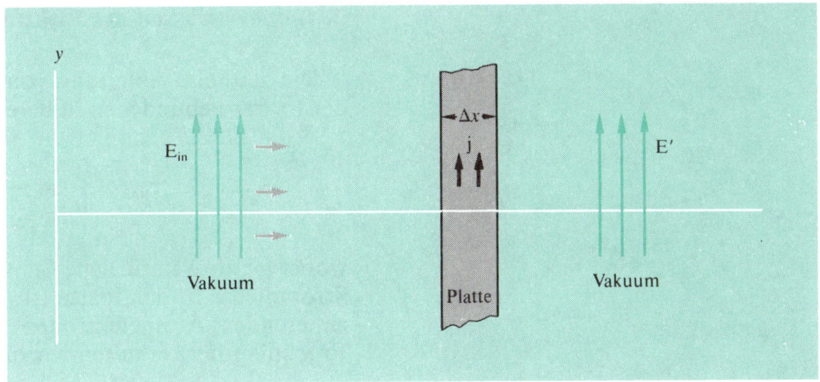

daran denkt, daß das Feld innerhalb der Schicht nicht das Strahlungsfeld eines einzelnen Teilchens ist und auch nicht das Strahlungsfeld, das von dem ursprünglichen Flächenstrom als einfallender Welle erzeugt wurde. Es ist vielmehr das Strahlungsfeld der einfallenden Welle, überlagert mit dem Feld, das die Atomelektronen aussenden. Jedes einzelne Feld muß sich mit $u = c$ fortbewegen, aber vielleicht verhält sich das resultierende Feld so, als ob es sich langsamer ausbreiten würde. Mit Gl. (21-6) wollen wir zeigen, daß das Strahlungsfeld jedes einzelnen Atomelektrons gegenüber dem einfallenden Erregerfeld um 90° phasenverschoben ist. Dann könnte man erwarten, daß die resultierende auslaufende Welle in ihrer Phase der einlaufenden Welle nacheilt. Die Front der auslaufenden Welle scheint sich dann langsamer als mit $u = c$ auszubreiten, obwohl sich die einzelnen Wellen selbst mit $u = c$ fortbewegen.

Wir wollen nun quantitativ die Brechzahl der Schicht in Abb. 21-5 herleiten. Dies soll in fünf Teilschritten geschehen:

1. Charakterisierung des elektrischen Feldes der einlaufenden Welle.
2. Berechnung der Geschwindigkeit der Atomelektronen, die durch das ankommende elektrische Feld in der Schicht zu Schwingungen angeregt werden.
3. Mit Hilfe dieser Geschwindigkeit oder mit der daraus folgenden Elektronenstromdichte Berechnung der sekundären Strahlung dieser Elektronen.
4. Überlagerung der primären und sekundären Wellen, um die resultierende auslaufende Welle zu erhalten.
5. Herstellen einer Beziehung zwischen der Phase der auslaufenden Welle und der Brechzahl.

1. Die einlaufende Welle

Nach Gl. (20-7) ist die einlaufende Welle durch folgenden Ausdruck charakterisiert:

$$E_{in} = E_0 \cos \omega \left(t - \frac{x}{c}\right).$$

2. Geschwindigkeit der Elektronen

Die zeitliche Ableitung von Gl. (21-6) ergibt für die Geschwindigkeit der locker gebundenen äußeren Elektronen

$$v_y = \frac{\mathrm{d}y}{\mathrm{d}t} = \frac{eE_0\omega}{m(\omega_0^2 - \omega^2)} \sin\omega\left(t - \frac{x}{c}\right),$$

wobei ω_0 ihre natürliche Schwingungsfrequenz ist (Eigenfrequenz). Die Stromdichte in der Platte ist $j = \mathfrak{N}(-e)\, v_y$, wobei $\mathfrak{N}$ die Anzahl der oszillierenden Atomelektronen pro Volumeneinheit ist. Mit dem obigen Ergebnis für v_y erhalten wir die Elektronenstromdichte

$$j = -\frac{\mathfrak{N}e^2\omega E_0}{m(\omega_0^2 - \omega^2)} \sin\omega\left(t - \frac{x}{c}\right).$$

3. Strahlung der Atomelektronen

Nach Gl. (20-7) hat das Strahlungsfeld in der Schicht, das durch die Elektronen erzeugt wird, die Feldstärke

$$\Delta E = -\frac{2\pi}{c} k_0 j\,\Delta x.$$

Das Minuszeichen weist darauf hin, daß j und ΔE entgegengesetzte Richtungen haben. Wir setzen j ein und erhalten

$$\Delta E = -\frac{2\pi k_0}{c}\left[-\frac{\mathfrak{N}e^2\omega E_0}{m(\omega_0^2 - \omega^2)} \sin\omega\left(t - \frac{x}{c}\right)\right]\Delta x,$$

$$\Delta E = \Delta E_0 \cos\left(\omega t - kx - \frac{\pi}{2}\right), \qquad \textbf{(21-7)}$$

wobei gilt

$$\Delta E_0 = \frac{2\pi k_0 \mathfrak{N} e^2 \omega}{cm(\omega_0^2 - \omega^2)} E_0\,\Delta x. \qquad \textbf{(21-8)}$$

4. Die resultierende auslaufende Welle

Das resultierende auslaufende Feld (E') ist die Überlagerung des ursprünglichen Felds mit dem zusätzlich durch die Elektronen erzeugten Feld; für die Feldstärke gilt daher

$$E' = E_{\mathrm{in}} + \Delta E.$$

ΔE wird aus Gl. (21-7) entnommen:

$$E' = E_0 \cos\theta + \Delta E_0 \cos\left(\theta - \frac{\pi}{2}\right), \quad \text{wobei} \quad \theta := \omega\left(t - \frac{x}{c}\right).$$

Obwohl θ linear mit der Zeit zunimmt, sind die beiden Sinuswellen mit einer festen Phasenverschiebung von $\pi/2$ aneinander gebunden. Die zwei Sinuswellen können leicht addiert werden, wenn man die im Anhang 21-1 beschriebene Zeigerdarstellung benutzt. Zu einem gegebenen Zeitpunkt ist die erste Sinuswelle die x-Komponente des Vektors $\boldsymbol{E}_0$ in Abb. 21-6. Die zweite Sinuswelle ist die x-Komponente des Vektors $\Delta\boldsymbol{E}_0$, der gegenüber dem Vektor $\boldsymbol{E}_0$ um einen Winkel $-\pi/2$ gedreht ist. Man sieht, daß der resultierende Vektor $\boldsymbol{E}_0'$ um den Phasenwinkel φ gegenüber dem Vektor der ankommenden Welle verdreht ist; d. h., die resultierende Welle (x-Komponente von $\boldsymbol{E}_0'$) kommt später als die einlaufende. Mit $\Delta E_0/E_0 \ll 1$ ist φ ein kleiner Winkel, so daß $\tan\varphi \approx \varphi$ gilt:

$$\varphi = \frac{\Delta E_0}{E_0}.$$

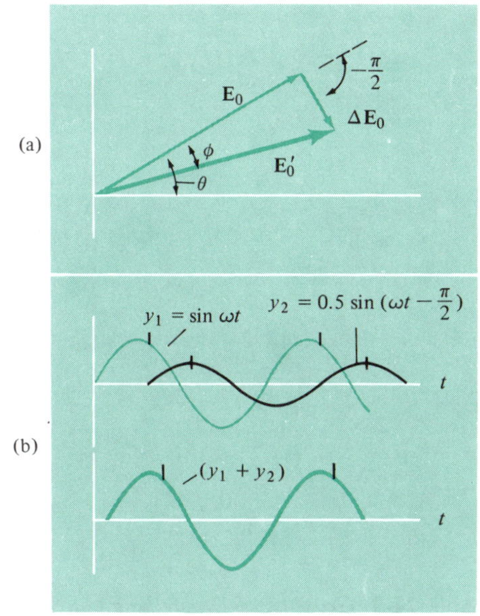

Abb. 21-6. (*a*) *Zeigerdiagramm für die Addition der zwei Sinuswellen* $E_0 \cos\theta$ *und* $\Delta E_0 \cos(\theta - \pi/2)$. (*b*) *Direkte Addition zweier Sinuswellen, die gegeneinander eine Phasenverschiebung von 90° haben.*

5. Beziehung zwischen Phasenverschiebung und Brechzahl

Die einlaufende Welle würde die Zeit $t = \Delta x/c$ brauchen, um die Schicht zu durchqueren, während eine Welle mit der Geschwindigkeit $u = c/n$ eine längere Zeit $t' = n(\Delta x/c)$ benötigen würde. Die Wellenfront dieser Welle würde beim Durchqueren der Schicht also um die Zeitdifferenz $\Delta t = (n - 1)\,\Delta x/c$ verzögert sein. Das entspricht einer Phasenverschiebung von

$$\varphi = \omega\,\Delta t = \omega\left[(n - 1)\frac{\Delta x}{c}\right].$$

Mit $\varphi = \Delta E_0/E_0$ erhalten wir

$$\omega(n - 1)\frac{\Delta x}{c} = \frac{\Delta E_0}{E_0}.$$

Nun substituieren wir ΔE_0 durch den Ausdruck von Gl. (21-8) und lösen nach n auf:

$$n = 1 + \frac{2\pi k_0 \mathfrak{N} e^2}{m(\omega_0^2 - \omega^2)}. \quad \text{(Brechzahl)} \qquad \textbf{(21-9)}$$

Das ist die Brechzahl für eine Schicht der Dicke Δx. Man beachte, daß Δx in der Gleichung nicht mehr auftaucht. Das erwartet man auch, da man sich eine dicke Platte aus einer Reihe von dünnen Platten aufgebaut denken kann, die den gleichen Vorgang immer von neuem wiederholen. Es sei aber darauf aufmerksam gemacht, daß die Herleitung nur für eine kleine Abänderung des ankommenden Feldes gilt, d. h., wenn $(n - 1) \ll 1$ ist. Für große Werte von n müßte man innerhalb der Schicht das resultierende Feld anstelle von E_{in} benutzen. Da das die Rechnung aufwendiger macht, wollen wir hier nicht weiter darauf eingehen.

Dispersion

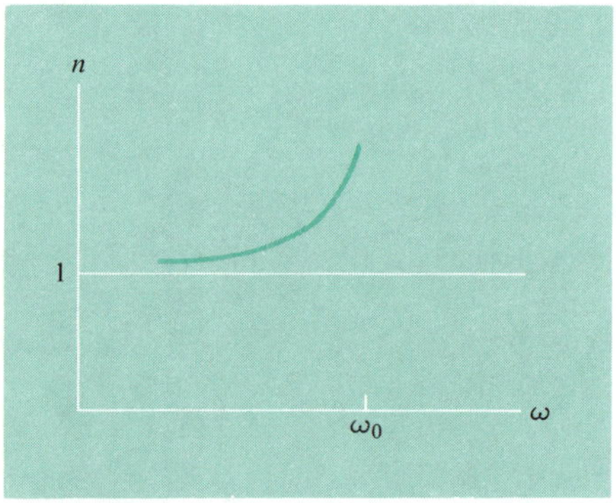

Abb. 21-7. *Graphische Darstellung von Gl. (21-9): normale Dispersion*

Unser Ergebnis zeigt die richtige Abhängigkeit der Brechzahl von der Frequenz ω des ankommenden Lichtes (s. Abb. 21-7). Für typische Atome ist $\omega_0 > \omega$, wenn ω im sichtbaren Bereich des elektromagnetischen Spektrums liegt (vgl. hierzu auch Beispiel 1 von Kap. 16). Das führt zu einer Brechzahl größer als 1 oder einer Wellengeschwindigkeit, die kleiner als c ist. Das führt außerdem zur sog. normalen Dispersion: Wenn sich die Farbe (Frequenz) des Lichtes von Rot nach Violett ändert, nimmt die Brechzahl zu und mit ihr die Ablenkung des Lichtes durch ein Prisma. Ein Prisma kann also weißes Licht in seine Spektralfarben zerlegen.

Beispiel 4: Berechne mit Hilfe von Gl. (21-9) und Tab. 21-1 die Brechzahl von Luft für ultraviolettes Licht, dessen Wellenlänge $\lambda = 3{,}0 \cdot 10^{-7}$ m beträgt. Es sei $\omega_0 = 7{,}5 \cdot 10^{15}\ \text{s}^{-1}$.

Lösung: Gl. (21-9) kann in folgender Form geschrieben werden:

$$\frac{n_2 - 1}{n_1 - 1} = \frac{\omega_0^2 - \omega_1^2}{\omega_0^2 - \omega_2^2}.$$

Tab. 21-1: $n_1 = 1{,}00030$, wenn $\omega_1 = 2\pi c/\lambda_1 = 3{,}19 \cdot 10^{15}\ \text{s}^{-1}$;

$$\omega_2 = \frac{2\pi c}{\lambda_2} = 6{,}28 \cdot 10^{-15}\ \text{s}^{-1} \quad \text{für} \quad \lambda_2 = 3{,}0 \cdot 10^{-7}\ \text{m},$$

$$\frac{n_2 - 1}{1{,}00030 - 1} = \frac{(7{,}5 \cdot 10^{15})^2 - (3{,}19 \cdot 10^{15})^2}{(7{,}5 \cdot 10^{15})^2 - (6{,}28 \cdot 10^{15})^2} = 2{,}74,$$

$$n_2 = 1{,}00082.$$

Ausgehend von den Maxwell-Gleichungen und einfachen Atommodellen für Leiter und Nichtleiter, ist es uns gelungen, viele der wichtigen

Eigenschaften von Licht und elektromagnetischer Strahlung, die in der Natur beobachtet werden, zu berechnen.

21-6 Elektromagnetische Strahlung im ionisierten Medium

In einem Plasma oder einem ionisierten Gas sind die Elektronen nicht mehr gebunden, und es gilt $\omega_0 = 0$. Setzt man das in Gl. (21-9) ein, so erhält man das Ergebnis

$$n = 1 - \frac{2\pi k_0 \mathfrak{N} e^2}{m\omega^2}.$$

Damit dieses Ergebnis richtig ist, muß die mittlere freie Weglänge der Elektronen größer sein als $y_{max} = eE_0/(m\omega^2)$. Dies ist der Fall für Radiowellen, die durch die Ionosphäre und den äußeren Weltraum hindurchgehen. Ein kritischer Leser sollte über $n < 1$ sehr erstaunt sein; das bedeutet nämlich, daß die Wellengeschwindigkeit größer als c ist. Es ist allgemein bekannt, daß sich Signale oder Teilchen nicht schneller als mit der Geschwindigkeit c fortbewegen können. Tatsächlich bewegt sich auch jedes einzelne „Lichtteilchen" oder Photon immer mit $u = c$. Was wir hier erörtern, sind die resultierenden Felder, die durch Aufaddieren der Effekte vieler Photonen zustande kommen, die wiederum von vielen Elektronen abgestrahlt werden. Für eine gründlichere Behandlung der Photonen müssen wir uns bis Kap. 24 gedulden.

Modulation und Gruppengeschwindigkeit

Ein Leser, der entschlossen ist, Einstein zu widerlegen, könnte vorschlagen, die Amplitude einer elektromagnetischen Welle zu vergrößern oder zu verkleinern, während sie durch ein ionisiertes Gas geht. Diese Modulation der elektromagnetischen Welle könnte verschlüsselte Informationen enthalten (z. B. nach dem Morsealphabet), und diese Signale würden schneller als mit der Lichtgeschwindigkeit c übermittelt. Unsere Antwort darauf ist, daß die modulierte Sinuswelle keine reine Sinuswelle mehr ist; sie kann in einer Fourieranalyse in eine Gruppe von Sinuswellen zerlegt werden, die alle etwas verschiedene Frequenzen haben. Jede einzelne reine Sinuswelle breitet sich mit $u > c$ aus; aber im Anhang 21-2 wird gezeigt, daß sich in einem solchen Fall die Modulationsform mit der sog. Gruppengeschwindigkeit v_g fortbewegt; diese kann von den Phasengeschwindigkeiten der einzelnen reinen Sinuswellen ganz verschieden sein und ist in diesem Fall kleiner als c. Im Anhang stellen wir folgende Formel für die Gruppengeschwindigkeit auf:

$$v_g = \frac{d\omega}{dk}, \quad \text{wobei} \quad k = \frac{2\pi}{\lambda}.$$

***Beispiel 5:** Wie groß ist die Gruppengeschwindigkeit in normalen Nichtleitern, ausgehend von Gl. (21-9)? Ist sie immer kleiner als c?

Lösung: Wir müssen k als Funktion von ω ausdrücken und dann differenzieren:

$$\frac{\omega}{k} = u = \frac{c}{n},$$

$$k = \frac{\omega}{c} n.$$

Gl. (21-9) ist von der Form:

$$n = 1 + \frac{A}{\omega_0^2 - \omega^2}, \quad \text{wobei} \quad A := \frac{2\pi k_0 \mathfrak{N} e^2}{m},$$

$$k = \frac{\omega}{c}\left(1 + \frac{A}{\omega_0^2 - \omega^2}\right),$$

$$\frac{\mathrm{d}k}{\mathrm{d}\omega} = \frac{1}{c} + \frac{A}{c}\frac{\omega_0^2 + \omega^2}{(\omega_0^2 - \omega^2)^2}.$$

Wir benutzen

$$\frac{\mathrm{d}k}{\mathrm{d}\omega} = \frac{1}{v_g}$$

und erhalten

$$\frac{1}{v_g} = \frac{1}{c}\left[1 + A\frac{\omega_0^2 + \omega^2}{(\omega_0^2 - \omega^2)^2}\right]. \tag{21-10}$$

Also gilt immer $v_g < c$.

Gl. (21-10) sagt aus, daß v_g immer kleiner als c ist, ob nun $\omega_0 > \omega$ oder $\omega_0 < \omega$ ist. Das gilt auch für den Fall, daß $\omega_0 = 0$ ist, z. B. für Radiowellen beim Durchgang durch die Ionosphäre. Wir haben damit gerade gezeigt, daß die Gruppengeschwindigkeit v_g kleiner als die Lichtgeschwindigkeit c ist, auch wenn die Wellengeschwindigkeit (Phasengeschwindigkeit) größer als c ist.

***Beispiel 6:** Es wird beobachtet, daß ein bestimmter Pulsar alle 3,6 Sekunden einen Puls von Radiowellen aussendet. Als Empfänger dienen Radioteleskope. Wird die Empfängerfrequenz von 150 MHz auf 240 MHz verändert, so kommt der Puls 1,3 Sekunden früher an. In welcher Entfernung befindet sich der Pulsar, wenn im interstellaren Raum eine Elektronendichte von $\mathfrak{N} = 0{,}03\ \mathrm{cm}^{-3}$ vorliegt?

Lösung: D sei die Entfernung des Pulsars. Die Zeitdifferenz zwischen den beiden Frequenzen ist

$$\Delta t = \frac{D}{v_{g_2}} - \frac{D}{v_{g_1}}.$$

$1/v_g$ erhält man, indem man in Gl. (21-10) $\omega_0 = 0$ setzt:

$$\frac{1}{v_g} = \frac{1}{c}\left[1 + \frac{A}{\omega^2}\right],$$

$$\Delta t = \frac{DA}{c}\left(\frac{1}{\omega_2^2} - \frac{1}{\omega_1^2}\right),$$

$$\frac{D}{c} = \frac{m\,\Delta t\, 4\pi^2}{2\pi k_0 \mathfrak{N} e^2}\left(\frac{1}{f_2^2} - \frac{1}{f_1^2}\right)^{-1}$$

$$= \frac{2\pi(9{,}1 \cdot 10^{-31}\ \text{kg})\,(1{,}3\ \text{s})}{(9 \cdot 10^9\ \text{N m}^2/\text{C}^2)\,(0{,}03 \cdot 10^6\ \text{m}^{-3})\,(1{,}6 \cdot 10^{-19}\ \text{C})^2}$$

$$\times \left(\frac{1}{(150 \cdot 10^6)^2\ \text{s}^{-2}} - \frac{1}{(240 \cdot 10^6)^2\ \text{s}^{-2}}\right)^{-1}$$

$$= 3{,}97 \cdot 10^{10}\ \text{s} = 1\,260\ \text{Jahre}.$$

Licht braucht also 1260 Jahre, um von diesem Pulsar bis zur Erde zu gelangen. Er befindet sich daher in einer Entfernung von 1260 Lichtjahren.

Beispiel 6 illustriert eine neue unabhängige Methode, um astronomische Entfernungen zu bestimmen, aber sie funktioniert nur für Pulsare (rotierende Neutronensterne). Glücklicherweise ist einer dieser Sterne auch sichtbar (s. Abb. 30-6). Das gibt den Astronomen die Möglichkeit, diese neue Methode der Entfernungsbestimmung mit älteren zu vergleichen.

21-7 Strahlung von Punktladungen

Wir haben uns bisher nur damit beschäftigt, das Strahlungsfeld einer großen Zahl von Ladungen, die zusammen in einer ebenen Stromverteilung oszillieren, herzuleiten. Ist die Dichte der Ladungen $\mathfrak{N}$ und schwingt jede gemäß $y = y_0 \sin \omega t$, dann ist die Stromdichte in der betrachteten Schicht $j = \mathfrak{N} q \omega y_0 \cos \omega t$, und die Flächenstromdichte einer Schicht der Dicke Δx ist

$$\mathcal{J} = j\,\Delta x = (\mathfrak{N} q \omega y_0\, \Delta x) \cos \omega t.$$

Die Feldstärke des Strahlungsfelds ergibt sich dann nach Gl. (20-7) zu

$$E_y = \frac{2\pi k_0}{c}\mathfrak{N} q\, \Delta x\, \omega y_0 \cos(\omega t - kx). \qquad (21\text{-}11)$$

Nehmen wir nun einmal an, wir haben statt einer ganzen Schicht von Ladungen nur eine einzelne Ladung q, die mit $y = y_0 \sin \omega t$ hin und her schwingt. Mit Hilfe der Maxwell-Gleichungen kann gezeigt werden, daß das Strahlungsfeld in der Entfernung r von q folgende Form hat:

$$E = k_0 \frac{q\omega^2 y_0}{c^2 r} \sin \omega \left(t - \frac{r}{c}\right) \sin \theta. \qquad \text{(21-12)}$$

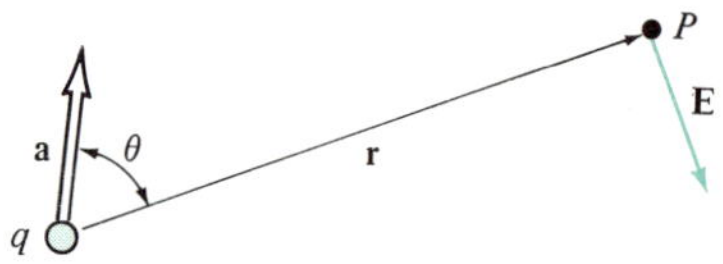

Abb. 21-8. *Richtung des Strahlungsfeldes* ***E*** *einer Punktladung q unter der Beschleunigung* ***a***

θ ist, wie es in Abb. 21-8 gezeigt ist, der Winkel zwischen der Richtung der Beschleunigung von q und dem Vektor $\boldsymbol{r}$. Offenbar ist $(-\omega^2 y_0 \sin \omega t)$ die Beschleunigung a, und wir können schreiben

$$E = -k_0 \frac{q}{c^2 r} a(t - r/c) \sin \theta, \quad \text{(Strahlung einer Punktladung)} \quad \textbf{(21-13)}$$

wobei $a(t - r/c)$ der Betrag der Beschleunigung zur Zeit $(t - r/c)$ ist. $\boldsymbol{E}$ und $\boldsymbol{r}$ stehen senkrecht aufeinander. Gl. (21-13) gilt nicht nur für eine oszillierende Ladung, sondern für jede sich bewegende Ladung, wenn $v \ll c$ ist.

Die Richtung von $\mathfrak{B}$ ist sowohl senkrecht zu $\boldsymbol{E}$ als auch zu $\boldsymbol{r}$. Wie zuvor ist der Betrag von $\mathfrak{B}$ durch $\mathscr{B} = E/c$ gegeben. Man beachte, daß man den Betrag der Beschleunigung zu dem früheren Zeitpunkt $(t - r/c)$ nehmen muß, um das Feld in der Entfernung r von der Punktladung zu bestimmen. Das ist durch $a(t - r/c)$ gekennzeichnet. Wäre das nicht der Fall, so könnten wir eine Aussage darüber machen, in welchem Zustand sich die Ladung gerade befindet, indem wir das Feld im Punkt P zu diesem Zeitpunkt messen; das würde die Bedingung verletzen, daß Signale nicht schneller als mit $v = c$ übermittelt werden können. Wir können nur aussagen, in welchem Zustand sich die Ladung zu einer früheren Zeit $(t - r/c)$ befand.

***Beispiel 7:** Welche Leistung wird von einer Ladung q abgestrahlt, deren Beschleunigung a ist?

Lösung: Die Strahlungsleistung pro Flächeneinheit ist durch den Poyntingvektor gegeben [Gl. (21-3)]. Integration über die Oberfläche einer Kugel liefert die Gesamtleistung.

$$\begin{aligned} S &= \frac{c^2}{4\pi k_0} E\mathscr{B} = \frac{c^2}{4\pi k_0} E\left(\frac{E}{c}\right) = \frac{c}{4\pi k_0} E^2 \\ &= \frac{c}{4\pi k_0}\left(-\frac{k_0 q a}{c^2 r} \sin \theta\right)^2 \\ &= k_0 \frac{q^2 a^2}{4\pi c^3 r^2} \sin^2 \theta, \end{aligned}$$

$$\frac{\mathrm{d}U}{\mathrm{d}t} = P = \oint \boldsymbol{S} \cdot \mathrm{d}\boldsymbol{A}.$$

Dies ist die gesamte abgestrahlte Leistung. Wir benutzen $\mathrm{d}A = 2\pi r^2 \sin\theta\, \mathrm{d}\theta$ als Flächenelement:

$$P = \oint \left(k_0 \frac{q^2 a^2}{4\pi c^3 r^2} \sin^2\theta\right)(2\pi r^2 \sin\theta\, \mathrm{d}\theta) = k_0 \frac{q^2 a^2}{2c^3} \int_0^\pi \sin^3\theta\, \mathrm{d}\theta,$$

$$P = \frac{2}{3} k_0 \frac{q^2}{c^3} a^2. \qquad \textbf{(21-14)}$$

***Beispiel 8:** (a) Welches Strahlungsfeld erzeugt ein oszillierender elektrischer Dipol mit dem Dipolmoment $p = p_0 \sin\omega t$? (b) Wie groß ist die im Mittel von diesem Dipol abgestrahlte Leistung?

Lösung: (a) Wir können den Dipol durch eine negative Ladung $-q$ im Ursprung und durch eine entlang der z-Achse schwingende positive Ladung q darstellen mit $z = z_0 \sin\omega t$. Mit $p_0 = qz_0$ ist die Beschleunigung

$$a = -\omega^2 z_0 \sin\omega t = -\frac{\omega^2 p_0}{q} \sin\omega t.$$

Das Strahlungsfeld erhalten wir, wenn wir diesen Ausdruck in Gl. (21-13) einsetzen:

$$E = -k_0 \frac{q}{c^2 r}\left[-\frac{\omega^2 p_0}{q} \sin\omega\left(t - \frac{r}{c}\right)\right] \sin\theta$$

$$= k_0 \frac{\omega^2 p_0 \sin\theta}{c^2 r} \sin\omega\left(t - \frac{r}{c}\right). \qquad \textbf{(21-15)}$$

Man beachte, daß die Feldstärke des abgestrahlten Dipolfelds nur mit $1/r$ abnimmt, wogegen die Feldstärke des statischen Dipolfelds mit $1/r^3$ abnimmt.

(b) Wir benutzen Gl. (21-14),

$$\bar{P} = \frac{2}{3} k_0 \frac{q^2}{c^3} \overline{a^2},$$

wobei $\overline{a^2}$ das zeitliche Mittel von $(\omega^4 p_0^2/q^2) \sin^2\omega t$ ist. Da der Mittelwert von $\sin^2\omega t$ gleich $\frac{1}{2}$ ist, erhalten wir

$$\bar{P} = \frac{1}{3} k_0 \frac{p_0^2 \omega^4}{c^3}. \qquad \textbf{(21-15a)}$$

Für eine feste Amplitude p_0 nimmt die abgestrahlte Leistung also mit der vierten Potenz der Frequenz zu.

Beispiel 9: Die elektromagnetische Strahlung eines 500-kHz-Radiosenders hat eine Feldstärke von $E_0 = 10$ mV/cm, wenn sie auf ein freies Elektron trifft. (a) Wie groß ist die Schwingungsamplitude des Elektrons? (b) Welche Spitzengeschwindigkeit erreicht das Elektron? (c) Welche mittlere Leistung wird vom Elektron abgestrahlt?

Lösung: (a) In Gl. (21-6) wird $\omega_0 = 0$ eingesetzt, und man erhält für die Amplitude

$$y_0 = \frac{eE_0}{m\omega^2} = \frac{(1{,}6 \cdot 10^{-19}\ \text{C})\,(1{,}0\ \text{V/m})}{(9{,}11 \cdot 10^{-31}\ \text{kg})\ (2\pi \cdot 5 \cdot 10^5\ \text{s}^{-1})^2}$$
$$= 1{,}78 \cdot 10^{-2}\ \text{m}.$$

(b) Bei einer harmonischen Bewegung gilt:

$$v_0 = \omega y_0 = (2\pi \cdot 5 \cdot 10^{-5}\ \text{s}^{-1})\,(1{,}78 \cdot 10^{-2}\ \text{m}) = 5{,}58 \cdot 10^4\ \text{m/s}.$$

(c) Wir können in Gl. (21-16) folgenden Wert für das Dipolmoment einsetzen:

$$p_0 = ey_0 = (1{,}6 \cdot 10^{-19}\ \text{C})\,(1{,}78 \cdot 10^{-2}\ \text{m}) = 2{,}85 \cdot 10^{-21}\ \text{C m}.$$

$$\bar{P} = \frac{1}{3}\,k_0\,\frac{p_0^2\omega^4}{c^3} = 8{,}79 \cdot 10^{-32}\ \text{W}.$$

Atomare Übergänge

Wenn ein atomares Spektrum durch ein ideales Spektrometer mit beliebig hohem Auflösungsvermögen betrachtet wird, so findet man, daß die Strahlung aus bestimmten diskreten Wellenlängen (Linien) besteht. Jede dieser Linien hat eine natürliche Linienbreite Δf.

Mit Gl. (21-16) können wir die Aufenthaltsdauer in einem angeregten atomaren Zustand abschätzen, die mit der natürlichen Linienbreite zusammenhängt. Wir machen die Näherung, daß das emittierende Elektron an das atomare Zentrum mit einer Federkonstante $k = m\omega_0^2$ gebunden ist. Die Frequenz der emittierten Strahlung ist dann $f_0 = \omega_0/(2\pi)$, und das Dipolmoment ist $p_0 = ex_0$. Auf S. 223 wurde gezeigt, daß der Oszillator die mechanische Gesamtenergie $E = \frac{1}{2}kx_0^2 = \frac{1}{2}m\omega_0^2x_0^2$ hat, wobei x_0 die Schwingungsamplitude ist. Nach Gl. (21-15a) ist die pro Zeiteinheit abgestrahlte Energie (abgegebene Leistung)

$$\frac{\mathrm{d}E}{\mathrm{d}t} = \frac{1}{3}\,k_0(ex_0)^2\,\frac{\omega_0^4}{c^3},$$

$$\frac{\mathrm{d}E}{E} = \frac{2}{3}\,k_0\,\frac{e^2}{c^3}\,\frac{\omega_0^2}{m}\,\mathrm{d}t.$$

Die Integration beider Seiten ergibt

$$E = E_0\,\mathrm{e}^{-t/\tau}, \quad \text{wobei} \quad \tau = \frac{3mc^3}{2k_0 e^2 \omega_0^2}$$

ist. Als mittlere Lebensdauer τ für Strahlung im gelben Spektralbereich erhält man

$$\tau = \frac{3}{2}\,\frac{(9{,}11 \cdot 10^{-31})\,(3 \cdot 10^8)^3}{(9 \cdot 10^9)\,(1{,}6 \cdot 10^{-19})^2\,(2\pi)^2\,(6 \cdot 10^{14})^2}\ \mathrm{s} = 1{,}13 \cdot 10^{-8}\ \mathrm{s}.$$

Obwohl wir im Rahmen der klassischen Physik gerechnet haben, liegt dieses Ergebnis nahe bei dem korrekten quantenmechanischen Wert. Die Breite einer solchen gelben Spektrallinie kann mit Gl. (21-16) von Anhang 21-2 bestimmt werden:

$$\Delta\omega \approx \frac{1}{\tau} \quad \text{oder} \quad \Delta f \approx \frac{1}{2\pi\tau}.$$

Die relative Linienbreite ist

$$\frac{\Delta f}{f_0} \approx \frac{1}{2\pi f_0 \tau} \approx 2{,}35 \cdot 10^{-8}.$$

Im nächsten Beispiel wird das Bohrsche Modell des Wasserstoffatoms verwendet, um in einer ähnlichen Rechnung abzuschätzen, wie lange es dauern würde, bis ein Elektron soviel Energie abgestrahlt hat, wie seiner Bindungsenergie entspricht.

Beispiel 10: Beim Bohrschen Modell des Wasserstoffatoms befindet sich das Elektron in einer kreisförmigen Bahn vom Radius $R = 0{,}53 \cdot 10^{-10}$ m. Welche Leistung strahlt das Elektron ab (in eV/s)? Wie lange würde es bei dieser Leistung dauern, bis eine Energie von 7 eV ausgestrahlt ist? (Das ist die Hälfte der Bindungsenergie des Elektrons.)

Lösung: Die Beschleunigung des Elektrons erhält man mit Hilfe des Coulomb-Gesetzes:

$$ma = k_0 \frac{e^2}{R^2},$$

$$a = k_0 \frac{e^2}{mR^2}.$$

Setzt man a in Gl. (21-14) ein, so ergibt sich für die abgestrahlte Leistung

$$\frac{dU}{dt} = \frac{2}{3} k_0 \frac{e^2}{c^3} \left(k_0 \frac{e^2}{mR^2}\right)^2 = \frac{2}{3} k_0^3 \frac{e^6}{c^3 m^2 R^4}$$

$$= \frac{2}{3} (9 \cdot 10^9)^3 \frac{(1{,}6 \cdot 10^{-19})^6}{(3 \cdot 10^{-8})^3 (9{,}11 \cdot 10^{-31})^2 (0{,}53 \cdot 10^{-10})^4} \text{ J/s}$$

$$= 4{,}61 \cdot 10^{-8} \text{ J/s} = 2{,}88 \cdot 10^{11} \text{ eV/s}.$$

Für die gesuchte Zeitdauer ergibt sich

$$\Delta t = \frac{\Delta U}{dU/dt} = \frac{7}{2{,}88 \cdot 10^{11}} \text{ s} = 2{,}43 \cdot 10^{-11} \text{ s}.$$

Wir sehen, daß nach der klassischen Physik ein Elektron in einer Kreisbahn um ein Proton sehr rasch einen relativ großen Energiebetrag abstrahlt. Eine detailliertere Rechnung zeigt, daß das Elektron auf einer spiralförmig immer enger werdenden Bahn innerhalb von $\approx 10^{-11}$ s mit dem Proton zusammenstoßen würde (s. Aufgabe 21). Die moderne Quantentheorie ist frei von diesem Widerspruch, da die Elektronenwolke stationär ist und keine Beschleunigung aufweist.

Zusammenfassung

Die Energiedichte einer elektromagnetischen Welle ist

$$\frac{E^2 + (c\mathscr{B})^2}{8\pi k_0}.$$

Die Strahlungsleistung pro Flächeneinheit ist

$$\boldsymbol{S} = \frac{c^2}{4\pi k_0} \boldsymbol{E} \times \boldsymbol{\mathfrak{B}}.$$

$\boldsymbol{S}$ wird Poyntingvektor genannt; sein Betrag ist die Leistung pro Flächeneinheit, die eine Wellenfront an eine absorbierende Fläche abgibt.

Der Teil einer laufenden elektromagnetischen Welle, der die Energie ΔU enthält, besitzt den Impuls $\Delta U/c$.

Eine ebene elektromagnetische Welle, die auf die Oberfläche eines guten Leiters fällt, induziert in ihm einen Oberflächenstrom. Dieser bewirkt, daß die einfallende Welle in sich selbst reflektiert wird.

Wenn eine elektromagnetische Welle der Frequenz ω in einen Nichtleiter eindringt, werden die äußeren Elektronen der Atome mit der gleichen Frequenz ω zu Schwingungen angeregt; sie emittieren sekundäre elektromagnetische Wellen, die um 90° gegenüber der Primärwelle phasenverschoben sind. Als Folge davon ergibt sich eine Ausbreitungsgeschwindigkeit u, die kleiner als c ist. Die Brechzahl ist definiert als

$n := c/u$. In einem Nichtleiter hat sie die Form

$$n = 1 + \frac{2\pi k_0 \Re e^2}{m(\omega_0^2 - \omega^2)}, \quad \text{wenn } (n - 1) \ll 1 \text{ ist.}$$

Dabei ist ω_0 die natürliche Eigenfrequenz der Atome. Die Zunahme von n mit ω wird normale Dispersion genannt. Eine Wellengruppe oder ein Wellenpaket bewegt sich mit einer effektiven Geschwindigkeit, der Gruppengeschwindigkeit

$$v_g = \frac{d\omega}{dk}.$$

Da in einem dispersiven Medium n eine Funktion von ω ist, unterscheidet sich die Gruppengeschwindigkeit v_g von der Phasengeschwindigkeit u. v_g ist immer kleiner als c, auch wenn u größer als c ist.

Eine einzelne Punktladung q mit der Beschleunigung $a(t)$ strahlt eine elektromagnetische Welle aus, deren Feldstärke die Amplitude

$$E = -k_0 \frac{q}{c^2 r} a(t - r/c) \sin\theta$$

besitzt.

Anhang 21-1 Zeigerdiagramme

In diesem Teil des Anhangs wollen wir eine Methode entwickeln, die es erlaubt, zwei oder mehr Sinuswellen zu addieren, zwischen denen eine feste Phasenbeziehung besteht. Damit eine konstante Phasendifferenz im Laufe der Zeit erhalten bleibt, müssen die Sinuswellen natürlich die gleiche Frequenz haben. Mit anderen Worten, wir wollen folgende Summe finden:

$$S(t) = A_1 \cos(\omega t + \varphi_1) + A_2 \cos(\omega t + \varphi_2).$$

Das Ergebnis ist eine Sinuswelle der gleichen Frequenz:

$$S(t) = S_0 \cos(\omega t + \varphi_s).$$

Das Problem ist also, S_0 und φ_s in Abhängigkeit von A_1, A_2, φ_1 und φ_2 auszudrücken.

Unschwer erkennt man, daß die x-Komponente des Vektors in Abb. 21-9 den Betrag $A_1 \cos(\omega t + \varphi_1)$ hat; das ist gerade die erste unserer zwei Sinuswellen. In dieser Abbildung bildet ein Vektor vom Betrag A_1 einen Winkel $\theta = (\omega t + \varphi_1)$ mit der x-Achse. Mit zunehmender Zeit t rotiert der Vektor entgegen dem Uhrzeigersinn, wobei die x-Kompo-

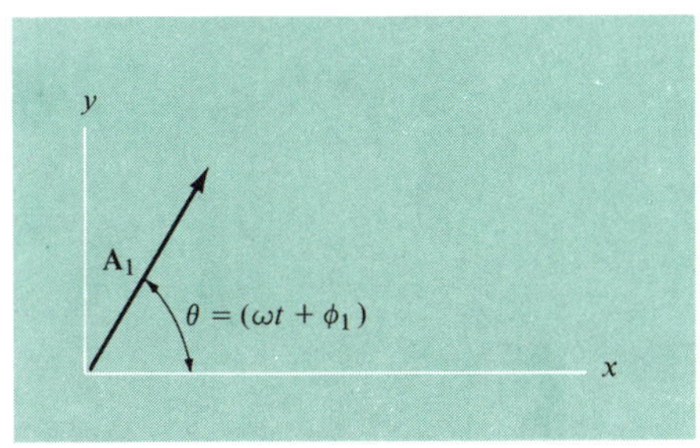

Abb. 21-9. *Die x-Komponente des rotierenden Vektors A_1 ist eine der beiden Sinuswellen, die addiert werden sollen.*

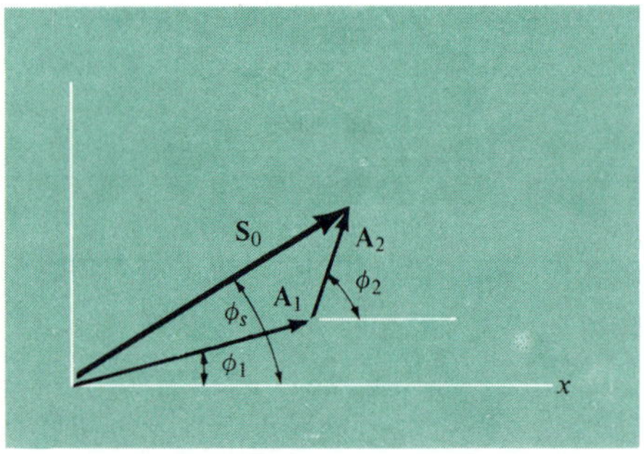

Abb. 21-10. *Die Vektorsumme* $\boldsymbol{S} = \boldsymbol{A}_1 + \boldsymbol{A}_2$ *ergibt* S_0 *und* φ_s.

nente immer unseren gewünschten Wert hat. Nun zeichnen wir einen zweiten Vektor vom Betrag A_2 unter dem Winkel $\theta_2 = \omega t + \varphi_2$. Er bildet mit dem ersten Vektor jederzeit einen Winkel $\varphi_2 - \varphi_1$. Zur Lösung unseres Problems benötigen wir die Summe der beiden x-Komponenten. Diese ist aber gleich der x-Komponente der Vektorsumme. Die Vorschrift lautet also folgendermaßen: Zuerst muß die Vektorsumme $(\boldsymbol{A}_1 + \boldsymbol{A}_2)$ gebildet werden. Der Betrag dieses Vektors ist die Amplitude S_0 der resultierenden Welle. Wie man dazu vorgeht, ist in Abb. 21-10 gezeigt. Zeichne zuerst $\boldsymbol{A}_1$ unter dem Winkel φ_1 zur x-Achse und dann den Vektor $\boldsymbol{A}_2$ unter φ_2. Der Betrag ihrer Vektorsumme ist S_0 und der Winkel zwischen $\boldsymbol{S}_0$ und der x-Achse ist φ_s. Solche Vektoren nennt man auch Zeiger. Zur Addition von n Sinuswellen muß man die Vektorsumme der entsprechenden n Zeiger bilden.

Anhang 21-2 Wellenpakete und Gruppengeschwindigkeit

Wellenpakete

Im vorausgegangenen Abschnitt des Anhangs haben wir Sinuswellen addiert, die genau gleiche Frequenzen hatten. In diesem Abschnitt wollen wir Sinuswellen addieren, deren Frequenzen etwas verschieden voneinander sind. Mit fortschreitender Zeit geraten diese Sinuswellen zunehmend außer Phase. Der einfachste Fall ist die Summe zweier Sinuswellen der Frequenzen ω_1 und ω_2, die in Abb. 21-11 dargestellt sind. Wir setzen $\bar{\omega} := (\omega_1 + \omega_2)/2$ sowie $\Delta\omega = (\omega_2 - \omega_1)/2$ und erhalten für die Summe

$$S(t) = \cos(\bar{\omega} + \Delta\omega)\, t + \cos(\bar{\omega} - \Delta\omega)\, t.$$

Das kann mit Hilfe des folgenden Additionstheorems für trigonometrische Funktionen in eine zweckmäßigere Form gebracht werden:

$$\cos A + \cos B = 2\cos\left(\frac{A - B}{2}\right)\cos\left(\frac{A + B}{2}\right).$$

Es folgt

$$\begin{aligned} S(t) &= 2\cos(\Delta\omega t)\cos\bar{\omega}t \\ &= A(t)\cos\bar{\omega}t, \end{aligned}$$

wobei $A(t) = 2\cos(\Delta\omega)\, t$ die Modulationsfunktion oder „Einhüllende“ ist; in Abb. 21-11 ist das die weiße Kurve. In diesem Fall ist die Modulationsfunktion wieder eine Sinuskurve kleinerer Frequenz.

Modulationsfunktionen anderer Gestalt kann man erhalten, wenn man eine größere Anzahl von Sinuswellen leicht verschiedener Frequenzen

Abb. 21-11. (*a*) *Zwei Sinuswellen mit etwas verschiedenen Frequenzen sind am Koordinatenursprung in Phase.* (*b*) *Die Summe der beiden Sinuswellen*

(a)

(b)

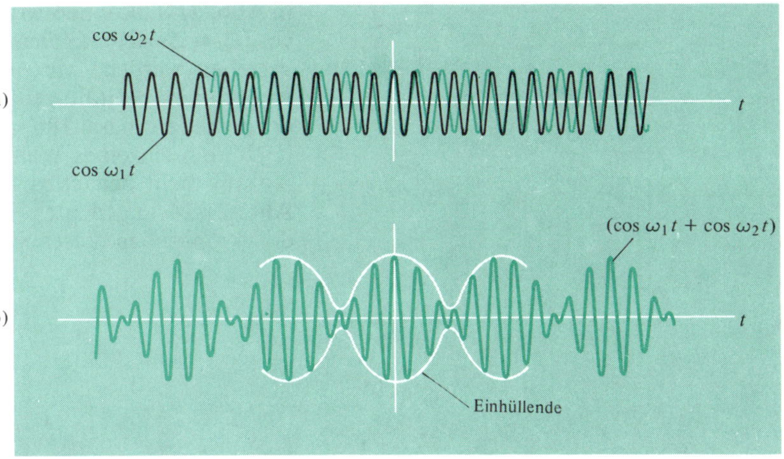

addiert. Ein wichtiges Beispiel ist ein einzelner kurzer Impuls von Schwingungen. Ein solcher einzelner Impuls könnte wie die Struktur unter dem weißen Wellenbauch in der Mitte von Abb. 21-11 (b) aussehen. Das nennt man ein Wellenpaket. Wir wollen nun zeigen, wie ein solches Wellenpaket aus einer Gruppe von Sinuswellen mit benachbarten Frequenzen aufgebaut werden kann. Ausgehend von dem Ergebnis in Abb. 21-11 (b), können wir die links und rechts benachbarten Buckel dadurch beseitigen, daß wir eine dritte Sinuswelle der Frequenz $\bar{\omega}$ addieren, deren Amplitude der Höhe der Buckel entspricht. (Man beachte, daß $A(t)$ von Buckel zu Buckel das Vorzeichen wechselt.) Diese neue Sinuswelle ist mit dem zentralen Buckel in Phase und mit den nächsten Nachbarn um 180° außer Phase. Das Ergebnis ist in Abb. 21-12(a) dargestellt: Der Graph $G(\omega)$ zeigt die relativen Amplituden der drei Sinuswellen, die addiert werden. Zur Beseitigung der nächsten Nachbarn des mittleren Buckels

Abb. 21-12. (*a*) *Die Summe dreier Sinuswellen.* (*b*) *Darstellung der relativen Amplituden*

(a)

(b)

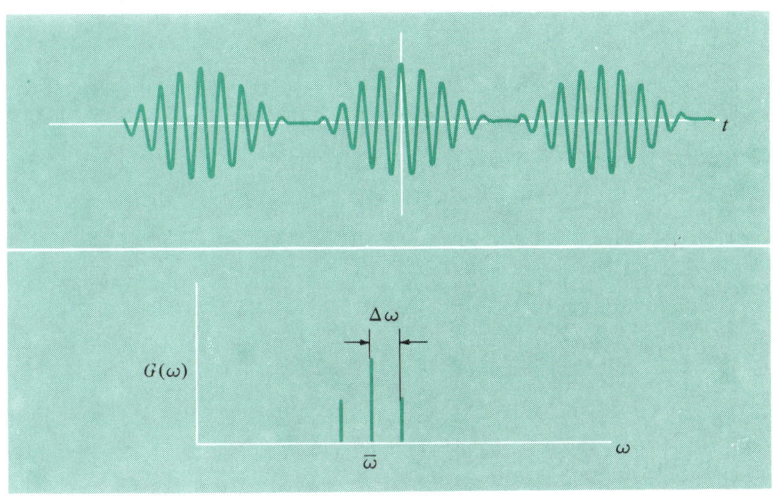

in Abb. 21-12 können wir zwei weitere Sinuswellen $\cos(\bar{\omega} - \Delta\omega/2)\,t$ und $\cos(\bar{\omega} + \Delta\omega/2)\,t$ addieren. Diese müssen mit geeigneten Amplituden versehen werden, wie sie in Abb. 21-13(b) wiedergegeben sind. Diese Funktionen beeinflussen den mittleren Buckel kaum; ihre Summe ist jedoch wiederum um 180° außer Phase mit den Nachbarn.

Um ein einzelnes Wellenpaket zu erzeugen, muß man eine unendliche Anzahl dicht benachbarter Sinusfunktionen addieren. Dieser Fall ist in Abb. 21-14 angedeutet. Die Funktion $G(\omega)$ ist die Frequenzverteilung der Amplituden dieser Sinusfunktionen:

$$G(\omega) = \exp\left[-\frac{(\omega - \bar{\omega})^2}{2(\Delta\omega)^2}\right].$$

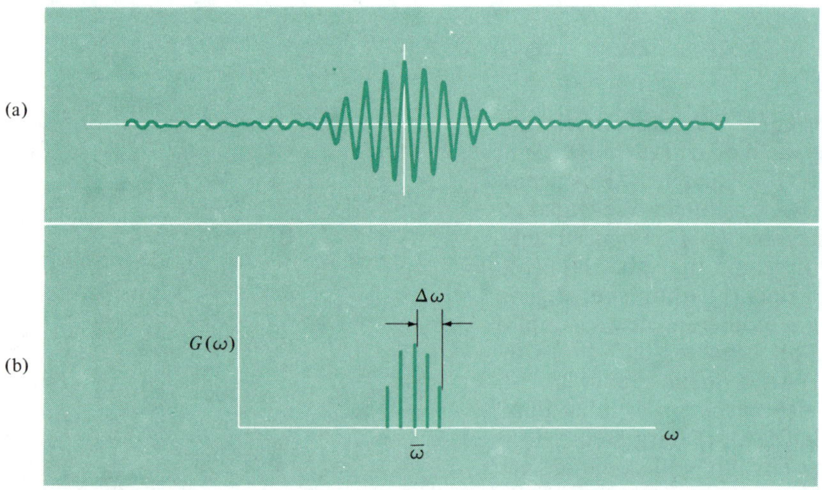

Abb. 21-13. (*a*) *Die Summe von fünf Sinuswellen.* (*b*) *Darstellung der relativen Amplituden*

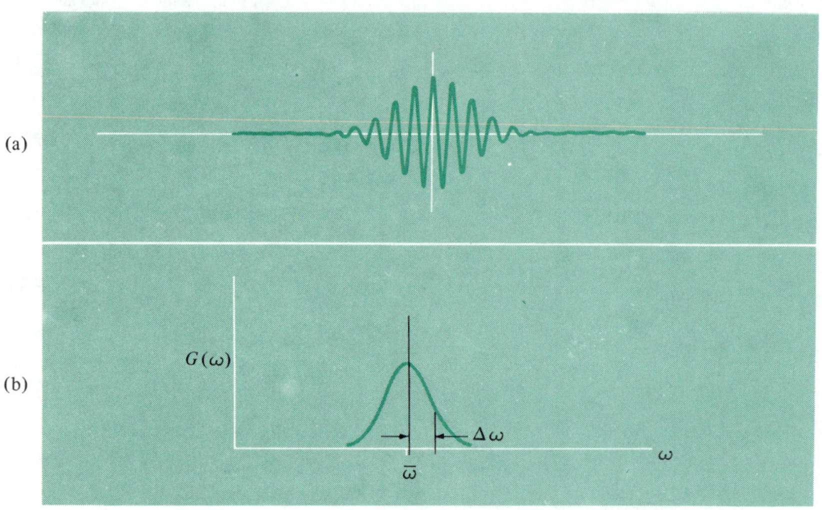

Abb. 21-14. (*a*) *Die Summe von unendlich vielen Sinuswellen.* (*b*) *Darstellung der relativen Amplituden. G(ω) ist eine Gaußkurve um ω̄ mit der Standardabweichung Δω.*

Die graphische Darstellung von $G(\omega)$ ergibt eine sog. Gaußsche Glockenkurve. Dabei wird $\Delta\omega$ die Standardabweichung genannt. $\Delta\omega$ ist die mittlere quadratische Abweichung der ω-Werte vom Mittelwert $\bar{\omega}$. Wir wollen $\Delta\omega$ als Frequenzbreite bezeichnen. Um die „unendliche" Anzahl von reinen Sinuswellen aufzuaddieren, müssen wir folgendes Integral berechnen:

$$\int G(\omega) \cos \omega t \, d\omega .$$

Eine Integraltafel liefert das Ergebnis:

$$\int \exp\left[-\frac{(\omega - \bar{\omega})^2}{2\,(\Delta\omega)^2}\right] \cos \omega t \, d\omega = \sqrt{2\pi}\,\Delta\omega \exp\left[-\frac{t^2}{2(1/\Delta\omega)^2}\right] \cos \bar{\omega} t.$$

Die rechte Seite ist eine Sinuswelle ($\cos \bar{\omega} t$), die mit der Gauß-Funktion $\exp\{-t^2/[2(1/\Delta\omega)^2]\}$ moduliert ist. Die Standardabweichung dieser Gauß-Funktion ($\Delta t = 1/\Delta\omega$) ist die zeitliche Länge des Wellenpakets:

$$\Delta t = \frac{1}{\Delta\omega}. \quad \text{(Breite eines Wellenpakets)} \qquad \textbf{(21-16)}$$

Die Frequenzbreite der Sinuskomponenten des Wellenpakets ist also der Reziprokwert seiner zeitlichen Länge. Die Funktion $G(\omega)$ wird die Fourier-Transformierte des Wellenpakets genannt.

Die Gruppengeschwindigkeit

Wir können auch laufende Wellen addieren, die verschiedene Frequenzen haben. Dann erhalten wir das interessante Ergebnis, daß die Fortpflanzungsgeschwindigkeit der Einhüllenden, d. h. des Wellenpakets, ganz verschieden sein kann von den Phasengeschwindigkeiten der rein sinusförmigen Komponentenwellen. Die Geschwindigkeit der Einhüllenden oder des Wellenpakets wird Gruppengeschwindigkeit genannt. Man kann leicht verstehen, weshalb sich die Einhüllende mit einer anderen Geschwindigkeit fortbewegt, wenn man die beiden Sinuswellen von Abb. 21-11 als laufende Wellen behandelt; sie liegen in Frequenz und Wellenlänge dicht beieinander. Die Summe zweier solcher laufenden Wellen ist

$$\begin{aligned} y(x, t) = {} & \cos [(\bar{\omega} + \Delta\omega)\, t - (\bar{k} + \Delta k)\, x] \\ & + \cos [(\bar{\omega} - \Delta\omega)\, t - (\bar{k} - \Delta k)\, x]. \end{aligned}$$

Dabei ist $\bar{k} = 2\pi/\lambda$ die mittlere Wellenzahl und $\bar{\omega}$ die mittlere Frequenz. Die beiden Wellen sind in Abb. 21-15 als Funktion des Ortes x für vier aufeinanderfolgende Werte der Zeit t dargestellt. In diesem speziellen

Fall bewegt sich die Einhüllende doppelt so schnell nach rechts wie die Komponenten. Eine trigonometrische Umformung von $\cos A + \cos B$ ergibt für unseren Fall

$$y(x, t) = 2 \cos [(\Delta\omega)\, t - (\Delta k)\, x] \cos (\bar{\omega} t - \bar{k} x).$$

Die Einhüllende hat also die Form $A(x, t) = 2 \cos [(\Delta\omega)\, t - (\Delta k)\, x]$.

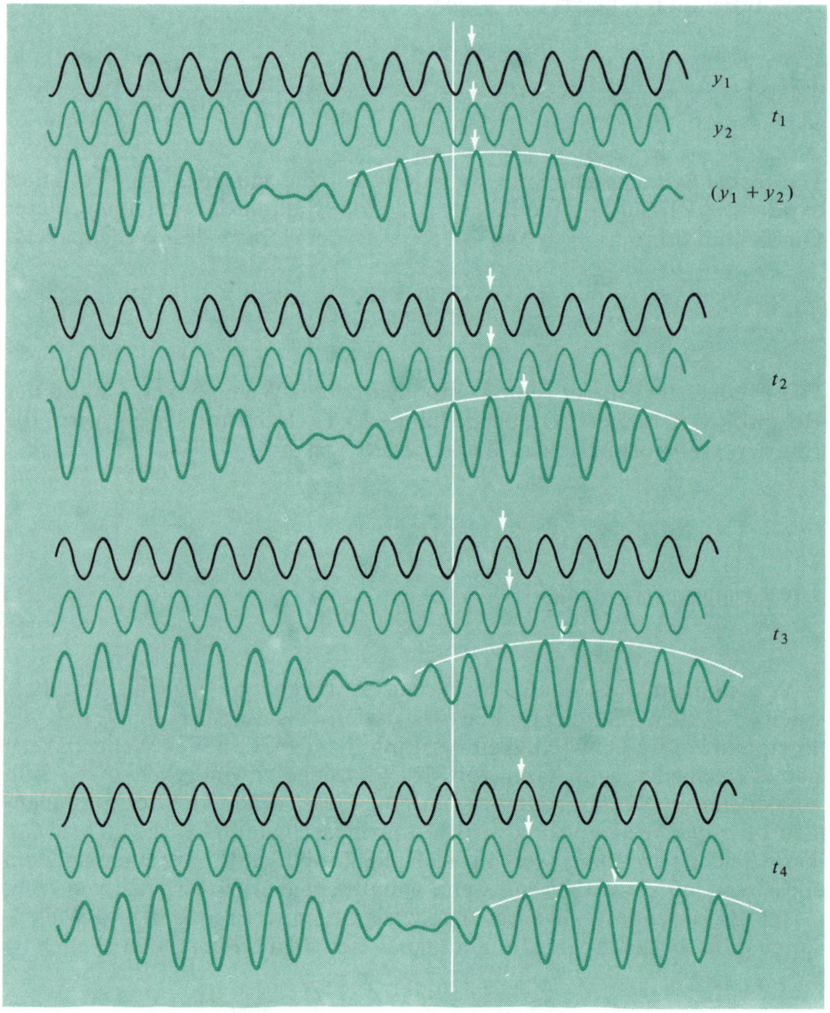

Abb. 21-15. *Zwei Sinuswellen y_1 und y_2 bewegen sich mit etwas verschiedenen Geschwindigkeiten nach rechts. In diesem Fall bewegt sich die Einhüllende ihrer Summe doppelt so schnell nach rechts. Vier aufeinander folgende Momentaufnahmen sind von oben nach unten dargestellt. Die Lage der Wellenberge als Funktion der Zeit ist mit weißen Pfeilen angedeutet.*

Sie hat ein Maximum, wenn gilt

$$[(\Delta\omega)\, t - (\Delta k)\, x] = 0$$

oder

$$\frac{x}{t} = \frac{\Delta\omega}{\Delta k}.$$

x/t ist die Geschwindigkeit eines Wellenbergs der Einhüllenden. Das Ergebnis hatten wir als Gruppengeschwindigkeit definiert.

Bei einer Gruppe benachbarter reiner Sinuswellen, bei denen ω von k abhängt (d. h. $\omega = \omega(k)$), ist die Gruppengeschwindigkeit

$$v_g = \frac{d\omega}{dk}. \quad \text{(Gruppengeschwindigkeit)} \qquad \textbf{(21-17)}$$

Das in diesem Zusammenhang am häufigsten genannte Beispiel ist die Ausbreitung von Licht in einem Nichtleiter, was wir in Beispiel 5 diskutiert haben: Eine andere sehr wichtige Anwendung erfolgt in der Quantenmechanik, wo Teilchen mit Hilfe von Wellenpaketen beschrieben werden. Die Teilchengeschwindigkeit ist durch die Gruppengeschwindigkeit gegeben, nicht durch die Phasengeschwindigkeiten der Komponentenwellen, die gewöhnlich davon ganz verschieden sind.

Aufgaben

1. Gib den Betrag des Poyntingvektors als Funktion von $\mathscr{B}$, k_0 und c und als Funktion von ε_0, μ_0, E und $\mathscr{B}$ an.

2. Ein Raumschiff der Masse 1 Tonne benutze einen Lichtstrahl zum Antrieb. Um welchen Betrag nimmt die Geschwindigkeit in einem Tag zu, wenn die Leistung des Strahls 10 kW beträgt? (Gravitationskräfte sollen vernachlässigt werden.)

3. Eine mögliche Antriebsform für Raumschiffe ist das Sonnensegel, das den Strahlungsdruck der Sonne ausnutzt. Angenommen, das Segel besteht aus einer mit Aluminium beschichteten Folie mit einer Dichte von 2 g/cm^3. Die Intensität der Sonnenstrahlung in der Nähe der Erde beträgt 1,35 kW/m^2. Wie dick muß das Segel sein, damit sich die Kraft auf das Segel durch den Strahlungsdruck und die Anziehungskraft zwischen Segel und Sonne die Waage halten?

4. Sonnenlicht fällt mit $S = 1{,}35$ kW/m^2 auf die Erde. Berechne die zeitlichen Mittelwerte von E und $\mathscr{B}$ im Sonnenlicht.

5. Das Maximum des magnetischen Felds eines schwingenden Dipols beträgt 10^{-15} T in 1 km Entfernung.
(a) Welchen Maximalwert nimmt die elektrische Feldstärke an?
(b) Welchen Maximalbetrag hat der Poyntingvektor?
(c) Welche mittlere Leistung wird vom Dipol abgegeben?

6. Betrachte ein freies Elektron in Gegenwart eines oszillierenden elektrischen Feldes mit der Amplitude 0,1 V/m. Welche Schwingungsamplitude hat das Elektron für **(a)** $f = 1$ kHz und **(b)** $f = 100$ MHz?

7. Berechne in Aufgabe 6 die entsprechenden Elektronengeschwindigkeiten.

8. Wie groß ist der Winkel φ in Abb. 21-6 (b) in Grad?

9. Welchen Brechungsindex hat infrarote Strahlung der Wellenlänge $\lambda = 2\,\mu$m in Luft (s. Beispiel 4)?

10. Angenommen, Licht der beiden Frequenzen f_1 und f_2 trifft auf ein Luftmolekül und regt es zu Schwingungen an mit dem Dipolmoment $p = p_0 (\sin \omega_1 t + \sin \omega_2 t)$. f_1 sei blaues Licht, f_2 sei rotes Licht. In welchem Verhältnis der Energien wird dann blaues und rotes Licht wieder abgestrahlt (gestreut)? Gib als Lösung einen Zahlenwert an. (Das ist der Grund, weshalb der Himmel blau ist.)

11. Ein Raumschiff der Masse 1 t hat ein 100 m × 100 m großes Sonnensegel, das in jede Richtung gedreht werden kann. Das Raumschiff befindet sich anfangs in einer kreisförmigen Bahn vom Radius 10^5 km. Die Intensität der Sonnenstrahlung ist 1,35 kW/m².
 (a) Schätze ab, um welchen Betrag die Energie des Raumschiffs während eines Umlaufs durch den Strahlungsdruck zunehmen könnte.
 (b) Wie lange würde es ungefähr dauern, um durch Sonnensegeln zum Mond zu gelangen?

12. Die schwach leitende Platte in Abb. 21-1 habe einen spezifischen Widerstand ϱ. Wie dick muß sie sein, damit E_{in} um einen Faktor 2 geschwächt wird? Gib die Lösung in Abhängigkeit von ϱ, k_0 und c an. (Schwach leitend bedeutet, daß die Dicke der Platte viele Wellenlängen beträgt.)

13. Eine Bogenlampe der Leistung 1 kW sende elektromagnetische Strahlung in einem Strahl von 10 cm Durchmesser aus.
 (a) Wie groß ist die Kraft des Strahls auf einen Spiegel durch den Strahlungsdruck?
 (b) Wie groß ist die Oberflächenstromdichte $\mathcal{J}$ in A/m?
 (c) Welche Energiedichte in J/m³ hat der Strahl?

14. Ein freies Teilchen der Masse m oszilliert in y-Richtung unter dem Einfluß einer äußeren Kraft $F_0 \cos \omega t$.
 (a) Berechne y als Funktion von t.
 (b) Bestimme die maximale Auslenkung als Funktion von F_0, ω und m.

15. Die resultierende Kraft auf ein Teilchen der Masse m ist

$$F_{res} = -ky + F_{ext}\,, \quad \text{wobei} \quad F_{ext} = F_0 \sin \omega t\,.$$

 (a) Bestimme y als Funktion von t.
 (b) Bestimme $y(t)$ für den Fall, daß $F_{ext} = F_0 \cos \omega t$ ist.
 (c) Wie groß ist die Eigenfrequenz der Schwingung ω_0 in Abwesenheit von F_{ext}?
 (d) Die Erregerfrequenz ω sei größer als ω_0. Ist dann die äußere Kraft in Phase mit der Auslenkung?

16. Beispiel 6: Wie ändert sich die Ankunftszeit, wenn die Frequenzeinstellung von 150 auf 160 MHz verändert wird?

17. Die Entfernung des Pulsars in Beispiel 6 sei bekannt und betrage 1 500 Lichtjahre. Wie groß muß dann die Dichte der Elektronen im interstellaren Raum sein, damit die beobachtete Differenz der Eintreffzeiten zustande kommt?

18. Ein Leitungselektron befinde sich in einem Feld $E = E_0 \cos \omega t$, wobei $E_0 = 100$ V/m und $f = 100$ Hz betragen. Wie groß ist seine Schwingungsamplitude?

19. Eine elektromagnetische Welle (E_{in}) trifft auf eine schlecht leitende Platte, die ein Feld der Amplitude $\Delta E = -0{,}01 E_{in}$ abstrahlt. Dann hat die transmittierte Welle die Amplitude $(1 - 0{,}01)\, E_{in}$, und die reflektierte Welle hat die Amplitude $0{,}01 E_{in}$. Betrachte zwei solcher Platten im Abstand $\lambda/4$. Wie groß sind die Amplituden der transmittierten und der

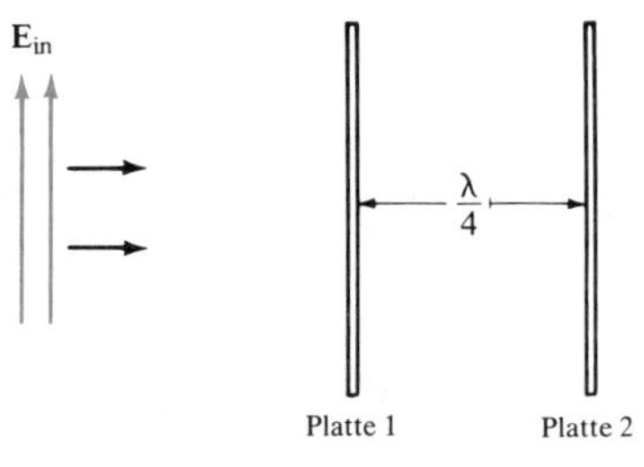

Aufgabe 19

reflektierten Welle? Beachte, daß die von Platte 2 reflektierte Welle beim Auftreffen auf Platte 1 eine Phasenverschiebung von 180° gegenüber der von Platte 1 reflektierten Welle hat.

20. Wie groß ist die Geschwindigkeit des Elektrons von Aufgabe 18?

21. Betrachte das klassische Modell des Wasserstoffatoms mit einem Elektron in einer kreisförmigen Bahn vom Radius $R = 0{,}53 \cdot 10^{-10}$ m. Die Summe aus potentieller und kinetischer Energie des Elektrons ist

$$E = K + U = -k_0 \frac{e^2}{2R} = -13{,}6\,\text{eV}.$$

(a) Welche Energie in eV strahlt es während eines Umlaufs ab?
(b) Zeige, daß gilt $\mathrm{d}E/\mathrm{d}t = -\frac{2}{3}(k_0^3 e^6)/(m^2 c^3 R^4)$.
(c) Zeige: $\mathrm{d}E/\mathrm{d}R = (k_0 e^2)/(2R^2)$.
(d) Zeige: $\mathrm{d}R/\mathrm{d}t = -\frac{4}{3}(k_0^2 e^4)/(m^2 c^3 R^2)$.
(e) Wenn das Elektron den Bahnradius $R = 10^{-15}$ m erreicht, stößt es auf das Proton. Wie lange dauert das? Das heißt, wie groß ist die „Lebensdauer" eines klassischen Wasserstoffatoms? Benutze

$$t = \int_{R_1}^{R_2} (\mathrm{d}t/\mathrm{d}R)\,\mathrm{d}R.$$

22. Beispiel 6: Welchen Wert hat $(c - v_g)$ für 150 MHz?

23. Beweise, daß für elektromagnetische Strahlung, die durch ein ionisiertes Medium geht, folgende Gleichung gilt:

$$u\,v_g = c^2 \left[1 - \left(\frac{2\pi k_0 \mathfrak{R} e^2}{m\omega^2}\right)^2\right]^{-1} \approx c^2.$$

24. Benutze die Zeigerdarstellung, um zu beweisen:

$$\sin \omega t + \sin(\omega t + \varphi) + \sin(\omega t + 2\varphi) = (1 + 2\cos\varphi)\sin(\omega t + \varphi).$$

25. Ein Quadrupol-Strahler kann durch zwei Dipole dargestellt werden, die sich im Abstand z_0 voneinander befinden, wobei $z_0 \ll \lambda$. Die zwei Dipole p sind 180° außer Phase. Wenn der obere Dipol die Zeitabhängigkeit $p = p_0 \cos \omega t$ hat, ist die von ihm allein abgestrahlte Feldstärke

$$E_1 = k_0 \frac{p_0 \omega^2}{c^2 r} \sin\theta \cos\omega\left(t - \frac{r_1}{c}\right).$$

Für den unteren Dipol gilt

$$E_2 = k_0 \frac{p_0 \omega^2}{c^2 r} \sin\theta \cos\left[\omega\left(t - \frac{r_2}{c}\right) - \pi\right].$$

Wie groß ist die Amplitude des resultierenden abgestrahlten Felds beider Dipole? Gib die Lösung als Funktion von ω, c, r, θ und dem Quadrupolmoment $Q_0 := p_0 z_0$ an. (Hinweis: $k(r_2 - r_1) \approx k z_0 \cos\theta$.)

26. Eine Ladung Q erfährt die konstante Beschleunigung a in Richtung der z-Achse. Die Abbildung zeigt die Lage von Q zur Zeit $t = 0$ im ruhenden Koordinatensystem. Welche Kraft (Betrag und Richtung) wirkt auf q aufgrund des Strahlungsfeldes von Q?

27. Wiederhole Aufgabe 26 für den Fall, daß Q ein Landungsring mit dem Radius $R = r \sin\theta$ ist.

28. Wiederhole Aufgabe 27 für eine massive Kugel mit der Gesamtladung Q und dem Radius R.

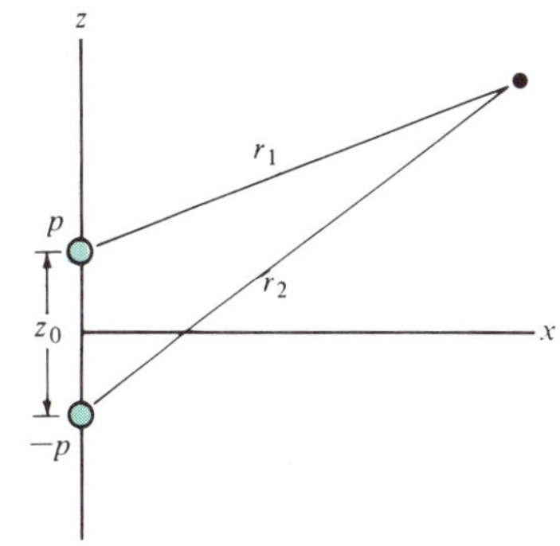

Aufgabe 25

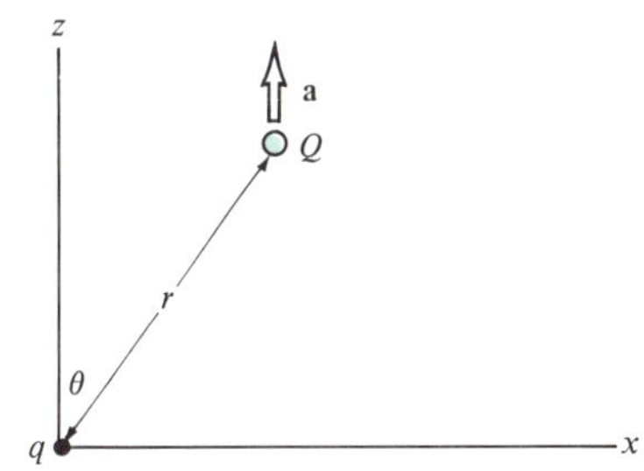

Aufgabe 26

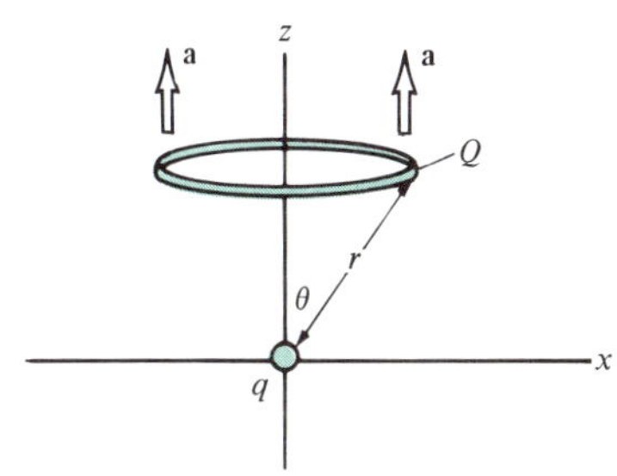

Aufgabe 27

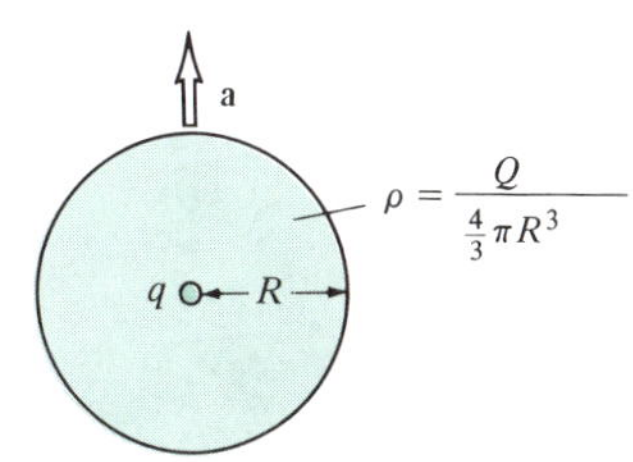

Aufgabe 28

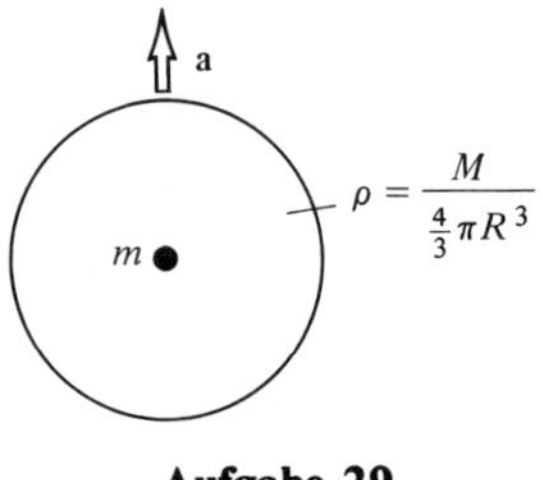

Aufgabe 29

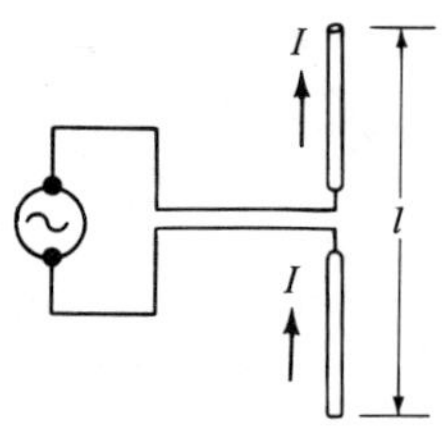

Aufgabe 30

29. Wiederhole Aufgabe 28 für eine kleine Masse m und eine Kugel der Masse M. Nimm an, daß eine zu a/r proportionale Gravitationskraft aus demselben relativistischen Grunde vorliegt, aus dem eine elektrische Kraft existiert. Zeige, daß die resultierende Kraft auf m die folgende Form hat:

$$F = ma\left[\frac{4\pi}{3}G\varrho\frac{R^2}{c^2}\right].$$

Bemerkung: Mit plausiblen Schätzwerten für Radius R und Dichte $\bar{\varrho}$ des Universums liegt der Faktor $\frac{4}{3}\pi G\bar{\varrho}(R^2/c^2)$ in der Gegend von 1 (vgl. die Aufgaben 5 und 13 von Kap. 30). Wäre der Faktor genau 1, so wäre $F = ma$ hergeleitet worden. (Diese Erklärung der trägen Masse geht u. a. auf das sog. Machsche Prinzip zurück.)

30. Ein Wechselspannungsgenerator ist an eine Dipolantenne der Länge l angeschlossen, wobei $l \ll \lambda$ ist. Die vom Generator oder Oszillator gelieferte Ladung ist $q = q_0 \cos \omega t$. Der Spitzenwert des Stroms ist dann $I_0 = \omega q_0$. Es wird angenommen, daß sich diese Ladung auf dem Dipol vom einen Ende zum anderen hin- und herbewegt. Das Dipolmoment ist dann $p_0 = q_0 l$.

(a) Zeige, daß das Strahlungsfeld beschrieben wird durch

$$E = -\frac{k_0 l \omega I_0}{c^2 r}\cos\omega\left(t - \frac{r}{c}\right)\sin\theta.$$

(b) Benutze die Relation $P = I^2 R$ und zeige damit, daß der effektive Widerstand, den der Generator „sieht", den Wert $R = \frac{2}{3}(k_0/c)(kl)^2 = (kl)^2 \cdot 20$ Ohm hat. (Für $l = \lambda/2$ ist die von q_0 überdeckte effektive Länge $\bar{l} = 0{,}61 l\lambda/2$. Das ergibt $R = 72$ Ohm für eine Halbwellen-Dipolantenne.)

22

Interferenz von Wellen

Im letzten Kapitel haben wir uns mit Wellen beschäftigt, die von einer einzelnen Quelle ausgehen – etwa von einem oszillierenden Oberflächenstrom oder von einer oszillierenden Punktladung. In diesem Kapitel werden wir Wellen untersuchen, die von zwei oder mehr Strahlungsquellen ausgehen, die mit gleicher Phase oszillieren. Die resultierende Wellenamplitude ergibt sich als die Summe der Einzelamplituden. Die resultierende Welle zeigt eine Erscheinung, die man Interferenz nennt. Die Interferenzerscheinungen, mit denen wir uns befassen werden, kommen bei allen Arten von Wellen vor, nicht nur bei elektromagnetischen. Ihre mathematische Beschreibung ist immer gleich, da z. B. mechanische Wellen (wie die Wellen auf einer gespannten Saite in Abschn. 20-6) derselben Wellengleichung genügen wie elektromagnetische Wellen.

22-1 Stehende Wellen

Wird eine fortschreitende Welle reflektiert, so kommt es zur Interferenz mit der reflektierten Welle. Bei vollständiger Reflexion nennt man die resultierende Welle eine stehende Welle. Wir haben auf Seite 448 gesehen, daß eine elektromagnetische Welle mit der Feldstärke $\boldsymbol{E}_{\text{in}}$, die auf eine vollständig reflektierende Oberfläche fällt, einen Oberflächenstrom induziert. Dieser strahlt ein Feld der Stärke $\boldsymbol{E}'$ ab, das unmittelbar vor der reflektierenden Fläche immer das Negative von $\boldsymbol{E}_{\text{in}}$ ist. In Abb. 22-1 ist $\boldsymbol{E}'$ das reflektierte elektrische Feld und $\mathfrak{B}'$ das reflektierte magnetische Feld. Man beachte, daß der Vektor $(\boldsymbol{E}' \times \mathfrak{B}')$, dessen Richtung parallel zur Fortpflanzungsrichtung der Welle ist, in die negative x-Richtung zeigt. Ist die einfallende Welle $E_{\text{in}} = E_0 \cos(\omega t - kx)$, dann muß die abgestrahlte Welle links vom Reflektor $E'_{\text{li}} = -E_0 \cos(\omega t + kx)$ sein und rechts davon $E'_{\text{re}} = -E_0 \cos(\omega t - kx)$. Damit gilt rechts vom Reflektor überall $E = E_{\text{in}} + E'_{\text{re}} = 0$. Auf der linken Seite des Reflektors ist das resultierende elektrische Feld

$$E = E_{\text{in}} + E'_{\text{li}} = E_0 [\cos(\omega t - kx) - \cos(\omega t + kx)].$$

Wenden wir nun die trigonometrische Beziehung

$$\cos A - \cos B = 2 \sin \frac{B + A}{2} \sin \frac{B - A}{2}$$

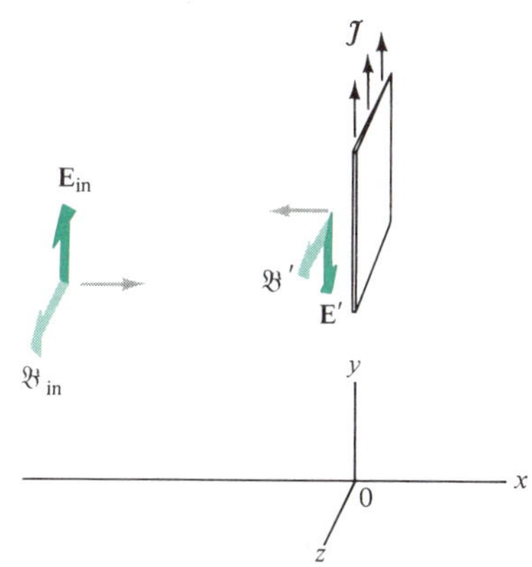

Abb. 22-1. *Die von links kommende Welle ($\boldsymbol{E}_{\text{in}}$ und $\mathfrak{B}_{\text{in}}$) induziert einen Oberflächenstrom (J), der eine nach links zurücklaufende Welle abstrahlt ($\boldsymbol{E}'$ und $\mathfrak{B}'$).*

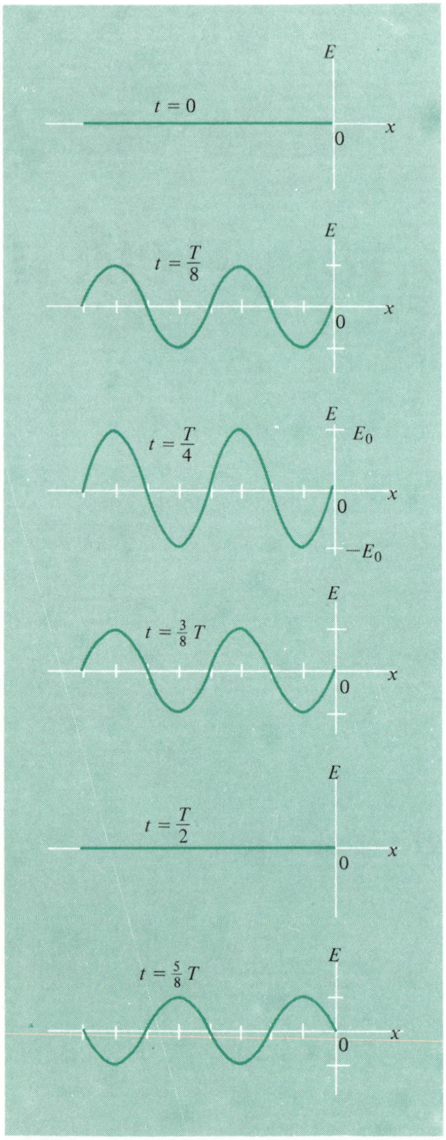

Abb. 22-2. *Zeitlich aufeinanderfolgende graphische Darstellungen von Gl. (22-1). Die Gleichung stellt eine sinusförmige Welle dar, die nach rechts läuft und bei $x = 0$ reflektiert wird.*

auf die vorige Gleichung an, so erhalten wir

$$\begin{aligned} E &= 2E_0 \sin \omega t \sin kx \\ &= A(t) \sin kx, \quad \text{wobei} \quad A(t) := 2E_0 \sin \omega t. \end{aligned} \qquad \textbf{(22-1)}$$

Diese Gleichung ist für aufeinanderfolgende Werte von t in Abb. 22-2 dargestellt. Die stehende Welle ist eine Funktion von x (nämlich $\sin kx$), deren Amplitude als Funktion der Zeit sinusförmig zu- und abnimmt.

Man beachte, daß für alle t ein Knoten (d. h. $E = 0$) immer dort auftritt, wo $kx_n = n\pi$ ist. Dabei ist n eine positive oder negative ganze Zahl. Die Orte der Knoten sind also

$$x_n = \frac{n\pi}{k} = \frac{n\pi}{(2\pi/\lambda)} = n\frac{\lambda}{2},$$

wobei n eine beliebige ganze Zahl ist. Der Abstand zweier aufeinanderfolgender Knoten ist immer eine halbe Wellenlänge.

Beispiel 1: Der Mikrowellensender in Abb. 22-3 sende ebene elektromagnetische Wellen nach rechts aus. Diese werden nach links zurückreflektiert. P_1 und P_2 seien die Orte zweier aufeinanderfolgender Intensitätsminima. Sie seien 5 cm voneinander entfernt. Wie groß ist die Frequenz des Mikrowellenoszillators?
Lösung: Da zwei aufeinanderfolgende Knoten immer den Abstand einer halben Wellenlänge haben, ist $\lambda = 10$ cm. Die Frequenz ist dann

$$f = \frac{c}{\lambda} = \frac{3{,}00 \cdot 10^8 \text{ m/s}}{0{,}1 \text{ m}} = 3{,}00 \cdot 10^9 \text{ Hz} = 3000 \text{ MHz}.$$

Stehende Wellen auf einer Saite

Wird das Ende einer gespannten Saite festgehalten, so tritt eine vollständige Reflexion auf. Ebenso wie bei elektromagnetischen Wellen wird auch hier eine fortschreitende Welle mit umgekehrtem Vorzeichen reflektiert. Die Auslenkung y am Ende der Saite ist dann immer null. Die Welle wird durch die Funktion

$$y = y_0 [\cos(\omega t - kx) - \cos(\omega t + kx)] = 2y_0 \sin \omega t \sin kx$$

beschrieben, die bei $x = 0$ immer null ist. Abb. 22-4 zeigt stehende Wellen auf einer Saite der Länge L. Da sich Knoten an beiden Enden der Saite befinden, ist in Bild (a) $L = \frac{1}{2}\lambda$, in Bild (b) $L = 2(\lambda/2)$, in Bild (c) $L = 3(\lambda/2)$ und in Bild (d) $L = 4(\lambda/2)$. Solche einfachen stehenden

Wellen werden Resonanzen genannt. Sie gehorchen der Beziehung

$$n\frac{\lambda_n}{2} = L \quad \text{oder} \quad \lambda_n = \frac{2L}{n}. \quad \text{(stehende Wellen)} \qquad \textbf{(22-2)}$$

Die Tonerzeugung bei Saiteninstrumenten beruht auf solchen stehenden Wellen gespannter Saiten. Ähnliche stehende Wellen in Luftsäulen stellen die Grundlage für die Blasinstrumente dar.

Abb. 22-3. *Ein Mikrowellensender emittiert elektromagnetische Wellen nach rechts. Die Wellen werden in sich zurückreflektiert. Knoten befinden sich bei P_1 und P_2.*

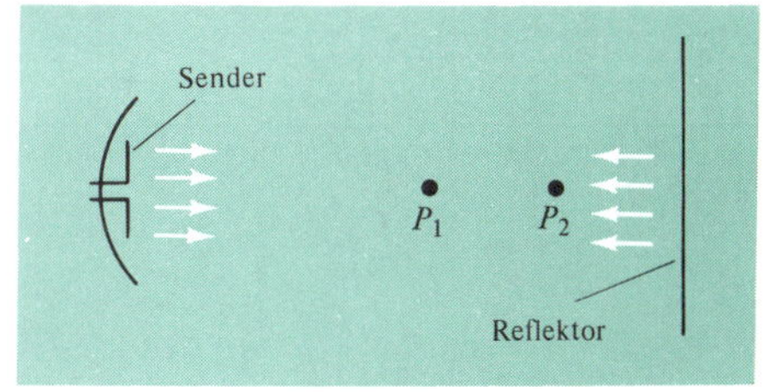

Abb. 22-4. *Die ersten vier Resonanzen einer schwingenden Saite. (a) Die Länge der Saite entspricht einer halben Wellenlänge. (d) Die Länge der Saite entspricht zwei Wellenlängen.* [*Mit freundlicher Genehmigung des Educational Development Center*]

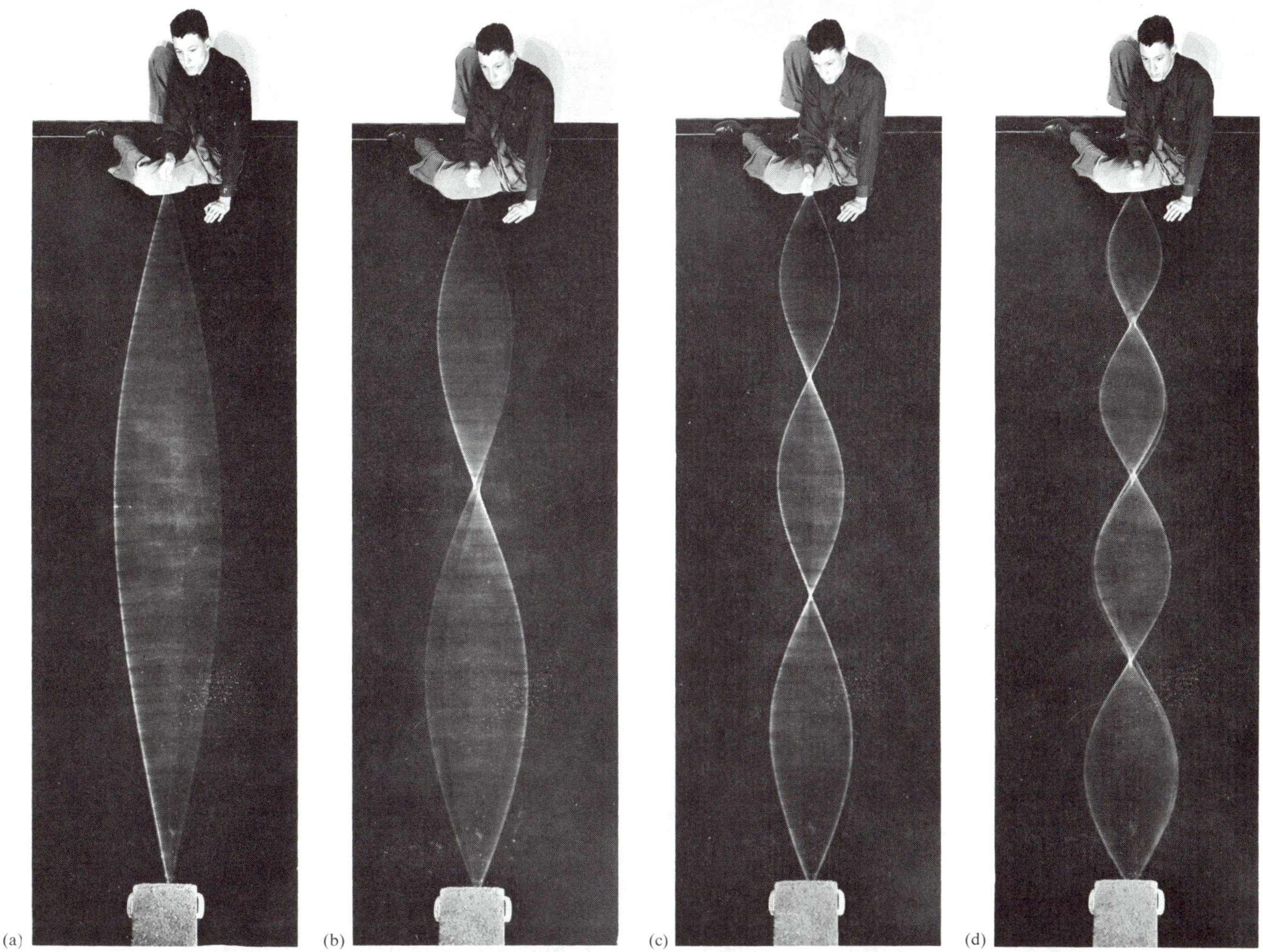

Beispiel 2: Eine 12 cm lange schwingende Saite habe Knoten in Abständen von 4 cm. Die Fortpflanzungsgeschwindigkeit der Wellen sei $u = 30$ m/s. (a) Wie groß ist die Frequenz der Schwingung? (b) Gib alle möglichen kleineren Resonanzfrequenzen an. (c) Wie groß ist die Zugkraft in der Saite, wenn ihre Masse 24 g beträgt?

Lösung: (a) $\lambda/2 = 4$ cm ist der Abstand zwischen den Knoten. Dann ist $\lambda = 0{,}08$ m und

$$f = \frac{u}{\lambda} = \frac{(30\ \mathrm{m/s})}{(0{,}08\ \mathrm{m})} = 375\ \mathrm{Hz}.$$

(b) Die möglichen Wellenlängen sind $\lambda_n = 2L/n$. Damit wird

$$\lambda_1 = \frac{2(12\ \mathrm{cm})}{1} = 24\ \mathrm{cm}, \qquad \lambda_2 = \frac{2(12\ \mathrm{cm})}{2} = 12\ \mathrm{cm}.$$

Die zugehörigen Frequenzen sind $f_1 = u/\lambda_1 = 125$ Hz und $f_2 = u/\lambda_2 = 250$ Hz. f_3 ist die gleiche Frequenz wie in Teil (a). (c) Nach Gl. (20-15) ist die Zugkraft

$$T = \mu u^2 = (0{,}2\ \mathrm{kg/m})\,(30\ \mathrm{m/s})^2 = 180\ \mathrm{N}.$$

22-2 Interferenz bei zwei punktförmigen Quellen

Man betrachte zwei elektrische Dipole S_1 und S_2, die beide gleichphasig in z-Richtung oszillieren, wie es Abb. 22-5 zeigt. Beide Dipolmomente seien $p = p_0 \cos \omega t$. Nach Gl. (21-15) ist die elektrische Feldstärke am Punkte P

$$E' = E_1 + E_2 = E_0 \cos(kr_1 - \omega t) + E_0 \cos(kr_2 - \omega t),$$

wobei

$$E_0 = \frac{k_0 \omega^2 p_0}{c^2 r}.$$

Da beide Quellen mit gleicher Phase schwingen, können wir die Zeigerdarstellung anwenden, um die Summe der beiden Kosinusfunktionen zu berechnen (s. Anhang 21-1). Dies ist in Abb. 22-6 dargestellt. Die Vektoren $\boldsymbol{E}_1$ und $\boldsymbol{E}_2$ haben beide die Länge E_0. Der Winkel φ, den sie einschließen, ist gleich der Phasendifferenz zwischen E_2 und E_1, nämlich

$$\varphi = (kr_2 - \omega t) - (kr_1 - \omega t) = k(r_2 - r_1).$$

Ihre Vektorsumme $\boldsymbol{E}'$ ist die Amplitude des resultierenden Feldes. Wendet man den Kosinussatz auf das gleichschenklige Dreieck der

Abb. 22-6 an, so erhält man

$$E'^2 = E_0^2 + E_0^2 + 2E_0^2 \cos\varphi$$
$$= 2E_0^2(1 + \cos\varphi).$$

Da die Intensität einer Welle proportional zu ihrem Amplitudenquadrat ist, folgt

$$I = 2I_0[1 + \cos k(r_2 - r_1)].$$

Aus dem rechtwinkligen Dreieck in Abb. 22-5(b) ergibt sich für den Gangunterschied der beiden Wellen $(r_2 - r_1) = d \sin\theta$, vorausgesetzt, der Abstand zum Schirm ist genügend groß. Die Näherung „Gangunterschied $= d \sin\theta$" nennt man die Fraunhofersche Näherung. Damit erhält man

$$I = 2I_0[1 + \cos(kd \sin\theta)]. \quad \text{(Interferenz zweier Wellen)} \qquad \textbf{(22-3)}$$

Die Gl. (22-3) ist in Abb. 22-7 graphisch dargestellt. Ein Intensitätsmaximum tritt immer dann auf, wenn für das Argument gilt:

$$(kd \sin\theta) = n2\pi$$

oder

$$\sin\theta = \frac{n\lambda}{d}. \quad \text{(Bedingung für ein Maximum)} \qquad \textbf{(22-4)}$$

Dabei ist der Gangunterschied, der sich nach Abb. 22-5 zu $d \sin\theta$ ergibt, gleich $n\lambda$. Selbstverständlich erwarten wir ein Maximum auf dem Schirm,

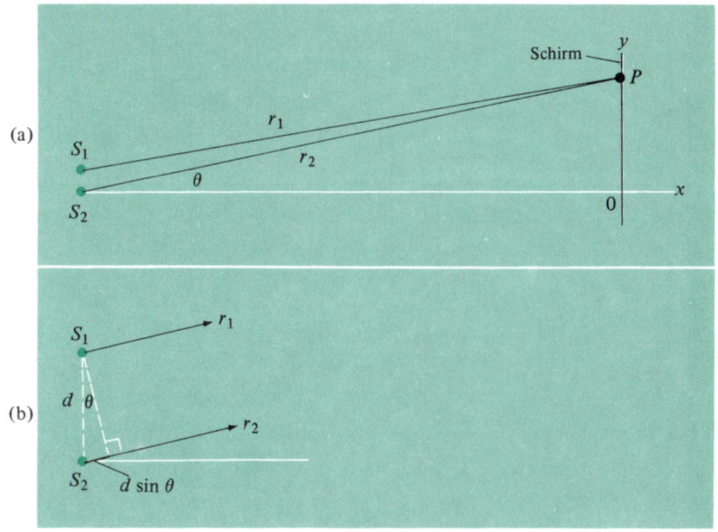

Abb. 22-5. *Zwei Punktquellen S_1 und S_2 im Abstand d. In Bild (b) ist der Bereich um die Quellen vergrößert dargestellt. Der Gangunterschied ist $(r_2 - r_1) \approx d \sin\theta$.*

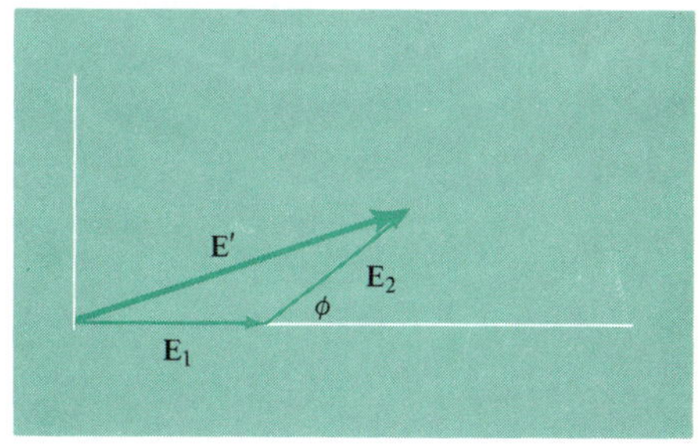

Abb. 22-6. *Zeigerdiagramm für das Feld zweier Dipole, die mit einer Phasendifferenz φ oszillieren.*

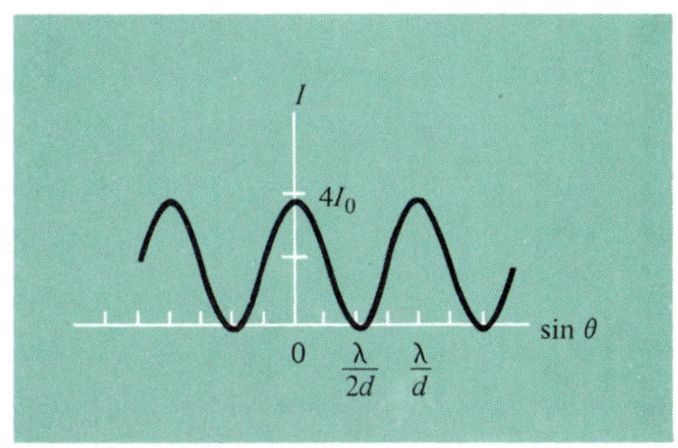

Abb. 22-7. *Intensitätsverteilung bei der Interferenz von Wellen, die von zwei Quellen ausgehen. Die Intensität ist als Funktion von $\sin\theta$ aufgetragen.*

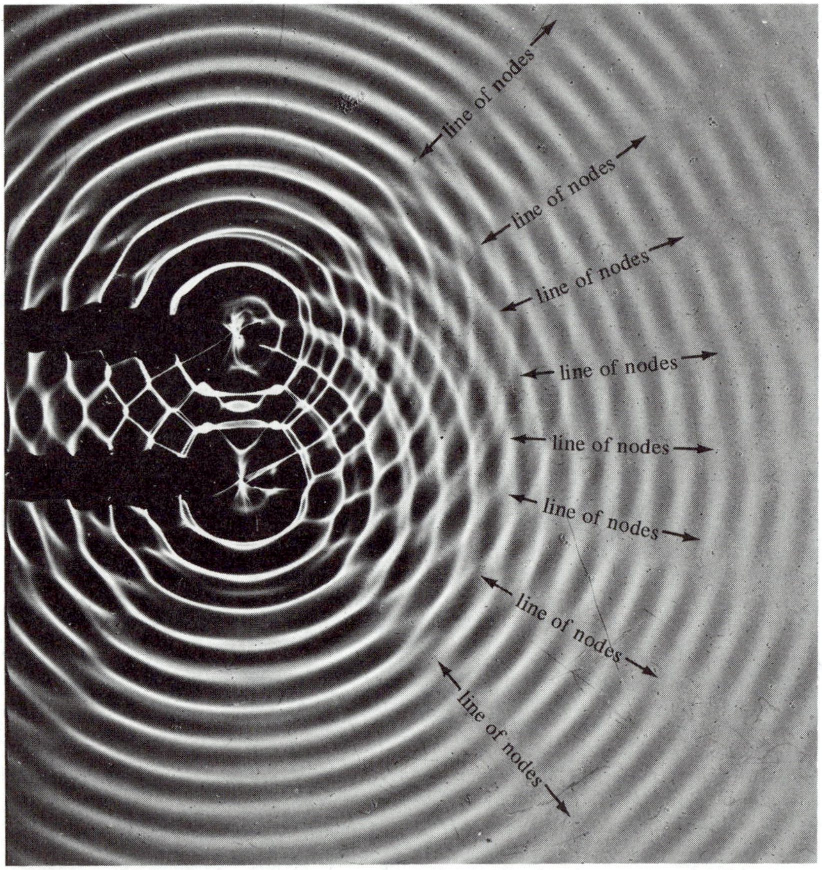

Abb. 22-8. *Interferenzmuster von Wasserwellen, die von zwei Quellen ausgehen. Die Wellen werden von zwei Vibratoren erzeugt, die mit gleicher Phase periodisch in die Wasseroberfläche eintauchen. „line of nodes" = Knotenlinie.* [*Educational Development Center*]

wenn sich ein Wellenberg der einen Welle einem Wellenberg der anderen überlagert. Dies ist nur dann der Fall, wenn der Gangunterschied ein ganzzahliges Vielfaches der Wellenlänge ist. Beträgt der Gangunterschied $(n + 1/2)\lambda$, dann trifft ein Wellenberg der einen Welle auf ein Tal der anderen, und wir erhalten ein Intensitätsminimum. Die Verbindungslinie der Minima heißt Knotenlinie. Solche Knotenlinien sind in Abb. 22-8 am Beispiel von Wasserwellen dargestellt.

Beispiel 3: Zwei Stereolautsprecher seien im Abstand von 2 m aufgestellt. Sie strahlen beide den gleichen Ton der Frequenz 1000 Hz ab. Ein Zuhörer befinde sich in 4 m Abstand (s. Abb. 22-9). Wie weit muß er sich von der Mittellinie entfernen, um den ersten Knoten zu erreichen? Die Schallgeschwindigkeit beträgt 330 m/s.

Lösung: Der erste Knoten liegt bei einem Gangunterschied von $\frac{1}{2}\lambda$,

oder

$$(r_2 - r_1) = \frac{\lambda}{2}.$$

Wenn $\theta < 30°$, dann ist $d \sin\theta$ eine gute Näherung für den Gangunterschied. Daraus folgt $\sin\theta = \lambda/2d$. Die Wellenlänge erhalten wir aus $\lambda = u/f$:

$$\lambda = \frac{330\ \text{m/s}}{1000\ \text{Hz}} = 0{,}33\ \text{m},$$

$$\sin\theta = \frac{0{,}33\ \text{m}}{2\,(2\ \text{m})} = 0{,}0825,$$

$$y = D\tan\theta = 0{,}33\ \text{m}.$$

Der Zuhörer wird also einen Knoten antreffen, sobald er sich von der Mittellinie nach beiden Seiten um 33 cm entfernt hat. (Bei Frequenzen von 3000 Hz, 5000 Hz, 7000 Hz treten ebenfalls Knoten an diesen Stellen auf.) In gewöhnlichen Räumen werden die Intensitätsminima durch starke Wandreflexionen teilweise aufgefüllt. Der Effekt ist jedoch beim Durchqueren eines Raumes durchaus noch wahrnehmbar, wenn eine reine Sinusschwingung über das Stereosystem abgespielt wird.

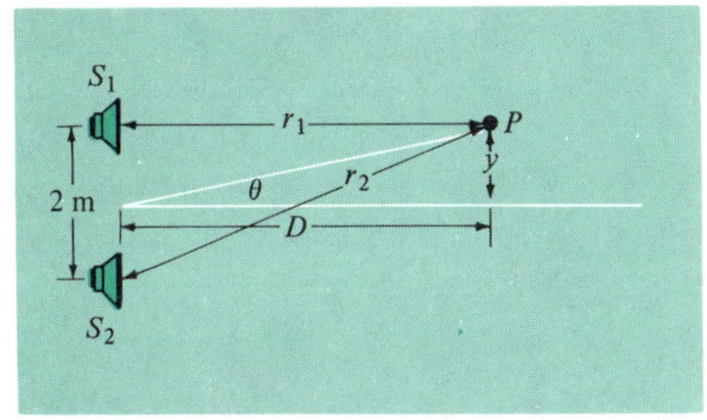

Abb. 22-9. *Anordnung der Stereolautsprecher im Beispiel 3*

22-3 Interferenz bei vielen Quellen

N Quellen befinden sich auf einer Geraden (s. Abb. 22-10). Die Senkrechte auf dieser Geraden und die Beobachtungsrichtung bilden einen Winkel θ. Zwischen zwei beliebigen benachbarten Quellen wird eine Phasendifferenz $\varphi = k(r_2 - r_1) = kd\sin\theta$ beobachtet. Die zugehörigen N Zeiger sind in Abb. 22-11 dargestellt. Aus dem rechtwinkligen Dreieck in Abb. 22-11(a) ergibt sich

$$\frac{E'}{2} = R \sin N\frac{\varphi}{2}.$$

Aus dem rechtwinkligen Dreieck in Abb. 22-11(b) folgt

$$\frac{E_1}{2} = R\sin\frac{\varphi}{2}.$$

Dividiert man die erste der beiden Gleichungen durch die zweite, so erhält man

$$\frac{E'}{E_1} = \frac{\sin N(\varphi/2)}{\sin(\varphi/2)}.$$

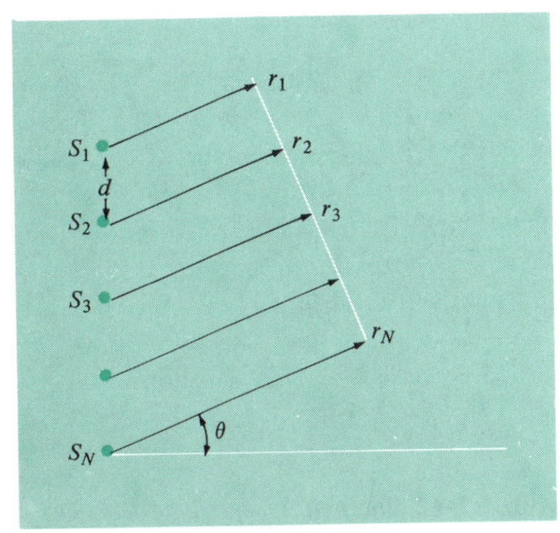

Abb. 22-10. *N synchron schwingende Quellen, die im Abstand d voneinander angeordnet sind.*

(a)

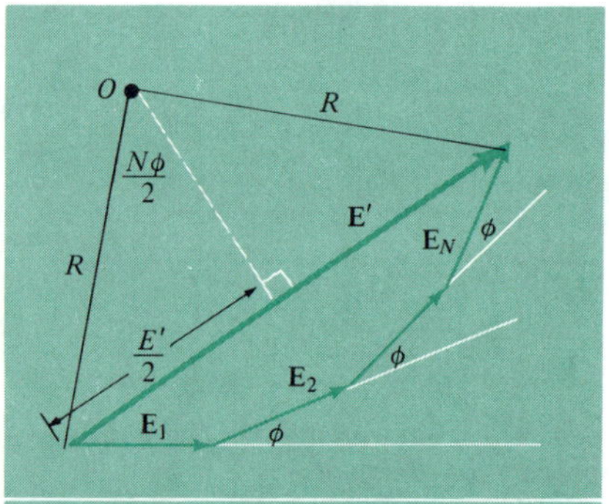

(b)

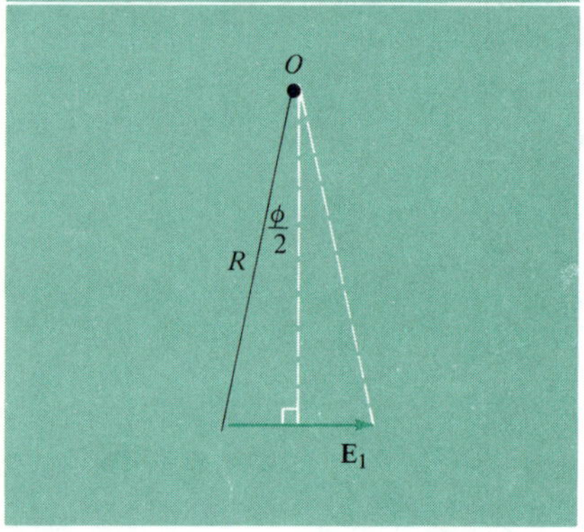

Abb. 22-11. *(a) Zeigerdiagramm für die N Quellen der Abb. 22-10. Die Spitzen der Vektoren* $\mathbf{E}_1$, $\mathbf{E}_2$, ... $\mathbf{E}_N$ *müssen auf einem Kreis mit dem Radius R liegen. (b) Darstellung von* $\mathbf{E}_1$ *mit dem Kreismittelpunkt O.*

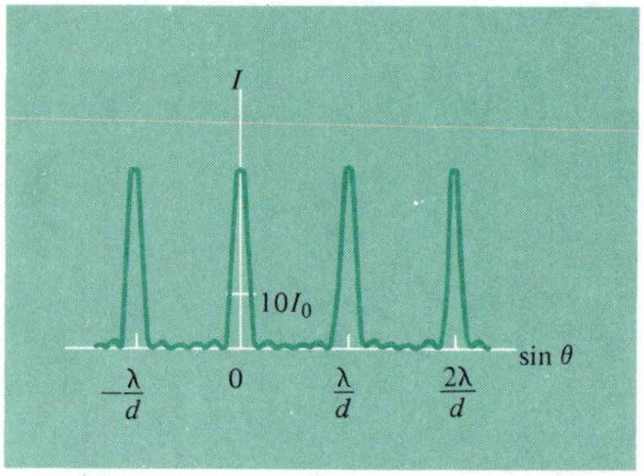

Abb. 22-12. *Intensitätsverteilung bei der Interferenz von Wellen, die von sechs Quellen auf einer Geraden ausgesandt werden. Die Intensität ist nach Gl. (22-5) als Funktion von* $\sin\theta$ *aufgetragen.*

Quadriert man beide Seiten, so folgt

$$\begin{cases} I = I_0 \dfrac{\sin^2 N(\varphi/2)}{\sin^2 (\varphi/2)}. \\ \varphi = kd \sin\theta. \end{cases} \qquad \textbf{(22-5)}$$

Dabei ist I_0 die Intensität einer einzelnen Quelle. Dieser Intensitätsverlauf ist in Abb. 22-12 dargestellt. Man beachte, daß für $\varphi \to 0$ gilt: $\sin N(\varphi/2) \to N(\varphi/2)$ und $\sin \varphi/2 \to \varphi/2$, so daß Gl. (22-5) übergeht in

$$I \to I_0 \frac{[N(\varphi/2)]^2}{(\varphi/2)^2} = N^2 I_0.$$

Danach ist die Intensität um einen Faktor N^2 größer als die Intensität einer einzelnen Quelle.

Beispiel 4: Den Rundfunksendern kleinerer Städte in den USA ist es üblicherweise nicht erlaubt, nachts zu senden, da die Stationen, deren Zahl in die Hunderte geht, miteinander interferieren würden. (Nachts befindet sich die Ionosphäre in größerer Höhe, so daß durch Reflexion daran ein Empfang über größere Entfernungen möglich wird.) Ein bestimmter Sender in der Nähe der Stadt Ithaca, N.Y., hat jedoch eine Sendeerlaubnis für Nachtzeiten erhalten, da er ein Antennensystem benutzt, das ein relativ starkes Signal in Richtung Ithaca abstrahlt, aber nur sehr schwache Signale in andere Richtungen. Das Antennensystem besteht aus vier Dipolstrahlern auf einer Geraden, die nach Ithaca zeigt, wobei jede Antenne zur benachbarten eine Phasenverschiebung von 90° aufweist. Der Antennenabstand ist $d = \frac{1}{4}\lambda$. Wie verhält sich die Intensität als Funktion des Winkels θ? (Siehe Abb. 22-13)

Lösung: In diesem Fall ist $\varphi = (kd \sin\theta - \pi/2)$ und nicht $kd \sin\theta$. Damit wird

$$\varphi = \left(k\frac{\lambda}{4}\sin\theta - \frac{\pi}{2}\right) = \frac{\pi}{2}(\sin\theta - 1).$$

Die Intensitätsverteilung erhält man durch Einsetzen von $N = 4$ und $\varphi = (\pi/2)(\sin\theta - 1)$ in Gl. (22-5):

$$I = I_0 \frac{\sin^2 [\pi(\sin\theta - 1)]}{\sin^2 [(\pi/4)(\sin\theta - 1)]}.$$

Abb. 22-13(b) zeigt I als Funktion von θ gemäß dieser Gleichung.

Abb. 22-13. *(a) Anordnung der vier Sendeantennen in Beispiel 4. (b) Die abgestrahlte Intensität als Funktion des Winkels θ*

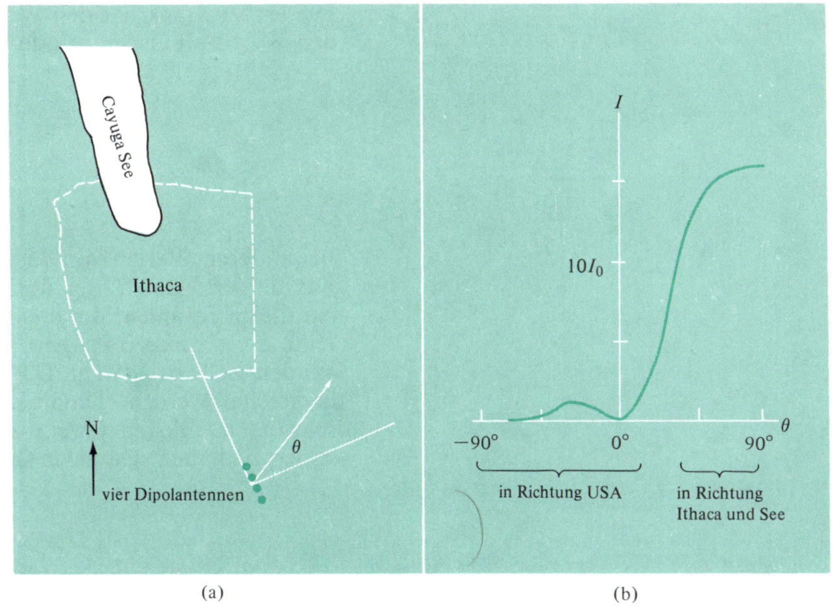

22-4 Das Beugungsgitter

Eine Strahlungsquelle aus N Spalten kann hergestellt werden, indem man parallele Furchen in eine ebene Glasplatte ritzt. Jeder Glassteg zwischen den Furchen stellt einen Spalt dar. Fällt paralleles monochromatisches Licht einer einzigen Lichtquelle auf die Glasplatte, wie es in Abb. 22-14 gezeigt ist, so stellen die Spalte N gleichphasig oszillierende Quellen dar. Die Intensitätsverteilung auf dem Schirm erhält man für diesen Fall mit Gl. (22-5):

$$I = I_0 \frac{\sin^2 N(\varphi/2)}{\sin^2 (\varphi/2)}, \quad \text{wobei} \quad \varphi = kd \sin\theta.$$

Abb. 22-14. *(a) Vergrößerte Darstellung der Spalte eines Beugungsgitters. (b) Zugehörige Intensitätsverteilung auf einem Schirm*

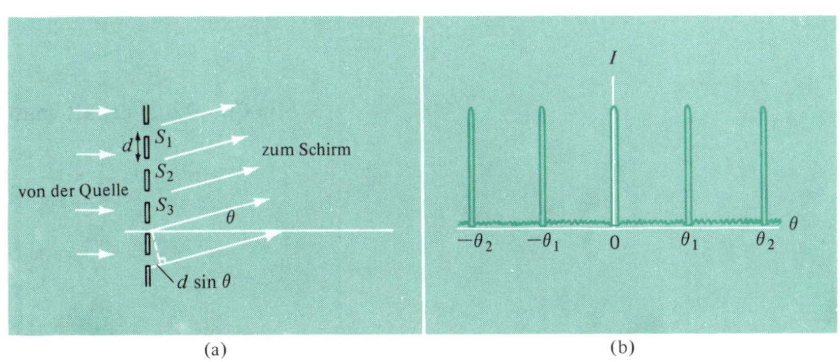

Dieser Ausdruck hat den Wert $I = N^2 I_0$ immer dann, wenn der Nenner den Wert null annimmt oder wenn gilt:

$$\varphi_n = 2\pi n, \tag{22-6}$$

$$kd \sin \theta_n = 2\pi n,$$

$$\sin \theta_n = n \frac{\lambda}{d}. \tag{22-7}$$

Bei anderen Werten von θ ist I näherungsweise gleich I_0, d. h. um einen Faktor N^2 kleiner. Bei üblichen Gittern ist N mehrere Tausend. Die parallelen Strahlen, die das Gitter in Abb. 22-14 verlassen, können mit Hilfe einer Linse fokussiert werden, so daß das scharfe Bild einer Linie auf dem Schirm entsteht. Die Bedingung (22-7) kann leicht aus Abb. 22-14 hergeleitet werden. Damit alle parallelen Strahlen mit gleicher Phase schwingen, müssen jeweils zwei benachbarte Strahlen den Gangunterschied $n\lambda$ haben. Da jeder Gangunterschied $d \sin \theta$ ist, erhalten wir:

$$d \sin \theta = n\lambda,$$

$$\sin \theta = n \frac{\lambda}{d}.$$

Eine Spektrallinie der Wellenlänge λ erscheint unter einem Winkel θ, der durch $\sin \theta = \lambda/d$ gegeben ist. Weitere Bilder der Linie entstehen in der zweiten Gitterordnung bei $\sin \theta = 2\lambda/d$, in der dritten Ordnung bei $\sin \theta = 3\lambda/d$, usw.

Beispiel 5: Anstelle von geritzten Originalgittern verwendet man häufig Gitterkopien, die sehr billig zu haben sind. Ein solches Gitter habe 500 Striche pro mm. Eine Natriumdampflampe werde mit dem Gitter beobachtet. Angeregte Natriumatome strahlen fast ihr gesamtes Licht bei einer Wellenlänge von $\lambda = 5893$ Å ab. (Å ist die Abkürzung für Ångström; 1 Å $= 10^{-10}$ m.) Unter welchem Winkel beobachtet man das gelbe Licht?

Lösung: Der Abstand zwischen zwei Gitterstrichen ist

$$d = \frac{10^{-3}\ \text{m}}{500} = 2 \cdot 10^{-6}\ \text{m}.$$

Mit Gl. (22-7) erhält man

$$\sin \theta_1 = \frac{\lambda}{d} = \frac{5893 \cdot 10^{-10}}{2 \cdot 10^{-6}} = 0{,}29 \qquad \theta_1 = 17{,}1^\circ$$

$$\sin \theta_2 = \frac{2\lambda}{d} = 0{,}59 \qquad \theta_2 = 36{,}1^\circ$$

$$\sin \theta_3 = \frac{3\lambda}{d} = 0{,}88 \qquad \theta_3 = 62{,}1^\circ$$

Ist die Lichtquelle linienförmig, so erscheinen drei Linien unter Winkeln von $\pm 17{,}1°$, $\pm 36{,}1°$ und $\pm 62{,}1°$ auf jeder Seite des direkten (ungebeugten) Strahls.

Das Auflösungsvermögen

Licht der exakten Wellenlänge λ_0 sollte hinter einem idealen Spektroskop als eine Spektrallinie der Breite null erscheinen. Alle Beugungsgitter erzeugen jedoch eine eigene unechte Linienbreite $\Delta\lambda_0$, die wir im folgenden berechnen wollen.

Die Intensitätsverteilung hinter dem Gitter ist für Licht der Wellenlänge λ_0 durch Gl. (22-5) gegeben. Sie ist in Abb. 22-15 als Funktion des Winkels θ dargestellt (schwarze Kurve). Den Abstand $\Delta\theta_0$ zwischen dem Intensitätsmaximum und dem benachbarten Minimum bezeichnen wir als Apparatebreite. Der Winkeländerung $\Delta\theta_0$ entspricht eine Phasenänderung $\Delta\varphi_0$, die sich daraus ergibt, daß sich der Winkel $N\varphi/2$ im Zähler der Gl. (22-5) um 180° ändert. Also gilt

$$\left(\frac{N\,\Delta\varphi_0}{2}\right) = \pi$$

$$\Delta\varphi_0 = \frac{2\pi}{N}.$$

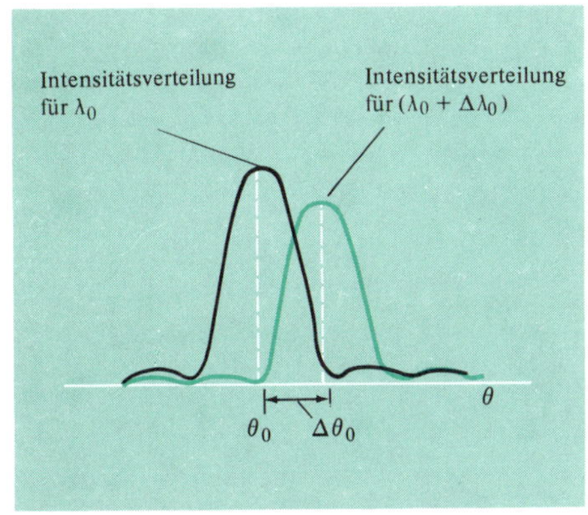

Abb. 22-15. *Intensitätsverteilung hinter einem Beugungsgitter. Die beiden Quellen haben einen Wellenlängenunterschied von* $\Delta\lambda_0$.

Durch Differenzieren der Gleichung $\varphi_0 = kd \sin\theta_0$ erhält man $\Delta\varphi_0 = kd \cos\theta_0 \Delta\theta_0$. Löst man nach $\Delta\theta_0$ auf und setzt $\Delta\varphi_0$ ein, so folgt

$$\Delta\theta_0 = \frac{2\pi}{Nkd\cos\theta_0},$$

$$\Delta\theta_0 = \frac{\lambda_0}{Nd\cos\theta_0}. \qquad \textbf{(22-8)}$$

Die Winkelskala des Spektrometers kann in Wellenlängen umgeeicht werden. Wir interessieren uns für die Größe $\Delta\lambda_0$, welche der Apparatebreite $\Delta\theta_0$ entspricht. Aus der Beziehung $\sin\theta = \lambda/d$ folgt $\Delta\lambda = d\cos\theta\,\Delta\theta$, und durch Einsetzen von $\Delta\theta$ aus Gl. (22-8) erhält man die gesuchte Apparatelinienbreite zu

$$\Delta\lambda_0 = \frac{\lambda_0}{N}. \qquad \textbf{(22-9)}$$

Wir wollen nun annehmen, daß die Lichtquelle bei zwei Wellenlängen λ_0 und $(\lambda_0 + \Delta\lambda)$ emittiere. Ist $\Delta\lambda = \Delta\lambda_0$, so werden die beiden Linien auf dem Schirm nicht völlig getrennt erscheinen. Das ist in Abb. 22-15 gezeigt, wo die schwarze Kurve die Intensitätsverteilung für λ_0 darstellt und die grüne Kurve die Verteilung für $(\lambda_0 + \Delta\lambda_0)$. Unterscheiden sich also zwei Linien um $\Delta\lambda = \lambda/N$, so liegt das Beugungsmaximum der einen Linie auf der Flanke des Maximums der anderen, und beide erscheinen als eine einzige Linie. Ist jedoch $\Delta\lambda$ größer als λ/N, so sind die Linien getrennt. Das Verhältnis von λ zu diesem kritischen Wert $\Delta\lambda$ wird das Auflösungsvermögen des Beugungsgitters genannt. Es ist gleich der Gesamtzahl N der Gitterstriche.

Beispiel 6: Die bekannte Natrium-D-Linie bei 5893 Å besteht in Wirklichkeit aus zwei Linien mit den Wellenlängen 5890 Å und 5896 Å. Können diese beiden Linien mit dem Gitter von Beispiel 5 aufgelöst werden?

Lösung: Das benötigte Auflösungsvermögen ist

$$\frac{\lambda}{\Delta\lambda} = \frac{5893}{6} = 982.$$

Das Auflösungsvermögen des Gitters ist gleich der Gesamtzahl der Gitterstriche, also 500 Striche pro mm mal der Gitterbreite, die 25 mm betragen soll. Es ergibt sich demnach, daß das Auflösungsvermögen des Gitters etwa das 13fache des erforderlichen beträgt.

22-5 Das Huygenssche Prinzip

Mehrere verschiedene Strahlungsquellen sind tatsächlich nicht immer notwendig, um Interferenzeffekte zu beobachten. Zwei (oder mehr) Quellen kann man sich erzeugen, indem man eine einzige Quelle und eine Wand mit mehreren Öffnungen benutzt. Abb. 22-16 zeigt ebene Wasserwellen (ausgehend von einer einzigen Quelle), die auf eine Wand mit zwei Öffnungen treffen. Die Wellen verhalten sich hinter den Öffnungen so, als kämen sie von zwei gleichphasig oszillierenden Quellen am Ort der Öffnungen.

Ein berühmtes elektromagnetisches Analogon zu den Wasserwellen der Abb. 22-16 ist die Beugung von Licht am Doppelspalt. Dies ist in Abb. 22-17 dargestellt. Das Licht einer einzigen Lichtquelle tritt durch zwei sehr schmale Spalte. Die Intensitätsverteilung, die man auf dem Schirm dahinter beobachtet, wird durch Gl. (22-3) beschrieben. Es ist dieselbe Verteilung, die man von zwei getrennten Quellen erhalten würde, welche sich an den Orten der Spalte befinden. Dieses Experiment wurde erstmals von Thomas Young im Jahre 1803 ausgeführt.

Im 18. Jahrhundert stellte Christian Huygens nach Experimenten mit Wasserwellen ohne strengen Beweis den folgenden Satz auf: **Trifft eine Wellenfront auf eine oder mehrere Öffnungen, so verhält sich jeder Teil der Wellenfront wie eine neue Strahlungsquelle.** Auf den ersten Blick erscheint dieser Satz ungewöhnlich, da sich in den Öffnungen keine Stromquellen befinden, die Wellen erzeugen könnten. Tatsächlich sollten überall in der Wand Ströme induziert werden, nur nicht in den Öffnungen. Wir werden nun zeigen, daß Stromquellen, die gerade diese Öffnungen ausfüllen, das gleiche Feld abstrahlen, das sich auch ergibt, wenn Wellen auf eine Wand mit solchen Öffnungen fallen. Es sei E_{Wand} das Feld, das von den in der Wand induzierten Strömen ausgeht. Dann ist das resultierende Feld rechts vom Schirm

$$E_{\text{res}} = E_{\text{in}} + E_{\text{Wand}}, \tag{22-10}$$

wobei E_{in} das Feld der Strahlungsquelle ohne Wand sei. Diese Gleichung beschreibt die tatsächliche physikalische Situation, die zur Entstehung des beobachteten Interferenzmusters führt. Wir wollen nun die Öffnungen verschließen. E_{Loch} sei das Feld, das von den induzierten Strömen in den „Lochverschlüssen" abgestrahlt wird. Für eine verschlossene Öffnung ist dann

$$E_{res} = E_{in} + E_{Wand} + E_{Loch} = 0. \quad \text{(rechts von der Wand)}$$

Daraus wird

$$-E_{Loch} = E_{in} + E_{Wand},$$
$$|E_{Loch}|^2 = |E_{in} + E_{Wand}|^2.$$

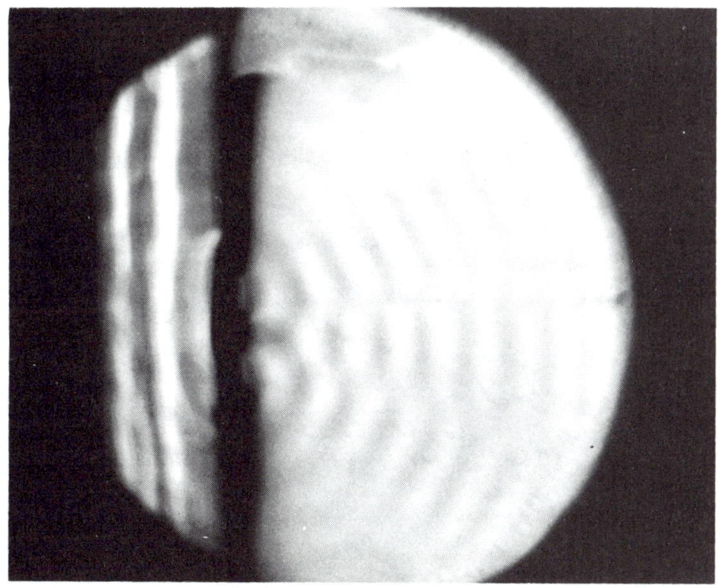

Abb. 22-16. *Ebene Wasserwellen treffen auf eine Wand mit zwei Öffnungen. Die Wellen werden mit Hilfe eines vibrierenden Blechstreifens erzeugt.*

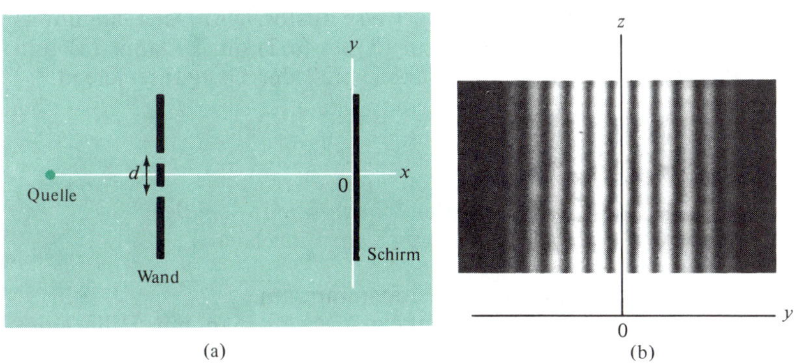

Abb. 22-17. (*a*) *Versuchsanordnung für Interferenz am Doppelspalt. Als Lichtquelle kann ein Laser verwendet werden oder ein von einer monochromatischen Lampe beleuchteter Spalt. Die Wand hat zwei Spalte im Abstand d.* (*b*) *Intensitätsverteilung, die auf einem Film am Ort des Schirms entsteht.* [*Educational Development Center*]

Die rechte Seite dieser Gleichung ist identisch mit der rechten Seite von Gl. (22-10). Ein Vergleich der linken Seiten zeigt uns, daß die tatsächliche Intensitätsverteilung auf der rechten Seite der Wand identisch ist mit der Verteilung, die allein durch die Stromquellen in den Öffnungen entsteht. Damit haben wir das Folgende bewiesen: Betrachtet man jeden Teil der Wellenfront, der durch eine Wand hindurchtritt, als neue punktförmige Strahlungsquelle, dann ist die entstehende Intensitätsverteilung gerade gleich der Verteilung, die nach Abb. 22-17 von der Lichtquelle hinter der Wand erzeugt wird. Allerdings ist wegen der Effekte an den Rändern der Öffnungen eine kleine Korrektur notwendig. Sie soll hier vernachlässigt werden. (Unser Beweis ging davon aus, daß die Ströme, die in den Verschlüssen der Öffnungen induziert werden, die Ränder zur Wand überqueren können.)

Unsere „Ableitung" des Huygensschen Prinzips gilt für ebene Wellen, die auf eine ebene Wand auftreffen. Das Huygenssche Prinzip kann aber auch auf die Ausbreitung von Wellenfronten beliebiger Form ohne begrenzende Wände angewendet werden. Dabei wird jeder Punkt der Wellenfront als Ursprung einer neuen Welle angesehen. Diese Anwendung des Huygensschen Prinzips beschreibt die Form aufeinanderfolgender Wellenfronten korrekt. Die Wellenamplitude jedoch läßt sich damit nicht immer exakt berechnen.

22-6 Beugung am Spalt

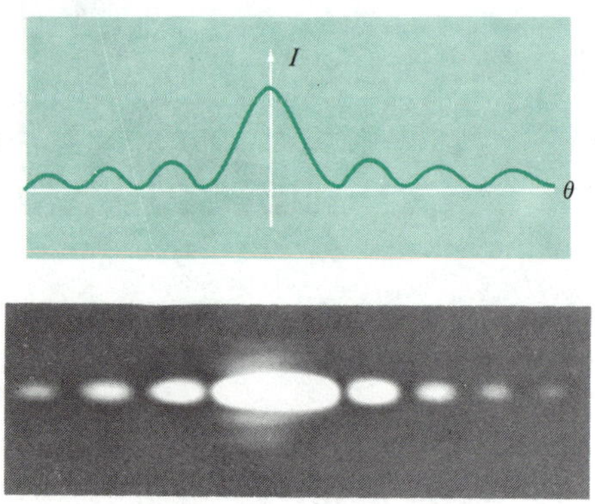

Abb. 22-18. *(a) Intensitätsverteilung des Beugungsmusters, das hinter einem Einzelspalt auf einem Schirm in großer Entfernung entsteht. (b) Photographie des Beugungsmusters. Der Film befand sich am Ort des Schirms. Als Lichtquelle diente ein Helium-Neon-Laser.*

Paralleles, monochromatisches Licht, das durch einen Spalt der Breite a tritt, erzeugt auf einem Schirm das in Abb. 22-18 dargestellte Interferenzmuster. Diese Art der Interferenz an einem einzelnen Spalt oder einer Kante heißt Beugung. Die Lichtstrahlen werden aus ihrer ursprünglichen Richtung „weggebeugt".

Mit Hilfe der Abb. 22-19 läßt sich ohne große Mühe der Winkel θ bestimmen, bei dem das erste Intensitätsminimum beobachtet wird. Nach dem Huygensschen Prinzip stellen wir uns im Spalt eine Reihe neuer Quellen S_1, S_2, ... S_N vor. Haben die Wellen von S_1 und von der Mitte des Spaltes eine Phasendifferenz von 180°, so löschen sie sich aus [Strahlen (a) und (b) in Abb. 22-19]. Das gleiche geschieht mit den Wellen, die von S_2 und von der nächsten Quelle unterhalb von Strahl (b) ausgehen. Ebenso werden sich alle weiteren Strahlen, von S_3 angefangen, bis zum unteren Rand des Spalts paarweise auslöschen. Der Gangunterschied zwischen den Strahlen (a) und (b) ist $(a/2)\sin\theta$. Damit (a) und (b) eine Phasendifferenz von 180° haben, muß der Gangunterschied $\lambda/2$ sein:

$$\frac{a}{2}\sin\theta_1 = \frac{\lambda}{2},$$

$$\sin\theta_1 = \frac{\lambda}{a}. \quad \text{(Intensitätsminimum bei der Beugung am Einzelspalt)} \qquad \textbf{(22-11)}$$

θ_1 ist der Winkel für das erste Intensitätsminimum.

Die Intensität bei beliebigen Winkeln θ erhält man mit Hilfe eines Zeigerdiagramms (Abb. 22-20), in dem die N Zeiger, die einen Kreis-

Abb. 22-19. *Die von einem Einzelspalt „ausgehende" Strahlung. Die Strahlen (a) und (c) kommen von den Rändern des Spalts, der Strahl (b) von seiner Mitte.*

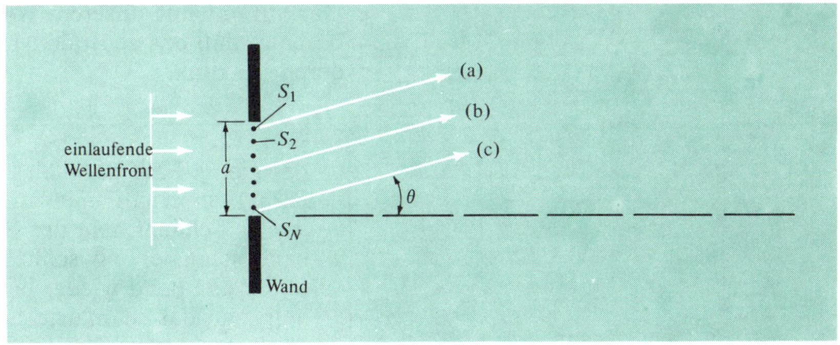

bogen bilden, aufaddiert werden. Die gesamte Phasendifferenz ist

$$\Phi = ka \sin\theta. \quad \text{[Phasendifferenz zwischen Strahlen (a) und (c)]}$$

Die resultierende Amplitude A erhält man aus dem rechtwinkligen Dreieck:

$$\sin\frac{\Phi}{2} = \frac{A/2}{R},$$

$$A = 2R\sin\frac{\Phi}{2}. \qquad \textbf{(22-12)}$$

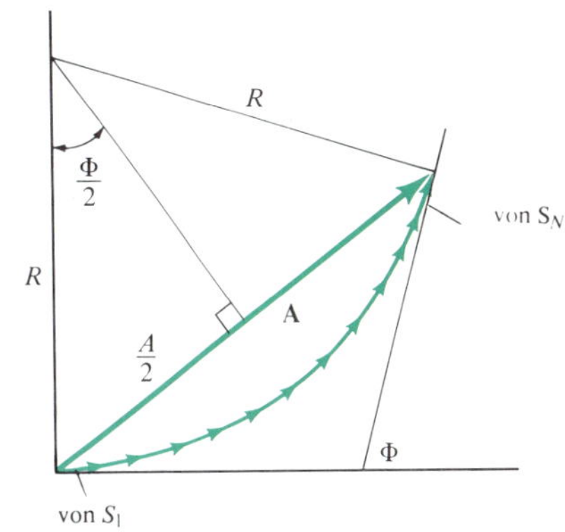

Abb. 22-20. *Zeigerdiagramm für Abb. 22-10. **A** ergibt sich als Summe von N Vektoren. Φ ist die Phasendifferenz zwischen dem Feld von S_1 und dem Feld von S_N.*

Die Länge des Bogens, der von den Zeigern gebildet wird, ist A_0, also gleich der resultierenden Amplitude bei 0°. Diesen Bogen erhält man durch Multiplikation von R mit dem Winkel Φ im Bogenmaß:

$$R\Phi = A_0,$$

$$R = \frac{A_0}{\Phi}.$$

Setzt man diesen Ausdruck in Gl. (22-12) ein, so folgt

$$A = A_0 \frac{\sin\Phi/2}{\Phi/2}.$$

Quadrieren beider Seiten führt zu

$$I = I_0 \left(\frac{\sin\Phi/2}{\Phi/2}\right)^2, \quad \text{wobei} \quad \Phi = ka\sin\theta. \qquad \textbf{(22-13)}$$

Diese Funktion ist in Abb. 22-18 dargestellt. Minima treten auf für $\Phi/2 = n\pi$ oder

$$\frac{ka\sin\theta}{2} = n\pi \quad \text{oder} \quad \sin\theta_{\min} = n\frac{\lambda}{a} \quad \text{für} \quad n \geqq 1.$$

Das stimmt mit unserem früheren Ergebnis [Gl. (22-11)] überein. Man beachte, daß das zentrale Maximum doppelt so breit ist wie die sekundären Maxima.

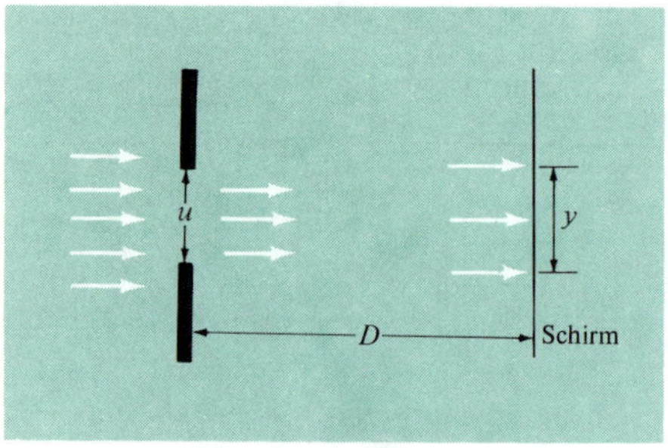

Abb. 22-21. *Ein paralleles Lichtbündel fällt auf einen Spalt der Breite u und erzeugt auf einem Schirm ein Lichtband der Breite y.*

Beispiel 7: Fällt paralleles Licht auf einen Spalt der Breite u (Abb. 22-21), so erhält man auf dem Schirm ein Lichtband der Breite $y = u$. Schließt man den Spalt allmählich, so wird auch das Lichtband schmaler, bis schließlich Beugungseffekte auftreten und dadurch das Band wieder breiter wird. Bei welcher Spaltbreite u_0 erhält man das schmalste Lichtband auf dem Schirm, der von dem Spalt den Abstand D hat?

Lösung: Die zusätzliche Breite, die von der Beugung herrührt, ist

$$y_{\text{Beugung}} \approx \theta_{\min} D \approx \left(\frac{\lambda}{u}\right) D.$$

Die gesamte Breite ist

$$y \approx u + \frac{\lambda D}{u}.$$

y hat ein Minimum, wenn $\mathrm{d}y/\mathrm{d}u = 0$ ist:

$$\left(1 - \frac{\lambda D}{u_0^2}\right) = 0,$$

$$u_0 \approx \sqrt{\lambda D}.$$

22-7 Kohärenz und Inkohärenz

Bisher haben wir Interferenzeffekte bei Strahlungsquellen betrachtet, die mit gleicher Phase (oder mit einer beliebigen festen Phasendifferenz) schwingen. Solche Quellen nennt man kohärente Quellen. Separate kohärente Quellen von Radio- oder Mikrowellen erhält man etwa, indem man zwei oder mehr Antennen aus demselben Oszillator speist. Kohärente Lichtquellen kann man sich erzeugen, indem man nach Abschnitt 22-5 zwei oder mehr Spalte oder Öffnungen mit der gleichen Punktlichtquelle beleuchtet. Zwei kohärente Lichtstrahlen erhält man auch mit Hilfe eines teildurchlässigen Spiegels, wie z. B. beim Michelson-Interferometer (s. Abb. 8-5).

Sind jedoch die beiden Interferometerarme von unterschiedlicher Länge, so verschwindet das Interferenzmuster, sobald die Wegdifferenz größer als eine bestimmte Länge ΔL_0 ist, der eine Zeitdifferenz $\Delta t_0 = \Delta L_0/c$ entspricht. ΔL_0 nennt man Kohärenzlänge und Δt_0 Kohärenzzeit. Beobachtet man eine Lichtquelle (etwa einen Laser oder ein erhitztes Gas) mit einem hochauflösenden Spektrometer, so erhält man eine scharfe Intensitätsverteilung mit einer Frequenzbandbreite Δf. Diese gemessene Linienbreite ist mit der gemessenen Kohärenzzeit Δt_0 durch die folgende Beziehung verknüpft:

$$2\pi\,\Delta f\,\Delta t_0 \approx 1. \quad \text{(sofern das Spektrometer keine zusätzliche Verbreiterung bewirkt)}$$

Diese Gleichung entspricht der Gl. (21-16). Sie läßt sich auch auf die gleiche Weise erklären. Eine gute monochromatische Lichtquelle, sei es ein Laser oder eine atomare Lichtquelle, verhält sich wie ein Oszillator, dessen Frequenz sich statistisch zwischen $(f_0 - \Delta f)$ und $(f_0 + \Delta f)$ um die mittlere Frequenz f_0 bewegt. Zwei reine Sinuswellen mit der Frequenzdifferenz Δf bleiben während der Zeit $\Delta t \approx 1/(2\pi\,\Delta f)$ in Phase [s. Gl. (21-16)]. Für die schärfsten Linien atomarer Spektren gilt $\Delta t_0 \approx 10^{-8}$s. Die Frequenzschwankungen eines typischen Lasers sind so klein, daß seine Kohärenzzeit noch viel größer als die einer atomaren Spektrallinie ist.

Wir wissen aus der Quantentheorie, daß Licht als Strom von Photonen emittiert wird, wobei jedes Photon von einem anderen Atom kommt. Bei einem Laser haben diese Photonen alle die gleiche Phase (s. Abschn. 26-6). Bei anderen Lichtquellen sind ihre Phasen statistisch verteilt, und man nennt solche Lichtquellen inkohärent. Jeweils zwei solcher Photonen haben jedoch eine feste Phasenbeziehung für Zeiten, die kleiner als $\Delta t_0 \approx 1/(2\pi\,\Delta f)$ sind, wobei Δf die gemessene Linienbreite ist. Solche Photonen verhalten sich auch wie Wellenpakete der Länge $\Delta L_0 = c\,\Delta t_0 \approx c/(2\pi\,\Delta f)$.

Intensitätsinterferometrie

Es sollte möglich sein, Interferenzmuster von zwei unabhängigen und inkohärenten Lichtquellen aufzuzeichnen, wenn nur die Meßzeit kleiner als $\Delta t_0 = 1/(2\pi\,\Delta f)$ ist. Meist sind die Intensitäten zu klein, um solche Messungen zu ermöglichen. Im Jahre 1956 wurde jedoch von R. Hanbury-Brown und R. Q. Twiss eine Methode entwickelt, bei der über viele Einzelexperimente gemittelt wird, wobei das zeitliche Auflösungsvermögen kleiner als $1/(2\pi\,\Delta f)$ bleibt. Der Trick dabei besteht darin, daß man zwei getrennte Detektoren am Ort des Schirms anbringt, auf dem man das Interferenzmuster erwartet. Als Detektoren werden Photomultiplier verwendet. Die von beiden Detektoren gemessenen Intensitäten I_1 und I_2 werden sofort elektronisch miteinander multipliziert. Der Detektor 1 in Abb. 22-22 steht fest bei $\theta = 0$. Mit dem Detektor 2 werden eine Reihe von Messungen bei benachbarten Werten von θ durchgeführt. Die Quellen S_1 und S_2 seien voneinander unabhängig und inkohärent. Ist ihr Abstand unbekannt, so kann er bestimmt werden, indem das Produkt $\overline{I_1 I_2}$ gemessen wird, wobei über alle Phasendifferenzen φ zwischen S_1 und S_2 gemittelt wird. Dies sieht man leicht, wenn man Gl. (22-3) für die Intensität an jedem Detektor einsetzt. Die Phasendifferenz zwischen den Quellen während eines kleinen Zeitintervalls Δt_0 sei φ. Dann mißt Detektor 1 die Intensität

$$I_1 = 2I_0(1 + \cos\varphi).$$

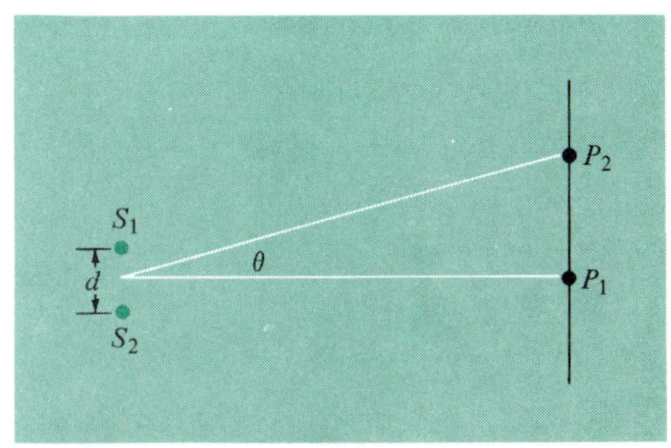

Abb. 22-22. *S_1 und S_2 seien voneinander unabhängige Quellen. An den Punkten **P_1** und P_2 wird die Lichtintensität gleichzeitig von zwei Detektoren gemessen.*

Detektor 2 sieht eine zusätzliche Phasendifferenz $\varphi_0 = kd \sin\theta$:

$$I_2 = 2I_0[1 + \cos(\varphi + \varphi_0)].$$

Wir mitteln über die Zeit, indem wir über alle möglichen Werte von φ mitteln:

$$\overline{I_1 I_2} = \frac{\int_0^{2\pi} I_1(\varphi)\, I_2(\varphi)\, d\varphi}{\int_0^{2\pi} d\varphi} = \frac{4I_0^2}{2\pi}\int_0^{2\pi} (1 + \cos\varphi)\,[1 + \cos(\varphi + \varphi_0)]\, d\varphi$$

$$= \frac{2I_0^2}{\pi}\int_0^{2\pi} [1 + \cos\varphi + \cos(\varphi + \varphi_0) + \cos\varphi\cos(\varphi + \varphi_0)]\, d\varphi.$$

Da $\cos\varphi$ und $\cos(\varphi + \varphi_0)$ ebensooft positiv wie negativ sind, werden die Integrale darüber null. Es folgt

$$\overline{I_1 I_2} = \frac{2I_0^2}{\pi}\left[2\pi + \int_0^{2\pi} \cos\varphi(\cos\varphi\cos\varphi_0 - \sin\varphi\sin\varphi_0)\, d\varphi\right]$$

$$= \frac{2I_0^2}{\pi}[2\pi + \pi\cos\varphi_0]$$

$$= 2I_0^2[2 + \cos(kd\sin\theta)]. \qquad \textbf{(22-14)}$$

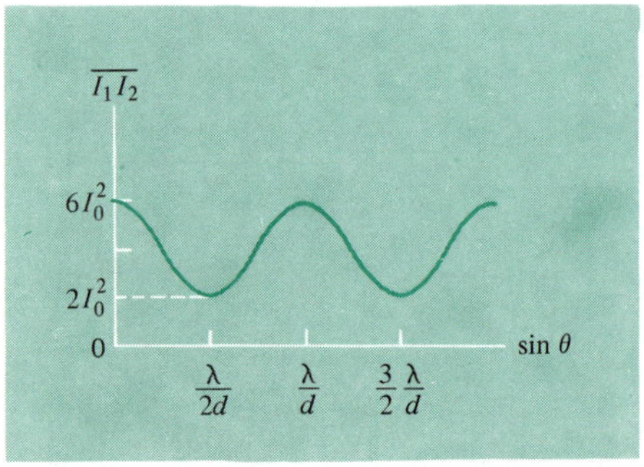

Abb. 22-23. *Das Produkt der Intensitäten zweier Detektoren, aufgetragen als Funktion des Winkels zwischen den Detektoren.*

Dieser Ausdruck ist in Abb. 22-23 gegen $\sin\theta$ aufgetragen. Das Ergebnis ist also, daß zwei inkohärente Quellen ein Interferenzmuster erzeugen! Trotz dieser Rechnung bezweifelte 1956 eine ganze Reihe von Physikern zunächst, daß Interferenzen mit inkohärenten Quellen zu beobachten seien.[1]) (Einige Lehrbücher behaupten dies sogar heute noch.) Aber schließlich wurden Experimente mit Radioteleskopen durchgeführt, mit deren Hilfe es gelang, den Abstand zwischen den zwei Komponenten eines Doppelsterns und sogar den Durchmesser einiger näherer Sterne zu bestimmen. Diese Experimente sind sehr schwierig, da bei der notwendigen hohen Zeitauflösung die Amplituden von Signal und Detektorrauschen vergleichbar werden.

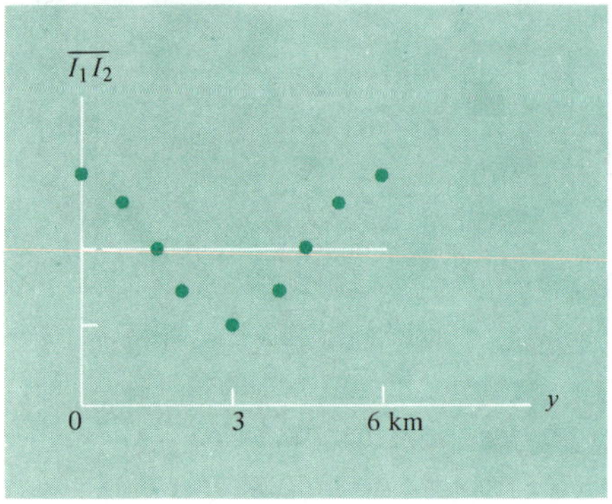

Abb. 22-24. *Das Intensitätsprodukt von Beispiel 8*

Beispiel 8: Zwei Radioteleskope, die auf eine Frequenz von 1000 MHz abgestimmt sind, seien auf den gleichen Doppelstern gerichtet, dessen Entfernung 100 Lichtjahre betrage. Das gemessene Intensitätsprodukt bei verschiedenen Abständen der Teleskope ist in Abb. 22-24 aufgetragen. Wie groß ist der Abstand zwischen den beiden Komponenten des Doppelsterns?

[1]) Um diese Physiker zu verteidigen, muß man verstehen, daß die Erklärung des Effekts komplizierter wird, wenn man das Licht quantisiert. Es zeigt sich aber, daß die richtige Anwendung der Quantenmechanik auf ein solches Zwei-Photonen-Problem ebenfalls zu Gl. (22-14) führt.

Lösung: Bei Beobachtung des ersten Minimums bilden die beiden Teleskope mit dem Doppelstern den Winkel

$$\theta = \frac{3\,\text{km}}{100\,\text{Lichtjahre}} = \frac{3\,\text{km}}{9{,}42 \cdot 10^{14}\,\text{km}} = 3{,}18 \cdot 10^{-15}.$$

Nach Gl. (22-14) liegt das erste Minimum bei

$$\theta = \frac{\lambda}{2d},$$

$$d = \frac{\lambda}{2\theta} = \frac{0{,}30\,\text{m}}{2(3.18 \cdot 10^{-15})} = 4{,}72 \cdot 10^{10}\,\text{km} = 5{,}0 \cdot 10^{-3}\,\text{Lichtjahre}.$$

Abb. 22-25. (*a*) *Teilansicht des größten Radioteleskops der Welt in Arecibo, Puerto Rico. Die Reflektorfläche von 300 m Durchmesser liegt in einer natürlichen Bergsenke. Das reflektierte Signal wird auf eine bewegliche Antenne fokussiert, die 150 m über dem Reflektor zwischen drei etwa 170 m hohen Türmen gehalten wird.* (*b*) *Eine Studentin mit Spezialschuhen, mit deren Hilfe kleine Unebenheiten in der Reflektorfläche beseitigt werden können. Im Bild ist nur ein kleiner Teil der Reflektorfläche gezeigt. Das Observatorium in Arecibo gehört zum „National Astronomy and Ionosphere Center" der USA, das von der Cornell University verwaltet und von der „National Science Foundation" finanziert wird.*

(a)

(b)

Während der letzten 20 Jahre hat das Gebiet der Optik eine rasche Ausdehnung erfahren, die geprägt ist durch das Aufkommen von Radioteleskopen, Mikrowellen, Infrarotdetektoren, Lasern, Quantendetektoren, Hologrammen, der Hochfrequenzelektronik, elektronischen Rechnern usw. Diese neuen Entwicklungen haben das ermöglicht, was man häufig unter dem Begriff „Moderne Optik" zusammenfaßt. Wir werden das nächste Kapitel mit einem weiteren Beispiel aus der „Modernen Optik" beginnen, mit der Holographie.

Zusammenfassung

Eine laufende Welle interferiert mit der reflektierten Welle, die vom Ende einer Saite (oder – wenn es sich um eine elektromagnetische Welle handelt – von einem Spiegel) zurückgeworfen wird.

Die resultierende Wellenamplitude hat die Form $y = (y_0 \sin \omega t) \sin kx$. Sie hat Knoten bei $x_n = n(\lambda/2)$. Wenn die Saite eine feste Länge L hat und sich an ihren beiden Enden Knoten befinden, so bilden sich stehende Wellen mit den Wellenlängen $\lambda_n = 2L/n$.

Zwei Punktquellen, die gleichphasig oszillieren und die gleiche Intensität I_0 abstrahlen, erzeugen ein Interferenzmuster der Form

$$I = 2I_0[1 + \cos k(r_2 - r_1)].$$

Dabei ist $(r_2 - r_1)$ der Gangunterschied. Bei großen Entfernungen wird $r_2 - r_1 = d \sin \theta$, wobei d der Abstand der beiden Quellen voneinander ist. Dann ist $\sin \theta = n\lambda/d$ die Bedingung für das Auftreten eines Intensitätsmaximums.

Liegen N Punktquellen mit gleichen Abständen auf einer Geraden, dann ist

$$I = I_0 \frac{\sin^2 (N\varphi/2)}{\sin^2 (\varphi/2)}, \quad \text{wobei} \quad \varphi = kd \sin \theta .$$

Bei einem Beugungsgitter mit N Spalten ist der Winkel θ, unter dem eine Spektrallinie der Wellenlänge λ erscheint, gegeben durch $\sin \theta = n\lambda/d$. Zwei Linien mit dem Wellenlängenunterschied $\Delta\lambda$ können noch aufgelöst werden, wenn gilt

$$\frac{\Delta\lambda}{\lambda} \geqq \frac{1}{N} .$$

Das Huygenssche Prinzip besagt, daß jeder Punkt einer Wellenfront als Quelle einer neuen Elementarwelle angesehen werden kann.

Das Beugungsbild, das hinter einem Spalt der Breite a entsteht, wird beschrieben durch

$$I = I_0 \frac{\sin^2 (ka \sin \theta/2)}{(ka \sin \theta/2)^2} .$$

Minima treten auf für

$$\sin \theta = \frac{n\lambda}{a}, \quad \text{wobei } n \text{ eine ganze Zahl ist.}$$

Ist die natürliche Linienbreite einer Spektrallinie Δf, so ist die Kohärenzzeit gegeben durch $\Delta t_0 = 1/(2\pi\,\Delta f)$ und die Kohärenzlänge durch $\Delta L_0 = c\,\Delta t_0$. Wird das Intensitätsprodukt zweier inkohärenter Quellen in Zeitintervallen gemessen, die kleiner als Δt_0 sind, so ist der Mittelwert der Messungen gegeben durch

$$\overline{I_1 I_2} = 2I_0^2[2 + \cos(kd\sin\theta)].$$

Aufgaben

1. Gib die Richtungen von E' und $\mathscr{B}'$ auf der rechten Seite der reflektierenden Oberfläche in Abb. 22-1 an.
2. Gib Gl. (22-2) als Funktion von k_n anstelle von λ_n an.
3. In Abb. 22-5 sei $E_1 = E_0\cos(kr_1 - \omega t)$ und $E_2 = 2E_0\cos(kr_2 - \omega t)$. Berechne I als Funktion von I_0 und θ.
4. Wie groß ist auf dem Schirm in Abb. 22-14 die Phasendifferenz zwischen den Wellen von S_1 und S_2? Gib die Phasendifferenz als Funktion von λ, d und θ an.
5. Die Ausbreitungsgeschwindigkeit von Wellen auf einer Saite, die an beiden Enden eingespannt ist, sei 2 m/s. Auf der Saite befinden sich stehende Wellen, deren Knotenabstände 3 cm betragen.
   (a) Wie groß ist die Schwingungsfrequenz?
   (b) Wievielmal in der Sekunde hat die Saite die Form einer Geraden ohne sichtbare Wellen?
6. S_1 und S_2 seien zwei Schallquellen in 3 m Abstand, die sinusförmige Wellen emittieren. Sie oszillieren gleichphasig.
   (a) Gib drei verschiedene Wellenlängen an, für die am Punkte P destruktive Interferenz auftritt.
   (b) Gib drei verschiedene Wellenlängen an, für die am Punkte P konstruktive Interferenz auftritt.
   (c) Wie groß ist die kleinste Frequenz, die bei P zu destruktiver Interferenz führt? Die Schallgeschwindigkeit ist 330 m/s.

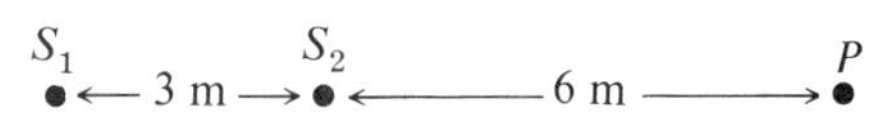

Aufgabe 6

7. Wie groß muß $D_1 - D_2$ in nebenstehender Abbildung sein, damit am Punkte P ein Interferenzmaximum (-minimum) auftritt? Bei der Reflexion erfolge kein Phasensprung.

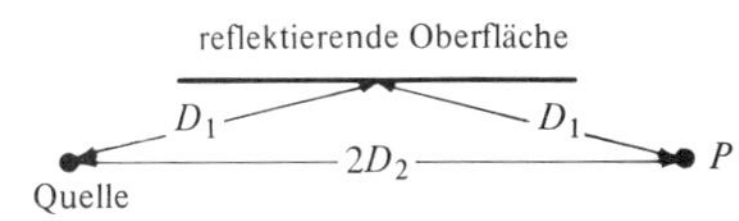

Aufgabe 7

8. Gib die Bedingung für das Auftreten eines Intensitätsminimums in Aufgabe 7 an, wenn man annimmt, daß bei der Reflexion ein Phasensprung von 180° auftritt.
9. Licht der Wellenlänge 5000 Å werde an einem Gitter mit 2000 Linien/cm gebeugt. Ein Schirm befinde sich in 3 m Abstand vom Gitter. Wie groß ist auf dem Schirm der Abstand zwischen den Beugungsbildern der nullten und der ersten Ordnung?
10. Bei einem Reflexionsgitter sind die Gitterstriche in eine Spiegeloberfläche geritzt. Der einfallende Strahl sei senkrecht zur Gitteroberfläche, und der reflektierte Strahl schließe mit dem Spiegel den Winkel θ ein.
    (a) Wie groß ist der Gangunterschied als Funktion von θ und d?
    (b) Für welchen Wert von θ ergibt sich ein Intensitätsmaximum?

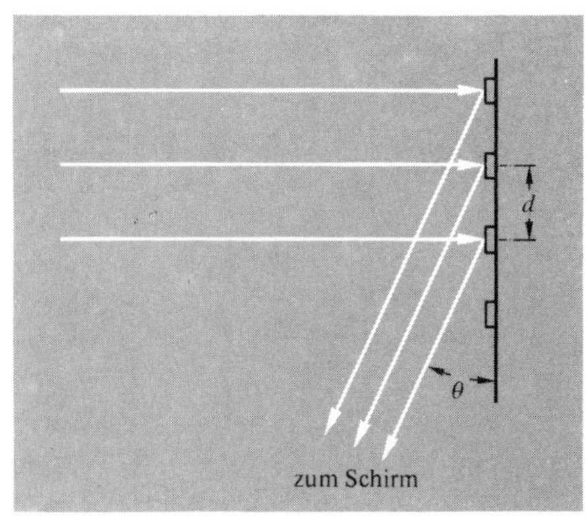

Aufgabe 10

11. Wie viele Gitterstriche sind notwendig, um die natürliche Linienbreite eines typischen atomaren Übergangs aufzulösen? (Siehe Seite 461.)
12. Wie groß ist in Beispiel 6 die instrumentell bedingte Linienbreite $\Delta\theta_0$ für die beiden Natrium-D-Linien? Gib das Ergebnis im Gradmaß an.
13. Wie viele Striche werden auf einem Beugungsgitter benötigt, um die Natrium-D-Linien gerade zu trennen?

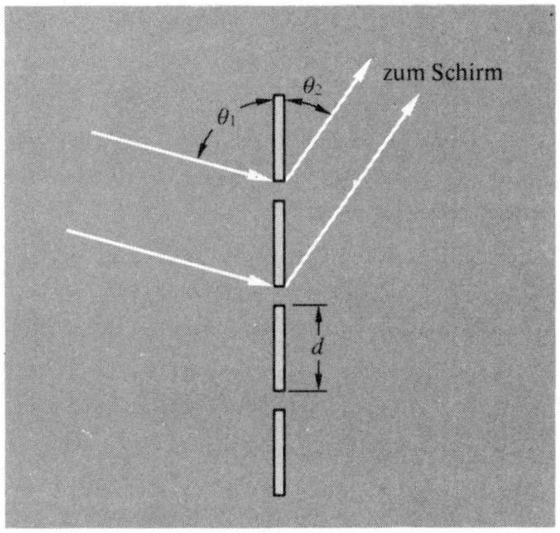

Aufgabe 21

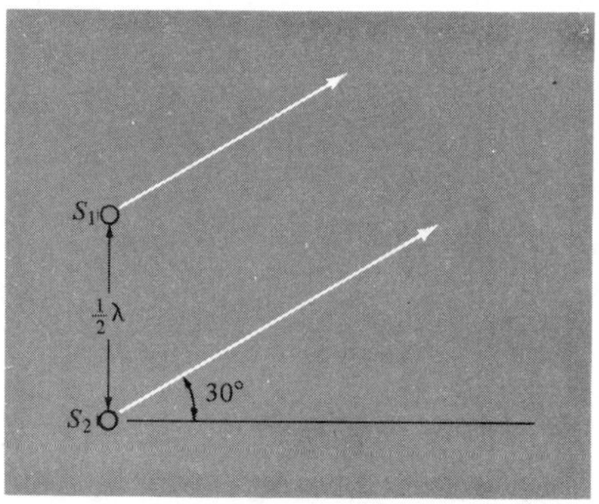

Aufgabe 24

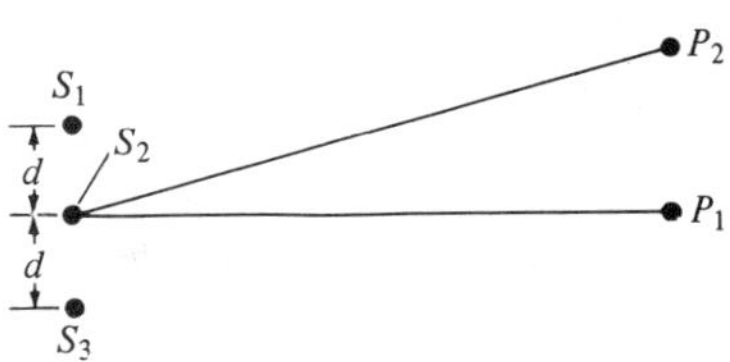

Aufgabe 26

14. Zeige, daß für $N = 2$ gilt: $$\frac{\sin^2 N(\varphi/2)}{\sin^2 \varphi/2} = 2(1 + \cos\varphi)$$

15. In Abb. 22-1 sei die einfallende Welle $E_{\text{in}} = E_0 \sin(\omega t - kx)$. Berechne die stehende Welle $E = E_{\text{in}} + E'_{\text{links}}$.

16. Die Phasendifferenz der beiden Dipole in Abb. 22-5 betrage 180°. Gib I als Funktion von θ an.

17. Zeige, daß in Aufgabe 16 für $d \ll \lambda$ gilt $I \approx I_0 k^2 d^2 \sin^2\theta$.

18. Wiederhole Aufgabe 16 für zwei Dipole der Stärke p_0, deren Phasendifferenz 180° ist und die in y-Richtung oszillieren. Es gelte $d \ll \lambda$. θ sei der Winkel zwischen r und der y-Achse. Zeige, daß gilt
$$E = \frac{k_0 p_0 \, d\,\omega^3}{2c^3 r} \sin 2\theta \cos\omega\left(t - \frac{r}{c}\right).$$

19. In Abb. 22-6 sei $E_1 \neq E_2$. Berechne E' als Funktion von E_1, E_2 und θ.

20. Die Gitterspektren zweiter und dritter Ordnung des sichtbaren Spektralbereichs überschneiden sich gewöhnlich teilweise. Welche Wellenlänge des Spektrums dritter Ordnung erscheint bei $\lambda = 7000$ Å des Spektrums zweiter Ordnung?

21. Licht der Wellenlänge λ treffe unter einem Winkel θ_1 auf ein Beugungsgitter. θ_1 sei von 90° verschieden (siehe nebenstehende Abbildung). Gib die Bedingung für ein Maximum als Funktion von θ_1, θ_2, λ und d an.

22. Wiederhole Beispiel 3 für das mittlere C (262 Hz). Gib eine exakte Lösung ohne Näherungen an. (Eine numerische Lösung kann durch Probieren gefunden werden.)

23. Ein atomarer Übergang habe eine Lebensdauer von $\tau = 2 \cdot 10^{-4}$ s. Die emittierte Wellenlänge sei 4000 Å. Wie groß ist die natürliche Linienbreite, und wie viele Gitterstriche sind notwendig, um sie auszumessen?

24. Ein Radiosender speist das gleiche Signal in zwei Antennen ein, deren Abstand eine halbe Wellenlänge beträgt. Die Strahlung soll bei 30° ein Minimum haben. Wie groß muß die Phasendifferenz zwischen den beiden eingekoppelten Signalen sein, um Auslöschung bei 30° zu erreichen?

25. Zeige, daß das Interferenzmuster für drei Spalte wie folgt beschrieben wird:
$$I = I_0(1 + 2\cos\varphi)^2, \quad \text{wobei} \quad \varphi = kd\sin\theta.$$

26. Füge in Abb. 22-22 eine dritte inkohärente Quelle so hinzu, wie es nebenstehend dargestellt ist. φ_1 sei die Phasendifferenz zwischen S_1 und S_2, φ_2 diejenige zwischen S_2 und S_3. Es gelte $\varphi_0 = kd\sin\theta$.

(a) Zeige, daß gilt $I_1 = I_0[3 + 2\cos\varphi_1 + 2\cos\varphi_2 + 2\cos(\varphi_2 - \varphi_1)]$.

(b) Wie groß ist I_2?

(c) Zeige, daß $\overline{I_1 I_2} = I_0^2[6 + (1 + 2\cos\varphi_0)^2]$ gilt, d. h., daß $\overline{I_1 I_2}$ dem Interferenzmuster für drei Spalte plus einer Konstanten entspricht.

27. Ein Stereo-Tonabnehmer kann nicht mehr als zwei voneinander unabhängige Signale abgeben. Wie kann man nun diese beiden Signale dazu verwenden, um mit vier Lautsprechern einen Quadrophonie-Effekt zu erzielen? Wie wir sehen werden, kann das dadurch erreicht werden, daß man die vier ursprünglichen Mikrophonsignale mit unterschiedlichen Phasendifferenzen auf die beiden Stereokanäle der Schallplatte gibt. Später, beim Abspielen, kombiniert man diese beiden Signale mit unterschiedlichen Phasendifferenzen wieder derart, daß die ursprünglichen Signale wieder hergestellt werden.

Es seien L_v und R_v die beiden ursprünglichen Signale vom linken und rechten vorderen Mikrophon, L_h und R_h die Signale vom linken und rechten hinteren Mikrophon. Im Quadro-System werden nun die Signale auf die folgende Weise zusammengefügt: Die Amplitude L_s auf dem linken Schallplattenkanal wird

$$L_s = L_v - \frac{j}{\sqrt{2}} L_h + \frac{R_h}{\sqrt{2}} .$$

Dabei bedeutet $\pm j$ eine Phasenverschiebung der jeweilig aufgenommenen sinusförmigen Signalkomponente um 90°. Zum Beispiel wird das Spannungssignal $L_h = V_0 \cos \omega t$ bei der Bildung von L_s als $1/\sqrt{2}\, V_0 \cos(\omega t - 90°)$ addiert. Die Amplitude auf dem rechten Schallplattenkanal wird

$$R_s = R_v + \frac{j}{\sqrt{2}} R_h - \frac{1}{\sqrt{2}} L_h .$$

Beim Abspielen wird dann durch den Stereoverstärker L_s auf den linken vorderen und R_s auf den rechten vorderen Lautsprecher gegeben. Die Spannungssignale $L_h' = (j/\sqrt{2})\, L_s - (1/\sqrt{2})\, R_s$ und $R_h' = (1/\sqrt{2})\, L_s - (j/\sqrt{2})\, R_s$ gelangen auf den linken hinteren bzw. rechten hinteren Lautsprecher.

(a) Es sei $L_v = V_0 \cos \omega t$, $R_v = L_h = R_h = 0$, d. h., eine einzige Schallquelle, die sinusförmige Schwingungen abgibt, wirke nur auf das linke vordere Mikrophon ein. Wie groß sind die Verhältnisse der Intensitäten, die von den vier Lautsprechern abgestrahlt werden? Wie groß sind $(L_v')^2$, $(R_v')^2$, $(L_h')^2$ und $(R_h')^2$ für diesen Fall?

(b) Wiederhole die Berechnung für den Fall, daß das angegebene Signal nur vom rechten vorderen Mikrophon aufgenommen wird.

(c) Wiederhole die Berechnung für den Fall, daß das angegebene Signal nur vom linken hinteren Mikrophon aufgenommen wird.

(d) Wiederhole die Berechnung für den Fall, daß das angegebene Signal nur vom rechten hinteren Mikrophon aufgenommen wird.

28. Ein bestimmter atomarer Übergang emittiere Licht mit einer Kohärenzlänge ΔL_0.

(a) Wie groß ist die natürliche Linienbreite als Funktion von λ und ΔL_0?

(b) Das von diesem Übergang emittierte Licht beleuchte auf einem Gitter eine Fläche der Breite y_0 cm. Wie groß ist die Mindestzahl N von Gitterstrichen pro cm, die notwendig ist, um die natürliche Linienbreite aufzulösen? Gib das Ergebnis als Funktion von λ, τ und y_0 an. τ sei die Lebensdauer des angeregten Zustands.

23

Optik

In diesem Kapitel werden wir uns mit verschiedenen Phänomenen elektromagnetischer Wellen befassen, die am häufigsten im Frequenzbereich des sichtbaren Lichts auftreten. Natürlich existieren für alle Phänomene, die in diesem Kapitel behandelt werden, Analoga im Mikrowellenbereich ebenso wie im Bereich infraroter und ultravioletter Strahlung. In Abschn. 23-5 werden wir sogar eine Anwendung erwähnen, bei der die Wellenlänge das 10^{-10}fache der Lichtwellenlänge ist.

Allgemeiner ausgedrückt: Untersucht man Wellenphänomene, so befaßt man sich immer auch mit Optik, oder genauer mit der Wellenoptik, im Gegensatz zur geometrischen Optik. In diesem Sinne hätte man die Kap. 21 und 22 ebenso wie die Teile von Kap. 20, die sich mit Wellenausbreitung befassen, mit Wellenoptik überschreiben können.

In diesem Buch wird die „Moderne Optik" (d. h. die neue Entwicklung der letzten ein oder zwei Jahrzehnte) parallel zur klassischen Optik dargestellt.

23-1 Holographie

Die Holographie ist eine der zahlreichen Anwendungen des Lasers, der in den sechziger Jahren entwickelt worden ist. Ein Hologramm sieht üblicherweise aus wie das Negativ einer Photographie. Ein solches Negativ hat jedoch die folgenden erstaunlichen Eigenschaften: Zwar ist seine Oberfläche zweidimensional, betrachtet man es jedoch mit kohärentem Licht, so erblickt man ein dreidimensionales Bild, das im Raum vor oder hinter dem Negativ zu schweben scheint. Das holographische Bild hat gegenüber der Stereophotographie folgenden Vorteil: Bewegt man sich beim Betrachten eines Hologramms zur Seite, so erscheint wie bei einem wirklichen Gegenstand ebenfalls seine Seitenansicht. Das ist bei der Stereophotographie nicht der Fall. Eine weitere bemerkenswerte Eigenschaft ist die Tatsache, daß das Bild auf dem holographischen Negativ keineswegs dem Bilde ähnelt, das man im Raum schweben sieht. Das Negativ gleicht etwa einem Gewirr von sich überschneidenden Fingerabdrücken, wie es Abb. 23-1 zeigt. Obwohl sich kein einziger Teil des

Abb. 23-1. *Stark vergrößerter Teil eines holographischen Negativs*

Negativs wiederholt, erscheint dasselbe schwebende dreidimensionale Bild, wenn man ein beliebiges Stück des Negativs herausschneidet und es in monochromatischem Licht betrachtet – allerdings mit verminderter optischer Auflösung. Man benötigt keinerlei Linsen, weder beim Belichten des Negativs noch bei der Erzeugung des dreidimensionalen Bildes.

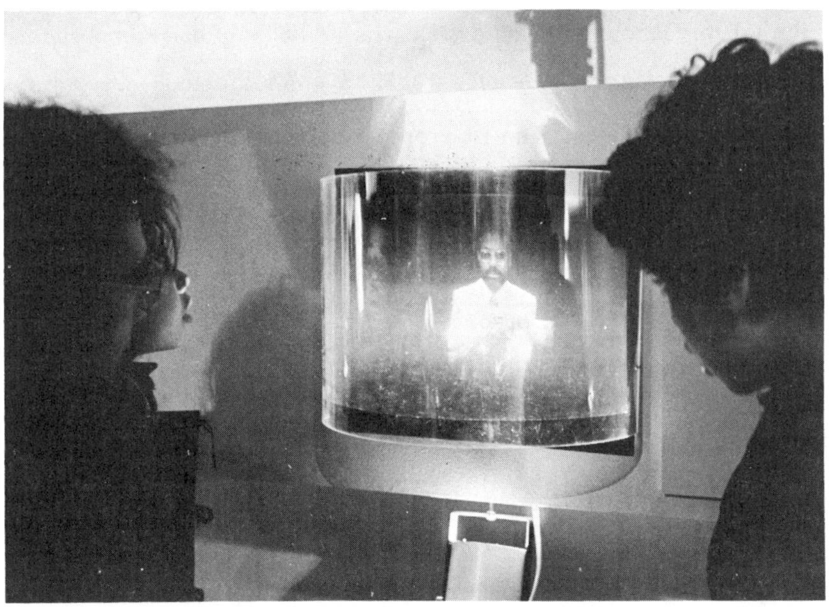

Abb. 23-2. *Schüler vor einem holographischen Negativ, das mit monochromatischem Licht beleuchtet wird. Sie beobachten (ebenso wie die Kamera) ein dreidimensionales Bild, das im Raum schwebt. [Mit freundlicher Genehmigung des Museum of Holography, New York]*

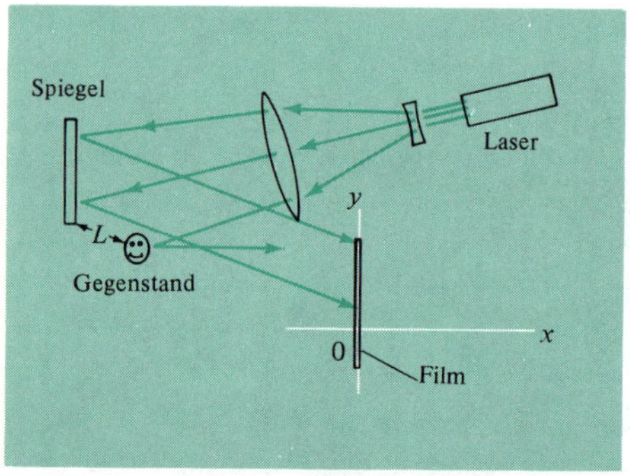

Abb. 23-3. *Herstellung eines Hologramms. Auf den Film gelangt sowohl Laserlicht, das vom Gegenstand reflektiert wird, als auch ein Referenzstrahl vom Spiegel.*

Das Prinzip der Holographie ist eine lebhafte Veranschaulichung der Wellennatur des Lichts und des Unterschieds zwischen kohärentem und inkohärentem Licht. Ein holographisches Negativ eines Gegenstandes wird erzeugt, indem man den Gegenstand mit kohärentem Licht beleuchtet (üblicherweise mit einem Laser). Das vom Gegenstand gestreute Licht gelangt auf einen Film, der zusätzlich noch durch einen Teil des eingestrahlten Lichts direkt beleuchtet wird (s. Abb. 23-3). Ist das Licht kohärent, so entsteht auf dem Film ein deutliches Interferenzmuster. Bei inkohärentem Licht jedoch würde der Film ein gleichmäßiges Grau zeigen. Die benötigte Kohärenzlänge ist hier $2L$, wobei L der Abstand zwischen Spiegel und Gegenstand ist (s. Abb. 23-3).

Läßt man nach dem Entwickeln des Films einen ähnlichen Lichtstrahl durch den Film treten, so wird die ursprüngliche Wellenfront, die sich bei der Aufnahme am Ort des Films befand, rekonstruiert. Aufgrund des Huygensschen Prinzips läuft die rekonstruierte Wellenfront in der gleichen Weise auf das Auge des Betrachters zu, wie es die vom Gegenstand gestreute Wellenfront getan hätte. Aber wie ist es möglich, daß mit Hilfe eines Films eine Wellenfront mit richtiger *Amplitude* und *Phase* über seine ganze Fläche rekonstruiert werden kann, wo doch ein Film nur Licht*intensitäten* aufzeichnet? Dies läßt sich mit Hilfe der folgenden vereinfachten mathematischen Beschreibung der Holographie begreifen.

Der Film befinde sich in der xy-Ebene. Die Amplitude des vom Gegenstand reflektierten Lichts am Ort der xy-Ebene sei

$$E = a(y, z) \cos [\omega t + \varphi(y, z)]. \tag{23-1}$$

Wenn es gelingt, nach dem Entwickeln des Films diese Amplitudenfunktion zu reproduzieren, so wird das Auge annehmen, den ursprünglichen Gegenstand vor sich zu sehen. Nun lassen wir zusätzlich zu der angegebenen Wellenamplitude ebene Wellen vom gleichen Laser auf den Film fallen. Dann ergibt sich das elektrische Feld auf der Filmebene zu

$$E = E_0 \cos \omega t + a \cos (\omega t + \varphi), \quad \text{wobei} \quad a = a(y, z) \quad \text{und} \quad \varphi = \varphi(y, z).$$

Die Intensität auf dem Film ist proportional zum Quadrat dieses Ausdrucks:

$$I = I_0 \cos^2 \omega t + 2E_0 a \cos \omega t \cos (\omega t + \varphi) + a^2 \cos^2 (\omega t + \varphi).$$

Der zeitliche Mittelwert jedes $\cos^2$-Gliedes ist 1/2. Somit ergibt sich

$$\bar{I} = \tfrac{1}{2} I_0 + E_0 a \big[\overline{\cos \varphi + \cos (2\omega t + \varphi)}\big] + \tfrac{1}{2} a^2,$$

wobei die trigonometrische Formel $\cos A \cos B = \frac{1}{2} \cos (B - A) + \frac{1}{2} \cos (B + A)$ angewendet wurde. Da der Mittelwert von $\cos (2\omega t + \varphi)$ null ist, erhalten wir

$$\bar{I} = K_1 + E_0 a(y, z) \cos \varphi(y, z), \quad \text{wobei} \quad K_1 := \tfrac{1}{2} I_0 + \tfrac{1}{2} a^2. \tag{23-2}$$

Man beachte, daß es uns durch die Verwendung von kohärentem Licht mit einer Kohärenzlänge $> 2L$ gelungen ist, die Phaseninformation $\varphi(y, z)$ auf dem Film zu speichern. Die Schwärzung des Films ist proportional zu $\bar{I}$. Wird das Negativ mit einem ähnlichen Laserlichtbündel der Intensität $I' \cos^2 \omega t$ beleuchtet, so ist die Intensität unmittelbar hinter dem Negativ

$$I = I' \cos^2 \omega t [1 - K_2(K_1 + E_0 a \cos \varphi)].$$

Das entsprechende elektrische Feld ist proportional zur Quadratwurzel daraus:

$$E = E' \cos \omega t [1 - (K_2 K_1 + K_2 E_0 a \cos \varphi)]^{1/2},$$

$$E \approx K_3 \cos \omega t + 2K_4 a \cos \omega t \cos \varphi,$$

wobei

$$K_3 := 1 - \frac{K_2 K_1}{2} \quad \text{und} \quad K_4 := -\frac{K_2 E_0}{4}.$$

Nun verwenden wir noch einmal die Beziehung $2 \cos A \cos B = \cos(A - B) + \cos(A + B)$:

$$E \approx K_3 \cos \omega t + K_4 a(y,z) \cos [\omega t + \varphi(y,z)] + K_4 a(y,z) \cos [\omega t - \varphi(y,z)]$$

$$= \begin{pmatrix}\text{direkter}\\ \text{Laserstrahl}\end{pmatrix} + K_4 \begin{bmatrix}\text{ursprüngliches}\\ \text{Licht vom Gegen-}\\ \text{stand}\end{bmatrix} + K_4 \begin{bmatrix}\text{Licht vom Gegen-}\\ \text{stand mit umge-}\\ \text{kehrter Phase}\end{bmatrix}$$

Das Auge sieht den ersten Term als direkten Laserstrahl und den zweiten Term als vom Gegenstand gestreuten Strahl, so als wäre der Gegenstand tatsächlich vorhanden [s. Gl. (23-1)]. Der dritte Term erscheint als überflüssiges reelles Bild zweiter Ordnung.

Beispiel 1: Von einer sehr kleinen Kugel, die sich im Abstand $x_0 = 50$ cm vom Film befindet, werde ein Hologramm erzeugt (s. Abb. 23-4). Das von dem punktähnlichen Gegenstand reflektierte Licht habe die Amplitude $E = E_1 \cos(\omega t - kr)$. Die Amplitude des Referenzstrahls sei $E_0 \cos(\omega t - kx_0)$. Wie sieht die Intensitätsverteilung auf dem Film aus, wenn $\lambda = 6400$ Å ist?

Lösung: Intensitätsmaxima treten dort auf, wo die Phasendifferenz zwischen dem reflektierten Strahl und dem Referenzstrahl $n2\pi$ ist, wobei n eine ganze Zahl ist:

$$kr - kx_0 = 2\pi n,$$

$$r - x_0 = n\lambda,$$

$$\sqrt{y_n^2 + x_0^2} = n\lambda + x_0,$$

$$y_n = \sqrt{2n\lambda x_0 + n^2\lambda^2} \approx 0{,}08 \sqrt{n} \text{ cm}.$$

Die Intensitätsverteilung besteht aus konzentrischen Kreisen mit den Radien 0, 0,8 mm, 1,13 mm, 1,39 mm, 1,6 mm usw.

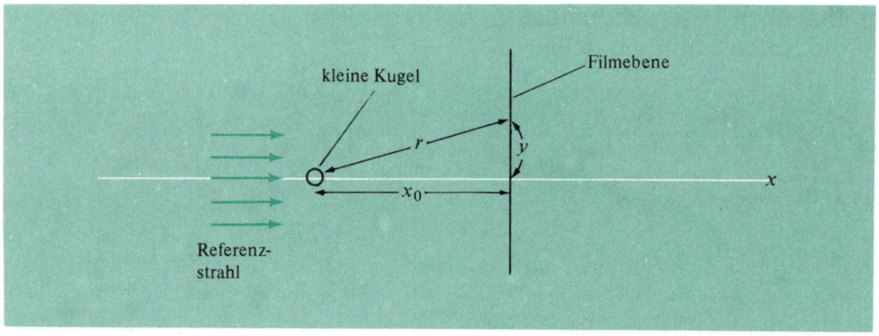

Abb. 23-4. *Versuchsanordnung zu Beispiel 1. Auf den Film gelangt Laserlicht, das von der kleinen Kugel reflektiert wurde, sowie der Referenzstrahl.*

Die Holographie ist ein eigenständiges Gebiet der Optik, das sich erst Anfang der sechziger Jahre mit der Entwicklung des Lasers rasch ausweitete, obwohl die Holographie schon im Jahre 1949 erfunden worden ist. Sie ist derzeit eines der Hauptgebiete der Forschung in der Optik. Während eines großen Teils der sechziger Jahre wurden verschiedene Aspekte der Theorie ausgearbeitet und neue Techniken entwickelt. Die Holographie ist noch ein zu junges Gebiet, um alle ihre zukünftigen praktischen Anwendungen vorhersehen zu können. Forschung und Entwicklung befassen sich gegenwärtig mit medizinischen Anwendungen, z. B. mit optischen Hologrammen des Auges – wobei Linse und Netzhaut im selben dreidimensionalen Bild dargestellt werden – oder mit akustischen Hologrammen des Körpers, die gegenüber zweidimensionalen Röntgenbildern bedeutende Vorzüge haben können. Andere Forschungs- und Entwicklungsvorhaben umfassen gegenwärtig Video-Bandkassetten, Computerspeicher und zerstörungsfreie Strukturprüfungen.

23-2 Polarisation des Lichts

Eine Lichtwelle oder eine elektromagnetische Welle besteht zu jedem Zeitpunkt und an jedem Raumpunkt aus einem elektrischen Feld und einem magnetischen Feld, deren Feldstärken $\boldsymbol{E}$ und $\mathfrak{B}$ aufeinander senkrecht stehen. Die Polarisationsrichtung ist definiert als die Richtung des elektrischen Feldvektors $\boldsymbol{E}$. Die Polarisationsebene ist definiert als die Ebene, welche sowohl $\boldsymbol{E}$ als auch die Fortpflanzungsrichtung enthält. Demnach steht $\mathfrak{B}$ senkrecht auf der Polarisationsebene. Elektromagnetische Strahlung mit konstanter Richtung der elektrischen Feldstärke $\boldsymbol{E}$ heißt linear polarisierte Strahlung. Im Strahl einer inkohärenten Lichtquelle ändert sich die Richtung der elektrischen Feldstärke statistisch. Sie bleibt dabei aber immer senkrecht zur Ausbreitungsrichtung. Ein solcher Strahl heißt unpolarisiert.

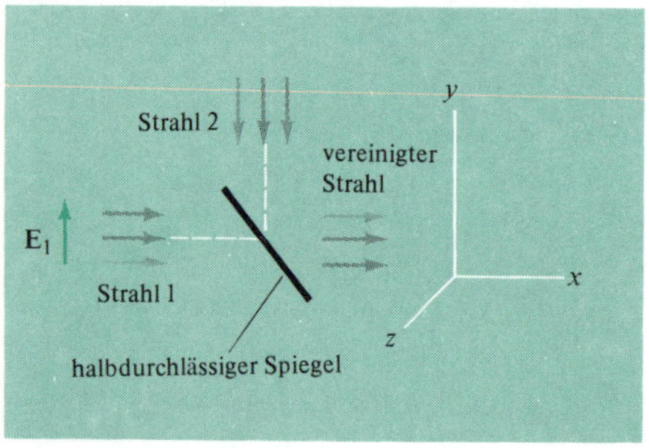

Abb. 23-5. *Zwei polarisierte Lichtstrahlen werden an einem halbdurchlässigen Spiegel vereinigt. $\boldsymbol{E}_1$ liegt in der Papierebene. $\boldsymbol{E}_2$ steht parallel zur z-Achse senkrecht zur Papierebene.*

Zirkulare Polarisation

Zwei kohärente Lichtstrahlen werden an einem halbdurchlässigen Spiegel miteinander überlagert, wie es Abb. 23-5 zeigt. Strahl 1 ist vertikal polarisiert (E_1 liegt in der xy-Ebene), und Strahl 2 ist horizontal polarisiert (E_2 liegt in der xz-Ebene). Ist der resultierende Strahl unpolarisiert, wenn die Phasendifferenz zwischen beiden Strahlen null ist und für die Beträge der Feldstärke $E_1 = E_2$ gilt? Ist der resultierende Strahl unpolarisiert, wenn die Phasendifferenz $\varphi = \pi/2$ ist?

Zur Beantwortung der ersten Frage werde gesetzt:

$$E_1 = E_{1_0} \cos(\omega t - kx) \quad \text{und} \quad E_2 = E_{2_0} \cos(\omega t - kx),$$

wobei E_{1_0} und E_{2_0} einen rechten Winkel einschließen, wie es in Abb. 23-6 dargestellt ist. Wir finden, daß das resultierende elektrische Feld immer in derselben Ebene mit einem Winkel α zur Vertikalen schwingt, wobei $\tan \alpha = E_{2_0}/E_{1_0}$ ist. Ist $E_{1_0} = E_{2_0}$, so wird $\alpha = 45°$. Daraus folgt, daß der resultierende Lichtstrahl linear polarisiert ist, wobei die Polarisationsebene mit der Vertikalen einen Winkel von 45° bildet.

Haben die beiden Strahlen eine Phasendifferenz von 90°, so ist bei $x = 0$

$$E_y = E_{1_0} \cos \omega t \quad \text{und} \quad E_z = E_{2_0} \cos\left(\omega t - \frac{\pi}{2}\right).$$

Aufeinanderfolgende Bilder der Komponenten E_1 und E_2 sind in Abb. 23-7 dargestellt. Es zeigt sich, daß der Betrag des resultierenden Vektors E konstant ist und daß seine Richtung einmal in jeder Periode T im Uhrzeigersinn um die x-Achse rotiert. Dies nennt man linkszirkulare Polarisation. Dreht sich die Richtung von E gegen den Uhrzeigersinn (in Ausbreitungsrichtung gesehen), so nennt man das rechtszirkulare Polarisation.

In mancher Hinsicht verhält sich ein zirkular polarisierter Strahl wie ein unpolarisierter. Überlagert man jedoch links- und rechtszirkular polarisierte Strahlen gleicher Feldstärke, so ist das Resultat ein linear polarisierter Strahl. Dies ist mit unpolarisierten Strahlen nicht möglich. Zirkulare Polarisation existiert wirklich in der Natur: Es zeigt sich, daß einzelne Photonen zirkular polarisiert sind.

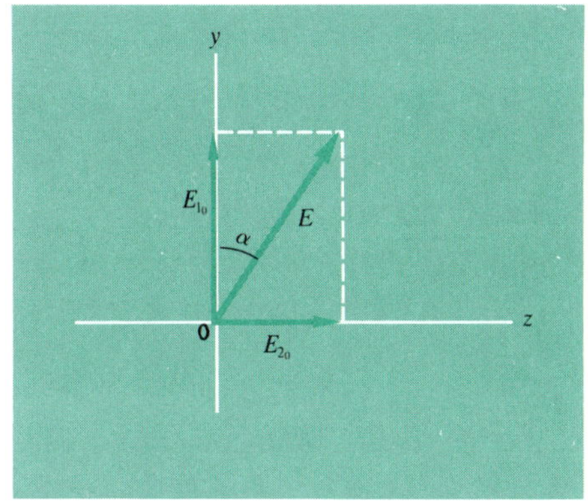

Abb. 23-6. *Die elektrischen Felder der Lichtstrahlen in Abb. 23-5, dargestellt in der yz-Ebene.*

Abb. 23-7. *Zeitlich aufeinanderfolgende Darstellungen des elektrischen Feldes in der yz-Ebene. Die Phasendifferenz zwischen Strahl 1 und Strahl 2 beträgt $\pi/2$. Die resultierende Feldstärke* **E** *im oberen Teil der Abbildung rotiert im Uhrzeigersinn. E_y und E_z haben die gleiche Amplitude.*

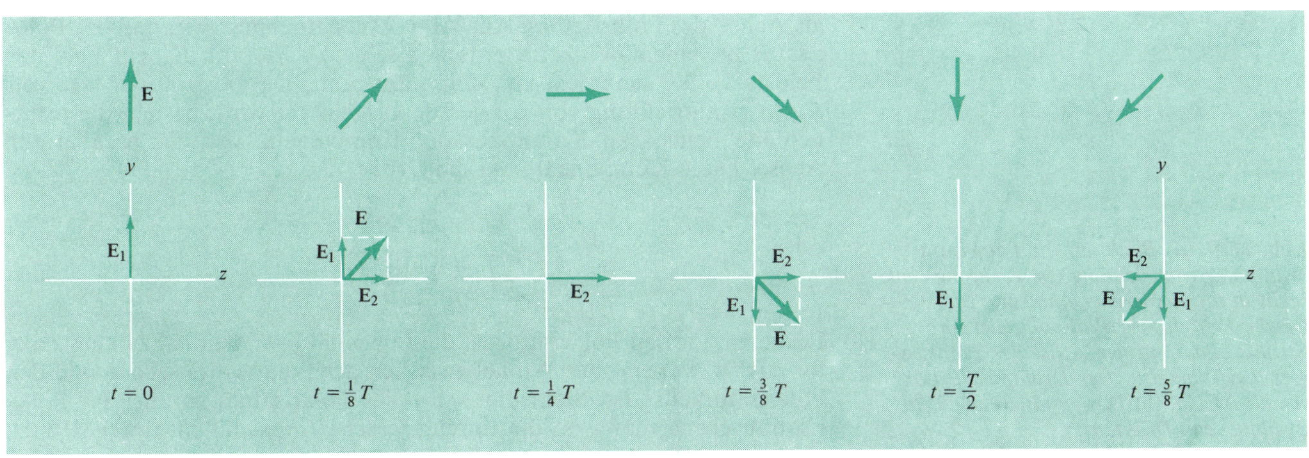

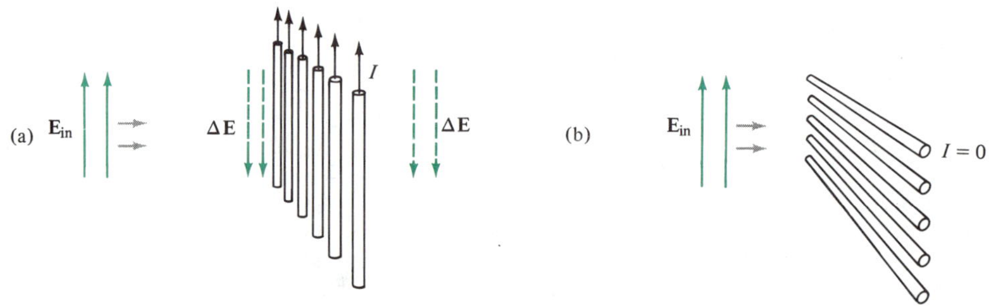

Abb. 23-8. *Vertikal polarisierte elektromagnetische Wellen treffen auf parallele Drähte, die in einer Ebene angeordnet sind. (a) Die Drähte stehen vertikal: Die Welle wird reflektiert. (b) Die Drähte stehen horizontal: Die Welle wird nicht reflektiert. Sie passiert die Drähte ungeschwächt.*

Polarisatoren

Die meisten Lichtquellen emittieren inkohärentes und unpolarisiertes Licht. Ein unpolarisierter Lichtstrahl kann polarisiert werden, indem man ihn durch einen sogenannten Polarisator schickt. Ein Schirm aus dünnen parallelen Drähten wirkt als Polarisator für Mikrowellen. Dies ist in Abb. 23-8 gezeigt. Ist der Mikrowellenstrahl vertikal polarisiert und verlaufen die Drähte wie in Abb. 23-8 ebenfalls vertikal, dann wird in jedem Draht ein Strom der Stärke I induziert. Wie auf Seite 448 erklärt wurde, verhält sich der induzierte Strom so, daß für die Feldstärke des abgestrahlten Feldes gilt: $\Delta \boldsymbol{E} = -\boldsymbol{E}_{\text{in}}$. Das resultierende Feld auf der rechten Seite des Polarisators hat dann die Feldstärke $\boldsymbol{E} = \boldsymbol{E}_{\text{in}} + \Delta \boldsymbol{E} = 0$. Der Polarisator verhält sich in dieser Orientierung als vollkommener Reflektor, läßt also den Strahl nicht passieren. Stehen die Drähte senkrecht auf $\boldsymbol{E}_{\text{in}}$, dann ist für induzierte vertikale Ströme „kein Platz". Es tritt also keine zusätzliche Strahlung auf, und die einfallende Welle bleibt ungestört.

Wir definieren nun die Senkrechte auf den Drähten in Abb. 23-8 als Achse des Polarisators. Aus Abb. 23-9 entnehmen wir, daß der Polarisator bei einem Winkel α zwischen seiner Achse und $\boldsymbol{E}_{\text{in}}$ ein Feld der Feldstärke ΔE senkrecht zur Achse abstrahlt. Da die Komponente von $\boldsymbol{E}_{\text{in}}$ in Drahtrichtung von ΔE gerade ausgelöscht wird, besteht die resultierende Feldstärke $\boldsymbol{E}'$ nur aus der Komponente von $\boldsymbol{E}_{\text{in}}$ parallel zur Achse. Diese Komponente hat die Größe

$$E' = E_{\text{in}} \cos \alpha$$

oder

$$I' = I_{\text{in}} \cos^2 \alpha . \qquad \textbf{(23-3)}$$

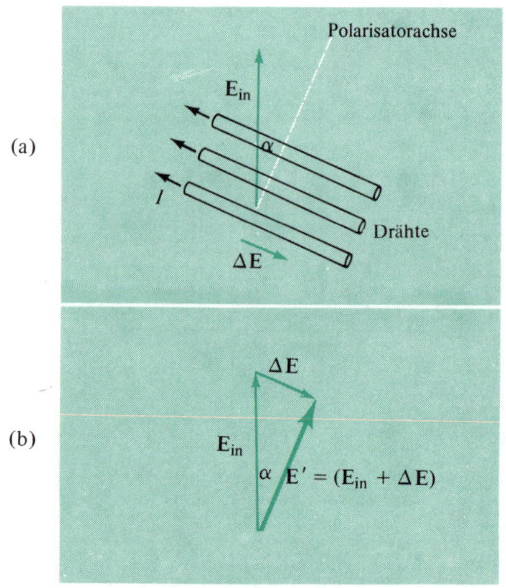

Abb. 23-9. *(a) Blick auf die Polarisatordrähte in Strahlrichtung (= Richtung senkrecht in die Papierebene hinein). Das elektrische Feld des vertikal polarisierten Strahls bildet mit der Achse des Polarisators den Winkel α. Der Drahtpolarisator strahlt $\Delta \boldsymbol{E}$ ab. (b) Das resultierende Feld $\boldsymbol{E}'$ hinter den Drähten*

Bei einem idealen Polarisator ist die Intensität proportional zu dem Faktor $\cos^2 \alpha$, wobei α der Winkel zwischen der Polarisationsebene und der Polarisatorachse ist. Steht die Achse des Polarisators parallel zur Polarisationsebene, dann ist die durchgelassene Intensität maximal. Hinter einem Polarisator ist jede Strahlung in Richtung der Polarisatorachse linear polarisiert.

Die Wirkungsweise eines Polaroidfilters für Licht beruht auf dem gleichen Prinzip. Polaroidfilter werden aus einer gestreckten Plastikfolie hergestellt, die im wesentlichen aus langen parallelen Ketten von Molekülen besteht. Diese Ketten haben einen Überzug, der sie in Längsrichtung leitend macht. Ein Polaroidfilter ist somit eine stark verkleinerte Version des Drahtpolarisators. Die Achse des Polaroidfilters steht natürlich senkrecht auf den Molekülketten. Läßt man unpolarisiertes Licht auf das Filter fallen, so werden die zu den Molekülketten parallelen Komponenten von $\boldsymbol{E}$ absorbiert. Nur ein elektrisches Feld parallel zur Achse des Filters kann ungehindert passieren. Stellt man nach Abb. 23-10(a) hinter den ersten Polarisator einen zweiten, dessen Achse senkrecht auf der des ersten steht, so wird der Lichtstrahl völlig absorbiert, d. h., kein Licht passiert das zweite Polarisationsfilter.

Bringt man nun einen dritten Polarisator zwischen die beiden gekreuzten Polarisatoren, wie es in Abb. 23-10(b) gezeigt ist, so tritt wieder Licht hindurch! Wie kann ein zusätzlicher Polarisator Licht „erzeugen“? Um das zu verstehen, setzen wir I_0 gleich der Intensität des polarisierten Lichts, das auf das mittlere Filter auffällt ($I_0 = \frac{1}{2}I_{in}$). Das Licht dahinter hat dann die Intensität $I' = I_0 \cos^2 \alpha$ und die Polarisationsrichtung α. Die Achse des letzten Polarisators ist um den Winkel $(\pi/2) - \alpha$ gegen diese Polarisationsrichtung gekippt. Somit wird

$$
\begin{aligned}
I'' &= I' \cos^2\left(\frac{\pi}{2} - \alpha\right) \\
&= (I_0 \cos^2 \alpha) \cos^2\left(\frac{\pi}{2} - \alpha\right) \\
&= \tfrac{1}{4} I_0 \sin^2 2\alpha .
\end{aligned}
$$

Diese Intensität hat einen maximalen Wert von $\frac{1}{8}I_{in}$ für $\alpha = 45°$, wenn man ideale (d. h. verlustfreie) Polarisatoren voraussetzt.

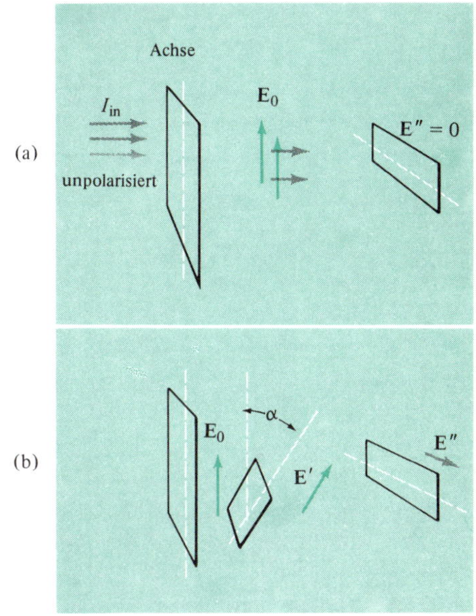

Abb. 23-10. (*a*) *Zwei zueinander senkrechte Polarisatoren lassen kein Licht passieren.* (*b*) *Bringt man einen dritten Polarisator dazwischen, so tritt wieder Licht hindurch.*

*__Beispiel 2:__ Polarisiertes monochromatisches Licht treffe auf einen Doppelspalt (s. Abb. 23-11). Die Polarisationsrichtung sei um 45° zur y- und zur z-Achse geneigt [d. h. parallel zum Vektor $(\boldsymbol{j} + \boldsymbol{k})$]. Mit offenen Spalten (ohne Polarisationsfilter) entsteht auf dem Schirm das übliche Interferenzmuster des Doppelspalts. In diesem Fall jedoch sei ein Polarisationsfilter mit horizontaler Achse vor Spalt 1 gebracht und ein zweites Filter mit vertikaler Achse vor Spalt 2. I_0 sei die Intensität auf dem Schirm, die von Spalt 1 oder Spalt 2 allein kommt (mit Polarisator). Für die verschiedenen Punkte erhalte man die folgenden Gangunterschiede: $k(r_1 - r_2) = 0$ für Punkt a, $\pi/2$ für b, π für c und 2π für d. Wie groß sind die Intensitäten an den Punkten a, b, c und d, und wie ist das Licht jeweils polarisiert?

Lösung: Das Feld von Spalt 1 wird beschrieben durch $\boldsymbol{j}E_0 \times \times \cos(\omega t - kr_1)$, das Feld von Spalt 2 durch $\boldsymbol{k}E_0 \cos(\omega t - kr_2)$. Daraus ergibt sich die Feldstärke am Punkte a zu

$$\boldsymbol{E} = \boldsymbol{j}E_0 \cos(\omega t - kr_1) + \boldsymbol{k}E_0 \cos(\omega t - kr_1), \quad \text{wobei} \quad r_1 = r_2 .$$

$\boldsymbol{E}$ hat den Betrag $E = \sqrt{2}E_0 \cos(\omega t - kr_1)$, und seine Richtung ist 45° zur Vertikalen. Die Polarisationsrichtung ist $(\boldsymbol{j} + \boldsymbol{k})$. Wir wollen dies +45° nennen. Die Intensität ist $E^2 = 2E_0^2 \cos^2(\omega t - kr)$, also zweimal so groß wie die Intensität von einem Spalt allein.

Bei Punkt d haben die beiden Kosinusfunktionen die gleiche Phase, und es ergibt sich das gleiche Ergebnis wie bei Punkt a.

Bei Punkt c haben die beiden Kosinusfunktionen einen Phasenunterschied von 180°, und es wird

$$\boldsymbol{E} = \boldsymbol{j}E_0 \cos \omega t - \boldsymbol{k}E_0 \cos \omega t ,$$

wobei $E = \sqrt{2}E_0 \cos \omega t$. Die Polarisationsrichtung ist $(\boldsymbol{j} - \boldsymbol{k})$. Wir nennen dies −45°. (Es wurde definiert: $t = 0$, wenn die Amplitude von Spalt 1 ein Maximum hat.) Die Intensität ist auch hier doppelt so groß wie die des Einzelspalts, aber die Polarisationsebene ist um 90° gegenüber den Punkten a und d gedreht.

Bei Punkt b haben die beiden Quellen eine Phasendifferenz von 90°, und es ergibt sich dieselbe Situation wie in Abb. 23-7. Es liegt also eine zirkular polarisierte Welle vor mit $\overline{E^2} = E_0^2$. Da beim Einzelspalt für das zeitliche Mittel $\overline{E^2} = \frac{1}{2}E_0^2$ gilt, ist bei Punkt b die mittlere Intensität ebenfalls doppelt so groß wie beim Einzelspalt.

Aus diesem Beispiel ergibt sich also, daß die Intensität über den ganzen Schirm hinweg konstant ist, daß sich die Polarisation jedoch von linear (+45°) zu zirkular, zu linear (−45°), zu zirkular, zu linear (+45°), usw. ändert.

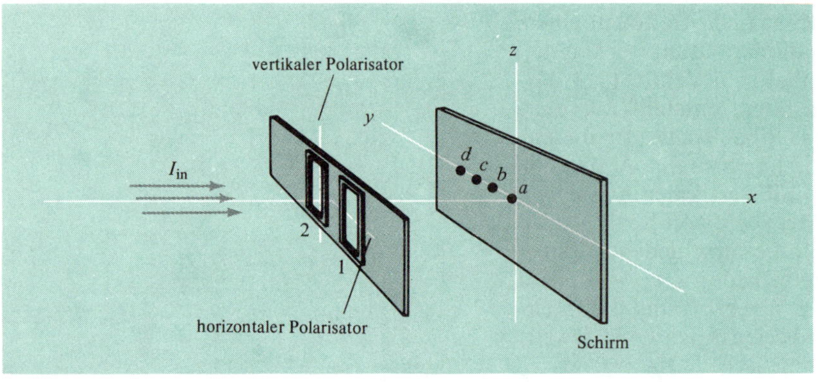

Abb. 23-11. *Versuchsanordnung für die Interferenz am Doppelspalt. Die Spalte 1 und 2 sind mit einem horizontal bzw. vertikal orientierten Polarisator bedeckt.*

***Beispiel 3:** (a) In Beispiel 2 werde direkt vor dem Schirm ein zusätzliches Polarisationsfilter mit horizontaler Polarisationsrichtung angebracht. Wie ist jetzt die Intensitätsverteilung auf dem Schirm? (b) In Beispiel 2 werde ein Polarisationsfilter mit der Polarisationsrichtung +45° (zwischen x- und y-Achse) vor den Schirm gebracht. Wie ist die entstehende Intensitätsverteilung?

Lösung: (a) Für jeden Punkt auf dem Schirm mit einem Abstand r von Spalt 1 gilt: $\boldsymbol{E} = \boldsymbol{j}E_0 \cos(\omega t - kr)$ und $E^2 = E_0^2 \cos^2(\omega t - kr)$. Dies ist die Intensitätsverteilung, die allein von Spalt 1 herrührt (ohne Polarisator vor dem Schirm). Licht von Spalt 2 wird von dem Polarisator nicht durchgelassen. Es kann den Schirm also nicht erreichen. Wir wissen also, daß alles Licht, das auf den Schirm trifft, von Spalt 1 kommt.
(b) Das Licht an den Punkten a und d auf dem Schirm ist parallel zur Achse des Polarisators vor dem Schirm polarisiert. Das Licht am Punkt c ist jedoch senkrecht dazu polarisiert. Die Intensitäten sind also $2I_0$ bei den Punkten a und d, 0 am Punkte c und I_0 am Punkte b. Dies ist die klassische Intensitätsverteilung am Doppelspalt, wobei jeder Spalt $\frac{1}{2}I_0$ beiträgt.

Man beachte, daß es in den Beispielen 2 und 3 möglich ist, zu entscheiden, durch welchen Spalt das Licht kommt, wenn nur der Polarisator vor dem Schirm richtig orientiert ist. Dies ist bei horizontaler und vertikaler Polarisationsachse der Fall. Liegt die Polarisationsachse bei +45° oder −45°, geht die Information über die Polarisation verloren, und es ist nicht mehr möglich zu entscheiden, durch welchen Spalt das Licht kommt. Im letzteren Fall erhalten wir das klassische Interferenzmuster des Doppelspalts. Bei vertikaler und horizontaler Polarisationsrichtung ist kein Interferenzbild vorhanden.

Polarisation durch Reflexion

Fast jeder hat schon einmal beobachtet, daß Polaroidbrillen das von Wasser, Sand, Glas, Straßenoberflächen usf. reflektierte Sonnenlicht abschwächen. Offenbar ist unpolarisiertes Sonnenlicht nach der Reflexion polarisiert. Steht die Achse des Polaroidfilters senkrecht zur Polarisationsebene des reflektierten Lichts, so wird dieses Licht nicht durchgelassen. In Anhang 23-1 wird gezeigt, daß das reflektierte Licht zu 100% polarisiert ist, wenn für den Einfallswinkel θ_1 und die Brechzahl n des Mediums die folgende Beziehung gilt: $\tan\theta_1 = n$. Der Vektor des elektrischen Feldes steht dabei senkrecht auf der Ebene, welche den einfallenden und den reflektierten Strahl enthält.

Beispiel 4: Die Brechzahl von Wasser ist 1,33. Unter welchem Winkel verschwindet beim Beobachten einer Wasseroberfläche mit einer Polaroidbrille die Reflexion von der Oberfläche völlig? Wie muß die Polarisatorachse der Brillengläser stehen, horizontal oder vertikal?

Lösung: Für den gesuchten Winkel gilt: $\tan\theta_1 = 1{,}33$. Dann ist $\theta_1 = 53°$. Da das reflektierte Licht horizontal polarisiert ist, muß die Polarisatorachse der Gläser vertikal stehen. Steht die Sonne also 37° über dem Horizont, so wird ihre Reflexion von einer glatten Wasseroberfläche durch die Brille völlig unterdrückt.

23-3 Beugung an einer kreisförmigen Öffnung

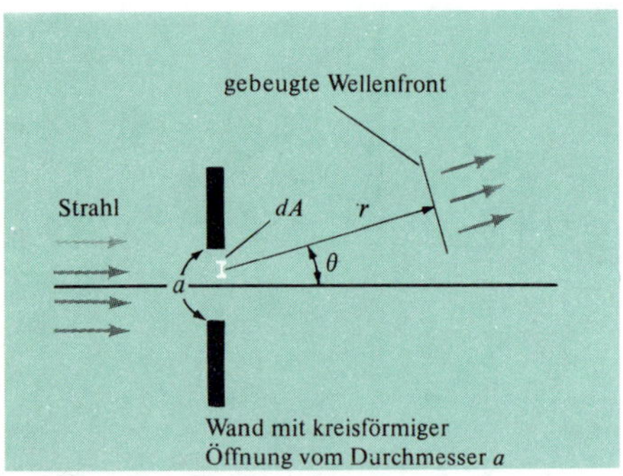

Abb. 23-12. *Beugung an einer kreisförmigen Öffnung des Durchmessers a. Jedes Flächenelement* d*A trägt zur Gesamtamplitude in Richtung θ bei.*

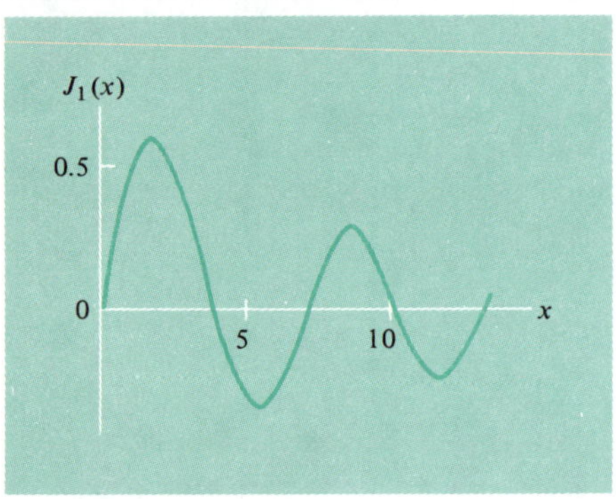

Abb. 23-13. *Bessel-Funktion 1. Ordnung*

Anstelle eines einzelnen Spaltes der Breite a wollen wir nun eine kreisförmige Öffnung mit dem Durchmesser a betrachten. Nach dem Huygensschen Prinzip müssen wir die Elementarwellen von allen Punkten innerhalb der Öffnung zur Gesamtamplitude aufaddieren. Der Beitrag jeder Elementarwelle ist $\cos kr\,\mathrm{d}A$, wobei nach der Fraunhoferschen Näherung r der Abstand nach Abb. 23-12 und $\mathrm{d}A$ ein Flächenelement des Kreises ist. Die Amplitude für einen bestimmten Winkel θ ist gleich dem Integral

$$\int_{\text{Öffnung}} \cos\,[kr(\theta)]\,\mathrm{d}A\,.$$

Dieses ziemlich komplizierte Integral hat als Lösung eine für Ingenieure, Physiker und Mathematiker recht bekannte Funktion, nämlich die Bessel-Funktion 1. Ordnung $J_1(x)$. Diese Funktion ist in Abb. 23-13 dargestellt. Sie hat die Form

$$J_1(x) \approx \sqrt{\frac{2}{\pi x}}\sin\left(x - \frac{\pi}{4}\right) \quad \text{für} \quad x > 5\,.$$

Durch Integration über die Öffnung und Quadrieren erhält man für die Intensität als Funktion des Winkels θ:

$$I = I_0\left[\frac{J_1(\Phi/2)}{\Phi/4}\right]^2, \quad \text{wobei} \quad \Phi = ka\sin\theta\,. \qquad \text{(23-4)}$$

Man beachte die Ähnlichkeit mit dem Ergebnis für die Beugung am Spalt. Nach Gl. (22-13) ergab sich dafür

$$I = I_0\left[\frac{\sin\Phi/2}{\Phi/2}\right]^2.$$

Beim Spalt tritt das erste Minimum bei $\sin\theta_{\min} = \lambda/a$ auf. Für die kreisförmige Öffnung gilt für das erste Minimum $J_1(x) = 0$. Wie man der

Abb. 23-14. (*a*) *Photographie des Beugungsbildes, das mit monochromatischem Licht hinter einer kreisförmigen Lochblende entsteht.* (*b*) *Zugehörige Intensitätsverteilung nach Gl.* (*23-4*)

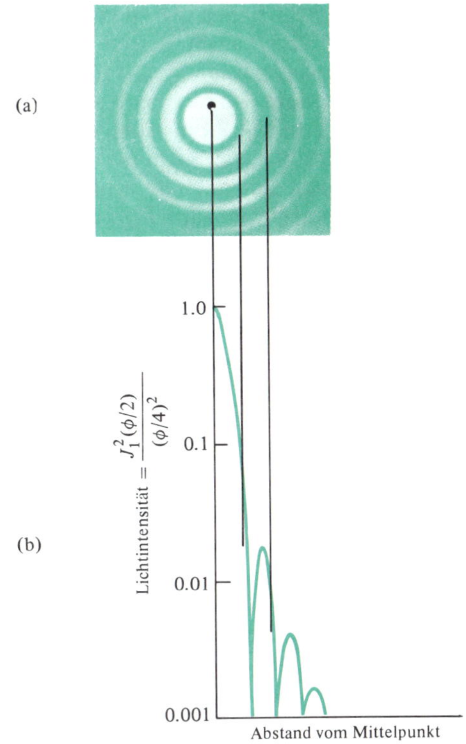

Abb. 23-13 entnimmt, hat die Bessel-Funktion ihre erste Nullstelle bei $x = 3{,}84$:

$$\left(\frac{\Phi_{\min}}{2}\right) = 3{,}84$$

oder

$$\frac{ka \sin \theta_{\min}}{2} = 3{,}84,$$

$$\sin \theta_{\min} = 1{,}22 \frac{\lambda}{a}. \qquad \textbf{(23-5)}$$

Gl. (23-5) weicht vom Ergebnis für einen Spalt nur um 22% ab. Abb. 23-14(a) zeigt eine Photographie des Beugungsmusters hinter einer kreisförmigen Öffnung. Die berechnete Intensitätsverteilung ist in Abb. 23-14(b) dargestellt. Das Beugungsmuster besteht aus einem zentralen hellen Scheibchen, das von lichtschwächeren Ringen umgeben ist.

Wir wollen nun die Resultate dieses Abschnitts zunächst dazu benutzen, das Auflösungsvermögen von Teleskop und Mikroskop zu bestimmen. Danach werden wir sie auf die „Supermikroskope" der Elementarteilchenphysiker anwenden – die modernen Hochenergiebeschleuniger. Wir werden zeigen, wie die Ergebnisse dieses Abschnitts dazu benutzt werden können, Größe und Form der Kernbausteine zu bestimmen.

23-4 Optische Instrumente und ihr Auflösungsvermögen

Auf Seite 483 haben wir uns bereits mit dem Auflösungsvermögen des Spektrometers befaßt. Es ist ein Maß dafür, wie dicht benachbart die Wellenlängen zweier Spektrallinien sein dürfen, damit man sie noch als zwei getrennte Linien beobachten kann. Das optische Auflösungsvermögen eines Teleskops oder eines Mikroskops ist eine ähnliche Größe. Es beschreibt, wie dicht benachbart zwei punktförmige Lichtquellen sein können, um noch getrennt wahrgenommen zu werden. Wenn beim Spektrometer zwei Linien zu dicht beieinander liegen, so erscheinen sie als eine einzige Linie, da das Instrument eine instrumentelle Linienbreite besitzt (die für das Beugungsgitter $\Delta\lambda = \lambda/N$ ist). In ähnlicher Weise werden beim Teleskop oder beim Mikroskop zwei Punktlichtquellen, die zu dicht beieinander liegen, als eine Quelle erscheinen, da das optische Instrument aus einer punktförmigen Quelle ein winziges Scheibchen mit kreisförmigen Beugungsringen macht. Dies ist dasselbe Beugungsmuster, das in Abb. 23-14 dargestellt ist.

Das Teleskop

Um verstehen zu können, warum ein Teleskop kein punktförmiges Bild von einer punktförmigen Lichtquelle erzeugen kann, müssen wir kurz die Funktionsweise des Teleskops erklären. Man betrachte das Teleskop der Abb. 23-15, das auf zwei Punktquellen A und B in großer Entfernung gerichtet ist. Das Teleskop besitzt eine Objektivlinse (oder einen Konkavspiegel) der Brennweite F. Eine Linse oder ein Konkavspiegel haben die Eigenschaft, parallele Strahlen auf einen Punkt im Abstand F von der Linse (vom Spiegel) zu fokussieren. F heißt Brennweite. Wir entnehmen der Abb. 23-15, daß bei einem Winkel α zwischen den Strahlenbündeln von A und B der Abstand zwischen ihren Bildpunkten $y_0 = F\alpha$ ist. Bei astronomischen Teleskopen werden diese Bilder direkt mit einer photographischen Platte in der Brennebene aufgenommen. Die Bilder können auch durch ein Okular betrachtet werden. Dies ist eine weitere Linse mit der Brennweite f, die sich im Abstand f rechts von der Brennebene befindet. Dahinter ist der Winkel zwischen den Strahlenbündeln A und B

$$\alpha' = \frac{y_0}{f} = \frac{F\alpha}{f}.$$

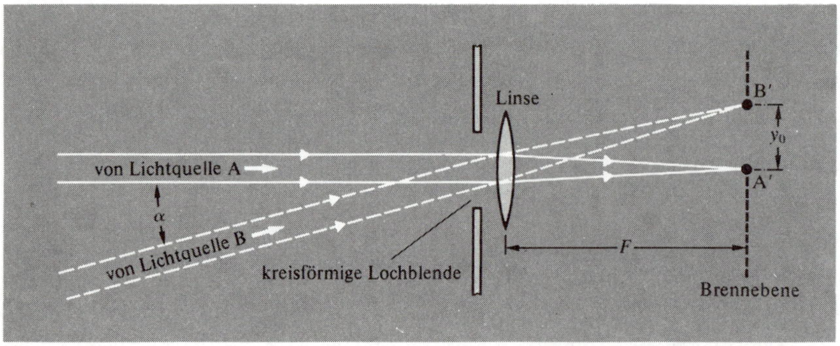

Abb. 23-15. *Zwei Punktquellen A und B werden mit Hilfe des dargestellten Teleskops betrachtet. Ihre Bilder A′ und B′ liegen in der Brennebene.*

Die Vergrößerung M wird definiert als

$$M := \frac{\alpha'}{\alpha} = \frac{F}{f}. \quad \text{(Vergrößerung des Teleskops)} \qquad (23\text{-}6)$$

Nach dieser Definition kann man zwar die Vergrößerung durch die Wahl entsprechender Brennweiten beliebig groß machen. Eine faktische Grenze ist jedoch durch das Auflösungsvermögen gesetzt. Das Auflösungsvermögen ist hier definiert als der minimale Winkel $\alpha_{\min}$ zwischen den Strahlenbündeln von zwei punktförmigen Lichtquellen, bei dem ihre Bilder noch als zwei Lichtpunkte aufgelöst werden können und nicht zu einem Punkt verschmelzen.

Der Radius R_s des zentralen Beugungsscheibchens ergibt sich aus Abb. 23-16. Nach Gl. (23-5) gilt für das erste Minimum des Beugungsbildes einer kreisförmigen Öffnung

$$\sin \theta_{\min} \approx \theta_{\min} \approx 1{,}22 \frac{\lambda}{a}.$$

Der Radius des entsprechenden Scheibchens ist

$$R_s = F\theta_{\min} = F\left(1{,}22 \frac{\lambda}{a}\right).$$

Sind die Bilder zweier punktförmiger Lichtquellen durch diesen oder einen größeren Abstand voneinander getrennt, so nimmt man sie als zwei getrennte Scheibchen wahr. Die Bedingung dafür ist also, daß y_0 (oder $F\alpha$) größer sein muß als R_s:

$$F\alpha > 1{,}22 F \frac{\lambda}{a},$$

$$\alpha > 1{,}22 \frac{\lambda}{a}.$$

Das Auflösungsvermögen ist

$$\alpha_{\min} = 1{,}22 \frac{\lambda}{a}. \qquad (23\text{-}7)$$

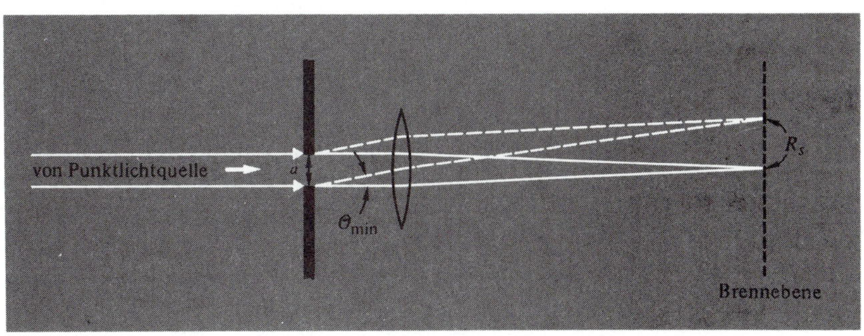

Abb. 23-16. *Die kreisförmige Lochblende vor der Linse erzeugt ein Beugungsbild, das auf die Brennebene fokussiert wird.*

Beispiel 5: Zwei Sterne werden unter einem Winkelabstand von 10^{-6} rad beobachtet.
(a) Können sie mit einem optischen Teleskop mit einem Durchmesser von 2,50 m noch aufgelöst werden? (b) Können sie mit dem Radioteleskop der Cornell University in Arecibo mit einem Durchmesser von 305 m aufgelöst werden, wenn man annimmt, daß sie meßbare Radiosignale bei 400 MHz abstrahlen?

Lösung: (a) Der Beugungswinkel $\theta_{\min}$ für ein Teleskop mit einem Durchmesser von 2,50 m ist $\theta_{\min} = 1{,}22\lambda/a$, wobei $a = 2{,}50$ m. Für Licht der Wellenlänge $\lambda = 5 \cdot 10^{-7}$ m erhalten wir:

$$\theta_{\min} = 1{,}22 \frac{5 \cdot 10^{-7}}{2{,}50} = 2{,}4 \cdot 10^{-7} \text{ rad}.$$

Der Winkel zwischen den beiden Sternen ist viermal größer. Somit sollten die Sterne aufgelöst werden können (wenn man annimmt, daß keine atmosphärischen Turbulenzen vorhanden sind).
(b) Für das Radioteleskop von Arecibo gilt: $a = 305$ m und $\lambda = c/f = (3{,}00 \cdot 10^8 \text{ m/s})/(4 \cdot 10^8 \text{ s}) = 0{,}75$ m. Damit wird

$$\theta_{\min} = 1{,}22 \frac{0{,}75}{305} = 3 \cdot 10^{-3} \text{ rad}.$$

Das Auflösungsvermögen müßte demnach 3000mal größer sein, um die Sterne noch auflösen zu können. (In der Praxis kann man das dadurch erreichen, daß man Radioteleskope, deren Entfernung voneinander größer als 900 km ist, elektrisch miteinander koppelt.)

Das Mikroskop

Starke optische Mikroskope haben eine Objektivlinse von kurzer Brennweite F. Der zu vergrößernde Gegenstand befindet sich im Abstand F von der Linse, wie es Abb. 23-17 zeigt. Die Bildebene liegt in viel größerer Entfernung D. Da Strahlen, die durch die Linsenmitte verlaufen, nicht abgelenkt werden, ist die Vergrößerung nach Abb. 23-17(b) $M = \mathrm{A'B'/AB}$. Daraus folgt $M = D/F$. Wie beim Teleskop kann man in der Bildebene entweder eine photographische Platte anbringen oder aber das Bild mit einem Okular betrachten.

Licht von der Punktquelle A geht bei Abbildung auf die Bildebene durch das erste Intensitätsminimum, wenn es die kreisförmige Blende unter dem Winkel $\theta_{\min} \approx 1{,}22\lambda/a$ verläßt. Der Radius des Lichtscheibchens ergibt sich durch Multiplikation mit dem Abstand D zu

$$R_s \approx \theta_{\min} D \approx 1{,}22 \frac{\lambda}{a} D.$$

Abb. 23-17. *Beim Mikroskop erzeugt eine Linse kurzer Brennweite im Abstand D ein Bild in der Bildebene.*

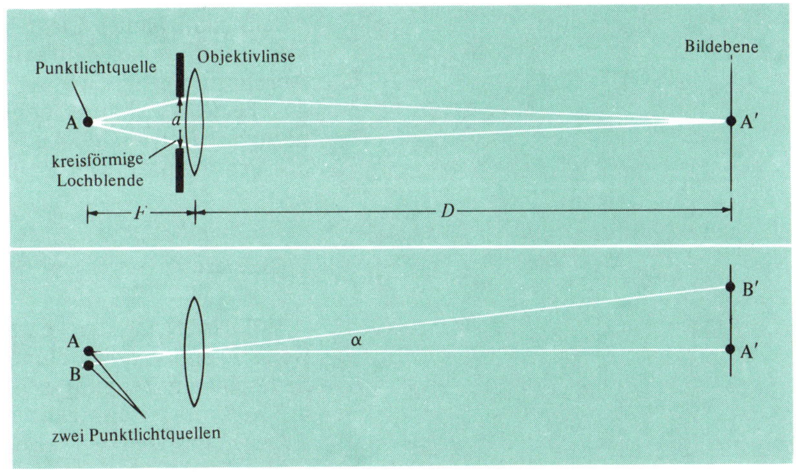

Ist α der Winkel zwischen den Verbindungsgeraden der zwei Punktquellen A und B mit der Mitte der Objektivlinse, so ist der Abstand der Bildpunkte $y = D\alpha$. Die Bedingung für den minimalen Winkel α, der gerade noch aufgelöst werden kann, ergibt sich aus

$$y_{\min} = R_s,$$

$$D\alpha_{\min} = 1{,}22\frac{\lambda}{a}D,$$

$$\alpha_{\min} = 1{,}22\frac{\lambda}{a}.$$

Die gleiche Bedingung gilt für das Teleskop [Gl. (23-7)].

Beim Mikroskop ist es von größerem Interesse, den kleinsten noch auflösbaren Abstand zweier Punktquellen abzuschätzen. Dieser Abstand sei $d_{\min}$. Aus $d_{\min} = \alpha_{\min}F$ folgt

$$d_{\min} = 1{,}22\lambda\frac{F}{a}.$$

Das Verhältnis a/F heißt Apertur. Bei einem guten Ölimmersionsobjektiv ist a/F etwa 1,2. Damit wird

$$d_{\min} \approx \lambda.$$

Folglich kann ein Mikroskop getrennte Objekte nicht mehr auflösen, wenn ihr Abstand kleiner als die Wellenlänge des benutzten Lichts ist. Das Auflösungsvermögen kann demnach geringfügig verbessert werden, indem man blaues Licht benutzt. Eine weitere Verbesserung bringt die Verwendung von Ultraviolett- oder Röntgenstrahlung. Im nächsten Abschnitt werden wir sehen, wie man mit Hochenergiebeschleunigern das beste überhaupt mögliche Auflösungsvermögen erzielen kann. Das beste bisher erreichte Auflösungsvermögen entspricht etwa einem Zehntel des Protonenradius oder 10^{-16} m.

Fokussierung von Laserlicht

Fokussiert man ein paralleles Lichtbündel mit einer Linse der Brennweite F und des Durchmessers a auf einen Schirm, so ergibt sich nach Seite 509 ein Beugungsscheibchen der Größe $R_s = 1{,}22\lambda F/a$. Da für den größten praktisch realisierbaren Wert von a gilt: $a \approx F$, ergibt sich $R_s \approx \lambda$. Besitzen wir also eine Lichtquelle, die vollkommen paralleles Licht abgibt, so kann dieses Licht auf eine Fleckgröße fokussiert werden, die etwa der Lichtwellenlänge entspricht. Da ein Laser paralleles Licht emittiert, kann seine gesamte Ausgangsenergie auf eine Fläche von etwa $(6 \cdot 10^{-7}\ \mathrm{m})^2$ oder $\approx 4 \cdot 10^{-13}\ \mathrm{m}^2$ konzentriert werden. Die resultierende sehr große Energiedichte kann zu extrem hohen Temperaturen führen. Diese Tatsache stellt einen bedeutenden Vorteil des Lasers gegenüber anderen Lichtquellen dar. Vor der Erfindung des Lasers existierten nur ausgedehnte Lichtquellen, d. h., sie hatten einen bestimmten Durchmesser, der bei einem Lichtbogen oder einem Glühfaden etwa 1 mm betrug. Bringt man eine Linse nahe genug an eine solche Lichtquelle, um einen ausreichenden Bruchteil der abgestrahlten Energie zu sammeln, so erzeugt sie ein Bild, dessen Größe etwa der Größe der Lichtquelle selbst entspricht. Es gab deshalb vor der Erfindung des Lasers keine Möglichkeit, größere Energiedichten als in der Lichtquelle selbst zu erzeugen.

Beispiel 6: Ein paralleles Laserlichtbündel habe einen kreisförmigen Querschnitt von 5 cm Durchmesser. Die Wellenlänge sei 6328 Å. Der Laserstrahl werde auf den dunklen Teil des Mondes gerichtet. Wie groß ist der Durchmesser der beleuchteten Fläche auf der Mondoberfläche?

Lösung:

$$R_s = 1{,}22\,\frac{\lambda D}{a} = 1{,}22\,\frac{(6328 \cdot 10^{-10}\ \mathrm{m})\,(3{,}84 \cdot 10^{8}\ \mathrm{m})}{0{,}05\ \mathrm{m}}$$

$$= 5{,}9\ \mathrm{km}$$

Kurz nach der Erfindung des Lasers wurden solche Laserlichtflekken auf dem Mond mit großen Teleskopen beobachtet.

Die Gleichung $\sin\theta_{min} = 1{,}22\lambda/a$ kann dazu benutzt werden, den unbekannten Durchmesser einer kleinen Lochblende zu bestimmen. Bringt man einen Schirm hinter der Lochblende an, so beobachtet man darauf das Beugungsbild der Abb. 23-14. Ist R_s der Abstand vom Zentrum der Scheibe zum ersten Minimum und D der Abstand zum Schirm, dann wird

$$\theta_{min} = \frac{R_s}{D} = 1{,}22\frac{\lambda}{a}.$$

Löst man nach a auf, so ergibt sich

$$a = \frac{1{,}22\lambda D}{R_s}.$$

Auf diese Weise liefert eine einfache Messung von R_s den gewünschten Blendendurchmesser.

Auf die gleiche Weise kann der Durchmesser einer kleinen Kugel oder einer schwarzen Scheibe bestimmt werden. Es ist leicht einzusehen, daß das Beugungsbild einer schwarzen Scheibe das gleiche ist wie das für eine kreisförmige Öffnung. Im Falle der kreisförmigen Öffnung haben wir das Beugungsmuster berechnet, indem wir nach dem Huygensschen Prinzip die Öffnung als ausgedehnte Lichtquelle betrachtet haben. Im Fall der schwarzen Scheibe bildet diese selbst die Strahlungsquelle infolge der in ihr induzierten Ströme. Das Beugungsmuster der schwarzen Scheibe wird also dem der Abb. 23-14 gleichen – bis auf einen hellen Fleck im Zentrum für die Strahlrichtung 0°.

Beispiel 7: Ein Laserstrahl der Wellenlänge $\lambda = 6328$ Å treffe auf eine Glasplatte, die mit Lykopodiumsporen bedeckt ist (das sind die kugelförmigen Sporen des Bärlapp [Lykopodium]). Auf einem Schirm in 5 m Abstand beobachtet man einen runden roten Fleck, der von einem ersten dunklen Ring vom Radius 19 cm umgeben ist. Wie groß ist der Durchmesser der Lykopodiumsporen?

Lösung:

$$\theta_{min} = \frac{19\text{ cm}}{500\text{ cm}} = 38 \cdot 10^{-3}\text{ rad} = \frac{1{,}22\lambda}{a},$$

$$a = \frac{1{,}22\lambda}{38 \cdot 10^{-3}} = \frac{1{,}22 \cdot 6328 \cdot 10^{-10}\text{ m}}{38 \cdot 10^{-3}} = 2{,}03 \cdot 10^{-5}\text{ m}.$$

Wie kann man jedoch den Durchmesser einer Kugel bestimmen, die viel kleiner als die Lichtwellenlänge ist? Wir können es mit „Licht" von kleinerer Wellenlänge versuchen, etwa Röntgenstrahlung oder Gammastrahlung. Anstelle von Licht kann man jede beliebige Art von ebenen Wellen benutzen, solange nur $\lambda < a$ ist und das Scheibchen oder Kügelchen die Wellen stark absorbiert. Jede ebene Wellenfront, aus der ein

23-5 Diffraktionsstreuung

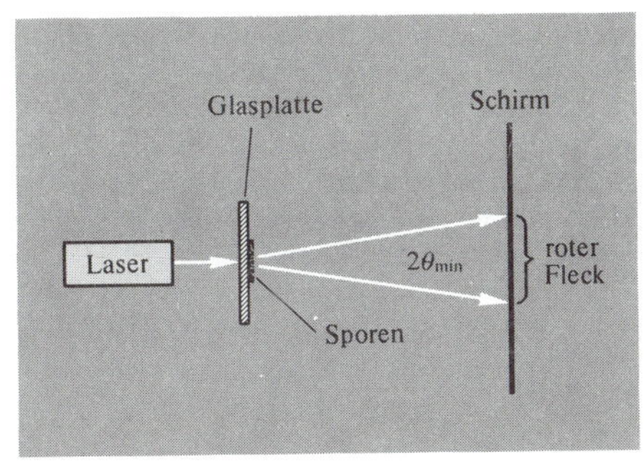

Abb. 23-18. *Schwarze Scheibchen auf einer Glasplatte erzeugen ein Beugungsbild auf dem Schirm.*

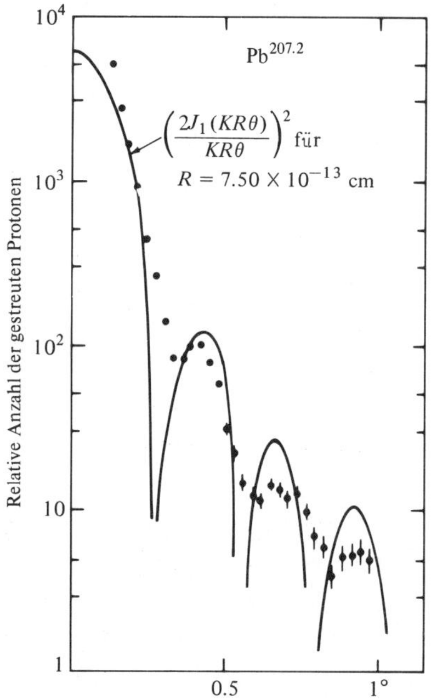

Abb. 23-19. *Resultate eines Streuexperiments von 19-GeV-Protonen an Blei. Die Anzahl der gestreuten Protonen ist gegen den Streuwinkel aufgetragen. Die durchgezogene Kurve entspricht dem klassischen Beugungsbild von Licht entsprechender Wellenlänge an einer kreisförmigen Scheibe mit einem Radius von* $7{,}5 \cdot 10^{-15}$ *m.*

kreisförmiges Stück „herausabsorbiert" wird, muß ein Beugungsmuster der Form $[J_1(\Phi/2)/(\Phi/4)]^2$ erzeugen.

An dieser Stelle wird es nötig, auf die erstaunlichste und revolutionärste Idee der ganzen Physik zu sprechen zu kommen: Es ist völlig zweifelsfrei bewiesen worden, daß jedes sich bewegende Teilchen als eine ebene Welle der Wellenlänge $\lambda = h/p$ dargestellt werden kann. Dabei ist $h = 6{,}63 \cdot 10^{-34}$ J s und p der Teilchenimpuls. Diese ungewöhnliche Idee wurde im Jahre 1924 vorgebracht und 1927 zum ersten Male experimentell bestätigt. Die Wellennatur der Materie wird das zentrale Thema dieses Buches vom nächsten Kapitel ab sein. Für diesen Abschnitt wollen wir die Wellennatur als bewiesen annehmen (der Beweis wird im nächsten Kapitel diskutiert). Danach kann ein Protonenstrahl, dessen Energie 19 GeV ($19 \cdot 10^9$ eV) beträgt, als eine ebene Welle der Wellenlänge $\lambda = 0{,}65 \cdot 10^{-16}$ m dargestellt werden. Das ist bedeutend kleiner als der Durchmesser der Atomkerne, der $\approx 10^{-14}$ m beträgt. Ist die Gleichung $\lambda = h/p$ richtig, so sollten wir ein Beugungsmuster beobachten, wenn wir einen Protonenstrahl mit einer Energie von 19 GeV auf eine Bleifolie auftreffen lassen. Ein solches Experiment kann mit einem Protonenstrahl aus einem Hochenergiebeschleuniger leicht durchgeführt werden. Das Resultat ist in Abb. 23-19 dargestellt. Es kann als ein weiterer Beweis für die Wellennatur der Materie angesehen werden. Akzeptiert man diese, so kann das Ergebnis dazu benutzt werden, die Größe des Blei-Atomkerns und die Dicke seines teilweise durchlässigen Randes zu bestimmen.

Ob die Teilchen im Strahl nun Photonen (im Fall von Licht) oder Protonen sind: die Lösung der Wellengleichung ist identisch mit der Lösung des klassischen Problems der Beugung von Licht an einer schwarzen Scheibe mit dem Radius R. Daraus folgt, daß Gl. (23-5) auch auf hochenergetische Protonen angewendet werden kann. Wir müssen nur in Gl. (23-5) λ durch h/p ersetzen. Wir erhalten dann

$$\sin\theta_{\min} = 1{,}22\frac{h}{pa}.$$

Wegen $a = 2R$ folgt

$$\sin\theta_{\min} = 0{,}61\frac{h}{pR}. \tag{23-8}$$

Das Beugungsmuster für Protonen erhält man aus der Messung der Anzahl der elastisch gestreuten Protonen als Funktion des Winkels θ. Die Meßpunkte der Abb. 23-19 zeigen die Resultate von Messungen bei 30 verschiedenen Winkeln zwischen 0,11° und 1,03°. Die durchgezogene Kurve stellt die bekannte Intensitätsverteilung für Licht dar, das an einer schwarzen Scheibe gebeugt wurde, wobei als Lichtwellenlänge die „Wellenlänge" der Protonen eingesetzt wurde. Die Abweichungen der experimentellen Punkte von der theoretischen Kurve werden nicht durch eine Verletzung des Prinzips der Wellennatur der Materie verursacht, sondern rühren daher, daß sich der Blei-Atomkern nicht wie eine einfache schwarze Scheibe mit scharfem Rand verhält. Nimmt man einen Rand an, der teilweise durchlässig ist, so erhält man eine Kurve, die mit allen experimentellen Punkten übereinstimmt. In der Tat können die experimentellen Resultate der Abb. 23-19 dazu benutzt werden, sowohl die Dicke des

Randbezirks wie den Radius des Blei-Atomkerns zu bestimmen. Den Radius erhält man, indem man Gl. (23-8) nach R auflöst:

$$R = 0{,}61 \frac{h}{p \sin \theta_{\mathrm{min}}}. \qquad (23\text{-}9)$$

Nach den in Abb. 23-19 dargestellten Resultaten liegt das erste Minimum bei 0,3°. Setzt man diesen Winkel in Gl. (23-9) ein, so erhält man für den Radius des Blei-Atomkerns $R = 7{,}5 \cdot 10^{-15}$ m.

Sogar die Streuung von Protonen an Protonen führt zu Beugungsmustern. In diesem Fall weicht die gemessene Intensitätsverteilung sogar noch stärker von der Verteilung für eine schwarze Scheibe mit scharfem Rand ab, da das Proton von seinem Mittelpunkt zum Rande hin transparenter wird. Den effektiven Radius des Protons erhält man, indem man die Breite des zentralen Maximums ausmißt. Das Resultat ist $1{,}1 \cdot 10^{-15}$ m für den „optischen" Radius bei Streuung von Protonen an Protonen. Aber was läßt sich über eine mögliche Struktur des Protons aussagen? Besitzt es einen harten „schwarzen" Kern wie die Atome? Eine kleine schwarze Scheibe als Kern, umgeben von einem größeren halbtransparenten Ring, führt zu einem komplexen Beugungsmuster: das zentrale Maximum stellt dann eine Überlagerung zweier solcher zentraler Maxima mit entsprechenden Durchmessern dar. Bis heute ist ein solcher Effekt noch nicht eindeutig beobachtet worden. Eine obere Grenze für die Größe eines möglichen Kerns erhält man durch Einsetzen des größten bisher beobachteten Wertes von $p \sin \theta$ in Gl. (23-9).

Die Proton-Proton-Streuung ist am Synchrotron in Brookhaven bei der größten mit diesem Beschleuniger möglichen Energie untersucht worden. Ein Wasserstoff-Target wurde mit einem Protonenstrahl mit einer Energie von 32 GeV beschossen. Die gestreuten Protonen und die Rückstoßprotonen bildeten nach dem Stoß einen Winkel von 15° zur Strahlrichtung, wobei jeder Anteil die halbe Strahlenergie besaß. Das Produkt $pc \sin \theta$ beträgt dann 4 GeV oder $p \sin \theta = 2{,}13 \cdot 10^{-18}$ kg m/s, was nach Einsetzen in Gl. (23-9) zu einem Wert von $0{,}19 \cdot 10^{-15}$ m führt. Im Experiment sollte ein Kern, dessen Radius halb so groß ist, ein noch meßbares zentrales Maximum liefern. Wir folgern daraus, daß das Proton keinen Kern besitzen kann, der größer als $0{,}1 \cdot 10^{-15}$ m ist. Wir sehen also, daß das Synchrotron in Brookhaven und andere Hochenergiebeschleuniger tatsächlich als Supermikroskope angesehen werden können, mit denen es möglich ist, Abstände bis hinunter zu Bruchteilen von einem Fermi auszumessen. (Das Fermi ist eine Längeneinheit von 10^{-15} m.) Das so erzielte Auflösungsvermögen übertrifft das Auflösungsvermögen der besten optischen Mikroskope um einen Faktor von 10^9. Beschleuniger mit noch größerer Ausgangsenergie werden notwendig, wenn man im Proton noch Strukturen erkennen möchte, die kleiner als $0{,}1 \cdot 10^{-15}$ m sind.

23-6 Geometrische Optik

Die Lichtwellenlänge ist im Vergleich zu den Abmessungen der meisten optischen Instrumente so klein, daß Interferenzeffekte üblicherweise keine Rolle spielen. Ein Wellenzug (eine Folge von Lichtwellen) breitet sich geradlinig und senkrecht zu seiner Wellenfront aus. Jede Gerade, welche die Bewegungsrichtung von Lichtwellen anzeigt, heißt ein Lichtstrahl. Wie wir sehen werden, gelten für Lichtstrahlen die Gesetze der Reflexion (an Spiegeln) und der Brechung (beim Eintritt in durchsichtige Medien wie z. B. Linsen). Mit Hilfe dieser beiden Gesetze und den bekannten Regeln der Euklidischen Geometrie kann ein ganzes mathematisches oder geometrisches System abgeleitet werden. Diese Geometrie der Lichtstrahlen ist ein in sich abgeschlossenes Gebiet, das geometrische Optik genannt wird. Da die einzigen neuhinzukommenden physikalischen Prinzipien das Reflexions- und das Brechungsgesetz sind, werden wir uns auf diese beiden Gesetze konzentrieren und die übrige geometrische Optik nur ganz kurz behandeln.

Das Reflexionsgesetz

Das Reflexionsgesetz besagt das Folgende: Trifft ein Lichtstrahl auf eine reflektierende Oberfläche, so ist der Einfallswinkel gleich dem Reflexionswinkel. Einfallswinkel und Reflexionswinkel sind definiert als die Winkel zwischen einfallendem bzw. reflektiertem Strahl und der Senkrechten auf der reflektierenden Oberfläche. Demnach ist der Winkel zwischen der einfallenden Wellenfront und der reflektierenden Oberfläche ebenfalls gleich dem Einfallswinkel θ_{in}.

Nach Abb. 23-20(a) induziert das einfallende elektrische Feld einen Oberflächenstrom, dessen Stärke $\mathscr{J}(y, t)$ proportional zu sin y ist. Dieser Oberflächenstrom verhält sich so, daß das elektrische Feld im Leiter immer null ist. Das bedeutet: Das von dem Oberflächenstrom nach rechts abgestrahlte Feld muß das einfallende Feld E_{in} gerade auslöschen. Daraus folgt: $E'_R = -E_{\text{in}}$ und $\theta'_R = \theta_{\text{in}}$ [s. Abb. 23-20(b)]. Aus Symmetrieüberlegungen folgt: $E'_L = E'_R$ und $\theta'_L = \theta'_R$. [Dreht man Abb. 23-20(b) in der Weise, daß links und rechts vertauscht werden, so bleibt die physikalische Situation die gleiche.] Damit haben wir bewiesen, daß der Einfallswinkel gleich dem Reflexionswinkel ist ($\theta_{\text{in}} = \theta'_L$) und daß für Leiteroberflächen gilt: Die reflektierte Welle hat die gleiche Amplitude wie die einfallende Welle. Die Komponente der Feldstärke parallel zur Oberfläche ändert jedoch an der Oberfläche ihre Richtung um 180°.

Wir wollen nun das Reflexionsgesetz anwenden, indem wir damit zeigen, daß sich ein Hohl- oder Konkavspiegel wie eine Sammellinse verhält. Eine einfache Linse oder Lupe fokussiert bekanntlich parallele Lichtstrahlen auf einen Punkt, den Brennpunkt. Dasselbe gilt auch für einen Hohlspiegel. So kann man zum Beispiel mit einem konkaven Rasierspiegel ein Loch in ein Stück Papier brennen, indem man den Spiegel auf die Sonne richtet und das Papier in seinen Brennpunkt hält. Wie Abb. 23-21(a) zeigt, ist die Brennweite halb so groß wie der Krümmungsradius des Spiegels. In der Abbildung ist ein beliebiger Strahl AP aus einem

(a)

(b)

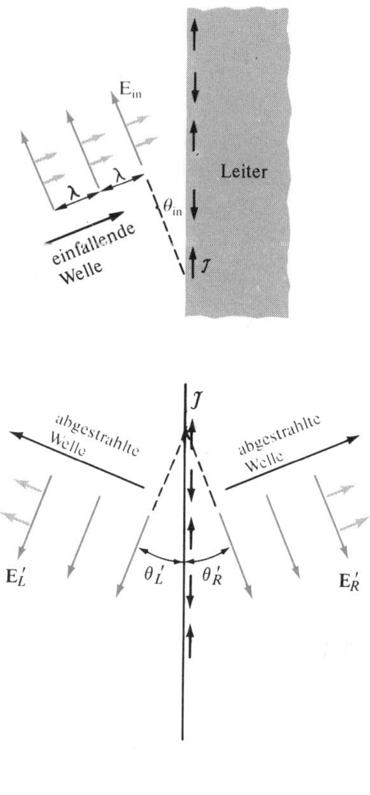

Abb. 23-20. *(a) Drei aufeinanderfolgende Wellenfronten einer einfallenden Welle. Der Einfallswinkel ist* θ_{in}. *In dem Leiter wird ein Strom induziert* ($\mathscr{J}(y)$), *dessen Maxima bei den Schnittpunkten der Wellenfronten mit der Oberfläche liegen. (b) Darstellung der von* $\mathscr{J}(y)$ *abgestrahlten Welle.*

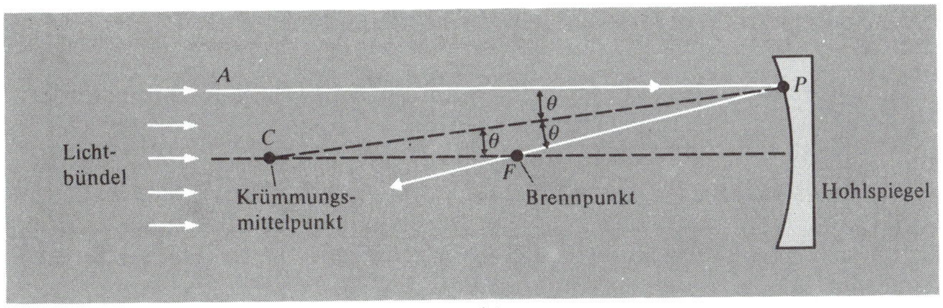

(a)

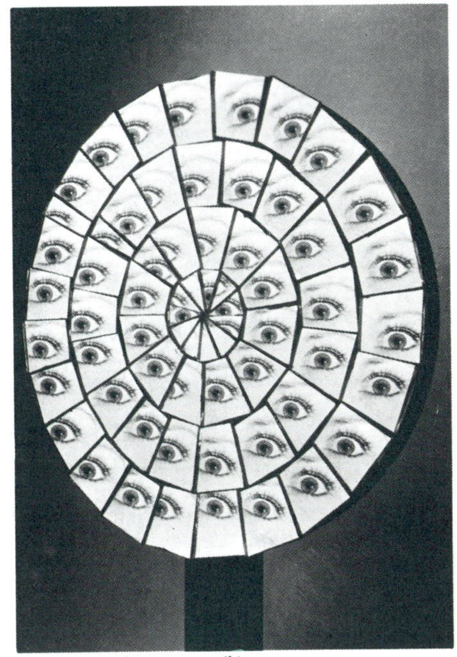

(b)

Abb. 23-21. *(a) Paralleles Lichtbündel, das auf einen Hohlspiegel mit dem Krümmungsradius CP fällt. (b) Ein Auge, das sich im Krümmungsmittelpunkt einer Reihe von Planspiegeln befindet, sieht sich „überall". Strahlen vom Gegenstand kehren zu diesem selbst zurück.*

Lichtbündel herausgegriffen. θ sei der Winkel zwischen diesem Strahl und der Senkrechten auf dem Spiegel *CP*. Man beachte, daß *CP* der Krümmungsradius des Spiegels ist. Nach dem Reflexionsgesetz muß der Winkel *APC* gleich dem Winkel *FPC* sein. Folglich ist das Dreieck *FPC* gleichschenklig. Die Länge seiner gleichen Schenkel *CF* und *FP* ist in guter Näherung gleich dem halben Abstand von *C* nach *P* und damit dem halben Krümmungsradius.

Abb. 23-22 zeigt, wie man bei bekanntem Brennpunkt *F* das Bild eines Gegenstandes (Pfeil) konstruieren kann. Dazu zeichnet man zunächst Strahl (1) von der Pfeilspitze parallel zur optischen Achse. Dann zeichnet man Strahl (2) von der Pfeilspitze zur Mitte des Spiegels. Der Schnittpunkt der beiden Strahlen ist der Bildpunkt der Pfeilspitze. Alle anderen Strahlen, die von der Pfeilspitze ausgehen, werden ebenfalls durch diesen Bildpunkt gehen (oder nur wenig daneben). Ein Hohlspiegel kann dazu benutzt werden, einen entfernten Gegenstand abzubilden. Das Bild kann mit einer Linse kurzer Brennweite (Okular) noch weiter vergrößert werden. Diese Anordnung von Linsen stellt ein Teleskop dar (s. auch S. 508). Seine Vergrößerung ist gleich dem Verhältnis der Brennweiten [Gl. (23-6)]. Bei astronomischen Teleskopen werden die photographischen Platten direkt im Brennpunkt eines großen Hohlspiegels angebracht. Diesen weitverbreiteten Typ des astronomischen Teleskops, der von Isaac Newton entwickelt wurde, nennt man Spiegelteleskop.

Abb. 23-22. *Abbildung durch einen Hohlspiegel. Mit den Strahlen (1) und (2) läßt sich die Lage des Bildes graphisch ermitteln.*

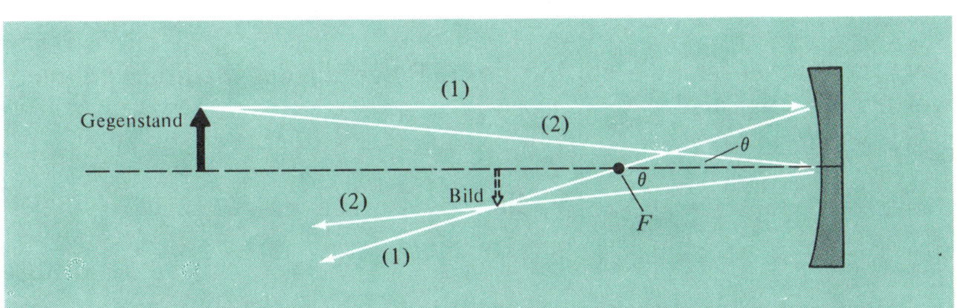

Das Brechungsgesetz (Snelliussches Brechungsgesetz)

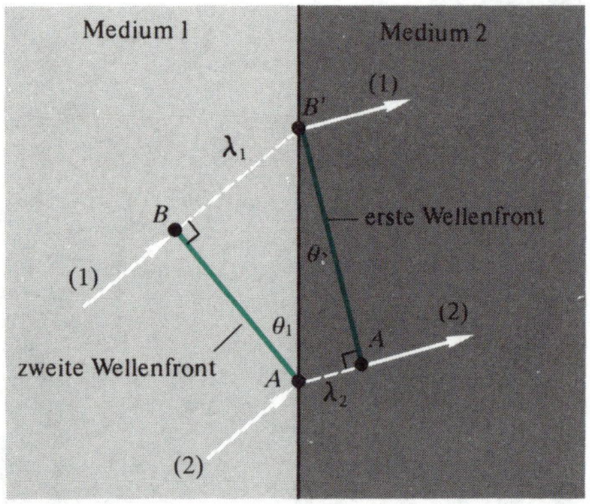

Abb. 23-23. *Zwei aufeinanderfolgende Wellenfronten beim Übertritt von Luft in Wasser*

Das Brechungsgesetz besagt, daß ein Lichtstrahl seine Richtung ändert, wenn er von einem transparenten Medium in ein anderes übergeht. Wenn zum Beispiel ein Lichtstrahl aus der Luft in Wasser oder Glas eindringt, so wird er zur Grenzflächennormalen hin gebrochen. Wir wollen mit Hilfe der Abb. 23-23 erklären, warum sich die Fortpflanzungsrichtung an einer Grenzfläche ändert. Die Abbildung zeigt einen Teil zweier aufeinanderfolgender Wellenfronten AB und $A'B'$. Es sei λ_1 die Wellenlänge im Medium 1 und λ_2 die Wellenlänge im Medium 2:

$$\lambda_1 = \frac{u_1}{f} \quad \text{und} \quad \lambda_2 = \frac{u_2}{f}. \qquad \textbf{(23-10)}$$

Für das rechtwinklige Dreieck ABB' gilt:

$$\sin\theta_1 = \frac{\lambda_1}{AB'},$$

und für das rechtwinklige Dreieck $A'AB$ entsprechend:

$$\sin\theta_2 = \frac{\lambda_2}{AB'}.$$

Dividiert man die erste der beiden Gleichungen durch die zweite, so erhält man

$$\frac{\sin\theta_1}{\sin\theta_2} = \frac{\lambda_1}{\lambda_2}.$$

Mit Hilfe von Gl. (23-10) eliminieren wir λ_1 und λ_2:

$$\frac{\sin\theta_1}{\sin\theta_2} = \frac{u_1}{u_2} = \frac{c/u_2}{c/u_1}.$$

Der Quotient c/u ist auf Seite 450 als die Brechzahl des Mediums definiert worden. Es folgt also

$$\frac{\sin\theta_1}{\sin\theta_2} = \frac{n_2}{n_1}, \quad \text{(Snelliussches Brechungsgesetz)} \qquad \textbf{(23-11)}$$

wobei n_1 und n_2 die Brechzahlen der Medien 1 bzw. 2 sind.

Linsen

Mit Hilfe dieser grundlegenden Gleichung, dem Snelliusschen Brechungsgesetz, lassen sich die optischen Eigenschaften von Linsen berechnen. Wie ein Hohlspiegel besitzt auch eine Sammellinse die Eigenschaft, parallele Strahlen so abzulenken, daß sie im Abstand F von der Linse fokussiert werden. Der Abstand F heißt Brennweite.

Nach Abb. 23-24 kann die Lage des Bildes durch Konstruktion ermittelt werden. Man zeichnet zunächst den Strahl (1) parallel zur horizontalen Achse. Dieser Strahl wird durch die Linse so gebrochen, daß er durch den Brennpunkt geht. Dann zeichnet man Strahl (2), der ungebrochen durch das Zentrum der Linse verläuft. Der Bildpunkt liegt dort, wo sich die beiden Strahlen schneiden. Wir können nach Abb. 23-24 auch eine quantitative Beziehung zwischen der Gegenstandsweite s und der Bildweite s' herleiten. Aus der Ähnlichkeit der Dreiecke ABO und $A'B'O$ folgt

$$\frac{A'B'}{AB} = \frac{s'}{s}. \qquad \textbf{(23-12)}$$

Ebenso folgt aus der Ähnlichkeit der Dreiecke POF und $A'B'F$

$$\frac{A'B'}{PO} = \frac{s' - f}{f}. \qquad \textbf{(23-13)}$$

Wegen $PO = AB$ sind auch die rechten Seiten der beiden Gln. (23-12) und (23-13) gleich, und es gilt

$$\frac{s'}{s} = \frac{s' - f}{f} \quad \text{oder} \quad \frac{1}{f} = \frac{1}{s} + \frac{1}{s'}.$$

Diese Beziehung zwischen Bildweite und Gegenstandsweite heißt Linsengleichung für dünne Linsen. Die Vorzeichen von s, s' und f werden durch eine Vorzeichenkonvention festgesetzt. Danach richtet man es zunächst so ein, daß die Lichtstrahlen die Linse von links nach rechts passieren. Die Bildweite s' ist positiv, wenn sich das Bild auf der rechten Seite der Linse befindet, und negativ, wenn es sich auf der linken Seite befindet.

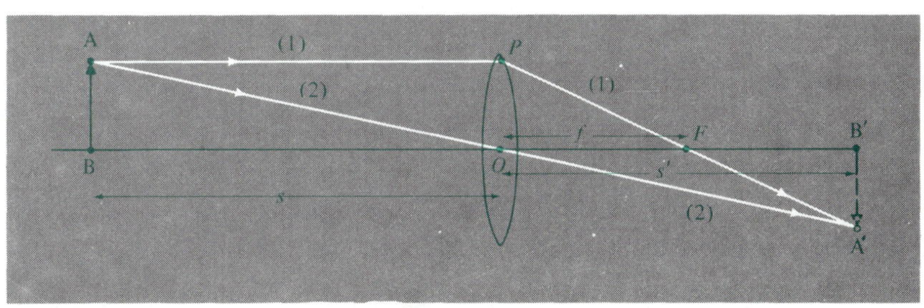

Abb. 23-24. *Der Gegenstand AB befindet sich im Abstand s von einer Linse mit der Brennweite f. Das Bild A'B' entsteht im Abstand s'.*

Die Brennweite f ist positiv für Sammellinsen und negativ für Zerstreuungslinsen. Die Gegenstandsweite s ist negativ für einen virtuellen Gegenstand (das kann das Bild einen Gegenstandes sein, das von einer zusätzlichen Linse weiter links erzeugt wurde).

Zusammenfassung

Ein Hologramm ist die photographische Aufnahme von Interferenzen zwischen Laserlicht, das von einem Gegenstand reflektiert wurde, und einem Referenzstrahl. Die ursprüngliche Wellenfront des reflektierten Lichts wird rekonstruiert, indem man das Hologramm mit kohärentem Licht durchstrahlt.

Die Polarisationsebene einer elektromagnetischen Welle (oder von Licht) enthält den $\boldsymbol{E}$-Vektor. Ein Polarisator, der aus parallelen Drähten (oder molekularen Ketten) besteht, läßt nur die Komponente der elektrischen Feldstärke $\boldsymbol{E}$ passieren, die senkrecht auf den Drähten (molekularen Ketten) steht. Licht, das von einem Material mit der Brechzahl n unter einem Winkel θ_1 reflektiert wird, ist zu 100% polarisiert, wenn gilt $\tan\theta_1 = n$ (Brewstersches Gesetz).

Für das erste Minimum (den ersten dunklen Beugungsring) bei der Beugung monochromatischen Lichts an einer Lochblende des Durchmessers a gilt $\sin\theta_{\min} = 1{,}22\lambda/a$.

Die Vergrößerung V des Teleskops ist $V = F/f$, wobei F die Brennweite des Objektivs und f die des Okulars ist. Das Winkelauflösungsvermögen des Teleskops (und auch des Mikroskops) ist $\alpha_{\min} = 1{,}22\lambda/a$, wobei a der Objektivdurchmesser ist. Der minimale Abstand, der mit einem Mikroskop aufgelöst werden kann, ist $D\alpha_{\min} \approx \lambda$. Laserlicht läßt sich auf einen Fleck dieser Größe fokussieren, das Licht anderer Lichtquellen jedoch nicht.

Ein Strahl hochenergetischer Protonen kann an Atomkernen mit dem Radius R gebeugt werden. Das erste Minimum des Beugungsmusters befindet sich bei $\theta_{\min}$, wobei $\sin\theta_{\min} = 0{,}61h/(pR)$. Dabei ist h die Planck-Konstante und p der Impuls der Protonen im Strahl.

Die geometrische Optik basiert auf dem Reflexionsgesetz (Reflexionswinkel = Einfallswinkel) und dem Brechungsgesetz (auch Snelliussches Brechungsgesetz). Das letztere lautet:

$$\frac{\sin\theta_1}{\sin\theta_2} = \frac{n_2}{n_1}.$$

Ein Hohlspiegel oder eine Sammellinse vereinigen paralleles Licht im Brennpunkt. Der Abstand des Brennpunktes vom Spiegel oder von der Linse heißt Brennweite F. Ein Gegenstand im Abstand s von der Linse erzeugt ein umgekehrtes Bild im Abstand s'. Es gilt:

$$\frac{1}{s} + \frac{1}{s'} = \frac{1}{F}.$$

Anhang 23-1 Das Brewstersche Gesetz

Trifft ein Lichtstrahl unter dem Einfallswinkel θ_1 auf einen Nichtleiter, so wird ein Teil unter dem gleichen Winkel reflektiert und der andere Teil nach dem Brechungsgesetz unter dem Winkel θ_2 gebrochen:

$$\frac{\sin\theta_1}{\sin\theta_2} = n.$$

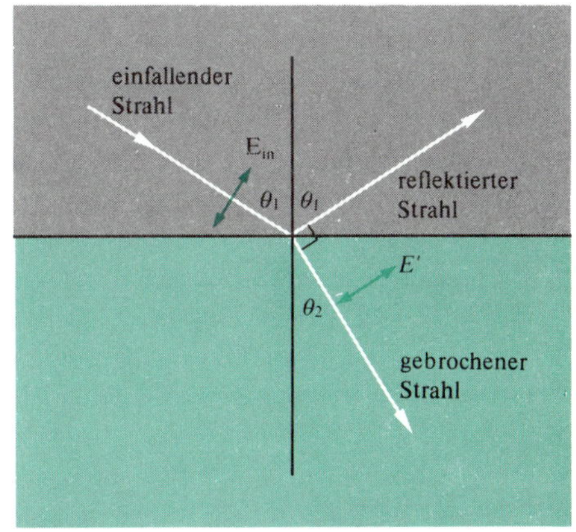

Abb. 23-25. *Bedingung für Polarisation von Licht durch Reflexion. Der reflektierte und der gebrochene Strahl stehen senkrecht aufeinander (E' ist parallel zum reflektierten Strahl).*

Als Strahlungsquelle für den reflektierten Strahl kommen nur die Atomelektronen des Nichtleiters in Frage. Wegen des Faktors $\sin\theta$ in Gl. (21-13) können diese Elektronen keine Strahlung in ihrer eigenen Bewegungsrichtung emittieren. Ist der einfallende Strahl wie in Abb. 21-13 polarisiert, so werden die Elektronen in Richtung $\boldsymbol{E}'$ oszillieren. In diesem Fall kann es keinen reflektierten Strahl geben, da seine Richtung gerade mit der von $\boldsymbol{E}'$ zusammenfallen würde. Ist der einfallende Strahl jedoch senkrecht zur Papierebene polarisiert, so ist ein reflektierter Strahl möglich. Nach Abb. 23-25 ist $\theta_1 + \theta_2 = \pi/2$. Setzen wir $\theta_2 = \pi/2 - \theta_1$ in das Brechungsgesetz ein, so erhalten wir

$$\frac{\sin\theta_1}{\sin(\pi/2 - \theta_1)} = n,$$

$$\tan\theta_1 = n. \quad \text{(Brewstersches Gesetz)} \quad \textbf{(23-14)}$$

Hat unpolarisiertes Licht gerade diesen Einfallswinkel, so steht der $\boldsymbol{E}$-Vektor des reflektierten Lichts senkrecht auf der Papierebene. Diese Bedingung für vollständige Polarisation heißt das Brewstersche Gesetz.

Aufgaben

1. Zeichne ein Diagramm wie in Abb. 23-7 für den folgenden Fall: $E_y = E_0 \cos\omega t$ und $E_z = 2E_0 \cos(\omega t - \pi/2)$. Man nennt dies elliptische Polarisation. (Die Spitze des $\boldsymbol{E}$-Vektors bewegt sich auf einer Ellipse, bei der das Längenverhältnis der großen Achse zur kleinen 2 : 1 ist.)
2. Eine rechtszirkular polarisierte Welle werde einer linkszirkularen überlagert. Beide Wellen sollen die gleiche Amplitude und Frequenz besitzen und sich in x-Richtung ausbreiten. Zeigt der $\boldsymbol{E}$-Vektor der Welle 1 in Richtung der positiven y-Achse, so treffe dies auch für Welle 2 zu. Beschreibe den Polarisationszustand der resultierenden Welle.

3. Wiederhole Aufgabe 2 für den folgenden Fall: Die $\boldsymbol{E}$-Vektoren beider Wellen zeigen immer in entgegengesetzte Richtungen, wenn sie parallel zur y-Achse sind.

4. Der nächste Fixstern ist vier Lichtjahre von uns entfernt. Wie groß muß sein Durchmesser sein, damit er mit einem 5-m-Teleskop noch bestimmt werden kann?

5. Ein Fixstern in einer Entfernung von 10 Lichtjahren werde von einem sehr großen Planeten umlaufen. Dieser Planet sei in einem 5-m-Teleskop noch sichtbar. Wie groß muß die Entfernung des Planeten von dem Fixstern mindestens sein, damit man die beiden Himmelskörper mit dem Teleskop noch auflösen kann?

6. Ein paralleles Laserlichtbündel von 1 cm Durchmesser trete durch eine Sammellinse von 10 cm Brennweite. Wie groß ist der Durchmesser des Brennflecks, wenn die Wellenlänge des Bündels 6400 Å beträgt?

7. Wiederhole Aufgabe 6 für ein paralleles Laserlichtbündel von 1 mm Durchmesser.

8. Neuere Messungen haben ergeben, daß die Intensitätsverteilung bei hochenergetischer, elastischer Proton–Proton-Streuung ein Minimum aufweist, bei dem der transversale Impuls des gestreuten Protons 1,1 GeV/c ist, d. h. $pc \sin \theta = 1{,}1$ GeV. Wie groß muß der Durchmesser einer schwarzen Scheibe sein, die ihr erstes Beugungsminimum bei demselben Wert hat?

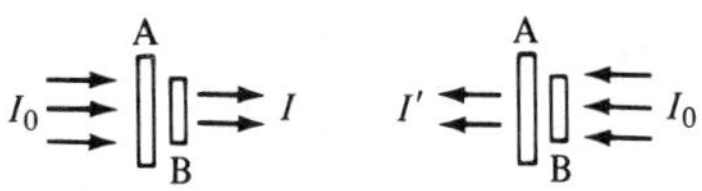

Aufgabe 9

9. Zwei Polarisationsfilter seien hintereinander aufgestellt. Die Polarisationsachse des Filters A sei vertikal (vertikal polarisiertes Licht wird nicht absorbiert). Die Achse des Filters B sei um 45° dazu gedreht (siehe nebenstehende Abbildung).

(a) Wie groß ist die durchgelassene Intensität I für vertikal polarisiertes Licht, das von links kommt?

(b) Wie groß ist die durchgelassene Intensität I' für vertikal polarisiertes Licht, das von rechts kommt?

10. Ein Gegenstand befinde sich zwischen Brennpunkt und Krümmungsmittelpunkt eines Hohlspiegels. Ist sein Bild umgekehrt? Ist es größer als der Gegenstand?

11. Der Abstand eines Gegenstandes von einem Hohlspiegel sei kleiner als die Brennweite. Sieht man sein Bild, wenn man in den Spiegel blickt? Wenn ja, ist das Bild größer oder kleiner als der Gegenstand? Ist es umgekehrt? (Ergibt sich die gleiche Situation, wenn man sich in einem konkaven Rasierspiegel betrachtet?)

12. Ein Lichtstrahl treffe auf eine ebene Glasplatte unter einem Winkel von 60° zur Normalen. Unter welchem Winkel verläßt der Strahl die Platte? ($n = 1{,}5$. Die Oberflächen der Platte seien parallel zueinander.)

13. Das Hologramm des Beispiels 1 werde mit Licht der Wellenlänge $\lambda = 4800$ Å betrachtet. Wie groß ist der scheinbare Abstand des Bildes von der Hologrammebene?

14. Wiederhole die Herleitung der Formel für die rekonstruierte Wellenfront auf Seite 499 für den Fall eines photographischen Positivs als Hologramm anstelle eines Negativs. Die Intensität hinter dem Film ist für diesen Fall

$$I = I' \cos^2 \omega t \left(1 + \frac{E_0}{K_1} a \cos \varphi\right).$$

15. Vertikal polarisiertes Licht der Intensität I_0 trete durch neun ideale Polarisatoren. Die Polarisatorachse des ersten Polarisators sei um 10° zur Vertikalen geneigt, die des zweiten um weitere 10°, usf., so daß die

Achse des neunten Polarisators um 90° gedreht ist. Wie groß ist die durchgelassene Intensität?

16. Wiederhole Aufgabe 15 für 90 Polarisatoren, deren Achsen jeweils um 1° zueinander verdreht sind.

17. Ein vertikal polarisierter Laserstrahl falle auf einen Schirm mit zwei horizontalen Spalten. Die Intensität auf dem Schirm sei I_0, wenn ein Spalt geschlossen ist (siehe nebenstehende Abbildung).

(a) Wie groß ist die Intensität auf dem Schirm an der Stelle $r_2 - r_1 = 0$?

(b) Wie groß ist die Intensität an der Stelle $r_2 - r_1 = \frac{1}{2}\lambda$?

Man verschließe Spalt 1 mit einem Polarisator der Orientierung +45° und Spalt 2 mit einem Polarisator der Orientierung −45°.

(c) Wie groß ist nun die Intensität an der Stelle $r_2 - r_1 = 0$?

(d) Wie groß ist die Intensität an der Stelle $r_2 - r_1 = \frac{1}{4}\lambda$?

(e) Wie groß ist die Intensität an der Stelle $r_2 - r_1 = \frac{1}{2}\lambda$?

Man bringe einen zusätzlichen Polarisator mit vertikaler Achse zwischen die Spalte und den Beobachtungsschirm.

(f) Wie groß ist die Intensität auf dem Schirm an der Stelle $r_2 - r_1 = 0$?

(g) Wie groß ist sie an der Stelle $r_2 - r_1 = \frac{1}{2}\lambda$?

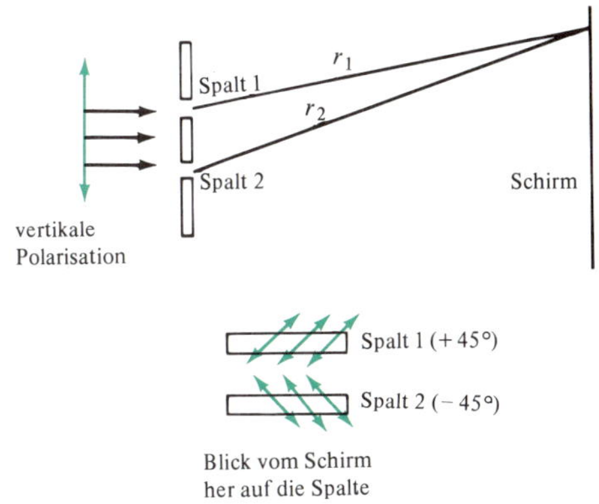

Aufgabe 17

18. Der Durchmesser eines Sterns erscheine unter einem Winkel von 10^{-7} rad.

(a) Kann der Durchmesser mit einem optischen Teleskop bestimmt werden?

(b) Kann der Durchmesser mit der Methode der Intensitätsinterferometrie bestimmt werden? Die Entfernung des Sterns sei bekannt. (Siehe Beispiel 8 in Kap. 22.)

19. Wie groß ist der kleinste Abstand, der mit einem Elektronenmikroskop aufgelöst werden kann, wenn ein Elektronenstrahl mit einer Energie von 1000 eV benutzt wird?

20. Es gibt eine weitere Methode, den mittleren Radius eines Elementarteilchens zu bestimmen, mit der man sogar dann arbeiten kann, wenn das erste Minimum nicht beobachtbar ist. Sie besteht darin, die Form des Abfalls des zentralen Maximums auszumessen. Messungen zeigen, daß die Intensitätsverteilung für Proton–Proton-Streuung bei kleinen Winkeln wie $(1 - Ap_\perp^2)$ abfällt, wobei $A = (10\,\text{GeV}/c)^{-2}$ ist. Für kleine Werte von x kann die Bessel-Funktion angenähert werden durch

$$J_1(x) \approx \frac{x}{2} - \frac{x^3}{16}.$$

Damit ergibt sich

$$\left[\frac{J_1(\Phi/2)}{\Phi/4}\right] \approx 1 - \frac{\Phi^2}{32}, \quad \text{wobei} \quad \frac{\Phi}{2} = kR\sin\theta \quad \text{und} \quad p_\perp = p\sin\theta.$$

Welcher Wert ergibt sich für den Radius R, wenn $A = 10\,(\text{GeV}/c)^{-2}$?

Aufgabe 22

21. Das Proton besitze einen harten Kern mit einem Radius von 10^{-14} cm. Ein Strahl von Protonen mit einer Energie von 200 GeV werde hauptsächlich an diesem Kern gestreut.

(a) Bei welchem Winkel tritt das erste Beugungsminimum auf?

(b) Bei welchem Winkel würde das erste Beugungsminimum auftreten, wenn das Proton keinen Kern hätte, sondern sich wie eine absorbierende Scheibe mit einem Radius von $R = 10^{-13}$ cm verhalten würde?

22. Eine Lochkamera besteht aus einem schwarzen Kasten mit einer Lochblende statt einer Linse. Der Kasten sei 10 cm lang. Wie groß muß der Durchmesser der Lochblende sein, damit das Bild so scharf wie möglich ist?

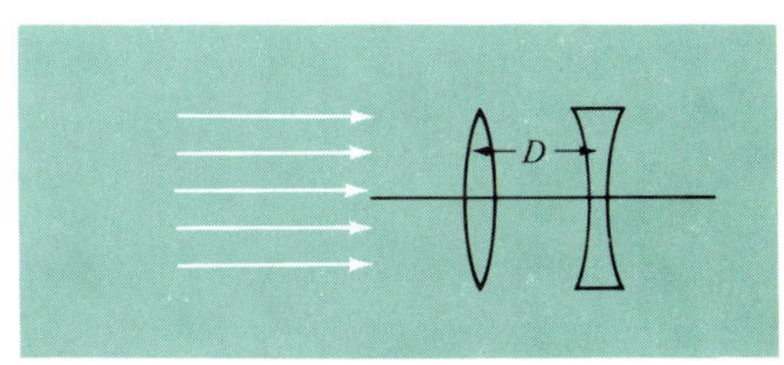

Aufgabe 23

23. Zwei Linsen mit den Brennweiten F und $-F$ haben einen Abstand D voneinander, wobei $D < F$. Wird ein paralleles Lichtbündel, das von links auf die Linsen fällt, fokussiert und, wenn ja, wo?

24. Wiederhole Aufgabe 23 für ein paralleles Lichtbündel, das von rechts statt von links auf die Linsen fällt.

25. Beweise, daß sich zwei dünne Linsen mit den Brennweiten F_1 und F_2 wie eine einzige Linse der Brennweite

$$F = \frac{F_1 F_2}{F_1 + F_2}$$

verhalten, wenn ihr Abstand klein ist.

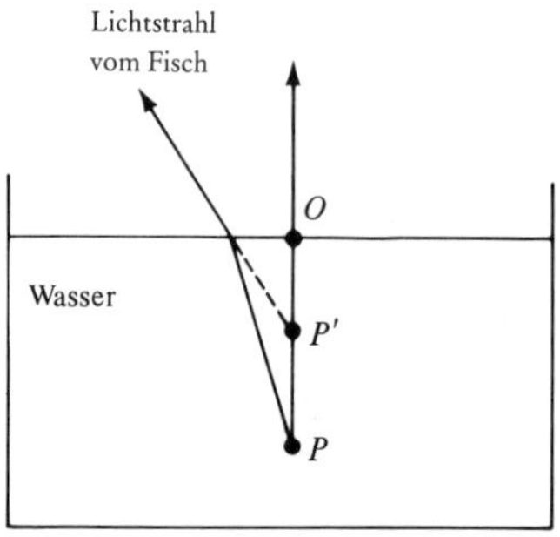

Aufgabe 26

26. Ein Fisch befinde sich in einer Wassertiefe OP. Wie groß ist seine scheinbare Tiefe OP'? Die Brechzahl von Wasser ist 1,33.

27. Eine gestreckte Plastikfolie habe eine Brechzahl $n_{\parallel}$ für Licht, das parallel zur Streckrichtung polarisiert ist, und $n_{\perp}$ für Licht, das senkrecht dazu polarisiert ist.
   (a) Ist $n_{\parallel}$ oder $n_{\perp}$ größer? (Die äußeren Elektronen schwingen bevorzugt in Streckrichtung.)
   (b) Bei bestimmter Foliendicke ist es möglich, die Polarisationsebene von polarisiertem Licht, dessen $\boldsymbol{E}$-Vektor einen Winkel von 45° mit der Streckrichtung bildet, nach einem Durchgang durch eine solche Folie um 90° zu drehen. Die Folie wird dann als $\lambda/2$-Plättchen bezeichnet. Wie groß muß die Dicke der Folie x_0 sein, damit sie als $\lambda/2$-Plättchen wirkt? Berechne x_0 als Funktion von f, c, $n_{\perp}$ und $n_{\parallel}$.

24

Die Wellennatur der Materie

24-1 Klassische und moderne Physik

Die Gesetze der Physik und die Naturerscheinungen, die sie beschreiben, werden üblicherweise in zwei Kategorien unterteilt: klassisch und modern. Wesentlich für die moderne Physik ist die Wellennatur der Materie, die erst im Jahre 1927 entdeckt wurde. Eine wichtige Rolle spielt in der modernen Physik weiterhin eine neue Fundamentalkonstante, die von Max Planck im Jahre 1900 gefunden wurde. (Um das Frequenzspektrum der Strahlung eines heißen Körpers erklären zu können, stellte Planck die Hypothese auf, daß Oszillatoren Licht nur in Energieeinheiten der Größe $E = hf$ emittieren können, wobei f die Oszillatorfrequenz ist. Die Größe h wird Planck-Konstante genannt.)

Definiert man die moderne Physik auf diese Weise, so gehört alles, was bisher behandelt wurde, zur klassischen Physik (eine Ausnahme ist der Abschn. 23-5 über Diffraktionsstreuung). Wie wir in diesem Kapitel sehen werden, besitzen jedoch alle Teilchen Welleneigenschaften, die ihr Verhalten besonders bei kleinen Abständen entscheidend beeinflussen. Atome, Moleküle, Elementarteilchen, Kernphysik, Astrophysik und Festkörperphysik lassen sich unmöglich verstehen, wenn man nicht vorher die Wellennatur der Materie verstanden hat. Die Gesetze und der mathematische Formalismus, die aus der Wellennatur der Materie folgen, nennt man Quantenmechanik. Wir werden in diesem und im nächsten Kapitel einige der grundlegenden Ideen der Quantenmechanik herausarbeiten. In den übrigen Kapiteln werden wir wichtige Anwendungen behandeln, die uns nicht nur helfen werden, die besprochenen sehr wesentlichen Naturerscheinungen zu verstehen, sondern die auch unser Verständnis der Quantenmechanik selbst fördern sollen.

Bevor wir jedoch die grundlegend neuen Begriffe der Quantenmechanik einführen, wollen wir uns einen Überblick über die Erfolge und die möglichen Mängel der klassischen Physik verschaffen. Mit den Newtonschen Axiomen haben wir fallende Körper, Geschosse, Erdsatelliten, die Bewegungen der Planeten und andere makroskopische Bewegungen erklärt. Die Newtonsche Mechanik hat uns weiterhin die Erhaltungssätze der Energie, des Impulses und des Drehimpulses gebracht.

Von der Chemie des 19. Jahrhunderts haben wir gelernt, daß die Materie aus Atomen und Molekülen besteht. Dieses Wissen führte zusammen mit den Newtonschen Axiomen zur Entwicklung der kinetischen Theorie der Wärme und löste damit das große Rätsel der Wärme. Die Fülle der elektrischen und magnetischen Erscheinungen wurde vor über einem Jahrhundert von Maxwell durch den Begriff der Ladung und durch die grundlegenden Gesetze der Elektrizitätslehre beschrieben. Den krönenden Erfolg errang die klassische Physik im Jahre 1870, als Maxwell die Theorie des Lichts (und die Optik) als mathematische Folgerung aus den Maxwellschen Gleichungen herleitete. Historisch führte das zu Schwierigkeiten bei der Deutung des Äthers und des negativen Ergebnisses des Michelson-Morley-Experiments. Diese Schwierigkeiten wurden im Jahre 1905 durch die spezielle Relativitätstheorie überwunden. Rückblickend konnten danach die Maxwellschen Gleichungen als notwendige relativistische Folgerung aus dem Coulombschen Gesetz verstanden werden (sie konnten aus dem Coulombschen Gesetz hergeleitet werden).

Die Revision unserer Auffassungen von Raum und Zeit durch Einstein war aufregend genug (wie ist es möglich, daß zwei sich verschieden bewegende Beobachter für denselben Lichtimpuls die gleiche Geschwindigkeit messen?). Wie wir jedoch erfahren werden, ist die Wellennatur der Materie oder der Welle-Teilchen-Dualismus eine Tatsache, die noch erstaunlicher ist und die dem gesunden Menschenverstand noch stärker zu widersprechen scheint als das Postulat Einsteins, nach dem alle Beobachter für die Lichtgeschwindigkeit immer den gleichen Wert finden.

Qualitativ besagt das Prinzip der Wellennatur der Materie, daß jedes Teilchen Welleneigenschaften hat und umgekehrt jede Welle Teilcheneigenschaften. Unser erstes Beispiel für die Teilchennatur von Wellen ist der photoelektrische Effekt, dessen Theorie ebenfalls von Einstein im Jahre 1905 ausgearbeitet worden ist.

24-2 Der photoelektrische Effekt

Kurz nach der Entdeckung des Elektrons Ende des letzten Jahrhunderts wurde beobachtet, daß beim Auftreffen von Licht auf bestimmte Metalloberflächen Elektronen emittiert werden (s. Abb. 24-1). Seit Youngs Doppelspaltexperiment waren die Wissenschaftler von der Wellennatur des Lichts überzeugt. Deshalb versuchte man auch, den photoelektrischen Effekt mit Hilfe des Wellenkonzepts zu erklären. Anhand von Gl. (21-6) haben wir gesehen, daß ein freies Elektron in Gegenwart eines oszillierenden elektrischen Feldes der Feldstärke $E = E_0 \cos \omega t$ Schwingungen ausführt, deren Amplitude gegeben ist durch

$$A = \frac{eE_0}{m\omega^2}.$$

Man kann also erwarten, daß Elektronen in der Nähe der Oberfläche das Metall verlassen, wenn A größer als ein bestimmter kritischer Wert ist. Die Wellentheorie des Lichts macht die folgenden Voraussagen: (1) es sollten keine Elektronen emittiert werden, wenn E_0 nicht einen bestimmten kritischen Wert überschreitet, (2) die Energie der emittierten Elektronen sollte mit E_0^2 anwachsen, und (3) hält man E_0 und damit die Lichtintensität konstant, erhöht man aber ω, so sollte die Anzahl der emittierten Elektronen kleiner werden.

Die experimentellen Ergebnisse jedoch widersprachen diesen Voraussagen. (1) Man fand keinen Schwellenwert für die Intensität. Die Anzahl der emittierten Elektronen war exakt proportional zu E_0^2, wie klein auch immer die Intensität war. (2) Die Energie der Elektronen war unabhängig von E_0. (3) Die Energie war jedoch eine Funktion der Frequenz. Es ergab sich ein Schwellenwert f_0 für die Frequenz, und die Energie der Elektronen nahm oberhalb der Schwellenfrequenz linear mit der Frequenz zu. Genauer gesagt, die emittierten Elektronen haben Energien, die zwischen 0 und einem bestimmten Wert K_{max} liegen. Die experimentell beobachtete Beziehung zwischen K_{max} und f ist in Abb. 24-2 dargestellt.

Obwohl Einstein im Jahre 1905 nicht diese gesamte Information zur Verfügung hatte, fand er eine Deutung, die sich als richtig erweisen sollte. Er sprach eine Vermutung aus, die im Jahre 1905 sehr gewagt erscheinen mußte. Er stellte nämlich den Satz auf, daß Licht aus „Lichtquanten" besteht, deren Energie $E = hf$ ist, wobei h die Planck-Konstante ist. Er behauptete weiterhin, daß sich diese Lichtquanten (die man heute Photonen nennt) wie Materieteilchen verhalten, und daß ein Photon, das mit einem Metallelektron zusammenstößt, absorbiert werden kann, wobei seine Energie auf das Elektron übertragen wird. Sogar Planck selbst glaubte, daß dies unsinnig sei. Wie konnte Licht, von dem man wußte, daß es allen Voraussagen der Interferenztheorie gehorchte, gleichzeitig aus Teilchen bestehen? In einem Doppelspaltexperiment müßte ein Lichtteilchen entweder durch den einen Spalt oder durch den anderen fliegen, und dann würde es nicht mit sich selbst interferieren können.

Aber die Theorie Einsteins erklärte die überraschenden experimentellen Beobachtungen des Photoeffekts. Angenommen, ein Energiebetrag W_0 sei nötig, um die Oberflächenelektronen aus dem Metall zu entfernen. Dann würde die Restenergie des Elektrons, nachdem es die Photonenergie hf absorbiert und das Metall verlassen hätte, $hf - W_0$ betragen. Das wäre die maximal mögliche kinetische Energie. Es gilt also:

$$K_{max} = hf - W_0. \quad \text{(photoelektrischer Effekt)} \qquad \textbf{(24-1)}$$

Diese Gleichung stimmt mit der Darstellung der experimentellen Ergebnisse in Abb. 24-2 überein. Einstein sagte voraus, daß der Anstieg der Geraden durch die Planck-Konstante gegeben sein sollte. Auch diesen scharfen Test bestand Einsteins Theorie des Photoeffekts. Der Anstieg ergab sich zu

$$h = 6{,}63 \cdot 10^{-34}\ \text{J s}. \quad \text{(Planck-Konstante)}$$

Die Einheiten sind Joule · Sekunde oder kg m^2 s^{-1}.

Der Energiebetrag W_0 heißt Austrittsarbeit, und seine Größe hängt von dem betrachteten Metall ab. Nähert man ein freies Elektron von außen her einer Metalloberfläche, so wirkt eine anziehende Kraft auf das Elektron. Ist es anfänglich in Ruhe, so wird es, nachdem es in das Metall eingedrungen ist, die kinetische Energie U_0 haben. Anders ausgedrückt, wir behaupten, daß das System Metall–Elektron durch einen Potentialtopf der Tiefe U_0 beschrieben werden kann, wie es in Abb. 24-3 gezeigt ist. Wie wir in Kap. 28 erfahren werden, sind die äußeren Elektronen in einem Metall frei beweglich (d. h. nicht an ein bestimmtes Atom gebunden), und ihre kinetischen Energien liegen zwischen 0 und K_f (K_f

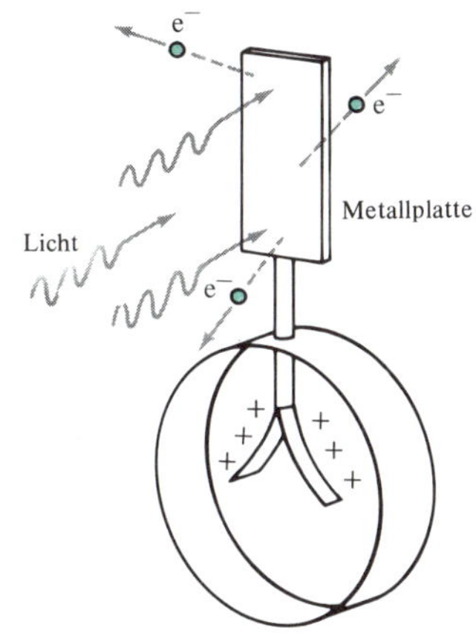

Abb. 24-1. *Ein geerdetes Elektroskop wird mit einer Metallplatte verbunden. Fällt Licht auf die Platte, so werden Photoelektronen emittiert, und die Plättchen des Elektroskops werden positiv geladen.*

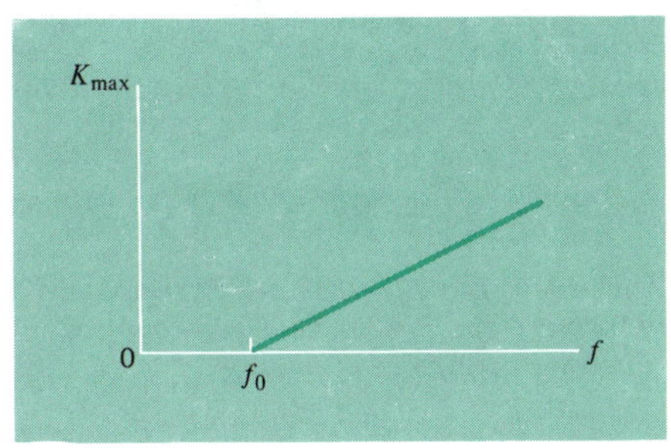

Abb. 24-2. *Maximale kinetische Energie der emittierten Elektronen als Funktion der Lichtfrequenz*

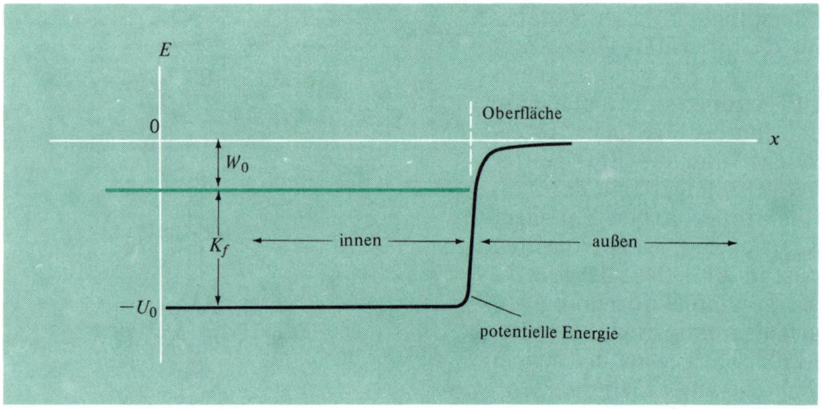

Abb. 24-3. *Darstellung des Potentialtopfes für ein Elektron, das in eine Metalloberfläche eindringt. K_f ist die maximale kinetische Energie der „freien" Elektronen im Metall.*

heißt Fermi-Energie). Erhöhen wir die Energie eines Elektrons, das gerade die Fermi-Energie besitzt, um W_0, so ist seine Energie $K = (K_f + W_0)$, und es wird gerade in der Lage sein, das Metall zu verlassen. Außerhalb des Metalls wird es dann die Energie $K = 0$ haben. Nach Abb. 24-3 gilt $(W_0 + K_f) = U_0$ oder

$$W_0 = U_0 - K_f.$$

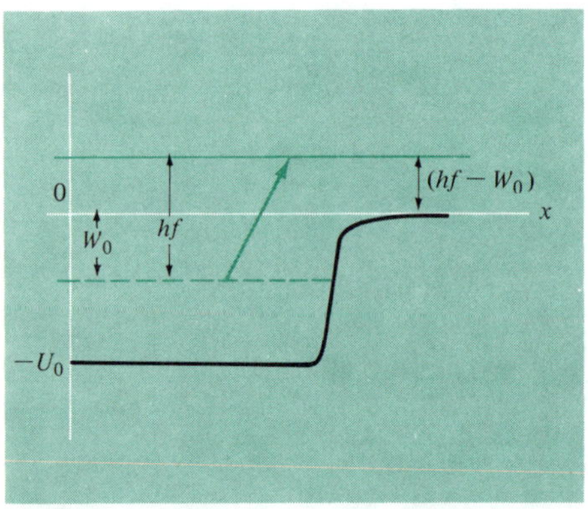

Abb. 24-4. *Ein Elektron der Energie $-W_0$ absorbiert ein Photon und geht auf ein höheres Energieniveau über.*

Der photoelektrische Effekt ist in Abb. 24-4 dargestellt. Ein Elektron hat zunächst die Energie K_f (unterbrochene grüne Linie). Dann absorbiert es ein Photon der Energie hf. Dadurch wächst seine Energie bis zur durchgezogenen grünen Linie. Im Außenraum hat es dann die Energie $hf - W_0$. Das ist die maximale kinetische Energie, die ein emittiertes Elektron haben kann. Daher gilt $K_{max} = hf - W_0$. Absorbiert ein Elektron unterhalb der unterbrochenen Linie ein Photon derselben Energie hf, so ist seine Energie im Außenraum kleiner als K_{max}.

Beispiel 1: Das Metall Cäsium hat eine Austrittsarbeit von 1,8 eV. Wie groß ist die maximale Lichtwellenlänge, die zur Emission von Elektronen mit einer Energie von 2 eV aus einer Cäsiumoberfläche führt?

Lösung: Löst man Gl. (24-1) nach der Frequenz auf, so erhält man

$$f = \frac{K_{max} + W_0}{h},$$

$$\lambda = \frac{c}{f} = \frac{hc}{K_{max} + W_0} = \frac{(6{,}63 \cdot 10^{-34}\ \mathrm{J\,s})\,(3 \cdot 10^{8}\ \mathrm{m/s})}{(3{,}8\ \mathrm{eV})\,(1{,}6 \cdot 10^{-19}\ \mathrm{J/eV})}$$

$$= 3{,}27 \cdot 10^{-7}\ \mathrm{m}.$$

24-3 Der Compton-Effekt

In Kap. 21 wurde mit Hilfe der klassischen elektromagnetischen Theorie gezeigt, daß Licht der Energie E einen Impuls $p = E/c$ haben muß. Danach hat ein Lichtquant der Energie $E = hf$ den Impuls $p = hf/c$. Ersetzen wir f/c durch $1/\lambda$, so erhalten wir

$$p = \frac{h}{\lambda}. \qquad (24\text{-}2)$$

Einstein sagte voraus, daß sich die Lichtquanten (oder Photonen) wie Teilchen mit dem Impuls $p = h/\lambda$ verhalten sollten. Beim photoelektrischen Effekt muß dieser kleine Impulsbetrag auf das ganze Metallstück und das emittierte Elektron übertragen werden. Der Impulsübertrag auf das Metall ist zu klein, um noch meßbar zu sein. Lassen wir das Photon jedoch mit einem freien Elektron zusammenstoßen, so ist der Impulsübertrag meßbar. Dieser Vorgang – die Streuung eines Photons an einem freien Elektron – wird Compton-Effekt genannt. Er wurde zum ersten Male im Jahre 1923 von A. Compton experimentell nachgewiesen. Der Effekt ähnelt einem Stoß von Billard-Kugeln.

Wir werden nun die Wellenlänge des gestreuten Photons als Funktion der Ausgangswellenlänge und des Streuwinkels berechnen. Das Photon habe zunächst den Impuls $\boldsymbol{p}$ und die Energie pc. Es stoße mit einem ruhenden Elektron zusammen, das den Impuls 0 und die Ruhenergie mc^2 habe. Nach dem Stoß habe das Photon den Impuls $\boldsymbol{p}'$, und es bewege sich unter einem Winkel θ zur ursprünglichen Richtung (s. Abb. 24-5). Das gestoßene Elektron habe den Impuls $\boldsymbol{p}'_e$ und die relativistische Gesamtenergie E'_e. Da die Elektronengeschwindigkeit in die Nähe der Lichtgeschwindigkeit kommen kann, verwenden wir die Formeln der relativistischen Mechanik. Nach dem Energieerhaltungssatz ist die gesamte Anfangsenergie gleich der gesamten Endenergie:

$$pc + mc^2 = p'c + E'_e,$$

$$(p - p' + mc)^2 + = \left(\frac{E'_e}{c}\right)^2. \qquad (24\text{-}3)$$

Aus dem Impulserhaltungssatz folgt

$$\boldsymbol{p} - \boldsymbol{p}' = \boldsymbol{p}'_e.$$

Durch Quadrieren beider Seiten erhält man

$$p^2 - 2\boldsymbol{p} \cdot \boldsymbol{p}' + p'^2 = p_e'^2.$$

Subtrahiert man diese Gleichung von Gl. (24-3), so ergibt sich:

$$m^2c^2 - 2pp' + 2pmc - 2p'mc + 2pp' \cos\theta = \frac{E_e'^2}{c^2} - p_e'^2.$$

Nach Gl. (9-11) können wir die rechte Seite durch m^2c^2 ersetzen:

$$m^2c^2 - 2p'(p + mc - p\cos\theta) + 2pmc = m^2c^2,$$

$$p' = \frac{p}{1 + \frac{p}{mc}(1 - \cos\theta)}.$$

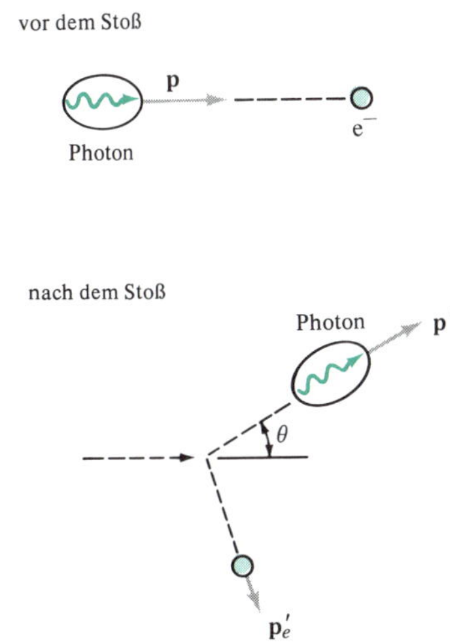

Abb. 24-5. *Stoß eines Photons mit einem freien Elektron (Compton-Effekt)*

Mit $p = h/\lambda$ folgt:

$$\frac{1}{\lambda'} = \frac{1}{\lambda + \frac{h}{mc}(1 - \cos\theta)},$$

$$\lambda' - \lambda = \frac{h}{mc}(1 - \cos\theta). \quad \text{(Compton-Effekt)} \qquad \textbf{(24-4)}$$

Compton verwendete Röntgen-Photonen bekannter Wellenlänge und fand bei den gestreuten Photonen eine größere Wellenlänge, die mit Gl. (24-4) übereinstimmte.

Der Compton-Effekt und viele andere Experimente mit Licht im atomaren Bereich zeigen, daß Licht sich so verhält, als würde es aus Teilchen der Energie hf und des Impulses h/λ bestehen.

24-4 Welle-Teilchen-Dualismus

Wären der Nachweis des Compton-Effekts und des Photoeffekts die allerersten Experimente mit Licht gewesen, so hätte von Anfang an die Überzeugung geherrscht, daß Licht aus Photonen besteht und sich diese wie Teilchen verhalten. Hätte man diese Teilchen danach durch einen Doppelspalt geschickt, so wäre das Erstaunen groß gewesen, ein Interferenzmuster zu beobachten. Wie ist es möglich, daß sich Partikeln wie klassische Wellen verhalten? Ein Teilchen kann entweder nur durch einen oder nur durch den anderen Spalt fliegen. Die Möglichkeit, daß zwei Photonen miteinander interferieren, kann dadurch ausgeschlossen werden, daß man die Lichtintensität so weit verkleinert, bis der mittlere zeitliche Abstand zwischen den Photonen viel größer ist als ihre Flugzeit von der Lichtquelle zum Beobachtungsschirm. Bei einem Abstand von 3 m zwischen Lichtquelle und Schirm ist die Flugzeit $t = L/c = 10^{-8}$ s. Wir müssen also für das Experiment eine Lichtleistung von etwa 10^{-11} W benutzen, was weniger als 10^8 Photonen/s entspricht. (Es wird später klar werden, daß selbst in diesem Falle Interferenzmuster beobachtet werden.)

Schließen wir Spalt B, so erhalten wir die Intensitätsverteilung für einen einzelnen Spalt A, die in Abb. 24-6 dargestellt ist. Zur Beobachtung

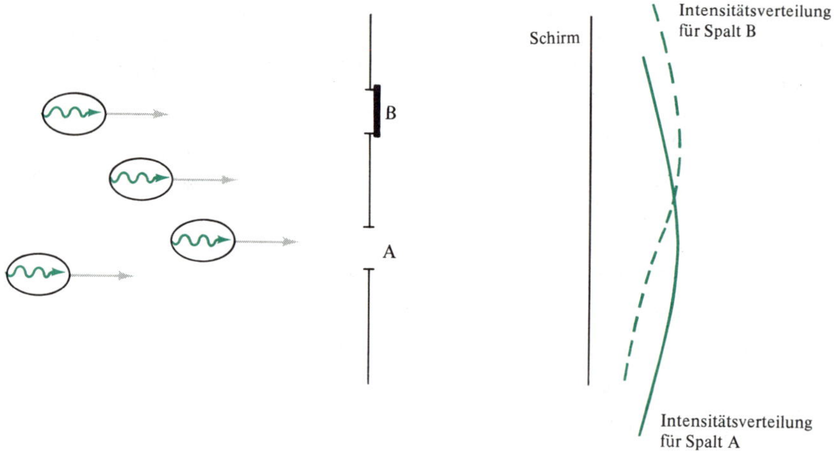

Abb. 24-6. *Darstellung der Intensitätsverteilung für Photonen, die durch einen Spalt A fliegen (durchgezogene Kurve).*

benutzt man Photomultiplier, welche die am Ort des Schirms eintreffenden Photonen einzeln zählen können. Schließen wir Spalt A und lassen B offen, so erhalten wir ebenfalls die Intensitätsverteilung für den Einzelspalt, allerdings geringfügig verschoben, wie es die Abbildung zeigt. Wie wir aus Kap. 23 wissen, ergibt sich die Intensitätsverteilung für Interferenzen am Doppelspalt jedoch nicht als die Summe der Intensitätsverteilungen für die Spalte A und B allein, sondern sie ist das bekannte Youngsche Interferenzmuster. Es liegt hier ein Paradoxon vor: Wie kann Licht gleichzeitig sowohl Teilcheneigenschaften als auch Welleneigenschaften besitzen?

Im Jahre 1927 wurde dieses Paradoxon sogar noch vertieft durch die Entdeckung, daß Elektronen die Eigenschaft besitzen, wie Wellen zu interferieren! Tatsächlich hatte Louis de Broglie in seiner Dissertation bereits drei Jahre vor den Beugungsexperimenten mit Elektronen die Hypothese aufgestellt, daß sich nicht nur Photonen, sondern alle Teilchen nach Gl. (24-2) verhalten:

$$p = \frac{h}{\lambda} \quad \text{und} \quad E = hf \quad \begin{pmatrix}\text{De-Broglie-Beziehung} \\ \text{gültig für alle Teilchen}\end{pmatrix} \qquad \textbf{(24-5)}$$

Seine Hypothese besagte, daß ein Strahl beliebiger Teilchen hinter zwei geeigneten Spalten ein Beugungsmuster erzeugt, das dem Youngschen Beugungsmuster am Doppelspalt entspricht! Zur damaligen Zeit wurde diese Behauptung als gewagte Spekulation angesehen, und de Broglie hätte damit beinahe nicht promovieren können. Dann jedoch – nur drei Jahre später – erlebte die Physik ihre größte Überraschung: Die Spekulationen de Broglies wurden durch das Experiment bestätigt. Diese Tatsache war so überraschend, weil es damals als fast unmöglich erschien, daß Teilchen, wie z. B. Elektronen, gleichzeitig sowohl Wellen als auch Teilchen sein könnten. Im folgenden Abschnitt werden wir schildern, wie physikalische Beobachtungen der letzten Zeit dem gesunden Menschenverstand und der Alltagserfahrung aufs gröbste zu widersprechen scheinen.

24-5 Das große Paradoxon

Eine mögliche Auflösung des Paradoxons könnte folgendermaßen lauten: Ein einzelnes Photon spaltet sich in zwei auf und kann dann, nachdem es Spalt A und B passiert hat, mit sich selbst interferieren. Das Paradoxon wird jedoch verschärft, wenn wir anstelle eines Photonenbündels einen Elektronenstrahl benutzen. Niemals ist in der Natur ein halbes Elektron oder irgendein anderer Bruchteil eines Elektrons beobachtet worden. Man findet immer ganze Elektronen, gleichgültig, ob man einen Detektor hinter Spalt A oder B aufstellt. Man nennt diese Tatsache das Prinzip der Unteilbarkeit. Es gilt für alle Elementarteilchen einschließlich der Photonen. Aus dem Prinzip der Unteilbarkeit folgern wir, daß ein einzelnes Elektron nur einen der beiden Spalte in Abb. 24-7 passieren kann. Deshalb muß die Intensitätsverteilung auf dem Schirm die einfache Summe der Intensitätsverteilungen für die Einzelspalte sein. Obwohl die Logik dieser Schlußfolgerung unwiderlegbar zu sein scheint, wird dennoch nicht die Intensitätsverteilung (A + B) beobachtet! Statt dessen fin-

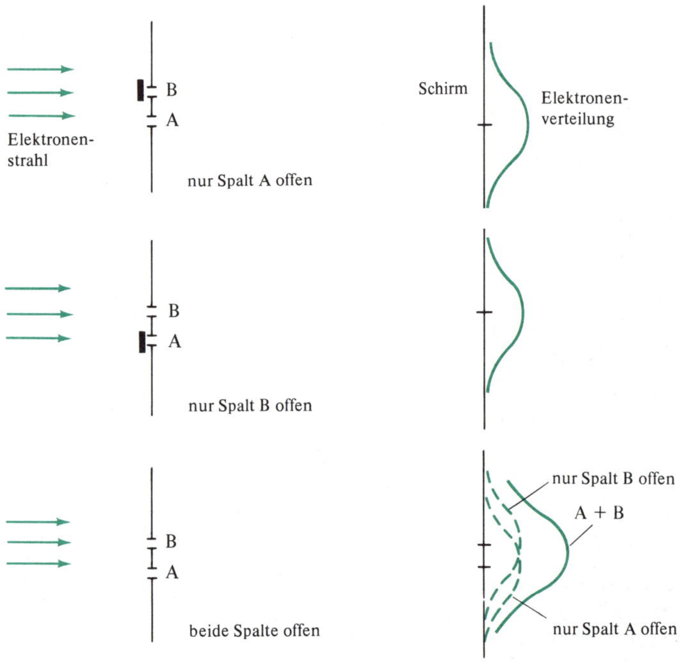

Abb. 24-7. *Elektronenverteilung beim Doppelspalt-experiment, klassisch berechnet*

det man das normale Interferenzmuster für einen Doppelspalt nach Abb. 24-8.

Ist damit die Logik außer Kraft gesetzt? Es scheint möglich, daß 100 + 100 null sein kann. Angenommen, ein einzelner Geigerzähler bei P_1 in Abb. 24-8 zähle 100 Elektronen/s, wenn entweder Spalt A oder B offen ist. Sind beide Spalte offen, so wird die Zählrate 0 sein, wenn sich der Punkt P_1 am Ort eines Intensitätsminimums befindet ($r_2 - r_1 = \frac{1}{2}\lambda$). Öffnen wir Spalt A und dann allmählich auch Spalt B, würden wir nach dem gesunden Menschenverstand erwarten, daß die Zählrate von 100 auf 200 Elektronen/s anwächst. Statt dessen sinkt sie von 100 auf null. Wie kann das Öffnen des Spaltes B in irgendeiner Weise jene Elektronen beeinflussen, die Spalt A passieren? Bringen wir anschließend den Geigerzähler nach P_2 (s. Abb. 24-8), so nimmt die Zählrate beim Öff-

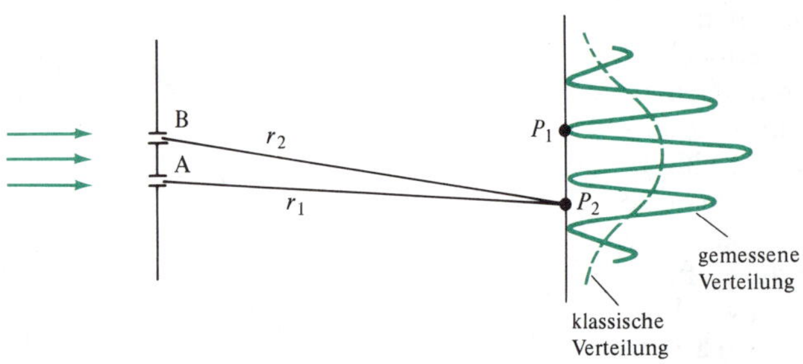

Abb. 24-8. *Eletronenverteilung beim Doppelspalt-experiment, quantenmechanisch berechnet*

nen von Spalt B von 100 auf 400 Elektronen/s zu. Danach gilt 100 + 100 = 400.

Die einzige Möglichkeit, dieses Paradoxon aufzulösen, besteht darin, einen mathematischen Formalismus zu erfinden, der das Prinzip der Unteilbarkeit wahrt und dennoch immer das beobachtete Interferenzmuster vorhersagt. Man muß dabei darauf achten, daß ein solcher Formalismus in sich widerspruchsfrei ist.

Die Wellenfunktion

Dieser mathematische Formalismus, der das Paradoxon auflöst, ist der folgende: Jedes Teilchen wird durch eine Wahrscheinlichkeitsamplitude $\psi(x, y, z, t)$ dargestellt, die eine Funktion von Raum und Zeit ist. **Die Wahrscheinlichkeit, das Teilchen bei einem beliebigen Wert von x, y, z, t anzutreffen, ist proportional zur Intensität $|\psi(x, y, z, t)|^2$.** Das Quadrat des Absolutwertes wird genommen, da ψ eine komplexe Zahl sein kann. ψ hat die mathematischen Eigenschaften einer Welle und wird deshalb oft **Wellenfunktion** genannt.

Kann ein Ereignis auf mehreren verschiedenen Wegen zustande kommen (z. B. ein Flugweg durch Spalt A und ein zweiter durch Spalt B), so ist die Wahrscheinlichkeitsamplitude für das Ereignis gleich der Summe der einzelnen Wahrscheinlichkeitsamplituden:

$$\psi = \psi_1 + \psi_2. \quad \text{(Superpositionsprinzip)}$$

Das ist die gleiche Regel, wie sie für die Addition von Wellenamplituden in der klassischen Optik gilt. Im obigen Doppelspaltexperiment ist ψ_1 die Welle durch Spalt A und ψ_2 die Welle durch Spalt B. In der Nähe des Beobachtungsschirms überlagern sich die beiden Wellenfunktionen und ergeben das klassische Interferenzbild am Doppelspalt, bei dem die Winkelabstände aufeinanderfolgender Maxima gegeben sind durch $\sin \theta_n = n\lambda/d$ [s. Gl. (22-3)].

Der geschilderte Formalismus stellt die Grundlage der Wellen- oder Quantenmechanik dar. Möglicherweise hinterläßt diese kurze Beschreibung beim Leser das unbehagliche Gefühl, daß ihm ein tieferes Verständnis noch fehlt. Aber mehr ist nicht zu sagen! Es gibt kein tieferes Verständnis. Vielleicht hilft ein Zitat von Richard Feynman weiter, der im Jahre 1965 für Anwendungen der Quantenmechanik auf die Elektrodynamik den Nobelpreis für Physik erhielt. Im Band III seiner „Vorlesungen über Physik"[1]) sagt Feynman:

„Es könnte jemand immer noch fragen: ‚Wie funktioniert das? Welcher Mechanismus steckt hinter dem Gesetz?' Niemand hat irgendeinen Mechanismus hinter dem Gesetz gefunden. Niemand kann mehr ‚erklären', als wir hier gerade erklärt haben. Niemand wird Ihnen irgendeine tiefergehende Darstellung der Verhältnisse geben. Wir haben keine Vorstellung von einem grundlegenden Mechanismus, aus dem diese Resultate hergeleitet werden können."

---

[1]) R. Feynman, Vorlesungen über Physik, Band III, S. I–13.
R. Oldenbourg, München, und Addison-Wesley Publ. Co., London, 1971.

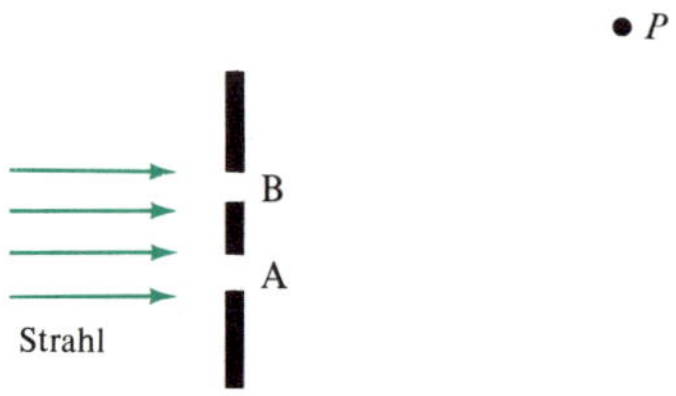

Abb. 24-9. *Versuchsanordnung zu Beispiel 2*

Beispiel 2: Am Punkte P in Abb. 24-9 befinde sich ein Geigerzähler. Jener Teil der Wellenfunktion, der zum Punkte P durch Spalt A gelangt, sei $\psi_A = 2$ Einheiten, der Teil, welcher durch Spalt B kommt, $\psi_B = 6$ Einheiten. Ist nur Spalt A offen, so zähle man bei P 100 Elektronen pro Sekunde.
(a) Wie viele Elektronen pro Sekunde werden gezählt, wenn nur Spalt B offen ist?
(b) Wie viele Elektronen pro Sekunde werden gezählt, wenn beide Spalte offen sind und konstruktive Interferenz vorliegt?
(c) Wie viele Elektronen pro Sekunde werden gezählt, wenn beide Spalte offen sind und destruktive Interferenz vorliegt?

Lösung: Das Verhältnis der Wellenintensitäten ist $\psi_B^2/\psi_A^2 = 36/4 = 9$. Folglich ist die Strahlintensität durch Spalt B neunmal so groß wie jene durch Spalt A, d. h. 900 Elektronen/s.

In Teil (b) ist die Gesamtwellenamplitude $\psi = \psi_A + \psi_B = 8$. Da ψ^2 16mal so groß ist wie ψ_A^2, ist das Ergebnis 1600 Elektronen/s.

In Teil (c) müssen für destruktive Interferenz ψ_A und ψ_B entgegengesetztes Vorzeichen haben. Es folgt: $\psi = 2 - 6 = -4$. Jetzt ist $\psi^2 = 16$, d. h. viermal so groß wie ψ_A^2. Das entspricht 400 Elektronen/s.

Beispiel 3: Gib die Intensitätsverteilung für ein Interferenzexperiment am Doppelspalt an, wenn durch Spalt B viermal mehr Elektronen kommen als durch Spalt A.

Lösung: Es ist $\psi_B^2 = 4\psi_A^2$ oder $\psi_B = 2\psi_A$. Die Gesamtintensität an einem Beugungsmaximum ist porportional zu $(\psi_A + \psi_B)^2$ oder

$$I_{max} = (\psi_A + 2\psi_A)^2 = 9\psi_A^2.$$

An einem Intensitätsminimum gilt

$$I_{min} = (\psi_A - 2\psi_A)^2 = \psi_A^2.$$

Das Verhältnis $I_{max}/I_{min} = 9$. Die Intensitätsverteilung ist dann $I = I_A[5 + 4\cos k(r_B - r_A)]$, wobei r_A und r_B die Abstände von Spalt A bzw. B sind.

Der beschriebene Formalismus wirft verwirrende Fragen auf, die eine weitere physikalische Interpretation notwendig machen. Es soll im folgenden immer nur ein Elektron auf den Doppelspalt geschossen werden. Dann wird nach dem Wellenbild jedes Elektron durch einen Wellenzug oder ein Wellenpaket dargestellt, das sich zu gleichen Teilen auf die beiden

Spalte aufteilt. Stellen wir jedoch einen Geigerzähler, eine Nebelkammer oder einen anderen Teilchendetektor am Spalt A auf, so beobachten wir, daß niemals ein halbes Elektron durch den Spalt fliegt. Dieses Prinzip der Unteilbarkeit stimmt mit der Hypothese überein, daß die Wellenintensität am Spalt A die Wahrscheinlichkeit dafür darstellt, ein ganzes Elektron an diesem Punkt vorzufinden. Stellt man einen Detektor am Spalt A auf, so zeigt sich weiterhin, daß das Interferenzmuster verschwindet und man das nach der klassischen Physik zu erwartende Resultat erhält. Die Gegenwart des Detektors verändert also das Ergebnis vom Interferenzbild der Abb. 24-8 zum klassischen Resultat nach Abb. 24-7. Tatsächlich versuchten viele Physiker – Einstein eingeschlossen – Experimente zu ersinnen, die zeigen sollten, durch welchen Spalt die einzelnen Teilchen fliegen, ohne das Interferenzmuster zu zerstören. Aber alle diese Anstrengungen sind fehlgeschlagen. Ein solches Experiment ist im Beispiel 3 in Kap. 23 dargestellt. Der Spalt, durch den ein Photon geflogen ist, kann hier einfach dadurch ermittelt werden, daß man die Orientierung des Polarisationsfilters vor dem Schirm ändert. Aber immer, wenn man das Polarisationsfilter entsprechend dreht, geht das Interferenzmuster für den Doppelspalt in das entsprechende Muster für den Einzelspalt über.

Aber was schwingt denn nun in einer Elektronenwelle? Hier müssen wir dieselbe Antwort geben wie für Photonen. Elektromagnetische Wellen pflanzen sich frei durch das Vakuum fort. Im Gegensatz zu mechanischen Wellen schwingt hier keine Materie. Die Wellenfunktion ψ hat keine direkte physikalische Bedeutung. Mit ihr ist also auch keine physikalische Schwingung verbunden. Das Konzept der Wellenfunktion beinhaltet nichts anderes, als daß quantenmechanische Fragestellungen mathematisch auf dieselbe Art und Weise gelöst werden können wie Fragestellungen für Wasserwellen oder andere klassische Wellen. Sowohl klassische Wellen wie Teilchenwellen genügen derselben Art von mathematischer Wellengleichung. Jedoch ist bei klassischen Wellen die Wellenamplitude direkt beobachtbar. Für ψ gilt dies nicht.

24-6 Elektronenbeugung

Ein Doppelspaltexperiment ist mit Elektronen sehr schwer durchzuführen, da die Wellenlänge typischer Elektronen nach Gl. (24-5) viel kleiner ist als die Lichtwellenlänge. Erst im Jahre 1961 gelang es C. Jönsson, auf einer photographischen Platte ein Doppelspalt-Interferenzmuster mit Elektronen zu erzeugen. Der experimentelle Aufbau ist in Abb. 24-10 dargestellt, und das Ergebnis zeigt Abb. 24-11(a).

Jedes Elektron hinterläßt auf dem Film an seinem Auftreffort einen schwarzen Punkt. Die dargestellte Photographie ist also von einer sehr großen Anzahl von Elektronen erzeugt worden. Zum Vergleich zeigt Abb. 24-11(b) ein Doppelspalt-Interferenzbild, das mit Licht aufgenommen worden ist. Eine Aufnahme wie in Abb. 24-11(a) kann für sehr niedrige Intensitäten mit einem Computer simuliert werden, indem man statistisch verteilte Auftrefforte gemäß einer Wahrscheinlichkeitsverteilung der Form $\sin^2 x$ berechnet. Abb. 24-12(a) stellt eine solche Simulation für 27 Elektronen dar. In den Abb. 24-12(b) und (c) beträgt die Anzahl der Elektronen 70 bzw. 735.

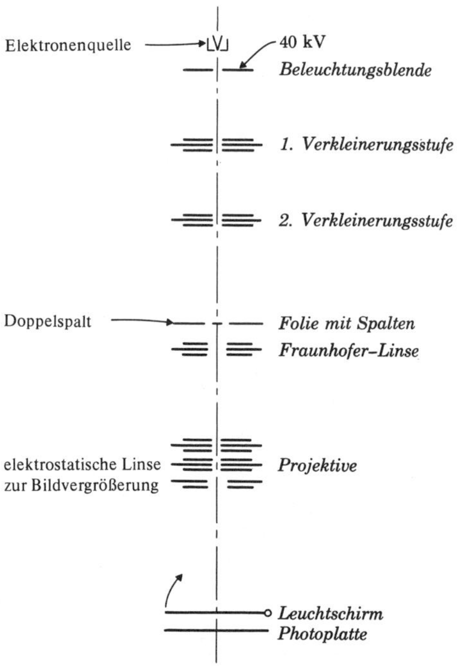

Abb. 24-10. *Experimentelle Anordnung zur Erzeugung eines Interferenzmusters mit Elektronen am Doppelspalt nach C. Jönsson* [*C. Jönsson, Z. Phys.* **161** (*1961*)]

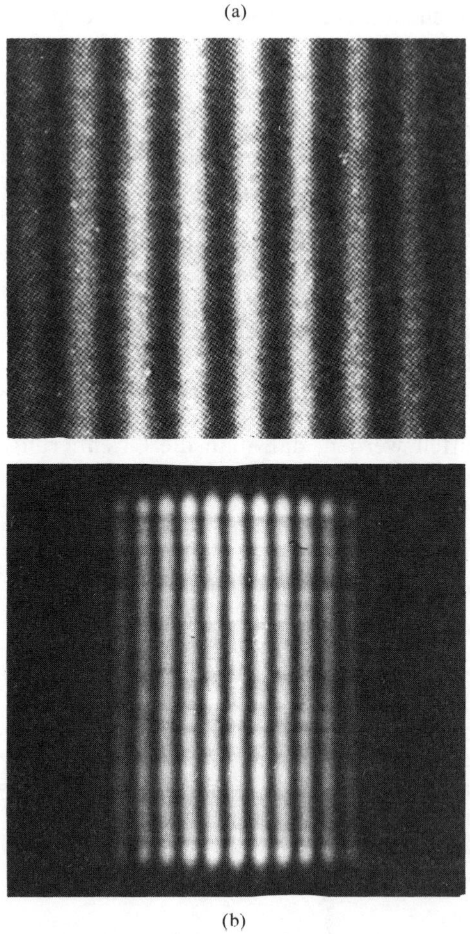

Abb. 24-11. (*a*) *Interferenzstreifen, die mit Elektronen hinter einem Doppelspalt erzeugt wurden. Jedes Korn des photographischen Negativs wurde hier durch ein Elektron „belichtet". Zum Vergleich zeigt Bild* (*b*) *Interferenzstreifen, die hinter einem Doppelspalt mit Licht entstanden sind* (*siehe auch Abb. 22-17*). *Hier wurde jedes Korn des Negativs durch ein Photon belichtet.* [*Bild* (*a*) *wurde von C. Jönsson, Universität Tübingen, aufgenommen.*]

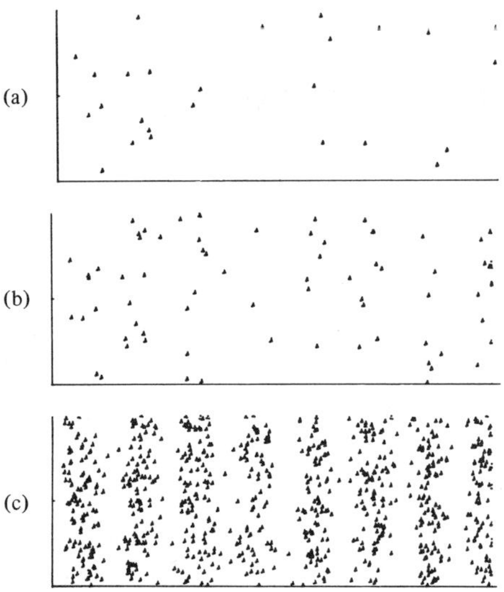

Die Hypothese de Broglies wurde erstmals im Jahre 1927 von zwei amerikanischen Physikern – C. J. Davisson und L. H. Germer – bestätigt, die eine ganz andere Art von Elektronenbeugung beobachteten. Interessant ist, daß bei diesem wie auch bei vielen anderen bedeutenden Experimenten wichtige Entdeckungen nur zufällig zustande kamen. Davisson und Germer hatten nicht versucht, die Beugung von Elektronen nachzuweisen. Tatsächlich hatten sie zu Beginn ihres Experiments noch nicht einmal etwas von Elektronenbeugung gehört. Im Jahre 1926 nahm Davisson einige seiner Meßergebnisse mit nach England auf eine internationale Konferenz in Oxford. Europäische Physiker wiesen ihn darauf hin, daß sich seine Resultate eher durch Elektronenbeugung interpretieren ließen als durch klassische Elektronenstreuung, die er eigentlich untersucht hatte. Nur wenige Monate später erhielten Davisson und Ger-

Abb. 24-12. *Simulation eines Elektronen-Beugungsmusters am Doppelspalt mit 27 Elektronen* [*Bild* (*a*)], *70 Elektronen* [*Bild* (*b*)] *und 735 Elektronen* [*Bild* (*c*)] mer Ergebnisse, welche die Wellennatur des Elektrons überzeugend bewiesen und die es erlaubten, die Planck-Konstante mit einer Genauigkeit von 1 % anzugeben. Sie streuten niederenergetische Elektronen an einer Oberfläche eines metallischen Einkristalls. Die regelmäßigen Reihen von Atomen an der Oberfläche wirken wie die Striche eines Gitters mit sehr kleiner Gitterkonstanten. Die Wellenlänge der Elektronen wird aus dem bekannten Atomabstand bestimmt.

Eine Anordnung zur Beobachtung der Elektronenbeugung an einer Kristalloberfläche ist in Abb. 24-13 gezeigt. Als Detektor kann z. B. ein Fluoreszenzschirm dienen. Die Planck-Konstante läßt sich aus dem Winkel θ für ein Intensitätsmaximum bestimmen. Wie man Abb. 24-13(b) entnimmt, ist der Gangunterschied gegeben durch $\Delta D = d \sin \theta$. Für das erste Intensitätsmaximum ist ΔD gleich der Wellenlänge h/p:

$$\frac{h}{p} = d \sin \theta$$

oder

$$h = pd \sin \theta.$$

Im Jahre 1924, kurz nachdem de Broglie seine Hypothese aufgestellt hatte, begann der englische Physiker G. P. Thompson eine systematische experimentelle Untersuchung der Elektronenbeugung. Seine Meßmethode

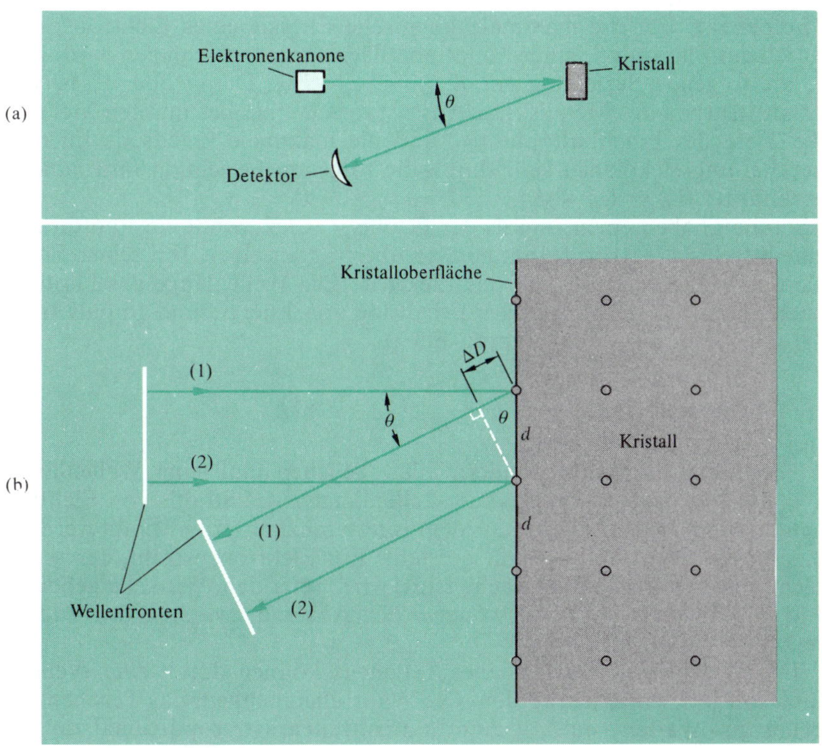

Abb. 24-13. *(a) Experimentelle Anordnung zur Beobachtung von Elektronenbeugung an einer Kristalloberfläche. (b) Stark vergrößerte Ansicht der Kristalloberfläche*

bestand darin, Elektronen höherer Energien durch dünne Metallfolien zu schießen. Da Röntgenstrahlen etwa die gleiche Wellenlänge haben, hoffte Thompson, Elektronenbeugungsbilder zu erhalten, die den kurz zuvor mit Röntgenstrahlung erzeugten ähnlich waren. Erst im Jahre 1928 schließlich erzielte Thompson Elektronenbeugungsmuster, die den Röntgenbildern fast glichen. Hierbei ist die Tatsache interessant, daß ein „Zufallsexperiment" schneller zum Ziel kam als ein sorgfältig geplantes und überlegtes Experiment. Möglicherweise hat der Leser eine andere Auffassung von wissenschaftlicher Methode, aber dies ist echte, lebendige Wissenschaft. Das Experiment von Davisson und Germer ist ein gutes Beispiel für eine richtige wissenschaftliche Verfahrensweise. Ein Experimentalphysiker, der (auch zufälligerweise) einen Effekt beobachtet, den er nicht versteht, sollte diesen so lange weiterverfolgen, bis er ihn endgültig verstanden hat.

Mittlerweile sind Interferenzbilder mit Neutronen, Protonen, ebenso wie mit Elektronen, ja sogar mit ganzen Atomen beobachtet worden. In Abb. 23-19 ist zum Beispiel ein Interferenzbild dargestellt, das mit hochenergetischen Protonen aufgenommen wurde. Die Wellennatur der Materie ist in vielen verschiedenen Experimenten nachgewiesen worden. Es zeigte sich keine Verletzung des Prinzips.

Zusammenfassung

Planck stellte die Hypothese auf, daß Licht quantisiert ist und aus Photonen der Energie $E = hf$ besteht. Einstein fand eine Erklärung für den Photoeffekt. Für die maximale kinetische Energie eines Elektrons, das durch ein Photon aus einer Metalloberfläche herausgeschlagen wird, gab er die folgende Beziehung an: $K_{max} = hf - W_0$. Die Größe W_0 ist die Austrittsarbeit des Metalls. Die Austrittsarbeit eines bestimmten Metalls, die Tiefe des Potentialtopfes U_0 und die maximale kinetische Energie der Leitungselektronen sind durch die folgende Beziehung miteinander verknüpft: $W_0 = U_0 - K_f$.

Photonen haben einen Impuls der Größe $p = h/\lambda$. Stößt ein Photon mit einem freien Elektron zusammen, so überträgt es einen Teil seiner Energie und seines Impulses auf das Elektron. Die Wellenlänge des Photons nach dem Stoß sei λ'. Aus der Erhaltung von Energie und Impuls folgt die Gleichung für den Compton-Effekt:

$$\lambda' - \lambda = \frac{h}{mc}(1 - \cos\theta).$$

Nicht nur Photonen, sondern allen Teilchen muß eine Wellenlänge $\lambda = h/p$ zugeordnet werden. Die Wellenlänge eines Strahls von Elektronen mit dem Impuls p kann aus dem Interferenzmuster bestimmt werden, das hinter einem Doppelspalt entsteht. Ein Elektronenstrahl, der senkrecht auf eine Kristalloberfläche trifft, wird unter dem Winkel θ gebeugt. Für θ gilt: $\sin\theta = h/(pd)$, wobei d der Abstand zwischen den Atomreihen ist.

Die Welleneigenschaften eines Teilchens können durch eine Wellenfunktion ψ beschrieben werden. Die Wahrscheinlichkeit, das Teilchen bei beliebigen Werten von x, y, z und t anzutreffen, ist proportional zur Intensität der Welle $|\psi(x, y, z, t)|^2$. Kann ein Ereignis auf mehreren sich ausschließenden Wegen zustande kommen, so ist die Wahrscheinlichkeitsamplitude für das Eintreffen des Ereignisses gleich der Summe der Einzelamplituden:

$$\psi = \psi_1 + \psi_2 .$$

Aufgaben

1. Wie groß ist die Wellenlänge eines Photons in Ångström-Einheiten bei einer Energie von 1 MeV?

2. Wie groß ist die relativistische Masse eines Photons? Gib das Ergebnis als Funktion von h, λ und c an.

3. Die relativistische Masse eines Photons sei 10^{-15} g. Wie groß ist sein Impuls in SI-Einheiten? Wie groß ist seine Wellenlänge?

4. Die Wellenlänge und die Energie eines Photons sind durch die folgende einfache Formel miteinander verknüpft: $\lambda = K/E$. Berechne den Wert der Konstanten K, wenn λ in Ångström-Einheiten und E in Elektronvolt gegeben ist.

5. Ein Photon und ein Elektron haben beide eine kinetische Energie von 1 eV. Wie groß sind die zugehörigen Wellenlängen?

6. Berechne die kinetische Energie eines nichtrelativistischen Elektrons als Funktion seiner Masse, seiner Wellenlänge und der Planck-Konstanten h.

7. Jedes Metall hat für den Photoeffekt einen Schwellenwert λ_0. Wie groß ist λ_0 für Kupfer, dessen Austrittsarbeit 4,4 eV beträgt?

8. Das menschliche Auge kann gelbes Licht mit einer Leistung von $1{,}7 \cdot 10^{-18}$ W auf der Netzhaut gerade noch wahrnehmen. Wie viele Photonen pro Sekunde sind das?

9. Berechne die Wellenlänge eines freien Elektrons als Funktion von E, h, m und c. E ist die relativistische Gesamtenergie.

10. Berechne die kinetische Energie eines relativistischen Elektrons als Funktion seiner Wellenlänge.

11. Bei einem Doppelspaltexperiment seien die Wellenamplituden an einem Punkt auf dem Schirm +3 Einheiten (von Spalt A) und +5 Einheiten (von Spalt B). Die Zählrate sei 60 Impulse pro Sekunde, wenn nur Spalt A offen ist.

(a) Wie groß ist die Zählrate, wenn nur Spalt B offen ist?

(b) Wie groß ist die Zählrate, wenn beide Spalte offen sind?

(c) Wie groß ist die Zählrate, wenn beide Spalte offen sind und die beiden Amplituden verschiedene Vorzeichen haben?

12. Elektronen werden an drei Spalten gleicher Größe gebeugt. Ein Elektronenzähler befinde sich an einer Stelle, an der alle drei Wellen die gleiche Phase haben.

(a) Die Zählrate für jeden der 3 Spalte allein sei 100 Impulse pro Sekunde. Wie groß ist die Zählrate, wenn alle drei Spalte offen sind?

(b) Es werde nun die Intensität des Elektronenstrahls verdoppelt. Um welchen Faktor erhöht sich der in (a) berechnete Wert?

13. Sowohl die Amplitude als auch die Frequenz einer ebenen elektromagnetischen Welle werden um einen Faktor zwei vergrößert. Um welchen Faktor ändert sich dann die Anzahl der Photonen/(s m²)?

14. Ein Elektron wird von einem elektrisch neutralen Metallstück angezogen. Diese anziehende Kraft kann als Potentialmulde der Tiefe U_0 dargestellt werden. Die größte vorkommende Energie der Elektronen im Metall (die

Fermi-Grenzenergie) sei $K = 6$ eV. Ein Elektron mit dieser Energie absorbiere ein Photon von 7 eV, und seine Energie nach Verlassen des Metalls sei $K = 5$ eV. Es erleide keine Stöße.

(a) Wie groß ist die Austrittsarbeit des Metalls in Elektronvolt?

(b) Wie groß ist U_0 in Elektronvolt?

(c) Wie groß ist das Verhältnis der Wellenlänge des Elektrons nach Verlassen des Metalls zu seiner Wellenlänge vor Absorption des Photons?

15. Ein Photon der Wellenlänge λ stoße mit einem ruhenden freien Elektron zusammen. Das Photon werde in Rückwärtsrichtung gestreut (Streuwinkel = 180°) und habe danach die Wellenlänge λ'.

(a) Wie groß ist der Impuls des Elektrons nach dem Stoß als Funktion von λ und λ'?

(b) Wie groß ist die kinetische Energie des Elektrons nach dem Stoß? Rechne relativistisch und gib das Resultat als Funktion von λ und λ' an.

16. Ein Photon der Energie $E \gg m_e c^2$ werde von einem ruhenden Elektron zurückgestreut. Wie groß ist die Energie des Photons in MeV nach der Rückstreuung?

17. Ein Photon der Energie $E \gg M_p c^2$ wurde von einem ruhenden Proton zurückgestreut. Wie groß ist die Energie des Photons in MeV nach der Rückstreuung?

18. Bei einem Compton-Streuprozeß werde ein Photon mit einer Energie von 100 keV gestreut. Der Streuwinkel betrage 90°.

(a) Wie groß ist die Energie des Photons nach dem Streuvorgang?

(b) Wie groß ist die kinetische Energie des Elektrons nach dem Stoß?

(c) In welche Richtung fliegt das Rückstoßelektron?

19. Bei einem Compton-Streuprozeß werde die Energie des einlaufenden Photons mit E_0 bezeichnet. Beweise, daß für die kinetische Energie K des Rückstoßelektrons gilt:

$$K = \frac{(1 - \cos\theta)\,E_0}{1 - \cos\theta + mc^2/E_0}\,.$$

20. Bei einem Compton-Streuprozeß sei φ der Winkel zwischen dem einlaufenden Photon und dem Rückstoßelektron. Gib φ als Funktion von λ und λ' an.

21. Thermische Neutronen befinden sich mit anderen Teilchen bei Zimmertemperatur im thermischen Gleichgewicht. Bei Zimmertemperatur gilt: $kT = 0{,}025$ eV. Wie groß ist die mittlere kinetische Energie eines thermischen Neutrons? Wie groß ist die zugehörige Wellenlänge?

22. Zwei sehr schmale Spalte haben einen Abstand von 10 μm. Ein Elektronenstrahl mit einer Energie von 1 eV treffe auf die Spalte. Ein Beobachtungsschirm befinde sich 10 m hinter den Spalten. Wie groß ist der Abstand zwischen aufeinanderfolgenden Minima auf dem Schirm?

23. Die Kristalloberfläche in Abb. 24-13 bestehe aus rechtwinklig zueinander verlaufenden Atomreihen, deren Abstand in y-Richtung 1,5 Å und in z-Richtung 2,0 Å betrage. Der Elektronenstrahl habe eine kinetische Energie von 90 eV. Ein Beobachtungsschirm befinde sich in 10 cm Entfernung von dem Kristall. Auf dem Fluoreszenzschirm entsteht ein Punktmuster, das in nebenstehender Abbildung dargestellt ist. Wie groß ist der Abstand der Punkte in y- und in z-Richtung? In welche Richtung bewegen sich die Punkte, wenn man die Strahlenergie erhöht?

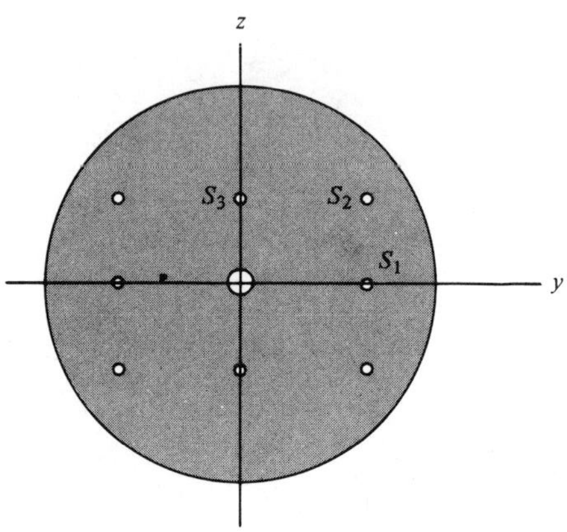

Aufgabe 23

25

Quantenmechanik

25-1 Wellenpakete

Die De-Broglie-Beziehung $p = h/\lambda$ stellt die Grundlage der Quantenmechanik dar. Es erweist sich als zweckmäßig, den Impuls statt als Funktion von λ als Funktion der Wellenzahl $k (k := 2\pi/\lambda)$ darzustellen:

$$p = \frac{h}{2\pi} \frac{2\pi}{\lambda} = \frac{h}{2\pi} k.$$

Die Größe $h/2\pi$ kommt so häufig vor, daß man sie mit einem eigenen Symbol bezeichnet:

$$\hbar := \frac{h}{2\pi}, \quad \text{(ausgesprochen: h-quer)}$$

$$p = \hbar k. \quad \text{(De-Broglie-Beziehung)} \tag{25-1}$$

Wir wollen nun ein Teilchen betrachten, das sich in x-Richtung bewegt und das die Wellenlänge λ_0 hat. Die zugehörige Wellenzahl ist $k_0 = 2\pi/\lambda_0$. Kann man den Ausdruck $\psi = A \cos(k_0 x - \omega t)$ als Wellenfunktion für das Teilchen benutzen? Die Wahrscheinlichkeitsverteilung wird damit $|\psi|^2 \sim \cos^2(k_0 x - \omega t)$. Danach existieren zu beliebigen Zeiten solche Werte von x, für welche die Aufenthaltswahrscheinlichkeit für das Teilchen null ist. In Wirklichkeit ist jedoch die Aufenthaltswahrscheinlichkeit des Teilchens für alle x gleich groß. Aus diesem Grunde muß der Ausdruck $\psi = A\, e^{i(k_0 x - \omega t)}$ als Wellenfunktion benutzt werden. Obwohl ψ immer noch eine Welle darstellt, die sich in positiver x-Richtung fortpflanzt, gilt nun

$$|\psi|^2 = \psi^* \psi = (A\, e^{-i(k_0 x - \omega t)})(A\, e^{+i(k_0 x - \omega t)}) = A^2.$$

Unser Problem wird also durch eine komplexe Wellenfunktion gelöst, die für alle Werte von x zu einer konstanten Aufenthaltswahrscheinlichkeit führt. Nach der Eulerschen Formel

$$e^{i\varphi} = \cos\varphi + i \sin\varphi \quad \text{(Eulersche Formel)}$$

sind der Realteil und der Imaginärteil von ψ immer noch Sinuswellen:

$$\text{Re}\,(\psi) = A\cos(k_0x - \omega t) \quad \text{und} \quad \text{Im}\,(\psi) = A\sin(k_0x - \omega t).$$

Im vorangehenden Absatz haben wir gelernt, daß die Aufenthaltswahrscheinlichkeit für ein Teilchen im ganzen Raum konstant ist, wenn der Teilchenimpuls einen genau bestimmten Wert besitzt. Mit anderen Worten: ist der Teilchenimpuls genau bekannt, so ist der Aufenthaltsort des Teilchens unbekannt. Bei den meisten physikalischen Anwendungsbeispielen weiß man jedoch, daß sich ein Teilchen in einem bestimmten Teil des Raumes aufhält. Man betrachte zum Beispiel die folgende Wellenfunktion zur Zeit $t = 0$:

$$\psi(x, 0) = A\exp\left(-\frac{x^2}{4\sigma_x^2}\right)e^{ik_0x} \quad \textbf{(25-2)}$$

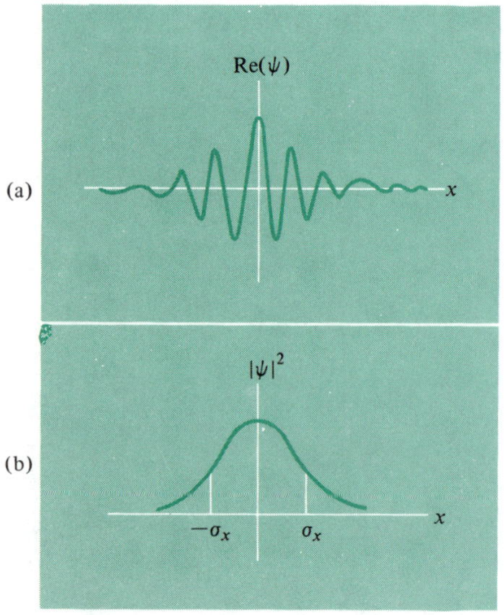

Abb. 25-1. *Gaußsches Wellenpaket. (a) Realteil als Funktion von x. (b) Wahrscheinlichkeitsdichte als Funktion von x*

Der Realteil dieser Wellenfunktion ist in Abb. 25-1(a) dargestellt. Abb. 25-1(b) zeigt die zugehörige Wahrscheinlichkeitsverteilung. Sie ist

$$|\psi|^2 = A^2\exp\left(-\frac{x^2}{2\sigma_x^2}\right).$$

Man beachte, daß die Wahrscheinlichkeit, das Teilchen zwischen $x = -\sigma_x$ und $x = +\sigma_x$ anzutreffen, größer als 50% ist. Die Funktion $e^{-x^2/2\sigma_x^2}$ ist die bekannte Gaußsche Fehlerfunktion. σ_x ist die Standardabweichung. Wir werden sie Δx oder die Unschärfe (Unbestimmtheit) von x nennen. Eine solche lokalisierte Welle wird als Wellenpaket bezeichnet. Die in Abb. 25-1 dargestellte Funktion ist zwar keine reine Sinuswelle. Wir haben jedoch im Anhang 21-2 gelernt, daß sich ein solches Wellenpaket als Summe von reinen Sinuswellen darstellen läßt. Zur Illustration betrachten wir das Wellenpaket bei $t = 0$ und schreiben es als Summe von reinen Sinuswellen der Form e^{ikx}:

$$\psi = \exp\left(\frac{-x^2}{4\sigma_x^2}\right)e^{ik_0x} = \sum B_n e^{ik_nx}.$$

Wir wollen nun die Koeffizienten B_n bestimmen. In Wirklichkeit benötigen wir eine unendliche Anzahl von Sinuswellen. Deshalb verwandeln wir die Summe in ein Integral:

$$\psi = \exp\left(\frac{-x^2}{4\sigma_x^2}\right)e^{ik_0x} = \int B(k)\,e^{ikx}\,dk. \quad \textbf{(25-3)}$$

Wir benutzen die folgende mathematische Identität:

$$\exp\left(\frac{-x^2}{4\sigma_x^2}\right)e^{ik_0x} = \frac{\sigma_x}{\sqrt{\pi}}\int e^{-\sigma_x^2(k-k_0)^2}\,e^{ikx}\,dk. \quad \textbf{(25-4)}$$

Vergleicht man die Gln. (25-3) und (25-4), so erhält man

$$B(k) = \frac{\sigma_x}{\sqrt{\pi}} e^{-\sigma_x{}^2(k-k_0)^2}.$$

Wir ersetzen k nach Gl. (25-1) durch $p/\hbar$ und erhalten:

$$B(p) = \frac{\sigma_x}{\sqrt{\pi}} \exp\left[-\frac{(p-p_0)^2}{(\hbar/\sigma_x)^2}\right].$$

25-2 Die Unschärferelation

Die Verteilungsfunktion $B(p)$ für den Impuls ist in Abb. 25-2 für Wellenpakete verschiedener Breite dargestellt. Man beachte, daß die Impulsverteilungsfunktion um so breiter wird, je schmaler das Wellenpaket ist. Da die Wahrscheinlichkeit, ein Teilchen mit der Wellenfunktion $B(k)\,e^{ikx}$ anzutreffen, proportional zum Quadrat dieser Amplitude ist, ergibt sich für die Wahrscheinlichkeitsverteilung des Impulses:

$$|B(p)|^2 = \frac{\sigma_x^2}{\pi} \exp\left[-\frac{(p-p_0)^2}{2(\hbar/2\sigma_x)^2}\right]. \qquad (25\text{-}5)$$

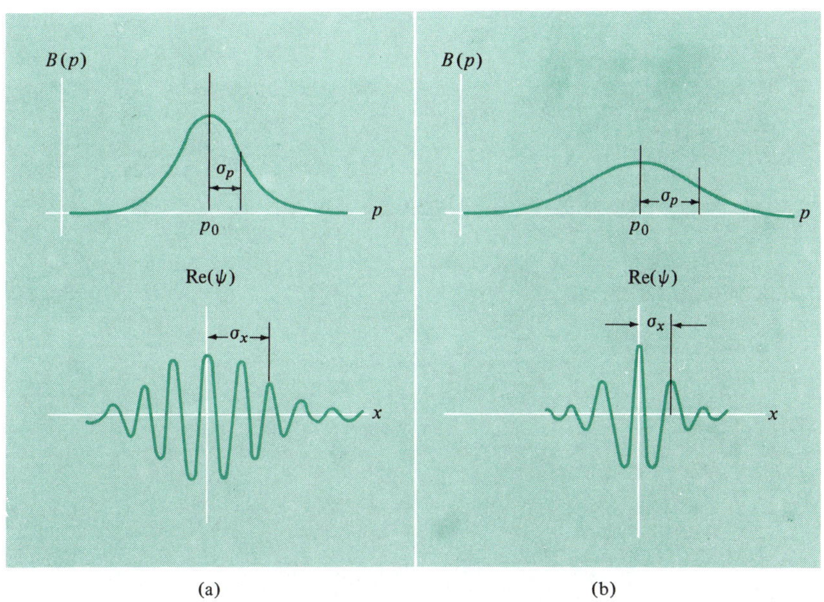

Abb. 25-2. *Verteilungsfunktion $B(p)$ für den Impuls (oben) und das zugehörige Wellenpaket (unten). Die Breite des Wellenpaketes in Bild (a) ist doppelt so groß wie in (b). Man beachte, daß $(\sigma_x\sigma_p)$ in (a) und (b) gleich sind.*

$|B(p)|^2$ stellt ebenfalls eine Gaußsche Verteilung dar, die umgeformt werden kann zu

$$|B(p)|^2 = \frac{\sigma_x^2}{\pi} \exp\left[-\frac{(p - p_0)^2}{2\sigma_p^2}\right], \quad \textbf{(25-6)}$$

wobei σ_p die Standardabweichung oder „Unschärfe" von p ist. Durch Vergleich der Gln. (25-5) und (25-6) erhält man:

$$\sigma_p = \frac{\hbar}{2\sigma_x},$$

$$\sigma_x \sigma_p = \frac{\hbar}{2}. \quad \textbf{(25-7)}$$

Für eine Gaußsche Wellenfunktion [Gl. (25-2)] ist also das Produkt aus der Breite des Wellenpakets und der Breite der Wahrscheinlichkeitsverteilung für den Impuls gleich $\hbar/2$. Für Wellenpakete anderer Form kann dieses Produkt zwar größer als $\hbar/2$ werden, aber niemals kleiner. Die allgemeine Beziehung lautet also:

$$\Delta x \, \Delta p \geqq \frac{\hbar}{2} \quad \text{(Unschärferelation).} \quad \textbf{(25-8)}$$

Die Unschärferelation besagt, daß ein Teilchen, dessen Ort im Raum innerhalb der Standardabweichung Δx festliegt, keinen eindeutig bestimmten Wert für den Impuls hat, sondern eine Impulsverteilung $|B(p)|^2$, deren „Breite" Δp ist. Es ist in der Physik unmöglich, gleichzeitig den genauen Ort und den genauen Impuls eines Teilchens anzugeben.

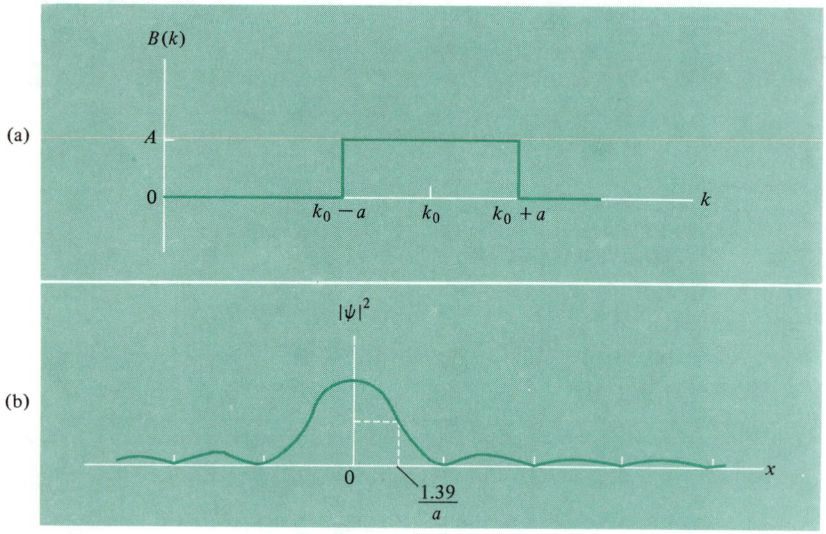

Abb. 25-3. *Bild (b) zeigt die Ortsverteilung oder das Wellenpaket, das zu der Impulsverteilung in Bild (a) gehört.*

Beispiel 1: Ein Wellenpaket habe eine Impulsverteilung, wie sie in Abb. 25-3(a) gezeigt ist:

$$B(k) = \begin{cases} 0 & \text{für} \quad k < (k_0 - a), \\ A & \text{für} \quad (k_0 - a) < k < (k_0 + a), \\ 0 & \text{für} \quad k > (k_0 + a). \end{cases}$$

Welche Form hat $\psi(x)$, und wie groß ist das Produkt $\Delta x \cdot \Delta p$? (Δx und Δp sind die halben Halbwertsbreiten der Wahrscheinlichkeitsverteilungen für den Ort und für den Impuls.)

Lösung: Nach Gl. (25-3) gilt:

$$\psi(x) = A \int_{k_0-a}^{k_0+a} \mathrm{e}^{\mathrm{i}kx}\,\mathrm{d}k = \left[\frac{1}{\mathrm{i}x}\,\mathrm{e}^{\mathrm{i}xk}\right]_{k_0-a}^{k_0+a}$$

$$= \frac{A}{\mathrm{i}x}\{\exp[\mathrm{i}x(k_0 + a)] - \exp[\mathrm{i}x(k_0 - a)]\}$$

$$= 2A\,\frac{\sin ax}{x}\,\mathrm{e}^{\mathrm{i}k_0x},$$

$$|\psi|^2 = 4A^2\,\frac{\sin^2 ax}{x^2}.$$

Dieser Ausdruck ist für $ax = 1{,}39$ auf die Hälfte seines Maximalwertes abgefallen. Es gilt also

$$a\,\Delta x = 1{,}39.$$

Da $a = \Delta k = \Delta p/\hbar$ ist, folgt:

$$\left(\frac{\Delta p}{\hbar}\right)\Delta x = 1{,}39,$$

$$\Delta x\,\Delta p = 1{,}39\hbar.$$

Für ein ruhendes Teilchen gilt $\Delta p = 0$. Man könnte nun daran denken, seinen Ort mit Hilfe eines Mikroskops zu bestimmen. Dies kann bestenfalls mit einer Genauigkeit geschehen, die von der Größenordnung der Wellenlänge des benutzten Lichts ist (s. S. 512). Es ist also $\Delta x \approx \lambda$. Da $\Delta p = 0$ ist, wäre auch das Produkt $\Delta x\,\Delta p$ gleich null, und es läge eine Verletzung der Unschärferelation vor! Ist das tatsächlich der Fall? Wir wollen das Problem von der Quantenmechanik her angehen. Zur Ortsbe-

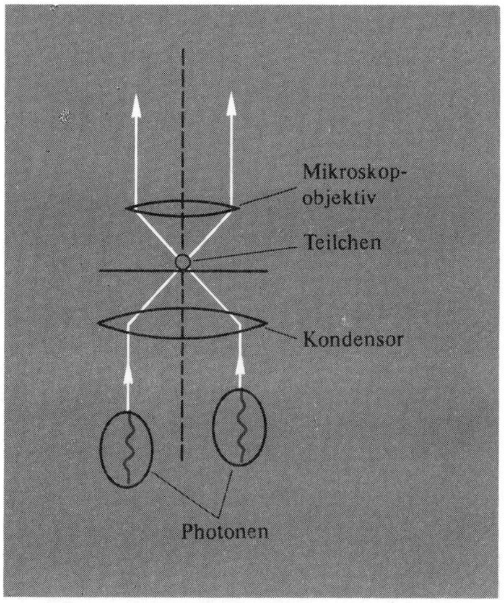

Abb. 25-4. *Wechselwirkung von Photonen aus der Lichtquelle des Mikroskops mit einem Teilchen*

stimmung haben wir Licht benutzt. Die Quantenmechanik zeigt uns, daß Licht quantisiert ist und aus Photonen mit dem Impuls $p = h/\lambda$ besteht. Um das Teilchen nachweisen zu können, muß mindestens eines der Photonen aus dem konvergierenden Lichtstrahl hinter der Sammellinse an dem Teilchen entweder gestreut oder von ihm absorbiert werden (s. Abb. 25-4). Der Impulsübertrag an das Teilchen muß demnach mindestens h/λ sein. Das Teilchen hat dann eine Impulsunschärfe $\Delta p \geqq h/\lambda$ zu dem Zeitpunkt, an dem sein Ort mit einer Unschärfe $\Delta x \approx \lambda$ bestimmt worden ist. Multiplizieren wir die beiden Unschärfen miteinander, so erhalten wir

$$\Delta x\, \Delta p \geqq (\lambda)\left(\frac{h}{\lambda}\right) = h.$$

Dies stimmt mit Gl. (25-8) überein. An diesem Beispiel sehen wir, daß die Quantenmechanik in sich widerspruchsfrei ist. Physiker und Mathematiker haben intensiv nach Widersprüchen gesucht, aber es wurden keine gefunden.

Die Geschwindigkeit von Wellenpaketen

In Kap. 21 haben wir gesehen, daß sich ein Wellenpaket nicht mit der Phasengeschwindigkeit $u = \omega/k$ fortpflanzt, sondern mit der Gruppengeschwindigkeit $v_g = \mathrm{d}\omega/\mathrm{d}k$ [s. Gl. (21-17)]. Nach de Broglie gelten die Beziehungen $\hbar\omega = E$ und $\hbar k = p$ für alle Teilchen. Ersetzt man in der Gleichung $E = p^2/2m$ die Energie E durch $\hbar\omega$ und den Impuls p durch $\hbar k$, so erhält man

$$\hbar\omega = \frac{(\hbar k)^2}{2m}.$$

Durch Differenzieren nach k folgt:

$$\hbar\frac{\mathrm{d}\omega}{\mathrm{d}k} = \frac{\hbar^2 k}{m},$$

$$\frac{\mathrm{d}\omega}{\mathrm{d}k} = \frac{\hbar k}{m} = \frac{p}{m} = v,$$

$$v_g = v.$$

Unsere Darstellung eines lokalisierbaren Teilchens durch ein Wellenpaket ergibt also ein klassisch richtiges Resultat. Die Wellenfunktion bewegt sich zusammen mit dem Teilchen durch den Raum (wie es ja auch sein sollte).

Das Auseinanderlaufen von Wellenpaketen

Wir wollen zwei Teilchen mit den Geschwindigkeiten v_g und $(v_g + \Delta v_g)$ betrachten. Befanden sie sich zum Zeitpunkt $t = 0$ am gleichen Ort, so sind sie nach einer Zeit t um

$$\Delta x = (\Delta v_g)\, t \qquad \text{(25-9)}$$

auseinandergelaufen. Wir werden jetzt zeigen, daß ein einzelnes Wellenpaket immer einen bestimmten Bereich von Gruppengeschwindigkeiten der Breite Δv_g enthält und daß diese Tatsache zu einem Auseinanderlaufen der Breite des Wellenpaketes auf einen Wert Δx beitragen muß, der durch Gl. (25-9) gegeben ist. Wir wollen zunächst die Größe von Δv_g abschätzen:

$$\Delta v_g = \frac{\mathrm{d}v_g}{\mathrm{d}p}\,\Delta p.$$

Wie wir oben gesehen haben, können wir v_g durch v ersetzen:

$$\begin{aligned}\Delta v_g &= \frac{\mathrm{d}v}{\mathrm{d}p}\,\Delta p \\ &\approx \frac{1}{m}\,\Delta p. \qquad \text{(25-10)}\end{aligned}$$

Der Anfangswert von Δp kann wegen der Unschärferelation nicht kleiner als $\hbar/\Delta x_0$ sein, wobei Δx_0 die anfängliche Unsicherheit in der Ortsangabe, d. h. die anfängliche Breite des Wellenpaketes, ist. Damit wird aus Gl. (25-10):

$$\Delta v_g = \frac{1}{m}\left(\frac{\hbar}{\Delta x_0}\right).$$

Setzt man dieses Ergebnis in Gl. (25-9) ein, so erhält man:

$$\Delta x \approx \frac{\hbar}{m\,\Delta x_0}\,t.$$

Dieses Auseinanderlaufen der Breite des Wellenpaketes, das proportional zur Zeit t ist, addiert sich zur ursprünglichen Breite Δx_0 hinzu. Dies ist eine Eigenschaft aller Wellenpakete. Wie wir bald sehen werden, kann es nur dadurch verhindert werden, daß das Teilchen in einem Potentialtopf eingefangen wird. Die zeitliche Änderung der Form eines Wellenpaketes ist in Abb. 25-5 dargestellt. Abb. 25-6 zeigt das Verhalten des Wellenpaketes für ein freies Teilchen, das auf einen Potentialwall trifft.

Um eine quantitative Vorstellung vom Auseinanderlaufen des Wellenpaketes eines freien Teilchens zu vermitteln, wollen wir ein freies Elektron betrachten, das anfänglich in einem Bereich der Größe $\Delta x_0 = 10^{-10}$ m

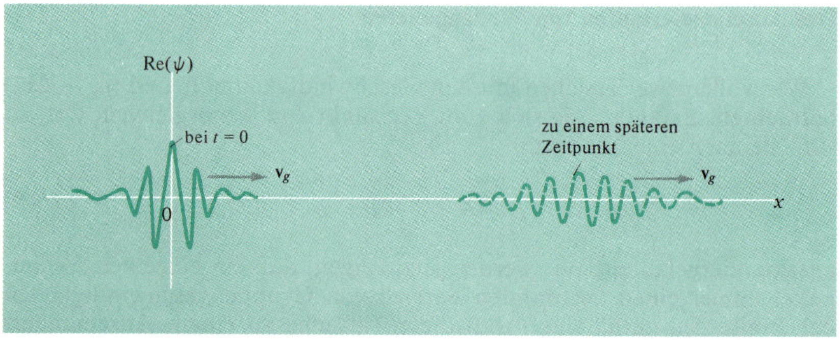

Abb. 25-5. *Zwei zeitlich aufeinanderfolgende Ansichten eines Gaußschen Wellenpakets. Das Wellenpaket bewegt sich nach rechts mit der Gruppengeschwindigkeit, die gleich der Teilchengeschwindigkeit ist.*

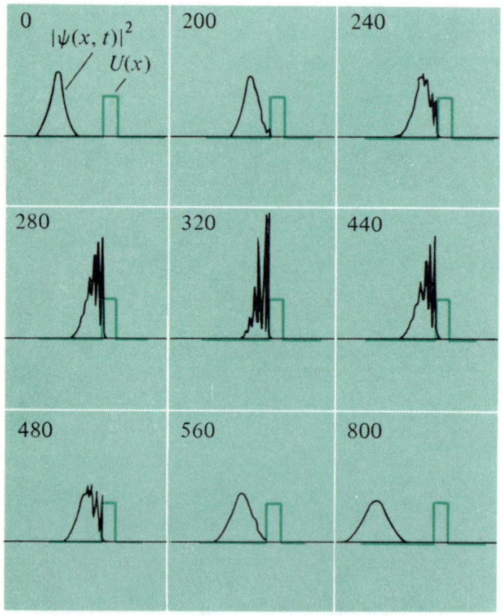

Abb. 25-6. *Gaußsches Wellenpaket beim Stoß auf einen rechteckigen Potentialwall. Nach oben sind der Einfachheit halber sowohl die Wahrscheinlichkeitsdichte wie auch das Potential aufgetragen. (Die Höhe des Wellenpaketes und die Höhe des Potentialwalls haben nichts miteinander zu tun.) Die grüne Linie stellt das Potential $U(x)$ dar. Die mittlere Energie ist gleich der halben Höhe des Walls. Man beachte, daß die Breite des Wellenpaketes mit der Zeit zunimmt. Der Zeitablauf ist durch die Zahlen in den Einzelbildern gegeben. [Aus A. Goldberg, H. M. Schey und J. L. Schwartz, Amer. J. Phys.* **177**, *März 1967*]

lokalisiert sei (das entspricht der Größe eines typischen Atoms). Nach einer Sekunde ist die Breite des Wellenpaketes

$$\Delta x = \frac{\hbar}{m\,\Delta x_0}\,t$$

$$= \frac{10^{-34}}{9\cdot 10^{-31}\cdot 10^{-10}} = 1{,}1\cdot 10^{6}\ \mathrm{m} = 1100\ \mathrm{km}.$$

Es zeigt sich, daß der Durchmesser der Elektronenwolke in einer Sekunde größer als die Entfernung Hamburg–München geworden ist. Wenn auch die Quantentheorie die genaue Bestimmung der Wellenfunktion für alle Zukunft erlaubt, wenn nur die anfängliche Wellenfunktion bekannt ist, so nützt dieses Wissen doch sehr wenig für das Vorausberechnen der Zukunft, da sich die Wellenfunktion rasch über den gesamten Raum ausbreitet.

Die Quantenmechanik bietet einen möglichen Ausweg aus einem philosophischen Dilemma, das auf die klassische Physik zurückgeht. Zur Zeit der klassischen Physik wurde aufgezeigt, daß es im Prinzip möglich sein müßte, den zukünftigen (und vergangenen) Verlauf des Universums mit Hilfe der exakten Gesetze der Physik zu berechnen, wenn nur die genauen Orte und Geschwindigkeiten aller Teilchen des Weltalls zum Zeitpunkt t_0 bekannt wären. Man stellte sich das Universum als riesige Maschine vor. Dieser Gedanke verführte bestimmte Philosophen zu der Folgerung, daß alle Handlungen des Menschen vollständig vorherbestimmt seien (auch Menschen bestehen aus Protonen, Neutronen und Elektronen). Natürlich erkannte man, daß solche Berechnungen zukünftiger oder vergangener Ereignisse wegen der riesigen Anzahl von Teilchen im Weltall niemals möglich sein würden. Dennoch störte diese Schlußfolgerung alle, die an einen freien Willen glaubten.

Wie wir von der Unschärferelation her wissen, gibt es ein noch grundlegenderes Hindernis für solche Berechnungen. Der klassische Determinismus wird dem Physiker also nicht mehr „aufgezwungen". Das bedeutet nicht, daß wir die Quantenmechanik als Beweis für die Existenz des freien Willens heranziehen können.

Uns sind außer der Unschärferelation noch andere Beispiele begegnet, welche gegen die Notwendigkeit des klassischen Determinismus sprechen. Beispielsweise ist es nach der allgemein akzeptierten Interpretation des

Photoeffekts durch die Quantenmechanik unmöglich, vorherzusagen, welches Elektron ein Photon absorbieren wird. Wir können nur die Wahrscheinlichkeit dafür berechnen, daß ein bestimmtes Elektron ein Photon absorbieren wird. Dasselbe gilt in Abb. 24-8 für den Ort auf dem Schirm, an dem ein einzelnes Elektron auftreffen wird. Die Intensitätsverteilung des Interferenzmusters gibt uns nur die Wahrscheinlichkeit für jeden Punkt des Schirms an, daß dort ein bestimmtes Elektron auftreffen wird. Dieselbe Aussage gilt für den Zerfall eines radioaktiven Atomkerns (z. B. Uran). Es ist unmöglich, vorherzusagen, wann ein bestimmter Urankern zerfallen wird. Nach der Quantentheorie können wir nur die Wahrscheinlichkeit dafür berechnen, daß er in einem bestimmten Zeitintervall zerfallen wird. Die vorherberechneten Wahrscheinlichkeiten können dann mit den Mittelwerten aus einer großen Anzahl von Beobachtungen verglichen werden.

Wir sehen, daß sich die Quantentheorie von der klassischen Theorie grundlegend dann unterscheidet, wenn es um die Wechselwirkungen und die Struktur kleiner Teilchen geht. Wenn – wie wir glauben – die Quantentheorie richtig ist, hat es keinen Sinn, grundlegende Phänomene und den grundlegenden Aufbau der Materie mit Hilfe der klassischen Physik zu untersuchen.

25-3 Ein Teilchen im Kastenpotential

Wir wollen nun ein Teilchen betrachten, das in einem eindimensionalen Kasten eingeschlossen ist, dessen vollständig reflektierende Wände einen Abstand L voneinander haben. An der Wand mit der Ortskoordinate $x = 0$ in Abb. 25-7 überlagert sich eine nach rechts laufende Welle mit einer nach links laufenden:

$$\psi(x, t) = B\, e^{ikx-i\omega t} - B\, e^{-ikx-i\omega t}$$
$$= B\,(e^{ikx} - e^{-ikx})\, e^{-i\omega t}.$$

Wir benutzen ein Minuszeichen, weil ψ bei $x = 0$ zu null werden muß. (ψ ist null außerhalb der Wände, und ψ muß stetig sein.) Mit Hilfe der Beziehung

$$\sin kx = \frac{e^{ikx} - e^{-ikx}}{2i}$$

erhalten wir

$$\psi(x, t) = 2iB\, e^{-i\omega t} \sin kx.$$

Wir setzen $A = 2Bi$, und bezeichnen mit $\psi(x)$ den ortsabhängigen Teil der Wellenfunktion. Damit folgt

$$\psi(x) = A \sin kx. \qquad (25\text{-}11)$$

Aus demselben Grunde wie bei $x = 0$ muß $\psi(x)$ auch bei $x = L$ gegen null gehen. Setzen wir $x = L$ in Gl. (25-11) ein, so erhalten wir

$$0 = \sin(kL).$$

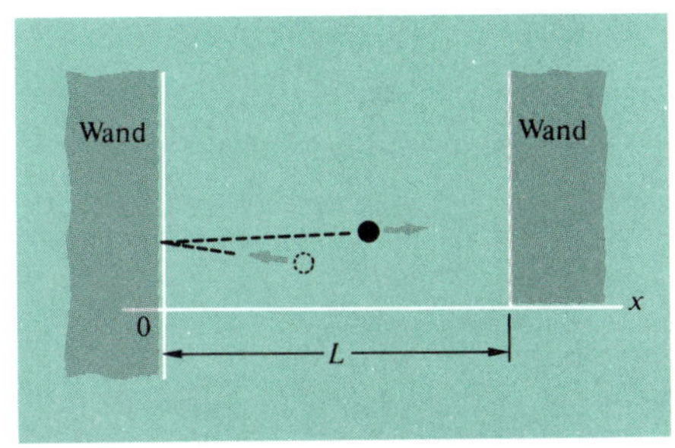

Abb. 25-7. *Darstellung eines Teilchens, das in einem Kasten der Länge L eingefangen ist. Das Teilchen wird von der linken Wand reflektiert.*

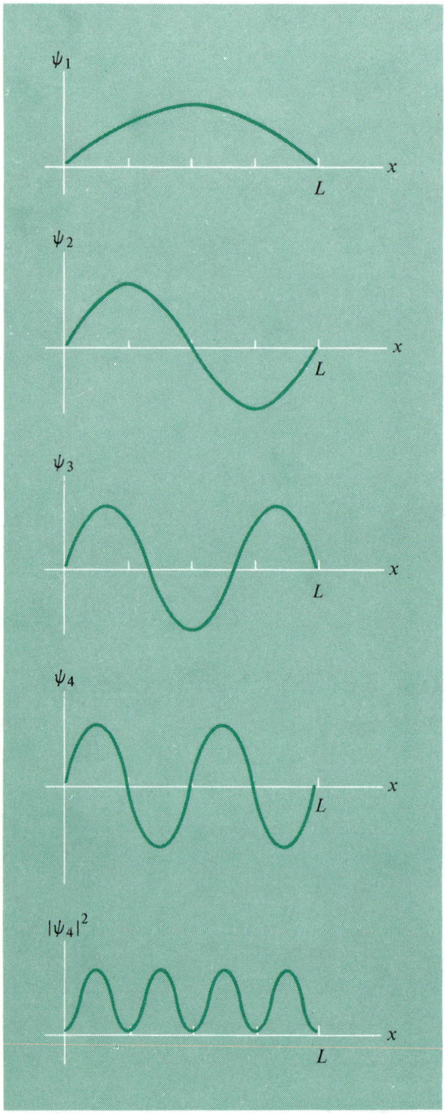

Abb. 25-8. *Oben: die ersten vier Wellenfunktionen für ein Teilchen in einem kastenförmigen Potential. Unten: die Wahrscheinlichkeitsdichte für ein Teilchen im Zustand* $n = 4$.

Diese Gleichung ist erfüllt für $kL = n\pi$, wobei n eine ganze Zahl ist. Wir finden also, daß nur bestimmte Wellenzahlen k_n erlaubt sind, für die gilt:

$$k_n = n\frac{\pi}{L}. \tag{25-12}$$

Wir verlangen, daß sich im Kasten nur eine ganze Zahl von Halbwellen befindet – genauso wie bei den stehenden Wellen auf einer Saite:

$$L = n(\tfrac{1}{2}\lambda).$$

Die Wellenfunktionen $\psi_n(x) = A \sin(n\pi/L)x$ für $n = 1$ bis 4 sind in Abb. 25-8 dargestellt. Die zugehörigen Werte des Impulses sind

$$p_n = \hbar k_n.$$

Mit Gl. (25-12) wird daraus

$$p_n = n\frac{\pi\hbar}{L}. \tag{25-13}$$

Die entsprechenden Werte für die kinetische Energie sind

$$E_n = \frac{p_n^2}{2m},$$

$$E_n = n^2\frac{\pi^2\hbar^2}{2mL^2}. \tag{25-14}$$

Es zeigt sich, daß die kleinstmögliche Energie für $n = 1$ gleich $\pi^2\hbar^2/(2mL^2)$ ist. Die Wellenfunktion besteht dann genau aus einer halben Sinuswelle. Diese Energie heißt Nullpunktsenergie. Nach der klassischen Physik kann ein Teilchen auch die Energie null haben. Wie sich zeigt, kann in der Quantenmechanik die Teilchenenergie jedoch nicht kleiner als $\pi^2\hbar^2/(2mL^2)$ sein, da ψ im Kasten von null verschieden sein muß.

Um eine quantitative Vorstellung davon zu erhalten, wie groß diese Energien sind, betrachten wir ein Elektron, das in einem Kasten von der Größe eines typischen Atomdurchmessers von 10^{-10} m (= 1 Å) eingeschlossen ist. Dann ergibt sich:

$$E_n = n^2\frac{\pi^2\hbar^2}{2mL^2} = n^2\frac{(3{,}14)^2\,(1{,}05\cdot 10^{-34})^2}{2(9{,}11\cdot 10^{-31})\,10^{-20}} = (5{,}97\cdot 10^{-18}\ \text{J})\,n^2$$

$$= (37{,}3n^2)\ \text{eV}.$$

Die vier niedrigsten Energiewerte sind in das Energieniveauschema der Abb. 25-9 eingezeichnet. Der Energiewert E_1 ist von der gleichen Größenordnung wie die kinetische Energie eines Elektrons in einem Wasserstoffatom.

Beispiel 2: Ein Elektron befinde sich in einem Kasten der Länge $L = 10^{-10}$ m im Zustand $n = 2$. Ein Übergang in den niedrigsten Energiezustand sei erlaubt. Dabei werde ein Photon emittiert. Wie groß ist die Wellenlänge dieses Photons?

Lösung: Nach dem Energieerhaltungssatz ist die Photonenenergie

$$hf = E_2 - E_1 = 4E_1 - E_1 = 1{,}79 \cdot 10^{-17}\ \mathrm{J},$$

$$f = \frac{(1{,}79 \cdot 10^{-17})}{h} = 2{,}70 \cdot 10^{16}\ \mathrm{s}^{-1},$$

$$\lambda = \frac{c}{f} = \frac{3 \cdot 10^{8}}{2{,}7 \cdot 10^{16}} = 1{,}11 \cdot 10^{-8}\ \mathrm{m} = 111\ \text{Å}.$$

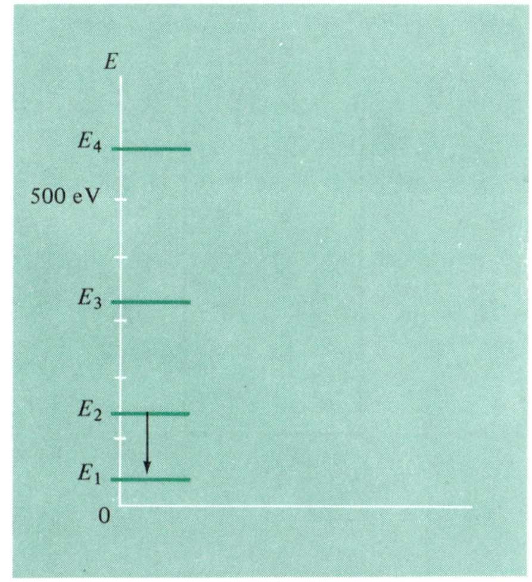

Abb. 25-9. *Die vier niedrigsten Energiezustände eines Elektrons in einem kastenförmigen Potential der Länge 10^{-10} m. Der Pfeil stellt den in Beispiel 2 beschriebenen Übergang dar.*

Die Wellenlänge des Photons, das im Beispiel 2 emittiert wird, liegt im ultravioletten Bereich des elektromagnetischen Spektrums, wo auch die energiereichsten Linien des Wasserstoffspektrums liegen. Da das Elektron in dem Kasten nur bestimmte diskrete Energiewerte annehmen kann, haben auch die emittierten Photonen nur diskrete Energien oder Wellenlängen. Betrachtet man solches „Licht" durch ein Spektroskop, so erscheint es als Linienspektrum wie auch das Licht, das von Atomen emittiert wird. Tatsächlich stellt ein Elektron, das in einem Kasten eingeschlossen ist, eine grobe Näherung für ein Wasserstoffatom dar. Der Kasten wird durch einen rechteckigen Potentialtopf beschrieben, während im Wasserstoffatom das Elektron durch ein Coulomb-Potential gebunden ist, wie es in Abb. 25-10 dargestellt ist. Die zugrundeliegende Physik ist jedoch dieselbe. Da das Elektron als stehende Welle beschrieben werden muß, sind nur bestimmte Wellenfunktionen ψ_n mit zugehörigen Energiewerten E_n möglich.

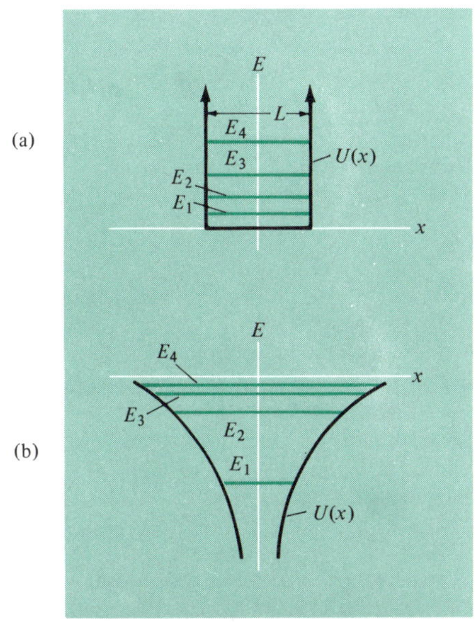

Abb. 25-10. (*a*) *Kastenförmiger Potentialtopf mit unendlich hohen Wänden. Eingezeichnet sind die vier niedrigsten Energiezustände.* (*b*) *Potentialtopf für eine anziehende elektrostatische Kraft mit den vier niedrigsten Energiezuständen*

Beispiel 3: Ein Kasten sei so klein, daß die kinetischen Energien des eingeschlossenen Teilchens vergleichbar mit mc^2 sind. Gib die relativistische Form der Teilchenenergien E_n an.

Lösung: Wir müssen jetzt die relativistische Beziehung

$$E_n = c(p_n^2 + m^2c^2)^{1/2}$$

benutzen. E_n ist die Gesamtenergie einschließlich der Ruhenergie mc^2. Da die De-Broglie-Beziehung auch für relativistische Teilchen gilt, können wir die rechte Seite der Gl. (23-13) in die obige Gleichung für E_n einsetzen:

$$E_n = c\left(n^2 \frac{\pi^2\hbar^2}{L^2} + m^2c^2\right)^{1/2}$$

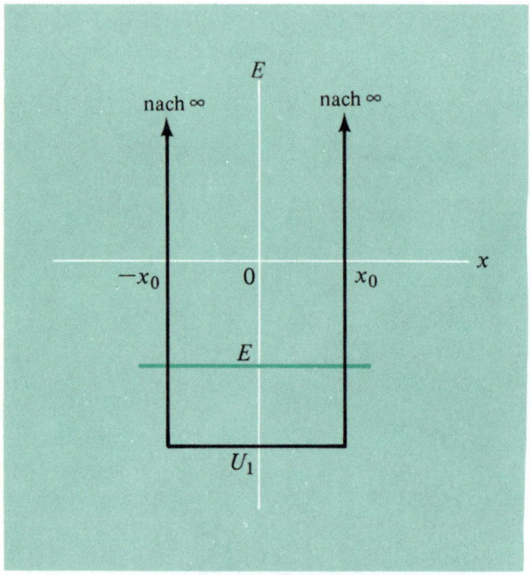

Abb. 25-11. *Potentialtopf mit unendlich hohen Wänden (Die Energieskala ist im Vergleich zu Abb. 25-10 (a) verschoben.)*

Beispiel 4: Ein Teilchen der Energie E sei in dem negativen Potentialtopf der Abb. 25-11 gebunden. Der Potentialtopf sei identisch mit dem der Abb. 25-10(a) bis auf eine Ausnahme: Die Energieskala sei um einen Betrag U_1 verschoben. Innerhalb des Potentialtopfes sei die potentielle Energie also U_1. (U_1 ist in diesem Beispiel negativ.) (a) Berechne $\mathrm{d}^2\psi/\mathrm{d}x^2$ für das Teilchen im Potentialtopf. (b) Wie groß sind die Energien E_n?

Lösung: (a) Die allgemeine Lösung innerhalb des Potentialtopfes wird die folgende Form haben:

$$\psi = A \sin(kx + \varphi), \quad \text{wobei} \quad k = \frac{p}{\hbar}.$$

p kann aus der Beziehung $E = p^2/2m + U_1$ berechnet werden:

$$p = \sqrt{2m(E - U_1)},$$
$$k = \sqrt{\frac{2m}{\hbar^2}(E - U_1)}.$$

Die zweite Ableitung von ψ ist

$$\frac{\mathrm{d}^2\psi}{\mathrm{d}x^2} = -k^2 A \sin(kx + \varphi) = -k^2\psi,$$

$$\frac{\mathrm{d}^2\psi}{\mathrm{d}x^2} = -\frac{2m}{\hbar^2}(E - U_1)\,\psi. \qquad (25\text{-}15)$$

(b) Die kinetischen Energien E_n lassen sich immer noch nach Gl. (23-14) berechnen, wenn man L durch $(2x_0)$ ersetzt und $(E_n - U_1)$ für die kinetischen Energien K_n einsetzt:

$$K_n = n^2 \frac{\pi\hbar^2}{2mL^2},$$

$$(E_n - U_1) = n^2 \frac{\pi\hbar^2}{2m(2x_0)^2},$$

$$E_n = n^2 \frac{\pi^2\hbar^2}{8mx_0^2} + U_1.$$

25-4 Die Schrödinger-Gleichung

Bis jetzt haben wir uns mit freien Teilchen beschäftigt, die einen festen Impuls und damit eine feste Wellenlänge hatten. Im allgemeinen Fall kann ein Teilchen dem Einfluß einer äußeren Kraft ausgesetzt sein, die sich durch die potentielle Energie $U(x)$ beschreiben läßt. Da die Energie

$$E = \frac{p^2}{2m} + U(x) \qquad (25\text{-}16)$$

konstant ist, folgt: Wächst U mit x, so nimmt p mit x ab, und die zugehörige Wellenlänge wird größer. Die Wellenfunktion muß also eine variable Wellenlänge besitzen. Abb. 25-12(b) zeigt eine Wellenfunktion, deren Wellenlänge mit x zunimmt. Die genaue Form von $\psi(x)$ mit veränderlicher Wellenlänge erhält man, indem man eine Differentialgleichung löst, die Schrödinger-Gleichung genannt wird.

Wir werden nun die Schrödinger-Gleichung herleiten, indem wir $U(x)$ durch eine Reihe von Stufen approximieren, wie es in Abb. 25-12(c) dargestellt ist. Wir wissen von Beispiel 4, daß im Potentialbereich U_1 für $\psi(x)$ Gl. (25-15) gilt:

$$\frac{d^2\psi}{dx^2} = -\frac{2m}{\hbar^2}(E - U_1)\,\psi.$$

Da diese Gleichung auch für die Bereiche U_2, U_3, ..., U_j gültig ist und da sich jede Funktion $U(x)$ in kleine Stufen U_j zerlegen läßt, können wir U_1 durch $U(x)$ ersetzen. Wir erhalten

$$\frac{d^2\psi}{dx^2} = -\frac{2m}{\hbar^2}[E - U(x)]\,\psi. \quad \text{(zeitunabhängige Schrödinger-Gleichung)} \qquad (25\text{-}17)$$

Dies ist die berühmte zeitunabhängige, eindimensionale Schrödinger-Gleichung. Sie gilt für nichtrelativistische Körper, für welche die Wahrscheinlichkeitsverteilung unabhängig von der Zeit ist, d. h. für stehende Wellen. (Zur Lösung von Aufgaben, bei denen sich das Wellenpaket zeitlich ändert, existiert auch eine zeitabhängige Schrödinger-Gleichung.) Wir werden nun die zeitunabhängige Schrödinger-Gleichung anwenden, um in mehreren Beispielen stationäre Zustände (stehende Wellen) für Teilchen in Potentialtöpfen zu berechnen.

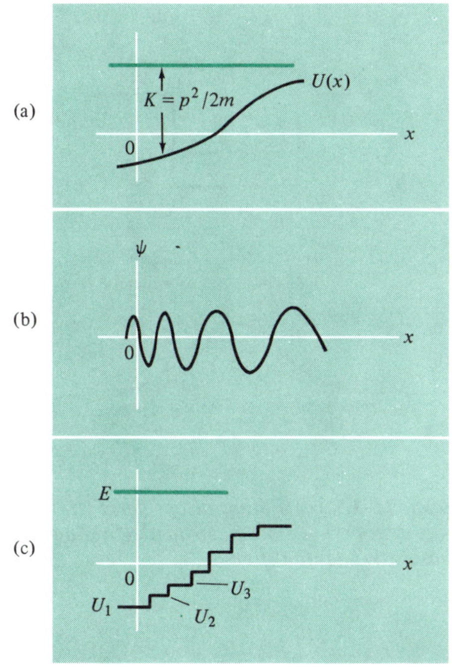

Abb. 25-12. *(a) Die potentielle Energie $U(x)$ steigt mit x an. Die Kurve macht deutlich, wie K mit x abfällt. (b) Zugehörige Wellenfunktion $\psi(x)$, deren Wellenlänge mit x zunimmt. (c) Das Potential $U(x)$ von Bild (a) wird durch eine Treppenfunktion approximiert.*

Die Randbedingungen

Wenn ein Teilchen in einem Potentialtopf gebunden ist, so ist die Wahrscheinlichkeit dafür, es in größerer Entfernung von dem Potentialtopf anzutreffen, gleich null. Daraus leiten wir die folgende Randbedingung ab: Die Aufenthaltswahrscheinlichkeit des Teilchens für große Werte von $|x|$ ist null. Wie wir im nächsten Abschnitt sehen werden, erfüllen nur bestimmte Werte von E (wir nennen sie E_n) mit den zugehörigen Wellenfunktionen ψ_n diese Randbedingungen. Diese Werte E_n werden als Eigenwerte und die zugehörigen Funktionen als Eigenfunktionen bezeichnet.

25-5 Potentialtöpfe endlicher Tiefe

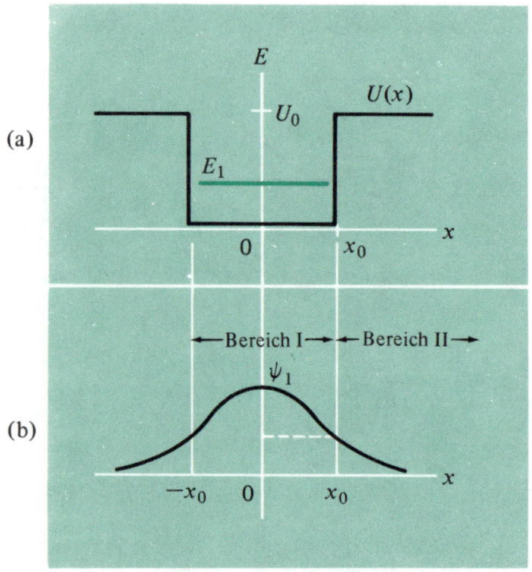

Abb. 25-13. *(a) Potentialtopf der Tiefe U_0 mit dem ersten Energiezustand. (b) Zugehörige Wellenfunktion*

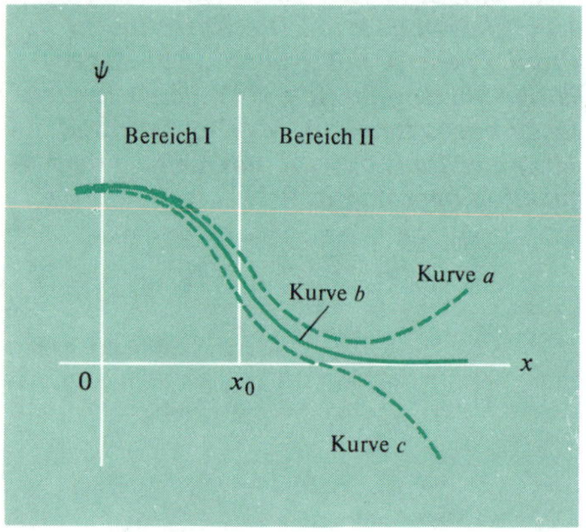

Abb. 25-14. *Kurve b und die Wellenfunktion in Abb. 25-13 (b) sind identisch. Der Energiewert E für Kurve a ist etwas kleiner als E_1. Kurve c entspricht einem Energiewert, der etwas größer als E_1 ist.*

In Abschn. 25-3 wurde ein Teilchen behandelt, das sich in einem Potentialtopf mit unendlich hohen Wänden befand. In diesem Abschnitt werden wir die Schrödinger-Gleichung benutzen, um das folgende Problem zu lösen: Ein Teilchen befinde sich in einem Potentialtopf, dessen Wände eine endliche Höhe U_0 haben, wie es in Abb. 25-13 dargestellt ist. Die Aufgabe besteht hier darin, die Wellenfunktionen ψ_n und ihre Energien E_n aufzufinden, welche die Randbedingung $\psi(x) \to 0$ für große $|x|$ erfüllen. Auf den ersten Blick könnte man meinen, daß für $|x| > x_0$ $\psi(x) = 0$ gilt, da in diesem Bereich $(E - U)$ negativ ist und dies einem negativen Wert für die kinetische Energie $(K = E - U)$ entspricht, was klassisch verboten ist. Die Schrödinger-Gleichung hat im Bereich II der Abb. 25-13 jedoch die Form

$$\frac{d^2\psi}{dx^2} = \frac{2m}{\hbar^2}(U_0 - E)\psi.$$

Diese Gleichung hat die Lösungen

$$\psi_{II} = e^{-\varkappa x} \quad \text{und} \quad e^{+\varkappa x},$$

wobei

$$\varkappa := \sqrt{\frac{2m(U_0 - E)}{\hbar^2}}. \qquad \textbf{(25-18)}$$

Wir finden also, daß $d^2\psi/dx^2$ das gleiche Vorzeichen wie $\psi(x)$ hat und daß sich $\psi(x)$ immer von der x-Achse wegkrümmt, wenn die kinetische Energie negativ ist. Ist hingegen die kinetische Energie positiv (wie im Bereich I), so krümmt sich $\psi(x)$ wie die Funktion $\sin x$ auf die x-Achse zu. Kurve *b* in Abb. 25-14 zeigt das Verhalten von ψ, wenn für E der richtige Wert eingesetzt ist. Wählen wir E ein wenig zu klein, so nimmt $\psi(x)$ im Bereich I langsamer ab (Kurve *a* in der Abbildung). Ist E ein wenig zu groß, dann ergibt sich für $\psi(x)$ die Kurve *c*. Die richtige Funktion *b* hat die Form

$$\psi_{II} = A\,e^{-\varkappa x} \quad \text{(im Bereich II)}$$

und

$$\psi_I = B\cos kx \quad \text{(im Bereich I)},$$

wobei

$$k = \sqrt{\frac{2mE}{\hbar^2}}.$$

Für $x = x_0$ gilt

$$\psi_I(x_0) = \psi_{II}(x_0) \quad \text{oder} \quad B\cos kx_0 = A\,e^{-\varkappa x_0}.$$

Bei $x = x_0$ sind auch die Anstiege gleich:

$$-kB\sin kx_0 = -\varkappa A\,e^{-\varkappa x_0}.$$

Teilt man diese Gleichung durch die vorherige, so erhält man

$$k \tan kx_0 = \varkappa .$$

Dies ist eine transzendente Gleichung, die für das Energieniveau E_1 gelöst werden kann. Mit Gl. (25-18) kann man die Gleichung vereinfachen:

$$\tan kx_0 = \frac{\varkappa}{k} = \sqrt{\frac{U_0}{E} - 1}.$$

Man setze

$$y_0 := \sqrt{\frac{2mU_0}{\hbar^2}}\, x_0 \quad \text{und} \quad y := kx_0 .$$

Damit erhält man

$$\tan y = \sqrt{\frac{y_0^2}{y^2} - 1}. \qquad \textbf{(25-19)}$$

Gl. (25-19) kann je nach der Größe von y_0 mehrere Lösungen haben. Es ist interessant, den Potentialtopf mit endlich hohen Wänden mit dem Fall unendlich hoher Wände zu vergleichen. Dieser Vergleich werde für einen Potentialtopf der Breite 10^{-10} m ($x_0 = 0{,}5 \cdot 10^{-10}$ m) durchgeführt. Wir wiederholen also die Berechnung für ein Elektron in einem Kastenpotential von 1 Å Breite, allerdings für eine Topftiefe von 800 eV anstelle von unendlich hohen Wänden. Der letztere Fall wurde auf Seite 550 behandelt. Für $U_0 = 800$ eV folgt

$$y_0 = \frac{\sqrt{2mU_0}}{\hbar}\, x_0$$

$$= \sqrt{2(9{,}1 \cdot 10^{-31})(800 \cdot 1{,}6 \cdot 10^{-19})}\, \frac{0{,}5 \cdot 10^{-10}}{1{,}05 \cdot 10^{-34}} = 7{,}27 .$$

Gl. (25-19) hat dann drei positive Lösungen, die wir y_1, y_3 und y_5 nennen wollen. Diese können auf drei Arten bestimmt werden: graphisch, durch Iteration oder durch Probieren. Die Lösungen sind $y_1 = 1{,}38$, $y_3 = 4{,}11$ und $y_5 = 6{,}69$. Mit Hilfe von $k = y/x_0$ und $E = (\hbar k)^2/2m$ folgt

$$E_1 = 28{,}8 \text{ eV}, \quad E_3 = 256 \text{ eV} \quad \text{und} \quad E_5 = 678 \text{ eV}.$$

Für $n = 2$ und 4 hat die Wellenfunktion im Bereich I die Form $\psi_{\text{I}} = B \sin kx$. Aus den Anpassungsbedingungen an der Stelle $x = x_0$ folgt dann:

$$B \sin kx_0 = A\, \mathrm{e}^{-\varkappa x_0},$$

$$kB \cos kx_0 = -\varkappa A\, \mathrm{e}^{-\varkappa x_0}.$$

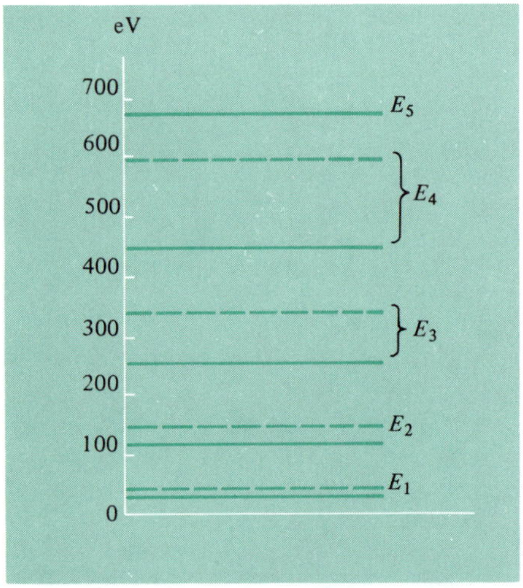

Abb. 25-15. *Energieniveaus für ein Elektron in einem kastenförmigen Potential der Breite 10^{-10}* m. *Die durchgezogenen Linien gelten für einen Potentialtopf der Tiefe 800* eV. *Die unterbrochenen Linien gelten für einen Potentialtopf mit unendlich hohen Wänden (gleiche Energiewerte wie in Abb. 25-9).*

Durch Division erhalten wir

$$\cot kx_0 = -\frac{\varkappa}{k}, \qquad \textbf{(25-20)}$$

$$\cot\left(\sqrt{\frac{2mE}{\hbar^2}}\,x_0\right) = -\sqrt{\frac{U_0}{E} - 1}$$

oder

$$\cot y = -\sqrt{\frac{y_0^2}{y^2} - 1}\,.$$

Für $y_0 = 7{,}27$ existieren zwei positive Lösungen: $y_2 = 2{,}75$ und $y_4 = 5{,}44$. Die zugehörigen Energien für das Elektron in dem Potentialtopf endlicher Tiefe sind $E_2 = 115$ eV und $E_4 = 447$ eV. Alle berechneten Energieniveaus sind in Abb. 25-15 dargestellt. Die ersten drei Wellenfunktionen zeigt Abb. 25-16.

In Kap. 29, in dem wir uns mit Kernphysik befassen, werden wir sehen, daß diese allgemeine Lösung für ein Teilchen in einem Potentialtopf endlicher Tiefe auch von praktischem Wert ist. Dort wird sich zeigen, daß die kurzreichweitige Kernkraft zwischen einem Proton und einem Neutron näherungsweise durch einen Potentialtopf beschrieben werden kann. Mit Hilfe von Gl. (25-20) kann man dann die Bindungsenergie des Deuterons und seine Größe (d. h. seine Wellenfunktion) bestimmen.

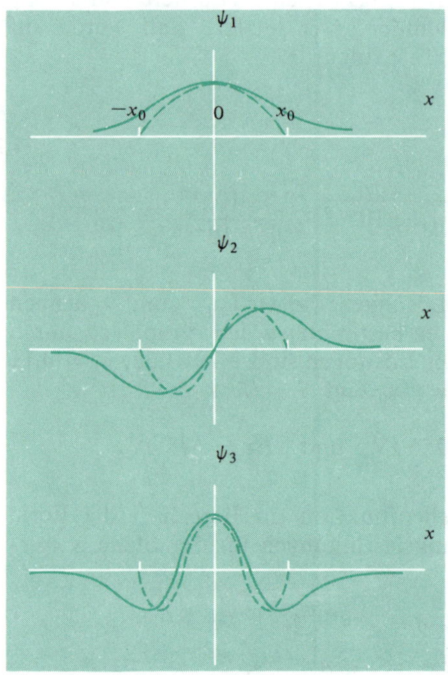

Abb. 25-16. *Die stehenden Wellen für $n = 1, 2, 3$, die zu den Energiewerten E_1, E_2 und E_3 der vorhergehenden Abbildung gehören. Die entsprechenden Wellenfunktionen für einen Potentialtopf gleicher Breite, jedoch mit unendlich hohen Wänden, sind als unterbrochene Linien gezeichnet.*

Beispiel 5: In Abb. 25-13(b) sei ψ_1 bei $x = x_0$ auf die Hälfte abgefallen, d. h.

$$\frac{\psi_1(x_0)}{\psi_1(0)} = \frac{1}{2}.$$

Berechne E_1 als Funktion von $\hbar$, m und x_0.

Lösung: Da ψ_1 die Form $B \cos kx$ hat, folgt:

$$\cos kx_0 = \frac{1}{2},$$

$$kx_0 = \frac{\pi}{3},$$

$$k = \frac{\pi}{3x_0},$$

$$\sqrt{\frac{2mE_1}{\hbar^2}} = \frac{\pi}{3x_0},$$

$$E_1 = \frac{\pi^2\hbar^2}{18mx_0^2}.$$

25-6 Der harmonische Oszillator

Unsere nächste Anwendung der Schrödinger-Gleichung befaßt sich mit einem Teilchen der Masse m unter dem Einfluß einer harmonischen Kraft $F = -kx$. (Hier ist k die Kraftkonstante und nicht die Wellenzahl.) Wie wir in dem Kapitel über einfache harmonische Schwingungen gelernt haben, ist die potentielle Energie $U(x) = \frac{1}{2}kx^2 = \frac{1}{2}m\omega_{\mathrm{kl}}^2x^2$. (Der Index „kl" bedeutet „klassisch".) In der klassischen Physik führt ein solches Teilchen eine einfache harmonische Schwingung mit der Kreisfrequenz $\omega_{\mathrm{kl}} = \sqrt{k/m}$ aus. ω_{kl} kann jeden beliebigen Energiewert einschließlich null annehmen. In der Quantenmechanik dagegen wird sich zeigen, daß wegen der Randbedingung für große $|x|$ nur die Energiewerte $E_n = (n - 1/2)\,\hbar\omega_{\mathrm{kl}}$ erlaubt sind, wobei n eine ganze positive Zahl ist.

Bevor wir die Schrödinger-Gleichung anwenden, wollen wir eine Abschätzung vornehmen, die uns die Anwendung der grundlegenden Prinzipien der Quantenmechanik veranschaulichen soll. Wir wollen versuchen, das Problem auf die gleiche Weise zu lösen wie den Fall eines Teilchens in einem kastenförmigen Potential. Wir entnehmen der Abb. 25-17, daß die Länge L des Kastens hier $2x_0$ beträgt, wobei x_0 die maximale Auslenkung oder die Amplitude der Schwingung ist. Die n-te

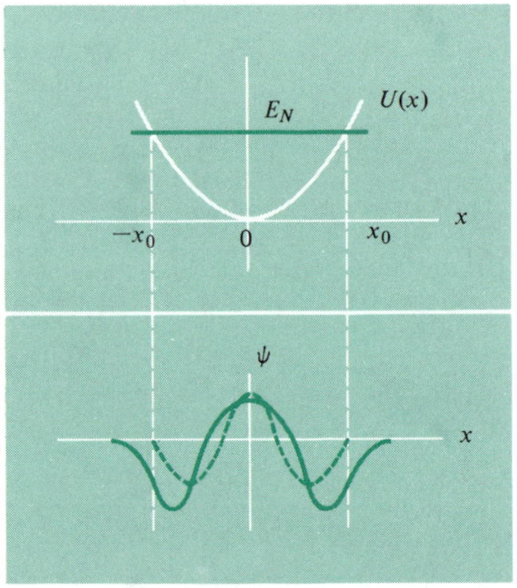

Abb. 25-17. *(a) Potentielle Energie eines harmonischen Oszillators. (b) Stehende Welle für n = 3. Die durchgezogene Kurve stellt die exakte Lösung dar, die unterbrochene Kurve ist eine Näherungslösung.*

stehende Welle hat n halbe Wellenlängen innerhalb der Länge L:

$$n\frac{\bar{\lambda}_n}{2} = 2x_0$$

oder

$$\bar{\lambda}_n = \frac{4x_0}{n}.$$

Für den mittleren Impuls folgt

$$\bar{p} = \frac{h}{\bar{\lambda}} = \frac{h}{4x_0/n} = n\frac{h}{4x_0}.$$

Die mittlere kinetische Energie ist

$$\bar{K} = \frac{\bar{p}^2}{2m} = \frac{n^2h^2}{32mx_0^2}.$$

Die Gesamtenergie ist doppelt so groß:

$$E = \frac{n^2h^2}{16mx_0^2}.$$

E ist auch gleich der maximalen potentiellen Energie:

$$E = \tfrac{1}{2}m\omega_{\text{kl}}^2 x_0^2.$$

Multipliziert man diese beiden Gleichungen miteinander, so erhält man

$$E^2 = \frac{n^2h^2\omega_{\text{kl}}^2}{32}$$

oder

$$E = \frac{\pi}{2\sqrt{2}}\, n\hbar\omega_{\text{kl}}.$$

Bei der Genauigkeit dieser „Rechnung" können wir $\pi/(2\sqrt{2}) \approx 1$ setzen. Damit erhalten wir

$$E_n \approx n\hbar\omega_{\text{kl}} \quad \text{für } n = 1, 2, 3, \ldots .$$

Wie sich zeigen wird, führt die exakte Rechnung zu

$$E_n = (n - \tfrac{1}{2})\,\hbar\omega_{\text{kl}} \quad \text{für} \quad n = 1, 2, 3, \ldots .$$

Wir werden jetzt die exakte Rechnung mit Hilfe der Schrödinger-Gleichung durchführen. Setzen wir $U = \frac{1}{2}m\omega_{\text{kl}}^2 x^2$ in die Schrödinger-Gleichung ein, so erhalten wir

$$\frac{d^2\psi}{dx^2} = -\frac{2m}{\hbar^2}\left(E - \tfrac{1}{2}m\omega_{\text{kl}}^2 x^2\right)\psi. \tag{25-21}$$

Da wir eine Lösung mit variabler Wellenlänge benötigen, setzen wir probeweise eine Gaußsche Wellenfunktion an. Ein durchaus einwandfreies und weitverbreitetes Lösungsverfahren für Differentialgleichungen besteht darin, die Lösung zu „erraten" und dann zu probieren, ob sie stimmt. Wir versuchen es mit

$$\psi(x) = e^{-ax^2}.$$

Um herauszufinden, ob dieser Ansatz die Gl. (25-21) erfüllt, müssen wir die zweite Ableitung bilden und diese in die linke Seite der Gleichung einsetzen. Die zweite Ableitung ist

$$\frac{d^2\psi}{dx^2} = -2a\,e^{-ax^2} + 4a^2x^2\,e^{-ax^2}.$$

Durch Einsetzen in Gl. (25-21) folgt

$$(-2a + 4a^2x^2)\,e^{-ax^2} = -\frac{2m}{\hbar^2}\left(E - \tfrac{1}{2}m\omega_{\text{kl}}^2x^2\right)e^{-ax^2}$$

$$-2a + (4a^2)\,x^2 = -\frac{2mE}{\hbar^2} + \left(\frac{m^2\omega_{\text{kl}}^2}{\hbar^2}\right)x^2.$$

Gleichsetzen der Koeffizienten von x^2 führt zu der Gleichung

$$(4a^2) = \left(\frac{m^2\omega_{\text{kl}}^2}{\hbar^2}\right),$$

$$a = \frac{m\omega_{\text{kl}}}{2\hbar}.$$

Gleichsetzen der konstanten Glieder ergibt

$$-2a = -\frac{2mE}{\hbar^2},$$

$$E = \frac{\hbar^2 a}{m} = \frac{\hbar^2}{m}\left(\frac{m\omega_{\text{kl}}}{2\hbar}\right) = \tfrac{1}{2}\hbar\omega_{\text{kl}}.$$

Es zeigt sich, daß die Gaußsche Wellenfunktion die Gleichung löst, allerdings nur für

$$E = \tfrac{1}{2}\hbar\omega_{\text{kl}}.$$

Dann wird

$$\psi_1(x) = e^{-(m\omega_{\text{kl}}/2\hbar)\,x^2}.$$

Der Leser kann durch Einsetzen in Gl. (25-21) selbst nachweisen, daß

$$\psi_2(x) = x\,\mathrm{e}^{-(m\omega_{\mathrm{kl}}/2\hbar)\,x^2}$$

die Lösung für die stehende Welle ψ_2 ist.

Diese Lösung gilt nur für $E = (3/2)\hbar\omega_{\mathrm{kl}}$. Man beachte, daß die Energiedifferenz $(E_2 - E_1)$ zwischen diesen beiden benachbarten Energiezuständen gleich $\hbar\omega_{\mathrm{kl}}$ ist. Dies trifft auch für die Energiezustände mit größerem n zu, die sich zu $E_n = (n - 1/2)\,\hbar\omega_{\mathrm{kl}}$ ergeben. Wir sehen also, daß ein harmonischer Oszillator Photonen emittiert, deren Frequenz bei Übergängen zwischen benachbarten Energieniveaus gleich der klassischen Oszillatorfrequenz ist.

Zusammenfassung

Ein freies Teilchen, dessen Impuls genau gleich p_0 ist, wird durch die Wellenfunktion $\psi(x, t) = A \exp[\mathrm{i}(k_0 x - \omega t)]$ beschrieben, wobei $k_0 = p_0/\hbar$ ist.

Entspricht die Aufenthaltswahrscheinlichkeit eines Teilchens in einem Bereich des Raumes einer Gaußverteilung, so ist seine Wellenfunktion $\psi(x, 0) = \exp[-x^2/4\sigma_x^2]\,\mathrm{e}^{\mathrm{i}k_0 x}$. Die Wahrscheinlichkeitsverteilung für den Impuls des Teilchens ist dann $B(k) = (\sigma_x/\sqrt{\pi}) \exp[-\sigma_x^2(k - k_0)^2]$, wobei $\psi(x, 0) = \int B(k)\,\mathrm{e}^{\mathrm{i}kx}\,\mathrm{d}k$ ist.

Die Standardabweichung der räumlichen Verteilungsfunktion ist σ_x, und die Standardabweichung der Impulsverteilung ist $\sigma_p = \hbar/2\sigma_x$. Für jedes Wellenpaket gilt $\sigma_x\sigma_p \geqq \hbar/2$ (Unschärferelation).

Die Gruppengeschwindigkeit jedes quantenmechanischen Wellenpaketes ist gleich der klassischen Teilchengeschwindigkeit: $v_g = \mathrm{d}\omega/\mathrm{d}k = p/m = v$. Ein Wellenpaket der ursprünglichen Breite x_0 läuft nach der Gleichung $\Delta x \approx (\hbar/m\,\Delta x_0)\,t$ auseinander.

Ein Teilchen, das in einem Kasten der Länge L eingeschlossen ist, kann nur Zustände einnehmen, die charakterisiert sind durch stehende Wellen der Wellenlänge $\lambda_n = 2L/n$ und durch Energiewerte

$$E_n = n^2 \frac{\pi^2\hbar^2}{2mL^2}.$$

Ist die Tiefe des Potentialtopfes nicht konstant, läßt sie sich aber durch die Funktion $U = U(x)$ darstellen, so gehorcht die Wellenfunktion der zeitunabhängigen Schrödinger-Gleichung

$$\frac{\mathrm{d}^2\psi}{\mathrm{d}x^2} = -\frac{2m}{\hbar^2}[E - U(x)]\,\psi.$$

Nur bestimmte Eigenfunktionen $\psi_n(x)$ und Eigenwerte E_n erfüllen die Randbedingung $\psi \to 0$ für $x \to \pm\infty$.

Im Falle eines Potentialtopfes endlicher Tiefe ist die Wellenfunktion innerhalb des Topfes $\psi = B\cos(kx + \varphi)$. Außerhalb hat sie die Form $(A_1\,\mathrm{e}^{-\varkappa x} + A_2\,\mathrm{e}^{\varkappa x})$ mit $\varkappa := \sqrt{2m(U_0 - E)/\hbar^2}$. Bedingungsgleichungen für E erhält man, indem man für ψ und $\mathrm{d}\psi/\mathrm{d}x$ an den Rändern des Potentialtopfes Stetigkeit verlangt.

Beim harmonischen Oszillator mit der potentiellen Energie $U(x) = \frac{1}{2}m\omega_{\mathrm{kl}}^2 x^2$ sind die Eigenwerte $E_n = (n - 1/2)\,\hbar\omega_{\mathrm{kl}}$, wobei n eine beliebige ganze positive Zahl ist. Die ersten beiden Eigenfunktionen sind

$$\psi_1(x) = \exp\left[-\frac{m\omega_{\mathrm{kl}}}{2\hbar}x^2\right]$$

und

$$\psi_2(x) = x\exp\left[-\frac{m\omega_{\mathrm{kl}}}{2\hbar}x^2\right].$$

Aufgaben

1. Berechne $\psi^*\psi$ für $\psi = \exp[\mathrm{i}(kx - \omega t)] + \exp[\mathrm{i}(kx + \omega t)]$.
2. Berechne $\bar{x} = \int_{-\infty}^{\infty} x \exp(-x^2/2\sigma^2)\,\mathrm{d}x$.
3. Es sei gegeben: $\psi = \exp[\mathrm{i}(k_0 + \Delta k)\,x] + \exp[\mathrm{i}(k_0 - \Delta k)\,x]$.
   (a) Berechne $\psi^*\psi$.
   (b) Es sei Δx die Halbwertsbreite des zentralen Wellenpaketes. Wie groß ist das Produkt $(\Delta x\,\Delta p)$, wenn $\Delta p = \hbar\,\Delta k$ ist?
4. Es sei $E = \hbar\omega = mc^2 + p^2/(2m)$.
   (a) Wie groß ist die Phasengeschwindigkeit des zugehörigen Wellenpaketes? Gib das Resultat als Funktion von c und der klassischen Geschwindigkeit v an.
   (b) Wie groß ist die Gruppengeschwindigkeit?
5. Zur Zeit $t = 0$ gelte für das Wellenpaket eines Elektrons $\Delta x_0 = 1\,\mu\mathrm{m}$. Wie groß ist die Breite des Wellenpaketes zur Zeit $t = 1$ s?
6. Das Wellenpaket eines Elektrons habe die Breite Δx_0. In jeder Sekunde vergrößere sich seine Breite um den gleichen Wert Δx_0. Wie groß ist Δx_0?
7. Ein Elektron sei in einem eindimensionalen Potentialtopf der Länge $L = 4 \cdot 10^{-10}$ m gebunden.
   (a) Wie groß ist E_2 in eV?
   (b) Welche Wellenlänge hat das Photon, das bei dem Übergang $E_4 \rightarrow E_2$ emittiert wird?
8. Man setze in Beispiel 4 $U_1 = -20$ eV und $x_0 = 5 \cdot 10^{-11}$ m. Wie groß sind dann E_1 und K_1 für ein Elektron?
9. Wie lautet die relativistische Lösung von Teil (b) des Beispiels 4?
10. Die Wellenfunktion der Abb. 25-13 (b) sei bei $x = x_0$ auf 1/3 ihres Maximalwertes abgefallen, d. h.
$$\frac{\psi_1(x_0)}{\psi_1(0)} = \frac{1}{3}.$$
    Berechne E_1 als Funktion von $\hbar$, m und x_0.
11. Zur Zeit $t = 0$ sei für ein Wellenpaket $|\psi(x)|^2$ eine Gauß-Verteilung mit der Standardabweichung σ_0. Das Wellenpaket bewege sich mit der Geschwindigkeit v_0 entlang der x-Achse.
    (a) Die Einhüllende der Wellenfunktion ist ebenfalls eine Gauß-Verteilung. Wie groß ist ihre Standardabweichung?
    (b) Wie groß ist $B(k)$, wenn $\psi(x) = \int B(k)\exp[\mathrm{i}kx]\,\mathrm{d}k$? Gib die Lösung als Funktion von m, $\hbar$, σ_0, k und v_0 an.

12. Berechne $\psi^*\psi$ für
$$\psi = \exp\{\mathrm{i}[(k_0 + \Delta k)\,x - (\omega_0 + \Delta\omega)\,t]\} + \exp\{\mathrm{i}[(k_0 - \Delta k)\,x - (\omega_0 - \Delta\omega)\,t]\}.$$

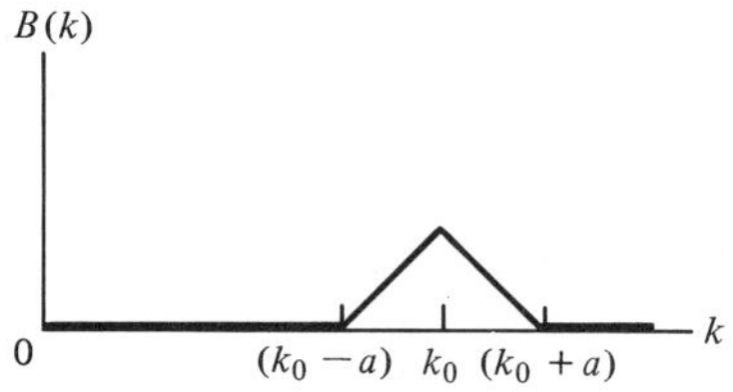

Aufgabe 14

13. Schreibe $\psi = A_1\,e^{i\varphi_1} + A_2\,e^{i\varphi_2}$ als $\psi = A\,e^{i\varphi}$. Berechne A und φ als Funktion von A_1, A_2, φ_1 und φ_2.

14. $B(k)$ sei durch die nebenstehende Abbildung gegeben.
(a) Wie groß ist die Wahrscheinlichkeit dafür, daß der Impuls den Wert $p = \hbar(k_0 + a/2)$ annimmt im Vergleich zu der Wahrscheinlichkeit für den Wert $p = \hbar/k_0$?
(b) Berechne $\psi(x)$.
(c) Berechne das Produkt $(\Delta x\,\Delta p)$. (Δx und Δp seien die halben Halbwertsbreiten.)

15. Beweise, daß $\overline{x^2} = \sigma^2$ gilt, wenn die Werte von x einer Gauß-Verteilung genügen, d. h., man beweise

$$\frac{\int_0^\infty x^2 \exp(-x^2/2\sigma^2)\,dx}{\int_0^\infty \exp(-x^2/2\sigma^2)\,dx} = \sigma^2.$$

16. $B(k)$ sei gegeben durch die Abbildung zu Aufgabe 14. Wie groß ist die Wahrscheinlichkeit, das Teilchen mit einem Impuls p anzutreffen, für den gelte: $\hbar(k_0 + \frac{1}{2}a) > p > \hbar(k_0 - \frac{1}{2}a)$.

17. Berechne $v_g = d\omega/dk$ für $E = \sqrt{p^2c^2 + m^2c^4} = \hbar\omega$.

18. Das Auseinanderlaufen eines Wellenpaketes wird beschrieben durch

$$\Delta x = \sqrt{\left(\frac{\hbar t}{m\,\Delta x_0}\right)^2 + (\Delta x_0)^2},$$

wobei Δx_0 die Breite zum Zeitpunkt $t = 0$ ist, an dem alle Sinuskomponenten die gleiche Phase haben. Für Elektron 1 gelte $\Delta x_0 = 10^{-10}$ m, für Elektron 2 sei $\Delta x_0 = 10^{-9}$ m. Zu welcher Zeit t haben beide Wellenpakete die gleiche Breite?

19. Ein Elektron sei in dem Potentialtopf des Beispiels 4 gebunden, wobei $x_0 = 10^{-14}$ m und $U_1 = 0$.
(a) Berechne E_1 und E_2 nichtrelativistisch.
(b) Berechne E_1 und E_2 relativistisch.

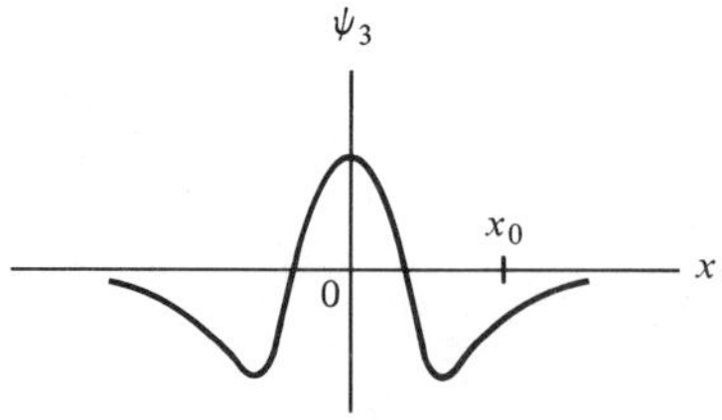

Aufgabe 22

20. Ein Elektron sei in einem Atomkern mit dem Radius $2 \cdot 10^{-15}$ m gebunden. Wie groß ist seine Nullpunktsenergie? Als Näherung für das Potential benutze man einen eindimensionalen kastenförmigen Potentialtopf.

21. Man bestimme durch „Probieren" E_1 und E_2 für ein Elektron in einem Potentialtopf der Tiefe $U_0 = 200$ eV und der Breite $2x_0 = 10^{-10}$ m.

22. Für die nebenstehende Abbildung gelte $\psi_3(x_0)/\psi_3(0) = -1/4$. Berechne E_1 als Funktion von $\hbar$, m und x_0. Im Bereich I sei ψ_3 eine Sinuswelle.

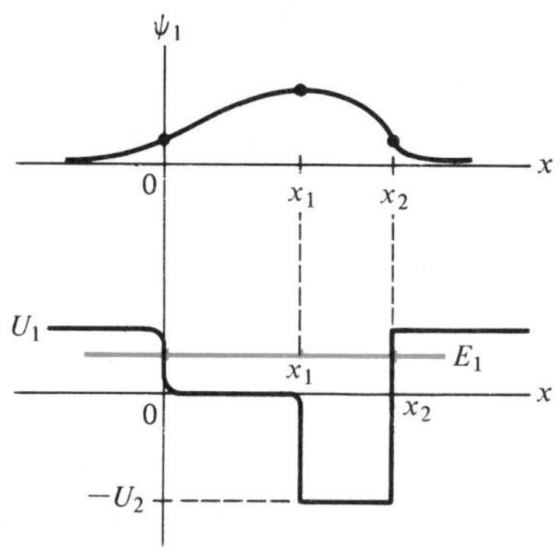

Aufgabe 23

23. Ein Teilchen der Masse m sei in dem eindimensionalen Potentialtopf der nebenstehenden Abbildung gebunden. Berechne E_1, wenn ψ_1 zwischen $x = 0$ und $x = x_1$ durch eine Sinusfunktion zwischen 0 und 60° gegeben ist.

24. Man setze die Funktion $\psi(x) = x\,e^{-\alpha x^2}$ in die Schrödinger-Gleichung mit $U(x) = \frac{1}{2}kx^2$ ein.
(a) Wie groß ist α?
(b) Wie groß ist die zugehörige Energie (der zugehörige Energieeigenwert)?

25. Die Schrödinger-Gleichung für ein Teilchen der Masse m sei

$$\frac{d^2\psi}{dx^2} = -\frac{2m}{\hbar^2}\left(E - \frac{1}{2}kx^2\right)\psi.$$

(a) Berechne die Eigenfunktion $\psi_1(x)$ für den kleinsten Wert von n.
(b) Wie groß ist der zugehörige Eigenwert E_1? Berechne E_1 als Funktion von $\hbar$, m und k.

26. Das Potential, das ein Proton und ein Neutron zu einem Deuteron bindet, kann näherungsweise durch den kastenförmigen Potentialtopf der nebenstehenden Abbildung beschrieben werden. Seine Tiefe ist 29 MeV und sein Radius $r_0 = 2{,}3 \cdot 10^{-15}$ m. Die Wellenfunktion $u(r)$ sei im Innern des Potentialtopfes gegeben durch

$$u(r) = \sin kr, \quad \text{wobei} \quad \frac{(\hbar k)^2}{2M} = E - U.$$

Man benutze $M = 8{,}35 \cdot 10^{-28}$ kg für die reduzierte Masse des Proton–Neutron-Systems und berechne den Zahlenwert für E in MeV. Dieser Wert wird der Bindungsenergie des Deuterons entsprechen. (Lösungshinweis: Gl. (25–20) kann sich als nützlich erweisen.) Die Lösung einer transzendenten Gleichung kann durch Probieren mit Hilfe eines Taschenrechners gefunden werden.

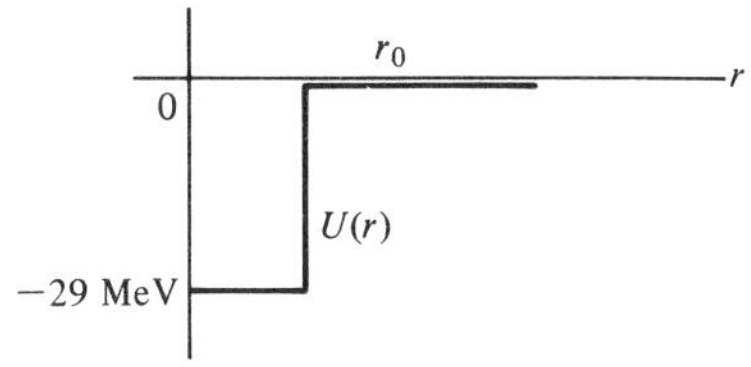

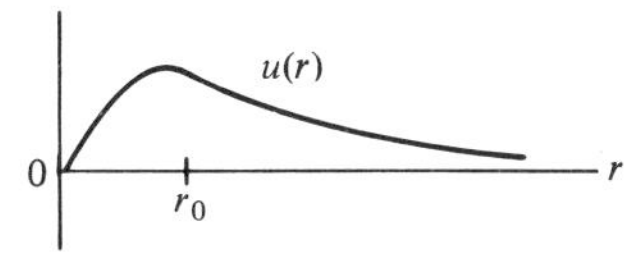

Aufgabe 26

27. Setze die Wellenfunktion $\psi = x \exp[-m\omega x^2/(2\hbar)]$ in die folgende Gleichung ein:

$$\frac{d^2\psi}{dx^2} = -\frac{2m}{\hbar^2}(E - U)\,\psi, \quad \text{wobei} \quad U = \tfrac{1}{2}m\omega^2 x^2 \quad \text{ist.}$$

Gib die Lösung für E an.

28. Eine Wellenfunktion $\psi(x, t)$ sei durch Überlagerung reiner Sinuswellen in folgender Weise gegeben:

$$\psi(x, t) = \int A(k)\, e^{i(kx-\omega t)}\, dk, \quad \text{wobei} \quad A(k) = \exp\left[-\frac{(k-k_0)^2}{2a^2}\right].$$

Wie groß ist die Breite der Wahrscheinlichkeitsverteilung der x-Werte zur Zeit $t = 0$?

26

Das Wasserstoffatom

26-1 Näherungslösung für das Wasserstoffatom

Im vorigen Abschnitt wurde die Schrödinger-Gleichung für ein Teilchen der Masse m gelöst, das in einem Potentialtopf der Form $U = \frac{1}{2}kx^2$ gebunden war. Ein solches parabelförmiges Potential führt zu einer einfachen harmonischen Schwingung. Wir werden uns nun mit einem Potentialtopf befassen, dessen potentielle Energie umgekehrt proportional zum Abstand ist. Ein solches Potential tritt auf, wenn zwischen zwei Körpern eine Gravitationskraft oder eine elektrostatische Kraft wirkt. Im Falle des Wasserstoffatoms ist die potentielle Energie zwischen Proton und Elektron $U = -k_0e^2/r$, wobei r der Abstand zwischen beiden ist.

Um eine Näherungslösung zu erhalten, approximieren wir zunächst diesen Potentialtopf durch ein kastenförmiges Potential, wie wir es auch beim harmonischen Oszillator getan haben. Wir suchen eine Näherungslösung, um das Wasserstoffatom unmittelbar verstehen zu können, ohne dabei durch mathematische Einzelheiten abgelenkt zu werden. Unser Ziel ist es, einzusehen, warum die stehenden Wellen des Wasserstoffatoms gerade die beobachtete Ausdehnung besitzen und warum sie von den Fundamentalkonstanten h, m und e gerade in der beobachteten Weise abhängen. Wir möchten verstehen, warum nur bestimmte Energieniveaus erlaubt sind und wie diese von den Fundamentalkonstanten und der Quantenzahl n abhängen.

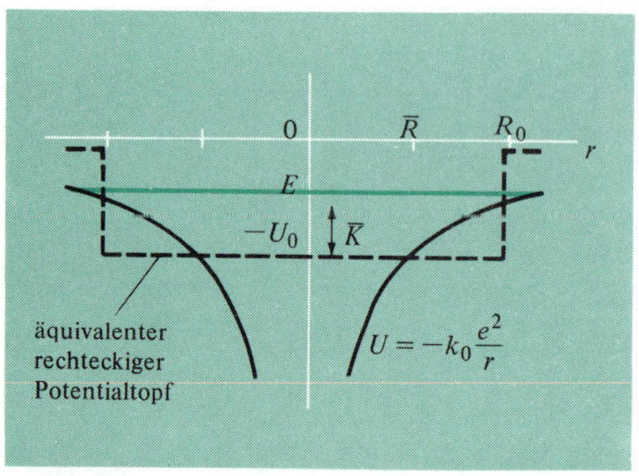

Abb. 26-1. *Potentialtopf für das Elektron des Wasserstoffatoms. Für die Näherungslösung wird der äquivalente rechteckige Potentialtopf verwendet.*

Für diese Abschätzung benutzen wir den in Abb. 26-1 dargestellten Potentialtopf. Wie die Abbildung zeigt, ist für das Energieniveau E des Elektrons der maximale Elektronenabstand nach der klassischen Physik gleich R_0. Als mittleren Abstand $\bar{R}$ benutzen wir den Wert $R_0/2$. Für die Tiefe des zugehörigen kastenförmigen Potentialtopfes setzen wir den Wert von U an der Stelle $x = \bar{R}$ ein, d. h. $U_0 = k_0e^2/\bar{R}$. Die stehende Welle mit der Quantenzahl n hat in diesem unterbrochen gezeichneten kastenförmigen Potential n halbe Wellenlängen, d. h.

$$n\frac{\lambda_n}{2} = 2R_0$$

oder

$$\lambda_n = \frac{4R_0}{n}.$$

Wir setzen nun den nach der De-Broglie-Beziehung berechneten Impuls näherungsweise gleich dem mittleren Impuls des Elektrons:

$$\overline{p_n} \approx \frac{h}{\lambda_n} = \frac{hn}{4R_0}.$$

Die mittlere kinetische Energie ist

$$\bar{K} \approx \frac{\overline{p_n}^2}{2m} = \frac{h^2 n^2}{32mR^2}.$$

Nach Abb. 26-1 ist

$$\bar{K} = -E = \frac{k_0 e^2}{R_0}. \qquad (26\text{-}1)$$

Durch Gleichsetzen erhalten wir

$$\frac{k_0 e^2}{R_0} \approx \frac{h^2 n^2}{32mR_0^2}$$

oder

$$R_0 \approx \frac{h^2 n^2}{32k_0 m e^2} = \frac{4\pi^2}{32} \frac{\hbar^2}{k_0 m e^2} n^2. \qquad (26\text{-}2)$$

Wie sich in Abschn. 26-3 zeigen wird, ist dieser Ausdruck eine sehr gute Näherung für den „Radius" der n-ten Wellenfunktion des Wasserstoffatoms R_n:

$$R_n = \frac{\hbar^2}{k_0 m e^2} n^2.$$

Wir können nun die Energieniveaus E_n näherungsweise berechnen, indem wir Gl. (26-2) in die rechte Seite von Gl. (26-1) einsetzen:

$$E_n = -\frac{16}{\pi^2} k_0^2 \frac{me^4}{2\hbar^2} \frac{1}{n^2}.$$

Die exakten Lösungen sind

$$E_n = -\frac{k_0^2 m e^4}{2\hbar^2 n^2}.$$

Sie sind 38% kleiner als die Näherungslösungen. Die Näherung gibt jedoch die Abhängigkeit von m, e, $\hbar$ und von der Quantenzahl n richtig wieder, und sie hilft uns, die zugrundeliegende Physik zu begreifen.

26-2 Die dreidimensionale Schrödinger-Gleichung

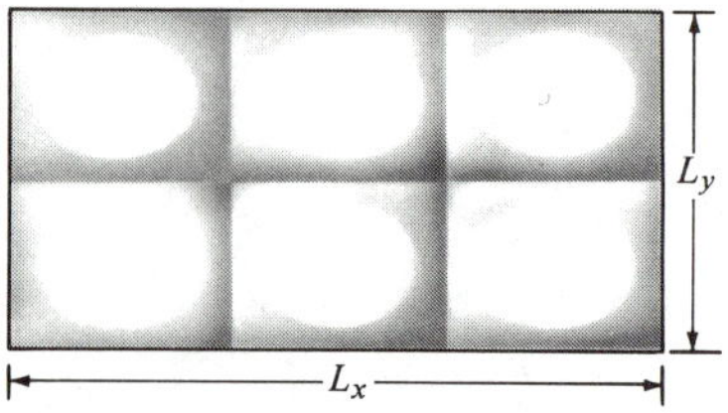

Abb. 26-2. *Zeichnerische Darstellung von stehenden Wellen mit $n_x = 3$ und $n_y = 2$ in einem Wassertrog der Länge L_x und der Breite L_y*

Zweidimensionale stehende Wellen lassen sich in einem rechteckigen Wassertrog erzeugen. Stößt man den Tisch an, auf dem der Trog steht, oder versetzt man ihn in Schwingungen, so bilden sich stehende Wellen, deren Knotenlinien senkrecht zueinander verlaufen, wie es Abb. 26-2 zeigt. Die Wellenamplitude ist gegeben durch

$$\psi = A(\sin k_x x)(\sin k_y y).$$

Die Werte

$$k_x = \frac{\pi}{L_x} n_x \quad \text{und} \quad k_y = \frac{\pi}{L_y} n_y, \tag{26-3}$$

erfüllen die Randbedingung $\psi = 0$ für $x = L_x$ oder $y = L_y$.

Beispiel 1: Leite einen Ausdruck für die Energieniveaus eines Teilchens der Masse m her, das sich in einem dreidimensionalen Kasten mit den Abmessungen L_x, L_y, L_z befindet.

Lösung: Die kinetische Energie ist

$$K = \frac{p_x^2 + p_y^2 + p_z^2}{2m}.$$

Mit Hilfe der De-Broglie-Beziehung folgt

$$p_x = \hbar k_x \qquad p_y = \hbar k_y \qquad p_z = \hbar k_z.$$

Damit wird

$$K = \frac{\hbar^2}{2m}(k_x^2 + k_y^2 + k_z^2).$$

Wenden wir Gl. (26-3) an, so erhalten wir

$$K = E_{n_x,\, n_y,\, n_z} = \frac{\hbar^2 \pi^2}{2m}\left(\frac{n_x^2}{L_x^2} + \frac{n_y^2}{L_y^2} + \frac{n_z^2}{L_z^2}\right).$$

Wir ersehen daraus, daß im dreidimensionalen Raum jeder Eigenwert der Energie und jede Eigenfunktion von drei Quantenzahlen abhängt.

Beispiel 2: Ein Elektron sei in einem kubischen Kasten von der Größe eines Atomkerns ($L = 4 \cdot 10^{-15}$ m) gebunden. Wie groß ist der kleinste mögliche Wert für die kinetische Energie?

Lösung: Mit Gl. (26-3) erhalten wir

$$k_x = \frac{\pi}{L} n_x \qquad k_y = \frac{\pi}{L} n_y \qquad k_z = \frac{\pi}{L} n_z.$$

Für den niedrigsten Energiezustand gilt: $n_x = n_y = n_z = 1$. Also erhalten wir

$$k_x^2 = k_y^2 = k_z^2 = \frac{\pi^2}{L^2},$$

$$p^2 = \hbar^2 k^2 = \hbar^2(k_x^2 + k_y^2 + k_z^2) = 3h^2 \left(\frac{\pi^2}{L^2}\right).$$

Vorsichtshalber verwenden wir den relativistischen Ausdruck für die kinetische Energie:

$$K = \sqrt{c^2p^2 + m^2c^4} - mc^2 = 4{,}28 \cdot 10^{-11}\ \text{J} = 267\ \text{MeV}.$$

Da dieser Wert 500mal größer ist als die Ruhenergie des Elektrons, haben wir den relativistischen Ausdruck für die Energie zu Recht benutzt.
Dieses Beispiel zeigt, warum in einem Atomkern keine Elektronen existieren können. Es gibt keine uns bekannte Kraft, welche ein Elektron mit so großer kinetischer Energie an eine Gruppe von Protonen und Neutronen zu binden vermag. Die elektrostatische potentielle Energie eines Elektrons an der Oberfläche eines Atomkerns ist etwa 10 MeV, nicht aber 270 MeV.

Die Wellenfunktion in den Beispielen 1 und 2 ist

$$\psi = A \sin k_x x \sin k_y y \sin k_z z.$$

Ihre partielle Ableitung nach x ist

$$\frac{\partial \psi}{\partial x} = k_x A \cos k_x x \sin k_y y \sin k_z z.$$

(Das Symbol $\partial/\partial x$ bedeutet, daß wir y und z als konstant betrachten.) Es folgt

$$\frac{\partial^2 \psi}{\partial x^2} = -k_x^2 A \sin k_x x \sin k_y y \sin k_z z = -k_x^2 \psi$$

und

$$\frac{\partial^2 \psi}{\partial x^2} + \frac{\partial^2 \psi}{\partial y^2} + \frac{\partial^2 \psi}{\partial z^2} = -k^2 \psi.$$

Man beachte, daß bei konstanter potentieller Energie U_0 gilt:

$$k^2 = \frac{2m}{\hbar^2}(E - U_0).$$

Wie bei der eindimensionalen Schrödinger-Gleichung verallgemeinern wir nun auf den Fall einer variablen potentiellen Energie $U(x, y, z)$ und

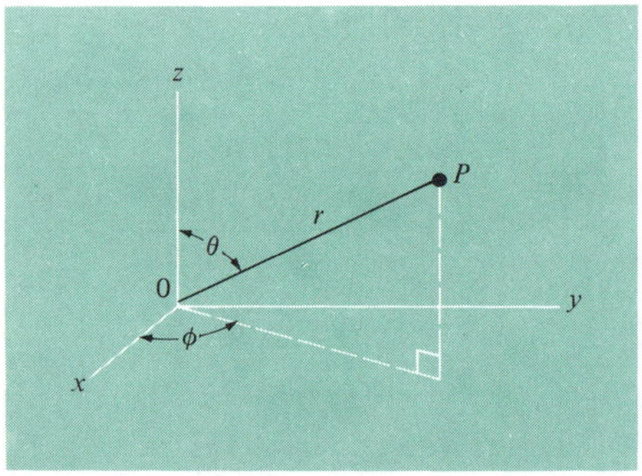

Abb. 26-3. *Darstellung der Polarkoordinaten r, θ, φ für einen Punkt P mit den kartesischen Koordinaten x, y, z*

schreiben

$$\frac{\partial^2 \psi}{\partial x^2} + \frac{\partial^2 \psi}{\partial y^2} + \frac{\partial^2 \psi}{\partial z^2} = -\frac{2m}{\hbar^2}(E - U)\,\psi. \qquad \text{(zeitunabhängige dreidimensionale Schrödinger-Gleichung)} \qquad \textbf{(26-4)}$$

Bei vielen Anwendungen ist die potentielle Energie nur vom Abstand $r = \sqrt{x^2 + y^2 + z^2}$ vom Ursprung abhängig. Für diese Fälle ist es bequemer, die Schrödinger-Gleichung in Polarkoordinaten r, θ, φ zu schreiben. Aus Abb. 26-3 folgt

$$x = r \sin\theta \cos\varphi,$$

$$y = r \sin\theta \sin\varphi,$$

$$z = r \cos\theta.$$

Die Transformation der Gl. (26-4) von den Koordinaten x, y, z in die Koordinaten r, θ, φ ist zwar einfach, aber sehr mühsam durchzuführen. Das Ergebnis lautet:

$$\frac{1}{r^2}\frac{\partial}{\partial r}\left(r^2 \frac{\partial \psi}{\partial r}\right) + \frac{1}{r^2 \sin\theta}\frac{\partial}{\partial \theta}\left(\sin\theta \frac{\partial \psi}{\partial \theta}\right) + \frac{1}{r^2 \sin^2\theta}\frac{\partial^2 \psi}{\partial \varphi^2} = -\frac{2m}{\hbar^2}(E - U)\,\psi. \qquad \textbf{(26-5)}$$

26-3 Exakte Lösungen für das Wasserstoffatom

Die Schrödinger-Gleichung für das Wasserstoffatom erhält man, indem man den Ausdruck $U = -k_0 e^2/r$ in Gl. (26-5) einsetzt. Wir wollen zunächst die einfache Exponentialfunktion $\psi = \mathrm{e}^{-r/a}$ als Lösung ausprobieren. Wir setzen diese Funktion in Gl. (26-5) ein und berücksichtigen dabei, daß die partiellen Ableitungen $\partial\psi/\partial\theta$ und $\partial\psi/\partial\varphi$ null sind:

$$\frac{1}{r^2}\frac{\partial}{\partial r}\left(r^2 \frac{\partial(\mathrm{e}^{-r/a})}{\partial r}\right) = -\frac{2m}{\hbar^2}\left(E + \frac{k_0 e^2}{r}\right)\mathrm{e}^{-r/a},$$

$$\frac{1}{r^2}\frac{\partial}{\partial r}\left(-\frac{r^2}{a}\,\mathrm{e}^{-r/a}\right) = -\frac{2m}{\hbar^2}\left(E + \frac{k_0 e^2}{r}\right)\mathrm{e}^{-r/a},$$

$$\frac{1}{r^2}\left(\frac{r^2}{a^2} - \frac{2r}{a}\right) = -\frac{2m}{\hbar^2}\left(E + \frac{k_0 e^2}{r}\right),$$

$$\left[\frac{1}{a^2}\right] - \left(\frac{2}{a}\right)\frac{1}{r} = \left[-\frac{2mE}{\hbar^2}\right] - \left(\frac{2mk_0 e^2}{\hbar^2}\right)\frac{1}{r}.$$

Gleichsetzen der $1/r$-Terme führt zu

$$\left(\frac{2}{a}\right) = \left(\frac{2mk_0e^2}{\hbar^2}\right),$$

$$a = \frac{\hbar^2}{k_0me^2}. \qquad \textbf{(26-6)}$$

Gleichsetzen der konstanten Glieder ergibt

$$\left[\frac{1}{a^2}\right] = \left[-\frac{2mE}{\hbar^2}\right],$$

$$E = -\frac{\hbar^2}{2ma^2}.$$

Das Endergebnis erhalten wir, indem wir für a Gl. (26-6) einsetzen:

$$E = -k_0^2\frac{me^4}{2\hbar^2}. \qquad \textbf{(26-7)}$$

Es zeigt sich also, daß eine einfache Exponentialfunktion die Schrödinger-Gleichung löst, wenn für a und E die Gln. (26-6) und (26-7) eingesetzt werden. Wir ersetzen m, k_0, e und $\hbar$ durch ihre Zahlenwerte und erhalten

$$E = -21{,}8 \cdot 10^{-19}\,\mathrm{J} = -13{,}6\,\mathrm{eV}.$$

Das ist der minimale Energiebetrag, der benötigt wird, um das Elektron vom Wasserstoffatom abzutrennen. Er heißt deshalb Bindungsenergie:

(Bindungsenergie) $= -E =$ (Energiebetrag, mit dem das Elektron abgetrennt werden kann)

Nach dieser Definition ist die Bindungsenergie eines Elektrons in einem Metall gleich der Austrittsarbeit W_0, da der höchste Energiezustand in Abb. 24-3 durch $E = -W_0$ gegeben ist.

Man beachte, daß die Amplitude der Wellenfunktion bei $r = a$ auf $1/e$ ihres maximalen Wertes abgefallen ist (dort ist $\mathrm{e}^{-r/a} = \mathrm{e}^{-1}$). Diesen Wert von r bezeichnet man als den Radius R des Wasserstoffatoms. Mit Hilfe von Gl. (26-6) ergibt sich dieser Radius zu

$$R = \frac{\hbar^2}{k_0me^2} = 5{,}3 \cdot 10^{-11}\,\mathrm{m}. \quad \text{(Radius des Wasserstoffatoms)} \qquad \textbf{(26-8)}$$

Die Funktion $\psi = \mathrm{e}^{-r/a}$ besitzt keine Knoten. Sie ist die stehende Welle mit der niedrigsten Quantenzahl. Demnach ist $E = -k_0^2me^4/2\hbar^2$ die

Energie des niedrigsten Energieniveaus. Wir nennen sie E_1. Die Wellenfunktionen für die nächsten beiden Energieniveaus sind:

$$\psi_2 = \left(1 - \frac{r}{2a}\right) e^{-r/2a}$$

und

$$\psi_3 = \left(1 - \frac{2r}{3a} + \frac{2r^2}{27a^2}\right) e^{-r/3a}.$$

Sie sind in Abb. 26-4 dargestellt. Diese Lösungen können durch Einsetzen in Gl. (26-5) geprüft werden. Sie erfüllen Gl. (26-5), wenn man $E_2 = \frac{1}{4}E_1$ und $E_3 = (1/9)E_1$ setzt (s. Beispiel 3).

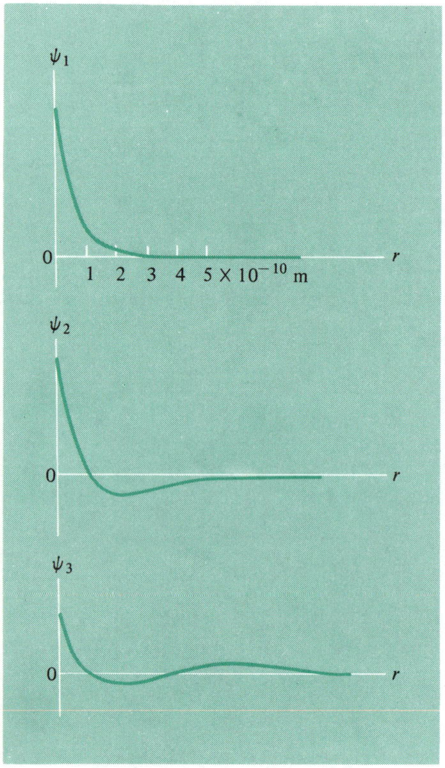

Abb. 26-4. *Wasserstoffwellenfunktionen für n = 1, 2, 3 und l = 0*

Beispiel 3: Bestätige, daß $\psi_2 = (1 - r/2a)\, e^{-r/2a}$ eine Lösung der Schrödinger-Gleichung für das Wasserstoffatom ist, und berechne die zugehörige Energie E_2.

Lösung: Wir bilden die erste Ableitung

$$\frac{\partial \psi}{\partial r} = -\frac{1}{2a}\left(2 - \frac{r}{2a}\right) e^{-r/2a}$$

und berechnen damit

$$\frac{\partial}{\partial r}\left(r^2 \frac{\partial \psi}{\partial r}\right) = -\frac{1}{2a}\frac{\partial}{\partial r}\left[\left(2r^2 - \frac{r^3}{2a}\right) e^{-r/2a}\right],$$

$$\frac{1}{r^2}\frac{\partial}{\partial r}\left(r^2 \frac{\partial \psi}{\partial r}\right) = \left(-\frac{2}{ar} + \frac{5}{4a^2} - \frac{r}{8a^3}\right) e^{-r/2a}.$$

Nach Gl. (26-5) ist dieser Ausdruck gleich $-(2m/\hbar^2)\,(E + k_0e^2/r)\,\psi$. Es folgt

$$-\frac{2}{ar} + \frac{5}{4a^2} - \frac{r}{8a^3} = -\frac{2mk_0e^2}{\hbar^2 r} - \frac{2m}{\hbar^2}\left(E - \frac{k_0e^2}{2a}\right) + \frac{mE}{a\hbar^2}\,r.$$

Gleichsetzen der Glieder mit $1/r$ führt zu

$$-\frac{2}{a} = -\frac{2mk_0e^2}{\hbar^2}$$

oder

$$a = \frac{\hbar^2}{k_0me^2}.$$

Gleichsetzen der Glieder mit r führt zu

$$-\frac{1}{8a^3} = \frac{mE}{a\hbar^2},$$

$$E = -\frac{\hbar^2}{8ma^2}.$$

Setzt man $\hbar^2/k_0me^2$ für a ein, so erhält man

$$E = -\frac{k_0^2}{4}\frac{me^4}{2\hbar^2} = -\frac{1}{4}(13{,}6\,\text{eV}).$$

Es kann gezeigt werden, daß stehende Wellen als Lösungen für die folgenden Energieniveaus existieren:

$$E_n = -\frac{1}{n^2}k_0^2\frac{me^4}{2\hbar^2}. \quad \text{(Energiezustände des Wasserstoffatoms)} \qquad \textbf{(26-9)}$$

Dabei ist n eine beliebige positive ganze Zahl. n heißt Hauptquantenzahl. Um jedoch eine stehende Welle im dreidimensionalen Raum vollständig zu beschreiben, benötigt man zwei weitere Quantenzahlen, die mit dem Drehimpuls zusammenhängen. Sie werden im nächsten Abschnitt eingeführt.

26-4 Bahndrehimpuls

Ein Wellenpaket mit der Wellenzahl k bewege sich auf einem Kreis mit dem Radius R (Abb. 26-5). Sein Drehimpuls bezüglich der z-Achse ist dann $L_z = Rp = R(\hbar k)$. Seine Wellenfunktion als Funktion des Kreisbogens s (s. Abb. 26-5) ist

$$\psi \sim e^{i(ks-\omega t)} = e^{i(kR\varphi-\omega t)}.$$

Da die Werte $\psi(\varphi = 0)$ und $\psi(\varphi = 2\pi)$ am selben Ort im Raum gemessen werden, gilt

$$e^{ikR(0)} = e^{ikR(2\pi)}$$

oder

$$1 = e^{i2\pi kR}.$$

Diese Gleichung kann nur erfüllt werden, wenn (kR) eine ganze Zahl ist (üblicherweise wird sie mit m_l bezeichnet):

$$kR = m_l.$$

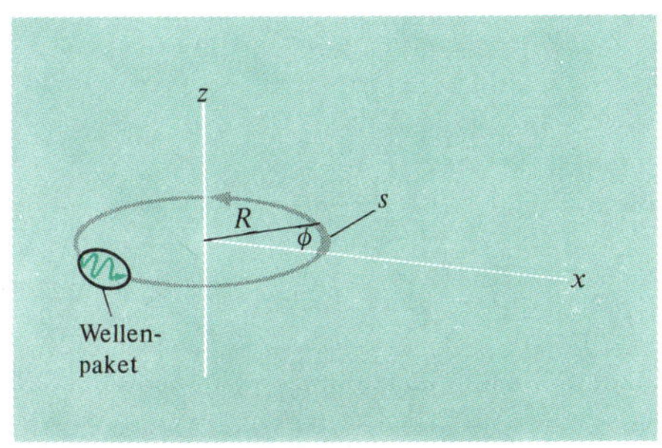

Abb. 26-5. *Darstellung eines Wellenpaketes, das sich auf einer Kreisbahn mit dem Radius R bewegt. Für den Kreisbogen s gilt die Beziehung s = Rφ.*

Wir multiplizieren nun beide Seiten mit $\hbar$ und erhalten

$$\hbar k R = m_l \hbar$$

oder

$$L_z = m_l \hbar .$$

Die zugehörige Wellenfunktion ist

$$\mathrm{e}^{\mathrm{i}(kR)\varphi - \mathrm{i}\omega t} = \mathrm{e}^{\mathrm{i}m_l\varphi - \mathrm{i}\omega t} .$$

Mit dieser Plausibilitätsbetrachtung soll das Folgende gezeigt werden: Enthält die Wellenfunktion eines Teilchens den Faktor $\mathrm{e}^{\mathrm{i}m_l\varphi}$, so besitzt das Teilchen eine z-Komponente des Drehimpulses der Größe $L_z = m_l\hbar$. Für diese Behauptung gibt es einen strengeren Beweis, dessen Darstellung allerdings über den Rahmen dieses Buches hinausgehen würde. Wir finden also, daß der Drehimpuls in Einheiten von $\hbar$ quantisiert ist, d. h., L_z kann die folgenden Werte annehmen: 0, $\pm\hbar$, $\pm 2\hbar$, $\pm 3\hbar$, usw.

Die Lösungen der Gl. (26-5), die wir bisher angegeben haben, waren nur von r abhängig. Es gibt jedoch noch andere Lösungen, die auch Funktionen von θ und φ sind. Die allgemeinste Lösung hat die Form

$$\psi_{n,l,m_l}(r, \theta, \varphi) = R_n(r)\,\Theta_{l,m_l}(\theta)\,\Phi_{m_l}(\varphi),$$

wobei

$$\Phi_{m_l}(\varphi) = \mathrm{e}^{\mathrm{i}m_l\varphi} .$$

Wie im vorigen Absatz beschrieben wurde, muß ψ_{n,l,m_l} eine z-Komponente des Drehimpulses der Größe $m_l\hbar$ besitzen. Für $n = 2$ kennen wir bereits eine Lösung:

$$\psi_{2,0,0} = \left(1 - \frac{r}{2a}\right)\mathrm{e}^{-r/2a} .$$

Zusätzlich existieren aber die folgenden Lösungen:

$$\psi_{2,1,1} = r\,\mathrm{e}^{-r/2a}\sin\theta\,\mathrm{e}^{\mathrm{i}\varphi},$$
$$\psi_{2,1,0} = r\,\mathrm{e}^{-r/2a}\cos\theta,$$
$$\psi_{2,1,-1} = r\,\mathrm{e}^{-r/2a}\sin\theta\,\mathrm{e}^{-\mathrm{i}\varphi}.$$

Diese Lösungen lassen sich durch Einsetzen in Gl. (26-5) überprüfen. Linien gleicher Wahrscheinlichkeitsdichte für diese Funktionen mit $n = 2$ sind in Abb. 26-6 dargestellt. Es zeigt sich, daß die Quantenzahl l für $n = 2$ die Werte 0 oder 1 annehmen kann. Für $l = 1$ kann m_l gleich 1, 0 oder -1 sein. Nach Gl. (26-9) besitzen diese vier Wellenfunktionen den gleichen Energiewert, nämlich $E_2 = \frac{1}{4}(13{,}6\ \mathrm{eV})$. Im allgemeinen gehört zu jeder Wellenfunktion (oder Eigenfunktion) ein verschiedener Energiewert (Eigenwert). Das Coulomb-Potential hat jedoch die besondere Eigenschaft, daß alle Eigenfunktionen mit der gleichen Quanten-

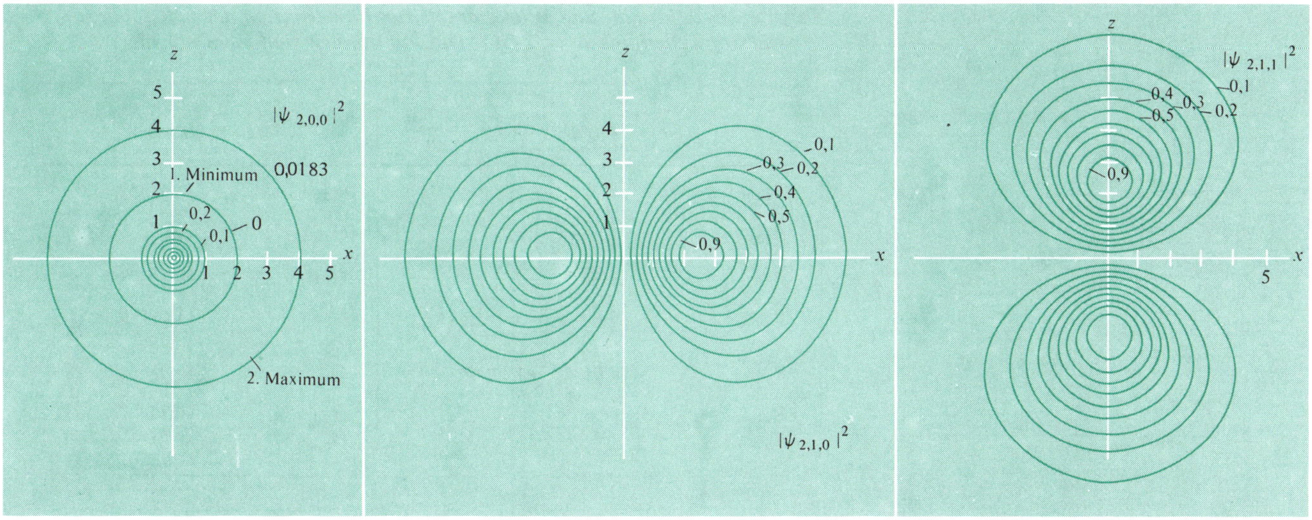

zahl n gleiche Energieeigenwerte besitzen. Außerdem läßt sich für das Coulomb-Potential zeigen, daß die Quantenzahl l niemals größer als $(n - 1)$ wird und daß die Quantenzahl m_l nur Werte von $-l$ bis $+l$ annimmt.

Wir werden nun das Beispiel $n = 3$ betrachten und die dabei möglichen Kombinationen der drei Quantenzahlen bestimmen. Wie wir der Tab. 26-1 entnehmen, sind dies neun Kombinationen. Es gibt also neun verschiedene Wellenfunktionen, die von r, θ und φ abhängig sind und zu denen der gleiche Energiewert $E_3 = -(1/9)(13{,}6\ \text{eV})$ gehört.

Abb. 26-6. *Elektronenwolken für die Wasserstoff-Wellenfunktionen mit $n = 2$ in der xz-Ebene. Dargestellt sind Linien gleicher Aufenthaltswahrscheinlichkeit für das Elektron. Der Maximalwert der Wahrscheinlichkeit ist 1 gesetzt. Die Achsen sind in Ångström-Einheiten* (10^{-10} m) *unterteilt.*

Beispiel 4: Wieviel verschiedene Wellenfunktionen gibt es für $n = 4$?

Lösung: Die möglichen Werte von l sind 0, 1, 2, 3. Nach Tab. 26-1 gibt es für $l = 0$, 1 und 2 neun Wellenfunktionen. Für den zusätzlichen Wert $l = 3$ gibt es für m_l sieben Möglichkeiten zwischen -3 und $+3$. Die Gesamtzahl der möglichen Wellenfunktionen ist somit $9 + 7 = 16$.

Tabelle 26-1. *Die möglichen Kombinationen der Quantenzahlen n, l und m_l für $n = 3$*

n	l	m_e
3	0	0
3	1	1
3	1	0
3	1	−1
3	2	2
3	2	1
3	2	0
3	2	−1
3	2	−2

Wir halten fest, daß für festes l die z-Komponente des Drehimpulses Werte von $-l\hbar$ bis $+l\hbar$ annehmen kann. Führt man ein Experiment zur Messung des Drehimpulses bezüglich irgendeiner Achse durch, so ist der größte meßbare Wert gleich $l\hbar$. Die physikalische Interpretation dafür ist die folgende: Der Gesamtdrehimpuls einer Elektronenwellenfunktion mit der Quantenzahl l ist $l\hbar$. Die z-Komponente beschreibt die Orientierung des Orbitals oder der Wellenfunktion. Diese Interpretation ist experimentell bestätigt worden. Das Verhältnis von m_l zu l bestimmt den Winkel zwischen der z-Achse und der Drehimpulsachse.

Tabelle 26-2. *Radial- und Winkelanteil zur Konstruktion der vollständigen Wasserstoffwellenfunktion ψ_{n,l,m_l}. Die Funktionen sind nicht normiert*

	$R_{n,l}(\varrho)$, wobei $\varrho := \frac{r}{a}$		$\Theta_{l,m_l} = \Theta_{l,-m_l}$
R_{10}	$e^{-\varrho}$	Θ_{00}	1
R_{20}	$\left(1 - \frac{\varrho}{2}\right) e^{-\varrho/2}$	Θ_{10}	$\cos\theta$
R_{21}	$\varrho\, e^{-\varrho/2}$	Θ_{11}	$\sin\theta$
R_{30}	$\left(1 - \frac{2\varrho}{3} + \frac{2\varrho^2}{27}\right) e^{-\varrho/3}$	Θ_{20}	$(3\cos^2\theta - 1)$
R_{31}	$\varrho\left(1 - \frac{\varrho}{6}\right) e^{-\varrho/3}$	Θ_{21}	$\sin\theta\cos\theta$
R_{32}	$\varrho^2 e^{-\varrho/3}$	Θ_{22}	$\sin^2\theta$
$R_{n,n-1}$	$\varrho^{(n-1)} e^{-\varrho/n}$	$\Theta_{n,n}$	$\sin^n\theta$

Die kinetische Energie eines rotierenden starren Körpers ist $K = L^2/(2I)$, wobei I das Trägheitsmoment ist. Die Quantenmechanik sagt voraus, daß man bei einer Messung dieser Energie die folgenden Werte findet:

$$K = \frac{l(l+1)\hbar^2}{2I}.$$

Das ist experimentell bestätigt worden. Der Ausdruck für K legt nahe, L gleich $\sqrt{l(l+1)}\,\hbar$ zu setzen. Bei Energiemessungen muß man also $L = \sqrt{l(l+1)}\,\hbar$ benutzen, bei direkten Drehimpulsmessungen dagegen ist $L = l\hbar$.

Die verschiedenen Wellenfunktionen können mit Hilfe von Tab. 26-2 nach der folgenden Gleichung berechnet werden:

$$\psi_{n,l,m_l}(r, \theta, \varphi) = R_{n,l}(r)\, \Theta_{l,m_l}(\theta)\, e^{i m_l \varphi}.$$

Abb. 26-7 zeigt Linien gleicher Aufenthaltswahrscheinlichkeit $|\psi|^2$ in der xz-Ebene. $|\psi|^2$ ist für große Werte von n und für $l = (n-1)$ auf einen Kreis um die z-Achse mit dem Radius $n^2 a$ konzentriert. Dieser Kreis hat denselben Radius wie die entsprechende Bohrsche Elektronenbahn. Nach der modernen Theorie ist allerdings das Elektron gleichmäßig über die Kreisbahn „verschmiert".

Normierung

Wir bezeichnen in diesem Buch $|\psi|^2\,dx\,dy\,dz$ als die relative Wahrscheinlichkeit, das Teilchen im Volumenelement $dx\,dy\,dz$ anzutreffen. Man kann damit auch die absolute Wahrscheinlichkeit bezeichnen, vorausgesetzt, es gilt

$$\iiint_{\text{ganzer Raum}} |\psi|^2\,dx\,dy\,dz = 1.$$

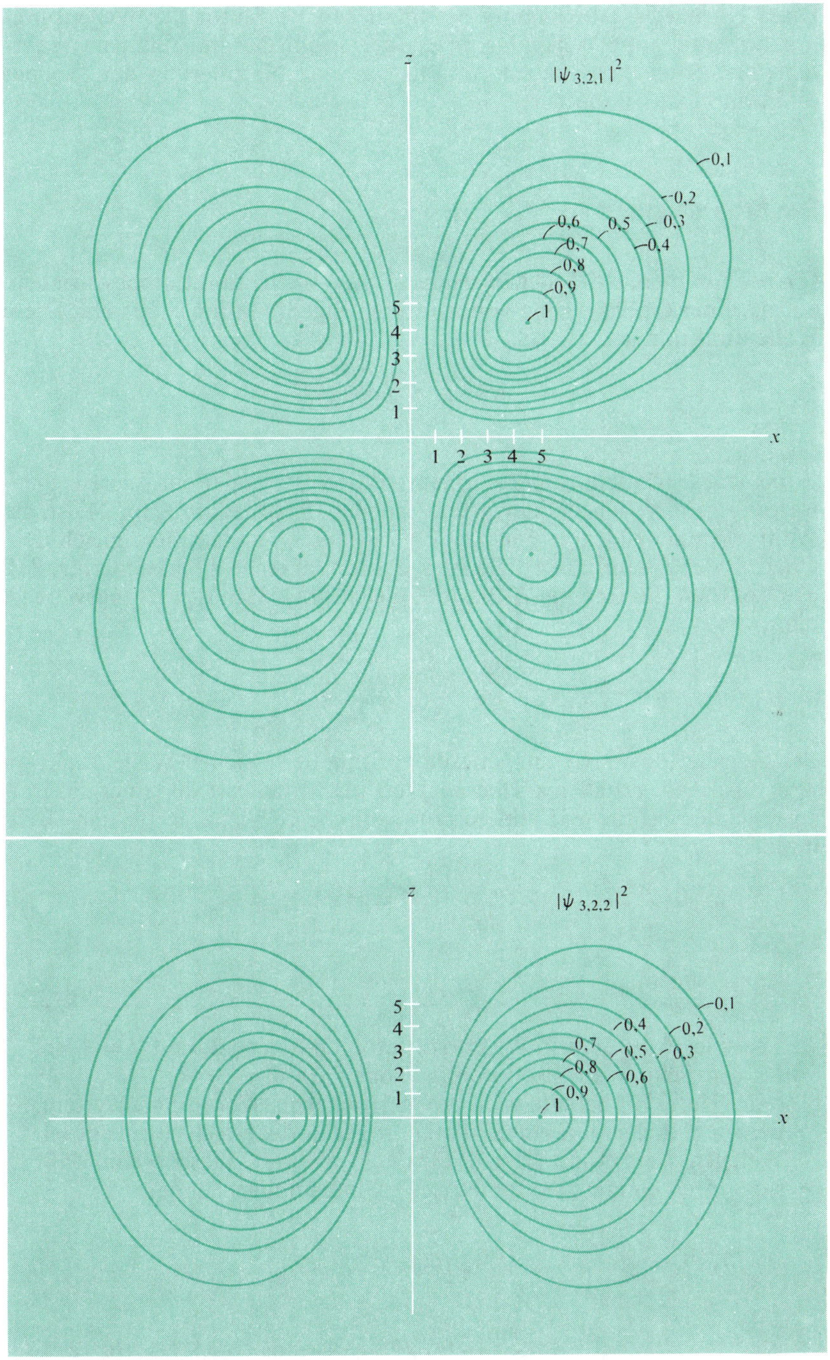

Abb. 26-7. *Darstellung der Elektronenverteilung von zwei stehenden Wellen des Wasserstoffatoms für n* = 3 *(analog zu Abb. 26-6)*

Diese Normierungsbedingung bestimmt den Vorfaktor der Wellenfunktion auf eindeutige Weise. Da unser Interesse bisher nur relativen Wahrscheinlichkeiten galt, haben wir uns um eine Normierung der Wellenfunktion nicht gekümmert.

Der Erwartungswert

Angenommen, ein Teilchen sei durch eine Wellenfunktion beschrieben, die aus einer Überlagerung von mehreren Eigenfunktionen besteht. Diese Wellenfunktion sei

$$\psi(x) = \sum_j a_j \psi_j(x),$$

wobei jedes ψ_j eine normierte Eigenfunktion ist, zu der ein Energieeigenwert E_j gehört. Nach dem grundlegenden Postulat in Kap. 24 ist die Wahrscheinlichkeit, das Teilchen im Zustand ψ_j anzutreffen, gleich dem Quadrat der Amplitude a_j. So ist z.B. die Wahrscheinlichkeit dafür, daß das Teilchen die Energie E_j besitzt, gleich $|a_j|^2$. Der Erwartungswert ist dann

$$\langle E \rangle = \sum_j |a_j|^2 E_j .$$

Bei einer Serie von Messungen, die alle von der gleichen Wellenfunktion $\psi(x)$ ausgehen, erhält man diesen Wert als Mittelwert der Energie. Entsprechendes gilt für jede andere physikalische Größe, z. B. für den Drehimpuls:

$$\langle L_z \rangle = \sum_j |a_j|^2 L_j .$$

***Beispiel 5:** Für ein Wasserstoffatom mit $n = 2$ und $l = 1$ sei $L_z = \hbar$. Seine Wellenfunktion muß dann $\psi(r, \theta, \varphi) = R_{2,1}\Theta_{1,1}(\theta)\,\mathrm{e}^{\mathrm{i}\varphi}$ sein. Herr X′ befinde sich im gestrichenen Koordinatensystem, dessen z'-Achse um einen Winkel α gegen die z-Achse geneigt ist. Welchen Wert erhält Herr X′ für $\langle L_z' \rangle$? *Hinweis*: Das Ergebnis läßt sich durch einige trigonometrische Umformungen finden:

$$\Theta_{11}(\theta)\,\mathrm{e}^{\mathrm{i}\varphi} = \tfrac{1}{2}(\cos\alpha + 1)\Theta_{11}(\theta')\,\mathrm{e}^{\mathrm{i}\varphi'}$$

$$- \frac{\sin\alpha}{\sqrt{2}}\Theta_{10}(\theta') + \frac{1}{2}(\cos\alpha - 1)\Theta_{1-1}(\theta')\,\mathrm{e}^{-\mathrm{i}\varphi'}$$

(s. Aufgabe 28).

Lösung: Im gestrichenen Koordinatensystem ist die ursprüngliche Wellenfunktion von der Form

$$\psi(r, \theta, \varphi) = a_1\psi_1(r, \theta', \varphi') + a_2\psi_2(r, \theta', \varphi') + a_3\psi_3(r, \theta', \varphi'),$$

wobei

$$a_1 = \frac{\cos\alpha + 1}{2} \qquad a_2 = -\frac{\sin\alpha}{\sqrt{2}} \qquad a_3 = \frac{\cos\alpha - 1}{2}.$$

ψ_1 enthält $\Theta_{11}(\theta')\,e^{i\varphi'}$ mit $L_z' = \hbar$. Für ψ_2 ist $L_z' = 0$, und für ψ_3 ist $L_z' = -\hbar$. Es folgt:

$$\langle L_z' \rangle = a_1^2(+\hbar) + a_2^2(0) + a_3^2(-\hbar)$$
$$= \frac{(\cos\alpha + 1)^2}{4}(+\hbar) + \frac{(\cos\alpha - 1)^2}{4}(-\hbar) = (\cos\alpha)\,\hbar.$$

Die Quantenmechanik liefert also die gleiche Lösung wie die klassische Physik.

26-5 Emission von Photonen

Nach der Entdeckung der Schrödinger-Gleichung wurde die Quantenmechanik auf die Behandlung der elektromagnetischen Wechselwirkung angewandt. Daraus entstand die sogenannte Quantenelektrodynamik. Auf Einzelheiten der Quantenelektrodynamik einzugehen, würde den Rahmen dieses Buches sprengen. Für uns ist nur eine Voraussage der Quantenelektrodynamik von Wichtigkeit, nämlich daß geladene Teilchen einzelne Photonen abstrahlen oder absorbieren können, und daß sich die Wahrscheinlichkeit für die Emission oder Absorption von Photonen theoretisch genau berechnen läßt.

Spontane Emission

Man betrachte ein geladenes Teilchen, das an einer Feder mit der Federkonstanten k angebracht ist und das demzufolge mit der Frequenz $\omega_0 = \sqrt{k/m}$ schwingt. Nach der klassischen Physik strahlt das Teilchen Wellen der Frequenz ω_0 ab, wenn man die Feder dehnt und dann losläßt. In der Sprache der Quantenmechanik wird das Teilchen dabei in ein Energieniveau über dem Grundzustand angeregt. Das quantenmechanische Analogon zur Abstrahlung ist das Folgende: ein Elektron in einem Energieniveau über dem Grundzustand emittiert mit einer bestimmten Wahrscheinlichkeit ein Photon und geht dabei in einen niedrigeren Energiezustand über. Diese Erscheinung heißt spontane Emission. Beträgt die Energiedifferenz zwischen zwei Energieniveaus des Wasserstoffatoms etwa einige Elektronvolt, so ergibt sich für die Wahrscheinlichkeit eines Übergangs zwischen den Niveaus ein Wert, der einer Halbwertszeit für die Emission eines Photons von der Größenordnung 10^{-8} s entspricht (s. S. 461 und S. 586). Wird bei einem Übergang von $E_{n'}$ nach E_n ein Photon emittiert, dann ist seine Energie $hf = E_{n'} - E_n$. Seine Frequenz ist $f = (E_{n'} - E_n)/h$.

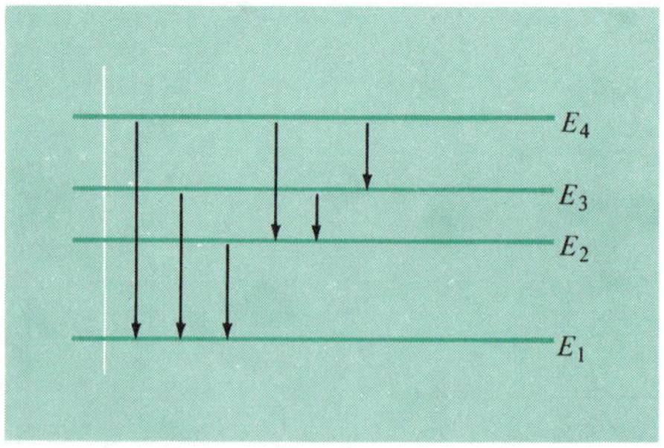

Abb. 26-8. *Darstellung der sechs möglichen Übergänge zwischen vier Energieniveaus*

Besitzt ein Atom wie in Abb. 26-8 vier verschiedene Energieniveaus, so sind im Prinzip sechs verschiedene Übergänge von energetisch höheren in niedrigere Niveaus möglich. Das „Licht", das ein solches Atom emittiert, enthält nur die diesen Übergängen entsprechenden Frequenzen. Bei Betrachtung durch ein Spektroskop beobachtet man dann sechs Linien. Normalerweise befinden sich die Atome im Grundzustand und emittieren kein Licht. Wird jedoch ein Ensemble von Atomen erhitzt oder in eine elektrische Entladung gebracht, so absorbieren einige Atome bei Stößen Energie und werden dadurch in höhere Energieniveaus angeregt. Nur diese relativ kleine Anzahl von Atomen in höheren Energiezuständen emittiert Photonen.

Die moderne Theorie beschreibt Photonen als Elementarteilchen mit dem Spin (oder Eigendrehimpuls) 1, d. h. $L = \hbar$. Wird also ein Photon emittiert, so ändert sich die Quantenzahl l des Atoms um mindestens eine Einheit.

Das Wasserstoffspektrum

Nachdem wir eine quantitative Formel für die Energieniveaus des Wasserstoffatoms besitzen, sind wir nun in der Lage, das gesamte Spektrum des Wasserstoffatoms zu berechnen. Das obere oder angeregte

(a)

(b)

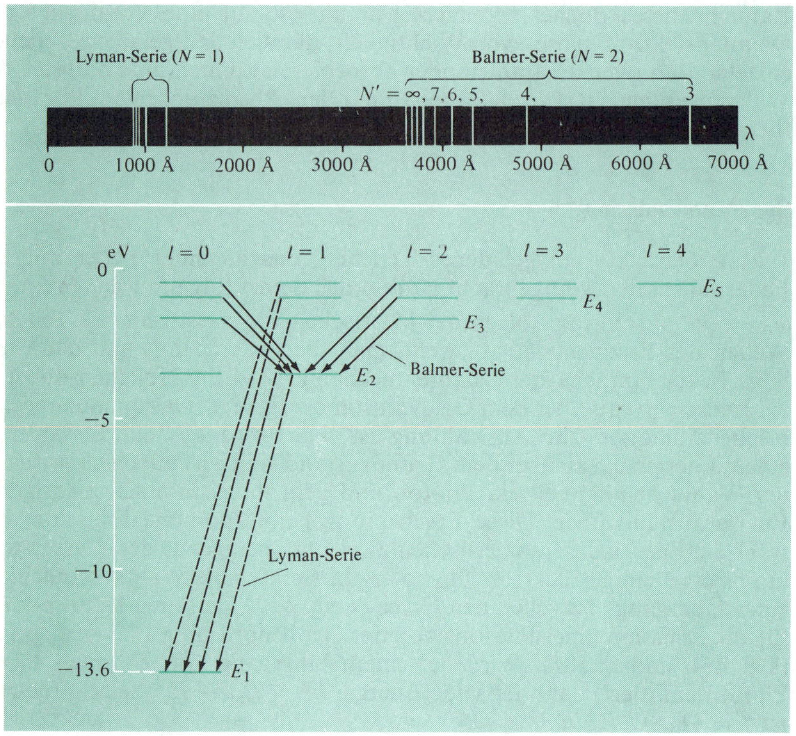

Abb. 26-9. (*a*) *Die möglichen Linien des Wasserstoffspektrums bis zu einer Wellenlänge von 7000 Å.* (*b*) *Die Übergänge der Lyman-Serie* (*unterbrochen gezeichnet*) *und der Balmer-Serie* (*durchgezogen*)

Energieniveau sei n' mit der Energie

$$E_{n'} = -k_0^2 \frac{me^4}{2\hbar^2} \frac{1}{n'^2}$$

und das untere sei n mit der Energie

$$E_n = -\frac{k_0^2 me^4}{2\hbar^2} \frac{1}{n^2}.$$

Damit ergeben sich die Frequenzen der Spektrallinien zu

$$f = \frac{k_0^2 me^4}{4\pi\hbar^3} \left(\frac{1}{n^2} - \frac{1}{n'^2}\right). \qquad \textbf{(26-10)}$$

Für $n = 1$ erhält man eine Serie von Spektrallinien, die sogenannte Lyman-Serie. Diese Linien liegen alle im ultravioletten Bereich des elektromagnetischen Spektrums. Für $n = 2$ gibt es eine weitere Linienserie, die sogenannte Balmer-Serie. Das Wasserstoffspektrum ist in Abb. 26-9(a) dargestellt. Einige der zugehörigen Übergänge zeigt Abb. 26-9(b). Es ist üblich, in einem solchen Energieniveauschema die Zustände mit wachsendem Drehimpuls seitlich versetzt nebeneinander zu zeichnen.

Beispiel 6: Wie groß sind die Wellenlängen der Linien der Balmer-Serie? Wie viele davon liegen im sichtbaren Spektralbereich?

Lösung: Die Photonenenergien sind $hf = 13{,}6\,\text{eV} \cdot (1/4 - 1/n'^2)$, wobei $n' = 3, 4, 5, \ldots$ Für die ersten vier Werte finden wir:

$$hf_1 = 13{,}6\left(\frac{1}{4} - \frac{1}{9}\right) = 1{,}89\,\text{eV},$$

$$hf_2 = 13{,}6\left(\frac{1}{4} - \frac{1}{16}\right) = 2{,}55\,\text{eV},$$

$$hf_3 = 13{,}6\left(\frac{1}{4} - \frac{1}{25}\right) = 2{,}86\,\text{eV},$$

$$hf_4 = 13{,}6\left(\frac{1}{4} - \frac{1}{36}\right) = 3{,}02\,\text{eV}.$$

Für sehr großes n folgt:

$$hf_\infty = 13{,}6\left(\frac{1}{4} - 0\right) = 3{,}40\,\text{eV},$$

$$\lambda = \frac{c}{f} = \frac{hc}{hf} = \frac{(6{,}63 \cdot 10^{-34})\,(3{,}00 \cdot 10^{8})}{hf}$$

$$= \frac{19{,}9 \cdot 10^{-26}\ \mathrm{J\,m}}{hf} = \frac{12{,}4 \cdot 10^{-7}\ \mathrm{eV\,m}}{hf}.$$

$\lambda_1 = 656$ nm $\quad \lambda_2 = 486$ nm $\quad \lambda_3 = 433$ nm $\quad \lambda_4 = 411$ nm

$\lambda_\infty = 365$ nm

Es existiert eine unendliche Anzahl von Linien, deren Wellenlängen auf den Wert $\lambda_\infty = 3650$ Å konvergieren. λ_∞ liegt im nahen Ultraviolett. λ_1 bei 6560 Å liegt im roten Teil des sichtbaren Spektrums, λ_2 ist blau und λ_3 violett. λ_4 liegt an der Grenze zwischen dem sichtbaren und dem ultravioletten Teil des Spektrums.

Absorption

Läßt man Photonen mit einem kontinuierlichen Wellenlängenspektrum (wie es ein rotglühender Körper emittiert) durch ein kaltes Gas passieren, so absorbieren die Atome im Grundzustand Photonen gerade der Energien, bei denen Übergänge in höhere Energieniveaus möglich sind. Handelt es sich bei dem Gas um Wasserstoff, so entsprechen die Frequenzen der absorbierten Photonen gerade der Lyman-Serie. Beobachtet man das kontinuierliche Spektrum des Lichts, nachdem es das Gas passiert hat, so fehlen Photonen der Energien $(E_2 - E_1)$, $(E_3 - E_1)$, $(E_4 - E_1)$ usf. Diese fehlenden Photonen führen auf einer Spektrometeraufnahme zum Auftreten von dunklen Linien. Der Prozeß, bei dem Atome durch Bestrahlen mit Licht in höhere Energieniveaus angeregt werden, heißt optische Anregung.

26-6 Stimulierte Emission

Von der Quantenelektrodynamik her wissen wir, daß zusätzlich zu den Prozessen der spontanen Emission und der Absorption ein weiterer Prozeß existiert: die stimulierte Emission. Angenommen, ein Atom befindet sich bereits in einem angeregten Zustand $E_{n'}$ und ist somit in der Lage, ein Photon der Energie $(E_{n'} - E_n)$ zu emittieren. Bringt man dieses Atom in ein äußeres Strahlungsfeld, das bereits Photonen der Energie $(E_{n'} - E_n)$ enthält, so wird dadurch die Emissionswahrscheinlichkeit des Atoms erhöht. Diese Vergrößerung der atomaren Übergangswahrscheinlichkeit durch Einstrahlen von Licht auf angeregte Atome heißt stimulierte Emission. Aber das ist noch nicht alles: ein solches Photon, das durch den Prozeß der stimulierten Emission entstanden ist, hat die gleiche Phase und fliegt in der gleichen Richtung wie das eingestrahlte Photon, welches das Atom zum Abstrahlen stimuliert hat.

Wieder können wir als klassisches Analogon ein geladenes Teilchen betrachten, das an einer Feder befestigt ist. Die Größe der Federkonstanten sei so bemessen, daß die Eigenfrequenz ω_0 ist. Wird nun ein äußeres Feld $E = E_0 \cos \omega t$ angelegt, so wird das Teilchen mit der Frequenz ω schwingen und dabei Strahlung emittieren. Je näher ω an ω_0 herankommt, um so größer wird die Schwingungsamplitude [s. Gl. (21-6)]. Man beachte, daß die abgestrahlte Frequenz die des äußeren Feldes ist und nicht die Eigenfrequenz ω_0.

Der Laser

In einem Atom- oder Molekülensemble befinde sich eine große Anzahl von Teilchen bereits in einem angeregten Zustand $E_{n'}$. Ein solches Ensemble kann auf viele verschiedene Weisen präpariert worden sein: durch optische Anregung, durch Stöße mit Elektronen oder mit anderen angeregten Atomen, durch spontane Emission von noch höheren Energiezuständen her usw. Wir wollen nun das erste Photon betrachten, das zufällig emittiert wird. Beim Durchqueren des Gases wird es durch den Prozeß der stimulierten Emission auch benachbarte Atome dazu bringen, Photonen abzustrahlen. Sind an gegenüberliegenden Seiten des Gefäßes Spiegel angebracht, so wird sich nun eine Kettenreaktion abspielen, die solange anhält, bis alle Atome emittiert haben (s. Abb. 26-10). Die Photonen haben dann alle die gleiche Phase. Ist einer der Spiegel teildurchlässig, so läßt sich ein Lichtstrahl auskoppeln. Dieser Lichtstrahl ist kohärent. Er besteht wie die elektromagnetische Strahlung eines Radiosenders aus einer kontinuierlichen, sinusförmigen elektromagnetischen Welle. Damit die Anzahl der stimulierten Emissionsprozesse größer ist als die Anzahl der Absorptionsprozesse, muß man es so einrichten, daß sich im höheren Energiezustand mehr Atome befinden als im tieferen. Abb. 26-11 zeigt das Termschema für den Helium-Neon-Gaslaser. Hier befindet sich im Zustand $E_{n'}$ eine größere Anzahl von Atomen als im Zustand E_n.

Bis zur Entwicklung des Lasers im Jahre 1960 war die Strahlung, welche uns im infraroten, sichtbaren und ultravioletten Spektralbereich zur Verfügung stand, inkohärent, d. h., die Phasendifferenzen zwischen einzelnen Photonen hatten zufällige Werte. Wie auf Seite 512 ausgeführt wurde, können mit kohärentem Licht auf große Entfernungen Strahlbündel mit viel kleineren Fleckgrößen erzeugt werden. Seit dem Bau des

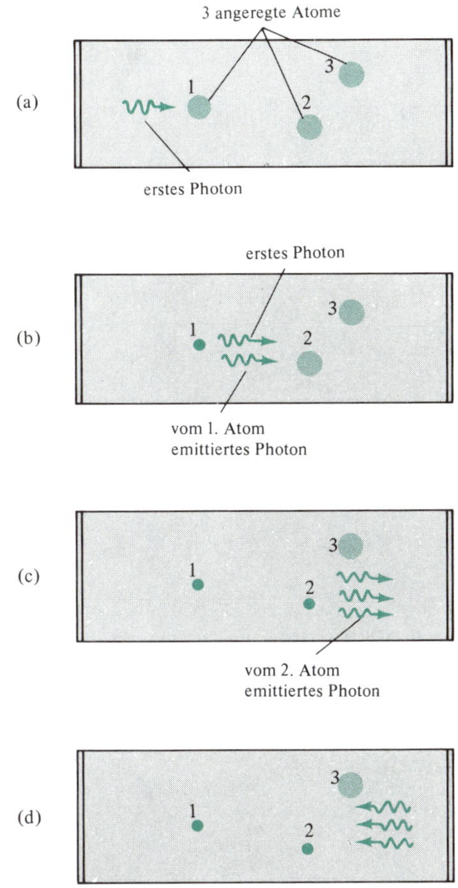

Abb. 26-10. *Der Prozeß der stimulierten Emission in einem Laser. (a) Das erste Photon kurz vor dem „Stoß" mit einem angeregten Atom. (b) Das Atom hat sein Photon emittiert. (c) Das Photon kurz vor dem „Stoß" mit einem zweiten Atom. (d) Die drei Photonen sind vom Spiegel reflektiert worden und werden gerade durch ein viertes Photon vermehrt.*

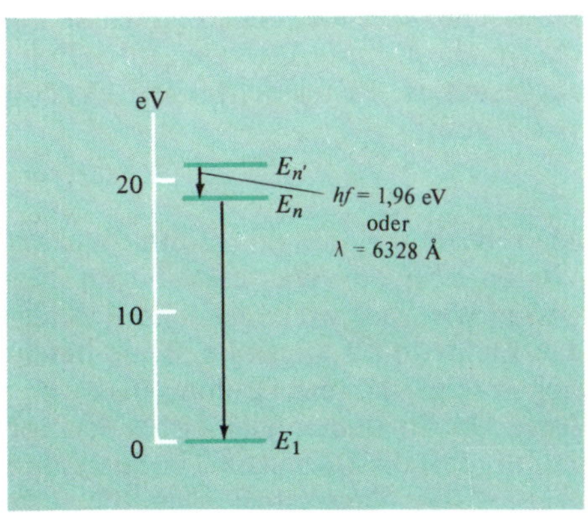

Abb. 26-11. *Drei Energieniveaus des Neon-Atoms. Im Helium-Neon-Laser werden die Neon-Atome durch Stöße mit angeregten Helium-Atomen in das Niveau $E_{n'}$ angeregt. Der Übergang zu E_n erfolgt durch den Prozeß der stimulierten Emission. Anschließend sorgen Wandstöße dafür, daß die Neon-Atome rasch in den Grundzustand übergehen.*

Abb. 26-12. *Niels Bohr auf Skiern in Los Alamos [Mit freundlicher Genehmigung von Laura Fermi]*

ersten Lasers hat sich die Lasertechnologie rasch fortentwickelt, so daß zur Zeit sowohl gepulste wie auch kontinuierliche Laser mit Emissionswellenlängen im infraroten, sichtbaren und ultravioletten Spektralbereich vorhanden sind. Dabei werden Gase, Festkörper und Flüssigkeiten als Lasermedien benutzt.

26-7 Das Bohrsche Atommodell

Das heute gültige Atommodell, wie es in diesem Kapitel dargestellt wurde, ist im Jahre 1926 kurz nach der Einführung der Schrödinger-Gleichung entwickelt worden. Schon 13 Jahre vorher hatte jedoch Niels Bohr eine Theorie aufgestellt, mit deren Hilfe das gesamte Wasserstoffspektrum quantitativ erklärt werden konnte und die gleichzeitig ein physikalisches Modell für stabile Atomstrukturen lieferte.

Obwohl wir heute wissen, daß die Bohrsche Theorie falsch ist, besitzt sie doch eine so große historische Bedeutung und ist so einfach, daß wir sie hier darstellen wollen. Graphische Symbole für Atome, die nach der veralteten Bohrschen Theorie entworfen wurden, existieren noch heute (s. Abb. 26-13). Bohr dachte sich die möglichen Elektronenbahnen als klassische, kreisförmige Planetenbahnen, und er suchte nach einer Regel, die nur bestimmte Energien oder Bahnradien zuließ. Nach der von ihm aufgestellten Regel sollte der Drehimpuls ein ganzzahliges Vielfaches von $\hbar$ sein:

$$mvR = n\hbar. \qquad (26\text{-}11)$$

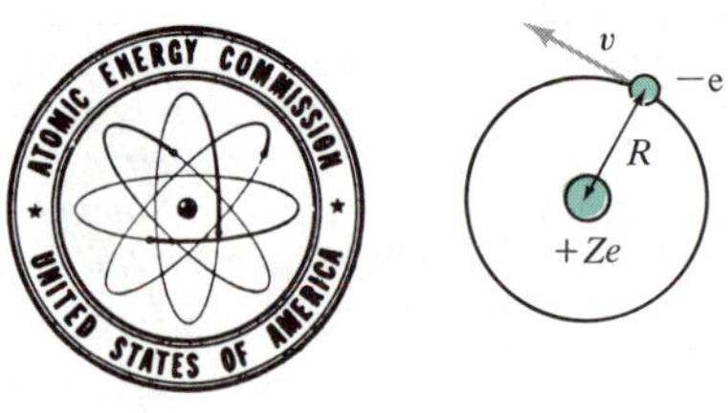

Abb. 26-13. (*a*) *Veraltetes Atomsymbol.* (*b*) *Bohrsches Modell für ein wasserstoffähnliches Atom*

Man beachte, daß das Bohrsche Postulat von unserem gegenwärtigen Wissen über das Wasserstoffatom in zwei Dingen abweicht. Zum einen wissen wir, daß wir klassische Bahnen nicht anwenden können und daß das Elektron als stehende Welle beschrieben werden muß. Zweitens hat sich gezeigt, daß der Drehimpuls nicht gleich $n\hbar$, sondern $l\hbar$ ist, und dieser Ausdruck ist immer kleiner als der Bohrsche Wert. Es ist ein glücklicher Zufall, daß die Bohrsche Theorie zum richtigen Resultat für die Energieniveaus des Wasserstoffatoms führt. Es kommt ziemlich häufig vor, daß man ein richtiges Ergebnis mit einer falschen Begründung erhält. Wie man sieht, kann das sogar berühmten Physikern passieren.

Wir wollen nun Bohrs Berechnung der Energiezustände eines Elektrons im Feld eines Kerns der Ladung Ze nachvollziehen. Aus dem Bohrschen Postulat [Gl. (26-11)] erhält man für den Radius der n-ten Bahn

$$R_n = n\frac{\hbar}{mv}. \qquad \textbf{(26-12)}$$

Gleichsetzen von Zentripetalkraft und elektrostatischer Kraft ergibt:

$$\frac{mv^2}{R_n} = \frac{k_0 Ze^2}{R_n^2},$$

$$mv^2 = \frac{k_0 Ze^2}{R_n} = -U, \quad \text{(potentielle Energie)} \qquad \textbf{(26-13)}$$

$$v^2 = \frac{k_0 Ze^2}{mR_n}. \qquad \textbf{(26-14)}$$

Wir setzen nun die rechte Seite der Gl. (26-12) in Gl. (26-14) ein:

$$v^2 = \frac{k_0 Ze^2}{m\left(n\dfrac{\hbar}{mv}\right)},$$

$$v = \frac{k_0 Ze^2}{n\hbar}. \qquad \textbf{(26-15)}$$

Wir definieren den Energiezustand E_n als

$$E_n = \tfrac{1}{2}mv^2 + U.$$

Für U benutzen wir Gl. (26-13):

$$E_n = \tfrac{1}{2}mv^2 + (-mv^2) = -\tfrac{1}{2}mv^2.$$

Das Endresultat erhält man durch Quadrieren der rechten Seite der Gl. (26-15) und Einsetzen in die vorige Gleichung:

$$E_n = -k_0^2\frac{Z^2me^4}{2\hbar^2}\,\frac{1}{n^2} = -13{,}6\left(\frac{Z^2}{n^2}\right)\text{eV}. \qquad \textbf{(26-16)}$$

Die Energie kann auch als Funktion von R dargestellt werden. Dazu setzt man Gl. (26-14) in die Gleichung $E = -\frac{1}{2}mv^2$ ein. Es folgt

$$E_n = -\frac{k_0 e^2}{2R_n}. \qquad \textbf{(26-17)}$$

Gl. (26-16) stimmt mit der heute akzeptierten Theorie überein [s. Gl. (26-7) und (26-9)]. Das Bohrsche Modell führt aber auch zu einer einfachen Formel für die Größe der Atome. Ein Ausdruck für R_n ergibt sich durch Einsetzen von Gl. (26-15) in Gl. (26-12):

$$R_n = n^2\frac{\hbar^2}{k_0 Zme^2}. \qquad \textbf{(26-18)}$$

Das stimmt mit dem mittleren Radius der Elektronenwolke [Gl. (26-8)] überein.

Ein schwerwiegender Mißerfolg des Bohrschen Modells war es jedoch, daß es die anderen Atomspektren – angefangen beim Helium (einem Kern mit $Z = 2$, der von zwei Elektronen umgeben ist) – nicht erklären konnte. Obwohl dieses Problem dadurch komplizierter wird, daß hier drei Teilchen miteinander in Wechselwirkung treten, läßt sich die Lage der Helium-Energieniveaus mit Hilfe der Quantenmechanik richtig voraussagen. Mit Hilfe der modernen Theorie konnte das Heliumspektrum auf schnellen elektronischen Rechenmaschinen mit großer Genauigkeit berechnet werden, und es ergab sich eine gute Übereinstimmung mit dem Experiment. In der Physik und in der Chemie herrscht heute die feste Überzeugung, daß die moderne Quantenmechanik im Prinzip alle Atomspektren und auch die chemischen Eigenschaften der Atome erklären kann.

***Beispiel 7:** Man beweise, daß das Bohrsche Resultat für den Atomradius ($R_n = n^2 a$) mit der Wellenfunktion des Wasserstoffs für $l = n - 1$ übereinstimmt. Man definiere als „mittleren" Radius den Abstand, für den die Wahrscheinlichkeitsverteilung für r ihr Maximum hat.

Lösung: Die Wahrscheinlichkeitsverteilung ist $|\psi_{n,n-1}|^2 \, \mathrm{d}V$, wobei $\mathrm{d}V = 4\pi r^2 \, \mathrm{d}r$ das Volumenelement ist. Also ist die Wahrscheinlichkeitsverteilung für r proportional zu

$$r^2 (R_{n,n-1}(r))^2 \, \mathrm{d}r .$$

Nach Tab. 26-2 ist

$$(R_{n,n-1})^2 \sim r^{2n-2} \, \mathrm{e}^{-2r/na} .$$

Die Wahrscheinlichkeitsverteilung sei $P(r)$:

$$P(r) = r^{2n} \mathrm{e}^{-2r/na} .$$

$P(r)$ besitzt ein Maximum für $\mathrm{d}P/\mathrm{d}r = 0$:

$$\frac{\mathrm{d}P}{\mathrm{d}r} = 2nr^{2n-1} \, \mathrm{e}^{-2r/na} - \frac{2}{na} r^{2n} \mathrm{e}^{-2r/na} .$$

Setzt man diesen Ausdruck gleich null und dividiert durch die Exponentialfunktion, so erhält man:

$$2nr^{2n-1} - \frac{2}{na} r^{2n} = 0,$$

$$n^2 a r^{2n-1} = r^{2n},$$

$$r = n^2 a .$$

Man beachte, daß dieses Ergebnis für alle Werte von n gilt, einschließlich der Wellenfunktion des Grundzustands.

Bahnstabilität

Wir können die Bohrsche Theorie zusammen mit der Formel für die Strahlung einer Punktladung dazu benutzen, um die Zeit für einen Übergang von einer Kreisbahn mit dem Radius $R_{n'}$ auf eine andere mit dem Radius R_n zu berechnen. Nach Gl. (21-14) ist der Energieverlust im Zeitintervall $\mathrm{d}t$ gleich

$$\frac{\mathrm{d}E}{\mathrm{d}t} = \frac{2}{3} k_0 \frac{e^2}{c^3} a^2, \quad \text{wobei} \quad a = F/m = k_0 \frac{e^2}{mR^2},$$

$$\frac{\mathrm{d}E}{\mathrm{d}t} = -\frac{2}{3} k_0^3 \frac{e^6}{m^2 c^3 R^4}. \tag{26-19}$$

Wir benötigen noch den Ausdruck $\mathrm{d}E/\mathrm{d}R$, der sich aus folgender Beziehung herleiten läßt:

$$E = -k_0 \frac{e^2}{2R},$$

$$\frac{\mathrm{d}E}{\mathrm{d}R} = k_0 \frac{e^2}{2R^2}. \tag{26-20}$$

Nun können wir $\mathrm{d}t/\mathrm{d}R$ berechnen:

$$\frac{\mathrm{d}t}{\mathrm{d}R} = \left(\frac{\mathrm{d}t}{\mathrm{d}E}\right)\left(\frac{\mathrm{d}E}{\mathrm{d}R}\right).$$

Einsetzen der Gln. (26-19) und (26-20) führt zu

$$\frac{\mathrm{d}t}{\mathrm{d}R} = \left(-\frac{2}{3} k_0^3 \frac{e^6}{m^2 c^3 R^4}\right)^{-1} \left(k_0 \frac{e^2}{2R^2}\right) = -\frac{3}{4} \frac{m^2 c^3 R^2}{k_0^2 e^4}.$$

Die Zeit, die das Elektron für den Übergang benötigt, ist

$$t = \int_{R_{n'}}^{R_n} \frac{\mathrm{d}t}{\mathrm{d}R} \, \mathrm{d}R = \int_{R_{n'}}^{R_n} \left(\frac{3}{4} \frac{m^2 c^3 R^2}{k_0^2 e^4}\right) \mathrm{d}R,$$

$$t = \frac{m^2 c^3}{4 k_0^2 e^4} (R_{n'}^3 - R_n^3). \tag{26-21}$$

Für die erste Balmer-Linie gilt: $R_{n'} = R_3 = 0{,}477$ nm und $R_n = R_2 = 0{,}212$ nm. Damit erhalten wir:

$$t = \frac{(9{,}11 \cdot 10^{-31}\ \mathrm{kg})^2 (3 \cdot 10^8\ \mathrm{m/s})^3}{4(9 \cdot 10^9\ \mathrm{N\,m^2/C^2})^2 (1{,}6 \cdot 10^{-19}\ \mathrm{C})^4} \cdot [(4{,}77 \cdot 10^{-10}\ \mathrm{m})^3 - (2{,}12 \cdot 10^{-10}\ \mathrm{m})^3]$$
$$= 1{,}04 \cdot 10^{-8}\ \mathrm{s}.$$

Wie auch andere mit Hilfe der Bohrschen Theorie berechnete Größen stimmt dieser Wert recht gut mit dem Ergebnis einer korrekten rein quantenmechanischen Rechnung überein.

Beispiel 8: Man berechne mit Gl. (26-21) die Zeit, die ein Elektron im Grundzustand des Wasserstoffatoms nach dem Bohrschen Modell benötigen würde, um spiralförmig nach innen zu fliegen, bis es auf das Proton stürzt. Der Protonenradius ist $R = 10^{-15}$ m.

Lösung: Wir können Gl. (26-21) benutzen, wenn wir für den Ausgangsradius $R_{n'} = R_1 = 0{,}53 \cdot 10^{-10}$ m und für den Endradius $R_n = R = 10^{-15}$ m einsetzen. Damit erhalten wir:

$$t = \frac{m^2 c^3}{4 k_0^2 e^4} [(0{,}53 \cdot 10^{-10}\ \mathrm{m})^3 - (10^{-15}\ \mathrm{m})^3] = 1{,}57 \cdot 10^{-11}\ \mathrm{s}.$$

Dieses Ergebnis bedeutet, daß alle Wasserstoffatome in 10^{-11} s kollabieren würden, wenn man annimmt, daß das Elektron in der Bohrschen Bahn des Grundzustands seine Energie nach klassischer Vorstellung abstrahlt. Bohrs Ausweg aus diesem ernsthaften Problem bestand darin, zu postulieren, daß Elektronen im Grundzustand nicht strahlen können.

Zusammenfassung

Die dreidimensionale Schrödinger-Gleichung lautet

$$\frac{\partial^2 \psi}{\partial x^2} + \frac{\partial^2 \psi}{\partial y^2} + \frac{\partial^2 \psi}{\partial z^2} = -\frac{2m}{\hbar^2}(E - U)\,\psi.$$

Ist $\psi(x, y, z)$ nur eine Funktion von r, so wird daraus

$$\frac{1}{r^2}\frac{\mathrm{d}}{\mathrm{d}r}\left(r^2 \frac{\mathrm{d}\psi}{\mathrm{d}r}\right) = -\frac{2m}{\hbar^2}[E - U(r)]\,\psi.$$

Für das Wasserstoffatom ist $U = -k_0(e^2/r)$. Die Wellenfunktion für den kleinsten Energiewert ist $\psi_1 = \exp(-r/a)$, wobei $a = \hbar/(k_0 m e^2)$ der Radius ist und $E_1 = -k_0(me^4/2\hbar^2) = -13{,}6$ eV die Energie. Lösungen für größeres n haben die Energien $E_n = (-13{,}6/n^2)$ eV. Die zugehörigen Wellenfunktionen können auch Funktionen der Polarwinkel θ und φ sein. Der von φ abhängige Teil hat die Form $\exp(\mathrm{i} m_l \varphi)$, wobei $L_z = m_l \hbar$ die z-Komponente des Drehimpulses ist. Die Abhängigkeit von θ führt zu einer neuen Quantenzahl l, wobei $L = l\hbar$ der größte Wert ist, den L_z annehmen kann, d. h., m_l kann jeden ganzzahligen Wert zwischen $-l$ und $+l$ annehmen. Die Quantenzahl l kann jeden ganzzahligen Wert zwischen 0 und $(n - 1)$ annehmen.

Ist $n' > n$, so kann es zur spontanen Emission eines Photons kommen. Das Atom macht dabei einen Übergang von $E_{n'}$ nach E_n. Die Energie

des Photons ist $hf = E_{n'} - E_n$. Trifft Licht dieser Frequenz auf ein Atom im Zustand E_n, so kann ein Photon absorbiert werden, wodurch das Atom in den Zustand $E_{n'}$ übergeht. Wird Wasserstoff erhitzt, bis einige seiner Atome in höhere Energiezustände übergehen, so treten im Emissionsspektrum folgende Photonenenergien auf:

$$hf = 13{,}6\left(\frac{1}{n^2} - \frac{1}{n'^2}\right)\,\text{eV}.$$

Ein Photon kann angeregte Atome dazu stimulieren, Photonen von gleicher Frequenz und Phase zu emittieren. Auf diese Weise kann man kohärentes Licht aus einem Atomensemble erhalten, wenn dessen Atome sich in einem geeigneten Anregungszustand befinden. Nach diesem Prinzip arbeitet der Laser.

Das Bohrsche Atommodell, das die Energieniveaus des Wasserstoffatoms und seine Bahnradien richtig vorhersagt, geht von der Hypothese aus, daß sich das Elektron auf einer klassischen Kreisbahn bewegt, für die gilt $mvR = n\hbar$.

Aufgaben

1. Wiederhole die Herleitung von Gl. (26-2) für ein Elektron, das an einen Kern der Ladung Ze gebunden ist.

2. Ein ruhendes Elektron befinde sich in der Nähe der Oberfläche eines Urankerns ($Z = 92$). Wie groß ist die Energie, die man benötigt, um das Elektron von dem Kern nach Unendlich zu bringen?

3. Ein Elektron befinde sich in einem kubischen Kasten. Wird die Kastenlänge L um 1% vergrößert, so erhöht sich seine Oberfläche um 2% und sein Volumen um 3%. Um wieviel % ändern sich die Werte für die Energieniveaus der stehenden Wellen im Kasten?

4. Man setze $U = -k_0(Ze^2/r)$ in Gl. (26-5) ein und probiere die Lösung $\psi_1 = e^{-r/a}$. Welche Ausdrücke erhält man für a und E?

5. Wie viele verschiedene Wellenfunktionen existieren für $n = 5$?

6. Wie groß ist die minimale Energie, die von einem Wasserstoffatom im Grundzustand absorbiert werden kann?

7. Wie groß ist der Bohrsche Radius für den Grundzustand von He^+?

8. Berechne für den Grundzustand des Wasserstoffatoms im Bohrschen Modell:

(a) die kinetische Energie in Elektronvolt,

(b) die potentielle Energie in Elektronvolt und

(c) die Bindungsenergie in Elektronvolt.

(d) Der Abstand eines ruhenden Elektrons von einem Proton sei von der Größe des Bohrschen Radius für den Grundzustand. Welchen Energiebetrag benötigt man zur Abtrennung des Elektrons?

9. Ein Ensemble von Wasserstoffatomen werde in den Zustand $n = 5$ angeregt. Wie groß ist die Gesamtzahl der Linien, die im Emissionsspektrum des Gases auftreten?

10. Im Absorptionsspektrum des Elementes X werden die folgenden drei Linien beobachtet: $f_1 = 2{,}2 \cdot 10^{15}$ Hz, $f_2 = 3{,}0 \cdot 10^{15}$ Hz und $f_3 = 3{,}5 \cdot 10^{15}$ Hz.

(a) Treten diese Linien auch im Emissionsspektrum auf?

(b) Gib die Frequenzen von drei anderen Linien an, die im Emissionsspektrum auftreten.

11. Man bestimme eine Linie im He^+-Spektrum, welche dieselbe Wellenlänge wie eine Linie des Wasserstoffspektrums hat. Wie groß ist ihre Wellenlänge?

12. Ein myonisches Atom besteht aus einem Kern der Ladungszahl Z und einem eingefangenen Myon im Grundzustand (ein Myon oder μ-Meson ist ein Teilchen, das 207mal schwerer als ein Elektron ist).
    (a) Wie groß ist die Bindungsenergie des Myons, das von einem Proton eingefangen worden ist?
    (b) Wie groß ist der zugehörige Bohrsche Radius für $n = 1$?
    (c) Wie groß ist die Energie des Photons, das beim Übergang des μ-Mesons von $n = 2$ in den Grundzustand emittiert wird?

13. Gib die Wasserstoffwellenfunktion $\psi_{3,2,-2}(r, \theta, \varphi)$ explizit an.

14. Normiere die Wellenfunktion mit $n = 1$, d. h., setze $\psi = C\,e^{-r/a}$ und berechne die Konstante C aus

$$\int \psi^* \psi \, dV = 1 \quad \text{oder} \quad C^2 \int e^{-2r/a} \, dV = 1 .$$

15. Mit Hilfe der Gl. (26-21) schätze man die Zeit ab, die für einen Übergang von $n = 4$ nach $n = 3$ benötigt wird.

16. Gib die Wellenlängen der ersten vier Linien des Absorptionsspektrums von Wasserstoff an.

17. Ein Elektron befinde sich in einem kubischen Kasten der Länge $L = 10^{-10}$ m. Wie groß sind die Energien der vier niedrigsten Energieniveaus in Elektronvolt? Wie viele Zustände gehören zu jedem Energieniveau? Gib die Wellenfunktion für jeden dieser Zustände an.

18. Ein Kasten habe die Abmessungen $L_y = L_z = 2L_x$. Gib die drei niedrigsten Eigenwerte als Funktion von n_x, n_y, n_z, m, $\hbar$ und L_x an. Gib die zugehörigen Wellenfunktionen an. Man beachte, daß zum zweiten Energieniveau zwei verschiedene Eigenfunktionen gehören.

19. Zeige durch Einsetzen in Gl. (26-5), daß die Funktion $\psi(r, \theta, \varphi) = (r\,e^{-r/2a})(\sin\theta)(e^{i\varphi})$ eine Lösung der Schrödinger-Gleichung für das Wasserstoffatom ist. Welche Werte erhält man für a und E?

20. Zeige durch Einsetzen in Gl. (26-5), daß die Funktion

$$\psi = \left(1 - \frac{2r}{3a} + \frac{2r^2}{27a^2}\right) e^{-r/3a}$$

eine Lösung der Schrödinger-Gleichung für das Wasserstoffatom ist.

21. Wie groß ist der Mittelwert von $1/r$ für den Grundzustand des Wasserstoffatoms?

$$\overline{\frac{1}{r}} = \frac{\displaystyle\int \frac{1}{r} \psi^* \psi \, dV}{\int \psi^* \psi \, dV} .$$

22. Mit Hilfe von Gl. (26-21) schätze man die Zeit für den Übergang von $n = 4$ nach $n = 3$ ab. Wie groß wäre $\Delta\lambda/\lambda$ für diese Spektrallinie? Wie groß muß der Strichabstand auf einem Beugungsgitter von 5 cm Breite sein, damit diese natürliche Linienbreite noch aufgelöst werden kann?

23. Mit Hilfe des Bohrschen Modells berechne man den Radius einer Elektronenbahn um ein Neutron.

24. Ein leichtes Teilchen der Masse m und der positiven Ladung q umkreise ein schweres Teilchen der Masse M und der Ladung $-Q$ auf einer Kreisbahn mit dem Radius R. Die einzige wesentliche Kraft zwischen den Teilchen sei die elektrostatische.

(a) Wie groß ist die potentielle Energie des Teilchens mit der Ladung q als Funktion seiner Masse m und seiner Geschwindigkeit?
(b) Wie groß ist die Gesamtenergie E als Funktion von m und v?
(c) Mit Hilfe des Bohrschen Postulats quantisiere man den Drehimpuls und gebe v als Funktion von R, m, $\hbar$ und n an.
(d) Man gebe die quantisierten Werte von R und E als Funktion von m, $\hbar$, Q, q und n an.

25. Die Atome eines gedachten Elements Q besitzen die Valenz +1. Die Bindungsenergie des äußeren Elektrons sei 3,2 eV. Ferner sei bekannt, daß die Energieniveaus dreier angeregter Zustände des äußeren Elektrons bei −1,0 eV, −1,4 eV und −2,0 eV liegen.
(a) Gib die Energie des Grundzustands in eV an.
(b) Zähle alle Linien auf, die im Emissionsspektrum des Elements Q auftreten sollten. Gib die Photonenenergien in eV an.

26. **(a)** Wie groß ist die Aufenthaltswahrscheinlichkeit des Elektrons im Wasserstoffatom für Werte von $r > a$, wobei a der Bohrsche Radius ist?
(b) Wie groß ist die Aufenthaltswahrscheinlichkeit des Elektrons für $r < 10^{-15}$ m? (Betrachte das Proton als Punktladung. Man erhält auf diese Weise dennoch die richtige Lösung für die Aufenthaltswahrscheinlichkeit des Elektrons im Proton.)

27. ψ sei eine Funktion nur von r. Es sei weiter $u(r) := r\psi$. Gib die r-abhängige dreidimensionale Schrödinger-Gleichung für u statt für ψ an.

28. In Beispiel 5 lauten die Transformationsgleichungen vom gestrichenen zum ungestrichenen Koordinatensystem:

$$\begin{cases} x = x' \cos\alpha - z' \sin\alpha \\ y = y' \\ z = x' \sin\alpha + z' \cos\alpha \end{cases}$$

Die normierten winkelabhängigen Funktionen sind $\Theta_{11} = \sqrt{3/4} \sin\theta$ und $\Theta_{10} = \sqrt{3/2} \cos\theta$.
(a) Gib $\Theta_{11}(\theta)\, e^{i\varphi}$ als Funktion von x, y und z an.
(b) Gib $\Theta_{11}(\theta)\, e^{i\varphi}$ als Funktion von x', y' und z' an.
(c) Gib $\Theta_{11}(\theta)\, e^{i\varphi}$ als Funktion von θ' und φ' an.
(d) Wie groß sind die Koeffizienten a_1, a_2 und a_3 in der folgenden Gleichung:

$$\Theta_{11}(\theta)\, e^{i\varphi} = a_1 \Theta_{11}(\theta')\, e^{i\varphi'} + a_2 \Theta_{10}(\theta') + a_3 \Theta_{1-1}(\theta')\, e^{-i\varphi'} \,?$$

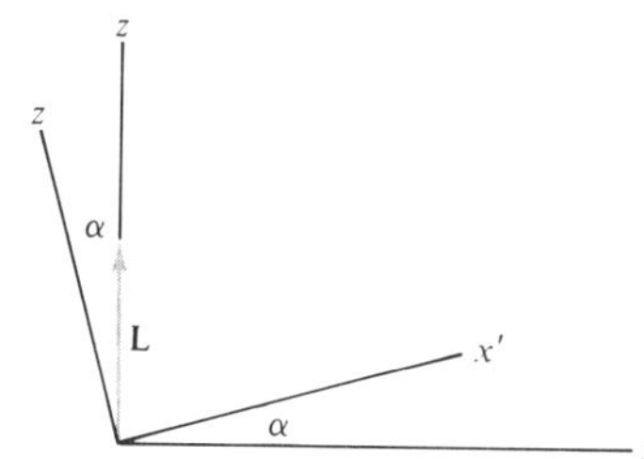

Aufgabe 28

27

Atomphysik

27-1 Das Pauli-Prinzip

Aus dem Periodensystem der Elemente (s. Tab. 27-2) und aus der Abb. 27-1 ergibt sich, daß sich die chemischen und physikalischen Eigenschaften der Elemente nach Perioden von 2, 8, 8, 18, 18, 32 wiederholen. Im Jahre 1925 stellte Wolfgang Pauli eine einfache Regel auf, die automatisch zu Perioden von 2, 8, 18, 32 führte. Pauli forderte, daß eine stehende Welle (auch Orbital genannt) von nicht mehr als zwei Elektronen besetzt werden darf. Danach kann das Orbital mit $n = 1$ zwei Elektronen aufnehmen. Für $n = 2$ gibt es vier Orbitale: $(n, l, m_l) = (2, 0, 0), (2, 1, 1), (2, 1, 0)$ und $(2, 1, -1)$. Demnach kann für bis zu acht Elektronen n gleich zwei sein. Bis jetzt haben wir die Zahlen 2 und 8 erhalten. Die Zahl 18 ergibt sich durch Addition der fünf Orbitale mit $l = 2$ und der vier Orbitale mit $l = 0$ und 1. In diese 9 Orbitale passen 18 Elektronen. Wir sehen, daß die Perioden 2, 8 und 18 eine direkte Folge des Paulischen Ausschließungsprinzips und des quantenmechanischen Resultats $-l \leqq m_l \leqq +l$, $0 \leqq l \leqq n - 1$ sind. Die Wiederholung der „Schalen" mit 8 und

Abb. 27-1. (*a*) *Ionisationsenergie der Elemente als Funktion der Ordnungszahl Z* (*b*) *Atomvolumen als Funktion von Z*

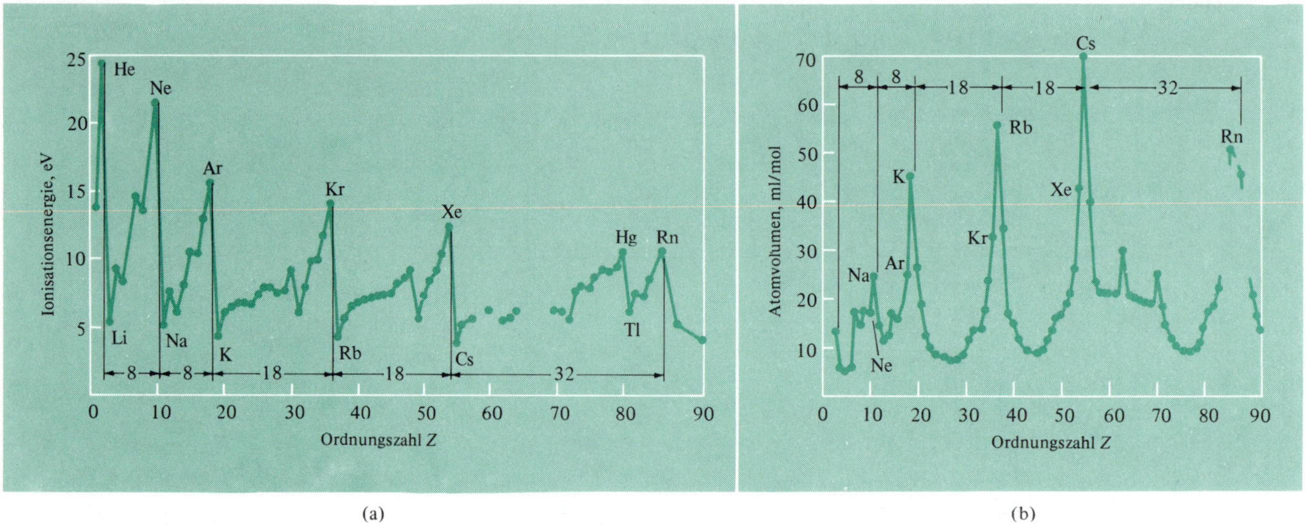

Abb. 27-2. *Wolfgang Pauli (1900-1958)* [*Mit freundlicher Genehmigung des American Institute of Physics*]

18 Elektronen wird in Abschn. 27-3 erklärt werden. Als das Pauli-Prinzip formuliert wurde, war es eine neue, ad hoc aufgestellte Regel, die nicht hergeleitet werden konnte.

Elektronenspin

Ein Jahr später wurde jedoch entdeckt, daß das Elektron einen Eigendrehimpuls oder Spin $L_{\text{eigen}} = \frac{1}{2}\hbar$ besitzt. Man beachte, daß dieser Wert nur halb so groß ist wie die natürliche Einheit des Bahndrehimpulses. Das Elektron verhält sich so, als wäre es eine Kugel, die um eine Achse durch ihren Mittelpunkt mit festem Drehimpuls $\frac{1}{2}\hbar$ rotiert. Dieser Eigendrehimpuls kann nicht vergrößert oder verkleinert werden. Er hat für jedes Elementarteilchen seinen besonderen festen Wert.

Kurz nach der Entdeckung des Elektronenspins entwickelten P. M. Dirac und W. Pauli eine relativistische Theorie für Teilchen mit Spin 1/2, und beide waren hocherfreut, als sie mit der Zusatzbedingung relativistischer Invarianz Elektronen-Wellenfunktionen erhielten, die automatisch dem Pauli-Prinzip gehorchten. Das Ausschließungsprinzip war also doch keine ad-hoc-Annahme! Für ein Teilchen mit Spin 1/2 kann die z-Komponente des Spins nur die Werte $+\frac{1}{2}\hbar$ und $-\frac{1}{2}\hbar$ annehmen. Die Angabe der Spinkomponente ist notwendig, um einen Elektronenzustand vollständig zu beschreiben. Werden Elektronenzustände auf diese Weise charakterisiert, dann besagt das Ausschließungsprinzip, daß ein vorgegebener Elektronenzustand nur von einem Elektron besetzt werden darf. Da für ein bestimmtes Orbital zwei Spinorientierungen möglich sind, ist dies nur eine Umformulierung der ursprünglichen Paulischen Regel, nach der ein Orbital nur von zwei Elektronen besetzt werden kann.

27-2 Atome mit mehreren Elektronen

Mit Hilfe der Schrödinger-Gleichung und dem Pauli-Prinzip war es nun möglich, die Eigenschaften der Elemente vorherzusagen, ohne auf chemische Experimente zurückgreifen zu müssen. Tatsächlich äußerte P. M. Dirac im Jahre 1929: „Die grundlegenden physikalischen Gesetze, die wir für die mathematische Beschreibung eines großen Teils der Physik und der ganzen Chemie benötigen, sind vollständig bekannt." Mit modernen, schnellen elektronischen Rechenmaschinen sind die Elektronendichten und die Bindungsenergien von schwereren Atomen als Wasserstoff berechnet worden. Wie in Abb. 27-3 dargestellt ist, können auf diese Weise sogar chemische Reaktionen und chemische Bindungen untersucht werden. Für die meisten Probleme der Chemie erweisen sich jedoch Computer-Rechnungen als unpraktisch. Es ist viel einfacher, eine Messung durchzuführen. (Die Rechenzeiten für einige typische Fragestellungen würden Jahre betragen.)

Mit Hilfe des Pauli-Prinzips können wir genau angeben, wo jedes Elektron in einem Atom eingebaut wird. Man betrachte z. B. einen nackten Neon-Atomkern ($Z = 10$). Nähert man diesem Kern ein einziges Elektron, so wird es sehr schnell bis zur niedrigsten Elektronenbahn mit $n = 1$ „hinunterfallen". Dasselbe passiert mit dem zweiten Elektron. Die beiden Elektronen besetzen die Wellenfunktion mit $n = 1$ vollständig. Fügt man nun noch die acht übrigen Elektronen hinzu, so werden sie die vier Orbitale mit $n = 2$ vollständig besetzen: $(l, m_l) = (0, 0), (1, 1), (1, 0), (1, 1 -)$. Wir werden nun – beginnend beim Wasserstoff – einige Atomstrukturen beschreiben, die mit Hilfe der Quantentheorie vorhergesagt werden können. Es wird sich zeigen, daß wir in der Lage sind, ohne auf detaillierte Rechnungen zurückzugreifen, die chemische Wertigkeit anzugeben, Ionisationspotentiale grob abzuschätzen und auch Größen und Formen der Atome vorherzusagen.

$Z = 1$ (Wasserstoff)

Die Struktur des Wasserstoffatoms wurde im letzten Kapitel beschrieben. Sein einziges Elektron befindet sich im Zustand $n = 1$, dessen Energie $-13{,}6$ eV beträgt. Die Bindungs- oder Ionisationsenergie ist also 13,6 eV. Elektronen, die durch eine Potentialdifferenz von 13,6 V beschleunigt worden sind, können Wasserstoffatome gerade ionisieren. Diese mini-

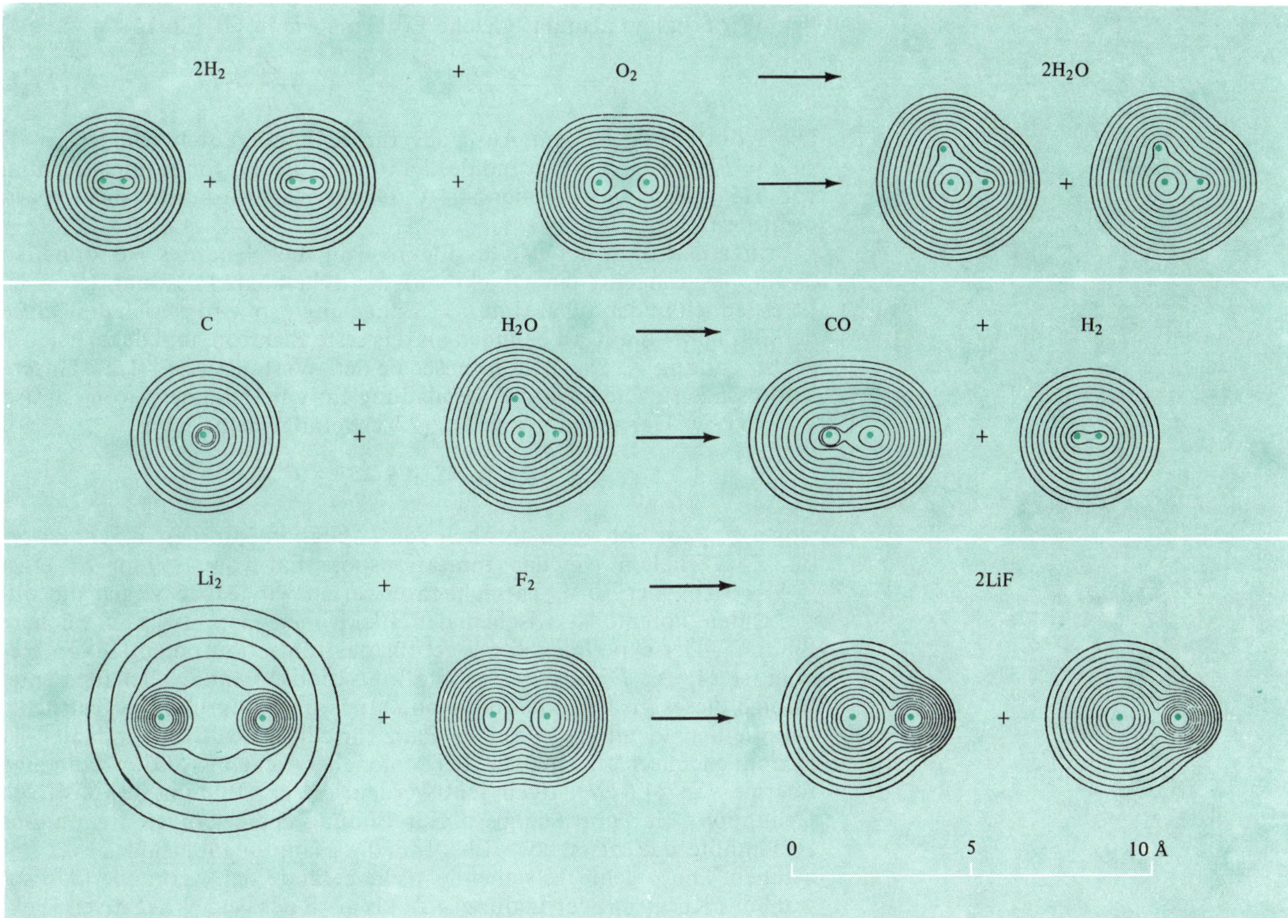

Abb. 27-3. *Darstellung der Elektronendichten von Ausgangs- und Endzustand bei drei verschiedenen chemischen Reaktionen (Computerrechnungen von A. C. Wahl). Zwischen benachbarten Linien nimmt die Elektronendichte um einen Faktor zwei ab. Zwischenzustände einer chemischen Reaktion zeigt Abb. 27-6.* [*Nach einer Abbildung von Arnold C. Wahl in Scientific American, April 1970*]

male Spannung, die zur Ionisation aufgebracht werden muß, nennt man das Ionisationspotential. Das Ionisationspotential des Wasserstoffs ist also 13,6 V. Die Ionisationsenergien der Elemente sind in Abb. 27-1(a) aufgetragen. Man beachte das Auftreten der Perioden 2, 8, 8, 18, 18, 32.

$Z = 2$ (Helium)

Wir wollen zunächst ein ionisiertes Heliumatom (He^+) betrachten, das aus einem Heliumkern und einem einzigen Elektron besteht. Jeder Kern mit der Ordnungszahl Z, der von einem einzelnen Elektron umgeben ist, gleicht dem Wasserstoffatom bis auf die Tatsache, daß die Stärke der elektrostatischen Anziehung um einen Faktor Z vergrößert worden ist. Die stehenden Wellen haben die gleiche Form wie beim Wasserstoff. Allerdings ist die Proportionalitätskonstante k_0 um einen Faktor Z größer. Wir erhalten also das gleiche Ergebnis wie in Gl. (26-16):

$$E_n = -\frac{(k_0 Z)^2\, me^4}{2\hbar^2 n^2} = -13{,}6\,\frac{Z^2}{n^2}\,\mathrm{eV}. \qquad \textbf{(27-1)}$$

Die Konstante a in dem Ausdruck für $R_{nl}^{(r)}$ ändert sich von $\hbar/(k_0 me^2)$ zu $a = \hbar/(k_0 Zme^2)$. Aufgrund des Faktors Z^2 ist das Ionisationspotential von He^+ gleich 4 · 13,6 oder 54,4 V. Dieser Wert wird durch das Experiment bestätigt.

Bringt man nun ein zweites Elektron in die Nähe des He^+-Ions, so „sieht" es zunächst ein Objekt mit der scheinbaren Ladung $(Z - 1)$. Ist es jedoch in der Schale mit $n = 1$ angelangt, so wird es sich die Hälfte der Zeit näher am Kern befinden als das erste Elektron, und dabei „sieht" es die Ladung Z. Das Mittel dieser beiden Werte ist $(Z - 1/2)$. Unsere Voraussage für die effektive Kernladung für ein Heliumelektron ist also $Z_{\text{eff}} = 1{,}5e$. Danach läßt sich Gl. (27-1) verallgemeinern zu

$$E_{n,l} = -13{,}6\,\frac{Z_{\text{eff}}^2}{n^2}\,\mathrm{eV},$$

wobei Z_{eff} sowohl von n als auch von l abhängt. Mit diesem Schätzwert für Z_{eff} erhalten wir das Ionisationspotential von Helium zu etwa $(1{,}5)^2 \cdot 13{,}6$ oder 30 V. Tatsächlich erwarten wir jedoch wegen des abstoßenden Potentials zwischen den Elektronen eine etwas schwächere Bindung. Der experimentelle Wert für das Ionisationspotential von Helium ist 24,6 V. Dies ist das größte Ionisationspotential aller Elemente. Infolge dieses großen Ionisationspotentials und aufgrund der Tatsache, daß die Schale mit $n = 1$ keinen Platz für ein drittes Elektron bietet, ist Helium chemisch sehr inaktiv. Bei keiner chemischen Reaktion kann eine Energie von 24,6 eV aufgebracht werden, die zur Bildung des positiven Heliumions He^+ notwendig ist. Zur Bildung des negativen Heliumions He^- müßte das zusätzliche Elektron die Hauptquantenzahl $n = 2$ annehmen. Die zugehörige stehende Welle befände sich weit außerhalb sowohl des Kerns mit der Ladung $+2e$ als auch der beiden negativen Elektronen mit $n = 1$. Deshalb ist für die stehende Welle mit $n = 2$ die resultierende Ladung null, d. h. $Z_{\text{eff}} = 0$ für $n = 2$. Es existiert also kein anziehendes Potential für eine solche stehende Welle. Die Folge ist, daß das Element Helium mit keinem anderen Element Moleküle bildet. Helium und die anderen Atome mit abgeschlossenen Schalen heißen deshalb Edelgase. Einige der schwereren Edelgase können allerdings gewisse spezielle Verbindungen eingehen.

Beispiel 1: Das Ionisationspotential von Helium ist 24,6 V. Wie groß ist die gesamte Bindungsenergie des Heliumatoms, d. h., welcher Energiebetrag wird benötigt, um beide Elektronen vom Heliumatom abzutrennen?

Lösung: 24,6 eV werden benötigt, um das erste Elektron abzutrennen, und weitere $13{,}6Z^2$ oder 54,4 eV sind zum Entfernen des zweiten Elektrons notwendig. Die gesamte Bindungsenergie ist die Summe der beiden Energiebeträge, also 79 eV.

$Z = 3$ (Lithium)

Zweifach ionisiertes Lithium, Li^{2+}, hat ein wasserstoffähnliches Spektrum. Seine Energieeigenwerte gehen durch Multiplikation mit $(3)^2 = 9$ aus den Wasserstoffenergieeigenwerten hervor. Einfach ionisiertes Lithium hat ein heliumähnliches Spektrum mit $Z_{eff} \approx (3 - 1/2)$ anstatt wie beim Helium $(2 - 1/2)$. Wegen des Pauli-Prinzips muß das dritte Elektron des neutralen Lithiums in die zweite Schale mit $n = 2$ eingebaut werden. Für dieses Elektron sollte Z_{eff} nur wenig größer als eins sein. Wir erwarten deshalb, daß das Ionisationspotential von Lithium etwas größer als $13{,}6/n^2 = 13{,}6/2^2 = 3{,}4$ V ist. Der experimentelle Wert ist 5,4 V. Dies entspricht dem Wert $Z_{eff} = 1{,}25$. Das Ionisationspotential zum Abtrennen des zweiten Elektrons ist 75,6 V. Lithium sollte deshalb in Verbindungen immer die Wertigkeit +1 haben (d. h. ein Elektron abgeben) und nie +2 (d. h. zwei Elektronen abgeben).

Welchen Wert hat die Quantenzahl l des äußeren Lithiumelektrons? Nach allem, was wir bisher gelernt haben, sollten die Zustände ($n = 2$, $l = 0$) und ($n = 2$, $l = 1$) die gleiche Energie besitzen. In Abb. 27-4 erkennt man jedoch, daß der Zustand $l = 0$ stärker gebunden sein sollte als der Zustand $l = 1$. Das rührt daher, daß sich die Wellenfunktion des Zustandes mit dem kleineren Drehimpuls ($l = 0$) zum größeren Teil näher am Kern befindet, als das bei Zuständen mit höherem Drehimpuls der Fall ist. Tatsächlich ist bei $r = 0$ für alle Wellenfunktionen mit $l > 0$ auch $\psi = 0$.

Für den kernnahen Teil der Wellenfunktion ist Z_{eff} fast ebenso groß wie Z, während für den kernfernen Teil Z_{eff} ungefähr 1 ist. Eine Wellenfunktion mit $l = 0$ „sieht" also insgesamt ein größeres Z_{eff} als eine Welle mit $l = 1$. Deshalb ist Z_{eff} sowohl eine Funktion von l als auch von n. Dieser Effekt kann zu einer beträchtlichen Energiedifferenz zwischen den „Unterschalen" mit $l = 0$, $l = 1$ oder $l = 2$ führen. Für $Z = 19$ (Kalium) ist der Effekt so groß, daß die Energie des Zustandes ($n = 4$, $l = 0$) niedriger ist als die Energie des Zustandes ($n = 3$, $l = 2$). Die Reihenfolge der Energieniveaus ist in Tab. 27-1 dargestellt. Dieser Effekt kann auch auf eine andere Art erklärt werden: Eine Bahn mit einem höheren Drehimpuls ist kreisförmiger und deshalb weiter vom Kern entfernt als eine Bahn mit einem niedrigeren Drehimpuls. Deshalb sind die Zustände mit kleinerem l stärker gebunden.

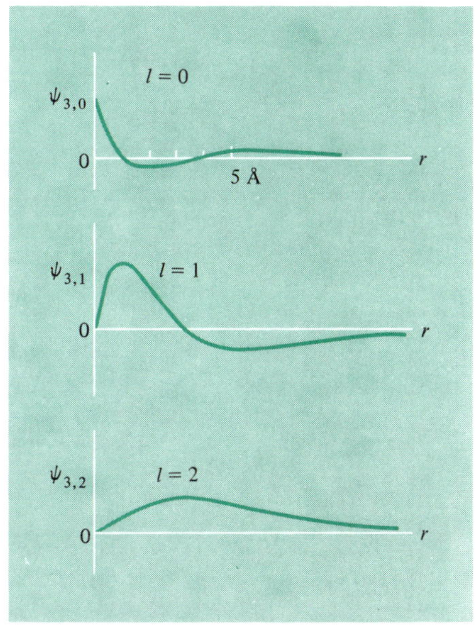

Abb. 27-4. *Wasserstoffwellenfunktionen mit der Hauptquantenzahl $n = 3$ für $l = 0$, 1 und 2. Man beachte, daß nur die Wellenfunktion mit $l = 0$ am Ursprung ungleich 0 ist.*

$Z = 4$ (Beryllium)

Nach dem Pauli-Prinzip bietet der Zustand ($n = 2$, $l = 0$) Platz für zwei Elektronen. Da hier Z_{eff} für den kernnahen Teil der Wellenfunktion größer ist als bei Lithium, sollte auch das Ionisationspotential größer sein. Der experimentell ermittelte Wert ist 9,32 V für Beryllium, verglichen mit 5,39 V für Lithium. Das Ionisationspotential des zweiten Elektrons von Beryllium ist jedoch nicht wesentlich größer, da dieses ebenfalls die Hauptquantenzahl $n = 2$ besitzt. In Verbindungen hat deshalb Beryllium die Wertigkeit +2.

Tabelle 27-1. *Zusammenstellung der Elektronenkonfigurationen der Elemente. Die Bezeichnungen s, p, d, f bedeuten* $l = 0, 1, 2$ *bzw.* 3. *So ist z. B. die Konfiguration für Sauerstoff* ($Z = 8$) *mit* [He] $2s^22p^4$ *angegeben. Die eckige Klammer bedeutet, daß die inneren Zustände wie bei* He *besetzt sind. Die Bezeichnung* $2s^22p^4$ *besagt, daß sich zwei Elektronen im* 2*s-Zustand und vier Elektronen im* 2*p-Zustand befinden. Der* 2*p-Zustand ist charakterisiert durch* ($n = 2$, $l = 1$).

Z	Symbol	Konfiguration des Grundzustands	Ionisationsenergie, eV
1	H	$1s$	13,595
2	He	$1s^2$	24,581
3	Li	[He] $2s$	5,390
4	Be	$2s^2$	9,320
5	B	$2s^22p$	8,296
6	C	$2s^22p^2$	11,256
7	N	$2s^22p^3$	14,545
8	O	$2s^22p^4$	13,614
9	F	$2s^22p^5$	17,418
10	Ne	$2s^22p^6$	21,559
11	Na	[Ne] $3s$	5,138
12	Mg	$3s^2$	7,644
13	Al	$3s^23p$	5,984
14	Si	$3s^23p^2$	8,149
15	P	$3s^23p^3$	10,484
16	S	$3s^23p^4$	10,357
17	Cl	$3s^23p^5$	13,01
18	Ar	$3s^23p^6$	15,755
19	K	[Ar] $4s$	4,339
20	Ca	$4s^2$	6,111
21	Sc	$3d4s^2$	6,54
22	Ti	$3d^24s^2$	6,83
23	V	$3d^34s^2$	6,74
24	Cr	$3d^54s$	6,76
25	Mn	$3d^54s^2$	7,432
26	Fe	$3d^64s^2$	7,87
27	Co	$3d^74s^2$	7,86
28	Ni	$3d^84s^2$	7,633
29	Cu	$3d^{10}4s$	7,724
30	Zn	$3d^{10}4s^2$	9,391
31	Ga	$3d^{10}4s^24p$	6,00
32	Ge	$3d^{10}4s^24p^2$	7,88
33	As	$3d^{10}4s^24p^3$	9,81
34	Se	$3d^{10}4s^24p^4$	9,75
35	Br	$3d^{10}4s^24p^5$	11,84
36	Kr	$3d^{10}4s^24p^6$	13,996
37	Rb	[Kr] $5s$	4,176
38	Sr	$5s^2$	5,692
39	Y	$4d5s^2$	6,377
40	Zr	$4d^25s^2$	6,835
41	Nb	$4d^45s$	6,881
42	Mo	$4d^55s$	7,10
43	Tc	$4d^55s^2$	7,228
44	Ru	$4d^75s$	7,365
45	Rh	$4d^85s$	7,461
46	Pd	$4d^{10}$	8,33
47	Ag	$4d^{10}5s$	7,574
48	Cd	$4d^{10}5s^2$	8,991
49	In	$4d^{10}5s^25p$	5,785
50	Sn	$4d^{10}5s^25p^2$	7,342
51	Sb	$4d^{10}5s^25p^3$	8,639
52	Te	$4d^{10}5s^25p^4$	9,01
53	I	$4d^{10}5s^25p^5$	10,454
54	Xe	$4d^{10}5s^25p^6$	12,127
55	Cs	[Xe] $6s$	3,893
56	Ba	$6s^2$	5,210
57	La	$5d6s^2$	5,61
58	Ce	$4f5d6s^2$	6,54
59	Pr	$4f^36s^2$	5,48
60	Nd	$4f^46s^2$	5,51
61	Pm	$4f^56s^2$	
62	Sm	$4f^66s^2$	5,6
63	Eu	$4f^76s^2$	5,67
64	Gd	$4f^75d6s^2$	6,16
65	Tb	$4f^96s^2$	6,74
66	Dy	$4f^{10}6s^2$	6,82
67	Ho	$4f^{11}6s^2$	
68	Er	$4f^{12}6s^2$	
69	Tm	$4f^{13}6s^2$	
70	Yb	$4f^{14}6s^2$	6,22
71	Lu	$4f^{14}5d6s^2$	6,15
72	Hf	$4f^{14}5d^26s^2$	7,0
73	Ta	$4f^{14}5d^36s^2$	7,88
74	W	$4f^{14}5d^46s^2$	7,98
75	Re	$4f^{14}5d^56s^2$	7,87
76	Os	$4f^{14}5d^66s^2$	8,7
77	Ir	$4f^{14}5d^76s^2$	9,2
78	Pt	$4f^{14}5d^86s^2$	8,88
79	Au	[Xe, $4f^{14}5d^{10}$] $6s$	9,22
80	Hg	$6s^2$	10,434
81	Tl	$6s^26p$	6,106
82	Pb	$6s^26p^2$	7,415
83	Bi	$6s^26p^3$	7,287
84	Po	$6s^26p^4$	8,43
85	At	$6s^26p^5$	
86	Rn	$6s^26p^6$	10,745
87	Fr	[Rn] $7s$	
88	Ra	$7s^2$	5,277
89	Ac	$6d7s^2$	6,9
90	Th	$6d^27s^2$	
91	Pa	$5f^26d7s^2$	
92	U	$5f^36d7s^2$	4,0
93	Np	$5f^46d7s^2$	
94	Pu	$5f^67s^2$	
95	Am	$5f^77s^2$	
96	Cm	$5f^76d7s^2$	
97	Bk	$5f^86d7s^2$	
98	Cf	$5f^{10}7s^2$	
99	Es	$5f^{11}7s^2$	
100	Fm	$5f^{12}7s^2$	
101	Md	$5f^{13}7s^2$	
102	No	$5f^{14}7s^2$	
103	Lr	$5f^{14}6d7s^2$	
104	Ku	$5f^{14}6d^27s^2$	

$Z = 5$ (Bor), $Z = 6$ (Kohlenstoff), $Z = 7$ (Stickstoff), $Z = 8$ (Sauerstoff), $Z = 9$ (Fluor) und $Z = 10$ (Neon)

Diese Atome werden durch Auffüllen der Zustände mit $l = 1$ der zweiten Schale gebildet. Da es für $l = 1$ drei verschiedene m_l-Werte gibt, ist in der Unterschale ($n = 2, l = 1$) für bis zu sechs Elektronen Platz. Bor, Kohlenstoff und Stickstoff haben im Zustand $n = 2$ drei, vier bzw. fünf Elektronen, was zu einer Wertigkeit von +3, +4, bzw. +5 führt. Bei der Bildung von Verbindungen verhalten sich beim Bor alle drei Elektronen der zweiten Schale identisch (beim Kohlenstoff alle vier). Zur Erklärung dieser Tatsache benötigen wir den Begriff der Hybridisierung, der im Abschn. 27-6 behandelt werden wird.

Beim Sauerstoff und beim Fluor tritt eine neue Erscheinung auf, die man Elektronenaffinität nennt. Ein Fluoratom kann ein zusätzliches Elektron aufnehmen. Es wird dadurch zum stabilen Fluor-Ion F^-. Die Bindungsenergie dieses zusätzlichen Elektrons, das teilweise ein großes Z_{eff} „sieht", beträgt 3,6 eV. Die Wertigkeit des Fluors ist also −1. Die Elektronenaffinität zur Bildung des Sauerstoff-Ions O^- ist 2,2 V. Sauerstoff und Stickstoff haben in chemischen Verbindungen üblicherweise die Wertigkeiten −2 bzw. −3. Beim Neon sind alle Zustände mit $n = 2$ aufgefüllt, d. h., es hat eine abgeschlossene Schale. Da ein Teil der Wellenfunktionen mit $n = 2$ dem Kern ziemlich nahe kommt (Z_{eff} kann hier bis zu 10 werden), ist das Ionisationspotential mit 21,6 V sehr groß. Wir erwarten demzufolge, daß Neon wie auch Helium chemisch nicht besonders aktiv ist.

27-3 Das Periodensystem der Elemente

Wenn wir die Beschreibung der Elemente wie im letzten Abschnitt fortsetzen, so stoßen wir bald auf Elemente, die sehr ähnliche Eigenschaften wie die schon besprochenen haben.

$Z = 11$ (Natrium) bis $Z = 18$ (Argon)

Beim Natrium muß das elfte Elektron dem Pauli-Prinzip zufolge in die dritte Schale eingebaut werden, für die $Z_{eff} \approx 1$ ist und deren Wellenfunktion einen viel größeren Durchmesser hat als die Wellenfunktion mit $n = 2$ des vorangehenden Elements Neon. Die Theorie sagt also voraus, daß sich der Atomdurchmesser beträchtlich vergrößert, immer wenn das äußere Elektron in eine Schale mit größerem n übergeht. Wie die Beobachtung zeigt, kommen diese plötzlichen Größenzunahmen bei $Z = 3, 11, 19, \ldots$ vor. Das ist in Abb. 27-1(b) dargestellt. In der Reihe der acht Elemente von Natrium bis Argon werden Elektronen in die Zustände ($n = 3, l = 0$) und ($n = 3, l = 1$) in der gleichen Weise eingebaut wie bei den vorhergehenden acht Elementen. Deshalb sind die chemischen Eigenschaften dieser Elemente denen der acht vorangehenden recht ähnlich. Auf diese Weise läßt sich das chemische Periodensystem der Elemente verstehen. Bis jetzt haben wir die Perioden 2, 8, 8 erklärt. Wir werden nun sehen, warum die nächste Periode 18 Elemente enthalten muß.

$Z = 19$ (Kalium) und größere Werte

Wir sollten nun erwarten, daß das äußere Elektron des nächsten Elements in den Zustand ($n = 3$, $l = 2$) eingebaut wird. Wie wir jedoch bei der Beschreibung des Elements $Z = 3$ (Lithium) gefunden haben, „sieht" das Elektron mit den Quantenzahlen ($n = 4$, $l = 0$) eine wesentlich größere effektive Kernladung Z_{eff} als das Elektron mit ($n = 3$, $l = 2$). Das hat seinen Grund darin, daß das Elektron mit dem Drehimpuls $l = 0$ stärker bei $r = 0$ konzentriert ist, wo die effektive Ladung am größten ist. Für das Elektron mit den Quantenzahlen ($n = 4$, $l = 0$) ist $Z_{eff} = 2{,}26$. Die zugehörige Bindungsenergie beträgt $13{,}6\, Z_{eff}^2/4^2 = 4{,}34$ eV. Für ($n = 3$, $l = 2$) ist Z_{eff} dagegen etwas kleiner als 1,7, was zu einer Bindungsenergie von weniger als 4,34 eV führt. Würde man versuchen, das 19. Elektron in den Zustand ($n = 3$, $l = 2$) einzubauen, so würde es unter Aussendung eines Photons der Differenzenergie sehr schnell in den niedrigeren Energiezustand ($n = 4$, $l = 0$) übergehen.

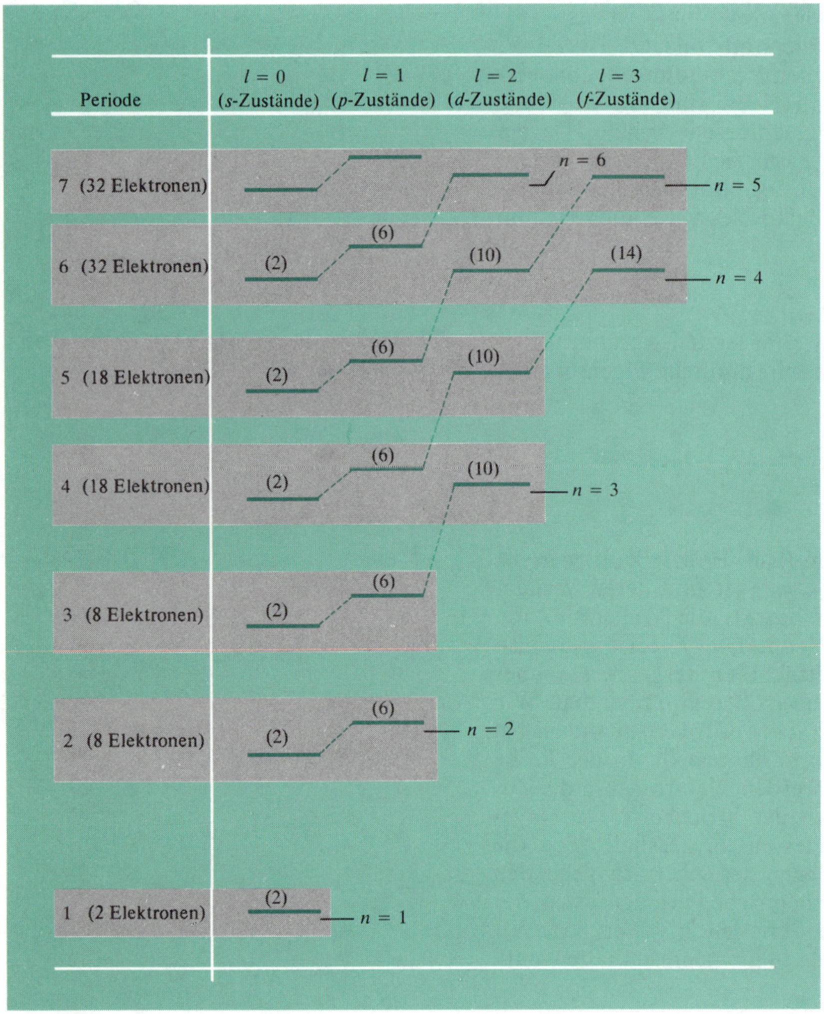

Abb. 27-5. *Relative Abstände der Energieniveaus elektronischer Zustände in Atomen mit großer Ordnungszahl Z (nicht maßstabsgerecht). Zustände mit der gleichen Hauptquantenzahl n sind durch unterbrochene Linien miteinander verbunden. Man beachte, daß die Energien der Niveaus mit wachsendem l ansteigen. Die Zustände gruppieren sich in Perioden von 2, 8, 8, 18, 18, 32, 32.*

Bei $Z = 21$ (Scandium) ist der Zustand ($n = 4$, $l = 0$) mit Elektronen aufgefüllt, und das 21. Elektron kann nun entweder in die Unterschalen ($n = 4$, $l = 1$) oder ($n = 3$, $l = 2$) eingebaut werden. Die Zustände mit $n = 3$ haben erwartungsgemäß die niedrigere Energie. Damit beginnt bei Scandium die Auffüllung der zehn Zustände der dritten Schale mit $l = 2$. Es folgen die sechs Zustände ($n = 4$, $l = 1$). Wir haben also insgesamt $2 + 10 + 6 = 18$ Elektronenzustände, deren Energien nicht stark voneinander abweichen. Diese 18 Zustände von $Z = 19$ bis 36 sind als Gruppe 4 in Abb. 27-5 eingezeichnet. Diese Abbildung zeigt die relativen Abstände der atomaren Energienievaus, geordnet nach den Quantenzahlen n und l. Die Energien der dargestellten Niveaus lassen sich experimentell bestimmen, indem man mit einem nackten Kern mit großer Ordnungszahl beginnt und ein Elektron nach dem anderen hinzufügt. Man kann dann z. B. die Energie messen, die frei wird, wenn jedes Elektron bis zum tiefstmöglichen Zustand „hinabfällt". Auf diese Weise ist es möglich, die relativen Abstände der Energieniveaus aller inneren Elektronen zu bestimmen.

Tabelle 27-2. *Das Periodensystem der Elemente*

Zustände der äußeren Elektronen	IA	IIA	IIIB	IVB	VB	VIB	VIIB	VIII	VIII	VIII	IB	IIB	IIIA	IVA	VA	VIA	VIIA	0
1*s*								1 **H** 1,008										2 **He** 4,003
2*s*, 2*p*	3 **Li** 6,941	4 **Be** 9,012											5 **B** 10,81	6 **C** 12,011	7 **N** 14,007	8 **O** 15,999 4	9 **F** 18,998	10 **Ne** 20,18
3*s*, 3*p*	11 **Na** 22,990	12 **Mg** 24,31											13 **Al** 26,98	14 **Si** 28,09	15 **P** 30,97	16 **S** 32,06	17 **Cl** 35,453	18 **Ar** 39,95
4*s*, 4*p*, 3*d*	19 **K** 39,10	20 **Ca** 40,08	21 **Sc** 44,96	22 **Ti** 47,90	23 **V** 50,94	24 **Cr** 52,00	25 **Mn** 54,94	26 **Fe** 55,85	27 **Co** 58,93	28 **Ni** 58,71	29 **Cu** 63,55	30 **Zn** 65,37	31 **Ga** 69,72	32 **Ge** 72,59	33 **As** 74,92	34 **Se** 78,96	35 **Br** 79,90	36 **Kr** 83,80
5*s*, 5*p*, 4*d*	37 **Rb** 85,47	38 **Sr** 87,62	39 **Y** 88,91	40 **Zr** 91,22	41 **Nb** 92,91	42 **Mo** 95,94	43 **Tc** 98,91	44 **Ru** 101,07	45 **Rh** 102,91	46 **Pd** 106,4	47 **Ag** 107,87	48 **Cd** 112,40	49 **In** 114,82	50 **Sn** 118,69	51 **Sb** 121,75	52 **Te** 127,60	53 **I** 126,90	54 **Xe** 131,30
6*s*, 6*p*, 5*d*	55 **Cs** 132,91	56 **Ba** 137,34	57* **La** 138,91	72 **Hf** 178,49	73 **Ta** 180,95	74 **W** 183,85	75 **Re** 186,2	76 **Os** 190,2	77 **Ir** 192,22	78 **Pt** 195,09	79 **Au** 196,97	80 **Hg** 200,59	81 **Tl** 204,37	82 **Pb** 207,2	83 **Bi** 208,98	84 **Po** (210)	85 **At** (210)	86 **Rn** (222)
7*s*, 7*p*, 6*d*	87 **Fr** (223)	88 **Ra** 226,03	89† **Ac** (227)	104 **(Ku)** (261)	105 **(Ha)** (260)	106												

4*f* * Lanthaniden:	58 **Ce** 140,12	59 **Pr** 140,91	60 **Nd** 144,24	61 **Pm** (147)	62 **Sm** 150,4	63 **Eu** 151,96	64 **Gd** 157,25	65 **Tb** 158,93	66 **Dy** 162,50	67 **Ho** 164,93	68 **Er** 167,26	69 **Tm** 168,93	70 **Yb** 173,04	71 **Lu** 174,97
5*f* † Aktiniden:	90 **Th** 232,04	91 **Pa** 231,04	92 **U** 238,03	93 **Np** 237,05	94 **Pu** (244)	95 **Am** (243)	96 **Cm** (245)	97 **Bk** (247)	98 **Cf** (249)	99 **Es** (249)	100 **Fm** (255)	101 **Md** (256)	102 **No** (254)	103 **Lr** (257)

Nach Abb. 27-5 erwarten wir, daß die Energien der Niveaus mit fester Hauptquantenzahl n mit wachsenden Werten von l zunehmen. Das ist tatsächlich experimentell bestätigt worden. Man beachte auch die besonders großen Energieabstände nach dem 2., 10., 18., 36. und 86. Elektron. Die Elemente mit den Ordnungszahlen $Z = 2, 10, 18, 36, 54$ und 86 besitzen daher abgeschlossene Schalen, bei denen die äußeren Elektronen besonders fest gebunden sind. Diese Elemente sind die Edelgase He, Ne, Ar, Kr, Xe und Rn. Die Quantenzahlen und die Energieniveaus für jedes Elektron jedes Elements lassen sich theoretisch berechnen. Solche vorausberechneten Elektronenkonfigurationen sind in Tab. 27-1 zusammengestellt. Das damit übereinstimmende Periodensystem der Elemente zeigt Tab. 27-2. Elemente der gleichen Spalte haben die gleiche Wertigkeit und ähnliche chemische Eigenschaften.

Damit wollen wir unsere „Ableitung" der Chemie, soweit sie Atome betrifft, abschließen. Die genauere Berechnung von Ionisationspotentialen und Elektronenaffinitäten mit elektronischen Rechenmaschinen erfordert einen großen Rechenaufwand. Aber die dazu erforderliche Theorie ist vorhanden, und damit ist diese Berechnung prinzipiell möglich. Die gesamte Chemie kann also mit Hilfe einer einzigen einfachen Theorie erklärt werden: der Quantenmechanik der Elektronen mit Spin 1/2. Über die Möglichkeiten, mit Hilfe von elektronischen Rechenmaschinen etwas darüber zu erfahren, wie sich Atome zu Molekülen verbinden, werden wir kurz in den Abschn. 27-5 und 27-6 sprechen.

Beispiel 2: Welche Werte von n und l sind für das äußerste Elektron des neuentdeckten Elements 106 zu erwarten? Welche Elektronenkonfiguration besitzt dieses Element?

Lösung: Die 7. Periode beginnt mit $Z = 86$. Das 87. und das 88. Elektron haben nach Abb. 27-5 die Quantenzahlen $n = 7$, $l = 0$. Sie werden mit $7s^2$ bezeichnet. Darauf folgen vierzehn $5f$-Elektronen mit fast der gleichen Energie: $5f^{14}(n = 6, l = 3)$. Die verbleibenden vier Elektronen haben die Konfiguration $6d^4$ $(n = 6, l = 2)$. In Abb. 27-5 liegen diese Niveaus alle sehr dicht beieinander, so daß sich ihre Reihenfolge nicht klären läßt. Tab. 27-1 gibt jedoch die genauen Werte an. Die Tabelle zeigt, daß sich die Reihenfolge nach der Ordnungszahl Z nicht genau nach der Konfiguration richtet. Nach der Tabelle erwarten wir, daß die gesuchte Konfiguration auf einen abgeschlossenen Rn-Rumpf folgt. Sie ist $5f^{14}6d^4 7s^2$.

27-4 Röntgenstrahlen

Wie wir im letzten Abschnitt gesehen haben, bilden die ersten beiden Elektronen aller Atome einen heliumähnlichen Rumpf. Ihre Bindungsenergie ist $13{,}6 Z_{eff}^2$ eV. Infolge des Beitrags der Elektronen mit $l = 0$ zur Abschirmung ist bei Atomen mit großer Ordnungszahl $Z_{eff} \approx (Z - 2)$. Die Bindungsenergien der beiden Elektronen mit der Hauptquantenzahl $n = 1$ sind demzufolge bei Atomen mit großer Ordnungszahl größer als

10000 eV, d. h. viel größer als die Bindungsenergien der äußeren Elektronen, die einige eV betragen. Werden äußere Elektronen abgetrennt, indem man etwa Atome eines Elements in einen elektrischen Lichtbogen oder in ein Gasentladungsrohr bringt, so sind anschließend Quantensprünge von einigen Elektronvolt möglich. Entsprechende Wellenlängen treten in dem dabei ausgesandten charakteristischen Spektrum auf. Da die Wellenlänge eines Photons mit einer Energie von einem eV 12300 Å beträgt, hat das charakteristische Spektrum eines Elements typischerweise Linien im infraroten, sichtbaren und ultravioletten Spektralbereich.

Nehmen wir nun einmal an, es sei möglich, ein inneres Elektron zu entfernen. Dann kann ein äußeres Elektron „hinunterspringen", um das fehlende innere Elektron zu ersetzen. Dabei wird ein Photon mit einer tausendmal größeren Energie emittiert. Die Wellenlänge dieser Photonen ist viele hundert- oder sogar tausendmal kürzer als die Wellenlänge des sichtbaren Lichts. Solche Strahlen, deren Wellenlängen zwischen 0,1 Å und 100 Å liegen, heißen Röntgenstrahlen. Wie läßt sich jedoch ein inneres Elektron entfernen? Das ist einfach: Man beschießt dazu ein Atomensemble mit einem Elektronenstrahl, dessen Elektronen eine Energie haben, die größer als die Bindungsenergie der inneren Elektronen ist. Im folgenden Beispiel wird gezeigt, daß bei Aluminiumatomen ein Elektronenstrahl mit einer Energie von $\geqq 1650$ eV ausreicht, um die Elektronen mit der Hauptquantenzahl $n = 1$ herauszuschlagen. Die Elektronen mit $n = 1$ werden auch als *K*-Schalen-Elektronen bezeichnet.

Beispiel 3: Wie groß ist die maximale Energie der Röntgenstrahlen, die von Aluminium und Blei emittiert werden? Gib die Photonenenergien sowie die zugehörigen Wellenlängen an.

Lösung: Röntgenstrahlen der maximalen Energie werden emittiert, wenn ein freies Elektron mit der Energie 0 in eine Leerstelle der *K*-Schale springt. Für Aluminium mit $Z = 13$ ist $hf\,13{,}6 = (13 - 2)^2$ eV $= 1{,}65$ keV. Die zugehörige Wellenlänge ist $\lambda = 7{,}5$ Å.

Für Blei mit $Z = 82$ ist $hf = 13{,}6 \cdot (80)^2$ eV $= 87$ keV und $\lambda = 0{,}14$ Å.

Beispiel 3 veranschaulicht eine sehr zuverlässige Methode, mit der die Ordnungszahl Z neuentdeckter Elemente bestimmt werden kann. Sie besteht in der Bestimmung der Wellenlängen hochenergetischer Röntgenstrahlen, die von den Atomen des unbekannten Elements ausgesandt werden, wenn man sie mit Elektronen beschießt.

Da die Wellenlängen der Röntgenstrahlen vergleichbar mit den Atomabständen in Festkörpern sind, ist die Röntgenstrahlung ein sehr zuverlässiges Werkzeug zur Bestimmung der Struktur von Festkörpern. Wie bereits in früheren Kapiteln erwähnt wurde, wirken die periodisch wiederkehrenden Atomebenen in einem Kristall wie die Striche eines Beugungsgitters. Ist also die Wellenlänge der Röntgenstrahlen bekannt, so kann der Atomabstand durch Messen ihres Beugungswinkels bestimmt werden (s. S. 537).

27-5 Chemische Bindung

Wir werden nun zwei verschiedene Mechanismen besprechen, die dazu führen, daß sich Atome zu Molekülen verbinden: die Ionenbindung und die kovalente Bindung.

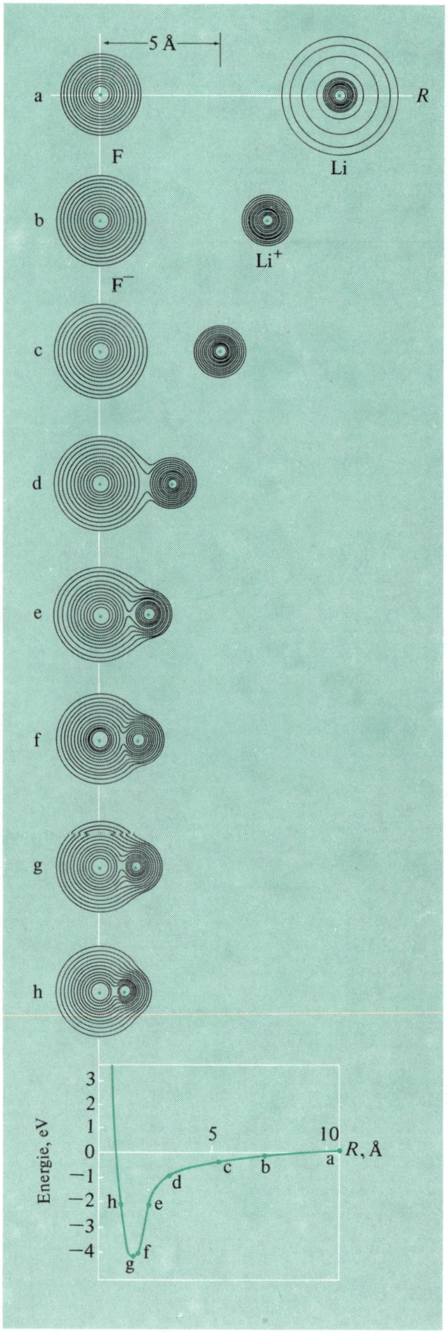

Ionenbindung

Bei der Bildung einer Ionenbindung passiert folgendes: Bringt man zwei neutrale Atome langsam einander näher, so wird ein Punkt erreicht, an dem es für das äußere Elektron des einen Atoms energetisch günstiger ist, auf das andere Atom überzugehen. Das Atom, dem ein Elektron fehlt, verhält sich wie ein positives Teilchen der Ladung $+e$, und das Atom mit dem zusätzlichen Elektron wie ein negatives Teilchen der Ladung $-e$. Das elektrostatische Potential zwischen beiden ist $U = -k_0 e^2/R$, wobei R der Abstand zwischen den Mittelpunkten der Ionen ist.

Als Beispiel wollen wir die Bildung des Moleküls Lithiumfluorid (LiF) betrachten. Bei einer Ionisationsenergie des Lithiums von 5,4 eV und einer Elektronenaffinität des Fluors von 3,6 eV ist der Energiebetrag, den man benötigt, um das Elektron vom Lithium abzutrennen und es an das Fluoratom zu binden, (5,4 eV − 3,6 eV) = 1,8 eV. Bei einem Atomabstand von $R = 8$ Å ist $k_0 e^2/R = 1{,}8$ eV. Infolgedessen kann das äußere Elektron des Lithiumatoms bei einem Atomabstand von weniger als 8 Å einen niedrigeren Energiezustand einnehmen, wenn es zum Fluoratom „hinüberspringt". Dieser Vorgang ist in Abb. 27-6 dargestellt. Die Abbildung zeigt die mit einem Computer berechnete Gesamtelektronendichte beider Atome. Die resultierende Energie des Systems ist im unteren Teil der Abbildung dargestellt. Man beachte, daß bei einem Atomabstand von 8 Å (Bild b) das äußerste Elektron des Lithiumatoms auf das Fluoratom übergeht. Im Bild (h) wächst die Energie wegen des abstoßenden Potentials der inneren Elektronen beider Atome wieder an. Das Energieminimum liegt bei einem Abstand von 1,5 Å. Hier ist die resultierende Bindungsenergie 4,3 eV (s. Bild g).

Die kovalente Bindung

Ein weiterer häufig vorkommender chemischer Bindungsmechanismus, der bei den meisten organischen Molekülen auftritt, ist die sogenannte kovalente Bindung. Bei der kovalenten Bindung gehören Elektronen zu zwei Atomen gemeinsam. Das einfachste Beispiel dafür ist das Wasserstoffmolekül. Zunächst wollen wir das ionisierte Wasserstoffmolekül H_2^+ betrachten. Es besteht aus zwei Protonen, die von einer Elektronenwolke umgeben sind. Die Bindungsenergie des Elektrons in Gegenwart von zwei Protonen ist natürlich größer als bei nur einem Proton. Anderer-

Abb. 27-6. *Gesamtelektronendichten eines Lithium- und eines Fluoratoms für verschiedene Atomabstände (Computerrechung). Im unteren Teil der Abbildung ist die Gesamtenergie als Funktion von R dargestellt. Die Elektronendichte fällt zwischen aufeinanderfolgenden Linien jeweils um einen Faktor 2 ab (bei der 5. Linie ist sie auf 3% abgesunken). Man beachte, daß bei Punkt b das äußere Lithiumelektron auf das Fluoratom „überspringt".* [*Nach einer Berechnung von Arnold C. Wahl, veröffentlicht in Scientific American, April 1970*]

Abb. 27-7. *Darstellung einer kovalenten Bindung. Gezeigt sind Linien gleicher Elektronendichte wie in Abb. 27-6. [Nach einer Berechnung von Arnold C. Wahl, veröffentlicht in Scientific American, April 1970]*

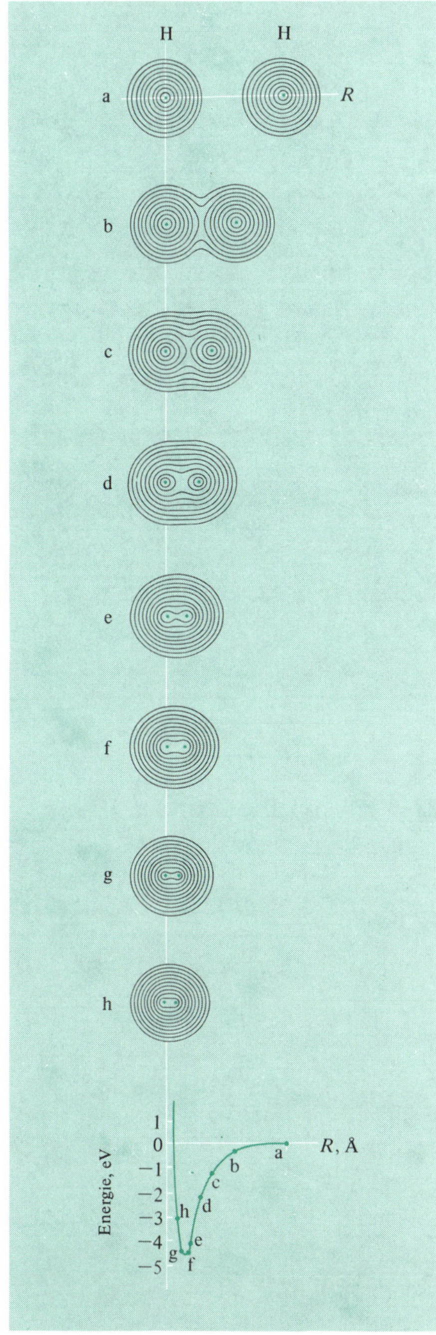

seits wirkt die elektrostatische Abstoßung der zwei Protonen einer Bindung entgegen. Da jedoch die Elektronenwelle bis dicht an die Protonen heranreicht und sich zwischen ihnen konzentriert, dominiert die elektrostatische Anziehung zwischen dem Elektron und den zwei Protonen. Die Bindungsenergie eines Wasserstoffatoms im Wasserstoffion H_2^+ ist 2,65 eV, d. h., man benötigt (2,65 + 13,6) eV, um ein H_2^+-Ion vollständig in zwei Protonen und ein Elektron zu dissoziieren.

Nach dem Pauli-Prinzip kann noch ein zweites Elektron dieselbe Wellenfunktion wie das erste besitzen. Dieses System, bestehend aus zwei Elektronen und zwei Protonen, stellt das neutrale Wasserstoffmolekül dar. Wegen der elektrostatischen Abstoßung zwischen den zwei Elektronen hat die Elektronenwellenfunktion hier eine etwas größere Ausdehnung als die Wellenfunktion des Einzelelektrons in H_2^+. Die Bindungsenergie der beiden Wasserstoffatome im neutralen Wasserstoffmolekül beträgt 4,48 eV. Abb. 27-7 zeigt Linien gleicher Elektronendichte und die Bindungsenergie zweier Wasserstoffatome als Funktion des Atomabstands, wie sie mit einem Computer berechnet wurden.

Kohlenstoffatome bilden meistens kovalente Bindungen. Das Kohlenstoffatom ist bestrebt, vier zusätzliche Elektronen mit anderen Atomen zu teilen, wobei es versucht, die Elektronenschale mit $n = 2$, $l = 1$ aufzufüllen. Das einfachste Beispiel dafür ist CH_4 (Methan). Dieses Molekül ist in Abb. 27-8 dargestellt. Wie im Wasserstoffmolekül streben die Elektronenwellen auch hier danach, sich zwischen den positiven Ladungen zu konzentrieren, wo sie den größten Beitrag zur Bindungsenergie leisten. Da sich diese vier Elektronenwolken gegenseitig abstoßen, ist die Konfiguration mit der niedrigsten Energie dann erreicht, wenn sie, wie in Abb. 27-8, den größten Abstand voneinander haben. Die Formen der Elektronenwellenfunktionen der Moleküle werden bestimmt durch die Schrödinger-Gleichung mit der Zusatzbedingung, daß die Energieniveaus so niedrig wie möglich liegen sollen.

Abb. 27-8. *(a) Lage des Kohlenstoffkerns und der vier Wasserstoffkerne (Protonen) im CH_4-Molekül. (b) Darstellung der vier Elektronenwolken oder -keulen, die vom Kohlenstoffkern ausgehen. Sie hüllen die vier Protonen ein. Jede Keule enthält zwei Elektronen und stellt eine kovalente Bindung dar.*

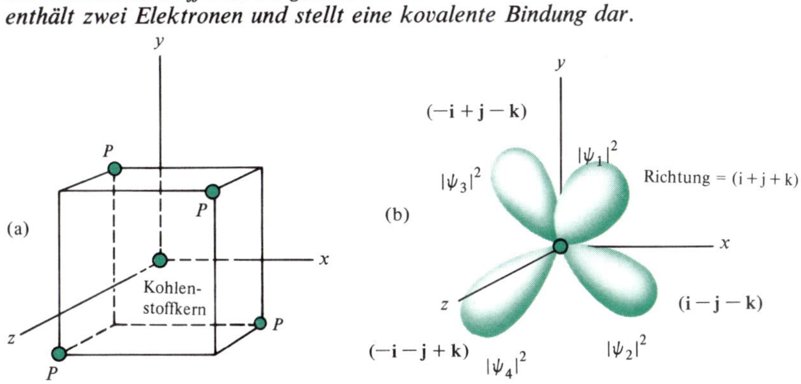

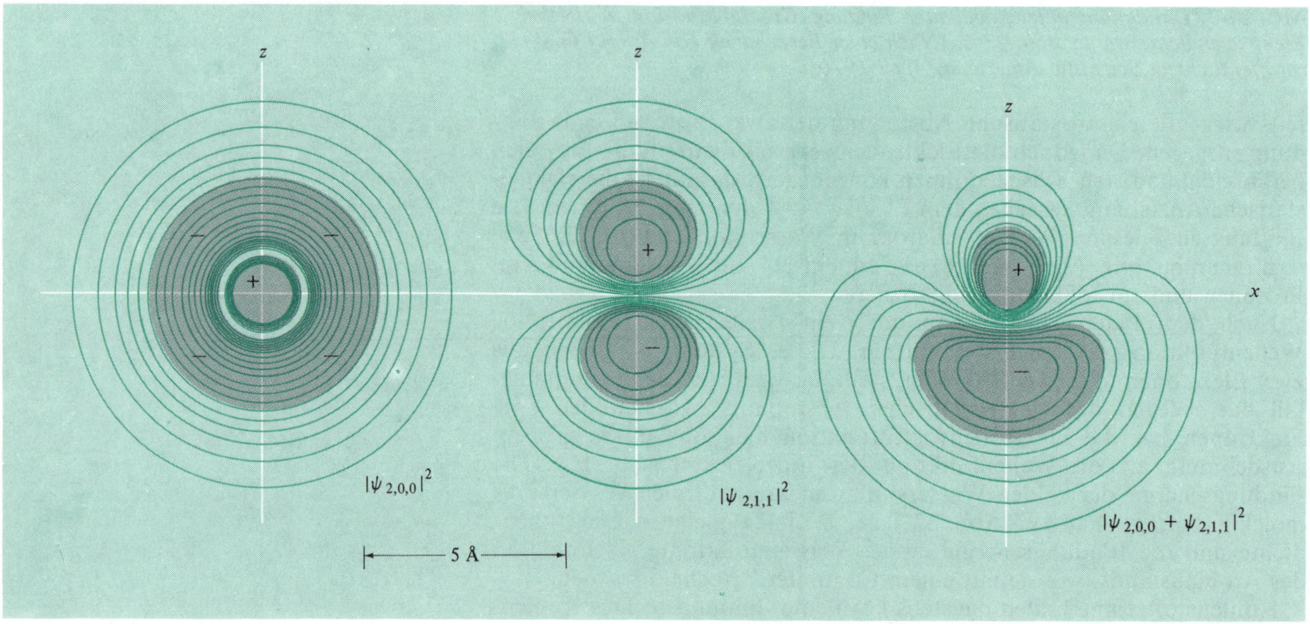

Abb. 27-9. $\psi_{2,0,0} + \psi_{2,1,1} = \psi_{sp}$. *Dargestellt sind Linien gleicher Elektronendichte. Flächen, auf denen die Elektronendichte > 40% ist, sind schraffiert gezeichnet. Die eingezeichneten Vorzeichen geben die Polarität der Wellenfunktion vor dem Quadrieren an.* [*Mit freundlicher Genehmigung von Prof. George H. Gerold*].

27-6 Hybridisierung

Wir sehen also, daß sich beim Kohlenstoffatom die Wellenfunktionen der vier Elektronen mit $n = 2$ bei der Bildung von Molekülen weit nach außen erstrecken können. Alle vier Elektronen spielen die gleiche Rolle und geben so dem Kohlenstoff die Wertigkeit 4. Wie ist das aber möglich, wo doch im Kohlenstoffatom die ersten beiden Elektronen mit $n = 2$ stärker gebunden sein sollten, da sie sich in der abgeschlossenen Unterschale mit $l = 0$ befinden? Ferner: warum hat Bor ($Z = 5$) mit nur einem Elektron mit $l = 1$ nicht die Wertigkeit 1, sondern 3? Die Antwort auf diese Fragen ist die folgende: Atome verhalten sich in Molekülen anders als im ungebundenen Zustand. Im ungestörten Atom existiert ein Unterschied zwischen den Elektronen mit $l = 0$ und mit $l = 1$. Wie im Abschn. 27-2 betont wurde, sind die Elektronen mit $l = 0$ tatsächlich stärker gebunden als die Elektronen mit $l = 1$. Moleküle bestehen jedoch nicht aus ungestörten Atomen. Das Molekül CH_4 z. B. besitzt zusätzlich zu dem Kohlenstoffkern noch vier weitere Zentren mit positiver Ladung. In einem System von fünf Atomkernen ist die Lösung der Schrödinger-Gleichung viel komplizierter. Das Ergebnis ist der Grundzustand, der in Abb. 27-8 dargestellt ist.

Obwohl sich die stehenden Wellen der vier äußeren Elektronen des Kohlenstoffatoms stark von den gewöhnlichen stehenden Wellen in Atomen unterscheiden, lassen sie sich mathematisch doch als Überlagerung von Wasserstoffwellenfunktionen darstellen (s. Beispiel 5 in Kap. 26).

In der Tat läßt sich jede Wellenfunktion nach Wasserstoffwellenfunktionen entwickeln. Im Falle des Kohlenstoffatoms sind die Bindungsenergien der vier äußeren Elektronen gleich. Sie entsprechen der Bindungsenergie von Elektronen mit $n = 2$. Daher erwarten wir, daß die stehenden Wellen für diese Elektronen Überlagerungen hauptsächlich der folgenden Wellenfunktionen sein werden: $\psi_{2,0,0}$, $\psi_{2,1,1}$, $\psi_{2,1,0}$ und $\psi_{2,1,-1}$. Die Überlagerungen, die zu dem Resultat in Abb. 27-8 führen, sind die folgenden:

$$\psi_1 = \frac{1}{2}(s + p_x + p_y + p_z), \quad \text{wobei} \quad s = -\psi_{2,0,0},$$

$$\psi_2 = \frac{1}{2}(s + p_x - p_y - p_z), \qquad p_x = \frac{1}{\sqrt{2}}(\psi_{2,1,1} + \psi_{2,1-1}),$$

$$\psi_3 = \frac{1}{2}(s - p_x + p_y - p_z), \qquad p_y = \frac{1}{\sqrt{2}}(\psi_{2,1,1} - \psi_{2,1-1}),$$

$$\psi_4 = \frac{1}{2}(s - p_x - p_y + p_z), \qquad p_z = \psi_{2,1,0}.$$

Abb. 27-9 veranschaulicht, wie eine Überlagerung von $\psi_{2,0,0}$ und $\psi_{2,1,1}$ zu einer Elektronenwolke führt, die sich im wesentlichen in eine Richtung erstreckt. Für diesen Fall ist $\psi_{sp} = (\psi_{2,0,0} + \psi_{2,1,1})$. Man beachte, daß $\psi_{2,0,0}$ außer in einem kleinen zentralen Bereich überall negativ ist, während $\psi_{2,1,1}$ positiv in der positiven z-Richtung und negativ in der negativen z-Richtung ist. $\psi_{2,0,0}$ und $\psi_{2,1,1}$ haben in der positiven z-Richtung demnach entgegengesetztes Vorzeichen. Dies führt zu einer destruktiven Interferenz. In der negativen z-Richtung interferieren beide hingegen konstruktiv. Die Addition von Wellenfunktionen freier Atome, die zu abstehenden Keulen führt, wird Hybridisierung genannt. Die Elektronenwolke in Abb. 27-9 wird als sp-Hybrid bezeichnet, die vier Wolken in Abb. 27-8 als sp^3-Hybride.

***Beispiel 4:** Aus Tabelle 26-2 und Abb. 26-6 kann man entnehmen, daß $\psi_{2p_z} := \psi_{2,1,0}$ die Form einer Hantel hat, deren Achse in z-Richtung verläuft. Zeige, daß die Funktion

$$\psi_{2p_x} := \frac{1}{\sqrt{2}}(\psi_{2,1,1} + \psi_{2,1,-1})$$

ebenfalls hantelförmig ist und daß ihre Achse in x-Richtung liegt.

Lösung: Mit Hilfe der Tab. 26-2 ergibt sich

$$\psi_{2p_x} = \frac{r}{\sqrt{2a}} \mathrm{e}^{-r/a} \sin\theta \, (\mathrm{e}^{\mathrm{i}\varphi} + \mathrm{e}^{-\mathrm{i}\varphi}).$$

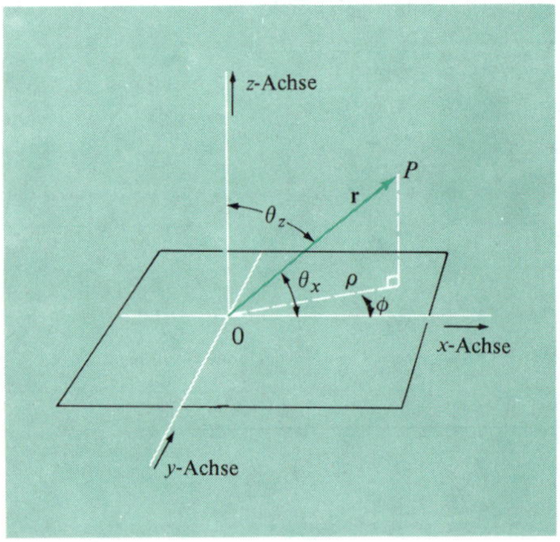

Abb. 27-10. *Darstellung der Winkel θ_z und θ_x. Der Vektor **r** von 0 nach P bildet mit der z-Achse den Winkel θ_z und mit der x-Achse den Winkel θ_x. ϱ ist die Projektion von **r** auf die xy-Ebene.*

Wegen $\cos\theta = (e^{i\varphi} + e^{-i\varphi})/2$ folgt

$$\psi_{2p_x} = \frac{2r}{\sqrt{2a}}\, e^{-r/a} \sin\theta\cos\theta .$$

Nach Abb. 27-10 ist $\sin\theta = \varrho/r$ und $\cos\theta = x/\varrho$. Ihr Produkt ist x/r. Damit ergibt sich:

$$\psi_{2p_x} = \frac{2r}{\sqrt{2a}}\, e^{-r/a}\left(\frac{x}{r}\right),$$

$$\psi_{2p_x} = \frac{2r}{\sqrt{2a}}\, e^{-r/a}\cos\theta_x ,$$

wobei θ_x der Winkel zwischen **r** und der x-Achse ist. Dieser Ausdruck hat die gleiche mathematische Form wie $\psi_{2,1,0}$, nämlich $(r/a)\, e^{-r/2a}\cos\theta_z$, wobei θ_z wie üblich der Polarwinkel θ ist. Damit ist auch gezeigt, daß ψ_{2p_x} symmetrisch bezüglich der x-Achse ist, während ψ_{2p_z} symmetrisch bezüglich der z-Achse ist. Es folgt, daß ψ_{2p_x} die Form einer Hantel hat, die in x-Richtung zeigt.

Zusammenfassung

Es zeigt sich, daß sich die chemischen und physikalischen Eigenschaften der Elemente in auffallender Weise nach Perioden von 2, 8, 8, 18, 18, 32, 32 wiederholen. Die Perioden von 2, 8, 18, 32 lassen sich mit Hilfe der stehenden Wellen (oder Orbitale) des Wasserstoffatoms herleiten, wenn man berücksichtigt, daß sich nach dem Pauli-Prinzip nicht mehr als ein Elektron im gleichen Zustand aufhalten darf. Da Elektronen einen Eigendrehimpuls $\frac{1}{2}\hbar$ besitzen, sind zwei Zustände für ein Orbital möglich.

Eigenschaften der Elemente, wie ihre Wertigkeit und ihr Ionisationspotential, erhält man halbquantitativ mit Hilfe der Wasserstoffwellenfunktionen, deren Bindungsenergien $(13{,}6/n^2)\, Z_{\text{eff}}^2$ eV sind. Z_{eff} ist die „mittlere“ Ladung des Atomrumpfes, die das betreffende Elektron „sieht“.

Für konstantes n gilt: Je größer l ist, desto weiter erstreckt sich die Wellenfunktion nach außen. Das zugehörige Elektron „sieht“ dann eine kleinere effektive Ladung Z_{eff} und ist deshalb schwächer gebunden. Die Folge davon ist, daß Elektronenniveaus mit größerem l mit anderen Niveaus, für die n größer und l kleiner ist, Gruppen bilden. Das führt zu den beobachteten Perioden von 2, 8, 8, 18, 18, 32, 32.

Röntgenstrahlen bestehen aus Photonen, deren Energien größer als 100 eV sind. Sie werden von schweren Atomen emittiert, denen innere Elektronen fehlen. Äußere Elektronen springen dann in Kaskaden rasch nach unten und füllen die unbesetzten Elektronenzustände auf. Die dabei freigesetzte Energie für Elektronen der K-Schale ist etwa $13{,}6(Z-2)^2$ eV. Dies ist die maximale Energie der entstehenden Röntgenstrahlen.

Atome können durch die Mechanismen der Ionenbindung und der kovalenten Bindung Moleküle bilden. Bei der Ionenbindung ist die potentielle Energie zwischen dem positiven und dem negativen Ion $U \approx -k_0(e^2/R)$, wobei R der Kernabstand der Ionen ist. Bei der kovalenten Bindung besitzen zwei oder mehr Atome gemeinsame äußere Elektronen.

Aufgaben

1. Mit Hilfe von Abb. 27-1 bestimme man den Atomabstand in flüssigem Natrium (Kalium).
2. Wie viele Elektronen mit den Hauptquantenzahlen $n = 4$ und $n = 5$ gibt es in schweren Atomen, wie z. B. Uran?
3. Welche Linien des Li^{2+}-Spektrums liegen im sichtbaren Spektralbereich?
4. Welchen Wert von Z_{eff} „sieht" ein äußeres Elektron in Li^+? (Für die Lösung benutze man den gemessenen Wert für die Elektronenaffinität.)
5. Einige der Spektrallinien von He^+ liegen im sichtbaren Spektralbereich. Wie groß sind ihre Wellenlängen?
6. Wie groß ist Z_{eff} für die beiden Elektronen im Li^+-Ion? (Zur Lösung benutze man den gemessenen Wert für die Elektronenbindungsenergie.)
7. Wie groß ist die maximale Energie der Röntgenstrahlen, die von Uran emittiert werden?
8. Die Röntgenstrahlung maximaler Energie, die von einer Mischung unbekannter Atome emittiert wird, hat eine Wellenlänge von 2,16 Å. Gib das Element mit der höchsten Ordnungszahl Z an, das sich in der Mischung befindet.
9. Welchen Energiebetrag benötigt man, um das Molekül H_2 in zwei freie Elektronen und zwei freie Protonen zu zerlegen?
10. Welche Elektronenkonfiguration hat das Element 107?

11. Erweitere Abb. 27-5 bis zur 8. Periode. Wie viele Elemente gehören ihr an?
12. Die Bindungsenergie des LiF-Moleküls ist 4,3 eV. Wie groß ist die Bildungswärme pro Mol für dieses Molekül?
13. Die acht Elektronen mit $n = 2$ befinden sich in der sogenannten L-Schale.
    (a) Gib für ein $2p$-Elektron der L-Schale einen Schätzwert für Z_{eff} an. (Dabei sei vorausgesetzt, daß sich die $2s$-Elektronen innerhalb der $2p$-Elektronen befinden.)
    (b) Die Linie, die bei einem Übergang eines Elektrons vom $2p$-Zustand in die K-Schale emittiert wird, heißt K_α-Linie. Gib Schätzwerte für die Wellenlängen der K_α-Linien von Aluminium und Blei an.
14. Ein Wasserstoffatom befinde sich im Zustand $n = 10$, $l = 9$. Wie groß ist für konstantes r das Verhältnis der Aufenthaltswahrscheinlichkeit des Elektrons bei einem Winkel von 70° zu seiner Aufenthaltswahrscheinlichkeit bei 90°? Zur Lösung kann Tab. 26-2 benutzt werden. Fertige eine qualitative Skizze der Elektronenwolke an. Die Winkel werden bezüglich der Drehmomentachse gemessen.
15. Man zeige, daß die Funktion $\psi_{2p_y} := (1/\sqrt{2})(\psi_{2,1,1} - \psi_{2,1,-1})$ die gleiche Hantelform wie $\psi_{2,1,0}$ besitzt, wobei die Hantelachse in y-Richtung statt in z-Richtung liegt.
16. (a) Stelle $\psi_{2,1,1}$ als Funktion von ψ_{2p_x} und ψ_{2p_y} dar.
    (b) Stelle ψ_1, ψ_2, ψ_3 und ψ_4 auf Seite 605 als Funktion von $\psi_{2,0,0}$, $\psi_{2,1,1}$, $\psi_{2,1,0}$ und $\psi_{2,1,-1}$ dar.
17. Die Meßwerte für die Wellenlängen der K_α-Linien von Al und Pb sind 8,3 Å und 0,17 Å. Wie groß ist demzufolge Z_{eff} für $2p$-Elektronen in Al und Pb?
18. Der Abstand zwischen den beiden Protonen in H_2^+ ist 1,06 Å. Wie groß wäre ihr Abstand, wenn sie durch ein μ-Meson gebunden wären? (Die μ-Mesonenmasse ist 207mal so groß wie die Elektronenmasse.)
19. Die Eigenschaften der Elemente wiederholen sich nach Perioden von 2, 8, 8, 18, 18, 32, 32, ... Wie viele Elemente sind in der Periode zu finden, die mit $Z = 119$ beginnt? (Die Kerne seien als stabil angenommen.)

28

Kondensierte Materie

Kühlt man ein Element oder eine Verbindung im gasförmigen oder flüssigen Zustand hinreichend ab, so gehen beide in den festen Zustand über, bei dem die Atomabstände annähernd konstant sind. Die Untersuchung der physikalischen Erscheinungen und Eigenschaften von Festkörpern und Flüssigkeiten nennt man die Physik der kondensierten Materie oder Festkörperphysik. Dieses Gebiet stellt gegenwärtig einen der Schwerpunkte der physikalischen Forschung dar. Das Ziel der Festkörperphysik ist es nicht nur, ein tieferes Verständnis der physikalischen Erscheinungen zu erlangen. Die Kenntnisse werden auch dazu benutzt, neue Erscheinungen vorherzusagen, die man ohne diese Vorhersagen wahrscheinlich nie auffinden würde.

Unter dem Mikroskop zeigen die meisten Elemente und Verbindungen eine kristalline Struktur. So erscheinen Kochsalzkörner unter dem Mikroskop als gut ausgebildete Würfel. Eine große Anzahl anderer Festkörper, die auf den ersten Blick nicht wie Kristalle aussehen, bestehen in Wirklichkeit aus vielen winzigen Kristallen (das nennt man polykristalline Struktur). Dieselben Mechanismen, die für die Bildung von Molekülen verantwortlich sind, können auch bewirken, daß Atome in eine unbegrenzte Festkörperstruktur eingebunden werden, die man sich als Riesenmolekül vorstellen kann. So wie es ionisch oder kovalent gebundene Moleküle gibt, existieren auch ionisch oder kovalent gebundene Festkörper. Einige Festkörper werden durch einen dritten Bindungstyp zusammengehalten, der sogenannten metallischen Bindung, die kein Analogon bei den zweiatomigen Molekülen besitzt. Wir werden alle drei Bindungstypen behandeln, wobei der Schwerpunkt bei den Metallen und Halbleitern liegen soll. Außerdem werden wir makroskopische quantenmechanische Phänomene diskutieren, wie Supraleitung, Supraflüssigkeit und Feldemission. Im Abschn. 28-5 soll versucht werden, an einigen Beispielen zu schildern, welche Auswirkungen die Halbleiterphysik auf unsere Technologie und unsere gesamte Zivilisation hat. Außer der grundlegenden Theorie möchten wir einige Anwendungen wie Halbleiterdioden, Transistoren, Leuchtdioden, Halbleiterlaser, Photozellen, Solarzellen, Thermistoren, integrierte Schaltkreise usw. beschreiben. Solche und andere wichtige Anwendungen wären ohne eine gründliche Kenntnis der Festkörpertheorie nicht möglich gewesen.

28-1 Bindungstypen

Abb. 28-1. *Kristallstruktur von NaCl. (a) Die kleinen Kreise geben die Lage der Mittelpunkte der Na- und Cl-Atome an. (b) Darstellung mit den ganzen Atomen*

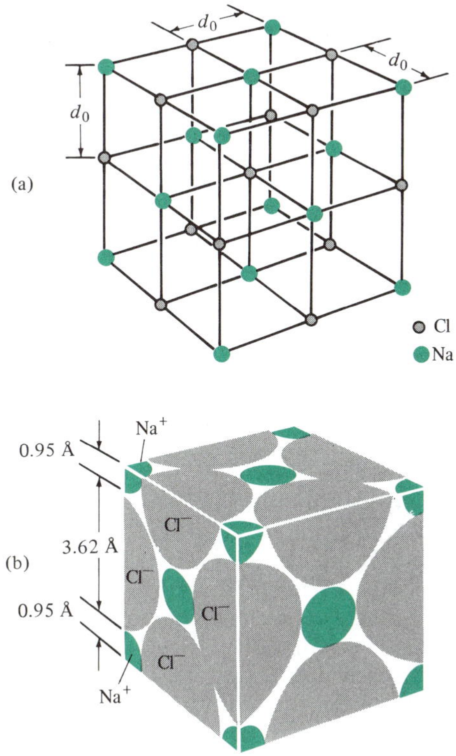

Ionenbindung

Ebenso wie es ionisch und kovalent gebundene Moleküle gibt, existieren auch Ionenkristalle und kovalente Kristalle. Abb. 28-1 zeigt die Struktur des Ionenkristalls NaCl. Man beachte, daß jedes Na^+-Ion sechs Cl^--Ionen als nächste Nachbarn hat. Diese spezielle räumliche Anordnung der Na^+- und Cl^--Ionen besitzt von allen anderen möglichen Anordnungen die kleinste Energie (sie gibt bei der Kristallbildung die größte Wärmemenge ab). Diese Tatsache erklärt das Bestreben von NaCl und vieler anderer Substanzen, bei Abkühlung unter ihre Erstarrungstemperatur reine Kristalle zu bilden. Erwärmt man den Kristall, so wird die thermische kinetische Energie der Teilchen schließlich groß genug, um die Bindung an das regelmäßige Kristallgitter zu überwinden: der Kristall schmilzt.

Kovalente Bindung

Im letzten Kapitel haben wir erfahren, daß Kohlenstoff (mit einer Wertigkeit von 4) bestrebt ist, mit anderen Atomelektronen vier kovalente Bindungen einzugehen. Das CH_4-Molekül in Abb. 27-8 ist ein Beispiel dafür. Die am dichtesten gepackte Festkörperform des Kohlenstoffs

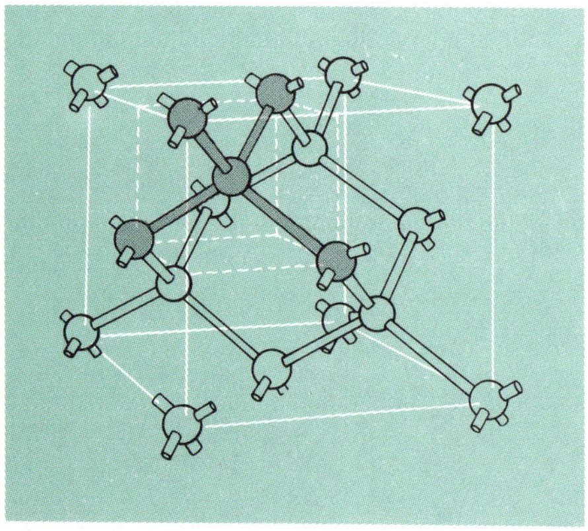

Abb. 28-2. *Kristallstruktur von Diamant. Man beachte, daß jedes Atom vier Nachbaratome besitzt.*

ist der Diamant (s. Abb. 28-2). Ersetzen wir die vier Wasserstoffatome der Abb. 27-8 durch Kohlenstoffatome, so erhalten wir die Elementarzelle der Diamantstruktur, wie sie in Abb. 28-2 dargestellt ist. Andere Elemente mit der Wertigkeit 4 wie Germanium, Silizium und Zinn bilden Kristalle der gleichen Diamantstruktur. Abb. 28-3(a) zeigt berechnete Kurven gleicher Ladungsdichte für die Valenzelektronen in einem Germaniumkristall. Wie man der Abbildung entnimmt, sind die Elektronenwolken jeweils auf die Mitte zwischen zwei Germanium-Atomkernen konzentriert. Dies trifft auch für die kovalente Bindung zu.

Metallische Bindung

Regt man nun eines der Valenzelektronen in das nächsthöhere Energieniveau an, so erwartet man, daß sich seine Wellenfunktion weiter ausdehnt. Damit reicht sie näher an die nächsten Atomkerne heran. Da diese positiv geladenen Kerne auf das Elektron anziehend wirken, strecken sie die Wellenfunktion noch weiter, so daß sie nun mit dem übernächsten Nachbarkern überlappt. Dieser Vorgang wiederholt sich, bis die Wellenfunktion gleichmäßig über den ganzen Kristall auseinandergezogen ist (mit etwas erhöhter Aufenthaltswahrscheinlichkeit bei jedem anziehenden Kern). Linien gleicher Ladungsdichte für die nächsthöhere Gruppe von Energiezuständen zeigt Abb. 28-3(b). Man beachte, daß die Ladungsdichte im angeregten Zustand nur um einen Faktor drei variiert. Die Minima der Ladungsdichte liegen jeweils in der Mitte zwischen zwei Kernen. In Abb. 28-3(a) hingegen ist die Ladung jeweils zwischen zwei Kernen konzentriert, wobei die Ladungsdichte um bis zu einem Faktor 28 variiert. Das ist typisch für eine kovalente Bindung. Wir sind geneigt, den Schluß zu ziehen, daß sich ein Valenzelektron im nächsthöheren Energiezustand in einem Germaniumkristall wie ein freies Elektron (ein Leitungselektron) verhält. In Germanium ist die Anregungsenergie in den nächsthöheren Zustand 0,72 eV. Anders ausgedrückt: in Germanium ist der Energieabstand zwischen dem kovalenten Zustand und dem leitenden Zustand 0,72 eV. Wir werden im Abschn. 28-4 auf Germanium und andere Halbleiter zurückkommen. Halbleiter werden sie genannt, weil sie im Normalzustand nur wenige Elektronen im leitenden Zustand besitzen.

Eine Darstellung der Ladungsdichten für Kristalle, die aus einwertigen Atomen (wie z. B. Li, Na, K) bestehen, zeigt große Ähnlichkeiten mit Abb. 28-3(b). Kristalle, die auf diese Weise gebunden sind, heißen Metalle. Der metallische Bindungstyp tritt auf, wenn der Atomabstand kleiner als die Größe der Elektronenwolke der äußeren Elektronen ist. Das Pauli-Prinzip bewirkt, daß bei einer solchen Anordnung der Atome die Energie der äußeren Elektronen angehoben wird. Bei den Metallen besitzt diese Konfiguration jedoch immer noch eine kleinere Energie als im Falle größerer Atomabstände.

Sind die Atome so dicht benachbart, daß sich ihre inneren abgeschlossenen Schalen berühren, dann liegen die benachbarten Kerne innerhalb der äußeren Elektronenladungswolke des freien Atoms. In diesem Fall wird das äußere Elektron von den Nachbarkernen angezogen, was sowohl seine Bindungsenergie erhöht als auch seine Wellenfunktion weiter

Abb. 28-3. (*a*) *Kurven gleicher Ladungsdichte in einem Germaniumkristall. Die Kurven sind durch Mittelung über die Valenzelektronenzustände entstanden.* (*b*) *Kurven gleicher Ladungsdichte in Germanium für den ersten angeregten Zustand* [*Mit freundlicher Genehmigung von Prof. M. L. Cohen*]

ausdehnt. Das führt dazu, daß es sich immer entfernteren Kernen nähert, was wiederum seine Wellenfunktion noch mehr „auseinanderzieht". Das Endergebnis ist schließlich, daß die Wellenfunktion jedes äußeren Elektrons gleichmäßig über den gesamten Kristall ausgedehnt ist!

Damit beginnen wir zu begreifen, daß erst die Quantenmechanik eine vernünftige Antwort auf die Frage gibt, warum Metalle den elektrischen Strom leiten und warum das für andere Substanzen nicht (oder fast nicht) zutrifft. Die Tatsache, daß Metalle mindestens ein „freies" Elektron pro Atom besitzen, ist teilweise auf die Wellennatur des Elektrons zurückzuführen. Diese „freien" Elektronen oder Leitungselektronen sind nicht an ein bestimmtes Atom gebunden. Sie können sich im Kristall frei bewegen.

In Ionenkristallen und kovalenten Kristallen sind die äußeren Elektronen gebunden oder lokalisiert. Deshalb leiten diese Kristalle im allgemeinen keinen elektrischen Strom. Sie heißen Nichtleiter oder Isolatoren. Die Tatsache, daß reine metallische Kristalle freie Elektronen haben können, kann als makroskopische quantenmechanische Erscheinung angesehen werden. Klassisch würde jedes Elektron einem bestimmten Atom angehören.

28-2 Die Theorie der freien Elektronen in Metallen

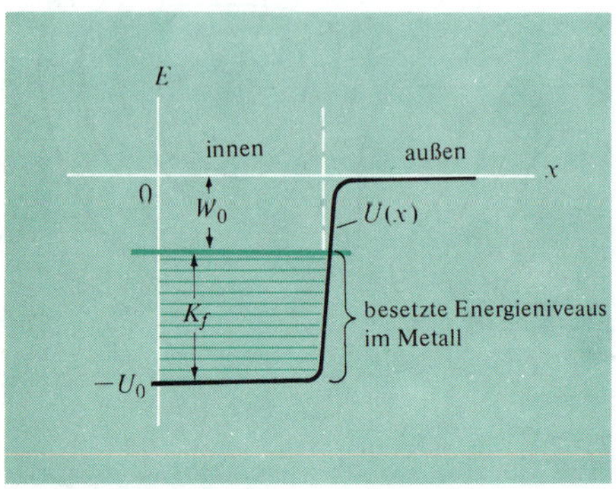

Abb. 28-4. *Angenäherter Potentialverlauf für ein Elektron an einer Metalloberfläche (schwarze Kurve). K_f = Fermi-Energie, W_0 = Austrittsarbeit.*

In erster Näherung können wir die Anziehungskräfte der Atomkerne auf ein äußeres Elektron mitteln, so daß wir ein konstantes attraktives Potential erhalten, dessen Betrag wir U_0 nennen wollen. Diese gemittelte potentielle Energie läßt sich als Potentialtopf darstellen (s. Abb. 28-4). Jedes äußere Elektron wird dann als stehende Welle beschrieben, die in diesem Potentialtopf gebunden ist. Wir sehen nun, daß das hypothetische Beispiel eines Elektrons in einem kastenförmigen Potential in Kap. 25 am Ende gar nicht so hypothetisch ist. In der hier eingeführten Näherung kann man ein Metallstück des Volumens V als einen Kasten betrachten, in dem n Elektronen gebunden sind. Wegen des Pauli-Verbots kann jeder durch die Gl. (25-11) definierte Zustand nur von zwei Elektronen besetzt werden. Alle n Elektronen werden sich also in den untersten Energiezuständen zusammendrängen. Sie bilden ein sogenanntes Fermi-Gas. Ein solches Gas besitzt bestimmte interessante, nicht-klassische Eigenschaften, auf die zuerst Enrico Fermi hingewiesen hat. Die n Elektronen besetzen alle Energiezustände vom niedrigsten bis zu einem Zustand der kinetischen Energie K_f, dem Fermi-Niveau. (K_f heißt Fermi-Energie.) Die Größe von K_f sollte von der Anzahl der Elektronen n und dem Volumen V abhängen. Wir wollen nun zeigen, daß K_f nur von dem Verhältnis $\mathfrak{N} := n/V$, d. h. der Anzahl der Leitungselektronen pro Volumeneinheit, abhängt.

Wir vereinfachen die Rechnung, indem wir einen kubischen Kasten mit dem Volumen L^3 wählen. Bringt man ein Elektron in den Kasten, so wird es Energie abstrahlen, bis es im untersten Energieniveau angelangt ist. Ein zweites Elektron wird ebenso in dieses niedrigste Niveau gelangen. Wegen des Pauli-Prinzips muß ein drittes Elektron das nächsthöhere oder zweite Energieniveau besetzen. Ein fünftes Elektron wird das dritte Energieniveau besetzen, usf. Befinden sich im Kasten insgesamt

n Elektronen, dann ist die Fermi-Energie gleich der kinetischen Energie des $(n/2)$-ten Energieniveaus. Auf Seite 566 haben wir gesehen, daß die Energieniveaus in einem dreidimensionalen Kasten von drei Quantenzahlen n_x, n_y und n_z abhängig sind, für die gilt

$$n_x = \frac{2LP_x}{h} \quad n_y = \frac{2LP_y}{h} \quad n_z = \frac{2LP_z}{h} \quad P^2 = \frac{h^2}{4L^2}(n_x^2 + n_y^2 + n_z^2).$$

P_f sei der Elektronenimpuls, welcher der Fermi-Energie entspricht. P_f ist also der größtmögliche Wert von P_x, den eines der n Elektronen im Kasten annehmen kann. Dann ist der größtmögliche Wert von n_x, der noch einem besetzten Zustand entspricht, gleich $(n_x)_f = 2LP_f/h$. Dasselbe gilt für n_y und n_z. Um die Gesamtzahl der besetzten Zustände zu erhalten, müssen wir alle möglichen Kombinationen der drei ganzen Zahlen n_x, n_y und n_z bis zur angegebenen Grenze $2LP_f/h$ abzählen. Dieses Abzählen wäre äußerst ermüdend. Wir können es jedoch unter Zuhilfenahme der Abb. 28-5 vereinfachen. In dieser Abbildung tragen wir der Einfachheit halber n_x, n_y und n_z in Einheiten von 1 cm in Richtung der x-, y- bzw. z-Achse auf. Dann entspricht jedem möglichen Zustand (d. h. jeder Kombination von drei ganzen Zahlen) ein einziger Punkt im Raum. Diese Punkte bilden eine Gitterstruktur von Würfeln der Kantenlänge 1 cm. Man beachte, daß die Anzahl der Punkte gleich der Anzahl der Würfel ist. Wir benutzen nun die Tatsache, daß sich alle besetzten Zustände innerhalb einer Kugel mit dem Radius $R = 2LP_f/h$ befinden. Die Gesamtzahl der besetzten Zustände ist dann gleich der Anzahl der Einheitswürfel, die von der Kugelfläche der Abb. 28-5 eingeschlossen wird. Dieses Volumen ist gleich 1/8 des Volumens der ganzen Kugel. Daher ist die

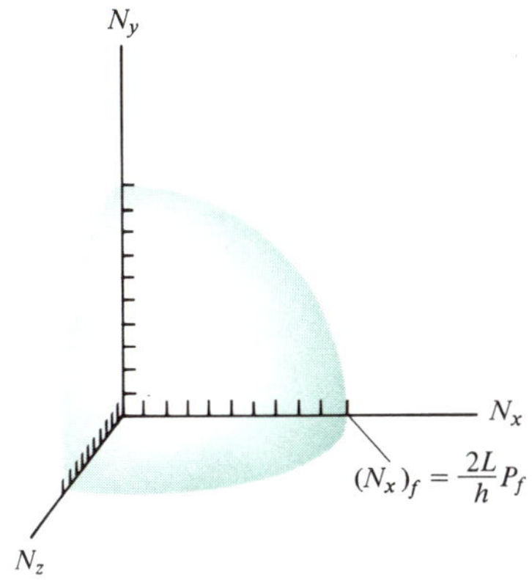

Abb. 28-5. *Darstellung des oberen Quadranten der Kugel mit dem Radius $R = (2L/h)\,P_f$*

$$\text{Gesamtzahl der Zustände} = \frac{1}{8} \cdot \frac{4}{3}\pi R^3 = \frac{1}{6}\pi\left(\frac{2LP_f}{h}\right)^3 = \frac{4\pi L^3 P_f^3}{3h^3}.$$

Da jeder Zustand von zwei Elektronen besetzt ist, folgt für die Gesamtzahl der Elektronen

$$n = \frac{8\pi V P_f^3}{3h^3}, \qquad \textbf{(28-1)}$$

wobei $V = L^3$ das Kastenvolumen ist.

Wir lösen nach P_f auf und erhalten

$$P_f = \left(\frac{3h^3}{8\pi}\frac{n}{V}\right)^{1/3} \quad \text{(maximaler Impuls, welcher der Fermi-Energie entspricht)} \qquad \textbf{(28-2)}$$

Durch Einsetzen in $K_f = P_f^2/2m$ erhalten wir

$$K_f = \frac{h^2}{8m}\left(\frac{3}{\pi}\mathfrak{N}\right)^{2/3} \quad \text{(Fermi-Energie)} \qquad \textbf{(28-3)}$$

Dieses Ergebnis ist unabhängig von der besonderen Form des Metallstücks oder von seinem Volumen. Es hängt nur davon ab, wie dicht die freien Elektronen gepackt sind.

Beispiel 1: Die Dichte von Lithium ist 0,534 g/cm³. Wie groß ist die Fermi-Energie von Lithium in eV?

Lösung: Lithium besitzt nur ein äußeres Elektron, also ist $\mathfrak{N}$ die Anzahl der Atome pro Kubikzentimeter. Mit der relativen Atommasse von Lithium von 6,94 folgt

$$\mathfrak{N} = (0{,}534\ \mathrm{g/cm^3})\,(6{,}02 \cdot 10^{23}\ \mathrm{Atome/mol})\left(\frac{1}{6{,}94\ \mathrm{g/mol}}\right)$$

$$= 4{,}63 \cdot 10^{22}\ \mathrm{Atome/cm^3} = 4{,}63 \cdot 10^{28}\ \mathrm{Elektronen/m^3}.$$

Mit Hilfe von Gl. (28-3) ergibt sich

$$K_f = \frac{h^2}{8m}\left(\frac{3}{\pi} \cdot 4{,}63 \cdot 10^{28}\right)^{2/3} = 7{,}55 \cdot 10^{-19}\ \mathrm{J}$$

$$= 4{,}7\ \mathrm{eV}.$$

***Beispiel 2:** Berechne die mittlere kinetische Energie $\bar{K}$ als Funktion von K_f. Die Gesamtenergie der n Leitungselektronen in einem Metallstück ist dann $n\bar{K}$.

Lösung: Ist dn die Anzahl der Elektronen im Impulsintervall dp, dann ist die mittlere kinetische Energie nach Definition gleich

$$\bar{K} = \frac{\int K(p)\,\mathrm{d}n}{\int \mathrm{d}n}.$$

Durch Differenzieren von Gl. (28-1) erhält man

$$\mathrm{d}n = \frac{8\pi V p^2\,\mathrm{d}p}{h^3},$$

$$\bar{K} = \frac{\int K p^2\,\mathrm{d}p}{\int p^2\,\mathrm{d}p} = \frac{\int\left(\frac{p^2}{2m}\right)p^2\,\mathrm{d}p}{\left[\frac{p^3}{3}\right]_0^{p_f}} = \frac{1}{2m}\,\frac{\left[\frac{p^5}{5}\right]_0^{p_f}}{\frac{1}{3}p_f^3} = \frac{3}{5}K_f.$$

*__Beispiel 3:__ Bei extrem großen Elektronendichten (wie in einigen astronomischen Objekten) sind fast alle Elektronen relativistisch, d. h. $E = K = pc$. Berechne K_f als Funktion von $\mathfrak{N}$. Wie groß ist $\bar{K}$?

Lösung: Die relativistische Fermi-Energie erhält man durch Multiplikation beider Seiten von Gl. (28-2) mit c:

$$K_f = cP_f = c\left(\frac{3h^3}{8\pi}\mathfrak{N}\right)^{1/3},$$

$$\bar{K} = \frac{\int K\,\mathrm{d}n}{\int \mathrm{d}n} = \frac{\int (cp)\,p^2\,\mathrm{d}p}{\int p^2\,\mathrm{d}p} = c\,\frac{p_f^4/4}{p_f^3/3} = \frac{3}{4}K_f.$$

Der Verlauf der potentiellen Energie eines Elektrons in der Nähe einer Metalloberfläche ist näherungsweise in Abb. 28-4 dargestellt. Wir definieren den Energienullpunkt als die Energie eines freien Elektrons, das sich außerhalb des Metalls in Ruhe befindet. Die Energieniveaus des Elektronengases (auch Fermi-Gas) sind als dünne horizontale Linien angedeutet. Sie nehmen den Bereich zwischen $-U_0$ und dem Fermi-Niveau ein. Die minimale Energie, die man benötigt, um ein Elektron aus dem Metall zu entfernen, ist dann $U_0 - K_f$. Dieser Energiebetrag wurde im Abschnitt über den Photoeffekt als Austrittsarbeit W_0 definiert:

$$W_0 = U_0 - K_f.$$

Obwohl ein Elektron am Fermi-Niveau die kinetische Energie K_f besitzt, ist seine Gesamtenergie

$$E_f = K_f + U = K_f + (-U_0) = -(U_0 - K_f),$$

$$E = -W_0.$$

Das Fermi-Niveau liegt in unserer Energieskala also bei $-W_0$. In Wirklichkeit existiert eine wohldefinierte Austrittsarbeit nur am absoluten Nullpunkt. Befinden sich die Elektronen bei der absoluten Temperatur T im Gleichgewicht, so besitzen sie einen kleinen Energiebetrag zusätzlich zur Fermi-Energie. Nach Kap. 13 ist die mittlere kinetische Energie eines Teilchens in einem klassischen Gas gleich $\frac{3}{2}kT$. In einem Fermi-Gas können nur die Teilchen mit kinetischen Energien in der Nähe der Energie des Fermi-Niveaus eine zusätzliche Wärmeenergie besitzen. Es wird also

(a)

(b)

(c)

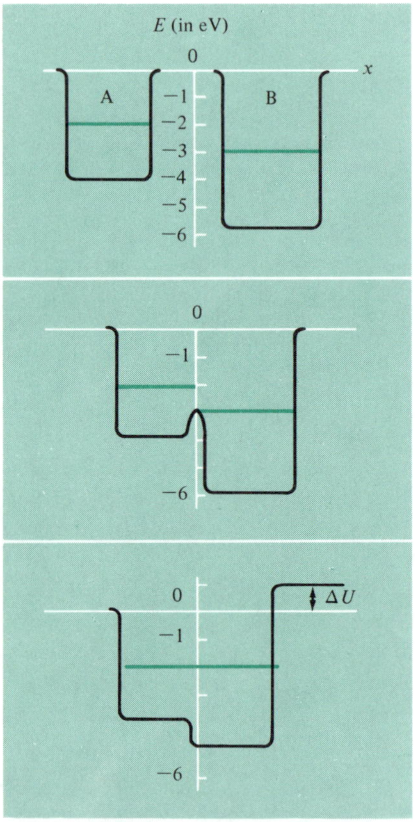

Abb. 28-6. *Bringt man zwei verschiedene Metalle miteinander in Kontakt, so fließt ein Elektronenstrom, bis sich die Fermi-Niveaus angeglichen haben [Bild (c)].*

einige Elektronen geben, deren Energien ein wenig größer als K_f sind. Bei Zimmertemperatur ist $kT = 0{,}025$ eV, K_f und W_0 hingegen betragen etwa einige Elektronvolt.

Das Kontaktpotential

Bringt man zwei verschiedene Metalle miteinander in Kontakt, so entsteht zwischen ihnen eine Potentialdifferenz, die man als Kontaktpotential bezeichnet. Nachdem wir den Begriff der Fermi-Energie kennengelernt haben, sind wir nun in der Lage, diese Erscheinung mit Hilfe von Potentialtopfmodellen zu erklären. Man betrachte die beiden verschiedenen Metalle A und B in Abb. 28-6(a). Bezogen auf ein ruhendes Elektron im Außenraum liegen die Fermi-Niveaus von A und B bei -2 bzw. -3 eV und die potentiellen Energien der Elektronen im Innern der beiden Metalle bei -4 bzw. -6 eV. Abb. 28-6(b) zeigt die Potentialtöpfe in dem Moment, in dem die beiden Metalle gerade miteinander in Kontakt gebracht wurden. Jetzt können Elektronen von A nach B hinüberfließen, wo Elektronenzustände mit niedrigerer Energie zur Verfügung stehen. In dem Maße, in dem jedoch Elektronen nach B fließen, wird B im Vergleich zu A negativ aufgeladen. Um ein negativ geladenes Elektron in das negativ geladene Metall B hinüberzutransportieren, muß nun mehr Arbeit aufgebracht werden. Mit anderen Worten: der gesamte Potentialtopf des Metalls B wird im Vergleich zu A angehoben. Dieser Vorgang setzt sich solange fort, bis die beiden Fermi-Niveaus auf gleicher Höhe liegen, wie es in Abb. 28-6(c) dargestellt ist. Dieser Gleichgewichtszustand wird schon erreicht, wenn nur ein sehr kleiner Teil der Leitungselektronen von A nach B geflossen ist. Nach Abb. 28-6(c) ist die Potentialdifferenz gleich ΔU. Dieser Betrag muß gleich der ursprünglichen Differenz zwischen den Fermi-Niveaus sein, d. h., unterscheiden sich die Fermi-Niveaus zweier Metalle um 1 eV, so entsteht zwischen den Metallen – wenn sie in Kontakt gebracht werden – eine Potentialdifferenz von 1 V.

28-3 Elektrische Leitfähigkeit

Wir haben gesehen, daß sich die äußeren Elektronen in einem idealen metallischen Kristallgitter wie freie Elektronen in einem kastenförmigen Potential verhalten. Da diese Elektronen einen elektrischen Strom transportieren können, erwarten wir, daß der elektrische Widerstand eines idealen Metallkristalls null ist. Reale Metalle besitzen jedoch Verunreinigungen und Gitterfehler. Ein freies Elektron kann mit diesen Gitterfehlstellen und Verunreinigungen in Wechselwirkung treten und dabei Energie verlieren. Der elektrische Widerstand in Ohm ist von der mittleren freien Weglänge zwischen den Elektronenstößen mit diesen Fehlstellen und Verunreinigungen abhängig. Aus dieser Theorie des elektrischen Widerstandes läßt sich das Ohmsche Gesetz leicht herleiten. Das geschah in Kap. 17 auf Seite 339. Nach dem Ohmschen Gesetz ist der Widerstand vollkommen unabhängig von der Stromstärke. Er ist nur von der Temperatur abhängig. Nach Gl. (17-5) ist der spezifische Widerstand gleich

$$\varrho = \frac{m\bar{u}}{e^2\mathfrak{N}L}.$$

Die Zunahme des elektrischen Widerstandes mit der Temperatur läßt sich nach dieser Theorie der elektrischen Leitfähigkeit leicht einsehen. Eine immer vorhandene Ursache für Abweichungen vom idealen Gitter ist die Vibration der Gitteratome bei Temperaturen über dem absoluten Nullpunkt. Daher sollte die mittlere freie Weglänge L zwischen den Stößen mit steigender Temperatur abnehmen. Damit haben wir die Tatsache erklärt, daß der Widerstand eines reinen Metalls mit wachsender thermischer Bewegung der Atome zunimmt. Diese Theorie sagt voraus, daß sich der Widerstand eines reinen Metalls dem Wert 0 nähern sollte, wenn sich die Temperatur dem absoluten Nullpunkt nähert. Diese Vorhersage ist experimentell bestätigt worden.

Supraleitung

Die Tatsache, daß ein reines Metall am absoluten Nullpunkt den Widerstand 0 oder eine unendlich große Leitfähigkeit besitzen kann, sollte nicht mit einem anderen Quanteneffekt, der Supraleitung, verwechselt werden. Supraleitung bedeutet eine unendlich große Leitfähigkeit bei Temperaturen, die um mehrere Grad über dem absoluten Nullpunkt liegen. Tatsächlich besitzen eine ganze Reihe von Metallen und Metallegierungen diese sonderbare Eigenschaft der Supraleitung. Jeder Supraleiter besitzt eine kritische Temperatur. Darüber ist er ein normaler Leiter, darunter ein Supraleiter. Die größte bekannte kritische Temperatur liegt bei etwa 20 K.

Ist in einem Supraleiter einmal ein Kreisstrom angeregt worden, so sollte er solange von selbst weiterfließen, bis das Kühlsystem versagt. Solche Ströme sind im Laboratorium über Jahre hinweg aufrechterhalten worden. Die quantenmechanische Erklärung der Supraleitung stellt für die theoretische Festkörperphysik gegenwärtig noch ein Problem dar. Erst kürzlich wurde ein beträchtlicher Fortschritt beim Verständnis dieser erstaunlichen Erscheinung erzielt.

Eine kurze qualitative Beschreibung der Theorie besagt folgendes: Unterhalb einer bestimmten Temperatur ist die Störung des Gitters durch ein Leitungselektron größer als die Wärmebewegung des Gitters, die das Elektron behindert. Die Störung des Gitters durch Elektron A beeinflußt die Bewegung des Elektrons B. Es resultiert eine effektive Anziehungskraft zwischen den Elektronen A und B, die in einigen Materialien größer als die abstoßende elektrostatische Kraft ist. Setzt man beide Elektronen in die gleiche Richtung in Bewegung, so daß ein Strom entsteht, so haben sie in diesem Zustand die kleinste mögliche Energie. Sie können keine Energie mehr abgeben und müssen in diesem Zustand bleiben, weil kein Zustand mit niedrigerer Energie existiert. Folglich fließt ein permanenter Elektronenstrom.

Zur Zeit werden verschiedene praktische Anwendungen der Supraleitung verfolgt. Drei Beispiele sollen hier beschrieben werden: (1) Magnete mit großen Feldstärken, (2) Übertragung elektrischer Energie bei kleinen Verlusten und (3) Massentransportsysteme für große Geschwindigkeiten.

Eine große Anzahl von Elektromagneten mit supraleitenden Spulen befindet sich bereits in Gebrauch. Damit lassen sich Felder mit Feldstärken bis zu $\approx$ 100000 Gauß (10 Tesla) erzeugen, wobei in den Spulen kein Verlust an elektrischer Leistung auftritt. Die gesamte benötigte Leistung muß für das Kühlsystem aufgebracht werden.

Wie auf Seite 392 gezeigt worden ist, läßt sich der Hauptteil des Leistungsverlustes in elektrischen Übertragungsleitungen durch den Ausdruck I^2R beschreiben. Für supraleitende Übertragungsleitungen wäre der Leistungsverlust für Gleichstrom null, da der Widerstand R gleich null ist. Der Querschnitt durch ein supraleitendes Kabel für eine Wechselstromleistung von $4 \cdot 10^9$ W ist in Abb. 28-7 dargestellt. Ein solches Kabel wäre billiger als ein konventionelles Erdkabel, und es würde geringere Leistungsverluste aufweisen. Falls einmal die Solarenergiegewinnung mit der Energiegewinnung aus Kohle und Kernkraft konkurrieren kann, wird man wahrscheinlich Solarkraftwerke in Wüstenregionen anlegen. Wegen der dann erforderlichen langen Übertragungswege werden supraleitende Kabel verwendet werden müssen. Dabei treten ökonomische Probleme auf, wie z. B. die Beschaffung riesiger Mengen flüssigen Heliums, die zur Kühlung benötigt werden.

Nicht zuletzt soll die Anwendung der Supraleitung beim Bau von Massentransportmitteln beschrieben werden. Der Personentransport auf der Erdoberfläche bei hohen Geschwindigkeiten macht es erforderlich, daß die Passagierkabinen über den Gleisen schweben. Mit einem solchen System sind Geschwindigkeiten bis zu 500 km/h möglich. Die auf normal-

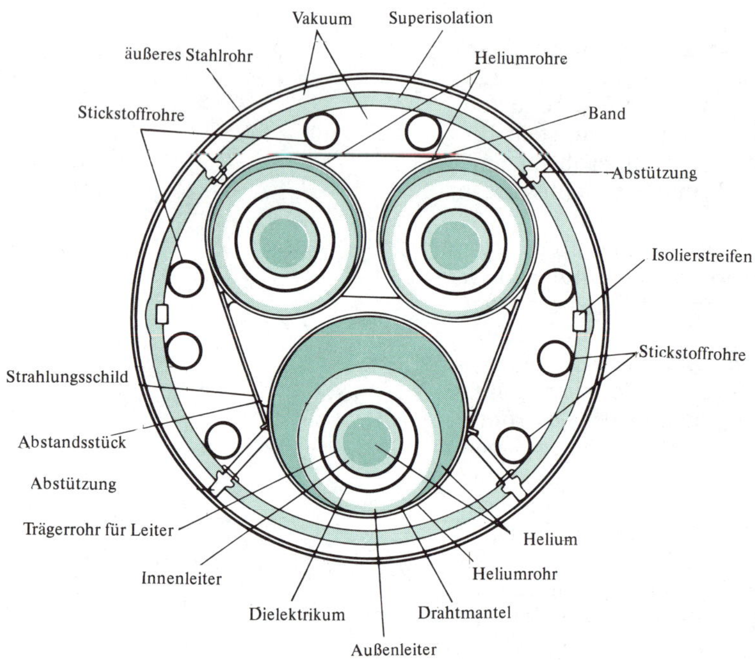

Abb. 28-7. *Querschnitt durch ein halbflexibles supraleitendes Wechselspannungskabel. Der äußere Durchmesser ist 4,7 cm. Die Betriebsspannung ist 275 kV. Es handelt sich um ein typisches Kabel, wie es im Moment von mehreren Forschungslaboratorien entwickelt wird. Ein solches Kabel kann Leistungen bis zu $4 \cdot 10^9$ W übertragen.*

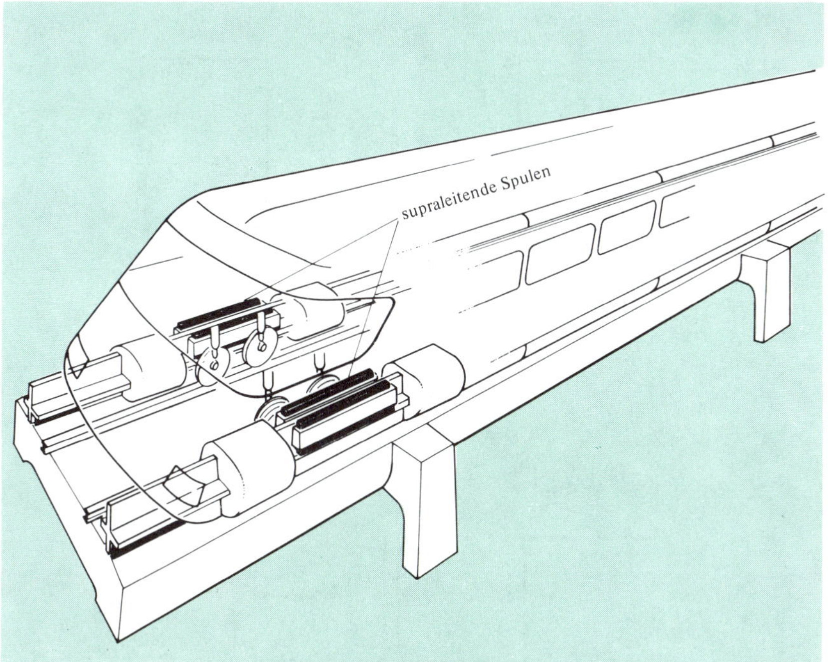

Abb. 28-8. *Darstellung des supraleitenden Schienenfahrzeugs, das von den Firmen AEG, BBC und Siemens entwickelt wird. Eingezeichnet ist die Lage der supraleitenden Spulen, die das Fahrzeug anheben und führen, sowie die Spulen des linearen Induktionsmotors. Man beachte die durchlaufenden Schienen. [Mit freundlicher Genehmigung des Siemens-Forschungslaboratoriums, Erlangen]*

leitenden Schienen gleitenden Passagierkabinen werden dazu mit supraleitenden Spulen ausgerüstet. Bei einer bestimmten Geschwindigkeit ist dann die abstoßende Kraft auf die supraleitende Spule durch den in der Schiene induzierten Strom groß genug, um das Fahrzeug zum Schweben zu bringen. Solche Systeme werden gegenwärtig in Japan und in der Bundesrepublik Deutschland entwickelt (s. Abb. 28-8). Diese effizienten Massentransportmittel mit hoher Geschwindigkeit werden notwendig, um die privaten Verkehrsmittel zu ersetzen, welche den begrenzten Erdölvorrat der Erde unnötig verschwenden.

28-4 Das Bändermodell

Bisher haben wir bei der Beschreibung der Elektronenzustände in Metallen die periodische Änderung der potentiellen Energie der Elektronen, die von den Atomrümpfen herrührt, vernachlässigt. Wir haben angenommen, daß der Boden des Potentialtopfes in Abb. 28-4 eben ist und keine periodischen Vertiefungen aufweist. Berücksichtigt man solche periodischen Potentialänderungen, so ergibt sich, daß die möglichen Energiewerte auf bestimmte Energiebänder beschränkt sind. Der Grund dafür soll anhand der folgenden Beispiele erklärt werden.

Zunächst wollen wir zwei eindimensionale Potentialtöpfe der Breite x_0 und der Tiefe U_0 betrachten. Dies stellt ein Modell für zwei nebeneinanderliegende Atomrümpfe dar. Es wird sich zeigen, daß aus dem ursprünglichen Energiewert für den Grundzustand jedes einzelnen Potentialtopfes nun ein „Energieband" mit zwei Energieniveaus wird. Handelt es

Abb. 28-9. (*a*) *Darstellung eines kastenförmigen Potentialtopfes der Breite* $2x_0$*, der aus zwei eng benachbarten Potentialtöpfen der Breite* x_0 *zusammengesetzt ist. Eingezeichnet sind die beiden niedrigsten Energieniveaus. Im unteren Teil des Bildes sind die zugehörigen stehenden Wellen gezeigt.* $U_0 = 50\hbar^2/mx_0^2$. (*b*) *Die Entfernung der beiden Potentialtöpfe des Bildes* (*a*) *ist auf* $(1/10)x_0$ *vergrößert worden. Man beachte, daß der Abstand der beiden Energieniveaus jetzt kleiner ist.* (*c*) *Sind die beiden Potentialtöpfe weit genug getrennt, so haben die beiden Niveaus fast die gleiche Energie. Die Wellenfunktionen im Bereich jedes Potentialtopfes weichen dann kaum noch von der Wellenfunktion für den Grundzustand des einzelnen Potentialtopfes ab.*

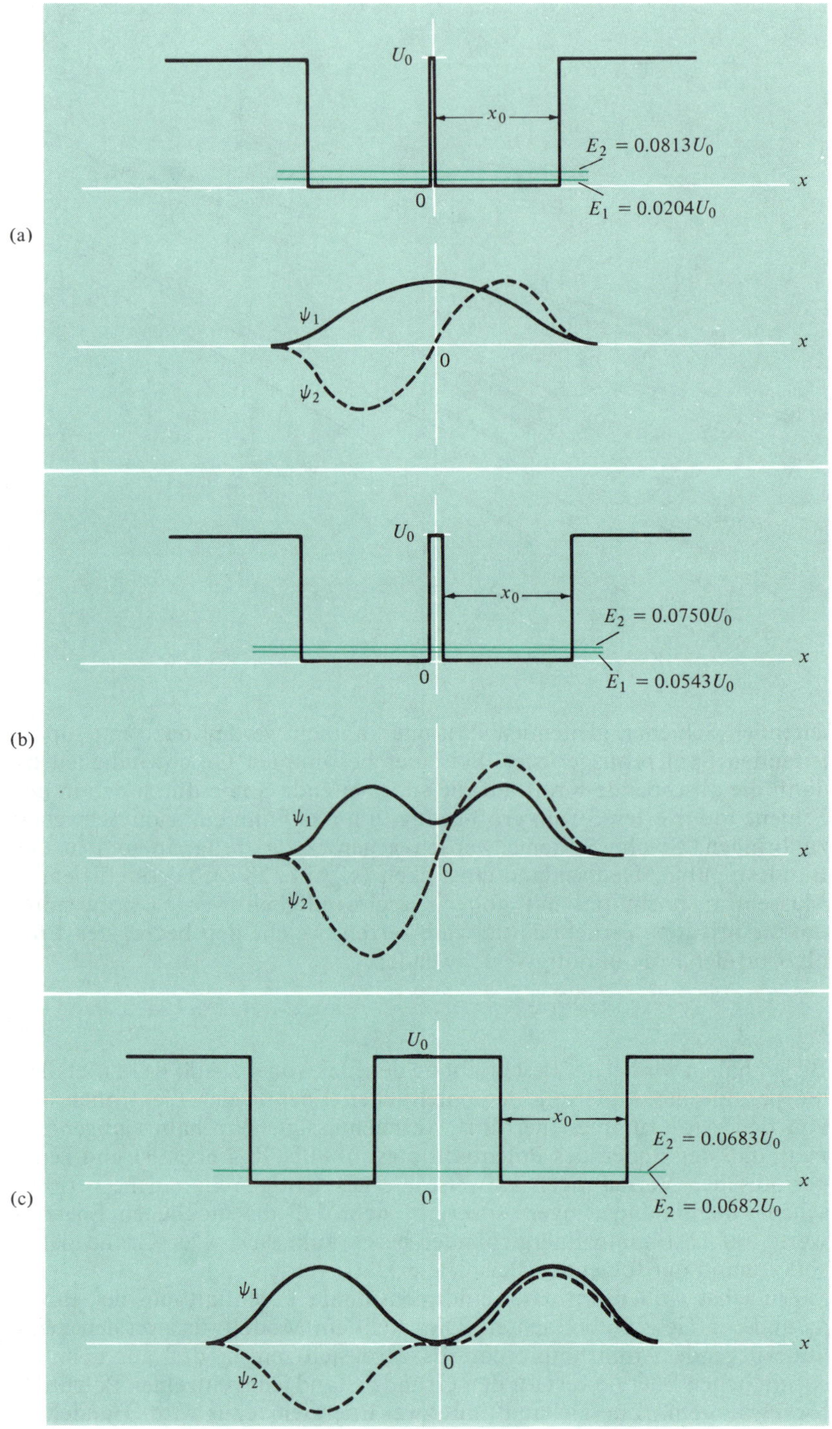

sich um n nebeneinanderliegende Potentialtöpfe, so ergibt sich ein Band von n Energieniveaus, das nunmehr dem Grundzustand entspricht. Nach Gl. (25-14) ergeben sich die Energieniveaus eines einzelnen kastenförmigen Potentialtopfes näherungsweise zu

$$E_n \approx \frac{n^2}{L^2}\frac{h^2}{8m},$$

wobei L die Breite des Potentialtopfes ist. In Abb. 28-9(a) sind die beiden Potentialtöpfe zu einem einzigen Topf der doppelten Breite $L = 2x_0$ vereinigt worden. Für dieses Potential gilt:

$$E_n \approx \frac{n^2}{4x_0^2}\frac{h^2}{8m},$$

$$E_1 \approx \frac{1}{4}\frac{h^2}{8mx_0^2} \quad \text{und} \quad E_2 \approx \frac{h^2}{8mx_0^2}.$$

In Abb. 28-9(b) ist der Potentialtopf mit der doppelten Breite $2L$ in zwei nebeneinanderliegende Töpfe der Breite L aufgespalten worden. Man beachte, daß sich die Energiewerte, die zu ψ_1 und ψ_2 gehören, stark genähert haben. In Abb. 28-9(c) ist die Entfernung der beiden Potentialtöpfe so groß, daß die stehende Welle in jedem Topf im wesentlichen mit der stehenden Welle mit $n = 1$ im Einzeltopf identisch ist. Daher gilt:

$$E_1 \approx E_2 \approx \frac{h^2}{8mx_0^2}.$$

Damit ist gezeigt, daß die beiden Energieniveaus der Abb. 28-9, die zu ψ_1 und ψ_2 gehören, ihren Abstand vergrößern, wenn die beiden Potentialtöpfe der Abb. 28-9(c) einander näher gebracht werden. Aus dem niedrigsten Energiezustand eines einzelnen Potentialtopfes werden zwei Zustände, wenn ein zweiter Potentialtopf hinzugefügt wird, und es gilt: Je kleiner der Abstand zwischen den Potentialtöpfen ist, desto größer wird der Abstand zwischen den beiden Energiezuständen.

Wir wiederholen nun die vorangehende Überlegung für vier nebeneinanderliegende Potentialtöpfe, wie sie in Abb. 28-10 dargestellt sind. Bild (a) kann wie ein einzelner Potentialtopf der vierfachen Breite $L = 4x_0$ behandelt werden. Dessen Energieniveaus sind

$$E_n = \frac{n^2}{16}\frac{h^2}{8mx_0^2}.$$

In Bild (b) sind die Potentialtöpfe schon etwas weiter voneinander entfernt, und das Band der vier Energiewerte ist schmäler. In Bild (c) liegen die Potentialtöpfe soweit auseinander, daß die zugehörigen Energien fast der Grundzustandsenergie des einzelnen Potentialtopfs gleichen. Die Verallgemeinerung auf n nebeneinanderliegende Potentialtöpfe ist nun einfach. Für diesen Fall erhalten wir ein Band von n Energieniveaus, die in der Nähe des ursprünglichen Niveaus liegen. Vergrößert man n, so wird die Breite des Bandes nicht vergrößert, solange die Entfernung zwischen den Potentialtöpfen konstant gehalten wird. In einem typischen Festkörper ist n von der Größenordnung 10^{23}. In diesem Fall kann das Band der Energieniveaus als Kontinuum behandelt werden.

(a)

(b)

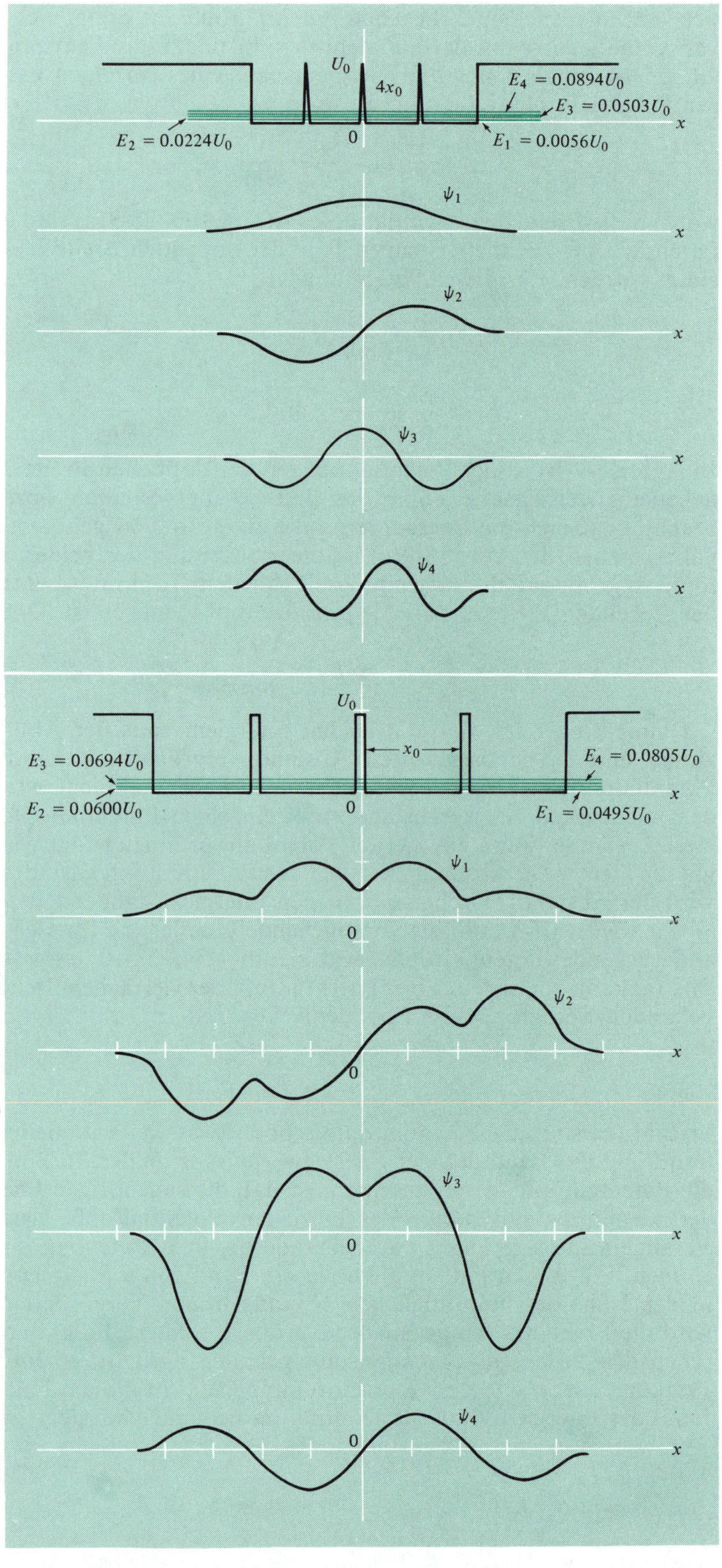

U_0
$4x_0$
$E_4 = 0.0894U_0$
$E_3 = 0.0503U_0$
$E_2 = 0.0224U_0$
$E_1 = 0.0056U_0$
ψ_1
ψ_2
ψ_3
ψ_4
U_0
x_0
$E_3 = 0.0694U_0$
$E_2 = 0.0600U_0$
$E_4 = 0.0805U_0$
$E_1 = 0.0495U_0$
ψ_1
ψ_2
ψ_3
ψ_4

(c)

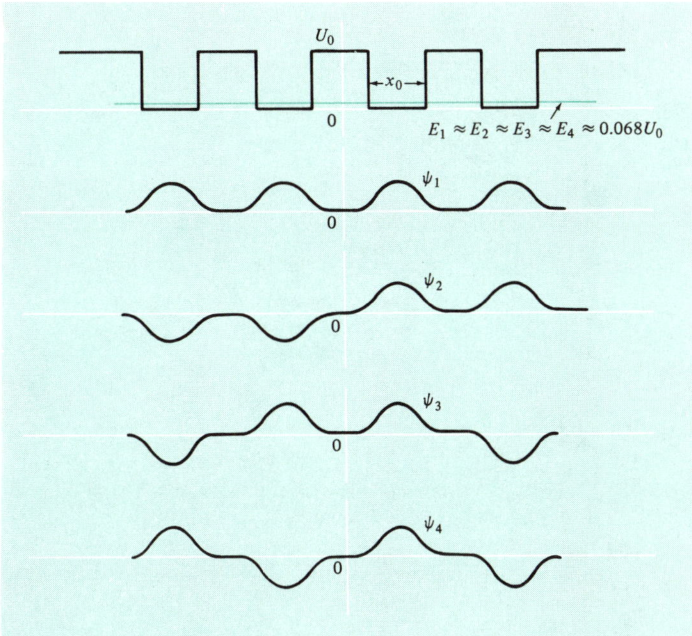

Abb. 28-10. (*a*) *Darstellung eines Potentialtopfes der Breite* $4x_0$, *der aus vier benachbarten Potentialtöpfen zusammengesetzt ist. Eingezeichnet sind die ersten vier Energieniveaus.* (*b*) *Der Abstand zwischen den Potentialtöpfen beträgt jeweils* $x_0/10$. (*c*) *Der Abstand zwischen den Potentialtöpfen beträgt jeweils* x_0. *Die vier Energieniveaus besitzen nun fast die gleiche Energie.*

Für einen wirklichen Festkörper muß man das eindimensionale Kastenpotential durch den dreidimensionalen Potentialtopf der einzelnen Atome ersetzen. Werden dann *n* Atome zu einem Festkörper zusammengefügt, so wird aus jedem atomaren Zustand ein Band von *n* zugehörigen Energiewerten. Je kleiner der Atomabstand wird, desto breiter werden die Bänder. Dies ist in Abb. 28-11 veranschaulicht.

Beispiel 4: Man betrachte 100 nebeneinanderliegende Kastenpotentiale der Breite $x_0 = 1$ Å mit einer Tiefe von 378 eV. (a) Wie groß sind die kinetischen Energien der ersten 100 Energieniveaus, wenn der Abstand zwischen den Potentialtöpfen ebenfalls 1 Å beträgt? (b) Wo liegen das 1., 50. und 100. Energieniveau, wenn der Abstand zwischen den Potentialtöpfen 0,1 Å beträgt?

Lösung: Die Tiefe der Potentialtöpfe ist die gleiche wie in Abb. 28-10, wo $U_0 = 50\hbar^2/mx_0^2 = 378$ eV ist. Der Abstand in Teil (a) des Beispiels ist der gleiche wie in Abb. 28-10(c), wo das Band des Grundzustandes (die ersten 100 Energieniveaus) bei $K \approx 0{,}068\,U_0 = 25{,}7$ eV liegt. Teil (b) des Beispiels entspricht der Abb. 28-10(b). Hier liegt das Band zwischen $0{,}0495\,U_0$ und $0{,}0805\,U_0$ oder zwischen 18,7 und 30,4 eV. Es ist also $K_1 = 18{,}7$ eV und $K_{100} = 30{,}4$ eV. K_{50} wird etwa in der Mitte zwischen den beiden Werten liegen, also $K_{50} \approx 24{,}5$ eV.

Abb. 28-11. *Darstellung der Energiebänder von Natrium als Funktion des Kernabstandes R. Das 2s-Band liegt bei* −63,4 *eV und das* 1*s-Band bei* −1041 eV. *Diese beiden Bänder sind noch schmaler als das 2p-Band.* [*Aus I. C. Slater, Phys. Rev.* **45**, 794 (1934)]

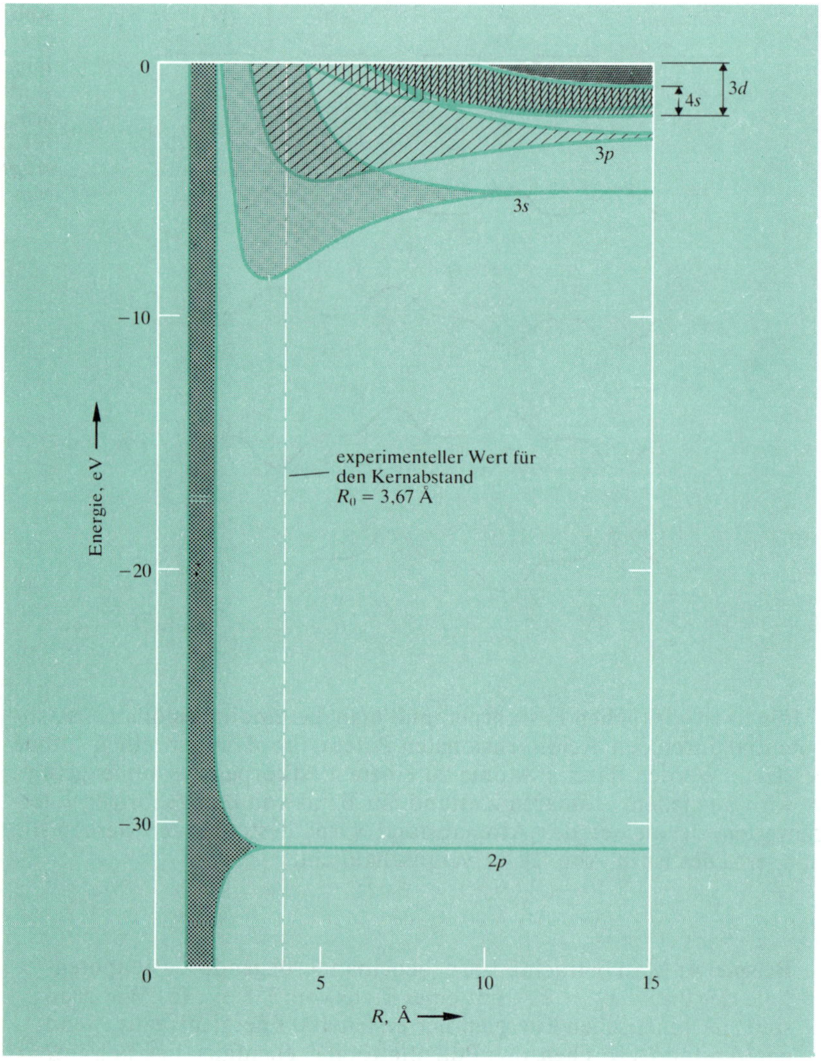

Bei der metallischen Bindung liegen die Potentialtöpfe so dicht beieinander, daß das Band für das äußerste Elektron der Atome mit anderen Bändern überlappt. Das zeigt sich bei den Energiebändern des Metalls Natrium, die in Abb. 28-11 dargestellt sind. Es existiert dann eine unbegrenzte Anzahl von unbesetzten Energiezuständen, die für das äußerste Elektron zur Verfügung stehen, wie wir es für das Modell der freien Elektronen in Metallen auch angenommen hatten.

In einem kovalent gebundenen Festkörper wie Germanium oder Silizium sind die Entfernungen zwischen den atomaren Potentialtöpfen so groß, daß die Energiebänder der Valenzelektronen nicht überlappen. Für Silizium ergibt sich eine Energielücke von 1,09 eV zwischen dem vollen Band, das die Valenzelektronen enthält, und dem nächsthöheren leeren

Abb. 28-12. *Schematischer Vergleich der Lagen des Valenzbandes und des ersten angeregten Bandes in einem Leiter (a), einem Halbleiter (b) und in einem Isolator (c). In Bild (c) ist* $E_{\text{Lücke}} \gg kT$.

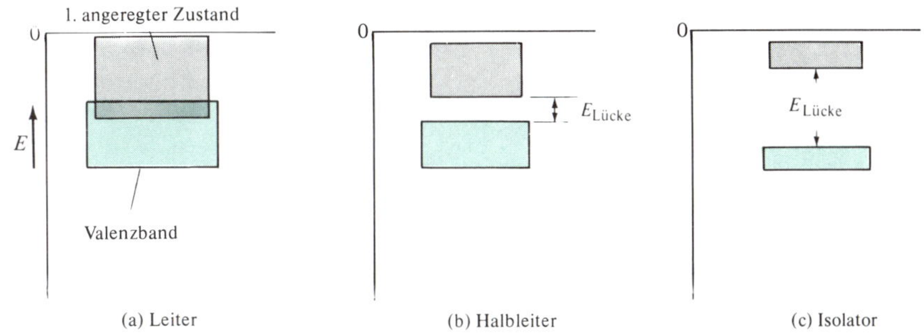

Band. Für Germanium ist die entsprechende Energielücke 0,72 eV. Damit Silizium und Germanium elektrisch leitend werden, muß man einige Elektronen in das leere Energieband anheben. Bei Zimmertemperatur ist die Anzahl von thermisch angeregten Elektronen im unaufgefüllten Leitungsband relativ klein. Die Leitfähigkeit von Silizium und Germanium ist folglich viel kleiner als die Leitfähigkeit normaler Metalle. Deshalb nennt man sie Halbleiter. Ist die Energielücke so groß, daß sie durch thermische Anregung nicht mehr übersprungen werden kann, so bezeichnet man einen solchen Festkörper als Isolator [s. Abb. 28-12(c)]. Am absoluten Nullpunkt hat ein reiner Kristall sowohl eines Isolator- wie auch eines Halbleitermaterials einen unendlich großen Widerstand.

Das Quadrat der gemittelten Wellenfunktion für das Valenzband von Germanium ist in Abb. 28-3(a) dargestellt. Abb. 28-3(b) zeigt das Quadrat der gemittelten Wellenfunktion für das Leitungsband.

28-5 Halbleiterphysik

In diesem Abschnitt werden wir nicht nur die wesentlichen Eigenschaften von Halbleitern behandeln, sondern auch versuchen, dem Leser eine Vorstellung von der ungeheuren Anzahl praktischer Anwendungen zu geben, welche das Gebiet der Elektronik und weite Bereiche der modernen Technologie völlig verändert haben.

Wird ein Elektron im Valenzband von Germanium thermisch angeregt, so besetzt es einen Zustand im Leitungsband und hinterläßt damit einen unbesetzten Zustand im Valenzband. Den unbesetzten Zustand nennt man ein Loch. Ein solches angeregtes Elektron und das gleichzeitig entstehende Loch sind in Abb. 28-13 schematisch dargestellt. Ist ein äußeres elektrisches Feld vorhanden, so wird ein benachbartes Elektron im Valenzband in das Loch springen. Dabei hinterläßt es ein neues Loch, das durch das nächste Nachbarelektron ausgefüllt wird, usf. Demnach verhält sich das Loch wie ein positiver Ladungsträger, und seine Bewegungsrichtung ist der Bewegungsrichtung des Elektrons entgegengesetzt. Jedes Loch kann demnach als positives Leitungselektron angesehen werden.

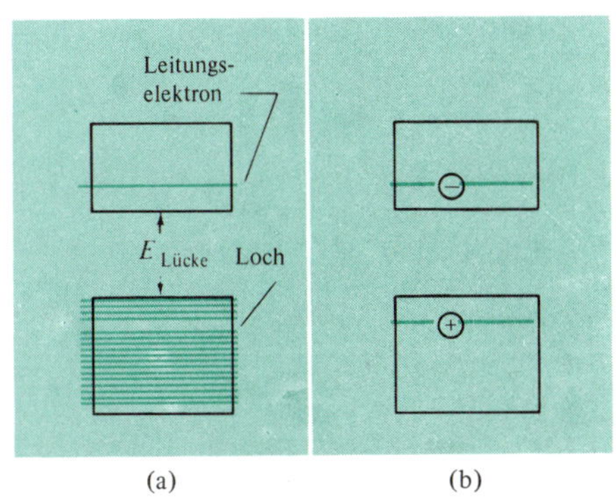

Abb. 28-13. *(a) Ein Elektron im Valenzband ist in das Leitungsband angeregt worden. Es hinterläßt ein Loch. (b) Andere gebräuchliche Darstellung des gleichen Vorgangs*

Mit Hilfe der statistischen Mechanik läßt sich für ein Elektron am oberen Rand des Valenzbandes zeigen, daß die Wahrscheinlichkeit für einen Übergang ins Leitungsband durch thermische Anregung proportional ist zu

$$e^{-E_{\text{Lücke}}/kT}. \qquad \textbf{(28-4)}$$

Bei Zimmertemperatur ist $kT = 0{,}026$ eV, und für Germanium ist $E_{\text{Lücke}}/kT \approx 29$. Trotz der kleinen Anzahl von Leitungselektronen, die bei Zimmertemperatur existieren, sind Germanium und Silizium viel bessere elektrische Leiter als ein Isolator wie etwa Diamant, für den $E_{\text{Lücke}} \approx 7$ eV ist. Mit der gleichen Argumentation läßt sich zeigen, daß Germanium und Silizium bei etwa 30 K Isolatoren sind.

Ein thermisch angeregtes Elektron in einem Halbleiter wird schließlich einmal mit einem Loch zusammenstoßen und dadurch in das Valenzband zurückfallen. Demnach ist die Verlustrate für Leitungselektronen proportional zu $(N^- N^+)$, wobei N^- die Anzahl der thermisch angeregten Elektronen und N^+ die Anzahl der Löcher ist. Die Paarerzeugungsrate ist – wie im letzten Absatz angegeben – proportional zu $\exp(-E_{\text{Lücke}}/kT)$. Im Gleichgewicht müssen diese beiden Raten gleich sein, d. h.

$$(N^- N^+) \sim \exp\left[-\frac{E_{\text{Lücke}}}{kT}\right].$$

In einem reinen Halbleiter ist $N^- = N^+$. Damit folgt:

$$N^- \sim \exp\left[-\frac{E_{\text{Lücke}}}{2kT}\right].$$

Da die Leitfähigkeit proportional zu N^- ist, steigt die Leitfähigkeit sehr steil mit der Temperatur an.

Beispiel 5: Die Temperatur eines Stücks Silizium werde von 0 °C auf 10 °C erhöht. Um welchen Faktor erhöht sich seine Leitfähigkeit?

Lösung: Das Verhältnis $N^{-\prime}/N^-$ ist

$$\frac{N^{-\prime}}{N^-} = \frac{\exp[-E_{\text{Lücke}}/2kT']}{\exp[-E_{\text{Lücke}}/2kT]} = \exp\left[\frac{E_{\text{Lücke}}}{2k}\left(\frac{1}{T} - \frac{1}{T'}\right)\right].$$

Da $E_{\text{Lücke}} = 1{,}1\ \text{eV} = 1{,}76 \cdot 10^{-19}$ J ist, folgt:

$$\frac{N^{-\prime}}{N^-} = \exp\left[\frac{1{,}76 \cdot 10^{-19}}{2(1{,}38 \cdot 10^{-23})}\left(\frac{1}{273} - \frac{1}{283}\right)\right] = 2{,}28.$$

Der Thermistor

Es ergibt sich also, daß der Widerstand von Silizium bei einer Temperaturerhöhung von 10 Grad um mehr als einen Faktor zwei kleiner wird. Reines Silizium kann deshalb als sehr empfindlicher elektronischer Temperaturfühler verwendet werden. Ein solches Bauteil (das aus einem reinen Halbleitermaterial besteht) wird Thermistor genannt.

Das Dotieren von Halbleitern

Fügt man einer Germaniumschmelze, aus der ein Kristall gezogen werden soll, einen kleinen Anteil von Arsen (Wertigkeit 5) hinzu, so wird dieses Element passend in die Gitterstruktur eingebaut, wobei vier seiner fünf Valenzelektronen die erforderlichen vier kovalenten Bindungen absättigen. Das verbleibende fünfte Valenzelektron besetzt einen Energiezustand knapp unterhalb des Leitungsbandes. Schon durch geringe Wärmebewegung kann es in das Leitungsband angeregt werden. Es existieren daher beinahe ebensoviele Leitungselektronen, wie Arsenatome vorhanden sind. Die Anzahl dieser Leitungselektronen ist üblicherweise viel größer als die Anzahl der thermisch angeregten Valenzelektronen. Ein solcher Halbleiter heißt ein *n*-Leiter. Der Buchstabe *n* steht dabei für „negative Ladungsträger".

Germanium kann auch mit Gallium dotiert werden, dessen Wertigkeit drei ist. In diesem Falle wird das Galliumatom im Gitter ein Nachbarelektron einfangen, um vier kovalente Bindungen eingehen zu können. Auf diese Weise erzeugt fast jedes Galliumatom ein Loch, und der so entstandene Halbleiter heißt *p*-Leiter, wobei *p* „positive Ladungsträger" bedeutet.

p-*n*-Übergänge

Bringt man einen *p*-Leiter und einen *n*-Leiter miteinander in Kontakt, so werden solange Elektronen vom *n*-Leiter zum *p*-Leiter und Löcher in umgekehrter Richtung fließen, bis sich die beiden Fermi-Niveaus auf gleicher Höhe befinden (s. S. 616). Der *p*-Leiter wird durch die zusätzlichen Elektronen negativ aufgeladen und der *n*-Leiter positiv. Es baut sich ein Kontaktpotential auf, das dem ursprünglichen Abstand der Fermi-Niveaus entspricht. Dieser Abstand ist ungefähr gleich $E_{\text{Lücke}}$. (Nach Abb. 28-14 liegen die Fermi-Niveaus dicht bei den höchsten Elektronenzuständen, die am absoluten Nullpunkt noch besetzt sind.) Abb. 28-15(a) zeigt den Verlauf des elektrischen Potentials V nach dem Zusammenfügen der beiden Halbleiter. (V ist hier nicht die potentielle

Abb. 28-14. *Potentialverlauf in einem p-Leiter und in einem n-Leiter. V_0 ist die Potentialdifferenz zwischen den Fermi-Niveaus.*

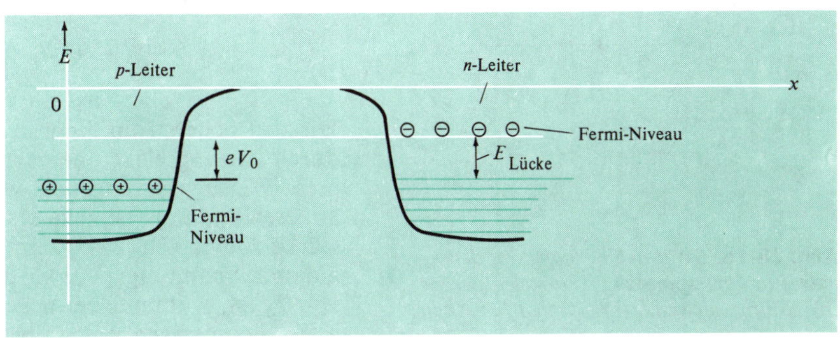

(a)
(b)

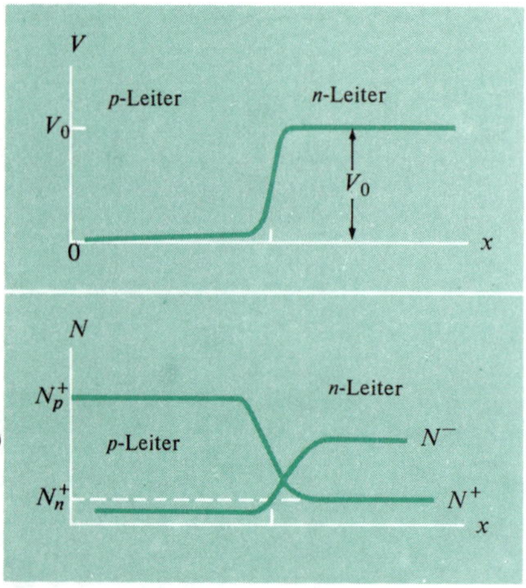

Abb. 28-15. *(a) Der p-Leiter und der n-Leiter der Abb. 28-14 wurden miteinander in Kontakt gebracht. Potentialverlauf als Funktion von x. Ein Kontaktpotential V_0 hat sich aufgebaut. (b) Verteilungsfunktion der positiven und negativen Ladungsträger als Funktion von x*

(a)
(b)

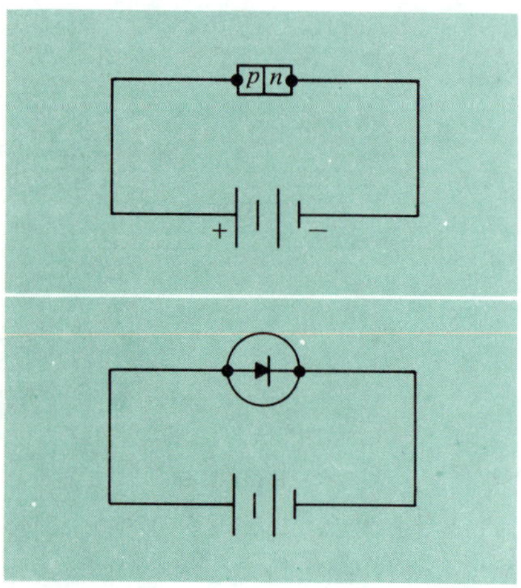

Abb. 28-16. *(a) p-n-Übergang, an den eine Vorwärtsspannung V angelegt ist. (b) Häufig verwendetes Symbol für einen p-n-Übergang*

Energie. Das Kontaktpotential ist mit V_0 bezeichnet.) Abb. 28-15(b) zeigt die Dichte der positiven und negativen Ladungsträger in den beiden Materialien. Im nächsten Absatz werden wir uns zunächst mit den auftretenden positiven Löcherströmen befassen. Den Beitrag der negativen Ladungsträger behandeln wir später.

Ein kleiner Löcherstrom der Stärke I_0 fließt in beiden Richtungen durch die Kontaktfläche. Die Anzahl der Löcher, die in Abb. 28-15(b) pro Zeiteinheit nach links fließen, ist proportional zu N_n^+, der Löcherdichte im n-Leiter. Beim Überschreiten der Kontaktfläche werden sie durch die Potentialdifferenz V_0 beschleunigt. Es ist also $I_{\text{links}} = CN_n^+$, wobei C eine Proportionalitätskonstante ist. In ähnlicher Weise ist die Stärke des Löcherstroms, der nach rechts fließt, proportional zu dem Produkt aus N_p^+ und dem Bruchteil der Löcher, denen es gelingt, den Potentialwall zu überwinden. Dieser Bruchteil kann mit Hilfe der statistischen Mechanik berechnet werden. Nach Gl. (28-4) ist er gleich $\exp(-eV_0/kT)$. Also ist

$$I_{\text{rechts}} = CN_p^+ \exp\left[-\frac{eV_0}{kT}\right].$$

Wegen $I_{\text{links}} = I_{\text{rechts}} = I_0$ folgt:

$$N_n^+ = N_p^+ \exp\left[-\frac{eV_0}{kT}\right]$$

und

$$I_0 = CN_p^+ \exp\left[-\frac{eV_0}{kT}\right].$$

Nun legen wir ein äußeres Potential V an den p-n-Übergang, wie es Abb. 28-16 zeigt. Dann ist die Potentialdifferenz zwischen n-Leiter und p-Leiter $V_0 - V$, und der Strom, der nach rechts fließt, hat die Stromstärke

$$I_{\text{rechts}} = CN_p^+ \exp\left[-\frac{e(V_0 - V)}{kT}\right] = \left\{CN_p^+ \exp\left[-\frac{eV_0}{kT}\right]\right\} \exp\left[\frac{eV}{kT}\right]$$
$$= I_0\, e^{eV/kT}.$$

Die Stromstärke des nach links fließenden Stroms ist immer noch I_0, da immer noch alle N_n^+ Löcher nach links gelangen können. Folglich gilt für die resultierende Stromstärke

$$I = I_{\text{rechts}} - I_{\text{links}} = I_0(e^{eV/kT} - 1). \qquad \text{(Stromstärke im } p\text{-}n\text{-Übergang)} \qquad \textbf{(28-5)}$$

Dieser Löcherstrom fließt in den n-Leiter, in dem die Löcher schließlich durch Leitungselektronen vernichtet werden. Die Elektronen, welche auf diese Weise verlorengehen, werden durch einen Elektronenstrom aus der äußeren Spannungsquelle ersetzt (s. Abb. 28-16). Den Verlauf der Stromstärke I nach Gl. (28-5) zeigt Abb. 28-17. Es zeigt sich, daß bei positiver äußerer Spannung (Vorwärtsspannung) die Stromstärke ein Vielfaches von I_0 ist, während bei negativer Spannung (Sperrspannung) die maximale Stromstärke nur I_0 beträgt. Ein Bauteil mit einer solchen nichtlinearen Stromabhängigkeit wird Halbleiterdiode genannt. Das Herz jedes Rundfunkempfängers ist ein Diodendetektor, der üblicherweise aus einem *p-n*-Übergang besteht. Auf diese Anwendung soll in Anhang 28-1 eingegangen werden.

Um den Strom der Leitungselektronen, der von den Dichten N_p^- und N_n^- abhängt, haben wir uns nicht gekümmert, da eine völlig identische Herleitung zum gleichen Resultat wie für die positiven Ladungsträger führt [Gl. (28-5)]. Berücksichtigt man auch die negativen Ladungsträger, so ist bei Anliegen einer Sperrspannung die maximal mögliche Stromstärke aufgrund von positiven wie negativen Ladungsträgern gleich I_0.

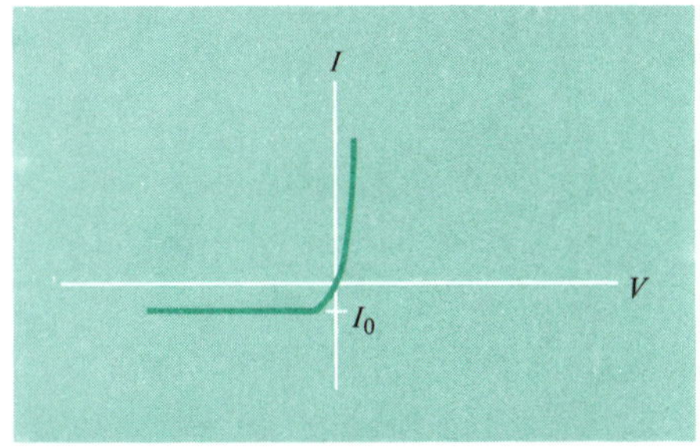

Abb. 28-17. *I als Funktion von V nach Gl. (28-5). In erster Näherung fließt bei positiver Spannung ein großer Strom, bei negativer Spannung ist die Stromstärke fast null.*

Beispiel 6: Ein *p-n*-Übergang habe eine Temperatur von 0 °C. Legt man eine Vorwärtsspannung von 0,1 V an, so ist sein Widerstand 10 Ohm. Wie groß ist sein Widerstand, wenn das Vorzeichen der Spannung geändert wird?

Lösung: Nach Gl. (28-5) ist der Widerstand umgekehrt proportional zu $[\exp(eV/kT) - 1]$. Folglich ist das Verhältnis des Widerstands in Sperrichtung zum Widerstand in Durchlaßrichtung für eine angelegte Spannung V_1 gleich

$$\frac{R_{\text{Sperr}}}{R_{\text{Durchlaß}}} = \frac{|\exp(eV_1/kT) - 1|}{|\exp(-eV_1/kT) - 1|}.$$

Dabei ist $eV_1 = 0{,}1$ eV und $kT = (1{,}38 \cdot 10^{-23})(273)\,\text{J} = 0{,}0236$ eV. Es folgt:

$$\frac{eV_1}{kT} = 4{,}237 \quad \text{und} \quad \frac{R_{\text{Sperr}}}{R_{\text{Durchlaß}}} = \frac{|\exp(4{,}237) - 1|}{|\exp(-4{,}237) - 1|} = 69{,}2,$$

$$R_{\text{Sperr}} = 692\ \text{Ohm}.$$

Solarzellen

Fällt Licht auf den Übergangsbereich zwischen *p*-leitendem und *n*-leitendem Material, so können die Photonen von Elektronen absorbiert werden. Die Elektronen gehen dabei vom Valenzband in das Leitungsband über. Jedes absorbierte Photon erzeugt ein Elektron-Loch-Paar. Die neugebildeten Löcher werden durch das elektrische Feld in Abb. 28-15(a) in den *p*-leitenden Bereich getrieben und die Elektronen in den *n*-leitenden Bereich. Diese zusätzlichen Ladungsträger können nun durch einen äußeren, geschlossenen Stromkreis fließen. Auf diese Weise kann Licht direkt in elektrische Leistung umgewandelt werden. Eine Silizium-Solarzelle verhält sich wie eine Batterie, deren Spannung etwa $\frac{1}{2}$ V beträgt. Sie setzt Lichtenergie mit einem Wirkungsgrad bis zu 15% in elektrische Energie um. Solarzellen werden als Energiequelle für Raumschiffe benutzt. Falls es gelingt, ihren Herstellungspreis soweit zu senken, daß sie mit konventionellen Kraftwerken konkurrieren können, so würde es sich auch lohnen, mit Solarzellen elektrische Energie auf der Erdoberfläche zu gewinnen (s. Beispiel 1 in Kap. 1). Aus diesem Grunde ist die Entwicklung schneller und billiger Herstellungsmethoden für Solarzellenhalbleiter sehr wichtig. Gegenwärtig werden ernsthafte Anstrengungen in dieser Richtung unternommen.

(a)
(b)
(c)

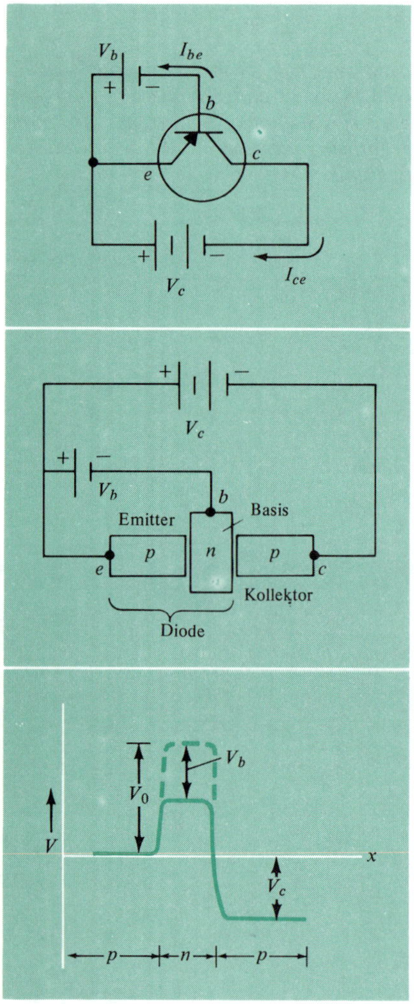

Abb. 28-18. *(a) Allgemein übliches Symbol für einen Transistor. (b) Anlegen der Vorspannungen an den n-Leiter und die p-Leiter. (c) Potentialverlauf im Transistor. Ohne V_b wäre das Kontaktpotential zwischen Basis und Emitter V_0.*

Photodioden

Wird an eine Solarzelle eine Sperrspannung angelegt, so kann der normalerweise kleine Strom I_0 um ein Vielfaches vergrößert werden, wenn man mit Hilfe von Licht zusätzliche Ladungsträger erzeugt. Die Stromstärke des Photostroms ist proportional zu der Anzahl der pro Zeiteinheit auf die Photozelle auftreffenden Photonen. Ein solches Bauteil reagiert sehr empfindlich auf die Intensität des auftreffenden Lichtes. Es wird vielfach benutzt, um Intensitätsänderungen von Licht nachzuweisen.

Leuchtdioden

Die roten Lichtpunkte der Digitalanzeigen von Taschenrechnern, Armbanduhren usf. werden von sogenannten Leuchtdioden erzeugt. Das sind gewöhnliche kleine Halbleiterdioden, an die eine ausreichende Vorwärtsspannung angelegt wird, so daß die Leitungselektronen bei Stößen Elektron-Loch-Paare erzeugen. Immer wenn ein Elektron mit einem Loch rekombiniert, wird ein Photon der Energie $E_{\text{Lücke}}$ emittiert. Um auf diese Weise rotes Licht zu erzeugen, muß die folgende Beziehung gelten: $hf \approx E_{\text{Lücke}} \approx 2\,\text{eV}$. Das trifft für Galliumarsenid-Kristalle zu. Betreibt man Leuchtdioden bei genügend hohen Stromstärken, so ist ihr Wirkungsgrad bei der Umwandlung von elektrischer Energie in sichtbares Licht nahezu 100%. Mit den Leuchtdioden sind die Halbleiterlaser verwandt.

Der Transistor

Abb. 28-18 zeigt einen *p-n-p*-Transistor. Er kann beschrieben werden als ein *p-n*-Übergang (wie in Abb. 28-16) mit einem zusätzlichen *p*-leitenden Bereich (dem Kollektor) an der rechten Seite. In Abb. 28-18 liegt am „Diodenteil" eine Vorwärtsspannung V_b. Diese bewirkt, daß vom linken *p*-leitenden Bereich (dem Emitter) ein großer Löcherstrom zum *n*-leitenden Bereich (der Basis) fließt. Der „Trick" besteht nun darin, die Basis so dünn auszubilden, daß die Mehrzahl der Löcher durch sie hindurch zum Kollektor diffundieren kann. Damit die positiven Ladungsträger (Löcher) zum Kollektor fließen, wird an den Kollektor eine stärker negative Spannung als an die Basis gelegt. Das führt dazu, daß bei einem typischen Transistor nur etwa 1% des Emitterstroms von der Basis *b* kommt. Die verbleibenden 99% kommen vom Kollektor *c*. Das Verhältnis von Kollektorstromstärke zu Basisstromstärke nennt man die Stromverstärkung β des Transistors:

$$\beta := \frac{I_c}{I_b}. \quad \text{(Stromverstärkung)}$$

Bei einem typischen Transistor mit einer Stromverstärkung von 100 steuert also ein kleiner Basisstrom einen hundertmal größeren Kollektorstrom. Deshalb können Transistoren zur Verstärkung kleiner Signale benutzt werden.

So kann in Abb. 28-18 I_{be} z. B. ein kleiner Strom aus einer Radioantenne sein. I_{ce} zeigt dann die gleichen zeitlichen Schwankungen, allerdings um einen Faktor 100 verstärkt. *n-p-n*-Transistoren haben die gleichen charakteristischen Eigenschaften wie *p-n-p*-Transistoren. Der Hauptunterschied besteht darin, daß die Ladungsträger im *n-p-n*-Transistor vorwiegend Elektronen und nicht Löcher sind.

Integrierte Schaltkreise

Das Gebiet der Elektronik ist nicht nur durch die Vielzahl neuer, billiger Halbleiterbauelemente von Grund auf verändert worden. Eine zweite Revolution verursachten die integrierten Schaltkreise. Es würde hier zu weit gehen, die komplizierten und hochentwickelten Herstellungsverfahren von Halbleiterdioden und -transistoren zu schildern. Die Idee des integrierten Schaltkreises ist jedoch so spektakulär, daß sie kurz beschrieben werden soll. Ein Taschenrechner braucht buchstäblich Tausende von Transistoren, die in komplizierten Schaltkreisen miteinander verbunden sein müssen. Alle diese Transistoren und ihre Verbindungen werden in einem integrierten Schaltkreis auf einem dünnen Plättchen mit einer Fläche von etwa 1 cm^2 untergebracht. Die größte bisher erreichte Packungsdichte liegt bei 20000 Halbleiterbauelementen auf einer Fläche von etwa 0,4 cm^2. (Dieser Wert ist vergleichbar mit der Dichte der Nervenzellen im menschlichen Gehirn.)

Die Verbindungen zwischen den Bauteilen sind so winzig, daß man sie nur mit einem Mikroskop erkennen kann. Mit Hilfe von optischen Masken läßt man auf dem Plättchen dünne Kristallschichten aufwachsen (die Schaltkreise werden photographisch verkleinert und auf eine lichtempfindliche Maske projiziert). Enthält ein solcher integrierter Schaltkreis 10000 Transistoren und kostet er etwa DM 20,–, so liegt der Preis für einen Transistor bei 0,2 Pfennig. Das bedeutet, daß die Kosten pro Bauteil etwa drei Größenordnungen kleiner sind als zur Zeit der Röhrentechnologie, die durch die Halbleiterbauelemente verdrängt worden ist. Weiterhin sind durch die neue Technologie Gewicht, Größe und Leistungsverbrauch der Bauelemente um mehrere Größenordnungen verkleinert worden, während ihre Zuverlässigkeit gestiegen ist.

Andere Bauelemente

Es gibt eine Unzahl weiterer Halbleiterbauelemente, die wichtige praktische Anwendungen gefunden haben. Für ihre Beschreibung ist jedoch dieses Buch, das nur Grundbegriffe behandeln soll, nicht der geeignete

Ort. Wir können hier nur einige von ihnen aufzählen: Tunneldioden, Thyristoren, Zenerdioden, Feldeffekttransistoren (FET), Halbleiterlaser, thermoelektrische Bauelemente usf.

28-6 Supraflüssigkeit

Ein weiterer sehr merkwürdiger quantenmechanischer Effekt, der bei Temperaturen in der Nähe des absoluten Nullpunkts auftritt, ist die Supraflüssigkeit des flüssigen Heliums. Kühlt man Helium ab, so wird es bei 4,2 K flüssig. Beim weiteren Abkühlen ändert die Flüssigkeit bei einer Temperatur von 2,2 K plötzlich ihre Eigenschaften. Dabei treten makroskopische Effekte auf, die der Alltagserfahrung völlig widersprechen. Zum Beispiel entweicht diese seltsame Form des flüssigen Heliums (die Helium II genannt wird) sehr rasch aus einem nur teilweise gefüllten Gefäß, das oben offen ist. Die Erklärung dafür ist die folgende: Die Flüssigkeit kriecht an den Gefäßwänden innen hinauf und außen wieder hinunter (dabei spielt die Gefäßhöhe keine Rolle). Auch der umgekehrte Prozeß ist möglich (s. Abb. 28-19): Taucht ein leeres Glas teilweise in die Flüssigkeit ein, so kriecht das Helium II, wie es die Abbildung zeigt, rasch an der Glaswand hinauf, und das Glas füllt sich, bis die beiden Flüssigkeitsspiegel auf gleicher Höhe stehen. Wird die Temperatur unter 2,2 K abgesenkt, so nimmt der Anteil der Supraflüssigkeit zu. Am absoluten Nullpunkt ist das gesamte Helium supraflüssig.

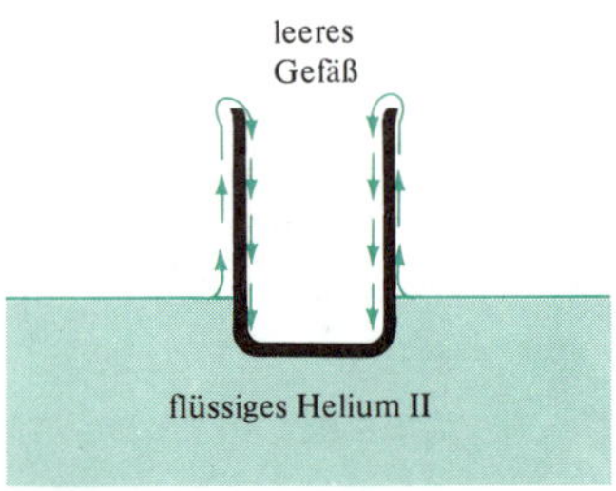

Abb. 28-19. *Die Pfeile deuten an, wie das flüssige Helium II unter Bildung eines Oberflächenfilms in das leere Gefäß kriecht. Die Oberfläche wirkt wie ein Heber.*

Eine weitere merkwürdige Eigenschaft der reinen Supraflüssigkeit besteht darin, daß sie auf keinen Körper eine Kraft auszuüben vermag. So läßt sich mit einem Strahl dieser Flüssigkeit, der unter hohem Druck aus einer Spritze schießt, nicht einmal eine Münze umwerfen, die auf ihrem Rand steht. Die Flüssigkeit umfließt die Münze, ohne eine Kraft darauf auszuüben. Die Viskosität der supraflüssigen Phase des flüssigen Heliums ist null. Aber warum ist das der Fall? Die eigentümlichen Eigenschaften des supraflüssigen Heliums werden ebenso wie die Supraleitung zur Zeit noch intensiv erforscht. Bei der Entwicklung der Theorie der Supraflüssigkeit hat es erhebliche Fortschritte gegeben. Heliumatome gehorchen nicht dem Pauli-Prinzip, da ihr Spin null ist. Für solche Teilchen gilt, daß sich eine beliebige Anzahl von ihnen im gleichen Zustand aufhalten kann. Sie gehorchen der sogenannten Bose-Einstein-Statistik. Alle Heliumatome des supraflüssigen Zustandes befinden sich im Grundzustand des Gesamtsystems. Um die Viskosität von null auf einen endlichen Wert zu erhöhen, müssen Übergänge in andere Zustände stattfinden. Dazu reicht aber die Energie nicht aus.

28-7 Der Tunneleffekt

Thermische Elektronenemission

Legt man an eine Metalloberfläche eine elektrische Spannung zum Absaugen von Elektronen an, so findet man, daß ein ständiger Strom von Elektronen das Metall verläßt. Das Potential U des angelegten homogenen Feldes E ist $U = eEx$. Für ein Leitungselektron ergibt sich dann der in Abb. 28-20(a) dargestellte Potentialverlauf. Es zeigt sich, daß nur die wenigen Elektronen, deren kinetische Energie größer als W' ist, in der Lage sind, das Metall zu verlassen. Diese Erscheinung nennt man thermische Elektronenemission. Da die Wahrscheinlichkeit dafür,

(a)

(b)

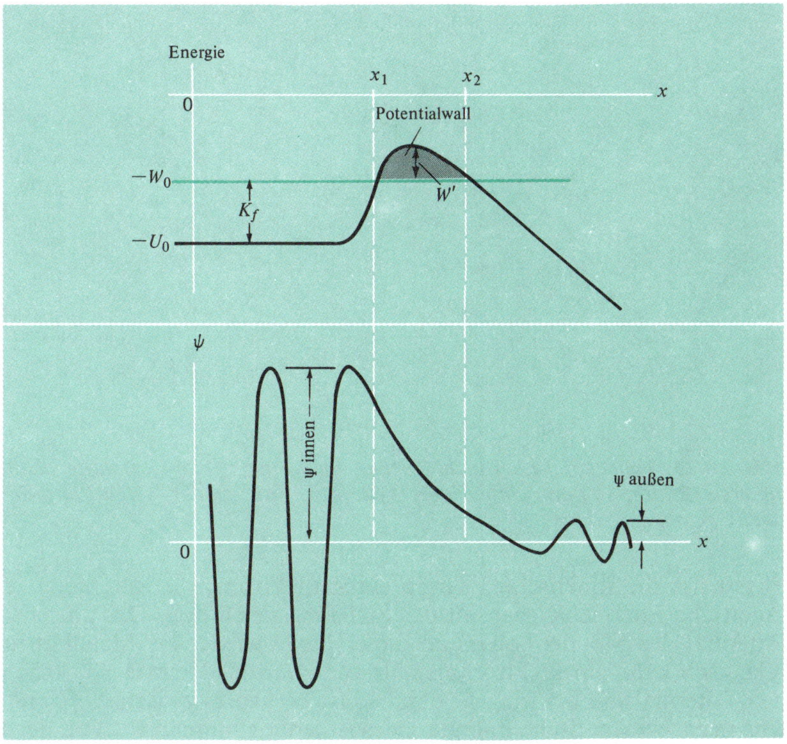

Abb. 28-20. (*a*) *Änderung des Verlaufs der potentiellen Energie der Abb. 28-4 durch Anlegen eines elektrischen Feldes.* (*b*) *Wellenfunktion eines Metallelektrons am Fermi-Niveau*

daß ein Elektron die Energie W' besitzt, proportional zu $\exp(-W'/kT)$ ist, erwarten wir, daß schon eine geringe Temperaturerhöhung ein starkes Anwachsen der Elektronenemission zur Folge hat. Aus diesem Grunde werden die Kathoden von elektronischen Vakuumröhren geheizt. Aber selbst dann, wenn man eine Kathode bis nahe an den absoluten Nullpunkt abkühlt, emittiert sie noch einige wenige Elektronen. Diese Erscheinung beruht jedoch auf einem anderen Effekt, den wir im nächsten Absatz behandeln werden.

Feldemission

Wie soeben erwähnt, emittiert eine Kathode auch bei sehr tiefen Temperaturen, bei denen die thermische Energie der Elektronen kleiner als W' ist, noch einen kleinen Elektronenstrom. Diese Erscheinung nennt man Feldemission. Bei der Feldemission spielt ein wichtiger quantenmechanischer Effekt eine Rolle, der die Gesetze der klassischen Physik in eklatanter Weise verletzt. Dieser Effekt ist die quantenmechanische Durchdringung eines Potentialwalls oder der Tunneleffekt. Der Tunneleffekt ist uns zum ersten Mal bei der Behandlung des kastenförmigen Potentialtopfs mit endlich hohen Wänden begegnet. Dort stellten wir fest, daß die Wellenfunktion in den klassisch verbotenen Bereich eindringen kann und darin exponentiell abfällt. Hier handelt es sich um einen Potentialwall der Höhe W' (s. Abb. 28-20). Nach der klassischen

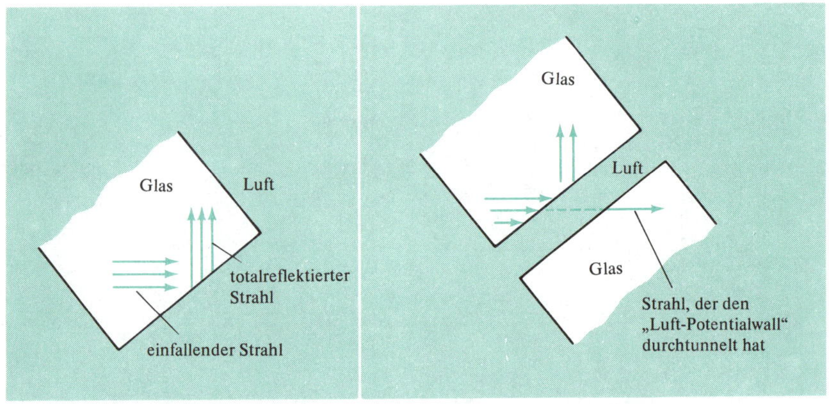

(a) (b)

Abb. 28-21. *Tunneleffekt bei Licht. Bringt man eine zweite Glasplatte dicht an die erste Platte, so kann ein geringer Teil des Lichts von der ersten Platte in die zweite gelangen.*

Physik ist die kinetische Energie eines Elektrons, das im Metall eine kinetische Energie K_f hat, an der Stelle x_1 gleich null. Das anziehende Potential des Metalls holt es an dieser Stelle wieder ins Metall zurück. Klassisch kann ein Elektron niemals auch nur das kleinste Stückchen in den Potentialwall eindringen, denn sonst besäße es zwischen x_1 und x_2 eine negative kinetische Energie. Dies ist jedoch unmöglich. Von der Behandlung der Schrödinger-Gleichung her wissen wir jedoch, daß die Amplitude der Elektronenwelle in einem solchen Bereich dennoch von null verschieden sein kann. Die Wellenfunktion krümmt sich in diesem Bereich von der x-Achse weg, wie es Abb. 28-20(b) zeigt. Man beachte, daß nach dieser Abbildung auch eine geringe Wahrscheinlichkeit dafür besteht, das Elektron außerhalb des Metalls anzutreffen. Die Wahrscheinlichkeit für ein Elektron, den Potentialwall zu durchdringen, ist nach der Quantenmechanik gleich $\psi^2_{\text{außen}}/\psi^2_{\text{innen}}$ (das gilt für jeden Stoß mit dem Potentialwall). Ein klassisches Beispiel für einen solchen Potentialwall ist eine Schüssel, in der eine Kugel rollt. Läßt man die Kugel in der Schüssel in der Höhe des Randes los, so rollt sie hin und her, ohne jemals die Schüssel verlassen zu können. Nach der Quantenmechanik besteht jedoch eine gewisse – wenn auch sehr kleine – Wahrscheinlichkeit dafür, daß die Kugel aus der Schüssel herausfliegt (etwa eins zu $10^{(10^{29})}$).

Es gibt jedoch auch ein Beispiel für den Tunneleffekt in der klassischen Physik. Da die Schrödinger-Gleichung die gleiche Form hat wie die Wellengleichung für Licht- oder Wasserwellen, können wir erwarten, ein solches Beispiel in der Optik anzutreffen. Versucht ein Lichtstrahl eine Glasplatte zu verlassen, so wirkt die Plattenoberfläche ähnlich wie ein Potentialwall. Ist nämlich der Einfallswinkel von innen größer als der Grenzwinkel (solche größeren Winkel verbietet das Brechungsgesetz), so kann der Lichtstrahl diesen ,,Potentialwall" nicht durchdringen und wird demzufolge vollständig in die Platte zurückreflektiert, wie es Abb. 28-21(a) zeigt. Nähert man jedoch der ersten Platte eine zweite bis auf eine Ent-

(a)
(b)
(c)

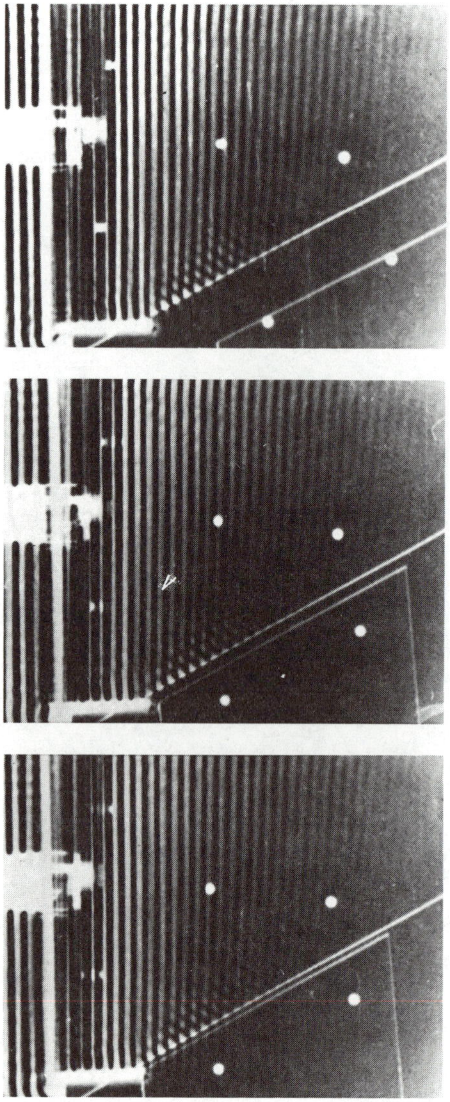

Abb. 28-22. *Tunneleffekt bei Wasserwellen. (a) Die Wellen werden von einer Zone mit größerer Wassertiefe reflektiert. Wird die Breite dieser Zone verkleinert (Bilder (b) und (c)), so wird ein wachsender Teil der Welle durchgelassen. [Mit freundlicher Genehmigung des Educational Development Center]*

fernung von ein oder zwei Wellenlängen (s. Abb. 28-21 (b)), so durchdringt ein kleiner Bruchteil des Lichts den „Potentialwall" und läuft in der zweiten Glasplatte weiter. Das Analogon für Wasserwellen zeigt Abb. 28-22.

In einem kovalent gebundenen Festkörper konzentrieren sich die Elektronenwolken der Valenzelektronen im Raum zwischen benachbarten Kernen. Bei der metallischen Bindung gibt es keine solche Konzentration der Elektronenwolken – die Elektronen sind hier gleichermaßen über das ganze Metallstück „verschmiert". Die maximale kinetische Energie dieser Leitungselektronen ist

$$K_f = \frac{h^2}{8m}\left(\frac{3}{\pi}\mathfrak{N}\right)^{2/3},$$

wobei $\mathfrak{N}$ die Anzahl der Atome im Einheitsvolumen ist. K_f heißt Fermi-Energie. Die Leitungselektronen sind in einem Potentialtopf der mittleren Tiefe U_0 gebunden. Die Austrittsarbeit ist $W_0 = |U_0| - K_f$.

Bringt man verschiedene Metalle miteinander in Kontakt, so fließt ein geringer Elektronenstrom, bis die Fermi-Niveaus auf gleicher Höhe liegen. Dabei baut sich ein Kontaktpotential auf, das gleich der Differenz der Austrittsarbeiten ist.

Die elektrische Leitfähigkeit ist proportional zur freien Weglänge der Leitungselektronen zwischen Stößen. Die freie Weglänge wird durch Abkühlung vergrößert. Für einige Leiter, die sogenannten Supraleiter, wird die Leitfähigkeit vor Erreichen des absoluten Nullpunkts unendlich groß.

Sind n Atome in gleichen Abständen nebeneinander aufgereiht, so spaltet jedes Energieniveau eines Einzelatoms in ein Band von n dicht benachbarten Energieniveaus auf. Bei der metallischen Bindung ist das Energieband des Grundzustandes der Valenzelektronen entweder nur teilweise aufgefüllt, oder es überlappt mit dem Band eines höheren Energieniveaus.

Bei Halbleitern ist das Valenzelektronenband voll besetzt. Es ist durch eine Energielücke vom nächsthöheren Band, dem Leitungsband, getrennt. Die Anzahl der Leitungselektronen, die thermisch in das Leitungsband angeregt werden, ist proportional zu $\exp(-E_{\text{Lücke}}/2kT)$. Ein Halbleiter kann dotiert werden, so daß zusätzliche Leitungselektronen (n-Leiter) oder Löcher (p-Leiter) erzeugt werden. Ein p-n-Übergang besteht aus einem p-Leiter und einem n-Leiter, die sich berühren. Legt man eine äußere Spannung V an, so fließt ein Strom der Stärke

$$I_0\left[\exp\left(\frac{\mathrm{eV}}{kT}\right) - 1\right].$$

Ein p-n-p-Transistor kann beschrieben werden als ein p-n-Übergang (Emitter-Basis) mit einem zusätzlichen p-Leiter (Kollektor), der an die Basis angrenzt. Mit einem Transistor kann eine große Kollektorstromstärke I_c mit einer kleinen Basisstromstärke I_b gesteuert werden. Die Stromverstärkung $\beta = I_c/I_b$ kann Werte von etwa 100 erreichen.

Leitungselektronen können aus der Oberfläche eines kalten Metalls durch ein starkes äußeres Feld „herausgezogen" werden (Feldemission). Dabei durchdringen die Elektronen einen Potentialwall, was sich dadurch erklären läßt, daß die Elektronenwellenfunktion innerhalb des Potentialwalls exponentiell abfällt.

Anhang 28-1 Technische Anwendungen des *p*-*n*-Übergangs (Rundfunk und Fernsehen)

Das Herz jedes Rundfunk- oder Fernsehempfängers ist der Detektor. Wie Abb. 28-23 zeigt, besteht ein solcher Diodendetektor gewöhnlich aus einem Widerstand R und einer *p*-*n*-Diode, die in Serie geschaltet sind. Wie auf S. 629 beschrieben, ist der Widerstand einer Diode stark von der Richtung der angelegten Potentialdifferenz abhängig. In einer Richtung ist der Widerstand fast null, in der anderen sehr groß. Jedes elektronische Bauelement mit dieser Eigenschaft heißt Diode. Legt man nun eine positive Spannung an Diode und Widerstand, so stellt die Diode im wesentlichen einen Kurzschluß dar, und fast die gesamte positive Spannung liegt über dem Widerstand. Beim Anlegen einer negativen Spannung ist hingegen der Diodenwiderstand viel größer als R, und der größte Teil der negativen Spannung fällt über der Diode und nicht über dem Widerstand ab (s. Abb. 28-23). Obwohl die Spannung am Punkte A während der Hälfte der Zeit negativ ist, wird die Spannung am Ausgang B nie negativ. Die Spannung bei B kann z. B. dazu benutzt werden, einen Kondensator aufzuladen. Bei dieser Anwendung der Diode, dem sogenannten Diodengleichrichter (s. Abb. 28-24), wird eine Wechselspannung in eine Gleichspannung umgewandelt. Alle Rundfunk- und Fernsehempfänger, die mit Wechselstrom betrieben werden, besitzen Diodengleichrichter, um die Wechselspannung in Gleichspannung umzuwandeln.

Abb. 28-23. *Diodengleichrichter. Am Eingang A wird eine Wechselspannung angelegt. Am Ausgang B sind die negativen Spannungsspitzen abgeschnitten.*

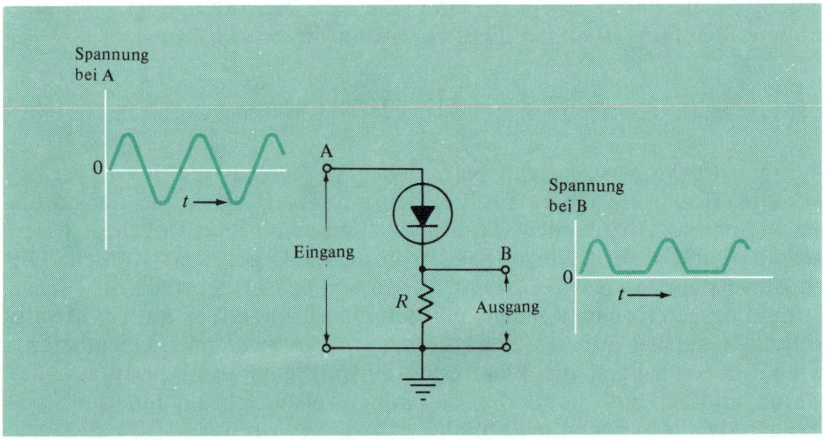

Abb. 28-24. *Diodengleichrichter mit zusätzlichem Kondensator C. Die Ausgangsspannung ohne C ist als unterbrochene Linie eingezeichnet.*

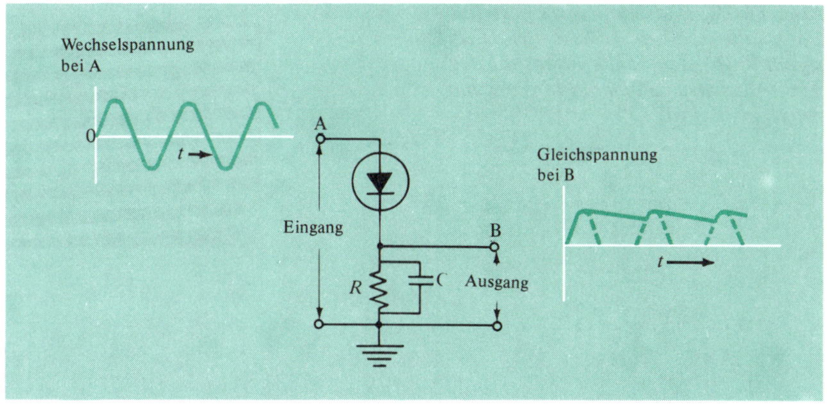

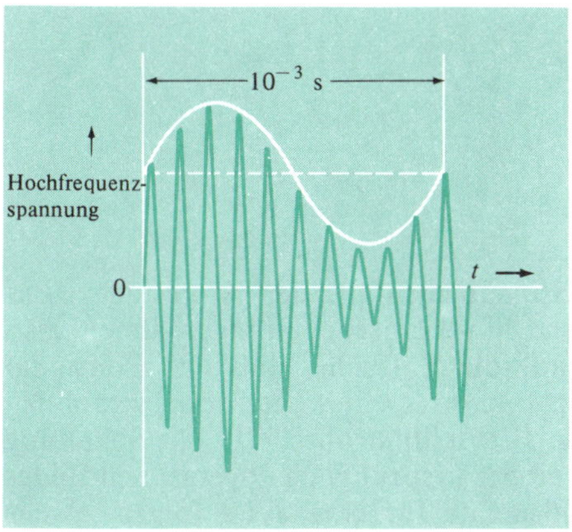

Abb. 28-25. *Die grüne Kurve stellt die Hochfrequenzspannung als Funktion der Zeit dar. Die Amplitude dieser hochfrequenten elektromagnetischen Welle ist mit einer reinen Sinuswelle von 1000 Hz moduliert (weiße Kurve). Die Frequenz der Trägerwelle ist der Klarheit halber stark verkleinert eingezeichnet.*

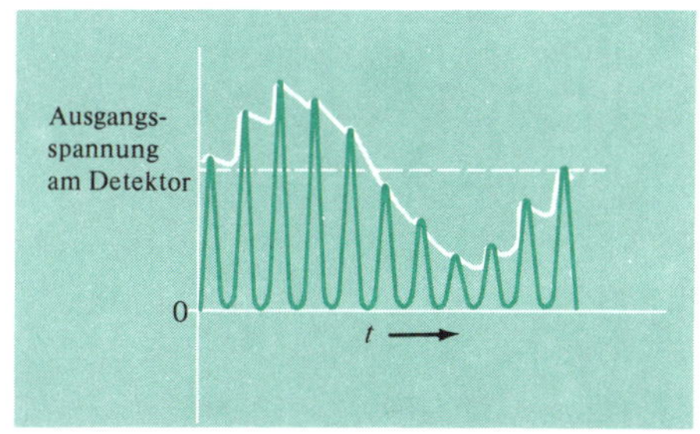

Abb. 28-26. *Die weiße Kurve stellt die Ausgangsspannung eines Detektors dar. Man beachte, daß diese Kurve dem ursprünglichen Tonsignal bis auf kleine Hochfrequenzschwankungen gleicht. Die grüne Kurve stellt das Hochfrequenzsignal dar, dessen negative Teile abgeschnitten sind.*

Rundfunk

Ein Rundfunksender strahlt elektromagnetische Wellen mit konstanter Frequenz ab. (Dies gilt für den Lang-, Mittel- und Kurzwellenbereich, deren Frequenzbänder zwischen 150 kHz und 26 MHz liegen.) Die Amplitude der elektromagnetischen Wellen wird mit dem Tonfrequenzsignal, das übertragen werden soll, moduliert. Abb. 28-25 zeigt als Beispiel eine elektromagnetische Welle, die mit einem reinen Ton der Frequenz 1000 Hz moduliert ist. Beim Empfang wird dieses schwache Signal von einer Antenne aufgenommen, in einem Hochfrequenzverstärker verstärkt und dann dem Diodendetektor zugeführt. Das Ausgangssignal hinter der Diode entspricht dem ursprünglichen Tonsignal bei 1000 Hz (s. Abb. 28-26). Dieses Tonfrequenzsignal wird in einem Niederfrequenzverstärker verstärkt und auf einen Lautsprecher gegeben. Das Blockschaltbild eines Rundfunkempfängers ist in Abb. 28-27 dargestellt.

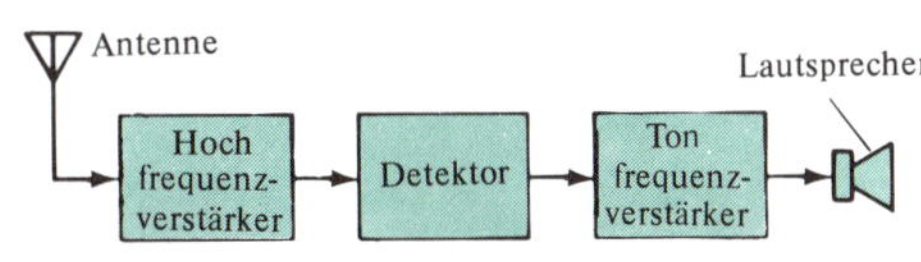

Abb. 28-27. *Blockschaltbild eines Rundfunkempfängers*

Abb. 28-28. *Bildsignal zur Darstellung des Buchstaben „N" in neun Zeilen. Das Bildsignal in (b) steuert die Intensität des Elektronenstrahls einer Bildröhre und erzeugt so Bild (a).*

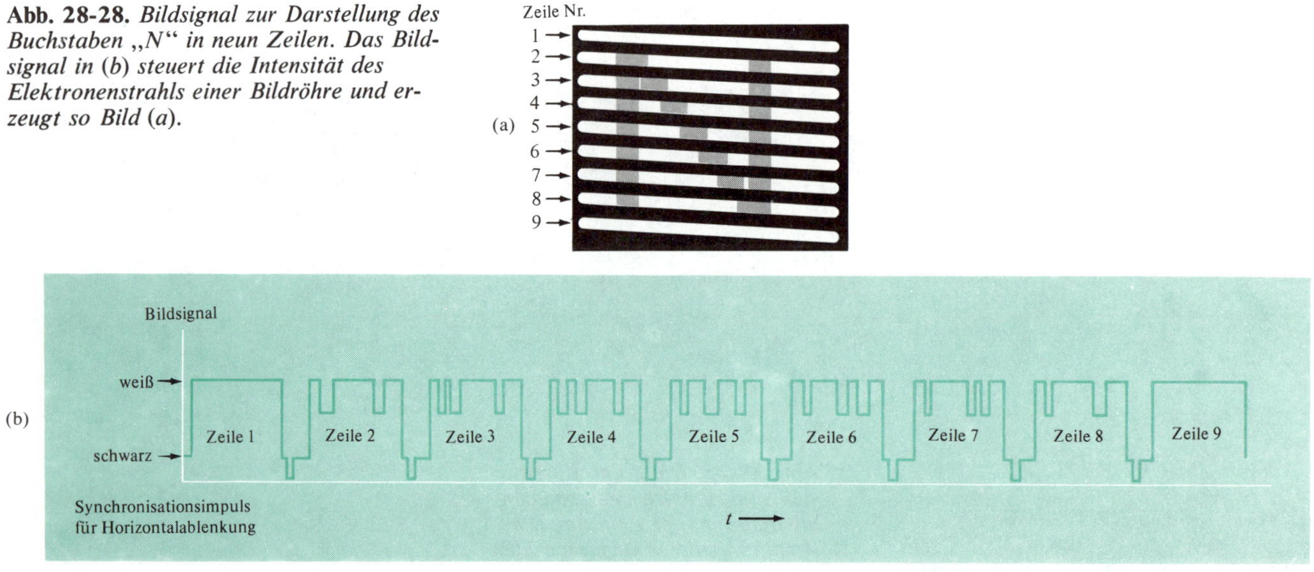

Fernsehen

Beim Fernsehen wird das Bildsignal ebenfalls der Amplitude eines Hochfrequenzträgers aufmoduliert. Ein Fernsehempfänger ähnelt also einem Rundfunkempfänger bis auf die Tatsache, daß das Bildsignal schließlich dazu benutzt wird, die Intensität eines Elektronenstrahls zu modulieren, der auf den Schirm der Fernsehbildröhre fällt. Die Spannung des Bildsignals ist also der Helligkeit des ursprünglich abgetasteten Bildes direkt proportional. Auf die Bildsignale für eine Zeile folgen jeweils Spannungsimpulse, die den Ablenkschaltkreis der Bildröhre auf eine neue Zeile umschalten. Abb. 28-28(a) zeigt als Beispiel die Abtastsequenz für den Buchstaben „N". Das zugehörige Bildsignal ist in Abb. 28-28(b) dargestellt. Ein Blockschaltbild eines Fernsehempfängers einschließlich der Ablenkschaltkreise ist in Abb. 28-29 gezeigt. Bei europäischen Fernsehsystemen wird ein Bild in 625 Zeilen zerlegt. In der Sekunde werden 25 Bilder gesendet.

Abb. 28-29. *Blockschaltbild eines Fernsehempfängers*

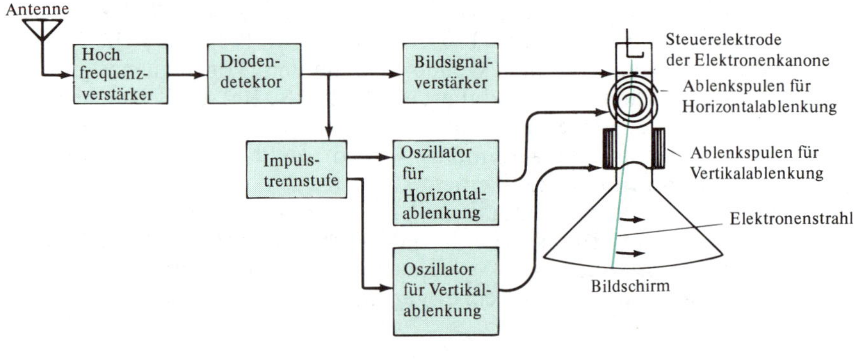

Aufgaben

1. Die Potentialtopftiefe eines Metalls sei 11 eV. Seine Austrittsarbeit betrage 4 eV.
   (a) Wie groß ist die kinetische Gesamtenergie eines Leitungselektrons am Fermi-Niveau?
   (b) Welche kinetische Energie gewinnt ein Elektron beim Eindringen in die Metalloberfläche?
2. Wie groß ist die Anzahl der Leitungselektronen in 1 Gramm Natrium? Wie groß ist die Anzahl der Leitungselektronen in 1 g Germanium, das mit einem Anteil von $3 \cdot 10^{-6}$ Arsen dotiert ist?
3. Ein Elektron, dessen kinetische Energie 3 eV betrage, treffe auf eine Metalloberfläche. Beim Übertritt in das Metall erhöhe sich seine Energie auf 8 eV. Wie groß ist die Tiefe des Potentialtopfes?
4. Zwei Metalle besitzen Austrittsarbeiten von 2,8 und 3,2 eV. Welches Kontaktpotential entsteht, wenn man sie miteinander in Kontakt bringt? Welches der beiden Metalle hat dann das höhere Potential?
5. Das Metall A ($U_0 = 4$ eV, $K_f = 3$ eV) und das Metall B ($U_0 = 3{,}5$ eV, $K_f = 2$ eV) werden miteinander in Kontakt gebracht. Wie groß ist das Kontaktpotential, und welches Metall hat das höhere Potential?
6. Die mittlere Intensität der Sonneneinstrahlung beträgt an der Erdoberfläche 2 cal min^{-1} cm^{-2}. Wie groß muß eine mit Solarzellen belegte Fläche sein, um bei einem Wirkungsgrad von 15% 100 W elektrische Leistung zu erzeugen?
7. Ein Metall A emittiere Photoelektronen mit Energien bis zu 3 eV, wenn es Photonen mit einer Energie von 7 eV absorbiert. Die Dichte der Leitungselektronen im Metall A sei so groß, daß die maximale kinetische Energie der Leitungselektronen im Metall 5 eV betrage.
   (a) Wie groß ist die Fermi-Energie?
   (b) Wie groß ist die Austrittsarbeit?
   (c) Wie tief ist der Potentialtopf?
   (d) Wieviel kinetische Energie verliert ein Elektron beim Verlassen des Metalls?
   (e) Wie groß ist die Schwellenenergie für den Photoeffekt in eV?
8. Ein zylindrisches Gefäß von 1 cm Durchmesser sei bis zu einer Höhe von 5 cm mit flüssigem Helium II gefüllt. Wie lange dauert es nach dem Öffnen des Gefäßdeckels, bis das gesamte Helium II aus dem Gefäß entwichen ist? Die Kriechgeschwindigkeit ist 50 cm/s, und die Dicke des Flüssigkeitsfilms beträgt 10^{-5} cm.
9. Ein Metall habe für Elektronen ein anziehendes Potential der Größe U_0. Ein Elektron besitze im Außenraum eine Wellenlänge von 10 Å. Beim Übertritt in das Metall vermindere sich seine Wellenlänge auf 4 Å. Wie groß ist U_0 in eV?
10. Wiederhole Beispiel 5 für Germanium.
11. Wiederhole Beispiel 6 für eine Spannung von 1 V.
12. Wiederhole Beispiel 6 für eine Temperatur von 100 °C.
13. Wie groß muß die Energielücke in einer grünen Leuchtdiode sein? $\lambda = 500$ nm.
14. Im menschlichen Gehirn befinden sich etwa 10^{10} Nervenzellen. Wie groß muß die Dicke eines integrierten Schaltkreises annähernd sein, damit die Dichte der Halbleiterbauelemente gleich der Dichte der Nervenzellen im Gehirn wird?
15. Wie groß ist die horizontale Ablenkfrequenz bei den europäischen Fernsehsystemen?

16. In einem Kristallgitter wird jedes Atom durch eine Kraft an seine Ruhelage gebunden, die proportional zu seiner Auslenkung aus der Ruhelage

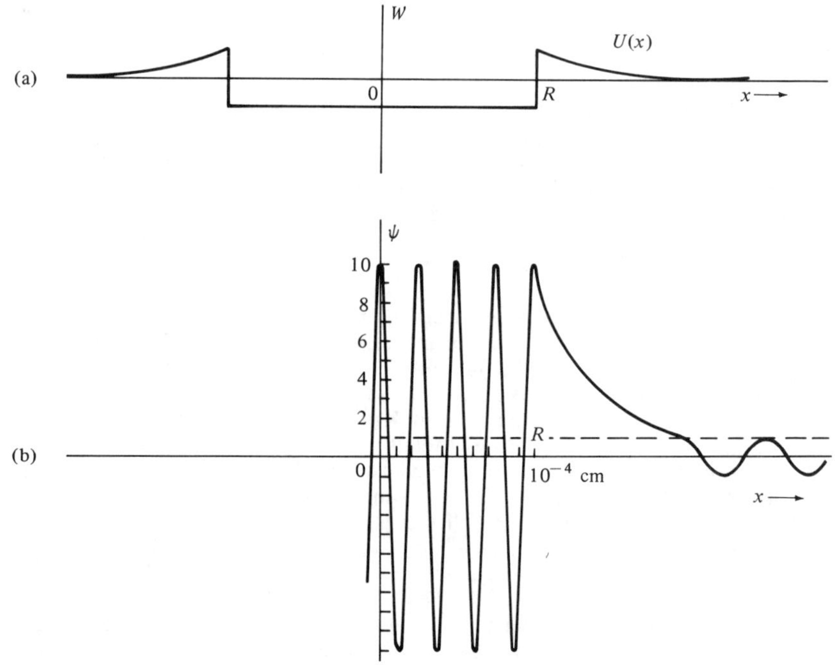

Aufgabe 27

ist. Wie wächst die mittlere Auslenkung mit der Temperatur? Die Kraftkonstante sei $\varkappa$. Leite einen Ausdruck für das quadratische Mittel der Auslenkung aus der Ruhelage als Funktion von $\varkappa$, T und anderer dazu notwendiger Konstanten ab.

17. Wie groß ist die Zustandsdichte im Phasenraum? Ein Element des Phasenraums ist definiert als ($dx\, dy\, dz\, dp_x\, dp_y\, dp_z$). Berechnet werden soll die Größe ϱ der folgenden Gleichung:

$$dn = \varrho\, dx\, dy\, dz\, dp_x\, dp_y\, dp_z.$$

$$\left(\text{Hinweis: } \int_0^{P_f} dp_x\, dp_y\, dp_z = \int_0^{P_f} 4\pi p^2\, dp = (4/3)\pi P_f^3.\right)$$

18. In einem Fixstern des Typs Weißer Zwerg gilt für freie Elektronen die Beziehung $P_f = mc$. Berechne das Verhältnis $\bar{K}/K_f$. Für K muß die exakte Gleichung $K = (c^2p^2 + m^2c^4)^{1/2} - mc^2$ benutzt werden.

19. Ab welchem Atomabstand wird Natrium ein elektrischer Leiter? (Man benutze Abb. 28-11.) Wie groß wäre die Natriumdichte (in g/cm^3) bei diesem Atomabstand?

20. Die Masse der Sonne beträgt $2{,}0 \cdot 10^{30}$ kg. Wir wollen einmal annehmen, daß sie plötzlich zu einer Kugel konstanter Dichte mit einem Durchmesser von 5 km zusammenschrumpft.

(a) Es sollen gleichviel Elektronen, Protonen und Neutronen in der Sonne vorhanden sein. Wie groß ist die maximale kinetische Energie eines Elektrons (Neutrons) in eV? Wie groß ist die kinetische Gesamtenergie aller Teilchen in J?

(b) Wie groß wäre die kinetische Gesamtenergie, wenn sich alle Protonen und Elektronen in Neutronen verwandeln würden?

21. Die Austrittsarbeit von Lithium ist 2,36 eV. Seine Dichte ist 0,534 g/cm³. Wie groß ist U_0?

22. Berechne für Abb. 28-9 (a) E_1 und E_2 als Funktion von $\hbar^2/mx_0^2$. U_0 werde als unendlich angenommen. Man vergleiche das Ergebnis mit den Werten in der Abbildung.

23. Berechne E_1 in Abb. 28-9 (c) nach der gleichen Methode, mit der in Kap. 25 die Energieniveaus in einem Potentialtopf mit endlich hohen Wänden berechnet wurden.

24. Um welchen Faktor erhöht sich der Widerstand eines Zylinders aus reinem Germanium, wenn man ihn von 300 K auf 30 K abkühlt?

25. Mit wieviel Anteilen Arsen muß Germanium dotiert werden, damit sich seine Leitfähigkeit bei Raumtemperatur verdoppelt? Der Bruchteil der Leitungselektronen in reinem Germanium ist $\exp(-E_{\text{Lücke}}/kT)$.

26. Wiederhole Beispiel 4 für 200 anstatt für 100 nebeneinanderliegende Kastenpotentiale. Alle anderen Zahlenwerte des Beispiels 4 sollen unverändert bleiben. Wie groß sind die Energien des 1., 50., 100. und 200. Niveaus?

27. Die potentielle Energie zwischen einem Elektron und einem negativ geladenen kugelförmigen Staubkorn mit einem Radius von 10^{-4} cm habe den in der nebenstehenden Abbildung [Bild (a)] dargestellten Verlauf. Ein Elektron im Innern des Staubkorns habe die in Bild (b) dargestellte Wellenfunktion.
   (a) Wie groß ist die Wellenlänge des Elektrons im Innern der Kugel?
   (b) Wie groß ist die Geschwindigkeit des Elektrons im Innern der Kugel?
   (c) Wie groß ist die Wahrscheinlichkeit pro Stoß, daß ein Elektron die Kugel verläßt?
   (d) Wie groß ist die mittlere Aufenthaltsdauer des Elektrons in der Kugel, wenn es keine Energieverluste erleidet?

28. Im Innern einer kleinen kalten Kathode stoßen in der Sekunde 10^{18} Leitungselektronen an die Außenfläche, an der ein hohes elektrisches Feld angreift. Die Amplitude der Elektronenwellenfunktion ist hinter dem Potentialwall um einen Faktor 10^3 verkleinert. Wie groß ist die Stärke des Elektronenstroms (in Ampere), der durch Feldemission die Kathode verläßt?

29. An Punkt A der nebenstehenden Abbildung werde eine Wechselspannung angelegt. Stelle die Spannung am Punkt B als Funktion der Zeit graphisch dar.

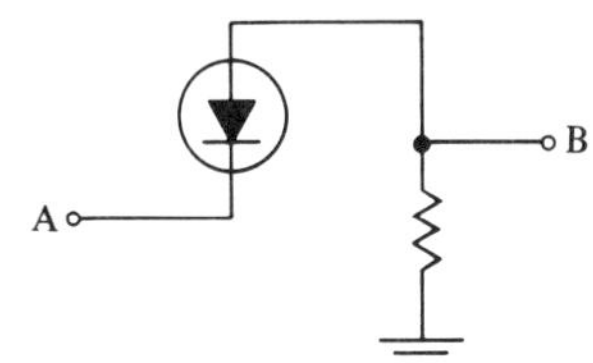

Aufgabe 29

30. Man betrachte den Schaltkreis der nebenstehenden Abbildung, der aus drei Widerständen und zwei idealen Dioden besteht.
   (a) Wie groß ist die Stromstärke im 2-Ohm-Widerstand?
   (b) Wie groß ist die Stromstärke im 3-Ohm-Widerstand?
   (c) Wie groß ist die Stromstärke im 4-Ohm-Widerstand?
   (d) Wie groß ist die Stromstärke im 4-Ohm-Widerstand, wenn man die Polung der Batterie ändert?

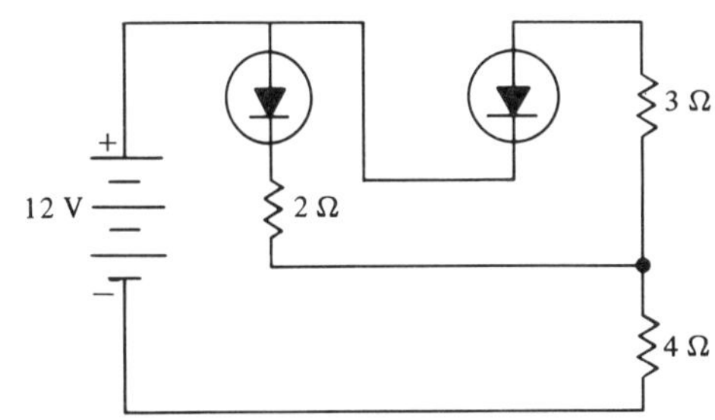

Aufgabe 30

31. Die Dichte der Zustände in einem Fermi-Gas ist $\mathfrak{N} = (8/3)\pi(P_f^3/h^3)$. Gib den Mittelwert des Impulses P als Funktion von P_f an.

32. Leite eine Formel für K_f im zweidimensionalen Raum ab. $\mathfrak{N}$ sei die Teilchenzahl pro Einheitsfläche.

33. Wiederhole Aufgabe 32 für stark relativistische Teilchen.

29

Kernphysik

In diesem Kapitel werden wir uns hauptsächlich damit beschäftigen, den Atomkern, seine Struktur und seine Eigenschaften zu verstehen. Es sollen auch Anwendungen der Kernwechselwirkungen, wie z. B. Radioisotope, Kernspaltungs- sowie Kernfusionsreaktoren und Bomben betrachtet werden. Unsere Darstellung der Kernphysik wird große Ähnlichkeit mit der Darstellung der Atomphysik aufweisen. Wir beginnen mit den grundlegenden Kraftgesetzen und werden dann versuchen, Durchmesser, Bindungsenergien, Drehimpulse, Energieniveaus usw. für die verschiedenen möglichen Atomkerne vorauszuberechnen. Bei einigen der praktischen Anwendungen geht es um Industrien mit Milliardenumsätzen und sogar um das Überleben der menschlichen Zivilisation.

Grundbegriffe

Alle Atomkerne bestehen aus Protonen und Neutronen, die durch die Kernkraft (oder starke Wechselwirkung) zusammengehalten werden. Da das Neutron und das Proton fast die gleiche Masse besitzen und ihre Eigenschaften sehr ähnlich sind, bezeichnet man beide als Nukleonen. Jeden Kern, der aus mehr als einem Nukleon besteht, bezeichnet man auch als Nuklid. (Die Begriffe „Atomkern" und „Nuklid" haben die gleiche Bedeutung.) Nuklide mit gleicher Protonenzahl, aber unterschiedlicher Neutronenzahl heißen Isotope. Kleine und mittelgroße Nuklide besitzen etwa die gleiche Anzahl von Protonen und Neutronen. Die Massenzahl ist die Summe aus der Protonenzahl und der Neutronenzahl. Sie wird mit A bezeichnet. Die Neutronenzahl ist $(A - Z)$, wobei Z die Ordnungszahl oder die Anzahl der Protonen ist. Die Massenzahl A eines Atomkerns ist näherungsweise gleich der relativen Atommasse des entsprechenden Atoms. Zur Kennzeichnung der Nuklide wird die Massenzahl links oben vor das Atomsymbol geschrieben. So ist z. B. ^{14}C das Kohlenstoffisotop mit 6 Protonen und 8 Neutronen. Die relative Atommasse ist so definiert, daß das Nuklid ^{12}C eine relative Atommasse von genau 12 hat. Die relativen Atommassen sind also auf ^{12}C bezogen.

29-1 Die Größe der Atomkerne

Die direkteste Art und Weise, den Kernradius und die Massenverteilung in einem Kern experimentell zu bestimmen, ist wahrscheinlich die optische Methode. Dabei werden die Kerne mit Strahlen „betrachtet“, deren Wellenlänge wesentlich kleiner als ihr Durchmesser ist. Diese Meßmethode, die Diffraktionsstreuung, ist in Abschn. 23-5 beschrieben worden. Strahlen hochenergetischer Protonen oder Neutronen können als Sonde mit kurzer Wellenlänge verwendet werden. Das Ergebnis dieser und anderer Meßmethoden ist das folgende: Alle Atomkerne außer den kleinsten haben einen mittleren Radius von

$$R \approx (1{,}2 \cdot 10^{-15}\ \mathrm{m})\, A^{1/3}. \qquad \textbf{(29-1)}$$

Die Größe 10^{-15} m tritt in der Kernphysik so häufig auf, daß sie den besonderen Namen Fermi erhalten hat: $10^{-15}\ \mathrm{m} = 1\ \mathrm{Fermi} = 1\ \mathrm{fm}$. Die Methode der Diffraktionsstreuung gibt nicht nur Aufschluß über den Radius eines bestimmten Kerns, sondern auch über die Verteilung der Kernmaterie.

Beispiel 1: Wie groß sind die Dichte und die Teilchendichte von Kernmaterie?

Lösung: Für einen Kern mit dem Volumen $\frac{4}{3}\pi R^3$ ist die Anzahl der Teilchen pro Volumeneinheit

$$\mathfrak{N} = \frac{A}{\frac{4}{3}\pi R^3} = \frac{A}{\frac{4}{3}\pi[(1{,}2 \cdot 10^{-15}\ \mathrm{m})\, A^{1/3}]^3}$$
$$= 1{,}38 \cdot 10^{44}\ \mathrm{Nukleonen/m^3}. \qquad \textbf{(29-2)}$$

Die Dichte erhält man durch Multiplikation mit der Nukleonenmasse:

$$\varrho = \mathfrak{N} M_p = (1{,}38 \cdot 10^{44})\,(1{,}67 \cdot 10^{-27})\ \mathrm{kg/m^3}$$
$$= 2{,}3 \cdot 10^{17}\ \mathrm{kg/m^3}.$$

Ein Kubikzentimeter Kernmaterie hat also eine Masse von 230 Millionen Tonnen. Man beachte, daß die Dichte unabhängig vom Kernradius ist, da das Volumen proportional zu A anwächst.

Streuung hochenergetischer Elektronen

Bei einer zweiten Meßmethode zur Bestimmung der Materieverteilung im Kern werden hochenergetische Elektronen benutzt. Da die Kraft auf die Elektronen, die am Kern vorbeifliegen, von der Kernladung herrührt, kann mit Hilfe der Elektronenstreuung die elektrische Ladungsverteilung

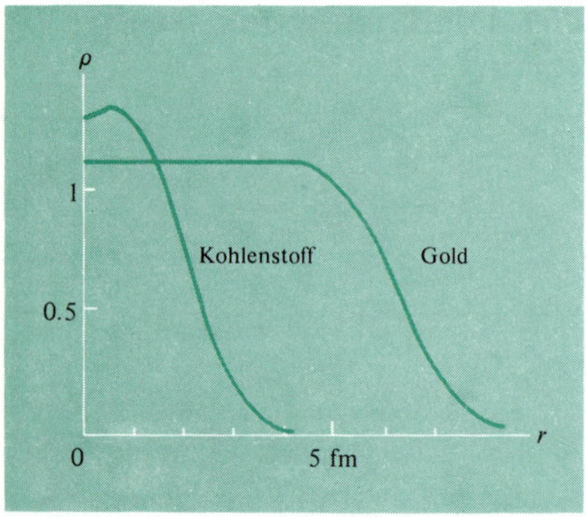

Abb. 29-1. *Durch Elektronenstreuung bestimmte Kernladungsdichten für Kohlenstoff und Gold in Einheiten von* 10^{19} C/cm³ [*Nach R. Hofstadter, Ann. Rev. Nucl. Sci. 7, 231* (*1957*)]

oder die Protonenverteilung im Kern bestimmt werden. Abb. 29-1 zeigt Ladungsverteilungen in einem Kohlenstoff- und einem Goldatomkern, wie sie durch Elektronenstreuung erhalten wurden. Wie sich im Folgenden zeigen wird, lenkt ein Kern, dessen Ladung um den Kernmittelpunkt konzentriert ist, Elektronen unter größeren Winkeln ab als ein Kern, bei dem die gleiche Ladung über das gesamte Kugelvolumen verteilt ist.

Fliegt ein hochenergetisches Elektron an einem Kern der Ladung Ze im Abstand b vorbei, so wird es zum Kern hin um einen Winkel θ abgelenkt (s. Abb. 29-2). Nach dem Coulomb-Gesetz ist die Kraft auf das Elektron und damit sein Ablenkwinkel um so größer, je näher es am Kern vorbeifliegt. Der Ablenkwinkel θ kann als Funktion von b angegeben werden. Kommt jedoch das Elektron dem Kern so nahe, daß es in ihn eindringt, so wirkt die starke Coulomb-Kraft nicht mehr (s. Abb. 16-3). Bei einer geladenen Hohlkugel wird der maximale Streuwinkel für $b = R$ erreicht. R ist der Kugelradius. Der Grund dafür liegt darin, daß innerhalb der Kugel das Feld null ist. In diesem Fall kann der Radius durch eine Messung von θ_{max} bestimmt werden. Was uns nun noch fehlt, ist die Beziehung zwischen b und θ. Sie kann in grober Näherung folgendermaßen hergeleitet werden.

Die Impulsänderung des Elektrons durch die Coulomb-Kraft werde mit Δp_y bezeichnet. Aus der Newtonschen Definition der Kraft folgt

$$\Delta p_y = \int F_y \, \mathrm{d}t = e \int E_y \, \mathrm{d}t = e \int E_y \left(\frac{\mathrm{d}s}{v}\right).$$

Für kleine Ablenkwinkel ist $\mathrm{d}s \approx \mathrm{d}x$, und es ergibt sich

$$\Delta p_y \approx \frac{e}{v} \int E_y \, \mathrm{d}x = \frac{e}{2\pi b v} \int E_y \, 2\pi b \, \mathrm{d}x.$$

Man beachte, daß $2\pi b \, \mathrm{d}x$ gleich der Fläche $\mathrm{d}A$ eines Kreisrings ist. Also ist

$$\Delta p_y \approx \frac{e}{2\pi b v} \oint \boldsymbol{E} \cdot \mathrm{d}\boldsymbol{A}.$$

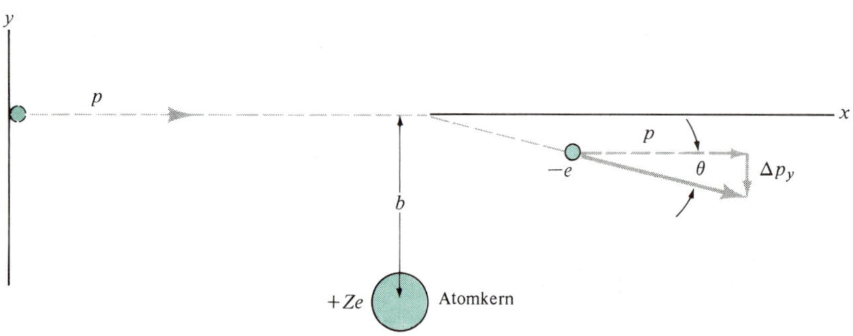

Abb. 29-2. *Ein Elektron mit dem Impuls p wird an einem Atomkern mit der Ladung Ze gestreut.*

Dabei wird über die Fläche eines Zylinders vom Radius b integriert, auf dessen Achse sich der Atomkern befindet. Das Integral läßt sich mit Hilfe des Gaußschen Satzes [Gl. (15-7)] auswerten. Danach ist $\oint \boldsymbol{E} \cdot \mathrm{d}\boldsymbol{A} = 4\pi k_0 Q_{\mathrm{in}}$. Da die gesamte Ladung, die der Zylinder einschließt, gleich Ze ist, erhalten wir

$$\Delta p_y \approx \frac{e}{2\pi b v}(4\pi k_0 Z e)$$

$$= \frac{2k_0 Z e^2}{bv}.$$

Nach Abb. 29-2 ist $\Delta p_y = p \tan\theta$. Durch Einsetzen in die vorhergehende Gleichung folgt:

$$(p \tan\theta) \approx \frac{2k_0 Z e^2}{bv},$$

$$b \approx \frac{k_0 Z e^2}{pv \tan\theta/2}.$$

Die exakte Formel, die für alle Werte von θ gilt, läßt sich nur mit größerem mathematischen Aufwand herleiten. Sie lautet:

$$b = \frac{k_0 Z e^2}{pv \tan(\theta/2)}. \qquad \textbf{(29-3)}$$

Nimmt man an, daß die Kernladung auf der Oberfläche einer Kugel vom Radius R konzentriert ist, so kann man den Kernradius dadurch erhalten, daß man in Gl. (29-3) $\theta = \theta_{\mathrm{max}}$ einsetzt. Es folgt

$$R = \frac{k_0 Z e^2}{pv \tan(\theta_{\mathrm{max}}/2)}.$$

Bis jetzt haben wir nur klassische Mechanik benutzt. Unter Berücksichtigung der Wellennatur der Elektronen ergibt sich, daß ein kleiner Teil der Elektronen unter größeren Winkeln als θ_{max} gestreut werden kann. Stellt man sich den Kern als eine homogen geladene Kugel vor, so werden Elektronen, die in den Kern eindringen, aufgrund der Ladungen im Kern etwas stärker als um den Winkel θ_{max} abgelenkt. Aus diesen beiden Gründen muß man sich θ_{max} als unscharfe Grenze vorstellen. Mißt man jedoch die Form und die Größe dieser „Unschärfe" der Streuverteilung, so kann man daraus rückwärts die Ladungsverteilung im Kern bestimmen. Diese Methode kann auf die Elektron-Kern-Streuung ebenso wie auf die Elektron-Proton-Streuung angewendet werden. Im Proton wurde bisher kein geladener Kern gefunden.

Beispiel 2: Ein Elektron mit einer Energie von 10 GeV werde auf den Rand eines Bleikerns ($R = 7{,}5$ fm) geschossen. Wie groß ist der klassische Ablenkwinkel?

Lösung: Löst man Gl. (29-3) nach $\tan(\theta/2)$ auf und setzt $v = c$, so erhält man

$$\tan\frac{\theta}{2} = \frac{k_0 Ze^2}{pcb}. \qquad (29\text{-}4)$$

Die Energie ist $pc = 10\ \text{GeV} = 1{,}6 \cdot 10^{-10}$ J und $b = 7{,}5 \cdot 10^{-15}$ m.

$$\tan\frac{\theta}{2} = \frac{(9 \cdot 10^9)(82)(1{,}6 \cdot 10^{-19})^2}{(1{,}6 \cdot 10^{-10})(7{,}5 \cdot 10^{-15})} = 0{,}0157,$$

$$\theta = 1{,}80^\circ.$$

Beispiel 2 besagt, daß nach der klassischen Physik der Streuwinkel für Elektronen mit einer Energie von 10 GeV nicht größer als $\theta_{max} = 1{,}8^\circ$ sein kann, wenn man annimmt, daß sich die gesamte Kernladung auf der Kernoberfläche befindet.

Beispiel 3: Wiederhole Beispiel 2 für einen Elektronenstrahl von 10 GeV, der auf ein Wasserstofftarget geschossen wird. Wie groß ist der Streuwinkel, wenn der Protonenradius 1 fm ist?

Lösung: Setzt man $Z = 1$ und $b = 10^{-15}$ m in Gl. (29-4) ein, so erhält man:

$$\tan\frac{\theta}{2} = \frac{k_0 e^2}{pcR} = 0{,}001\,44,$$

$$\theta = 0{,}17^\circ.$$

Wir lernen aus Beispiel 3, daß der Protonenradius etwa 1 fm sein muß, wenn bei der Elektron-Proton-Streuung mit 10 GeV-Elektronen die Anzahl der gestreuten Teilchen bei Streuwinkeln $\gg 0{,}17^\circ$ abzufallen beginnt. Zwischen 1960 und 1970 wurden solche Experimente durchgeführt. Es ergab sich ein Wert von 0,8 fm als quadratischer Mittelwert für den Radius der Protonenladung.

Beispiel 4: Wie groß ist θ_{max} für 10 GeV-Elektronen, wenn man annimmt, daß ein Drittel der Protonenladung innerhalb eines Radius von etwa 0,1 fm konzentriert ist?

Lösung: Hier muß die Ladung (Ze) des Target-Teilchens in Gl. (29-4) durch $e/3$ ersetzt werden. Mit $b = 10^{-16}$ m erhält man $(\theta_{max})_{Kern} = 0{,}55°$. Man beachte, daß dieser Wert etwa dreimal so groß ist wie das Ergebnis von Beispiel 3.

Beispiel 4 zeigt das Folgende: Besäße das Proton einen geladenen Kern, so müßten bei Streuexperimenten größere Streuwinkel als die beobachteten auftreten. In Kap. 31 werden wir erfahren, daß Protonen möglicherweise aus drei noch fundamentaleren Teilchen, den sogenannten Quarks, bestehen. Erwartungsgemäß wird sich jedoch keines dieser Quarks bewegungslos im Zentrum des Protons aufhalten und sich wie ein Kern des Protons verhalten.

Absorptionsquerschnitte für Neutronen

Es gibt noch eine dritte Methode, den Querschnitt und damit den Radius eines Atomkerns zu bestimmen. Sie besteht darin, eine Platte aus den betreffenden Atomen mit hochenergetischen Neutronen zu beschießen (s. Abb. 29-3). Ein Neutron fliegt dann geradlinig solange durch die Platte, bis es direkt mit einem Atomkern zusammenstößt. Demzufolge ist die Anzahl der Neutronen, die hinter der Platte im Strahl fehlen, proportional zur Kernfläche. Solange die Wellenlänge der Neutronen wesentlich kleiner als der Kerndurchmesser ist, beträgt die effektive Querschnittsfläche des Kerns $\sigma = \pi R^2$, wobei R der Kernradius ist.

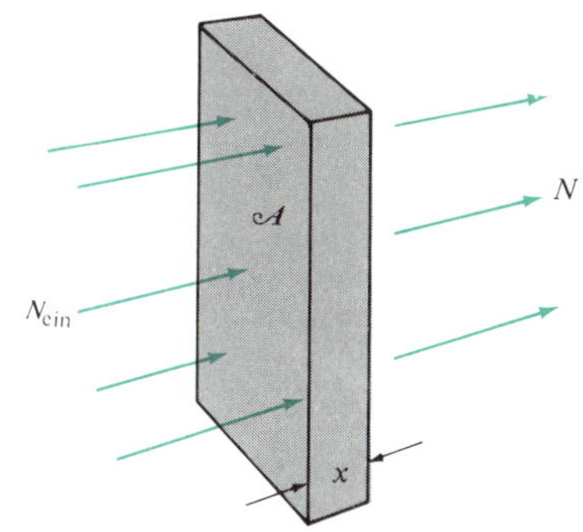

Abb. 29-3. *Ein Neutronenstrahl fällt auf eine Platte mit der Fläche A.*

Die Wahrscheinlichkeit dafür, daß ein Neutron aus dem Strahl absorbiert wird, ist gleich dem Verhältnis der gesamten Fläche aller Kerne zur Fläche der Platte:

$$\text{Wahrscheinlichkeit} = \frac{N_a \sigma}{A}.$$

Hierbei ist N_a die Gesamtzahl der Kerne in der Platte, σ die effektive Fläche eines Atomkerns und A die Plattenfläche. Es sei

$$\mathfrak{N} = \frac{N_a}{Ax}$$

gleich der Anzahl der Atome pro Volumeneinheit und x gleich der Plattendicke. Dann ist die Wahrscheinlichkeit dafür, ein Neutron in einer Platte der Dicke dx aus dem Strahl zu verlieren, gleich $\mathfrak{N}\sigma\, \mathrm{d}x$. Es sei N die Anzahl der Neutronen im Strahl, nachdem er in der Platte eine Strecke dx zurückgelegt hat. Die Änderung von N ist dann gleich der Teilchenzahl im Strahl mal der Wahrscheinlichkeit $\mathfrak{N}\sigma\, \mathrm{d}x$:

$$\mathrm{d}N = -N\mathfrak{N}\sigma\, \mathrm{d}x,$$

$$\frac{\mathrm{d}N}{N} = -\mathfrak{N}\sigma\, \mathrm{d}x.$$

Integriert man beide Seiten der Gleichung, so folgt:

$$\ln N = -\mathfrak{N}\sigma x + C,$$

wobei C eine Konstante ist. Bildet man auf beiden Seiten die Umkehrfunktion des Logarithmus, so ergibt sich:

$$N = N_{\mathrm{ein}} \exp(-\mathfrak{N}\sigma x),$$

wobei N_{ein} die Neutronenzahl vor der Platte ist ($N = N_{\mathrm{ein}}$ bei $x = 0$). Damit ergibt sich der Absorptionsquerschnitt zu

$$\sigma = \frac{1}{\mathfrak{N}x} \ln \frac{N_{\mathrm{ein}}}{N}. \qquad \textbf{(29-5)}$$

Abb. 29-4. *Bringt man eine Kupferplatte vor den Detektor, so wird die Zählrate von N auf N′ vermindert.*

Beispiel 5: Mit dem Neutronendetektor der Abb. 29-4 werden 10000 Neutronen pro Minute gemessen. Bringt man eine Kupferplatte von 2 cm Dicke vor den Detektor, so fällt die Zählrate auf 8950 Neutronen pro Minute. Wie groß ist der Neutronenabsorptionsquerschnitt von Kupfer, und wie groß ist der zugehörige Kernradius?

Lösung: Die Teilchendichte läßt sich aus der Dichte $\varrho = 9{,}0\ \mathrm{g/cm^3}$ und der relativen Atommasse von 63,5 berechnen:

$$\mathfrak{N} = \frac{9{,}0\ \mathrm{g/cm^3}}{63{,}5\ \mathrm{g/mol}}\left(6{,}02 \cdot 10^{23}\ \frac{\mathrm{Atome}}{\mathrm{mol}}\right) = 8{,}53 \cdot 10^{22}\ \frac{\mathrm{Atome}}{\mathrm{cm^3}}.$$

Setzt man diesen Wert, $x = 2$ cm und $N_{\mathrm{ein}}/N = 1{,}117$ in Gl. (29-5) ein, so erhält man

$$\sigma = 0{,}65 \cdot 10^{-24}\ \mathrm{cm^2}.$$

$10^{-24}\ \mathrm{cm^2}$ ist ein typischer Kernquerschnitt. Diese Größe tritt in der Kernphysik so häufig auf, daß sie einen eigenen Namen erhalten hat: $10^{-24}\ \mathrm{cm^2} = 1$ Barn. Setzen wir das Ergebnis gleich πR^2, so ergibt sich:

$$\pi R^2 = 0{,}65 \cdot 10^{-24}\ \mathrm{cm^2},$$

$$R = 4{,}55\ \mathrm{fm}.$$

29-2 Die Kraft zwischen den Nukleonen

Das Hauptziel der Physik besteht darin, alle physikalischen Erscheinungen durch eine kleine Anzahl von einfachen Grundprinzipien zu erklären. Da alle Körper aus Elektronen und Atomkernen zusammengesetzt sind, haben wir bisher die fundamentalen Wechselwirkungen von Elektronen, Atomkernen und Photonen untersucht. Wie sich im letzten Kapitel gezeigt hat, geschah dies mit großem Erfolg. Das Ergebnis ist eine vollständige Erklärung der Struktur und der Wechselwirkung der Materie (die allerdings mit rechnerischen Schwierigkeiten verbunden ist). In der Tat ist die moderne Quantenelektrodynamik so weit entwickelt, daß sie – auf die Atomphysik angewandt – genauere Resultate liefert als das Experiment. Bisher ist keine Diskrepanz zwischen Theorie und Experiment gefunden worden, obwohl die Genauigkeit einiger experimenteller Ergebnisse besser als 10^{-7} ist.

Andererseits ist die Quantenelektrodynamik nicht in der Lage, die Struktur der Atomkerne zu erklären, die – soweit wir erfahren haben – aus Protonen und Neutronen bestehen. Wir benötigen ein neues fundamentales Kraftgesetz, um zu erklären, warum die Protonen im Kern so eng aneinander gebunden sind. Um die elektrostatische Abstoßung der Protonen überwinden zu können, muß diese Bindungskraft noch stärker sein als die Coulomb-Kraft. Diese neue Kraft heißt Kernkraft oder starke Wechselwirkung. Wie Abb. 29-5 zeigt, ist die Tiefe des zugehörigen Potentialtopfes um eine Zehnerpotenz größer als die potentielle Energie der elektrostatischen Abstoßung zwischen zwei Protonen.

Von dieser relativ kleinen elektrostatischen Abstoßung einmal abgesehen, ist die Kraft zwischen Proton und Proton, Proton und Neutron, Neutron und Neutron von gleicher Größe. Deshalb kann man sie auch als Nukleon-Nukleon-Kraft bezeichnen. Obwohl die genaue Form des Potentials für diese Kraft immer noch nicht bekannt ist, kann man sich doch ein grobes Bild von der potentiellen Energie zwischen zwei Nukleonen machen (s. Abb. 29-5). In die Abbildung ist zum Vergleich die elek-

Abb. 29-5. *Verlauf der potentiellen Energie für die Nukleon-Nukleon-Kraft*

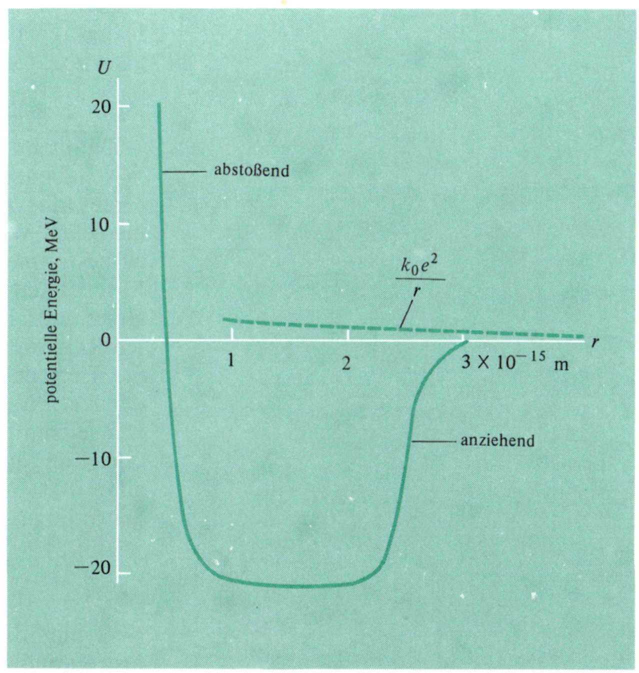

trostatische potentielle Energie $k_0 e^2/r$ für zwei Protonen eingezeichnet (unterbrochene Kurve). Die Kernkraft hat zusätzlich folgende merkwürdige Eigenschaft: Ihr Potential entspricht der Abb. 29-5 für den Fall, daß die Spins der Nukleonen parallel sind. Stehen sie jedoch antiparallel zueinander, so ist die Kernkraft um einen Faktor zwei schwächer. Wie wir noch sehen werden, kann die Tiefe des Potentialtopfes der Abb. 29-5 aus der Bindungsenergie des Deuterons bestimmt werden (das Deuteron ist der Atomkern des schweren Wasserstoffs ^{2}H). Genauere Kenntnis dieser Potentialform erhält man aus Proton-Proton- und Neutron-Proton-Streuexperimenten.

In der Atomphysik besteht das einzige Atom, das sich leicht analysieren läßt, das Wasserstoffatom, nur aus einem Proton und einem Elektron. Das gleiche gilt für die Kernphysik: Der Atomkern, der sich am einfachsten analysieren läßt, besteht nur aus einem Proton und einem Neutron. Es ist das Deuteron. Im Deuteron sind das Proton und das Neutron mit einer Energie von 2,22 MeV gebunden. Diesen Wert bestimmt man aus den experimentell ermittelten Massen oder Ruhenergien des Protons, des Neutrons und des Deuterons. Diese sind 938,21 MeV, 939,50 MeV bzw. 1 875,49 MeV. Die Bindungsenergie ist gleich der Summe der einzelnen Nukleonenmassen minus der Kernmasse. Im Falle des Deuterons ist die Bindungsenergie also $(m_\mathrm{p} + m_\mathrm{n}) - m_\mathrm{d} = 2{,}22$ MeV.

Wie beim Wasserstoffatom mit seiner Bindungsenergie von 13,6 eV sollte es auch beim Deuteron möglich sein, die Bindungsenergie zu berechnen, wenn nur die Kraft zwischen den beiden Teilchen bekannt ist. Das Problem besteht darin, aus dem Verlauf der potentiellen Energie (Abb. 29-5) die Wellenfunktion für den niedrigsten Energiezustand zu finden. Wir beschreiben den Verlauf der potentiellen Energie in erster Näherung als rechteckigen Potentialtopf mit dem Radius $r_0 = 2{,}3 \cdot 10^{-15}$m [s. Abb. 29-6(a)]. Die unterbrochen gezeichnete horizontale Linie stellt das niedrigste Energieniveau dar. Es entspricht der Wellenfunktion in Abb. 29-6(b).

Damit sind wir in der Lage, eine quantitative Rechnung durchzuführen. Wir haben die Wahl, entweder aus der bekannten Tiefe des Potentialtopfes das niedrigste Energieniveau E zu berechnen oder aus dem gemessenen Wert $|E|$ für die Bindungsenergie die Tiefe des Potentialtopfes zu bestimmen. Historisch ging man zunächst nach der zuletzt genannten Möglichkeit vor. Deshalb wollen auch wir diesen Weg wählen. Wir beginnen mit dem bekannten Wert für die Bindungsenergie und der bekannten Reichweite r_0 der Kernkraft. Unser Ziel ist es, aus dieser Information die Tiefe des Potentialtopfes zu bestimmen, die ein Maß für die Stärke der Kernkraft ist.

Wie beim Wasserstoffatom muß hier die dreidimensionale Schrödinger-Gleichung benutzt werden. Die Wellenfunktion für den niedrigsten Energiewert ist unabhängig von θ und φ. Für diese Wellenfunktion hat die Schrödinger-Gleichung die gleiche Form wie Gl. (26-5):

$$\frac{1}{r^2}\frac{\mathrm{d}}{\mathrm{d}r}\left(r^2\frac{\mathrm{d}\psi}{\mathrm{d}r}\right) = -\frac{2\mu}{\hbar^2}(E - U)\,\psi. \qquad (29\text{-}6)$$

r ist hier die relative Verschiebung, d. h. der Abstand zwischen dem Proton und dem Neutron. Wie auf Seite 220 gezeigt wurde, muß für μ die

Abb. 29-6. (*a*) *Angenäherte Darstellung des Potentialtopfes für die Kraft zwischen Neutron und Proton.* (*b*) *Wellenfunktion des niedrigsten Energiezustandes mit* $E = -2{,}2$ MeV

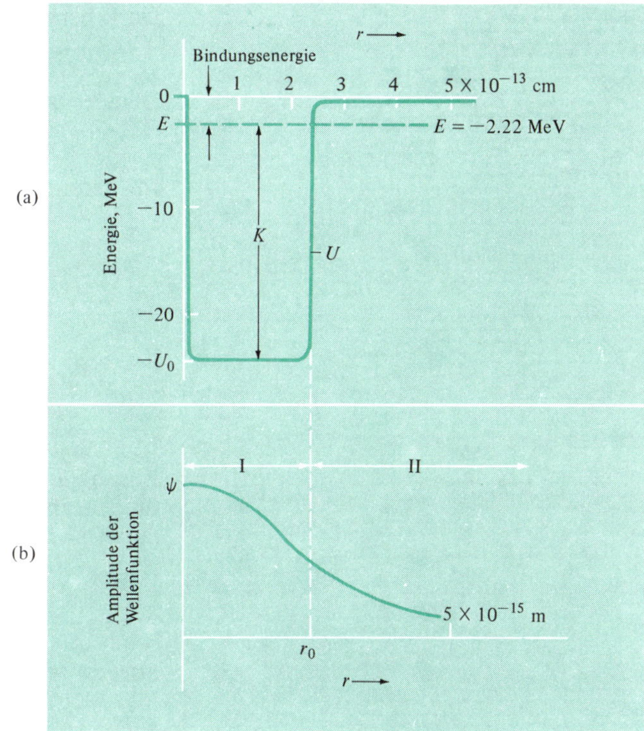

reduzierte Masse der beiden Teilchen eingesetzt werden. Da Proton und Neutron fast die gleiche Masse M haben, ist $\mu = M/2$. Gl. (26-9) läßt sich vereinfachen, wenn man die Funktion $u(r) := r\psi(r)$ einführt. Damit ergibt sich

$$\frac{d\psi}{dr} = \frac{1}{r}\frac{du}{dr} - \frac{u}{r^2},$$

und Gl. (29-6) wird zu

$$\frac{1}{r^2}\frac{d}{dr}\left(r\frac{du}{dr} - u\right) = -\frac{M}{\hbar^2}(E - U)\frac{u}{r}$$

oder

$$\frac{d^2u}{dr^2} + \frac{M}{\hbar^2}(E - U)\,u = 0. \qquad (29\text{-}7)$$

Im Bereich I ist der Ausdruck $(E - U)$ positiv, und die Lösung von Gl. (29-7) ist eine sinusförmige Welle:

$$\psi = A\frac{\sin kr}{r} + B\frac{\cos kr}{r}, \quad \text{wobei} \quad k = \sqrt{\frac{M}{\hbar^2}(E - U)}.$$

Da ψ bei $r = 0$ nicht unendlich sein darf, muß $B = 0$ sein. Damit folgt:

$$u_{\mathrm{I}} = A \sin kr, \quad \text{wobei} \quad k := \sqrt{\frac{M}{\hbar^2}(E - U)} = \sqrt{\frac{M}{\hbar^2}(U_0 - |E|)}\,.$$

Im Bereich II wird aus Gl. (29-7):

$$\frac{\mathrm{d}^2 u_{\mathrm{II}}}{\mathrm{d}r^2} - \frac{M}{\hbar^2}|E|\, u_{\mathrm{II}} = 0,$$

$$u_{\mathrm{II}} = B e^{-Kr}, \quad \text{wobei} \quad K := \sqrt{\frac{M}{\hbar^2}|E|}\,.$$

Ähnliche Gleichungen hatten sich für ψ_2 in Abb. 25-16 ergeben. Die Lösung E_1 erhält man durch Anpassen von u_{I} und u_{II} und ihrer Ableitungen an der Grenze zwischen den Bereichen I und II. Das Ergebnis lautet nach Gl. (25-20)

$$\cot(kr_0) = -\frac{K}{k} \tag{29-8}$$

oder

$$\tan x = -\frac{x}{Kr_0}, \quad \text{wobei} \quad x := kr_0\,.$$

Durch Einsetzen der Zahlenwerte $r_0 = 2{,}3 \cdot 10^{-15}$ m und $|E| = 2{,}22$ MeV findet man:

$$Kr_0 = \frac{r_0}{\hbar}\sqrt{M|E|} = 0{,}53\,.$$

Damit erhält man

$$\tan x = -\frac{x}{0{,}53}\,.$$

Diese Gleichung kann graphisch gelöst werden. Dazu stellt man die Funktionen $\tan x$ (die linke Seite der Gleichung) und $-x/0{,}53$ (die rechte Seite der Gleichung) graphisch dar und sucht den Wert von x, an dem sie gleich sind. Das Ergebnis ist $x = 1{,}85$. Die Gleichung kann auch durch Probieren mit dem Taschenrechner gelöst werden. Nach der Definition von x ist

$$kr_0 = 1{,}85, \tag{29-9}$$

$$k = \frac{1{,}85}{2{,}3 \cdot 10^{-15}\,\mathrm{m}} = 8{,}04 \cdot 10^{14}\,\mathrm{m}^{-1}\,.$$

Nun setzen wir die Definition von k ein und quadrieren beide Seiten:

$$\frac{M}{\hbar^2}(U_0 - |E|) = (8{,}04 \cdot 10^{14})^2 \text{ m}^{-2},$$

$$(U_0 - |E|) = \frac{8{,}04^2 \cdot 10^{28} (1{,}05 \cdot 10^{-34})^2}{1{,}67 \cdot 10^{-27}} \text{ J}$$

$$= 4{,}27 \cdot 10^{-12} \text{ J} = 26{,}7 \text{ MeV},$$

$$U_0 = |E| + 26{,}7 \text{ MeV} = 28{,}9 \text{ MeV}.$$

Die gemessene Bindungsenergie des Deuterons führt also zu einer Tiefe des Potentialtopfes für das System Neutron–Proton von etwa 29 MeV.

Beispiel 6: In dem oben angegebenen Modell für das Deuteron ist die Wahrscheinlichkeitsdichte bei $r = 0$ am größten. Um welchen Faktor ist die Wahrscheinlichkeitsdichte (oder Massendichte) an der Stelle $r = r_0$ kleiner geworden?

Lösung: Die Lösung im Bereich I ist $u(r) = r\psi(r) = A \sin kr$.

$$\psi(r) = A\frac{\sin kr}{r} = kA\frac{\sin kr}{kr},$$

$$\frac{\psi(r_0)}{\psi(0)} = \frac{kA(\sin kr_0)/kr_0}{kA} = \frac{\sin kr_0}{kr_0}.$$

Mit Gl. (29-9) folgt

$$\frac{\psi(r_0)}{\psi(0)} = \frac{\sin 1{,}85}{1{,}85} = 0{,}52,$$

$$\frac{|\psi(r_0)|^2}{|\psi(0)|^2} = 0{,}27.$$

Es zeigt sich also, daß der Ort, an dem die Wahrscheinlichkeitsdichte auf $\frac{1}{4}$ abgefallen ist, bereits außerhalb der Reichweite der Kernkraft liegt.

Beispiel 7: Angenommen, die Kernkraft sei schwächer, so daß Neutron und Proton im Deuteron gerade noch gebunden sind, d. h., die Bindungsenergie $|E|$ sei fast null. Wie tief ist der Potentialtopf unter diesen Umständen?

Lösung: Geht E gegen null, so geht auch K in Gl. (29-8) gegen null:

$$\cot kr_0 = -\frac{K}{k} = 0.$$

Es folgt:

$$kr_0 = \frac{\pi}{2} \quad \text{oder} \quad k = \frac{\pi}{2r_0},$$

$$\frac{M}{\hbar^2}(U_0 - |E|) = \left(\frac{\pi}{2r_0}\right)^2,$$

$$U_0 = \frac{1}{M}\left(\frac{\hbar\pi}{2r_0}\right)^2 = 3{,}08 \cdot 10^{-12}\ \text{J} = 19{,}2\ \text{MeV}.$$

29-3 Die Struktur schwerer Kerne

Der Grund für das Auftreten großer Nukleonendichten in schweren Atomkernen kann durch die folgende Überlegung erklärt werden. Wir beginnen mit einer großen Anzahl freier Nukleonen. Der Abstand zwischen benachbarten Teilchen sei mit s bezeichnet. Die Teilchen werden nun langsam zusammengedrängt (d. h., s wird verkleinert). Ist s kleiner als $2{,}5 \cdot 10^{-13}$ cm, so geraten die Teilchen plötzlich in den Bereich der starken anziehenden Kernkräfte ihrer Nachbarn. Ihre Bindungsenergie steigt entsprechend an. Andererseits wissen wir aus Kap. 28, daß die mittlere kinetische Energie freier Elektronen aufgrund des Pauli-Prinzips zunehmen muß, wenn sie dicht zusammengedrängt werden [s. Gl. (28-3)]. Da der Spin von Protonen und Neutronen ebenfalls $\frac{1}{2}$ ist, sind auch sie dem Pauli-Prinzip unterworfen. Die Wirkung des Pauli-Verbots besteht also darin, die Bindungsenergie zu verkleinern, wenn s verkleinert wird. Glücklicherweise ist die anziehende Kernkraft zwischen den Nukleonen gerade groß genug, um einen „günstigen" Kompromiß zwischen beiden Effekten zu ermöglichen, d. h., es existiert ein Wert von s, für den die Bindungsenergie ein Maximum hat. (Wäre die Nukleon-Nukleon-Kraft nur 30% schwächer, so würde die Wirkung des Pauli-Verbots überwiegen, mit dem Resultat, daß kein Atomkern stabil wäre.) Der Wert von s, der zur maximalen Bindungsenergie führt, bestimmt die Größe des Atomkerns. Experimentell ergibt sich mit Hilfe von Gl. (29-2) für diesen Wert $s = 1{,}9 \cdot 10^{-13}$ cm.

Wir wollen nun ein einzelnes Neutron betrachten, das sich in einem schweren Atomkern befindet. Auf das Neutron wirkt eine anziehende Kraft, die sich aus der Mittelung über alle Nukleonen im Kern ergibt. Ein analoger Fall ist uns in Kap. 28 begegnet, wo wir das Potential für ein freies Elektron in einem Metall behandelt haben. Der Verlauf der mittleren potentiellen Energie für das Neutron ist in Abb. 29-7 dargestellt. Die Tiefe des Potentialtopfes ist für alle mittleren und großen Kerne etwa 42 MeV. Fügt man mehr Nukleonen hinzu, so wird die resultierende Kraft auf ein bestimmtes Nukleon nicht vergrößert, da, wie schon erwähnt, ein Nukleon nur von seinen nächsten Nachbarn angezo-

Abb. 29-7. *Gemitteltes Kernpotential für ein Neutron in einem Kern mit dem Radius R. Besetzte Zustände sind als durchgezogene Linien, unbesetzte oder angeregte Zustände als unterbrochene Linien dargestellt. Eingezeichnet ist auch die Neutronen-Bindungsenergie (das ist der Energiebetrag, der zur Abtrennung eines Neutrons benötigt wird).*

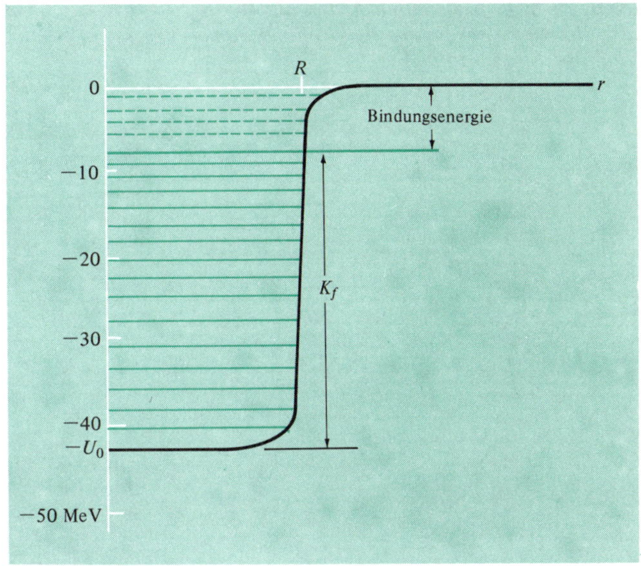

gen wird. In diesem Potentialtopf drängen sich etwa $A/2$ Neutronen zusammen. Aufgrund des Pauli-Prinzips besetzen sie verschiedene Zustände oder Energieniveaus bis zur Höhe des Fermi-Niveaus. Die Fermi-Energie läßt sich mit Hilfe von Gl. (28-3) berechnen:

$$K_f = \frac{h^2}{8M}\left(\frac{3}{\pi}\mathfrak{N}\right)^{2/3}. \qquad \textbf{(29-10)}$$

Dabei ist $\mathfrak{N}$ die Anzahl der Neutronen pro Volumeneinheit. $\mathfrak{N}$ ist etwa gleich der halben Nukleonendichte im Kern. Nach Gl. (29-2) ergibt sich dann $\mathfrak{N}$ zu $0{,}7 \cdot 10^{44}$ Neutronen/m³. Damit folgt

$$K_f = \frac{(6{,}62 \cdot 10^{-34})^2}{8(1{,}67 \cdot 10^{-27})}\left[\frac{3}{\pi}\cdot 0{,}7 \cdot 10^{44}\right]^{2/3} \text{J} = 5{,}4 \cdot 10^{-12}\,\text{J}$$
$$= 33{,}8\,\text{MeV}.$$

Das höchste besetzte Neutronen-Energieniveau liegt also etwa 34 MeV über dem Boden des Potentialtopfes oder etwa 8 MeV unter dem Energienullpunkt. Es ist also eine Mindestenergie von 8 MeV nötig, um ein einzelnes Neutron von einem typischen Atomkern abzutrennen. Der Restkern hat die gleiche Potentialtiefe und die gleiche Fermi-Energie, so daß man wiederum 8 MeV benötigt, um ein zweites Neutron zu entfernen. Als Resultat ergibt sich demnach für einen mittelgroßen Atomkern eine Bindungsenergie von 8 MeV pro Nukleon. Bei kleineren Kernen ist der Potentialtopf nicht so tief, da die mittlere Anzahl nächster Nachbarn kleiner ist. Für solche Kerne ist demnach die Bindungsenergie pro Nukleon kleiner als 8 MeV. Für große Kerne liefert die elektrostatische potentielle Energie, die proportional zu Z^2/R ist, einen zusätzlichen Beitrag zur Gesamtenergie des Kerns. Deshalb sollte für große Kerne die

Abb. 29-8. *Experimentell bestimmte Werte der Bindungsenergie pro Nukleon als Funktion der Massenzahl A*

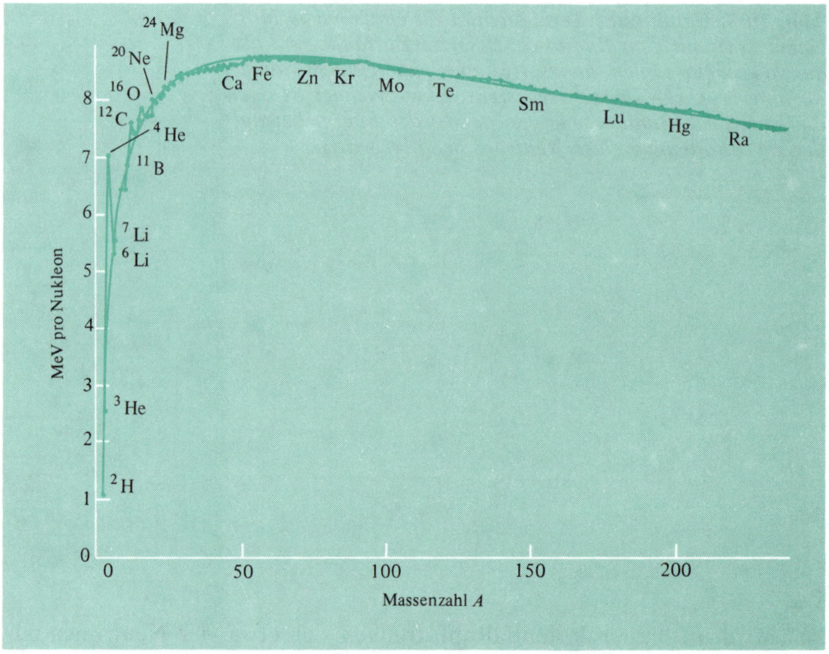

Bindungsenergie ebenfalls kleiner als 8 MeV pro Nukleon sein. Die experimentell ermittelten Bindungsenergien sind in Abb. 29-8 dargestellt. Sie stimmen mit unseren Voraussagen überein. Bisher haben wir uns nur mit Neutronen beschäftigt. Protonen sind im Kern jedoch der gleichen Kernkraft mit einer Potentialtiefe von $U_0 = 42$ MeV unterworfen. Für Protonen wird die Tiefe des Potentialtopfes infolge des elektrostatischen Beitrags zur potentiellen Energie [$\approx k_0(Ze^2/R)$] um einige MeV vermindert.

Angenommen, ein Kern mit dem Radius R besitze die gleiche Anzahl von Protonen und Neutronen. Dann haben die Potentialkurven für Pro-

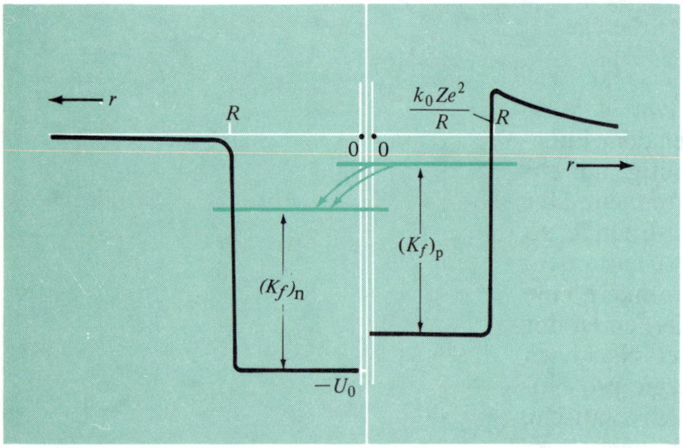

(a) Potentielle Energie des Neutrons (b) Potentielle Energie des Protons

Abb. 29-9. *Darstellung der potentiellen Energie eines Neutrons und eines Protons für einen Kern mit dem Radius R. Ist die Protonenzahl gleich der Neutronenzahl, so gilt für die Fermi-Energien: $(K_f)_n = (K_f)_p$. Die Protonen mit höchster Energie verwandeln sich dann in Neutronen, wobei sie Positron-Neutrino-Paare emittieren.*

ton und Neutron den in Abb. 29-9 dargestellten Verlauf. Das Proton mit der höchsten Energie liegt einige MeV über dem Neutron mit der höchsten Energie.

In Abschn. 29-5 werden wir sehen, daß sich in diesem Fall ein solches Proton in ein Neutron verwandelt und dabei ein Positron und ein Neutrino aussendet. Mit Hilfe unseres Potentialtopfmodells haben wir also vorhergesagt, daß die größeren Kerne letzten Endes mehr Neutronen als Protonen besitzen sollten. Der ^{238}U-Kern besitzt zum Beispiel 146 Neutronen und 92 Protonen.

Das folgende quantitative Beispiel soll zeigen, warum das Verhältnis der Neutronenzahl zur Protonenzahl größer als eins ist und warum sich dieses Verhältnis mit wachsendem A vergrößert.

***Beispiel 8:** Wie groß ist nach dem Potentialtopfmodell für Atomkerne die Protonenzahl Z bei einem Kern der Massenzahl $A = 51$?

Lösung: Die Tiefe des Potentialtopfes sei für Neutronen $U_0 = 42$ MeV und für Protonen $[U_0 - k_0(Z-1)\,e^2/R]$. $E_n(E_p)$ sei das Energieniveau des Neutrons (Protons) mit maximaler Energie. Dann gilt:

$$E_n = E_p$$

oder

$$U_0 - (K_f)_n = \left(U_0 - k_0\frac{(Z-1)\,e^2}{R}\right) - (K_f)_p,$$

$$U_0 - \frac{h^2}{8M}\left[\frac{3}{\pi}\,\frac{(A-Z)}{\frac{4}{3}\pi R^3}\right]^{2/3} = U_0 - k_0\frac{e^2(Z-1)}{R} - \frac{h^2}{8M}\left(\frac{3}{\pi}\,\frac{Z}{\frac{4}{3}\pi R^3}\right)^{2/3}.$$

Für R benutzen wir nach Gl. (29-1) den Wert $4{,}45 \cdot 10^{-15}$ m. Wir erhalten eine numerische Gleichung für Z, die in Einheiten von MeV folgendermaßen lautet:

$$42 - 3{,}87(51 - Z)^{2/3} = 42 - 0{,}324(Z-1) - 3{,}87Z^{2/3}$$

oder

$$0{,}324(Z-1) - 3{,}87[(51-Z)^{2/3} - Z^{2/3}] = 0.$$

Die Lösung läßt sich in wenigen Minuten durch Probieren mit einem Taschenrechner finden. Sie ist $Z = 21{,}7$. Dieser Wert liegt dicht bei dem Element Vanadium ($A = 51$, $Z = 23$). Es existiert auch ein Radioisotop des Titans mit $A = 51$ und $Z = 22$.

Diese vereinfachte Beschreibung der Kernstruktur durch ein Potentialtopfmodell führt also zu recht guten Voraussagen sowohl für das Verhältnis von Protonenzahl zu Neutronenzahl im Kern als auch für die Bindungsenergien. Weitere Voraussagen können z. B. über die Energien der angeregten Zustände gemacht werden (das sind die unterbrochen gezeichneten Linien in Abb. 29-7). Der Abstand zwischen Energieniveaus läßt sich abschätzen, indem man beide Seiten der Gl. (29-10) logarithmiert und dann differenziert:

$$\frac{\Delta E}{E} = \frac{2}{3}\,\frac{\Delta \mathfrak{N}}{\mathfrak{N}}\,.$$

Wird zu einem Kern mit 20 Neutronen ein weiteres Neutron hinzugefügt, dann ist $\Delta\mathfrak{N}/\mathfrak{N} = 0{,}05$ und $\Delta E/E \approx 0{,}03$. Damit wird $\Delta E \approx 0{,}03 \cdot 34$ MeV $= 1{,}1$ MeV. Dieser Energieabstand ist typisch für niedrige Energieniveaus in kleinen bis mittelgroßen Kernen. Bei größeren Kernen ist $\Delta\mathfrak{N}/\mathfrak{N}$ kleiner, und damit ist auch der Abstand zwischen den Energieniveaus kleiner.

Man kann aber nicht nur die Energien angeregter Zustände grob vorhersagen, sondern auch die Drehimpulse. Das soll im nächsten Absatz besprochen werden, wo wir das Potentialtopfmodell verfeinern wollen.

Das Schalenmodell

Zu jedem der Neutronenniveaus in Abb. 29-7 gehört eine stehende Welle (oder Orbital) mit bestimmter Energie und bestimmtem Drehimpuls. Dies gilt sowohl für die besetzten wie auch für die höheren oder angeregten Niveaus. Diese Nukleonenorbitale sind nur dann „stabil“ und besitzen nur dann eine definierte Energie, wenn die mittlere freie Weglänge für ein Nukleon in der Kernmaterie größer ist als der Kerndurchmesser. In der Tat ist die mittlere freie Weglänge aufgrund des Pauli-Prinzips bedeutend größer als 10^{-15} m. Ein Stoß im üblichen Sinn kann nicht stattfinden, da das gestreute Nukleon nirgends Platz findet. Der Impulszustand, den es einnehmen möchte, ist bereits besetzt.

Abb. 29-10 zeigt die berechneten Energieniveaus (und die zugehörigen Drehimpulswerte) für die möglichen stehenden Wellen im Potentialtopf der Abb. 29-7. Die Lage der Energieniveaus ist modifiziert worden unter Berücksichtigung der experimentell beobachteten Tatsache, daß die Kraft auf ein Nukleon größer ist, wenn sein Spin und sein Bahndrehimpuls die gleiche Richtung haben. Die Summe aus Spin und Bahndrehimpuls ist

Energieniveaus

N	l	j	Nukleonenzahl pro Schale	Summe der Zustände
4	0	1/2	2	
5	2	3/2	4	
6	4	7/2	8	
5	2	5/2	6	
7	6	11/2	12	
6	4	9/2	10	
5	3	5/2	6	126 ←
4	1	1/2	2	120
7	6	13/2	14	118
4	1	3/2	4	104
5	3	7/2	8	100
6	5	9/2	10	92
3	0	1/2	2	82 ←
6	5	11/2	12	80
4	2	3/2	4	68
4	2	5/2	6	64
5	4	7/2	8	58
5	4	9/2	10	50 ←
3	1	1/2	2	40
3	1	3/2	4	38
4	3	5/2	6	34
4	3	7/2	8	28 ←
2	0	1/2	2	20 ←
3	2	3/2	4	18
3	2	5/2	6	14
2	1	1/2	2	8 ←
2	1	3/2	4	6
1	0	1/2	2	2 ←

Abb. 29-10. *Relative Abstände der Kernenergieniveaus unter Berücksichtigung der Spin-Bahn-Wechselwirkung (die Kernkraft ist größer, wenn Spin und Bahndrehimpuls parallel sind). Wie beim Wasserstoffatom enthält jedes Energieniveau („Schale“) Unterschalen mit verschiedenen Werten der Quantenzahl m_l. Die Zahlen in der rechten Spalte sind die aufsummierten Nukleonenzahlen dieser Unterschalen. Die magischen Zahlen sind durch Pfeile gekennzeichnet.*

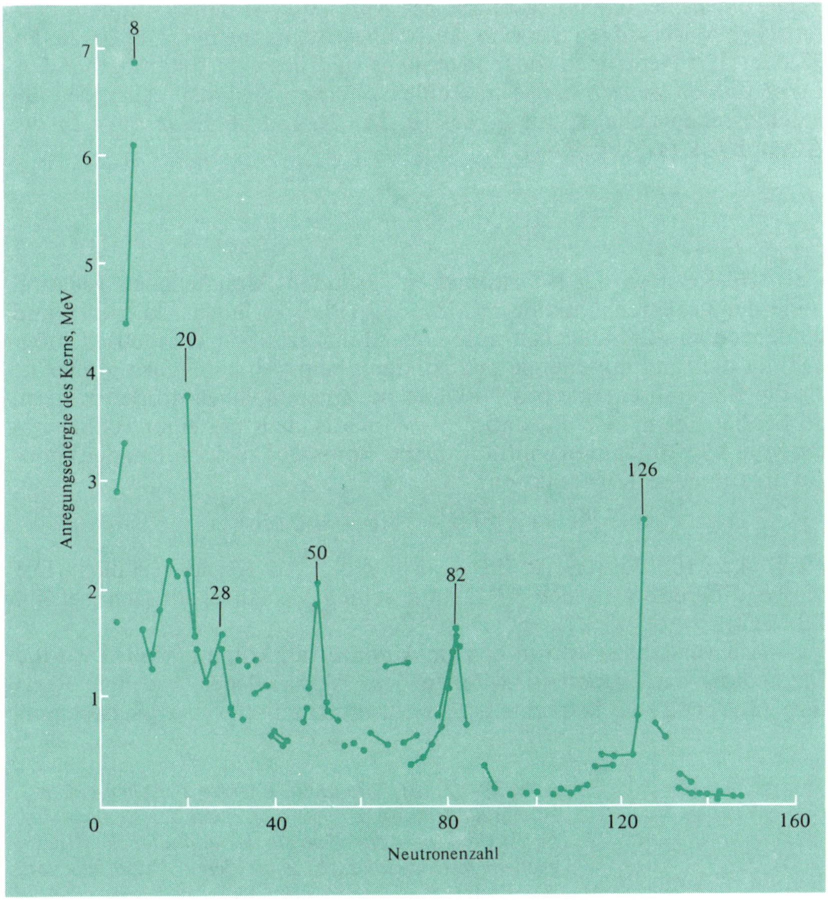

Abb. 29-11. *Gemessene Anregungsenergien für Kerne mit geraden Protonen- und Neutronenzahlen. Die Linien verbinden Kerne mit gleichen Protonenzahlen.*

der Gesamtdrehimpuls j. Es zeigt sich, daß ein Kern, dessen Schale mit den Quantenzahlen $n = 5$, $l = 4$, $j = 9/2$ voll besetzt ist, eine Gesamtzahl von 50 Neutronen (oder 50 Protonen) besitzt. Außerdem erkennt man in Abb. 29-10, daß sich zwischen dieser Energieschale und der nächsthöheren eine große Energielücke befindet. Wir erwarten also, daß Kerne mit 50 Neutronen ($A - Z = 50$) oder 50 Protonen ($Z = 50$) stark gebunden und besonders stabil sind. Diese Tatsache wird in Abb. 29-11 sehr deutlich veranschaulicht. Die Abbildung zeigt, daß man mehr als 2 MeV benötigt, um ein Nuklid mit 50 Neutronen in den nächsthöheren Zustand anzuregen, während für benachbarte Kerne weniger Anregungsenergie ausreicht. Ein weiteres Beispiel dafür, daß Kerne mit der magischen Zahl 50 stärker gebunden sind, ist die Tatsache, daß Zinn ($Z = 50$) zehn stabile Isotope besitzt. Kein anderes Element hat mehr stabile Isotope. Außerdem kommen die Kerne mit 50 Neutronen oder Protonen in der Natur wesentlich häufiger vor als die benachbarten Kerne mit 51 Neutronen oder Protonen.

Die experimentellen Ergebnisse der Abb. 29-11 stimmen mit den theoretischen Vorhersagen der Abb. 29-10 überein: Kerne mit 2, 8, 20, 28, 50, 82 oder 126 Neutronen (oder Protonen) sind besonders stark gebunden. Diese Zahlen werden magische Zahlen genannt. Sie entsprechen den abgeschlossenen Schalen mit 2, 10, 18, 36, 54 und 86 Elektronen in der Atomphysik (s. Abb. 27-1).

29-4 Alphazerfall

Der ^{4}He-Kern wird aus historischen Gründen Alphateilchen genannt. Viele der größeren Nuklide mit $Z > 82$ (Blei) zerfallen radioaktiv und senden dabei Alphateilchen aus. Der Alphazerfall ist energetisch möglich, da die Bindungsenergie pro Nukleon beim Alphateilchen größer ist als die Bindungsenergie pro Nukleon bei einem solchen größeren Kern. So beobachtet man z. B., daß ^{238}U Alphateilchen mit einer Halbwertszeit von $4{,}5 \cdot 10^9$ Jahren emittiert. Dabei kommt es zu der folgenden spontan ablaufenden Kernreaktion:

$$^{238}\mathrm{U} \rightarrow {}^{234}\mathrm{Th} + {}^{4}\mathrm{He} + 4{,}2\ \mathrm{MeV}.$$

Nach $4{,}5 \cdot 10^9$ Jahren ist die Hälfte der ^{238}U-Kerne zerfallen. Die Massendifferenz zwischen ^{238}U und seinen Zerfallsprodukten beträgt 4,2 MeV.

Um zu verstehen, warum es zum Alphazerfall kommt, wollen wir die Darstellung des Potentials zwischen dem Alphateilchen und dem Restkern in Abb. 29-12 betrachten. E_α stellt die kinetische Energie des emit-

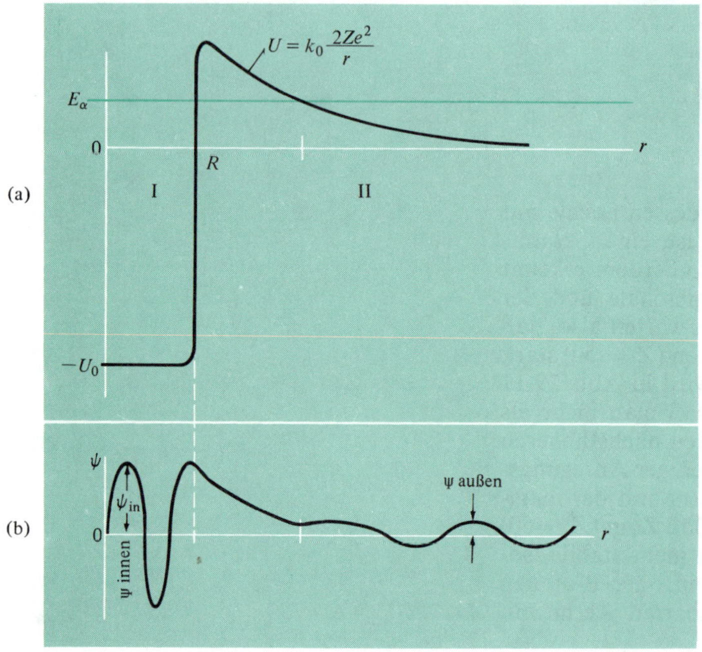

Abb. 29-12. *(a) Potentielle Energie zwischen einem Alphateilchen und dem Restkern mit der Ladung Ze. E_α ist die kinetische Energie des Alphateilchens bei großem Kernabstand. (b) Zugehörige Wellenfunktion*

tierten Alphateilchens dar. Zu Beginn befindet sich das Alphateilchen im Bereich I. Hier kann es durch eine stehende Welle mit der Amplitude ψ_{innen} beschrieben werden. Infolge des Tunneleffekts, der auf Seite 633 erklärt wurde, besitzt die Wellenfunktion einen kleinen „Schwanz", dessen Amplitude in großem Abstand vom Kern $\psi_{\text{außen}}$ ist. Folglich ist die Wahrscheinlichkeit dafür, daß das Alphateilchen bei einem Stoß mit dem Potentialwall aus dem Kern herauskommt, gegeben durch

$$\frac{\text{Wahrscheinlichkeit}}{\text{Stoß}} \approx \frac{|\psi_{\text{außen}}|^2}{|\psi_{\text{innen}}|^2} .$$

Die Anzahl der Stöße pro Sekunde ist etwa

$$\frac{\text{Stöße}}{\text{Sekunde}} \approx \frac{v}{2R},$$

wobei v die Geschwindigkeit des Alphateilchens im Bereich I ist. Multiplizieren wir die beiden vorangehenden Gleichungen miteinander, so erhalten wir

$$\frac{\text{Wahrscheinlichkeit}}{\text{Sekunde}} := \frac{\mathrm{d}p_r}{\mathrm{d}t} \approx \left(\frac{v}{2R}\right) \frac{|\psi_{\text{außen}}|^2}{|\psi_{\text{innen}}|^2} . \tag{29-11}$$

Wir wollen mit τ (tau) die folgende Größe bezeichnen:

$$\tau := \frac{2R}{v} \frac{|\psi_{\text{innen}}|^2}{|\psi_{\text{außen}}|^2} . \tag{29-12}$$

Aus den Gln. (29-11) und (29-12) folgt:

$$\frac{\mathrm{d}p_r}{\mathrm{d}t} = \frac{1}{\tau} . \quad \text{(Zerfallskonstante)}$$

Für n Kerne ist die Anzahl der Zerfälle pro Sekunde gleich

$$\frac{\mathrm{d}n}{\mathrm{d}t} = -n \frac{\mathrm{d}p_r}{\mathrm{d}t} = -n \left(\frac{1}{\tau}\right)$$

$$\frac{\mathrm{d}n}{n} = -\frac{1}{\tau} \mathrm{d}t$$

$$\int \frac{\mathrm{d}n}{n} = -\int \frac{1}{\tau} \mathrm{d}t$$

$$\ln n = -\frac{t}{\tau} + \text{Konstante} .$$

Bildet man auf beiden Seiten die Umkehrfunktion des Logarithmus, so erhält man

$$n = (\text{Konstante})\ e^{-t/\tau}.$$

Es sei n_0 die Anzahl der Kerne bei $t = 0$. Dann folgt:

$$n = n_0\, e^{-t/\tau}. \qquad \textbf{(29-13)}$$

Diese Gleichung ist das radioaktive Zerfallsgesetz. Es ist in Abb. 29-13 aufgetragen.

Die Halbwertszeit T ist definiert als der Wert von t, bei dem $n = \frac{1}{2}n_0$ ist. Setzt man diese Werte in Gl. (29-13) ein, so folgt:

$$\left(\tfrac{1}{2}n_0\right) = n_0\, e^{-T/\tau}$$
$$2 = e^{T/\tau}.$$

Bildet man auf beiden Seiten den natürlichen Logarithmus, so ergibt sich:

$$\ln 2 = \frac{T}{\tau}$$
$$T = 0{,}693\tau.$$

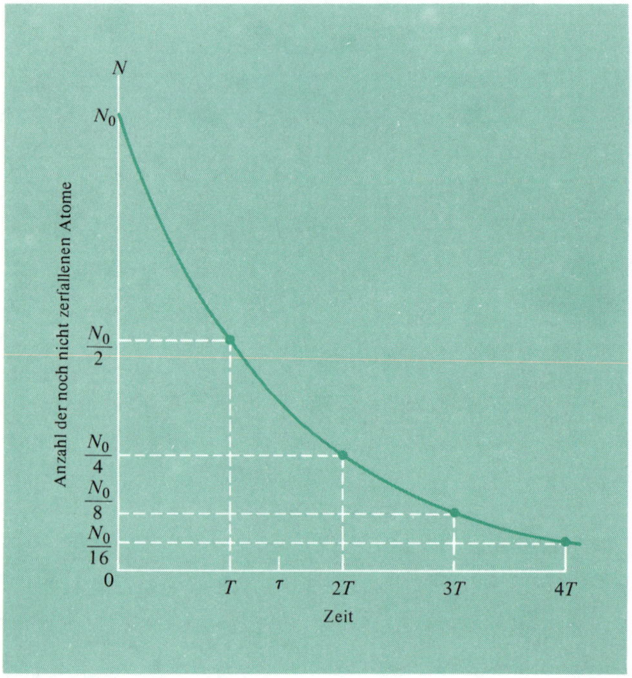

Abb. 29-13. *Radioaktive Zerfallskurve. Aufgetragen ist die Anzahl der noch nicht zerfallenen Atome als Funktion der Zeit über vier Halbwertszeiten.*

Gl. (29-13) kann umgeformt werden, indem man τ durch T ersetzt:

$$n = n_0\, e^{-0{,}693t/T} = n_0(e^{-0{,}693})^{t/T} = n_0(\tfrac{1}{2})^{t/T}.$$

Ersetzt man in Gl. (29-12) τ durch $(1{,}4T)$, so erhält man eine Formel für die Halbwertszeit:

$$T \approx \frac{1{,}4R}{v}\,\frac{|\psi_{\text{innen}}|^2}{|\psi_{\text{außen}}|^2}. \qquad \textbf{(29-14)}$$

Beispiel 9: Wie groß ist die mittlere Lebensdauer als Funktion von τ? (Die mittlere Lebensdauer ist die mittlere Zeit, die ein Kern lebt, bevor er zerfällt.)

Lösung: Liegen anfänglich n_0 radioaktive Kerne vor, so müssen wir ein Zeitmittel mit n als Wichtungsfaktor bilden:

$$t_{\text{mittel}} = \frac{\int t n\,\mathrm{d}t}{\int n\,\mathrm{d}t} = \frac{\int_0^\infty t \exp(-t/\tau)\,\mathrm{d}t}{\int_0^\infty \exp(-t/\tau)\,\mathrm{d}t} = \frac{[\tau^2 e^{-t/\tau}(-t/\tau - 1)]_0^\infty}{[-\tau\, e^{-t/\tau}]_0^\infty} = \tau.$$

Es zeigt sich also, daß die mittlere Lebensdauer gleich τ ist. Dieser Wert wurde als Kehrwert der Zerfallskonstante eines einzelnen Kerns definiert.

Beispiel 10: In einem ^{238}U-Kern stößt ein Alphateilchen $5 \cdot 10^{20}$-mal pro Sekunde auf den Potentialwall. Außerdem gilt $\psi_{\text{außen}}/\psi_{\text{innen}} = 10^{-19}$. (a) Wie groß ist die Wahrscheinlichkeit dafür, daß dieser Kern in einer Sekunde zerfällt? (b) Wie groß ist die mittlere Lebensdauer dieses Kerns?

Lösung: (a) Für die Zerfallskonstante erhält man mit Hilfe von Gl. (29-11):

$$\frac{\mathrm{d}p_r}{\mathrm{d}t} \approx \left(\frac{\text{Stöße}}{\text{Sekunde}}\right)\cdot\left(\frac{\psi_{\text{außen}}}{\psi_{\text{innen}}}\right)^2 = (5\cdot 10^{20})(10^{-38}) = 5\cdot 10^{-18}\ \mathrm{s}^{-1}$$

$$\Delta p_r \approx 5\cdot 10^{-18}\,\Delta t.$$

Für $\Delta t = 1$ s erhält man

$$\Delta p_r \approx 5\cdot 10^{-18}.$$

(b) Die mittlere Lebensdauer ergibt sich aus der Gleichung $\mathrm{d}p_r/\mathrm{d}t = 1/\tau$:

$$\tau = \frac{1}{\frac{\mathrm{d}p_r}{\mathrm{d}t}} = \frac{1}{5 \cdot 10^{-18}\ \mathrm{s}^{-1}} = 2 \cdot 10^{17}\ \mathrm{s} = 6{,}5 \cdot 10^9 \text{ Jahre}.$$

Die Halbwertszeit ist $T = 0{,}693\tau = 4{,}5 \cdot 10^9$ Jahre.

Gl. (29-14) macht deutlich, wie sich mit Hilfe der Quantenmechanik die Erscheinung der Radioaktivität erklären läßt. Mit der Quantentheorie in ihrer heutigen Form können nicht nur der Alphazerfall und weitere radioaktive Zerfallsarten vollständig erklärt werden, sondern auch viele andere Erscheinungen. An dieser Stelle wollen wir uns eine wichtige Eigenschaft der Wahrscheinlichkeit ins Gedächtnis zurückrufen: Hat ein bestimmter Kern zufällig viele Halbwertszeiten überleben können, ohne zu zerfallen, so wird diese Vorgeschichte in keiner Weise seine zukünftige Zerfallswahrscheinlichkeit beeinflussen. Das gilt auch für das Werfen einer Münze. Hat man dabei fünfmal hintereinander „Kopf" geworfen, so ist die Wahrscheinlichkeit dafür, beim sechsten Wurf ebenfalls „Kopf" zu werfen, immer noch 1/2. Wir werden niemals in der Lage sein, vorherzusagen, wann ein bestimmter Kern zerfällt. Alle Kerne der gleichen Sorte haben immer genau die gleiche Zerfallswahrscheinlichkeit, unabhängig davon, wie lange sie schon leben. So wird zum Beispiel die Hälfte der Kerne eines radioaktiven Isotops mit einer einjährigen Halbwertszeit im ersten Jahr zerfallen. Aber für einen bestimmten Kern, der das erste Jahr überlebt hat, stehen die Chancen, im zweiten Jahr zu zerfallen, immer noch 50 zu 50. Überlebt er das zweite Jahr, so ist seine Zerfallswahrscheinlichkeit für das dritte Jahr ebenfalls 1/2.

29-5 Gamma- und Betazerfall

Gammazerfall

Wird ein Nuklid in ein höheres Energieniveau angeregt (das ist eine der unterbrochen gezeichneten Linien in Abb. 29-7), so kann es durch spontane Emission eines Photons in ein tieferes Energieniveau übergehen (s. S. 577). Da der Abstand der Kernenergieniveaus von der Größenordnung 1 MeV ist, besitzen die von Kernen emittierten Photonen größenordnungsmäßig hunderttausendmal mehr Energie als die von Atomen emittierten Photonen. Diese hochenergetischen Photonen aus Atomkernen nennt man häufig Gammastrahlen.

Ein Kern läßt sich auf einfache Weise mit Hilfe von niederenergetischen Neutronen in einen angeregten Zustand bringen. Durchdringt zum Beispiel ein langsames Neutron eine Probe aus ^{238}U, so spürt es, immer wenn es dicht an einem Atomkern vorbeifliegt, die anziehenden Kernkräfte. Die Wahrscheinlichkeit ist recht groß, daß ein Neutron dabei eingefangen wird und einen ^{239}U*-Kern in einem angeregten Zustand bildet. (Ein angeregter Zustand wird durch einen Stern gekennzeichnet.) Ein solcher angeregter Zustand geht durch eine Kaskade von Zerfällen wieder in den Grundzustand über, wobei ein oder mehrere Gammaquanten emittiert werden. Diese Prozesse werden in der für Kernreaktionen üblichen Notation folgendermaßen beschrieben:

$$n + {}^{238}U \rightarrow {}^{239}U^*$$
$${}^{239}U^* \rightarrow {}^{239}U + \gamma.$$

Betazerfall

Als kurz nach der Entdeckung der Radioaktivität im Jahre 1896 die Eigenschaften der radioaktiven Strahlung untersucht wurden, stellte man fest, daß drei verschiedene Strahlungsarten existierten. Diese nannte man Alpha-, Beta- und Gammastrahlung. Einige Jahre später wurde entdeckt, daß die Alphastrahlung aus Heliumkernen bestand und daß Gammastrahlen hochenergetische Photonen waren. Weiter stellte sich heraus, daß die Betastrahlung aus Elektronen oder Positronen bestand. Es wurde beobachtet, daß bestimmte Nuklide beim Zerfall Elektronen emittierten, andere wiederum Positronen. Genauere Messungen zeigen, daß ein solches Elektron oder Positron immer von einem Neutrino oder einem Antineutrino begleitet ist. Ein Neutrino ist ein Elementarteilchen, dessen Ladung und Ruhemasse null sind und das den gleichen Spin wie das Elektron besitzt, also $\frac{1}{2}\hbar$.

Beispiel 11: Mit Hilfe der Unschärferelation zeige man, daß in einem Atomkern kein Elektron gebunden sein kann.

Lösung: Die Unschärfe des Elektronenimpulses ist mindestens

$$\Delta p \approx \frac{\hbar}{\Delta x} \approx \frac{1{,}05 \cdot 10^{-34}}{10^{-15}} \text{ kg m s}^{-1}$$
$$= 1{,}05 \cdot 10^{-19} \text{ kg m s}^{-1} = 197 \text{ MeV}/c.$$

Nach Gl. (9-11) besitzt ein Elektron mit diesem Impuls die Gesamtenergie

$$E = \sqrt{(m_e c^2)^2 + (cp)^2} = \sqrt{(0{,}51)^2 + (197)^2} \text{ MeV} = 197 \text{ MeV}.$$

Dabei wurde $m_e c^2 = 0{,}51$ MeV eingesetzt. Um ein Elektron mit einer kinetischen Energie von 197 MeV zu binden, muß die elektrostatische Bindungsenergie größer als dieser Betrag sein. Die elektrostatische Bindungsenergie ist $k_0 Ze^2/R$. Dieser Ausdruck ist für alle Kerne jedoch kleiner als 10 MeV.

Die moderne Beschreibung des Betazerfalls basiert auf einer Theorie, die im Jahre 1931 von Enrico Fermi aufgestellt wurde. Fermi behauptete, daß ein Proton oder ein Neutron ein Elektron-Neutrino-Paar auf ähnliche Art und Weise emittieren kann, wie ein geladenes Teilchen ein Photon emittiert. Das Elektron-Neutrino-Paar wird durch die schwache Wechselwirkung erzeugt, ebenso wie das Photon durch die elektromagnetische. Vor dem Betazerfall befinden sich weder ein Elektron noch ein Neutrino im Kern.

Das einfachste Beispiel für einen Betazerfall ist der Zerfall eines freien Neutrons in ein Proton mit einer Halbwertszeit von 12 Minuten:

$$n \rightarrow p + (e^- + \bar{\nu}).$$

Das Symbol $\bar{\nu}$ bedeutet Antineutrino. (Der Unterschied zwischen ν und $\bar{\nu}$ wird in Kap. 31 erklärt.) Die Ruhmasse des Neutrons ist um 1,3 MeV größer als die des Protons. Die Gesamtenergie des emittierten Elektron-Neutrino-Paares beträgt deshalb 1,3 MeV. Subtrahiert man davon die Ruhenergie des Elektrons von 0,5 MeV, so bleibt ein Energiebetrag von 0,8 MeV übrig, der als kinetische Energie auf das Elektron und das Neutrino verteilt werden kann.

Wir sahen in Abb. 29-9, daß in einem typischen Atomkern das Neutron und das Proton im obersten Zustand fast die gleiche Energie besitzen. In einem solchen Kern verbietet der Energieerhaltungssatz den Zerfall eines Neutrons in ein Proton. Fügt man einem solchen Kern jedoch ein Neutron hinzu und liegt dessen Energieniveau dann um mehr als 0,5 MeV über dem höchsten Protonen-Energieniveau, so ist die Erzeugung eines Elektron-Neutrino-Paares möglich, und es kann ein Betazerfall stattfinden. Als Beispiel wollen wir den Beschuß von ^{238}U mit Neutronen betrachten. Auf Seite 665 sahen wir, daß ein Neutroneneinfang zur Bildung des Kerns ^{239}U führt. Das höchste Neutronen-Energieniveau dieses Uranisotops liegt um 1,8 MeV über dem höchsten Protonen-Energieniveau. Demzufolge ist die Emission eines Elektron-Neutrino-Paares mit einer kinetischen Energie von 1,3 MeV möglich:

$$^{239}U \rightarrow {}^{239}Np + e^- + \bar{\nu}.$$

Die beobachtete Halbwertszeit beträgt 24 Minuten. Wie sich zeigt, ist das Neptunium instabil und emittiert ebenfalls Betrastrahlung:

$$^{239}Np \rightarrow {}^{239}Pu + e^- + \bar{\nu}.$$

Die Halbwertszeit beträgt hier 2,35 Tage. Durch diesen zweistufigen Prozeß werden die beiden höchsten Neutronen-Energieniveaus entleert und gleichzeitig zwei Protonen-Energieniveaus aufgefüllt. Die höchsten Protonen- und Neutronen-Energieniveaus des entstehenden ^{239}Pu-Kerns (Plutonium) liegen nahe beieinander, so daß ein Betazerfall dieses Nuklids verboten ist. Es zerfällt jedoch mit einer Halbwertszeit von 24000 Jahren durch Emission von Alphateilchen. Wie wir im nächsten Abschnitt sehen werden, besitzt das Plutonium eine noch wichtigere Eigenschaft: Es kann durch ein Neutron zum Zerfall durch Kernspaltung stimuliert werden.

29-6 Kernspaltung

Wie wir in Abb. 29-8 gesehen haben, wächst die Bindungsenergie pro Nukleon mit A bis zu etwa $A = 50$ an. Diese Erscheinung kann als das Ergebnis einer Addition von Kräften erklärt werden: Ein einzelnes Nukleon wird stärker gebunden, wenn es durch mehrere Nukleonen angezogen wird, nicht nur durch eins oder zwei. Wird A größer als etwa 50, so nimmt die Bindungsenergie pro Nukleon mit wachsendem A jedoch ab. Dieses Verhalten weist auf die kurze Reichweite der Kernkraft hin (etwa einen Nukleonendurchmesser). Über diese Reichweite hinaus überwiegt die elektrostatische Abstoßung, d. h., haben zwei Protonen einen größeren Abstand als $\approx 2{,}5 \cdot 10^{-15}$ m, so wirkt eine abstoßende Kraft, keine anziehende.

Zwei Folgen dieses Verlaufs der Bindungsenergie als Funktion von A sind die Kernfusion und die Kernspaltung. Bringt man ein Proton und ein Elektron zusammen, so wird ein Energiebetrag von 13,6 eV frei, mit dem Ergebnis, daß die Masse des Wasserstoffatoms um 13,6 eV kleiner ist als die Summe der Massen des freien Elektrons und Protons. In ähnlicher Weise besitzen zwei leichte Kerne eine größere Masse oder Ruhenergie als ihr Summenkern. Gelingt es, die Kerne dicht genug zusammenzubringen, so verschmelzen sie zum Summenkern. Dabei wird ein Energiebetrag frei, welcher der Massendifferenz entspricht. Dieser Prozeß heißt Kernverschmelzung oder Kernfusion. In Abschn. 29-7 wird sich zeigen, daß diese Massendifferenz größer als 0,5 % sein kann. Wenn andererseits ein *schwerer* Kern in zwei kleinere gespalten wird, so werden die beiden Bruchstücke eine geringere Masse besitzen als der Ursprungskern. Die Massendifferenz kann bis zu 0,1 % betragen. Ein großer Kern besitzt also die Neigung, sich in zwei kleinere Kerne zu spalten, wobei Energie frei wird. Die Energie einer Atombombe und eines Kernreaktors wird durch Kernspaltung freigesetzt. Die Energie der Wasserstoffbombe kommt von der Kernfusion.

Man kann den Alphazerfall (s. Abschn. 29-4) als unsymmetrische Kernspaltung betrachten. Dabei spaltet sich der Mutterkern M in ein kleines Alphateilchen und einen großen Restkern M'. Ein Alphazerfall ist nur möglich, wenn bei der Kernreaktion

$$M \to M' + \alpha$$

die Masse von M größer ist als die Summe der Massen von M' und dem Alphateilchen. Es zeigt sich, daß die Massenbeziehung $M > (M' + M_\alpha)$ für alle Kerne mit $Z > 82$ (Blei) gilt. Jenseits von $Z = 92$ (Uran) sind die Halbwertszeiten für den Alphazerfall jedoch wesentlich kürzer als das Alter der Erde. Aus diesem Grunde gibt es auf der Erde keine natürlich vorkommenden Elemente, deren Kernladungszahlen größer als 92 sind. Solche Elemente lassen sich jedoch künstlich erzeugen. So kann z. B. Plutonium ($Z = 94$) in Kernreaktoren aus Uran hergestellt werden. Das geschieht inzwischen so häufig, daß ein Gramm Plutonium nur noch etwa DM 30,– kostet. Bis jetzt sind Elemente bis hinauf zu $Z = 106$ künstlich erzeugt worden, jedoch zu viel höheren Preisen und üblicherweise nur in sehr kleinen Mengen. Es ist zu erwarten, daß es den Radiochemikern schließlich auch gelingen wird, Elemente mit Kernladungszahlen > 106 in winzigsten Mengen zu erzeugen.

Gelänge es, einen großen Urankern in zwei Teile zu spalten, so würden sich die entstehenden zwei Nukleonengruppen in stärker gebundene Kerne umordnen. Bei dem Umordnungsprozeß würde Energie frei werden. Eine spontane Kernspaltung ist also nach dem Energieerhaltungssatz erlaubt. Der Potentialwall ist jedoch bei natürlich vorkommenden Kernen so groß, daß die Wahrscheinlichkeit für eine spontane Kernspaltung sogar noch kleiner ist als die Wahrscheinlichkeit für einen Alphazerfall. So beträgt z. B. die Halbwertszeit für spontane Kernspaltung von ^{238}U $8 \cdot 10^{15}$ Jahre. Diese Zeit ist mehr als eine Million Mal länger als das Alter der Erde. Wird andererseits ein solcher Kern von einem Neutron getroffen, so kann er in ein höheres Energieniveau übergehen, welches näher am höchsten Punkt des Potentialwalls liegt. Damit wird eine Kernspaltung wahrscheinlicher. Außerdem kann ein solcher angeregter Zustand einen großen Drehimpuls besitzen und von eiförmiger Gestalt sein. Für die äußeren Enden eines solchen Kerns ist es dann leichter, den Potentialwall zu durchtunneln, da sie schon teilweise in den Wall eingedrungen sind. Folglich stellt der Wall für einen eiförmigen Kern ein geringeres Hindernis dar. Beim Einfang eines langsamen Neutrons durch einen ^{235}U- oder einen ^{239}Pu-Kern werden Zustände gebildet, die nach einer äußerst kurzen Lebensdauer durch Kernspaltung zerfallen. Die Massendifferenz zwischen einem Urankern und den typischerweise auftretenden Spaltprodukten ist so groß, daß bei der Spaltung eines Urankerns ein mittlerer Energiebetrag von 200 MeV frei wird. Da die Ruhmasse eines Urankerns $2{,}2 \cdot 10^5$ MeV beträgt, bedeutet dies, daß etwa 0,1 % der Ruhmasse in Energie umgewandelt wird.

Da ein Gramm Materie einen Energieinhalt von $mc^2 = 9 \cdot 10^{13}$ J besitzt, werden bei der Spaltung von einem Gramm Uran fast $9 \cdot 10^{10}$ J frei. Das ist etwa drei Millionen Mal mehr als die Energie, welche bei der Verbrennung von einem Gramm Kohle freigesetzt wird ($2{,}9 \cdot 10^4$ J). Andererseits ist ein Gramm Uran teurer als ein Gramm Kohle. Dennoch ist bei Kohle der Preis pro Joule 400mal größer als bei Uranbrennstoff. In den Vereinigten Staaten rechnen gegenwärtig Energieerzeuger, die sowohl Kohle als auch Kernreaktoren benutzen, mit einem Preis von

Abb. 29-14. (*a*) *Die dargestellten Mausefallen sind gespannt, und jede trägt zwei Tischtennisbälle. Eine Mausefalle stellt einen ^{235}U-Kern dar und die Tischtennisbälle die bei der Kernspaltung freigesetzten Neutronen. Einige Sekunden, nachdem ein zusätzlicher Tischtennisball (ein Neutron) auf die Mausefallen geworfen wurde, ist Bild (b) aufgenommen worden. Die Kettenreaktion dauert mehrere Sekunden.*

(a)

(b)

3,4 Pfennig/kWh bei Kohlekraftwerken und von 2,1 Pfennig/kWh bei Kernkraftwerken (die Zahlen stammen aus dem Jahre 1974). Man rechnet jedoch damit, daß in Gebieten, in denen Kohle produziert wird, die Energieerzeugung mit Kohle wirtschaftlicher ist als die Kernenergie.

Der Kernspaltungsprozeß kann so geführt werden, daß er sich in Form einer Kettenreaktion selbst aufrecht erhält. Bei jedem Spaltvorgang werden zwei oder drei Neutronen frei. Gelingt es einem Neutron, einen weiteren Urankern zu spalten, so hält sich der Prozeß von selbst in Gang (s. Abb. 29-14). Eine Masse spaltbaren Materials, die diese Bedingung erfüllt, wird als kritisch bezeichnet. Ein Versuchsaufbau mit einer solchen kritischen Masse spaltbaren Materials wurde erstmals von Enrico Fermi in einer ehemaligen Squash-Halle der Universität von Chicago errichtet. Heute ist an dieser Stelle eine Gedenktafel aus Bronze mit dem folgenden Text angebracht: „An dieser Stelle gelang es der Menschheit am 2. Dezember 1942 zum ersten Mal, eine sich selbst erhaltende Kettenreaktion in Gang zu setzen. Damit begann die kontrollierte Freisetzung der Kernenergie." Neben der Tafel steht die in Abb. 29-15 dargestellte Skulptur.

Abb. 29-15. *Das Atomzeitalter. Skulptur von Henry Moore, die von der University of Chicago zum Gedenken an den Beginn der Nutzung der Kernkraft in Auftrag gegeben wurde.*

Eine bestimmte Masse von ^{235}U oder ^{239}Pu kann auch in einen überkritischen Zustand gebracht werden. Dabei induzieren die Neutronen eines einzigen Kernspaltungsprozesses mehr als nur eine sekundäre Spaltungsreaktion. Da die Geschwindigkeit der Neutronen größer als 10^8 cm/s ist, kann sich eine überkritische Masse in wesentlich kürzerer Zeit als einer tausendstel Sekunde „aufzehren", d. h., sie explodiert. Das ist die Funktionsweise einer Atombombe. Die allgemein übliche Methode, eine Plutoniumkugel überkritisch zu machen, ist die Implosionstechnik. Dabei wird eine unterkritische Plutoniumkugel mit chemischem Sprengstoff umgeben. Explodiert der Sprengstoff, so wird die Kugel in sehr kurzer Zeit komprimiert. Da sich ihre Dichte dadurch wesentlich vergrößert, ist die Neutronen-Absorptionsrate in der Kugel größer als die Neutronen-Verlustrate nach außen. Das ist die Bedingung für den überkritischen Zustand. Es zeigt sich, daß die Explosion einer Atombombe mit relativ hohem Wirkungsgrad erfolgt (d. h., der größte Teil des Plutoniums wird verbraucht und fliegt nicht durch die Explosion auseinander). Die chemische Energie, die bei der Explosion von einer Tonne TNT freigesetzt wird, ist 10^9 cal oder $4 \cdot 10^9$ J. Eine Atombombe, welche 1 kg Plutonium oder ^{235}U verbraucht, setzt eine Energie von $\approx 8 \cdot 10^{13}$ J frei. Das ist 20000mal mehr Energie, als bei der Explosion von einer Tonne TNT entsteht. Deshalb heißt eine solche Bombe eine 20-Kilotonnen-Bombe. Heutige Megatonnen-Bomben sind etwa eine Million Mal stärker als konventionelle TNT-Sprengkörper. Atombomben setzen aber nicht nur millionenfach größere Energien frei: Jedes Gramm Plutonium oder Uran, das verbraucht wird, erzeugt zusätzlich fast ein Gramm Spaltprodukte, die anfangs alle radioaktiv sind. Das ist ein ungeheuer großer Betrag an Radioaktivität.

Ob der Uranbrennstoff nun schnell „verbrannt" wird, wie in einer Bombe, oder langsam, wie in einem Kernreaktor: die resultierende Radioaktivität stellt ein ernstes Problem dar. Ein großer Teil der Kosten von Kernreaktoren entsteht durch die aufwendigen Sicherheitsvorkehrungen zur Vermeidung von Unfällen sowie durch die Aufarbeitung der radioaktiven Abfälle. Käme es zu einem Unfall, wie z. B. durch Kühlwasserverlust oder Versagen der Kontrollstäbe, so würde ein Kernreaktor nicht wie eine Atombombe explodieren. Er könnte jedoch im Innern schmelzen und dabei Radioaktivität in die unmittelbare Umgebung abgeben. Aus Sicherheitsgründen sind kommerzielle Kernreaktoren mit Notkühlsystemen für den Reaktorkern ausgestattet. Außerdem sind sie in Hochdruckgefäße eingeschlossen. Es ist schwer, zuverlässige Schätzwerte für die Wahrscheinlichkeit von Reaktorunfällen und für die Anzahl der dabei zu erwartenden Todesfälle anzugeben. Viele Fachleute sind der Meinung, daß der Mensch durch Umweltverschmutzung mit konventionellen Kohlekraftwerken stärker gefährdet ist als durch mögliche Strahlungsgefahren von Kernkraftwerken. Zusätzlich ergibt sich bei Kernkraftwerken das Problem der Langzeitlagerung der radioaktiven Spaltprodukte („Atommüll“).

Man rechnet damit, daß die Kernkraft den Weltenergiebedarf zu decken hilft, wenn die Erdölproduktion mit dem Verbrauch nicht mehr mithalten kann. Erwartungsgemäß wird die Erdölknappheit weltweit etwa um das Jahr 1990 ernste Ausmaße anzunehmen beginnen. Eventuell sind die Erdölvorräte etwa 20 Jahre später völlig erschöpft. Der an ^{235}U angereicherte Kernbrennstoff, den die USA zum Betreiben ihrer Leichtwasserreaktoren benötigen, wird erwartungsgemäß etwa um die gleiche Zeit knapp werden. Geht man jedoch zu Schwerwasserreaktoren über, deren Brennstoffreaktoren von einer kleineren Anzahl von Brüterreaktoren erzeugt wird, so reicht der Vorrat an spaltbarem Material beliebig lange.

29-7 Kernfusion

Abb. 29-8 zeigt, daß zwei leichte Kerne eine größere Masse oder Ruhenergie besitzen als ihr Summenkern. Ist es also möglich, sie zu verschmelzen, so hat der resultierende Kern eine kleinere Masse, und die Massendifferenz wird in Form von Energie freigesetzt. Werden z. B. zwei Deuteronen zu einem Heliumkern vereinigt, so ist die Masse dieses Heliumkerns um 24 MeV kleiner als die Masse der Deuteronen, d. h., es wird eine Fusionsenergie von 24 MeV freigesetzt. Fügt man also zwei Deuteronen zu einem Heliumkern zusammen, so werden 0,6 % der ursprünglichen Ruhenergie in Energie umgewandelt. Wenn es gelänge, diesen Fusionsprozeß zur Energieerzeugung auszunutzen, so wäre sein Wirkungsgrad etwa sechsmal größer als der Wirkungsgrad bei der Uranspaltung. Außerdem existiert ein unbegrenzter und billiger Deuteriumvorrat im Wasser von Seen und Ozeanen, was sich von anderen Brennstoffen nicht behaupten läßt. Die Weltvorräte an Gas und Erdöl werden in wenigen Jahrzehnten erschöpft sein. Sogar die Kohle- und Uranvorräte reichen höchstens für einige Jahrhunderte. Das große Hindernis, das der unbegrenzten Energiegewinnung aus Meerwasser im Wege steht, ist das Coulomb-Gesetz. Die elektrostatische Abstoßung zwischen zwei Deuteronen läßt es bei Raumtemperatur nicht zu, daß sie sich bis auf die Reichweite der anziehenden Kernkräfte nähern können.

Beispiel 12: Wie groß ist die Höhe des elektrostatischen Potentialwalls in MeV, wenn sich zwei Deuteronen bis auf einen Abstand von 10^{-14} m nähern müssen, damit die Kernkraft die abstoßende elektrostatische Kraft überwinden kann?

Lösung: $$U = k_0 \frac{e^2}{r} = (9 \cdot 10^9) \frac{(1{,}6 \cdot 10^{-19})^2}{10^{-14}}\,\mathrm{J}$$
$$= 2{,}3 \cdot 10^{-14}\,\mathrm{J} = 0{,}14\,\mathrm{MeV}.$$

Beispiel 13: Jedes Deuteron besitze eine Energie von $\frac{3}{2}kT$. Welche Temperatur ist zur Überwindung des Potentialwalls nötig?

Lösung: Nach Beispiel 12 müssen die beiden Deuteronen eine Energie von 0,14 MeV besitzen. Das sind 0,07 MeV pro Deuteron.

$$\tfrac{3}{2}kT = 0{,}07\,\mathrm{MeV} = 1{,}15 \cdot 10^{-14}\,\mathrm{J}$$
$$T = 5{,}6 \cdot 10^8\,\mathrm{K}.$$

Aus diesem Beispiel ergibt sich, daß Kernfusion eintritt, wenn es gelingt, Deuterium auf $\approx 5 \cdot 10^8$ K zu erhitzen. Infolge des Tunneleffekts muß die Temperatur nicht ganz so hoch sein. Eine Temperatur von $\approx 5 \cdot 10^7$ K ist für die kontrollierte Freisetzung von Energie ausreichend. Diese Temperatur genügt auch, um die thermonukleare Explosion einer Wasserstoffbombe auszulösen. Kernreaktionen, die Temperaturen in der Größenordnung von Millionen Grad benötigen, heißen thermonukleare Reaktionen. Die Temperaturen, die kurzzeitig bei der Explosion einer Atombombe entstehen, reichen aus, um thermonuklearen Brennstoff zu zünden.

Anstelle von flüssigem Deuterium verwendet man die Verbindung LiH, und zwar die Isotope ^{6}Li für Lithium und ^{2}H (Deuterium) für Wasserstoff. ^{6}Li absorbiert die Neutronen, die bei der folgenden Reaktion frei werden:

$$^2\mathrm{H} + {}^2\mathrm{H} \rightarrow {}^3\mathrm{He} + \mathrm{n},$$

d. h.

$$\mathrm{n} + {}^6\mathrm{Li} \rightarrow {}^3\mathrm{H} + {}^4\mathrm{He}.$$

Das entstehende Tritium (^{3}H) wird in der darauf folgenden Reaktion benutzt:

$$^2\mathrm{H} + {}^3\mathrm{H} \rightarrow {}^4\mathrm{He} + \mathrm{n}.$$

Im Endeffekt wird also billiges Lithium-6-Deuterid (^{6}Li^{2}H) „verbrannt" und dabei ^{3}He, ^{4}He und Neutronen gebildet. Ist diese thermonukleare Reaktion einmal „gezündet", so reicht die dabei frei werdende Energie aus, um die hohe Temperatur so lange aufrechtzuerhalten, bis ein großer Teil des Ausgangsmaterials „verbrannt" ist. So funktioniert eine Wasserstoffbombe. Der thermonukleare Brennstoff einer Wasserstoffbombe (Lithium-6-Deuterid) ist sehr billig. Es gibt keine obere Grenze für die

Menge, die in einer einzelnen Bombe verwendet werden kann. Es wurden Wasserstoffbomben getestet, welche die gleiche Energie freisetzten wie 60 Megatonnen TNT.

Die bei einer rein thermonuklearen Wasserstoffbombenexplosion freigesetzte Energie kann mit geringen zusätzlichen Kosten durch Verwendung eines ^{238}U-Mantels fast verdoppelt werden. Einige Neutronen aus der thermonuklearen Reaktion führen zu Kernspaltungsprozessen in ^{238}U, was zu noch mehr Neutronen für die Verbrennung von ^{6}Li führt, usf. Daher wird bei den meisten Wasserstoffbomben fast genausoviel Energie durch Kernspaltung wie durch Kernfusion freigesetzt. Und natürlich entstehen dabei auch alle gefährlichen radioaktiven Abfallprodukte der Kernspaltung.

Kontrollierte Kernfusion

Um nutzbare Energie aus Kernfusionsprozessen zu gewinnen, muß man thermonukleare Reaktionen kontrolliert ablaufen lassen. Dazu müssen Wege gefunden werden, Temperaturen von vielen Millionen Grad zu erzeugen und aufrechtzuerhalten. Eines der dabei auftretenden technischen Probleme besteht darin, das Gas oder Plasma bei den erforderlichen hohen Temperaturen so einzuschließen, daß die Gefäßwände nicht schmelzen. Bisher wurden große Anstrengungen unternommen, um dieses technologische Problem zu lösen. Bei dem Versuch, das Plasma von den Wänden fernzuhalten, werden starke Magnetfelder benutzt. Das Problem besteht darin, das Plasma lange genug einzuschließen, um mehr Energie zu erzeugen, als zum Betrieb des thermonuklearen Reaktors nötig ist. Die längsten bisher erzielten Einschlußzeiten sind noch etwa um einen Faktor 50 zu klein. Einige Experten rechnen damit, daß man noch vor Ende dieses Jahrhunderts mit einem Erfolg rechnen kann. Abb. 29-16 zeigt einen vorläufigen Entwurf für einen Fusionsreaktor.

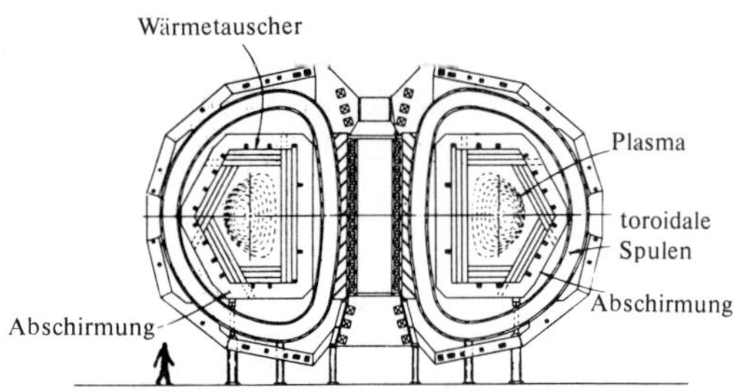

Abb. 29-16. *Vorläufiger Entwurf für einen thermonuklearen Reaktor mit magnetischem Einschluß. Das Magnetfeld wird durch supraleitende Spulen erzeugt. Ein solcher Reaktor würde* ≈ 750 MW *abgeben. Dieser Entwurf ist das Ergebnis der Oak Ridge National Laboratory Fusion Power Demonstration Study.* [*Mit freundlicher Genehmigung von Don Steiner, Oak Ridge National Laboratory*]

Ein thermonukleares Kraftwerk ist weit weniger radioaktiv als ein Kernreaktor, da keine Spaltprodukte vorhanden sind. Es wird jedoch eine große Anzahl von Neutronen freigesetzt, die, wenn sie eingefangen werden, normalerweise radioaktive Isotope erzeugen. Deshalb wurde vorgeschlagen, die Plasmakammer mit einem Lithiummantel zu umgeben. Die Neutronen erzeugen dann Tritium (^{3}H mit einer Halbwertszeit von 12 Jahren). Tritium kann wieder als Brennstoff verwendet werden. Eine andere Möglichkeit besteht darin, einen Mantel aus Uran oder Thorium zu verwenden, um damit spaltbares Material für Kernreaktoren zu „erbrüten". Gelingt es mit der zuletzt geschilderten Möglichkeit, Energie zu einem kleineren Gesamtpreis zu erzeugen, so werden thermonukleare Kraftwerke schließlich genausoviel Radioaktivität aufweisen wie die heutigen Kernkraftwerke. Eine sehr ähnliche Anordnung wird Hybridreaktor genannt. In einem solchen Reaktor bewirken Neutronen, die bei der Kernfusion freigesetzt werden, Kernspaltungsprozesse in ^{238}U. Die Energie wird dann zu gleichen Teilen aus der Kernfusion und aus der Kernspaltung gewonnen. Alle bisher vorgeschlagenen Fusionsreaktorkonzepte versprechen kaum, mit der Erzeugung von Energie aus fossilen Brennstoffen konkurrenzfähig zu sein.

Eine weitere Möglichkeit thermonuklearer Energiegewinnung besteht darin, einen gangbaren Weg zur Erschließung der bei einer Wasserstoffbombenexplosion freigesetzten Energie zu finden. Es wurden Studien zur Energiegewinnung aus kleinen Wasserstoffbomben angefertigt, die man tief unter der Erdoberfläche in wiederverwendbaren Hohlräumen explodieren lassen will. Möglicherweise ist diese Methode mit der Technik des magnetischen Einschlusses wirtschaftlich konkurrenzfähig.

Bei einer verkleinerten Version dieser Methode benutzt man winzige „Wasserstoffbomben", deren Durchmesser weit unter 1 cm liegt. Eine kleine Kugel (ein Pellet) thermonuklearen Brennstoffs läßt sich rasch zu hohen Temperaturen komprimieren, indem man sie mit einer Reihe von Laserimpulsen großer Intensität beschießt. Anstelle von Laserstrahlen können auch Elektronenstrahlen oder schwere Ionen benutzt werden. Für eine hinreichend große Energieausbeute müssen mehrere Pellets pro Minute zur Implosion gebracht werden.

In der Natur existiert eine weitere Einschlußmethode, die zu kontinuierlicher Energiegewinnung führt, der Schwerkrafteinschluß. Zur Erzeugung eines ausreichenden Gravitationsfeldes benötigt man jedoch eine Masse, die etwa der Sonnenmasse entspricht. Wie wir im nächsten Kapitel sehen werden, ist die Energiequelle der Sterne thermonuklearer Natur.

Zusammenfassung

Der Kerndurchmesser läßt sich durch Diffraktionsstreuung, Elektronenstreuung oder durch Neutronenabsorption bestimmen. Daraus ergibt sich für den Radius R der Atomkerne: $R \approx (1{,}2 \cdot 10^{-15}\ \text{m})\, A^{1/3}$.

Schießt man ein Elektron auf den Rand eines Kerns mit der Ladung Ze und dem Radius R, so ist der klassische Ablenkwinkel gegeben durch

$$\tan\frac{\theta}{2} = k_0 \frac{Ze^2}{Rpv}\,.$$

Die Nukleon-Nukleon-Kraft kann durch einen kastenförmigen Potentialtopf mit dem Radius $r_0 = 2{,}3 \cdot 10^{-15}$ m und der Tiefe 29 MeV (für parallele Spins) angenähert werden. In einem solchen Potential besitzt die stehende Welle des Nukleons im tiefsten Zustand eine Energie von $E = -2{,}22$ MeV. Dieser Wert entspricht der beobachteten Bindungsenergie des Deuterons.

Bei Kernen mit vielen Nukleonen ist die effektive Potentialtopftiefe etwa 42 MeV. Setzt man den bekannten Wert für die Neutronendichte in die Formel für die Fermi-Energie ein, so erhält man $K_f = 34$ MeV. Das zugehörige Energieniveau hat eine Energie von $E = K_f + U = (34 - 42)\ \text{MeV} = -8$ MeV. Die energiereichsten Protonen eines Kerns besitzen etwa diese Energie. Der Energiebetrag, den man zur Abtrennung eines Protons oder Neutrons von einem typischen mittelschweren Kern benötigt, ist 8 MeV. Berücksichtigt man in diesem Potentialtopfmodell die experimentell ermittelte Stärke der Spin-Bahn-Wechselwirkung, so ergibt sich das Schalenmodell mit den magischen Zahlen 2, 8, 20, 50, 82, 126. Bei diesen Werten kommt es zu stärker gebundenen Kernen.

Der Alphazerfall kann mit Hilfe des quantenmechanischen Tunneleffekts berechnet werden (das Alphateilchen „tunnelt“ durch den Coulomb-Wall). Die mittlere Lebensdauer beim Alphazerfall ist

$$\tau \approx \frac{2R}{v} \frac{|\psi_{\text{innen}}|^2}{|\psi_{\text{außen}}|^2}.$$

Hat man ursprünglich n_0 radioaktive Kerne vorliegen, so ist ihre Anzahl nach der Zeit t gegeben durch $n = n_0 \exp(-t/\tau)$.

Ein Atomkern in einem angeregten Zustand kann, ebenso wie ein angeregtes Atom, durch spontane Emission ein Photon emittieren. Dieser Prozeß heißt Gammazerfall. Der Betazerfall ist ein ähnlicher quantenmechanischer Prozeß, bei dem anstelle eines Photons ein Elektron-Neutrino-Paar emittiert wird.

Plutonium kann auf die folgende Art und Weise erzeugt werden: Man bestrahlt ^{238}U mit Neutronen und erhält ^{239}U, das durch Betazerfall in ^{239}Np übergeht. Daraus entsteht durch Betazerfall ^{239}Pu. Sowohl ^{235}U wie auch ^{239}Pu werden durch Absorption eines niederenergetischen Neutrons gespalten. Da die Spaltprodukte stärker gebunden sind (um etwa 1 MeV pro Nukleon), wird bei der Spaltung eine Energie von etwa 200 MeV freigesetzt.

Energie entsteht auch bei der Fusion zweier kleiner Kerne, wie ^{2}H, ^{3}H oder ^{6}Li. Man muß sehr hohe Temperaturen erzeugen ($\approx 10^8$ K), um zwei positiv geladene Kerne so nahe aneinander zu bringen, daß sie durch die anziehende Kernkraft zu einem größeren, stärker gebundenen Kern verschmolzen werden.

Aufgaben

1. Angenommen, das Neutron bestehe aus einem Kern mit dem Radius $R_{\text{Kern}} = 0{,}1$ fm und der Ladung $+e$, umgeben von einer größeren geladenen Wolke vom Radius 1 fm und der Ladung $-e$. Wie groß muß bei einem Streuexperiment mit Elektronen $\theta_{\max}$ für den Kern des Neutrons sein, wenn die Elektronenenergie 10 GeV beträgt?
2. Wie groß ist die elektrostatische potentielle Energie zweier Protonen, deren Abstand 1 fm beträgt?
3. Wie groß ist der Abstand benachbarter Nukleonen bei einer Dichte von $1{,}38 \cdot 10^{44}$ Nukleonen/m^3? (Die Nukleonen seien wie in einem kubischen Kristallgitter angeordnet.)
4. Wie groß ist die elektrostatische potentielle Energie eines Protons, das sich an der Oberfläche eines Kupfer-Atomkerns befindet?
5. Bestimme mit Hilfe der Abb. 29-10 die auf 126 folgende magische Zahl.
6. Welcher Wert wird in Beispiel 10 für die mittlere Geschwindigkeit v des Alphateilchens im Innern des Kerns benutzt?
7. Die Halbwertszeit von Radium beträgt 1600 Jahre. Welcher Bruchteil einer bestimmten Menge Radium ist nach 3200 Jahren zerfallen?
8. Welche Zeit ist länger: zwei Halbwertszeiten oder drei mittlere Lebensdauern?
9. Wieviel Prozent eines radioaktiven Materials zerfällt innerhalb einer (zwei) Lebensdauern?
10. Man betrachte 1000 radioaktive Kerne mit einer Halbwertszeit T. Wieviel sind nach der Zeit $T/2$ noch übrig?

11. Die Sonne hat eine Masse von $2 \cdot 10^{30}$ kg und eine mittlere Dichte von $1{,}4 \cdot 10^2$ kg/m³. Wie groß wäre der Sonnendurchmesser, wenn sie die gleiche Masse, aber die Dichte von Kernmaterie besäße?

12. In einer thermonuklearen Bombe setzen 18 kg explosives Material die gleiche Energie frei wie eine Million Tonnen TNT. Eine Tonne TNT setzt 10^9 cal frei. Wieviel Gramm des thermonuklearen Explosivstoffs werden in Energie umgewandelt?

13. Ein großer Kern X besitze 204 Nukleonen und habe eine Bindungsenergie von 8 MeV pro Nukleon. Die Ruhenergie eines freien Protons oder eines freien Neutrons sei 940 MeV.

(a) Bestimme die Ruhenergie des Kerns X.

(b) Der Kern X emittiere ein Alphateilchen (28 MeV Bindungsenergie) und verwandle sich dadurch in den Kern Y, dessen Bindungsenergie 8,1 MeV pro Nukleon betrage. Bestimme die kinetische Energie, die bei diesem Prozeß frei wird.

14. Die Ruhenergien von Tritium und Helium-3 sind $M(^3\mathrm{H}) = 2805{,}205$ MeV und $M(^3\mathrm{He}) = 2804{,}676$ MeV. Die Ruhenergie des Elektrons ist 0,511 MeV. Ist ein Betazerfall von Tritium möglich? Wenn ja, wie groß ist die Energie der Betastrahlen?

15. Besitzt ein Stern einen Radius von $R = 2GM/c^2$, so kann Licht ihn nicht verlassen: er ist ein Schwarzes Loch. Man betrachte einen Stern, dessen Radius durch diese Gleichung gegeben und dessen Dichte gleich der eines typischen Atomkerns sei. Wie groß ist sein Radius, und wie groß ist seine Masse? Vergleiche mit der Sonnenmasse.

16. Zeige, daß der Stoßquerschnitt von Neutronen im Falle kleiner Plattendicke x gegeben ist durch

$$\sigma = \frac{N_{\mathrm{ein}} - N}{N_{\mathrm{ein}}} \frac{A}{N_a}.$$

A ist die Fläche der Platte und N_a die Anzahl der Atome in der Platte.

17. Der Stoßquerschnitt von Kupfer für Neutronen sei 0,65 barn. Welche Plattendicke reduziert einen Neutronenstrahl um einen Faktor $1/e$?

18. $U_0 = 25$ MeV und die Bindungsenergie des Deuterons von 2,2 MeV seien gegeben. Mit Hilfe von Gl. (29-8) bestimme man r_0, den Radius des rechteckigen Potentialtopfes.

19. In einem bestimmten schweren Kern stoße ein Alphateilchen in der Sekunde 10^{22}mal auf den Potentialwall. $\psi_{\mathrm{innen}}/\psi_{\mathrm{außen}}$ sei 10^{14}.

(a) Wie groß ist die Wahrscheinlichkeit, daß der Kern in einer Sekunde zerfällt?

(b) Wie groß sind mittlere Lebensdauer und Halbwertszeit?

20. Eine bestimmte Menge radioaktiven Materials enthalte 10^{12} radioaktive Atome. Wie viele von diesen Atomen zerfallen in einer Sekunde, wenn die Halbwertszeit eine Stunde beträgt?

21. Man betrachte den folgenden Kernphotoeffekt:

$$\gamma + {}^{63}\mathrm{Cu} \rightarrow {}^{63}\mathrm{Cu}^*$$
$${}^{63}\mathrm{Cu}^* \rightarrow {}^{62}\mathrm{Ni} + \mathrm{p}.$$

Das Photon werde von einem Proton in der Höhe des Fermi-Niveaus absorbiert. Die Energie des Photons sei 13 MeV.

(a) Wie groß ist die Energie des emittierten Protons?

(b) Schätze die Anzahl der Stöße dieses Protons mit dem Potentialwall pro Sekunde ab.

(c) Es sei $\psi_{\mathrm{außen}}/\psi_{\mathrm{innen}} \approx 10^{-8}$. Gib einen groben Schätzwert für die Lebensdauer des Zwischenzustandes $^{63}\mathrm{Cu}^*$ an.

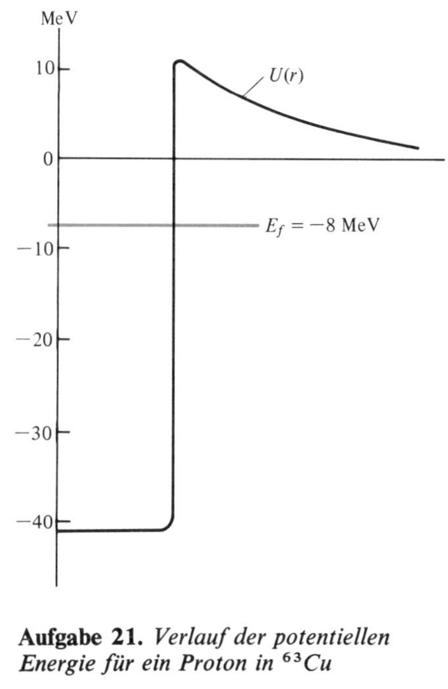

Aufgabe 21. *Verlauf der potentiellen Energie für ein Proton in ^{63}Cu*

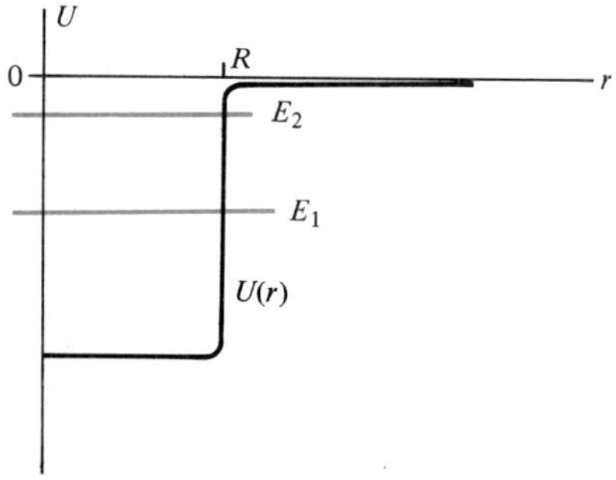

Aufgabe 22

(d) Angenommen, die Photonenenergie sei 12 MeV. Wäre die Lebensdauer in diesem Fall länger oder kürzer?

(e) Wie groß ist die Schwellenenergie für diesen Kernphotoeffekt (d. h., wie groß muß die Photonenenergie mindestens sein, damit ein Proton emittiert wird)?

22. Die potentielle Energie sei im dreidimensionalen Raum nur eine Funktion von r (siehe nebenstehende Abbildung). Zeichne die Funktion $u(r) = r\psi(r)$ für die niedrigsten beiden Energieniveaus dieses Potentialtopfes.

23. Zeichne $u(r)$ und $\psi(r)$ für Beispiel 7.

24. Welcher Bruchteil des Deuterons befindet sich innerhalb von r_0? [*Hinweis*: Dieser Bruchteil ist $(\int_0^{r_0} \psi^2 r^2 \, dr)/(\int_0^{\infty} \psi^2 r^2 \, dr)$.]

25. Wiederhole Beispiel 8 für $A = 60$. Wie groß ist das Verhältnis von Protonenzahl zu Neutronenzahl?

26. Wiederhole Beispiel 8 für $A = 40$. Wie groß ist das Verhältnis von Protonenzahl zu Neutronenzahl?

27. Wieviel Gramm Uran müssen pro Tag gespalten werden, um eine elektrische Leistung von 1000 MW zu erzeugen? Der Wirkungsgrad bei der Energieumwandlung sei 30%.

28. Der jährliche Verbrauch an elektrischer Energie in der Bundesrepublik Deutschland ist etwa $3 \cdot 10^{11}$ kWh. Der Wirkungsgrad der Energieumwandlung von Wärme in elektrische Energie ist etwa 30%.

(a) Wieviel Tonnen Kohle (oder Öl) werden jährlich benötigt? Wieviel Tonnen Uran wären nötig, wenn man die gesamte elektrische Energie in Kernkraftwerken erzeugen würde?

(b) Wie viele Bomben würde man pro Tag benötigen, wenn man die gesamte elektrische Energie durch die unterirdische Explosion von Wasserstoffbomben der Größe 1 Megatonne aufbringen möchte?

29. Gegenwärtig besitzen die USA etwa 33000 Kernwaffen. Jede Bombe enthält etwa 2 kg ^{239}Pu. Dieses Plutonium wurde in militäreigenen Kernreaktoren erzeugt. Dabei gibt jeder Spaltprozeß ein Neutron für die Reaktion $n + {}^{238}U \rightarrow {}^{239}U$ ab.

(a) Wieviel Kilogramm Spaltprodukte wurden in diesen Kernreaktoren gebildet?

(b) Angenommen, die kommerzielle Erzeugung von Kernenergie erreiche in den USA für einen Zeitraum von 30 Jahren 10% des gegenwärtigen Gesamtverbrauchs an elektrischer Energie ($2 \cdot 10^{12}$ kWh pro Jahr). Wieviel Kilogramm Spaltprodukte würden in diesen kommerziellen Reaktoren erzeugt werden?

30

Astrophysik

In diesem Kapitel werden wir versuchen zu verstehen, wie Fixsterne und Planeten entstanden sein könnten, woher die ungeheuren Energiemengen kommen, die von den Sternen abgestrahlt werden, und was mit einem Stern passiert, dessen Energiequelle versiegt. Wir werden erfahren, daß ein Stern durch Gravitationskollaps einer kalten Wasserstoffwolke genügend großer Masse gebildet werden kann und daß der größte Teil der von ihm abgestrahlten Energie bei der Umwandlung von Wasserstoff in Helium durch thermonukleare Reaktionen entsteht.

Beispiel 1: Wie groß wäre die Lebensdauer der Sonne, wenn sie ihre Energie durch chemische Verbrennung erzeugen würde? Wie groß könnte ihre Lebensdauer sein, wenn sie Wasserstoff in Helium verwandelt? Die Sonnenmasse ist $2 \cdot 10^{30}$ kg. Die abgestrahlte Leistung ist $4 \cdot 10^{23}$ kW.

Lösung: Ein typischer Wert für die bei einer chemischen Reaktion freigesetzte Energie ist $7{,}9 \cdot 10^6$ J/kg CO_2 bei der Verbrennung von Kohlenstoff. Multiplizieren wir diesen Wert mit der Sonnenmasse, so erhalten wir $1{,}6 \cdot 10^{37}$ J. Die Leistung ist $P = E/t$. Daraus folgt

$$t = \frac{E}{P} = \frac{1{,}6 \cdot 10^{37}\ \mathrm{J}}{4 \cdot 10^{26}\ \mathrm{W}} = 4 \cdot 10^{10}\ \mathrm{s} = 1250\ \text{Jahre}.$$

Wäre also die Sonne aus einer Mischung von Kohlenstoff und Sauerstoff zusammengesetzt und würde sie ihre Energie durch die Verbrennung des Kohlenstoffs erzeugen, so wäre sie nach 1250 Jahren „ausgebrannt".

Die bei der Umwandlung von Wasserstoff in Helium freigesetzte Energie ist 0,7% der Ruhenergie. Daraus folgt: $E = (7 \cdot 10^{-3})Mc^2 = 1{,}3 \cdot 10^{45}$ J und

$$t = \frac{E}{P} = \frac{1{,}3 \cdot 10^{45}}{4 \cdot 10^{26}}\ \mathrm{s} = 10^{11}\ \text{Jahre}.$$

Dieser Zeitraum ist etwa 20mal größer als das jetzige Alter der Sonne.

Ist der Kernbrennstoff aufgebraucht, so kollabiert der Stern möglicherweise zu einem Weißen Zwerg, einem Neutronenstern oder zu einem Schwarzen Loch. Wir werden in diesem Kapitel Weiße Zwerge, Neutronensterne und Schwarze Löcher beschreiben und die Größe ihrer Massen und Radien näherungsweise herleiten. Dabei werden wir die grundlegenden Eigenschaften der Zustände solcher riesigen Materieansammlungen verstehen lernen. Es wird sich zeigen, daß sich die physikalischen Gesetze, die auf der Beobachtung mikroskopischer Erscheinungen basieren, offenbar sehr erfolgreich auf Systeme von astronomischer Ausdehnung anwenden lassen. Wir werden eindrucksvollen Beispielen für die Einheit der Naturwissenschaften begegnen. So kann man z. B. einen Neutronenstern als riesigen Atomkern behandeln, der etwa 10^{56}-mal größer ist als ein normaler Atomkern.

30-1 Die Energiequelle der Sterne

In den meisten kosmologischen Theorien wird angenommen, daß Sterne und Planeten hauptsächlich aus Wasserstoffgas entstehen. Wir werden sehen, daß die schweren Elemente bis zum Eisen im Innern der Sterne gebildet werden. Von den noch schwereren Elementen als Eisen glaubt man, daß sie bei Supernova-Explosionen erzeugt werden. Bei der Bildung von Planeten, wie z. B. der Erde, sind vorzugsweise schwere Elemente beteiligt, da das Gravitationsfeld nicht stark genug ist, um die leichten Elemente im gasförmigen Zustand zurückzuhalten. Diese neigen deshalb dazu, zu entweichen. Die Bildung eines Sterns beginnt mit einer großen Masse kalten Wasserstoffgases, deren Ausdehnung sich aufgrund der Massenanziehung verkleinert. Während die Wasserstoffatome „aufeinander zu fallen“, gewinnen sie an kinetischer Energie, d. h., ihre Temperatur nimmt zu. Diese erhitzte Gasmasse übt einen Druck aus, der dem Gravitationskollaps entgegenwirkt. Da jedoch fortgesetzt Wärmeenergie durch elektromagnetische Strahlung verlorengeht, setzt sich der Kollaps bis zu einem Punkt fort, an dem eine neue Wärmequelle ins Spiel kommt. Diese neue Energiequelle ist thermonuklearer Natur. Wie wir sehen werden, beginnt sie in einem Stern bei einer Temperatur von etwa 10^7 K wirksam zu werden.

Damit besitzen wir genügend Information, um den Sonnenradius als Funktion ihrer Masse ($M_s = 2 \cdot 10^{30}$ kg) „berechnen“ zu können. Zur Vereinfachung werden wir die Dichte der Sonne als konstant voraussetzen. Obwohl das Innere eines Sterns dichter ist als seine äußeren Zonen, kommen wir mit dieser Voraussetzung zu Lösungen, die vom wahren Wert nur um eine Größenordnung oder weniger abweichen. Der Gravitationskollaps einer Masse von $2 \cdot 10^{30}$ kg Wasserstoffgas setzt sich so lange fort, bis der Druck, der durch die thermonukleare Aufheizung verursacht wird, gleich dem Gravitationsdruck ist. Der Gravitationsdruck im Zentrum einer homogenen Kugel vom Radius R ist nach Beispiel 3 in Kap. 12 gleich $P = \frac{1}{2}\varrho g R$, wobei $g = GM_s/R^2$ die Schwerebeschleunigung an der Oberfläche ist. Es ist also

$$P = \frac{1}{2}\varrho G \frac{M_s}{R}.$$

Nach Gl. (12-10) ist der Druck bei der Temperatur T gegeben durch

$$P = \frac{\varrho k T}{M_p},$$

wobei M_p die Protonenmasse ist. Setzt man diese beiden Drücke gleich, so erhält man

$$\frac{kT}{M_p} = \frac{1}{2}\frac{GM_s}{R}$$

oder

$$R = \frac{GM_s M_p}{2kT}. \tag{30-1}$$

Setzt man $T \approx 10^7$ K, so wird $kT \approx 1{,}38 \cdot 10^{-16}$ J oder

$$R \approx \frac{(6{,}67 \cdot 10^{-11}\,\mathrm{N\,m\,kg^{-2}})(2 \cdot 10^{30}\,\mathrm{kg})(1{,}67 \cdot 10^{-27}\,\mathrm{kg})}{2(1{,}38 \cdot 10^{-16}\,\mathrm{J})}$$
$$= 8 \cdot 10^8\ \mathrm{m}.$$

Der gemessene Wert ist $7 \cdot 10^8$ m. Für eine grobe Abschätzung wie diese ist die Übereinstimmung mit dem gemessenen Wert sehr gut.

Ist die anfängliche Masse klein, so setzt sich der Kollaps so lange fort, bis die Atome einander berühren. Das Endresultat ist dann ein Planet wie z. B. die Erde. Ist die anfängliche Masse größer, so daß die erreichten Drücke und Dichten so hoch sind, daß sich die atomaren Wellenfunktionen überlappen, so ist das Resultat ein Plasma, und der Endradius wird durch Gl. (30-8) gegeben. Der Planet Jupiter ist so groß, daß er in diese Klasse paßt. Dabei wird der Gravitationsdruck durch den Entartungsdruck des Plasmas aufgewogen. (Der Entartungsdruck wird in Abschn. 30-4 behandelt.)

Es läßt sich zeigen, daß bei einer anfänglichen Masse, die größer als $8 \cdot 10^{-2}$ der Sonnenmasse ist, die entstehenden Temperaturen ausreichen, um die folgenden thermonuklearen Reaktionen in Gang zu setzen:

$$\mathrm{p} + \mathrm{p} \rightarrow \mathrm{D} + \mathrm{e}^+ + \nu \quad [\mathrm{D} = \text{Deuterium}\ (^2\mathrm{H})]$$
$$\mathrm{p} + \mathrm{D} \rightarrow {}^3\mathrm{He} + \gamma$$
$${}^3\mathrm{He} + {}^3\mathrm{He} \rightarrow {}^4\mathrm{He} + \mathrm{p} + \mathrm{p}.$$

Die Gruppe dieser drei thermonuklearen Reaktionen ist in Abb. 30-1 dargestellt. Sie ist bekannt unter dem Namen Proton-Proton-Zyklus. Dieser Zyklus ist der Hauptmechanismus der Energiegewinnung in der Sonne und in anderen wasserstoffreichen Sternen. Insgesamt werden dabei vier Protonen verbraucht und daraus ein Alphateilchen, zwei Positronen, zwei Neutrinos und zwei Photonen mit einer kinetischen Gesamtenergievon 26 MeV erzeugt. Man beachte, daß die erste der obigen Reaktionen, bei der ein Positron-Neutrino-Paar emittiert wird, ein Beispiel für die schwache Wechselwirkung ist. Auf die gleiche Weise wird in einem radioaktiven Kern ein Proton in ein Neutron und ein Positron-Neutrino-Paar verwandelt (das ist eine Form des Betazerfalls).

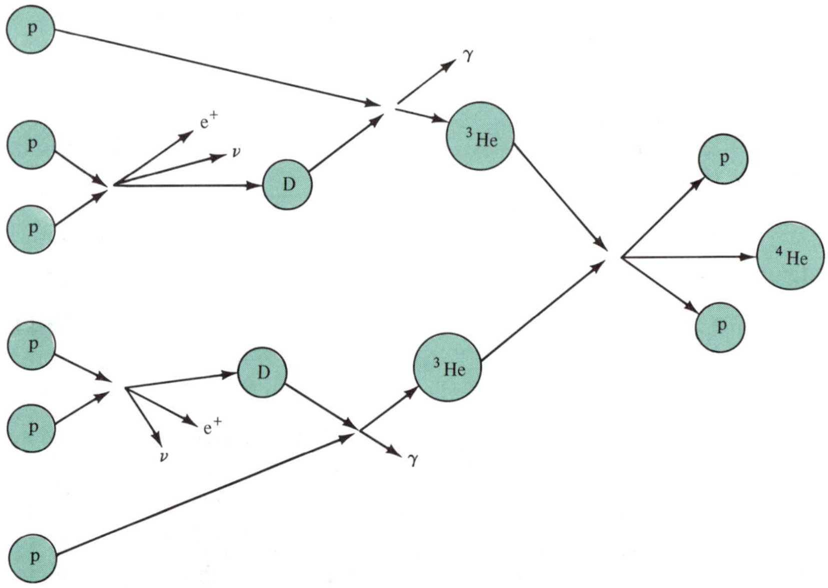

Abb. 30-1. *Schematische Darstellung des Proton-Proton-Zyklus. Aus sechs Protonen werden ein ^{4}He-Kern, 2 Protonen, 2 Positronen (e^+), 2 Neutrinos (ν) und 2γ-Quanten erzeugt.*

Beispiel 2: Bei welcher Temperatur können sich zwei Protonen auf $5 \cdot 10^{-15}$ m nähern?

Lösung: Wenn jedes Proton eine Energie von $\frac{3}{2}kT$ besitzt, so ist die kinetische Gesamtenergie beider Protonen gleich $3kT$. Diesen Wert setzen wir gleich $k_0 e^2/R$:

$$T = \frac{k_0 e^2}{3kR} = 1{,}1 \cdot 10^9\ \mathrm{K}.$$

Selbst bei Temperaturen, die um eine oder zwei Größenordnungen unter diesem Wert liegen, gibt es im Zentrum eines Sterns eine genügende Anzahl von Protonen, deren Energien ausreichen, um die Reaktion in Gang zu halten.

Beispiel 2 legt nahe, daß durch einen Gravitationskollaps in einer Wasserstoffmasse höhere Temperaturen als 10^7 K erzeugt werden müssen, bevor der Proton-Proton-Zyklus anläuft.

30-2 Der Tod der Sterne

Wir wir in Beispiel 1 erfahren haben, hat die Sonne, die vor etwa $4{,}5 \cdot 10^9$ Jahren gebildet wurde, bisher nur einen kleinen Teil ihrer gesamten Lebensdauer durchlaufen. Ist es möglich, daß Sterne existieren, die ihren gesamten Kernbrennstoff schon verbraucht haben? In Sternen mit größeren Massen herrschen höhere Temperaturen, und sie verbrennen ihren Wasserstoff mit größerer Geschwindigkeit. Solche Sterne, die infolge ihrer größeren Masse eine größere Leuchtkraft besitzen und deren Farbe wegen der höheren Temperatur blauer ist, sind sehr zahlreich. Sie können ihren gesamten Wasserstoff in weniger als 10^{10} Jahren verbrennen (das entspricht dem „Alter des Universums"). Ist der Wasserstoff erschöpft, so strahlt ein solcher Stern weiterhin Energie ab, und er beginnt zu kontrahieren. Die eine Hälfte der dabei freigesetzten Gravitationsenergie wird abgestrahlt, und die andere Hälfte führt zu einer Aufheizung des Sterninneren auf eine höhere Temperatur T. Diese Kontraktion und die damit verbundene Aufheizung kommt erst dann zum Stillstand, wenn die Temperatur so hoch ist, daß weitere thermonukleare Reaktionen mit Helium beginnen (Umwandlung in Kohlenstoff, Sauerstoff und Neon). Dieser Prozeß kann sich so lange fortsetzen, bis der größte Teil der Materie im Sterninnern in ^{56}Fe umgewandelt worden ist. Dieses Eisenisotop ist der stabilste aller existierenden Kerne, und jede weitere Kernreaktion verbraucht Energie, anstatt Energie freizusetzen.

Ist der thermonukleare Brennstoff im Eisenkern des Sterns aufgebraucht, so ist ein Hindernis (der thermische Gasdruck) auf dem Weg zu weiterer Kontraktion beseitigt. Ein weiteres Hindernis bei Sternen mit kleiner Masse stellt der Entartungsdruck dar, den wir in Abschn. 30-4 betrachten wollen. Bei Sternen mit genügend großer Masse kann sich die Kontraktion jedoch nicht nur fortsetzen, sondern sie kann sich sogar bis hin zu einem katastrophalen Kollaps beschleunigen. Es sind verschiedene miteinander konkurrierende Mechanismen vorgeschlagen worden, die zu einer solchen Beschleunigung führen können. Welcher dieser Mechanismen tatsächlich zu einer Supernova-Explosion führt, ist noch umstritten. Es lassen sich jedoch Bedingungen für die Sternmasse und den Radius herleiten.

30-3 Schwarze Löcher

Setzt man einmal voraus, daß keine weiteren Arten von abstoßenden Kräften existieren, so wird der Stern weiterhin kollabieren. Es gibt jedoch einen Grenzradius R_0, den sogenannten Schwarzschild-Radius oder Ereignishorizont, jenseits dessen der Stern unsichtbar wird. Ist $R < R_0$, so fallen alle Teilchen (sogar Photonen), die von dem Stern emittiert werden, auf ihn zurück. Der Stern kann dann mit der Außenwelt keine Informa-

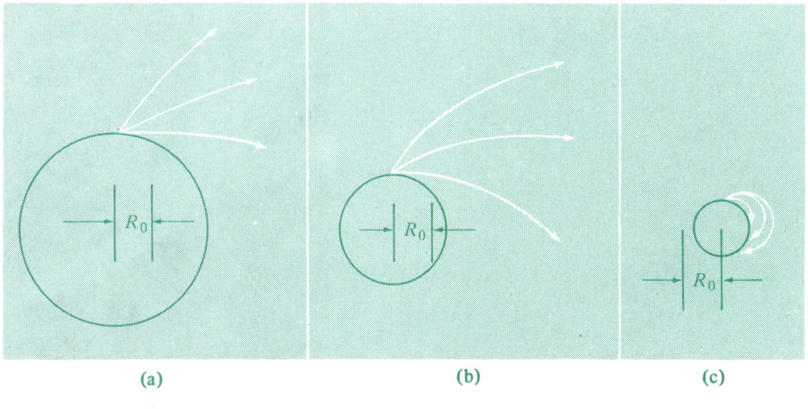

Abb. 30-2. *Sterne gleicher Masse mit drei verschiedenen Radien. In (a) und (b) sind die Radien größer als $R_0 = 2GM/c^2$. In (c) ist der Radius kleiner als R_0. Hier ist das Gravitationsfeld so stark, daß Photonen den Stern nicht mehr verlassen können. Die Photonen werden jeweils unter Winkeln von 0°, 30° und 60° zur Sternoberfläche emittiert.*

tionen mehr austauschen. In Abb. 30-2(c) ist verdeutlicht, wie alle emittierten Photonen auf einen solchen Stern zurückkehren. Die Photonen können zwar bis in eine bestimmte Entfernung vordringen, diese Entfernung kann jedoch nicht unendlich groß werden, solange nicht $R > R_0$ ist.

R_0 läßt sich abschätzen, indem man die potentielle Energie eines von der Sternoberfläche emittierten Photons im Schwerefeld berechnet. Diese Energie ist $U = -GMm/R$, wobei $m = \varepsilon/c^2$ die schwere Masse eines Photons der Energie ε ist und M die Masse des Sterns. Aufgrund des Energieerhaltungssatzes ist die Photonenenergie für große Abstände r um GMm/R verkleinert. Ist also $\varepsilon < GMm/R$, so kann das Photon nicht bis zu $r = \infty$ gelangen. Die Grenzbedingung für R lautet

$$\varepsilon = \frac{GMm}{R_0} = \frac{GM}{R_0}\left(\frac{\varepsilon}{c^2}\right) \quad \text{oder} \quad R_0 = \frac{GM}{c^2}. \qquad (30\text{-}2)$$

Abb. 30-3. *Künstlerische Darstellung eines Schwarzen Lochs. Das Bild erschien am 14. Juli 1974 als Titelbild von The New York Times Magazine, wo auch ein längerer Artikel zum selben Thema abgedruckt war. [Copyright by The New York Times Company, 1974. Abdruck mit Erlaubnis des Verlags]*

Bei dieser Berechnung wurde die allgemeine Relativitätstheorie nicht berücksichtigt. Sie muß berücksichtigt werden, wenn die Gravitationsenergie von der gleichen Größenordnung wie die Gesamtenergie ist. Eine genaue Rechnung liefert das folgende richtige Resultat:

$$R_0 = \frac{2GM}{c^2}. \quad \text{(Ereignishorizont)} \tag{30-3}$$

Setzt man für M die Sonnenmasse $M_s = 2 \cdot 10^{30}$ kg ein, so erhält man mit Gl. (30-2) einen Radius $R_0 = 3$ km. Kollabiert ein Stern soweit, bis sein Radius kleiner oder gleich $2GM/c^2$ ist, so erreichen weder Photonen noch andere von ihm emittierte Teilchen die Erde oder weiter entfernte Beobachter. Sein Gravitationsfeld ist jedoch noch wirksam. Tatsächlich bleibt seine schwere Masse im wesentlichen unverändert, so daß weiterhin Partikel (und Licht) von dem Stern angezogen werden und auf ihn zu fallen. Diese Tatsache erklärt den Namen „Schwarzes Loch". Obwohl das „Loch" selbst „schwarz" ist, wird jede Gaswolke, die darauf zu fällt, komprimiert und aufgeheizt, und sie strahlt solange Energie ab, bis sie den Abstand $2GM/c^2$ vom Mittelpunkt des Schwarzen Loches erreicht hat. Abb. 30-3 zeigt, wie sich ein Künstler ein Schwarzes Loch vorstellt.

30-4 Der Entartungsdruck

Als nächstes wollen wir einen wichtigen Effekt betrachten, der wie eine abstoßende Kraft wirkt. Er liefert einen Beitrag zur kinetischen Energie und erzeugt bei großen Dichten einen hohen Druck (sogar bei tiefen Temperaturen). Schließt man Teilchen mit dem Spin 1/2 (insbesondere Elektronen, Protonen und Neutronen) in einen Kasten ein, so können sie nach dem Pauli-Prinzip nicht alle die gleichen Impulszustände einnehmen. Die Teilchen befinden sich auch bei der Temperatur $T = 0$ nicht in Ruhe, sondern sie besetzen Zustände bis zur sogenannten Fermi-Energie K_f und dem dazugehörigen Impuls p_f. Man nennt dies ein entartetes Gas. Der Abstand zwischen den Partikeln ist von der Größenordnung $(V/n)^{1/3}$, wobei n die Teilchenzahl im Volumen V ist. Schränkt man die Bewegung jedes Teilchens auf eine solche Länge ein, so ist die Impulsunschärfe nach der Heisenbergschen Unschärferelation $\sim h/(V/n)^{1/3}$. Der genaue Ausdruck für p_f ist nach Gl. (28-2)

$$p_f = h\left(\frac{3}{8\pi}\frac{n}{V}\right)^{1/3}. \tag{30-4}$$

Ein Teilchen mit dem Impuls p_f besitzt die kinetische Energie K_f, die sogenannte Fermi-Energie, die mit zunehmender Dichte (n/V) anwächst und einen Beitrag zum Druck liefert. Wie die Energie K_f vom Impuls p_f abhängt, richtet sich danach, ob das Teilchen mit der Ruhmasse m relativistisch ist oder nicht. Der relativistische Ausdruck für K_f ist

$$K_f = (c^2 p_f^2 + m^2 c^4)^{1/2} - mc^2.$$

Ist $p_f \ll mc$, so ist das Teilchen nichtrelativistisch, und es gilt

$$K_f = \frac{p_f^2}{2m} = \frac{h^2}{8m}\left(\frac{3}{\pi}\frac{n}{V}\right)^{2/3}. \tag{30-5}$$

Nach Gl. (12-7) gilt für das Produkt aus Druck und Volumen

$$PV = n\left(\frac{m\overline{v^2}}{3}\right) = \frac{2}{3}n\bar{K}.$$

In Kap. 28, Beispiel 2 wurde gezeigt, daß die mittlere kinetische Energie der Teilchen gleich $\bar{K} = \frac{3}{5}K_f$ ist. Damit erhält man:

$$PV = \frac{2}{3}n\left(\frac{3}{5}K_f\right),$$

$$P = \frac{2}{5}\frac{nK_f}{V} = \frac{h^2}{20m}\left(\frac{3}{\pi}\right)^{2/3}\left(\frac{n}{V}\right)^{5/3}.$$

Dieser Ausdruck stellt den Entartungsdruck eines nichtrelativistischen Fermi-Gases dar.

Im extrem relativistischen Fall ist $p_f \gg mc$, und die Fermi-Energie ist

$$K_f = p_f c = \frac{1}{2}hc\left(\frac{3}{\pi}\frac{n}{V}\right)^{1/3}. \tag{30-6}$$

Dann ist nach Kap. 28, Beispiel 3 die kinetische Energie aller Teilchen gleich $\frac{3}{4}nK_f$.

30-5 Weiße Zwerge

Wir werden nun den gesamten Energieinhalt eines kalten ausgebrannten Sterns berechnen und dabei finden, daß diese Energie E eine Funktion des Sternradius R ist. Ein solches Objekt strahlt sogar noch nach der Erschöpfung seines Kernbrennstoffes weiter und setzt auch seine Kontraktion fort, bis der kleinste mögliche Wert von $E(R)$ erreicht ist. Die Gesamtenergie besteht dann aus der gesamten Fermi-Energie seiner Teilchen ($n\bar{K} = \frac{3}{5}nK_f$) und der potentiellen Energie U der Schwerkraft. Die potentielle Energie einer Kugelschale der Masse M ist nach Kap. 16, Beispiel 9: $U = -GM^2/2R$. Für eine homogene Kugel ist sie $U = -\frac{3}{5}GM^2/R$.

Wir wollen einen Stern betrachten, der nur aus Atomen mit der Massenzahl A besteht. n sei die Gesamtzahl der Nukleonen. Die Anzahl der Kerne mit Z Protonen und $(A - Z)$ Neutronen ist n/A. Wir setzen $x := Z/A$. Für unsere Kerne sei $x \approx 1/2$. Die Gesamtmasse des Sterns ist $M \approx nM_p$, wobei M_p die Protonenmasse ist. Die Gesamtzahl der Elektronen (oder Protonen) ist $n_e = xn$. Es wird sich zeigen, daß alle Elektronen und Kerne nichtrelativistisch bleiben, wenn der Stern, der nach der Erschöpfung seines thermonuklearen Brennstoffs kontrahiert, von hinreichend kleiner Masse ist. Gl. (30-5) gibt dann die quantenmechanische kinetische Energie sowohl der Elektronen $[(K_f)_e]$ wie auch der Kerne an. Der Beitrag der Kerne kann gegenüber dem Elektronenbeitrag wegen der viel größeren Masse im Nenner vernachlässigt werden.

Ist der Stern so kalt, daß die thermische Energie im Vergleich zur quantenmechanischen Energie vernachlässigt werden kann, so erhalten wir für die Gesamtenergie des Sterns

$$E(R) = n_e \bar{K}_e + U$$
$$= \frac{3}{5} n_e (K_f)_e - \frac{3}{5} \frac{GM^2}{R},$$

wobei die Dichte als konstant vorausgesetzt wurde. Ersetzt man in Gl. (30-5) m durch m_e, n durch xn und V durch $\frac{4}{3}\pi R^3$, so ergibt sich

$$E(R) = \frac{3}{5} \frac{xn}{R^2} \frac{h^2}{8m_e} \left(\frac{9}{4\pi^2} xn\right)^{2/3} - \frac{3}{5} G \frac{n^2 M_p^2}{R}. \qquad (30\text{-}7)$$

Diese Funktion ist in Abb. 30-4 dargestellt.

Da ein Stern, auch wenn sein Kernbrennstoff erschöpft ist, weiterhin Energie abstrahlt und kontrahiert, muß auch seine Gesamtenergie $E(R)$ weiterhin abnehmen. Für einen bestimmten Radius R ist der niedrigste Wert von $E(R)$ dann erreicht, wenn der Stern soweit abgekühlt ist, daß

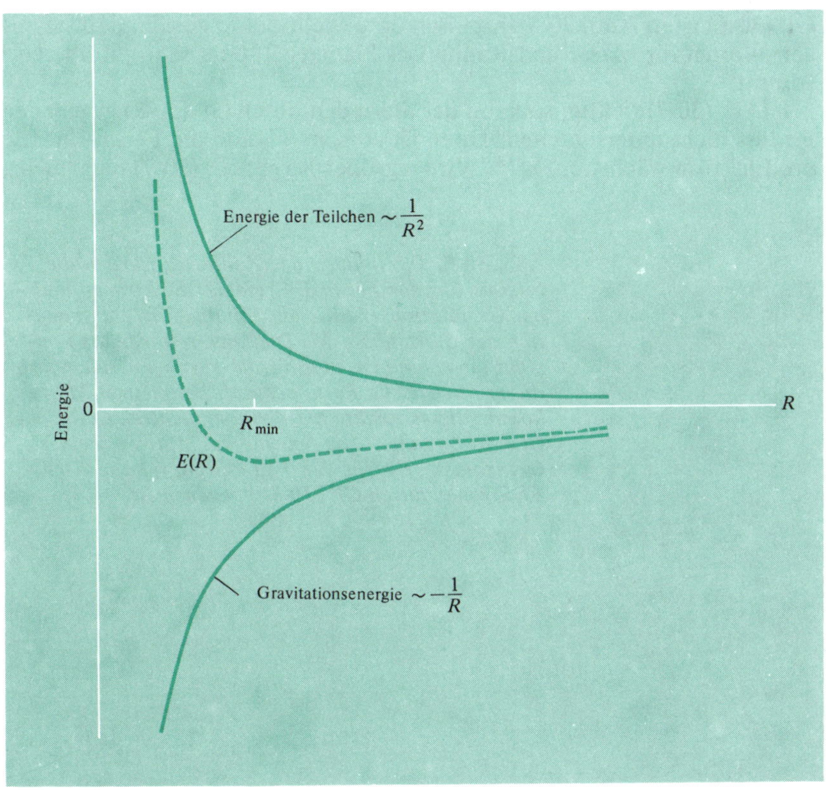

Abb. 30-4. *Die Energie eines Weißen Zwergs setzt sich aus zwei Beiträgen zusammen. Die obere Kurve stellt die gesamte kinetische Energie der Elektronen dar, die untere Kurve die potentielle Energie der Schwerkraft. Die unterbrochen gezeichnete Kurve ist die Summe von beiden. Sie hat bei $R = R_{min}$ ein Minimum.*

seine Wärmeenergie vernachlässigbar ist und Gl. (30-7) angewendet werden kann. Den kleinsten Wert von $E(R)$ findet man aus der graphischen Darstellung von E als Funktion von R (s. Abb. 30-4) oder durch Lösen der Gleichung $\mathrm{d}E/\mathrm{d}R = 0$. Daraus ergibt sich

$$R = \frac{xh^2}{4m_e}\left(\frac{9}{4\pi^2}xn\right)^{2/3}\frac{1}{GnM_p^2}. \qquad (30\text{-}8)$$

Setzt man dieses Ergebnis in Gl. (30-7) ein, so findet man, daß die Bindungsenergie aufgrund der Massenanziehung $(-U)$ doppelt so groß wie die kinetische Gesamtenergie (der erste Term) ist. Weiße Zwerge sind Sterne, die weiterhin abkühlen, deren Radius sich aber fast bis auf den durch Gl. (30-8) gegebenen Wert verkleinert hat. Für einen typischen Weißen Zwerg, dessen Masse um 15% kleiner als die Sonnenmasse ist ($n = 10^{57}$ und $x = 1/2$), ergibt Gl. (30-8) den Wert $R \approx 8000$ km. Dies entspricht einer Dichte von $\varrho \approx 3 \cdot 10^6$ g/cm³. Es zeigt sich also, daß Weiße Zwerge etwa die Größe der Erde haben, aber eine Million Mal schwerer sind. Sogar der Planet Jupiter kann als ein Weißer Zwerg betrachtet werden. Der Grund dafür liegt darin, daß Gl. (30-8) unabhängig davon gültig ist, ob die Masse groß genug ist, um thermonukleare Reaktionen in Gang zu setzen. Die Masse muß jedoch mindestens so groß sein, daß die Elektronen einen gemeinsamen „Fermi-See" bilden (ein Plasma). Gl. (30-8) ist in Abb. 30-5 graphisch dargestellt. Es zeigt sich, daß sie mit den Werten für Masse und Radius des Planeten Jupiter sehr gut übereinstimmt.

Ist Gl. (30-7) richtig, so kann der Stern den durch Gl. (30-8) gegebenen Radius nicht unterschreiten. Dann ist $R \sim n^{-1/3}$, und die Fermi-Energie pro Elektron wächst mit $n^{4/3}$. Wird n größer, so gilt Gl. (30-7) nicht mehr,

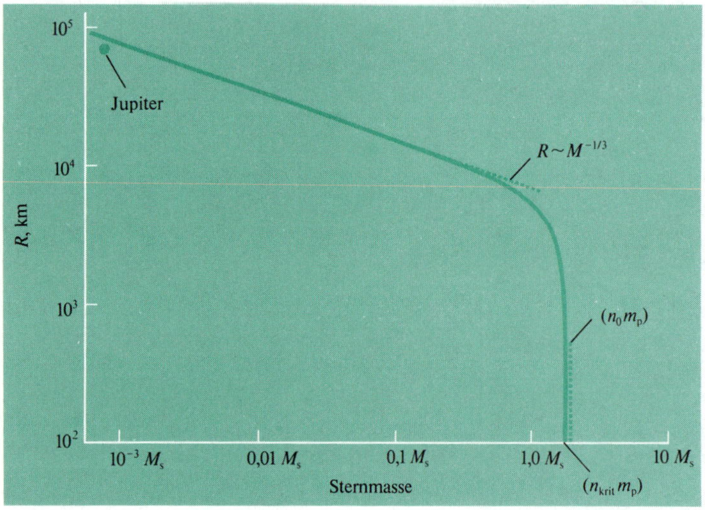

Abb. 30-5. *Darstellung des Radius R, für den die Summe aus der Fermi-Energie der Elektronen und der Gravitationsenergie ein Minimum ist, als Funktion der Sternmasse M. Die Dichte wurde als konstant angenommen, und für die Fermi-Energie wurde die relativistische Form benutzt. Bei kleinen Massen kommt dieses exakte Ergebnis der nichtrelativistischen Gl. (30-8) nahe. Man beachte das Auftreten einer Grenzmasse, die für den Fall extrem relativistischer Elektronen durch Gl. (30-10) gegeben ist.*

da dann die Energie pro Elektron vergleichbar mit seiner Ruhenergie $m_e c^2$ wird. Setzt man für $(K_f)_e$ in Gl. (30-7) die relativistische Form ein, so ergibt sich die in Abb. 30-5 dargestellte Beziehung für R als Funktion der Masse. Im extrem relativistischen Grenzfall muß man für die „Fermi-Energie" der Elektronen Gl. (30-6) anstelle von Gl. (30-5) anwenden. Gl. (30-7) muß dann durch die folgende Gleichung ersetzt werden:

$$E(R) = \frac{3}{4}\frac{xn}{R}\frac{hc}{2}\left(\frac{9}{4\pi^2}xn\right)^{1/3} - \frac{3}{5}G\frac{n^2M_p^2}{R}. \qquad (30\text{-}9)$$

Man beachte, daß jetzt beide Glieder die gleiche R-Abhängigkeit zeigen und daß das zweite Glied von einer bestimmten Masse nM_p an überwiegt. Überschreitet n einen kritischen Wert n_{krit}, so wird die Energie $E(R)$ mit abnehmendem Radius kleiner. Ohne thermische Energie und thermischen Gasdruck gibt es für keinen Wert von R eine stabile Konfiguration. Das ermöglicht es solchen Sternen, die schwer genug sind, weiterhin zu kontrahieren und dabei Energie abzustrahlen (das weitere Schicksal dieser Sterne wird in den folgenden Abschnitten beschrieben).

Gl. (30-9) gilt streng nur im Falle extrem relativistischer Elektronen und für konstante Dichte (in Wirklichkeit ist die Dichte im Zentrum eines Sterns größer als am Rande). Wir können trotzdem einen Näherungswert für n_{krit} erhalten, indem wir den Wert von n bestimmen, für den die beiden Glieder der Gl. (30-9) einander gleich sind, d. h.

$$\frac{3}{4}\frac{xn_{krit}}{R}\frac{hc}{2}\left(\frac{9}{4\pi^2}xn_{krit}\right)^{1/3} \approx \frac{3}{5}G\frac{n_{krit}^2M_p^2}{R}$$

oder

$$n_{krit} \approx \frac{(125\pi)^{1/2}}{4}x^2\left(\frac{\hbar c}{GM_p^2}\right)^{3/2}.$$

Man beachte, daß in diesem Ausdruck die dimensionslose Größe

$$n_0 := \left(\frac{\hbar c}{GM_p^2}\right)^{3/2} = 2{,}4 \cdot 10^{57} \qquad (30\text{-}10)$$

auftritt. Eine exakte Berechnung von n_{krit} erfordert numerische Integrationen. Damit erhält man $n_{krit} = 0{,}7(x/0{,}5)^2\, n_0$. Die zugehörige kritische Masse $n_{krit}M_p$ heißt Chandrasekharsche Grenzmasse. Sie ist die größte Masse, bei der ein Weißer Zwerg noch zu einem stabilen kalten Zustand mit endlichem Radius und endlicher Dichte abkühlen kann. Diese Grenzmasse ist nur etwa 40 % größer als die Sonnenmasse, d.h. $M_s = 0{,}49 n_0 M_p$.

Man beachte, daß die Größe n_0 nicht von der Elektronenmasse m_e abhängig ist, obwohl die kinetische Energie der Elektronen in Weißen Zwergen überwiegt. Das kommt daher, daß der extrem relativistische Ausdruck für die Energie in Gl. (30-6) nicht von der Masse abhängt. Andererseits ist die Dichte ϱ_r, für die p_f gleich $m_e c$ ist, von m_e abhängig. Das wird im folgenden Beispiel 3 gezeigt.

Beispiel 3: Wie groß ist die Dichte ϱ_r eines Weißen Zwergs, wenn für den Fermi-Impuls der Elektronen $p_f = m_e c$ gilt?

Lösung: Durch Auflösen von Gl. (30-4) nach (n/V) erhält man

$$\frac{n_e}{V} = \frac{8\pi}{3}\left(\frac{p_f}{h}\right)^3.$$

Man ersetzt nun n_e durch (xn) und p_f durch $(m_e c)$ und multipliziert mit M_p:

$$\frac{(xn)\,M_p}{V} = \frac{8\pi}{3}\left(\frac{m_e c}{h}\right)^3 M_p,$$

$$\varrho_r = \frac{8\pi M_p}{3x}\left(\frac{m_e c}{h}\right)^3 \quad \text{für} \quad p_f = m_e c \qquad \textbf{(30-11)}$$

$$= \frac{0{,}97 \cdot 10^6}{x}\,\text{g/cm}^3.$$

Für $x = 1/2$ hat ein solcher Stern eine Dichte von etwa $2 \cdot 10^6$ g/cm³.

30-6 Neutronensterne

Angenommen, es wäre möglich, einen Weißen Zwerg, dessen Masse etwa der Sonnenmasse entspricht, mit Hilfe äußerer Kräfte zu komprimieren. Kann dann x von $\approx 1/2$ auf nahezu null verkleinert werden, so zeigt sich, daß für einen viel kleineren Wert von R auch ein viel kleinerer Wert für die Gesamtenergie möglich ist. Nach Gl. (30-7) müssen solche fiktiven äußeren Kräfte zunächst einmal Arbeit verrichten. Von einem bestimmten Punkt an sind jedoch die Elektronenenergien so groß, daß die Protonen beginnen, sich durch schwache Wechselwirkung in Neutronen zu verwandeln:

$$e^- + p \rightarrow n + \nu.$$

Dieser Prozeß wird als inverser Betazerfall bezeichnet. Er erfordert Elektronen mit großer kinetischer Energie, die bei hinreichend hoher Dichte auftreten [s. Gl. (30-6)]. Die genauen Vorgänge bei der Umwandlung von normaler Materie in neutronenreiche Materie sind kompliziert. Berechnungen zeigen jedoch, daß bei Dichten von $\varrho > 10^{11}$ g/cm³ wesentlich mehr Neutronen als Protonen vorhanden sind. Wir haben dann einen „Neutronenstern" vor uns. Wir wollen nun noch für eine bestimmte Gesamtzahl von Nukleonen mit $n_p = n_e = xn$ die Gleichgewichtswerte für den Radius R und für x berechnen. Da die Dichten nun wesentlich größer sind als (ϱ_r) in Gl. (30-11), sind in jedem Neutronenstern die Elektronen extrem relativistisch. Folglich gilt für die Elektronen Gl. (30-6). Andererseits verhalten sich die Neutronen mit ihrer viel größeren Masse M_p nichtrelativistisch, solange die Dichte kleiner ist, als die für Neutronen umgeschriebene Gl. (30-11) angibt:

$$(\varrho_r)_n = \frac{8\pi M_p}{3(1-x)}\left(\frac{M_p c}{h}\right)^3 = \frac{6 \cdot 10^{15}}{1-x}\,\text{g/cm}^3. \qquad (30\text{-}12)$$

Ist die Dichte des Sterns kleiner als der durch diese Gleichung gegebene Wert, so kann für die Neutronen Gl. (30-5) benutzt werden. Die Energie der Protonen kann völlig vernachlässigt werden, da sie nur einen kleinen Teil aller Nukleonen ausmachen. Zur Berechnung von $E(R, x)$ müssen wir also nur die gesamte Neutronenenergie zu Gl. (30-9) addieren:

$$\begin{aligned} E(R, x) &= \begin{pmatrix}\text{Energie der}\\ \text{Neutronen}\end{pmatrix} + \begin{pmatrix}\text{Energie der}\\ \text{Elektronen}\end{pmatrix} + \begin{pmatrix}\text{Gravitations-}\\ \text{energie}\end{pmatrix} \\ &= \frac{3}{5}\,\frac{(1-x)\,n}{R^2}\,\frac{h^2}{8M_p}\left[\frac{9}{4\pi^2}(1-x)\,n\right]^{2/3} \\ &\quad + \frac{3}{4}\,\frac{xn}{R}\,\frac{hc}{2}\left(\frac{9}{4\pi^2}xn\right)^{1/3} - \frac{3}{5}G\,\frac{n^2 M_p^2}{R}. \qquad (30\text{-}13)\end{aligned}$$

Die Werte von R und x, für welche dieser Ausdruck bei einer bestimmten Sternmasse $M = nM_p$ sein Minimum annimmt, können graphisch oder durch gleichzeitiges Lösen der beiden Gleichungen

$$\frac{\partial E}{\partial R} = 0 \quad \text{und} \quad \frac{\partial E}{\partial x} = 0$$

bestimmt werden. Da x sehr klein ist, läßt sich eine gute Näherungslösung durch das folgende Verfahren finden: Man setzt zuerst $x = 0$ in die Gleichung $\partial E/\partial R = 0$ ein und erhält einen Wert für R. Diesen Wert setzt man dann in $\partial E/\partial x = 0$ ein, um x zu berechnen. Setzt man $x = 0$ in die Gleichung $\partial E/\partial R = 0$ ein, so ergibt sich

$$R = \frac{h^2}{4M_p}\left(\frac{9}{4\pi^2}n\right)^{2/3}\frac{1}{GnM_p^2}. \qquad (30\text{-}14)$$

Dieser Ausdruck ist zwar der Gl. (30-8) sehr ähnlich, sein Zahlenwert ist jedoch kleiner, da im Nenner anstelle der Elektronenmasse die Nukleonenmasse auftritt. Folglich ist der Radius der Neutronensterne etwa 1000mal kleiner als der Radius der Weißen Zwerge. Für einen Stern von einer Sonnenmasse ist $n = 1{,}2 \cdot 10^{57}$, und aus Gl. (30-14) folgt $R = 12{,}6$ km. Seine Dichte ergibt sich zu $2{,}4 \cdot 10^{14}$ g/cm³. Ist ein Stern von einer Sonnenmasse bis zu einer Kugel von etwa 25 km Durchmesser kollabiert, so ist seine Dichte gerade fast so groß wie die Dichte in Atomkernen. Um schließlich den Anteil x der Protonen in diesem riesigen „Atomkern" zu bestimmen, setzen wir $R = 12{,}6$ km in die Gleichung $\partial E/\partial x = 0$ ein und lösen nach x auf. Wir erhalten $x = 0{,}005$.

99,5% der Nukleonen in einem solchen Riesenatomkern sind also Neutronen. Gewöhnliche Atomkerne enthalten keine Elektronen. In Neutronensternen sind jedoch etwa 0,5% aller Teilchen Elektronen.

In unserer Gleichung für $E(R, x)$ ist die Wirkung der Kernkräfte vernachlässigt worden. Da die Dichte im Stern von der gleichen Größenordnung ist wie die Dichte in Atomkernen, sind die Kernkräfte tatsächlich von beträchtlicher Größe. Bei Sternen zwischen einer halben und einer Sonnenmasse heben sich die anziehenden und die abstoßenden Komponenten der Kernkräfte jedoch nahezu auf. Genaue Berechnungen von R und x führen zu Werten, die mit unseren Näherungswerten fast identisch sind.

Beispiel 4: Wie groß wäre die Rotationsfrequenz der Sonne, wenn sie bis zu einem Radius von $R = 20$ km schrumpfen würde, ohne dabei an Drehimpuls zu verlieren? Ihre jetzige Rotationsperiode ist 27 Tage. Dies entspricht einer Frequenz von $f = 4{,}3 \cdot 10^{-7}\ \mathrm{s}^{-1}$. Ihr jetziger Radius ist $R = 7 \cdot 10^5$ km.

Lösung: Ist I das Trägheitsmoment, so ist der Drehimpuls

$$L = I\omega = I'\omega',$$

$$\omega' = \left(\frac{I}{I'}\right)\omega,$$

$$f' = \left(\frac{R}{R'}\right)^2 f = \left(\frac{7 \cdot 10^5\ \mathrm{km}}{20\ \mathrm{km}}\right)^2 (4{,}3 \cdot 10^{-7}\ \mathrm{s}^{-1}) = 5{,}3 \cdot 10^2\ \text{Umdrehungen/s}.$$

Der Kollaps eines ausgebrannten Sterns zu einem Neutronenstern ist ein katastrophales Ereignis (es wird als Supernova bezeichnet). Dabei werden große Gaswolken ausgestoßen, die einen beträchtlichen Teil des Drehimpulses mitnehmen. Nach Beispiel 4 erwarten wir jedoch, daß ein neu gebildeter Neutronenstern einige Dutzend Mal pro Sekunde rotiert. Gibt es auf der Oberfläche eines solchen Neutronensterns eine Störung, ähnlich etwa einem Sonnenfleck, so verhält sich die davon ausgehende Strahlung wie der Lichtkegel eines Leuchtturms. Der Stern im Zentrum des Krebs-Nebels ist ein Beispiel für einen solchen Neutronenstern. Er rotiert mit 30 Umdrehungen pro Sekunde. Abb. 30-6 zeigt die Gaswolken, die als Überreste der im Jahre 1054 beobachteten Supernova-Explosion gelten. Die Explosion war so auffallend, daß sie bei Tageslicht zu sehen war. Sowohl mit Radioteleskopen wie auch mit optischen Teleskopen wird beobachtet, daß der Stern im Zentrum 30mal in der Sekunde aufleuchtet und wieder verlischt. Das ist in Abb. 30-7 dargestellt. Solche kurzperiodisch aufleuchtenden Neutronensterne heißen Pulsare. Als im Jahre 1967 der erste Pulsar mit einem Radio-

Abb. 30-6. *Photographie des Krebs-Nebels, welche die heutige Verteilung der ausgestoßenen Gaswolke zeigt.* [*Mit freundlicher Genehmigung des California Institute of Technology*]

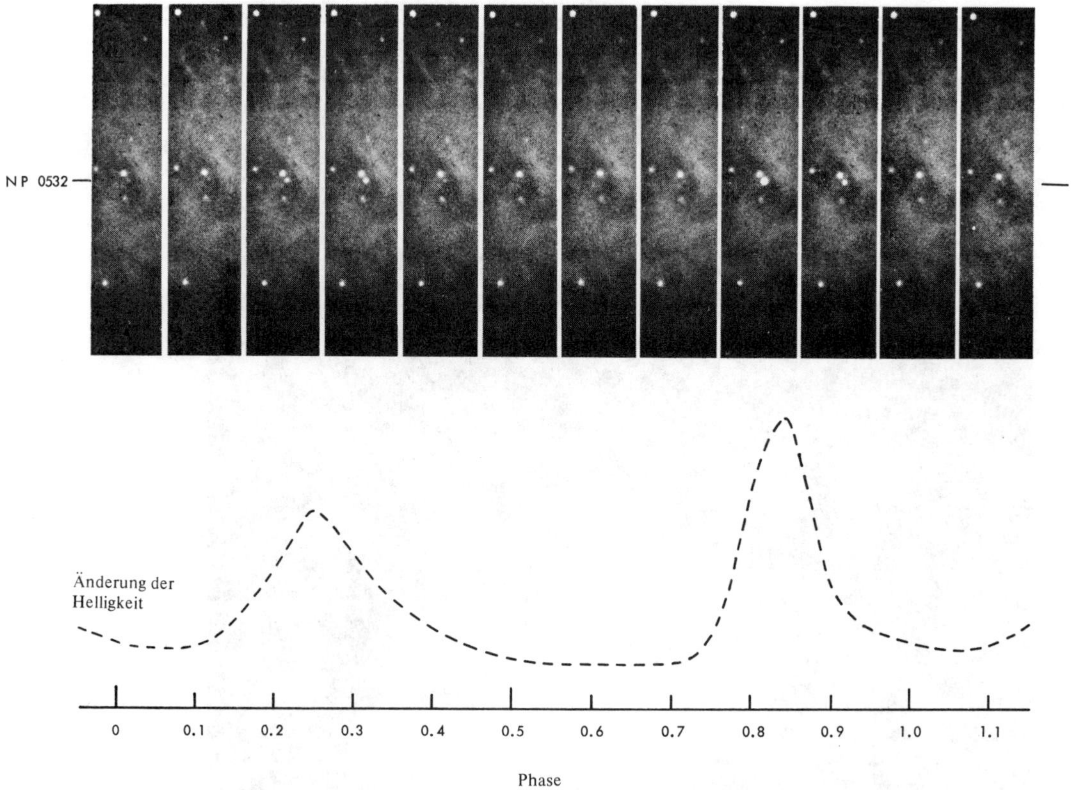

Abb. 30-7. *Eine Reihe von Kurzzeitaufnahmen der zentralen Region des Krebs-Nebels. Der Neutronenstern befindet sich auf der Höhe der Markierungen am Bildrand. Im unteren Teil des Bildes ist die Änderung der Sternhelligkeit dargestellt. Einer Phasenänderung von 0 bis 0,1 entspricht eine Zeit von 1/300 s.* [*Aufnahme: Kitt Peak Observatorium*]

teleskop entdeckt wurde, verstand man zunächst nicht, welcher Mechanismus für die Erzeugung von Hochfrequenzimpulsen mit so großer und so genau eingehaltener Wiederholfrequenz verantwortlich war. Es war eine völlig neue und nicht vorhergesehene Erscheinung. In einer der frühesten Hypothesen wurden die Pulsare mit intelligenten außerirdischen Wesen in Zusammenhang gebracht, die versuchten, mit uns in Verbindung zu treten. Diese Theorie wurde ein Jahr später aufgegeben, als man einen zweiten Pulsar entdeckte.

Ein entscheidender Test der Neutronenstern-Hypothese besteht darin, daß eine Abnahme der Rotationsenergie beobachtbar sein sollte, die gleich der abgestrahlten Energie ist. Neuere Messungen zeigen tatsächlich eine Verlangsamung der Rotation, die mit dieser Vorhersage in Einklang steht.

30-7 Kritische Masse bei Schwarzen Löchern

Sogar ohne Berücksichtigung der Kernkräfte hatten wir gesehen, daß in einem Neutronenstern von etwa einer Sonnenmasse die Dichte ähnliche Werte wie in normaler Kernmaterie erreichen sollte, in der die Fermi-Energie eines Neutrons etwa 40 MeV beträgt. Bei einem Stern mit größerer Masse ist die Dichte höher, und die kinetische Energie der Neutronen kann ihre Ruhenergie von 939 MeV erreichen. Überschreitet die Dichte den Wert $(\varrho_r)_n$ der Gl. (30-12), so muß man die relativistische Form für die Fermi-Energie der Neutronen [Gl. (30-6)] anwenden. Ebenso wie bei den Weißen Zwergen erhält man dann für die Stabilität von Neutronensternen eine obere Grenzmasse. Oberhalb dieser kritischen Masse entwickelt sich der Stern notwendigerweise zu einem Schwarzen Loch (wenn er nicht vorher an Masse verliert).

Für eine sehr grobe Abschätzung dieser kritischen Masse vernachlässigen wir die Kernkräfte sowie die Effekte der allgemeinen Relativitätstheorie. Wir berücksichtigen nur die spezielle Relativitätstheorie und nehmen an, daß der Stern nur aus Neutronen besteht. Für extrem relativistische Neutronen gilt für $E(R)$ Gl. (30-9), in der allerdings der Faktor x durch 1 ersetzt werden muß (da alle Teilchen Neutronen sind und der Anteil x an Elektronen fehlt). Dieser Schätzwert für die kritische Masse ist nur um $1/x^2$ oder einen Faktor 4 größer als die obere Grenzmasse für Weiße Zwerge, die vorher abgeleitet wurde. Die kritische Masse für Neutronensterne sollte von der gleichen Größenordnung wie $n_0 M_p$ sein, wobei n_0 durch Gl. (30-10) gegeben ist. Genauere Berechnungen unter Berücksichtigung der allgemeinen Relativitätstheorie und der Kernkräfte wurden durchgeführt. Die Auswirkungen der Relativitätstheorie versteht man gut. Sie sind nicht sehr groß. Die Kernkrafteffekte sind ebenfalls nicht allzu bedeutend. Im Moment fehlen jedoch noch genauere Kenntnisse über die Kernkräfte, so daß die Ergebnisse unterschiedlicher Berechnungen der kritischen Masse zur Bildung eines Schwarzen Lochs zwischen 0,7 und 4 Sonnenmassen schwanken.

30-8 Zusammenstellung von Beobachtungsdaten

In den vorangehenden Abschnitten haben wir uns hauptsächlich theoretisch mit Weißen Zwergen, Neutronensternen und Schwarzen Löchern als drei verschiedenen Möglichkeiten des Endstadiums der Sternentwicklung beschäftigt. Es kann im Moment mit rein theoretischen Überlegungen nicht verläßlich vorausgesagt werden, welche der Möglichkeiten unter welchen Bedingungen eintritt. Wir wissen jedoch, daß letzten Endes jeder Stern am Himmel als Weißer Zwerg, Neutronenstern oder Schwarzes Loch enden muß.

Die Anzahl der Sterne, die in unserer Galaxis, der Milchstraße, pro Jahr „sterben", läßt sich recht gut abschätzen. Sie liegt bei ein paar Sternen pro Jahr. (Für eine grobe Abschätzung kann man etwa die Gesamtzahl der Sterne durch das Alter der Galaxis dividieren. Die Abweichung dieses Ergebnisses vom angegebenen Schätzwert beträgt etwa einen Faktor fünf.) Bei der Klasse der Weißen Zwerge gibt es relativ wenig Widersprüche. Ihre Anzahl ist sehr groß (etwa 10% aller Sterne unserer Galaxis), und die näheren können beobachtet und genau untersucht werden. Die Analyse der statistischen Daten deutet darauf hin, daß die Abkühlung der Weißen Zwerge wie theoretisch erwartet verläuft und daß die meisten Sterne in ziemlich unauffälliger Weise als Weiße Zwerge sterben.

Supernova-Ereignisse sind sehr auffallend, aber selten (etwa 1 % aller sterbenden Sterne durchlaufen dieses Stadium). Unbestritten ist ihre Existenz und die Tatsache, daß dabei eine Gashülle ausgestoßen wird. Umstritten ist jedoch, was mit dem Kern des ursprünglichen Sterns passiert. Theoretisch gibt es zwei Möglichkeiten: er wird zu einem Neutronenstern oder zu einem Schwarzen Loch. Für Neutronensterne gibt es in letzter Zeit eine Menge Beobachtungshinweise, die zwar indirekter Natur, aber ziemlich zwingend sind. Die meisten dieser Beobachtungen beziehen sich auf Pulsare. (Der erste Pulsar wurde im Jahre 1967 entdeckt.) Das sind Quellen, die in sehr regelmäßigen Zeitabständen kurze Impulse von Radiostrahlung emittieren. Der Abstand dieser Impulse ist so kurz (bis herab zu 0,03 s), daß es schwerfällt, sie mit einem anderen sichtbaren Objekt außer einem Neutronenstern in Verbindung zu bringen. Es wurden ziemlich detaillierte Theorien über Pulsare aufgestellt. Die Einzelheiten des Strahlungsmechanismus sind noch sehr umstritten, aber alle Theorien stimmen darin überein, daß in dem emittierenden Bereich ein Neutronenstern vorliegen muß und daß die Energiequelle für die Strahlung seine Rotationsenergie ist. Ein Pulsar befindet sich in einem bekannten Supernova-Überrest, dem Krebs-Nebel, dessen Explosion im Jahre 1054 beobachtet wurde. Dieser Pulsar emittiert auch Impulse im sichtbaren Spektralbereich. Bis heute sind etwa 70 Pulsare entdeckt worden.

In jüngster Zeit ist mit Hilfe von Detektoren in Raketen und Satelliten eine Anzahl kompakter Röntgenstrahlungsquellen entdeckt worden. Diese Quellen zeigen alle kurzzeitige Intensitätsänderungen, was auf Objekte hinweist, deren Durchmesser so klein wie bei Neutronensternen ist. Es kann sich auch um strahlende Materie in der Nähe eines Schwarzen Lochs handeln. (Bei größeren Objekten würden die unterschiedlichen Laufzeiten des Lichts von verschiedenen Orten kurzzeitige Schwankungen verwischen.) Die meisten dieser zeitlichen Änderungen sind unregelmäßig, in einigen Fällen sind sie jedoch so regelmäßig, daß sich eine eingehende Untersuchung lohnt. In sechs oder sieben Fällen weisen diese Untersuchungen auf ein Doppelsternsystem hin, bei dem eine kompakte Röntgenstrahlungsquelle und ein mehr oder weniger normaler Stern einander umkreisen. In zwei Fällen (Hercules X-1 und Centaurus X-3) ist die Bahngeschwindigkeit der Röntgenquelle mit Hilfe der Dopplerverschiebung gemessen worden. In beiden Fällen scheinen die Röntgenquellen Pulsare zu sein. In einem dritten Fall (Cygnus X-1) wurde aus Messungen der Dopplerverschiebung die Geschwindigkeit des gewöhnlichen oder optisch sichtbaren Sterns ermittelt. Unglücklicherweise gelang bisher in keinem Fall die gleichzeitige Messung der Geschwindigkeiten beider Komponenten.

Dennoch läßt sich in jedem der drei Fälle eine Abschätzung der Masse der Röntgenquelle durchführen (unglücklicherweise allerdings nur mit Hilfe einiger Annahmen). Der eindeutigste Fall ist Hercules X-1, wo die Masse der Röntgenquelle wahrscheinlich von der Größenordnung $(0{,}6 \pm 0{,}2)$ Sonnenmassen ist. Das ist ein vernünftiger Wert für einen

Neutronenstern. In diesem Fall stehen eine Menge Beobachtungsdaten über die Röntgenquelle und den optischen Begleiter zur Verfügung. Die Daten sind alle mit folgendem Modell verträglich: Die Röntgenstrahlen kommen von der Oberfläche eines Neutronensterns, der von Materie bombardiert wird. Diese Materie wird von dem Begleiter ausgestoßen und stürzt auf den Neutronenstern. Bei Cygnus X-1 führen die Abschätzungen für die Masse der Röntgenquelle zu etwa $5M_s$. Da dieser Wert die kritische Masse für einen stabilen Neutronenstern überschreitet, kommen die Röntgenstrahlen wahrscheinlich aus der Umgebung eines Schwarzen Lochs (vorausgesetzt, daß sich die Annahmen, die in die Abschätzung eingehen, als richtig erweisen). Das Loch selbst ist „schwarz". Jedoch wird Materie, die von dem gewöhnlichen Stern ausgestoßen wird, durch die Schwerkraft beschleunigt und – während sie in das Schwarze Loch stürzt – komprimiert. In einem solchen Modell wird die komprimierte Materie aufgeheizt, und während des Falls emittiert sie Röntgenstrahlen, allerdings nur *so lange*, bis sie den kritischen Radius R_0 überschritten hat, der durch Gl. (30-2) gegeben ist. Im Jahre 1978 wurde ein weiterer Doppelstern im Sternbild Skorpion gefunden, dessen charakteristische Eigenschaften ähnlich wie bei der Cygnus-X-1-Quelle sind. Dieses Schwarze Loch wird mit Scorpii V-861 bezeichnet. Weiterhin gibt es Beweise dafür, daß die weit entfernte Galaxie M87 ein großes Schwarzes Loch im Zentrum besitzt.

Der Gravitationskollaps zu einem Neutronenstern oder einem Schwarzen Loch stellt ein katastrophales Ereignis dar, bei dem der Radius R im Endstadium mit einer Geschwindigkeit abnimmt, die der Lichtgeschwindigkeit nahekommt. Eine so starke Beschleunigung von Masse muß nach der allgemeinen Relativitätstheorie zur Emission eines Impulses von Gravitationswellen führen, ähnlich wie eine beschleunigte Ladung elektromagnetische Strahlung emittiert. Der Theorie zufolge sollte es möglich sein, hier auf der Erde Detektoren für Gravitationswellen zu bauen, deren Empfindlichkeit ausreicht, um einen solchen Kollaps (oder eine Supernova) nachzuweisen. Erste Ausführungen solcher Schwerewellendetektoren sind in letzter Zeit in Betrieb genommen worden. Weitere Modelle mit verbesserter Empfindlichkeit sind noch im Bau. Damit könnte es möglich werden, Supernovae oder Zusammenstöße mit Schwarzen Löchern im Zentrum unserer Galaxis nachzuweisen, die sonst unentdeckt blieben.

Zusammenfassung

In einem Stern der Masse M stehen Gravitationsdruck und thermischer Gasdruck im Gleichgewicht. Daraus ergibt sich die Beziehung

$$kT \approx \frac{GMM_p}{2R}.$$

Die Wärmeenergie, die diesen thermischen Gasdruck erzeugt, entsteht durch die Abnahme der potentiellen Energie der Gravitation beim Kollaps eines Sterns. Sobald jedoch eine höhere Temperatur als 10^7 K erreicht ist, beginnt der thermonukleare Proton-Proton-Zyklus, und damit wird der langsame Kollaps gestoppt.

Nachdem der thermonukleare Brennstoff verbraucht ist, setzt sich der Gravitationskollaps so lange fort, bis der Entartungsdruck gleich dem Gravitationsdruck ist. In einem Weißen Zwerg ist die Fermi-Energie der Elektronen die Ursache für den Entartungsdruck (dieser Druck ist $P = (2/5)\, nK_f/V$). In einigen Fällen ist dieser Kollaps so katastrophal, daß sich dabei die Mehrzahl der Elektronen und Protonen in Neutronen verwandelt. Dabei entsteht ein Neutronenstern, in dem der Entartungsdruck sowohl durch die Neutronen wie durch die wenigen verbleibenden Elektronen verursacht wird. Der Radius des Sterns beträgt dann etwa 10 km, und seine Dichte hat etwa den gleichen Wert wie die Dichte in einem Atomkern. Der Radius eines Weißen Zwergs beträgt $\approx 10^4$ km, und seine Dichte ist etwa 10^6mal so groß wie die Dichte der Erde. Der Radius der Weißen Zwerge ist proportional zu $M^{-1/3}$. Diese Beziehung gilt, solange die Elektronen nicht relativistisch sind. Das führt zu einem Grenzwert für die Masse von $\approx 1{,}4 M_s$.

Für Neutronensterne ergibt sich eine Grenzmasse von $3M_s$ aus dem gleichen Grund (die Neutronen werden relativistisch). Ein kollabierender Stern, dessen Masse größer als etwa $3M_s$ ist, entwickelt sich höchstwahrscheinlich zu einem Schwarzen Loch, vorausgesetzt, der Stern fliegt beim Kollaps nicht auseinander. Wenn ein Radius von $R_0 = 2GM/c^2$ erreicht ist, sind weder Photonen noch andere Teilchen in der Lage, aus dem Bereich des „Sterns" zu entkommen. Von einem Schwarzen Loch können keine Signale empfangen werden. Sein Gravitationsfeld ist jedoch spürbar.

Da Neutronensterne (auch Pulsare genannt) den Drehimpuls ihrer Ursprungssterne beibehalten, haben sie sehr kurze Rotationsperioden (mehrere Umdrehungen pro Sekunde). Die Intensität der Strahlung, die sie emittieren, wird mit dieser Periode moduliert sein. Einige Neutronensterne und wahrscheinlich auch einige Schwarze Löcher haben gewöhnliche Sterne als nahe Begleiter. Materie aus der äußeren Gashülle des gewöhnlichen Sterns kann von dem Schwarzen Loch aufgesogen werden. Dabei wird Röntgenstrahlung emittiert. Bis heute ist diese Strahlung der beste experimentelle Hinweis auf ein Schwarzes Loch.

Aufgaben

1. Der Energiefluß der Sonne beträgt an der Erdoberfläche 1,4 kW/m². Wie groß ist die gesamte Ausgangsleistung der Sonne? Der Abstand Erde–Sonne beträgt $1{,}5 \cdot 10^{11}$ m.
2. Angenommen, die Bildung des Planeten Jupiter sei durch Kontraktion nach Gl. (30-1) verlaufen. Wie groß ist dann die Temperatur in seinem Kern? Die Jupitermasse beträgt $6 \cdot 10^{24}$ kg, und sein Radius ist $7{,}2 \cdot 10^4$ km.
3. Beim Proton-Proton-Zyklus setzt jedes Proton eine kinetische Energie von 6 MeV frei. Die von der Sonne abgegebene Leistung beträgt $4 \cdot 10^{23}$ kW. Wieviele Protonen sind in der Sonne pro Sekunde an einer thermonuklearen Reaktion beteiligt?
4. Damit ein massebeladenes Teilchen im Abstand R_0 von einem Schwarzen Loch (d. h. am Ereignishorizont) in den Außenraum entkommen kann, muß seine Fluchtgeschwindigkeit gleich der Lichtgeschwindigkeit sein. Man löse die nichtrelativistische Gleichung für die Fluchtgeschwindigkeit nach R_0 auf.

5. Man betrachte das gesamte sichtbare Universum als ein riesiges Schwarzes Loch mit dem Radius $R_u = 10^{10}$ Lichtjahre. Wie groß muß die mittlere Dichte $\bar{\varrho}$ sein, damit R_u gleich $2GM_u/c^2$ ist? (Es existiert kein sicherer Beobachtungswert für die Dichte des Weltalls, aber es ist durchaus möglich, daß sie gleich dem hier berechneten Wert ist.)
6. Berechne $\mathrm{d}E/\mathrm{d}R$ mit Hilfe von Gl. (30-7). Setze $\mathrm{d}E/\mathrm{d}R = 0$ und löse nach R auf.
7. Um welchen Faktor erhöht sich die Fermi-Energie pro Elektron, wenn der Radius eines Weißen Zwergs um einen Faktor zwei verkleinert wird?
8. Wie groß ist das Verhältnis der „kritischen" Dichte eines Neutronensterns zur Dichte in einem Atomkern? [Siehe Gl. (30-12).]
9. Berechne $\partial E/\partial R$ mit Hilfe von Gl. (30-13). Setze $\partial E/\partial R = 0$ und löse nach R auf. Es werde $x = 0$ gesetzt.

10. Beim Kollaps einer großen Wasserstoffwolke der Masse M sei der Energieverlust durch Strahlung gering, d. h., die Abnahme an potentieller Energie sei gleich der Zunahme an kinetischer Energie. Man berechne R als Funktion von T, M und M_p, wenn die kinetische Energie gleich $\frac{3}{2}nkT$ und $U = -\frac{3}{5}GM^2/R$ ist.
11. Man leite eine Formel für die kritische Winkelgeschwindigkeit ω_c einer homogenen Kugel her. Die Kugelmasse sei M und der Kugelradius R. Für $\omega > \omega_c$ fliege die Kugel auseinander. (Man betrachte eine Masse Δm am Äquator.) Lösung: $\omega_c = (GM/R^3)^{1/2}$.
12. Mit Hilfe des Satzes von der Erhaltung des Drehimpulses berechne man den kleinsten Radius, den die Sonne bei einem Gravitationskollaps annehmen kann. Es soll kein Drehimpuls verlorengehen. Man benutze das Ergebnis von Aufgabe 11.
13. Das Universum werde als eine endliche Kugel mit dem Radius R und der mittleren Dichte $\bar{\varrho} = 10^{-28}$ g/cm³ angenommen. Wie groß ist die Fluchtgeschwindigkeit als Funktion von R? Für welchen Wert von R wäre sie gleich der Lichtgeschwindigkeit? (Interessanterweise zeigt sich, daß das Ergebnis fast gleich der beobachteten Fluchtgeschwindigkeit von Galaxien im Abstand R ist. Man beachte, daß die Beziehung zwischen $\bar{\varrho}$, G und R_u die gleiche ist wie in Aufgabe 5.)
14. Wiederhole die Herleitung der Gl. (12-7) für relativistische Teilchen. Das Ergebnis ist $PV = \frac{1}{3}n\overline{pv}$. (Hinweis: $\bar{F}_x = \Delta p_x/\Delta t$ und $\overline{p_x v_x} = \overline{p_y v_y} = \overline{p_z v_z} = \frac{1}{3}\overline{pv}$.)
15. Unter Zuhilfenahme des Resultats von Aufgabe 14 zeige man, daß für den Entartungsdruck, der auf die Fermi-Energie zurückgeht, für extrem relativistische Teilchen der folgende Ausdruck gilt:
$$P = \frac{hc}{8}\left(\frac{3}{\pi}\right)^{1/3} \mathfrak{N}^{4/3}.$$
16. Welche Dichte muß ein Weißer Zwerg haben, damit seine Elektronen kinetische Energien bis zu 1 MeV annehmen? Es sei $x = \frac{1}{2}$.
17. Ein Kasten enthalte $\mathfrak{N}$ Photonen der Frequenz f_0 pro Volumeneinheit. Wie groß ist der Druck?
18. Mit Hilfe von Gl. (30-8) berechne man die Dichte eines Weißen Zwergs als Funktion der Masse. Man setze diesen Wert gleich ϱ in Gl. (30-11) und löse nach n auf. (Dies ist eine weitere Methode, um einen Schätzwert für die kritische Masse eines Weißen Zwergs zu erhalten.)
19. Für alle Protonen der Sonne gelte $T = 10^7$ K. Wie viele Protonen haben dann eine Energie von mindestens $\frac{1}{2}(k_0 e^2/R)$, wobei $R = 10$ fm? Für die relative Wahrscheinlichkeit als Funktion der Energie benutze man den Ausdruck $\exp(-E/kT)$.

31

Elementarteilchenphysik

Das Hauptziel der Physik ist die Erklärung aller physikalischen Erscheinungen mit Hilfe einer kleinen Anzahl von einfachen, grundlegenden Prinzipien. Da alle Stoffe aus Elementarteilchen zusammengesetzt sind, lassen sich im Prinzip die zahllosen physikalischen Erscheinungen und die Eigenschaften der Materie durch die wenigen, einfachen Eigenschaften einer kleinen Anzahl von Elementarteilchen erklären.

Bei der Suche nach Elementarteilchen entdeckte der Mensch zuerst, daß chemische Verbindungen aus „elementaren" Molekülen bestehen. Danach stellte sich heraus, daß Moleküle aus „elementaren" Atomen zusammengesetzt sind. Jahrhunderte später entdeckte man, daß diese „elementaren" Atome aus „elementaren" Atomkernen und einer Hülle von Elektronen bestehen. Diese aufeinanderfolgenden Versuche, herauszufinden, was wirklich elementar ist, gleichen dem Entfernen aufeinanderfolgender Häute einer Zwiebel. Eine weitere Stufe in diesem „Schälprozeß" war die Entdeckung, daß alle Atomkerne aus Protonen und Neutronen aufgebaut sind.

Sind wir damit endlich im Kern der Zwiebel angelangt? Sind Protonen und Neutronen aus noch kleineren Elementarteilchen zusammengesetzt? Noch bis vor kurzer Zeit glaubte man tatsächlich, daß Protonen und Neutronen „elementar" seien und keine innere Struktur aufwiesen. Angenommen, Protonen, Neutronen, Elektronen und Photonen sind – wie in Kap. 28 und 29 dargelegt – die Grundbausteine der uns umgebenden Materie, so wäre es sinnvoll, das Buch hier zu beenden. Da der Hauptzweck dieses Buches jedoch darin besteht, die grundlegenden Probleme der physikalischen Wirklichkeit möglichst vollständig zu behandeln, müssen wir uns – bevor wir schließen – fragen, ob es nicht noch andere reale Elementarteilchen gibt, die in der uns umgebenden Materie zufälligerweise nicht vorkommen. Die Antwort ist ein nachdrückliches Ja! Seit dem Jahre 1933 haben Physiker mehr als 200 weitere Elementarteilchen entdeckt. Und es gibt immer mehr Hinweise darauf, daß die Mehrzahl dieser 200 Teilchen aus vier Grundbausteinen, den sogenannten *Quarks*, bestehen. Bis heute ist jedoch kein Teilchen in die es aufbauenden Quarks zerlegt worden. Abb. 31-1 verweist auf einen leicht verständlichen Artikel über die Quarks.

In den nächsten Abschnitten werden einige der neu entdeckten Teilchen

The New York Times Magazine
JULY 18, 1976

Cover
By the beautiful sea in the early 1920's. "The thing that is so wonderful about Coney Island is that for so many, many years . . . it has sturdily refused to pander to good taste." Page 10.
Photograph from Nathan's Famous Collection

Russell Baker — **4 Sunday Observer**
Net loss

Judith Miller — **7 Bargain with terrorists?**
Is America's no-negotiating policy a deterrent or an invitation to murder?

Sheldon L. Glashow — **8 The hunting of the quark**
Are the physicists close to a breakthrough in their search for the ultimate structure of matter? That remains to be seen—but, then, so does the quark.

Gilbert Millstein — **10 Coney Island forever**
"They've been writing Coney off for 50 years, but here

Abb. 31-1. *Das schwer faßbare Quark hat die Titelseite des New York Times Magazine erobert. [Copyright 1976 by The New York Times Company. Mit Erlaubnis des Verlags] Der Artikel von Sheldon L. Glashow ist folgendermaßen überschrieben: „Die Jagd nach dem Quark. Stehen die Physiker bei ihrer Suche nach der Grundstruktur der Materie kurz vor einem Durchbruch? Das muß sich noch zeigen – das gilt allerdings auch für das Quark."*

vorgestellt. Danach wird in Abschn. 31-6 die Quark-Theorie umrissen. Es folgt eine Zusammenstellung der uns bekannten Erhaltungssätze.

31-1 Die schwache Wechselwirkung

Die Mehrzahl der neuen Elementarteilchen ist instabil, d. h., sie zerfallen oder verwandeln sich in andere Elementarteilchen mit kleinerer Masse. Bevor wir uns mit den neuen Teilchen selbst befassen, müssen wir den Betazerfall und die sogenannte schwache Wechselwirkung eingehender behandeln. Die schwache Wechselwirkung kann man sich wie eine weit verbreitete Krankheit vorstellen, die alle Teilchen mit gleicher Intensität angreift. Sie versucht, die Elementarteilchen so zu verwandeln, daß als Endprodukte Elektronen und Neutrinos entstehen. Aus historischen Gründen werden die Zerfallselektronen Betastrahlen genannt.

Da beim Betazerfall immer Neutrinos entstehen, ist auch eine Beschreibung dieser Teilchen erforderlich. Ein Neutrino ist ein Elementarteilchen, das keine Ladung und keine Ruhmasse besitzt. Ferner ist die Wechselwirkung zwischen Neutrinos und allen anderen Teilchen so schwach, daß es fast unbeobachtbar ist. Läßt man z. B. einen Strahl von 10^{12} Neutrinos auf die Erde fallen, so durchdringen alle Teilchen bis auf ein einziges die Erde völlig unbeeinflußt. Es scheint, als sei dieses Teilchen eine reine Ausgeburt der Phantasie theoretischer Physiker. Sowohl theoretische wie experimentelle Beweise für seine Existenz sind inzwischen jedoch so überzeugend, daß kein Physiker die Existenz des Neutrinos mehr in Frage stellt.

Abb. 31-2. *R. P. Feynman, aufgenommen bei einem Besuch an der Cornell University. Professor Feynman erhielt den Nobelpreis für seine Beiträge zur modernen Theorie der Quantenelektrodynamik und der universellen Fermi-Wechselwirkung.* [*Die Aufnahme ist von H. Y. Chiu.*]

Im Jahre 1958 wurde bei der Deutung der schwachen Wechselwirkung ein großer Fortschritt erzielt. Es wurde erstmals eine spezifische Wechselwirkung beschrieben, die Teilchen in Elektronen und Neutrinos verwandeln kann. Die Theorie dieser sogenannten universellen Fermi-Wechselwirkung wurde von R. Feynman und anderen entwickelt. Mit ihrer Hilfe läßt sich z. B. die Lebensdauer des Myons exakt vorausberechnen.

Ein Beispiel für die schwache Wechselwirkung ist der Betazerfall eines freien Neutrons durch den Prozeß

$$n \rightarrow p + e^- + \bar{\nu}_e$$

mit einer Halbwertszeit von 12 Minuten. Dabei wird eine Energie von 0,8 MeV freigesetzt. Die Massendifferenz zwischen Neutron und Proton beträgt 1,3 MeV. Da die Ruhmasse des Elektrons 0,5 MeV ist, bleibt ein Rest von 0,8 MeV, der in kinetische Energie des Elektrons und des Antineutrinos übergeht. (Das Symbol $\bar{\nu}_e$ steht für das Antineutrino, welches das Elektron begleitet.) Der Unterschied zwischen Neutrino und Antineutrino wird in Abschn. 31-3 erklärt.

Man beachte, daß die kinetische Energie von 0,8 MeV in beliebiger Weise auf das Elektron und das Antineutrino, die bei dem Zerfall frei werden, verteilt werden kann. Beobachtet man eine große Anzahl von Neutronenzerfällen, so findet man also Elektronen, deren kinetische Energien zwischen null und 0,8 MeV kontinuierlich verteilt sind. Würde das Neutron nur in ein Proton und ein Elektron zerfallen, so würde das Elektron immer die gesamte kinetische Energie von 0,8 MeV erhalten. Die Energie des Elektrons kann experimentell durch Messen des Krümmungsradius seiner Bahn in einem Magnetfeld bestimmt werden (s. Abb. 31-3). Das Ergebnis zeigt, daß Betastrahlen nur selten die maximal erlaubte kinetische Energie besitzen. Historisch war die Frage nach der „fehlenden" kinetischen Energie des Elektrons die Ursache dafür, daß das Neutrino überhaupt erst „erfunden" wurde.

Um die Gültigkeit des Energieerhaltungssatzes zu retten, schlug W. Pauli im Jahre 1930 vor, daß die fehlende Energie von einem nicht nachweisbaren leichten neutralen Teilchen mitgenommen werden könnte. Kurze Zeit danach gab E. Fermi diesem Teilchen den Namen Neutrino (kleines neutrales [Teilchen]) und entwickelte eine Theorie des Betazerfalls, die der modernen allgemeineren Theorie, der sogenannten universellen Fermi-Wechselwirkung, ähnlich ist.

Die Beweise für die Existenz des Neutrinos als Zerfallsprodukt waren zufriedenstellend. Um noch sicherer zu gehen, wollte man jedoch eine direkte Wechselwirkung beobachten, die von einem Neutrinostrahl ausging. Wenn die Energie der Antineutrinos ausreicht, um die Massendifferenz auszugleichen, sollte nach der Theorie von Fermi die folgende Reaktion möglich sein:

$$\bar{\nu}_e + p \rightarrow n + e^+.$$

e^+ ist ein Positron (positives Elektron). Die Wahrscheinlichkeit, die für das Eintreten dieser direkten Neutrinowechselwirkung vorausgesagt wurde, war jedoch nahezu null. Die einzige Möglichkeit, sie zu beobachten, bestand darin, einen Antineutrinostrahl von sehr großer Intensität

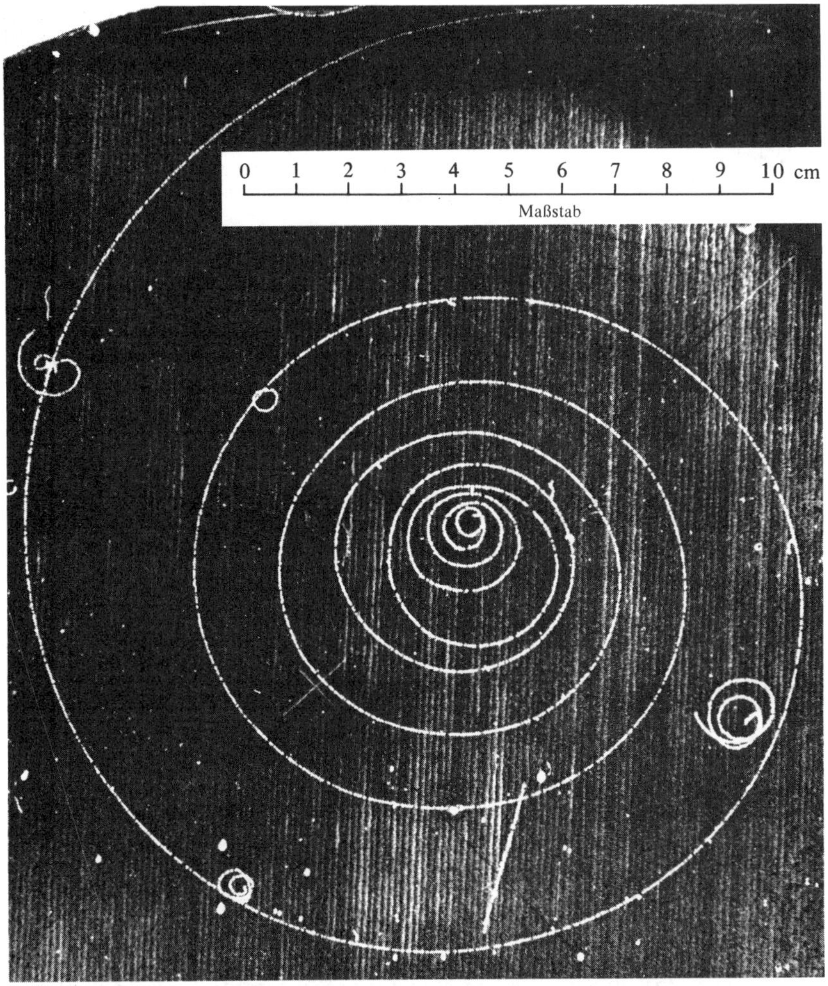

Abb. 31-3. *Elektronenspur in einer Blasenkammer, die mit flüssigem Wasserstoff gefüllt ist. Die Spur wird durch ein homogenes Magnetfeld gekrümmt, dessen Richtung senkrecht zur Buchseite steht. Der Krümmungsradius nimmt ab, da das Elektron durch den flüssigen Wasserstoff allmählich abgebremst wird.* [*Mit freundlicher Genehmigung der Alvarez-Gruppe, Lawrence Radiation Laboratory, University of California*]

zu erzeugen. Das wurde durch die Entwicklung des Kernreaktors ermöglicht. Jede Kernspaltung in einem Reaktor führt zu mehreren Betazerfällen und damit zu mehreren Antineutrinos. Für ein solches Experiment benötigte man also einen Kernreaktor mit großer Leistung und einen komplizierten großflächigen Detektor. Das Experiment wurde von einer Arbeitsgruppe in Los Alamos durchgeführt. Der benutzte Detektor ist in Abb. 31-4 dargestellt. Mit diesem Experiment wurde das schwer faßbare Neutrino im Jahre 1956 zum ersten Male direkt nachgewiesen.

Mit Hochenergiebeschleunigern lassen sich Neutrinostrahlen mit wesentlich größerer Energie, aber mit kleinerer Intensität als mit Kernreaktoren erzeugen. Glücklicherweise nimmt der Wirkungsquerschnitt für Neutrinowechselwirkungen linear mit der Energie zu, so daß in den letzten Jahren mit diesen hochenergetischen Strahlen Tausende von Neutrinowechselwirkungen beobachtet werden konnten.

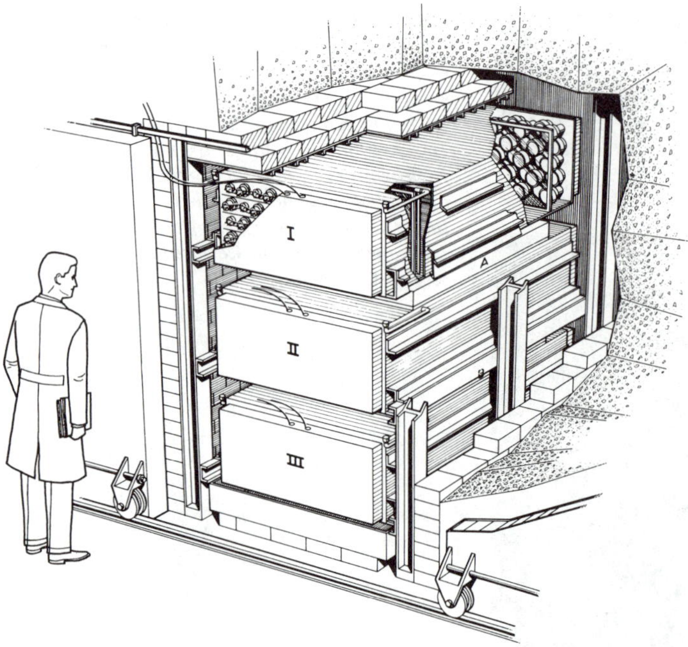

Abb. 31-4. *Ausschnitt aus der Wand eines Kernreaktors mit einem Neutrinodetektor. Jeder der drei Tanks (I, II, III) enthält 1400 l Szintillatorflüssigkeit und wird von 110 Photomultiplier-Röhren überwacht. Das Positron der Reaktion* $\bar{\nu} + p \rightarrow n + e^+$ *erzeugt in der Szintillatorflüssigkeit charakteristische Lichtblitze.* [*Mit freundlicher Genehmigung des Los Alamos Scientific Laboratory und von Dr. F. Reines*]

Der Erhaltungssatz der Baryonenzahl

Da das freie Neutron durch die schwache Wechselwirkung zerfallen kann, sollte man meinen, daß dies auch für das freie Proton zutrifft. Sorgfältige Messungen haben jedoch ergeben, daß das freie Proton stabil ist. Diese Beobachtung zusammen mit anderen experimentellen Ergebnissen über Reaktionen zwischen stark wechselwirkenden Teilchen haben zur Formulierung des Erhaltungssatzes der Baryonenzahl geführt. Das Proton, das Neutron und etwa die Hälfte der stark wechselwirkenden Teilchen werden Baryonen genannt. Der Erhaltungssatz der Baryonenzahl besagt, daß in einem abgeschlossenen System die Gesamtzahl der Baryonen, vermindert um die Anzahl der Antibaryonen, konstant bleibt. Da kein Baryon leichter als das Proton ist, existiert kein Teilchen, in welches das Proton zerfallen könnte. Baryonen besitzen einen halbzahligen Spin, d. h. $\frac{1}{2}\hbar$, $\frac{3}{2}\hbar$, $\frac{5}{2}\hbar$ usw.

31-2 Hochenergiebeschleuniger

Die neuen Elementarteilchen könnten als Produkt einer übermenschlichen Phantasie erscheinen, wenn man nicht kurz beschreibt, wie sie erzeugt und nachgewiesen werden.

Beschleuniger, die Protonen- oder Elektronenstrahlen mit Energien über 1 GeV (10^9 eV) erzeugen, werden wir als Hochenergiebeschleuniger bezeichnen. Bis auf einen Linearbeschleuniger sind alle Hochenergiebeschleuniger der Welt Synchrotrons. In einem Synchrotron bewegen sich die Teilchen in einem evakuierten ringförmigen Rohr zwischen den Polen eines ebenfalls ringförmigen Magneten auf Kreisbahnen (s. Abb.

31-5). Die Teilchen werden in bestimmten Beschleunigungsabschnitten mit Hilfe elektrischer Felder beschleunigt, die durch einen Hochfrequenzoszillator erzeugt werden. Der Krümmungsradius läßt sich berechnen, indem man die Zentripetalkraft mv^2/R und die Kraft $ev\mathscr{B}$ im Magnetfeld einander gleichsetzt:

$$\frac{mv^2}{R} = ev\mathscr{B},$$

$$\frac{p}{R} = e\mathscr{B},$$

$$R = \frac{1}{e\mathscr{B}}\,p. \qquad (31\text{-}1)$$

Abb. 31-5. *Älteres Elektronensynchrotron der Cornell University vor dem Einsetzen des ringförmigen Vakuumtanks. Das elektrische Feld zur Beschleunigung wird in dem Hohlraumresonator rechts im Bild erzeugt.*

Sorgt man also dafür, daß $\mathscr{B}$ proportional zum Teilchenimpuls p bleibt, so behalten die Teilchen den gleichen Krümmungsradius bei und bleiben im Zentrum des ringförmigen Vakuumtanks.

Beispiel 1: Ein Synchrotron mit dem Radius R habe vier gerade Abschnitte der Länge L. Wie groß ist das Magnetfeld als Funktion von R, L und der Oszillatorfrequenz f, wenn die Periode des Hochfrequenzoszillators gleich der Zeit für einen Teilchenumlauf ist?

Lösung: Die Oszillatorperiode ist:

$$T = \frac{\text{Weglänge}}{v} = \frac{2\pi R + 4L}{v} = \frac{1}{f},$$

$$v = (2\pi R + 4L)f.$$

Dieser Ausdruck wird in Gl. (31-1) eingesetzt:

$$\mathscr{B} = \frac{M\gamma v}{eR} = \frac{M}{eR}(2\pi R + 4L)f\left[1 - \frac{(2\pi R + 4L)^2 f^2}{c^2}\right]^{-1/2}.$$

Um diese Beziehung zwischen Magnetfeld und Oszillatorfrequenz im Synchrotron aufrechtzuerhalten, wird ein elektronischer Rechner benutzt.

Ein großer Teil der frühen Untersuchungen über die neuen Teilchen wurde mit dem 3-GeV-Protonen-Synchrotron am Brookhaven National Laboratory und mit dem 6,2-GeV-Protonen-Synchrotron in Berkeley, genannt Bevatron, durchgeführt. Ein 10-GeV-Beschleuniger, der dem Bevatron ähnlich ist, befindet sich in Dubna in der Nähe von Moskau.

Zu Beginn der sechziger Jahre wurden zwei 30-GeV-Protonen-Synchrotrons in Betrieb genommen, von denen sich eines in Brookhaven und das andere bei Genf in der Schweiz befindet. Der europäische Beschleuniger wird von der internationalen Organisation CERN betrieben. Später wurde in der Sowjetunion in Serpukhov in der Nähe von Moskau ein ähnlicher Beschleuniger gebaut, dessen Energie zweimal so groß ist.

Zur Zeit befindet sich der größte Beschleuniger der Welt in der Nähe von Chicago am Fermi National Accelerator Laboratory. Es ist ein Protonen-Synchrotron mit einer Ausgangsenergie von 500 GeV (s. Abb. 31-6). Die Aufnahme zeigt den Protonen-Linearbeschleuniger mit einer Ausgangsenergie von 200 MeV, von dem aus die Teilchen in ein 8-GeV-Synchrotron als Zwischenbeschleuniger gelangen. Von da aus werden sie in den Hauptring eingespeist, dessen Umfang 6 km beträgt. Dort werden sie von 8 GeV auf 500 GeV beschleunigt. Ein ähnlicher Beschleuniger mit einer Energie von 400 GeV wurde im Jahre 1976 bei CERN fertiggestellt. Er reicht von der Schweiz nach Frankreich hinein.

Beispiel 2: Wie groß ist die Spitzenenergie des Beschleunigers am Fermi National Accelerator Laboratory, wenn der Maximalwert des magnetischen Feldes 20 Kilogauß beträgt? $R = 800$ m.

Lösung: Löst man Gl. (31-1) nach p auf, so erhält man

$$p = e\mathscr{B}R$$

$$pc = e\mathscr{B}Rc = (1{,}6 \cdot 10^{-19})\,(2{,}0)\,(800)\,(3 \cdot 10^{8})\ \text{J}$$
$$= 4{,}8 \cdot 10^{11}\ \text{eV} = 480\ \text{GeV}.$$

Da diese Energie wesentlich größer als die Ruhenergie des Protons von 0,94 GeV ist, wird die relativistische Energie fast gleich pc [s. Gl. (9-11)].

Das größte Elektronen-Synchrotron befindet sich an der Cornell University. Es erzeugt einen Elektronenstrahl mit einer Energie von 12 GeV. Elektronen von 20 GeV werden mit einem Linearbeschleuniger von etwa 2 km Länge am Stanford Linear Accelerator Center erzeugt. In einem Elektronen-Synchrotron legen die Elektronen beim Beschleunigungsvorgang etwa 2000 km zurück. Zur Beschleunigung ist deshalb ein wesentlich kleineres elektrisches Feld als in einem Linearbeschleuniger nötig.

Eine weitere Möglichkeit, sehr große Effektivenergien zu erzielen, besteht darin, kollidierende Strahlen zu benutzen. Das 28-GeV-Protonen-

Abb. 31-6. *Luftbild des Gesamtkomplexes des 500-GeV-Beschleunigers am Fermi National Accelerator Laboratory etwa 50 km westlich von Chicago. [Mit freundlicher Genehmigung des Photography Department, Fermilab]*

Synchrotron bei CERN kann Protonen abwechselnd in zwei sich überschneidende Ringe einspeisen, in denen die Teilchen gespeichert werden. An den Kreuzungspunkten finden Wechselwirkungen bei Energien statt, für deren Erzeugung ein konventioneller Beschleuniger von 1 500 GeV nötig wäre. Allerdings ist die Reaktionsrate sehr klein. Am Brookhaven National Laboratory ist derzeit ein 400-GeV-Protonen-Beschleuniger mit sich überschneidenden Speicherringen im Bau.

Sich überschneidende Elektron-Positron-Speicherringe existieren in Novosibirsk, Rom, Hamburg und Stanford. 18-GeV-Speicherringe sind in Hamburg und in Stanford im Bau, und 8-GeV-Ringe werden an der Cornell University errichtet.

Ohne diese Beschleuniger wäre es unmöglich, die grundlegenden Eigenschaften und Wechselwirkungen der Elementarteilchen zu untersuchen, aus denen die Materie aufgebaut ist. Die meisten Elementarteilchen wurden mit Hilfe von Hochenergiebeschleunigern entdeckt. Ein neuer Hochenergiebeschleuniger kann 200 Millionen DM kosten. Der Bau von solchen Beschleunigern ist jedoch notwendig, wenn wir das Wissen, auf dem die gesamte Physik aufbaut, erweitern wollen.

31-3 Antimaterie

Aus der relativistischen Quantentheorie für Spin-1/2-Teilchen folgt nicht nur das Pauli-Verbot, sondern auch die Existenz von sogenannten Antiteilchen. Das Antiteilchen eines bestimmten Teilchens hat genau die gleiche Masse, seine Ladung hat jedoch ein umgekehrtes Vorzeichen. Ein Antiteilchen kann beim Zusammenstoß mit dem zugehörigen Teilchen vernichtet werden. Dabei werden die beiden Ruhmassen direkt in Energie in Form von anderen Teilchen, etwa Photonen, umgewandelt. Das erste bekannte Antiteilchen war das Positron. Es wurde im Jahre 1933 in einer Nebelkammer entdeckt, die der kosmischen Strahlung ausgesetzt war. Dieses erste Positron wurde durch Zufall gefunden, obwohl die Existenz der Positronen schon durch die relativistische Quantentheorie vorhergesagt worden war. Das Positron oder positive Elektron hat die gleiche Masse wie das Elektron, aber eine entgegengesetzte Ladung. Wird ein Positron in Materie abgestoppt, so wird es sehr schnell durch ein Elektron annihiliert, wobei gewöhnlich zwei Photonen entstehen:

$$e^+ + e^- \rightarrow 2\gamma .$$

Jedes der Photonen muß dann eine Energie von 0,51 MeV besitzen, was der Ruhmasse des Elektrons entspricht. Positronen entstehen sehr leicht bei einem Prozeß, der Paarerzeugung genannt wird (dabei trifft ein hochenergetisches Photon auf einen Atomkern und wird in ein Elektron-Positron-Paar umgewandelt):

$$\gamma \rightarrow e^+ + e^- .$$

Diese Reaktion ist eines der zahlreichen Beispiele für die direkte Umwandlung von Energie in Ruhmasse. Wie schon in Abschn. 31-1 erwähnt, können beim Betazerfall sowohl Elektronen als auch Positronen entstehen. Dabei wird ein Positron immer zusammen mit einem Neutrino erzeugt.

Das Antiteilchen des Protons heißt Antiproton oder negatives Proton. Üblicherweise wird ein Antiteilchen durch einen Querstrich über dem entsprechenden Symbol gekennzeichnet, d. h., ein Antiproton wird mit $\bar{p}$ und ein Antineutron mit $\bar{n}$ bezeichnet. Für das Antielektron (Positron) hat sich anstelle von $\overline{e^-}$ das Symbol e^+ eingebürgert. Nach der Entdeckung des Positrons im Jahre 1933 waren viele Physiker der Auffassung, daß auch Antiprotonen existieren müßten. Der Theorie zufolge sollten Antiprotonen beim Beschuß von Atomkernen mit Protonen mit einer kinetischen Energie von 6 GeV entstehen. Eine der Reaktionen zur Erzeugung von Antiprotonen ist dann die folgende:

$$p + p \rightarrow p + p + \bar{p} + p.$$

Dabei wird die Energie von 6 GeV direkt in die Ruhmasse eines Proton-Antiproton-Paares und in die kinetische Energie der entstehenden Partikeln umgewandelt.

Die Suche nach dem Antiproton war einer der Hauptbeweggründe für die Atomic Energy Commission der Vereinigten Staaten (AEC), das Bevatron – ein Protonensynchrotron für hohe Energien – in Berkeley in Kalifornien zu errichten. Es beschleunigt Protonen bis zu kinetischen Energien von 6,2 GeV, was gerade ausreicht, um Nukleon-Antinukleon-Paare zu erzeugen. Im Jahre 1955, im zweiten Jahr nach der Inbetriebnahme des Bevatrons, wurde das Antiproton gefunden. Ein Jahr später entdeckte man das Antineutron $\bar{n}$. Da das Neutron keine Ladung besitzt, muß dies auch für das Antineutron gelten. Das Antineutron wird jedoch sowohl durch ein Neutron wie durch ein Proton sehr schnell vernichtet. Bei der Annihilation von Antinukleonen sind die entstehenden Teilchen gewöhnlich Pionen (s. Abschn. 31-5). In Abb. 31-7 fliegt ein Antiproton in eine Blasenkammer, die mit flüssigem Wasserstoff gefüllt ist. Das Teilchen wird langsam abgestoppt und dann durch einen der Wasserstoffatomkerne vernichtet. In der gezeigten Aufnahme werden die Ruhmassen

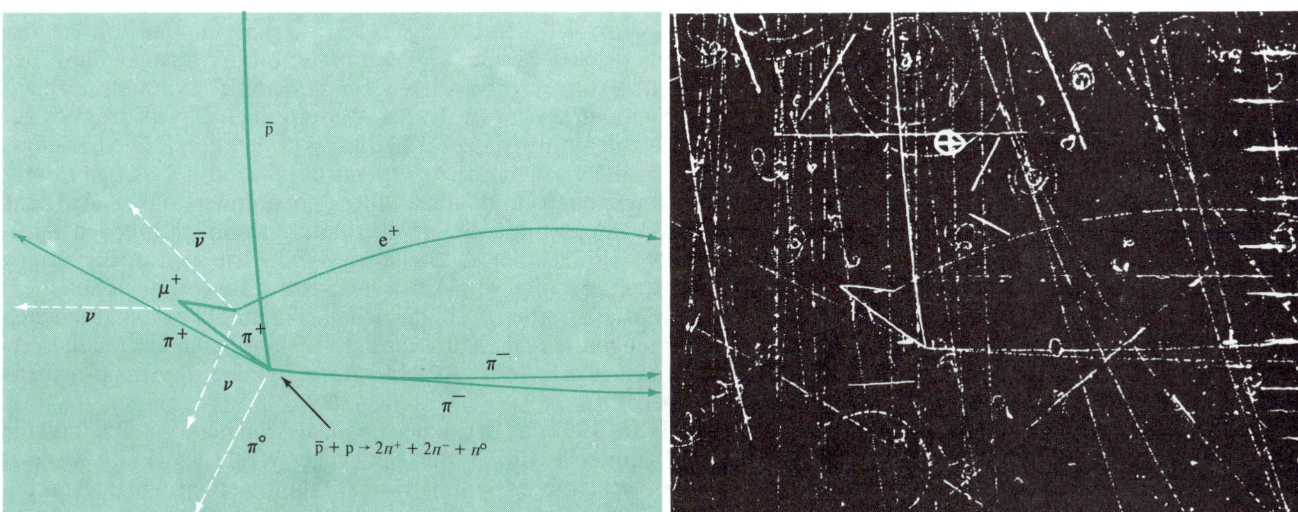

Abb. 31-7. *Ein Antiproton wird in einer Wasserstoffblasenkammer abgestoppt. Bei der Vernichtung des Antiprotons entstehen fünf Pionen: zwei positiv geladene, zwei negativ geladene und ein neutrales. Eines der positiven Pionen wird ebenfalls abgestoppt und zerfällt anschließend in ein* μ^+. *Das* μ^+ *wird abgestoppt und zerfällt in ein Positron.* [*Mit freundlicher Genehmigung der Wasserstoffblasenkammer-Gruppe des Lawrence Radiation Laboratory*]

von Proton und Antiproton in fünf Pionen umgewandelt:

$$\bar{p} + p \rightarrow \pi^+ + \pi^+ + \pi^- + \pi^- + \pi^0.$$

Es stellt sich nun die Frage, warum alle Wasserstoffatome aus positiven Protonen und negativen Elektronen bestehen und nicht aus negativen Protonen (Antiprotonen) und positiven Elektronen (Positronen). Ein solches „umgekehrtes" Wasserstoffatom heißt Antiwasserstoffatom. Materie, welche aus Antinukleonen und Positronen aufgebaut ist, heißt Antimaterie. Nach allgemeinen Symmetriebetrachtungen sollte man erwarten, daß die Hälfte der Atome des Universums Antiatome sein sollten. Es ist schwer zu verstehen, warum die positive Ladung gegenüber der negativen bevorzugt sein sollte. Käme andererseits Antimaterie auf der Erde oder in unserer Galaxis vor, so würde sie nur kurze Zeit existieren können. Sie würde sehr schnell vernichtet werden und dabei Energie freisetzen mit einem Wirkungsgrad, der etwa 1000mal so groß wie der einer Wasserstoffbombe ist. Es wird im Moment vermutet, daß einige Galaxien aus Antimaterie bestehen könnten. Die Beweise dafür sind bis jetzt jedoch noch nicht stichhaltig.

Das Antiteilchen des Neutrinos ist – wie schon erwähnt – das Antineutrino $\bar{\nu}$. Der Theorie zufolge muß das Photon sein eigenes Antiteilchen sein. Zählt man die Antiteilchen mit, so ist unsere Liste von Elementarteilchen inzwischen auf neun Teilchen angewachsen: γ, ν, $\bar{\nu}$, e^-, e^+, p, $\bar{p}$, n, $\bar{n}$.

Antiteilchen-Symmetrie

Angenommen, im Verlauf irgendeines physikalischen Experiments werden plötzlich alle Teilchen in die entsprechenden Antiteilchen verwandelt. Bleibt dann das Ergebnis des Experiments unverändert? Bis zum Jahre 1957 wurde allgemein angenommen, daß die Antiteilchen den gleichen physikalischen Gesetzen gehorchen wie die entsprechenden Teilchen, d. h., es gäbe prinzipiell keine Möglichkeit, herauszufinden, ob ein bestimmtes physikalisches System aus Antimaterie oder aus gewöhnlicher Materie besteht. Wir werden dieses fundamentale Symmetrieprinzip Antiteilchen-Symmetrie nennen. In der theoretischen Physik trägt es gewöhnlich den Namen „Invarianz bei Ladungskonjugation". Die Ladungskonjugation ist eine mathematische Operation, die jedes Teilchen in sein Antiteilchen umwandelt und sonst alles unverändert läßt. Auf das Wasserstoffatom angewandt, liefert die Ladungskonjugation den Antiwasserstoff. Das Prinzip der Antiteilchen-Symmetrie sagt z. B. voraus, daß sich die Spektren, die von Antiwasserstoff und von gewöhnlichem Wasserstoff emittiert werden, völlig gleichen sollten. Da sich Antiteilchen nur schwer erzeugen lassen (Antiwasserstoff ist bisher noch niemals erzeugt worden), ist es schwierig, Aspekte dieses Symmetrieprinzips experimentell zu überprüfen.

So war im Jahre 1957 das Erstaunen groß, als sich herausstellte, daß die Antiteilchen-Symmetrie durch die schwache Wechselwirkung verletzt wird. Auf die Natur dieser Symmetrieverletzung werden wir in Abschn. 31-7 eingehen.

31-4 Erhaltung der Leptonenzahl

Die schwache Wechselwirkung führt nicht nur dazu, daß ein schweres Teilchen ein Elektron und ein Neutrino emittiert. In einigen Fällen werden stattdessen ein Myon und ein Neutrino ausgesandt. Das Myon oder μ-Meson ist ein Elementarteilchen, das dem Elektron bis auf seine Ruhmasse in jeder Hinsicht gleicht. Seine Ruhmasse ist 207mal größer als die des Elektrons. Man kann sich das Myon also als schweres Elektron vorstellen. Im Jahre 1975 ergaben sich Hinweise auf die Existenz eines zweiten schweren Elektrons, dessen Masse etwa 20mal größer als die Myonenmasse ist. Niemand kann bisher die Frage beantworten, warum gerade zwei oder drei „Elektronen" existieren sollten.

Myonen sind nicht selten. Sie wurden im Jahre 1936 in der kosmischen Strahlung entdeckt. Tatsächlich besteht die kosmische Strahlung in der Höhe des Meeresspiegels hauptsächlich aus Myonen und Elektronen im Verhältnis 4 zu 1. Das Antiteilchen des μ^- ist das μ^+, ebenso wie e^+ das Antiteilchen von e^- ist. Der Grund dafür, daß Myonen nicht ebenso wie Elektronen in gewöhnlicher Materie vorkommen, liegt darin, daß Myonen durch die schwache Wechselwirkung in Elektronen zerfallen können:

$$\mu^- \rightarrow \nu_\mu + e^- + \bar{\nu}_e.$$

Die Halbwertszeit des μ^- beträgt dabei $1{,}5 \cdot 10^{-6}$ s.

Man beachte, daß wir die Zerfallsneutrinos durch die Indizes e und μ gekennzeichnet haben. Im Jahre 1963 entdeckte eine Arbeitsgruppe am Synchrotron in Brookhaven, daß es zwei verschiedene Arten von Neutrinos gibt: ν_μ, das immer zusammen mit einem Myon vorkommt, und ν_e, das immer zusammen mit einem Elektron vorkommt. Man sollte sich das ν_μ als neutrales Myon und das ν_e als neutrales Elektron vorstellen. Wir hätten also für das ν_μ auch die Bezeichnung μ^0 und für ν_e die Bezeichnung e^0 benutzen können. Myonen, Elektronen und die zugehörigen Neutrinos werden zur Klasse der Leptonen zusammengefaßt. Die Leptonen treten bei der schwachen Wechselwirkung auf. Experimente zeigen, daß Leptonen immer als Paare erzeugt werden. Diese Beobachtung hat zu einem neuen Erhaltungssatz geführt, dem Erhaltungssatz der Leptonenzahl. In Wirklichkeit gibt es zwei voneinander unabhängige Erhaltungssätze, einen für Elektronen und einen für Myonen. Dem Elektron e^- und seinem Neutrino ν_e wird die Elektronen-Leptonenzahl $+1$ zugeordnet und ihren Antiteilchen, e^+ und $\bar{\nu}_e$, die Elektronen-Leptonenzahl -1. In jedem abgeschlossenen System muß die Elektronen-Leptonenzahl erhalten bleiben. Als Beispiel sei der Zerfall des Neutrons angeführt:

$$n \rightarrow p + e^- + \bar{\nu}_e$$

$$\text{Leptonenzahl:} \quad (0) \rightarrow (0) + (1) + (-1).$$

Die Leptonenzahl vor dem Zerfall ist null. Also muß auch die Leptonenzahl auf der rechten Seite null sein. Das ist tatsächlich der Fall: $(1) + (-1) = 0$. Ebenso muß bei einem Betazerfall, bei dem ein Positron emittiert wird, die Leptonenzahl des entstehenden Neutrinos das entgegengesetzte Vorzeichen besitzen. Da die Leptonenzahl des Positrons -1 ist, muß das Neutrino die Leptonenzahl $+1$ haben, d. h., es muß ν_e und nicht $\bar{\nu}_e$ sein.

Unser letztes Beispiel für die Erhaltung der Leptonenzahl ist der Zerfall des Myons:

$$\begin{aligned} & \mu^- \rightarrow \nu_\mu + e^- + \bar{\nu}_e \\ \text{Myonen-Leptonenzahl:}\quad & (1) \rightarrow (1) + (0) + (0) \\ \text{Elektronen-Leptonenzahl:}\quad & (0) \rightarrow (0) + (1) + (-1). \end{aligned}$$

Zu Beginn ist die Myonen-Leptonenzahl $+1$. Dieser Wert wird erhalten, wenn das Myon in ein neutrales myonisches Neutrino ν_μ zerfällt. Die elektrische Ladung bleibt dadurch erhalten, daß ein Elektron emittiert wird. Damit auch die Elektronen-Leptonenzahl erhalten bleibt, muß zusätzlich ein Antineutrino $\bar{\nu}_e$ ausgesandt werden.

Beispiel 3: Beim Zusammenstoß hochenergetischer positiver Myonen mit Atomelektronen werden gelegentlich zwei Neutrinos erzeugt: $\mu^+ + e^- \rightarrow 2\nu$. Um welche Neutrinoarten handelt es sich dabei?

Lösung: Ein Neutrino muß ebenso wie das μ^+ die Myonen-Leptonenzahl -1 haben. Das zweite Neutrino ist ein ν_e mit der gleichen Elektronen-Leptonenzahl wie ein Atomelektron.

Zusammenfassend stellen wir fest: Mit Sicherheit existieren acht Leptonen: (μ^-, ν_μ, e^-, ν_e) und ihre Antiteilchen (μ^+, $\bar{\nu}_\mu$, e^+, $\bar{\nu}_e$). Diese Teilchen treten bei der schwachen Wechselwirkung paarweise auf. Zusätzlich existiert noch ein schweres Lepton mit einer Ruhmasse von 1,8 GeV zusammen mit seinem Neutrino, das die Ruhmasse null hat: (τ^-, ν_τ) und die entsprechenden Antiteilchen (τ^+, $\bar{\nu}_\tau$).

31-5 Hadronen

So, wie die Leptonen mit der schwachen Wechselwirkung verknüpft sind, gehören die Hadronen zur starken oder Kernwechselwirkung. Die elektromagnetische Wechselwirkung hält sich nicht an diese Grenzen. Sie wirkt auf alle geladenen Teilchen ebenso wie auf das Photon. Elektromagnetische Wechselwirkungen gibt es mit geladenen Leptonen ebenso wie mit geladenen Hadronen.

Die zwei bekanntesten Hadronen, das Proton und das Neutron, sind uns schon vertraut. Seit dem Jahre 1947 ist jedoch eine große Anzahl weiterer instabiler Hadronen entdeckt worden. Bei 21 dieser Hadronen (s. Abb. 31-10) ist die Lebensdauer lang genug, so daß man ihre Spuren in Kernemulsionen oder Blasenkammern beobachten kann. Die meisten dieser 21 Teilchen besitzen eine Halbwertszeit von etwa 10^{-10} s. In dieser Zeit legt ein Teilchen mit der Geschwindigkeit $v = c$ drei Zentimeter zurück. Obwohl sich zeigen wird, daß diese Teilchen in gewissen Gruppen angeordnet werden können und bestimmte gemeinsame Eigenschaften haben, so scheint doch die Anzahl der hier angegebenen Beobachtungsdaten immer noch so überwältigend, daß man sich fragen muß, ob es nicht einfachere und elementarere Bausteine als diese Elementarteilchen gibt. Dies ist in der Tat die zentrale Frage, der sich die Physik im Moment gegenübersieht. Damit haben wir in diesem Buch die äußerste Grenze menschlichen Wissens und Begreifens der physikalischen Welt erreicht. In den verbleibenden Abschnitten werden wir versuchen, dem Leser wenigstens ein Gefühl für die gegenwärtigen bahnbrechenden Leistungen bei der Erforschung der physikalischen Welt zu geben.

Es existieren zwei Arten von Hadronen: Mesonen und Baryonen. Die Mesonen besitzen einen ganzzahligen Spin, also 0, 1, 2 usf. Die Baryonen haben einen halbzahligen Spin, also $\frac{1}{2}$, $\frac{3}{2}$, $\frac{5}{2}$ usf. Für die Baryonen gilt der Erhaltungssatz der Baryonenzahl, wobei das letzte Zerfallsprodukt immer ein Proton oder ein Antiproton ist. Die Baryonenzahl für alle Baryonen (wie z. B. Proton und Neutron) ist +1. Alle Antibaryonen wie $\bar{p}$ und $\bar{n}$ haben die Baryonenzahl −1. In einem abgeschlossenen System muß die Summe der Baryonenzahlen konstant bleiben. Die Baryonenzahl der Mesonen ist null.

Die Mesonen

Die beiden langlebigsten Mesonen sind das π-Meson oder Pion und das K-Meson. Die Masse des Pions ist etwa $\frac{1}{7}$ der Protonenmasse, und das K-Meson ist etwa halb so schwer wie das Proton.

Der Spin der Pionen ist null. Ihre Ladung kann negativ, positiv und null sein (π^-, π^+, π^0). Das π^- ist das Antiteilchen zum π^+. Wie beim Photon ist das π^0 sein eigenes Antiteilchen. Der „Grund" für die Existenz der Pionen ist theoretisch leichter zu verstehen als der „Grund" für die Existenz der Myonen. Tatsächlich wurde das Pion im Jahre 1936 von H. Yukawa vorhergesagt – elf Jahre vor seiner Entdeckung. Yukawa versuchte, die starke Wechselwirkung auf dieselbe Art und Weise zu erklären, wie die Quantenelektrodynamik die elektromagnetische Wechselwirkung erklärt. In der Quantenelektrodynamik wird die elektromagnetische Wechselwirkung dadurch erklärt, daß eine elektrische Ladung fortgesetzt virtuelle Quanten (Photonen) emittiert und wieder absorbiert. Yukawa erfand eine neue Art solcher virtueller Quanten, um die starke, kurzreichweitige Kernkraft zu erklären. Durch die Quantentheorie wird die Masse dieses neuartigen Teilchens (oder Quants) als Funktion der Reichweite der Kernkraft bestimmt. Das kann man in etwa verstehen, wenn man die Unschärferelation anwendet. Die Reichweite dieser virtuellen Quanten sei R. Aus der Unschärferelation folgt dann

$$R\,\Delta p \approx \hbar .$$

Dabei bedeutet Δp die Impulsunschärfe, die von der Größenordnung $M_\pi v$ ist. Es folgt:

$$(M_\pi v)\,R \approx \hbar$$

oder

$$M_\pi \approx \frac{\hbar}{Rv}.$$

Für $v = c$ hat M_π seinen kleinsten Wert. Die Gleichung lautet dann:

$$M_\pi \approx \frac{\hbar}{Rc}.$$

Die so berechnete Pionenmasse stimmt gut mit dem gemessenen Wert überein. Yukawa sagte außer dem richtigen Wert für die Masse weiterhin voraus, daß Pionen und Nukleonen stark miteinander wechselwirken. So lassen sich Pionen z. B. sehr leicht durch Stöße zwischen Nukleonen erzeugen. In diesem Fall wird die kinetische Energie der Nukleonen direkt in Ruhmasse umgewandelt. Einige Reaktionen zur Erzeugung von Pionen sind im folgenden aufgezählt:

$$p + p \rightarrow p + n + \pi^+$$
$$p + n \rightarrow p + p + \pi^-$$
$$\gamma + p \rightarrow n + \pi^+$$
$$\gamma + p \rightarrow p + \pi^0.$$

Zur Erzeugung von Pionen müssen die Protonen Energien von einigen hundert Millionen Elektronvolt besitzen. Solche Protonenstrahlen werden z. B. durch einen Protonenbeschleuniger älteren Typs erzeugt, dem sogenannten Synchrozyklotron.

Das Pion wurde erstmals im Jahre 1947 in der kosmischen Strahlung entdeckt, als man die Spuren untersuchte, die diese Strahlung in Kernemulsionen hinterließ (s. Abb. 31-8). Ein Jahr später wurden die ersten im Laboratorium erzeugten Pionen am Synchrozyklotron in Berkeley nachgewiesen. Die geladenen Pionen zerfallen normalerweise durch schwache Wechselwirkung:

$$\pi^+ \rightarrow \mu^+ + \nu_\mu$$
$$\pi^- \rightarrow \mu^- + \bar{\nu}_\mu.$$

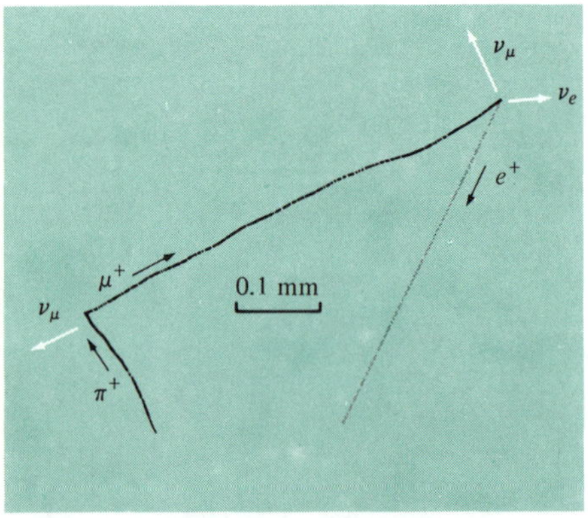

Abb. 31-8. *Zeichnung der Spur, die ein gestopptes Pion in einer Kernemulsion hinterlassen hat. Zu sehen ist die Zerfallskette $\pi^+ \rightarrow \mu^+ + \nu$, gefolgt von $\mu^+ \rightarrow e^+ + \bar{\nu} + \nu$. (Die Neutrinos sind nicht sichtbar.) Die Körner einer photographischen Emulsion werden durch Stöße mit geladenen Teilchen ebenso „belichtet" wie durch Licht.*

Dabei beträgt die Halbwertszeit $1{,}8 \cdot 10^{-8}$ s. Das ungeladene π^0 zerfällt durch elektromagnetische Wechselwirkung in zwei Photonen. Die Halbwertszeit für diesen Prozeß ist etwa 10^{-16} s. In der Blasenkammeraufnahme der Abb. 31-7 ist sowohl der Zerfall eines π^+ wie auch eines μ^+ zu sehen. Eine der zwei π^+-Spuren zeigt sogar, daß das Pion im flüssigen Wasserstoff zum Stillstand kommt. Danach zerfällt es in ein μ^+, das eine sichtbare Spur hinterläßt, und in ein unsichtbares Neutrino. Das μ^+ kommt nach etwa 1,1 cm ebenfalls zum Stehen und zerfällt danach in ein Elektron mit sichtbarer Spur und in zwei unsichtbare Neutrinos.

Das Myon wurde etwa zur gleichen Zeit entdeckt, als Yukawa das Pion vorhersagte. Da sich die Myonenmasse nicht stark von der Pionenmasse unterscheidet, wurde das Myon tatsächlich viele Jahre lang für Yukawas Pion gehalten. Kurz bevor das Pion schließlich entdeckt wurde, hatten die meisten Physiker den Glauben an Yukawas Voraussage schon aufgegeben, da das Myon nicht der starken Wechselwirkung unterlag, wie es Yukawa vorhergesagt hatte.

Das ρ-Meson. Das Pion hat noch einen Bruder, das sogenannte ρ-Meson. Dieses Teilchen tritt ebenfalls in allen drei Ladungszuständen auf.

Sein Spin ist jedoch 1, während das Pion den Spin 0 hat. Das ρ-Meson ist etwa fünfmal schwerer als das Pion. Da das ρ-Meson ein stark wechselwirkendes Teilchen ist, kann es durch die starke Wechselwirkung zerfallen und auch erzeugt werden. Einfache Erzeugungsprozesse sind Proton-Proton-Stöße und Pion-Proton-Stöße. Durchdringt ein hochenergetisches ρ-Meson oder ein Proton einen Atomkern, so legt es im Mittel etwa $3 \cdot 10^{-15}$ m zurück, bis es zu einer Reaktion kommt. Das entspricht einer Flugzeit von

$$t \approx \frac{D}{v} \approx \frac{3 \cdot 10^{-15}\ \mathrm{m}}{3 \cdot 10^{8}\ \mathrm{m/s}} = 10^{-23}\ \mathrm{s},$$

d. h., die Reaktionszeit der starken Wechselwirkung ist etwa 10^{-23} s. Zerfälle durch starke Wechselwirkung erfolgen in der gleichen Zeit, d. h., für den Zerfall $\rho^0 \rightarrow \pi^+ + \pi^-$ ist die Halbwertszeit etwa 10^{-23} s.

Das K-Meson. Auf den ersten Blick scheint das K-Meson dem ρ-Meson zu ähneln. So existieren die Mesonen K^+, K^0 und K^- ebenso wie ρ^+, ρ^0 und ρ^-. K-Mesonen lassen sich einfach mit Hilfe der starken Wechselwirkung erzeugen. Die Masse des K-Mesons unterscheidet sich nicht stark von der des ρ-Mesons, und das K-Meson zerfällt ebenso in zwei Pionen wie das ρ-Meson: $K^0 \rightarrow \pi^+ + \pi^-$. Die Lebensdauer des K-Mesons ist jedoch 10^{-10} s und nicht 10^{-23} s, wie man es für ein stark wechselwirkendes Teilchen erwartet hätte! Wie ist es möglich, daß ein stark wechselwirkendes Teilchen nicht durch starke Wechselwirkung zerfällt, obwohl seine Zerfallsprodukte ebenfalls stark wechselwirkende Teilchen sind? Bei seiner Entdeckung im Jahre 1950 erschien diese Eigenschaft des K-Mesons höchst seltsam (engl. strange). Man nannte es deshalb ein „seltsames" Teilchen, und es wurde ein neues Erhaltungsgesetz aufgestellt: der Erhaltungssatz der Strangeness. Für die K-Mesonen wurde eine neue Quantenzahl eingeführt, die Strangeness S. Für das K^+- und das K^0-Meson ist $S = +1$. Der Erhaltungssatz der Strangeness besagt das Folgende: in einem abgeschlossenen System bleibt die Summe der

Tabelle 31-1. *Elementarteilchenklassen*

Hadronen (stark wechselwirkend)	Baryonen	Hyperonen $\Lambda, \Sigma, \Xi, \Omega$ (seltsam)
		Nukleonen n, p, Δ (nicht seltsam)
	Mesonen	(seltsam) K
		(nicht seltsam) π, ϱ
Leptonen (schwach wechselwirkend)	Familie der Myonen μ, ν_μ	
	Familie der Elektronen e, ν_e	
das Photon γ (elektromagnetische Wechselwirkung)		

Quantenzahlen S bei allen starken und elektromagnetischen Wechselwirkungen erhalten, nicht jedoch bei schwachen Wechselwirkungen. Beim Zerfall des K^0-Mesons bleibt S also nicht erhalten:

$$K^0 \rightarrow \pi^+ + \pi^-$$

$$\text{Strangeness } S\text{:} \quad (+1) \rightarrow (0) + (0)$$

Zu Beginn ist $S = +1$, und nach dem Zerfall ist $S = 0$. Folglich muß dieser Zerfall durch schwache Wechselwirkung erfolgen, die etwa 10^{13}-mal schwächer als die starke Wechselwirkung ist. Die erwartete Lebensdauer von 10^{-23} s sollte also um einen Faktor 10^{13} vergrößert werden. Das führt zu einer Übereinstimmung mit der gemessenen Lebensdauer des K-Mesons von $\approx 10^{-10}$ s.

Die Hyperonen (seltsame Baryonen)

Damit ergibt sich die Frage, wie sich K-Mesonen überhaupt durch starke Wechselwirkung erzeugen lassen. Im Jahre 1950 wurden mehrere Baryonen entdeckt, die schwerer als das Proton waren und Lebensdauern von etwa 10^{-10} s besaßen. So hat z. B. das Hyperon Λ^0 (Lambda) eine Masse von 1116 MeV, und es zerfällt in ein Proton und ein Pion mit einer Halbwertszeit von $2 \cdot 10^{-10}$ s:

$$\Lambda^0 \rightarrow p + \pi^- .$$

Man ordnet dem Λ^0 die Strangeness-Quantenzahl $S = -1$ zu. Das erklärt seine lange Lebensdauer. Andererseits ist es beachtenswert, daß ein Λ^0 zusammen mit einem K^0 (mit einer Strangeness-Summe von null) durch starke Wechselwirkung bei einem Stoß zwischen einem Pion und einem Proton erzeugt wird:

$$\pi^- + p \quad \rightarrow \Lambda^0 + K^0$$

$$\text{Strangeness } S\text{:} \quad (0) + (0) \rightarrow (-1) + (+1) .$$

Dieser „Trick“ der gemeinsamen Erzeugung unter Erhaltung der Strangeness-Quantenzahl erklärt, wie sich zwei seltsame Teilchen in einfacher Weise durch starke Wechselwirkung erzeugen lassen. Sind sie jedoch einmal erzeugt, so kann jedes Teilchen nur durch schwache Wechselwirkung zerfallen. Eine Blasenkammeraufnahme der Reaktion $\pi^- + p \rightarrow \Lambda^0 + K^0$ ist in Abb. 31-9 gezeigt.

Außer dem Λ-Teilchen existieren noch drei weitere Hyperonen (oder seltsame Baryonen) mit einer Lebensdauer von $\approx 10^{-10}$ s. Es sind dies das Σ (Sigma, mit der Strangeness $S = -1$), das Ξ (Xi, mit $S = -2$) und das Ω (Omega, mit $S = -3$). Da die Vorzeichen aller Quantenzahlen beim Übergang vom Teilchen zum Antiteilchen vertauscht werden, muß für das Antilambda ($\overline{\Lambda^0}$) $S = +1$ sein. Bei der folgenden Reaktion bleibt dann S erhalten:

$$\bar{p} + p \rightarrow \overline{\Lambda^0} + \Lambda^0 \quad .$$

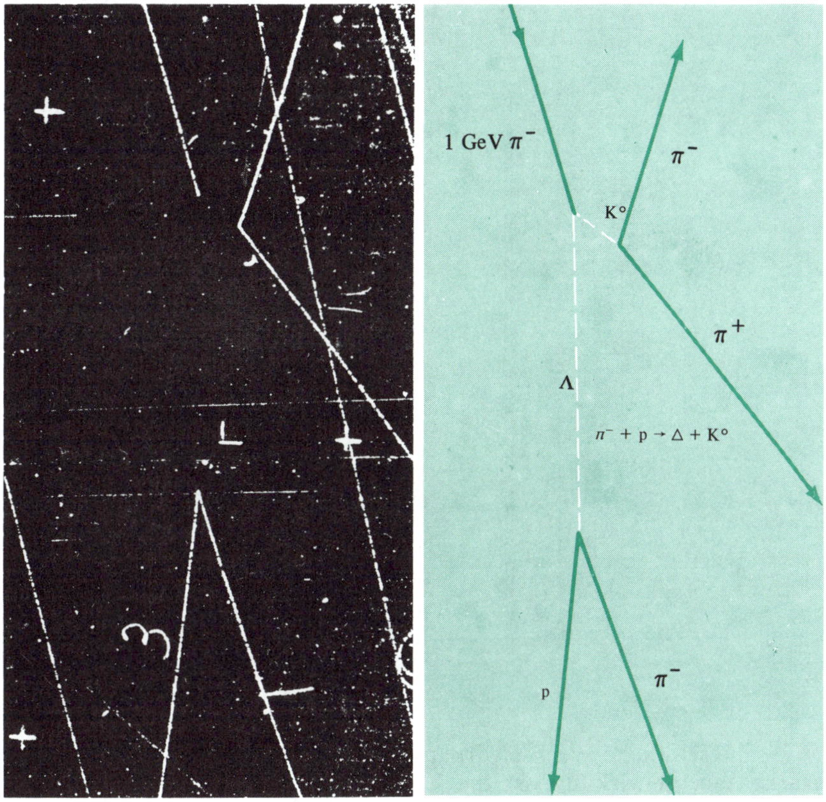

Abb. 31-9. *Gleichzeitige Erzeugung eines Lambda-Hyperons und eines K-Mesons in einer Wasserstoffblasenkammer. Ein* π^-, *das mit einer Energie von 1 GeV aus dem Bevatron kommt, fliegt in die Blasenkammer, trifft ein Proton und erzeugt das* Λ *und das* $K°$. [*Mit freundlicher Genehmigung der Wasserstoffblasenkammer-Gruppe des Lawrence Radiation Laboratory*]

In den letzten Jahren sind eine ganze Reihe von neuen Mesonen und Baryonen entdeckt worden, welche direkt durch starke Wechselwirkung zerfallen. Als erstes Beispiel dafür wurde Anfang der fünfziger Jahre von Fermi und Mitarbeitern ein Baryon entdeckt. Es wurde Δ (Delta) genannt. Seine Masse ist um 160 MeV größer als die Summe der Protonen- und Pionenmasse. Seine Lebensdauer beträgt jedoch 10^{-23} s und nicht 10^{-10} s wie beim Λ. Folglich muß für das Δ gelten: $S = 0$.

In den letzten Jahren sind Dutzende von neuen Hadronen mit Lebensdauern zwischen 10^{-22} und 10^{-23} s entdeckt worden. Sie zerfallen alle durch starke Wechselwirkung, und sie werden aus historischen Gründen Resonanzen genannt.

Die meisten dieser neu entdeckten Teilchen lassen sich nach ihren Quantenzahlen in Gruppen von neun oder zehn Teilchen anordnen (siehe nächster Abschnitt). Inzwischen glaubt man, daß das Proton oder das Pion nicht „elementarer" sind als andere Hadronen. Jedes Hadron ist einfach ein anderer Zustand oder ein anderes Energieniveau stark wechselwirkender Materie. Bis jetzt sind über 200 solcher Elementarteilchen gefunden worden.

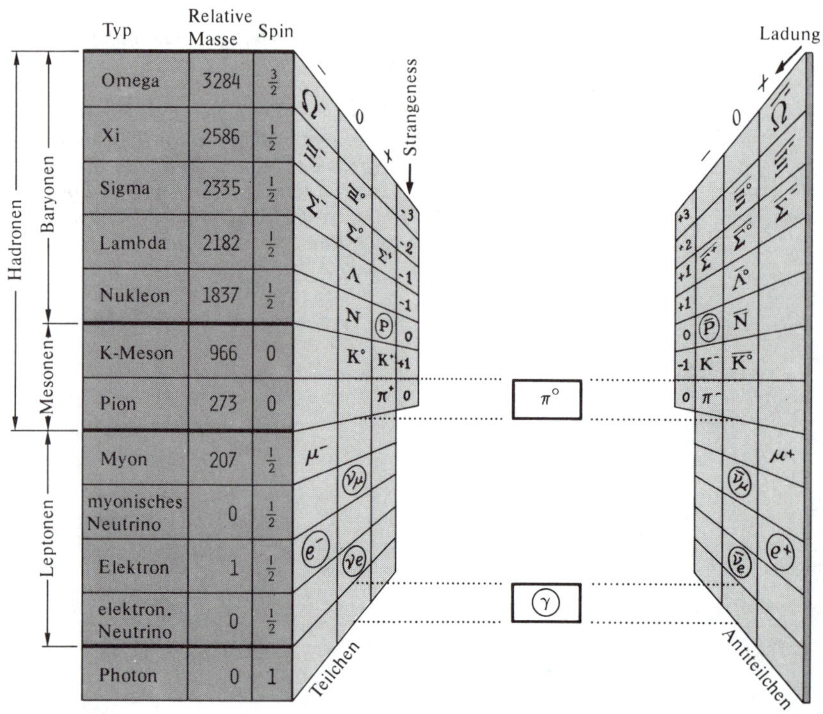

Abb. 31-10. *Tabelle der „langlebigen" Elementarteilchen. Die Teilchen sind auf der linken Seite aufgelistet. Die „Spiegelbilder" auf der rechten Seite sind die zugehörigen Antiteilchen. Stabile Teilchen sind mit einem Kreis versehen.*

Da die schwache Wechselwirkung etwa 10^{13}mal schwächer ist als die starke Wechselwirkung, ist die Lebensdauer von Teilchen, die durch schwache Wechselwirkung zerfallen, etwa 10^{13}mal 10^{-23} s oder etwa 10^{-10} s. Alle geladenen Teilchen der Abb. 31-10 zerfallen durch schwache Wechselwirkung, oder sie sind stabil. Wir haben schon darauf hingewiesen, daß einige Hadronen durch schwache Wechselwirkung zerfallen und nicht durch starke, weil Erhaltungssätze, wie die Erhaltung der Strangeness, ihren Zerfall durch starke Wechselwirkung verbieten.

31-6 Quarks

In der Einleitung zu diesem Kapitel wurde erwähnt, daß ein großer Teil der gegenwärtig bekannten Elementarteilchen aus kleineren Bausteinen zusammengesetzt sein könnte. Die Quark-Theorie der Hadronen wurde zwischen 1960 und 1970 entwickelt. In der einfachsten Form dieser Theorie gibt es nur drei fundamentale Teilchen, Quarks genannt, und ihre drei Antiteilchen, die Antiquarks. Alle Baryonen werden als Kombinationen von drei Quarks in passenden Drehimpulszuständen erklärt, die Mesonen als Quark-Antiquark-Kombinationen. Der gewagtere Teil der Theorie bestand darin, Elementarteilchen einzuführen, deren Ladung und Baryonenzahl nicht ganzzahlig sind. Die postulierten Quantenzahlen sind in Tab. 31-2 angegeben. In der theoretischen Physik gibt es allerdings keinen Hinweis auf ein Verbot nicht-ganzzahliger Ladungen.

Fordert man, daß sich ein Quark und ein Antiquark im selben Drehimpulszustand befinden, so sind nur die in Tab. 31-3(a) aufgeführten

Tabelle 31-2. *Die Quantenzahlen der drei Quarks. (Die Quantenzahlen der drei Antiquarks haben die gleichen Werte, aber umgekehrtes Vorzeichen.)*

Quark-Symbol	Ladung	Spin	Baryonenzahl	Strangeness
u	$\frac{2}{3}$	$\frac{1}{2}$	$\frac{1}{3}$	0
d	$-\frac{1}{3}$	$\frac{1}{2}$	$\frac{1}{3}$	0
s	$-\frac{1}{3}$	$\frac{1}{2}$	$\frac{1}{3}$	-1

neun verschiedenen Kombinationen möglich. Damit sagt die Theorie die Existenz einer Gruppe von neun Mesonen mit Spin 0 und bestimmten Werten von Ladung und Strangeness voraus. Trotz der großen Anzahl von bekannten Mesonen existieren tatsächlich nur neun mit Spin 0 und mit genau den von der Theorie vorhergesagten Quantenzahlen. Man beachte, daß nach den theoretischen Vorhersagen nur ein s- oder ein $\bar{s}$-Quark einen von null verschiedenen Beitrag zur Strangeness der Mesonen liefert, d. h., die Strangeness-Quantenzahl der Mesonen kann nur die Werte -1, 0 oder $+1$ annehmen. Die Theorie sagt weiterhin voraus, daß die Strangeness der Baryonen nur die Werte $S = 0, -1, -2$ oder -3 annehmen kann, weil das $\bar{s}$-Quark kein Baryon-Bestandteil sein kann. Da es nur die zehn möglichen Dreierkombinationen von u, d und s der Tab. 31-3(b) gibt, existieren der Quark-Theorie zufolge Baryonenfamilien mit jeweils 10 Baryonen.

Die Theorie sagt jedoch nicht nur die tatsächlich beobachteten Baryonen- und Mesonengruppen richtig voraus, sondern sie gibt auch grobe Schätzwerte für die Massen, die Reaktionsraten und die magnetischen Momente der Hadronen an. Im wesentlichen stimmen alle diese Vorhersagen mit dem Experiment überein.

Außerdem werden ziemlich zwingende Vorhersagen über Stöße von hochenergetischen Elektronen und Neutrinos mit Protonen und Neutronen gemacht. Auch diese Voraussagen scheinen sich zu bewahrheiten. Ein großes Problem stellt jedoch die Tatsache dar, daß Teilchen mit Bruchteilen einer Elementarladung bisher nie beobachtet worden sind. Wird ein zusammengesetztes Teilchen, wie z. B. ein Atomkern, mit ausreichender Energie beschossen, so zerfällt es in seine Bestandteile. Wird

Tabelle 31-3. (*a*) *Die neun Quark-Antiquark-Kombinationen und die ihnen zugeordneten Teilchen mit Spin* 0 *und Spin* 1. (*b*) *Die zehn Kombinationen aus drei Quarks und die ihnen zugeordneten Teilchen mit Spin* $\frac{3}{2}$. *Alle in dieser Tabelle aufgeführten Teilchen sind inzwischen entdeckt worden, und ihre Eigenschaften sind aus Messungen gut bekannt.*

(a) Mesonen									
$q\bar{q}$-Kombinationen	$u\bar{d}$	$u\bar{s}$	$d\bar{u}$	$d\bar{s}$	$s\bar{d}$	$s\bar{u}$	$d\bar{d}$	$u\bar{u}$	$s\bar{s}$
⇅ (Spin 0)	π^+	K^+	π^-	K^0	$\bar{K}^0$	K^-	π^0	η	η'
↑↑ (Spin 1)	ρ^+	K^{+*}	ρ^-	K^{0*}	$\bar{K}^{0*}$	K^{-*}	ρ^0	ω	φ

(b) Baryonen										
qqq-Kombinationen	uuu	uud	uus	ddd	ddu	dds	sss	ssu	ssd	uds
↑↑↑ (Spin $\frac{3}{2}$)	Δ^{++}	Δ^+	Σ^+	Δ^-	Δ^0	Σ^-	Ω^-	Ξ^0	Ξ^-	Σ^0

dagegen ein Proton mit Energien beschossen, die viele hundertmal größer als seine Ruhenergie sind, so ist bisher nie beobachtet worden, daß es in Quarks auseinanderbricht. Es existieren einige sinnvolle Erklärungen für die Unmöglichkeit, freie Quarks zu erzeugen.

Quarks mit Charm

Um das Verhalten von Hadronen bei der schwachen Wechselwirkung besser erklären zu können, wurde im Jahre 1963 ein viertes Quark mit einer neuen Quantenzahl postuliert. Diese neue Quantenzahl heißt Charm (C). Sie spielt eine ähnliche Rolle wie die Strangeness-Quantenzahl S. Sowohl C wie auch S sind Erhaltungsgrößen bei der starken Wechselwirkung, jedoch nicht bei der schwachen. Bis zum Jahre 1974 wurde die Charm-Theorie nicht sehr ernst genommen. Dieser Theorie zufolge müßte eine ganze Reihe neuer Mesonen und Baryonen existieren (s. Beispiel 4). Das Quark mit Charm besäße die folgenden Quantenzahlen: $C = 1$, $S = 0$, $Q = \frac{2}{3}$, $B = \frac{1}{3}$, und sein Spin wäre $\frac{1}{2}$.

Beispiel 4: Mit Hilfe der Quark-Theorie leite man die Anzahl der Mesonen mit der Charm-Quantenzahl $C = 1$ und mit dem Spin 0 her. Man berechne ihre Ladung und die anderen Quantenzahlen. (Das Symbol für das Quark mit Charm ist c.)

Lösung: Die möglichen Kombinationen der Form $c\bar{q}$ sind $c\bar{u}$, $c\bar{d}$ und $c\bar{s}$. Da die Ladung des c-Quarks $\frac{2}{3}$ und die des $\bar{u}$-Quarks $-\frac{2}{3}$ ist, hat das $c\bar{u}$-Meson die Ladung $Q = \frac{2}{3} + (-\frac{2}{3}) = 0$. Dieses Meson wird als D^0 bezeichnet, und seine Strangeness ist $S = 0$. Für das $c\bar{d}$-Meson ist $Q = \frac{2}{3} + \frac{1}{3} = +1$ und $S = 0$. Es wird als D^+ bezeichnet. Für das $c\bar{s}$-Meson ist $Q = \frac{2}{3} + \frac{1}{3} = +1$ und $S = -1$. Es wird als F^+ bezeichnet.

Schließlich wurden in den Jahren 1974 und 1975 mehrere neue Mesonen entdeckt, deren Ruhmasse größer als 3 GeV war und die sehr leicht als $c\bar{c}$-Kombinationen gedeutet werden konnten (c ist das Symbol für das Quark mit Charm). Für diese neuen schweren Mesonen ist $C = 0$ wie für alle anderen bisherigen Teilchen. Sie zerfallen jedoch nur schwer in Mesonen, die aus „normalen" Quarks zusammengesetzt sind, und deshalb ist ihre Lebensdauer etwas größer als die Lebensdauer anderer Hadronen mit $S = 0$. Den tatsächlichen Beweis für die Charm-Theorie fand man jedoch erst im Jahre 1976, als endlich einige der schon lange vorhergesagten Mesonen und Baryonen mit Charm entdeckt wurden. Die Massen aller Teilchen mit Charm sind größer als 1,8 GeV, da die Masse des c-Quarks $\approx 1{,}5$ GeV beträgt und die der anderen Quarks nur $\approx 0{,}5$ GeV.

In den Jahren 1977 und 1978 wiederholte sich die Geschichte. Man entdeckte ein langlebiges Meson mit einer viel größeren Masse (9,46 GeV). Neue Fakten deuteten im Jahre 1978 darauf hin, daß es sich um ein $b\bar{b}$-

Meson handeln könnte. Mit b wurde ein neues Quark bezeichnet (b = beauty). Die Ladung dieses fünften Quarks ist $-\frac{1}{3}$. Es muß zu einer weiteren neuen Familie von Teilchen führen, deren Massen größer als 5 GeV sind und die eine neue Quantenzahl besitzen, die Beauty genannt wurde.

31-7 Paritätsverletzung

„Wie gefiele dir das, Mieze, wenn du in dem Haus hinterm Spiegel wohnen müßtest? Ob sie dir dort auch deine Milch zu trinken gäben? Aber vielleicht schmeckt Spiegelmilch nicht so besonders gut.“[1])

In diesem Abschnitt werden wir herausfinden, daß Lewis Carroll recht hatte – Spiegelmilch ist unverdaulich, wenn nicht sogar giftig. Weiter werden wir sehen, daß nicht nur der Erhaltungssatz der Parität durch die schwache Wechselwirkung verletzt wird, sondern auch das Prinzip der Antiteilchen-Symmetrie, das in Abschn. 31-3 besprochen wurde. Die Paritätserhaltung ist die mathematische Formulierung des Symmetrieprinzips der Spiegelinvarianz. Dieses Prinzip besagt, daß das Spiegelbild jeder physikalischen Erscheinung ebenfalls eine reale Erscheinung ist. Nach dem Satz der Paritätserhaltung gibt es für einen Beobachter, der irgendein physikalisches Experiment in einem Spiegel verfolgt und der nicht weiß, daß er in einen Spiegel blickt, keine Möglichkeit, aus dem Versuchsergebnis zu schließen, daß er in einen Spiegel sieht. Anders ausgedrückt: Alle fundamentalen Gesetze der Physik sollten in einem linkshändigen Koordinatensystem (Linkssystem) die gleiche mathematische Form haben wie in einem Rechtssystem. Aus der Paritätserhaltung folgt z. B.: Für einen zerstreuten Professor gibt es keine Möglichkeit, durch ein Experiment herauszufinden, welche Hand seine rechte ist. Er würde mogeln, wenn er einfach die Körperseite bestimmen würde, auf der sein Herz liegt. Denn das wäre gleichbedeutend damit, daß man ihm einen Handschuh mit der Aufschrift „links“ überreichen würde.

In der Tat entsprechen die Moleküle seines Körpers und – wenn man so will – alles Leben auf der Erde solchen gekennzeichneten Handschuhen. Biologisch erzeugte Proteinmoleküle sind aus Aminosäuren aufgebaut, die alle die Struktur einer Linksschraube besitzen (mit der Ausnahme von Antibiotika, wie z. B. Penicillin, die einen bestimmten Prozentsatz von „rechtshändigen“ Aminosäuren besitzen. Man hält diese Tatsache dafür verantwortlich, daß solche Schimmelpilze für Bakterien giftig sind und daß sie deshalb als Antibiotika benutzt werden können). Andererseits können rechtshändige Proteine im Laboratorium synthetisiert werden, und diese haben – wie man nach der Paritätserhaltung erwarten kann – genau die gleichen chemischen Eigenschaften wie die natürlich vorkommenden Proteine. Der einzige Unterschied zwischen beiden besteht darin, daß die eine Art das Spiegelbild der anderen ist (s. Abb. 31-11). Zunächst mag die Tatsache verwirrend erscheinen, daß das Leben auf der Erde immer nur Moleküle einer bestimmten Spiegelsymmetrie erzeugt, während dieselben Moleküle – vom Chemiker hergestellt – immer als eine Mischung mit gleichen Anteilen von rechts- und linkshändigen Formen entstehen. Eine Erklärung dafür könnte die folgende sein: Unter den

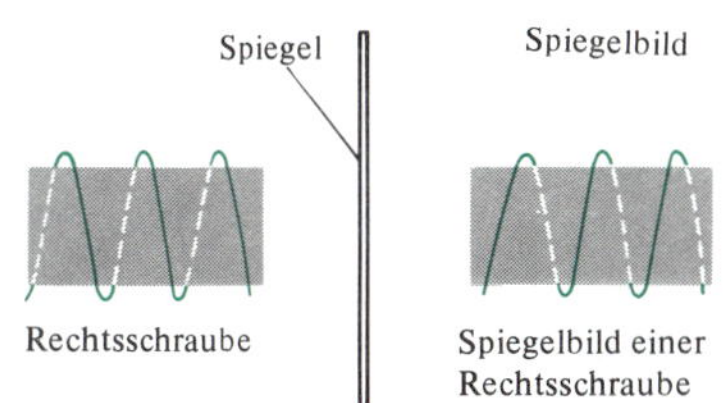

Abb. 31-11. *Eine Rechtsschraube und ihr Spiegelbild*

[1]) L. Carroll, Alice hinter den Spiegeln, übersetzt von C. Enzensberger, Insel Verlag 1963.

frühen Lebensformen auf der Erde gab es zunächst beide Symmetrietypen. Die Folge war, daß die Tiere und Pflanzen des einen Typs für den anderen unverdaubar oder sogar giftig waren. Im Kampf ums Überleben siegte schließlich der eine Symmetrietyp über den anderen.

Aufgrund der Paritätserhaltung darf das K-Meson nicht sowohl in zwei wie auch in drei Pionen zerfallen. (Die Erklärung dafür geht über den Rahmen dieses Buchs hinaus.) Erlaubt ist der eine Zerfallskanal oder der andere, nicht aber beide. Experimentell beobachtet werden jedoch beide Zerfallskanäle. Diese Beobachtung veranlaßte im Jahre 1956 T. D. Lee und C. N. Yang, die ganz „selbstverständliche Wahrheit" in Zweifel zu ziehen, daß die Natur weder rechts vor links noch links vor rechts bevorzugt. Lee und Yang behaupteten, daß die schwachen Wechselwirkungen tatsächlich das „geheiligte" Prinzip der Paritätserhaltung verletzen. Außerdem schlugen sie mehrere Experimente vor, mit denen sich ihre Hypothese testen lassen sollte. Wir werden nun eines dieser Experimente genauer betrachten. Es ist der Zerfall des π^+-Mesons durch die schwache Wechselwirkung: $\pi^+ \rightarrow \mu^+ + \nu$.
Lee und Yang wiesen darauf hin, daß die Spins der Zerfalls-Myonen und -Neutrinos bevorzugt in Bewegungsrichtung orientiert sein sollten. Im Folgenden werden wir zeigen, daß dann das Prinzip der Spiegelinvarianz verletzt wäre. Wir stellen den Spin anschaulich als Bewegung in der Äquatorebene des rotierenden Teilchens dar (s. Abb. 31-12). Die Teilchen sind als rotierende Kugeln gezeichnet. Lee und Yang behaupteten nun, daß der Zerfall des π^+-Mesons immer so verlaufen sollte, wie es in Abb. 31-12(a) dargestellt ist. Das μ^+ und das ν müssen, wie in der Abbildung, entgegengesetzten Drehsinn haben, damit sich ihre Spins zu dem ursprünglichen Spin des Pions – nämlich null – aufaddieren. Abb. 31-12(b) zeigt das Spiegelbild der Teilchen in Abb. 31-12(a). Man beachte, daß die Teilchen im Spiegel mit umgekehrtem Drehsinn zu rotieren scheinen. Ein Punkt auf dem Äquator des Mesons oder des Neutrinos beschreibt eine Linksschraube in Bild (a) und eine Rechtsschraube im Spiegelbild (b). Der in Bild (a) dargestellte Fall wurde erstmals im Jahre 1957 an Myonen beobachtet, die mit einem Zyklotron erzeugt worden waren. Das Spiegelbildexperiment [Bild (b)] kommt in der Natur nicht vor. Offensichtlich ist also das Gesetz der Paritätserhaltung verletzt. Die Neutrinos entstehen immer als Linksschraube. Die Nichterhaltung der Parität wurde erstmals von C. S. Wu (Columbia University) und einer Arbeitsgruppe am National Bureau of Standards in Washington bei der Beobachtung eines Betazerfalls festgestellt. Heute weiß man mit Sicherheit, daß Neutrinos immer als Linksschraube und Antineutrinos immer als Rechtsschraube entstehen.

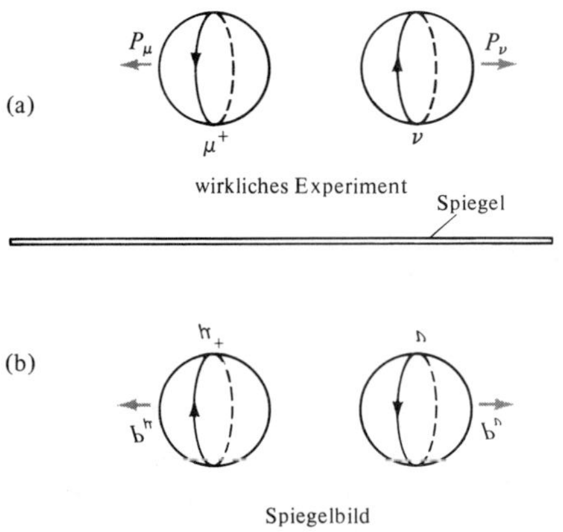

Abb. 31-12. *(a) π^+-Zerfall. (b) Spiegelbild des π^+-Zerfalls*

Zwar fällt es immer noch schwer, zu glauben, daß der Raum die Eigenschaft hat, links vor rechts den Vorzug zu geben, aber der Beweis dafür ist so einfach und klar, daß er fast augenblicklich allgemein als richtig anerkannt wurde. Ein zerstreuter Professor braucht nur ein Neutrino oder ein μ^+-Meson zu beobachten, das von einem π^+-Zerfall stammt, um herauszufinden, welches seine linke Hand ist. Ganz offensichtlich liegt hier ein Naturgesetz vor, das nicht symmetrisch ist. Ein Grund für die Erregung über diese Entdeckung liegt darin, daß hier zum ersten Mal die Verletzung eines grundlegenden Symmetrieprinzips festgestellt wurde.

Die Verletzung der Antiteilchen-Symmetrie

Wenden wir die Operation der Ladungskonjugation auf Abb. 31-12(a) an, so wird daraus der Zerfall der Abb. 31-13(a). Man beachte, daß dabei das Antineutrino zur Linksschraube wird. Inzwischen wissen wir aber aus Experimenten, daß das Antineutrino immer eine Rechtsschraube ist, wie es in Abb. 31-13(b) dargestellt ist. Diese Abbildung zeigt den experimentell beobachteten π^+-Zerfall. Hier liegt also ein Fall vor, bei dem beim Übergang von den Teilchen zu ihren Antiteilchen Resultate vorhergesagt werden, die in der Natur nicht verwirklicht werden. Das bedeutet eine klare Verletzung der Antiteilchen-Symmetrie.

Man beachte, daß wir das richtige Ergebnis für den π^--Zerfall erhalten, wenn wir den π^+-Zerfall spiegeln und zusätzlich zu den Antiteilchen übergehen [Abb. 31-13(b)]. Eine übergeordnete Symmetrie bleibt also erhalten. Diese übergeordnete Symmetrie wird in der theoretischen Physik CP-Invarianz genannt. Das heißt aber, daß es immer noch keine Möglichkeit gibt, einem zerstreuten Professor in einer weit entfernten Galaxie zu erklären, welches seine rechte Hand ist. Denn wir wissen nicht, ob seine Galaxie aus Antimaterie besteht oder nicht, und somit sind wir nicht in der Lage, ihm den Unterschied zwischen einem μ^+- und einem μ^--Meson zu erklären. Umgekehrt gibt es keine Möglichkeit, ihm mitzuteilen, ob in seinen Atomen Elektronen oder Positronen den Atomkern umkreisen, wenn er nicht rechts und links unterscheiden kann. Ist der Professor T. D. Lee in Abb. 31-14 der wirkliche T. D. Lee oder sein Spiegelbild?

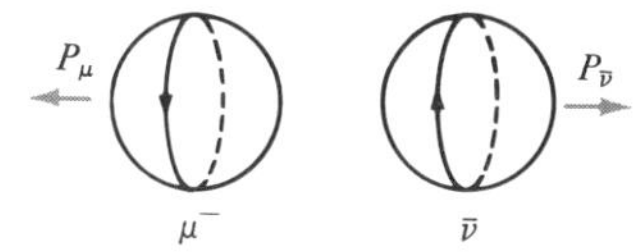

(a) Ladungskonjugierter π^+-Zerfall

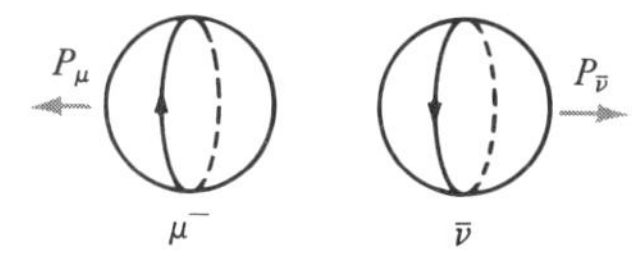

(b) π^--Zerfall: experimentelles Ergebnis

Abb. 31-13. *(a) Ladungskonjugierter π^+-Zerfall, der aus dem π^+-Zerfall durch Ersetzen der Teilchen durch ihre Antiteilchen hergeleitet wurde. (b) Experimentell beobachteter Zerfall*

Abb. 31-14. *T. D. Lee, dessen Arbeiten (die zusammen mit C. N. Yang entstanden) zum Sturz der Paritätserhaltung führten. Betrachtet man die Knöpfe an Professor Lees Jacke genauer, so findet man, daß die Aufnahme ein wirkliches Bild und kein Spiegelbild ist.*

Im Jahre 1965 entdeckte eine Arbeitsgruppe am Synchrotron in Brookhaven bei einer eingehenden Untersuchung der Zerfallskanäle des K^0-Teilchens, daß auch die CP-Invarianz leicht verletzt wird. Unter den verschiedenen beobachteten Zerfallskanälen gibt es die beiden folgenden:

$$(K^0 \text{ oder } \overline{K}^0) \begin{matrix} \nearrow e^+ + \nu + \pi^- \\ \searrow e^- + \bar{\nu} + \pi^+. \end{matrix}$$

Es zeigt sich, daß der e^+-Zerfallskanal gegenüber dem e^--Kanal leicht bevorzugt wird. Das ist der Fall sowohl bei einem K^0 als Ausgangsteilchen wie auch bei einem $\overline{K}^0$. Damit existiert aber ein absolut sicherer Weg, dem Professor in der entfernten Galaxie mitzuteilen, welches seine rechte Hand ist. Man fordert ihn auf, einen Hochenergiebeschleuniger zu bauen und damit einen K^0-Mesonenstrahl zu erzeugen. Besteht sein Planet aus Antimaterie, wird er stattdessen einen $\overline{K}^0$-Strahl erhalten, aber das stört uns nicht weiter, denn wir fordern ihn weiter auf, die oben angegebenen Zerfallskanäle zu beobachten und herauszufinden, welcher von beiden häufiger ist. Wir teilen ihm dann mit, daß das Elektron des häufigeren Zerfallskanals eine positive Ladung trägt. Damit ist er in der Lage, den Zerfall von Pionen der gleichen Ladung zu untersuchen, um herauszufinden, welche Hand seine linke ist. Der K^0-Zerfall stellt die einzige Verletzung des CP-Invarianzprinzips dar, die man bis heute gefunden hat. Die Frage, warum dieses Prinzip schwach verletzt wird, stellt eines der gegenwärtigen Probleme der theoretischen Physik dar.

31-8 Zusammenstellung der Erhaltungssätze

Die grundlegenden Erhaltungssätze der Physik haben in gewissem Sinne eine stärkere Gültigkeit als andere „Gesetze". Das hat seine Ursache darin, daß jedes mögliche Ereignis auch eintritt, wenn es nicht durch einen Erhaltungssatz verboten ist. Aus den Erhaltungssätzen folgt nicht, wie häufig ein bestimmtes Ereignis eintritt – obwohl die relativen Stärken der vier fundamentalen Wechselwirkungen eine gute Richtschnur dafür darstellen. Wir erinnern uns, daß elektromagnetische Wechselwirkungen etwa 10^{-2}mal so wahrscheinlich sind wie starke Wechselwirkungen und daß schwache Wechselwirkungen etwa 10^{-13}mal so wahrscheinlich wie starke Wechselwirkungen sind. Der springende Punkt dabei ist, daß jede nur denkbare Reaktion oder jeder nur denkbare Zerfallskanal in der Natur realisiert wird, wenn er nicht durch einen der Erhaltungssätze verboten ist.

Einige der vierzehn Erhaltungssätze haben die Form von Symmetrieprinzipien. In der Quantenmechanik ist es immer möglich, zu jedem Symmetrieprinzip einen mathematisch äquivalenten Erhaltungssatz zu finden. Die erst kürzlich entdeckte Verletzung der Paritätserhaltung und der Antiteilchen-Symmetrie sollte Wissenschaftlern und Philosophen als zusätzliche Warnung dienen, daß andere „geheiligte" Gesetze der Physik ebenso falsch sein können. Es ist z. B. unmöglich, einen absolut sicheren Beweis für den Energieerhaltungssatz in seiner jetzigen Formulierung zu finden. Wird jedoch jemals auch nur eine einzige klare Verletzung dieses Satzes entdeckt, so wäre das ein sicherer Beweis dafür, daß der Energieerhaltungssatz in seiner jetzigen Form ungültig ist. Diese Warnung stellen wir unserer Liste von Erhaltungssätzen voran. Der Vollständigkeit halber sind auch einige Gesetze aufgeführt, die in diesem Buch nicht besprochen worden sind.

1. Erhaltung der Gesamtenergie. Dabei muß die Ruhmasse mit einbezogen werden.
2. Erhaltung des Gesamtimpulses.
3. Erhaltung des Gesamtdrehimpulses.
4. Erhaltung der Ladung.
5. Erhaltung der Baryonenzahl. Den Nukleonen und den Hyperonen wird die Baryonenzahl +1 zugeordnet, ihren Antiteilchen die Baryonenzahl −1. Der Erhaltungssatz besagt, daß sich die Summe der Baryonenzahlen nicht ändern darf.
6. Erhaltung der Leptonenzahl. Dieser Satz kann als Gegenstück zu 5. für leichte Teilchen angesehen werden. Den Leptonen ν_e und e^- wird die Elektronen-Leptonenzahl +1 und ihren Antiteilchen die Zahl −1 zugeordnet. Nach diesem Satz muß die Summe der Elektronen-Leptonenzahlen vor und nach jeder Wechselwirkung unverändert bleiben. Es gibt einen entsprechenden, davon unabhängigen Erhaltungssatz der Myonen-Leptonenzahl (und der Tau-Leptonenzahl).
7. Prinzip der Ladungsunabhängigkeit (auch Erhaltung des Isotopenspins oder Isospins). Dieses Prinzip gilt nur für die starke Wechselwirkung. Infolge der elektromagnetischen Wechselwirkung sind die mit Hilfe dieses Prinzips abgeleiteten Voraussagen mit einem Fehler von etwa 1 % behaftet. Das Prinzip der Ladungsunabhängigkeit macht z. B. die folgende Voraussage: Die Kraft zwischen zwei Protonen sollte gleich der Kraft zwischen einem Proton und einem Neutron sein.
8. Erhaltung der Strangeness (bei der Erzeugung „seltsamer“ Teilchen). Dieser Satz gilt für die starke und die elektromagnetische Wechselwirkung, nicht jedoch für die schwache. Aufgrund dieses Satzes zerfallen Hyperonen und Mesonen so langsam, daß ihre Spuren beobachtbar sind.
9. Antiteilchen-Symmetrie. Dieses Prinzip gilt ebenfalls nur für die starke und die elektromagnetische Wechselwirkung, nicht jedoch für die schwache.
10. Paritätserhaltung. Auch dieses Prinzip gilt für die starke und die elektromagnetische Wechselwirkung, nicht jedoch für die schwache.
11. CP-Invarianz. Symmetrie beim Übergang zu den Antiteilchen bei gleichzeitiger Paritätsänderung. Dieses Prinzip besagt das Folgende: Werden im Spiegelbild eines Experiments alle Teilchen durch ihre Antiteilchen ersetzt, so ergibt sich wieder ein gültiges Experiment. Dieses Prinzip scheint für die starke und elektromagnetische Wechselwirkung zu gelten, eine leichte Verletzung wurde jedoch beim Zerfall des neutralen K-Mesons entdeckt.
12. CPT-Invarianz. Symmetrie bei gleichzeitigem Übergang zu den Antiteilchen, Änderung der Parität und Zeitumkehr. Dieses Prinzip besagt das Folgende: Werden im Spiegelbild eines Experiments alle

Teilchen durch ihre entsprechenden Antiteilchen ersetzt und wird die Richtung jeder Geschwindigkeit und jeder Rotation umgekehrt, so ergibt sich wieder ein gültiges Experiment. Man nimmt an, daß dieses Prinzip für alle Wechselwirkungen gültig ist.

13. Invarianz bei Zeitumkehr. Dieses Prinzip besagt das Folgende: Wird in einem Experiment die Richtung aller Geschwindigkeiten und Rotationen bei allen Teilchen umgekehrt, so ergibt sich wieder ein gültiges Experiment. Dieses Prinzip scheint für die starke und die elektromagnetische Wechselwirkung zu gelten, muß jedoch bei der schwachen Wechselwirkung leicht verletzt werden, da die CP-Invarianz leicht verletzt wird, CPT jedoch nicht.

14. Erhaltung des Charm. Dieser Satz ähnelt dem Erhaltungssatz für die Strangeness. Ebenso wie einige Hadronen eine Quantenzahl S (Strangeness) besitzen, haben einige andere eine Charm-Quantenzahl. Es wird angenommen, daß dieser Satz für die starke und die elektromagnetische Wechselwirkung gilt, nicht jedoch für die schwache. Entsprechend gibt es einen Erhaltungssatz für die Beauty, der für solche Hadronen gilt, die ein b-Quark enthalten.

31-9 Probleme der Zukunft

Der Gebrauch des Wortes „elementar“ beginnt seinen Sinn zu verlieren, wenn von über 200 Elementarteilchen die Rede ist. Sinnvoller scheint es, von nur vier verschiedenen Teilchensorten zu sprechen: dem Photon, den elektronischen Leptonen, den myonischen Leptonen und den Hadronen. Nach zuversichtlichen Voraussagen dürfte sich die Anzahl der wirklich elementaren Teilchen in Zukunft verringern. Die Tatsache, daß sich alle diese Elementarteilchen beliebig ineinander umwandeln können (soweit es mit den Erhaltungssätzen vereinbar ist), läßt die Hoffnung aufkommen, daß ein übergeordnetes Feld existieren könnte, dessen verschiedene „Quantenzustände“ diese Teilchen sind. Mit solch einer umfassenden Theorie müßten sich die Massen der existierenden „Elementar“-Teilchen vorhersagen lassen. Weiterhin sollten wir mit dieser elementaren Theorie in der Lage sein, die Größen der Elementarladung und aller anderen Naturkonstanten zu berechnen. Im Augenblick sind die Naturkonstanten, wie z. B. c, e, h, m_e, m_p usf., völlig unabhängig voneinander. Einige dieser Konstanten sollten sich jedoch als Funktion der anderen berechnen lassen, wenn wir der „endgültigen Wahrheit“ näher kommen. So läßt sich heute schon die Bindungsenergie des Wasserstoffatoms aus e, h, und m_e berechnen. Ein weiteres Beispiel ist die Berechnung der Lebensdauer des Myons als Funktion der Neutronenlebensdauer mit Hilfe der neuen Theorie der universellen Fermi-Wechselwirkung.

Gewisse Fortschritte wurden in letzter Zeit bei der Vereinigung der schwachen und der elektromagnetischen Wechselwirkung erzielt. Mit diesem theoretischen Ansatz, der noch nicht ausreichend geprüft ist, können die Lebensdauer des Myons und des Neutrons als Funktion der Elektronenladung berechnet werden.

Mit Hilfe einer solchen „endgültigen Theorie“ sollten wir nicht nur die Größe der Elementarladung (oder die Stärke der elektromagnetischen

Wechselwirkung) berechnen können, sondern wir sollten damit auch in der Lage sein, die starke, die schwache und die Gravitationswechselwirkung zu erklären. Die Gravitationswechselwirkung ist noch wesentlich schwächer als die schwache Wechselwirkung. Versuche, die Gravitationswechselwirkung mit Hilfe der Neutrinos zu erklären, sind fehlgeschlagen. Vielleicht wird man eines Tages in der Lage sein, die Gravitation durch andere, scheinbar völlig beziehungslose Erscheinungen zu erklären. Andere ungelöste Probleme sind die Fragen nach dem Ursprung, der Größe und der Entwicklung des Weltalls. Gibt es z. B. genau so viele Galaxien aus Materie wie aus Antimaterie?

Unser Wissen von den physikalischen Erscheinungen hat sich seit den Tagen Aristoteles', als man die Welt noch durch die vier Elemente Feuer, Wasser, Luft und Erde erklärte, weit fortentwickelt. Wir besitzen heute in der Quantenelektrodynamik eine vollständige und zufriedenstellende Erklärung der Struktur der Materie. Bei dem Versuch, das zu erklären, was wir wirklich als fundamental betrachten, nämlich die Vielfalt der Elementarteilchen und ihre Wechselwirkungen, stehen wir jedoch erst ganz am Anfang.

Zusammenfassung

Die schwache Wechselwirkung führt in der Regel zur Erzeugung eines Elektron-ν_e-Paares oder eines Myon-ν_μ-Paares. Das e^- und das ν_e haben die Elektronen-Leptonenzahl $+1$. Das μ^- und das ν_μ haben die Myonen-Leptonenzahl $+1$. Die Elektronen- wie die Myonen-Leptonenzahl sind strenge Erhaltungsgrößen. Dies gilt auch für die Baryonenzahl. Hadronen (oder stark wechselwirkende Teilchen) mit halbzahligem Spin haben die Baryonenzahl $+1$. Hadronen mit ganzzahligem Spin heißen Mesonen. Ihre Baryonenzahl ist null. Zu allen Elementarteilchen gehören Antiteilchen, deren Quantenzahlen entgegengesetztes Vorzeichen besitzen. So hat z. B. das Antiproton die Baryonenzahl $B = -1$ und die Ladung $Q = -1$.

Strahlen hochenergetischer Protonen und Elektronen werden durch Beschleunigung dieser Teilchen in Synchrotronen erzeugt. Das Magnetfeld in einem Synchrotron wird so eingestellt, daß die Beziehung $\mathscr{B} = p/(eR)$ gilt. Dabei ist p der Teilchenimpuls und R der Krümmungsradius der Teilchenbahnen in der ringförmigen Vakuumkammer.

Bei ausreichender Energie lassen sich Hadronen in großer Zahl mit Hilfe der starken Wechselwirkung in $\approx 10^{-23}$ s erzeugen. Ein Hadron zerfällt in $\approx 10^{-23}$ s in leichtere Hadronen, allerdings nur, wenn der Zerfall energetisch erlaubt ist und wenn er nicht durch andere Erhaltungssätze wie z. B. für die Ladung, die Baryonenzahl oder die Strangeness verboten ist. Die Lebensdauer der „seltsamen" Teilchen ist etwa 10^{13}mal größer. Der Grund dafür liegt in der Erhaltung der Strangeness, die nicht für schwache Wechselwirkungen gilt.

Alle beobachteten Hadronen lassen sich in symmetrischen Gruppen anordnen, die mit Hilfe von vier noch fundamentaleren Teilchen, den sogenannten Quarks, erklärt werden können. Die Ladung der Quarks ist $Q = -\frac{1}{3}$ oder $+\frac{2}{3}$, und ihre Baryonenzahl ist $B = \frac{1}{3}$. Die Mesonen bestehen aus einem Quark und einem Antiquark ($q\bar{q}$), Baryonen aus drei Quarks (qqq). „Normale" Teilchen, wie das Nukleon, das Pion und das ρ-Meson, bestehen aus Quarks vom Typ *u* und *d*. Seltsame Teilchen besitzen mindestens ein *s*-Quark, und Teilchen mit Charm besitzen mindestens ein *c*-Quark.

Die schwache Wechselwirkung verletzt nicht nur die Erhaltungssätze für Strangeness und Charm, sondern auch das Prinzip der Paritätserhaltung und das Invarianzprinzip gegenüber der Ladungskonjugation (Antiteilchen-Symmetrie).

Die Elementarteilchen reagieren miteinander auf jede nur mögliche Art und Weise, es sei denn, der Wechselwirkungsprozeß ist durch einen oder mehrere Erhaltungssätze verboten. Vierzehn solcher Erhaltungssätze sind in diesem Kapitel aufgezählt worden.

Aufgaben

1. Wie groß ist die Halbwertszeit des Antineutrons? Gib die Zerfallsprodukte an.

2. Der Kern ^{238}U zerfällt zunächst durch einen Alphazerfall und weiter durch zwei aufeinanderfolgende Betazerfälle (e^-). Wie groß sind *Z* und *A* für den entstehenden Kern?

3. Welche der vier verschiedenen Neutrinos (ν_e, $\bar{\nu}_e$, ν_μ, $\bar{\nu}_\mu$) sind bei den folgenden Reaktionen beteiligt?
(a) $(?) + p \to n + e^+$
(b) $(?) + n \to p + \mu^-$
(c) $(?) + n \to p + e^-$

4. Keines der beim Zusammenstoß von p und $\bar{p}$ in Abb. 31-7 entstehenden Teilchen gehe eine weitere Reaktion ein, d. h., alle Teilchen sollen zerfallen. Die geladenen Pionen zerfallen in Myonen, und auch die Myonen zerfallen weiter. Die Endprodukte sind dann: e^-, e^+, ν, $\bar{\nu}$ und Photonen. Wie viele Teilchen jeder Art entstehen?

5. Beim Einfang eines μ^--Mesons durch ein Proton können durch die universelle Fermi-Wechselwirkung ein Neutron und ein weiteres Teilchen entstehen. Um welches Teilchen handelt es sich dabei?

6. Die im Folgenden aufgezählten Zerfälle sind verboten. Gib für jeden Fall den Erhaltungssatz an, der verletzt werden würde.
(a) $\Lambda \to \pi^+ + \pi^-$
(b) $K^+ \to \pi^+ + \pi^- + \pi^0$
(c) $\bar{n} \to e^- + p + \bar{\nu}$
(d) $p \to n + e^+ + \nu$
(e) $n \to e^- + e^+ + \nu$.

7. Gib für jede der folgenden Reaktionen an, ob sie verboten ist oder nicht. Wenn ja, nenne den verletzten Erhaltungssatz.
(a) $\Lambda \to p + \pi^0$
(b) $\bar{p} + p \to \mu^+ + e^-$
(c) $n \to p + e^- + \nu_e$
(d) $p \to n + e^+ + \nu_e$
(e) $\Sigma^+ \to \Lambda^0 + \pi^+$

8. Man zeichne ein Blasenkammerbild für die folgende Reaktion: $K^- + p \to \Sigma^- + \pi^+$. Das K^- werde in der Blasenkammer gestoppt, und das Σ^- zerfalle im Flug. Das Magnetfeld zeige in die Bildebene hinein.

9. Das Bild einer Rechtsschraube werde auf eine Mattglasscheibe projiziert, wo es auch wie eine Rechtsschraube aussieht. Sieht man eine Rechtsschraube oder eine Linksschraube, wenn man das Bild von der anderen Seite betrachtet?

10. Eine Rechtsschraube werde in ein Gewindeloch gedreht. Erscheint die Schraube vom Loch aus gesehen als Rechtsschraube oder als Linksschraube?

11. Die rotierenden Kugeln des nebenstehenden Bildes werden in einem Spiegel betrachtet. Zeichne das Spiegelbild. Gleicht das μ^+-Meson im Spiegel einer Rechtsschraube oder einer Linksschraube?

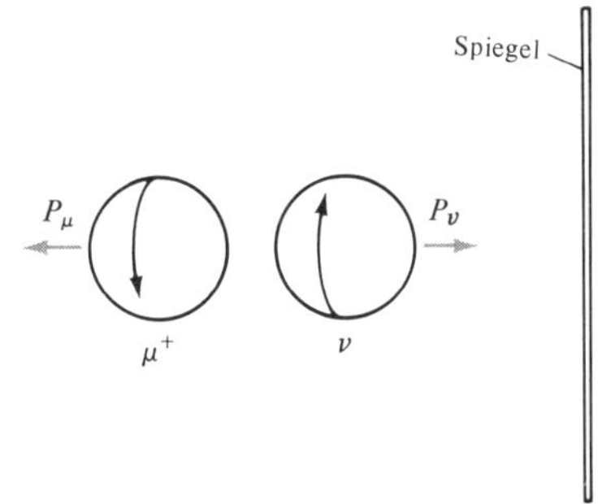

Aufgabe 11

12. Richtet man ^{60}Co-Kerne so aus, daß ihre Spins nach oben zeigen, so beobachtet man, daß mehr Betastrahlen nach unten ausgesandt werden als nach oben. Zeichne das zugehörige Spiegelbild.

(a) In welche Richtung zeigt der Spin des im Spiegel reflektierten ^{60}Co-Kerns bei horizontaler Spiegelebene? Zur Festlegung der Spinrichtung benutze man die Rechte-Hand-Regel.

(b) In welche Richtung zeigt der Spin des ^{60}Co-Spiegelbildes bei senkrechter Spiegelebene?

(c) Gib für beide Spiegelbilder an, ob sich das Elektron parallel oder antiparallel zur Spin-Richtung bewegt. Wird durch diesen Zerfall das Prinzip der Paritätserhaltung verletzt?

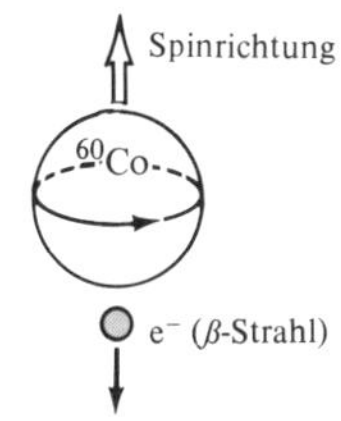

Aufgabe 12

13. Kommen linkshändige positive Myonen zur Ruhe, so werden bei ihrem Zerfall die Positronen vorwiegend in Rückwärtsrichtung emittiert. Man betrachte ein Positron, das genau in Rückwärtsrichtung emittiert wird. Die Neutrinos ν_e und $\bar{\nu}_\mu$ gehen dann in Vorwärtsrichtung. Ist das Positron linkshändig oder rechtshändig?

14. Ein Strahlteilchen der Gesamtenergie E_b stoße mit einem ruhenden Targetteilchen zusammen. Beide Teilchen besitzen die gleiche Ruhmasse m. In Aufgabe 8 von Kap. 9 ergab sich für die Energie jedes der beiden Teilchen im Schwerpunktsystem

$$E' = \left(\frac{mc^2}{2}(E_b + mc^2)\right)^{1/2}.$$

(a) Man betrachte zwei sich kreuzende Protonenstrahlen, wobei jeder Strahl eine Energie von 1000 GeV besitze. Wie groß muß die diesem Fall äquivalente Strahlenergie E_s eines Einzelstrahls sein, der auf ein ruhendes Protonentarget trifft? (Eine solche Anordnung mit kollidierenden Strahlen ist für den Beschleuniger des Fermi National Laboratory in den USA geplant.)

(b) Man zeige, daß für kollidierende Elektronen- und Positronenstrahlen die äquivalente Energie E_s eines e$^+$-Strahls (für ruhendes Elektronentarget) durch $E_s = 3914 E'^2$ GeV gegeben ist (E' in GeV).

15. Angenommen, es existiere ein schweres Lepton τ^- und das zugehörige Neutrino ν_τ. Manchmal zerfalle das Lepton in drei Myonen und zwei Neutrinos. Um welche Neutrinos handelt es sich dabei?

16. Ein ^{239}Pu-Kern ($Z = 94$) sende ein Alphateilchen aus. Der Tochterkern emittiere ein Elektron und der Folgekern ebenfalls. Der so entstandene Kern werde mit Neutronen bombardiert. Er absorbiere vier Neutronen. Welcher Kern entsteht auf diese Weise?

17. Bei dem Zerfall $\pi^+ \rightarrow \mu^+ + \nu$ muß die Energie cp des Neutrinos zusammen mit der kinetischen Energie des Myons durch die Massendifferenz aufgebracht werden. Berechne p und die kinetische Energie des Myons in MeV. Für das Myon gelte die klassische Mechanik.

18. Wiederhole Aufgabe 17 für ein relativistisches Myon.

19. Wie groß ist die maximale Energie des Elektrons bei dem Zerfall $\mu^- \rightarrow e^- + \nu + \bar{\nu}$? Das Elektron sei extrem relativistisch, so daß sein Impuls durch $p = E/c$ gegeben ist.

20. Wie viele Baryonen mit Charm und einem Spin von $\frac{3}{2}$ gibt es? Wie groß ist ihre Ladung, und welche Werte haben ihre anderen Quantenzahlen?

21. Die Reichweite der Nukleon-Nukleon-Kraft ist ≈ 2 fm. Wie groß muß die Masse des virtuellen Teilchens sein, das eine Kraft von dieser Reichweite erzeugt?

Anhang A

Physikalische Konstanten

Lichtgeschwindigkeit	c	$2{,}998 \cdot 10^{8}$ m/s
Gravitationsbeschleunigung an der Erdoberfläche	g	$9{,}807$ m/s^2
Gravitationskonstante	G	$6{,}672 \cdot 10^{-11}$ N m^2/kg^2
Elementarladung	e	$1{,}602 \cdot 10^{-19}$ C
Boltzmann-Konstante	k	$1{,}381 \cdot 10^{-23}$ J/K
Avogadro-Konstante	N_0	$6{,}022 \cdot 10^{23}$/mol
Universelle Gaskonstante	$R = N_0 k$	$8{,}314$ J/(K mol)
Elektronenmasse	m_e	$9{,}110 \cdot 10^{-31}$ kg
Protonenmasse	m_p	$1{,}673 \cdot 10^{-27}$ kg
Magnetische Feldkonstante	μ_0	$4\pi \cdot 10^{-7}$ H/m
Elektrische Feldkonstante	ε_0	$8{,}854 \cdot 10^{-12}$ F/m
Coulomb-Konstante	$k_0 = \dfrac{1}{4\pi\varepsilon_0}$	$8{,}988 \cdot 10^{9}$ N m^2/C^2
	$\dfrac{k_0}{c^2} = \dfrac{\mu_0}{4\pi}$	10^{-7} N s^2/C^2
Bohr-Radius	a_0	$5{,}292 \cdot 10^{-11}$ m
Planck-Konstante	h	$6{,}626 \cdot 10^{-34}$ J s
	$\hbar = \dfrac{h}{2\pi}$	$1{,}055 \cdot 10^{-34}$ J s
1 Atmosphäre	P_0	$1{,}013 \cdot 10^{5}$ N/m^2
Dichte des Wassers		$1{,}00 \cdot 10^{3}$ kg/m^3
Dichte der Luft		$1{,}293$ kg/m^3
absoluter Temperaturnullpunkt		$-273{,}16$ °C

	Masse, kg	Durchmesser, km	Abstand von der Sonne, km	Schwerebeschleunigung an der Oberfläche ($\cdot g$)
Sonne	$1{,}99 \cdot 10^{30}$	$1{,}39 \cdot 10^{6}$		28,0
Erde	$5{,}977 \cdot 10^{24}$	$1{,}27 \cdot 10^{4}$	$1{,}49 \cdot 10^{8}$	1,00
Mond	$7{,}36 \cdot 10^{22}$	$3{,}48 \cdot 10^{3}$		0,17
Merkur	$3{,}28 \cdot 10^{23}$	$5{,}14 \cdot 10^{3}$	$5{,}8 \cdot 10^{7}$	0,40
Venus	$4{,}82 \cdot 10^{24}$	$1{,}26 \cdot 10^{4}$	$1{,}08 \cdot 10^{8}$	0,90
Mars	$6{,}4 \cdot 10^{23}$	$6{,}86 \cdot 10^{3}$	$2{,}28 \cdot 10^{8}$	0,40
Jupiter	$1{,}90 \cdot 10^{27}$	$1{,}44 \cdot 10^{5}$	$7{,}78 \cdot 10^{8}$	2,70
Saturn	$5{,}7 \cdot 10^{26}$	$1{,}21 \cdot 10^{5}$	$1{,}43 \cdot 10^{9}$	1,20

Abstand Erde–Mond = $3{,}80 \cdot 10^{5}$ km

Anhang B

Umrechnungstabelle für einige Einheiten

Einheit	MKS	cgs	sonstige Einheiten
Meter	1 m	100 cm	10^{10} Å
Kilogramm	1 kg	10^3 g	
Sekunde	1 s	1 s	
Joule	1 J	10^7 erg	0,2389 cal; $6{,}24 \cdot 10^{18}$ eV
Elektronvolt	$1{,}602 \cdot 10^{-19}$ J	$1{,}602 \cdot 10^{-12}$ erg	
Newton	1 N	10^5 dyn	
Watt	1 W	10^7 erg/s	
Kelvin	1 K	1 K	
N/m^2 (Druck)	1 N/m^2	10 dyn/cm^2	$9{,}869 \cdot 10^{-6}$ atm
m/s (Geschwindigkeit)	1 m/s	100 cm/s	

Elektrische Einheiten

Größe		MKS	cgs oder Gaußsches System
Ladung	Q	1 C (Coulomb)	$2{,}998 \cdot 10^9$ el. stat. Ladungseinheiten
Strom	I	1 A (Ampere)	$2{,}998 \cdot 10^9$ el. stat. Stromeinheiten
Spannung	V	1 V (Volt)	$3{,}336 \cdot 10^{-3}$ el. stat. Spannungseinheiten
Magnetfeldstärke	$\mathscr{B}$	1 T (Tesla)	10^4 Gauß
elektrische Feldstärke	E	1 V/m	$3{,}336 \cdot 10^{-5}$ el. stat. Spannungseinheiten/cm

Um Gleichungen vom MKS-System ins Gaußsche System umzuschreiben, ersetze man $\mathscr{B}$ durch B/c, ε_0 durch $1/4\pi$, μ_0 durch $4\pi/c^2$ und setze k_0 gleich 1.

Anhang C

Mathematische Beziehungen

Geometrie

Kreisfläche $= \pi r^2$

Kugeloberfläche $= 4\pi r^2$

Kugelvolumen $= \frac{4}{3}\pi r^3$

Volumen einer Kugelschale der Dicke $\mathrm{d}r$: $V = 4\pi r^2\,\mathrm{d}r$

Trigonometrie

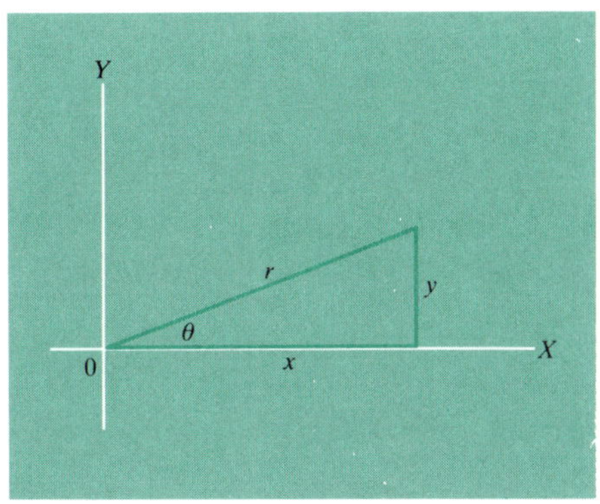

$\sin\theta = \dfrac{y}{r}$ $\qquad \sin(-\theta) = -\sin\theta$

$\cos\theta = \dfrac{x}{r}$ $\qquad \cos(-\theta) = \cos\theta$

$\tan\theta = \dfrac{y}{x}$ $\qquad \sin^2\theta + \cos^2\theta = 1$

$\sin\left(\dfrac{\pi}{2} - \theta\right) = \cos\theta$ $\qquad \sin 2\theta = 2\sin\theta\cos\theta$

$\cos 2\theta = 2\cos^2\theta - 1 = 1 - 2\sin^2\theta$

$e^{\pm i\theta} = \cos\theta \pm i\sin\theta$

$\sin(\alpha \pm \beta) = \sin\alpha\cos\beta \pm \cos\alpha\sin\beta$

$\cos(\alpha \pm \beta) = \cos\alpha\cos\beta \mp \sin\alpha\sin\beta$

$\sin\alpha \pm \sin\beta = 2\sin\frac{1}{2}(\alpha \pm \beta)\cos\frac{1}{2}(\alpha \mp \beta)$

$a^2 = b^2 + c^2 - 2bc\cos A$ $\qquad \dfrac{\sin A}{a} = \dfrac{\sin B}{b} = \dfrac{\sin C}{c}$

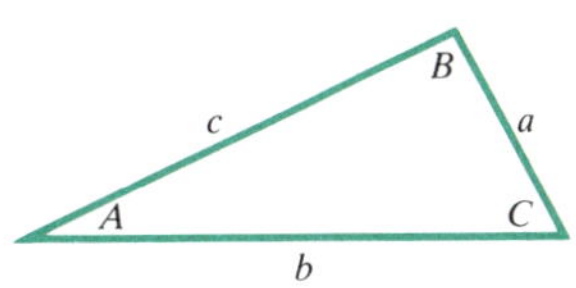

Binomialentwicklung

$$(1+x)^n = 1 + \frac{nx}{1!} + \frac{n(n-1)\,x^2}{2!} + \ldots$$

Quadratische Gleichungen

Die Gleichung $ax^2 + bx + c = 0$

hat die Lösungen $x = \dfrac{-b \pm \sqrt{b^2 - 4ac}}{2a}$

Ableitung einiger Funktionen

$$\frac{d}{dx}(au) = a\frac{du}{dx}$$

$$\frac{d}{dx}x^n = nx^{n-1}$$

$$\frac{d}{dx}\ln x = \frac{1}{x}$$

$$\frac{d}{dx}(uv) = u\frac{dv}{dx} + v\frac{du}{dx}$$

$$\frac{d}{dx}e^{ax} = a\,e^{ax}$$

$$\frac{d}{dx}\sin ax = a\cos ax$$

$$\frac{d}{dx}\cos ax = -\,a\sin ax$$

Einige unbestimmte Integrale

(es ist eine beliebige Konstante zu addieren)

$$\int du = u$$

$$\int x^n dx = \frac{x^{n+1}}{n+1} \qquad n \neq -1$$

$$\int x^{-1}\,dx = \ln x$$

$$\int e^{ax}\,dx = \frac{1}{a}e^{ax}$$

$$\int \sin ax\,dx = -\frac{1}{a}\cos ax$$

$$\int \cos ax\,dx = \frac{1}{a}\sin ax$$

Produkte von Vektoren

$\boldsymbol{A}\cdot\boldsymbol{B} = |A|\,|B|\cos\alpha$

$\boldsymbol{A}\times\boldsymbol{B} = \hat{\boldsymbol{n}}\,|A|\,|B|\sin\alpha$

$\boldsymbol{A}\cdot\boldsymbol{B} = \boldsymbol{B}\cdot\boldsymbol{A}$

$\boldsymbol{A}\cdot(\boldsymbol{B}\times\boldsymbol{C}) = (\boldsymbol{A}\times\boldsymbol{B})\cdot\boldsymbol{C}$

α ist der Winkel zwischen $\boldsymbol{A}$ und $\boldsymbol{B}$.
$\hat{\boldsymbol{n}}$ ist der Einheitsvektor, der auf der Ebene, die $\boldsymbol{A}$ und $\boldsymbol{B}$ enthält, senkrecht steht.

Das griechische Alphabet

Alpha	A	α	Eta	H	η	Ny	N	ν	Tau	T	τ
Beta	B	β	Theta	Θ	θ	Xi	Ξ	ξ	Ypsilon	Y	υ
Gamma	Γ	γ	Iota	I	ι	Omikron	O	o	Phi	Φ	φ
Delta	Δ	δ	Kappa	K	$\varkappa$	Pi	Π	π	Chi	X	χ
Epsilon	E	ε	Lambda	Λ	λ	Rho	P	ϱ	Psi	Ψ	ψ
Zeta	Z	ζ	My	M	μ	Sigma	Σ	σ	Omega	Ω	ω

Lösungen der ungeradzahligen Übungen und Aufgaben

Kapitel 1

1. $K = P^2/2M$ **3.** $V_2/V_1 = 1{,}5^2 = 3{,}375$

5. $\frac{1-\beta}{\sqrt{1-\beta^2}} = \sqrt{\frac{1-\beta}{1+\beta}}$

7. $\exp\left(-\ln\frac{1}{x}\right) = \exp(\ln x) = x$ **9.** $m_{\mathrm{H}} = 1{,}66\cdot 10^{-24}$ g/Atom

11. DM 13,50 **13.** $t_{1/2} = (\ln 2)\,\tau = 0{,}693\tau$ **15.** $y = 1{,}745$ m

17. $E = \sqrt{M_0^2c^2 + c^2p^2}$ **19.** $E = -e^2/(2R)$ **21.** $v = \sqrt{Y/\varrho}$

23. $v = c - \frac{c}{2\gamma^2} - \frac{c}{8\gamma^4} + \ldots$

25. **(a)** Genauigkeit des Mittelwerts bei Uhr A beträgt $1{,}58\cdot 10^{-2}$ s.
(b) Genauigkeit des Mittelwerts bei Uhr B beträgt $1{,}58\cdot 10^{-2}$ s.
(c) Genauigkeit des Mittelwerts der beiden obigen Messungen beträgt $1{,}12\cdot 10^{-2}$ s.

29. $\sin 2A = 2\sin A\sqrt{1-\sin^2 A}$ **31.** 30%; $C = 2{,}0\cdot 10^1$

Kapitel 2

1. 0,278 m/s **3.** $\bar{v} = \frac{1}{2}(v_1 + v_2)$ **5.** $\bar{v} = \frac{x_1v_1 + x_2v_2}{x_1 + x_2}$

7.

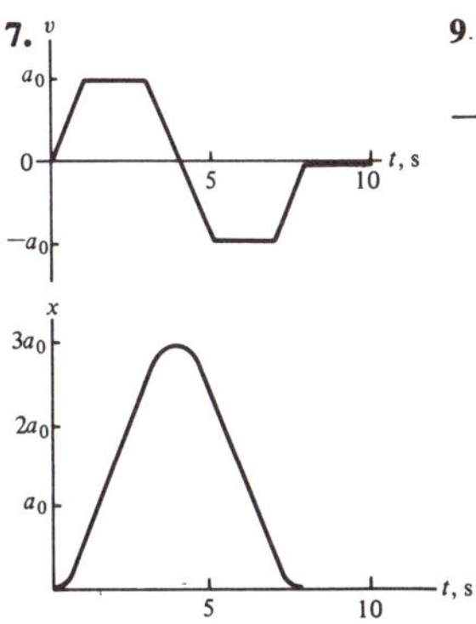

9.

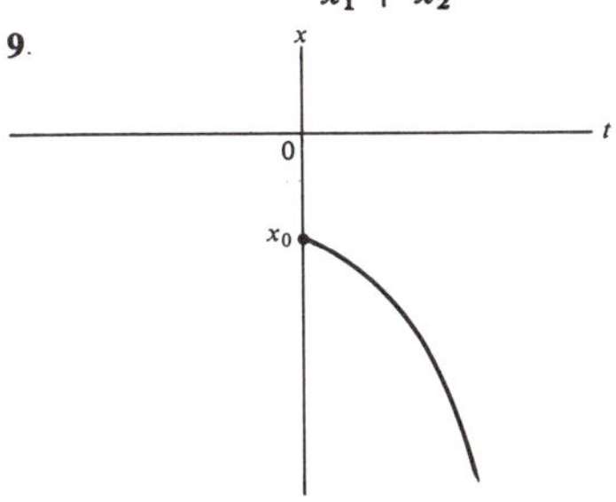

11. Gesamtzeit = 237 s = 3,94 Minuten
13. Gesamtzeit = 2828 s = 47 Minuten
15. 1,225 m **17.** $a = 12{,}1\,g$ **19.** $h = 154{,}3$ m

21. $v = \frac{2x}{T} - v_0$ **23.** **(a)** $a = -2{,}5\ \mathrm{m/s^2}$ **(b)** $T = 4$ s

25. $v = 2{,}8$ km/s $T = 286$ s = 4,76 Minuten
27. klassisch: $v = 1{,}54\cdot 10^8$ m/s; relativistisch: $v = 1{,}37\cdot 10^8$ m/s
29. $T = 2{,}15\cdot 10^8$ s = 6,84 Jahre
31. Er fiel 19,4 m, bevor er die Oberkante des Fensters erreichte; er fiel also aus dem zehnten Stock.
33. $\bar{v} = \frac{2}{3}v_1$ **35.** $v = \frac{1}{2}At^2$

Kapitel 3

1. $\boldsymbol{C} = \boldsymbol{B} - \boldsymbol{A}$; $\boldsymbol{Z} = \boldsymbol{X} - \boldsymbol{Y}$ **3.** $B\cos 30° = 1{,}732$ m
5. $F_\perp = F_g \cos\alpha$ **7.** $\theta = 15°$ oder $75°$
9. Wenn $\theta' = \theta'' = 45°$, $E'' = \frac{1}{2}E$. Wenn $\theta' = 30°$, $E' = 0{,}866E$. Wenn $\theta'' = 60°$, $E'' = \frac{1}{2}E' = 0{,}433E$.
11. 56,44° aus der Nordrichtung nach Westen. Geschwindigkeit relativ zum Ufer beträgt 3,32 km/h.
13. $y = 3{,}82x - 0{,}098x^2$

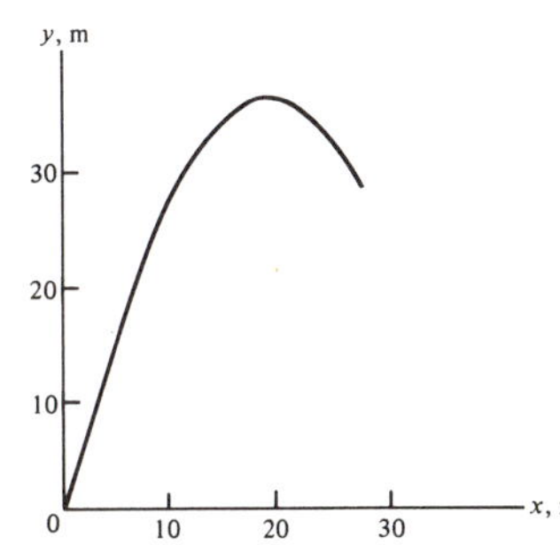

15. $\alpha = \frac{1}{2}\theta$ **17.** $h = \frac{v_0^2\sin^2\theta}{2g}$ **19.** 490 m
21. **(a)** 4 h **(b)** 4,167 h **(c)** 4,0825 h
23. **(a)** $v = 7$ m/s **(b)** 22,3 Umdrehungen/s **25.** 27,5 Tage

Kapitel 4

1. $F_{res} = 0$

3. $T_1 = \dfrac{m_1 F}{m_1 + m_2 + m_3}$ $\quad T_2 = \dfrac{(m_1 + m_2) F}{m_1 + m_2 + m_3}$

Resultierende Kräfte: $(F_1)_{res} = \dfrac{m_1 F}{m_1 + m_2 + m_3}$

$(F_2)_{res} = \dfrac{m_2 F}{m_1 + m_2 + m_3}$ $\quad (F_3)_{res} = \dfrac{m_3 F}{m_1 + m_2 + m_3}$

5. $F = -833{,}3$ N

7. Die resultierende Kraft auf den Pflug ist null. Daher kann sich der Pflug mit gleichförmiger Geschwindigkeit fortbewegen.

9. $v = 2{,}22 \cdot 10^6$ m/s; $7{,}08 \cdot 10^{15}$ Umläufe pro Sekunde

11. **(a)** $T = 1{,}9456$ s **(b)** Periodenverhältnis = 0,9694 **(c)** Periodenverhältnis = 0,841

13. **(a)** $F_{res} = 100$ N bei einem Winkel von 0° **(b)** $F_{res} = 500{,}5$ N bei einem Winkel von 37°

15. **(a)** $a = F/(4m)$ **(b)** $F_2 = 0{,}75F$

19. **(a)** $F = 58{,}8$ N **(b)** $F = 70{,}8$ N $T = 47{,}2$ N

21. **(a)** $a = 0{,}333\,g$ **(b)** $T = 0{,}667mg$ **23.** $\Delta P = Ft_0$

25. **(a)** $m_2 = 2m_1$ **(b)** $a_2 = g/8$ nach oben

27. Periode = 1,0035 s $\theta = 60°$

29. $v = 4{,}11334$ km/s. Dies ist weniger als die Umlaufgeschwindigkeit von 8 km/s.

31. $v_{Vater} = 0{,}0833$ m/s $\quad v_{Tochter} = 0{,}238$ m/s

33. $\alpha = \tan^{-1}\left(\dfrac{v^2}{gR}\right)$ **35.** $v = 16{,}6$ m/s

37. **(a)** $a = 0{,}327g$ **(b)** $v = 0{,}189$ m/s

Kapitel 5

1. 490 N **3.** 1,87 Jahre oder 684 Tage

5. nein; nein; ja **7.** Sie bleibt gleich.

9. **(a)** Auf dem Dach **(b)** 490 m

11. $3{,}46 \cdot 10^8$ m vom Erdmittelpunkt. Passagiere sind schwerelos, solange der Raketenantrieb abgeschaltet ist, also fast während des ganzen Fluges. (Dies gilt für ein Raumschiff, das sich nicht um seine Achse dreht.)

13. $2{,}006 \cdot 10^{30}$ kg **15.** $5{,}95 \cdot 10^3$ m/s² **17.** $(4/9)\pi^2 G\varrho^2 R^4$

19. $\sqrt{2}$ mal sein Normalgewicht

21. **(a)** 264,6 N nach unten **(b)** 264,6 N nach oben

23. Der Bahnradius wäre $\frac{1}{4}$ des gegenwärtigen Radius. Die Umdrehungsperiode wäre $\frac{1}{8}$ der gegenwärtigen Periode.

25. $F = 4\pi^2 \dfrac{mR}{T^2}$ **(a)** $R = 3{,}84 \cdot 10^8$ m und $T = 27$ Tage $= 2{,}33 \cdot 10^6$ s, also $F = 2{,}79 \cdot 10^{-3}$ N **(b)** $R = 1{,}50 \cdot 10^{11}$ m und $T = 1$ Jahr, also $F = 4{,}58 \cdot 10^{-2}$ N

27. $T = 7071$ s = 1,96 h

29. $v_1/v_2 = (R_1/R_2)^{-1/2}$ **31.** $T = 2\pi\sqrt{\dfrac{R^3}{GM}}$

33. $T = 2\pi\sqrt{\dfrac{M}{M'}\dfrac{L}{g}}$ $\quad T_c/T_{Pb} = 1{,}0005$ **35.** 2,0 Jahre

37. $v_3/v_1 = \dfrac{a - \sqrt{a^2 - b^2}}{b}$ **39.** Effektives Gewicht = $3mg$

41. 9,9%

Kapitel 6

1. Das Verhältnis = $2{,}85 \cdot 10^{-4}$

3. **(a)** null **(b)** Am Satelliten wird eine negative Arbeit von $8{,}14 \cdot 10^6$ J geleistet.

5. $2{,}28 \cdot 10^5$ MW **7.** $F = -2Ax$

9. 5% des Sauerstoffs wird verbraucht. Zur Auffüllung des Sauerstoffvorrats ist eine Lüftung nicht notwendig; jedoch könnte sie die CO_2-Konzentration vermindern oder unerwünschten Geruch verhindern.

11. Eine Zunahme an potentieller Energie von $3 \cdot 10^{-5}$ J

13. $v_0 = 0{,}5$ m/s **15.** $\Delta U = -kx_1^3/3$

17. **(a)** 0

(b) $U(r) = \dfrac{GMm}{R_2^3 - R_1^3}\left(\dfrac{r^2}{2} + \dfrac{R_1^3}{r} - \dfrac{3}{2}R_1^2\right)$

(c) $U(r) = \dfrac{GMm}{R_2^3 - R_1^3}\left(\dfrac{R_2^2}{2} + \dfrac{R_1^3}{R_2} - \dfrac{3}{2}R_1^2\right) + GMm\left(\dfrac{1}{R_2} - \dfrac{1}{r}\right)$

19. Die Masse muß um 10,2 m fallen, unabhängig von ihrer Anfangsgeschwindigkeit. Wenn sie aus dem Ruhezustand startet, ist $t = 1{,}44$ s. Dieses Zeitintervall ist von der Anfangsgeschwindigkeit abhängig.

21. **(a)** −2000 N **(b)** $6 \cdot 10^4$ W **(c)** 15 km

23. **(a)** $U = -GM_2 m/r$ **(b)** $U = -GM_2 m/R_2$

Kapitel 7

1. $v = \sqrt{\dfrac{3}{4}\dfrac{k}{m}}\,x_0$ **3.** **(a)** 0,045 s **(b)** $66{,}7 \cdot 10^3$ m/s² = 6800 g

5. Beim Stoß werden 8/9 der Energie von m_1 auf m_2 übertragen.

7. $v_1 = 0{,}983v_0$ **9.** $\Delta K/K_{vorher} = 0{,}331$ **11.** 1,5 kg

13. $v = \sqrt{gl(1 - \cos\theta)}$ **15.** $F_B = 18mg$ **19.** $\theta = 90°$

21. **(a)** $v = 9{,}68 \cdot 10^{-34}$ m/s **(b)** $R = 1{,}19 \cdot 10^{29}$ m

23. **(a)** $v = \sqrt{\frac{1}{2}gR}$ **(b)** $h = \frac{1}{4}R$ **25.** $9{,}09 \cdot 10^{-2}$

27. **(a)** 0,049 J **(b)** 0,07 J **(c)** 2,0 m/s **29.** 319 N

31. $y_{max} = 12{,}25$ m $\quad a_{max} = 17{,}33\,g$

33. **(a)** mgh **(b)** $v = \sqrt{gh}$ **(c)** $a = v^2/(2l)$ **35.** 8,7 l/h 75 kW

37. **(a)** 4,52 m nach rechts **(b)** eine Anhebung um 0,204 m

39. 316 m/s

Kapitel 8

1. **(a)** 0,1222 s **(b)** 0,012273 s **(c)** $6{,}67 \cdot 10^{-3}$ s

3. 94,9 km/s **5.** $v = c\sqrt{1 - l'/l}$

7. **(a)** 22,37 **(b)** $4{,}026 \cdot 10^{-7}$ s **(c)** 120,66 m

9. $(20 - 3{,}44 \cdot 10^{-13})$ m

11. A wäre 100,08 Jahre alt; B wäre 23,58 Jahre alt.

13. $\dfrac{\mathrm{d}f}{f} = \dfrac{\mathrm{d}\beta}{1 - \beta^2}$

15. ϱ wird mit ansteigender Geschwindigkeit größer.
19. $\Delta t_A - \Delta t_B = 0$ 21. $x = \gamma x' - \gamma v t'$ $t = \gamma t' - \gamma(v/c^2)\, x'$
23. $x_2 - x_1 = \sqrt{\dfrac{1+\beta}{1-\beta}}\, l_0$ 25. $f'/f = 1 - \beta$
27. (a) $-4 \cdot 10^{-7}$ s (b) $5{,}333 \cdot 10^{-7}$ s (c) $1{,}11 \cdot 10^{-6}$ s
29. (a) $1{,}484 \cdot 10^{-12}$ s (b) $1 + 7{,}42 \cdot 10^{-13}$
(c) $7{,}42 \cdot 10^{-13}$; $2{,}47 \cdot 10^{-15}$

Kapitel 9

1. $u_x = \dfrac{u'_x - v}{1 - u'_x v/c^2}$ 3. 0,0644 g 5. 5,01% 7. 35,1 µg
9. (a) 117 MeV (b) 145 MeV 11. $0{,}75c$ 13. 1,25
15. $p^2/2m_0$ ist am größten
17. (a) $E = m_p c^2 + K_0$ (b) $p = (1/c)\sqrt{K_0(2m_p c^2 + K_0)}$
(c) $v = pc^2/E$ 19. $u_x = \dfrac{u'_x - v}{1 - v u'_x/c^2}$
23. (a) 93,8 MeV (b) $2{,}4 \cdot 10^8$ m/s (c) 1,67 (d) 1,337
25. $p = (1/c)\sqrt{K(2mc^2 + K)}$ 27. $E_b = 1918$ GeV
31. Für kleine t gilt $v \to a_0 t$; für große t gilt $v \to c$.
33. (a) $F = ma(1 - u^2/c^2)^{-1/2} + ma(u^2/c^2)\,(1 - u^2/c^2)^{-3/2}$
(b) $F'_y = (\mathrm{d}p_y/\mathrm{d}t)\,(\gamma + \gamma(v/c^2)\, u_x)$ 35. (a) E/c^2 (b) gh/c^2
37. (b) $c/\sqrt{2}$

Kapitel 10

1. $\omega = b + 2ct_0$ $\alpha = 2c$
3. (a) $\overline{\omega} = \omega_0 + \frac{1}{2}\alpha_0 t$ (b) $\overline{\omega} = \dfrac{\theta - \theta_0}{t}$
5. $f_2 = 36 f_1$. Die Winkelgeschwindigkeit nachher ist 36mal so groß wie die anfängliche Winkelgeschwindigkeit. Die kinetische Energie nachher ist 36mal so groß wie die anfängliche kinetische Energie.
7. Es dauert 10,72 s, um 8,94 m/s zu erreichen.
9. $P = I\alpha\omega$ 11. $F = (R_2 R_4 / R_1 R_3)\, mg$
13. 3,33 zugunsten des Schwungrades aus Quarz
15. 66,67 cm 17. 49 N
21. $\boldsymbol{A} \times \boldsymbol{B} = \boldsymbol{i}(A_y B_z - A_z B_y) + \boldsymbol{j}(A_z B_x - A_x B_z) + \boldsymbol{k}(A_x B_y - A_y B_x)$
$$\sin\alpha = \left[\frac{(A_y B_z - A_z B_y)^2 + (A_z B_x - A_x B_z)^2 + (A_x B_y - A_y B_x)^2}{(A_x^2 + A_y^2 + A_z^2)\,(B_x^2 + B_y^2 + B_z^2)}\right]$$
23. (a) $L = 2m_0 R_0 v_0$ (b) $F = G(m_0^2/4R_0^2)$ (c) $F = m_0 v_0^2/R_0$
(d) $R_0 = \hbar^2/G m_0^3$ 25. $\frac{3}{4}mv^2$
27. Bei der Hantel beträgt das Verhältnis der kinetischen Energie der Rotation zur gesamten kinetischen Energie
$$\frac{4 - (4y_0/y) + (y_0^2/y^2)}{4 - (4y_0/y) + 2(y_0^2/y^2)}.$$
29. (a) $3{,}59 \cdot 10^{34}$ kg m²/s (b) $6{,}0 \cdot 10^8$ m (c) 53,3 Tage
31. $I = m[(\frac{1}{2}l - x)^2 + l^2/12]$
33. (a) $v_A/2$ (b) $L = \frac{1}{2}mr_0^2\omega_A$ (c) $\frac{1}{6}\omega_A$ (d) $\frac{1}{4}mr_0^2\omega_A^2 + \frac{1}{2}mv_A^2$
(e) $(5/24)mr_0^2\omega_A^2 + \frac{1}{4}mv_A^2$
37. Der Mann kann eine Strecke $x = 0{,}741 l$ klettern, bevor die Leiter rutscht.
41. $T = (2m + 3M)\, g$

Kapitel 11

1. Amplitude = 1,5 cm; Periode = 4 s
Maximalgeschwindigkeit = $0{,}75\pi$ cm/s
Maximalbeschleunigung = $0{,}375\pi^2$ cm/s²
3. $2\pi/A$
5. 0,248 m 7. $0{,}4\pi$ s 9. $f = 9{,}3 \cdot 10^{11}\ \mathrm{s}^{-1}$ 11. 6 dB
13. (a) $x = x_0 \cos\sqrt{\dfrac{k}{m}}\,(t - t_1)$
(b) $v = -\sqrt{\dfrac{k}{m}}\, x_0 \sin\sqrt{\dfrac{k}{m}}\,(t - t_1)$
15. (a) $x = -x_0 \sin\sqrt{\dfrac{k}{m}}\, t$ (b) $v = -x_0\sqrt{\dfrac{k}{m}} \cos\sqrt{\dfrac{k}{m}}\, t$
17. (a) $x = R_0 \cos\omega(t + \frac{3}{4}\pi)$ $y = R_0 \cos\omega(t + \frac{1}{4}\pi)$ $r = R_0$
(b) $v = \omega R_0$ (c) ein Kreis
19. (a) $I = \frac{1}{2}ml^2$ (b) $k = \dfrac{F_0 l}{\theta_0}$ (c) $f = \dfrac{1}{2\pi}\sqrt{\dfrac{2F_0}{ml\theta_0}}$
21. $\dfrac{\mathrm{d}^2 x_1}{\mathrm{d}t^2} = -k\left(\dfrac{m_1 + m_2}{m_1 m_2}\right) x_1$ $T = 2\pi\sqrt{\dfrac{\mu}{k}}$
23. $\dfrac{\mathrm{d}^2(\Delta x_2)}{\mathrm{d}t^2} = -3\dfrac{k_0}{m}\,\Delta x_2$ 25. $r_0 = \left(\dfrac{5a}{b}\right)^{1/4}$
27. $f = 27{,}57$ Hz 29. $\mathrm{dB} = 20 \lg (V_1 - V_2)$

Kapitel 12

1. $6{,}24 \cdot 10^7$ N/m² 3. 8,245 km
5. 10% des Volumens ist über der Wasseroberfläche. Das gilt unabhängig von der Gestalt des Eisstücks.
7. $\Delta p = mv$
9. Volumen = 10,2 Liter, Dichte = 3000 kg/m³
11. (a) 28,8 g (b) 28,8 g (c) 12 cm²
13. Gewichtsverlust pro Woche: 2,42 g
15. 0,36 °C 17. $\Delta T = 0{,}468$ °C
19. (a) $N\varepsilon$ (b) $\dfrac{2\varepsilon}{3k}$ (c) $\dfrac{2N\varepsilon}{3V}$
(d) Die Temperatur bleibt gleich, der Druck fällt auf den halben Wert.
21. (a) eins (b) $\frac{1}{2}$
23. $5 \cdot 10^{-5}$ m 25. $d = RP/2S$
27. (b) $h = h_0 \ln 2 = 5{,}50$ km (c) $3{,}33 \cdot 10^4$ N/m²
31. $y = 2{,}16 \cdot 10^{10}/R^3$, wenn R in m ist.

Kapitel 13

1. $-12{,}3$ J 3. (a) $N_0/2{,}016$ (b) $N_0/18$ (c) $N_0/180$
5. $3{,}68 \cdot 10^3$ Moleküle/cm³
7. 0,75 cal/(g K) für He; 2,5 cal/(g K) für H_2; 5/28 cal/(g K) für N_2
9. $C_v = 10$ cal/(mol K) 11. $T_2/T_1 = 0{,}488$
13. $T_{\text{einatomig}}/T_{\text{zweiatomig}} = (V_1/V_2)^{0{,}267}$
15. (a) 9 cal/K (b) 6 cal/K, unter der Annahme, daß keine Vibrationsfreiheitsgrade vorhanden sind.
17. $RT \ln\left[\dfrac{V_2 - V_0}{V_1 - V_0}\right]$

19. **(a)** $P_2 = 0{,}379$ atm $T_2 = 207$ K **(b)** $\Delta W_{12} = 1{,}37 \cdot 10^3$ J **(c)** $\Delta W_{23} = -1{,}19 \cdot 10^3$ J **(d)** 175 J **(e)** 207 K **(f)** $1{,}37 \cdot 10^3$ J
21. **(a)** 6 **(b)** 1 **(c)** $3R$ **(d)** $4R$ **(e)** $T = mv_0^2/3k$
23. **(a)** $T_2 = T_1(V_2/V_1)$ **(b)** $P_1(V_2 - V_1)$ **(c)** $\frac{5}{2} R(T_2 - T_1)$ **(d)** $V_3 = V_2(T_2/T_3)^{1/(\gamma-1)}$ **25.** 13,4 PS
27. **(a)** $W_{ab} = 3{,}37 \cdot 10^3$ J $W_{bc} = 7{,}00 \cdot 10^3$ J $W_{cd} = 0$
(b) $Q_{ab} = 8417$ J aufgenommen, $Q_{bc} = 7000$ J abgegeben, $Q_{cd} = 5047$ J abgegeben, $Q_{da} = 7397$ J aufgenommen.
(c) $\varepsilon = \dfrac{Q_{ab} + Q_{bc} - Q_{da}}{Q_{ab} + Q_{bc}} = 0{,}287$

Kapitel 14

1. ΔW_1, ΔQ_1 und ΔQ_2 werden alle negativ. Die Relation $\Delta W = \Delta Q_1 - \Delta Q_2$ gilt weiterhin.
3. 767 kW **5.** 74 J
7. 10 J **9.** $\Delta S = 0{,}10$ cal/K **11.** 1/32 **17.** $3{,}22 \cdot 10^4$ J 32,2 W
19. $(T_1 - T_3)/T_1$ **21.** 1443 cal $\Delta W = 1{,}75 \cdot 10^5$ J **23.** 35%
25. 66,7 °C **27.** **(a)** 0,214 cal/(g K)
(b) **(1)** $\Delta S_L = -8{,}90$ cal/K **(2)** $\Delta S_w = 10{,}1$ cal/K **(3)** 1,2 cal/K

Kapitel 15

1. $-4{,}16 \cdot 10^{42}$ **3.** $\dfrac{2k_0q^2r}{(r^2 + l^2/4)^{3/2}}$
5. Die Masse der Kugel nimmt ab.
7. **(a)**

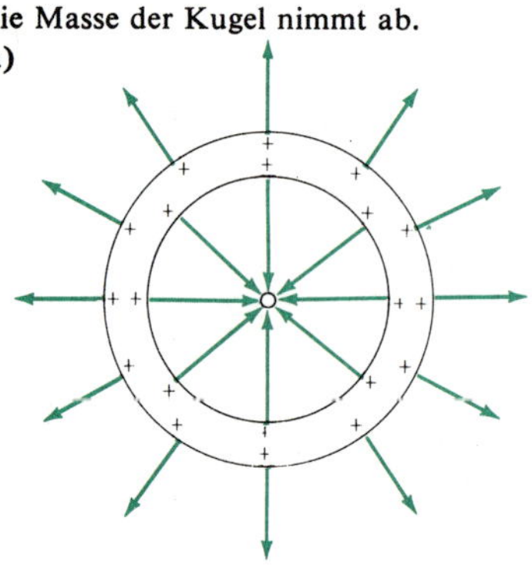

(b) $1{,}70 \cdot 10^5$ N m²/C **(c)** $2{,}5 \cdot 10^{-5}$ C **9.** $-1{,}24 \cdot 10^{-36}$
11.

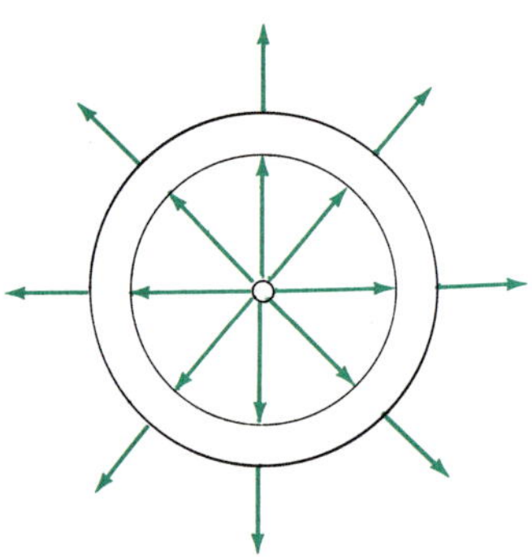

13. $2k_0q \dfrac{r^2 + l^2/4}{(r^2 - l^2/4)^2}$
15. Als Nettoeffekt würde eine elektrostatische Kraft von $1{,}86 \cdot 10^{-64}$ N auftreten. Diese Kraft wäre genauso groß wie die Gravitationskraft. Aus der Hypothese folgt, daß neutrale Elementarteilchen so wie Neutronen die Gravitationskraft null verspüren würden. Eine weitere Folge wäre z. B., daß die schwere Masse des Uranisotops 238 92mal die des Wasserstoffatoms betragen würde und nicht 238mal.
17. $E = k_0Q \left\{ \dfrac{x + R/2}{[(x + R/2)^2 + R^2]^{3/2}} + \dfrac{x - R/2}{[(x - R/2)^2 + R^2]^{3/2}} \right\}$
19. $2\pi k_0 \sigma$. **21.** $2k_0\lambda/y_0$ **23.** $E = 3k_0ql^2/x^4$
25. Beide Ableitungen sind null.

Kapitel 16

1. $E_{\text{I}} = 0$ $\quad V_{\text{I}} = k_0 \left(\dfrac{Q_1}{R_1} + \dfrac{Q_2}{R_2} + \dfrac{Q_3}{R_3} \right)$

$E_{\text{II}} = k_0 \dfrac{Q_1}{r^2}$ $\quad V_{\text{II}} = k_0 \left(\dfrac{Q_1}{r} + \dfrac{Q_2}{R_2} + \dfrac{Q_3}{R_3} \right)$

$E_{\text{III}} = k_0 \dfrac{Q_1 + Q_2}{r^2}$ $\quad V_{\text{III}} = k_0 \left(\dfrac{Q_1 + Q_2}{r} + \dfrac{Q_3}{R_3} \right)$

$E_{\text{IV}} = k_0 \dfrac{Q_1 + Q_2 + Q_3}{r^2}$ $\quad V_{\text{IV}} = k_0 \dfrac{Q_1 + Q_2 + Q_3}{r}$

3. 0,167 m Radius, $Q = 9{,}26 \cdot 10^{-6}$ C.
5. Die linke Seite der Platte sei bei $x = 0$: $E_{\text{I}} = 0$; $E_{\text{II}} = 4\pi k_0 \varrho x$; $E_{\text{III}} = 4\pi k_0 \varrho x_0$; $E_{\text{IV}} = 4\pi k_0 \varrho (2x_0 + d - x)$; $E_{\text{V}} = 0$
7. $1{,}13 \cdot 10^7$ m² **9.** $C = \left[\dfrac{1}{C_1} + \dfrac{1}{C_2} + \dfrac{1}{C_3} \right]^{-1}$
11. **(a)** null **(b)** null **(c)** $E = 1{,}8 \cdot 10^5$ V/m
13. $3{,}09 \cdot 10^6$ m/s **15.** 400 V
17. **(a)** $4{,}28 \cdot 10^{-2}$ C **(b)** $E = 1{,}54 \cdot 10^{13}$ V/m $V = 7{,}7 \cdot 10^{10}$ V
19. 1153 V **21.** 1,28
23. $E_{\text{I}} = 0$ $\quad E_{\text{II}} = k_0 \dfrac{Q(r^3 - R_2^3)}{(R_1^3 - R_2^3)r^2}$ $\quad E_{\text{III}} = k_0 \dfrac{Q}{r^2}$
25. $\boldsymbol{E} = \dfrac{4}{3} \pi k_0 \varrho \left\{ \dfrac{R_2^3 x_0 \boldsymbol{i}}{(x_0^2 + y^2)^{3/2}} + y \left[1 - \dfrac{R_2^3}{(x_0^2 + y^2)^{3/2}} \right] \boldsymbol{j} \right\}$
27. $V_{\text{I}} = k_0 \dfrac{Q}{R_1} + k_0 \dfrac{Q}{R_1^3 - R_2^3} \left[\dfrac{R_1^2 - R_2^2}{2} + \dfrac{R_2^2}{R_1}(R_2 - R_1) \right]$

$V_{\text{II}} = k_0 \dfrac{Q}{R_1} + k_0 \dfrac{Q}{R_1^3 - R_2^3} \left[\dfrac{R_1^2 - r^2}{2} + R_2^3 \left(\dfrac{1}{R_1} - \dfrac{1}{r} \right) \right]$

$V_{\text{III}} = k_0 \dfrac{Q}{r}$
29. **(a)** $3{,}39 \cdot 10^4$ V/m **(b)** $1{,}13 \cdot 10^4$ V/m **(c)** $-3{,}39 \cdot 10^4$ V/m **(d)** 226 V
33. **(a)** 0,5 MeV **(b)** 0,5 MeV **(c)** $2{,}88 \cdot 10^{-15}$ m
35. **(a)** 12 MeV **(b)** -10 MeV **(c)** 4 MeV **(d)** 6 MeV
37. $C' = \dfrac{A}{4\pi k_0(x_1/\varkappa - x_1 + x_0)}$
39. $Q_1 = V_0R_1/k_0$ $\quad Q_2 = V_0R_2/k_0$

Kapitel 17

1. $I = 2{,}69$ A **3.** $\varrho = \dfrac{2mu}{\mathfrak{N}e^2L}$

5. (a) $I = 80$ A **(b)** $P = 640$ W; das ist 6,4mal soviel wie bei einer 100-W-Glühbirne.

7. (a) $\mathscr{B} = 0$ **(b)** $\mathscr{B} = 2 \cdot 10^{-5}$ Tesla

9. (a) $a = eE/m$; a zeigt nach oben **(b)** $t = \sqrt{\dfrac{2m(d-h)}{eE}}$

(c) $F = ev_0\mathscr{B}$, aus der Zeichenebene heraus gerichtet

11. 1,05 mA **13.** $I = Q/T = 4\pi R^2\sigma/T$

15. $R_1 = \frac{1}{2}(R_{12} + R_{13} - R_{23})$ $R_2 = \frac{1}{2}(R_{12} - R_{13} + R_{23})$

$R_3 = \frac{1}{2}(R_{23} - R_{12} + R_{13})$ **17. (a)** 100 Ohm **(b)** 300 Ohm

19. (a) $\mathfrak{B}$ zeigt senkrecht nach oben. **(b)** 0,4 Tesla oder 4000 Gauß

21. $m = 58{,}5m_e$

23. (a) $1{,}13 \cdot 10^6$ N/C **(b)** $1{,}41 \cdot 10^6$ N/C

(c) $2{,}82 \cdot 10^{-3}$ Tesla = 28,2 Gauß, in die Buchseite hinein gerichtet

25. (a) $4 \cdot 10^{-4}$ Tesla, in die Buchseite hinein gerichtet

(b) $5 \cdot 10^{-4}$ Tesla **(c)** $3 \cdot 10^{-4}$ V/m nach unten zeigend

27. $\mathscr{E} = 10$ V $r = 20$ Ohm

29. (a) $\mathscr{E}_1 \dfrac{rR_2}{rR_1 + R_1R_2 + rR_2}$ **(a)** $\mathscr{E}_1 \dfrac{R_2}{R_1 + R_2}$

Kapitel 18

1. $\mathscr{B}_{\mathrm{I}} = \mathscr{B}_{\mathrm{III}} = 4\pi k_0 \mathscr{J}/c^2$ $\mathscr{B}_{\mathrm{II}} = 0$ $\mathscr{B}_{\mathrm{I}}$ zeigt aus der Buchseite heraus, $\mathscr{B}_{\mathrm{III}}$ zeigt in die Buchseite hinein.

3. $\mathscr{B} = 4\pi \dfrac{k_0}{c^2}(\mathscr{J}_1 + \mathscr{J}_2)$, in die Zeichenebene hinein gerichtet, wenn $r < R_1$; $\mathscr{B} = 4\pi \dfrac{k_0}{c^2}\mathscr{J}_2$, in die Zeichenebene hinein gerichtet, wenn $R_1 < r < R_2$; $\mathscr{B} = 0$, wenn $r > R_2$.

5. Es bewegt sich mit konstanter Geschwindigkeit entlang der Achse.

7. (a) $4 \cdot 10^{-6}$ T **(b)** $1{,}2 \cdot 10^{-4}$ T **9.** 0,02 dyn/cm

11. $\mathscr{B} = 0$, wenn $r < R_1$; $\mathscr{B} = 2\dfrac{k_0}{c^2} I \dfrac{r^2 - R_1^2}{(R_2^2 - R_1^2)\,r}$, wenn $R_1 < r < R_2$; $\mathscr{B} = 2\dfrac{k_0}{c^2}\dfrac{I}{r}$, wenn $r > R_2$.

13. $\mathfrak{B} = 2\dfrac{k_0}{c^2}\dfrac{I}{R_2^2 - R_1^2}\left[i\left(y - \dfrac{R_1^2 y}{x_0^2 + y^2}\right) - j\dfrac{R_1^2 x_0}{x_0^2 + y^2}\right]$

für $y < R_2$

17. $\mathscr{B} = 2\pi \dfrac{k_0}{c^2} IR^2 \left\{\left[\left(x + \dfrac{R}{2}\right)^2 + R^2\right]^{-3/2} + \left[\left(\dfrac{R}{2} - x\right)^2 + R^2\right]\right\}^{-3/2}$

19. $2\pi\sqrt{\dfrac{I_0}{IA\mathscr{B}}}$ **21.** 0,467 T

23. (a) $L = \frac{1}{2}M\omega R^2$ **(b)** $\mu = \frac{1}{4}Q\omega R^2$ **(c)** $\mu/L = Q/2M$

25. Gleiche Lösungen wie bei Aufgabe 2, nur daß $\mathscr{B} = 4\pi \dfrac{k_0}{c^2} jx_0$ im Gebiet zwischen den Platten aus der Buchseite heraus weist.

Kapitel 19

1. $4\pi R^2\mathscr{B}$ **3.** im Gegenuhrzeigersinn

5. $\mathscr{E} = 2\pi^2 f\mathscr{B}R^2 \sin\omega t$ $I = \mathscr{E}/R_m$ **7.** 10^{-2} W **9.** $f = R/(2\pi L)$

11. $6 \cdot 10^{-5}$ Tesla = 0,6 Gauß **13.** $4{,}58 \cdot 10^{-7}$ Gauß

15. $4\mathscr{B}Z_1Z_2$ **17.** P_2 **19.** 3,16 kV

23. $C = \dfrac{1}{\omega_0 QR}$ $L = \dfrac{QR}{\omega_0}$ $Z = R\sqrt{1 + Q^2\left(\dfrac{\omega}{\omega_0} - \dfrac{\omega_0}{\omega}\right)^2}$

25. $\mathscr{B} = 2\dfrac{k_0}{c^2}\dfrac{NI}{r}$ $L = 2\dfrac{k_0}{c^2}N^2(R_2 - R_1)\ln\dfrac{R_2}{R_1}$

27. $3 \cdot 10^{-3}$ C **29. (a)** Seite b **(b)** Seite a

31. (a) $E = \dfrac{r}{2}\dfrac{\partial\mathscr{B}}{\partial t}$ **(b)** $E = 0{,}2$ V/m **33.** 12,5 m/s

37. Wir wählen $L = 10^{-3}$ Henry, dann ergibt sich $C = 25{,}33$ pF und $R = 36{,}3$ Ohm.

39. (a) $I = 0{,}4237$ A **(b)** $\bar{P} = 17{,}95$ W **(c)** Die momentane Maximalleistung am Kondensator beträgt 47,6 W.

41. $0{,}693RC$ **43.** $I = \dfrac{\mathscr{E}}{R}(1 - \mathrm{e}^{-Rt/L})$

Kapitel 20

1. $\Phi_E = 4\pi k_0 Q_{\mathrm{in}}$ $\oint E \cdot \mathrm{d}s = -\dfrac{\mathrm{d}\Phi_B}{\mathrm{d}t}$ $\Phi_B = 0$

$\oint \mathfrak{B} \cdot \mathrm{d}s = 4\pi\dfrac{k_0}{c^2} I_{\mathrm{in}} + \dfrac{1}{c^2}\dfrac{\mathrm{d}\Phi_E}{\mathrm{d}t}$

3. $-ab\omega E_0 \sin\omega t$

5.

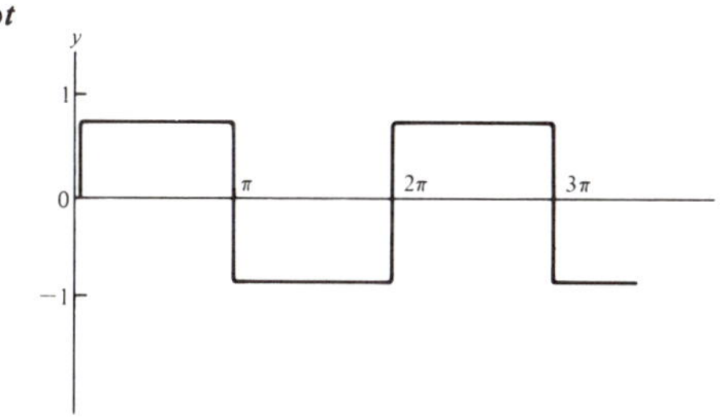

7. positive Richtung

9. $T = 36$ N **11.** $T = 329{,}6$ N

13. (a) $\mathscr{J} = 2{,}65$ A/m **(b)** $\mathscr{B} = 1{,}67 \cdot 10^{-6}$ Tesla

15. 4000 bis 7000 Å **17. (a)** $E = \dfrac{4k_0 I_c \Delta t}{R^2}$

(b) $\mathscr{B} = \dfrac{r}{2c^2}\dfrac{E}{\Delta t}$

19. $L = NK_1/K_2$ **21.** $u = c$ **23. (a)** $\mathscr{B} = 0$ **(b)** $\mathscr{B} = 0$

25. $E_S = 109{,}6\cos\omega t$ in V/m; das Verhältnis hat den Wert 0,274

27. (a) $\mathscr{J}_0 = \sqrt{A_1^2 + A_2^2}$ **(b)** $\varphi = \tan^{-1}\left(\dfrac{A_2}{A_1}\right)$

29. (a) $\dfrac{\bar{P}}{y_0 z_0} = \dfrac{x_0 V_0^2}{2\varrho y_0^2}$ **(b)** $\dfrac{\bar{P}_S}{y_0 z_0} = \dfrac{\pi k_0}{c}\dfrac{z_0^2 V_0^2}{\varrho^2 y_0^2}$

Kapitel 21

1. $S = \dfrac{c^3\mathscr{B}^2}{4\pi k_0} = \dfrac{E\mathscr{B}}{\mu_0}$

3. 0,75 m; das Segel muß dünner sein als dieser Wert, damit die Netto-Antriebskraft durch die Sonne von null verschieden wird.

5. (a) $E_{max} = 3 \cdot 10^{-7}$ V/m
(b) $S_{max} = 2{,}39 \cdot 10^{-16}$ W/m²
(c) $\bar{P} = 1{,}00 \cdot 10^{-9}$ W

7. (a) $v = 2{,}79 \cdot 10^6$ m/s (b) $v = 27{,}9$ m/s

9. $n = 1{,}00025$

11. (a) ungefähr $2 \cdot 10^7$ J pro Umlauf
(b) ungefähr 1 Jahr

13. (a) $F = 6{,}67 \cdot 10^{-6}$ N (b) 36, 8 A/m effektiv
(c) $4{,}244 \cdot 10^{-4}$ J/m³

15. (a) $y = \dfrac{F_0}{k - m\omega^2} \sin \omega t$ (b) $y = \dfrac{F_0}{k - m\omega^2} \cos \omega t$
(c) $\omega_0 = \sqrt{k/m}$ (d) außer Phase

17. $\mathfrak{N} = 0{,}025$ Elektronen pro cm³

19. (a) $E_{trans} = 0{,}98 E_{in}$ $E_{refl} = 2 \cdot 10^{-4} E_{in}$
(b) $E_{trans} = 0{,}96 E_{in}$ $E_{refl} = 1{,}98 \cdot 10^{-4} E_{in}$

21. (a) $\Delta U = 4{,}39 \cdot 10^{-5}$ eV (e) $t = 1{,}57 \cdot 10^{-11}$ s

25. $E = E_1 + E_2 = \dfrac{k_0 Q \omega^3}{2c^3 r} \sin 2\theta$

27. $F_s = \dfrac{k_0 Q q a}{c^2 r} \sin^2 \theta$, Fs zeigt in negative z-Richtung.

Kapitel 22

1. E' hat die Richtung der negativen y-Achse, $\mathscr{B}$ die Richtung der negativen z-Achse.

3. $I = 5I_0 + 4I_0 \cos(kd \sin \theta)$.

5. (a) $f = 33{,}3$ Hz
(b) 66,7mal pro Sekunde

7. Die Bedingung für ein Minimum ist $D_1 - D_2 = (n + \frac{1}{2})\lambda$.

9. 30 cm 11. $N = 4{,}25 \cdot 10^7$ 13. $N = 982$

15. $E = -2E_0 \sin kx \cos \omega t$

19. $E'^2 = E_1^2 + E_2^2 + 2E_1E_2 \cos(kd \sin \theta)$

21. $\sin \theta_1 + \sin \theta_2 = n\lambda/d$

23. $\Delta\lambda = 4{,}24 \cdot 10^{-19}$ m. Die Anzahl der notwendigen Gitterstriche ist $9{,}4 \cdot 10^{11}$.

27. Die Lösungen erhält man durch Multiplikation der Zahlenwerte der folgenden Tabelle mit V_0^2.

	L'_v	R'_v	L'_h	R'_h
(a)	1	0	$\frac{1}{2}$	$\frac{1}{2}$
(b)	0	1	$\frac{1}{2}$	$\frac{1}{2}$
(c)	$\frac{1}{2}$	$\frac{1}{2}$	1	0
(d)	$\frac{1}{2}$	$\frac{1}{2}$	0	1

Kapitel 23

1.

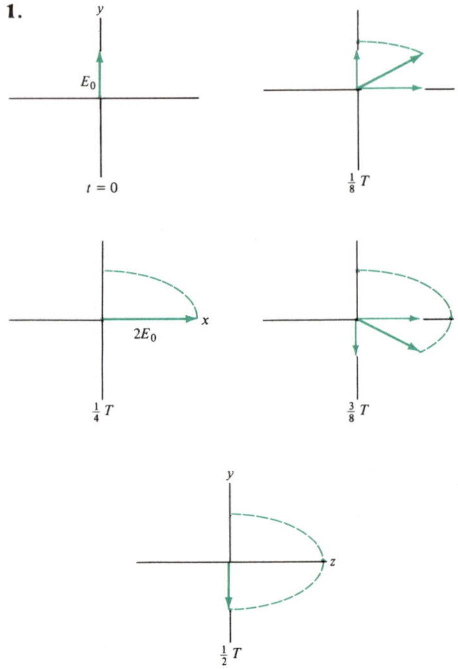

3. Die entstehende Welle ist linear polarisiert. Ihr E-Vektor ist parallel zur z-Achse.

5. 10^{-6} Lichtjahre $= 9{,}5 \cdot 10^9$ m

7. Der Brennfleck hat einen Durchmesser von $7{,}72 \cdot 10^{-5}$ m.

9. (a) $I = \frac{1}{2}I_0$ (b) $I' = \frac{1}{4}I_0$

11. Das Bild ist größer, aber nicht umgekehrt. Es ist das gleiche Bild wie das von einem konkaven Rasierspiegel erzeugte.

13. 66,7 cm 15. $I' = 0{,}759 I_0$

17. (a) $4I_0$ (b) null (c) I_0, vertikal polarisiert
(d) zirkular polarisiert. Die mittlere Intensität ist die gleiche wie in (c). (e) I_0, horizontal polarisiert (f) I_0 (g) null

19. 0,389 nm

21. (a) $3{,}79 \cdot 10^{-2}$ rad (b) $3{,}79 \cdot 10^{-3}$ rad

23. Das Bild befindet sich im Abstand $F(F - D)/D$ rechts von der Zerstreuungslinse.

27. (a) $n_{\|} > n_{\perp}$ (b) $x_0 = \dfrac{c}{2f(n_{\|} - n_{\perp})}$.

Kapitel 24

1. 0,0124 nm 3. $3{,}0 \cdot 10^{-10}$ kg m/s $\lambda = 2{,}21 \cdot 10^{-24}$ m

5. $\lambda_{Photon} = 1{,}24 \cdot 10^{-6}$ m $\lambda_{Elektron} = 1{,}23 \cdot 10^{-9}$ m

7. $\lambda_0 = 2816$ nm 9. $\lambda = \dfrac{hc}{\sqrt{E^2 - m^2c^4}}$

11. **(a)** 166,7 Impulse/s **(b)** 426,7 Impulse/s **(c)** 26,7 Impulse/s
13. um einen Faktor 2
15. **(a)** $p_e = h\left(\frac{1}{\lambda} - \frac{1}{\lambda'}\right)$
(b) $K = \left[c^2h^2\left(\frac{1}{\lambda} - \frac{1}{\lambda'}\right)^2 + m^2c^4\right]^{1/2} - mc^2$
17. 469 MeV **21.** $K = 0{,}0375$ eV $\lambda = 6{,}35 \cdot 10^{-9}$ m
23.

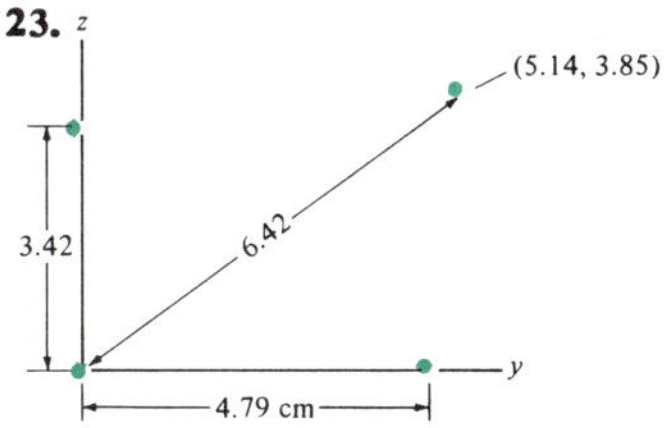

Erhöht man die Strahlenergie, so rücken die Punkte dichter zusammen.

Kapitel 25

1. $\psi^*\psi = 2(1 + \cos 2\omega t) = 4\cos^2 \omega t$
3. **(a)** $\psi^*\psi = 4\cos^2(\Delta k x)$ **(b)** $\Delta p\,\Delta x = \frac{\pi}{4}\hbar$ **5.** $\Delta x = 115$ m
7. **(a)** $E_2 = 9{,}42 \cdot 10^{-2}$ eV **(b)** $\lambda = 438$ nm
9. $K = c\left(\frac{N^2\pi^2\hbar^2}{4x_0^2} + m^2c^2\right)^{1/2} - mc^2$
11. **(a)** $\sqrt{2}\sigma_0$ **(b)** $B(k) = \frac{\sigma_0}{\sqrt{\pi}} \exp\left[-\sigma_0^2(k - mv_0/\hbar)^2\right]$
13. $\varphi = \tan^{-1}\left[\frac{A_1 \sin\varphi_1 + A_2 \sin\varphi_2}{A_1 \cos\varphi_1 + A_2 \cos\varphi_2}\right]$
$A = \sqrt{A_1^2 + A_2^2 + 2A_1A_2\cos(\varphi_1 - \varphi_2)}$ **17.** $\frac{\mathrm{d}\omega}{\mathrm{d}k} = \frac{pc^2}{E} = v$
19. **(a)** $E_1 = 942{,}4$ MeV $E_2 = 3\,770$ MeV **(b)** $E_1 = 31{,}1$ MeV $E_2 = 62{,}2$ MeV **21.** $E_1 = 22{,}76$ eV $E_2 = 88{,}23$ eV
23. $E_1 = \frac{\hbar^2}{72 m x_1^2}$ **25.** **(a)** $\psi_1(x) = \exp\left(-\frac{\sqrt{mk}}{2\hbar}x^2\right)$
(b) $E_1 = \frac{1}{2}\hbar\sqrt{k/m}$ **27.** $E = \frac{3}{2}\hbar\omega$

Kapitel 26

1. $R_0 = \frac{\pi^2}{8}\frac{\hbar^2}{k_0 m z e^2} n^2$
3. Für nichtrelativistische Teilchen vermindern sich die Energiewerte um 2%.
5. 25 verschiedene stehende Wellen
7. Halb so groß wie der Radius des Wasserstoffatoms, d. h. $R_{He^+} = 0{,}265$ nm
9. 10
11. Beim Übergang von $n = 4$ nach $n = 2$ in He^+ wird ein Photon derselben Energie emittiert wie beim Übergang von $n = 2$ nach $n = 1$ in H. Seine Wellenlänge ist 1215 Å.
13. $\psi_{3,2,-2} = \frac{r^2}{a^2}\,\mathrm{e}^{-r/(3a)} \sin^2\theta\, \mathrm{e}^{-2\mathrm{i}\varphi}$
15. $t = 4{,}7 \cdot 10^{-8}$ s
17. Alle Wellenfunktionen haben die Form
$\psi_{n_x,n_y,n_z} = \sin\frac{n_x\pi}{L}\sin\frac{n_y\pi}{L}\sin\frac{n_z\pi}{L}$
$E_1 = 112$ eV für $\psi = \psi_{1,1,1}$
$E_2 = 224$ eV für $\psi = \psi_{1,1,2}$; $\psi_{1,2,1}$ und $\psi_{2,1,1}$
$E_3 = 336$ eV für $\psi = \psi_{1,2,2}$; $\psi_{2,1,2}$ und $\psi_{2,2,1}$
$E_4 = 410$ eV für $\psi = \psi_{1,1,3}$; $\psi_{1,3,1}$ und $\psi_{3,1,1}$
19. $a = \frac{\hbar^2}{k_0 m e^2}$ **21.** $\left\langle\frac{1}{r}\right\rangle = \frac{1}{a} = \frac{k_0 m e^2}{\hbar^2}$
23. $R = \frac{\hbar^2 n^2}{G M_n m_e^2} = 1{,}2 \cdot 10^{29}$ m für $n = 1$
25. **(a)** $E_1 = -3{,}2$ eV **(b)** Drei Übergänge zum Grundzustand mit $hf = 1{,}2$; 1,8 und 2,2 eV. Zwei Übergänge zum ersten angeregten Zustand mit $hf = 0{,}6$ und 1,0 eV. Ein Übergang zum zweiten angeregten Zustand mit $hf = 0{,}4$ eV.

Kapitel 27

1. $3{,}40 \cdot 10^{-10}$ m für Natrium; $4{,}24 \cdot 10^{-10}$ m für Kalium
3. Die Übergänge von $n = 9$, 10, 11, 12, 13 oder 14 nach $n = 6$, der Übergang von $n = 5$ nach $n = 4$, die Übergänge von $n = 7$ oder 8 nach $n = 5$, die Übergänge von $n = 9$ bis 23 nach $n = 6$, die Übergänge von $n = 12$ und aufwärts nach $n = 7$, die Übergänge von $n = 21$ und aufwärts nach $n = 8$.
5. 6560, 5411, 4859, 4541 und 4338 Å
7. 110 keV **9.** 31,7 eV **11.** 50 Elemente
13. **(a)** $Z_{eff} = Z - 5$
(b) Aus $hf = 13{,}6\left[(z-2)^2 - \frac{(z-5)^2}{4}\right]$ eV
folgt 8,68 Å für Al und 0,185 Å für Pb
17. $Z_{eff} = 6{,}7$ für $2p$-Elektronen in Al
$Z_{eff} = 64{,}5$ für $2p$-Elektronen in Pb
19. 50

Kapitel 28

1. **(a)** $E = K + U = -4$ eV **(b)** $K_{ein} = 11$ eV
3. $U_0 = 5$ eV
5. Das Kontaktpotential ist 0,5 eV. Das Metall A liegt auf einem höheren Potential.
7. **(a)** $E = -4$ eV **(b)** $W_0 = 4$ eV **(c)** $U_0 = 9$ eV **(d)** 9 eV **(e)** 4 eV
9. $U_0 = 7{,}91$ eV **11.** $R_{Sperr}/R_{Durchlass} = 2{,}5 \cdot 10^{18}$
13. $E_{Lücke} = 2{,}48$ eV **15.** 15625 Hz **17.** $\varrho = 1/h^3$
19. 6,77 Å $\varrho = 124$ kg/m³ **21.** $U_0 = 7{,}06$ eV
23. $E_1 = 0{,}06833\,U_0$

Kapitel 29

1. $\theta_{max} = 1{,}7°$ **3.** $2{,}0 \cdot 10^{-15}$ m **5.** 148 **7.** $\frac{3}{4}$
9. 63,2% zerfällt in einer mittleren Lebensdauer,
86,5% zerfällt in zwei mittleren Lebensdauern.
11. Der Sonnendurchmesser würde um einen Faktor $5{,}47 \cdot 10^4$ verkleinert werden. Er wäre dann 25,4 km.
13. (a) 190,128 GeV **(b)** $K = 16$ MeV
15. $R = 26{,}5$ km; $M = 1{,}78 \cdot 10^{31}$ kg oder 8,9mal soviel wie die Sonnenmasse
17. 18,0 cm
19. (a) $10^{-6}\,\text{s}^{-1}$ **(b)** $\tau = 10^6$ s; $T = 6{,}93 \cdot 10^5$ s
21. (a) 5 MeV **(b)** Die Anzahl der Stöße pro Sekunde ist $8{,}4 \cdot 10^{21}$
(c) $\tau = 1{,}2\,\mu$s **(d)** länger **(e)** 8 MeV
23.

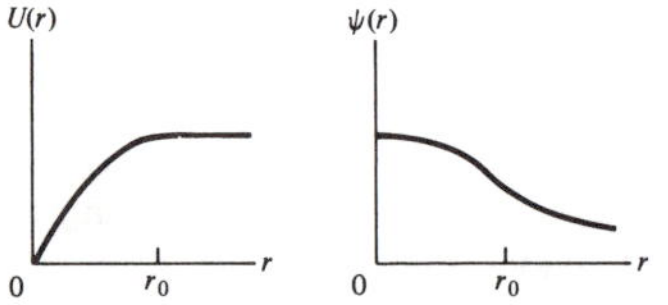

25. $z = 25{,}3$ **27.** Etwa 3 kg pro Tag
29. (a) etwa 66 Tonnen Spaltprodukte
(b) etwa 800 Tonnen Spaltprodukte in 30 Jahren

Kapitel 30

1. $3{,}96 \cdot 10^{26}$ W **3.** $4{,}17 \cdot 10^{38}$ Protonen pro Sekunde
5. $\bar{\varrho} = 1{,}8 \cdot 10^{-26}\,\text{kg/m}^3$
7. Um einen Faktor 4 im nichtrelativistischen Fall und um einen Faktor 2 im relativistischen Fall
9. $R = \dfrac{h^2}{4GM_p^3 n}\left(\dfrac{9n}{4\pi^2}\right)^{2/3}$

13. $v = \sqrt{\dfrac{8}{3}\pi G\bar{\varrho}}\,R = (7{,}47 \cdot 10^{-18}\,\text{s}^{-1})\,R$

$R = c\Big/\sqrt{\dfrac{8}{3}\pi G\bar{\varrho}} = 4 \cdot 10^{25}\,\text{m} = 4{,}26 \cdot 10^9$ Lichtjahre

17. $P = \frac{1}{3}\mathfrak{N}hf_0$ **19.** $6{,}5 \cdot 10^{20}$

Kapitel 31

1. $T = 12$ Minuten; $\bar{n} \rightarrow \bar{p} + e^+ + \nu_e$
3. (a) $\bar{\nu}_e$ **(b)** ν_μ **(c)** ν_e **5.** $\mu^- + p \rightarrow n + \nu_\mu$
7. Die folgenden Erhaltungssätze würden verletzt werden:
(a) Ladung **(b)** Myonen-Leptonenzahl und Elektronen-Leptonenzahl **(c)** Elektronen-Leptonenzahl **(d)** Energie **(e)** Energie
9. Linksschraube
11. Das Spiegelbild des μ^+ gleicht einer Rechtsschraube.

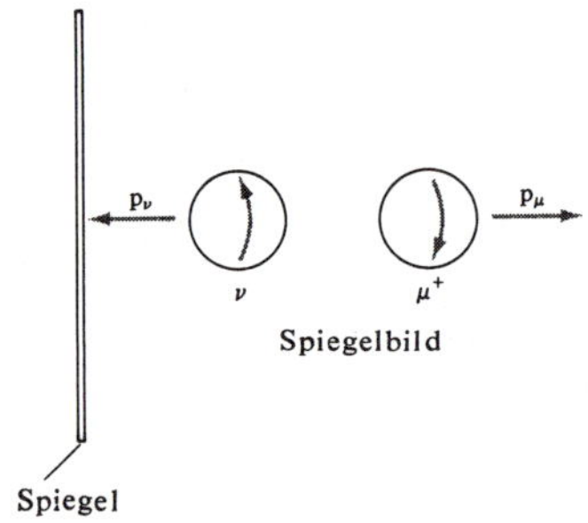

13. Das Zerfallspositron ist rechtshändig.
15. $\tau^- \rightarrow \mu^+ + \mu^- + \mu^- + \bar{\nu}_\mu + \nu_\tau$ **17.** $K_\mu = 4{,}18$ MeV
19. $K_e = 52{,}6$ MeV **21.** $Mc^2 \approx 100$ MeV

Sachverzeichnis

Ausgewählte physikalische Konstanten

Eine vollständigere Zusammenstellung, in der die Konstanten auf vier Stellen angegeben sind, befindet sich im Anhang A.

Lichtgeschwindigkeit	c	$3{,}00 \cdot 10^{8}$ m/s
Gravitationsbeschleunigung an der Erdoberfläche	g	$9{,}8$ m/s^2
Gravitationskonstante	G	$6{,}67 \cdot 10^{-11}$ N m^2/kg^2